Spanende Werkzeugmaschinen

Grundlagen und Konstruktionen

Ein Lehrbuch
für Hochschulen, Ingenieurschulen
und für die Praxis

Von

Friedrich Schwerd †

Professor Dipl.-Ing., Dr.-Ing. E. h.

Mit 709 Abbildungen

Springer-Verlag

Berlin / Göttingen / Heidelberg

1956

ISBN-13: 978-3-642-49058-3   e-ISBN-13: 978-3-642-92685-3
DOI: 10.1007/978-3-642-92685-3

Vorwort.

Dieses Buch ist ein Lehrbuch für spanende Werkzeugmaschinen. Für die Maschinen der Umformtechnik bedarf es bei ihrem Umfang und ihrer Bedeutung eines besonderen Buches.

Das Buch über die spanenden Werkzeugmaschinen vermittelt in erster Linie dem Studierenden der Technischen Hochschule Anschauung, Wissen und die Schulung, auf Grund derer er der kommenden Arbeit in der Praxis mit Ruhe entgegensehen kann. Wie der Unterricht, so versucht auch das Lehrbuch eine erreichbare Höhe einzuhalten, die von der voraufgehenden Schulung, aber auch von der Allgemeinbildung und der Charakterbildung auszugehen hat.

Das Problem des Buches ist die Bewältigung des umfangreichen Stoffes des Werkzeugmaschinenbaues auf nicht allzu vielen Seiten. Dazu ist nicht nur die Einschränkung auf die spanenden Werkzeugmaschinen unerläßlich, sondern es werden auch an sich mitzubehandelnde Teilgebiete, wie z. B. Werkstoffkunde, Ölchemie oder Elektronenröhrentechnik, weggelassen. Es genügt zudem in diesem Buche, Rechnungen aus der Festigkeitslehre oder zu den Übersetzungen in den Getrieben, wie sie bei jeder Werkzeugmaschine vorkommen, einmal z. B. bei der Drehbank durchzuführen, und zwar vornehmlich, um den Gang der Durcharbeitung vor Augen zu führen. Festigkeitsrechnungen zu den einzelnen Maschinenteilen und Gußkörpern, wie sie in der Lehre von den Maschinenteilen vorgetragen werden, können diesem voraufgehenden Lehrgebiet entnommen werden.

Die Beherrschung der Schwingungen in den Werkzeugmaschinen und deren Auswirkung ist zum Teil noch ein Problem, obwohl seit 20 Jahren auf den Verderb der Werkstückoberfläche und der Werkzeugschneiden hingewiesen wurde. Heute aber wird von seiten der Firmen wie der Hochschulen daran mit Sorgfalt und Erfolg gearbeitet. Wiewohl diesem Problem hier die nötige Beachtung geschenkt wird, müssen doch die neuesten Ergebnisse in den Fachzeitschriften verfolgt werden.

Unerläßlich ist der Erwerb von Vertrautheit mit der technischen Gestaltung und mit den Maßgrößen, um dessentwillen häufig bei der Erstanstellung in der Praxis dem Absolventen der Ingenieurschule der Vorzug gegeben wird. Daher wurden die sämtlich maßstäblichen Abbildungen mit Maßstabangabe versehen. Diesem Mangel an Anschauungs- und Wirklichkeitsnähe eines Teils der Hochschüler wird heute an den Hochschulen mit Nachdruck entgegengearbeitet.

Selbstverständlich soll das Buch ebenfalls der Ausbildung an den Ingenieurschulen dienen, die auch ihrerseits dem Werkzeugmaschinenbau eine zunehmende Aufmerksamkeit schenken. Schwierigkeiten werden dabei kaum auftreten; wo gewisse Abschnitte über das Maß des dortigen Unterrichts hinausgehen, mögen die Leser sie überspringen und sich um so mehr in die konstruktiven Gedanken vertiefen.

In diesem Sinne wird gehofft, daß auch zahlreiche Ingenieure der Praxis beim Konstruieren von Werkzeugmaschinen Nutzen aus diesem Buche ziehen und es sich als praktischer Ratgeber in den Konstruktionsbüros erweist.

Es ist klar, daß nur das vollständige Durcharbeiten einzelner Werkzeugmaschinen zu der erwarteten Vertrautheit mit dem Konstruieren führt. Wer nicht von Grund auf an der Gestaltung, Herstellung und Erprobung einzelner Werkzeugmaschinen sorgfältig mitgearbeitet hat, wird dieses hohe Ziel nicht erreichen. Es kommt zudem gerade auch für die nicht beim Werkzeugmaschinenbau bleibenden Studierenden, also für die Mehrzahl, nicht darauf an, möglichst viele Maschinen oberflächlich kennenzulernen, sondern die Grundtypen (siehe Inhaltsverzeichnis) so durchzuarbeiten, daß diese Arbeit eine Untermauerung für jegliches Konstruieren, nicht nur für den Bau von Werkzeugmaschinen gewährleistet.

Die später in der Praxis erforderliche Unterrichtung über die vielen auf dem Markt befindlichen Werkzeugmaschinen gelingt in der Regel ohne Schwierigkeit an Hand der Zeitschriften und der Veröffentlichungen der Werkzeugmaschinenfabriken sowie durch Besichtigung von Werkstätten.

Anschauung und ein gutes Teil künstlerischer Begabung machen für den Erfahrenen, aber auch schon für den fortgeschrittenen Studierenden, manche Rechnung überflüssig. Rechnung birgt durch starres Festhalten an dem selten alle in Betracht kommenden Momente erfassenden Ansatz der Gleichung oft die Gefahr zur Verknöcherung der Konstruktion. Andererseits aber sind Rechnungen von besonderem Wert, wenn sie Klarheit über den Einfluß von Maßänderungen, z. B. bei Kupplungen, schaffen. So ist in diesem Buche verfahren.

Die Uneinheitlichkeit der Begriffe und der Darstellung in den Quellen, sowie Krieg, Zusammenbruch und Währungssturz haben die Bearbeitung der Unterlagen erschwert und verzögert. Die angestrebte Vereinheitlichung der Ausdrücke war infolge der Bindung an viele Originaltexte noch nicht durchführbar.

Fertigungsbeispiele, die im Unterricht so anregend wirken, können in diesem Buch der Raumersparnis wegen nur vereinzelt mitgeteilt werden, z. B. um an einzelnen Arbeitsgängen die Leistung der Maschine vorzuführen.

Im Grunde genommen aber setzt die Nachprüfung, ob die vorgesehene wirtschaftliche Fertigung eines Werkstücks im Hinblick auf Gesundheit der Struktur, Maßhaltigkeit und Oberflächengüte erreicht wird, eine tiefgehende Kenntnis der betreffenden Werkzeugmaschine voraus. Nur so kann im voraus ermittelt werden, ob die Maschine geeignet oder durch eine besser geeignete zu ersetzen ist, oder ob der Fertigungsplan selbst geändert werden muß. So wurde die bis ins einzelne gehende Behandlung der Grundtypen als die Hauptaufgabe des Buches angesehen.

Wichtig ist aber auch für den sich Einarbeitenden die historische Entwicklung im Werkzeugmaschinenbau. Nur wer den Fortschritt sich entwickeln zu sehen gelernt hat, wird den Zeitbedarf für irgendwelchen Fortschritt einigermaßen richtig abschätzen und neue Wege anbahnen und mit Erfolg sicherstellen. Nichts ist förderlicher, als sich in einen früheren Zeitabschnitt zu versetzen, die Fortschrittsmöglichkeiten mit dem in jener Zeit oft erst nach Mißerfolgen und mit großem Zeitaufwand erreichten Fortschritt zu vergleichen und die Gründe für eine solche Entwicklung zu ermitteln. Hinzu kommt noch, daß in den Betrieben so manche veralteten Maschinen arbeiten und in ihrer „Nochbrauchbarkeit" erfaßt werden müssen. Daher gibt das Buch einleitend vor der Erörterung der Maschinen kurzgefaßte Darstellungen der Entwicklung der Werkzeugmaschine von den ältesten Zeiten an, die Schnitttheorie, den Aufbau und die mechanischen Getriebe sowie die hydraulische und elektrische Ausrüstung.

Aber nicht nur die historische Fortentwicklung der Werkzeugmaschine ist lehrreich, sondern ebenso die unterschiedliche Gestaltung der Maschinen zum gleichen Zwecke und erst recht die oft völlig veränderte Gestaltung, wenn etwa nur der Größenunterschied der Werkstücke, z. B. beim Schleifen, oder eine erhöhte Genauigkeit der Herstellung, z. B. bei der Gewindefertigung, maßgebend werden. So war es geboten, wenigstens zu den Grundtypen auch einige oft wesentlich anders gestaltete Ausführungen mit vorzustellen, um damit einen Schutz gegen das Kleben an einseitigen konstruktiven Maßnahmen herbeizuführen.

Die Werkzeugmaschinen, welche als Beispiele herangezogen wurden, entstammen anerkannten Firmen. Die Auswahl erfolgte in der Zeit des Wiederaufbaues der betreffenden Werke nach Maßgabe der Möglichkeit und nach ihrer Bereitwilligkeit, so eingehende Unterlagen zur Verfügung zu stellen, wie sie ein solches Buch erfordert.

Daß angesichts der Konstruktion spanender Werkzeugmaschinen der Theorie der Zerspanung oder kurz der Schnitttheorie ein besonderer Abschnitt zu widmen war, ist selbstverständlich. Indes ist auch heute, trotz zahlreicher Erkenntnisse aus den Versuchsfeldern der Hochschulen und großen Industriewerke, noch keine geschlossene Darstellung möglich. Die hauptsächlichsten Grundlagen, die zur Erfassung der Schnittgeschwindigkeiten und Vorschübe, der Kräfte und Leistungen sowie der Ursachen zu Schwingungen erforderlich sind, wurden indessen dargestellt. Dadurch wird zugleich angeregt, die Konstruktion der Werkzeugmaschine so zu vervollkommnen, daß die Einrichtungen zur Abstellung von Fehlarbeit zur Verfügung sind und somit eine möglichst große Sicherheit gegen Verlustarbeit und untragbaren Verschleiß der Werkzeuge gewährleistet ist. Auf die Festlegung der sich dabei ergebenden Probleme ist besonderer Wert gelegt worden.

Nur ein Abschnitt ist vom Verfasser nicht endgültig bearbeitet worden, die elektrische Ausrüstung der Werkzeugmaschinen, weil er sich hierzu als nicht genügend zuständig erachtete. Herr Dr.-Ing. P. VOLK der Siemens-Schuckert-Forschungsabteilung hat die Bearbeitung dieses Abschnittes in dankenswerter Weise übernommen.

Herzlichen Dank gebührt ferner den Firmen, welche ihre Unterlagen in der erbetenen Art einsandten, und den Fachkollegen, welche wertvolle Forschungsergebnisse mitteilten. Ohne dieses beiderseitige großzügige Entgegenkommen wäre das Herausbringen dieses Buches in der Eigenart seiner Abfassung unmöglich gewesen.

Mühevolle, aber auch erfreuende Arbeit war das Schreiben dieses Buches unter den erschwerenden Umständen der Nachkriegszeit. Es wurde aus dem Bestreben geschaffen, der heranwachsenden Ingenieurjugend ein Buch in die Hand zu geben, das sie zum Konstruieren anleitet und in ihnen die Lust an dieser schönen Form menschlichen Schaffens erweckt. Sie möge nie vergessen, daß der Konstrukteur es ist, der das Neue und Fortschrittliche erdenkt und damit in der Reihe der industriell Schaffenden an erster Stelle steht.

Rottach (Tegernsee), 13. Juli 1953.   **Fr. Schwerd.**

Nachwort.

Der Verfasser hatte kaum seine Handschrift zu diesem Buche vollendet, als ihm der Tod für immer die Feder aus der Hand nahm.

Der Verlag ist Herrn Dr.-Ing. A. MEFFERT, Oberingenieur am Lehrstuhl und Institut für Werkzeugmaschinen der Technischen Hochschule Hannover zu besonderem Dank dafür verpflichtet, daß er mit großer Sorgfalt die Durchsicht des Manuskriptes und die Begutachtung der Abbildungen besorgt und den gesamten Korrekturengang überwacht hat.

Springer-Verlag.

Inhaltsverzeichnis.

Seite

**I. Auszug aus der Vorgeschichte des Werkzeugmaschinenbaues bis zur Einführung des Schnell-
drehstahles in Europa auf der Pariser Weltausstellung im Jahre 1900** 1

    1. Die primitive Zeit bis 1800 n. Chr. 1

        a) Die Bohrmaschine 1

        b) Die Drehbank 4

    2. Die klassische Zeit des Werkzeugmaschinenbaues von 1800 bis 1840 5

        a) Die Drehbank 6

        b) Die Hobelmaschine 8

        c) Die Fräsmaschine 8

    3. Die Entwicklung von der Mitte bis zum Ende des 19. Jahrhunderts (1840—1900) . 9

        a) Die Drehbank 9

        b) Die Fräsmaschine 10

        c) Die Rundschleifmaschine 10

        d) Die Hobelmaschine 10

    4. Die Entwicklung gegen Ende des 19. Jahrhunderts 12

**II. Probleme und Ergebnisse der Schnitttheorie und deren Einfluß auf die Gestaltung der Werk-
zeugmaschinen** 12

    A. Die Zweckforschung 13

    1. Die Aufgabe der Schnitttheorie und deren Inangriffnahme 13

        a) Die Bearbeitung des Werkstoffes 13

        b) Der Werkstoff des Werkzeugs 14

            α) Der Kohlenstoffstahl 14

            β) Der niedrig legierte Stahl 14

            γ) Der Schnellarbeitsstahl 14

            δ) Das Hartmetall 15

            ε) Der Diamant 19

    2. Das Stumpfwerden des Werkzeugs 19

    3. Anschauungen und Begriffe zur Spanabnahme 24

        a) Die Flächen am Werkstück 24

        b) Die Bewegungen zwischen Werkstück und Werkzeug 24

        c) Die Hauptebenen 25

        d) Die Flächen und Winkel an der Werkzeugschneide 25

        e) Die Kräfte an der Schneide 28

        f) Die Schnittgeschwindigkeit und die Standzeit 29

    4. Die Spanformen 30

    5. Die Richtwerte für das Drehen mit Werkzeugstahl, Schnellstahl und Hartmetall . . 33

        a) Die Richtwerttafel für die Winkel an der Schneide 33

        b) Die Richtwerttafel für die Schnittgeschwindigkeiten 34

        c) Die Umrechnungstafel für Schnittgeschwindigkeiten bei verschiedenen Einstell-
           winkeln 40

        d) Die Richtwerttafel für die Durchschnittsschnittkräfte k_m 40

    6. Die Leistungsformeln 41

    7. Die Diagramme 42

        a) Das Diagramm von WALLICHS und DABRINGHAUS 42

        b) Die Netztafel zur Ermittlung der Span- und Arbeitsleistung beim Drehen . . . 44

        c) Das Diagramm zum Zusammenhang zwischen Steifigkeit der Maschine, Schnitt-
           geschwindigkeit, Vorschub und Antriebsleistung 44

    8. Der negative Spanwinkel 46

B. Die Erforschung der Spanbildung, die grundlegende Forschung 47

  1. Die Einflußgrößen zur Spanbildung und das ebene Problem 47

  2. Die Spanarten und die Felder der Spanbildung 47

  3. Historische Forschungsstufen 49

  4. Die ersten Momentaufnahmen zur Spanbildung mit der Hannoverschen Apparatur 51

  5. Der Fließspan 52

  6. Der Scherspan 00

  7. Der Reißspan 61

  8. Das Zusammentreffen zweier Spanbildungsarten 62

  9. Der Übergang von einer Spanart zu einer anderen während der Spanabnahme . . . 62

  10. Der Schneidenansatz 63

  11. Zusammenfassung der im Hinblick auf wirtschaftliche Spanabnahme zu stellenden Anforderungen an die Werkzeugmaschinen 68

III. Die Einteilung der Werkzeugmaschinen 70

IV. Der Aufbau der Werkzeugmaschine 70

V. Die Gestaltung der Werkzeugmaschine 73

VI. Die Drehzahlnormung und deren Anwendung im Werkzeugmaschinenbau 74

  1. Die Grundsätze der Normung 74

  2. Die Auffindung der geeigneten Drehzahlreihen für die normalen Drehbänke 76

  3. Getriebeplan und Drehzahlschaubild 79

  4. Die Drehzahl-Diagramme 81

VII. Die mechanischen Getriebe und deren Schaltmittel 87

  A. Die Getriebe zur Herstellung von geradlinig hin- und hergehender Bewegung 87

  B. Die umlaufenden Getriebe 91

    1. Die Stufengetriebe 91

    a) Die Riemengetriebe mit und ohne Ergänzung durch Zahnräder 91

    b) Die Zahnradgetriebe 93

    2. Die stufenlosen Getriebe 97

    Die Anforderungen an die Schaltmittel (zu Abschn. 1 u. 2) 100

    3. Die Umschalt- und die Umsteuergetriebe 101

    Die Nachprüfung einer Umkehrsteuerung (zu Abschn. 3) 102

VIII. Die hydraulische Ausrüstung 105

  1. Die Eigenschaften des Treiböls 106

  2. Die Pumpen und die Motoren 107

    a) Die Pumpen mit Kolbenzellen 107

    b) Die Pumpen mit Flügelzellen 109

    c) Die Pumpen mit Zahnradzellen 112

  3. Der Anwendungsbereich der hydraulischen Pumpen und Motoren 115

  4. Die Treibölkreisläufe 117

  5. Die Leistung der Treibölkreisläufe 119

    a) Entwicklung der Formeln 119

    b) Anwendungsbeispiel ohne und mit Leckverlust 122

    c) Andere Beispiele 125

    d) Schematen komplizierter Kreisläufe 126

IX. Die elektrische Ausrüstung von Werkzeugmaschinen. Bearbeitet von Dr.-Ing. P. VOLK, Erlangen 126

  A. Einführung 126

  B. Technologische Aufgaben 127

  C. Bauelemente und ihre Eigenschaften 129

    1. Hauptschalter 129

    2. Befehlsgeber 130

    a) Handbetätigte Befehlsgeber 130

    b) Selbsttätige Befehlsgeber 131

      Direkte Befehlsgabe 131

      Indirekte Befehlsgabe 133

      Reihenschaltung von Befehlsgebern 137

Seite

3. Fernbetätigte Schaltgeräte 137
    a) Hilfsrelais 137
    b) Zeitrelais 139
    c) Schütze 140
4. Antriebsteile. 142
    a) Der Motor 142
       Drehstrommotoren. 142
       Gleichstrommotoren 144
    b) Schaltgetriebe. 146
    c) Zugmagnete. 146
    d) Magnetkupplungen. 147
    e) Magnetische Spannvorrichtung 149
5. Installation 149

D. Elementare Steuerungen 149
1. Der einfache Antrieb. 149
    a) Einschalten. 149
    b) Arbeitsablauf 151
    c) Stillsetzen 152
2. Der zusammengesetzte Antrieb 154
    a) Vorwähler 154
    b) Folgeschaltungen 155

E. Regelnde Einrichtungen. 157
1. Nachlaufeinrichtungen 157
2. Gleichlaufeinrichtungen 158
3. Fühlersteuerungen 159

F. Beispiel einer Automatik 160

X. Die Drehbank 164
A. Die Drehwerkzeuge 164
B. Der Zeitraum von der Jahrhundertwende bis zum Ende des 1. Weltkrieges
   (1900—1920) 164
    a) Die Pratt&Whitney-Werkzeugmacherdrehbank 165
    b) Die Schaerer-Leitspindeldrehbank 166
    c) Die aus der Entwicklungsstufe des Werkzeugmaschinenbaues vor dem ersten Welt-
       krieg sich ergebende Beeinflussung von Gestaltung und Fertigung 170
C. Die Drehbank in der Zeit nach dem 1. Weltkrieg bis zum Schluß des
   2. Weltkrieges (1919—1945) und deren Fortentwicklung bis zum Jahre 1953 173
1. Die Leitspindeldrehbank 173
    a) Die Hauptabmessungen und die Merkmale der VDF-Drehbank. 173
    b) Die Gestaltung der Drehbank und deren Getriebegruppen. 174
    c) Die Nachrechnung zum Spindelstock 189
    d) Die Nachrechnung des Vorschubgetriebes 197
    e) Nachprüfung der Abmessungen 209
2. Die Feindrehbänke. 220
    a) Die Leit- und Zugspindeldrehbank 220
    b) Die Feinstdrehbank von Kärger 226
3. Die Hinterdrehbank 226
    a) Das Verfahren des Hinterdrehens 226
    b) Die Hinterdrehbank 228

XI. Die Fräsmaschinen. 228
A. Das Fräswerkzeug 228
    a) Die Einteilung der Fräswerkzeuge 228
    b) Die Werkstoffe des Fräswerkzeuges 231
    c) Der Einfluß des Fräserdurchmessers 231
    d) Die Winkel an der Schneide 231
    e) Schneidrichtung und Nutenrichtung. 232
    f) Die Aufnahmeelemente. 232
    g) Schnittgeschwindigkeit und Vorschub 233

Inhaltsverzeichnis.

IX
Seite

    h) Spandicke, Schnittwiderstandsmoment, Schnittwiderstand und Leistung des Wälzfräsers 236
    i) Versuchsergebnisse. 237
    k) Walzenfräsen oder Stirnfräsen 240
    l) Fräsen im Gegenlauf oder im Gleichlauf 241
    m) Die Anforderungen an die Fräsmaschine 241

B. Die Fräsmaschine in der Zeit von 1900—1919 241

C. Die Fräsmaschine in der Zeit von 1919—1953 247
  1. Die Universalfräsmaschine 247
    a) Die Maschine im einzelnen. 247
    b) Die Gestaltung des Hauptgetriebes und des Vorschubantriebs 250
    c) Die Getriebeschaltung 253
    d) Der Teilapparat 255
  2. Die Universalstarrfräsmaschine 260
  3. Eine amerikanische Produktionskonsolfräsmaschine 261
  4. Die deutsche Produktionskonsolfräsmaschine 274

XII. Maschinen zur Herstellung von Bohrungen. 277
A. Die Bohrwerkzeuge und die Werkzeuge zum Nacharbeiten von Bohrungen 277
    a) Die Einteilung und der Werkstoff der Bohrwerkzeuge 277
    b) Die Bohrwerkzeuge 278
    c) Die Werkzeuge zum Nacharbeiten der Bohrung 282
    d) Einwandfreie Herstellung der Bohrung und Bruchgefahr für den Bohrer 286
    e) Anforderungen an die Bohrmaschine 286

B. Bohrmaschinen im Zeitabschnitt 1900—1920 286

C. Bohrmaschinen im Zeitabschnitt 1920—1953 289
  1. Die Ständerbohrmaschine. 289
    a) Die Ständerbohrmaschine KSt 60. 289
    b) Die Durchrechnung der Ständerbohrmaschinen, Drehzahlbereich, Drehzahlen, Energiebedarf 291
    c) Die Bohrspindel mit dem Hauptgetriebe. 291
    d) Der Grundschlitten mit dem Vorschubgetriebe und dem Bohrspindelschlitten . 292
    e) Der Ständer mit dem Arbeitstisch und der Grundplatte 295
    f) Das Gewindeschneiden 295
    g) Die Leistung der Ständerbohrmaschine K St 60 296
    h) Ergänzungen und Zusätze 296
    i) Sonderbohrmaschinen. 298
    k) Das Baukastensystem 298
  2. Die Radialbohrmaschine 299
    a) Das Problem der Radialen und ihre Ausführung 299
    b) Die drei Einrichtungen zum Festklemmen 305
    c) Die Bohrleistungen und die Griffzeiten 308
    d) Schlußbemerkungen zu der Radialbohrmaschine 309
    e) Die Koordinatenradiale 309
  3. Das Waagerecht-Bohr- und -Fräswerk 310

XIII. Die Schleifmaschinen. 313
A. Die Schleifscheibe, das Werkzeug der Rundschleifmaschine, deren Arbeitsweise und Anforderungen an die Werkzeugmaschine 313

B. Die Rundschleifmaschine in der Zeit von 1900—1920 321
    a) Die Probleme. 321
    b) Die Rundschleifmaschinen von Loewe, Brown & Sharpe und Naxos-Union . . . 322

C. Die Rundschleifmaschine von 1920—1953 336
  1. Die mittelschwere Rundschleifmaschine. 337
    a) Hauptdaten der Fortuna-Einstechmaschine, Abbildungen mit Benennungen, Konstruktionsgruppen 337
    b) Der Antrieb 339
    c) Der Hydraulikplan 340
      α) Einfaches Schema der Tischumsteuerung 341
      β) Vollständiger Hydraulikplan zur Fortuna-Rundschleifmaschine 341

Seite

    d) Die Gestaltung der einzelnen Gruppen der Schleifmaschine 343
    e) Beispiel zur Durchrechnung der Hydraulik 349
    f) Der erreichte Fortschritt 352
    g) Die Fortentwicklung der Rundschleifmaschine 352
  2. Rundschleifmaschinen-Entwicklungsstufen 354

XIV. Die Hobelmaschine 368
  A. Die Werkzeuge 368
  B. Die Zeit von 1900—1920 368
    1. Die Hobelmaschine von Brune 368
      a) Aufbau lt. Abbildungen sowie Abmessungen 368
      b) Bestimmung der kinetischen Energie der 3 Wellensysteme I, II und III sowie des Hobeltisches 370
      c) Der Gleitwiderstand des Hobeltisches 371
      d) Der Gleitwiderstand an den übrigen Getriebeteilen 371
    2. Ergänzende Angaben zur Brune-Maschine 379
    3. Fortentwicklung der Hobelmaschine von 1900—1920 380
  C. Die Zeit von 1920—1945 382
    1. Die Fortentwicklung des Hauptantriebes der Hobelmaschine und der Schaltung . . 382
      a) Der Hauptantrieb 382
      b) Die Werkzeugschaltung 384
    2. Die neuzeitliche Hobelmaschine 388
    3. Die kombinierte Hobel- und Fräsmaschine der Werkzeugmaschinenfabrik Waldrich, Siegen 391
    4. Die hydraulische Doppelständer-Hobelmaschine 395
    5. Die Waagerecht-Stoßmaschine oder der Schnellhobler 397
      a) Der Hobler mit mechanischem Getriebe 397
      b) Der hydraulisch betätigte Hobler 398

XV. Revolverbänke und Drehautomaten 401
  A. Die Revolverbänke 401
    1. Vorbemerkungen 401
    2. Die Stern-Revolverbank 403
    3. Eine amerikanische Stern-Revolverbank 408
    4. Die Stern-Revolverbank mit Programmschaltung 408
    5. Die Trommel-Revolverbank 413
    6. Die Pirex-Revolver-Drehbank 420
    7. Die Pirex-Revolverbank mit Programmschaltung 422
  B. Die Drehautomaten 423
    1. Der Einspindel-Automat 424
    2. Der Mehrspindel-Automat 427
      a) Der Grundgedanke 427
      b) Der Vierspindel-Halbautomat (System Gridley) 427
    3. Definition und Anwendungsgebiete der Revolverautomaten 436
  C. Der Index-Automat 438

XVI. Die Arbeitsfolge bei der Erschaffung der Werkzeugmaschine bis zum Beginn der Fertigung im Betriebe 462
    a) Ursachen, Anlaß, Vorarbeiten 462
    b) Die Arbeit im Technischen Büro 463
    c) Der Werdegang eines Werkstücks in der Massenfertigung 464

XVII. Prinzipien und Regeln 464
    a) Prinzipien oder allgemeine Grundregeln 464
    b) Fortschrittsmöglichkeiten zur unmittelbaren Erhöhung der Leistung 465
    c) Mittelbare Leistungssteigerung, Minderung der toten Arbeitszeit, zeitsparende Einrichtungen 465
    d) Hineindenken in das Arbeiten und die Bedienung der Werkzeugmaschine . . . 465
    e) Erhaltung der Zuverlässigkeit der Maschinen 465

Inhaltsverzeichnis.
XI
Seite

XVIII. Die Schmierung der Werkzeugmaschine 466
    a) Die Durcharbeitung der Schmierung im Technischen Büro 466
    b) Die Konstruktionsaufgaben zur Schmierung 466
    c) Beispiele von Schmierlisten und Schmierplänen 470
        α) Die VDF-Drehbank 470
        β) Der Index-Automat 473
        γ) Die Groß-Karussell-Drehbank von Schieß-Defries 475

XIX. Maschinen zur Herstellung von Gewinden 476
  A. Die Gewindedrehbank 480
  B. Die Gewindefräsmaschine 480
    1. Die Werkzeuge der Gewindefräsmaschine 480
    2. Die Fräsverfahren 482
    3. Die Langgewinde- und Abwälz-Fräsmaschine und deren Arbeitsweise 484
  C. Die Gewindeschleifmaschine 488
    1. Das Verfahren beim Gewindeschleifen 488
    2. Die Gewindeschleifmaschine 492
    3. Die Abgrenzung der Anwendungsgebiete zwischen der Gewindedrehbank, der Gewindefräsmaschine und der Gewindeschleifmaschine 499

XX. Maschinen zur Herstellung von Zahnrädern 500
  A. Zahnradfehler 500
  B. Maschinen zur Herstellung von gerade oder schräg verzahnten Stirnrädern 500
    1. Verfahren, Vorteile und Nachteile 500
    2. Die Wälzfräsmaschinen 501
    3. Die Wälzstoßmaschinen 504
  C. Maschinen zur Herstellung von Kegelradverzahnungen 508
    1. Die BILGRAM-Kegelrad-Hobelmaschine 508
    2. Die Kegelrad-Schnellhobler 511
      a) Der Kegelrad-Schnellhobler 511
      b) Ein amerikanischer Kegelrad-Schnellhobler 516
    3. Die Kegelrad-Wälzfräsmaschinen zur Herstellung von Kegelrädern und gebogenen Zähnen 518
      a) Die GLEASON-Maschinen 518
        α) Die Kegelräder 518
        β) Das Verfahren 519
        γ) Der Getriebeplan des GLEASON-Hypoid-Generators Nr. 16 520
        δ) Aufbau und Gestaltung 524
        ε) Die Eigenart der erzeugten Kegelräder 524
      b) Die Klingelnberg-Palloid-Kegelradfräsmaschine 525
        x) Entstehung und Verfahren der Maschine 525
        β) Aufbau und Getriebeplan 527
        γ) Gesamtausrüstung zur Durchführung des Verfahrens 528
        δ) Der Klingelnberg-Automat 529
      c) Die Oerlikon-Spiromatic 530
    4. Die Reva-Cycle-Kegelrad-Räummaschine 532

XXI. Die Lage in Deutschland und die Erfindergedanken 535

Sachverzeichnis 538

I. Auszug aus der Vorgeschichte des Werkzeugmaschinenbaues

bis zur Einführung des Schnelldrehstahles in Europa auf der Pariser Weltausstellung im Jahre 1900.

Die Entwicklung des Werkzeugmaschinenbaues ist interessant und lehrreich zugleich. Nichts fördert die Erkenntnis und das Können in einem Fachgebiet mehr als das Erfassen des Fortschrittes und seiner Gründe von Zeitabschnitt zu Zeitabschnitt, insbesondere in den der heutigen Zeit unmittelbar vorausgehenden Zeitabschnitten von 1900 n. Chr. an.

Die Zeitabschnitte, nach denen eingeteilt werden kann, sind folgende:

1. die primitive Zeit von der Urzeit etwa von 4000 v. Chr. an bis zur 2. Hälfte des 18. Jahrhunderts;
2. die klassische Zeit bis 1840 mit der anschließenden Entwicklungszeit bis 1900, sodann
3. die Neuzeit, und zwar
   a) die Vorstufe bis nach dem ersten Weltkrieg, also bis 1920, und
   b) die Fortentwicklung über den zweiten Weltkrieg hinaus bis heute.

1. Die primitive Zeit bis 1800 n. Chr.

a) Die Bohrmaschine.

Die Rekonstruktion (Abb. 1)[1] zeigt eine Bohrvorrichtung aus der Steinzeit etwa 4000 v. Chr. Das Werkzeug, umschlungen von einer an einem Fiedelbogen befestigten Schnur, wird in Vor- und Rückwärtsumlauf bewegt. Nur beim Vorlauf wird gespant, der Rücklauf ist Verlustzeit.

Wie alle Werkzeugmaschinen verdankt auch die Bohrmaschine ihre übrigens aus der Vorzeit nur wenig bekannte Fortentwicklung dem Waffenbedarf. Bei einer Kanonenrohr-Bohrmaschine nach BIRINGUCCIO 1540 n. Chr., also aus der Zeit, in welcher erstmalig größere Mengen von Kanonenrohren fertiggestellt wurden, treibt

---

[1] Die Abbildungen sind zumeist den Veröffentlichungen der Fritz Werner A.G. von H. DOMINIK: Deutsche Großbetriebe 1938, J. J. Arnd, Verlag Übersee-Post, Leipzig C 1; KARL WITTMANN: Die Entwicklung der Drehbank 1941, VDI-Verlag GmbH, Berlin NW 7, sowie Deutsches Museum, München, Bildstelle, entnommen.

Abb. 1. Bohrvorrichtung (Rekonstr.) um 4000 v. Chr. mit Bohrproben (Museum für Völkerkunde Berlin).

ein Wasserrad den Bohrer an (Abb. 2), während der Vorschub des auf einem Holzschlitten befestigten Kanonenrohres durch eine Seilwinde bewerkstelligt wird.

Bei der Vertikalbohrmaschine für Geschütze (Abb. 3) aus dem Jahre 1751 geschieht der Bohrerantrieb durch ein Pferd am Göpel, der Vorschub durch Absenken des Geschützrohres auf den Bohrer, wodurch der Späneablauf erleichtert wird.

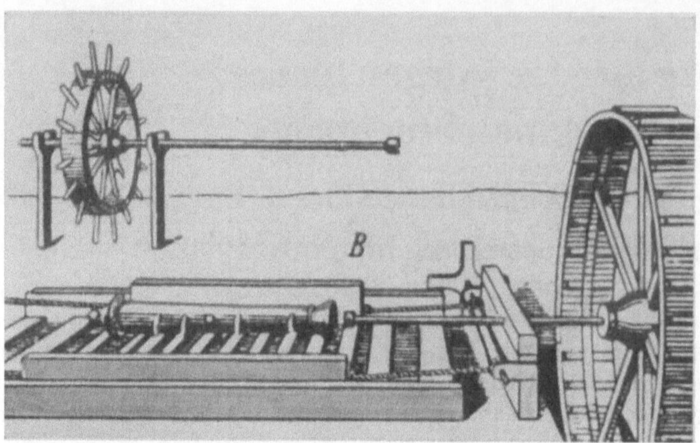

Abb. 2. Kanonenbohrmaschine nach BIRINGUCCIO 1540. (Aus DOMINIK.)

In die letzten Jahre dieses viertausendjährigen Zeitabschnitts fällt die Erfindung der Dampfmaschine. Sie stellt eine wesentlich schwierigere und zunächst unlösbare Aufgabe. Dampfzylinder von einem Durchmesser weit größer als derjenige der Geschützrohre sollten ausgebohrt werden. Die Anforderung war die gleiche; auch der Dampfzylinder sollte ein möglichst gerader und genauer Kreiszylinder sein.

Die außerordentlichen Anstrengungen, welche hierzu gemacht wurden, gehen aus dem Bericht des englischen Kunstmeisters RICHARD REYNOLDS hervor, den dieser im Oktober 1760 in seinem Tagebuch niederlegte:

Abb. 3. Vertikalbohrmaschine für Geschütze und zugehörige Geschützbohrer, 1751. (Nach der französischen Enzyklopädie.)

„Wir haben heute mit dem Ausschleifen eines Rotgußzylinders von 20 Zoll Weite und 9 Fuß Länge für die Kohlengrube Elphingstone begonnen. Nach vielen Entmutigungen und nachdem schon drei andere Gußstücke verdorben waren, hatten wir große Zweifel, ob es uns jemals gelingen würde, eine Arbeit von solcher Größe zu glücklichem Ende zu bringen. Aber die Not der Grube Elphingstone zwang uns, es nochmals zu versuchen, und wir danken Gott dem Allmächtigen, daß er uns nach so schweren Prüfungen unser Werk gelingen ließ.

Nachdem wir den Zylinder auf zwei zugehauenen Balken auf den Werkhof waagerecht fest gelagert hatten, mußte uns ein Bleigießer zwischen zwei aus Bohlen und Kitt hergestellten Verschalungen die Masse von dreihundert Pfund Blei in den Zylinder gießen.

Den Bleiklotz haben wir mit zwei Eisenstangen und Tauen verbunden und an jedes Tau sechs kräftige und flinke Männer gespannt. Danach haben wir Öl und Schmirgel in den Zylinder gegossen und ihn durch Hin- und Herziehen des Bleiklotzes ausgeschliffen, indem wir ihn immer ein wenig weiterdrehten, wenn eine Stelle glatt gerieben war. Und so haben wir mit vieler Mühe und harter Anstrengung gearbeitet, bis schließlich ein solcher Grad von Rundheit erreicht war, daß der größte Durchmesser des Zylinders sich vom kleinsten nur noch um weniger als die Dicke meines kleinen Fingers unterschied. Das war für mich der Anlaß einer großen Freude, da es das beste Ergebnis ist, von dem wir bisher gehört haben.‘‘

Bei dieser Sachlage war es eine anerkannte Leistung, als SMEATON mit der im Jahre 1765 von ihm erfundenen Zylinderbohrmaschine (Abb. 4) auftrat. Das Ausschleifen wurde durch Schaben bzw. Schneiden mit Bohrmessern ersetzt. Die Schwäche der Konstruktion bestand darin, daß Bohrkopf und Bohrstange durch einen im Zylinder laufenden Wagen (im Bild links oben) abgestützt wurden. So blieb es bezüglich der Bohrtoleranz noch ungefähr beim alten.

Es ist fördernd, sich einmal auf Grund solchen Berichtes in die Notlage der damaligen Ingenieure zu versetzen und selbst zu erwägen, welche Aufgabe vorlag und wie sie zu lösen war. Diese Lösung und damit den vorläufigen Abschluß der Entwicklung brachte die WILKINSONsche Bohrmaschinenanlage (Abb. 5) 1775 mit der genügend starren, doppelseitig gelagerten Bohrstange und dem Ersatz der bis dahin wesentlich schabenden Messer durch schneidende Stähle. So schreibt BOULTON, der Partner WATTS, im Jahre 1776:

„Mr. WILKINSON hat uns verschiedene Zylinder fast fehlerfrei gebohrt; darunter befindet sich einer von fünfzig Zoll (1270 mm)

Abb. 4. Zylinderbohrwerk von SMEATON 1765. (Aus DOMINIK.)

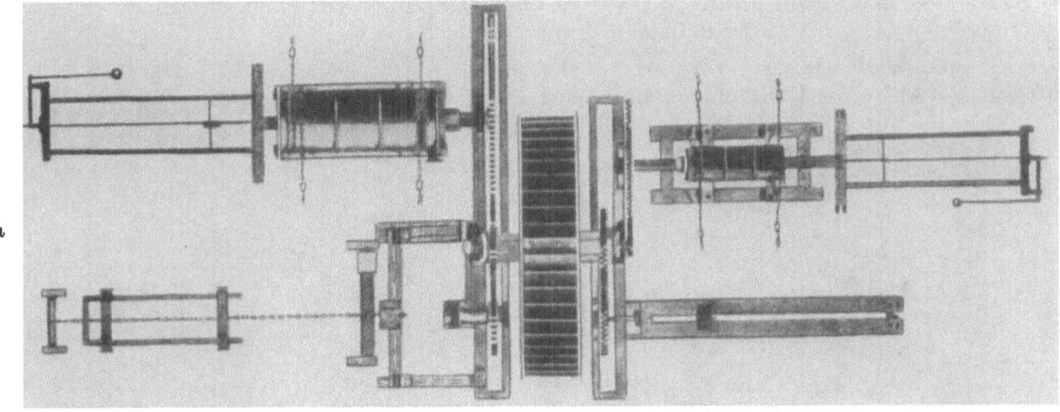

a

b

Abb. 5a u. b. Zeichnung und Modell der kombinierten Drehbank und Bohrmaschine von WILKINSON aus dem Jahre 1775 (South Kensington-Museum, London). (Aus DOMINIK.)

lichter Weite, der an keiner Stelle um die Dicke eines alten Shillingstückes von der wahren Kreisform abweicht."

Die Maschinenanlage (Abb. 5) umfaßte 4 von einem Wasserrad angetriebene Werkzeugmaschinen, oben rechts und links je eine Bohrmaschine für Dampfzylinder und unten je eine Drehbank, links eine solche mit Hohlspindel zum Abdrehen von Kolben und Zylinderdeckeln, rechts eine Drehbank zum Abdrehen von Kolbenstangen.

Die vielseitige und nicht ganz einfache Abbildung mit ihrem Text ist hier in besonderer Absicht gebracht worden. Sie zeigt, wie derartige Anlagen gegen Ende des 18. Jahrhunderts bereits gearbeitet haben. Zugleich aber ist sie ein typisches Beispiel für die Erfahrung, welche besonders jeder Anfänger beim Studium derartiger Veröffentlichungen machen muß. Er wird unbefriedigt sein, weil Fragen auftauchen, die er sich ohne weiteres nicht beantworten kann. Im vorliegenden Fall ist es beispielsweise die Frage, wie denn nun der Bohrkopf erfaßt wird, um auf der Bohrstange oder mit ihr vorgeschoben zu werden und wie dabei der Bohrkopf von der umlaufenden Bohrstange andauernd im Umlauf mitgenommen wird.

Wer an solchen Fragen achtlos vorübergeht, ohne sich Rechenschaft über die Lösungsmöglichkeiten zu geben, wird auch bei eigener Arbeit schwerlich Lösungen zu Konstruktionen und Betriebsproblemen finden. Es ist ein Kennzeichen der Begabung, daß der Studierende Lücken in der Darstellung oder Mängel derselben erfaßt und sich nicht beruhigt, bis er Klarheit und Lösung gefunden hat, freilich nur, wenn die Lösung von den Problemen für die gestellte Aufgabe sich lohnt.

b) Die Drehbank.

Das Abdrehen wurde in den ältesten Zeiten so bewerkstelligt, wie man es noch heute z. B. in Marokko sehen kann und wie es auch der Inder (Abb. 6) ausführt, der mit dem rechten Arm den Fiedelbogen zum Werkstückantrieb führt. Das Werkzeug stützt sich auf eine Gleitschiene und wird

Abb. 6. Primitives Abdrehgerät mit Inder bei der Arbeit.

Abb. 7. Älteste deutsche Darstellung der Wippenbank um 1400, Schnur und Fußtritt. (Aus WITTMANN.)

auf dieser an dem Werkstück entlang mit der linken Hand geführt, indem es gleitend an den Zehen des rechten Fußes Anlage findet.

Der Fortschritt in der Entwicklung der Drehbank (Abb. 7) bestand in dem Freimachen beider Hände zum Vorschub, also zur Führung des Werkzeugs. Die um das Werkstück herumgelegte Schnur reicht nunmehr von einer über dem Arbeiter federnd angebrachten Stange bis herunter an das mit dem linken Fuß betätigte Trittbrett.

Diese sogenannte Wippenbank war noch bis Mitte des 19. Jahrhunderts in einfachen Werkstätten in Gebrauch. Die Abb. 7 zeigt die älteste deutsche Darstellung der Wippenbank um 1400. Jahrtausende waren dahingegangen, bis diese doch keineswegs ideale Lösung zur Anwendung kam.

Der folgende, sehr bedeutsame, wenn auch naheliegende Fortschritt war der Übergang zur gleichbleibenden Drehbewegung des Werkstücks von oben nach unten auf die Werkzeugspitze zu (Abb. 8). Die Drehbewegung wurde nunmehr durch einen Hilfsarbeiter ausgeführt. Auch die Drehbank (Abb. 9) hat gleichbleibende Drehbewegung, wird aber noch in höchst primitiver Weise mit Zug- und Stoßbewegungen an Kurbeln bewerkstelligt und der Drehmeißel wird über einen Balken entlanggeführt. Abb. 10 zeigt eine Drehbank aus der Zeit um 1800.

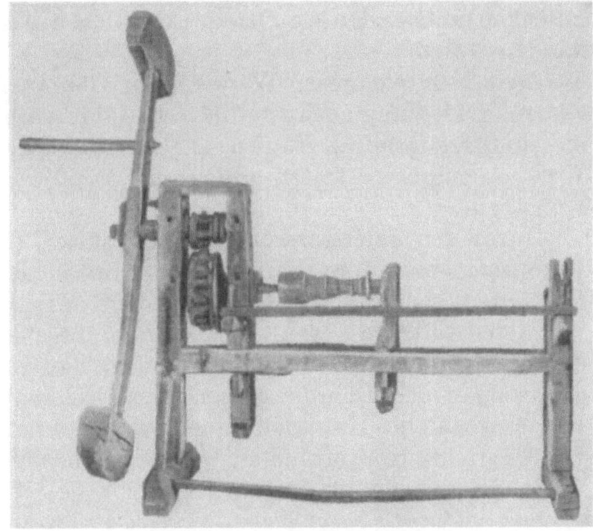

Abb. 8. Wagner-Drehbank um 1800 aus Weibing, Niederbayern, mit Handkurbel, Schwungklötzen und Zahnradübersetzung. (Aus WITTMANN.)

Abb. 9. Improvisierte Holzdrehbank, Antrieb mittels Stoßstange nach Kupferstich von 1736.

Bemerkenswert sind die noch primitiven hölzernen Führungsbahnen für den Kreuzschlitten und den Reitstock.

Diese drei Drehbänke, deren Benutzung erst in der Zeit nach 1770 nachgewiesen wurde, sind aber wohl alle weit vor dieser Zeit entwickelt worden.

In entsprechender Weise wurden auch vorhandene Wasserkräfte zum Betrieb herangezogen.

2. Die klassische Zeit des Werkzeugmaschinenbaues von 1800 bis 1840.

England übernahm die Führung im Werkzeugmaschinenbau.

Mit der Erfindung der Dampfmaschine wurden nicht nur neue Fertigungsaufgaben gestellt, es hörte auch die Bindung an die Wasserkraft auf. Neue

Abb. 10. Drehbank mit Handantrieb um 1800. (Aus WITTMANN.)

Fabriken entstanden an Orten, an welchen Eisen, Kohle, Erfinder und Arbeiter vorhanden waren.

Dazu kam ein neuer Werkstoff in Gebrauch, das Gußeisen, also jener Werkstoff, dessen Herstellung noch zweihundert Jahre vorher bei Todesstrafe verboten war, weil er als ein Erzeugnis des Teufels angesehen wurde. An Stelle der hölzernen Gestelle der Werkzeugmaschine traten gußeiserne. Die Bearbeitung dieses Werkstoffes stellte neue Aufgaben.

Durch den amerikanischen Freiheitskrieg 1775 bis 1883 und die großen Kriege in Europa, insbesondere die Feldzüge Napoleons, kamen große Aufträge nicht nur auf Geschütze, sondern vor allem auch auf ungeahnte Massen von Gewehren.

Diese Aufträge veranlaßten eine so beschleunigte und erfolgreiche Durchbildung der erforderlichen Werkzeugmaschinen, daß in dieser Zeit die wichtigsten Getriebegruppen an den Bohrmaschinen und Drehbänken und neu hinzukommend die Fräsmaschine und die Hobelmaschine erfunden wurden. Außerdem wurde eine große Anzahl von Einrichtungen erfunden, um die Handarbeit durch Maschinenarbeit zu ersetzen.

Man kann diese Zeit von 1800 bis 1840 daher mit Recht die klassische Zeit des Werkzeugmaschinenbaues nennen.

a) Die Drehbank.

Die Drehbank entwickelte HENRY MAUDSLEY (1771 bis 1831) im besonderen zur Herstellung von Gewinden in einer bislang unerreichbaren Genauigkeit. Auf zehntel Millimeter wurde diese eingehalten. Die erste derartige Schraubendrehbank aus dem Jahre 1797 zeigt Abb. 11. Der Schlitten arbeitet im Selbstgang, durch eine Gewindespindel bewegt.

Um 1800 gibt NASMYTH eine überzeugende Darstellung des Fortschritts bei der Dreharbeit (Abb. 12). Der Dreher links arbeitet mühsam nach der alten Weise, sein Körpergewicht zu Hilfe nehmend, um das Drehwerkzeug bei der großen Schnittkraft am Werkstück entlangzuführen. Der Arbeiter rechts hat nur noch das Werkzeug anzustellen; dann verläuft der Arbeitsgang selbsttätig; die Aufgabe des Arbeiters besteht sodann nur noch in der Überwachung des Arbeitsablaufes.

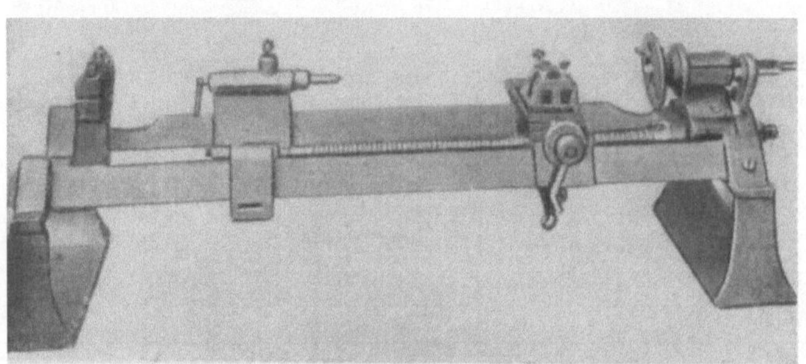

Abb. 11. Schraubendrehbank von MAUDSLEY, um 1797. (Aus WITTMANN.)

Abb. 12. Vergleichende Darstellung nach NASMYTH einer alten Handdrehbank und Supportbank von MAUDSLEY um 1800. (Aus DOMINIK.)

Abb. 13 zeigt die Verwirklichung der Idee von WHITWORTH 1837 zu einer stufenlosen Regelung der Drehzahl zwecks Erzielung einer gleichbleibenden Schnittgeschwindigkeit beim Plandrehen.

Maudsley hat Schule gemacht. Seine Schüler sind an der Fortentwicklung der Werkzeugmaschine wesentlich beteiligt. Abb. 14 zeigt eine schematische Darstellung einer Drehbank, welche der Veröffentlichung von Karl Wittmann entnommen ist.

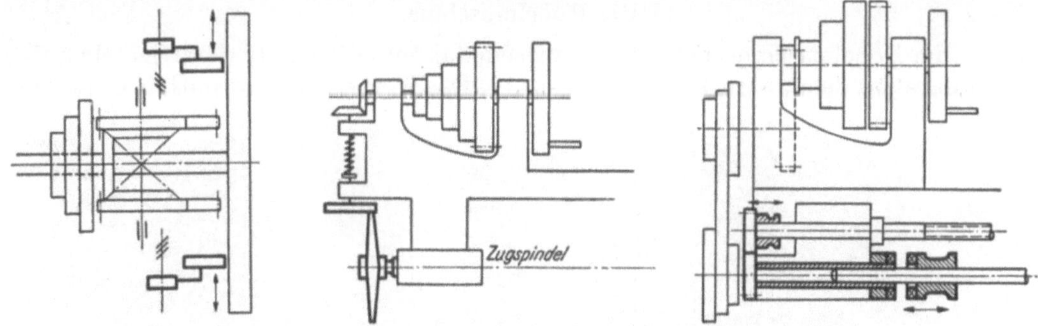

Abb. 13. Antrieb der Planscheibe mittels verschiebbarer Reibrollen zur Erzielung einer gleichbleibenden Geschwindigkeit beim Plandrehen nach Whitworth 1837. (Aus Wittmann.)

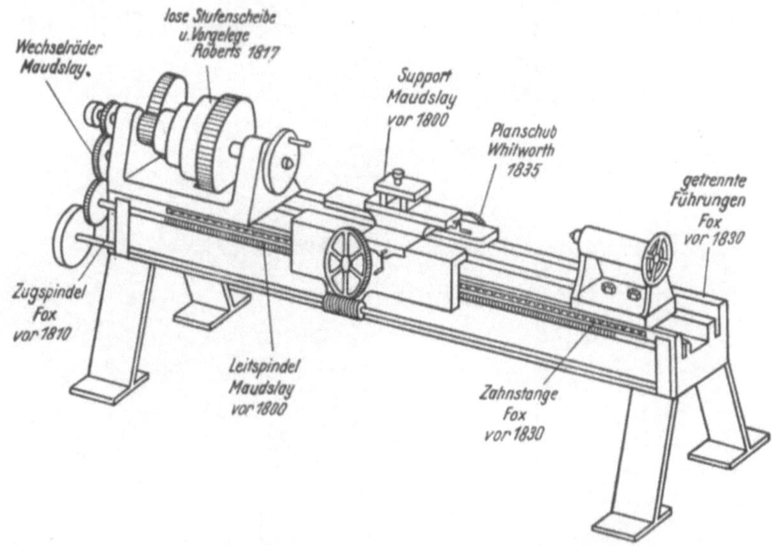

Abb. 14. Zusammenfassung der bis 1839 gemachten Erfindungen an einem Drehbankschema. (Aus Wittmann.)

In dieser Darstellung sind an einer Drehbank die wesentlichen Fortschritte bis 1839 zusammen gezeichnet, ohne daß es damals eine Drehbank gegeben hätte, welche diese Bestandteile bereits in sich vereinigte. An jedem Teil ist der Name des Erfinders ver-

Abb. 15.
Erste von F. König in Deutschland eingeführte englische Leitspindelbank, Baujahr um 1810. Holzbett mit Gußführungen, rohe Zahnräder, Doppelsupport, Spindelhöhe 280 mm, größte Drehlänge 1500 mm. (Aus Wittmann.)

merkt. Unschwer erkennt man die Bestandteile wieder, die noch heute an einer normalen Drehbank zur Anwendung kommen.

Von besonderem Interesse ist noch die erste von F. König nach Deutschland im Jahre 1810 eingeführte englische Leitspindelbank (Abb. 15). Das Gestell besteht noch aus Holz, ist aber mit gußeisernen Führungen für den Werkzeugschlitten versehen, letzterer ist als Doppelschlitten ausgeführt. Spindelhöhe 280 mm, größte Drehlänge 1500 mm.

b) Die Hobelmaschine.

Auch die Hobelmaschine entsteht in diesen Jahren. Eine erste derartige Maschine von ROBERTS aus dem Jahre 1817 zeigt Abb. 16. Das Werkstück wird mittels Kettenzug

Abb. 16. Hobelmaschine von ROBERTS aus dem Jahre 1817. (Aus DOMINIK.)

Abb. 17. Hobelmaschine mit Holzgestell für Kleinbetrieb 1855.

Abb. 18a—d. Erste Fräsmaschine, um 1818 von ELI WHITNEY gebaut, im Besitz der Sheffield Scientfiic School, Jale-Universität. (Aus DOMINIK.)

unter dem während des Schnittes feststehenden Werkzeug hindurchgezogen. Abb. 17 zeigt eine noch hölzerne Hobelmaschine, welche, der Mitte des vorigen Jahrhunderts entstammend, noch etwa drei Jahrzehnte hindurch für den sich mühsam, aber stetig ausdehnenden Kleinbetrieb die vorherrschende Hobelmaschinenart war.

c) Die Fräsmaschine.

Die erste Fräsmaschine (Abb. 18) baute 1818 der Amerikaner ELI WHITNEY. So unförmig diese Erstkonstruktion aussieht, so enthält sie doch bereits die charakteristischen Bestandteile neuzeitlicher Fräsmaschinen. Durch eine bei *a* sitzende Riemenscheibe wurde der Antrieb eingeleitet und auf den bei *c* sitzenden Fräser übertragen. Der Vorschubantrieb ging von *d* mittels Riemenzug auf die Vorgelegewelle *e* und mittels Schneckenrad auf die Vorschubspindel *f* und den in Führung *g* laufenden, aber in der Abbildung nicht dargestellten Tisch. Die Schnecke ist bereits als Fallschnecke ausgebildet, eine Einrichtung, die zeitweilig in Vergessenheit geraten war, die man heute aber an den modernsten Maschinen wiederfindet.

3. Die Entwicklung von der Mitte bis zum Ende des 19. Jahrhunderts (1840 bis 1900).

Von nun an zeigt die Entwicklung einen so schnellen und vielseitigen Fortschritt, daß es in diesem kurzen Abriß nicht möglich ist, die Entwicklung in ihren Einzelheiten zu schildern.

Nur die Art und Richtung der Entwicklung kann geschildert werden. Der Darstellung des Fortschrittes nach 1900 muß es vorbehalten bleiben, noch auf Einzelheiten aus der Zeit um die Jahrhundertwende einzugehen, sofern sich aus ihnen die Entstehung der neuzeitlichen Typen herleitet.

Bis zum amerikanischen Bürgerkrieg (1861 bis 1865) und besonders danach übernehmen die Vereinigten Staaten die Führung im Werkzeugmaschinenbau. Der große Bedarf an Werkzeugmaschinen zur Erledigung der Waffenbestellungen begünstigte und erzwang den Fortschritt. Der Arbeitermangel forderte, arbeitszeitsparende Maschinen herauszubringen. Dieses Bestreben führte nicht nur zur Fortentwicklung der normalen Bauart, d. h. zur Vereinfachung der Bedienung der Maschine, sondern auch zur Vereinfachung der Bearbeitung selbst und ihre Aufteilung auf mehrere besonders geeignete Maschinen. So entstanden nicht nur normale Werkzeugmaschinen, sondern auch Drehbänke

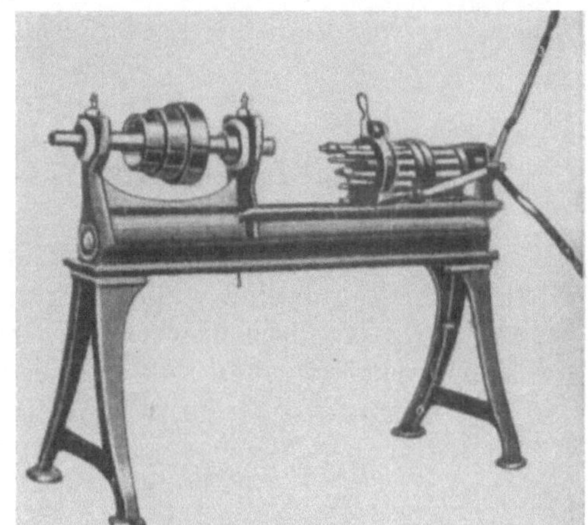

Abb. 19. Revolverbank von Rooh um 1850. Aus I. W. Roe: English and American Tool Builders. New Haven 1926. (Aus Dominik.)

für Sonderzwecke. Die Maschinen wurden auch eleganter und leichter gebaut; eleganter zum Teil auch, um den Arbeiter zu gewinnen, leichter, wenn auch schneller verschleißend, in dem Gedanken, daß die Maschinen schon nach wenigen Jahren überholt sein werden und daß es sich dann lohnen werde, sie bei der stets vorausgesetzten und tatsächlich in den USA damals auch andauernden Entwicklung durch neue zu ersetzen.

So kam es zur Bearbeitung
1. eines Werkstücks mit mehreren Werkzeugen,
    a) letztere auf einem oder gleichzeitig auf mehreren Schlitten,
    b) mit mehreren Werkzeugen nacheinander, also zur Revolverbank (Abb. 19) und zum Automaten;
2. mehrerer Werkstücke gleichzeitig,
    a) hintereinander aufgespannt durch Fräsen oder Hobeln,
    b) durch den Mehrspindelautomaten.

a) Die Drehbank.

Eine Drehbank der Firma Heidenreich und Harbeck aus dem Jahre 1868 zeigt Abb. 20. Es lohnt sich für den Anfänger, ausgehend von dieser Abbildung, den vielseitigen im Laufe der ersten Hälfte des 20. Jahrhunderts bei den Drehbänken erzielten Fortschritt im einzelnen zu verfolgen.

b) Die Fräsmaschine.

Neu ist die Durchbildung der Universal-Fräsmaschine 1862 von Brown & Sharpe (Abb. 21). Die erste Planfräsmaschine entstand 1852, gefertigt von Robbins und Lawrence, ein Vorläufer der Lincoln-Fräsmaschine.

Abb. 20.
Drehbank von Heidenreich & Harbeck 1868.

Abb. 21.
Erste Universal-Fräsmaschine 1862 von Brown & Sharpe. (Aus Dominik.)

c) Die Rundschleifmaschine.

In diesen Zeitabschnitt fällt auch die Entwicklung einer neuen Werkzeugmaschinengattung, der Rundschleifmaschine, welche nicht wie die früheren Schleifmaschinen wesentlich dem Schleifen von Werkzeugen dienen sollte, sondern der genauen Fertigstellung von Maschinenteilen. Mit ihr konnten Passungen mit einer Toleranz von 0,01 mm ohne Schwierigkeiten eingehalten werden. Die erste Rundschleifmaschine (Abb. 22) wurde 1874 von Brown und Sharpe auf den Markt gebracht.

Abb. 22.   Erste Rundschleifmaschine von Brown & Sharpe, 1874.

A Aufspanntisch;   B Spindelstock mit Riemenscheibe; C Längsschlitten;   D Querschlitten;   a Schrägverstellung;   b Frontplatte v. Querschlitten;   c Abrichter; d Werkstückmitnehmer;   e Maschinengestell; f Zustellung.

d) Die Hobelmaschine.

Nicht unerwähnt darf ferner die Fortbildung der Hobelmaschine 1862 durch William Sellers (1824 bis 1905) bleiben (Abb. 23). Diese Hobelmaschine bringt im wesentlichen bereits die Einrichtungen der noch im 20. Jahrhundert gebrauchten Maschinen.

Neu sind:

1. der Antrieb durch schräg liegende Schnecke mit seitlich angeordnetem großen Kegelrad, wodurch die Übersetzung ins Langsame vereinfacht wurde gegenüber den früheren Hobelmaschinen mit einem kleinen Kegelrad und mit Zwischenvorgelege am Ende der langen unter dem Hobelstück angeordneten Gewindespindel (Fig. 1);

2. die Umsteuerung unter Anwendung schnellumlaufender schmaler Riemen (kurze Überführungswege) durch schwenkbare Riemengabel (Fig. 2);

3. die glatte Spindel mit Keilnut zum selbsttätigen Antrieb des Vertikalvorschubes des Werkzeugschlittens (Fig. 3);

4. Einzelheiten, z. B. zum Abhub des Werkzeugs, die im einzelnen darzulegen sich verbietet (Fig. 4).

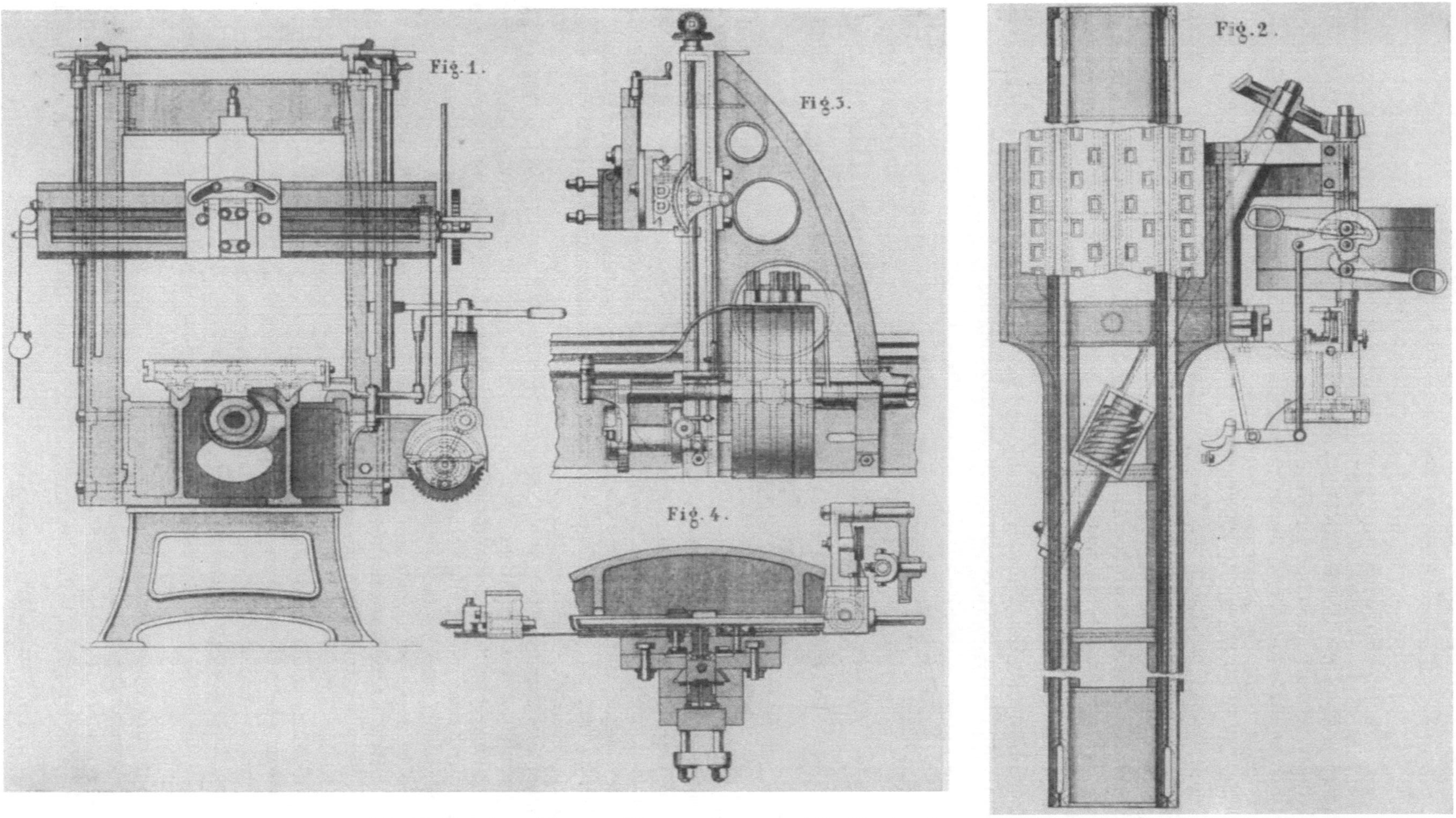

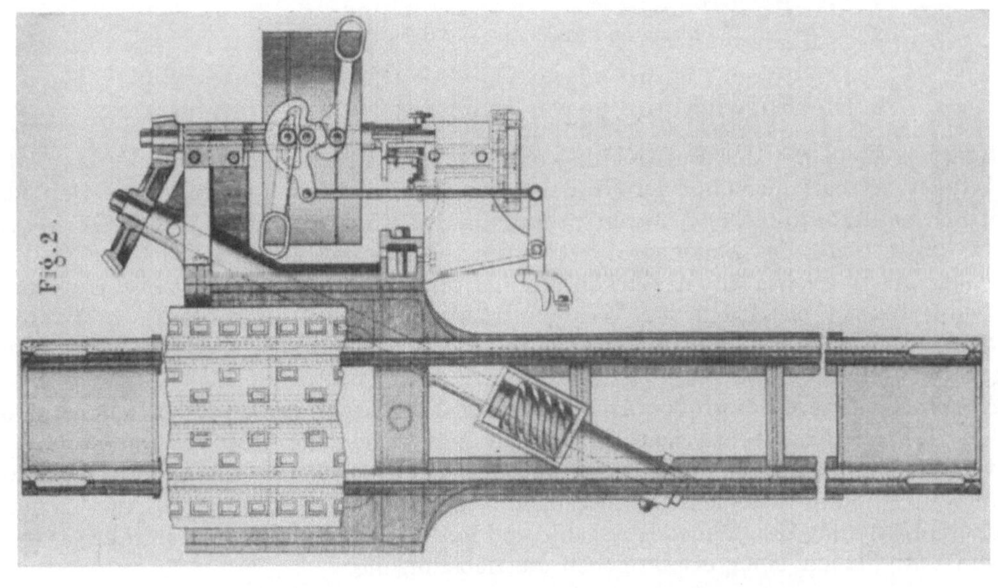

Abb. 23. Hobelmaschine von WILLIAM SELLERS 1862. (Fig. 1—4)

4. Die Entwicklung gegen Ende des 19. Jahrhunderts.

Hand in Hand mit der Entwicklung der Werkzeugmaschine dient die Verfeinerung der Werkstattarbeit nicht nur der Güte des Fabrikats, sondern auch besonders der Austauschbarkeit. Bahnbrechend waren ebenso in der Einrichtung der Werkstätten wie in der Organisation des Betriebes Whitney und Whitworth.

Deutschland erlebte einen starken Impuls durch die Aufträge, welche nach dem deutsch-französischen Kriege zur Wiederaufrüstung des Heeres im Jahre 1871 erteilt wurden. Gegen Ende des Jahrhunderts schaltete es sich erfolgreich in den internationalen Wettbewerb ein.

Abschließend wird des großen Amerikaners F. W. Taylor gedacht, der in den beiden letzten Jahrzehnten des vorigen Jahrhunderts entscheidend den Fortschritt im gesamten Werkzeugmaschinenbau beeinflußt hat. Seine Bücher „On the art of cutting metals" und „Shop management" bezeugen seine beiden Erfolge in der Spanabhebung durch die Erfindung des Schnelldrehstahls und in der Betriebsführung durch das Durchdenken und Planen einer erfolgreichen Betriebsführung.

II. Probleme und Ergebnisse der Schnitttheorie und deren Einfluß auf die Gestaltung der Werkzeugmaschinen.

Dieser Abschnitt beginnt mit einer Übersicht über die Art, Eigenschaften und Bearbeitbarkeit der Werkstoffe für Werkstücke und Werkzeuge. Es folgt der erste Hauptteil mit einer Übersicht über die Ergebnisse der Zweckforschung, d. h. der Forschung, welche die Ermittlung von Richtlinien für die Spanabnahme in der Praxis erstrebt, und als zweiter Hauptteil eine Zusammenfassung von Anschauung und Lehre, soweit sie bislang durch grundlegende, zunächst voraussetzungslose Forschung erreicht wurde.

Daß der Aufstellung von Richtlinien für den Betrieb eine gründliche Erforschung der Spanbildung voraufgegangen wäre, könnte man annehmen. In Wirklichkeit war der Vorgang umgekehrt. Die Zweckforschung lief mit der klassischen Arbeit von Taylor[1] der grundlegenden Forschung voraus. Es war bis vor 20 Jahren nicht möglich, mit Aussicht auf Erfolg grundlegende Forschung zu betreiben, weil die Hilfsmittel dazu fehlten. Auch heute noch steht die grundlegende Forschung im Anfang.

Die Betriebe aber warteten nicht. Sie unterstützten die Zweckforschung. So wurden Richtwerte aufgestellt ohne genaue Kenntnis der jeweiligen Spanbildung und ohne genaue Kenntnis der Werkstoffeigenschaften des Werkstücks wie des Werkzeugs, welche die Spanbildung maßgebend beeinflussen. Die so mit großen Kosten ermittelten Richtlinien waren zwar für den Anfänger lehrreich, versagten aber bei ihrer Anwendung zur Vorkalkulation und zur Abgabe von Leistungsgarantien, wie noch nach der Bekanntgabe der Richtlinien (S. 464) begründet werden wird.

Die Praxis konnte also Garantien für die stündliche Spanleistung der Maschine nur auf Grund eigener Erprobung des zu bearbeitenden Werkstoffs abgeben, nicht aber auf Grund der Eigenschaften des Werkstoffs, wie etwa Zugfestigkeit und Dehnung, oder auf Grund des metallographischen Bildes. Andere Eigenschaften, wie Zähigkeit, äußere und innere Reibung des Werkstoffs, deren Feststellung zur Zeit noch ein Problem ist, sind oft von entscheidendem Einfluß. So war die jeweilige Wiederholung des

---

[1] Taylor, F. W.: On the art of cutting metals.

so teuren Standzeitversuchs vor Garantieabgaben unerläßlich, da es eine kurze, billige und allgemein gültige Methode nicht gab und auch heute noch nicht gibt. Aber selbst die Wiederholung des Standzeitversuchs gelang oft nicht einwandfrei, wenn maßgebende Werkstoffeigenschaften oder wenn Unterschiede in der Versuchsführung unerkannt blieben. In dieser Beziehung kann nur tiefschürfende Anschauung, gestützt durch grundlegende Forschung, helfen, die Mängel in der Versuchsführung und in der Werkstoffkenntnis zu vermuten, festzustellen und schließlich auszuschalten. Auch davon wird noch die Rede sein.

Diese Vertiefung in die Spanbildung ist nicht gerade einfach und bequem. Sie erfordert intensive Beobachtung und schnellen Entschluß. Aber sie führt in der Spanabnahme nicht selten zu Ersparnissen von 20% und mehr. Im Werkzeugverschleiß wurden nicht selten mehrere 100% Ersparnis erzielt.

Um die Anschauung und die Erkenntnisse übersichtlich zu halten, werden nachstehend die Ausführungen auf die Spanabnahme durch das Drehen, zumeist sogar allein auf das Schruppdrehen, beschränkt und nur gelegentlich, und zwar zum Vergleich, das Fräsen, Bohren usw., gegebenenfalls auch das Schlichten, mit erörtert. Jedoch werden am Anfang der Abschnitte zu den einzelnen Werkzeugmaschinengattungen Erfahrungen mit den betreffenden Werkzeugen mitgeteilt, namentlich insofern, als aus ihnen die Anforderungen hervorgehen, welche an die Werkzeugmaschine hinsichtlich Gestaltung und Leistung zu stellen sind.

Wer besondere Aufgaben der Fertigung zu lösen hat, wird die Fachliteratur einsehen und die Ergebnisse der Spezialforschung in ein Gesamtbild von der Zerspanung geordnet eingliedern.

A. Die Zweckforschung.

1. Die Aufgabe der Schnitttheorie und deren Inangriffnahme.

a) Die Bearbeitung des Werkstoffs.

Die in der Zeiteinheit, z. B. in einer Stunde, *wirtschaftlich*, d. h. ohne untragbare Verluste im Werkzeug- und Maschinenverschleiß, beim Schruppdrehen erzielbare Spanmenge in kg ist bei gegebenem Werkstoff abhängig von der Leistung der Maschine und des Werkzeugs. Macht man diese Spanmenge und damit die *wirtschaftliche Schnittgeschwindigkeit*, bei welcher das Werkzeug in 1, 4 oder 8 Stunden nachgeschliffen werden muß, zum Maßstab für die Bearbeitbarkeit, so setzt diese Definition in erster Linie noch eine einwandfrei arbeitende Drehbank, die bestgeeignete Werkzeugschneide und den richtig gewählten Zusammenhang zwischen Vorschub und Schnittiefe voraus.

Nach dem Vorgehen von WALLICHS (Aachen) hat diese Definition der Bearbeitbarkeit für das Schruppen allgemeine Anerkennung gefunden. Damit gelingt bereits eine Abstufung der Werkstoffe, Stahl, Nichteisenmetalle, Porzellan usw. nach der als wirtschaftlich ermittelten Schnittgeschwindigkeit. Es ist so auch die maximal wirtschaftlich anfallende Spanmenge festgelegt.

Wenn aber andere Anforderungen als das Höchstmaß der Spanmenge erfüllt werden sollen, z. B. eine hohe Oberflächengüte des Werkstücks, wie sie nur durch Schlichten oder Feinschlichten erreicht werden kann, so muß die Schnittgeschwindigkeit über die für das Schruppen gegebene gesteigert werden. In solchem Fall ist aber auch die Feststellung der Bearbeitbarkeit eine andere, unter Umständen eine von anderen Werkstoffeigenschaften abhängige, aber auch dann eine wirtschaftliche. Hierfür wird die Bezeichnung *günstigste Schnittgeschwindigkeit* und *günstigste Bearbeitbarkeit* in Vorschlag gebracht. Die Begriffe sind umfassender. Sie schließen die wirtschaftliche Geschwindigkeit bzw. Bearbeitbarkeit mit ein.

Daß es für den Begriff der Bearbeitbarkeit eine einzige Kennzahl nicht gibt, darf nicht wundernehmen, da bei den verschiedenen Bearbeitungsarten, Drehen, Fräsen, Bohren, Schleifen usw., die Eigenschaften ein und desselben Werkstoffs, z. B. Zähigkeit, innere Reibung usw., sich verschieden auswirken. Man wird also verschiedene Bearbeitbarkeiten durch Unterschiede in der günstigsten Schnittgeschwindigkeit oder aber durch andere Angaben, die auf die Zähigkeit usw. zurückgreifen, zu unterscheiden haben.

b) Der Werkstoff des Werkzeugs.

Im Altertum und im Mittelalter gab es als Werkstoff für die Werkzeuge nur den Werkzeugstahl, der später durch den Prozentsatz an Kohlenstoff seinem Zweck angepaßt wurde. 1900 wurde der Schnellstahl auf der Pariser Weltausstellung erstmalig in seiner Leistung vorgeführt. Nach dem ersten Weltkrieg gelangten das Hartmetall und der Diamant zur Einführung. Die zweckmäßige Auswahl der Werkstoffe für das Werkzeug, dessen thermische Vorbehandlung, Gestaltung und Fertigbearbeitung ist im Verein mit der Güte und sorgfältigen Bedienung der Werkzeugmaschine entscheidend für den Erfolg der Bearbeitung. Es ist daher zunächst erforderlich, sich mit der Eigenart des für das Werkzeug in Frage kommenden Werkstoffes eingehend zu befassen.

α) Der Kohlenstoffstahl.

Der Kohlenstoffstahl, allgemein auch Werkzeugstahl genannt, hat einen Gehalt an C (Kohlenstoff) von 0,8 bis 1,5 %, um so mehr, je stoßfreier der Stahl arbeiten kann. Dieser Werkzeugstahl ist der billigste. Er ist heute durch Schnellstahl und Hartmetall im wesentlichen verdrängt. Nur in kleineren Reparaturwerkstätten, wenn der Zeitbedarf zur Spanabnahme unwichtig ist, sowie zur Herstellung von selten verwendeten Werkzeugen, insbesondere von Werkzeugen für eine einmalige Bearbeitung, ferner zur Bearbeitung von Leichtmetallen, findet er heute noch im Werkzeug Anwendung. Die wirtschaftlichen Schnittgeschwindigkeiten gehen für Werkzeugstahl bei Spanabnahme von weichem Stahl nicht über 25 m/min hinaus.

β) Der niedrig legierte Stahl.

Der niedrig legierte Stahl hat entsprechend höhere Schneidhaltigkeit. Legiert ist er außer mit C (Kohlenstoff) mit geringen Mengen von Wolfram (W) und Chrom (Cr) laut nachfolgender Zusammenstellung, in welcher auch die Anwendungsgebiete angegeben sind:

```
0,5 bis 1,5 %  W bei 1,1 bis 1,3 % C   für alle Werkstoffe,
2   bis 4   %  W bei 1,1 bis 1,3 % C ⎫ für sehr harten Werkstoff
4   bis 7   %  W bei 0,9 bis 1   % C ⎬ und geringe Schnittgeschwindigkeit,
1   bis 2   %  Cr bei 0,9 bis 1  % C   wenn volle Durchhärtung nötig ist.
```

Die Schnittgeschwindigkeiten gehen etwa bis zu 40 m/min bei Bearbeitung von weichem Stahl.

γ) Der Schnellarbeitsstahl.

Der Schnellarbeitsstahl, kurz Schnellstahl genannt, ist für die wirtschaftliche Spanabnahme zur Herstellung der meisten Werkzeuge der geeignetste Werkstoff und daher zumeist im Gebrauch[1].

TAYLOR nahm zum ersten Schnelldrehstahl 1898 ein Patent dahinlautend, daß mit $^{1}/_{2}$ % Chrom oder mehr und mit 1 % Wolfram oder mehr bei geeignetem Härteverfahren, zu welchem eingehende Versuche durchgeführt wurden, eine etwa 300%ige Leistungssteigerung durch Erhöhung der Schnittgeschwindigkeit sich erreichen läßt.

Empfohlen wurden anfangs 2 bis 3,8 % Chrom und 8 bis 8,5 % Wolfram, später 5,5 bis 6 % Chrom und 18 bis 19 % Wolfram bei einem Kohlenstoffgehalt von 0,5 bis etwa

---

[1] SCHERER, R., u. W. CONNERT: Entwicklung der Schnellarbeitsstähle. Stahl u. Eisen 1950, S. 984.

0,8%, einem niedrigen Siliziumgehalt von 0,05% und einem Mangangehalt so gering wie möglich, um Brüchigkeit zu vermeiden.

Im Jahre 1906 wurde dann noch festgestellt, daß mit einem geringen Zusatz von 0,3% Vanadium der Schnellstahl in seiner „Härte und Haltbarkeit" wesentlich verbessert werden konnte. Dieser Erfolg wurde auf eine Reinigung der Schmelze von schädlichen Oxyden zurückgeführt.

In den drei ersten Jahrzehnten dieses Jahrhunderts wurde dann — aufbauend auf der TAYLORschen Grundzusammensetzung — versucht, durch Erhöhung der Prozentsätze der einzelnen Legierunsgbestandteile oder durch Hinzufügen neuer Legierungsbestandteile die Leistungsfähigkeit der Schnellstähle noch zu verbessern.

Die Wolframknappheit nach dem ersten Weltkriege führte zu den Bestrebungen, Wolfram durch Molybdän zu ersetzen. Es gelang mit 6 bis 10% Mo (Molybdän), 3 bis 6% Cr (Chrom), 0,75 bis 2% V (Vanadium) und 1,5 bis 3,5% Co (Kobalt) ohne Wolfram Schnellstähle herzustellen, welche den Wolframstählen entsprachen.

Trotzdem kehrte man in Deutschland infolge der noch mangelnden Beherrschung der Warmbehandlung und des Härteverfahrens der Molybdänstähle zu den Wolframstählen zurück.

Erst infolge der Wolframkrise auf dem Weltmarkt Mitte der dreißiger Jahre kam es in Deutschland zur Nachprüfung des erforderlichen Wolframprozentsatzes im Verhältnis zu den anderen Legierungsbestandteilen und in USA zum Einsatz von Molybdän an Stelle von Wolfram bei gelungener Beherrschung des Härtens der Molybdänstähle.

Aus eingehenden und sorgfältigen deutschen Untersuchungen ergaben sich die Werkstoffblätter 320—350 des Vereins Deutscher Eisenhüttenleute vom Februar 1950, 2. Ausgabe über Schnellarbeitsstähle (Tab. 1), in welchen die ungefähre chemische Zusammen-

Tabelle 1. *Grundsätzliche Einteilung der Schnellarbeitsstähle nach ihren Eigenschaften und nach ihrer Verwendung* (RAPATZ: Werkstattstechnik und Maschinenbau Nov. 52.)

Stahlmarke	Zusammensetzung					Verwendung	Zur Bearbeitung von	Eigenschaften	Stahlmarke
	C	W	V	Mo	Co				
ABC III	1,0	3,0	2,5	2,8			Werkstücken bis 90 kg/mm² Festigkeit		ABC III
B 18	0,75	19,0	1,2			für alle Arten von Werkzeugen	Werkstücken bis 100 kg/mm² Festigkeit	beste Zähigkeit u. Schleifbarkeit	B 18
ABC II	0,80	9,0	1,7	1,0					ABC II
D	0,85	12,5	2,6	1,0			Werkstücken auch über 100 kg/mm² Festigkeit		D
DMo 5	0,85	6,75	2,05	5,25				Schneidfähigkeit angenähert E 18 Co 3	DMo 5
E 18 Co 3	0,75	18,0	1,6	1,0	2,5	für alle Werkzeuge, besonders für Schrupparbeiten	Werkstücken hoher Festigkeit	hoher Widerstand gegen Wärmeentwicklung bei der Arbeit	E 18 Co 3
ECo 3	0,90	12,5	2,2	1,0	3,0				ECo 3
E 18 Co 5	0,80	18,5	1,7	1,0	5,0				E 18 Co 5
ECo 5	0,80	13	2,0	1,5	5,0				ECo 5
EV 4	1,30	12,5	4,0	1,0		für Feinschnitt und Automatenarbeit (Kühlung zweckmäßig)	auch zum Schruppen, aber nicht bei unterbrochenem Schnitt	hoher Verschleißwiderstand (Hartdreher)	EV 4
EV 4 Co	1,35	12,5	4,0	1,0	5,0				EV 4 Co

Der in dieser Tabelle nicht angegebene Chromgehalt schwankt zwischen 4,3 und 4,5%, die Wichte zwischen 7,9 und 8,6 kg/dm³.

setzung der derzeit verfügbaren Schnellarbeitsstähle sowie Eigenschaften und Verwendungsgebiet angegeben sind.

Zwei Eigenschaften kennzeichnen in erster Linie den Schnellstahl: die Rotgluthärte und der Verschleißwiderstand.

Die Legierung mit Wolfram verleiht dem Schnellstahl gegenüber dem Kohlenstoffstahl und den niedrig legierten Stählen eine höhere Warmfestigkeit. Kohlenstoffstahl ist anlaßbeständig bis etwa 300°, Schnellstahl bis etwa 600°; diese Eigenschaft ermöglicht die beträchtliche Erhöhung der Schnittgeschwindigkeit gegenüber dem Kohlenstoffstahl. Der Verschleißwiderstand verhütet die zu schnelle Abnutzung des Schnellstahls bei der Bearbeitung sehr harter Werkstoffe.

Die nun folgenden genaueren Angaben über den Anwendungsbereich des einzelnen Schnellstahls sind den Werkstoffblättern 320—350 wörtlich entnommen.

„ABC III ist ein Schnellarbeitsstahl mittlerer Leistung für die Bearbeitung von Werkstoffen mit einer Zugfestigkeit bis zu etwa 85 kg/mm² vornehmlich für Werkzeugfabriken, z. B. für einfach geformte Werkzeuge, für rotierende Schneidwerkzeuge, wie Fräser, Spiralbohrer, Reibahlen, Kreissägen zur Metallverarbeitung und Zähne für Kreissägen.

ABC II ist ein Schnellarbeitsstahl besonders für feinschneidende, schleifempfindliche Werkzeuge, wie Gewindebohrer, Gewindefräser, Schneideisen geringer Steigung und schnellaufende Holzbearbeitungswerkzeuge.

EV 4 ist ein Hochleistungsstahl von großer Verschleißhärte, besonders geeignet für saubere Schlichtarbeiten auf Werkstoffen von hoher Festigkeit, einzusetzen für Dreh- und Einstechstähle, Fräser, Formwerkzeuge, Reibahlen, Schneidräder u. ä.

ECO 3 ist ein Schnellarbeitsstahl hoher Schneidleistung für Schrupparbeiten bei hoher Warmbeanspruchung, vorwiegend einzusetzen bei harten und austenitischen Werkstoffen, wie für Dreh- und Hobelmeißel mit auf- und vorgeschweißten Schneiden, Schruppfräser in Verbundausführung u. a. m.

EV 4 Co ist ein Höchstleistungsstahl von besonderer Verschleiß- und Warmhärte zur Bearbeitung von Werkstoffen hoher Festigkeit bei gesteigerten Schnittgeschwindigkeiten und Vorschüben, besonders für Profilmesser bei Automatenarbeit mit Kühlung.

D und DMo 5 sind Schnellstähle von hoher Schneidleistung und Zähigkeit zur Bearbeitung vornehmlich von Werkstoffen mit einer Zugfestigkeit über etwa 85 kg/mm². Sie sind geeignet für Dreh- und Hobelmeißel, Fräser in Verbund- und Vollausführung, Hochleistungsspiralbohrer, Räumnadeln, Reibahlen, Zähne und Segmente für Kreissägen, Schneidräder u. a. m.

B 18 ist ein allgemein brauchbarer Schnellstahl von großer Härteunempfindlichkeit und guter Schnittleistung.

E 18 Co 5 ist ein bei Härtung und Überbeanspruchung unempfindlicher Stahl und für schwerste Schrupparbeit besonders geeignet. Er kommt für ähnliche Verwendungszwecke wie der Stahl SCo 3 bei gesteigerten Beanspruchungen in Betracht.“

Aus diesen Angaben folgt, daß auch ein bester Schnellstahl in der Leistung herabsinkt, wenn er für Spanabnahme an Werkstoffen verwendet wird, für die er nicht vorgesehen ist.

Zum wirtschaftlichen Ausnutzen der Schnellstähle werden mit untergelegter Kupferfolie kleine Plättchen auf Maschinenstahl aufgeschweißt; Härten nach dem Aufschweißen.

δ) Das Hartmetall.

Stellite sind auf der Grundlage Wolfram-Chrom-Kobalt aufgebaut, wobei an Stelle von Kobalt auch teilweise Nickel treten kann. Desgleichen kann an Stelle von Wolfram teilweise Mangan, Molybdän, Vanadin, Titan und Tantal treten.

Die Formgebung erfolgt durch Gießen und anschließendes Schleifen, durch Spanabhebung nur mit Hartmetall und Diamant. Stellite besitzen noch eine höhere Warmhärte als Schnellstahl, sind also darin den Schnellstahlwerkzeugen mehrfach überlegen. In Deutschland waren sie nie so weitgehend eingeführt wie in den Vereinigten Staaten. In Deutschland finden sie infolge ihrer Sprödigkeit keine beachtliche Verwendung mehr.

Gegossene Karbid-Hartmetalle setzen sich vorwiegend aus Wolframkarbid und dem Bindemittel Kobalt oder Nickel (Nickel zur Verminderung der Sprödigkeit) zusammen. An Stelle von Wolframkarbid kann auch teilweise noch Molybdän-, Chrom-, Titan- und Tantalkarbid zugesetzt werden.

Gegossene Hartmetalle werden für auf Verschleiß beanspruchte Teile verwendet, selten als Werkzeuge für spanabhebende Formgebung.

Gesinterte Karbid-Hartmetalle bestehen aus Karbiden des Wolframs, zum Teil mit Zugabe von Titan-, Tantal- und Molybdänkarbid, wobei als Bindemittel Kobalt oder Nickel verwendet wird[1].

Der zusammengepreßte Werkstoff wird vorgesintert bei 800° und sodann zum Werkzeug fertig geformt. Daraufhin wird das Werkzeug bei etwa 1400° C nachgesintert, woraufhin nur noch die Schneide nachgeschliffen wird.

Gesinterte Hartmetalle werden durch Löten mit Kupfer auf ihrer Unterlage befestigt. Sie eignen sich zum Zerspanen im Dreh-, Hobel-, Bohr- und Fräsvorgang von Stahl und Gußeisen jeder Härte und Legierung, von Nichteisenmetallen und nichtmetallischen Stoffen. Die sehr hohe Warmhärte neben hoher Verschleißfestigkeit gestattet die Schnittgeschwindigkeit auf das Mehrfache derjenigen des Schnellstahls zu erhöhen. Gegen stoßweise Beanspruchung sind diese Werkzeuge wesentlich unempfindlicher als Stellite und gegossene Karbid-Hartmetalle.

Gesinterte Hartmetalle werden im Handel unter den Bezeichnungen Widia, Titanit, Böhlerit usw. angeboten.

Zum Schleifen der Hartmetallwerkzeuge werden Schleifscheiben aus Siliziumkarbid benutzt. Die Güte des so erreichbaren Schliffes ist ausreichend für die Mehrzahl der Zerspanungsaufgaben. Zum Schleifen von Werkzeugen mit sehr maßgenauen (Abweichungen kleiner als 0,02 mm) oder sehr feinen Schneidkanten ist Diamantstaub in loser oder gebundener Form auf einer Spezialgußscheibe mit Öl aufzutragen.

Laut DIN 4990 werden folgende deutsche Hartmetalle hergestellt:

S 1 für hohe Schnittgewindigkeiten bei Vorschüben bis 1 mm/U;

S 2 für mittlere Schnittgeschwindigkeiten bei Vorschüben bis 2 mm/U, insbesondere bei Verwendung älterer Werkzeugmaschinen sowie bei Arbeiten mit unterbrochenem Schnitt oder wechselnden Schnittiefen; Schnittgeschwindigkeiten etwa 40% tiefer als für Gruppe S 1;

S 3 für niedrige und mittlere Schnittgeschwindigkeiten bei Vorschüben bis 3 mm/U, insbesondere für Arbeiten mit stark wechselnden Schnittiefen oder unterbrochenem Schnitt; Schnittgeschwindigkeiten etwa 60% tiefer als für S 1;

F 1 zum Feindrehen und Feinbohren von Stahl, d. h. bei Arbeiten mit sehr kleinen Spanquerschnitten und Schnittkräften.

G 1 zum Bearbeiten von Gußeisen unter 200 Brinelleinheiten, Kupfer, Kupferlegierungen, Messing, Leichtmetallen, Kunst- und Preßstoffen und ähnlichen Werkstoffen; ferner zum Bestücken von Drehbankkörnerspitzen, Meßlehren, Mikrotastwerkzeugen und Gleitflächen von Führungsschienen;

G 2 zum Bearbeiten von Kunst- und Hartholz, Faserstoffen, verschiedenen Preßstoffen und für Schlagbohrwerkzeuge;

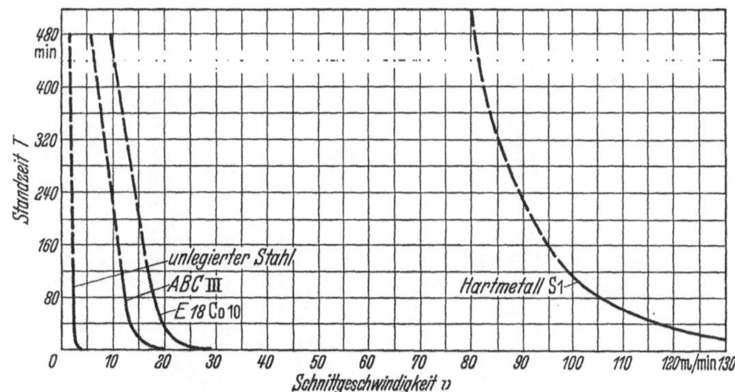

Abb. 24. Schematischer Verlauf von Standzeitlinien bei verschiedenen Werkzeugstoffen. (RAPATZ 1952: Stahleisen H.V. 2194.)

H 1 zum Bearbeiten von Hartguß, Gußeisen über 200 Brinelleinheiten, Gußeisen mit harten Stellen in der Bandschicht, Temperguß, Glas, Porzellan, Gesteinen, Hartpapier;

H 4 für Spezialhartguß (z. B. Ni-legierter Hartguß) über 100 Shore.

Die Schnittgeschwindigkeit kann bei diesen Hartmetallen auf das Drei- bis Sechsfache des Schnellstahls gesteigert werden. Für den Einzelfall kann sie den nachstehenden Richtlinien (S. 36) entnommen werden.

Auf die Angaben dieser Norm 4990 wird in der Literatur häufig Bezug genommen. Sie ist indessen überholt. Die Widia-Fabrik Essen hat über ihre Hartmetallsorten

---

[1] AMMANN, E., u. Jo. HINNÜBER: Die Entwicklung der Hartmetallegierungen in Deutschland. Stahl u. Eisen 1951, S. 1081.

Tabelle 2. *Widia-Hartmetallsorten und ihre Anwendung.* (Widia-Fabrik Essen.)

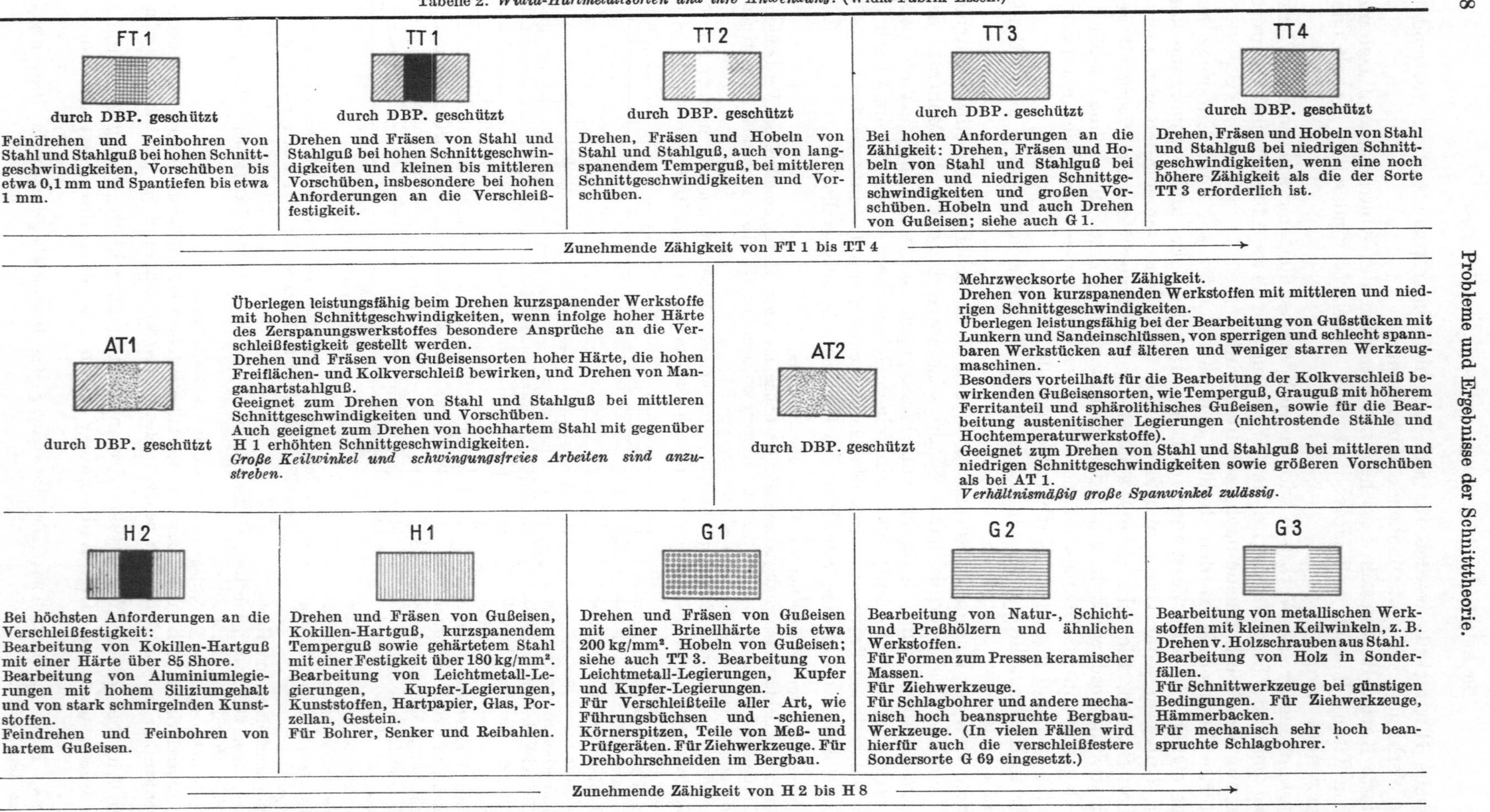

und deren Anwendung Tab. 2 herausgegeben. Auch die übrigen Hartmetalle liefernden Werke haben heute eine ähnliche Unterteilung.

Wie groß die Unterschiede in den wirtschaftlichen Schnittgeschwindigkeiten für die heute verwendeten Werkzeug-Werkstoffe sind, zeigt die Darstellung (Abb. 24).

ε) Der Diamant.

An Diamantsorten unterscheidet man Karbone, Ballas, Borts.

Karbone sind schwarze, scheinbar „amorphe" Diamanten und bei bester Qualität die härtesten Diamanten. Durch Erhitzung verlieren sie sofort an Härte und kommen deshalb nur für wenige Sonderzwecke in Frage, beispielsweise für Tiefbohrzwecke in Diamantbohrkronen.

Ballas sind helle, verwachsene Diamanten, die infolge ihrer Struktur besonders hart sind. Da sie kugelrund sind, kommen auch sie für die Maschinen- und Schleifmittelindustrie kaum in Betracht. In der Hauptsache finden sie für Tiefbohrzwecke Verwendung.

Bort, insbesondere afrikanische Borts, sind helle Kristalle. Sie werden ihres reicheren Vorkommens wegen am meisten verwandt. Preisbestimmend sind Art und Anzahl der natürlichen Arbeitskanten, die zum Abrichten von Schleifscheiben Verwendung finden. Bezüglich des Preises sind aber noch wichtiger als die Form die Qualität und die Härte der Diamanten. Die Härteunterschiede sind sehr groß.

Zum Drehen von Leichtmetall, Bronze, Messing, Kupfer und Zinnlegierung finden geschliffene Diamanten Verwendung. Auch Hartgummi, Preßpapier und Isolierstoffe werden mit Diamanten gedreht. Die Standfestigkeit bzw. Schneidhaltigkeit hängt neben der Diamantqualität in hohem Maße von der Schleifmethode ab. Um vor Mißerfolgen bewahrt zu bleiben, ist es für den Verbraucher wichtig, ein wirklich anerkannt gutes Fabrikat zu verwenden.

Stahl kommt für die Bearbeitung mit Diamanten nicht in Frage, es sei denn kleinste Werkstücke aus gehärtetem Stahl. Besondere Erfahrungen in der Anwendung sind erforderlich.

Diamant- und Hartmetallwerkzeuge konkurrieren nicht miteinander, sondern ergänzen sich.

Die Schnittgeschwindigkeit bei Anwendung von Diamanten ist nach oben nahezu unbegrenzt. Selbst mit 2000 m/min wird gearbeitet, ohne daß die Diamantschneide Schaden erleidet. Beim Polierdrehen sollten 100 m/min nicht unterschritten werden.

Vorschub	0,005 bis 0,15 mm pro Umdrehung. Gebräuchlich sind 0,02 bis 0,06 mm pro Umdrehung.
Spanstärke	0,01 bis 0,20 Werkzeug gekennzeichnet SSS, 0,30 bis 0,60 Werkzeug gekennzeichnet SS, 0,70 bis 1,00 Werkzeug gekennzeichnet S.

Diese vorstehenden Angaben sind an dieser Stelle gemacht worden, weil der Diamant bei den nachstehenden Richtlinien (S. 36) noch keine Berücksichtigung gefunden hat.

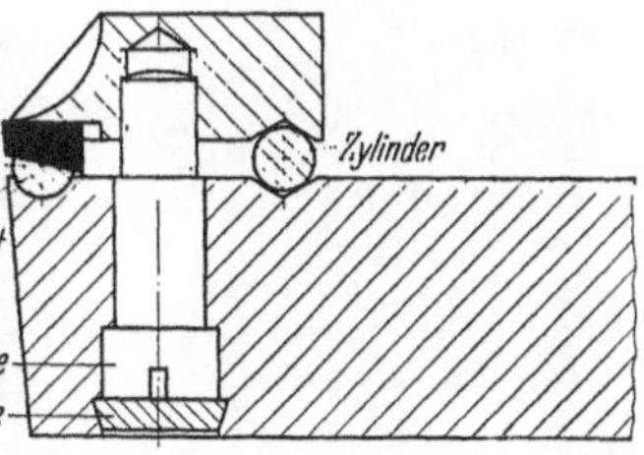

Abb. 25. SCHNEEMANN-Diamant, spannungsfrei im Kugelsitz gelagert. (Ernst Winter u. Sohn: Diamanten, Druckschrift MD 3.)

Interessant ist die Art des Einspannens des geschliffenen Diamanten (Abb. 25).

Allgemein ist zu raten, sich grundsätzliche Angaben über die Werkstoffe des Werkzeuges einzuprägen, weil bei der Erörterung der Maschinenleistung immer wieder darauf zurückgegriffen wird.

2. Das Stumpfwerden des Werkzeugs.

Eine einwandfreie Oberfläche des Werkstücks und eine wirtschaftliche Bearbeitung setzt ein einwandfrei schneidendes Werkzeug voraus.

Stumpf wird das Werkzeug an der Stelle, an der die spezifische Werkzeugbeanspruchung am höchsten ist. Darunter versteht man die Beanspruchung an irgendeiner

Stelle des Werkzeugs, bezogen auf 1 mm². Beansprucht wird das Werkzeug durch Erhitzung, Druck und Verschleiß.

An der Abtrennstelle des Spans vom Werkstück erhitzt sich dieser meist durch innere Reibung. Das Werkzeug erhitzt sich durch Wärmeleitung vom Span her sowie durch Reibung am Werkstück und am Span von der Werkzeugschneide an bis über die Spanfläche hin. Der größte Teil der entstehenden Wärme aber wird im Span abgeführt. Nur ein kleiner Teil tritt in das Werkzeug über, dabei steigt infolge der gleichzeitigen Reibung dessen Temperatur über diejenige des Spans (S. 57) hinaus. Wärme kann aus dem Werkzeug nur durch Ableitung in die Luft oder in die Werkzeugaufnahme, z.B. den Drehbankschlitten, abfließen. Ein kleiner Rest der im Span entstandenen Wärme teilt sich dem Werkstück mit, dessen Erwärmung zudem durch die bleibende Deformation der Oberflächenschicht am Werkstück mit herbeigeführt wird.

Abb. 26. Auskolkung am Schnellstahl-Werkzeug.
(Institut für Werkzeugmaschinen der T. H. München.)

Einfacher und niedrig legierter Werkzeugstahl wird allmählich durch Verschleiß stumpf, vorausgesetzt, daß die Schnittgeschwindigkeit, wie erforderlich, so niedrig gehalten wird, daß die Einwirkung der Wärme nicht zuvor eine Enthärtung herbeiführt. Die anfänglich scharfe Schneidkante rundet sich durch Verschleiß allmählich ab. Das Werkzeug wird in der Regel nachgeschliffen, wenn die Schneidkante etwa um 0,1 mm, gemessen in der Spanfläche und senkrecht zur Schneidkante, abgenutzt ist. Der Durchmesser der zuletzt gefertigten Werkstücke würde demnach um 0,2 mm stärker ausfallen, wenn das Werkzeug nicht neu eingestellt würde. Der Verschleiß der Schneide beeinträchtigt also die Maßhaltigkeit des Werkstücks. Bei Schlichtarbeit und erst recht bei Feinbearbeitung wird schon nachgeschliffen, bevor ein Verschleiß um $1/_{10}$ mm sich eingestellt hat.

Bei **Schnellstahl** kolkt in der Regel die Schneide mehr und mehr aus (Abb. 26). Dabei nähert sich der Rand der Auskolkung der Schneidekante. Schließlich bricht die Schneide momentan zusammen. Von dem Augenblick an wird das Werkstück blankgebremst. Bei dieser Abstumpfungsart ist das Stumpfwerden des Werkzeugs ohne weiteres erkennbar. Das Kriterium ist die Blankbremsung.

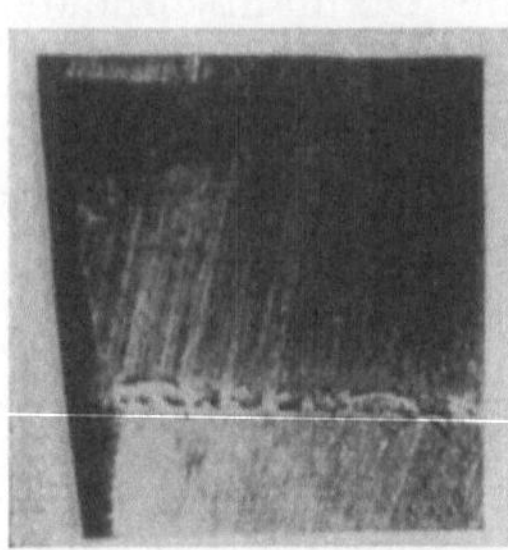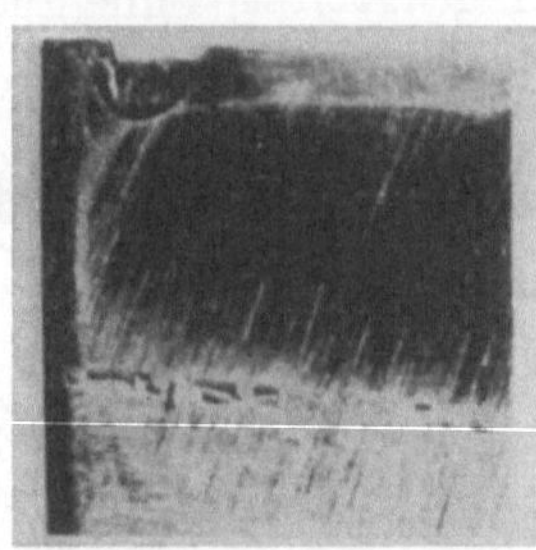

Abb. 27. Erliegen der Hartmetallschneide.
(Institut für Werkzeugmaschinen der T. H. München.)

Bei **Hartmetallen** erfolgt die Stumpfung in der Regel durch Verschleiß, nämlich durch Abrieb oder durch Schartigwerden der Schneide, d. h. durch Ausbrechen kleiner Schneidenteilchen in muschelartigem Bruch (Abb. 27). Bei Abnahme feinster Schlichtspäne wird das Werkzeug durch allmählichen Abrieb an der Freifläche infolge von Verschleiß stumpf, so daß die Maßhaltigkeit des Werkstücks aufhört. Das Werkzeug muß daher rechtzeitig nachgestellt und in der Regel auch nachgeschliffen werden. Gemessen wurde bislang der Grad der Abstumpfung durch die Verschleißmarkenbreite B (Abb. 28) an der Freifläche senkrecht zur gerade entstandenen Schneidkante. Nachgeschliffen wird, wenn die Verschleißmarkenbreite beim Abdrehen vom Stahl z. B. 0,8 mm erreicht hat. Beim Abdrehen von Magnesiumlegierungen darf der Feuersgefahr wegen die Verschleißmarkenbreite 0,1 mm nicht überschreiten. Bei den Hartmetallen G 1 und G 2 tritt abweichend von vorstehender Angabe Auskolkung (Abb. 26) wie beim Schnellstahl ein und führt das Stumpfwerden herbei. Die Abnutzung bis zum erheblichen Auskolken kommen zu lassen, ist aber bei dem dann erforderlichen Abschliff so unwirtschaftlich, daß man zweckmäßig nachschleift, wenn die Stumpfung wie beim Werkzeugstahl horizontal von der Projektion der Schneidkante an gemessen etwa 0,8 mm erreicht hat. Bei Hartmetallen besteht übrigens die Gefahr, daß Werkzeugbruch bei plötzlichem Aufhören des Antriebs der Werkzeugmaschine eintritt, also z. B. beim Versagen der Kraftzentrale, wenn das Werkzeug im Schneiden begriffen ist.

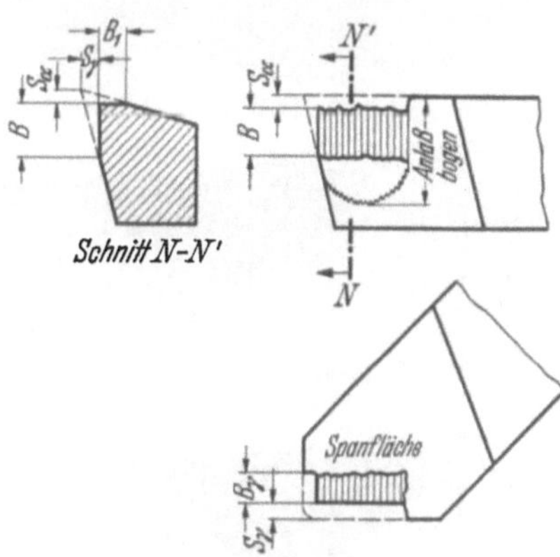

Abb. 28. Meßgrößen beim Drehmeißelverschleiß.

Neuerdings sind zu diesem Thema von OPITZ eingehende Versuchsergebnisse aus dem Aachener Institut[1] mitgeteilt worden, aus welchem folgt, daß für manche Stahlsorten erst festgestellt werden muß, ob der Freiflächenverschleiß VB oder ob die Auskolkung als maßgebendes Kriterium für das Nachschleifen des Werkzeuges anzunehmen ist. Bei der Auskolkung wäre deren Tiefe KT bzw. der Abstand KM der tiefsten Stelle der Auskolkung von der ursprünglichen Schneidkante maßgebend.

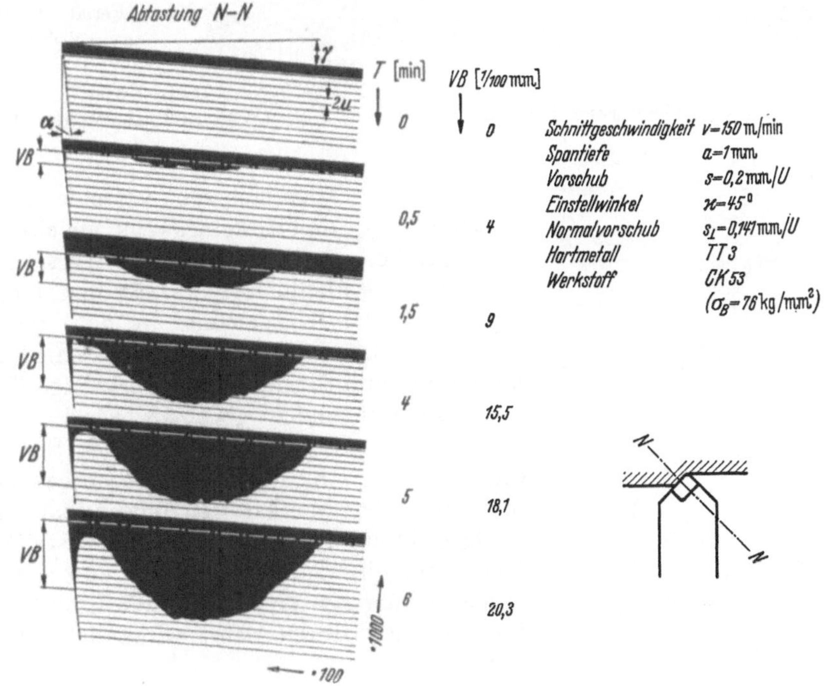

Abb. 29. Einfluß der Schnittzeit auf den Verschleiß am Drehmeißel. (WEBER: T. H. Aachen 1952.)

Abb. 29 zeigt das Fortschreiten der Auskolkung und Verschleißmarkenbreite für den Werkstoff CK 53 bei Spanabnahme mit TT_3 und $v = 150$ m/min Schnittgeschwindigkeit.

[1] Vortrag auf der Hauptversammlung der Eisenhüttenleute am 6. 11. 1952 in Düsseldorf.

Abb. 30 zeigt für einen gleichen Freiflächenverschleiß $VB = 0{,}2$ mm die Kolktiefe KT mit dem Kolkmittenabstand KM für denselben Werkstoff CK 53 in drei verschiedenen Wärmevorbehandlungszuständen.

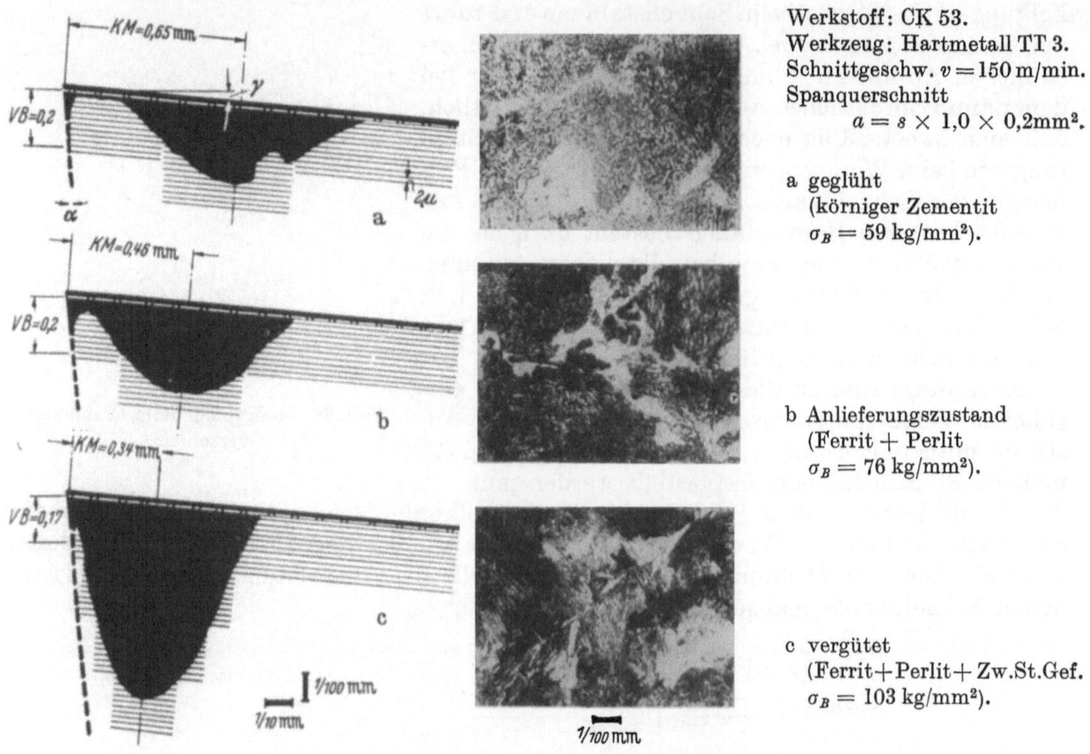

Werkstoff: CK 53.
Werkzeug: Hartmetall TT 3.
Schnittgeschw. $v = 150$ m/min.
Spanquerschnitt
$$a = s \times 1{,}0 \times 0{,}2\,\text{mm}^2.$$

a geglüht
(körniger Zementit
$\sigma_B = 59$ kg/mm²).

b Anlieferungszustand
(Ferrit + Perlit
$\sigma_B = 76$ kg/mm²).

c vergütet
(Ferrit+Perlit+ Zw.St.Gef.
$\sigma_B = 103$ kg/mm²).

Abb. 30. Verschleißformen beim Drehen (gleiche VB). (WEBER: T. H. Aachen 1952.)

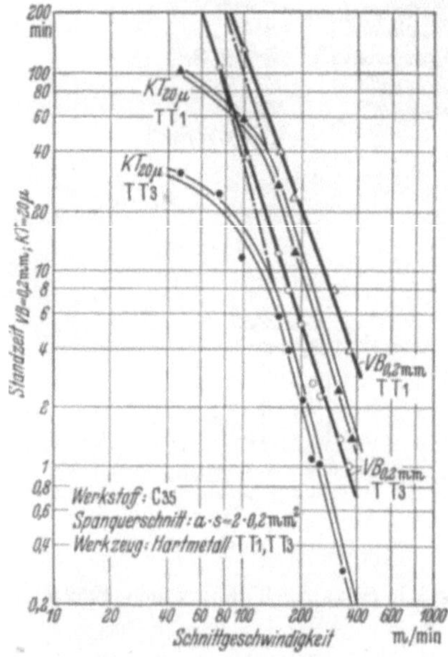

Abb. 31. Standzeitkurven für $VB = 0{,}2$ mm und Kolktiefe $KT = 20\,\mu$. (WEBER: T. H. Aachen 1952.)

Hieraus ergaben sich sehr verschiedene Schneidenzustände und damit keineswegs gleiche Standzeiten oder gleiche wirtschaftliche Schnittgeschwindigkeiten.

Abb. 31 schließlich zeigt für den gleichen Werkstoff C 35 den Unterschied in den Standzeiten für $KT = 20\,\mu$ bzw. $VB = 0{,}2$ mm über Schnittgeschwindigkeiten v m/min für die Widia-Werkzeuge TT und TT_3.

Aus vorstehendem geht hervor, daß für Richtlinien zur Feststellung der wirtschaftlichen Schnittgeschwindigkeit, z. B. V_{c40}, das vorher besprochene Kriterium nicht bei allen Werkstoffen anwendbar ist.

Der Diamant ist das schneidhaltigste Werkzeug. Er bleibt um ein Vielfaches, ja bis zum Hundertfachen, länger scharf als die übrigen Werkzeuge. Die Stumpfung erfolgt durch sehr allmähliche Rundung der Schneidkante.

Den Temperaturanstieg mit zunehmender Stumpfung, den Temperaturabfall nach Abstellen des Vorschubs und das endgültige Absinken der Temperatur beim Abhub des Werkzeugs zeigt Abb. 32. Der betreffende Versuch wurde mit Hilfe des Siemens-Oszillographen an einer Edelmetallegierung bei der Werkzeugmaschinenfabrik Ludwig Loewe u. Co. von C. SALOMON durchgeführt. Angaben über Schnittkraft und Schnittgeschwindigkeit fehlen, desgleichen über die Größe und Form des Spanquerschnitts. Es ist aber zu schließen, daß die Schnittkraft rhythmisch mit der Temperatur schwankte und daß die Schnittgeschwindigkeit absichtlich sehr

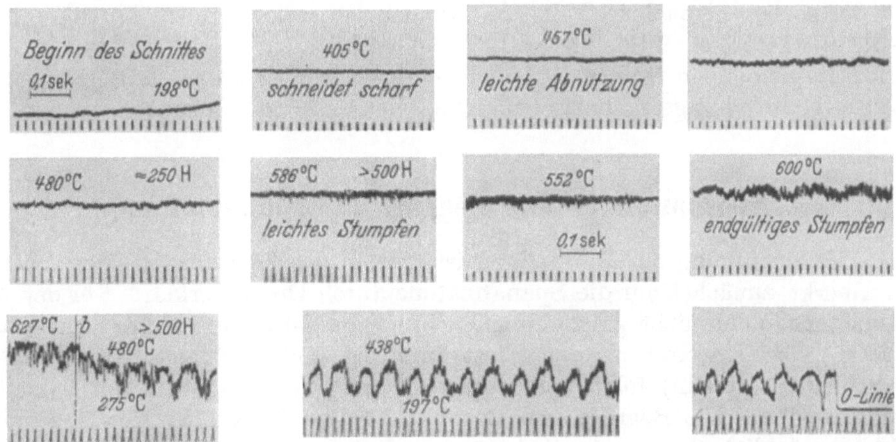

Abb. 32. Oszillogramm zum Anstieg und Abfall der Temperatur beim Drehen während der Abstumpfung des Schnellstahles. (E. SIEBEL: Handbuch der Werkstoffprüfung, Bd. II. Berlin: Springer 1939.)

klein gewählt wurde, um die Schwankungen deutlicher hervortreten zu lassen, wie das auch NICOLSON bereits zu Anfang dieses Jahrhunderts gezeigt hatte (Abb. 33a u. b). Die Zeitangabe 0,1 sec, eingetragen in Abb. 32, kennzeichnet den zeitlichen Verlauf.

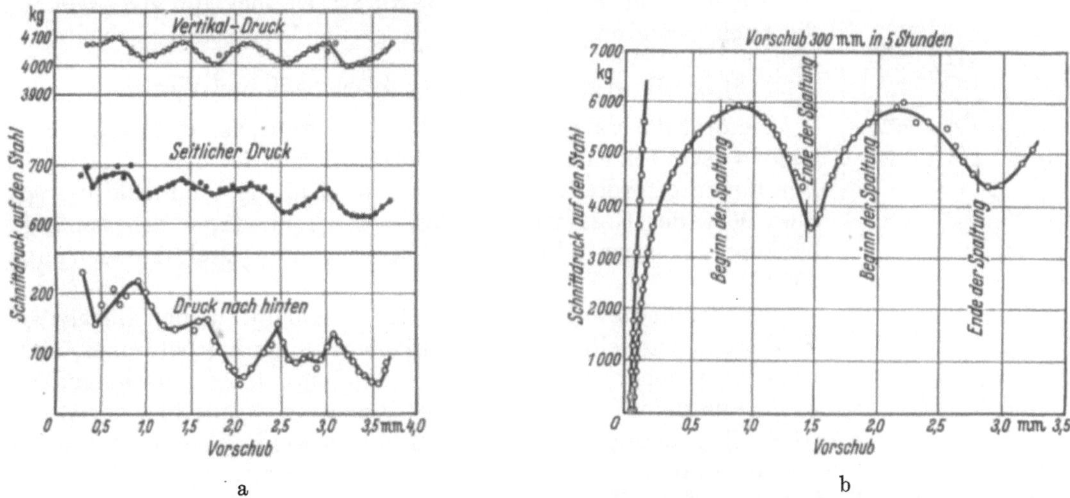

Abb. 33 a u. b. NICOLSONs Versuche zur Messung der Schnittkraft zwecks Erklärung und Vermeidung des Vibrierens des Drehmeißels.
(TAYLOR-WALLICHS: Über Dreharbeit und Werkzeugstähle. Berlin: Springer 1917.)

Mit zunehmender Stumpfung des Werkzeugs steigt die Temperatur und nehmen die Temperaturschwankungen zu, bis sie bei 627° nach endgültigem Abstumpfen ihren Höchstwert erreichen. Das Abstellen des Vorschubs hebt diese Schwankungen keineswegs auf. Die Schwankungen wurden nahezu konstant zwischen 438° und 197° und sanken erst auf die Nullinie herab, nachdem das Werkzeug vom Werkstück zurückgezogen worden war.

Zu berücksichtigen ist, daß die angegebenen Temperaturen irgendwelche mittleren Temperaturen sind, abgeleitet vom Mittelwert des elektrischen Spannungspotentials, welches bei diesen nach dem Vorgang von Gottwein durchgeführten Versuchen sich einstellte. Folgerung auf die Stelle, an welcher die höchste Temperatur an der Schneide auftritt, und über ihre Höhe kann aus solchen Versuchen nicht gezogen werden, weil Unterschiede zwischen Werkzeug- und Werkstofftemperatur von über 100° bis 300° auftreten können, wie nachstehend noch durch Versuche belegt werden wird.

Trotz der soeben gemachten Einschränkungen, zu welchen noch hinzukommt, daß als Versuchswerkstoff eine Edelmetall-Legierung und nicht Stahl, Rotguß oder sonst ein Werkstoff genommen wurde, auf welche das Hauptinteresse fällt, so waren die Salomonschen Forschungsergebnisse für jene Zeit (1929) bahnbrechend und aufschlußreich.

3. Anschauungen und Begriffe zur Spanabnahme.

Zwecks Vereinfachung der Darstellung ist, wie in der Kurzausgabe der AWF-Blätter 158 vermerkt, zunächst nur die Spanabnahme durch Drehen erklärt. Für den Anfang des Einarbeitens in den nicht ganz einfachen Stoff aber ist die erwähnte Einschränkung zweckmäßig. Eine Erweiterung der Darstellung auf andere Spanabnahmen (Bohren, Fräsen, Schleifen, Hobeln) folgt bei Erörterung der Werkzeuge zu den betreffenden Werkzeugmaschinen. Die Begriffe und Benennungen im DIN-Blatt 768 sind nicht in jedem Falle glücklich genormt[1]. Änderungen sind jedenfalls erforderlich, wenn die Definitionen allgemeingültig festgelegt werden[2]. Eine neue Fassung des Normblattes 768 und der ergänzenden Normblätter wird erwartet.

a) Die Flächen am Werkstück.

Schnittfläche ist die nur vorübergehend während eines Umlaufs am Werkstück verbleibende Fläche (Abb. 34).

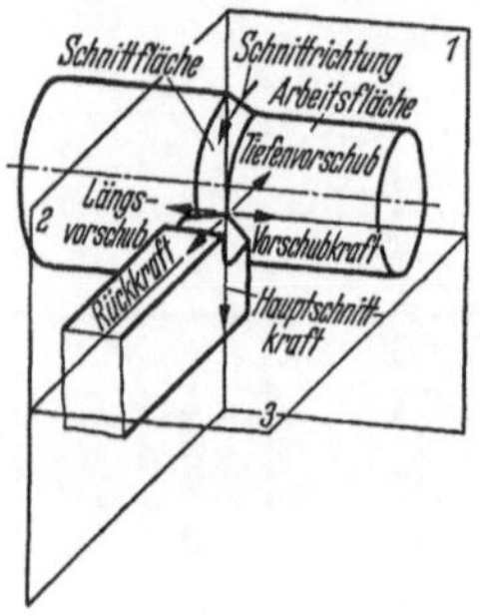

Außer dieser Fläche entsteht am Werkstück die *Arbeitsfläche*, die nach Beendung des Arbeitsgangs am Werkstück verbleibt.

b) Die Bewegungen zwischen Werkstück und Werkzeug.

Die *Schnittbewegung*, kurz Schnitt genannt, ist die Hauptbewegung in der Werkzeugmaschine. Durch sie wird der Span abgetrennt. Der hierzu erforderliche Energieaufwand an der Schneide beträgt etwa 90% des Gesamtaufwandes, bei den heutigen Schruppdrehbänken z. B. etwa 5 bis 10 kW, bei schweren Drehbänken bis zu 100 kW.

Die Schnittbewegung ist bei der Drehbank in der Regel dem Werkstück zugeteilt. Ausnahme bildet z. B. die Kurbelwellen-Drehbank, bei welcher das Werkzeug um den Kurbelzapfen herumgeführt wird. Von dem Teil der Schneide, welcher sich in Höhe der Werkstückachse befindet, geht die Schnittbewegung senkrecht nach unten. Im folgenden wird vorausgesetzt, daß die Spitze des Werkzeugs in Höhe der Werkstückachse liegt, d. h. daß die Werkzeugspitze „auf Mitte" steht. Somit geht die Schnittbewegung in diesem Fall gerade an der Spitze des Werkzeugs senkrecht nach unten (Abb. 35).

Die zugehörige Schnittgeschwindigkeit v wird in m/min oder besser in m/sec angegeben.

Die *Vorschubbewegung* ist erforderlich, damit stets so viel Werkstoff vor die Schneide gelangt, als im Span abgenommen werden soll. Die Größe des Vorschubes s wird in mm je Umdrehung des Werkstücks angegeben. Diese Bewegung kann nach den drei von der Werkzeugspitze ausgehenden Koordinatenrichtungen erfolgen, und zwar

Abb. 34. Hauptebenen und Vorschübe. (DIN 768, Oktober 1930.)

---

[1] Bickel: Geometrie der Schneide, Industrielle Organisation. Zürich, ET. Hochschule 1949.
[2] Withoff: Kennzeichnung der Winkel am spanabhebenden Werkzeug. Werkstatt u. Betrieb, H. 2, 1949.

1. als Zuschub der Schnittrichtung entgegen, z. B. bei der Rundschleifmaschine,
2. als Längsvorschub parallel zur Werkstückachse und
3. als Quervorschub, auch Planvorschub genannt, senkrecht zur Werkstückachse.

Der Zuschub ist bei der Drehbank ungewöhnlich. Es hat beim Drehen keinen Sinn die Schnittgeschwindigkeit durch einen Zuschub zu ändern, es sei denn ausnahmsweise z. B. beim Innendrehen und Bohren, um eine höhere Schnittgeschwindigkeit zu erreichen, ohne dem Werkstück eine unerwünscht hohe Drehzahl zuzuführen. Der Zuschub, z. B. der Bohrerumlauf, wird dabei zu einer gegensätzlichen Schnittbewegung. Auf diese Weise ergibt sich eine Schnittgeschwindigkeit gleich der Summe der Geschwindigkeiten der beiden entgegengesetzten Bewegungen. Ein anderer Vorteil dieser Maßnahme ist die genaue Einhaltung der Werkstückachse, worauf nicht weiter eingegangen wird.

Bei der Fräsmaschine, bei welcher der Schnitt vom umlaufenden Fräser ausgeführt wird, bringt der Zuschub allein den Werkstoff vor die Schneiden des Fräsers, nicht nur bei der Rundfräsmaschine, sondern ebenso bei der gewöhnlichen Planfräsmaschine.

c) Die Hauptebenen.

Die Hauptebenen schneiden sich in den bereits erwähnten von der Werkzeugspitze ausgehenden Koordinatenrichtungen (Abb. 34). Sie dienen in erster Linie der Bestimmung der Winkel an der Werkzeugschneide. Es ergeben sich die drei Hauptebenen, so wie sie in der Abb. 34 mit 1., 2. und 3. Hauptebene gekennzeichnet sind.

Schnitt- und Längsschub liegen in der 1. Hauptebene, Schnitt- und Quervorschub in der 2. Hauptebene und Längs- und Quervorschub in der 3. Hauptebene.

Steht die Werkzeugspitze nicht „auf Mitte", so muß man das Ebenensystem entsprechend vorstehender Definition so um die horizontale Koordinate schwenken, daß die abwärts gerichtete Koordinate wieder mit der Schnittrichtung durch die Werkzeugspitze zusammenfällt.

d) Die Flächen und Winkel an der Werkzeugschneide.

Gerade bei der Definition und Ausführung der Winkel treten zwischen den einzelnen Ländern so erhebliche Unterschiede auf, daß die Forschungsergebnisse nicht vergleichbar sind, wenn über die Winkel nicht eindeutige Angaben gemacht worden sind. Das ist oft nicht der Fall.

Zwei Arten von Winkeln sind zu erfassen:

1. Die Werkzeugwinkel, das sind die Winkel am Werkzeug selbst, und
2. die Arbeitswinkel, nämlich die Winkel, welche durch die Einspannung des Werkzeugs sich ergeben und in erster Linie die Spanbildung und den Spanabfluß beeinflussen.

Die Unterschiede in der Definition gehen auf die Art, wie die Winkel gemessen werden können, zurück. Die Amerikaner gehen dabei von den ebenen Flächen eines Werkzeugschaftes von rechteckigem Querschnitt aus, ein Verfahren, welches die Herstellung und das Nachmessen der Winkel zwar vereinfacht, aber bei andersgearteter Werkzeuggestaltung, z. B. bei zylindrisch geformtem Werkzeugschaft, ohne besondere Kennzeichnung der Ebenen versagt.

In Deutschland werden die Winkel auf 3 Koordinatenebenen bezogen, welche durch die Schnittrichtung mit bedingt sind, also ein Merkmal enthalten, welches im Werkzeug selbst nicht festliegt. Andere Länder haben noch andere bzw. gar keine endgültigen Festsetzungen getroffen.

Beim Eindringen in diese nicht ganz einfache Materie geht man am besten von dem nachstehend definierten ebenen Problem aus und nimmt dann die Spanabnahme mit dem deutschen Schruppstahl hinzu. Mit diesen beiden Arten der Spanabnahme vertraut ist es am sichersten, die der Literatur[1] zu entnehmneden Unterschiede in den anderen Ländern zu erfassen.

---

[1] WITTHOFF. J.: Werkstatt u. Betrieb 1949, H. 2 und E. BICKEL: Industrielle Organisation (Schweiz) H. 1 und 4.

Die Abb. 35 zeigt einen Querschnitt senkrecht zur Achse des Werkstücks und der Schneide des Werkzeugs. Die Art der Spanbildung nach Abb. 35 wird Spanbildung nach dem *ebenen Problem* genannt. Von dem ebenen Problem geht auch die grundlegende Forschung aus, um mit dem einfachsten Fall der Spanbildung zu beginnen. Dabei ist die Schneide parallel zur Werkstückachse ausgerichtet und steht „auf Mitte", d. h. sie verläuft genau in Höhe der Werkstückachse. In jedem Querschnitt senkrecht zur Schneide vollzieht sich die gleiche Spanbildung, also auch an der Stirnseite des Werkstücks, an welcher sie beobachtet werden kann, vorausgesetzt, daß das Werkstück so fest ist, daß der Werkstoff nicht seitlich ausweicht. Die Schneide wird bei Forschungsversuchen so lang gewählt, daß sie rechts und links etwa $1/_4$ mm über die Breite der Scheibe hinausragt. Die Seitenfläche des Werkzeugs ist folglich — abgesehen von geringer Wärmeableitung — nur in ihrer Ebene, nicht aber senkrecht dazu an der Spanbildung beteiligt.

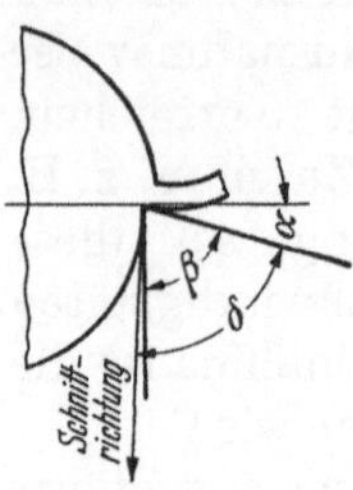

Abb. 35. Spanabnahme nach dem ebenen Problem.

Zwei Flächen, die *Spanfläche* und die *Freifläche*, begrenzen das Werkzeug und bilden in der Ebene senkrecht zur Schneide den Keilwinkel β, der mit Rücksicht auf die Festigkeit des Werkzeugs so groß wie möglich gewählt wird. Beide Flächen werden bei der Spanabnahme nach dem ebenen Problem eben angeschliffen. Die Ebenen, durch die Schneide horizontal und senkrecht im Raum gerichtet, bilden mit der Spanfläche und der Freifläche zwei Winkel, den Spanwinkel γ und den Freiwinkel α, welche den Keilwinkel β zu einem Rechten ergänzen. (Abb. 36)

$$\alpha + \beta + \gamma = 90°.$$

Der Span läuft bei gerader Schneide erfahrungsgemäß senkrecht zu ihr über die Spanfläche ab. Der Spanwinkel γ wird so groß gewählt, als es sich mit der Haltbarkeit des Werkzeugs verträgt, um einen möglichst leichten Spanablauf zu erzielen. Der verhältnismäßig kleine Freiwinkel $\alpha = 5°$ bis $8°$ sorgt für möglichst reibungsloses Vorbeigleiten des Werkstücks am Werkzeug. Für Leichtmetalle kann der Freiwinkel größer gewählt werden, oft $\alpha = 12°$.

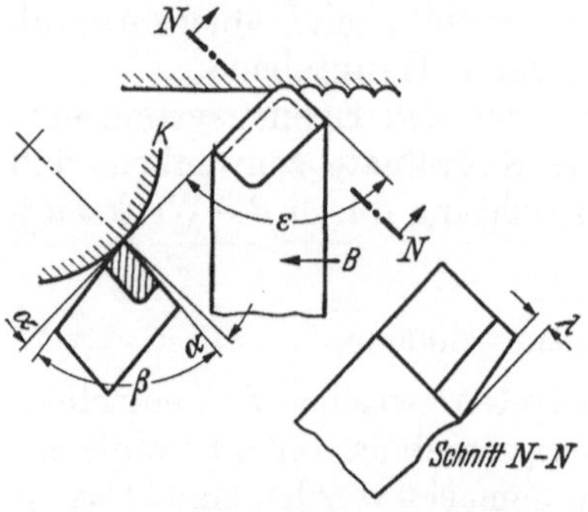

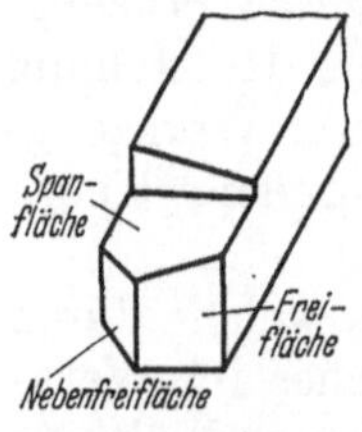

Abb. 36. Schneidenwinkel für in Deutschland gebräuchlichen Drehstahl. (DIN 768.)

Um die beim ebenen Problem sich ergebenden Definitionen und Benennungen durch diejenigen zu ergänzen, welche in der Regel beim praktischen Gebrauch mit den üblichen Werkzeugen noch hinzukommen, wird das normale Schruppwerkzeug (Abb. 36) für das Längsdrehen den nachstehenden Ausführungen zugrunde gelegt.

Der Unterschied gegenüber der bisher vorausgesetzten einfachen Gestaltung des Drehwerkzeugs zum ebenen Problem besteht im wesentlichen darin, daß die ebenfalls gerade Schneide windschief zur Achse des Werkstücks angeordnet ist.

Der *Werkzeugschaft* von quadratischem oder, besser noch, von rechteckigem Querschnitt wird bei der Drehbank in der Regel so auf die horizontale Aufspannfläche des Werkzeugschlittens festgespannt, daß seine beiden Seitenflächen senkrecht zur Werkstückachse stehen. An dem vorderen, gegen das Werkstück gerichteten Ende des Schaftes, dem *Kopf des Werkzeugs*, sind drei Flächen angefräst und angeschliffen (Abb. 37). Spanfläche und Freifläche schneiden sich in der Hauptschneide, Spanfläche und Nebenfreifläche in der Nebenschneide. Bei der erwähnten Einspannung des Werkzeugs bildet die Projektion der Hauptschneide auf die dritte Hauptebene, auch Spur der Hauptschneide genannt, den Einstellwinkel $\varkappa$, z. B. $= 45°$, mit der Richtung des Längsvorschubes. Der Winkel zwischen dieser Spur

Abb. 37. Flächen im Schruppwerkzeug. (Institut für Werkzeugmaschinen der T. H. Hannover.)

und der Hauptschneide selbst heißt *Neigungswinkel* und wird mit λ bezeichnet. Der Neigungswinkel beträgt in der Regel 5° bis 10° und gilt als positiv, wenn die Schneide von der Werkzeugspitze über die dritte, die horizontale Hauptebene, aufsteigt.

Der Sinn der Anordnung der Hauptschneide mit den Winkeln $\varkappa$ und λ ist folgender:

1. Durch den Winkel $\varkappa$ wird die Spanstärke z. B. auf $\frac{1}{2}\sqrt{2} \cong 0,7$ des Vorschubes und damit auf 0,7 der Spanstärke reduziert, welche sich ergeben würde, wenn die Schneide senkrecht zum Längsvorschub ausgerichtet wäre. Dadurch wird eine entsprechend höhere Schnittgeschwindigkeit ermöglicht, die mit der Spanstärke in einem reziproken Verhältnis steht.

2. Durch die Anbringung des Neigungswinkels λ wird ein nicht gleichzeitiger Abbruch des Spans dadurch erreicht, daß infolge der von der Werkzeugspitze aus zunehmenden Höhenlage der Schneidenpunkte am Werkstück die Schnittrichtung sich ändert und ein früheres bzw. späteres Scheren an den einzelnen Stellen der Schneide hervorbringt. Dadurch wird der gleichzeitige ruckweise Scher- bzw. Spanbruch vermieden und ein sanfter, nicht ratternder Spanablauf gewährleistet. Hinzu kommt die Schonung der Werkzeugspitze besonders beim Anschnitt, indem die Schneide vor der Spitze zum Anschnitt kommt.

Die Werkzeugspitze wird zudem praktisch abgerundet, um vorzeitiges Stumpfwerden des Werkzeugs zu vermeiden. Die Abrundung wird so ausgeführt, daß die beiden Freiflächen durch eine Kegelfläche ineinander überführt werden. In folgendem aber wird der einfacheren Vorstellung und Ausdrucksweise wegen vorausgesetzt, daß die Werkzeugspitze nicht abgerundet ist.

Der *Spitzenwinkel* ε kann zu 90° oder auch noch größer ausgeführt werden, um dadurch das Werkzeug widerstandsfähiger zu machen. Gebildet wird der Spitzenwinkel ε aus den Spuren von Haupt- und Nebenschneide in der dritten Hauptebene.

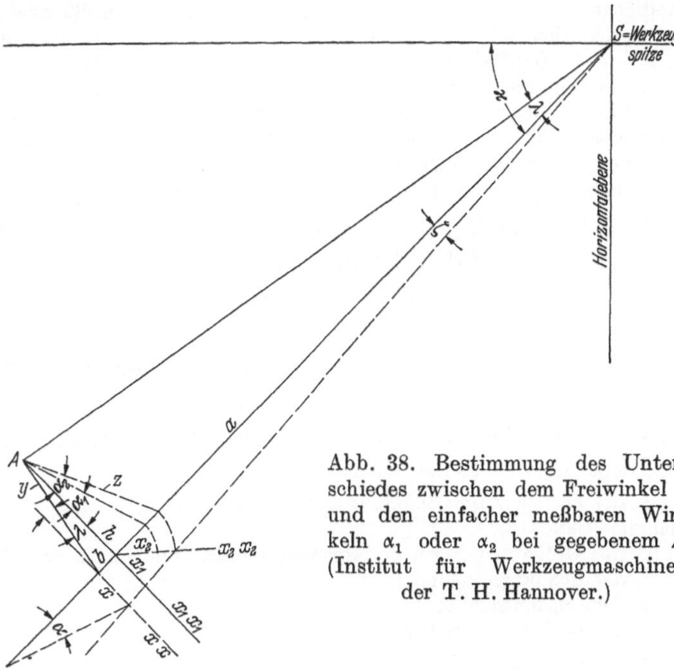

Zu beachten ist, daß bei dieser Ausführung des Werkzeugkopfes zwar an der Hauptschneide die Winkel α, β und γ so ausgeführt sind, wie es beim Werkzeug zum ebenen Problem begründet wurde, daß aber an der Nebenschneide der Spanwinkel γ_n annähernd $= 0$ ist. Dadurch wird die Spanbildung an der Nebenschneide ungünstiger und der Span fließt nicht so leicht ab. Zur Vermeidung dieses Nachteils ist z. B. das Hohlschleifen der Spanfläche üblich, wovon bei Automatenwerkzeugen häufig Gebrauch gemacht wird. Alles Weitere gehört in die Fertigungslehre.

Die drei Winkel α, β und γ müssen auf ihr Vorhandensein

Abb. 38. Bestimmung des Unterschiedes zwischen dem Freiwinkel α und den einfacher meßbaren Winkeln α_1 oder α_2 bei gegebenem λ. (Institut für Werkzeugmaschinen der T. H. Hannover.)

auch vom Arbeiter oder Einrichter nachgeprüft werden können. Da die Schneide um den Winkel λ geneigt angeordnet ist, liegen auch die Hauptebenen geneigt, ja sogar in jedem Punkt der Schneide infolge der Änderung der Schnittrichtung in einer anderen Neigung. Da die Winkel in der Ebene senkrecht zur Schneide definiert sind, würde sich ein umständliches Meßverfahren ergeben. Um dieses zu vermeiden, mißt man die Winkel α, β und γ nicht in der Ebene senkrecht zur Hauptschneide, sondern in der

Ebene senkrecht zur Spur der Hauptschneide auf der 3. Hauptebene (s. DIN 768).

Damit ergibt sich die Aufgabe, zu untersuchen, ob durch dieses Meßverfahren Winkel gemessen werden, die gegenüber den definierten Winkeln α, β und γ Abweichungen ergeben, welche nicht unbeachtet bleiben können.

In der Abb. 38 ist SA der spanabhebende Teil der Hauptschneide, d. h. der von der Oberfläche des Werkstücks bis zur Werkzeugspitze S reichende Hauptschneidenteil. Dieser Teil ist mit dem Neigungswinkel λ um die Spur der Hauptschneide, welche durch a gekennzeichnet ist, in die 3. Hauptebene herumgeklappt. Das Lot von A auf die Spur ist h. Die Ebene senkrecht zur Hauptschneide enthält die Linie y. Die gestrichelte Linie, welche mit der Spur den Winkel ζ bildet, ist die Schnittlinie der Freifläche mit der 3. Hauptebene. Von den drei eingezeichneten Winkeln α, α_1, α_2 bedeutet, wie aus der Abb. 38 hervorgeht,

α den definierten Freiwinkel,

α_1 den gemessenen Freiwinkel,

α_2 den Winkel, welchen die Parallelebene zur 1. Hauptebene, also die Ebene in Vorschubrichtung aus der Vertikalebene durch die Schneide und aus der Freifläche herausschneidet. Unter Umständen kann auch dieser Winkel einmal in Betracht zu ziehen sein.

Der Keilwinkel β läßt sich am Werkzeug unmittelbar messen und aus der Gleichung $\gamma = R - \alpha - \beta$ ergibt sich der Spanwinkel γ.

Abschließend ergibt sich folgende Zusammenstellung der Benennugen:

<table>
<tr><td>Schnittfläche,</td><td>Vorschübe:</td></tr>
<tr><td>Arbeitsfläche,</td><td> Zuschub,</td></tr>
<tr><td>Hauptschneide,</td><td> Längsvorschub,</td></tr>
<tr><td>Nebenschneide,</td><td> Quer- und Planvorschub,</td></tr>
<tr><td>Spanfläche,</td><td>Freiwinkel α,</td></tr>
<tr><td>Freifläche,</td><td>Keilwinkel β,</td></tr>
<tr><td>Nebenfreifläche,</td><td>Spanwinkel γ,</td></tr>
<tr><td>1., 2. und 3. Hauptebene,</td><td>Schnittwinkel δ,</td></tr>
<tr><td>Ebene durch die Hauptschneide senkrecht zur</td><td>Spitzenwinkel ε,</td></tr>
<tr><td> 3. Hauptebene, zugleich Schnittebene durch die</td><td>Einstellwinkel $\varkappa$,</td></tr>
<tr><td> Werkzeugspitze, wenn diese „auf Mitte" steht,</td><td>Neigungswinkel λ,</td></tr>
<tr><td>Ebene durch die Schneide senkrecht zur vorstehen-</td><td>Schneidenhöhe h der Werkzeugspitze über der</td></tr>
<tr><td> den Schnittbewegung, Schnitt,</td><td> 3. Hauptebene.</td></tr>
</table>

Rechtes und linkes Schruppwerkzeug werden so unterschieden, daß das mit dem Schneidenkopf auf den Beschauer zu gerichtete Werkzeug ein rechtes (rechter Meißel) ist, wenn die Hauptschneide auf der rechten Seite liegt.

e) Die Kräfte an der Schneide.

Der Widerstand des Werkstücks verursacht Kräfte und Momente an der Schneide. Es entstehen Schnittkräfte, d. h. Druck- und Zugkräfte.

Diese Kräfte hängen ab von:

  1. der Festigkeit und *Zähigkeit* und noch anderen Eigenschaften, z. B. Gefügeart des Werkstoffes, innere Reibung (Osmond),

  2. der Größe und Form des Spanquerschnitts und damit vom Vorschub bzw. der Spandicke,

  3. der Schnittgeschwindigkeit,

  4. dem Spanwinkel γ,

  5. der Schärfe der Schneide.

Die Resultierende dieser Kräfte an der Schneide greift etwa in der Mitte der vom Span bestrichenen Spanfläche nahe der Schneide an.

Die Resultierende kann in Richtungen parallel zu je 2 Hauptebenen zerlegt werden. Man erhält so (siehe Abb. 39):

  1. die Hauptschnittkraft, auch einfach Schnittkraft genannt, parallel zur Schnittrichtung,

  2. die Vorschubkraft in Richtung entgegen dem Vorschub,

  3. die Rückkraft senkrecht zur Schnitt- und Vorschubkraft; sie ist eine Rückkraft vom Werkstück her.

Bei den vorgenannten 3 Schnittkräften sind jeweils Größen zu unterscheiden:

1. die mittlere Schnittkraft k_m, eine Durchschnittskraft, bezogen auf den ganzen Spanquerschnitt vor seiner Abtrennung vom Werkzeug in kg/mm²,

2. die spezifische Schnittkraft k_s, wohlgemerkt bezogen auf 1 mm² Fläche am Werkzeug, also eine an einer bestimmten Stelle des Werkzeugs sich auswirkende Schnittkraft in kg/mm².

Die ersten beiden Größen sind unschwer zu ermitteln. Die mittlere Schnittkraft k_m dient z. B. der Errechnung der Spanleistung in kg je 1 kW des Antriebsmotors.

Die spezifische Schnittkraft k_s ist in ihrer Größe auf einfache Weise nicht feststellbar, aber ein für das Verstehen der Spanbildung und Abstumpfung des Werkzeugs wichtiger Begriff.

Aufmerksam gemacht wird darauf, daß bislang in der gesamten Literatur k_s als spezifische Schnittkraft bzw. spezifischer Schnittdruck bezeichnet wird. Das ist irreführend für die Vorstellung und führt zu dem scheinbaren Widerspruch, daß mit zunehmendem „spezifischem Schnittdruck" bisheriger Definition auch die höchstzulässige Schnittgeschwindigkeit zunimmt. Es folgt zunächst daraus, daß für die Schnittgeschwindigkeit die mittlere Schnittkraft k_m nicht maßgebend ist. Maßgebend ist vielmehr:

    1. die spezifische Schnittkraft k_s an der Stelle ihres Höchstwertes, wenn diese Stelle zerstörungsbereit ist, —
    2. die Reibung, — 3. der Wärmestau im Werkzeug, der mit zunehmendem Vorschub ansteigt.

Eine Vorstellung von dem Zusammenhang zwischen k_m und v_{60} gibt das Diagramm (Abb. 39) für einige Stahlsorten.

Die Durchschnittsschnittkraft nimmt zu mit Abnahme der Spandicke, also mit Abnahme des Vorschubs, weil, je dünner der Span ist, desto mehr von der Kraft zum Abtrennen des Spans von der Werkstückoberfläche gegenüber dem Kraftaufwand für die Verschiebungen innerhalb des Spans auf das Quadratmillimeter Spanquerschnitt entfällt und weil auch eine feiner geschichtete Verschiebung bzw. Zertrümmerung innerhalb des Spans erfolgt.

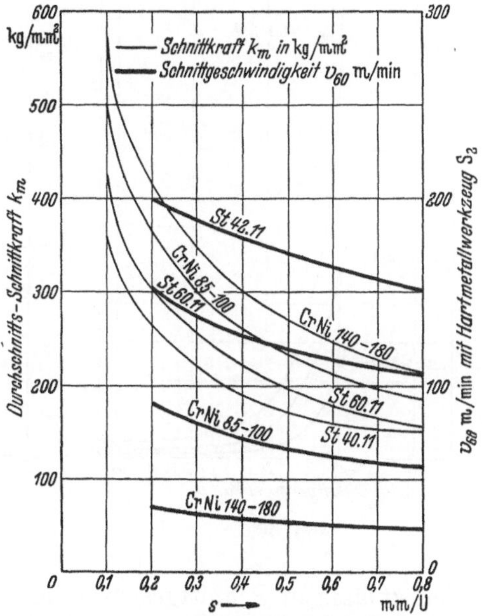

Abb. 39. Durchschnittsschnittkraft k_m und Schnittgeschwindigkeit v_{60} über den Vorschub s. (Nach SCHALLBROCH.)

Da die Durchschnittsschnittkraft k_m in bezug auf den Spanquerschnitt nur unwesentlich von der Schnittiefe, also fast ausschließlich vom Vorschub abhängt, so gelingt eine brauchbare Übersicht zu den durchschnittlichen Schnittkräften der verschiedenen Werkstoffe, so wie sie in der Kurzausgabe des Blattes AWF 158 niedergelegt ist.

Damit läßt sich die Größe des Antriebsmotors für die Spanabnahme der Drehbank ermitteln und ebenso für die übrigen spanenden Werkzeugmaschinen. In dieser Hinsicht ist die Feststellung der gesamten Schnittkraft und somit der Durchschnittsschnittkraft von Nutzen.

Zunächst aber ist zur Bestimmung der Motorleistung noch die Feststellung der Schnittgeschwindigkeit für die gewünschte Standzeit erforderlich.

f) Die Schnittgeschwindigkeit und die Standzeit.

Die *Schnittgeschwindigkeit* v wird für den größten Durchmesser des Werkstücks an der Stelle, an welcher der Span abgenommen wird, in m/min angegeben. Anschaulicher und für den Unterricht darum geeigneter ist die Angabe in mm/sec.

Standzeit des Werkzeugs ist diejenige Zeit, während welcher das Werkzeug scharf schneidet, ohne nachgeschliffen werden zu müssen.

Die Schnittgeschwindigkeit des Werkzeugs wird mit v_{60} bezeichnet, wenn das Werkzeug 60 Minuten lang schneidet, bevor es nachgeschliffen werden muß. Sinngemäß gelten die Bezeichnungen v_{240} und v_{480} für 4 bzw. 8 Stunden Standzeit.

Die Schnittgeschwindigkeit hängt ab von:

1. der gewählten Standzeit, beim gewöhnlichen Schruppdrehen 1 Stunde, bei Automatenarbeit in der Regel die Summe der Schneidzeiten während einer Schicht, — 2. dem Werkstoff des Werkstücks, — 3. dem Werkstoff des Werkzeugs (Festigkeit, Schmelztemperatur, Wärmeleitfähigkeit), — 4. der Form des Werkzeugs, — 5. der Größe und Form des Spanquerschnittes, im wesentlichen aber von der größten spezifischen Schneidenbeanspruchung, — 6. gegebenenfalls der Wirkung der Kühlflüssigkeit.

Vorausgesetzt ist hierbei und auch bei den weiteren Ausführungen, daß auch das Werkstück genügend steif ist.

Zahlenangaben über die zulässigen Schnittgeschwindigkeiten v_{60}, v_{240}, v_{480} folgen auf S. 36. Diesen Angaben kann auch der sehr beträchtliche Unterschied zwischen

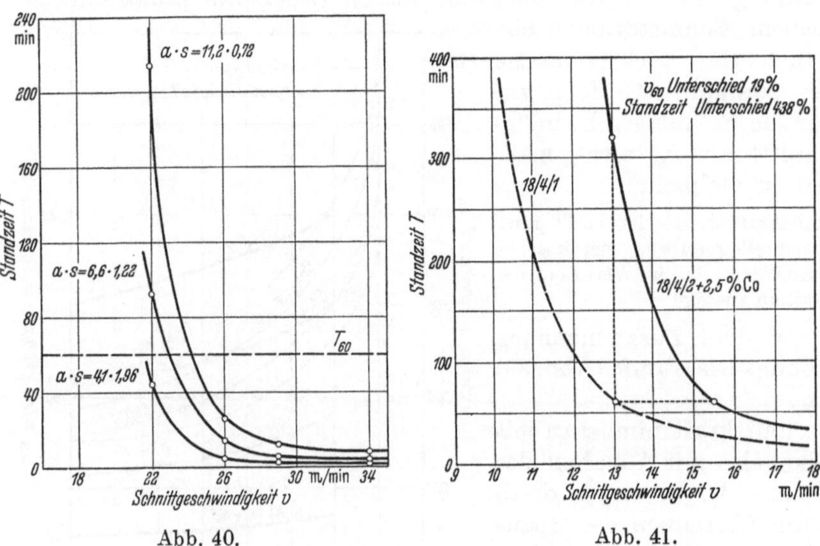

Abb. 40.   Abb. 41.

Abb. 40. Schnittgeschwindigkeit und Standzeit bei drei verschiedenen Spanquerschnitten. Werkstoff Ge (160 Brinellhärte und 20 kg/mm² Festigkeit), Werkzeug Hartmetall, Spanwinkel $\gamma = 12°$. (Nach Schallbroch.)

Abb. 41. Bewertung der Zerspanbarkeit nach Schnittgeschwindigkeit u. Standzeit. Zugleich Beispiel für die erhebliche Zunahme der Standzeit bei geringer Zurücknahme der Schnittgeschwindigkeit. 18/4/1 = 18% Wo, 4% Cr, 1% Va gegenüber 18/4/2 + 2,5 Co (Kobalt). Rapatz 1952: Stahleisen, H. V. 2196.)

den zulässigen Schnittgeschwindigkeiten bei Anwendung von Werkzeugstahl, Schnellstahl und Hartmetall unter sonst gleicher Art der Spanabnahme entnommen werden. Unterschiede wie 1 : 3 : 10 sind häufig.

Zu beachten ist ferner, daß gerade im Gebiet der hohen Schnittgeschwindigkeiten die Standzeit bei verhältnismäßig kleinem Geschwindigkeitsabfall stark zunimmt (Abb. 40). So beträgt z. B. die Steigerung der Standzeit im Schnittgeschwindigkeitsbereich von $v = 26$ bis herab auf $v = 22$ m/min 500% und mehr. Man braucht also nur eine kleine Senkung der Schnittgeschwindigkeit in Kauf zu nehmen, um eine erhebliche Ersparnis an Aufwandkosten für das Werkzeug zu erreichen. In Abb. 41 ist der Unterschied zwischen 2 Legierungen sowie der Unterschied in der Zunahme von T bei geringer Zurücksetzung von v dargestellt.

4. Die Spanformen.

Die bei der Drehbearbeitung von Stahl anfallenden Späne hat Hemscheidt in Gruppen (Abb. 42) unterteilt. Auch bei anderen Werkstoffen, z. B. den Nichteisenmetallen, entstehen je nach Spanstärke, Festigkeit und Zähigkeit ähnliche Spanformen.

Unter den Spänen ist der Bandspan (1) gefürchtet, weil er bei Abnahme von verhältnismäßig schweren Spänen mit Hartmetall messerscharfe Zacken hat, die sehr häufig bei Unachtsamkeit Verwundungen des Arbeiters hervorrufen.

Der Wirrspan (2) gefährdet vor allem das Werkstück und die Werkzeugschneide durch Einwickeln. So macht er Automatenarbeit häufig unmöglich. Übergang zu anderem Werkstoff ist in der Regel die Lösung.

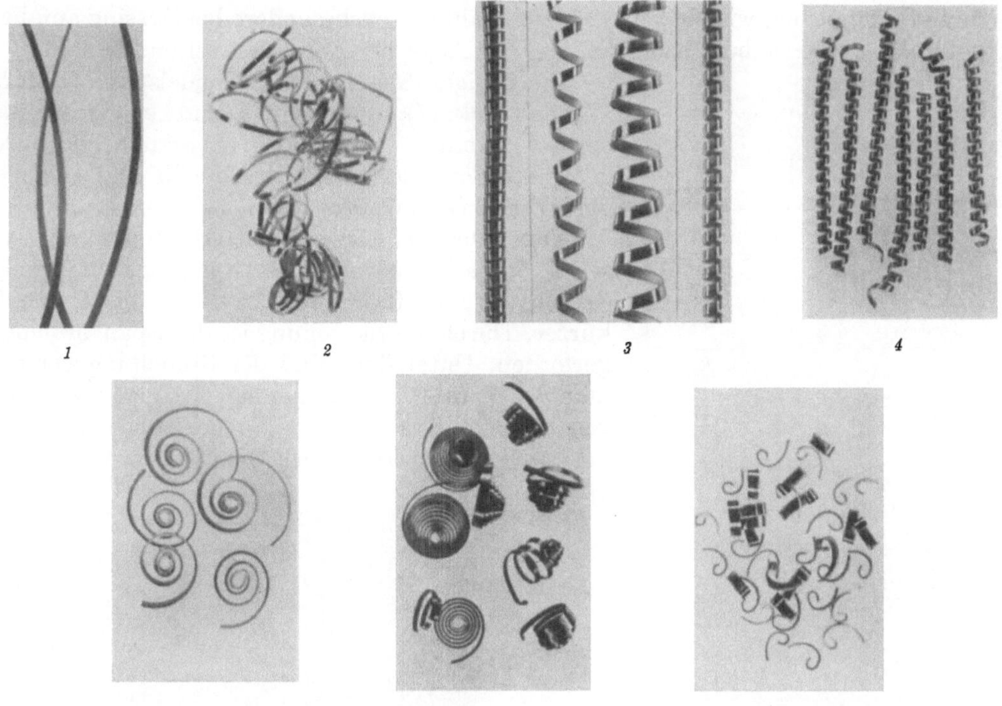

Abb. 42. Zusammenstellung der wichtigsten Spanformen für die Drehbearbeitung von Stahl.
(HEMSCHEIDT: Diss. T. H. Aachen).
1 Bandspan; *2* Wirrspan; *3* Wendelspan; *4* Kurze Wendelstücke; *5* Spiralspan; *6* Kegeliger Spiralspan; *7* Kurze Spirallocken.

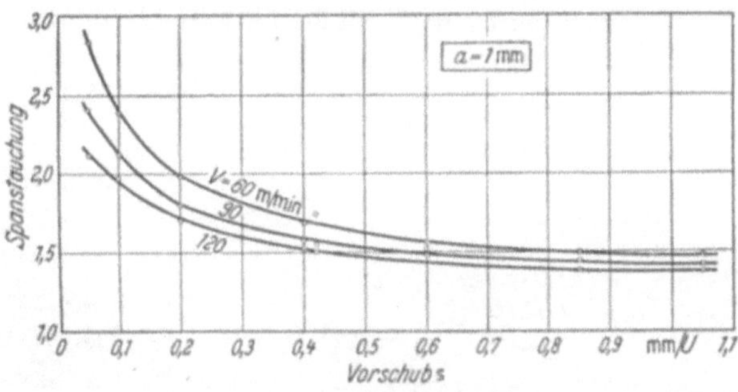

Abb. 43a. Spanstauchung in Abhängigkeit vom Vorschub s.
Werkstoff: Leg. Vergütungsstahl. $\sigma_B \approx 100\ \mathrm{kg/mm^2}$.

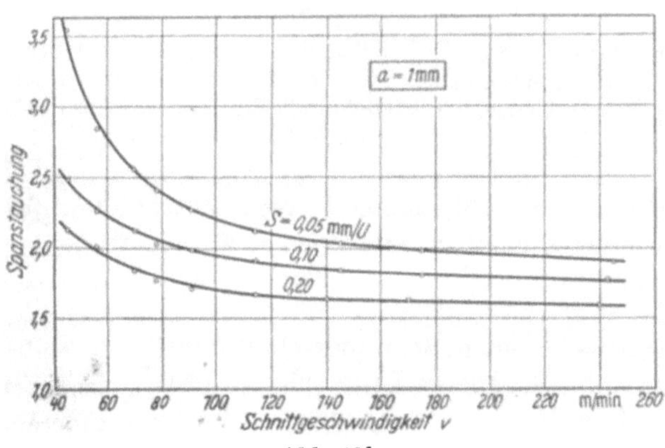

Abb. 43b.

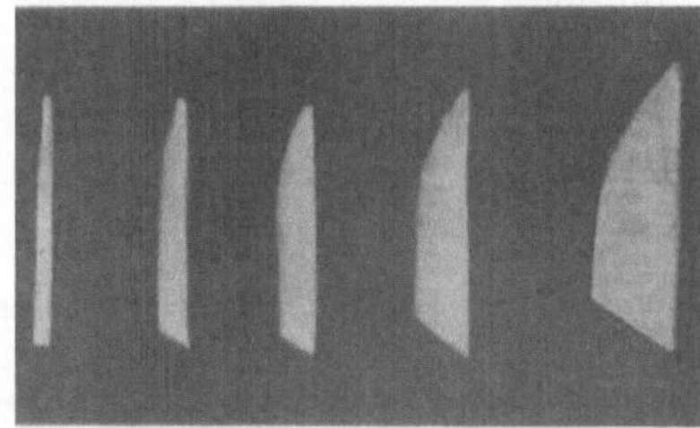

Vergrößerung der Spanprofile.
$s = 0,05 - 0,10 - 0,20 - 0,40 - 0,60\ \mathrm{mm/U}$,
$v = 90\ \mathrm{m/min}$.

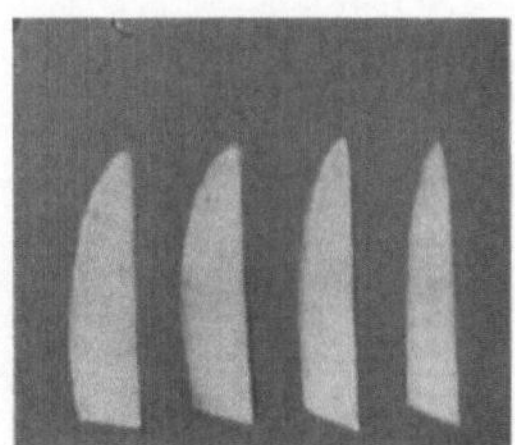

Vergrößerung der Spanprofile.
$v = 45 - 75 - 120 - 220\ \mathrm{m/min}$.
$a \times s = 1 \times 0,4\ \mathrm{mm^2}$.

Abb. 43b. Spanstauchung in Abhängigkeit von
der Schnittgeschwindigkeit v.
Werkstoff: Leg. Vergütungsstahl.
$\sigma_B \approx 100\ \mathrm{kg/mm^2}$.

Kurze Spirallocken, wie sie bei sprödem Stahl und insbesondere bei Messing anfallen, sind gefürchtet, weil sie herumspritzen und das Auge des Arbeiters treffen können.

Die übrigen Spanformen, Wendelspan (*3*), kurze Wendelstücke (*4*), Spiralspan (*5*) und kegeliger Spiralspan (*6*), werden im Betriebe bevorzugt und durch geeignete Form der Werkzeugschneide und Anstellen des Werkzeugs erreicht.

Gegenüber der Länge, welche der Span am Werkstück hatte, ist er nach der Spanabnahme infolge der Stauchung oft um das Doppelte bis Dreifache kürzer. Durch die Stauchung ist der Span brüchiger geworden. Unter dem Maß der Stauchung versteht man das Verhältnis zwischen der Spanstärke des abgenommenen Spans gegenüber derjenigen des noch am Werkstück befindlichen Spans. Den Verlauf der

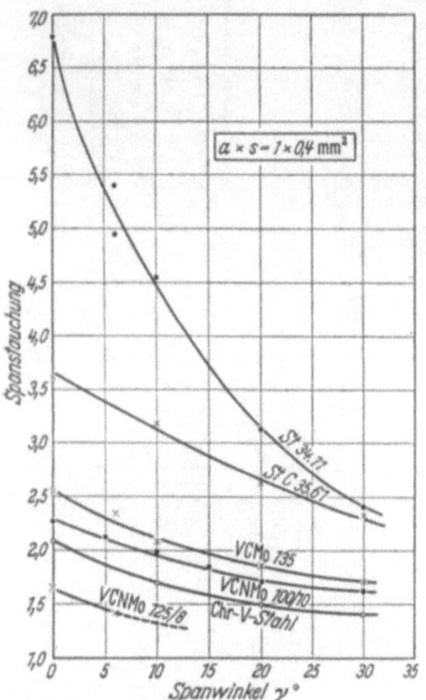

Abb. 43 c. Spanstauchung in Abhängigkeit vom Spanwinkel γ bei verschiedenen Werkstoffen. Spanquerschnitt $a \times s = 1 \times 0{,}1$ mm². $v = 120$ m/min.

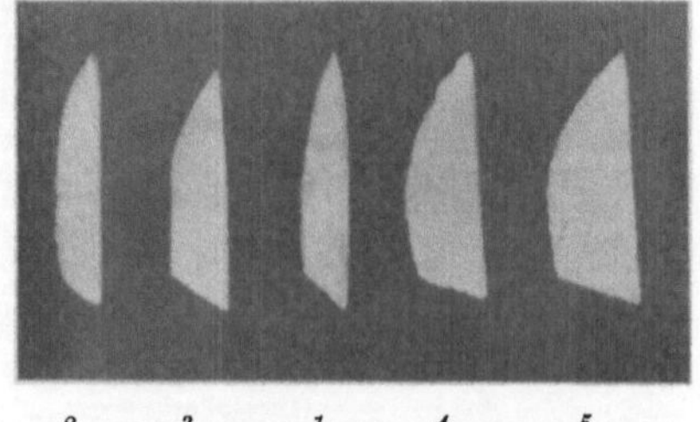

Vergrößerung der Spanprofile.
1 CrV; *2* VCNMo; *3* VCMo 135; *4* St C 35.61; *5* St 34.41
Spanwinkel γ nach AWF-Richtwerten.

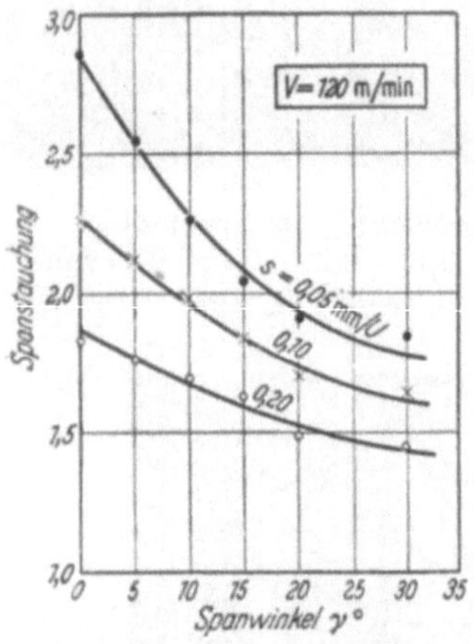

Abb. 43 d. Spanstauchung in Abhängigkeit vom Spanwinkel γ für verschiedene Vorschübe. (HEMSCHEIDT: Diss. T. H. Aachen.)

Abb. 44 a—c. Vergleich der Spanmengen verschiedener Spanformen nach 60 min Drehzeit, $a \times s = 2 \times 0{,}25$ mm², *a* Wirrspan, *b* eng gerollte Wendel, *c* Kurze Spirallocke. (HEMSCHEIDT: Diss. T. H. Aachen.)

Spanstauchung in Abhängigkeit vom Vorschub s, der Schnittgeschwindigkeit v und von dem Spanwinkel γ für verschiedene Vorschübe und verschiedene Werkstoffe zeigt Abb. 43 a—d.

Den Unterschied im Raumbedarf der Späne bei einem Spanquerschnitt von $2 \times 0{,}25$ mm² nach einer Drehzeit von 60 min zeigt Abb. 44. Dieser Unterschied verhält sich wie $50 : 16 : 3 \sim 4$ gegenüber dem Raumbedarf des Werkstoffes an sich $= 1$ für die Spanarten Wirrspäne, Wendelspäne, Kurzspäne.

5. Die Richtwerte für das Drehen mit Werkzeugstahl, Schnellstahl und Hartmetall.

Da es in diesem Buche unmöglich ist, die verschiedenen Versuchsergebnisse in Zahlen und Diagrammen mitzuteilen, wird hiermit auf das Buch von BRÖDNER[1] hingewiesen, welches nicht nur an sich wertvoll ist, sondern sich auch durch eine umfassende Literaturangabe auszeichnet.

Zur Spanabnahme mit *Werkzeugstahl* finden sich in heute historischen Veröffentlichungen mancherlei Angaben; so werden z. B. Schnittgeschwindigkeiten empfohlen, die etwa um die Hälfte bis ein Drittel niedriger liegen als bei der Anwendung von Schnellstahl, während die Werkzeugwinkel und die mittleren Schnittkräfte annähernd die gleichen sind.

Diese Angaben mögen genügen, da

1. sie von denjenigen in anderen Literaturstellen nicht unerheblich abweichen, so daß die Praxis sich in der Regel auf eigene Erfahrung gestützt hat, und da

2. das Arbeiten mit Werkzeugstahl, wenngleich er in der Praxis keineswegs selten zur Anwendung kommt, heute nicht mehr von so großem Interesse für den Werkzeugmaschinenbau ist, weil die Werkzeugmaschinen nach den Anforderungen hergestellt werden, welche der Schnellstahl oder das Hartmetall stellen.

Die Richtwerte für die Spanabnahme mit Schnellstahl und Hartmetall entstammen der *Kurzausgabe* der AWF-Blätter vom Juli 1949 unter Beschränkung auf die wichtigeren Werkstoffe.

Die betreffenden Richtwerttafeln enthalten die

1. Winkel α und γ am Werkzeug (Tabelle 3) Seite 34,
2. Schnittgeschwindigkeiten v_{60}, v_{240}, v_{480} (Tabelle 4) Seite 36,
3. Umrechnungstafel für die Schnittgeschwindigkeiten bei verschiedenen Einstellwinkeln $\varkappa$ (Tabelle 5) Seite 40,
4. Durchschnittschnittkraft k_m (Tabelle 6) Seite 41.

Die Werte der Richtwerttafeln sind *keine Bestwerte*, sondern gute Mittelwerte, die sich, wie bereits erwähnt, von normalen, gut geleiteten Betrieben einhalten lassen. Die Werte liegen um etwa 15 % unter den in den Versuchsfeldern festgestellten Zahlenwerten.

Die in der Richtwerttabelle angegebenen Werte gelten sämtlich für *trockenen Schnitt* mit dem normalen deutschen Schruppmeißel. Die Kühlung des Werkzeuges und des Werkstückes führt zwar zu einer nicht unerheblichen Leistungssteigerung, führt aber auch leicht zur Schädigung des Werkzeugs durch Auslösung von Spannungen bei momentan einsetzender Kühlung und zu Unannehmlichkeiten beim Auffangen und Wiederverwenden der Kühlflüssigkeit, so daß der trockene Schnitt gerade auch vom Arbeiter bevorzugt wird.

Das Schlichten, also die Entfernung der am Werkstück für die Fertigbearbeitung belassenen Zugabe durch das Schlichtwerkzeug oder bei im Einsatz gehärtetem bzw. bei vergütetem Werkstoff durch das Schleifen sowie die Feinbearbeitung zur Erreichung höchster Genauigkeit und Dauerhaftigkeit der Werkstücke ist ungeachtet vieler sehr wertvoller Vorarbeiten bis heute noch nicht systematisch durchgearbeitet worden. Diese Arbeit bleibt künftiger, nicht einfacher und sehr vielseitiger Forschung vorbehalten.

a) Die Richtwerttafel für die Winkel an der Schneide.

Die zulässige Toleranz für die Winkelwerte beträgt

bei Winkeln unter 10° . . . . $\pm 1°$
bei Winkeln über 10° . . . . $\pm 2°$

Zudem sind folgende Einschränkungen und Festsetzungen getroffen worden:

---

[1] BRÖDNER: Zerspanung und Werkstoff, 2. Aufl. Essen: W. Girardet.

Der Einstellwinkel $\varkappa$ (Abb. 36) ist durchweg mit 45° festgelegt. Für diesen Wert wurde auch die Richtwerttafel für Schnittgeschwindigkeiten aufgestellt.

Der Spitzenwinkel ε beträgt im allgemeinen 90°. Der Neigungswinkel λ wird allgemein zwischen 0° und 8°, bei Leichtmetallen sowie bei Kunst- und Preßstoffen zwischen 5° und 10° gewählt, wachsend mit steigenden Vorschüben und Schnittiefen. Für alle Metalle, mit Ausnahme der Zinklegierungen und Leichtmetalle, ist der Freiwinkel α mit 8° angegeben, auch für Schnellstahl, für Hartmetallwerkzeuge mit 5°. Für Zinklegierungen und Leichtmetalle, mit Ausnahme der Magnesiumlegierungen, beträgt der Freiwinkel α 12° für Schnellstahl und Hartmetallwerkzeuge.

Die Schneidenabrundung richtet sich nach Vorschub und verlangter Oberflächengüte. Sie soll im allgemeinen bei kleineren Vorschüben klein (0,5 bis 1 mm), bei größeren Vorschüben größer (1 bis 2 mm) gewählt werden. Je größer die Abrundung wird, um so schärfer wird die gezackte Kante der Späne und um so größer die Gefahr für den Arbeiter, zumal im gleichen Fall stärkere Späne vorliegen.

Tabelle 3. *Richtwerttafel für Schneidenwinkel α und γ. (Kurzausgabe AWF 158 von 1949.)*

Nr.	Werkstoff	Festigkeit (kg/mm²) (bzw. Härte)	Schnellstahlwerkzeuge		Hartmetallwerkzeuge	
			α^0	γ^0	α^0	γ^0
1	St 34.11 St 37.11 St 42.11	bis 50	8	14	5	10
2	St 50.11	50 ··· 60	8	14	5	10
3	St 60.11	60 ··· 70	8	14	5	10
4	St 70.11	70 ··· 85	8	14	5	10
5	St 85	85 ··· 100	8	10	5	6
6	Stahlguß	30 ··· 50	8	10	5	10
7	Stahlguß	50 ··· 70	8	10	5	6
8		über 70	8	6	5	6
9	Mn-Stahl, Cr-Ni-Stahl	70 ··· 85	8	14	5	10
10	Cr-Mo-Stahl und	85 ··· 100	8	10	5	6
11	andere legierte Stähle	100 ··· 140	8	6	5	6
12		140 ··· 180	8	6	5	6
13	Nichtrostender Stahl	60 ··· 70			5	10
14	Werkzeugstahl	150 ··· 180	8	6	5	6
15	Manganhartstahl			5	6	
16	Ge 12.91/14.91	Brinellhärte bis 200	8	0	5	0
17	Ge 12.91/14.91	Brinellhärte 200 ··· 250	8	0	5	0
18	Ge legiert	Brinellhärte 250 ··· 400	8	0	5	0
19	Temperguß		8	10	5	10
20	Hartguß	Shore-Härte 65 ··· 90	8	0	5	0
21	Kupfer		8	18	8	18
22	Messing	Brinellhärte 80 ··· 120	8	0	5	6
23	Rotguß		8	0	5	6
24	Gußbronze		8	0	5	6
25	Reinaluminium		12	30	12	30
26	Aluminiumlegierungen mit hohem Si-Gehalt (11 ··· 13 % Si)		12	18	12	18
			12	18	12	18
27	Kolben- {Al-Si (zäh) 11 ··· 13,5 % Si		12	14	12	14
28	Legierung {G Al-Si 11 ··· 13,5 % Si		12	14	12	14
29	Magnesiumlegierungen		8	6	5	6
30	Hartgummi, Ebonit		12	10	12	10
31	Glas				5	6
32	Porzellan				5	0

b) Die Richtwerttafel für die Schnittgeschwindigkeiten.

Ermittelt wurden diese wirtschaftlichen Schnittgeschwindigkeiten nach den auf S. 20 geschilderten Verfahren, d. h. für Schnellstahl durch Blankbremsung und für Hartmetall durch die in Berücksichtigung eines beim Nachschleifen sparsamen Abschliffs festgesetzte Verschleißmarkenbreite.

Unter Berücksichtigung der wirtschaftlichen Werkzeug- und Maschinenausnutzung wird im allgemeinen

bei Schnellstahlwerkzeugen die Schnittgeschwindigkeit v_{60},
bei Hartmetallwerkzeugen die Schnittgeschwindigkeit v_{240}

am zweckmäßigsten angewandt werden. Bei Arbeiten auf Revolverbänken und Automaten werden vorzugsweise Schnittgeschwindigkeiten von v_{240} und v_{480} benutzt, ebenso bei Verzahnung größerer Räder.

Die Schnittgeschwindigkeiten sind nur in Abhängigkeit vom Vorschub angegeben. Der Vorschubbereich ist mit Rücksicht auf die Anwendung der verschiedenen Werkzeugbaustoffe gewählt.

Die Schnittiefe ist von geringem Einfluß auf die v_{60}-, v_{240}- und v_{480}-Werte. Um die Tafel übersichtlich zu halten, wurde dieser geringe Einfluß nicht in die Darstellung einbezogen.

Die angegebenen Schnittgeschwindigkeitswerte sind Mittelwerte für Schnittiefen bis etwa 5 mm. Bei Schnittiefen über 5 mm empfiehlt es sich, die Schnittgeschwindigkeitswerte um 10 bis höchstens 20 % herabzusetzen. Die in der Rubrik für Schnellstahlwerkzeuge angeführten Schnittgeschwindigkeitswerte gelten für die heutigen Schnellstahlsorten, im Mittel für die Schnellstahlsorte ABC III, Schnellstahl mit reduzierten Sparmetallkarbiden. Bei Hartmetallwerkzeugen wird die wirtschaftliche Zerspanungsleistung besser durch Steigerung der Schnittiefe als durch Anwendung hoher Vorschübe erzielt. Schnittiefen unter 0,2 mm sollten grundsätzlich vermieden werden.

Die Sorte des für das Werkzeug verwendeten Hartmetalls ist in der letzten Rubrik angegeben.

Die Richtwerte der Tab. 4 sind zwar für den Anfänger eine brauchbare Einführung und erste Orientierung, sie genügen aber für die wirtschaftliche Schnittgeschwindigkeit zur Vorkalkulation von Löhnen und zu Bearbeitungsvorschriften keineswegs. Sie hängen sozusagen in der Luft. Der Mangel besteht in der Klassifizierung der Werkstoffe nach deren Zugfestigkeit, obwohl diese den Werkstoff im Hinblick auf die wirtschaftliche und günstigste Schnittgeschwindigkeit nicht genügend kennzeichnet. In Wirklichkeit sind die Zähigkeit und auch noch andere Werkstoffeigenschaften, wie Homogenität und Gefüge, auf die Spanbildung und damit auf die Schnittgeschwindigkeit von erheblichem Einfluß. Daraus erklärt sich, daß bei Stahlsorten gleicher Festigkeit mit Schnellstahl erhebliche Unterschiede (z. B. 20 %) in der wirtschaftlichen Schnittgeschwindigkeit vorgekommen sind (Abb. 45), bei der Bearbeitung von Edelstählen mit

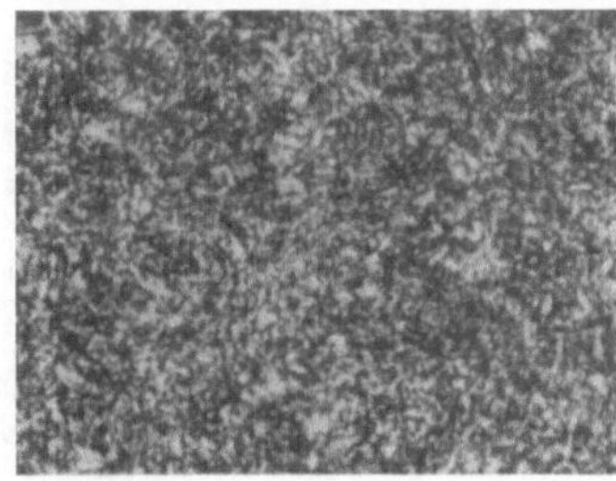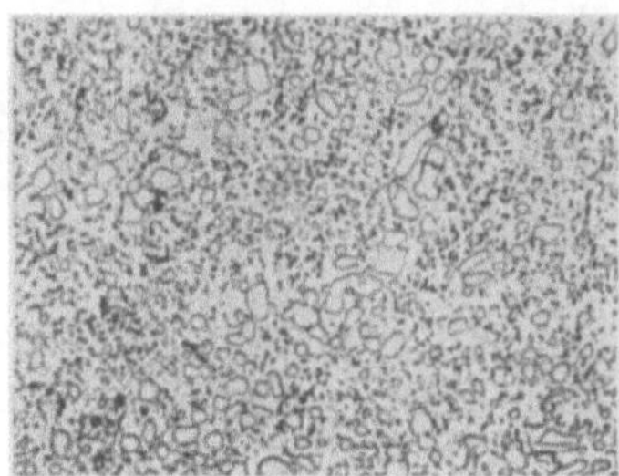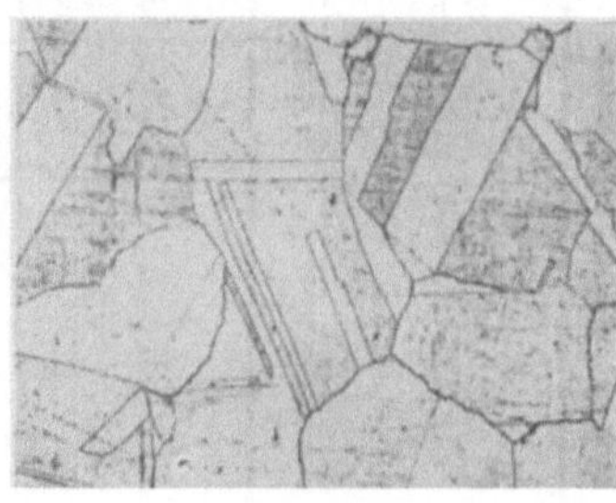

A   B   C

Abb. 45. Zerspanbarkeit verschiedenartiger Stähle, etwa gleicher Zugfestigkeit.
(RAPATZ 1952: Stahleisen H. V. 2190.)

A Niedriglegierter Vergütungsstahl, B Werkzeugstahl mit 2 % Co und 13 % Cr, geglüht, C Austenitischer Stahl mit 18 % Cr und 8 % Ni, abgeschreckt

Stahl	A	B	C
v_{240} für 4×1 mm² Spanquerschnitt in m/min	132	43	56
Verhältniswerte der Schnittgeschwindigkeiten	3,2	1	1,3

3*

Tabelle 4. *Richtwerttafel für Schnittgeschwindigkeiten v.* (Kurzausgabe AWF 158 von 1949.)

Standzeiten des Werkzeuges in min — Vorschübe in mm/U — Schnittgeschwindigkeiten v in m/min. Für jede Vorschubgruppe (0,1 / 0,2 / 0,4 / 0,8 / 1,6 / 3,2 mm/U) stehen die Standzeiten 60 · 240 · 480 min.

Nr.	Werkstoff	Festigkeit des Werkstoffs kg/mm²	Werkzeuge²	0,1·60	240	480	0,2·60	240	480	0,4·60	240	480	0,8·60	240	480	1,6·60	240	480	3,2·60	240	480
	Bau-Stähle																				
1¹	St 34.11 / St 37.11 / St 42.11	bis 50	SS				60	43	36	45	32	27	34	24	20	25	18	15	19	13	11
			S 1	315	280	250	280	236	212	250	200	180	212	170	150						
			S 2				200	170	150	180	140	125	150	118	106	125	100	90			
			S 3							118	95	85	100	80	71	85	67	60	71	56	50
2¹	St 50.11	50 … 60	SS				48	34	28	36	25	21	27	19	16	20	14	12	15	11	9
			S 1	300	240	224	265	212	190	224	180	160	190	150	132						
			S 2				180	140	125	150	118	106	125	100	90	106	85	75			
			S 3							100	80	71	85	67	60	71	56	50	60	48	43
3¹	St 60.11	60 … 70	SS				40	38	24	30	21	18	22	16	13	17	12	10	13	9	7,5
			S 1	280	236	212	250	200	180	212	170	150	180	140	125						
			S 2				150	118	106	125	100	90	106	86	75	90	71	63			
			S 3							85	67	60	71	56	50	60	48	43	50	40	36
4¹	St 70.11	70 … 85	SS				32	22	19	24	17	14	18	13	11	13	9,5	8	10	7.1	6
			S 1	250	200	180	212	170	150	170	132	118	132	106	95						
			S 2				125	100	90	100	80	71	80	63	56	63	50	45			
			S 3							67	53	48	53	43	38	43	34	30	34	27	24
5¹	St 85	85 … 100	SS				25	18	15	19	13	11	14	10	8,5	11	7,5	6,3	8	5,6	4,8
			S 1	212	170	150	180	140	125	140	112	100	112	90	80						
			S 2				106	85	75	85	67	60	67	53	48	53	43	38			
			S 3							56	45	40	45	36	32	36	28	25	28	22	20
	Legierte Stähle																				
6¹	Mn-Stahl / Cr-Ni-Stahl / Cr-Mo-Stahl und andere legierte Stähle	70 … 85	SS				30	21	18	21	15	13	15	11	9	11	7,5	6,3	7,5	5,3	4,5
			S 1	250	200	180	212	170	150	170	132	118	132	106	95						
			S 2				125	100	90	100	80	71	80	63	56	63	50	45			
			S 3							67	53	48	53	43	38	43	34	30	34	27	24

¹ Die Werte für v müssen beim Abdrehen einer Gußhaut bzw. einer infolge des Schmiede-, Walz- oder Vergütungsvorganges entstandenen Kruste um 30 bis 50% verringert werden.

² SS = Schnellstahl. S 1, S 2, S 3 = Hartmetalle nach DIN.

Nr.	Werkstoff	Festigkeit bzw. Brinellhärte	Werkzeug																		
	Legierte Stähle																				
7[1]		85 … 100	SS				24	17	14	17	12	10	12	8,5	7,1	8,5	6	5	(6)	(4,2)	(3,5)
			S 1	190	150	132	150	118	106	118	95	85	95	75	67						
			S 2				90	71	63	71	56	50	56	45	40	45	36	32			
			S 3							48	38	34	38	30	27	30	34	21	25	20	18
8[1]	Mn-Stahl, Cr-Ni-Stahl, Cr-Mo-Stahl und andere legierte Stähle	100 … 140	SS				16	11	9,5	8	6,7	11	8	5,6	4,8	(5,6)	(4)	(3,4)			
			S 1	118	95	85	95	75	67	75	60	53	63	50	45						
			S 2				56	45	40	45	36	32	38	30	27	30	24	21			
			S 3							30	24	21	25	20	18	20	16	14	16	13	12
9[1]		140 … 180	SS				9,5	6,7	5,6	6	4,2	3,5									
			S 1	75	60	53	60	48	43	48	38	34	40	32	28						
			S 2				36	28	25	28	22	20	24	19	17	19	15	13			
			S 3							19	15	13	16	13	11	13	10	9	10	8	7,1
10[1]	Nichtrostender Stahl	60 … 70	SS																		
			S 1	112	90	80	90	71	63	71	56	50	60	48	43						
			S 2				53	43	38	43	34	30	36	28	25	28	22	20			
			S 3							28	22	20	24	19	17	19	15	13	15	12	11
11[1]	Werkzeugstahl	150 … 180	SS				9	6,3	5,3	5	3,5	3									
			S 1	63	50	45	50	40	36	40	32	28	34	27	24						
			S 2				30	24	21	24	19	17	20	16	14	16	13	11			
			S 3							16	13	11	13	11	9,5	11	8,5	7,5	8,5	6,7	6
12[1]	Manganhartstahl		SS																		
			S 1	50	40	36	40	32	28	32	25	22	25	20	18						
			S 2				24	19	17	19	15	13	15	12	11	13	10	9			
			S 3							13	10	9	10	8	7,1	8,5	6,7	6	6,7	5,3	5
	Gußeisen																				
13[1]	Ge 12.91/14.91	Brinellhärte bis 200	SS				48	34	28	27	19	16	18	13	11	14	11	9	9,5	6,7	5,6
			G 1	220	140	118	170	118	100	132	95	80	112	80	67	96	67	56			
14[1]	Ge 18.91/26.91	Brinellhärte 200 … 250	SS				32	22	19	18	13	11	13	9,5	8	9,5	6,7	5,6	6,3	4,5	3,8
			H 1	150	106	90	125	90	75	106	75	63	90	63	53	75	53	45			
15[1]	Ge legiert	Brinellhärte 250 … 400	SS				24	17	14	15	11	9	10	7,1	6	7,1	5	4,2	4,8	3,4	2,8
			H 1	106	75	63	90	63	53	75	53	45	60	43	36	50	36	30			

[1] Die Werte für v müssen beim Abdrehen einer infolge des Schmiede-, Walz- oder Vergütungsvorganges entstandenen Kruste bzw. beim Abdrehen einer Gußhaut oder beim Vorhandensein von Sandeinschlüssen um 30 bis 50% verringert werden.

[2] SS = Schnellstahl. S 1, S 2, S 3, H 1, G 1 = Hartmetalle nach DIN.

Tabelle 4. *Richtwerttafel für Schnittgeschwindigkeiten v.* (Kurzausgabe AWF 158 von 1949.) (Fortsetzung.)

Standzeiten des Werkzeuges in min — Vorschübe in mm/U — Schnittgeschwindigkeiten v in m/min

Nr.	Werkstoff	Festigkeit des Werkstoffs kg/mm²	Werkzeuge²	60	240	480	60	240	480	60	240	480	60	240	480	60	240	480	60	240	480
				0,1			0,2			0,4			0,8			1,6			3,2		
Gußeisen																					
16¹	Temperguß		SS				43	30	25	28	20	17	20	14	12	13	9,5	8	9	6,3	5,3
			H 1, S 1, S 2	150	106	90	125	90	75	120	75	63	90	63	53	75	53	45			
17¹	Hartguß	Härte 65 … 90 Shore	H 1	30	21	18	24	17	14	21	15	13	18	13	11	14	10	8,5			
Kupfer und Kupferlegierungen																					
18	Kupfer		SS				63	53	48	45	38	34	34	28	25	25	21	19	19	16	14
			G 1	1120	500	335	1000	350	300	850	375	250	750	335	224	670	300	22			
19	Kupfer mit Kommutatorglimmer (Kollektoren)		G 1	425	236	180	335	190	140	280	160	118	224	125	95						
20	Messing	Brinellhärte 80 … 120	SS				125	95	80	85	63	53	56	43	36	36	27	22			
			G 1	1320	600	400	1180	530	355	1000	450	300	900	400	265	800	355	236			
21	Rotguß		SS				85	63	53	63	48	40	48	36	30	34	25	21	24	18	15
			G 1	710	500	425	630	450	375	530	375	315	475	335	280	425	300	250			
22	Gußbronze		SS				63	48	40	53	40	34	43	32	27	36	27	22	28	21	18
			G 1	630	355	265	500	280	212	425	236	180	355	200	150	315	180	132			
Zink und Zinklegierungen																					
23	Zn-Al 10-Cu 2		SS	90	43	30	85	40	28	80	38	27	80	38	27	75	36	25			
			G 1	500	250	180	475	236	170	450	224	160	425	212	150	400	200	140			
Leichtmetalle																					
25	Reinaluminium		SS	400	224	170	300	170	125	200	112	85	118	67	50	75	43	32			
			G 1	2360	1320	1000	2000	1120	850	1700	950	710	1500	850	630	1250	710	530			

Leichtmetalle

Nr	Werkstoff	Art															
26	Aluminiumlegierung mit hohem Si-Gehalt (11···13% Si)	SS	100	56	43	67	38	28	45	25	19	30	17	13			
		G 1	500	224	150	425	190	125	355	160	106	315	140	95	265	118	80
27	Kolbenlegierung Al-Si (zäh) 11···13,5% Si	G 1	100	50	35	90	45	32	80	40	28	71	36	25	67	34	24
28	Kolbenlegierung GAl-Si 11…13,5% Si	G 1	50	25	18	45	22	16	40	20	14	36	18	13	34	17	12

Kunst- und Preßstoffe

Nr	Werkstoff	Art															
29	Hartgummi Ebonit	G 1	600	300	212	560	280	200	500	250	180	450	224	160	400	200	140
30	Gummifreie Isolierpreßmasse, Novotext, Bakelit, Pertinax	G 1	560	280	200	425	212	150	335	170	118	265	132	95	200	100	71

[1] Die Werte für v müssen beim Abdrehen einer infolge des Schmiede-, Walz- oder Vergütungsvorganges entstandenen Kruste bzw. beim Abdrehen einer Gußhaut oder beim Vorhandensein von Sandeinschlüssen um 30 bis 50% verringert werden.

[2] SS = Schnellstahl. S 1, S 2, S 3, H 1, G 1 = Hartmetalle nach DIN.

Hartmetall solche von mehreren 100%. Bei der Bearbeitung solcher Stähle mit Schnellstahl (Abb. 46) ist in der Regel ein Ansteigen der wirtschaftlichen Schnittgeschwindigkeit mit abnehmender Zugfestigkeit festzustellen, bei der Bearbeitung von Edelstählen mit Hartmetall hingegen ist eine Gesetzmäßigkeit nicht zu erkennen.

Dringend erforderlich ist demnach die Identifizierung des Werkstoffs, damit der Betrieb mit Hilfe eines kennzeichnenden Merkmals mit einer Sicherheit von etwa ±5% bzw. in noch engeren Grenzen die wirtschaftliche Schnittgeschwindigkeit für Vorkalkulation und Arbeitsanweisung ermitteln kann.

Eine solche Identifizierung erfordert, wenn sie überhaupt gelingt, bislang die Heranziehung mehrerer Kurzversuche, z. B. Feststellung der Festigkeit, Dehnung und Wärmeentwicklung, also ein umständliches Vorgehen.

Eine Identifizierung durch eine einzige Erprobung ist, abgesehen von dem kostspieligen Standzeitversuch, mit ausreichender Genauigkeit mit Hilfe des v-Steigerungsverfahrens, bei welchem nach einem Schnittweg von 25 mm die Schnittgeschwindigkeit jeweils um 5 m/min gesteigert wurde, gelungen[1]. Die Erprobung wurde zuerst mit Automatenstählen bei kleinen Spanquerschnitten (unter 1 mm²) durchgeführt und diente dazu, nachzuprüfen, ob nachgelieferter Werkstoff ohne veränderte Bearbeitungsvorschrift in den Betrieb gegeben werden konnte. Heute ist das v-Steigerungsverfahren in die *Prüfblätter* des Vereins Deutscher Eisenhüttenleute aufgenommen worden[2].

Der Bereich der Schnittgeschwindigkeit beginnt mit 3 m/min z. B. für Werkzeugstahl und steigt an bis auf 3000 m/min bei Magnesiumlegierun-

[1] WAGNER u. WIEST: Zerspanbarkeit legierter Stähle beim Drehen im Feinschnitt. Stahl u. Eisen 1951.
[2] Stahl-Eisen Prüfblatt 1166 (März 1952).

gen. Aus der Tatsache, daß die Spanquerschnitte von weniger als 1 mm² bis auf über 100 mm² ansteigen und dementsprechend der Schnittdruck auf das Werkzeug von wenigen kg bis auf 10 000 kg bei Werkzeugmaschinen mit hoher Spanleistung ansteigt,

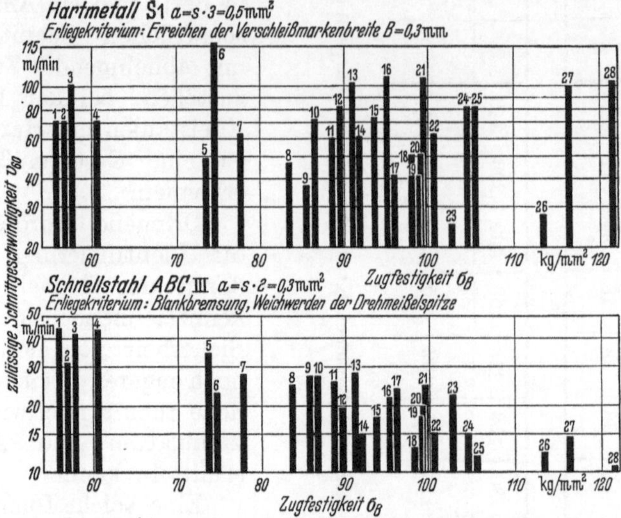

Abb. 46. Schnittgeschwindigkeit v_{60} und zugehörige Zugfestigkeit σ_B des zerspanten Werkstoffes beim Drehen von Stahl. (Institut für Werkzeugmaschinen, T. H. München.)

geht bereits hervor, daß sich eine Drehbank, die allen Anforderungen im Hinblick auf Spanleistung, Maßhaltigkeit und Oberflächengüte sowie Gesundheit der Oberfläche genügt, nicht bauen läßt. Die Werkzeugmaschine muß schon aus diesem Grunde in ihrem Bau den Bearbeitungsaufgaben angepaßt werden.

c) Die Umrechnungstafel für Schnittgeschwindigkeiten bei verschiedenen Einstellwinkeln.

Diese Tabelle enthält die Umrechnungsfaktoren für andere Einstellwinkel $\varkappa$ als $45°$. Für diese anderen Winkel $\varkappa$ sind die in der Richtwerttafel für Schnittgeschwindigkeiten angegebenen Werte mit den in der Umrechnungstafel angegebenen Faktoren zu multiplizieren.

Tabelle 5. *Umrechnungstafel für die Schnittgeschwindigkeiten bei verschiedenen Einstellwinkeln $\varkappa$.*
(Kurzausgabe AWF 158 von 1949.)

	Umrechnungsfaktor für v_{60} v_{240} v_{480} bei einem Einstellwinkel von		
	45°	60°	90°
Schnellstahl bei Zerspanung von Stahl und Stahlguß	1,0	0,80	0,66
Schnellstahl bei Zerspanung von Gußeisen	1,0	0,89	0,72
Schnellstahl bei Zerspanung der übrigen Werkstückstoffe	1,0	0,96	0,90
Hartmetall bei Zerspanung sämtlicher angegebener Werkstückstoffe . .	1,0	0,96	0,90

d) Die Richtwerttafel für die Durchschnittsschnittkräfte k_m.

Die k_m-Werte sind ebenfalls in Abhängigkeit nur vom Vorschub unter Festhaltung des Einstellwinkels $\varkappa = 45°$ aufgetragen, weil, wie bei den Schnittgeschwindigkeiten, der geringe Einfluß der Schnittiefe nicht berücksichtigt zu werden braucht. So ist, um auch diese Tafel einfach zu gestalten, das Verhältnis für die Schnittiefe a zum Vorschub s zwischen 2:1 bis 10:1 berücksichtigt worden. Die Unterschiede in den k_m-Werten bei dem gleichen Werkstoff und Werkzeug fallen beim Ansteigen von Vorschüben von 0,2 mm bis 1,0 mm etwa auf den halben bis auf den Drittelwert.

Tabelle 6. *Richtwerttafel für Durchschnittsschnittkräfte* (k_m). (Kurzausgabe AWF 158 vom 1949.)

Nr.	Werkstoff	Festigkeit (kg/mm²) (bzw. Härte)	Vorschub in mm/U			
			0,1	0,2	0,4	0,8
			Spezifische Schnittkräfte (kg/mm²)			
1	St 34.11 St 37.11 St 42.11	bis 50	360	200	190	136
2	St 50.11	50 … 60	400	290	210	152
3	St 60.11	60 … 70	420	300	220	156
4	St 70.11	70 … 85	440	315	230	164
5	St 85	85 … 100	460	330	240	172
6	Stahlguß	30 … 50	320	230	170	124
7		50 … 70	360	260	190	136
8		über 70	390	285	205	150
9	Mn-Stahl, Cr-Ni-Stahl Cr-Mo-Stahl und andere legierte Stähle	70 … 85	470	340	245	176
10		85 … 100	500	360	260	185
11		100 … 140	530	380	275	200
12		140 … 180	570	410	300	215
13	Nichtrostender Stahl	60 … 70	520	375	270	192
14	Werkzeugstahl	150 … 180	570	410	300	215
15	Manganhartstahl		660	480	350	252
16	Ge 12.91/14.91	Brinellhärte bis 200	190	136	100	72
17	Ge 18.91/26.91	Brinellhärte 200 … 250	290	208	150	108
18	Ge legiert	Brinellhärte 250 … 400	320	230	170	120
19	Temperguß		240	175	125	92
20	Hartguß	Shore-Härte 65 … 90	360	260	190	136
21	Kupfer		210	152	110	80
22	Messing	Brinellhärte 80 … 120	160	115	85	60
23	Rotguß		140	100	70	52
24	Reinaluminium		105	76	55	40
25	Aluminiumlegierungen mit hohem Si-Gehalt 11 … 13 % Si		140	100	70	52
26	Kolben-Legierung { Al-Si (zäh) 11 … 13,5 % Si		140	100	70	52
27	GAl-Si 11 … 13,5 % Si		125	90	65	48
28	Magnesiumlegierungen		58	42	30	22
29	Hartgummi, Ebonit		48	35	25	18
30	Gummifreie Isolierpreßmassen Novotext, Bakelite, Pertinax		48	35	25	18

6. Die Leistungsformeln.

Die Hauptschnittkraft P_1 in Schnittrichtung auf das Werkzeug wird mit Hilfe der in der Richtwerttafel enthaltenen k_m-Werte aus der Formel

$$P = a\,s\,k_m \quad \text{(kg)}$$

berechnet. Darin bedeutet a = die Schnittiefe, s = den Vorschub.

Die Leistung an der Werkzeugschneide beträgt

$$N = \frac{a\,s\,k_m\,v}{60 \cdot 75} \quad \text{(PS)} \quad \text{bzw.} \quad N = \frac{a\,s\,k_m\,v}{60 \cdot 102} \quad \text{(kW)}.$$

In diesen Formeln bedeutet v = die Schnittgeschwindigkeit in m/min. Das stündliche Spangewicht ergibt sich zu

$$G_{st} = \frac{a\,s\,v\,60\,\gamma}{1000} \quad \text{(kg/st)},$$

worin γ das spezifische Gewicht des Werkstoffes in kg/dm³ ist.

Durch Division mit η, dem Gesamtwirkungsgrad der Werkzeugmaschine, ergibt sich die Antriebsleistung N_a zu:

$$N_a = \frac{(a\,s)\,k_m\,v}{\eta \cdot 60 \cdot 102} \quad (\text{kW})\,.$$

Für Überschlagsrechnungen wird in der Regel ein Wirkungsgrad

$$\eta = 0,75$$

eingesetzt.

Bei hohen Umlaufzahlen der Hauptspindel sinkt der Wirkungsgrad erheblich, so daß sich Wirkungsgrade von $\eta = 0,65$ ergeben.

Bei Neukonstruktionen von Werkzeugmaschinen geht man in der Regel von der Motorleistung aus und bestimmt aus ihr die Spanleistung in kg/st und die Anforderungen, welche das voraussichtliche Werkzeug unter Berücksichtigung der beabsichtigten Spanabnahme an die Maschine stellen wird. Bei der Unsicherheit der einzelnen Faktoren, wie Werkstoffkonstanten, Güte des Werkzeugs, Wirkungsgrad der Werkzeugmaschine usw., die zunächst geschätzt werden müssen, ergibt sich auch für einen bestimmten Werkstoff nur eine ungefähre stündliche Spanleistung.

7. Die Diagramme.

a) Das Diagramm von Wallichs u. Dabringhaus.

Das Diagramm von Wallichs u. Dabringhaus (Abb. 47) für Stahl und Gußeisen gibt zu den Zugfestigkeits- bzw. Brinellwerten die zugehörigen wirtschaftlichen Schnittgeschwindigkeiten und zugleich die Schnitttiefen und Vorschübe an, für welche die Schnittgeschwindigkeitswerte Gültigkeit haben. Die Darstellung ist elegant und erleichtert namentlich dem Anfänger die Übersicht über die Zusammenhänge. Freilich sind die Zahlenangaben des Diagramms insofern überholt, als

1. ein Schnellstahl mit etwa 18% Wolframgehalt bei den Versuchen verwendet worden ist, der heute nur noch ausnahmsweise zur Verfügung steht,

2. auch hier die Festigkeit des Werkstoffs als Abszisse verwendet wurde.

Ein allgemein gültiges Diagramm würde wohl ein räumliches Diagramm sein müssen. Aber nicht nur für den Studierenden zu einer ersten Orientierung, sondern auch zur Festlegung von erprobten Richtwerten im Betriebe kann das Aachener Diagramm von Wert sein, in letzterem Fall, wenn eine geeignete Identifizierungsbasis ermittelt worden ist. Diese kann bei Beschränkung auf eine Anzahl an Lieferbedingungen gebundene Stahlsorten schon die Zerreißfestigkeit allein sein. In anderen Fällen wird die Zerreißfestigkeit unter Hinzunahme der Dehnung (räumliches Diagramm) oder unter Hinzunahme des Ergebnisses des erwähnten erweiterten Zerreißversuches genügen. Setzt man unter den Abszissenpunkt für die Zerreißfestigkeit z. B. die zugehörige Dehnung, so kommt man auch in solchen Fällen mit einem ebenen Diagramm aus.

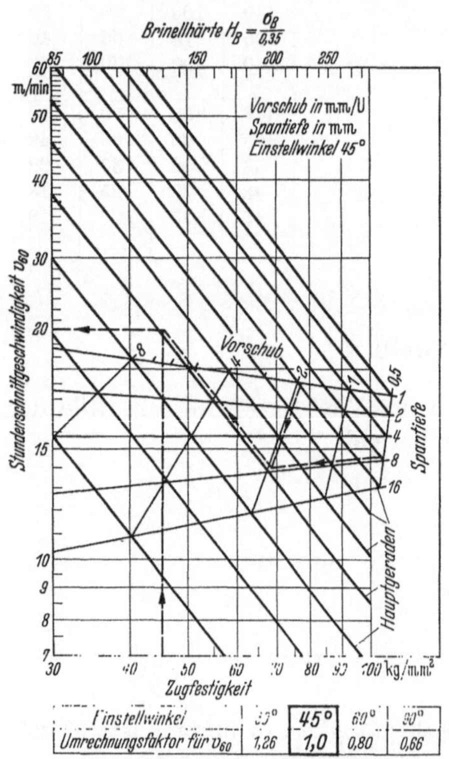

Abb. 47. Aachener v_{60}-Bestimmungstafel für das Drehen von Stahl und Guß. (Nach Wallichs u. Dabringhaus: Meißel aus Schnellstahl; tröckener Schnitt. Maschinenbau Bd. 9 [1930] S. 257.)

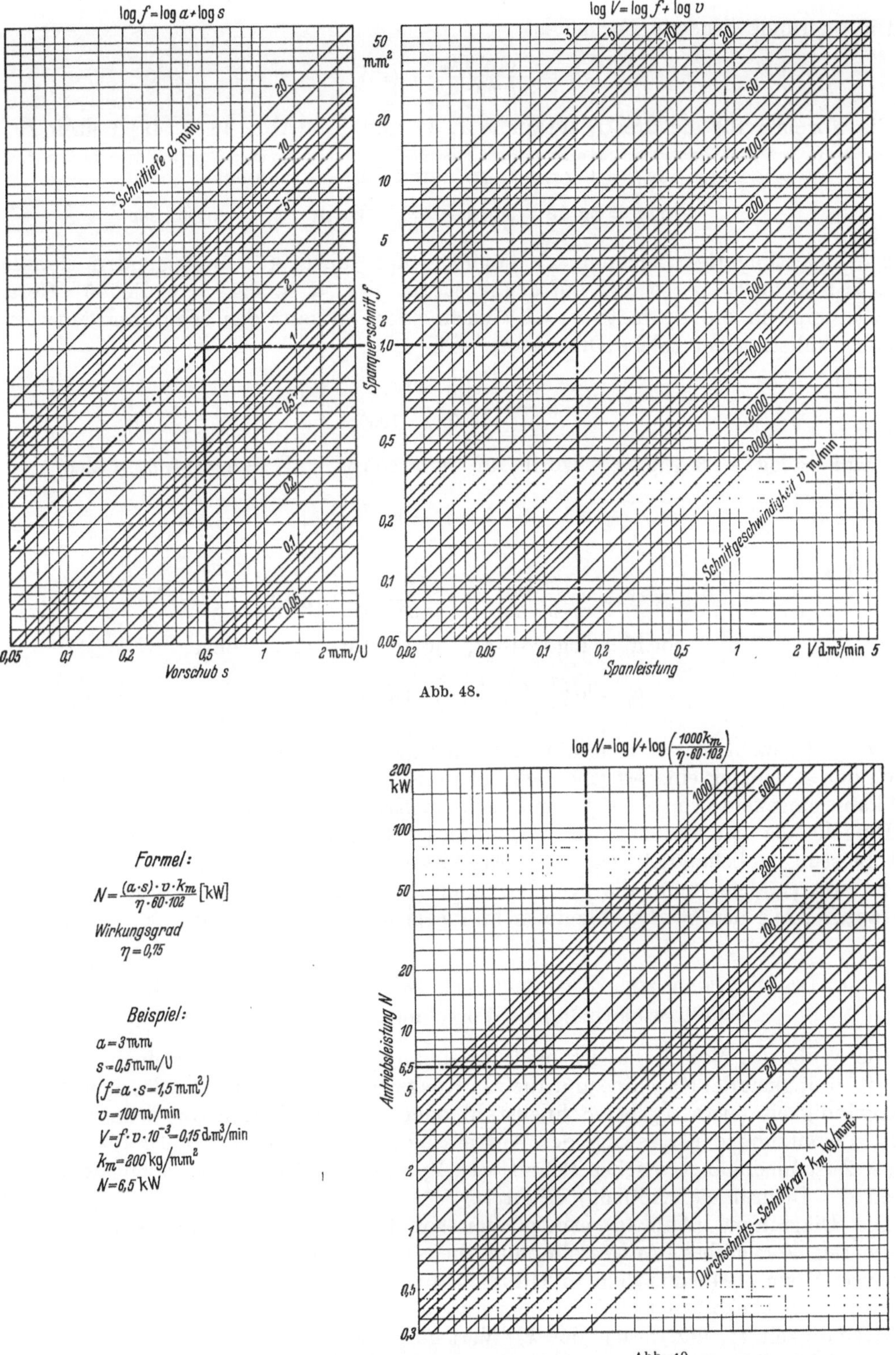

Abb. 48 und 49. Netztafel zur Ermittlung der Span- und Antriebsleistung beim Drehen.
(Kurzausgabe AWF 158 von 1949.)

b) Die Netztafel zur Ermittlung der Span- und Arbeitsleistung beim Drehen.

Die zugrunde liegende Formel ist

$$N = \frac{(a\,s)\,v\,k_m}{\eta \cdot 60 \cdot 102} \quad (\text{kW}).$$

Die Formeln für die drei Diagramme I, II und III (Abb. 48 u. 49) lauten zu I:

$$f = a \cdot s; \quad \log f = \log s + \log a \quad \text{und für} \quad a = \text{const}$$

$$\log f = \operatorname{tg} 45^\circ \cdot \log s + c_1, \quad \text{worin} \quad c_1 = \log a \quad \text{ist.}$$

Die logarithmierte Gleichung ist diejenige einer unter 45° ansteigenden Geraden. Für $s = 1$ ist $\log f = c$, so daß auf der Abszisse $s = 1$, d. h. $\log s = 0$ die 45° Gerade für $a = \text{const}$ in die Ordinate $s = 1$ einschneidet. So kann das Diagramm entworfen werden. Näheres über solche Diagramme s. S. 81.

Zu II:

$$V = \frac{f\,v \cdot 10}{10000} = \frac{f\,v}{1000}$$

$$\log V = \log f - 3 + \log v, \quad \text{worin für} \quad v = \text{const} \; \log V = \log f + c_2, \quad \text{also}$$

$$c_2 = \log\left(\frac{v}{1000}\right)$$

ist.

Zu III:

$$N = \frac{f\,v\,k_m}{\eta \cdot 60 \cdot 102} = \frac{1000\,V\,k_m}{\eta \cdot 60 \cdot 102} \quad (\text{kW})$$

$$\log N = \log V + c_3, \quad \text{worin für} \quad k_m = \text{const}$$

$$c_3 = \log\left(\frac{1000\,k_m}{\eta \cdot 60 \cdot 102}\right) \quad (\text{kW})$$

also zwei Formeln, deren Diagramme in der gleichen Weise entwickelt werden. Das durch den Linienzug eingetragene Beispiel führt von $a = 3$ mm und $s = 0{,}5$ mm zu N und kann umgekehrt von N ausgehend auch zur Ermittlung von a und s benutzt werden.

Eingehender hat KIENZLE[1] die Lösung dieser Aufgabe der Bestimmung von Kräften und Leistungen behandelt. Die volle Auswirkung dieser Arbeit wird sich aber auch hierzu erst ergeben, wenn die grundlegenden Angaben betreffend k_m und v_{60} bzw. v_{240} einwandfrei aus der Werkstoffkennzeichnung sich ermitteln lassen.

c) Das Diagramm zum Zusammenhang zwischen Steifigkeit der Maschine, Schnittgeschwindigkeit, Vorschub und Antriebsleistung.

Die Wahl des Vorschubes ist nicht unabhängig von der Schnittiefe in Rücksicht auf die Steifigkeit der Maschine und auch in Rücksicht auf die bei der zulässigen Schnittgeschwindigkeit (etwa v_{60} bei Schnellstahl oder v_{240} bei Hartmetall) wünschenswerte volle Ausnutzung der Leistung des Antriebsmotors und damit der Drehbank selbst. Dieser Zusammenhang zwischen Schnittiefe, Vorschub, Leistung und Spangewicht wird durch die Diagramme (Abb. 50) erläutert.

Die Diagramme (Abb. 50) ermöglichen somit ohne weiteres die Wahl des bestgeeigneten Vorschubes. Aufgestellt sind die Diagramme nach der Kurzausgabe der Richtwerte von 1949 mit dem in Hinblick auf die Gültigkeit der Richtwerte bereits gemachten Vorbehalt. Über dem Vorschub als Abszisse ist die zugehörige Schnittgeschwindigkeit v_{60} und ferner der k_m-Wert für den zu bearbeitenden Werkstoff aufgetragen. Die Werte gehören zu dem heutigen Schnellstahl ABC III bzw. zu dem in der Richtwerttafel angegebenen Hartmetall.

---

[1] KIENZLE, O.: Kräfte und Leistungen an spanenden Werkzeugen. ZVDI Bd. 94 (1952).

Die zugehörigen größten Schnittiefen im Hinblick auf die Steifigkeit der Maschine und andererseits auf die Motorleistung werden aus folgenden Formeln ermittelt:

$$a_P = \frac{P_{\max}}{s\,k_m} = \text{Schnittiefe mit Rücksicht auf die Steifigkeit,}$$

worin $P_{\max} = s\,a_P\,k_s = 1500$ kg entsprechend der geschätzten Steifigkeit der Maschine angenommen ist.

$$a_L = \frac{N_s \cdot 60 \cdot 102}{s\,k_m\,v}\,\text{kW} = \text{Schnittiefe mit Rücksicht auf die Motorleistung.}$$

Darin ist $N_s = 6{,}8$ kW an der Schneide entsprechend einem Antriebsmotor von $7{,}5$ kW nach der Formel

$$N_s = \eta \cdot 7{,}5 = 0{,}9 \cdot 7{,}5 = 6{,}8\,\text{kW}.$$

Hier ist η nicht mit 0,75, sondern mit 0,9 eingesetzt, entsprechend der genauen Feststellung bei dem auf S. 210 berechneten Beispiel.

Einzusetzen sind s in mm/U, k_m in kg/mm² und v in m/min.

Trägt man die Werte von a_P und a_L in das Diagramm ein, so liegen die betreffenden Kurven über- oder untereinander, oder sie schneiden sich wie im Diagramm II. Auf diese Weise kann dem Diagramm der höchstzulässige Schnittiefenwert entnommen werden. Im Diagramm I ist es der a_L-Wert, im Diagramm II teilweise der a_L-Wert bis $s = 0{,}43$ mm und teilweise der a_P-Wert von $s = 0{,}43$ mm aufwärts.

Im Diagramm III ist der a_P-Wert maßgebend.

Nach der Formel

$$G_{st} = a\,s\,v \cdot \frac{60\,\gamma}{1000}$$

= stündliches Spangewicht in kg

wird nunmehr auch das Spangewicht über den Vorschub aufgetragen. Es nimmt im allgemeinen mit dem Vorschub zu, nur wenn das Produkt aus $a\,v$ nach seinen Zahlenwerten schneller abnimmt als der Vorschub wächst, so nimmt auch das stündliche Spangewicht ab.

Man erkennt also sogleich, bei welchem Vorschub das größte Spangewicht in der Stunde erreicht wird und kann gleichzeitig Zwischenwerte ermitteln.

Diese Darstellung ist jedenfalls sehr aufschlußreich.

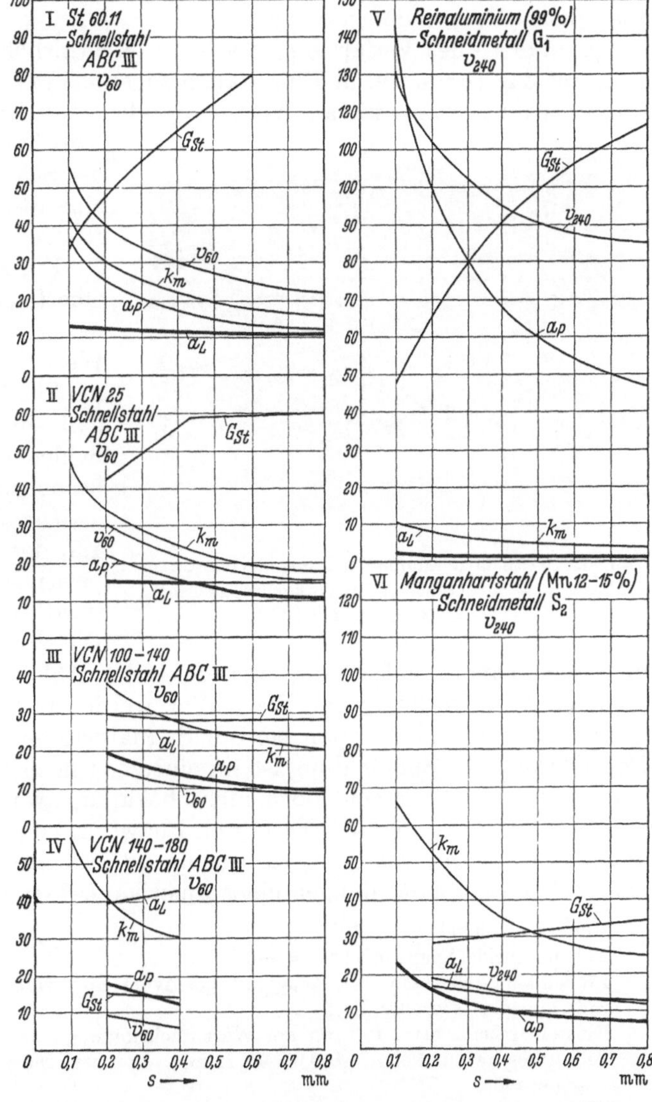

Abb. 50. Diagramme zum Zusammenhang zwischen Steifigkeit der Maschine, Vorschub, Schnittgeschwindigkeit und Antriebsleistung zwecks günstiger Wahl von Schnittiefe mit Rücksicht auf Steifigkeit oder Leistung und zur Feststellung des dabei erreichbaren größten stündlichen Spangewichts. (SCHWERD: T. H. Hannover.)

8. Der negative Spanwinkel.

Im letzten Jahrzehnt hat vor allem in den USA die Spanabnahme mit negativem Spanwinkel zu Erfolgen geführt, und zwar in Fällen, in welchen ein positiver Spanwinkel einen sehr großen Werkzeugverschleiß verursachte.

Die Anwendbarkeit des negativen Spanwinkels in ihren Grenzen ist jedoch noch keineswegs unumstritten.

Zähharte Edelstähle, wie sie z. B. für Kugellagerringe Anwendung finden, werden heute mit Hartmetall und negativem Spanwinkel bearbeitet, auch Stähle für Matrizen, aber auch Aluminiumlegierungen.

Der Vorteil des Verfahrens besteht in einer Erhöhung der Standzeit des Werkzeugs z. B. auf das Dreifache, in Einzelfällen sogar bis auf das Zehnfache. Daraus ergibt sich eine ungeahnte Ersparnis an Werkzeug, oder aber, wenn man häufigeres Nachschleifen beibehält, eine sehr erhebliche Steigerung der Schnittgeschwindigkeit, in jedem Falle eine Steigerung des Ausbringens an Werkstücken.

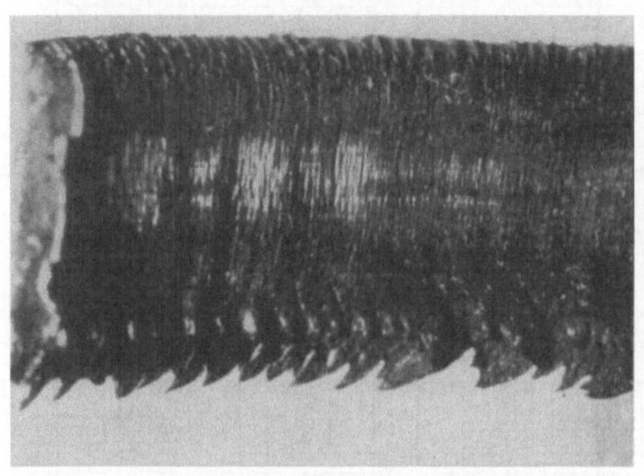

Abb. 51. Span abgenommen mit negativem Spanwinkel $\gamma = -30°$. (Institut für Werkzeugmaschinen, T. H. Hannover.)

Ein zweiter Vorteil besteht in der hohen Oberflächengüte, welche besonders bei zähharten Werkstoffen erreicht wird. Der Werkstoff gerät nämlich an der Oberfläche ins Fließen und wird so glatt abgestrichen, daß ein Nacharbeiten der Flächen durch Schleifen und durch Läppen in vielen Gebrauchsfällen nicht mehr notwendig ist.

Die Schnittkraft steigt in der Regel auf das Dreifache von derjenigen beim positiven Spanwinkel. Die Spanbildung führt zu einer großen Wärmeentwicklung. Die Wärme verbleibt im Span, wird also in diesem nahezu vollständig abgeführt. Zur Ableitung der Wärme an das Werkzeug fehlt die Zeit. Werkzeug und Werkstück werden nur etwa handwarm.

Abb. 51 zeigt einen Span bei der Spanabnahme mit einem Spanwinkel $\gamma = -30°$. Der Vorgang der Spanbildung ist im einzelnen noch nicht erforscht. Auch Abbildungen zum ebenen Problem sind noch nicht bekanntgeworden.

Einzelangaben über das Verfahren für warm vorgewalzten und zu Ringen geschmiedeten Chromstahl, vor der Bearbeitung auf 180 bis 200 Brinellhärte vorgeglüht, sind nachstehend aus Mitteilungen eines amerikanischen Betriebes[1] zusammengestellt.

Hauptspanwinkel $\gamma = -10°$.
Nebenschneide Spanwinkel $\gamma_n = +5°$.
Freiwinkel α wie beim Werkzeug mit positivem Spanwinkel.
Spitzenwinkel ε größer als $90°$.
Einstellwinkel $\varkappa$ etwa $10°$ mit am Werkstücksumfang vorlaufender Schneidkante.
Schnittgeschwindigkeit $v = 100$ bis 400 m/min, am besten 250 m/min, häufig werden $v = 200$ bis 250 m/min angewandt.
Schnittiefe $a = 0{,}25$ bis $1{,}5$ mm, beim Schlichten kleiner als $a = 0{,}1$ mm.
Vorschub gewöhnlich $s = 0{,}5$ mm/U, nicht unter $0{,}2$ mm/U.
Erreichbare Oberflächengüte unter $1\,\mu$ Rauhigkeitsgrad.
Erforderliche Energiezufuhr von seiten der Werkzeugmaschinen häufig 22 kW und mehr.

In den letzten Jahren wurde auch in Deutschland in vielen Werken mit Erfolg der negative Spanwinkel angewandt, und zwar nicht nur beim Drehen, sondern auch beim Fräsen. Auch an der T. H. Aachen sind Versuche mit negativem Spanwinkel durchgeführt worden. Immerhin aber ist das Anwendungsgebiet noch strittig.

---

[1] American Machinist Juli 1946, S. 112.

Anschließend ist auch noch auf die Leistungssteigerung hinzuweisen, welche durch Tiefkühlen des Werkstoffes[1] sich erreichen läßt. Es wurde eine Steigerung der Spanmenge bei gleichem Arbeits- und Leistungsaufwand bis zu 100 % erreicht.

B. Die Erforschung der Spanbildung, die grundlegende Forschung.

1. Die Einflußgrößen zur Spanbildung und das ebene Problem.

Die hier folgenden Erkenntnisse sind erarbeitet beim Drehen durch Spanabnahme nach dem ebenen Problem mit verhältnismäßig kleinen Spanquerschnitten, verhältnismäßig klein zu der sehr *schweren* (S. 45) Drehbank. Es kam darauf an, möglichst viele der nebensächlichen Faktoren auszuschalten, um ein klares Bild von dem Einfluß der Hauptfaktoren zu gewinnen. Zwölf den Spanabfluß bedingende Faktoren sind schon von TAYLOR in dem bereits (S. 12) erwähnten grundlegenden Werk aufgeführt worden, nämlich:

1. die Eigenschaften des zu bearbeitenden Materials,
2. die chemische Zusammensetzung des Werkstoffes, aus dem der Drehstahl gefertigt ist, und seine Wärmebehandlung,
3. die Elastizität des Arbeitsstückes und der Drehstähle,
4. der Durchmesser des Werkstückes,
5. die Schnittiefe,
7. die Form oder Begrenzung der Schneidkante des Drehstahls im Zusammenhang mit den Schnittwinkeln,
8. die Schnittgeschwindigkeit,
9. die Dauer des Schnittes, d. h. die Zeit, in welcher der Drehstahl scharf bleibt,
10. der Schnittdruck des Spans auf den Drehstahl,
11. die möglichen Änderungen in der Geschwindigkeit und in dem Vorschub der Drehbank,
12. die Durchzugs- und Vorschubkraft der Drehbank,
13. die Anwendung eines reichlichen Wasserstrahls oder eines anderen Kühlmittels auf den Drehstahl,

Bei der Forschung, ausgehend vom ebenen Problem (S. 26), entfallen die Winkel ε, $\varkappa$ und λ. Die verbleibenden Werkzeugwinkel sind der Freiwinkel α und der Spanwinkel γ. Es entfällt auch die Rücksichtnahme auf die Elastizität des Werkstückes und des Drehstahls, weil beide, ebenso wie die Werkzeugmaschine, als starr vorausgesetzt werden. Gespant wird an einem Werkstück von verhältnismäßig großem Durchmesser (300 mm), so daß die Unterschiede in der Spanbildung mit Abnahme des Drehdurchmessers unmerklich bleiben. Ferner entfällt der Einfluß des Kühlmittels, weil stets trocken gearbeitet wird.

Man hat gegen die Durchführung der Versuche nach dem ebenen Problem insofern Einwendungen erhoben, daß es in der Praxis ja gerade nach Möglichkeit vermieden werde, nach dem ebenen Problem zu arbeiten, und daß darum die Anwendbarkeit der erarbeiteten Versuchsergebnisse für die Praxis nur von geringem Nutzen sein könne. Diese Behauptungen sind aus zwei Gründen unzutreffend:

1. weil das Herausarbeiten grundlegender Anschauungen nur gelingt, wenn der Einfluß der Hauptfaktoren, die ebenso beim ebenem Problem vorkommen, möglichst einfach und klar erfaßbar gemacht wird;
2. weil der Spanablauf an und für sich bei genügend starrer Werkzeugmaschine und entsprechend starrer Einspannung des Werkzeugs von dem nach dem ebenen Problem ablaufenden Span gar nicht so sehr verschieden ist. Die Erkenntnisse aus dem ebenen Problem haben daher in den meisten Fällen ohne weiteres auch für die übliche Spanabnahme in der Praxis Gültigkeit.

2. Die Spanarten und die Felder der Spanbildung.

Es gibt drei Hauptspanarten sowie Kombinationen und Abweichungen derselben. Die 3 Hauptspanarten sind: der Fließspan, der Scherspan und der Reißspan. Außerdem kommt noch insbesondere die Kombination von Fließspan bzw. Scherspan mit Reißspanansatz vor.

---

[1] PALITZSCH: Tiefkühlen bei der Metallzerspanung. Z. VDI 1944, S. 365.

Die drei Hauptspanarten (Abb. 52) sind in der Literatur erstmalig von ROSENHAIN und STURNEY auseinandergehalten und beschrieben worden. Die Forscher hatten aber ihre Versuche nur auf wenige Werkstoffe, insbesondere auf weichen Stahl und Messing, er-

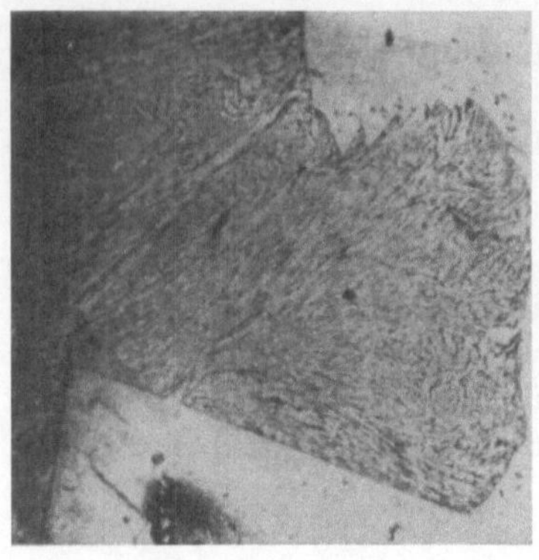

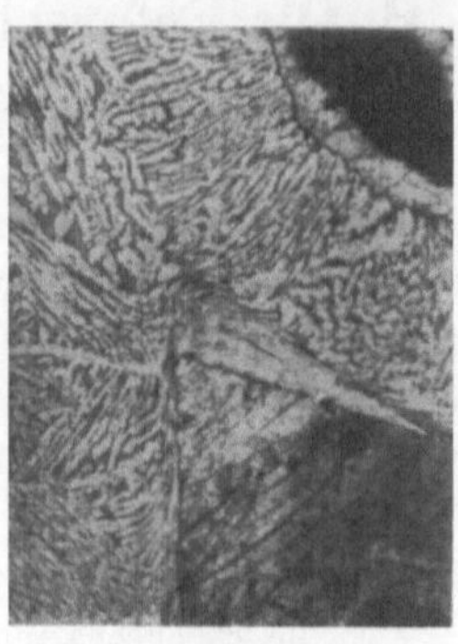

Abb. 52. Die drei Hauptspantypen nach ROSENHAIN und A. S. STURNEY: Report on flow and rupture of metals during cutting. Proceedings, January 1925. (E. SIEBEL: Handbuch der Werkstoffprüfung, Bd. II. Berlin: Springer.)

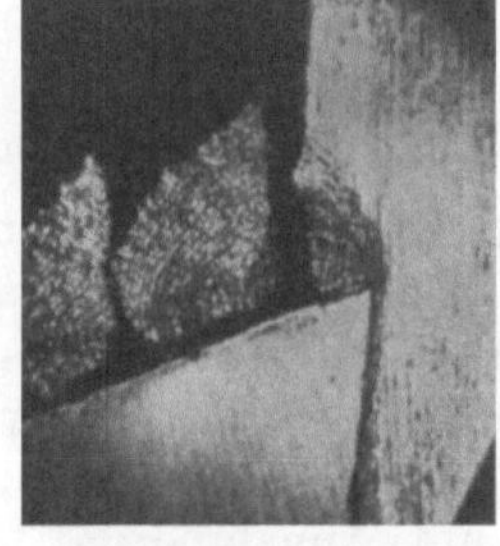

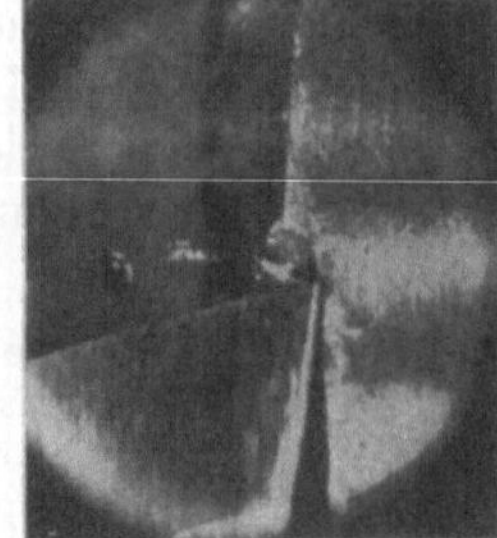

Abb. 53. Die drei Hauptspanarten nach SCHWERD (Messing). (Institut für Werkzeugmaschinen der T. H. Hannover.)

streckt, zwei Werkstoffe, die den Spanablauf in Reinkultur gerade nicht zeigen, und zwar insofern nicht, als bei weichem Stahl der Schneidenansatz stört und bei Messing eine Kombination von Einreißen und Scheren stattfindet.

In Abb. 53 sind die drei Hauptspanarten ohne zusätzliche Spanbildungserscheinungen sowie eine Kombination dargestellt. Von diesen drei Spanformen ausgehend wird im folgenden der vor der Werkzeugschneide im Werkstück und im Werkzeug sich abspielende Vorgang erörtert. Bei den betreffenden Untersuchungen handelt es sich um drei Fehler:

1. das Verschiebungsfeld im plastischen wie im elastischen Werkstoffgebiet und die sich dabei ergebenden Spannungen im Werkstoff;

2. das Temperaturfeld und

3. das Feld der Festigkeitsänderung, ein Feld, welches bislang sich der Durcharbeitung noch entzieht.

Das Werkzeug wurde als ideal vorausgesetzt und verhielt sich auch so, da es bei den kurzfristigen Untersuchungen einwandfrei scharf gehalten wurde.

Die Untersuchung des Spanablaufs bei den üblichen und insbesondere hohen Schnittgeschwindigkeiten sowie die Bestimmung des Verschiebungs- und Temperaturfeldes stieß durch das Fehlen geeigneter Beobachtungsgeräte auf Schwierigkeiten.

3. Historische Forschungsstufen.

FISCHER gibt in seinem Buch „Die Werkzeugmaschine" eine Darstellung vom Spanablauf laut Abb. 54. Er legt dabei großen Wert auf die Ausweichstrecke und versteht darunter die Strecke am Werkzeug, welche sich in den Werkstoff eindrückt.

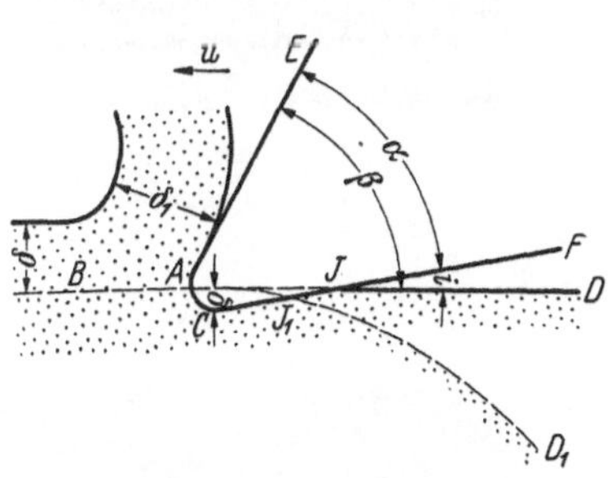

Abb. 54. Spanbildung nach FISCHER. (FISCHER: Die Werkzeugmaschinen, Bd. 1. Berlin 1905.)

Abb. 55. Spanbildung nach TAYLOR. (TAYLOR: On the art of cutting metals. Am. Soc. Mech. Eng. 1906.)

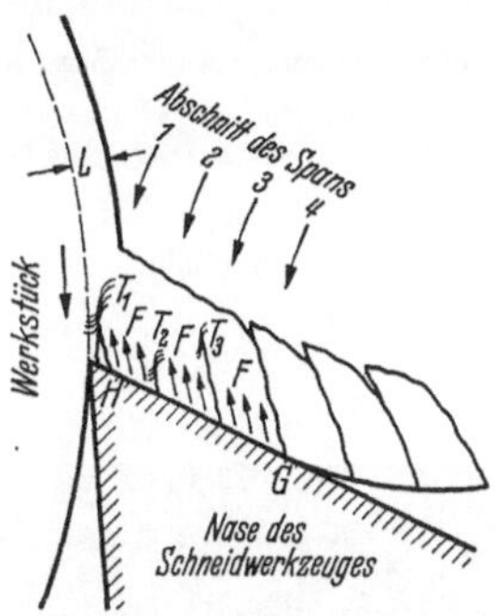

TAYLOR bringt, wie bereits auf S. 12 erwähnt, das Beispiel (Abb. 55) vom Spanablauf. Dabei ist übersehen, daß die Scherung sich nicht mehr fortsetzen kann, wenn der Span nur noch leicht am Werkzeug anliegt. Der Scherprozeß ist, wie sich zeigen wird, im wesentlichen unmittelbar vor der Schneide eingeleitet und beendet.

RIPPER gibt ein Bild von dem auf der Schneide sitzenden Schneidenansatz (Abb. 56) und spricht Gedanken über dessen Entstehung und Auswirkung aus, die auch von anderen Forschern später angenommen wurden, nämlich, daß der Schneidenansatz sich günstig auf die Spanabnahme auswirke. Das ist in Wirklichkeit nicht der Fall, wie noch bewiesen werden wird (S. 68). Bei niedrigen Schnittgeschwindigkeiten (unter 1 m/min) haben die Japaner sehr beachtliche Untersuchungen auch spannungsoptischer Art durchgeführt.

HERBERT bestimmt die Festigkeit an jeglicher Stelle im Werkstück und Span mit Hilfe des von ihm entwickelten Pendelprüfers. So interessant die Ergebnisse (Abb. 57) sind, weil sie die großen Veränderungen zeigen, die während der Spanbildung in der Festigkeit und Temperatur im Werkstück eingetreten sein müssen, wenn nachträglich eine solche Härtesteigerung im Werkstück bzw. im Span sich ergibt, so kann doch ein Rückschluß auf die während der Spanbildung an jeder Stelle herrschenden Verschiebungen, Spannungen und Temperaturen daraus nicht gezogen werden.

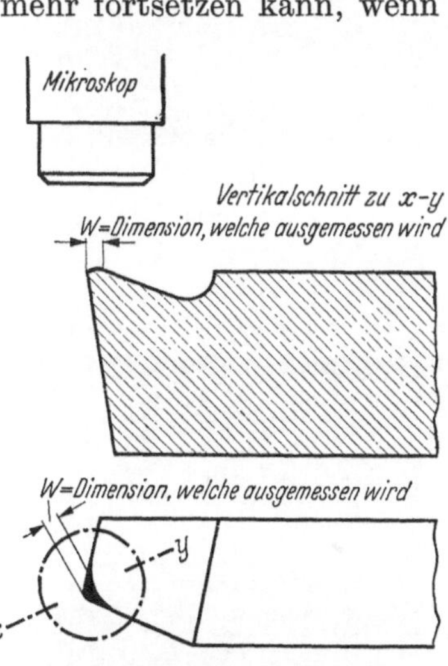

Abb. 56. Schneidenansatz nach RIPPER. (RIPPER: Engineering, Bd. 96, Nov. 1913.)

Abb. 57. Span- und Werkstückhärte nach HERBERT. (HERBERT, E. G.: Work-hardening properties of metals. Transactions, Vol. 48, 1926.)

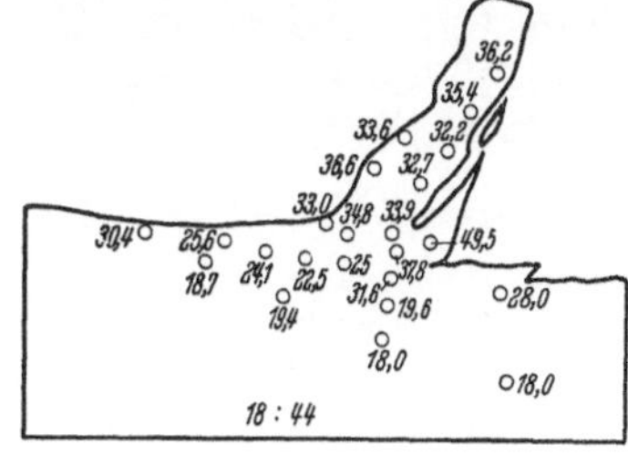

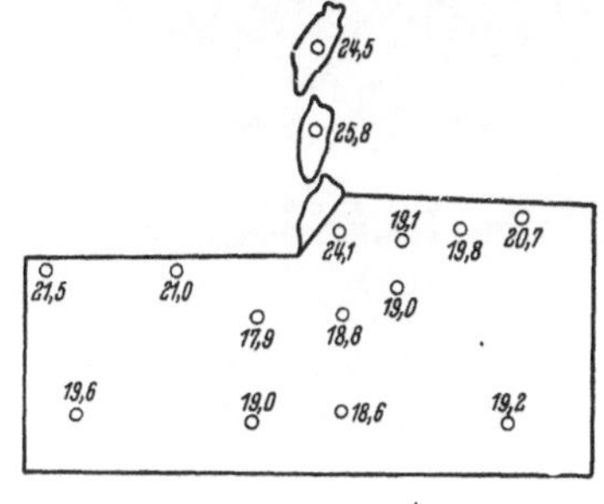

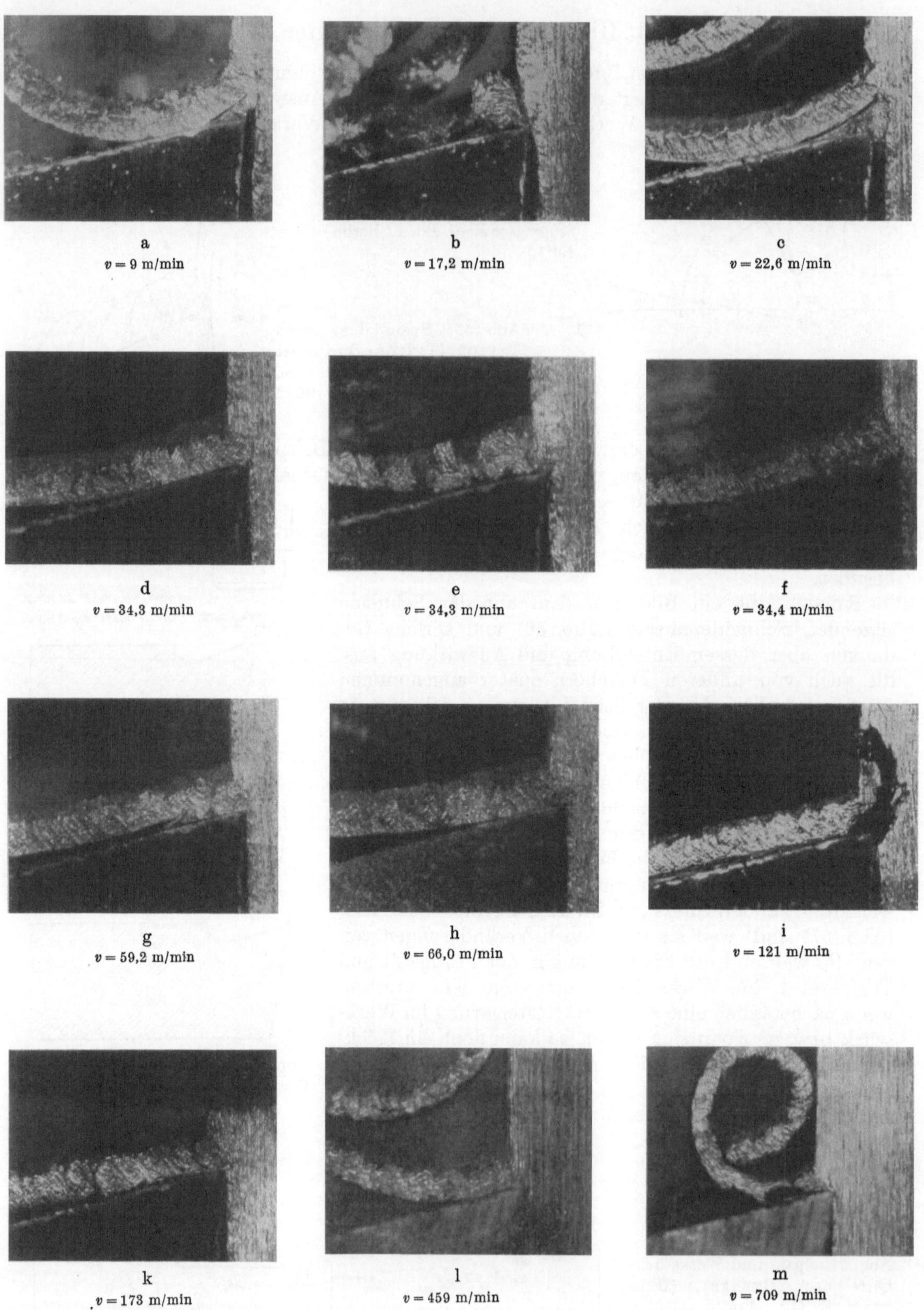

Abb. 58a—m. Änderung der Spanbildung bei konstantem Vorschub $s = 0,33$ mm/U bei St 42.11.
(Institut für Werkzeugmaschinen, T. H. Hannover.)

4. Die ersten Momentaufnahmen zur Spanbildung mit der Hannoverschen Apparatur.

Aus den mühevollen, großen und bahnbrechenden klassischen Arbeiten dieser großen Forscher geht hervor, was noch gefehlt hat. Das waren klare Aufnahmen bei den in der Praxis üblichen bis zu den höchsterforderlichen Schnitt-geschwindigkeiten, denn aus der Spanbildung bei lang-samen Schnittgeschwindigkeiten kann nicht auf die Span-bildung bei hohen Schnittgeschwindigkeiten geschlossen werden.

Erst vor etwa 30 Jahren wurden an der T. H. Han-nover Apparaturen entwickelt, welche mit Momentauf-nahmen und kinematographischen Aufnahmen unter An-wendung kürzester Belichtungszeiten $\left(\dfrac{1}{5\,000\,000}\ \text{sec}\right)$ und entsprechender Lichtintensität gestatteten, die Verschie-bung eines jeden Punktes im Werkstück wie im ablaufen-den Span zu ermitteln und ebenso die an jeder Stelle des Temperaturfeldes auftretende Temperatur während des Spanablaufs zu messen[1].

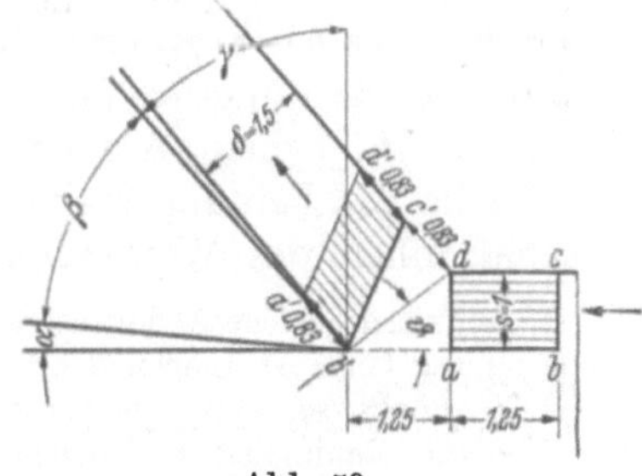

Abb. 59.

Schematische Darstellung der Fließspanbildung. (Institut für Werkzeugmaschinen, T.H. Hannover.)

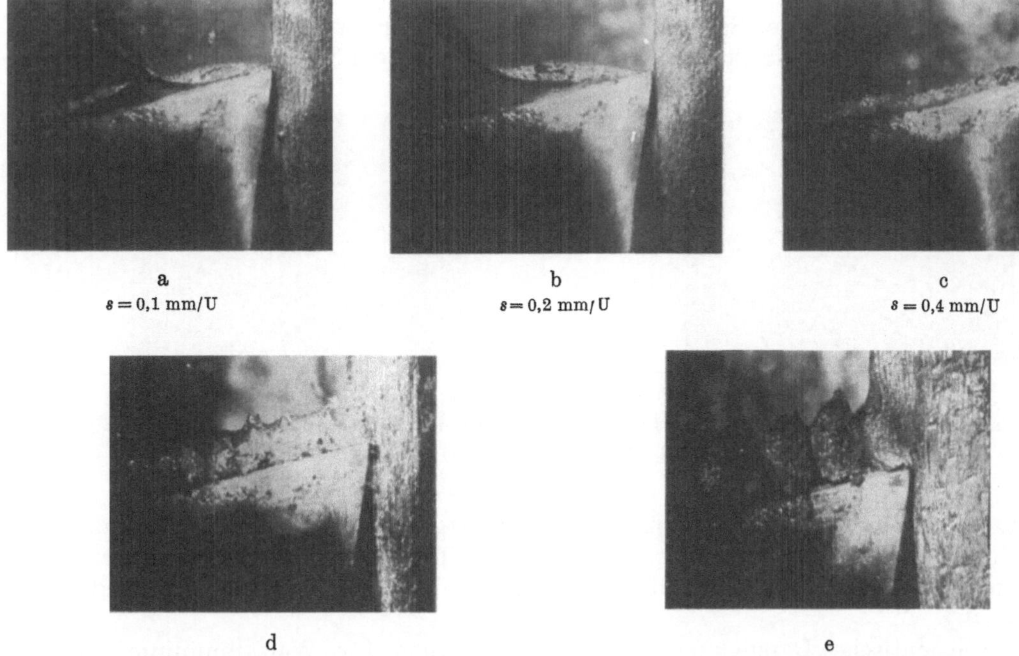

<table>
<tr><td align="center">a
$s = 0,1$ mm/U</td><td align="center">b
$s = 0,2$ mm/U</td><td align="center">c
$s = 0,4$ mm/U</td></tr>
<tr><td align="center">d
$s = 0,8$ mm/U</td><td align="center">e
$s = 1,2$ mm/U</td><td></td></tr>
</table>

Abb. 60a—e. Änderung der Spanbildung bei St 42.11 und $v = 90$ m/min mit zunehmendem Vorschub s mm/U (= Spanstärke). (Institut für Werkzeugmaschinen, T. H. Hannover, 1932.)

Zwölf Abbildungen (Abb. 58a bis m) von der Spanabnahme mit Schnittgeschwindig-keiten von 9 bis 709 m/min bei konst. Vorschub von $s = 0,33$ mm zeigen, vorläufig abgesehen vom Schneidenansatz, daß mit zunehmender Schnittgeschwindigkeit das Deformationsgebiet zusammenschrumpft und zugleich der Scherwinkel zunimmt.

---

[1] SCHWERD: Filmaufnahmen des ablaufenden Spans bei üblichen und bei sehr hohen Schnittgeschwindig-keiten. Z. VDI 1936. — SIEBEL: Handbuch der Werkstoffprüfung, II. Band. Berlin: Springer 1953; Die Prüfung der Zerspanbarkeit von SCHWERD.

Ferner zeigt sich, daß bei gleichbleibender Schnittgeschwindigkeit und Versuchsdaten (Abb. 58d bis f) die Spanbildung sich ändert und wie bei Änderung allein der Schnittgeschwindigkeit die Spanbildung nicht einmal nach einem gleichbleibenden Gesetz sich ändert, sondern manchmal rückfällig wird aus oft nicht feststellbaren Ursachen, vielleicht veranlaßt durch Unterschiede im Werkstoffgefüge an verschiedenen Stellen ein und desselben Werkstückes. Auch die Spanstärke beeinflußt die Spanbildung (Abb. 60a bis d). Stärkerer Span neigt zur Scherspanbildung. Man beachte auch den mit der Erwärmung des Spans zusammenhängenden geraden oder gekrümmten Abfluß des Spans in Formen, wie sie auf S. 31 bereits besprochen wurden.

Solche Erscheinungen sind von größter Bedeutung für die bestmögliche Oberflächenbeschaffenheit des Werkstückes, von welcher verlangt wird:

1. möglichst geringe Änderung der Struktur von der Oberfläche ins Innere hineingehend durch die Beanspruchung beim Abtrennen des Spans, also möglichst *gesund* gebliebene Oberfläche;

2. *Maßhaltigkeit* z. B. mit Rücksicht auf die vorgeschriebene Passung und

3. *Glätte* (Rauhigkeitsgrad beispielsweise unter 0,001 mm) mit Rücksicht auf den vorgeschriebenen Sitz und vor allem bei umlaufenden Werkstücken mit Rücksicht auf Vermeidung unerwünschten Verschleißes des Zapfens und des Lagers.

5. Der Fließspan.

Der Fließspan entsteht durch einen gleichbleibenden ununterbrochenen Scherprozeß, der von einer Schicht zur benachbarten übergeht. Diese Umschichtung des Werkstoffes geht in einer Fläche, Scherfläche genannt, vor sich, welche von der Schneide ausgeht und in ihrer Schichtrichtung vom Spanwinkel γ und der Schnittgeschwindigkeit v

 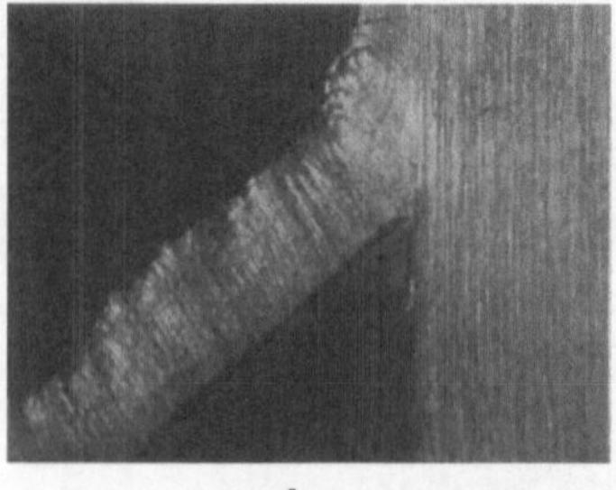

a b

Abb. 61a u. b. Walzaluminium 99,7%, $v = 1500$ (a) und 10 m/min (b). (Institut für Werkzeugmaschinen der T. H. Hannover 1937.)

abhängt. Walzaluminium, zerspant mit einer Schnittgeschwindigkeit $v = 1500$ m/min, ist ein einwandfreies Beispiel für diesen Scherprozeß. Der Span läuft in der Länge verkürzt, in der Stärke gestaucht, über die Spanfläche anfangs glatt anliegend ab (Abb. 61).

Eine schematische Darstellung dieser Umschichtung für Walzaluminium (etwa $v = 15$ m/min) zeigt Abb. 59.

Parallele Linien in Schnittrichtung gehen parallel bleibend in solche in Richtung des ablaufenden Spans über, wobei ihr Abstand zunimmt, in Abb. 59 z. B. im Verhältnis 1,0:1,5. Die kleinsten Teilchen stellen sich ein wenig quer zur Scherfläche, wodurch die Stauchung sich ergibt. Das Rechteck $abcd$ geht nach Umschichten in das Parallelogramm $a'b'c'd'$ über. Der Einfachheit halber ist Seite $ab = 1,25$ mm des Rechtecks gleich der Strecke ab' gemacht, so daß sich bei der Spanabnahme beide Strecken $a'b'$ und $c'd'$ im Verhältnis der Spanstärke 1,5:1,0 auf 0,83 mm verringern, wobei keine merkliche Auflockerung des Spans angenommen ist. Der Winkel ϑ wird Scherwinkel genannt. Er ist durch den Unterschied in der Spanstärke vor und nach dem Passieren der Scherebene bereits festgelegt. Es ist interessant, daß der Scherwinkel ϑ mit zunehmender Schnittgeschwindigkeit auch größer wird. Vgl. die Abb. 59 und z. B. die Abb. 58 von der Zerspanung von St 42.11 sowie Abb. 61 der Zerspanung von Aluminium.

Solche Fließspanbildung gibt zwar die besten Oberflächen, ist aber besonders dann nicht erwünscht, wenn der Span geradeaus davonschießt oder in langen Lokken herumfegt und mit seinen scharfen Kanten den Arbeiter gefährdet. Einrichtungen zum Spanbrechen am Werkzeug oder Einrichtungen zur Spanablenkung an der Maschine werden angestrebt. Andererseits bei dünnen Spänen, beispielsweise bei Automatenarbeit, wickelt sich ein solcher Span leicht um das Werkstück. Es entsteht der bereits (S. 31) erwähnte Knäuel, der wiederum unerwünscht ist.

Wird das gleiche Walzaluminium mit einer Schnittgeschwindigkeit von nur $v = 10$ m/min zerspant, so sieht die Spanbildung ganz anders aus (Abb. 61b). Sie neigt zur Scherspanbildung. Auch die Oberfläche des Werkstücks ist wegen Schneidenansatzbildung nicht mehr gesund.

Der Film (Abb. 62) vom gleichen Werkstoff (Aluminium) zeigt den außerordentlich gleichmäßigen Verlauf der Spanbildung bei der hohen Schnittgeschwindigkeit $v = 1500$ m/min. Die Zeitabstände von Bild zu Bild betragen dabei etwa $^1/_{3000}$ sec.

Die Filme Abb. 63 und Abb. 64 zeigen den Spanablauf von St 42.11 bei zwei Schnittgeschwindigkeiten. Auch hier ist der Spanablauf ein ganz gleichmäßiger und die Oberfläche glatt und gesund.

Aus vielen Versuchen geht hervor, daß Fließspanbildung begünstigt wird durch:

1. weichen, nicht spröden Werkstoff,
2. geringe Spandicke,
3. hohe Schnittgeschwindigkeit.

Abb. 62. Spanbildung bei Walzaluminium 99,7%, $v = 1820$ m/min. $s = 0,85$ mm/U, $\gamma = 20°$, $\alpha = 9°$. (Institut für Werkzeugmaschinen T. H. Hannover 1936.)

Abb. 63. St 42.11 Fließspan, $v = 60$ m/min, $s = 1,33$ m/U, γ 15°. (Institut für Werkzeugmaschinen T. H. Hannover 1935.)

Von besonderem Interesse für die Fließspanbildung sind *spannungsoptische Aufnahmen* geworden, welche allerdings nur bei der Verformung des Werkstoffes im elastischen Gebiet um die plastische Deformation herum die Bestimmung der Richtung der

Abb. 64. St 42.11 Fließspan, $v = 360$ m/min, $s = 0,7$ mm/U, $\gamma = 15°$, $\alpha = 6°$. (Institut für Werkzeugmaschinen T. H. Hannover 1936.)

Spannungen und deren Größe gestatten, so daß auch an den Grenzen zum plastischen Gebiet hin die Vorstellung über die Spannungsgröße bei beginnender plastischer Verformung gewonnen werden kann. Freilich sind zu spannungsoptischen Untersuchungen nur

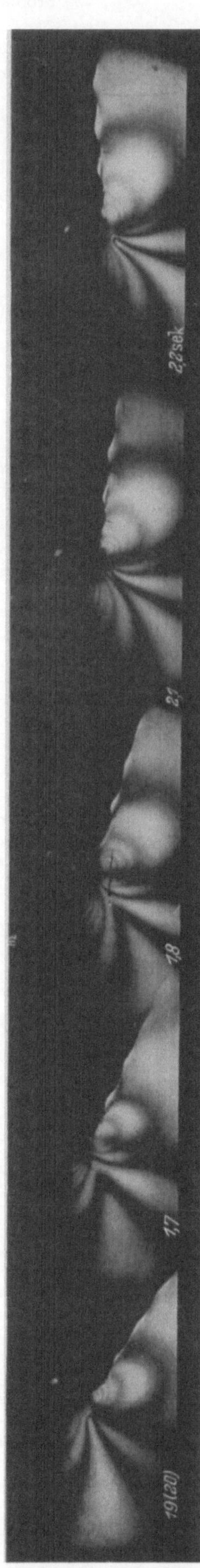

Abb. 65. Astralon, Spannungsoptischer Film (Ausschnitt aus einer Bildfolge von 28, im Zeitraum von etwa 2 ms aufeinanderfolgenden Aufnahmen.) Schnittgeschwindigkeit $v = 75$ m/min, Vorschub $s = 1,3$ mm/U; Schnittwinkel $\gamma = 25°$; Freiwinkel $\alpha = 6°$; Winkelstellung der Polarisationsachsen $\delta = 0°$; Vergrößerung in der Aufnahme $2^1/_2$fach. (Institut für Werkzeugmaschinen T. H. Hannover 1937.)

Glassorten, insbesondere Harzgläser und darunter z. B. Astralon, geeignet. Mit diesem Werkstoff sind Aufnahmen (Abb. 65) durchgeführt worden, und in eine wurden die Isoklinen und Isochromaten eingezeichnet (Abb. 66). Isokline die große Schleife und der lange Bogen. Aus den Isoklinen und Isochromaten bei verschiedenen Winkelstellungen der Polarisationsachsen werden nach den Verfahren von FILON und FÖPPL-NEUBERT die Hauptspannungstrajektorien und die Größen der Spannung ermittelt (Abb. 67). „Was habe ich davon", wird mancher fragen, „wenn ich über Astralon Aufschluß erhalte?" Die Antwort lautet: In den Grundgleichungen der mathematischen Elastizitätstheorie, auf welcher sich die Gleichungen von FILON und FÖPPL-NEUBERT gründen, kommen die Werkstoffkonstanten noch nicht vor. So kann auch für Stahl die gleiche Richtung der Spannungen vorausgesetzt werden wie bei einem spannungsoptischen Werkstoff, wenn das Verschiebungsfeld bei beiden Werkstoffen genau dasselbe ist. Auch die Größe der Spannungen für Stahlsorten läßt sich durch eine Verhältniszahl ermitteln, wie sie durch Vergleich von zwei formgleichen, gebogenen und gleich belasteten Stäben ermittelt werden kann. Besonders interessant ist im Beispiel (Abb. 67) die Feststellung, daß die Spannungen im Werkstoff unterhalb der Werkzeugschneide in Zugspannungen übergehen, die größer sind als die Druckspannungen oberhalb des Werkzeugs. Diese Zugspannungen nehmen eine Größe an, die an die Streckgrenze des Werkstoffes herangeht und diese im Gebiet der plastischen Verformung unter Umständen bis zur Bruchgrenze überschreitet. So erklären sich die so gefährlichen kleinen Risse im Werkstoff, welche nachträglich bei der Vergütung des Stahls infolge der dabei entstehenden Zugspannungen sich ins Innere fortsetzen und die Widerstandsfestigkeit des Maschinenteils, insbesondere bei Dauerbeanspruchung um $1/3$ oder mehr, verringern. Insbesondere wird diese Rißbildung auch durch den Schneidenansatz begünstigt, der nachstehend noch erörtert werden wird. Brüche von Schubstangen mehrtausendpferdiger Motoren und andererseits von Spinnspindeln bei Abziehen des Kötzers haben bewiesen, daß die Festigkeit des Maschinenteils um $1/3$ unter die errechnete zurückgegangen war. Das Problem der Feststellung der Spannung im Felde der plastischen Verschiebungen auf dem Wege der Rechnung wurde von PIISPANEN[1], KRYSTOF[2],

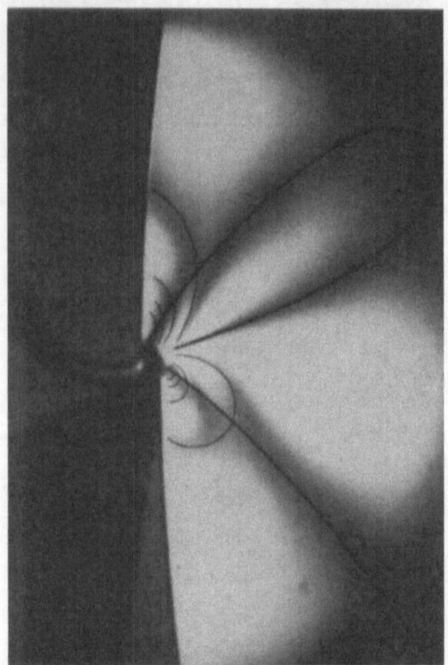

Abb. 66. Spannungsoptische Aufnahme mit eingezeichneten Isoklinen und Isochromaten. Schnittgeschwindigkeit $v = 30$ m/min, Schnittwinkel $\gamma = 25°$, Vorschub $s = 0,33$ mm/U. Winkelstellung der Polarisationsachsen $\delta = 30°$. (Institut für Werkzeugmaschinen T. H. Hannover 1937.)

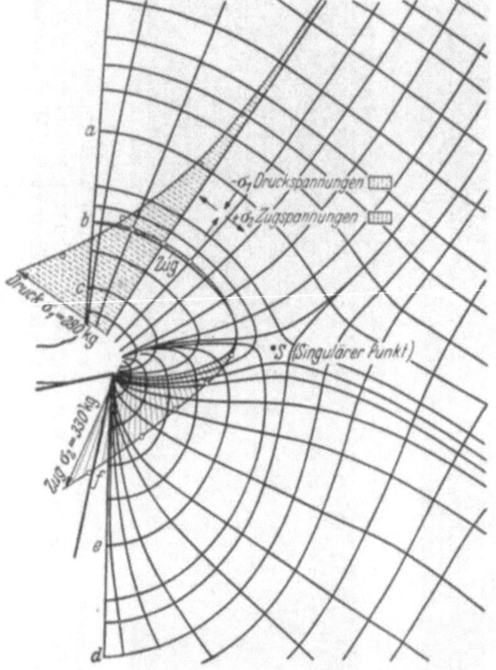

Abb. 67. Spannungsfeld Astralon. Schnittgeschwindigkeit $= \sim 30$ m/min, Vorschub $s = \sim 0,45$ mm/U, $\gamma = 15°$, $\alpha = 6°$. (Institut für Werkzeugmaschinen T. H. Hannover 1937.)

[1] PIISPANEN: J. Appl. Physics 1948.

[2] KRYSTOF: Berichte über betriebswissenschaftliche Arbeiten 1939.

MERCHANT[1] und in neuerer Zeit von HUCKS[2] in Angriff genommen. Letzterer hat das Spannungsbild der mathematischen Elastizitätstheorie mit Hilfe des MOHRschen Spannungskreises auf das Verschiebungsfeld übertragen. Die Festigkeitskonstanten des Werkstoffes kommen nun zwar in den Spannungsgrundgleichungen noch nicht vor, aber Voraussetzung ist der homogene Zustand des Werkstoffes. Dieser aber besteht keineswegs an einem überdrehten Werkstück, wie z. B. aus der Abb. 66 hervorgeht. Es bleibt demnach künftiger Forschung vorbehalten, zu prüfen, inwieweit die Ergebnisse solchen Vorgehens, welche eine Übereinstimmung des Scherwinkels ϑ mit den Hannoverschen Abbildungen (Abb. 59 und 61 b) ergaben, bei genaueren Messungen an Aufnahmen größeren Maßstabs und erstreckt über das ganze Werkstoffgebiet sich bestätigen. Jedenfalls aber sind solche Arbeiten fördernd und interessant.

Mit Hilfe von Flußspatlinse (Abb. 68), Thermoelement und Galvanometer kann auch das Temperaturfeld an jedem

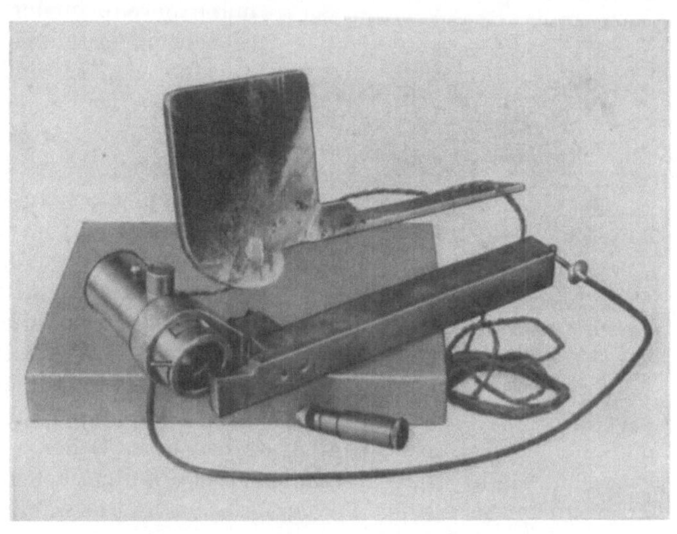

Abb. 68. Drehmeißel mit angeschraubtem Thermoapparat. (Institut für Werkzeugmaschinen T. H. Hannover 1933.)

Punkte ermittelt werden. Abb. 69 gibt ein Beispiel dafür. Die Temperatur ist am höchsten nicht im Werkstoff vor der Schneide, sondern an der Werkzeugschneide selbst infolge der stetig wirkenden zusätzlichen Reibung und des je nach dem Werkstoff des Werkzeugs und seiner Form weniger oder mehr behinderten Wärmeabflusses. Die Temperatur steigt auch noch unterhalb der Werkzeugspitze durch die innere Reibung im Werkstoff bei der plastischen Verformung, die bis zur Rißbildung an dieser Stelle fortschreitet. Wichtig ist noch die Feststellung, daß eine höhere Temperatur erhalten bleibt, bis nach einem Umlauf die gleiche Werkstoffstelle zur Spanabnahme gelangt und dadurch eine Erhöhung (höhere Lage) der Gesamttemperatur begründet. Das so begründete höhere Temperaturfeld schadet aber der Standzeit des Werkzeugs und rechtfertigt die Kühlhaltung des Werkstoffes in manchen Fällen, vor allem in den Fällen, wo sie, ohne lästig zu werden, sich durchführen läßt. Bei der Empfindlichkeit des Werk-

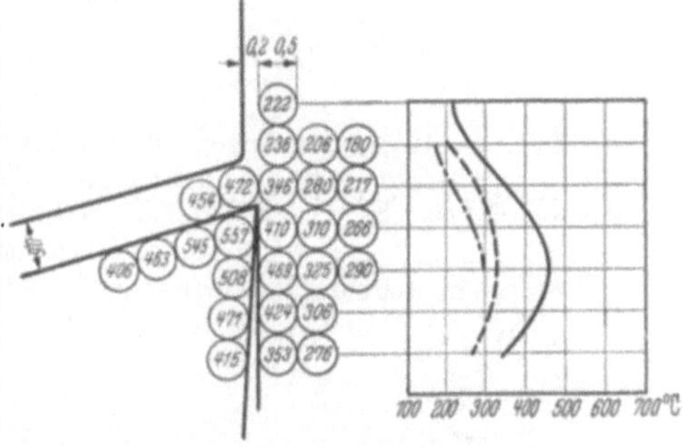

Abb. 69. Temperaturfeld in °C.
St 42.11, Widia XX; $v = 140$ m/min; $s = 0{,}2$ mm/U; $\gamma = 15°$; $\alpha = 4°$. (Institut für Werkzeugmaschinen T. H. Hannover 1937.)

zeugs ist aber auf völlig gleichmäßige Kühlung größter Wert zu legen. Entsprechende Einrichtungen an der Werkzeugmaschine sind dafür Voraussetzung, ebenso wie die Zusammensetzung einer geeigneten Kühlemulsion, eines zweckmäßigen Auffangs des abfließenden Kühlmittels und einer entsprechenden Reinigung desselben.

Ein neues Verfahren der Temperaturmessung (Abb. 70) wurde von OPITZ bekanntgegeben[3]. Es ist im Institut für Werkzeugmaschinen der T. H. Aachen durchgebildet und

---

[1] MERCHANT: J. Appl. Physics 1945.   [2] HUCKS: Diss. T. H. Aachen.
[3] Vortrag auf der Hauptversammlung d. Eisenhüttenleute 1952 in Düsseldorf.

erprobt worden und hat den Vorzug, daß die Temperatur im Werkzeug durch Anbringung feiner Bohrungen bestimmt werden kann. Ergebnisse für die verschiedenen Werkzeuge müssen abgewartet werden. Ein Vergleich mit den Messungen in Hannover würde zu einer Untermauerung der Folgerungen führen. Freilich kann auch dieses Aachener Verfahren die Temperaturbestimmung gerade in der Span- und Freifläche nicht mit Sicherheit leisten.

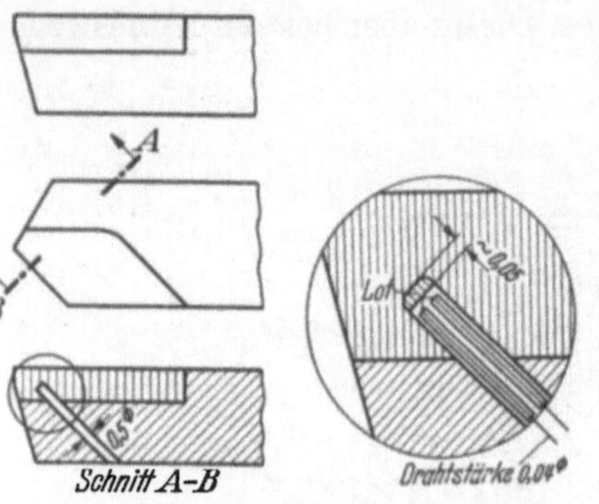

Über den Einfluß der Schnittgeschwindigkeit auf die Temperatur an der Werkzeugschneide geben die Abb. 71a und b Aufschluß. Bei Schneidmetallen liegen nach diesen Versuchsergebnissen diese Temperaturen im allgemeinen ein wenig tiefer als bei Schnellstahl.

Wenn man berücksichtigt, daß bei einem der üblichen Werkzeuge, z. B. bei einem Stahl mit gerader Schneide, die unter 45° zum Vorschub wirkt, und bei abgerundeter Werkzeugspitze die Temperatur naturgemäß an dieser Spitze am höchsten ist, so geht daraus hervor, daß infolge der vergrößerten Schnitttiefe auch die Temperatur an der Spitze des Werkzeugs höher wird. Nur beim Abdrehen einer Scheibe mit einer Werkzeugschneide, die gerade so lang ist, daß ihre Enden in den Seitenflächen der umlaufenden Scheibe liegen, und wenn der Schaft des Werkzeugs nicht breiter als die Schneide ist, so daß der Wärme-

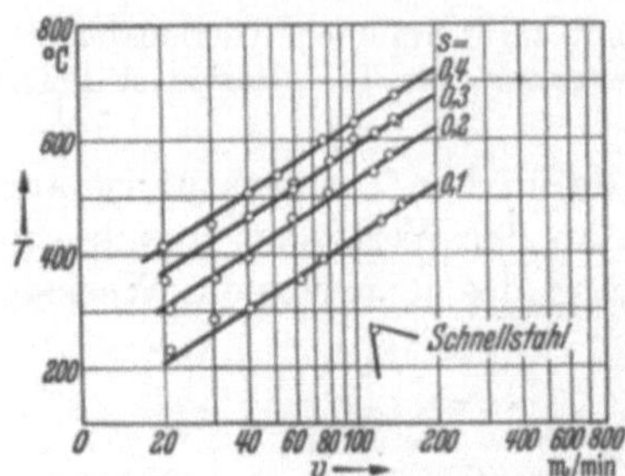

Abb. 70. Messung des Temperaturfeldes mit eingebauten Thermoelementen. (Opitz-Axer, T. H. Aachen.)

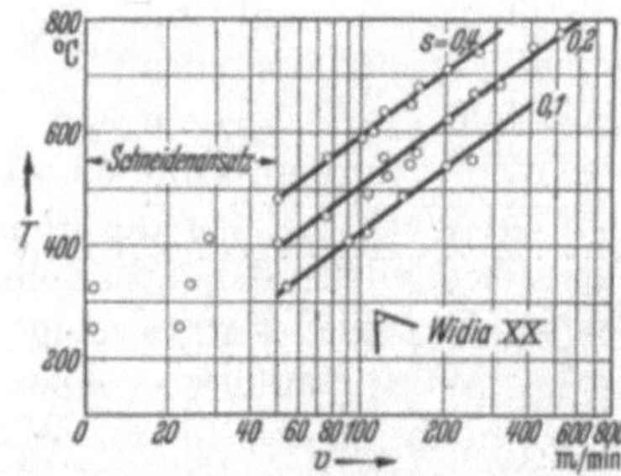

Abb. 71a. St 42.11, Ansteigen der Temperatur. Schnellstahlwerkzeug mit zunehmender Schnittgeschwindigkeit bei verschiedenen Schnittiefen. s mm/U, $\gamma = 15°$, $\alpha = 4°$. (Krämer: Institut für Werkzeugmaschinen T. H. Hannover, 1937.)

Abb. 71b. St 42.11, Ansteigen der Temperatur, Hartmetall S_2 mit zunehmender Schnittgeschwindigkeit bei verschiedenen Schnittiefen. s mm/U, $\gamma = 15°$, $\alpha = 4°$. (Krämer: Institut für Werkzeugmaschinen T. H. Hannover, 1937.)

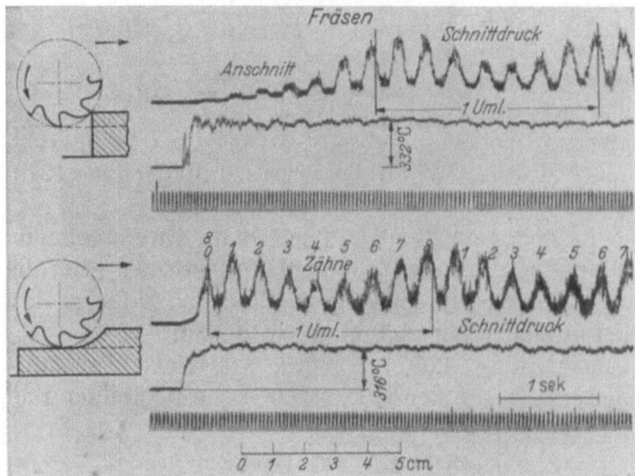

stau im Werkzeug über die ganze Schneidenbreite derselbe ist, wird auch die Temperatur sich in jedem Querschnitt senkrecht zur Schneide auf gleicher Höhe halten, immer vorausgesetzt, daß der von den Seitenflächen an die Luft abgegebene Wärmeverlust so gering ist, daß er vernachlässigt werden kann.

Abb. 72. Edelmetall-Legierung ohne nähere Kennzeichnung. Oszillogramm zum Vorauseilen des Temperaturanstieges vor dem Anstieg der Schnittkraft beim Fräsen. (Salomon: Loewe-Notizen 1929.)

Abb. 73. St 42.11, Scherspanbildung, $v = 8,5$ m/min, $s = 0,39$ mm/U, $\gamma = 10°$. (Institut für Werkzeugmaschinen T. H. Hannover, 1933.)

Abb. 74. Scherspan St 70.11, Zeitmaßstab auf dem Film angegeben. Länge des Striches $^1/_{1000}$ sec, $v_0 = 9,5$ m/min, $s = 1,45$ mm/U, $\gamma = 15°$, $\alpha = 6°$.
(Institut für Werkzeugmaschinen T. H. Hannover, 1936.)

Aus dieser Überlegung ergibt sich auch ein Urteil über das WALLICHSsche Verdopplungsgesetz, wonach mit Zunahme des Vorschubs die Temperatursteigerung doppelt so groß ausfällt wie bei gleicher Steigerung der Schnittiefe, eine Regel, die für den üblichen Drehstahl mit einem Einstellwinkel $x = 45°$ nur Geltung haben kann innerhalb der in der Praxis üblichen bzw. beim Schnittversuch eingehaltenen Vorschub- und Schnitttiefengrenzen. Bei unendlich langer Schneide würde jedenfalls auch in diesem Falle das Temperaturfeld in jedem Querschnitt senkrecht zur Schneide dasselbe sein.

Wie SALOMON experimentell nachgewiesen hat, stellt sich eine hohe Temperatur beim Drehen wie beim Fräsen (Abb. 72) bereits nahezu im ersten Augenblick des Anschnittes ein und nimmt dann noch mit zunehmender Stumpfung (Abb. 32) des Werkzeugs weiter zu. Hieraus leitet sich die Anforderung ab, daß Werkzeugmaschinen, bei welchen auf den Schnitt ein Rücklauf des Werkzeugs bzw. des Werkstücks stattfindet, das Werkzeug vom Werkstück abgerückt oder abgehoben werden muß. Es genügt nicht, die nächste Schnittiefe oder Spanbreite erst vor dem beginnenden Schnitt einzustellen. Infolge elastischer Entspannung der Maschine würde das im Rücklauf noch an dem Werkstoff entlang streichende Werkzeug reiben und damit an der Schneide eine enthärtende Temperatursteigerung hervorrufen, welche noch über diejenige beim Schnitt infolge der erhöhten Rücklaufgeschwindigkeit hinausgeht.

6. Der Scherspan.

Die Filme Abb. 73 und Abb. 74 zeigen den Ablauf des Scherspans. In Abb. 73 ist dieser Ablauf *un*gleichmäßig, in Abb. 74 dagegen sehr gleichmäßig.

Auch der gleichmäßige Ablauf mit entsprechend gleichmäßiger Spanschuppenteilung beeinträchtigt die Oberflächengüte. Er führt zu einer welligen Oberfläche (Abb. 75a und b), die ein Nachschlichten erfordert. Unregelmäßige Größe der Spanschuppen zeigen ebenfalls Abb. 75a und b. Die oft in einem nahezu gleichartigen Rhythmus sich voll-

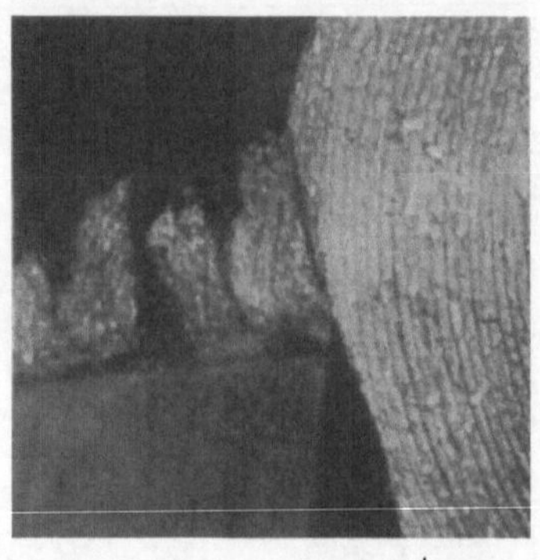 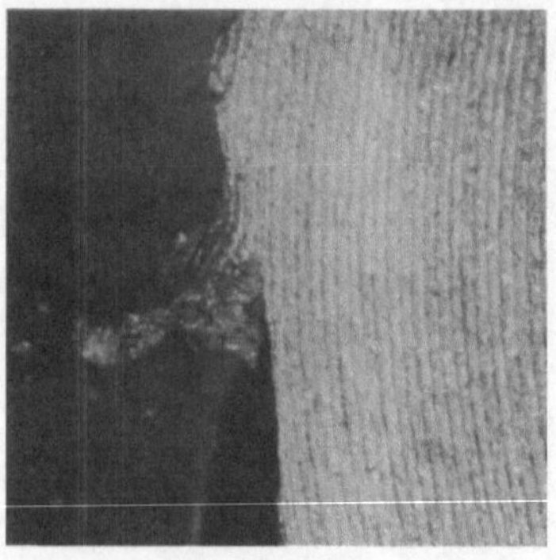

a   b

Abb. 75a u. b. Unregelmäßige Scherspanbildung, Automatenmaterial, zu a: $v = 0,1$ min, $s = 0,4$ mm/U, $\gamma = 10°$; zu b: $v = 1,0$ m/min, $s = 0,39$ mm/U, $\gamma = 10°$.
(Institut für Werkzeugmaschinen T. H. Hannover 1924.)

ziehende Scherspanbildung entspricht der Schwingung des Werkzeugs und Werkzeugschlittens. Daraus folgt, daß zwecks Vermeidung der Scherspanbildung häufig kürzere Einspannung des Werkzeugs genügt. Grobe Scherspanbildung ruft in der Werkzeugmaschine das bekannte Rattern hervor, welches sich auf das Hauptlager der Spindel schädlich auswirkt, insbesondere bei zu reichlichem Lagerspiel.

Das wichtigste Mittel, das Rattern der Maschine zu vermeiden, besteht darin, dem Werkzeug anstatt einer geraden, eine gekrümmte Schneide zu geben, eine Maßnahme, die TAYLOR empfohlen (Abb. 76) und bei seinen Schnittversuchen beibehalten hat und die in Deutschland nur deshalb nicht angewandt wurde, weil die Herstellung des TAYLORschen Werkzeugs nicht so einfach ist wie diejenige mit gerader Schneide.

Die gerade Schneide findet aber in Deutschland nur beim Schruppen vorzugsweise Anwendung, da es beim Schruppen auf eine glatte Oberfläche in der Regel noch nicht ankommt und die abgerundete Spitze des Werkzeugs bereits Erschütterungen dämpft. Bei den Schlicht- und Spezialwerkzeugen wird auch in Deutschland von gerundeten Schneiden Gebrauch gemacht.

Die Erklärung für diese günstige Wirkung der gebogenen Schneide ist folgende: Die Spandicke, senkrecht zur Schneide gemessen, ist an jeder Stelle der Schneide eine andere, und die Folge davon ist, daß an der einen oder anderen Stelle der Spanbruch

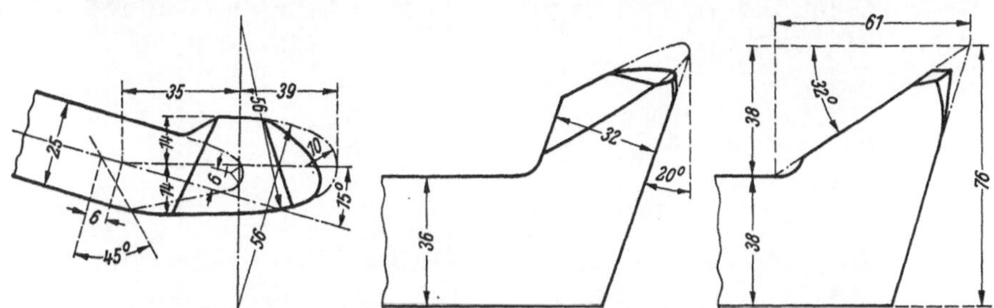

Abb. 76. Gerundete Schneide nach Taylor für Schruppmeißel.
(Taylor u. Wallichs: On the art of cutting metals.)

bzw. der Scherprozeß sich in anderen Zeiträumen vollzieht. Auf diese Weise fällt der Zeitpunkt des Bruches an den verschiedenen Stellen der Schneide nicht zusammen, und die brechende Stelle wird am Ausschwingen gehindert, weil die übrigen Stellen nicht mitmachen.

Zusammenfassend ergeben sich folgende Mittel, um die Scherspanbildung zurückzuhalten bzw. wenigstens das Durchscheren zu vermeiden:

1. entsprechend starre Werkzeugmaschine und kurze Einspannung des Werkzeugs,
2. gekrümmte Schneidkante,
3. stets scharf gehaltene Schneide,
4. möglichst großer Spanwinkel, natürlich nicht größer als es mit der Schneidhaltigkeit des Werkzeugs vereinbar ist,
5. Verkleinern der Spanstärke,
6. Heraufgehen mit der Schnittgeschwindigkeit.

Da die Scherspanbildung nicht nur am Werkstück, sondern auch in der Maschine Schwingungen hervorruft, ergibt sich gerade hieraus die Anforderung einer möglichst großen Starrheit der Werkzeugmaschine.

7. Der Reißspan.

Diese Spanbildung (Abb. 53, Abb. 77a und b) ist am wenigsten erforscht. Sie erfolgt im wesentlichen unter Überwindung der Normalspannung. Der Span bricht muschelig

a   b

Abb. 77a u. b. Hartgußzapfen zu a: $v = 10\ \text{m/min}$, $s = 1{,}2\ \text{mm/U}$, $\gamma = 20°$; zu b: $v = 52\ \text{m/min}$, $s = 1{,}2\ \text{mm/U}$, $\gamma = 20°$. (Institut für Werkzeugmaschinen T. H. Hannover 1932.)

vom Werkstoff ab. Dabei ist ein Einreißen auch unter der neu entstehenden Werkstückoberfläche die Regel. Daraus folgt, daß bei spröden Werkstoffen wie Gußeisen und Messing, bei welchen Reißspanbildung eintritt, die Herstellung von möglichst glatten Oberflächen nur bei vorsichtiger Spanabnahme mit scharfem Werkzeug und feinen

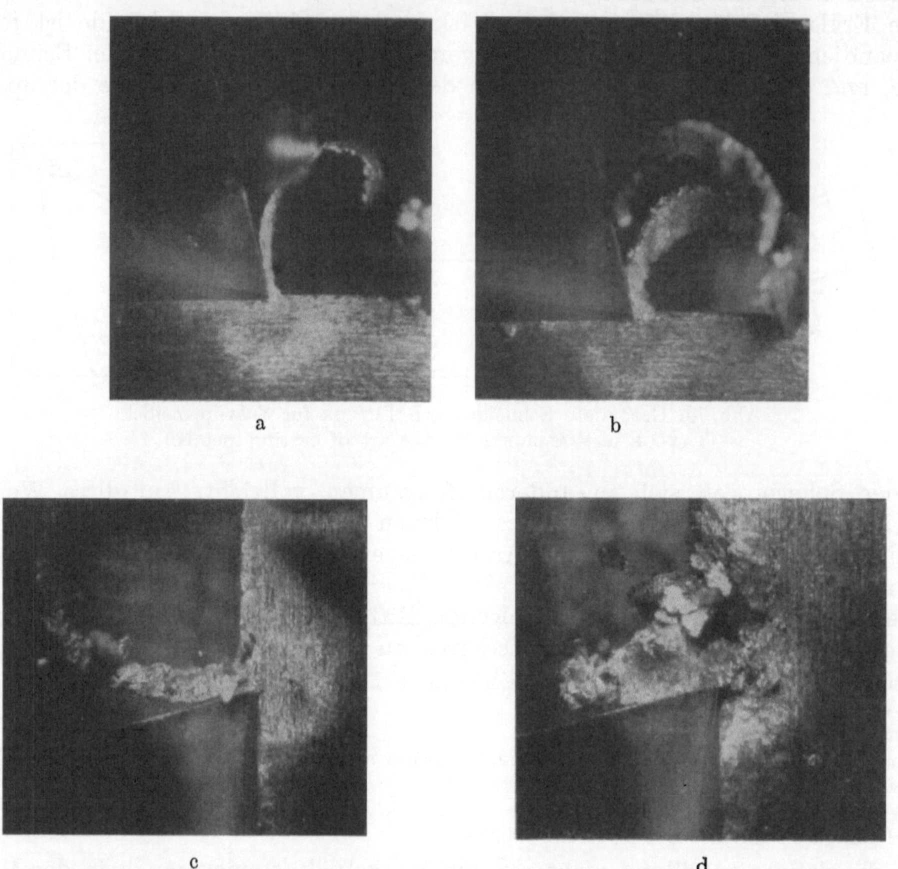

a   b
c   d

Abb. 78 a— d. Gußaluminium, $\gamma = 15°$; zu a: $v = 220$ m/min, $s = 0,1$ mm/U; zu b: $v = 220$ m/min, $s = 0,2$ mm/U; zu c: $v = 220$ m/min, $s = 0,4$ mm/U; zu d: $v = 210$ m/min, $s = 0,8$ mm/U. (Institut für Werkzeugmaschinen T. H. Hannover 1930.)

Spänen gelingt. Eine gesunde Oberfläche läßt sich oft durch Schleifen erreichen. Interessant ist auch die Änderung der Reißspanbildung mit der Schnittgeschwindigkeit, z. B. bei Gußaluminium (Abb. 78 a bis d).

8. Das Zusammentreffen zweier Spanbildungsarten.

Das in Abb. 53 gegebene Beispiel wurde beim Abdrehen von Messing erhalten. Es zeigt die bei Spanschuppenbildung zunächst einsetzende stetige Scherung, bis mit anwachsender Werkzeugbeanspruchung unter Überwindung der Normalspannungen ein Einriß entsteht und das Ablösen der Spanschuppe vollendet.

9. Der Übergang von einer Spanart zu einer anderen während der Spanabnahme.

Diese Übergänge finden zwischen Fließspan und Scherspan (Abb. 58) statt, aber auch zwischen Fließspan und Reißspan und zwischen Scherspan und Reißspan. Änderung der Schnittgeschwindigkeit bei konstanter Drehzahl mit der Abnahme des Drehdurchmessers, Änderung des Spanquerschnitts bei ungleicher Zugabe und vor allem Ungleichheit in Legierung und Gefüge an den einzelnen Stellen des Werkstückes sind die Veranlassung.

Ungleich interessanter aber ist der Übergang, wenn in der Art der Spanabnahme gar nichts geändert wird und dennoch (Abb. 79) der Übergang hin und zurück vom Fließspan zum Scherspan innerhalb von $^2/_{100}$ Sekunden erfolgt.

Solcher Vorgang sollte zu denken geben. Manche Spanabnahme ließ sich nicht mit der erwarteten Schnittgeschwindigkeit durchführen; so manche Versuchsreihe war ausfallend. Der Grund aber lag in jener andauernden Unstetigkeit der Spanbildung.

10. Der Schneidenansatz.

In der Literatur wird der Schneidenansatz noch häufig Aufbauschneide genannt. Der Verfasser hat auch anfänglich, d. h. vor genauer Erforschung des Schneidenansatzes, diesen ungeeigneten Ausdruck gebraucht. Es handelt sich aber nur scheinbar um eine Schneide, vielmehr um einen aufgeschichteten Hügel auf der Spanfläche an der Schneide und über diese vorkragend. In früherer Zeit wurde die Ansicht vertreten, daß der Spanabnahme mit entstehendem Schneidenansatz der Vorzug zu geben sei, weil diese vermeintliche Schneide einen spitzeren Keilwinkel habe und, den vordersten Teil der Spanfläche überdeckend, diese vor Verschleiß schütze. Diese Ansicht ist irrig. Die Spanfläche nutzt sich, wie noch gezeigt wird, infolge des ständigen Ansetzens und Lösens des Ansatzes von der Spanfläche mehr und mehr ab.

Freilich, dem unbewaffneten Auge erscheint ein zufällig nach Unterbrechung des Drehvorganges auf der Spanfläche noch haftender

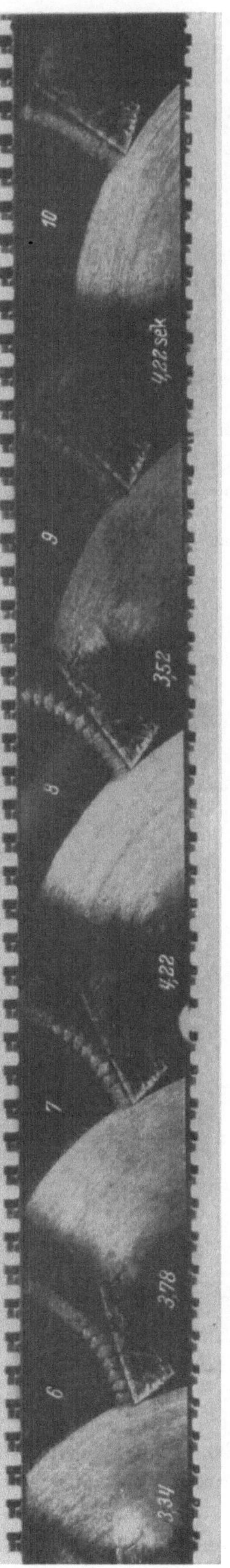

Abb. 79. Übergang vom Fließspan zum Scherspan und zurück zum Fließspan innerhalb 0,02 sec. Automatenstahl, $v = 45$ m/min, $s = 0,4$ mm/U, $\gamma = 10°$. (Institut für Werkzeugmaschinen T. H. Hannover, 1934.)

Schneidenansatz etwa so, wie ihn RIPPER abgebildet hat (Abb. 56). Abb. 80 zeigt eine auf 45fache Vergrößerung gebrachte Momentaufnahme, den typischen Schneidenansatz bei Bearbeitung von St 42.11 mit Schnellstahl und 23 m/min Schnittgeschwindigkeit. Der Schneidenansatz kragt weit über die Werkzeugschneide vor, so daß sich zwischen Freifläche und Werkstückoberfläche der kennzeichnende Zwischenraum von einem Ausmaß etwa gleich der Hälfte der Spanstärke gebildet hat. Oft fließt der Span dabei scheinbar so glatt als Fließ- und Scherspan ab, daß man die Schneidenansatzbildung nicht ahnt. In Wirklichkeit ist sie vorhanden und hat die Oberfläche des Werkstücks erheblich geschädigt.

Abb. 80. Schneidenansatz, Vergrößerung 45fach, St 42.11, $v = 22{,}6$ m/min, derselbe Span wie Abb. 58c. (Institut für Werkzeugmaschinen T. H. Hannover, 1930.)

Die Oberfläche des Werkstücks, bei dem langsamen Schnitt von unter 1 m/min aufgenommen, zeigt Abb. 81a. Dieselbe Oberfläche Abb. 81b bei 25 m/min abgedreht zeigt auch noch Spalten. Bei 75 m/min (Abb. 81c) hingegen ist sie bereits glatt und annähernd gesund. Der Werkstoff findet nicht mehr Zeit zur Rißbildung.

Abb. 82 zeigt bei dem St 42.11 Querschnitte senkrecht zur Oberfläche des Werkstücks in Schnittrichtung. Die Schneidenansatzbildung tritt bei diesem Stahl über 80 m/min Schnittgeschwindigkeit nicht mehr auf. Aber die Kristallkörner werden auch

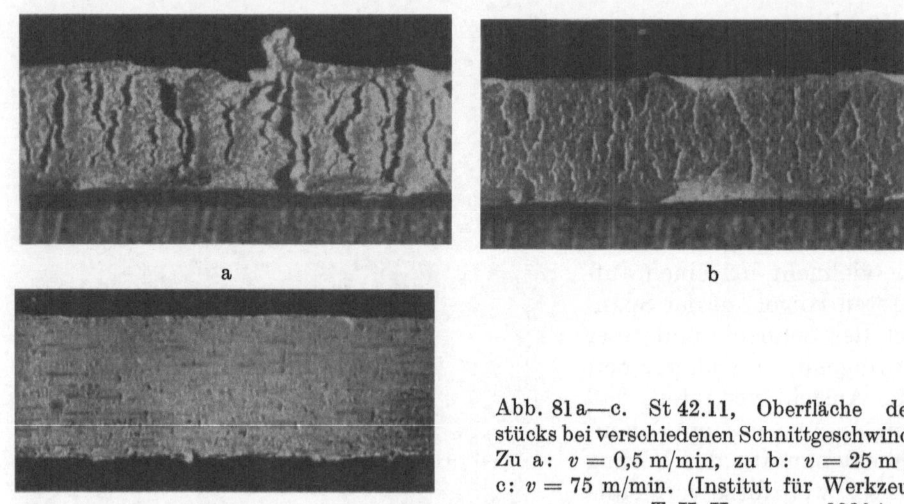

a   b

Abb. 81a—c. St 42.11, Oberfläche des Werkstücks bei verschiedenen Schnittgeschwindigkeiten. Zu a: $v = 0{,}5$ m/min, zu b: $v = 25$ m /min; zu c: $v = 75$ m/min. (Institut für Werkzeugmaschinen T. H. Hannover, 1930.)

c

noch bei Schnittgeschwindigkeiten bis 120 m/min umgelegt. Bei 600 m/min reicht die Zeit zum Umlegen nicht mehr aus. Die Struktur bleibt unverändert.

Über 75 m/min Schnittgeschwindigkeit tritt eine Schneidenansatzbildung bei St 42.11 nicht mehr auf. Unbeeinflußt bleibt die Oberfläche des Werkstückes (Abb. 82) auch dann noch nicht. Um eine bei der Spanabnahme annähernd unbeeinflußte Werkstückoberfläche zu erhalten, geht man bei solchen Stahlsorten wie St 42.11 in der Praxis heute zu Schnittgeschwindigkeiten von 250 m/min über, und zwar unter Verwendung von Hartmetallwerkzeugen.

Durch Heruntergehen mit der Spanstärke kann auch bei geringer Schnittgeschwindigkeit und feinen Spänen, wie sie beim Gewindeschneiden, Räumen und Arbeiten mit Formstählen Anwendung findet, die Bildung des Schneidenansatzes vermieden werden.

Die Stillstandsaufnahme (Abb. 83) gestattet, die Schneidenansatzbildung genauer zu untersuchen. Sie ist aufgenommen nach dem Anhalten der Drehbank bei Bearbeitung von)St 42.11. Der Schneidenansatz sitzt eingelagert zwischen Span und Werkstück. Das Werkstück hat sich nach Anhalten der Drehbank vom Drehstahl abgehoben, bevor der in Abb. 83 erkennbare Durchscherungsbeginn sich fortgesetzt hat. Vom Werkstück und ebenso vom Span werden scharfkantige Lappen abgezogen, die sich im Schnitt

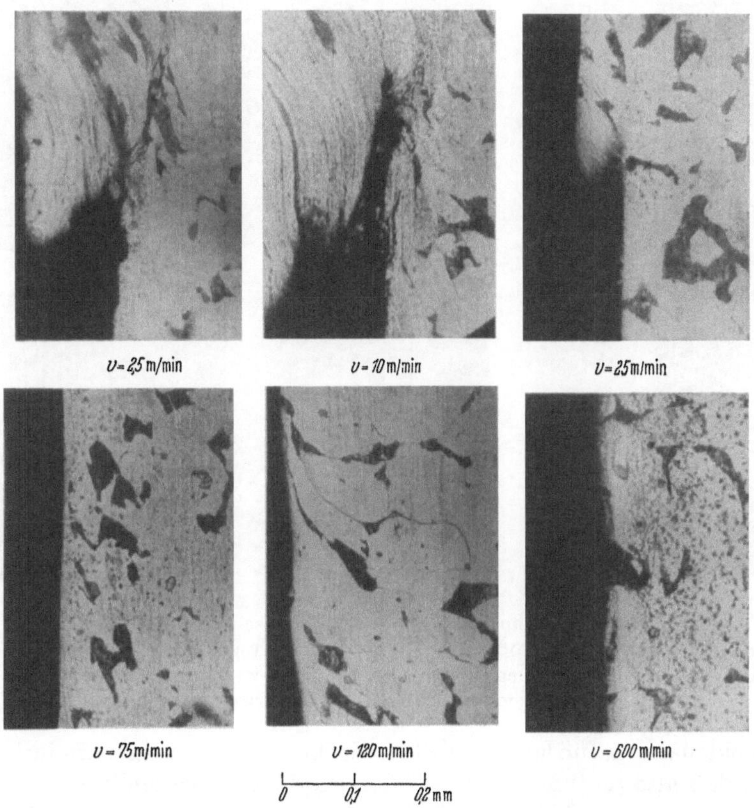

Abb. 82. Umlegung der Oberflächenkörnung festgehalten durch das Werkzeug bei verschiedenen Schnitt-geschwindigkeiten. (Institut für Werkzeugmaschinen T. H. Hannover, 1930.)

senkrecht zur Werkzeugschneide als Zipfel zeigen. Die Schnittiefe betrug bei diesem Versuch etwa 1 mm, und ebenso tief geht der Zerfall, d. h. die Strukturänderung im Werkstoff, unter die neugebildete Oberfläche hinunter.

Die Orientierung ist nochmals in Bild 84 gezeigt. In dieser Abbildung sind durch weiße Kreislinien drei Flächenstücke abgegrenzt, die in hundertzehnfacher Vergrößerung in der gleichen Abbildung wiedergegeben sind. Diese Abbildungen sind so zueinander orientiert, wie die Kreise zueinander liegen. Die Abbildung links oben erfaßt den Augenblick, in dem gerade die plastische Verformung im Werkstoff beginnt. Die untere Abbildung läßt eine Schichtung erkennen, in der die *rechtwinklig umgebogenen Gefügebestandteile* sich übereinander schichten, bis sich der Haufen als Schneidenansatz so hoch auftürmt, daß er instabil wird. Rechts unten zeigt sich über dem vom Werkstück hoch zurückgebogenen Zipfel die beginnende Durchscherung. Die Struktur des Zipfels geht noch deutlicher aus Abb. 85 hervor. Auch im Zipfel ist der Werkstoff umgeschichtet, d. h. zum Gleiten gebracht und zu dünnen Schichten ausgezogen.

Über den zeitlichen Verlauf gibt der Film (Abb. 86) Aufschluß. Der instabil gewordene Schneidenansatz wandert ab und ein neuer bildet sich. Da die Aufnahmen etwa

in 0,002 sec aufeinander folgen, wiederholt sich das gesamte Spiel von einem Schneidenansatz bis zum nächsten in etwa 0,02 sec.

In der Regel löst sich der instabil gewordene Schneidenansatz im ganzen von der
Spanfläche und wandert eingebettet im Span ab (Abb. 58). Es kann aber vorkommen,

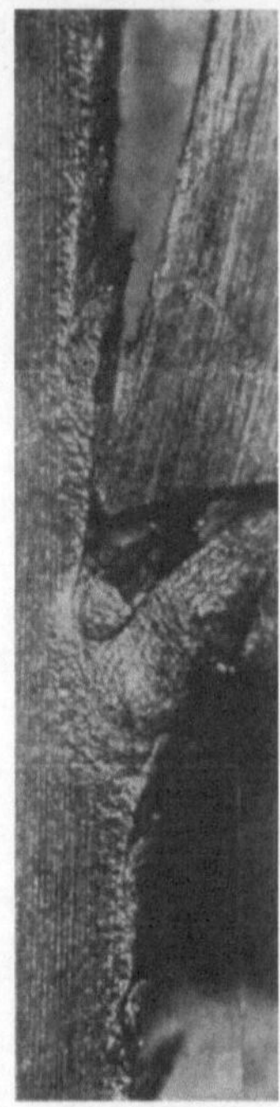

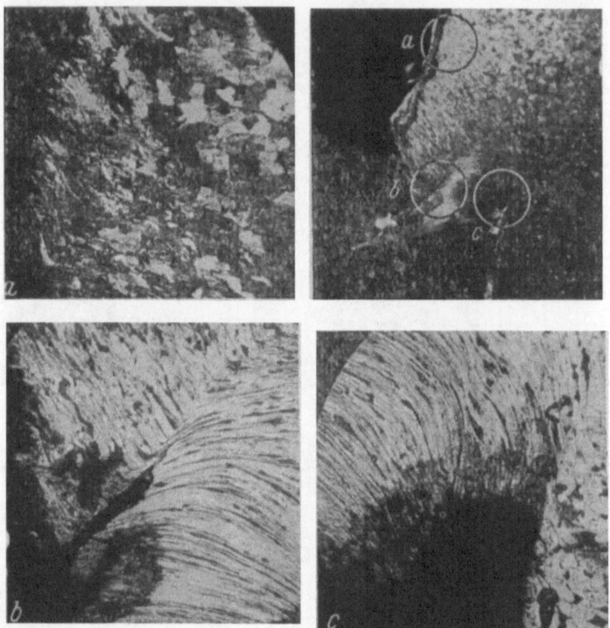

Abb. 83. Stillstandsaufnahme. St 42.11. (Institut für Werkzeug-maschinen T. H. Hannover, 1930.)

Abb. 84. Teile der Aufbauschneide von Abb. 83 in 110facher Ver-größerung. Die 3 kleinen Kreise in der Orientierungsabbildung rechts oben deuten die Stellen an, zu welchen die 110fachen Vergrößerungen gehören. (Institut für Werkzeugmaschinen T. H. Hannover, 1930.)

daß der Schneidenansatz für längere Zeit in Größe und Form unverändert auf der Spanfläche haftet, daß also an ihm gerade so viel ersetzt als abgeschliffen wird. Immer aber
bildet der Schneidenansatz eine runde, keineswegs schnei-
dende Kuppe aus in dünnen Schichten aufeinander gelagerten Teilen des Werkstoffs.

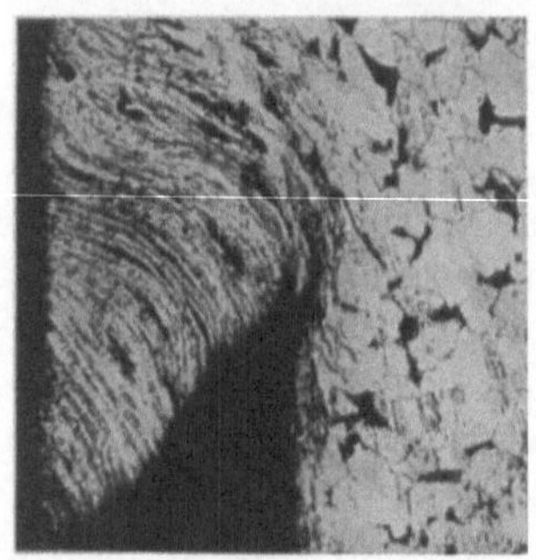

Abb. 85. St 42.11, Zipfelbil-dung am Werkstück, Vergrö-ßerung 55fach, $v = 10$ m/min, $s = 0,33$ mm/U, $\gamma = 15°$. (In-stitut für Werkzeugmaschinen T. H. Hannover, 1930.)

Noch deutlicher sind die einzelnen Etappen der Entwicklung einer etwas anders gearteten Bildung des Schneidenansatzes in dem Schema (Abb. 87) zur Darstellung gebracht.
Nr. 1 zeigt einen Teil des Schneidenansatzes, eingebettet in
den Span, sowie einen anderen Teil in Zipfelform an der
Werkstoffoberfläche hängend, beide im Abwandern begriffen. Auf der Spanfläche selbst befindet sich bereits ein
irgendwie gebildeter Schneidenansatz. In Nr. 2 ist dieser bis
nahezu zur Instabilität angewachsen, der Spielraum zwischen Freifläche und Werkstückoberfläche hat sich vergrößert. In Nr. 3 wandert aber hier der Schneidenansatz
nicht im ganzen ab, sondern der vorkragende Teil steht vor
teilweiser Abscherung, desgleichen markiert sich (gestrichelte
Linie) bereits die Abscherung eines anderen Teiles des Schneidenansatzes, der sodann vom Span fortgeführt wird. In Nr. 4 ist dieser Schervorgang
nahezu beendet, und beide Zipfel stehen im Begriff, von dem auf der Schneide verbleibenden Schneidenansatzrest losgelöst abzuwandern. Dies ist jedoch der weitaus seltenere Fall.

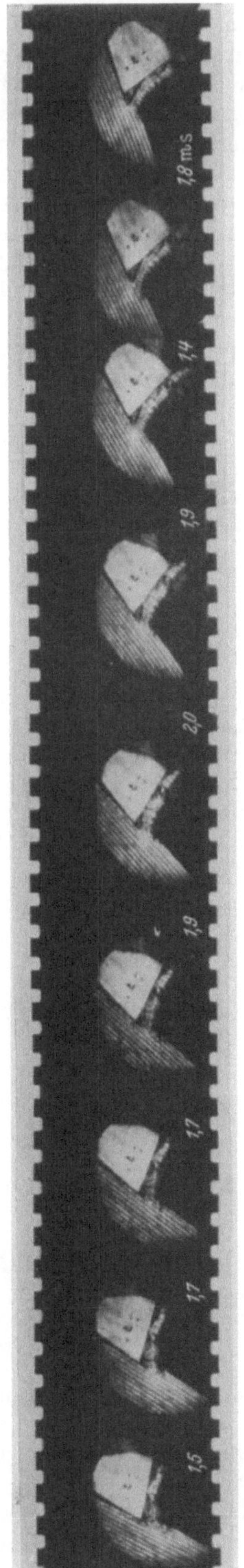

Abb. 86. St 42.11. Schnittgeschwindigkeit $v = 18$ m/min; Vorschub $s = 0,4$ mm/U; $\gamma = 15°$; $\alpha = 6°$; Vergrößerung: 3fach. (Institut für Werkzeugmaschinen T. H. Hannover, 1936.)

Der Schnellstahl hält den Schneidenansatz am festesten. Das Hartmetall bietet weniger Halt. Durch Zusatz von Titankarbiden kann bei Hartmetall Anschweißen der Werkstoffschichten an der Spanfläche und damit die Bildung des Schneidenansatzes vermieden werden.

Aus dieser Feststellung geht auch hervor, daß das Polieren der Spanfläche nur zu Anfang des Schnittes Vorteil bietet, auf die Dauer aber das Ankleben des Schneidenansatzes nicht verhindert. Schneidenansatzreste am Span sehen nicht viel anders aus als die gleichen an der Werkstückoberfläche (Abb. 88). Denkt man sich solchen Span etwa in der Längsrichtung in seiner Mitte aufgeschnitten und betrachtet die Schnittebene, so zeigt

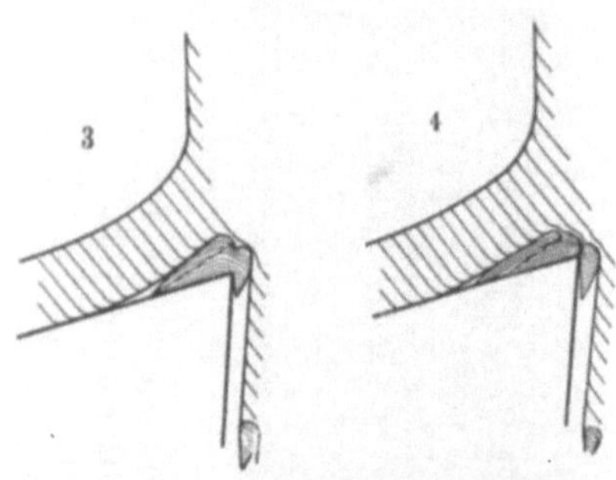

Abb. 87. Schema zur Bildung des Schneidenansatzes. (Institut für Werkzeugmaschinen T. H. Hannover, 1932.)

Abb. 88. St 42.11 mit Schneidenansatzresten am gerollten Span. (Institut für Werkzeugmaschinen T. H. Hannover.)

sie ganz ähnliche Zipfel, wie sie bereits für die Oberfläche des Werkstücks abgebildet worden sind. Somit kann das unerwünschte Auftreten des Schneidenansatzes auch am Span festgestellt werden.

Die Mittel zur Vermeidung des Schneidenansatzes sind:

1. Steigerung der Schnittgeschwindigkeit über die bei Schnellstahl übliche unter Anwendung von Hartmetallwerkzeugen,

2. Legierungszusatz von Titankarbid in den Hartmetallen,

3. stärkerer Span, so daß Scherspanbildung eintritt und die hierbei auftretenden Erschütterungen dem Ansetzen des Schneidenansatzes entgegenwirken; Scherspanbildung ist hier das geringere Übel,

4. für kurze Zeit feingeschliffene, hoch polierte Spanfläche.

Wichtig ist, daß die an Schneidenansatz erkrankte Oberfläche des Werkstücks beim Schlichten so weitgehend entfernt wird, daß schädliche Folgen, vor allem beim Vergüten des Werkstoffes, vermieden werden.

Bei Reißspanbildung tritt der Schneidenansatz niemals auf.

11. Zusammenfassung der im Hinblick auf wirtschaftliche Spanabnahme zu stellenden Anforderungen an die Werkzeugmaschinen.

Voraussetzungen sind:

1. Bequeme, sichere und genaue Aufnahme des Werkstücks in der Maschine, Fluchten der Körnerspitzen, mittig spannendes Futter, geeignete Setzstöcke, ferner Spänebewältigung, ein bei Spanabnahme mit Hartmetall sehr wichtiges Problem, dessen Lösung evtl. eine völlig andere Gestaltung der Maschine erfordert.

Wirtschaftliche Spanabnahme setzt sorgfältige Werkstoffauswahl und -beschaffung voraus. Der billigste Werkstoff ist keineswegs, in der Regel wenigstens, der wirtschaftlichste, weil bei edleren Werkstoffen die Ausmaße der Maschinenteile erheblich kleiner werden und damit auch die Ausmaße der ganzen Getriebegruppe einschließlich des umhüllenden Gusses. Wichtig ist ferner die Bemessung der Zugaben, weil bei zu reichlicher Zugabe wegen der Zunahme der erforderlichen Schnitte und bei zu knapper Zugabe durch die Gefahr, daß das Werkstück infolge Verziehens während der Spanabnahme Ausschuß wird, Verluste eintreten. Förderlich in Hinsicht auf Wirtschaftlichkeit ist ferner eine wirksame Kühlung. Der Arbeiter freilich macht von solcher nicht gern Gebrauch. Unmittelbare Kühlung, gedacht durch Anspritzen bis an die Werkzeugschneide, hat wenig Wirkung, weil die Schnittstelle selbst nicht erreicht werden kann. Es muß vielmehr dafür gesorgt werden, daß Werkstück und Werkzeug von der Kühlflüssigkeit gleichmäßig und stetig umhüllt werden. Tropfenkühlung bringt Gefahr der örtlichen Abschreckung und damit der Rißbildung an der Werkzeugschneide.

2. Hohe Steifigkeit der Werkzeugmaschine, so daß, solange die Schneide nicht stumpf geworden ist, die Maßhaltigkeit gewährleistet bleibt und nicht etwa infolge von Unterschieden in der Zugabe und dem daraus folgenden Kraftunterschied die Bank elastisch nachgibt und die Werkstücke ungleich, also nicht maßhaltig werden. Voraussetzung ist ferner, daß die Möglichkeit des Ausschwingens von Werkzeug und Werkstück auf ein Kleinstmaß beschränkt bleibt, damit z. B. bei Scherspanbildung und schweren Schnitten das Rattern vermieden wird und so auch Werkzeug und Hauptlager geschont bleiben.

3. Anpaßfähigkeit der Maschine im Hinblick auf Schnittiefe, Vorschub und Schnittgeschwindigkeit an die auszuführende Spanabnahme. Bezüglich der Schnittiefe erfordert dies eine Planspindel mit Teilscheibe und einstellbarem Anschlag, ferner eine möglichst feine Stufung des Vorschubes ohne wesentliche Beeinflussung der Baugröße und der Genauigkeit des Vorschubgetriebes. Für die Schnittgeschwindigkeit feingestufte oder stufenlose Regelung innerhalb eines sorgfältig gewählten Drehzahlbereiches und eine Einrichtung, diesen Bereich der Drehzahlen genau passend nach oben oder unten zu verlegen, namentlich zwecks wirtschaftlicher Bearbeitung einer großen Menge gleichartiger Werkstücke.

Feinstufiger Vorschub gestattet volle Ausnutzung der Leistung der Drehbank. Feinstufige Schnittgeschwindigkeit führt zu Zeitersparnis.

4. Einfachheit und Sicherheit der Bedienung bezüglich der bereits erwähnten Aufnahme des Werkstückes in der Maschine, praktisches Anordnen der betr. Bedienungshebel. Möglichste Beschränkung ihrer Zahl bis auf einen Einhebelmechanismus, Sinnfälligkeit, soweit erreichbar, d. h. Hebelbewegung in der gewünschten Bewegungsrichtung, ferner Entlastung des Arbeiters und Erhöhung der Wirtschaftlichkeit durch Einschränkung der Zahl der übrigen Bedienungsgriffe, wie bei den neuzeitlichen Drehbänken, Revolverbänken, Halbautomaten und Automaten.

5. Gefahrlosigkeit für den Arbeiter und Vermeidung von Bruch in der Maschine, Verriegelung von Getrieben, z. B. von Längsgang und Plangang, Abscherstifte, um Bruch von Getriebeteilen zu vermeiden. Auslösevorrichtungen, Vermeidung von umlaufenden Getriebeteilen, welche die Kleidung der Arbeiter erfassen könnten, Vermeidung der Anordnung von zwei Getriebeteilen derart, daß sie Ursache zum Einklemmen, z. B. der Hand des Arbeiters, werden können.

6. Erzielung ausreichender Lebensdauer der Maschine über 5 Jahre hinaus auf etwa 15 Jahre, besonders wichtig für Maschinenbetriebe, die nur sparsam investieren können, einfacher Ausbau von Getriebeteilen zwecks rechtzeitiger Nacharbeit, Maßnahmen gegen Verschleiß, z. B. durch besondere Lagerkonstruktion und Feinbearbeitung der Lagerflächen, sorgfältig durchgearbeitete Schmierung, Späneschutz für die Führungen.

Die Anforderungen lassen sich noch erweitern, wenn man auf die Eigenart der einzelnen Maschinen eingeht. Hier aber handelt es sich nur darum, zu zeigen, in welcher Richtung, nicht aber in welchem Umfang, Anforderungen an die Werkzeugmaschine zu stellen sind.

III. Die Einteilung der Werkzeugmaschinen.

Der Verein Deutscher Werkzeugmaschinenfabriken (VDW) hat die Fertigungsstätten in Industriegruppen zusammengefaßt und unter jeder Gruppe die der Gruppe zugeteilten Werkzeugmaschinen angegeben. Die Gruppen, sofern sie Maschinen zur spanenden Formung herstellen, sind nachstehend aufgeführt:

1. Hobel-, Stoß- und Räummaschinen,
2. Drehbänke,
3. Revolverbänke und Drehautomaten, Abstechmaschinen und Außengewindeschneidemaschinen,
4. Bohrmaschinen (einschl. Waagerecht-Bohr- und Fräswerke) und Innengewindeschneidemaschinen,
5. Fein- und Lehrenbohrmaschinen, sonstige Bohrmaschinen,
6. Fräsmaschinen,
7. Säge- und Feilmaschinen,
8. Schleifmaschinen,
9. Verzahnmaschinen,
10. sonstige Metallbearbeitungsmaschinen der spanabhebenden Formung und Aufbaueinheiten.

Die unter eine Gruppe fallenden Maschinen sind beispielsweise für die Drehbankgruppe die folgenden:

Kleindrehbänke, Drehstühle,   Dreh-, Bohr- und Abstechdrehbänke (kombiniert),
Mechanikerdrehbänke,   Nachform- und Unrunddrehbänke,
Nachdrehbänke u. a.,   sonstige Drehbänke,
Spitzendrehbänke,   Achsen- und Abstechdrehbänke,
Plandrehbänke,   Radsetzdrehbänke, Walzendrehbänke,
Karusselldrehbänke,   Rohr- und Muffendrehbänke,
Kurbelwellendrehbänke,   Wellenschäl- und Abkreismaschinen u. a.
Vielschnittdrehbänke,

Die Einteilung innerhalb der Gruppen geht also vom Verwendungszweck der Maschinen aus.

IV. Der Aufbau der Werkzeugmaschine.

Mit einer Einteilung ist zwar eine Übersicht über die verschiedenen Arten der marktgängigen Maschinen gegeben, ein Einblick in den Aufbau und die Gestaltung der Maschine kann jedoch daraus nicht entnommen werden.

Erst die Kenntnis vom Aufbau und der Gestaltung der Maschine für ihre Bearbeitungsaufgaben im einzelnen gewährt einen tieferen Einblick in die Eigenart und Brauchbarkeit der Maschine.

Der Aufbau geht aus von der Aufteilung der Bewegungen auf die Werkstück- und Werkzeugseite und von dem Übereinanderschichten (Superposition) der Bewegungen auf der einen und der anderen Seite. Bei dieser Aufteilung und Schichtung werden die Größe und das Gewicht des Werkstückes und die besonderen Einrichtungen zur Erzielung höchster Leistung maßgebend. Die Art dieser Aufteilung ergibt den *Maschinentyp*, der durch Teilung in Untertypen sich noch im Hinblick auf die Größe der Maschine, das Arbeitsgebiet, die Sonderausrüstung usw. gliedert.

Die Bewegungen sind folgende:

1. die Größenanpassung- oder Einstellbewegungen, kurz: Einstellung,
2. die den Span ansetzenden oder Anstellbewegungen, kurz: Anstellung,
3. die Arbeits- oder Schnittbewegung, kurz: Spanabnahme oder Schnitt,
4. die Vorschub- oder Schaltbewegung, kurz: Vorschub oder Schaltung,
5. die das Werkzeug schonende Abhubbewegung beim Rücklauf, kurz: Abhub,
6. die Meßbewegungen, kurz: Messung.

Die Bewegungen zerfallen in 2 Gruppen:

1. diejenigen, welche an der Arbeitsleistung, also am Schnitt, unmittelbar beteiligt sind, Schnitt und Vorschübe, und

2. diejenigen, welche während des Schnitts in der Regel nicht ausgeführt werden, die Anstellung, die Einstellung, der Abhub und die Messung.

Jede Bewegung erfordert eine geradlinige oder kreisförmige Führung, bestehend aus einem Schlitten und einer oder bei geradliniger Führung in der Regel zwei Führungsbahnen, auf welchen der Schlitten ruht bzw. hin- und hergleitet. Diese Führungsbahnen werden im Werkzeugmaschinenbau mit besonderer Sorgfalt ausgeführt, weil nicht zuletzt von ihnen und der Steifigkeit der Maschine die Gleichheit und die Genauigkeit der Arbeitsstücke abhängt.

Damit das Gleiten in der Führung ohne das gefürchtete Ecken stattfindet, muß der Schlitten mit seinen Gleitbahnen gegenüber dem Abstand der Führungsbahnen voneinander, gemessen von der Außenkante der einen Führungsbahn bis zur Außenkante der anderen Führungsbahn, wenigstens um die Hälfte länger sein als der erwähnte Abstand. Besser noch wird dieses Verhältnis mit 2:1 ausgeführt. Das ist eine erste Faustregel. Den Nachteil zu kurzer Führungen kann man jeden Tag beim Schließen einer Kommodenschublade erleben.

Dieses Verhältnis ist auch maßgebend für die kleine Winkeländerung, welche die Ölschicht zwischen Führungsbahn und Führungsleiste bei irgendeiner einseitigen Belastung zuläßt. Auf möglichst geringe Winkeländerungen in den aufeinander geschichteten Bewegungsführungen aber kommt es an, wenn an die Genauigkeit des Werkstückes Anforderungen gestellt werden. Abgesehen von den niemals ganz zu vermeidenden elastischen Verformungen verursachen diese kleinen Winkeländerungen ein Zurückschwenken des Werkzeugs unter der Schnittkraftwirkung und damit nicht selten eine unzulässige Durchmesservergrößerung am Werkstück. Je mehr Führungen übereinander geschichtet sind, um so größer ist die Maßungenauigkeit bei schwankender Schnittkraft. Nacharbeit wird erforderlich und gelingt oft nur durch Schleifen, weil bei nochmaligem Abdrehen sich die verbliebenen Zugaben nachbilden und das Werkstück nur um einen gewissen Prozentsatz genauer wird. So ergibt sich die zweite Faustregel, daß die Schichtung von mehr als 3 Führungen übereinander im allgemeinen zu mangelhafter Fertigung führt, also ein Fehler ist. Der Fehler kann verringert werden, wenn ein Teil der Führungen, weil in dem bestehenden Falle nicht arbeitend, festgeklemmt wird.

Die sämtlichen Aufteilungsmöglichkeiten der Bewegungen auf die Werkstück- und Werkzeugseite und die Schichtung können durch Permutation erfaßt werden. Bei der Aufstellung der Permutationen ist noch folgendes zu berücksichtigen:

Werkstück W_s und Werkzeug W_z müssen stets in unmittelbarer Berührung stehen, damit der Schnitt zustande kommen kann. Diese beiden Buchstaben werden daher zweckmäßig durch eine Klammer zusammengehalten (vgl. S. 72).

Die ebenfalls durch Buchstaben, z. B. durch S für den Schnitt, l für den Längs- und q für den Quervorschub und Z für den Zuschub, z. B. bei der Rundfräs- und der Rundschleifmaschine der Schnittrichtung entgegen, bezeichneten Bewegungen werden sodann der einen oder der anderen Seite zugeteilt oder auf beide Seiten verteilt, so daß z. B. die dem Werkzeug nächstliegende Bewegung dem W der Klammer (W_z) am nächsten steht. Die Schnittbewegung S, dem Werkstück oder dem Werkzeug zugeteilt, schließt unmittelbar an eine der Klammern an. Es gibt aber auch Werkzeugmaschinen, bei welchen das nicht der Fall ist, z. B. wenn bei einem um seiner Sperrigkeit willen nicht beweglichen Werkstück um dieses herum eine Schnittbewegung mit Planvorschub ausgeführt werden muß. In diesem Fall muß die Vorschubbewegung in radialer Richtung dem Werkstück näherliegen als die kreisende Schnittbewegung, weil sonst der Mittelpunkt der Kreisbewegung im Werkstück verschoben würde. Beispiel: der in Ruhe befindliche Kurbelzapfen. Die Anforderung entspricht dem Satz: die kreisende Schnittbewegung darf nur so erfolgen, daß ihre Achse stets mit der Achse des Werkstücks zusammenfällt.

Nunmehr muß überlegt werden, inwieweit man das Permutieren treiben will. Zweckmäßig ist es zunächst, nur die Bewegungen der Gruppe 1 in Betracht zu ziehen, dahingegen die übrigen Bewegungen, wie Anstellung, Einstellung usw. zunächst zurückzustellen. Freilich, gerade die Anstellbewegung muß oft mit permutiert werden, z. B. bei der Rundschleifmaschine, bei welcher die Anstellung automatisch an den Hubenden erfolgt und in diesem Fall Beistellung genannt wird.

Die Drehbank ist ein verhältnismäßig einfaches Beispiel für die Permutierung insofern, als außer den Klammerwerten (W_s, W_z) nur der Schnitt und die beiden in der Regel waagerechten Vorschübe, der Längs- und der Plangang, zu permutieren sind. Der Zuschub kommt nicht vor.

Schnitt und Längsvorschub ergeben ein Gewinde bzw. einen geraden Kreiszylinder, Schnitt und Quervorschub eine Abstechbewegung, z. B. eine ebene Stirnfläche. Gleichzeitige Betätigung beider Vorschübe ergibt z. B. einen geraden Kreiskegel. Irgendwie profilierte Werkzeuge ergeben entsprechende Rotationskörper. Durch ein symmetrisch mit 2 nach Evolventen gebildeten Schneiden rhythmisch vor- und zurückgeführtes Werkzeug entsteht der Modulfräser, wobei zuvor der Kreiszylinder durch eine der Zähnezahl gleiche Anzahl Längsnuten unterteilt werden muß.

Die den Permutationen entsprechend denkbaren Aufbauarten, bei der einfachen Drehbank in Berücksichtigung von S, und q, sind folgende:

$$\begin{array}{cccccc}
 & & 0 & & 0 & 0 \\
lqS(W_sW_z) & qlS(W_sW_z) & lSq(W_sW_z) & qSl(W_sW_z) & Slq(W_sW_z) & Sql(W_sW_z) \\
 & & 0 & b & 0 & 0 \\
(W_sW_z)lqS & (W_sW_z)qlS & (W_sW_z)lSq & (W_sW_z)qSl & (W_sW_z)Slq & (W_sW_z)Sql \\
 & 0 & 0 & 0 & & a \\
l(W_sW_z)qS & l(W_sW_z)Sq & q(W_sW_z)lS & q(W_sW_z(Sl & S(W_sW_z)lq & S(W_sW_z)ql \\
0 & 0 & c & & & 0 \\
lq(W_sW_z)S & ql(W_sW_z)S & lS(W_sW_z)q & qS(W_sW_z)l & Sl(W_sW_z)q & Sq(W_sW_z)l.
\end{array}$$

Unter diesen Permutationen befinden sich in jeder Reihe drei mit 0 bezeichnete, welche unausführbar sind, weil sie der Bedingung des Zusammenfalls der Achsen nicht entsprechen. Von den übrigen Permutationen entspricht die mit a bezeichnete — letzte der dritten Reihe — dem normalen Drehbankaufbau, d. h. Schnittbewegung beim umlaufenden Werkstück, Werkzeug mit Quervorschub und darunter liegendem Längsvorschub auf der anderen Klammerseite. Die vierte Permutation der zweiten Reihe, mit b bezeichnet, entspricht dem Aufbau der erwähnten Kurbelzapfendrehbank. In der vierten Reihe entspricht die dritte Permutation, mit c bezeichnet, dem Aufbau einer Drehbank, welche, wie die NORTON-Rundschleifmaschine, über dem Längsschlitten einen schwenkbaren Obertisch besitzt. Von dieser Ausführung ist Gebrauch gemacht bei kleinen Präzisionsdrehbänken zur Herstellung genauer, schlanker Konen.

Die noch übrigen Permutationen sind zwar ausführbar, aber mehr oder weniger ungeeignet und kommen im Drehbankbau nicht vor, wohl aber erweitert durch den Zuschub Z im Schleifmaschinenbau. Der Grund ist, daß bei der Schleifmaschine die Kräfte und infolgedessen auch die elastischen Verformungen wesentlich geringer sind und somit Superpositionen ausgeführt werden können, welche bei den großen Schnittkräften der Drehbank untragbare Winkeländerungen ergeben würden. So gibt es bei der Werkzeugschleifmaschine z. B. die Anordnung des Längsvorschubes über dem Quervorschub. Bei der Drehbank würde diese Anordnung ein schwerer Fehler sein, ausgenommen vielleicht bei irgendeiner leichten Einzweckmaschine.

Erfolgreicher als bei der Drehbank ist das Permutieren bei der Schleifmaschine zur Auffindung neuer praktischer Typen. Es ist keineswegs verlorene Arbeit für den sich Einarbeitenden, diese Permutationen mit der dem vorliegenden Zweck gerade entsprechenden Einschränkung durchzuführen und ihre Brauchbarkeit dann zu bewerten. Ein einfaches Beispiel dafür sind die Permutationen

$$lZ\,(W_sW_z)q \quad \text{und} \quad Z(W_sW_z)ql,$$

von denen die erstere der NORTON-Rundschleifmaschine, die andere der LANDIS-Rundschleifmaschine entspricht. Bei der ersteren muß die Führungsbahn, damit der Längsschlitten auch in den Endlagen in der ganzen Länge noch durch die Führung abgestützt ist, so lang sein wie der Schlitten zuzüglich der Spitzenentfernung für das längste Werkstück. Für den Propellerschaft eines großen Seeschiffes von 15 m Länge würde sich eine Schleifschlittenlänge von 18 m und somit eine Gesamtlänge der Führungsbahnen von 18 + 15 = 35 m ergeben.

Bei der LANDIS-Maschine hingegen, bei welcher der Längsvorschub dem Schleifspindelstock zugeteilt ist, genügt bei einer Länge des Schleifspindelstockes von 2 m eine Länge der Führungsbahnen von 15 + 2 m, also 17 m. Aus diesem Grunde allein schon kommt für den Aufbau der Rundschleifmaschine im Schwermaschinenbau nur das LANDIS-Prinzip in Betracht. Für dieses Prinzip spricht außerdem noch die Überlegung, daß es unzweckmäßig wäre, so schwere Werkstücke wie den Propellerschaft hin- und hergleiten zu lassen, anstatt ihm nur die Drehbewegung zuzuteilen.

Bei solcher Überlegung entsteht nunmehr die Aufgabe, zu prüfen, bis zu welcher Grenzlänge das eine oder andere System geeignet ist. In der Tat überschneiden sich die Grenzen, es gibt NORTON-Schleifmaschinen für Werkstücklängen von 5 m und mehr, aber für verhältnismäßig leichte Werkstücke, und es gibt LANDIS-Maschinen für Werkstücke von Meterlänge.

Für die Bewertung solcher Ausführungen kommen aber auch noch Einzelheiten zum Aufbau in Betracht. Bei der LADNIS-Maschine ist die Betätigung der Beistellung ein besonderes Problem, wenn das Beistellrad vorn an der Maschine angebracht werden soll und nicht mit dem Schleifspindelstock hin- und herläuft. Die Betätigung der Beistellung vorn an der Schleifmaschine gefährdet die Genauigkeit, die Beistellung am hin- und hergehenden Handrad aber ist unbequem, ausgenommen bei den Rundschleifmaschinen im Großmaschinenbau, bei welchen der Arbeiter auf dem Schleifspindelstock selbst mit hin- und herfährt.

Solcher Beispiele gibt es eine große Zahl. Auch bei den Hobelmaschinen führt das Permutieren und Werten zu einem wesentlich tieferen Einblick in die Eigenart des Aufbaus und erleichtert das Auffinden neuer geeigneter Konstruktionen.

Aber dieses Auffinden an sich ist nicht erfinderisch, hat vielmehr den Charakter einer Entdeckung. Die Auffindung eines neuen Typs, wie er eingangs (S. 70) definiert wurde, kann daher nicht patentiert werden, wohl aber die konstruktive Lösung, welche zu dem Aufbautyp für einen bestimmten Arbeitsbereich ersonnen wird. Man kann also nicht vor dem Patentamt damit auftreten, daß sogar ein neuer Typ herausgebracht sei, denn alle denkbaren Typen lassen sich von vornherein durch Permutation, die irgendeinem Mitarbeiter in Auftrag gegeben werden kann, feststellen.

Nach der Orientierung über den zweckentsprechenden Typ entsteht die Frage nach den für die Gestaltung der Werkzeugmaschine im einzelnen in Betracht zu ziehenden Grundsätzen und Regeln. Die Zusammenfassung dieser Grundsätze erfolgt aber zweckmäßig erst in einem späteren Abschnitt (S. 174) nach Erörterung der einfachen Grundtypen der Werkzeugmaschinen.

V. Die Gestaltung der Werkzeugmaschine.

Der Werkzeugmaschinenbau ist nicht nur eine Wissenschaft, sondern zugleich auch eine Kunst. Die Gestaltung der Maschine im ganzen läßt sich ebensowenig errechnen, wie die Gestaltung einer Marmorstatue, wenn auch einige Hauptmaße und einzelne Grundmaße der Maschinenteile durch Festigkeitsrechnungen ermittelt werden.

Wird schon die Wahl und Anordnung der Getriebeteile nach den mehr oder weniger vielseitigen Aufgaben der Maschine getroffen, so erfolgt die Umkleidung derselben durch den Rahmen der Maschine aus künstlerischer Intuition, daher gibt es schöne und weniger schöne Maschinen. Die schönsten Maschinen sind in der Regel noch die brauchbarsten.

Erfassen der geforderten Leistung und Blick für Zweckmäßigkeit und für praktisch schöne Gestaltung fördern den Entwurf zur erstklassigen Maschine.

Aus der Anschauung heraus wird konstruiert, nachgerechnet wird erst, wenn der Entwurf bereits vorliegt. Freilich, der Anfänger bemüht sich zuerst durch Rechnung um einen Anhalt für die Hauptmaße der Maschine, weil er noch keine Sicherheit im Abschätzen der Einzelmaße erreicht hat. Die Fähigkeit zum flotten Entwurf einer Werkzeugmaschine nach einer neuen Idee wird erst mit der Zeit durch Arbeit im Gefolge eines selbständigen Konstrukteurs erworben.

VI. Die Drehzahlnormung und deren Anwendung im Werkzeugmaschinenbau.

1. Grundsätze der Normung.

Die Grundsätze der Normung sind von KIENZLE[1] in seinem Buch „Normungszahlen" eingehend behandelt und mit Beispielen zur allgemeinen Anwendung, z. B. der Grundnormen, und zur Anwendung im Maschinenbau ausgestattet worden.

Eines der bahnbrechenden Beispiele war und ist auch heute noch die Drehzahlnormung.

Die Normung erstreckt sich nicht nur auf Drehzahlen, sondern auch auf sehr viele Maschinenteile des Werkzeugmaschinenbaues, so auf einen großen Teil der Werkzeuge, auf häufig vorkommende Getriebeteile und Getriebegruppen und auf die Hauptmasse der Werkzeugmaschinen.

Mit der Drehzahlnormung kam Ordnung im das Haupt- und Vorschubgetriebe der Werkzeugmaschine. Ein dreifacher Zweck wurde erreicht:

1. Die Arbeitsvorbereitung wird wesentlich erleichtert, da nunmehr bei einer Maschinengattung oder wenigstens bei einem Maschinentyp, z. B. bei allen Leitspindeldrehbänken, Getriebe mit genau denselben Drehzahlen Anwendung finden.

2. Die Akkordfestsetzung gilt demnach nicht nur für eine bestimmte Maschine, sondern für einen erheblichen Teil des Maschinenparks.

3. In der Herstellung der Werkzeugmaschinen ergibt sich eine Vereinfachung und Verbilligung auch insofern, als durch die Ordnung in den Übersetzungen nur noch ganz bestimmte Zahnräder erforderlich sind, so daß die Lagerhaltung für Zahnräder erheblich eingeschränkt werden kann.

Um die Übersicht zu erleichtern, werden die Erörterungen auf die Drehbank beschränkt und nur gelegentlich Ausblicke auf andere Werkzeugmaschinen gegeben, für welche diese Erörterungen sinngemäß Anwendung finden.

Bereits im Jahre 1881 brachte der französische Oberst RENARD für den Aufbau der Normungszahlen die dekadische Reihe mit 10 Stufensprüngen, also mit dem Faktor $\varphi = \sqrt[10]{10} = 1{,}26$ in Vorschlag.

IRTENKAUF leistete bahnbrechend die grundlegende Arbeit zur Einführung der genormten Zahlen in den Drehbankbau. H. R. BOEHRINGER zieht die Schlußfolgerungen für die wirtschaftliche Gestaltung von Getrieben[2]. SCHLESINGER faßte mit Unterstützung der Fachgruppe Werkzeugmaschinen die Kenntnisse auf dem Gebiete der Normung erstmalig zusammen[3].

Für die Drehzahlen kommt die geometrische Reihe aus zwei Gründen in Betracht:

1. weil bei ihr die Stufensprünge, auch erweitert durch ein Vorgelege, die gleichen bleiben (im Gegensatz zur arithmetischen Reihe), wie hierunter noch nachgewiesen wird,

2. weil die Stufensprünge nicht wie bei der arithmetischen Reihe bei kleinen Drehzahlen zu groß und bei großen Drehzahlen zu klein werden, sondern stets proportional der Drehzahl ansteigen.

Ordnet man zwischen 2 Wellen durch je 2 dazu in Eingriff gebrachte Zahnräderpaare ein Getriebe an, bei welchem die Drehzahl um die Fortschritteinheit, also den Faktor φ oder den Summanden a, fortschreitet, so kann ein solches als Grundgetriebe bezeichnetes Getriebe durch eine Übersetzung so erweitert werden, daß die nächste

---

[1] KIENZLE: Normungszahlen, Schriftenreihe Wissenschaftliche Normung. Berlin, Göttingen, Heidelberg: Springer 1950.

[2] BOEHRINGER: Die Drehzahlnormung und ihre wirtschaftliche Auswirkung. Berlin: Springer 1939.

[3] RKW-Veröffentlichung Nr. 66: Wesen und Auswirkung der Drehzahlnormung.

Stufe nach derselben Fortschrittseinheit φ bzw. a anschließt, und zwar nach oben oder unten, im Werkzeugmaschinenbau in der Regel nach unten, um von der Motordrehzahl herunter zu kommen.

Hinzugenommen wurden zur RENARDschen Reihe $\varphi = 1{,}25$ die Reihen mit $\varphi = \sqrt[20]{10} = 1{,}12$, $\varphi = \sqrt[40]{10} = 1{,}06$ und $\varphi = \sqrt[5]{10} = 1{,}6$. Diese Reihen werden Grundreihen genannt und mit R_{40}, R_{20}, R_{10} und R_5 bezeichnet. Sie sind in der DIN 323 (Tab. 7) zusammengefaßt. Die höheren Dekaden ergeben sich durch Multiplizieren mit 10, 10^2, 10^3 usw. Sie schließen sich also in der gleichen Abstufungsart an die erste Dekade an.

Tabelle 7. *Aufbau der Normzahlen·* (*Nach* DIN 323).

Ordnungsnummern[1] für die Normzahlen			Man-tisse	Genau-werte	Abweichung der Haupt-werte von den Genau-werten %	Hauptwerte Grundreihen				Rundwerte nur für Reihe			Nahe-liegende Werte
von 0,1···1	von 1···10	von 10···100				R 40	R 20	R 10	R 5	R_a 20	R_a 10	R_a 5	
1	2	3	4	5	6	7	8	9	10		11		12
—40	0	40	000	1,0000	0	1,00	1,00	1,00	1,00				
—39	1	41	025	1,0593	+0,07	1,06							
—38	2	42	050	1,1220	—0,18	1,12	1,12			1,1	11	110	
—37	3	43	075	1,1885	—0,71	1,18							
—36	4	44	100	1,2589	—0,71	1,25	1,25	1,25		1,2	12		$\sqrt[3]{2}$
—35	5	45	125	1,3335	—1,01	1,32							
—24	6	46	150	1,4125	—0,88	1,40	1,40						$\sqrt{2}$
—33	7	47	175	1,4962	+0,25	1,50							
—32	8	48	200	1,5849	+0,95	1,60	1,60	1,60	1,60				
—31	9	49	225	1,6788	+1,26	1,70							
—30	10	50	250	1,7783	+1,22	1,80	1,80						
—29	11	51	275	1,8836	+0,87	1,90							
—28	12	52	300	1,9953	+0,24	2,00	2,00	2,00					
—27	13	53	325	2,1135	+0,31	2,12							
—26	14	54	350	2,2387	+0,06	2,24	2,24			2,2	22	220	
—25	15	55	375	2,3714	—0,48	2,36							
—24	16	56	400	2,5119	—0,47	2,50	2,50	2,50	2,50				
—23	17	57	425	2,6607	—0,40	2,65							
—22	18	58	450	2,8184	—0,65	2,80	2,80						
—21	19	59	475	2,9854	+0,49	3,00							
—20	20	60	500	3,1623	—0,39	3,15	3,15	3,15		3	32		π
—19	21	61	525	3,3497	+0,01	3,35							
—18	22	62	550	3,5481	+0,05	3,55	3,55			3,5	36		
—17	23	63	575	3,7584	—0,22	3,75							
—16	24	64	600	3,9811	+0,47	4,00	4,00	4,00	4,00				
—15	25	65	625	4,2170	+0,78	4,25							
—14	26	66	650	4,4668	+0,74	4,50	4,50						
—13	27	67	675	4,7315	+0,39	4,75							
—12	28	68	700	5,0119	—0,24	5,00	5,00	5,00					
—11	29	69	725	5,3088	—0,17	5,30							
—10	30	70	750	5,6234	—0,42	5,60	5,60			5,5			
— 9	31	71	775	5,9566	+0,73	6,00							
— 8	32	72	800	6,3096	—0,15	6,30	6,30	6,30	6,30	6			2π
— 7	33	73	825	6,6834	+0,25	6,70							
— 6	34	74	850	7,0795	+0,29	7,10	7,10			7	70		
— 5	35	75	875	7,4989	+0,01	7,50							
— 4	36	76	900	7,9433	+0,71	8,00	8,00	8,00					$\pi/4$
— 3	37	77	925	8,4140	+1,02	8,50							
— 2	38	78	950	8,9125	+0,98	9,00	9,00						
— 1	39	79	975	9,4406	+0,63	9,50							
0	40	80	000	10,0000	0	10,00	10,00	10,00	10,00				g, π^2

[1] Für weitere Dekaden setzen sich die Ordnungsnummern entsprechend fort.

Man beachte (Tab. 7) die Ordnungsnummern (Exponenten) und die Mantissen, mit deren Hilfe sich die Potenzen der Faktoren φ leicht ermitteln lassen. Ferner beachte man das Vorkommen der Zahl $2 = \varphi^{12}$, wenn $\varphi = 1{,}06$ ist. Wie mit einem polumschaltbaren Motor kann man von einer Drehzahl in der Reihe $R\,40$ auf den zwölften und in der Reihe $R\,10$ auf den dritten Zahlenwert überschalten und damit jeweils den Zahlenwert verdoppeln.

Die Reihe $\varphi = \sqrt[40]{10}$ findet selten Anwendung, weil sie zu feinstufig ist. Auch die Reihe $\varphi = \sqrt[20]{10}$ kommt in der Regel nur bei Sondermaschinen zur Anwendung. Sie dient aber im folgenden zum Aufbau der für die normalen Drehbänke zweckmäßigen Reihen.

2. Die Auffindung der geeigneten Drehzahlreihen für die normalen Drehbänke.

Die Berücksichtigung des zweckmäßigen Drehzahlbereichs für die normalen Drehbänke und die Berücksichtigung der Lastdrehzahlen $= 0{,}94$ der Leerlaufdrehzahlen (6 % Drehzahlabfall) bei vollbelastetem Antriebsmotor führt zur Aufstellung der geeigneten Reihen. Der Arbeiter hat bei Akkordarbeit einen Vorteil, wenn der Motor nicht unter Vollast arbeitet.

1. Der erste Schritt zur Feststellung des Drehzahlbereichs $B = \dfrac{n_g}{n_k}$ ist die Bestimmung der kleinsten (n_k) und der größten (n_g)-Drehzahl der Hauptspindel der Drehbank.

Die kleinste Drehzahl n_k folgt aus der Forderung, daß das Werkstück mit seinem größtmöglichen Durchmesser von z. B. $d = 300$ mm über dem Bettschlitten noch mit Gewinde versehen werden kann. Die höchstzulässige Schnittgeschwindigkeit beträgt nach bisherigem Gebrauch beim Gewindeschneiden für Maschinenbaustahl etwa $v = 10$ m/min. Somit wird nach der Grundformel

$$v = \frac{\pi\,d\,n}{1000},$$

worin

$v =$ Schnittgeschwindigkeit m/min,
$d =$ Drehdurchmesser in mm,
$n =$ Drehzahl U/min

ist, die kleinste Drehzahl

$$n_k = \frac{v \cdot 1000}{\pi\,d} = \frac{10 \cdot 1000}{3{,}14 \cdot 300} = 10{,}6 \; \text{U/min}.$$

Für andere Werkstückdurchmesser und auch für andere Werkstoffe ergeben sich andere kleinste Zahlen. In der Regel jedoch findet $n_k = 11$ U/min Anwendung.

Bei der Festlegung der größten Drehzahl n_g ist die Bearbeitung verschiedenster Werkstoffe mit neuzeitlichen Werkzeugen, die beide in den letzten Jahrzehnten erheblich weiter entwickelt wurden, ausschlaggebend. Demzufolge muß mit Schnittgeschwindigkeiten bis $v = 200$ m/min gerechnet werden. Dabei ergibt sich bei einem größten Werkstückumfang von 0,1 m eine größte Drehzahl $n_g = 2000$ U/min und somit ein größtmöglicher Drehzahlbereich

$$B = \frac{n_g}{n_k} = \frac{2000}{10{,}6} = \sim 200.$$

Dieser große Drehzahlbereich gegenüber dem bislang üblichen $B = 50$ war in erster Linie Veranlassung zur neuzeitlichen Gestaltung der Werkzeugmaschine.

Die Erfahrung aber hat gelehrt, daß bislang das Gleitlager der Hauptspindel nicht ohne weiteres Drehzahlen über $n_g = 600$ U/min erträgt und daß auch das Wälzlager eine Beschränkung der Drehzahl auf weniger als $n = 1200$ U/min verlangt. Näheres hierüber ist in dem Abschnitt „Die Drehbank" angegeben.

Somit kam man normalerweise zur Festsetzung $B = 50$ und nicht viel weniger oder mehr für die normale Drehbank.

Die Zahl der Stufen, welche in diesem Bereich untergebracht werden können, hängt von der Größe des Faktors φ ab. Je größer er gewählt wird, um so weniger Stufen gehen in den Bereich ein. Es ergibt sich

$$\varphi^{z-1} = B \qquad \varphi = \sqrt[z-1]{B}$$

worin wohlgemerkt z die Anzahl der Drehzahlen einschließlich der Anfangs- und Enddrehzahl des Bereiches ist. Die Zahl der Drehzahlstufen beträgt also $z - 1$. Die Formel $\varphi = \sqrt[z-1]{B}$ läßt sich im einfach logarithmisch geteilten Papier übersichtlich darstellen (Abb. 89). Es ist $z = 1 + \dfrac{\log B}{\log \varphi}$ für $\varphi = \text{const.}$ die Gleichung einer Geraden. Ist z. B. $\varphi^{20} = B = 10$, so beträgt die Stufenzahl 20 und die Anzahl der Drehzahlen $z = 21$.

Der zweite Schritt führt zur Festsetzung der geeigneten Drehzahlreihen in Berücksichtigung des Elektromotorenantriebs. In der Tabelle 8, einem Auszug aus der vom VDW im Benehmen mit der ISA (International Federation of the National Standardizing Associations) verfaßten Zusammenstellung, sind für die verschiedenen Stufensprünge, ausgehend von der Grundreihe R 20 und den abgerundeten Lastdreh-

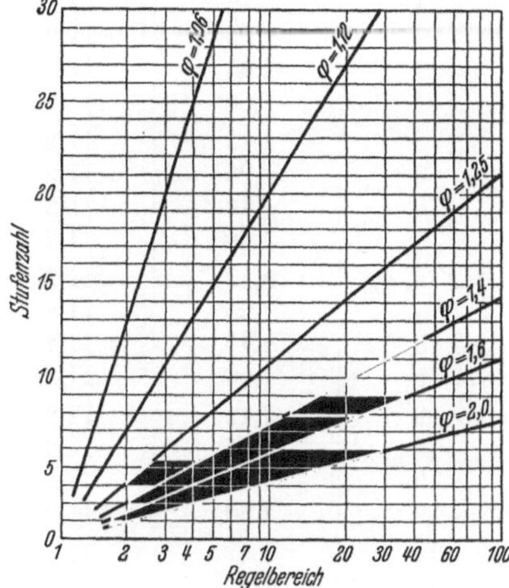

Abb. 89. Halblogarithmisches Diagramm. Zusammenhang zwischen dem Drehzahlenbereich B und der Stufenzahl Z für einen Stufensprung 4. (RKW, Drehzahlnormung.)

Tabelle 8. *Nenndrehzahlen je Minute für Arbeitsspindeln und Getriebe.* (Nach DIN 804.)

<table>
<thead>
<tr>
<th colspan="10">Nennwerte U/min</th>
<th colspan="4">Grenzwerte U/min der Grundreihe R 20</th>
</tr>
<tr>
<th rowspan="3">Grund-reihe R 20</th>
<th colspan="9">Abgeleitete Reihen</th>
<th colspan="2">bei mech. Toleranz</th>
<th colspan="2">bei mech. u. el. Toleranz</th>
</tr>
<tr>
<th rowspan="2">R 20/2</th>
<th colspan="3" rowspan="2">R 20/3 (2800)</th>
<th colspan="2">R 20/4</th>
<th colspan="3" rowspan="2">R 20/6 (2800)</th>
<th rowspan="2">−2%</th>
<th rowspan="2">+2%</th>
<th rowspan="2">−2%</th>
<th rowspan="2">+4,5%</th>
</tr>
<tr>
<th>(1400)</th>
<th>(2800)</th>
</tr>
<tr>
<th>φ = 1,12</th>
<th>φ = 1,25</th>
<th colspan="3">φ = 1,4</th>
<th>φ = 1,6</th>
<th>φ = 1,6</th>
<th colspan="3">φ = 2</th>
<th>−2%</th>
<th>+2%</th>
<th>−2%</th>
<th>+4,5%</th>
</tr>
<tr>
<th>1</th>
<th>2</th>
<th colspan="3">3</th>
<th>4</th>
<th>5</th>
<th colspan="3">6</th>
<th>7</th>
<th>8</th>
<th>9</th>
<th>10</th>
</tr>
</thead>
<tbody>
<tr><td>100</td><td></td><td></td><td></td><td></td><td></td><td></td><td></td><td></td><td></td><td>98</td><td>102</td><td>98</td><td>105</td></tr>
<tr><td>112</td><td>112</td><td>11,2</td><td></td><td></td><td></td><td>112</td><td>11,2</td><td></td><td></td><td>110</td><td>114</td><td>110</td><td>117</td></tr>
<tr><td>125</td><td></td><td></td><td>125</td><td></td><td></td><td></td><td></td><td></td><td></td><td>123</td><td>128</td><td>123</td><td>132</td></tr>
<tr><td>140</td><td>140</td><td></td><td></td><td>1400</td><td>140</td><td></td><td></td><td></td><td>1400</td><td>138</td><td>144</td><td>138</td><td>148</td></tr>
<tr><td>160</td><td></td><td>16</td><td></td><td></td><td></td><td></td><td></td><td></td><td></td><td>155</td><td>162</td><td>155</td><td>166</td></tr>
<tr><td>180</td><td>180</td><td></td><td>180</td><td></td><td></td><td>180</td><td></td><td>180</td><td></td><td>174</td><td>181</td><td>174</td><td>186</td></tr>
<tr><td>200</td><td></td><td></td><td></td><td>2000</td><td></td><td></td><td></td><td></td><td></td><td>196</td><td>204</td><td>196</td><td>209</td></tr>
<tr><td>224</td><td>224</td><td>22,4</td><td></td><td></td><td>224</td><td></td><td>22,4</td><td></td><td></td><td>219</td><td>228</td><td>219</td><td>234</td></tr>
<tr><td>250</td><td></td><td></td><td>250</td><td></td><td></td><td></td><td></td><td></td><td></td><td>246</td><td>256</td><td>246</td><td>262</td></tr>
<tr><td>280</td><td>280</td><td></td><td></td><td>2800</td><td></td><td>280</td><td></td><td></td><td>2800</td><td>276</td><td>287</td><td>276</td><td>294</td></tr>
<tr><td>315</td><td></td><td>31,5</td><td></td><td></td><td></td><td></td><td></td><td></td><td></td><td>310</td><td>323</td><td>310</td><td>330</td></tr>
<tr><td>355</td><td>355</td><td></td><td>355</td><td></td><td>355</td><td></td><td></td><td>355</td><td></td><td>348</td><td>362</td><td>348</td><td>371</td></tr>
<tr><td>400</td><td></td><td></td><td></td><td>4000</td><td></td><td></td><td></td><td></td><td></td><td>390</td><td>406</td><td>390</td><td>416</td></tr>
<tr><td>450</td><td>450</td><td>45</td><td></td><td></td><td></td><td>450</td><td>45</td><td></td><td></td><td>438</td><td>456</td><td>438</td><td>467</td></tr>
<tr><td>500</td><td></td><td></td><td>500</td><td></td><td></td><td></td><td></td><td></td><td></td><td>491</td><td>511</td><td>491</td><td>524</td></tr>
<tr><td>560</td><td>560</td><td></td><td></td><td>5600</td><td>560</td><td></td><td></td><td></td><td>5600</td><td>551</td><td>574</td><td>551</td><td>588</td></tr>
<tr><td>630</td><td></td><td>63</td><td></td><td></td><td></td><td></td><td></td><td></td><td></td><td>618</td><td>643</td><td>618</td><td>659</td></tr>
<tr><td>710</td><td>710</td><td></td><td>710</td><td></td><td></td><td>710</td><td></td><td>710</td><td></td><td>694</td><td>722</td><td>694</td><td>740</td></tr>
<tr><td>800</td><td></td><td></td><td></td><td>8000</td><td></td><td></td><td></td><td></td><td></td><td>778</td><td>810</td><td>778</td><td>830</td></tr>
<tr><td>900</td><td>900</td><td>90</td><td></td><td></td><td>900</td><td></td><td>90</td><td></td><td></td><td>873</td><td>909</td><td>873</td><td>931</td></tr>
<tr><td>1000</td><td></td><td></td><td>1000</td><td></td><td></td><td></td><td></td><td></td><td></td><td>980</td><td>1020</td><td>980</td><td>1050</td></tr>
</tbody>
</table>

Tabelle 9. *Zusammenstellung der Anzahl der Drehzahlen, der Stufensprünge und der Drehzahlbereich.*

Zahl der Drehzahlen	Stufensprung	Drehzahlen n		Drehzahlbereich B
		von	bis	
4	1,12	11,2	16	1,4
4	1,25	11,2	22,4	2
4	1,40	11,2	31,5	2,8
4	1,60	11,2	45	4
6	1,12	11,2	20	1,8
6	1,25	11,2	35,5	3,15
6	1,40	11,2	63	5,6
6	1,60	11,2	112	10
8	1,12	11,2	25	2,24
8	1,25	11,2	56	5
8	1,40	11,2	112	10
8	1,60	11,2	280	25
9	1,12	11,2	28	2,5
9	1,25	11,2	71	6,3
9	1,40	11,2	180	16
9	1,60	11,2	450	**40**
12	1,12	11,2	40	3,55
12	1,25	11,2	140	12,5
12	1,40	11,2	500	**45**
12	1,60	11,2	1800	160
16	1,12	11,2	63	5,6
16	1,25	11,2	355	31,5
16	1,40	11,2	2000	180
16	1,60	11,2	11200	1000
18	1,12	11,2	80	7,1
18	1,25	11,2	560	**50**
18	1,40	11,2	4000	360
18	1,60	11,2	28000	2500
24	1,12	11,2	160	14
24	1,25	11,2	2240	200
24	1,40	11,2	—	—
24	1,60	11,2	—	—
32	1,12	11,2	400	35,5
36	1,12	11,2	630	**56**

zahlen der Elektromotoren, die Drehzahlen angegeben, welche in den Bereich von $n = 100$ bis $1000\,\mathrm{U/min}$ gehören, und diese sind nach oben und unten in die anschließenden Dekaden hinein erweitert worden. So kommt man zu der Reihe R 20/2, ausgehend von $n = 2800\,\mathrm{U/min}$, die als Hauptreihe bezeichnet wird, und den Reihen R 20/3, R 20/4 und R 20/6, die ebenfalls von $n = 2800\,\mathrm{U/min}$ ausgehen, sowie schließlich zu der Reihe R 20/4, ausgehend von der Drehzahl $n = 1400\,\mathrm{U/min}$, um von dieser Drehzahl $n = 1400\,\mathrm{U/min}$ für den zugehörigen Drehstrommotor beim Stufensprung $\varphi = 1,60$ auszugehen. Zu beachten ist, daß in der Reihe R 20/3 auch die Drehzahlen $n = 1000$ und 2000, geeignet für Gleichstrom-Motorenantrieb, auftreten.

Nun ist nur noch die Feststellung bezüglich der Reihen zu treffen, welche annähernd wenigstens den als geeignet ermittelten Bereich $B = 50$ ergeben. Hierzu wurde die Tab. 9[1] entworfen, in welcher zu einer bestimmten Anzahl von einstellbaren Drehzahlen und zu den verschiedenen Faktoren φ die Drehzahlbereiche, ausgehend von $n = 11,2\,\mathrm{U/min}$, dem laut Tab. 7 nächstliegenden genormten Drehzahlwert ermittelt sind. Nur die vier fettgedruckten Drehzahlbereiche $B = 40$, 45, 50 und 56 liegen in der Nähe des Drehzahlbereichs B_{50} und kommen somit für normale Drehbänke in Betracht. Der Bereich B_{50} läßt sich nur mit 18 Drehzahlen und den Stufensprung $\varphi = 1,25$ und dem Drehzahlbereich von $n = 11,2$ bis $560\,\mathrm{U/min}$ erreichen. Diese Reihe ist somit die geeignetste auch deshalb, weil sie 18 Drehzahlen zur Verfügung stellt, während 12 und 9 Drehzahlen in der Regel zu wenig sind und einen zu großen Stufensprung haben, so daß die wirtschaftliche Schnittgeschwindigkeit oft nicht annähernd erreicht werden kann und 36 Drehzahlen ein zu kompliziertes und teures Getriebe und eine zu vielgriffige Bedienung erfordern.

Wird indessen eine Erhöhung des Bereiches auf $B = 100$ bis 200 erforderlich, so kann trotzdem das Hauptgetriebe mit einem Drehzahlbereich $B = 50$ ausgeführt und die hohen Drehzahlen über einen außenliegenden Riemenantrieb auf die Hauptspindel übertragen werden.

[1] BOEHRINGER, R.: Die Drehzahlnormung und ihre wirtschaftliche Auswirkung im Drehbankbau. Berlin: Springer 1939.

Für Sondermaschinen, Wellendrehbänke, Automaten usw., bei welchen die Drehzahlgrenzen enger liegen, kann aus dieser Zusammenstellung gleichfalls der geeignete Drehzahlbereich ermittelt oder umgekehrt Stufensprung und Zahl der Drehzahlen festgestellt werden.

3. Getriebeplan und Drehzahlschaubild.

Der nächste Schritt im Entwurf einer Werkzeugmaschine ist die Feststellung der Anordnung, Größe und Betätigung der Übersetzungen und damit die Anfertigung des Getriebeplanes und des zugehörigen Drehzahlschaubildes sowie die Wertung der einzelnen Getriebe im Hinblick auf ihre Brauchbarkeit für bestimmte Aufgabengruppen.

Um auch an dieser Stelle bereits eine Übersicht über den möglichen Getriebeaufbau zu geben, dabei aber die Anzahl der Getriebepläne nicht zu groß werden zu lassen, wird im folgenden als Beispiel (Tab. 11) ein Getriebe mit nur 9 Drehzahlen zugrunde gelegt. Für Drehbänke und auch für Fräsmaschinen genügt ein solches Getriebe im allgemeinen nicht, weil der Drehzahlbereich zu klein ist. Wohl aber finden Getriebe mit 9 Drehzahlen Anwendung bei Einzweckdrehbänken sowie bei Drehbänken mit nur kleinen Drehdurchmessern (bei Revolverbänken, Wellendrehbänken sowie bei Bohrmaschinen usw.), ferner für Vorschübe. Auch diese letzteren werden nach den genormten Reihen ausgeführt, und zwar mit möglichst feiner Abstufung.

Die Sinnbilder (Tab. 10) sind ein Entwurf von Professor KIENZLE.

Die Zusammenstellung (Tab. 11) zeigt den Aufbau (Aufteilung der Drehzahlen), den Getriebeplan, das Drehzahlschaubild, die Anzahl der Wellen, Zahnräder, Kupplungen und losen Büchsen und das höchste Übersetzungsverhältnis. Außerdem enthält die Zusammenstellung einen Hinweis auf das Anwendungsgebiet und auf den gegebenenfalls wesentlichen Nachteil des betreffenden Getriebes. Folgendes ist dazu zu bemerken:

1. Sämtliche Getriebepläne enthalten ungebundene Getriebe, z. B. der erste Getriebeplan ein Getriebe mit 12 Zahnrädern. Ungebunden heißt, daß jedes Zahnrad nur mit einem Gegenrad in Eingriff steht oder in Eingriff gebracht wird. Ein einfaches gebundenes Getriebe (Tab. 11, Spalte 8) ist ein solches, bei welchem ein Zahnrad mit zwei anderen in Eingriff kommt. Bei einem doppelt gebundenen Getriebe kommen zwei Zahnräder mit zwei anderen in Eingriff. Eine drei- oder mehrfache Bindung ist nicht zweckmäßig und daher auch nicht üblich, weil dabei die genaue geometrische Stufung sich nicht aufrecht erhalten läßt. Durch einfache Bindung wird ein Zahnrad, durch doppelte Bindung werden zwei Zahnräder im Getriebe erspart. Ein Nachteil ist freilich die größere Abnutzung der Zahnflanken, wenn nicht etwa beim Zusammenarbeiten mit dem zweiten Zahnrad die andere Zahnflanke die Arbeit übernimmt.

Ein Drehzahlschaubild (Tab. 11) entsteht dadurch, daß z. B. auf einer senkrechten Geraden die Drehzahlen der Hauptspindel der Drehbank in logarithmischem Maßstabe, also mit gleichem Abstand von Drehzahl zu Drehzahl, aufgetragen werden und daß von der Drehzahl des Motors an Zwischengeraden gelegt werden, auf denen die Drehzahlen der dazwischenliegenden Wellen aufgetragen sind. Die Verbindungsgeraden zwischen den zusammengehörigen Drehzahlen lassen das Zustandekommen von Drehzahl zu Drehzahl erkennen. Auf diese Weise erreicht man eine sehr übersichtliche Darstellung der Drehzahlen und der Übersetzungen.

Übersetzungen ins Schnelle sollten nach Möglichkeit vermieden werden, weil sich dabei aus Fehlern in der Verzahnung Beschleunigung des getriebenen Zahnrades und damit unruhiger Lauf ergibt.

Übersetzungen ins Langsame können nicht beliebig groß ausgeführt werden, weil Übersetzungsverhältnisse größer als 1:4 ein verhältnismäßig großes Zahnrad ergeben, welches in den Getriebekästen nur schwer unterzubringen ist. Ist ein großes Übersetzungsverhältnis unvermeidlich, so wird das dadurch bedingte große Zahnrad direkt auf der Hauptspindel angeordnet, wie das z. B. bei der Drehbank durch die Anordnung des Bodenrades auf der Hauptspindel geschieht.

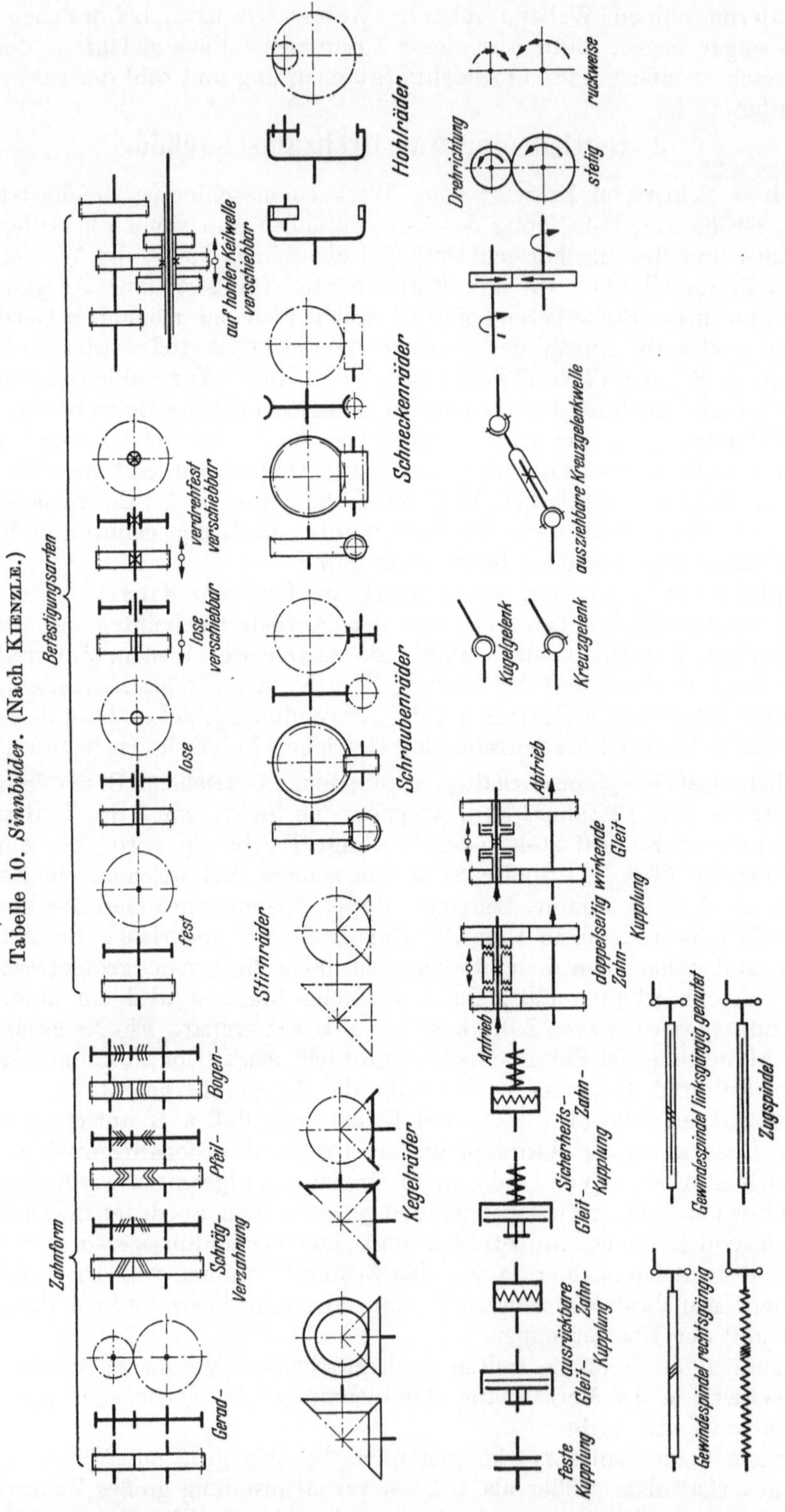

Tabelle 10. *Sinnbilder.* (Nach KIENZLE.)

Umlaufende Büchsen mit aufgesetzten Zahnrädern sollten möglichst vermieden werden, weil sie erhöhte Anforderungen an die Schmierung stellen, die gerade in diesem Falle oft unzulänglich ausfällt.

Lange Wellen biegen sich, wenn das Zahnrad nicht dicht am Wellenlager angeordnet ist, unter großer Zahnkraft durch und geben Veranlassung zum Kantenlauf der Zahnräder. Sie sollten daher ebenfalls vermieden werden. Bei Vorschubgetrieben ist die Gefahr des Kantenlaufes geringer, weil der Stufenrädersatz versteifend wirkt und die Zahnkräfte verhältnismäßig gering sind.

Eine Zusammenstellung der insgesamt für die Beurteilung der Brauchbarkeit solcher Getriebe zum Einbau in eine Werkzeugmaschine in Betracht kommenden Gesichtspunkte folgt hierunter:

a) Zahl der erforderlichen Zahnräder,

b) Zahl der erforderlichen Achsen,

c) Zahl der leer mitlaufenden Räder,

d) Grenzen der Übersetzung,

e) Raumbedarf (Baulänge) des Getriebes,

f) Kosten des Getriebes, im wesentlichen aus den vorstehenden drei Gesichtspunkten bestimmt,

g) Sicherheit und Zuverlässigkeit,

h) Lebensdauer,

i) Zahl und Art etwa angewandter Kupplungen,

k) Größe der Zahnkraft,

l) Größe des Momentes an der Verbindungsstelle zwischen Welle und Rad, besonders auch des Momentes, welches auf die Zähne einer Kupplung zur Auswirkung kommt,

m) Sinnfälligkeit der Hebelschaltungen,

n) Schmierfähigkeit,

o) Geräuschlosigkeit,

p) Einfachheit der Zerlegung (Demontage),

q) Grenze für das Schalten in bezug auf die Umlaufgeschwindigkeit,

r) Sitz der Zahnräder auf den Wellen (bei Schieberädern) (Durchbiegung),

s) benötigte Schaltsperrungen, damit nicht 2 Übersetzungen gleichzeitig eingeschaltet werden können,

t) Genauigkeit der Weglängen (Meßgetriebe),

u) Gefahr des Auftreffens der Zahnköpfe aufeinander statt des Eingehens von Zahn in Zahnlücke.

4. Die Drehzahldiagramme.

In der Praxis wird von folgenden 4 Diagrammen Gebrauch gemacht:

a) Drehzahlschaubild,

b) Sägediagramm,

c) logarithmisches Diagramm,

d) Leitertafel.

a) Das *Drehzahlschaubild* wurde bereits (S. 79) erläutert und in Tab. 11 angewandt. Drehzahlschaubilder zu ausgeführten Maschinen in Übereinstimmung mit den Getriebeschemata und mit den Getriebeplänen, welche bereits die Gestaltung des Getriebes andeuten, finden sich in allen folgenden Abschnitten, in denen Werkzeugmaschinen eingehend erörtert werden.

b) Das *Sägediagramm* (Abb. 90) wird heute kaum noch gebraucht. Es ist durch das logarithmische Diagramm (Abb. 93) bzw. die Leitertafel (Abb. 94) überholt. Immerhin

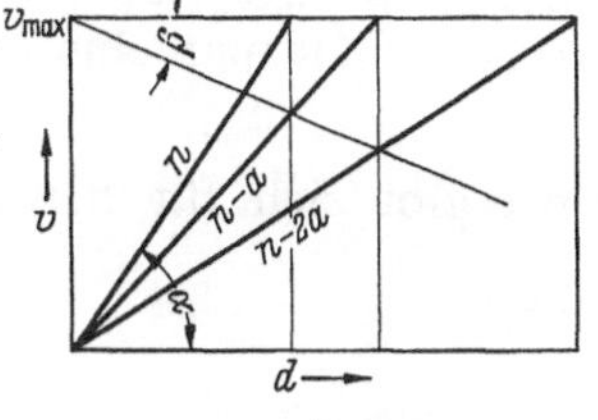
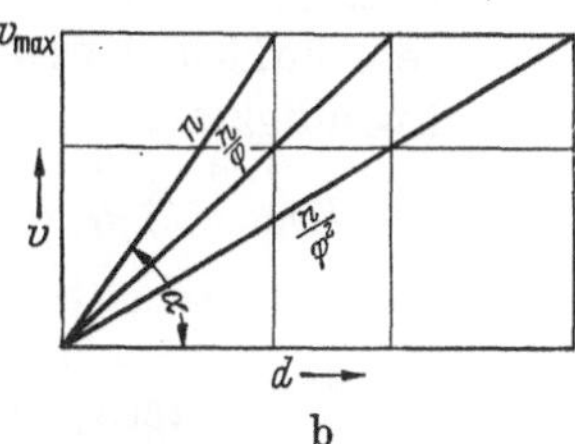

Abb. 90. a Diagramm zur arithmetischen Reihe. b Diagramm zur geometrischen Reihe.

gewährt gerade dieses Diagramm einen guten Einblick in den Unterschied zwischen arithmetischer und geometrischer Stufung der Drehzahlen[1].

Aus der Gleichung $v = \dfrac{\pi d n}{1000}$ ergibt sich für konstantes n

$$\frac{v}{d} = C = \operatorname{tg}\alpha; \quad \operatorname{tg}\alpha = \frac{\pi n}{1000}.$$

Die wirtschaftliche bzw. günstigste Schnittgeschwindigkeit v_{max} darf nicht überschritten werden. Man kann sich ihr um so mehr nähern, je kleiner der Stufensprung gewählt wird. Wird v_{max} mit einem bestimmten Drehdurchmesser gerade erreicht, so muß mit größerem Drehdurchmesser die nächst kleinere Drehzahl gewählt werden und diese so lange, bis wiederum für den größeren Drehdurchmesser v_{max} erreicht ist. Sodann muß erneut auf die nächst kleinere Drehzahl herabgegangen werden.

---

[1] Diese beiden Diagramme werden nachstehend noch eingehend erörtert.

Tabelle 11. *Getriebepläne und Drehzahlschaubilder eines Getriebes mit 9 Übersetzungen (8 Stufen).*

	1	2	3	4
	Für Revolverdrehbänke Werkstückantrieb von Rundschleifmaschinen Stangenautomaten	*Für Bohrmaschinen Wellendrehbänke*	*Für Bohrmaschinen Wellendrehbänke*	*Für Bohrmaschinen Wellendrehbänke*
Aufbau (Drehzahlen)	*3×3=9*	*4×2+1=9*	*4×2+1=9*	*2×4+1=9*
Getriebepläne A-Antrieb. Die mit dem Pfeil versehene Spindel ist die Hauptspindel	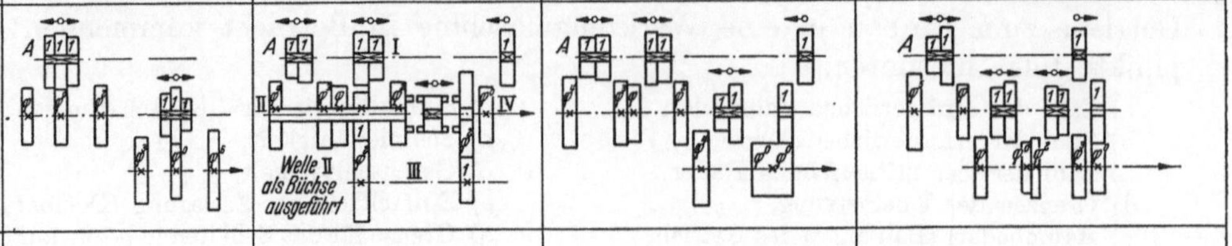	*Welle II als Büchse ausgeführt*		
Drehzahlschaubilder	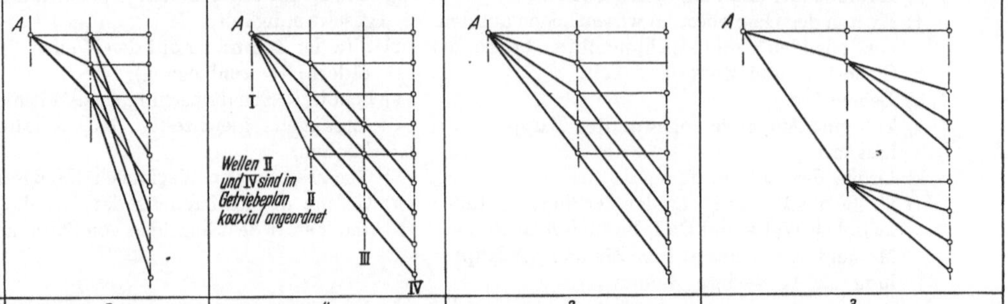	*Wellen II und IV sind im Getriebeplan koaxial angeordnet*		
Anzahl der Wellen	*3*	*4*	*3*	*3*
Zahnräder	*12 (2 Schieberäderblöcke)*	*14 (3 Schieberäderblöcke)*	*14 (4 Schieberäderblöcke)*	*15 (4 Schieberäderblöcke)*
Kupplungen	*—*	*1*	*—*	*—*
losen Büchsen	*—*	*1*	*1.*	*1*
Höchstes Übersetzungsverh.	$1:\varphi^6$	$1:\varphi^4$	$1:\varphi^4$	$1:\varphi^5$
Nachteile	*Nur bei kleinen φ anwendbar*	*Büchse mit Zahnrädern auf Hauptspindel*	*1 doppelt breites Zahnrad*	*5 Zahnräder auf Hauptspindel*
		Drehzahlschaubild nicht so günstig wie 1		*Drehzahlschaubild nicht so günstig wie 3-2 und 1*

Je nach der Art des Stufensprunges, ob er ein Summand a (positiv oder negativ) oder ein Faktor φ bzw. $1/\varphi$ ist, erhält man eine verschiedenartige Änderung der Schnittgeschwindigkeit.

Für $v_{max} = \dfrac{\pi d n}{1000}$ m/min ergibt sich für den Stufensprung der Wert von v bei der

<table>
<tr><td>arithmetischen Reihe</td><td>geometrischen Reihe</td></tr>
</table>

$$v = \frac{\pi d (n-a)}{1000}$$

$$\frac{v_{max}}{v} = \frac{n}{n-a}$$

$$v = v_{max} \frac{n-a}{n} = v_{max}\left(1 - \frac{a}{n}\right)$$

$$n = \frac{1000 \cdot v_{max}}{\pi d}$$

$$v = v_{max}\left(1 - \frac{\pi a d}{1000\, v_{max}}\right)$$

$$v = v_{max} - \frac{\pi a d}{1000}$$

$$v = \frac{\pi d}{1000}\, \frac{n}{\varphi}$$

$$\frac{v_{max}}{v} = \varphi$$

$$\frac{v}{v_{max}} = \frac{1}{\varphi}$$

$$v = v_{max}\, \frac{1}{\varphi} = \text{const}$$

das ist für v die Gleichung einer Geraden, deren Neigungswinkel β gegeben ist durch

$$\operatorname{tg}\beta = -\frac{a\,\pi}{1000}.$$

das ist für v die Gleichung einer Parallelen zu der Geraden v_{max} im Abstand

$$v = \frac{v_{max}}{\varphi}$$

Für $d = 0$ wird $v = v_{max}$, die Gerade schneidet die y-Achse in Höhe von v_{max} und fällt von da an ab.

von der Abszisse.

Rechts daneben zur Erläuterung ein ungebundenes, einfach sowie doppelt gebundenes Getriebe.

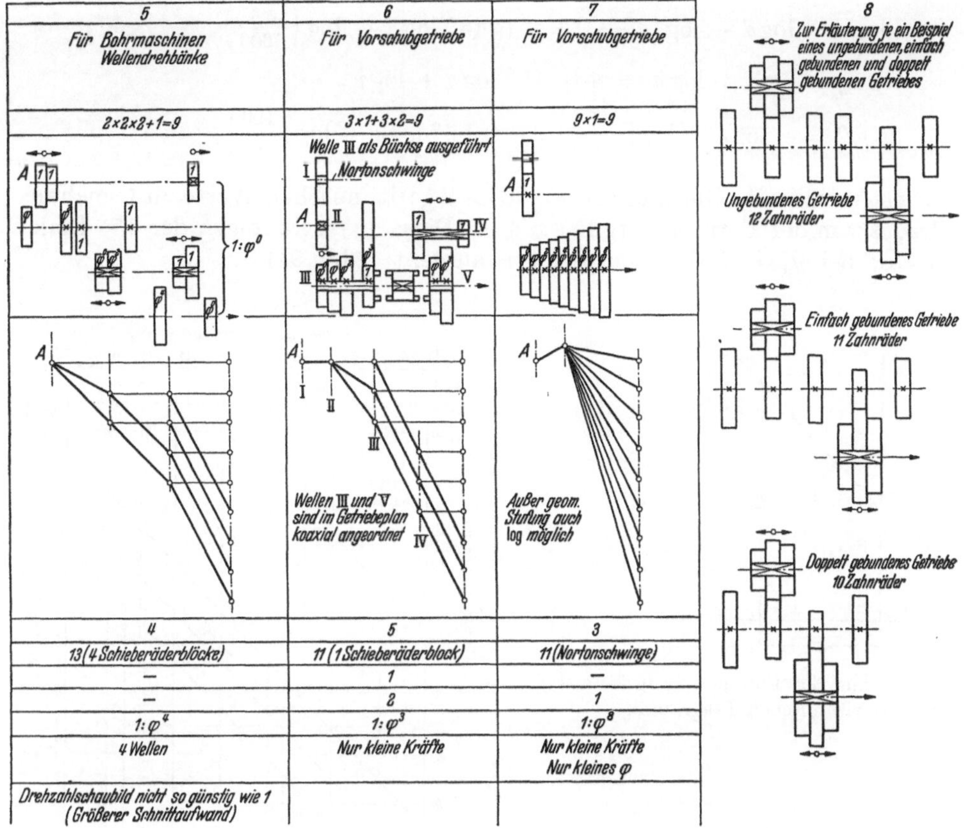

Die entsprechenden Diagramme haben somit (Abb. 90) folgende Form:

Schreibt man an die schrägen Sägezahnlinien die zugehörigen n-Werte, so kann der Arbeiter an der Abb. 90 ohne weiteres für irgendeinen Durchmesser ablesen, mit welcher zugehörigen Drehzahl er die wirtschaftliche bzw. die günstigste Drehzahl erreicht oder wenigstens ihr nahekommt, ohne sie zu überschreiten, so daß die Standzeit der Schneide des Werkzeugs z. B. von 2 Stunden, nicht oder nicht wesentlich über- oder unterschritten wird.

c) Das *logarithmische Diagramm* ist das mit Recht am weitesten verbreitete, weil sich aus ihm die Stufensprünge, die Drehzahl bei gegebener Schnittgeschwindigkeit und gegebenem Drehdurchmesser sowie die für die Zeitvorgabe wichtige Feststellung der Zeit für 100 mm Drehlänge ohne weiteres ablesen lassen. Dieses Diagramm wird deshalb am ausführlichsten behandelt.

Die zugrunde liegenden Gleichungen sind:

$$v = \frac{\pi d n}{1000} \text{ m/min}, \qquad s_m = n s \text{ mm}, \qquad T = \frac{100}{n s} \text{ min.}$$

Hierin bedeuten:

v = Schnittgeschwindigkeit in m/min,
d = Drehdurchmesser in mm,
n = Drehzahl je Minute,
s = Vorschubweg in mm je Umdrehung,
s_m = Vorschubgeschwindigkeit in mm je Minute,
T = Zeit für 100 mm Drehlänge in Minuten.

Der Vorschubweg 100 mm dividiert durch die Vorschubgeschwindigkeit ergibt die Zeit in Minuten für 100 mm Vorschubweg, also für 100 mm Drehlänge.

Logarithmiert ergeben diese Gleichungen:

$$\log v = \log d + \log\left(\frac{\pi n}{1000}\right) = +\operatorname{tg} 45^\circ \log d + \log\left(\frac{\pi n}{1000}\right),$$

$$\log s_m = \log s + \log n = +\operatorname{tg} 45^\circ \log s + \log n,$$

$$\log T = -\log s + \log\left(\frac{100}{n}\right) = -\operatorname{tg} 45^\circ \log s + \log\left(\frac{100}{n}\right).$$

Für $n = \text{const}$ werden die Gleichungen für diese logarithmischen Werte zu Gleichungen ersten Grades von der Form $y = \operatorname{tg} 45^\circ \, x + C$. Diese y Werte folgen der 45° Linie, welche für $x = a$ bei $y_0 = C$ von der y-Achse ausgeht (Abb. 91).

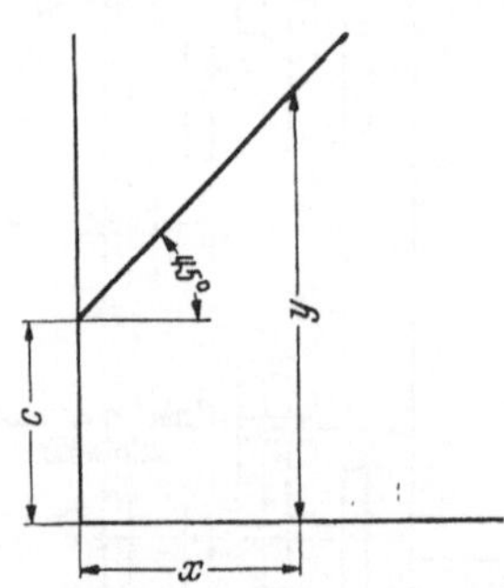

Abb. 91. Darstellung der Formel $y = \operatorname{tg} 45^\circ \, x + C$ zum logarithmischen Diagramm.

Abb. 92. Entwicklung des logarithmischen Diagramms zu den genormten Drehzahlen.

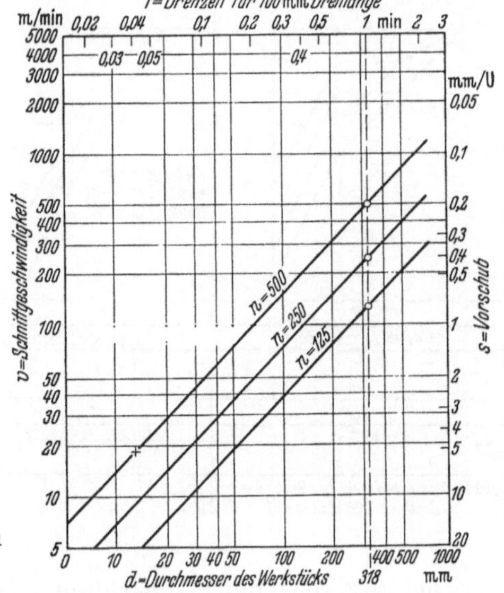

Zu beachten ist die Gleichheit der Zahlen für v und n bei $\frac{\pi d}{1000} = 1$, also auf der Geraden $d = \frac{1000}{\pi}$. Es ergibt sich damit die einfachste Auftragsweise der 45°-Linien für n.

Somit ist auf der Senkrechten durch $d = \frac{1000}{\pi}$ der senkrechte Abstand der unter 45° einschneidenden n-Geraden voneinander jeweils $= \log \varphi$.

An Stelle der logarithmischen Werte werden an den Seiten des Diagramms (Abb. 92) die Numeri angeschrieben, so daß unmittelbar die Zahlenwerte für v und ebenso, wie noch gezeigt wird, für T abgelesen werden können.

Ebenso könnte die Gleichung

$$s_m = n s$$

unter Verwendung derselben 45°-Linie für die n-Werte zur Darstellung gebracht werden. Jedoch ist diese Darstellung von geringerem Interesse.

Von großem Interesse aber ist die Darstellung der Gleichung $T = \frac{100}{n s}$, wobei nur zu berücksichtigen ist, daß die Ordinaten für s und die Abszissen für T durch abfallende 45°-Linien der Drehzahlen zusammenhängen. Am besten benutzt man daher zum Auftragen der s- und T-Werte die beiden anderen Seiten des Diagramms (Abb. 92) und trägt die s-Werte zunehmend von oben nach unten rechts am Diagrammrande und die T-Werte lesegerecht über dem Diagramm von links nach rechts zunehmend auf. So fallen die T-Werte mit zunehmenden s-Werten ab.

Für die Anschauung ist es zu Anfang einfacher, Schnittgeschwindigkeiten in mm/sec, statt wie in der Praxis in m/min, sich vorzustellen. Dann lautet die Formel also wie bisher.

$$v = \frac{\pi d n}{60} \text{ mm/sec}, \quad s_m = \frac{n s}{60} \text{ mm/sec}, \quad T = \frac{100}{n s} \text{ min},$$

Das Diagramm, weitgehender unterteilt, aber in der gleichen Weise entwickelt, ist in Abb. 93 dargestellt. In ihr ist d in mm oben angegeben und T in Minuten für 100 mm Drehlänge unter dem Diagramm ablesbar. Die Ablesung von n und schließlich von T erfolgt in der angegebenen Weise durch die eingetragenen strichpunktierten, mit Pfeilen versehenen Linien, wobei auf $n = 50$ U/min als nächstliegende Drehzahl übergegangen wird.

Bemerkungen zum logarithmischen Diagramm:

Die Orientierung der Zahlen am Diagramm ist von REFA verschieden vorgenommen worden. Bis hierin eine endgültige Entscheidung getroffen ist, wird man sich nach den vorstehenden Formeln das geeignetste Diagramm selbst herstellen.

Beim Eintragen von Istwerten der betreffenden Werkzeugmaschine, wie sie sich durch die Zahnradübersetzungen ergeben, erkennt man mit einem Blick, um wieviel diese Istwerte von den durch den Faktor φ gegebenen Sollwerten abweichen.

Die Erweiterung des Grundgetriebes, welche Stufe für Stufe um den Faktor φ fortschreitet, erfolgt in der Regel in der auf S. 79 angegebenen Weise. Sie kann aber auch so

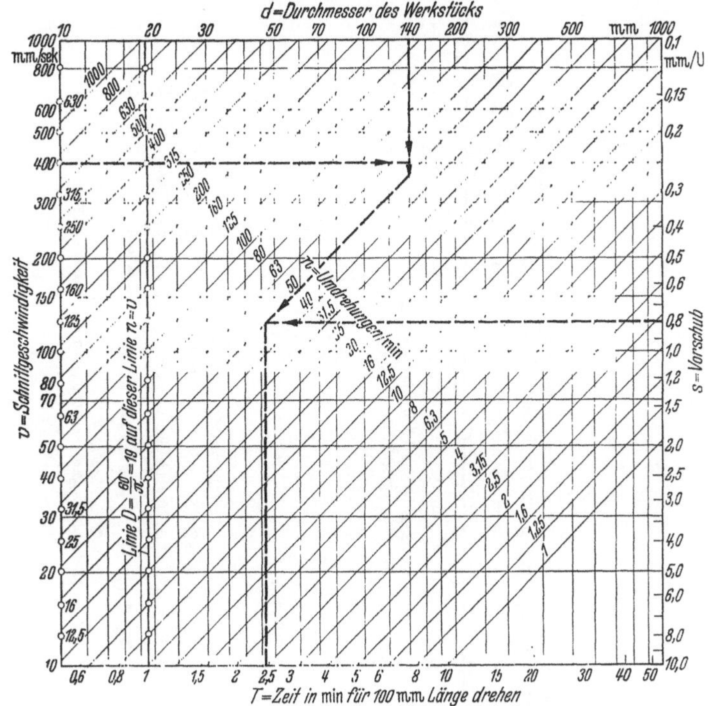

Abb. 93. Entwicklung des logarithmischen Diagramms.

erfolgen, daß die Erweiterung nicht an das Ende der Grundreihe anschließt, sondern vor dem Ende derselben bereits beginnt, indem sie mit ihren Drehzahlen etwa in der Mitte zwischen den Drehzahlen der Grundreihe beginnt. Auf diese Weise ergibt sich in der Mitte des Drehzahlbereiches eine Stufung mit dem Faktor $\varphi/2$, die gegebenenfalls gerade den engeren Bereich der am häufigsten vorkommenden Inanspruchnahme der Drehbank mit der feineren Stufung $\varphi/2$ ausstattet. Auch eine solche Anordnung geht aus dem logarithmischen Diagramm auf den ersten Blick hervor.

Das logarithmische Diagramm läßt sich auch auf die Hobelmaschine ausdehnen, so daß auch die Hobelzeiten ohne weiteres für 100 mm Schaltbreite abgelesen werden können. Der Kunstgriff dazu besteht darin, daß man den betreffenden Hin- und Hergang des Hobeltisches einem Umlauf des Werkstückes auf der Drehbank gleichsetzt.

Solche Übersichten sind besonders für den selbstverantwortlichen Konstrukteur von Wert, weil sie vor Fehlern, die sie aufzeigen, schützen.

d) Die *Leitertafel* ist vielfach in der Vorkalkulation in Gebrauch, weil durch einfaches Schwenken eines Lineals um einen für sich wiederum verschiebbaren Drehpunkt die Werte von n und T in einfachster, wenn auch nicht gleich übersichtlicher Weise wie im logarithmischen Diagramm, sich ermitteln lassen. Folgende einfache Darstellung gibt die Grundlage zur Leitertafel:

Trägt man (Abb. 94), von derselben Waagerechten beginnend auf 2 senkrechten Ge-- raden die Zahlen 0, 1, 2 usw. auf und errichtet genau in der Mitte zwischen diesen beiden Senkrechten eine dritte Gerade, auf welcher die gleichen Zahlen, jedoch mit halb so großen Abständen, aufgetragen sind, so ergibt irgendeine beliebig schräg durch diese 3 Leitern gelegte Gerade auf der mittleren Leiter eine Zahl gleich der Summe der beiden Zahlen, durch welche hindurch die schräge Gerade die seitlichen Leitern schneidet.

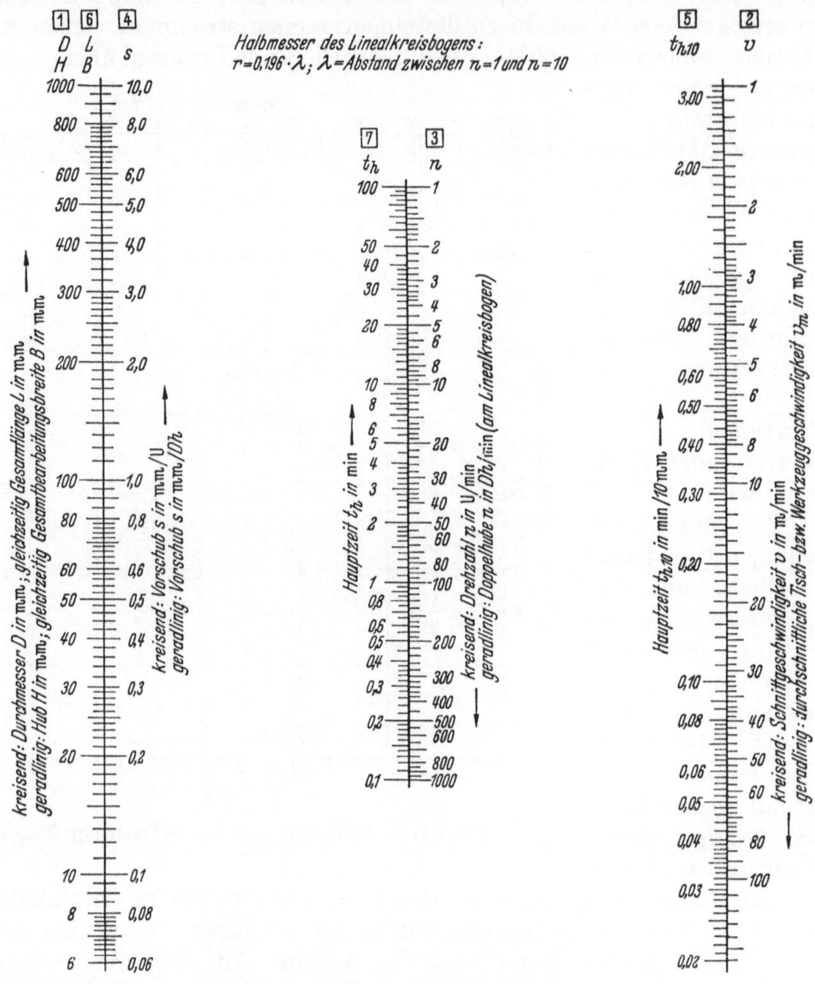

Abb. 94. Leitertafel zu der Maschinenzeit.

Enthalten die Seitenleitern die gleichen Zahlen, jedoch in logarithmischem Abstande aufgetragen, und ebenso die mittlere Leiter diese Zahlen mit den halben logarithmischen Abständen und legt man wiederum irgendeine Gerade, schräg durch die 3 Leitern, so gibt die Zahl auf der mittleren Leiter das Produkt der Zahlen auf den beiden Seitenleitern an. Wählt man die Zahlen auf den seitlichen Leitern so, daß sie gegebene Werte vom Drehdurchmesser d und der Drehzahl n sind, so enthält die mittlere Leiter das Produkt dieser beiden Werte. Verschiebt man diese mittlere Leiter um den konstanten

Betrag $C = \dfrac{\pi}{1000}$, so ergibt der Schnittpunkt der schrägen Geraden auf dieser Leiter

entsprechend der Formel $\log v = \log d + \log n + \log \dfrac{\pi}{1000}$ unmittelbar den Wert der Schnittgeschwindigkeit v (Abb. 94).

Andererseits kann man, wenn d und v gegeben sind, den Wert von n ablesen, also die Drehzahl bestimmen, mit welcher das Werkstück (oder auch der Fräser) umlaufen muß.

Ordnet man rechts von der n-Leiter noch auf einer senkrechten Leiter in logarithmischer Auftragung die Werte für den Vorschub je Umdrehung an und in der Mitte bis zu den genannten beiden Leitern wiederum eine Leiter, aber diesmal in umgekehrter Richtung, d. h. von oben nach unten (wie beim logarithmischen Diagramm) zunehmend, und beginnt mit 1 von dem Punkt des positiv aufgetragenen log 100, so ergibt sich als Differenz zwischen dem log 100 und dem log ns der Wert des Zeitaufwandes T in Minuten für 100 mm Drehlänge nach der bereits abgeleiteten Formel:

$$T = \frac{100}{ns}.$$

Auch die Leitertafel kann noch für andere Ablesungen, z. B. für den Vorschub je Minute, durchgebildet und in ihrer Aufmachung auch zu mechanischer Betätigung der schrägen Geraden eingerichtet werden. Das Prinzip ist immer dasselbe.

VII. Die mechanischen Getriebe und deren Schaltmittel.

Die grundsätzliche Getriebelehre ist die Kinematik. Die Gestaltung der Einzelteile des Getriebes wird in der Lehre von den Maschinenteilen behandelt. Hier werden nur diejenigen mechanischen Getriebe zur Herstellung von hin- und hergehender und kreisender Bewegung mit den zugehörigen Schaltmitteln erörtert, welche im Werkzeugmaschinenbau angewandt werden. Die hydraulischen Getriebe und die elektrische Ausrüstung sind in 2 anschließenden besonderen Abschnitten zusammengefaßt.

Die Schaltmittel zu den bisher erörterten Getrieben sind zumeist mit erörtert oder in den Abbildungen mit angegeben, um damit zu zeigen, wie die Schaltmittel im Getriebe angeordnet sind und zur Wirkung kommen. Eine ausführliche Zusammenfassung mit Hinweisen auf die im einzelnen zu stellenden Anforderungen an Sicherheit, Genauigkeit und Wirtschaftlichkeit der Schaltmittel geben IRTENKAUF und SCHUMACHER[1]. Im folgenden werden nur noch die Umschalt- und Umsteuermittel bzw. -getriebe in Beispielen behandelt.

Das Getriebe vermittelt die Bewegung des Werkstücks und Werkzeugs in der zweckentsprechenden Art. Zu unterscheiden sind wie bei allen spanabhebenden Werkzeugmaschinen

1. das Hauptgetriebe,
2. das Vorschubgetriebe,
3. die Getriebe zum Anstellen des Werkzeugs, zur Größenanpassung und zum Messen.

A. Die Getriebe zur Herstellung von geradlinig
hin- und hergehender Bewegung.

Die Geradführung der Getriebe besteht in der Regel aus zwei Führungsbahnen, von welchen die eine die genau geradlinige Führung sichert, die andere nur an der Abstützung des geführten Teils, z. B. eines Aufspannschlittens, beteiligt ist. Außerdem aber muß das Getriebe gegen Aufbäumen und Entgleisen des Schlittens gesichert sein. Häufig genügt dazu die Last des Schlittens zuzüglich der Werkstücklast. Oft auch kann durch zweckmäßige Aufspannung des Werkstücks das Aufbäumen und Entgleisen verhütet werden. Auch durch entsprechende Lage, Abstand und Gestaltung der Führungsbahnen kann dieser Zweck erreicht werden.

---

[1] IRTENKAUF u. SCHUMACHER: Schaltmittel für mechanische Getriebe, insbesondere bei Werkzeugmaschinen, Werkstattstechnik und Maschinenbau 1951, Heft 8, S. 329.

Die Gestaltung der Führungen zu hin- und hergehenden Bewegungen im Werkzeugmaschinenbau hat zu einer Reihe von bewährten Konstruktionen geführt:

1. Ein- und Zweistangenführung,
2. nachstellbare Flachbahnführung,
3. V-Bahnführung,
4. V-Bahnführung doppelseitig über dem umgekehrten, also dem dachförmigen $\wedge$,
5. Führung mit einer Flach- und einer V-Bahn,
6. Schwalbenschwanzführung.

Anschließend wird hierunter noch erörtert:

7. Führung mit Gewindespindel oder Zahnstange,
8. die an die Getriebe zu stellenden Anforderungen.

1. *Die Ein- und Zweistangenführung.* Die Einstangenführung erfordert eine in die Muffe oder Zahnradnabe fest eingebaute Paßfeder, welche in der in die Stange eingearbeiteten Nut (Abb. 95) möglichst spielfrei gleitet. Damit kommt freilich auch in

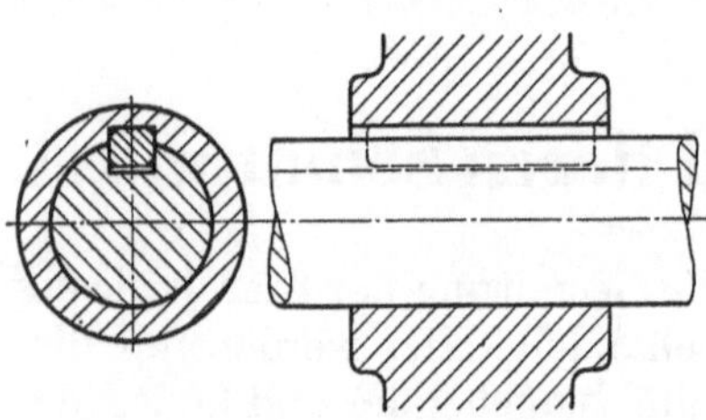

Abb. 95. Einstangenführung.

diesem Fall nicht nur eine Gleitfläche zur Anwendung. Das Abwandern des Gleitstückes aus der Muffe wird gewöhnlich durch eine die Muffe oder Radnabe seitlich umfassende Gabel verhütet. Eine genau auf Passung gearbeitete Stange ist Voraussetzung. Die Einstangenführung kommt daher nur bei geringer Länge der Führung und kleinen Kräften zur Anwendung. Bei der Zweistangenführung umgreifen zwei am zu bewegenden Teil befestigte Muffen beide Stangen, so daß auf diese Weise eine verhältnismäßig billige Geradführung zustande kommt, die bei genügender Länge der Muffen einwandfrei arbeitet.

2. Die *nachstellbare Flachbahnführung* (Abb. 96) wird besonders im Großmaschinenbau, z. B. bei den großen Hobelmaschinen, angewandt, da bei ihr der geringste Reibungswiderstand zu überwinden ist, also an Antriebsenergie gespart wird. Die eine Führungsbahn, in der Abb. 96 die rechte, übernimmt die genaue Führung, die linke seitlich freigehende Führungsbahn ist nur an der Abstützung beteiligt. In der rechten Führungsbahn wird ein schlüssiger Gang und damit die genaue Geradführung durch nachstellbare

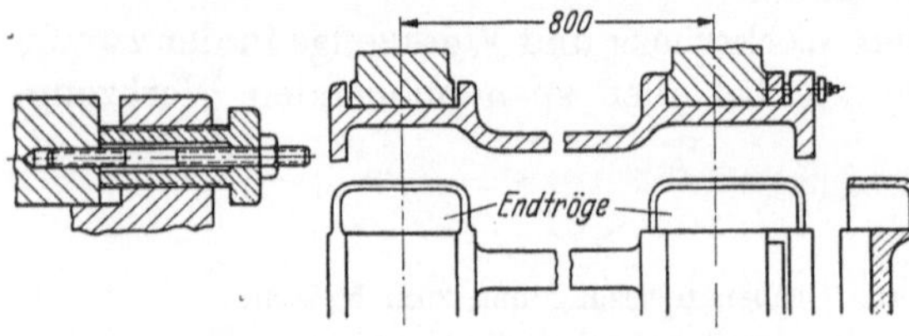

Abb. 96. Nachstellbare Flachführung.
(Nach FISCHER: Zusammenstellung von Geradführungen.)

Führungsleisten erreicht. In den Führungsbahnen sind im Abstand von etwa 1 m rechteckige Ölbehälter vorgesehen, aus welchen von unten nach oben gegen die Führungsbahn am Schlitten anliegende Rollen das Schmieröl zubringen. An den Stirnflächen besitzen diese Rollen kurze zylindrische Zapfen, welche, in entsprechend gebogenen Federn gelagert, leichtes Andrücken der Rolle an die Führungsbahn am Schlitten bewirken. An den Enden der Führungsbahnen befinden sich die in Abb. 96 dargestellten Endtröge, in welchen das aus der Führungsbahn bei der Bewegung herausgetriebene Öl aufgefangen wird.

Bedenklich bei dieser Gestaltung der Führung ist nur, daß durch unzweckmäßige oder gar böswillige Verstellung der Nachstellschrauben zu den Führungsleisten im Betriebe schwere Verluste entstehen können. Einen Schutz bietet das Anbringen von Schutzkappen über den Nachstellschrauben.

3. Die *V-Bahnführung*, d. h. die beiderseitig angewandte V-Führung (Abb. 97), findet sich nicht selten bei kleinen Hobelmaschinen. Sie

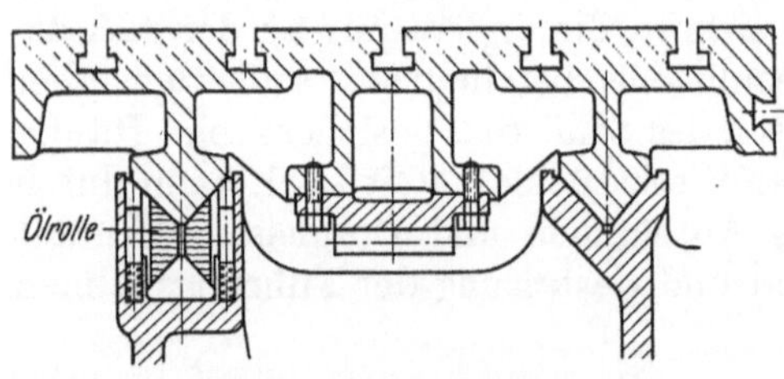

Abb. 97. V-Bahnführung.
(Nach HÜLLE: Werkzeugmaschinen, 4. Aufl. 1919.)

findet auch Anwendung für Vorschubbewegung, z. B. bei schweren Fräsmaschinen. Sie findet sich aber auch bei schweren Hobelmaschinen, weil mit der V-Bahnführung die nachstellbare Leiste und damit deren Beanspruchung sowie diejenige der Stellschrauben bei schrägem Druck auf den Schlitten vermieden ist. DieAbbildung zeigt auch die bereits unter 2. erwähnten Schmierrollen. Der Nachteil ist der größere Reibungswiderstand durch die Keilwirkung in den Führungsbahnen.

Eine Doppel-V-Führung hat sich auch bei den SCHAERER-Drehbänken (Karlsruhe) bewährt. Die beiden Schlittenführungsbahnen (Abb. 98) sind seitlich an den Wangen der Drehbank tiefliegend und geschützt gegen Späne und Staubanfall angeordnet. Von Vorteil ist auch der große Abstand dieser Führungsbahnen voneinander. Ein kleiner Nachteil ist die dadurch erforderliche schwerere Ausführung des Schlittens und die freilich nicht allzu große Steigerung der Kosten.

Abb. 98. Supportführung in der Schaerer-Bank.

4. Die *V-Bahnführung doppelseitig* über dem umgekehrten, also dachförmigen Prisma, (Abb. 99) wird sowohl für den Bettschlitten als auch für den Reitstock, manchmal auch zum Aufsetzen des Spindelstocks auf die gleiche Führungsbahn zwecks genauer Fluchtung von Hauptspindel und Reitstockpinole, angewandt. Die Führungsbahnen sind dachförmig gestaltet, damit Späne nicht auf ihnen liegenbleiben und Gußstaub leicht abgestreift werden kann, wenn er beim Versagen einer Abdeckung aufgekommen ist. Da beim Bettschlitten häufig erheb-

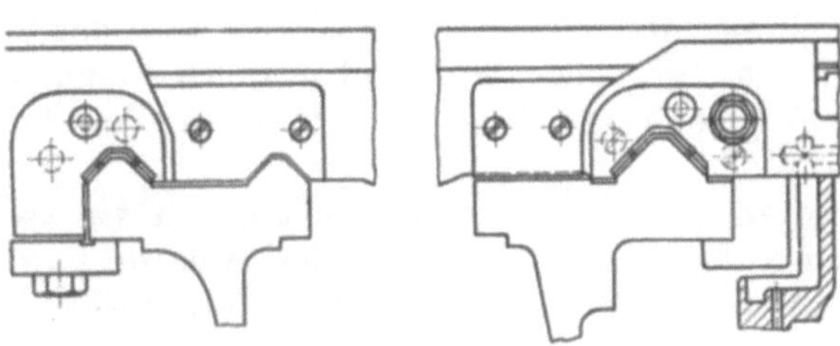

Abb. 99. Doppelseitige dachförmige Führung mit Führungsleiste gegen Aufbäumen.

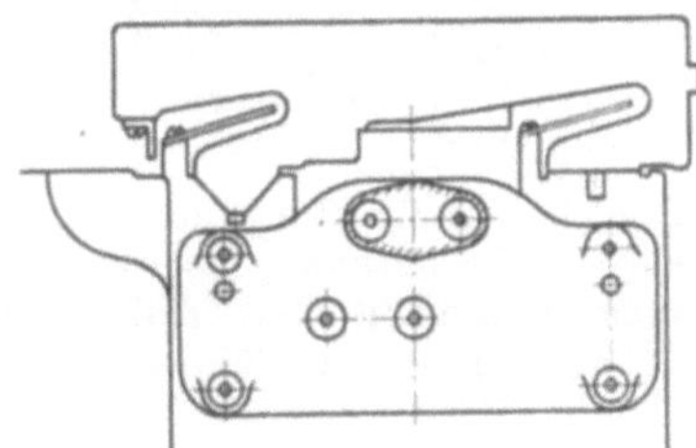

Abb. 100. Führung mit Flach- und *V*-Bahn.

liche Seitenkräfte aufkommen, muß er noch gegen Aufbäumen oder Entgleisen durch besondere Führungsleisten (Abb. 99) gesichert sein.

5. Die *Führung mit einer Flach- und einer V-Bahn* (Abb. 100) findet Anwendung in den Fällen, in welchen ein Entgleisen infolge eines seitlichen Druckes nicht zu befürchten ist, z. B. bei den Rundschleifmaschinen. Bei diesen findet diese Führung sowohl für Schleifspindelstock als auch für Werkstückschlitten Anwendung. Die V-Führung übernimmt neben einer Abstützung nach unten die Einhaltung der geradlinigen Bewegung, während die Flachbahnführung nur die Abstützung nach unten übernimmt und deshalb seitlich frei geht. Zu beachten ist bei dieser Führung der sorgfältig durchgebildete Schutz der Führungsschienen gegen Schleifstaub und Schleifwasserspritzer. Die Schmierung erfolgt in ähnlicher Weise wie bei der Flachbahnführung aus Öltrögen.

6. Die *Schwalbenschwanzführung* (Abb. 101), besonders angewandt bei Vorschubschlitten, ist nachstellbar durch eine Nachstelleiste. Die Nachstelleiste kann nach genauer

Einstellung nach oben gegen den gleitenden Schlitten festgezogen werden (Abb. 102). Die Schmierung, oft ein wunder Punkt, erfolgt in der Regel durch verschließbare Bohrungen bzw. Schmierröhrchen von etwa 6 mm Innendurchmesser.

7. *Die Führung mit Gewindespindel oder Zahnstange.* Im Getriebe wirkt eine Gewindespindel, eine Zahnstange oder eine elektrische oder hydraulische Einrichtung, letztere bestehend aus Ölzylinder mit Kolben und Kolbenstange bzw. umlaufendem hydraulischem Motor in Verbindung mit einem häufig selbstsperrenden mechanischen Getriebe.

Die Gewindespindel ist, von Ausnahmen großer Gewindesteigungen abgesehen, selbstsperrend, erfordert aber zur Ausführung schneller Bewegungen des Schlittens große Umlaufgeschwindigkeit und verursacht dementsprechend nicht selten großen Verschleiß. Die Gewindespindel findet auch in allen den Fällen Anwendung, in welchen Genauigkeit der zurückgelegten Wegstrecken erforderlich ist, z. B. beim Gewindeschneiden.

Die Zahnstange legt je nach der Größe des Durchmessers des antreibenden Zahnrades einen erheblich größeren Weg für eine Umdrehung des Zahnrades zurück und wird daher mit Vorteil auch zur Eilbewegung verwandt (Abb. 375, S. 287). Dieses Getriebe kann zu langsamen und schnellen Bewegungen, z. B. zu Vorschubbewegungen, verwandt und durch Anwendung von Schnecke und Schneckenrad selbstsperrend gemacht werden (Abb. 375, S. 287). Dabei erhält das Getriebe durch Anordnung der Schnecke in Form einer Ausfallschnecke (Abb. 375) eine einwandfrei genaue Endabstellung des Vorschubweges. Das Getriebe ist demnach das gegebene Vorschubgetriebe, wenn es sich nicht gerade um besonders genauen Vorschub handelt.

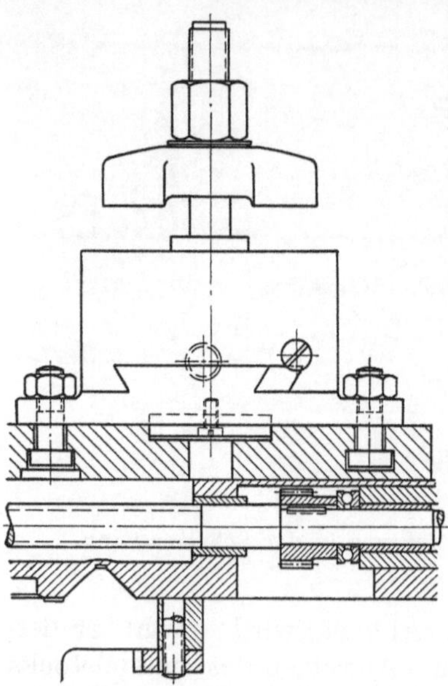

Abb. 101. Schwalbenschwanzführung.

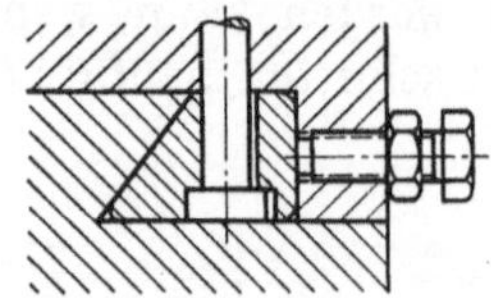

Abb. 102. Einrichtung zum Nachstellen der Schwalbenschwanzführung. (Nach FISCHER: Zusammenstellung der Geradführungen.)

8. Die an die *Getriebe zur Herstellung von hin- und hergehenden Bewegungen* zu stellenden Anforderungen sind zusammengefaßt im wesentlichen folgende:

a) kein Ecken, wie es bei Kommodeschubladen der Fall ist;

b) dem Zweck entsprechend genaue Geradführung;

c) leichter, nicht ruckweiser Gang und geringer Energieverbrauch;

d) geringer Verschleiß, möglichst mit selbsttätigem Ausgleich desselben, oder wenigstens leicht ausführbarer Nachstellung bzw. Nacharbeit;

e) Führungsbahnen möglichst von solcher Länge, daß der auf ihnen gleitende Schlitten auch in den Endlagen nicht ins Freie überhängt;

f) einwandfreie und leicht zu kontrollierende Schmierung; für wichtige und gefährdete Getriebeteile, z. B. Tischbewegungen der Hobelmaschinen, kommt nur selbsttätige Schmierung zur Anwendung;

g) Späne- und Staubschutz.

Der zulässige Flächendruck auf die Führungsbahnen beträgt für Stahl auf Gußeisen etwa 10 kg/cm², Gußeisen auf Gußeisen etwa 5 kg/cm², wird aber in dem Bestreben, den Verschleiß auf ein Minimum zu beschränken, z. B. bei Schleifmaschinen, durch Vergrößerung der Flächen bis unter 1 kg/cm² gehalten.

Diesem Abschnitt können noch die Kreisringbahnen angeschlossen werden, welche z. B. den Tisch der Karussellbank aufnehmen. Die ebene Kreisringführungsbahn geht seitlich frei, da die Orientierung, also in diesem Falle die Zentrierung, durch die Achse des Tisches besorgt wird.

B. Die umlaufenden Getriebe.

Die Wellen der umlaufenden Getriebe laufen in Gleit- oder Wälzlagern, deren Erörterung in das Fachgebiet „Maschinenteile" gehört.

Besondere Anforderungen aber werden im Werkzeugmaschinenbau an die Lagerung der Hauptspindel der Drehbänke, Schleifmaschinen sowie auch an andere sogenannte Präzisionslager gestellt. Dabei handelt es sich in der Regel um die Aufrechterhaltung feiner Laufpassungen zwischen 0,02 und 0,002 mm trotz Temperaturschwankungen sowie um einen möglichst kleinen Verschleiß. Die Lösungen dieses Problems werden im einzelnen bei den soeben genannten Werkzeugmaschinen mitgeteilt.

Die umlaufenden Getriebe werden im folgenden eingeteilt in

1. Stufengetriebe,
2. stufenlose Getriebe,
3. Getriebe zur Umsteuerung hin- und hergehender oder umlaufender Bewegungen, in der Regel selbsttätig wirkend.

1. Die Stufengetriebe.

Die Stufengetriebe sind a) Riemengetriebe, b) Zahnradgetriebe, auch Kettengetriebe oder Zusammenstellungen von beiden. Die Riemengetriebe sind in vielen Fällen auch heute noch nicht veraltet, im Gegenteil, wie gezeigt wird, erneut zur Geltung gekommen.

a) Die Riemengetriebe mit und ohne Ergänzung durch Zahnräder.

Ein klassisches Beispiel eines kombinierten Riemen- und Zahnradgetriebes ist der Spindelstock der Drehbank in Verbindung mit einem Deckenvorgelege (Abb. 103), so wie er bis zum ersten Weltkriege noch bei weitem überwog, heute aber überholt ist. Die Fortentwicklung dieses Spindelstocks begann bereits im verflossenen Jahrhundert. Sie ist einfach und besonders lehrreich für jeden, der sich einarbeiten und verstehen will, wie und in welchen Etappen sich eine solche Entwicklung zu vollziehen pflegt.

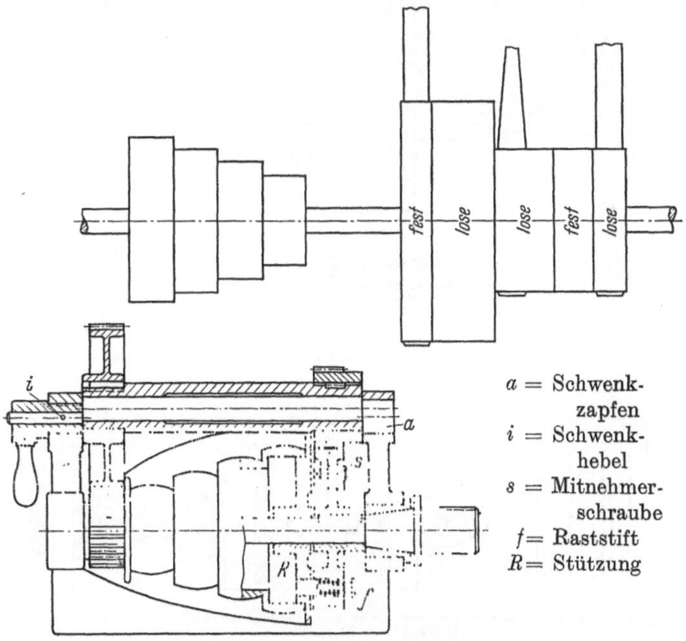

Es handelt sich um die Entwicklung des Deckenvorgeleges und die Gestaltung des Spindelstocks bis zum Verlassen des Vorgeleges an der Decke, d. h. bis zum Übergang zum Einscheiben- oder Flanschmotorantrieb:

1. Deckenvorgelege mit Umlegen der Riemen zwischen Transmission und Vorgelege durch Riemenlatte oder Riemengabel (Abb. 104) mit einfacher Einrichtung zur Endabstellung der Drehbank, und ebenso der Riemen zwischen Stufenscheibe im Vorgelege und Spindelstock, in diesem Falle auch durch Schwenken der Riemengabel um eine bis zum Arbeiterstand herabreichende senkrechte Stange (Abb. 105).

a = Schwenkzapfen
i = Schwenkhebel
s = Mitnehmerschraube
f = Raststift
R = Stützung

Abb. 103. Klassischer Drehbankspindelstock und Deckenvorgelege. (Nach Ruppert.) Aufgaben und Fortschritte des deutschen Werkzeugmaschinenbaues. Berlin: Springer 1907.)

Die Bewegungsumkehr der Hauptspindel der Drehbank wurde durch einen gekreuzten Riemen im Deckenvorgelege erreicht (Abb. 103).

Die Amerikaner, z. B. HENDEY-NORTON, Torrington, Conn., und PRATT und WHITNEY, Hartford, Conn., wendeten, um die Riemenumlegung im Deckenvorgelege zu ver-

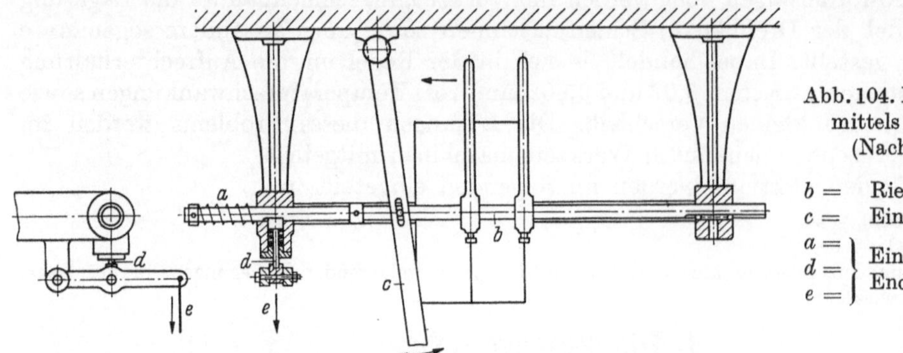

Abb. 104. Riemenumlegung mittels Riemengabel. (Nach RUPPERT.)

$b =$ Riemengabel
$c =$ Einrückstange
$a =$ ⎫
$d =$ ⎬ Einrichtung zur Endabstellung
$e =$ ⎭

meiden, Reibungskupplungen mit den gefährlichen Spreizzangen (Abb. 106) an, die im 1. Jahrzehnt des Jahrhunderts auch von deutschen Fabrikanten sehr zum Schaden übernommen wurden. Der Schaden ergab sich aus der oft nicht ausreichen-den bzw. nachlassen-den Durchzugskraft der Kupplungen, der Repa-raturbedürfnisse, des Ab-spritzens von Öl und nicht zuletzt der Gefahr für den Arbeiter durch Erfassen von dessen Be-kleidung. RUPPERT hat noch eine deutlichere Darstellung (Abb. 107) gegeben und zugleich ge-zeigt, daß durch ein ein-faches Vorgelege mit Fest- und Losscheiben der gleiche Zweck sich einfacher, sicherer und billiger erreichen läßt (Abb. 106).

2. Die Gestaltung des Spindelstocks (Abb. 103) ging aus vom einschwenk-baren Zahnrädervor-gelege mit exzentrisch gelagerter Achse a und Verstiftung i nach dem Ein- oder Ausschwenken des Vorgeleges, wobei die Mitnahme des Boden-rades R durch einen ausrückbaren Bolzen s, später durch einen Feder-bolzen f, erreicht wurde.

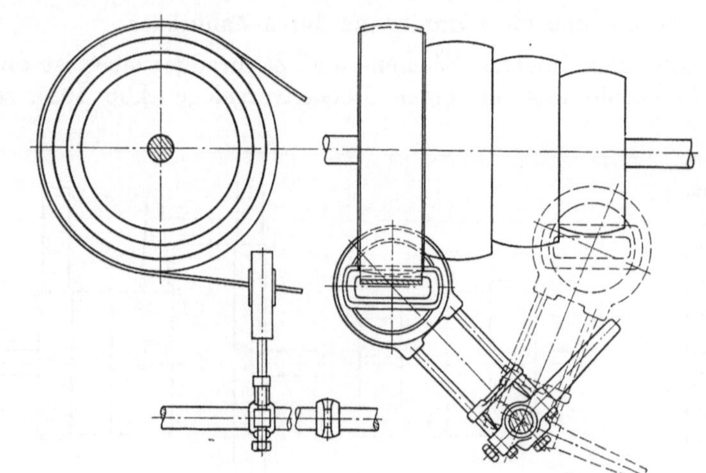

Abb. 105. Bamag-Riemenumleger. (Nach HÜLLE, 4. Aufl.)

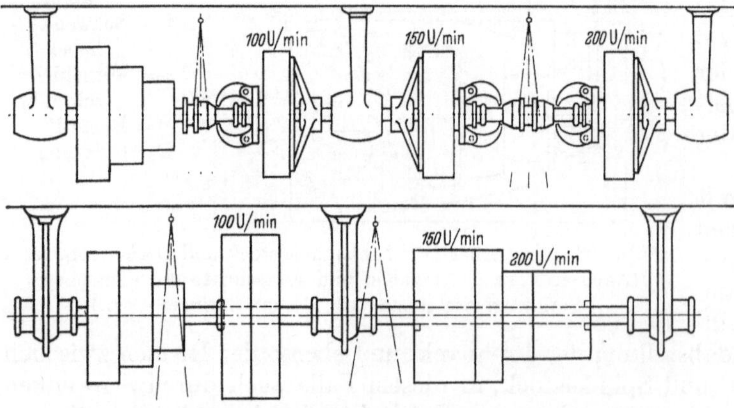

Abb. 106. Leitspindeldrehbank. (Katalog Lathes, Pratt und Whitney Co., Hartford, Conn. 1907.)

Der Nachteil des (Abb. 103) dargestellten klassischen Spindelstocks, der sich trotzdem etwa 30 Jahre lang behauptet hat, bestand im Zeitverlust durch das Einschwenken und das dazu erforderliche Einstellen der 4 Zahnräder auf gleichzeitigem Eingriff.

Der Fortschritt im ersten Jahrzehnt bestand im Übergang vom einzuschwenkenden Vorgelege zum Kuppeln von Stufenscheibe oder Bodenrad mit der Hauptspindel, dabei aber den Nachteil in Kauf nehmend, daß nunmehr alle 4 Zahnräder ständig im Eingriff waren und mit umliefen. Die Entwicklung der Kupplung ging von beiderseitiger Klauenkupplung zu beiderseitiger Reibung und schließlich zur Anwendung der Reibung nur in der schnell umlaufenden Stufenscheibe und der Klaue im langsam umlaufenden Bodenrad.

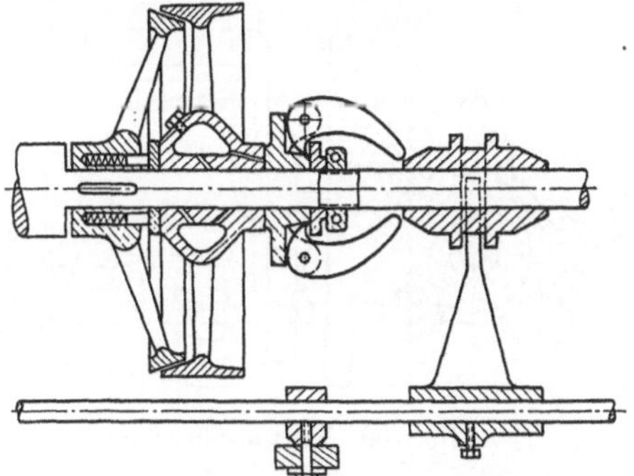

Abb. 107. Amerikanische Deckenvorgelege mit Reibkupplung. (Nach RUPPERT.)

Die äußere Form des Spindelstocks mit einschwenkbarem Vorgelege hat ebenfalls eine Entwicklung durchgemacht, welche sich aus der Betrachtung der Spindelstöcke (Abb. 108) ergibt. Damit wird es möglich, Maschinen auf Grund von Merkmalen, wie in einer Sammlung die Gemälde, zu datieren. Solche Merkmale (Abb. 108) sind:

1. die Verbreiterung der einzelnen Stufen und damit die Erhöhung der Durchzugskraft des Riemens;
2. die entsprechende Verstärkung der Hauptspindel;
3. die Abnahme der Zahnbreiten durch Anwendung von Stahl höherer Festigkeit statt Gußeisen;
3a. die Abnahme der Zahnradbreiten, ermöglicht durch den schnelleren Umlauf des Getriebes;
4. die Verbreiterung des Hauptlagers und des Schwanzlagers aus denselben Gründen (1, 2 und 3);
5. die Versteifung des Gußkörpers des Spindelstocks durch Zusammenfassung der Lager.

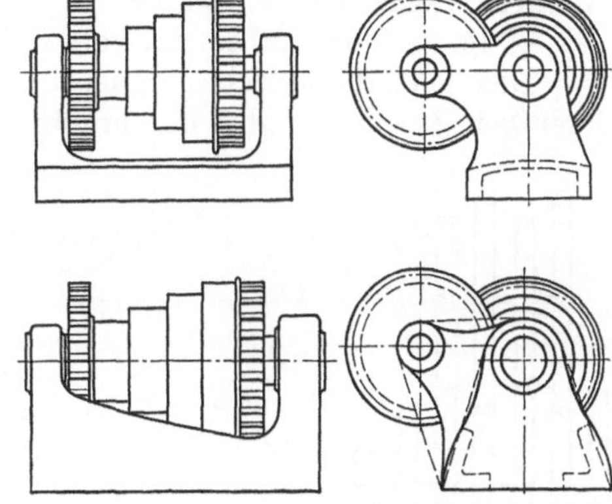

Abb. 108. Fortentwicklung des Drehbankspindelstocks um die Jahrhundertwende. (Nach RUPPERT.)

Derartige Entwicklungen in der Gestaltung und dem Antrieb der Werkzeugmaschinen gibt es auch heute noch zahlreiche. Sie sind nicht unwichtig, aber oft leicht zu verstehen, so daß es geboten ist, aber auch genügt, beim Besichtigen von Betrieben sich mit ihnen vertraut zu machen. Sie kommen auch bei den nachfolgenden Erörterungen der einzelnen Werkzeugmaschinentypen teilweise zur Darstellung, z. B. Rückkehr zum Riemengetriebe bei der Norton-Rundschleifmaschine (S. 323) und bei den Präzisionsdrehbänken (S. 222), und zwar aus ganz verschiedenen Gründen.

b) Die Zahnradgetriebe.

Die Zahnradgetriebe unterscheiden sich durch ihre Gestaltung und durch die Art, wie die gewünschte Übersetzung durch Einschalten zweier Zahnräder des Getriebes zustande kommt (vgl. Drehzahlnormung, S. 74). Dieses Einschalten kann erfolgen durch

1. Einschwenken des antreibenden Zahnrades,
2. Klauenkupplung,
3. Ziehkeilkupplung,
4. Reibkupplung, Mehrscheibenkupplung,
5. Kupplung durch axiales Einschieben des Zahnrades in sein Gegenzahnrad, also durch Schieberäder.

1. *Durch Einschwenken des in einer Schwinge angeordneten antreibenden Zahnrades* wird beim Norton-Getriebe (Abb. 109) und beim Mäandergetriebe

(Abb. 110) geschaltet. Die Antriebswelle ist wie bei allen folgenden Beispielen durch A gekennzeichnet. Von dieser Welle aus verfolgt man die Übersetzungen gegebenenfalls noch über Zwischenwellen bis zur getriebenen Welle G, deren Drehzahlen den Normen entsprechen. Beide Getriebe sind besonders zur Vorschubregelung geeignet.

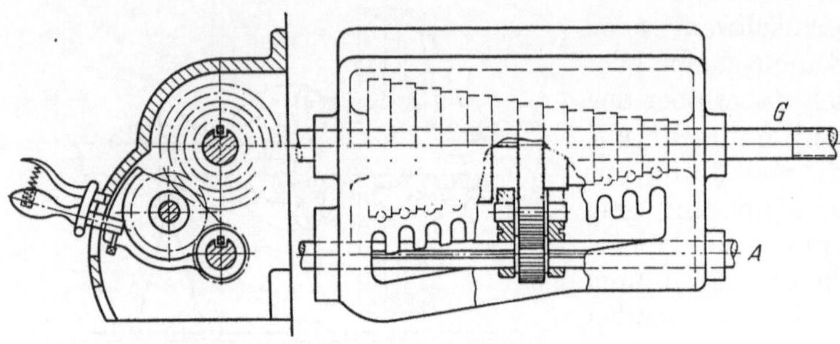
Abb. 109. Norton-Getriebe. (Nach Ruppert.)

Das Norton-Getriebe war bislang das zumeist angewandte, weil es den Vorzug hat, die getriebene Welle mit dicht aneinandergereihten Zahnrädern besetzen zu können, und ferner, weil jedesmal nur das arbeitende Zahnradpaar im Eingriff ist, die übrigen Zahnräder also leer mit umlaufen. Der Nachteil des Getriebes ist der dem größten Zahnraddurchmesser entsprechende Raumbedarf und die Schwierigkeit, eine einwandfreie Übersetzung und einen vollkommen geschlossenen, öldichten Getriebekasten zu bauen. Daher ist heute auch an Stelle des Norton-Getriebes ebenfalls für Vorschubgetriebe ein Schieberädergetriebe entwickelt worden.

Das Mäandergetriebe beansprucht in Richtung der gleichbleibenden Durchmesser weniger Raum, hat aber den erheblichen Nachteil, daß stets alle Räder in Eingriff miteinander umlaufen und je nach der Eingriffsstelle in größerer oder geringerer Zahl belastet sind. Hierdurch leidet die Genauigkeit.

In beiden Getrieben erfolgt der Antrieb, namentlich bei größerer Übersetzung, von dem auf der Welle des Einschwenkhebels sitzenden kleineren Zahnrad mit etwa 20 Zähnen, weil sich so eine Übersetzung des Stufenrädersatzes ins Langsame ergibt und ein Schwingen, d. h. Vor- oder Nacheilen des anschließenden Getriebes, vermieden wird. Das Mäandergetriebe kann auch durch ein Schieberad betätigt werden.

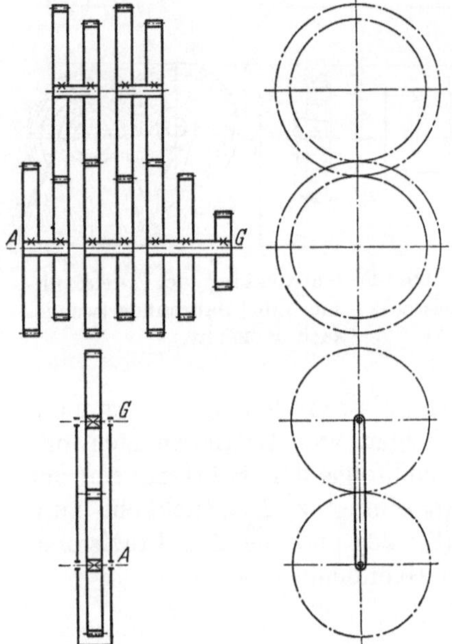
Abb. 110. Mäander-Getriebe.

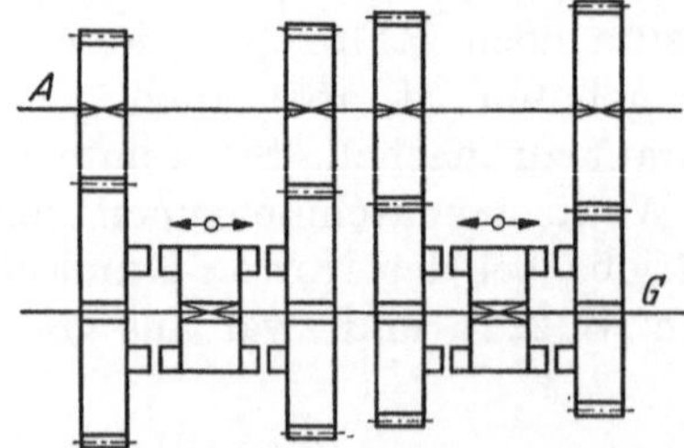
Abb. 111. Einfaches Getriebe mit Klauenkupplungen.

2. Die *Getriebe mit Klauenkupplung* waren in dem ersten Jahrzehnt des Jahrhunderts der sicheren Mitnahme wegen bevorzugt. Ihr Nachteil ist die Gefahr des Absprengens der notwendig gehärteten Kupplungszähne, die alle gleichzeitig tragen sollen, und die dadurch verursachten verhältnismäßig hohen Kosten.

Beispiele für Getriebe mit Klauenkupplung sind:

a) das einfache Getriebe mit Klauenkupplungen (Abb. 111) und Werkstattzeichnung der Klauenkupplung (Abb. 112);

b) das Bickford-Getriebe (Abb. 113), ursprünglich für die Bickford-Bohrmaschine entworfen, heute noch im Autobau mit der bekannten Schaltung in die 4 Enden der H-förmigen Schaltschlitze angewandt, und

c) das Brown und Sharpe-Getriebe (Abb. 114), erstmalig bei den Fräsmaschinen dieser Firma angewandt. Es besteht in der Vereinigung eines Norton-Satzes als Grundgetriebe mit einem Erweiterungsvorgelege. Heute ist auch dieses Getriebe durch das Schieberädergetriebe überholt.

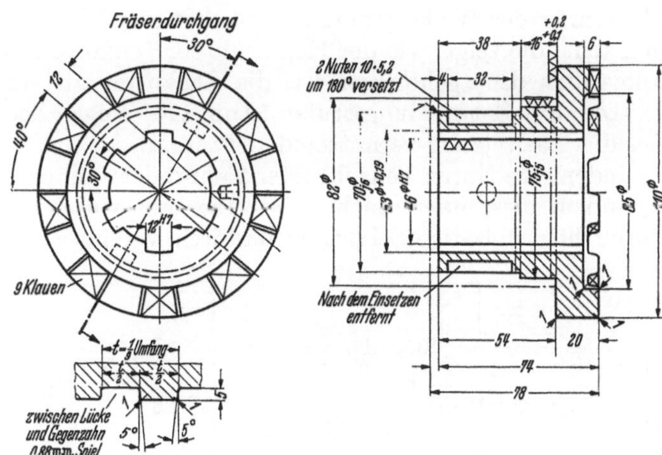

Abb. 112. Klauenkupplung, Größe und Form der Zähne für eine Vorschubkupplung.

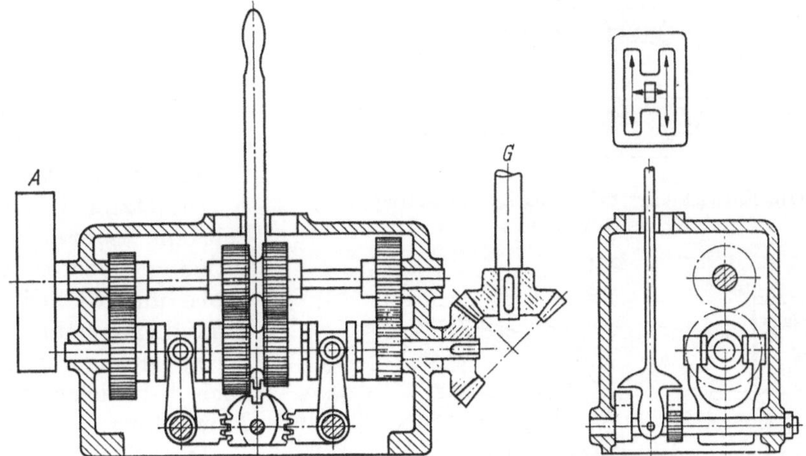

Abb. 113. Bickford-Getriebe. (Nach Ruppert.)

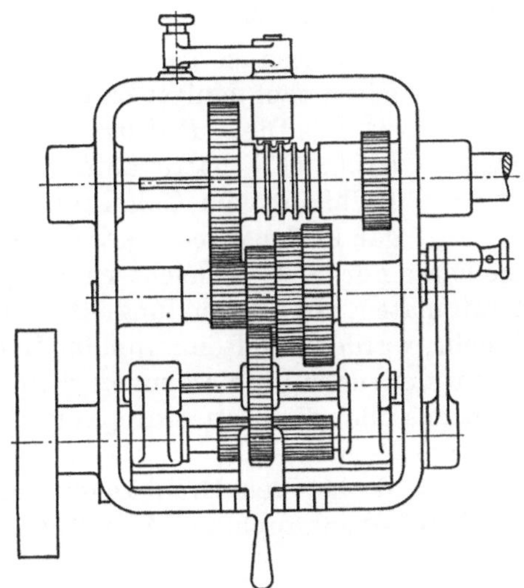

Abb. 114. Brown- und Sharpe-Getriebe. (Nach Ruppert.)

3. Das *Ziehkeilgetriebe* (Abb. 115) besteht aus zwei Sätzen von Zahnrädern, von denen derjenige der treibenden Welle auf dieser fest verkeilt ist, während der Satz auf der getriebenen Welle lose umläuft, bis auf das eine Zahnrad, welches durch den Ziehkeil die getriebene Welle mitnimmt. Die Art, wie der Ziehkeil zur

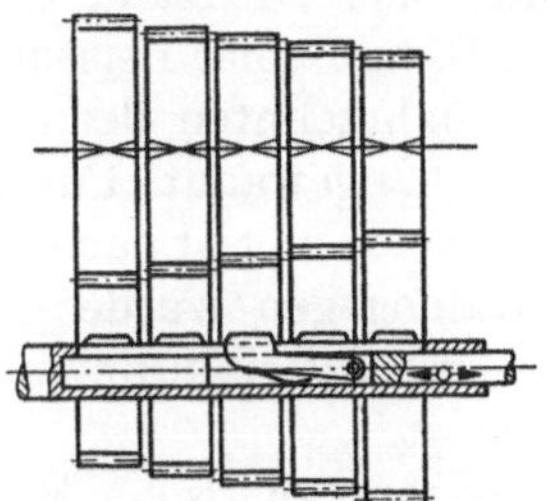

Abb. 115. Ziehkeil-Getriebe.

Mitnahme der Welle gebracht wird, hat gleichfalls eine lehrreiche Entwicklung durchgemacht, die zeigt, wie der Konstrukteur, anfangs nur an die Mitnahme denkend, erst allmählich dazu gekommen ist, die Schaltung zu vereinfachen.

Die drei Entwicklungsstufen (Abb. 116) zeigen das Einbringen des Keils in die Nut des die Übersetzung vermittelnden Zahnrades,

indem die Nuten benachbarter Zahnräder zunächst zum Fluchten gebracht werden,

indem diese namentlich beim Übergang durch mehrere solche Zahnradnuten hindurch höchst lästige Schaltung dadurch vereinfacht wurde, daß im Bereich der Übergangsstellen von einer Nabe zur anderen eine Aussparung vorgesehen ist, in welche der Ziehkeil hineingleitet, bevor er in die Nut des Nachbarrades hineingezogen wird. Das Fluchten der Nuten ist nicht mehr erforderlich wenn der Ziehkeil zurückschwenkbar angeordnet wird und unter Einwirkung einer Blattfeder in die benachbarte Nut einspringt, nachdem er zuvor unter einem Ring, der zwischen 2 Zahnradnaben angeordnet ist, zurückfedernd hindurchgezogen ist.

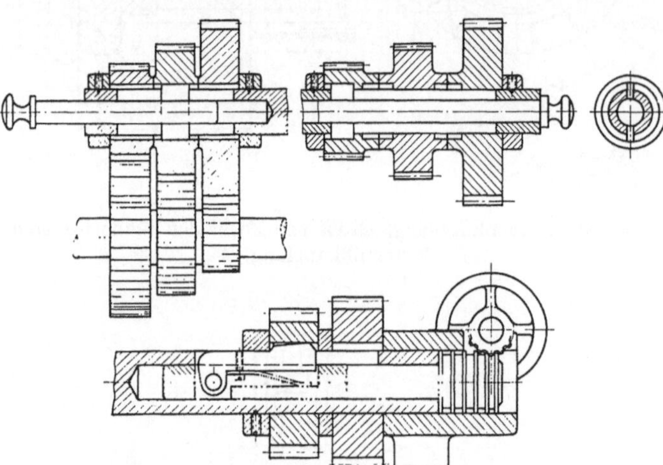

Abb. 116. Entwicklungsstufen des Ziehkeilgetriebes.
(Nach Ruppert.)

Die letztere Lösung war lange Zeit eine bevorzugte Art der Betätigung leichter Vorschubgetriebe und ist bei solchen der Sinnfälligkeit und Leichtigkeit der Schaltung wegen auch heute noch bei vielen Maschinen in Anwendung.

Der Nachteil ist der auch bei kleinem zu übertragendem Drehmoment verhältnismäßig hohe Druck auf den Ziehkeil und die Nuten, so daß sich ein Ausleiern nach einiger Zeit einstellt.

4. Die *Reibungskupplung* (Abb. 117) hatte anfangs eine Reibfläche im Zahnkranz oder gar in der Nabe des Zahnrades.

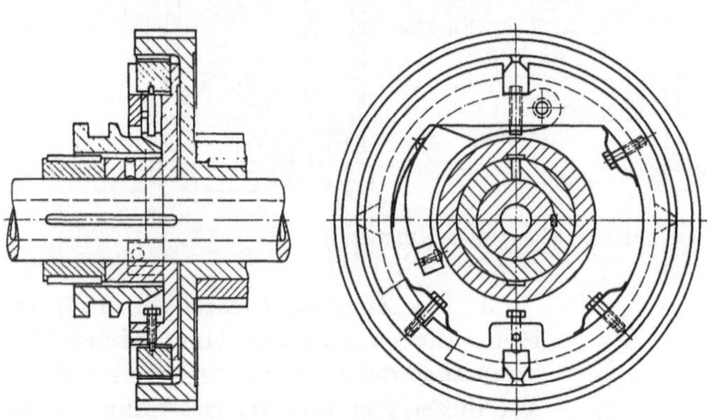

Abb. 117. Reibungskupplung zwischen Hauptspindel und Stufenrädersatz der Schaerer-Bank des 1. Jahrzehnts.

Auch mit der Reibfläche im Zahnkranz kommt sie heute nur noch bei leichter Beanspruchung und hoher Drehzahl, z. B. bei den Indexautomaten, zur Anwendung. Bei Drehbänken, z. B. mit einer Leistung von 4 kW und mehr, wurde diese Reibkupplung in den zwei ersten Jahrzehnten des Jahrhunderts noch auf der schnell umlaufenden Seite der Hauptspindel angewandt. Für die langsame Seite jedoch blieb die Klauenkupplung. Aber auch diese Anordnung ist nach dem 1. Weltkrieg durch das Schieberädergetriebe verdrängt worden. Dahingegen wurde die Antriebskupplung, z. B. bei den Drehbänken durch die neuzeitliche Reibkupplung, nämlich die Mehrscheibenkupplung (Abb. 118), allgemein ersetzt.

Die elektromagnetische Betätigung der Mehrscheibenkupplung kommt mehr und mehr zur Anwendung. Beispiele hierfür finden sich im Abschnitt „Revolverbänke".

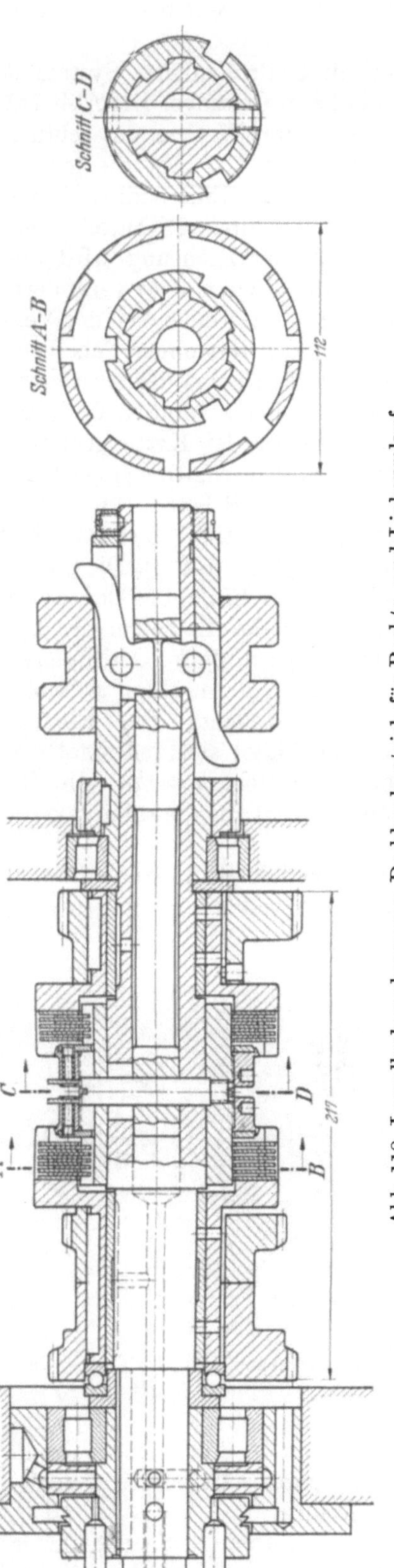

Abb. 118. Lamellenkupplung zum Drehbankantrieb für Rechts- und Linksumlauf.

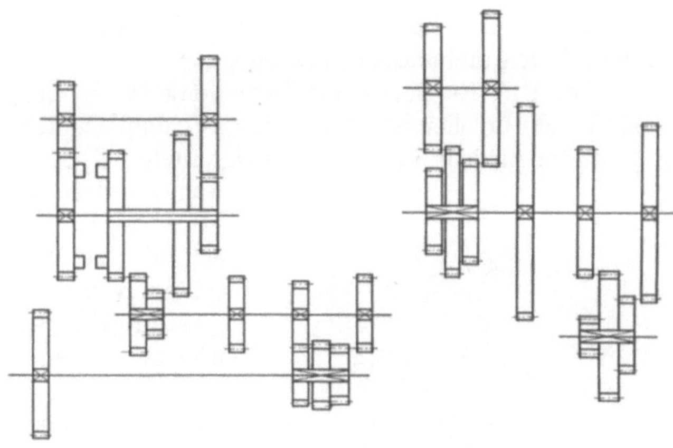

Abb. 119. Schieberädergetriebe.

5. Das *Schieberädergetriebe* (Abb. 119), übernommen vom Kraftwagen, ist, zweckentsprechend abgeändert, zur Zeit das geeignetste Getriebe für den Hauptantrieb von Werkzeugmaschinen. Es findet aber auch bei Vorschubgetrieben häufig zur Ergänzung bzw. Erweiterung des Grundgetriebes Anwendung.

Obwohl bei Bauwinden das Einschieben des Zahnrades schon in früheren Jahrhunderten üblich war, konnten Schieberädergetriebe im Werkzeugmaschinenbau erst Anwendung finden, seitdem nach dem 1. Weltkrieg die Maschinen zur Abrundung der Zahnradzähne nach den beiden Stirnseiten hin sowie die Keilwellen-Fräs- und Schleifmaschinen hergestellt wurden. Schemata von neuen solchen Getrieben sind bereits im Abschnitt „Drehzahlnormung" (S. 74) gebracht worden. Sie kommen bei der nachfolgenden Durcharbeitung der Grundtypen der Werkzeugmaschine immer wieder zur Darstellung.

2. Die stufenlosen Getriebe.

Das Pflockriemengetriebe (Abb. 120) fand im Werkzeugmaschinenbau infolge des großen Raumbedarfes nur selten Anwendung. Nur bei Bohr- und

Abb. 120. Umlaufregler, d. h. Pflockriemengetriebe.

Abstechbänken hat es sich zur Gleichhaltung der Schnittgeschwindigkeit bei abnehmendem Drehdurchmesser bewährt.

Die PIV-Getriebe[1] mit Lamellenkette System *A* und mit Keilrollenkette System R sind bahnbrechende Leistungen auf dem Gebiet der stufenlosen Getriebe. Die Abb. 121 gibt die Ansicht dieser vielseitig auch bei der Überholung älterer Werkzeugmaschinen angewandten Getriebe, die Abb. 122 gibt die grundsätzliche Anordnung des Getriebes. Eine endlose Kette erfaßt die beiden Kegelscheibenpaare. Durch Verschieben der Scheiben in axialer Richtung wird der Abstand der Scheiben bei einem jeden Paar verändert, und zwar wird durch ein Steuergestänge bei der Vergrößerung des Scheibenabstandes des einen Scheibenpaares eine entsprechende Verkleinerung des Abstandes bei dem anderen Scheibenpaar herbeigeführt. Dadurch werden die Laufkreisdurchmesser der Kette geändert und das gewünschte Übersetzungsverhältnis eingestellt.

Beim System A sind die Scheiben verzahnt (Abb. 123b). Jedes Kettenglied enthält ein quer bewegliches Lamellenpaket (Abb. 123a und b). Die Zähne der einen Scheibe drücken beim Einlaufen der Kette in das Scheibenpaar einen Teil der Lamellen des Paketes in die gegenüberliegende Zahnlücke der anderen Scheibe und umgekehrt, dadurch Formschluß zwischen Kette und Scheibenpaar herstellend. Der Eingriff Lamellenpaket-Scheibenpaar bildet sich jedesmal neu beim Einlaufen der Kette und sichert damit den einwandfreien Formschluß bei allen Laufkreisdurchmessern, obwohl die Zahnteilung für jeden Laufkreisdurchmesser eine andere ist.

Abb. 121. Ansicht des P. I. V.-Getriebes. (Reimers.)

Daraus ergibt sich schon, daß die Lamellen nicht planparallele Begrenzungsflächen haben dürfen. Aber auch leicht keilförmig gehaltene Flächen würden nicht genügen.

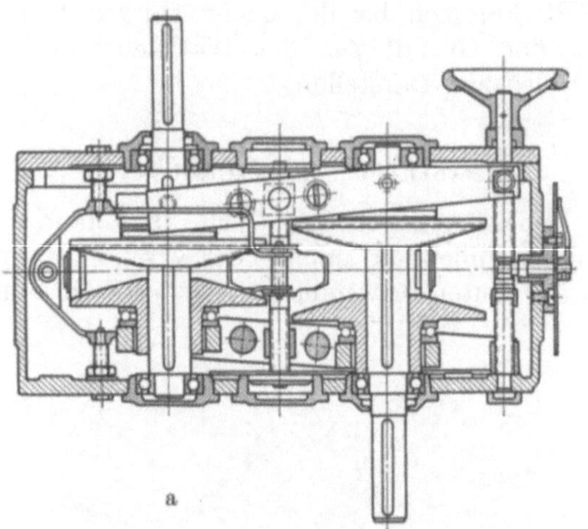

a

b

Abb. 122a u. b. Getriebeplan und Ausführung des P. I. V.-Getriebes, System A. (Reimers.)

Eine minimale Balligkeit der Lamellen ist erforderlich, damit sich die Außenfläche des in die Zahnradnut eingreifenden Lamellenpakets anpassen kann. Gefederte Spannschuhe (Abb. 124) sorgen für die erforderliche Kettenspannung.

Beim System R sind die Scheiben glatt, gehärtet und geschliffen (Abb. 125). Jedes Kettenglied enthält an Stelle des Lamellenpaketes zwei glasharte Rollen (Abb. 126), die

---

[1] PIV = Positive — Infinitely — Variable; Firma PIV-Antrieb Werner Reimers, Bad Homburg v. d. H.

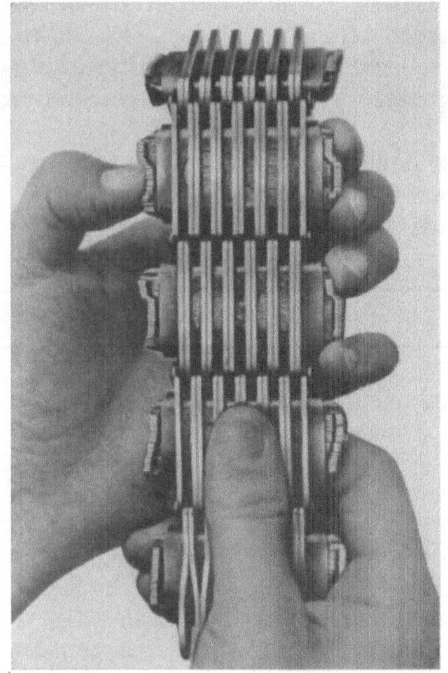

a   b

Abb. 123 a u. b. Verschiebliches Lamellenpaket in jedem Kettenglied. (Reimers.)

Abb. 124. Kettenspannung durch Spannschuh.
(Reimers.)

Abb. 125. PIV-Getriebe, System R.
(Reimers.)

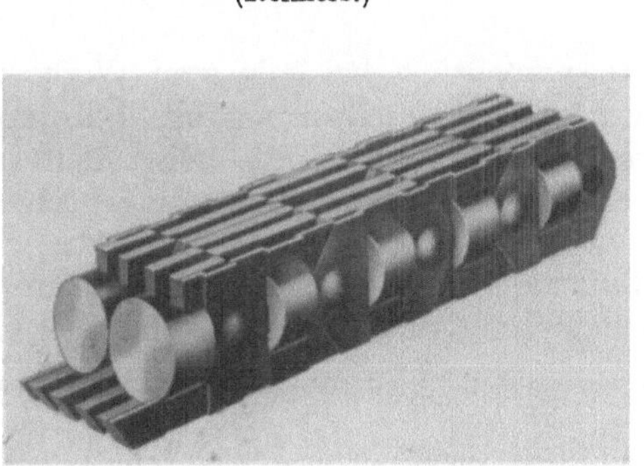

Abb. 126. Glasharte Stahlrollen in jedem Kettenglied.
(Reimers.)

7*

seitlich vorstehen. Durch den Kettenzug drücken sich diese kurzen Rollen zur Vermeidung gleitender Reibung in die Kegelscheiben ein. Infolge der schwachen Kegelflächenneigung entstehen hohe Anpreßkräfte, so daß ein sicherer Kraftschluß gewährleistet ist. Die Kettenspannung wird in geeigneter Weise, z. B. wie beim System A, hergestellt.

Der Wirkungsgrad beider PIV-Getriebe hält nach Angabe der Firma sich im ganzen Bereich der angewandten Drehzahlen auf über 90%.

Über den Leistungsbereich gibt nachstehende Tabelle Aufschluß:

	Übertragbare Leistung	Regelbereich	Antriebsdrehzahl	Leistungsgewicht[1]
System A				
Normalgetriebe	bis max 37 kW	bis 1 : 6	etwa 1000	15 ··· 18 kg/kW
Mit Verzweigungsgetriebe	bis max 45 kW	bis 1 : 2,5		—
System R				
Normalgetriebe	bis max 3 kW	bis 1 : 10	1000 ··· 1500	8 ··· 15 kg/kW
Normalgetriebe	bis max 15 kW	bis 1 : 7		
In Sonderausführung bei sonstiger Leistung	bis 1 : 50		—

Durch die Anbauten von Zahnradgetrieben kann an- und abtriebseitig jede gewünschte Drehzahlhöhe erzielt werden, durch Planetengetriebe auch Drehzahlregelung von Null an und vom Rückwärtslauf über Stillstand zum Vorwärtslauf der Antriebswelle.

Über die Vorzüge der PIV-Getriebe macht die herstellende Firma folgende Angaben:

1. hohe Lebensdauer, da in dem Ganzmetallgetriebe hochwertige, gehärtete, im Ölbad laufende Stahlteile verwendet werden;

2. schlupffreie Kraftübertragung, über den ganzen Regelbereich guter Wirkungsgrad (bis 94%);

3. einfache und robuste, rein mechanische Kraftübertragung, geringster Wartungsbedarf, einfachste Bedienung.

Das PIV-Getriebe System A ist das einzige absolut formschlüssige, stufenlos regelbare Getriebe, welches zur Übertragung von Leistungen bis etwa 22 kW bei mittleren Drehzahlen besonders geeignet ist[2]. Die Getriebe nach dem System R eignen sich auch für höhere Drehzahlen und entsprechend höhere spezifische Leistungen bei relativ geringem Raumbedarf; außerdem können R-Getriebe auch mit senkrechten Wellen verwendet werden, z. B. bei Bohrmaschinen.

So haben verschiedene Werkzeugmaschinenfabriken PIV-Getriebe organisch in ihre Maschinen einkonstruiert („Einbaugetriebe“).

Die Anforderungen an die Schaltmittel (Zu Abschn. 1 u. 2).

Die wesentlichen Anforderungen an die Umschaltungen und Umsteuergetriebe sind folgende:

1. Die durch das Getriebe zu übertragende Kraft darf nicht auf das Schaltmittel (Schalthebel usw.) zurückwirken.

2. Während zu Anfang dieses Jahrhunderts, namentlich bei schweren Werkzeugmaschinen, die Schaltung vom Arbeiter oft nur mit größter Anstrengung, d. h. gegen einen Widerstand von mehr als 20 kg, bewerkstelligt werden konnte, wird heute die Schaltung spielend leicht vollzogen, bei elektrischen Schaltungen z. B. durch Betätigung eines Druckknopfes.

3. Die Schaltung soll sinnfällig erfolgen, d. h. die Schalthebelbewegung soll in der Richtung erfolgen, in welcher die auszulösende Bewegung stattfindet, sie soll ferner eine

---

[1] Leistungsgewicht bedeutet hier das Gewicht in kg des Getriebes dividiert durch die Leistung in kW des Motors.

[2] Auf der Messe in Hannover wurde ein PIV-Getriebe mit Übersetzung 1 : 300 und 67 kW Leistung gezeigt.

fortgesetzte stufenweise oder fortlaufende Steigerung bzw. Abnahme der Bewegungsgeschwindigkeit herbeiführen.

4. Fehlschaltungen sollen möglichst verhindert werden, etwa dadurch, daß durch Vorwählen oder wenigstens durch Anzeige die Schaltung festgelegt bzw. gekennzeichnet ist.

5. Die Schaltung soll nicht Anlaß zu Verschleiß, zu Geräusch oder gar zur Verletzung des Arbeiters sein können. Handgriffe sind so anzuordnen, daß wenigstens ein handbreiter Freigang vorhanden ist.

3. Die Umschalt- und die Umsteuergetriebe.

Von Hand zur Umkehr der Umlaufrichtung getätigte Getriebe werden Umschaltgetriebe genannt. Umsteuergetriebe sind solche, bei denen die Schaltung selbsttätig von der Maschine veranlaßt wird.

Das Wendeherz, das alte Umschaltgetriebe an den Drehbänken zur Umkehr des Leitspindelumlaufes beim Übergang der Herstellung von Rechtsgewinde auf die Herstellung von Linksgewinde, wurde, um das Klemmen etwa aufeinandertreffender Zahnköpfe (Abb. 127) zu vermeiden, besser mit einem Zahnrad mehr zur Erzielung radialen Ein

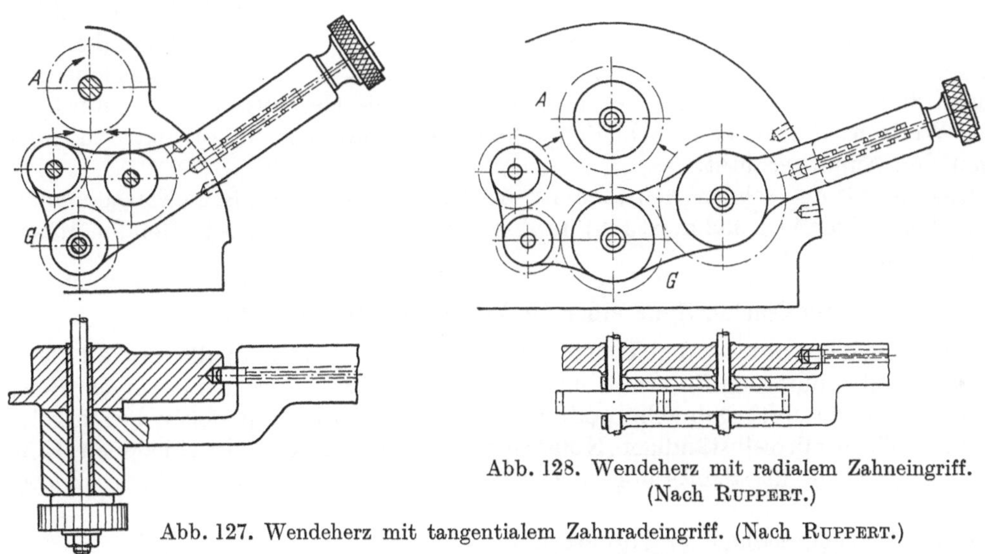

Abb. 128. Wendeherz mit radialem Zahneingriff.
(Nach RUPPERT.)

Abb. 127. Wendeherz mit tangentialem Zahnradeingriff. (Nach RUPPERT.)

greifens der Zahnräder ausgeführt (Abb. 128). Diese letztere Art des Eingreifens der Zahnräder entspricht auch dem radialen Einschlagen der Zähne beim Norton-Getriebe. Die Anordnung findet sich zwar noch an vielen Drehbänken, ist aber der unstarren Gestaltung wegen überholt.

Die Aufgabe, die Bewegungsumkehr herbeizuführen, wird heute durch Schieberäder, Reibungs- bzw. Mehrscheibenkupplung oder Klauenkupplung unter Anwendung von Stirnrädern mit einem Zahnrad mehr auf der einen Seite oder mit Kegelrädern gelöst. Die Anordnung von Kegelrädern beansprucht am wenigsten Raum und hat zudem den Vorzug, daß die Umkehr des Drehsinns in Richtung der Antriebswelle oder auch senkrecht zu·ihr abgeleitet werden kann. Diese Anordnung von Kegelrädern mit Klaue findet nur deshalb nicht überall Anwendung, weil sowohl die erforderliche genaue Herstellung der Kegelräder als auch der Klauen verhältnismäßig teuer ist.

Die Verwendung von Klauen- oder Reibkupplung richtet sich bei den Getrieben danach, ob die Bewegungsumkehr zwangsläufig, d. h. ohne Schlupf wie bei Gewindefertigung, oder nicht zwangsläufig vollzogen werden soll sowie ob die Schaltung oder Steuerung während des Umlaufes oder nach Anhalten des Getriebes erfolgt und ob große oder geringe Kräfte bei der Mitnahme der getriebenen Seite zu übertragen sind.

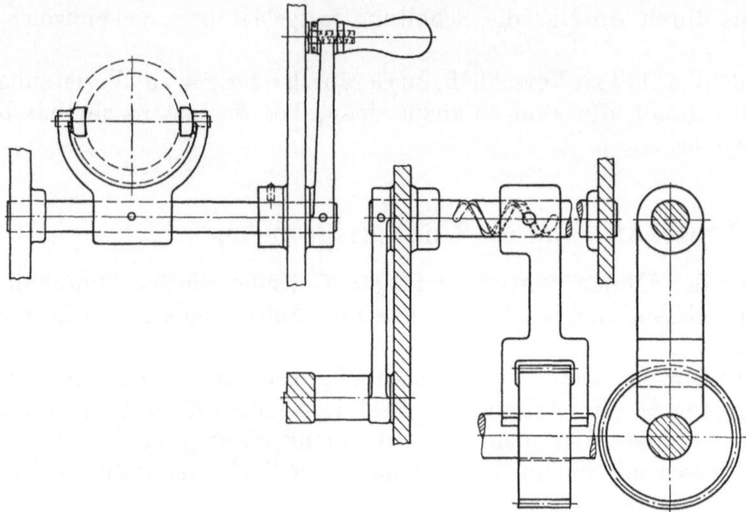

Abb. 129. Betätigung der Kupplungsmuffe von Hand.

Die Betätigung der Kupplungsmuffe bzw. der Kurvenwalze (Abbildung 129) von Hand erfolgt durch die Kupplungsgabel mit Sicherung der Schaltstellung durch Indexstift.

DieUmsteuergetriebe, selbsttätig von der Werkzeugmaschine ausgelöst, gehören zu den empfindlichen und in der Herstellung schwierigen Getrieben des Werkzeugmaschinenbaues. Die Genauigkeit der Umsteuerung, auch bei verschiedenen Geschwindigkeiten, wird bei Präzisionsumsteuerungen zu 0,01 mm, allerdings nur für eine bestimmte Geschwindigkeit, gefordert. Auf diese Weise wird z. B. beim Schleifen gegen einen Bund ein Anlauf der Schleifscheibe gegen den Bund verhütet.

Die Gestaltung solcher Getriebe ist in den Abschnitten „Schleifmaschinen" und „Hobelmaschinen" (S. 332 u. S. 376) im Zusammenhang mit den betreffenden Maschinen beschrieben.

Die Nachprüfung einer Umkehrsteuerung. (Zu Abschn. 3)

Im folgenden wird zu den Umsteuerungen gezeigt, wie man die Gestalt der bestgeeigneten Kupplungsmuffe ermitteln kann. Damit wird eines der wenigen Beispiele, welche in diesem Buch gebracht werden können, mitgeteilt, aus denen hervorgeht, auf welchem Wege ein selbständiger Konstrukteur sich über die verschiedenen Einflüsse klar wird, welche die Bemessung eines Maschinenteils, in diesem Fall der Kupplung, bedingen.

Zwei Probleme stehen im Vordergrund:

1. Feststellung der Größe der einzelnen Reibungswiderstände sowie des günstigsten Verhältnisses zwischen Länge und Durchmesser der Klauenmuffe.

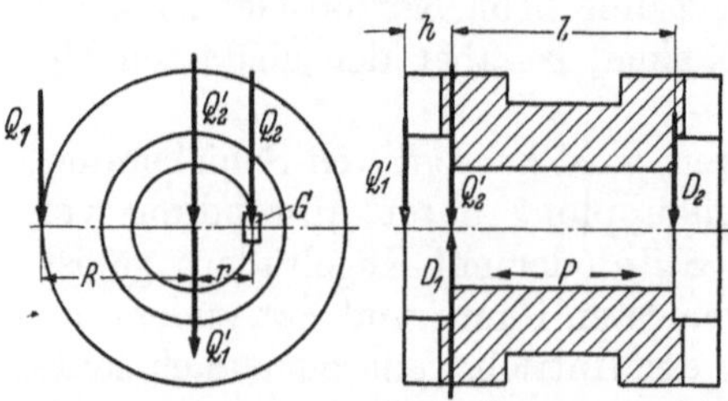

Abb. 130. Kräfteangriff an der Kupplungsmuffe.

2. Feststellung der geeignetsten Form der Kupplungszähne, um stets eine gute Anlage einzuhalten und um mit einem Kleinstmaß an Reibungswiderstand an den Flächen der Kupplungszähne auszukommen.

Der Klauenzahn ist auf Biegen und Abscherung zu berechnen. Um kräftige Zähne zu erhalten, nimmt man die Zähnezahl möglichst klein, d. h. $z = 5$ bis 8 Zähne. Der Flächendruck soll erfahrungsgemäß 150 kg/cm² nicht übersteigen.

Für den Kraftangriff wird der ungünstigste Fall (Abb. 130) angenommen, daß der gesamte zu übertragende Druck von nur einem Zahn aufgenommen wird, und zwar nicht in der Mitte der Zahnfläche, sondern an der äußeren Kante desjenigen Zahnes, welcher dem

Gleitstück der Kupplungsmuffe gerade gegenüberliegt. In diesem Fall wirken die beiden Kräfte Q_1 und Q_2 auf die Kupplungsmuffe in paralleler Richtung, beispielsweise senkrecht nach unten. Damit ergibt sich eine resultierende Kraft der Kupplungsmuffe auf die Welle, ebenfalls senkrecht nach unten. Bei solcher Voraussetzung ergeben sich folgende Reibungswiderstände:

1. der Reibungswiderstand auf der Welle,
2. der Widerstand der Reibung am Gleitstück G (Abb. 130),
3. der Widerstand der Reibung am Kupplungszahn, dessen Ebene zunächst durch die Welle der Kupplungsmuffe gehend vorausgesetzt wird.

Ist M das zu übertragende Moment, so ergibt sich laut Abb. 130 die Zahnkraft $Q_1 = \dfrac{M}{R}$ und die Paßfederkraft $Q_2 = Q_1 \cdot \dfrac{R}{r} = \dfrac{M}{r}$.

Q_1 kann ersetzt werden durch eine an der Achse angreifende gleiche Kraft $Q_1' = Q_1$ und ein linksdrehendes Kräftepaar mit dem Moment $Q_1' \cdot R$; Q_2 durch eine Kraft $Q_2' = Q_2$ und ein rechtsdrehendes Kräftepaar mit dem Moment $Q_2' \cdot r$.

Die Momente der beiden Kräftepaare sind gleich, aber entgegengesetzt gerichtet und heben sich auf. Die übrigbleibenden Kräfte Q_1' und Q_2' erzeugen die Auflagekräfte:

$$D_1 = Q_1' \frac{l+h}{l} + Q_2' = \frac{M}{R}\,\frac{l+h}{l} + \frac{M}{r}$$

$$D_2 = Q_1' \frac{h}{l} = \frac{M}{R}\,\frac{h}{l}\,.$$

1. Mit diesen D-Werten ergibt sich der Reibungswiderstand bei der Längsverschiebung der Kupplungsmuffe zu $W_1 = \mu\,(D_1 + D_2) = \mu\,\dfrac{M}{r} + \mu\,\dfrac{M}{R}\,\dfrac{2\,h+l}{l}$, darin $\mu = 0{,}1$, worin entsprechende Größe und Beschaffenheit der Reibflächen vorausgesetzt ist, oder $W_1 = \mu\,Q_2 + \mu\,Q_1\,\dfrac{2\,h+l}{l}$. Der Bruch $\dfrac{2\,h+l}{l}$ wird um so kleiner, je kleiner das Verhältnis $\dfrac{h}{l}$ wird, für $h = 0$ wird $\dfrac{2\,h+l}{l} = 1$, und $W_1 = \mu\,(Q_2 + Q_1)$.

2. Die Reibung am Gleitstück $W_2 = \mu\,Q_2 = \mu\,\dfrac{M}{r}$.

3. Die Zahnreibung bei Zahnflanken senkrecht zur Umlaufrichtung $W_3 = \mu'\,Q_1 = \mu'\,\dfrac{M}{R}$; μ' ist unbekannt und fällt später aus der Rechnung heraus.

Die gesamte zur Verschiebung der Klauenmuffe nötige Kraft ist demnach:

$$P = W_1 + W_2 + W_3 = \mu\,\frac{M}{r} + \mu\,\frac{M}{R}\,\frac{2\,h+l}{l} + \mu\,\frac{M}{R} + \mu'\,\frac{M}{R}\,.$$

Für den Fall $h = 0$ wird, wenn man $\mu = \mu'$ annimmt

$$P = 2\,\mu\,M\left(\frac{1}{r} + \frac{1}{R}\right) = 2\,\mu\,(Q_1 + Q_2)\,.$$

Die Reibung P wird bei der vorausgesetzten Anordnung der Zahnebenen in der Regel so groß, daß die Sicherheit und die Genauigkeit der Umsteuerung mangelhaft werden würde oder daß die über den Totpunkt hinweghelfenden Federn untragbare Dimensionen erhalten müßten, wenn sie trotzdem die Kupplungsmuffe den Reibungswiderständen entgegen mit Sicherheit auslösen und zum entgegengesetzten Eingriff bringen sollen.

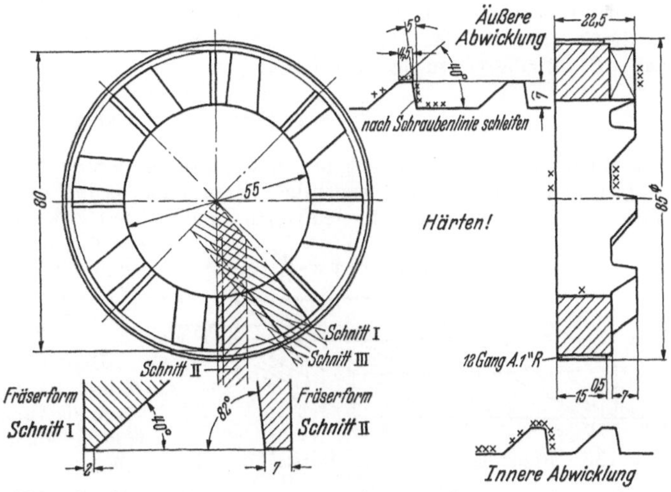

In der Regel und namentlich bei Präzisionssteuerungen (S. 95) wird die Auslösung der Kupplung dadurch erleichtert, daß die Kupplungszähne

Abb. 131. Klauenkupplung mit nach einem Steilgewinde geschliffenen Zahnflanken.

wenigstens mit geneigter Ebene, korrekterweise aber mit *Flächen eines Steilgewindes*, ausgeführt werden.

Bei der ersteren Ausführung (Abb. 131) mit geneigter Zahnflankenebene, geschwenkt um den durch die Mitte der Zahnfläche gehenden Radius, kann die Reibung an der Zahnfläche zwar bis auf 0 herabgesetzt werden, aber die gleichmäßige Anlage der Zahnfläche mit der Gegenfläche tritt nur ein, wenn die Kupplung bis auf den Grund in die Gegenverzahnung eingeschlagen ist. Trifft es sich hingegen zufällig, daß die Kupplungszähne vor dem Einschlagen bis auf den Verzahnungsgrund bereits zur Anlage kommen, so ergibt sich eine Anlage der Zahnflanke nur an der Kante der Zahnebene. Dann ist die Gefahr des Absprengens des Zahnes groß, da die Zähne, um den Verschleiß gering zu halten, gehärtet werden.

Sind hingegen die Zahnflächen nach einer Steilgewindefläche gestaltet, so liegen sie stets, soweit wie die Kupplung eingeschlagen ist, mit voller Zahnfläche an.

Der Reibungswiderstand der Zahnreibung bei geneigter Zahnfläche ergibt sich zu:

$$W_3 = Q_2 \, \mathrm{tg}\,(\varrho - \alpha) = \frac{M}{r}\,(\varrho - \alpha),$$

worin $\varrho = 6°$ der Reibungswinkel und der Steigungswinkel der äußeren Zahnflächenkante ist.

W_3 wird gleich 0 für $\alpha = \varrho$, negativ für $\alpha > \varrho$.

Die Wahl des Winkels α hängt von der Anordnung und der Art der Umsteuerung, ob Schneiden- oder Präzisionsumsteuerung, ab.

Für Präzisionsumsteuerung (im Abschn. Schleifmaschinen) pflegt man zu nehmen $\alpha = 8°$ bis $10°$, weil die Kupplung nach dem Einschlagen festgehalten wird.

Von Einfluß auf das Einschlagen der Kupplungszähne bis auf den Grund ist es auch, ob während des Einschlagens die Kupplung entlastet ist (kurzer Stillstand der zu bewegenden Teile infolge des erwähnten Spiels in einer nachfolgenden Schaltkupplung) oder ob das Einschlagen bei voller Belastung erfolgt.

Aus den Gleichungen für P geht hervor, daß bei sonst gleicher Anordnung P klein wird, wenn M und h möglichst klein, l, r und R möglichst groß werden.

Wenn, wie gewöhnlich, die zu übertragende Leistung gegeben ist, erhält man ein möglichst kleines Drehmoment, wenn die Umlaufzahl der Kupplung möglichst groß gewählt wird. Die Grenze liegt dabei in der Notwendigkeit, zu heftige Aufprallstöße zwischen den Zahnflanken zu vermeiden. Erfahrungsgemäß darf die Umfangsgeschwindigkeit der Kupplung $v = 0{,}75$ m/sec beim Laufen in Öl nicht überschreiten. Ein brauchbarer Wert ist $v = 0{,}6$ m/sec.

Zur Bestimmung der einzelnen Maße der Kupplung bedarf es noch der Feststellung der Einwirkung der Größen R und l (Abb. 130) auf den Reibungswiderstand, wobei zu berücksichtigen ist, daß mit einer Steigerung von R zugleich auch die Umfangsgeschwindigkeit v zunimmt.

Wählt man den Winkel $\alpha > \varrho$, so wird $W_3 = 0$. Damit geht die Gleichung für P über in:

$$P = W_1 + W_2 = 2\,\mu\,\frac{M}{r} + \mu\,\frac{M}{R}\,\frac{2\,h + l}{l}$$

setzt man $\dfrac{M}{r} = Q_2$ und $\dfrac{M}{R} = Q_1 = Q_2\,\dfrac{r}{R}$, so ergibt sich

$$P = \mu\left(2\,Q_2 + Q_2\,\frac{r}{R}\,\frac{2\,h + l}{l}\right) = \mu\,Q_2\left(2 + \frac{r}{R}\,\frac{2\,h + l}{l}\right) = \mu\,Q_2\,\frac{r}{R}\left(2\,\frac{R}{r} + \frac{2\,h}{l} + 1\right)$$

$Q_2\,r$, das Drehmoment an der Kupplungsmuffe, ist für eine bestimmte Maschine eine festliegende Größe.

Somit liegen für eine bestimmte Maschine alle Veränderlichen, welche den gesamten Reibungswiderstand P beeinflussen, in dem Ausdruck

$$\left(2\,\frac{R}{r} + \frac{2\,h}{l} + 1\right)\frac{1}{R} = x.$$

Bezeichnet man diesen Ausdruck mit x, so ist die Änderung der Größe von P lediglich von x abhängig.

Um diese Abhängigkeit übersichtlich darzustellen, bedarf es noch der Vereinfachung, daß die für ein bestimmtes Drehmoment errechneten Werte h und r eingesetzt werden, z. B. wie für die Rundschleifmaschine $h = 0{,}9$ cm und $r = 1{,}6$ cm; somit wird:

$$x = \left(\frac{2\,R}{1{,}6} + \frac{2\cdot 0{,}9}{l} + 1\right)\frac{1}{R} = 1{,}25 + \frac{1{,}8}{R\,l} + \frac{1}{R}.$$

Über den übrigbleibenden unabhängigen Werten R und l kann man nunmehr die Werte von x im Raumdiagramm (Abb. 132) auftragen und erhält so eine vollkommene Übersicht über den Einfluß derselben auf x und damit auf die Größe des Reibungswiderstandes $P = \mu\,Q_2\,x$ in kg, welchen die Kupplungsmuffe der Umsteuerung entgegensetzt.

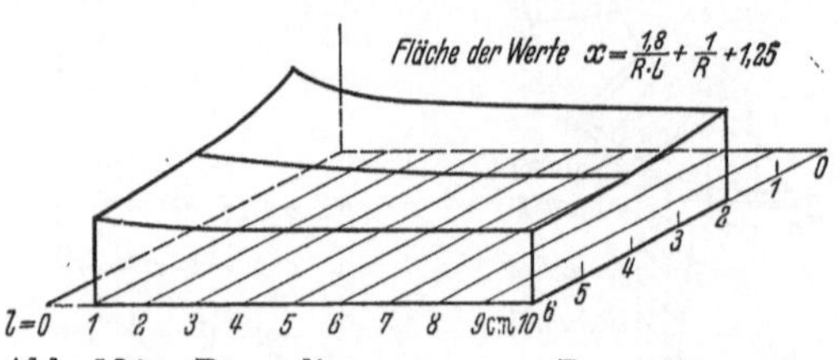

Abb. 132. Raumdiagramm zur Darstellung der Gleichung.

Trägt man im ebenen Diagramm Werte für $x = \mathrm{const}$ (Abb. 133) über R und l auf, so läßt sich ohne weiteres erkennen, um wieviel sich x mit der Vergrößerung von R und l ändert. Für l und $R = \infty$ ist der Kleinstwert von $x = 1{,}25$.

Die Länge l der Kupplungsmuffe führt über $l = 1{,}5\,d = 1{,}5\cdot 2\cdot 1{,}6$ zu keiner beachtlichen Abnahme mehr von Q_2. Von stärkerem Einfluß ist die Zunahme von R. Aber diese Vergrößerung von R verbietet sich, weil dadurch die Muffe unförmig groß werden würde.

Bei einer Rundschleifmaschine (Naxos-Union) wurde der Wert für x in erster Ausführung der Maschine nach Punkt A, also $x = 1,75$ und in zweiterAusführung nach Punkt B, also $x = 1,62$, angenommen. Für Punkt A und Punkt B gehören dazu die Werte:

$$\text{für } A: \quad R = 2,75 \text{ cm} \qquad \text{für } B: \quad 3,5 \text{ cm,}$$
$$l = 5,1 \text{ cm,} \qquad\qquad\qquad 5,8 \text{ cm.}$$

Die Verbesserung von x beträgt nur noch

$$\frac{1,75 - 1,62}{1,62} = 8\%.$$

Zu überlegen ist noch, inwieweit die Wirkung einer zweiten, um 180° versetzten Paßfeder die Schrägstellung der Muffe verhindert. Bei einer Mehr-Keilwelle ist jede Schrägstellung ausgeschlossen; die Muffe bleibt genau mittig und kann sich nur in Achsrichtung verschieben.

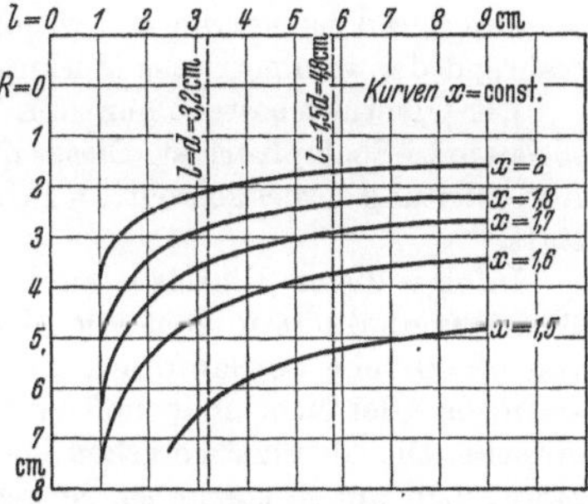

Abb. 133. Darstellung der Lage zweier Zahlenwerte von x an ausgeführten Maschinen der Naxos-Union zwischen den Kurven von $x = $ const.

VIII. Die hydraulische Ausrüstung.

Mit dem nach dem ersten Weltkrieg verstärkt einsetzenden Bestreben, höchste Wirtschaftlichkeit der Fertigung zu erreichen, fand bei den Werkzeugmaschinen ein Übergang vom mechanischen zum hydraulischen Getriebe statt. Die Hydraulik wurde ein Problem, welchem sich kaum eine Firma entziehen konnte, es sei denn nach eingehender Prüfung.

Hydraulische Getriebe fanden nunmehr Anwendung zur Betätigung von Schnitt und Vorschub, umlaufend und hin- und hergehend. Am häufigsten kam die Hydraulik für die hin- und hergehende Vorschubbewegung zur Anwendung, zusätzlich aber auch zur Betätigung von Bewegungen wie das Zuführen und Spannen des Werkstückes, das Schalten und Kuppeln, das Zurücknehmen der Reitstockpinole, das Schwenken und Verriegeln des Revolverkopfes bei Automaten usw. Gerade die Einfachheit, mit welcher sich zusätzliche Bewegungen[1] hydraulisch mit ausführen lassen, hat oft zugunsten der Hydraulik entschieden.

Vorteile der Flüssigkeitsgetriebe sind:

einfache Kraftübertragung und bequeme Bedienung über weite Strecken bei Verwendung von entsprechenden Kolben und Zylindern, die nur durch einfache Rohrleitungen mit der Druckerzeugungsquelle verbunden sind. Damit erübrigen sich in vielen Fällen teuere mechanische Übertragungselemente, und es gestaltet sich in manchen Fällen eine hydraulische Maschine billiger und zweckmäßiger als dieselbe Maschine in mechanischer Ausführung, ferner

stufenlose Verstellung innerhalb weiter Grenzen, selbst unter voller Last,

sinnfällige Einhebelsteuerung und Verriegelung gegen Fehlschaltungen,

ruhiger, stoßfreier Lauf,

stoßfreie Schaltung und Umkehrung der Bewegung,

Unempfindlichkeit gegen Überlastung, Bruchsicherheit wie bei einer Rutschkupplung,

Eignung zur Fühlersteuerung,

einfache Gestaltungsmöglichkeit, d. h. Zusammenfassung in bequem anbaufähigen Gruppen.

Nachteile sind:

Teuere *Herstellung* vieler, sehr genau zu fertigender Einzelteile, so daß der Preis des Getriebes denjenigen für ein entsprechendes mechanisches Getriebe unter Umständen erheblich überschreitet. Man muß abwägen, ob der höhere Preis mit den bei der hydraulischen Konstruktion zu erwartenden Vorteilen in Einklang steht. Kleinere Maschinen mit geringem Anschaffungspreis sind mit Hydraulik kaum von Vorteil.

Kein zwangsläufiger Vorschub infolge des Schlupfverlustes. Hierzu ist jedoch zu bemerken: Günstiger arbeiten Vorschubsysteme, bei welchen die Regelpumpen das Öl bereits unter Druck von einer Hilfspumpe zugeführt bekommen. Diese Pumpen sind drukentlastet nach außen, haben also kein Druckgefälle, das Leckverluste verursacht. Solche Regelpumpen sind Meßpumpen, welche das Vorschuböl in die Vorschubzylinder dosieren. Diese Meßpumpen sind weitgehend von Druck und Temperatur abhängig, jedoch ist die Gleichförmigkeit für ein Präzisionsgewinde noch nicht genügend.

Erhebliche Leistungsverluste durch Schlupf, Reibung und Steuerung. Der Wirkungsgrad von Pumpen und Motoren ist das Produkt des mechanischen und des volumetrischen Wirkungsgrades. Der mechanische

---

[1] Spannbewegungen, Eilbewegungen.

Wirkungsgrad ist vorwiegend durch die Reibungsverluste der Strömung und der Lagerstellen bestimmt, während der volumetrische Wirkungsgrad vom Ölverlust und damit auch vom Druck abhängt.

Der Ölverlust besteht nur zum Teil in abfließendem Lecköl. Sehr bedeutend ist ein zweiter Anteil, der sogenannte Schlupfverlust. Dieser entsteht durch die Ölmenge, die aus dem Druckbereich in die Saug- bzw. Abflußleitung zurückgelangt. Der Übertritt findet an den Ventilen bzw. Verteileröffnungen vor den Zylindern statt.

Infolge dieser Einflüsse sind die Wirkungsgrade von Pumpen und Motoren sehr stark von den Betriebsverhältnissen abhängig. Über den Druck als Abszisse aufgetragen ergeben sich Wirkungsgrade von $\eta = 0$ beim Leerlaufdruck aus ansteigenden Wirkungsgradkurven, deren Scheitelwerte $\eta = 0,8$ bis $0,9$ erreichen. Bei Maschinen mit veränderlichem Hub werden für kleine Hübe nur geringe Wirkungsgrade erreicht. Die Ölverluste ergeben bei sehr hohen Drucken wieder einen Abfall der Wirkungsgradkurven, und zwar einen um so stärkeren, je geringer der Ölumsatz ist.

1. Eigenschaften des Treiböles.

Als Treiböl kommt für Ölgetriebe in Betracht:

Voltol-Gleitöl II der Rhenania-Ossag-Mineralölwerke, Hamburg, Gargoyle Vactra-Öl mittelschwer X der Deutschen Vacuum-Öl Gesellschaft, Hamburg, u. a.

Es sind Öle, welche auch als Schmieröl für das Getriebe im Spindelstock der Werkzeugmaschinen verwendet werden.

Das Treiböl ist elastisch. Ein vorhandenes Ölvolumen vermindert sich bei Steigerung des Druckes[1]. Die Formel dafür lautet:

$$V_2 = V_1 [1 - \beta_t (p_2 - p_1)] \text{ cm}^3,$$

dabei bedeutet

$V_1 = $ Anfangsvolumen, $p_1 = $ Anfangsdruck,
$V_2 = $ Endvolumen, $p_2 = $ Enddruck,
$\beta_t = $ Kompressibilitätskoeffizient.

Der Kompressibilitätskoeffizient ist nicht konstant, sondern ändert sich mit der Temperatur und dem Druck.

Für Drucke von etwa 50 atü gilt in Abhängigkeit von der Temperatur etwa

$\beta_t = 0,060 \quad 0,068 \quad 0,077 \quad 0,086 \quad 0,096 \quad 0,108 \quad 10^{-3}$
bei $\quad\; 0 \qquad\; 20 \qquad\; 40 \qquad\; 60 \qquad\; 80 \qquad 100° \text{C}$

Die Temperaturabhängigkeit des Koeffizienten kann durch die Funktion

$$\beta_t = \beta_0 (1 + at + bt^2)$$

dargestellt werden. Für Mineralöl ist etwa

$$a = 6 \cdot 10^{-3}, \quad b = 2 \cdot 10^{-5}$$

Die Zusammendrückung z der Ölsäule beträgt

$$z = \beta_t (p_2 - p_1) \cdot L \text{ (mm)},$$

wenn L die Länge der Ölsäule in mm bedeutet. Die Druckabhängigkeit kann etwa mit dem Faktor $p^{-0,17}$ berücksichtigt werden.

Bei 50 atü Überdruck und einer Druckzylinderlänge von 4 m beträgt die Zusammendrückung bereits

$$z = 0,055 \cdot 10^{-3} \cdot 50 \cdot 4000 = 11 \text{ mm}.$$

Bei sehr kleinen Vorschüben kann elastische Zusammendrückung oder Entspannung den Vorschub nicht nur verzögern oder beschleunigen, sondern auch in seinem Ausmaß untragbar verändern.

Die kinetische Energie der in Bewegung befindlichen Treibölmenge kann in der Regel vernachlässigt werden, weil die bewegten Ölmengen nicht groß sind. Nicht vernachlässigt werden aber darf die kinetische Energie der umlaufenden oder hin- und hergehenden Getriebeteile, die bei plötzlichem Absperren oder auch nur Einengen des Durchtrittsquerschnittes für das Öl zum Leitungsbruch oder zu Schwingungen in der Leitung führen kann.

---

[1] Shell-Angaben.

In den Treibölleitungen wird ein Auslaßventil vorgesehen, um einem Förderüberschuß den Ausweg zu schaffen und damit Überlastung von Getriebeteilen zu vermeiden. Die Rohrleitungen sind so anzulegen, daß das Treiböl in laminarer Strömung vorwärtsgetrieben wird. Die Spannung beträgt in der Regel 10 bis 30 atü, zuweilen, z. B. bei Pumpen mit Kolbenzellen, bis zu 100 atü.

Gefördert wird das Treiböl durch Treibölpumpen, auch Generatoren genannt.

2. Die Pumpen und die Motoren.

Bevor die Treibölkreisläufe eingehender erörtert werden, sollen die Treibölpumpen und die Treibölmotoren gemeinsam besprochen werden, weil sie häufig in einem Aggregat zusammengefaßt sind und die Trennung nach Pumpen und Motoren in besonderen Abschnitten mehr Raum erfordern würde.

Zu den Motoren gehören auch die Kolbenhubmotoren, das sind einfache Zylinder mit darin hin- und hergehenden Kolben, die aber an dieser Stelle nicht in ihren Einzelheiten dargestellt werden. Die an sich nicht unwichtigen konstruktiven Einzelheiten werden zweckmäßigerweise bei den einzelnen hydraulisch betätigten Werkzeugmaschinen mitgeteilt.

Die Pumpen arbeiten mit Kolbenzellen, Flügelzellen oder Zahnradzellen.

Der Motor ist von gleicher Konstruktion wie die Pumpe, nur in der Regel mit größeren Zellenräumen, um damit, wie gewöhnlich bei Werkzeugmaschinen, die Drehzahl vom Antrieb ab herabzusetzen und das Drehmoment zu erhöhen. Zur Herstellung einer geradlinigen Schnitt- und, am häufigsten vorkommend, einer Vorschubbewegung zwecks stufenloser Geschwindigkeitsänderung findet als Motor ein Kolbenhubmotor Anwendung.

a) Die Pumpen mit Kolbenzellen.

Zu den Pumpen mit Kolbenzellen gehören die Oilgearpumpe mit radial angeordneten Kolben, die Axialkolbenpumpe u. a. m.

Die Oilgearpumpe arbeitet seit mehr als 20 Jahren in den von der Cincinnati-Milling-Co. gebauten Fräsmaschinen. Sie besteht aus dem Gehäuse b und dem Zylinderstern d mit 5 Kolbenzellen (Abb. 134a u. b), Gehäuse und Stern rotieren um parallele, um eine ein-

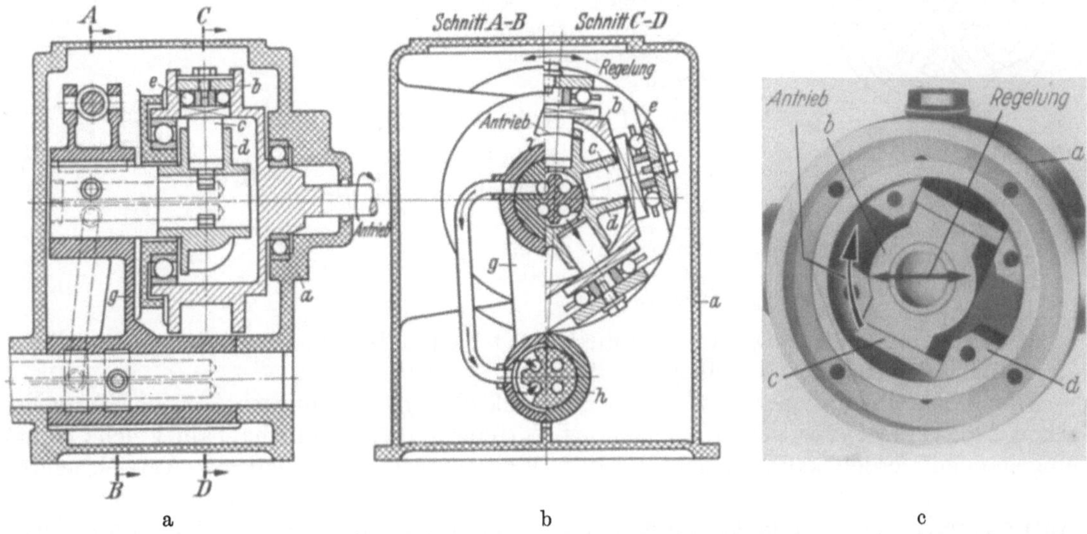

a   b   c

Abb. 134a—c. Pumpen mit Kolbenzellen.

a u. b: Oil-Gear-Getriebe der Cincinnati-Milling-Co.
a Feststehendes Gehäuse; *b* Umlaufendes Gehäuse; *c* Kolben; *d* Zylinderstern mit 5 Kolbenzellen; *e* Kugeln; *g* Schwinge *h* Achse.
c: Stotz-Getriebe der Fa. Weingarten.
a Feststehendes Gehäuse; *b* u. *c* Kolben; *d* Kolbenzellenträger.

stellbare Exzentrizität bis zum halben Kolbenhub versetzte Achsen. Ist die Exzentrizität = 0, so wird kein Öl gefördert.

Eingestellt wird die Größe der Exzentrizität, indem der stark schraffierte Teil um die unten liegende Achse h ein wenig geschwenkt wird. Der am oberen Ende zwischen den beiden stark schraffierten Armen angreifende Kolben (Abb. 134a oben links) besorgt diese Schwenkung selbsttätig oder von Hand gesteuert. Da die Kolbenzylinder somit exzentrisch mit den Kolben c umlaufen, schwingen diese um den doppelten Betrag der Exzentrizität in ihrer Achsenrichtung. Um das Ausschwingen senkrecht zur Kolbenachse zu ermöglichen, besitzen die Kolben am äußeren Ende eine Gleitplatte, welche in der Umlaufrichtung des Sterns über Kugeln e leichtgängig gegenüber der Gegenplatte im Gehäuse verschiebbar ist.

Der Treibstoff wird durch die unten liegende Achse h und den Schwenkarm in die Achse des Zylindersterns und von dort in die Kolbenzelle angesaugt. Von dieser wird er durch die zweite Leitung im Schwenkarm wieder der unten liegenden Achse h und schließlich dem Motor, d. h. dem Vorschubzylinder zum Antrieb des Vorschubkolbens, zugeführt. Die Steuerung erfolgt durch die Freigabe der Zutrittskanäle in der feststehenden Achse des Zylindersterns bei dem Umlauf desselben.

Die Abdichtung an der Achse des Zylindersterns ist kein einfaches Problem, zumal das Öl mit Erwärmung seine Viskosität ändert und mit der Passung diesem Umstand Rechnung getragen werden muß. Der Hub der einzelnen Kolben ist durch die Größe der Exzentrizität gegeben. Der genaue volumetrische Wirkungsgrad hängt von den Leckverlusten ab, der mechanische Wirkungsgrad von den Reibungsverlusten. Nur an ausgeführten Maschinen können diese Wirkungsgrade genau ermittelt werden.

Jedenfalls hat die Einhaltung enger Temperaturgrenzen im Treiböl sowie die sorgfältige Werkstattausführung viel zum Erfolg der Oilgearpumpe bei der Cincinnati-Milling-Co. beigetragen. Die Schilderung der Steuerung des Treiböls zum Vorschubantrieb folgt in Abschnitt „Fräsmaschinen".

Die Formel für die Fördermenge Q lautet:

$$Q = \frac{\pi\, d^2\, e\, z\, n}{2 \cdot 10^{-6}} \quad [\text{l/min}],$$

worin bedeuten

d den Durchmesser des Kolbens in cm:
e die eingestellte Exzentrizität in cm;
z die Anzahl der Kolben;
n Umdrehungen/min.

Der Bedarf an Antriebsenergie ist

$$N = \frac{Q \cdot 10^{-3} \cdot p \cdot 10^4}{60 \cdot 102 \cdot \eta} = \frac{Q\,p}{612 \cdot \eta} \quad (\text{kW}),$$

darin ist

Q = Treibölmenge (l/min);
$\eta = 0{,}70 \sim 0{,}85$;
p = Öldruck in atü.

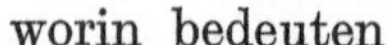

Abb. 135. Kolbenende der Oilgear-Pumpe als gleitender Nagelkopf ausgebildet. (Hydraulic Control and Feeding Mechanisms.)

Eine neuere Ausführung vermeidet die Gleitplatten, indem das obere Ende der Kolben als geführter, gleitender Nagelkopf ausgebildet ist (Abb. 135).

Die Axialkolbenpumpen werden mit Schwenkrahmen, Schwenkscheibe oder Taumelscheibe ausgeführt, von denen jede Bauart Vorteile und Nachteile hat, auf welche nicht eingegangen werden kann. Gegenüber der Oilgearpumpe mit radial zur Antriebsachse gerichteten Kolbenbewegungen verlaufen diese bei den Axialkolbenpumpen parallel zur Antriebswelle oder mit einer Neigung bis zu etwa 25° dazu. Die erstgenannte Ausführungsart mit Schwenkrahmen ist von Prof. Thoma mit Geschick und Sorgfalt durchgebildet (Abb. 136). Die Abbildung zeigt diese Pumpe in Aufriß. Das den Kolbenträger umschließende Gehäuse kann um den waagerechten Zapfen b nach oben oder unten bis zu 25° geschwenkt werden. Der Kolbenträger wird durch ein doppeltes Kardangelenk von der Antriebswelle a mitgenommen. Seine Grundfläche steuert das Ansaugen und Weiterfördern des Treiböls. Die Treibölzufuhr und -abfuhr erfolgt durch die Schwenkachse des Gehäuses g. Die Einschwenkung des Gehäuses wird von Hand ausgeführt. Die Schmierung der hochbelasteten Kolbenstangenkugeln und deren Kugelpfannen werden dadurch sicher geschmiert, daß dem Drucköl in den Zylindern entsprechende kleine Ölmengen entnommen und durch die Kolbenstangen hindurch zugeführt werden.

Zur Ausführung der Schnitt- oder Vorschubbewegung dient in der Regel bei der Oilgear- wie bei der Axialpumpe der erwähnte Kolbenhubmotor.

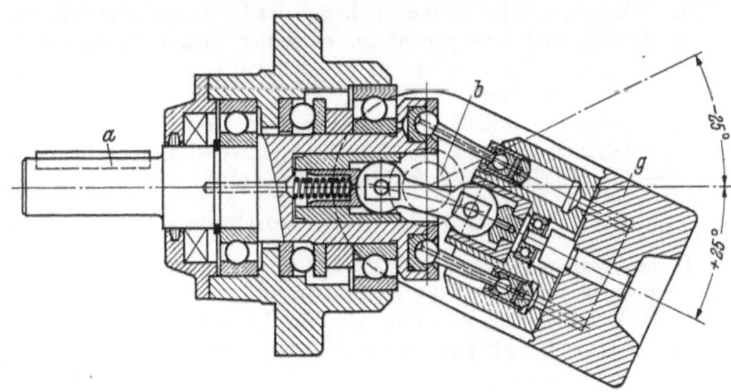

Abb. 136. Jahns-Thomas-Pumpe. (Nach Dürr u. Wachter: Hydraulische Antriebe.)

b) Die Pumpen mit Flügelzellen.

Zu den Pumpen mit Flügelzellen gehören die Enor-Forst- und die Boehringer-Sturmgetriebe, beide in Verbindung mit einem Motor gleicher Konstruktion oder mit einem Kolbenhubmotor.

Das Enorgetriebe, häufig mit seinem Motor in einem Aggregat vereint, wurde von Dr.-Ing E. h. Kühn entwickelt und von den Fortuna-Werken, Stuttgart, sodann ab 1934 von der Firma Forst in Solingen gebaut. Das heutige Verwendungsgebiet ist in großem Umfang die technologische und chemische Industrie, in geeigneten Fällen aber auch der Werkzeugmaschinenbau, z. B. für die Räummaschine, welche Forst baut, und

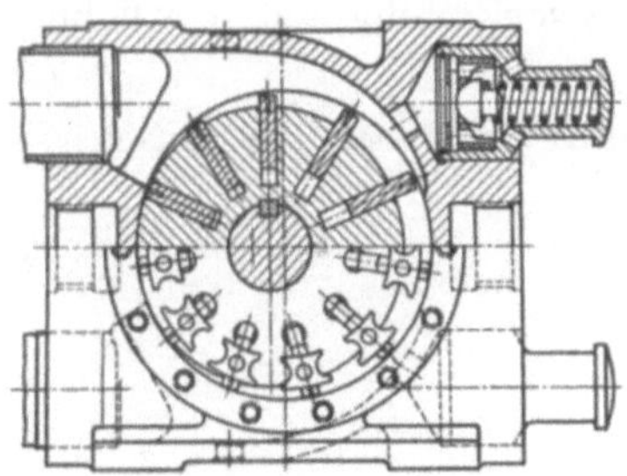

Abb. 137. Pumpe mit Flügelzellen als Einzelpumpe.

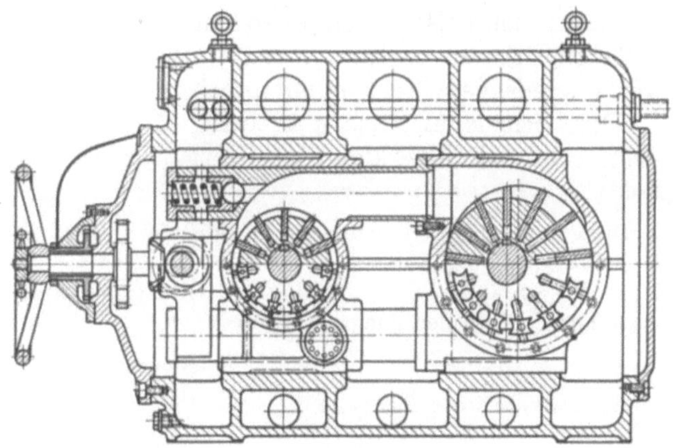

Abb. 138. Verbund-Energator.

für Hobelmaschinen Waldrich, Coburg, für Flächenschleifmaschinen Billeter und Kunz, Aschersleben, u. a. m.

Das Enorgetriebe, von Forst „Energator" genannt, (Abb. 137 und 138) läßt sich von 0 bis auf volle Leistung regeln und gestattet auch ein Umschalten der Förderrichtung bei gleichbleibendem Umlauf des Antriebs.

Der Enormotor gleicher Konstruktion läßt sich bis auf etwa ein Drittel der Gesamtexzentrizität herabregeln, weil darüber hinaus das Drehmoment nicht mehr ausreicht, den Motor in Bewegung zu setzen.

Das Enorgetriebe besteht aus

der mit radialen Schlitzen versehenen Läufertrommel,

dem diese umschließenden Zylinderkörper, der exzentrisch senkrecht zur Trommelachse bei kleinen Pumpen um etwa 4 mm und bei großen Pumpen bis zu 18 mm verstellt werden kann,

den Flügeln, welche in den Schlitzen der Läufertrommel gleiten und mit ihren Endflächen mittels zwischengefügtem Abdichtungsstoff die einzelnen Zellen gegeneinander abdichten. Die Flügel kommen also selbst mit dem Zylinder gar nicht in Berührung. Nötigenfalls kann die Abdichtung durch in die Schlitze eingelegte Federn verstärkt werden,

den Laufringen, welche konzentrisch mit der Achse des Zylinderkörpers angeordnet sind, und

den Gleitstücken, welche die Laufringe annähernd mitnehmen, so daß die Reibung zwischen den Flügeln und den Laufringen auf ein Minimum beschränkt bleibt.

Die Laufringe erfüllen im wesentlichen fünf Aufgaben:

1. das Auffangen der nicht unerheblichen Zentrifugalkräfte der Flügel und damit das Fernhalten der Einwirkung derselben auf die Zylinderwand,

2. die zwangsläufige Führung der Flügel und damit der äußeren Flügelflächen auf einem Kreise, so daß die Abdichtung der Flügelzellen auf je zwei gegenüberliegende Flügel beschränkt werden kann,

Abb. 139. Einzelpumpe.

3. die Herbeiführung des Ausgleichs zwischen den Ölmengen in den Räumen hinter den Flügeln nach der Achse zu durch die in den Laufringen angebrachten Bohrungen (Abb. 139),

4. Aufteilung der seitlichen Anlaufflächen des Läufers an den Zylinderdeckeln in zwei Zonen zur Abgrenzung der Saugseite von der Druckseite,

5. Vermeidung der hohen Gleitgeschwindigkeiten, welche sonst bei den größeren Durchmessern auftreten würden.

Die Regelung der Drehzahlen des Motors kann durch Verstellung der Exzentrizität sowohl der Pumpe als auch des Motors erfolgen. Im ersteren Falle ändert sich die Leistung des Aggregats, während das Drehmoment des Motors konstant bleibt und die Drehzahl des Motors mit Erhöhung der Leistung entsprechend zunimmt. Im andern Falle, also bei Veränderung der Extentrizität im Motor, bleibt die Leistung konstant, während das Drehmoment mit zunehmender Drehzahl entsprechend abnimmt.

Der normale Arbeitsdruck beträgt 7 atü, kann aber vorübergehend auf 10 atü gesteigert werden. Bei kleinsten Getriebegrößen wird er zweckmäßig auf 5 atü herabgesetzt.

Die Formeln zur Berechnung des Schlupfs der Öl- und Energiemenge sind an sich sehr einfach:

1. Schlupf, cm³/sec

$$S = (p + 0,5)\, s.$$

2. Fördermenge der Pumpe, cm³/sec

$$F = Q_1 - S_1 = \frac{q_1 n_1}{60} - S_1.$$

3. Kraftbedarf der Pumpe, kW

$$N_1 = \frac{Q_1 p}{60 \cdot 102\, \eta_1}.$$

4. Ölverbrauch des Motors, cm³/sec

$$F = Q_2 + S_2 = \frac{q_2 n_2}{60} + S_2.$$

5. Leistung des Motors, kW

$$N_2 = \frac{Q_2 p\, \eta_2}{60 \cdot 102}.$$

Darin bedeuten

q den Arbeitsraum der Pumpe in cm³ je Umdrehung,

Q den Arbeitsraum der Pumpe in cm³ je sec,

F die bewegte Flüssigkeitsmenge, also Fördermenge der Pumpe annähernd = dem Ölverbrauch des Motors, cm³ je sec,

p den Öldruck, atü,

s die Schlupfzahl,

S den Ölschlupf, cm³ je sec,
N den Energiebedarf bzw. die Leistung in kW,
η den mechanischen Wirkungsgrad.

Die die Pumpen betreffenden Bezeichnungen tragen den Index 1, die des Motors den Index 2.

Die Formeln geben nur eine Vorstellung von den Rechnungsgrundlagen zur Feststellung der sich bei bestimmten Exzentrizitäten ergebenden Drehzahlen und Leistungen. Erforderlich ist die Kenntnis der vorkommenden Koeffizienten, die nur durch Erprobung an ausgeführten Maschinen als Durchschnittswerte festgestellt werden können und von den Herstellern in Tabellenform zur Verfügung gestellt werden.

Das Boehringer-Sturm-Getriebe (Abb. 140a und b) unterscheidet sich wesentlich vom Enor-Getriebe dadurch, daß es wie das Oilgeargetriebe von innen durch die Sternachse beaufschlagt ist. Es arbeitet mit Flügelzellen im geschlossenen Kreislauf. Der Flügelstern und das umschließende Gehäuse laufen um, wobei die Ex-

Abb. 140a u. b. Boehringer-Sturm-Ölgetriebe.

zentrizität durch Verschieben des Gehäuses eingestellt wird, wie aus dem Schnitt durch die Pumpe mit ihrem Umlaufgehäuse und mit eingezeichneter Verstellschraube nebst zugehörigem Kugelhebel zu sehen ist.

Die Hauptdaten und Abmessungen der Normalform des Boehringer-Sturm-Getriebes sind in Tab. 12 angegeben.

Tabelle 12. *Daten des Boehringer-Sturm-Getriebes.*

Getriebe- größe	Abtriebsdrehzahl für beide Dreh- richtungen U/min	Antriebsdrehzahl (um steuerbar) U/min	Größte Leistung		*Größtes Drehmoment		Gewicht	
			in kW	bei Antriebs- drehzahl U/min	in mkg	bei Antriebs- drehzahl U/min	des Getriebes ohne Ölfüllung etwa kg	der Ölfüllung etwa kg
C 13	1400	0 bis 1800	1,8	450 bis 1800	4	60 bis 450	85	3
C 24	1400	0 bis 1700	2,6	450 bis 1700	6	60 bis 425	110	4
C 35	1400	0 bis 1600	3,7	375 bis 1600	9,5	60 bis 375	155	5,5
C 46	1400	0 bis 1500	5,1	335 bis 1500	15	60 bis 355	210	7
L 11	1400	0 bis 1180	9,2	235 bis 1180	40	47,5 bis 23	500	18
L 13	950	0 bis 950	14,7	190 bis 950	80	37,5 bis 190	800	25
C 15	950	0 bis 750	23,5	150 bis 750	160	30 bis 150	1250	50

Die stufenlose Drehzahlregelung erfolgt wie beim Enorgetriebe durch Änderung der Fördermenge der Pumpe oder durch Änderung der Schluckmenge des Motors oder durch gleichzeitige Verstellung beider wie beim Enorgetriebe. Daher gelten auch dieselben Gleichungen und ergeben sich entsprechende Leistungen und Momente. Auch unter Belastung kann vom Stillstand bis zur Höchstdrehzahl stufenlos geregelt und ebenso der Umlaufsinn umgekehrt werden. Zum Schutz gegen Überlastung sind für beide Drehrichtungen einstellbare Sicherheitsventile eingebaut. Die Steuerung von Pumpe und Motor kann unabhängig von Hand erfolgen. Sie kann aber auch durch eine Einhebelsteuerung, bei welcher Pumpe und Motor gemeinsam verstellt werden, betätigt und damit die Bedienung vereinfacht werden. Auch mechanische bzw. elektrische Fernsteuerung, letztere mit Hilfe von Druckknopfschaltungen, ist vorgesehen.

c) Die Pumpen mit Zahnradzellen.

Die Pumpen mit Zahnradzellen oder einfache Zahnradpumpen (Abb. 141) werden mit äußerer und auch mit innerer Beaufschlagung ausgeführt. Bei innerer Beaufschlagung ergibt sich ein sanfter Lauf, weil die in der Zahnlücke durch den in sie eintretenden Zahn des Gegenrades abgeschlossene Ölmenge ohne weiteres nach der betreffenden Zahnradwelle zurückgedrückt wird. Dieser Typ ist aber teurer als der andere und erfordert Abdichtung an der Welle. Bei äußerer Beaufschlagung hingegen führt die Einschließung des Öls zu hartem Gang des Getriebes, wenn nicht dafür gesorgt wird, daß durch entsprechende Aussparungen in einer der am Zahnrad anliegenden Stirnflächen des Gehäuses für Druckausgleich mit benachbarten Zellen gesorgt wird. Dieser Typ ist der am häufigsten angewandte, weil er der billigste und betriebssicherste ist.

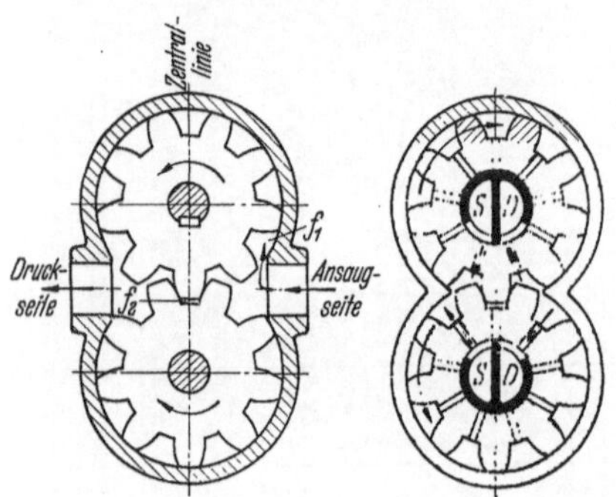

Abb. 141. Zahnradpumpen mit äußerer bzw. innerer Beaufschlagung.

Die Zahnradpumpen sind im Gegensatz zu den Pumpen mit Kolben- oder Flügelzellen an sich nicht verstellbar. Eine grobe Verstellung läßt sich zwar dadurch herbeiführen, daß zwei auf jeweils der gleichen Welle sitzende Zahnräderpaare gleichen Durchmessers nebeneinander angeordnet sind, von welchem das eine Paar doppelt so breit wie das andere ausgeführt ist. Je nachdem nun das eine, das andere oder beide Zahnradpaare fördern, erhält man die halbe, die einfache oder die anderthalbfache Treibölmenge. Aber diese grobe Stufung genügt in der Regel nicht, sie wird deshalb zur stufenlosen Verstellung ergänzt, durch Abdrosseln der Fördermenge und Abführen des überschüssigen Treiböls in den Ölbehälter (Verlustregelung), gegebenenfalls auch einfach dadurch, daß in die Förderleitung ein federbelastetes Ventil eingesetzt wird, welches bei einer bestimmten Atmosphärenzahl dem überschüssigen Treiböl den Weg zum Behälter freigibt. Da es sich bei sehr vielen Werkzeugmaschinen um kleine Energiemengen, um die Betätigung einer Schaltung oder der Reitstockpinole handelt, so wird der geringe Energieverlust durch das überschüssige Treiböl in Kauf genommen, um so mehr als, wie oben erwähnt, die Zahnradpumpe trotz der hohen Anforderung an Fertigungsgenauigkeit billig und wenig reparaturbedürftig ist. Freilich kann eine Verstellung auch durch einen angeschlossenen Treibölregler bis auf kleinste Ölmengen erreicht werden, wie noch gezeigt wird.

Die Treibölförderung kommt dadurch zustande, daß das Öl vom Behälter in den sich beim Umlauf der beiden Zahnräder erweiternden Raum auf der Ansaugseite (Abb. 141) angesogen, in den Zahnradlücken an der Peripherie der Zahnräder zur Druckseite herumgeführt und mit der dem Gegendruck an der Austrittsseite entsprechenden atü-Zahl dem Vorschubzylinder zugeführt wird. Das zwischen Lücke und Zahn eingeschlossene sogenannte Quetschöl wird durch zwei Seitenkanäle in den Druckraum abgeführt. Dabei handelt es sich aber nur um etwa 20% der Fördermenge, so daß diese Ölmenge vernachlässigt und ausnahmsweise aber in der Rechnung durch einen kleinen Abzug berücksichtigt wird. Zur Erzielung ruhigen Laufes wird auch bei den Zahnradpumpen Schrägverzahnung angewandt, jedoch nur mit so geringer Schräge, daß das Öl nicht von der Druckseite in den Saugraum zurückfließen kann.

Der Treiböldruck wird in der Regel auf 10 bis 25 atü gehalten. In besonders hergestellten Pumpen können 100 atü und mehr erreicht werden.

Die geförderte Treibölmenge Q ergibt sich aus der Formel

$$Q = \eta F b \, 2 \, z n \ \mathrm{cm^3/min}$$

oder auch annähernd

$$Q = \frac{\pi \, d_t \, 2 \, m \, b \, n}{10} \ \mathrm{cm^3/min} \qquad N = \frac{Q \, p}{60 \cdot 75 \cdot \eta \cdot 100} \ \mathrm{PS}.$$

Darin bedeuten

η den volumetrischen Wirkungsgrad (90% $\sim$ 95%),
F den Querschnitt der Zahnlücke, cm²,
b die Breite der Lücke in Achsrichtung, cm,
z die Zähnezahl eines Zahnrads,
n die Drehzahl je Minute,
d_t den Teilkreisdurchmesser, cm,
m den Modul, mm.

Ferner bedeuten

N die erforderliche Leistung des Antriebes,
p atü des Treiböls.

Der Wirkungsgrad ist also gut.

Eine einfache Ausführung einer solchen Zahnradpumpe hat bei der Fortuna-Rundschleifmaschine Anwendung gefunden.

Diese Pumpe (Abb. 142a bis c), außen beaufschlagt, ist ein Beispiel für hohe Sorgfalt der Fertigung, um die erwähnten Vorzüge hoher Leistung und Haltbarkeit der Zahnradpumpe zu erreichen. Diese Sorgfalt gilt vorzugsweise

1. den Bohrungen, welche genau parallel zueinander und genau senkrecht zu den Stirnflächen ausgeführt werden, so daß das Spiel zwischen Stirnseiten der Zahnräder und den Gehäuseflächen 0,02 mm einhält;

2. dem Druckausgleich an den Stirnflächen der Wellen, und zwar für die Antriebswelle durch Anschluß an die Außenluft und für die getriebene Welle durch deren Durchbohrung (Abb. 142, Schnitt AB):

3. der sorgfältige Manschettenabdichtung der Antriebswelle nach außen (Abb. 142, Schnitt CD).

Auch das Passungsspiel an den Zahnkopfflächen beträgt 0,02 mm, in den Lagern hingegen 0,025 mm mit Rücksicht auf die im Betrieb sich entwickelnde Treibölwärme von etwa 60° C. Um den Druckausgleich zu vermeiden, also eine Seitenkraft überhaupt nicht aufkommen zu lassen, können zwei Zahnräder mit symmetrischer Schrägverzahnung zusammengefügt werden.

Die Drehzahl der Fortuna-Pumpe beträgt $n = 800$ U/min, die Treibölförderung 60 l/min. Die Fördermenge erfolgt einfach durch Ablassen des überschüssigen Treiböls durch ein Auslaßventil zum Behälter verstellt (Verlustverstellung).

Die bereits auf S. 112 erwähnte Ergänzung der Zahnradpumpe durch eine Regeleinrichtung, mit welcher das Treiböl in genau bemessener Menge selbst tropfenweise dem Vorschubzylinder zugeführt werden kann, hat die Firma Heller, Nürtingen, die auf dem Gebiete hydraulischer Antriebe und deren Steuerung[1] bahnbrechend gearbeitet hat, herausgebracht.

In dem gleichen Zylinder (Abb. 143), in welchem sich die Zahnradpumpe mit $n = 1500$ U/min befindet, ist fluchtend mit der Welle und von ihr mitgenom-

---

[1] Dürr: Hydraulische Vorschubantriebe und Druckmittelsteuerungen, Werkstatttechnik 1942, S. 283. — Dürr u. Wachter: Hydraulische Antriebe. München: Carl Hanser 1949.

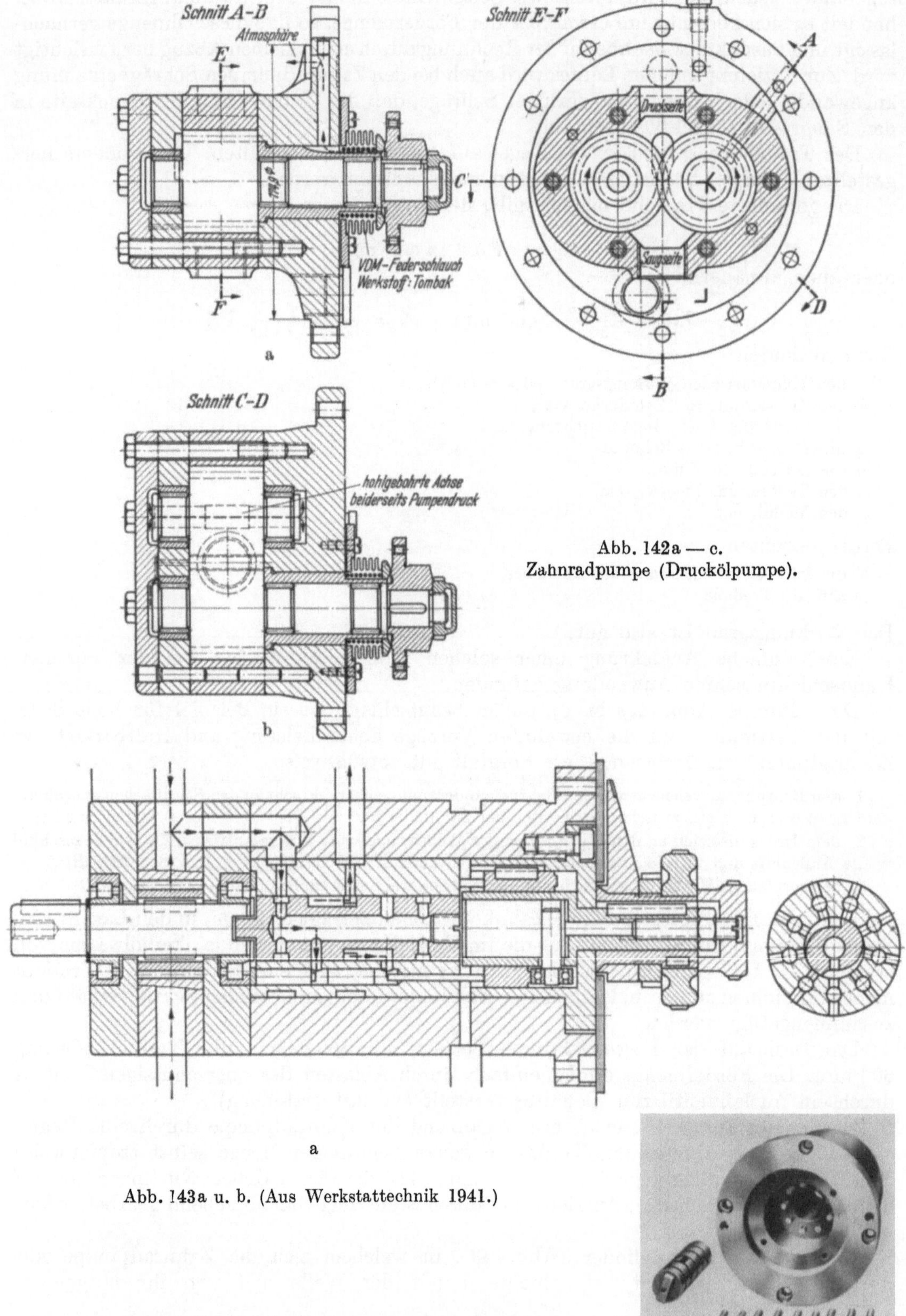

Abb. 142a — c.
Zahnradpumpe (Druckölpumpe).

Abb. 143a u. b. (Aus Werkstattechnik 1941.)

men ein Steuerzylinder mit 9 freibeweglichen Kölbchen angeordnet, die sich bei ihrer geringen Masse mit sehr geringem Energieaufwand beschleunigen lassen.

In Tab. 12 sind die Angaben für die einzelnen Regelpumpen zusammengestellt, welche in der Literatur auch als „hydromatische Vorschubpumpen" bezeichnet werden.

Den Hubräumen wird vor und hinter den Kölbchen abwechselnd das von der Zahnradpumpe geförderte Drucköl zugesteuert. Je Umdrehung des Steuerzylinders macht jedes Kölbchen einen Doppelhub, so daß sich 450 Treibölzufuhren in 1 Sekunde zum Vorschubzylinder ergeben, die Förderung also eine sehr gleichmäßige ist.

Durch Drehen am Handgriff rechts (Abb. 143) kann über eine Rolle eine Kurvenmuffe verstellt werden, welche Anschlagstifte gegen die eine Stirnfläche des Kölbchens vorschiebt, damit deren Hub begrenzt ist und die Fördermenge verstellt. Zur genauen Einstellung des Kölbchenhubes ist an der Stirnseite dieser Förderpumpe eine Kreisskala mit logarithmischer Teilung angebracht, mit deren Hilfe die Fördergeschwindigkeit des Treiböls gerade auch für den langsamen Vorschub genau eingestellt werden kann.

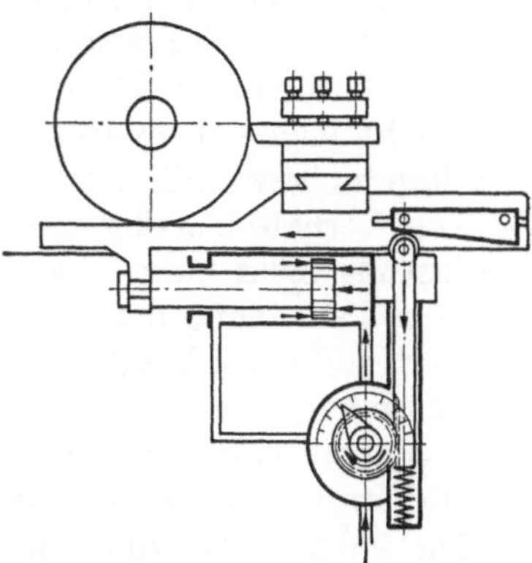

Abb. 144. Selbsttätige Regelung der Treibölförderung während des Vorschubs. (Aus Werkstattechnik.)

Auch selbsttätige Verstellung während des Vorschubs läßt sich durch entsprechende Ausbildung der Rollkurve ohne weiteres ausführen. Die der Verstellpumpe vorgeschaltete Zahnradpumpe hat außer der Zuführung der Dosiermenge noch die Aufgabe, die Fördermenge für den Eilgang zu besorgen. Der Eilgang beträgt etwa den 5- bis 10fachen Wert der größten Vorschubgeschwindigkeit. Bei sehr großen Eilgangsgeschwindigkeiten ist die Zahnradpumpe aufgeteilt in eine große Fördermenge für den Eilgang und eine kleine Fördermenge für die Zuführung des Dosieröles an die Verstellpumpe sowie zur Druckerzeugung. Während der Vorschubbewegung wird die große Ölmenge wohl dauernd angesaugt, aber dann sofort drucklos in den Ölbehälter zurückgeführt.

Der Zahnradzellenmotor mit Kolbenhubverstellung von Gebr. Heller in Nürtingen wird im Zusammenhang mit der Produktionsfräsmaschine (S. 274) erläutert.

3. Der Anwendungsbereich der hydraulischen Pumpen und Motoren.

Auf Grund der vorstehenden Angaben über die Eigenart und Leistungsfähigkeit der hydraulischen Pumpen und Motoren läßt sich nunmehr auch ihr Anwendungsbereich annähernd umgrenzen.

Dieser Erörterung des Anwendungsbereichs wird zweckmäßig eine Klarlegung des Verstellbedarfs der Werkzeugmaschine vorausgeschickt.

Die gesamte Schnittiefe und die dadurch erforderliche Zahl der nacheinander abzunehmenden Späne ist durch die Zugabe am Werkstück und die an ihre Oberflächengüte zu stellenden Anforderungen bestimmt.

Die mit Rücksicht auf die für die Bearbeitungsaufgabe erforderliche Standzeit des Werkzeugs gebotene günstigste Schnittgeschwindigkeit kann mit mechanischer Drehzahlverstellung (z. B. $\varphi = 1{,}25$) eingestellt werden. Auf das genaue Erreichen der günstigsten Schnittgeschwindigkeit innerhalb von 25 % kommt es nicht an, weil ein Zeitverlust durch Zurückbleiben gegenüber der günstigsten Grenze durch Anpassen an die maximale Leistung mit Hilfe des feinstufig oder stufenlos verstellbaren Vorschubs ausgeglichen werden kann.

Da das hydraulische Getriebe zwar stufenlos in weiten Grenzen verstellbar, aber in Form von Pumpe und laufendem Motor nur einen verhältnismäßig kleinen Wirkungsgrad hat und damit an Wirtschaftlichkeit dem Elektromotor und dem mechanischen

Getriebe nachsteht, zudem im Betriebe nicht unempfindlich ist, so kommt dieses Getriebe für große Leistungen, also z. B. für den Schnitt, in der Regel nicht zur Anwendung.

Die hydraulische Pumpe in Verbindung mit einem Kolbenhubzylinder hingegen findet für Schnittbewegungen häufig Anwendung, wenn der Hub verhältnismäßig klein ist, wie z. B. bei den Waagerecht-Stoßmaschinen und bei der Räummaschine (Forst).

Heute sind über 4 bis 8 m lange hydraulische Zylinder im Gebrauch, so z. B. bei den großen Hobelmaschinen der Firma Waldrich, Coburg. In diesem Falle gleichen, laut Angabe der Firma, die großen Massen und die hohe Geschwindigkeit des Hobelschlittens und des Werkstücks (schweres Maschinenbett) den bei einer Entlastung auftretenden Impuls aus und verhüten das ruckweise Vorspringen des Werkstücks.

Bei den geradlinigen Vorschub- und Zusatzbewegungen wird in Anbetracht der geringfügigen Treibölverluste die hydraulische Betätigung wegen der stufenlosen Verstellbarkeit des Vorschubs und der Anpassungsfähigkeit an zusätzlich erforderliche zeitweise Betätigung, z. B. des Reitstocks, von Kupplungen usw. bevorzugt. Aber auch hier sieht man von hydraulischer Betätigung ab, wenn die Zylinder über 2,5 m Länge erhalten müssen. Hier, z. B. beim Längsvorschub der Rundschleifmaschine, sind die Massen verhältnismäßig gering, so daß ein momentaner Impuls infolge plötzlicher Entlastung nicht aufgefangen wird. Die Folge ist ruckweiser Vorschub und unter Umständen Versetzung der Umkehrpunkte des Werkstückschlittens.

Aber selbst bei Fortfall der hydraulischen Betätigung bei über 2,5 m langem Längsvorschub wird bei Rundschleifmaschinen die Hydraulik gern beibehalten für alle übrigen Bewegungen, z. B. für die Vorschubbewegung des Schleifspindelstocks (s. S. 347) und zur Betätigung der sämtlichen Zusatzbewegungen.

Die volle Ausnutzung der Leistung der Werkzeugmaschine kann also nur durch angenähertes Einhalten der optimalen Schnittgeschwindigkeit und des Vorschubs erreicht werden, mit welchem die volle Leistungsgrenze der Maschine erreicht wird. Daß durch Steigerung des Vorschubs und Minderung der Schnittgeschwindigkeit die Spanmenge infolge der weniger feinen Werkstoffzertrümmerung noch gesteigert werden kann, kommt in der Regel im Hinblick auf die Starrheitsgrenze der Maschine und die Erzielung einer möglichst gesunden und gegebenenfalls auch möglichst glatten Oberfläche des Werkstücks nicht in Betracht (s. Schnitttheorie, S. 13). Da der Vorschub nur etwa 0,01 des Energiebedarfs der Maschine benötigt, so fallen die Vorschubgetriebe wesentlich leichter aus als die Schnittgetriebe. Es ist daher einfacher, den Vorschub stufenlos zu verstellen als den Schnitt.

Da übrigens die Schnittgeschwindigkeitskurve, in Drehzahlen über der Vorschubgröße aufgetragen, bis herauf zur günstigsten Schnittgeschwindigkeit verhältnismäßig wenig ansteigend verläuft, so kommt es auch deshalb auf ein genaues Einhalten der günstigsten Schnittgeschwindigkeit nicht an. Es genügt die stufenweise Verstellung, wie sie der wesentlich wirtschaftlicher arbeitende Elektromotor ermöglicht. Auf diese Weise kann an Kostenaufwand für die Herstellung und für Reparaturen sowie an Energiebedarf im Betriebe beim Hauptgetriebe (für den Schnitt) gespart werden. Sogar der stufenlos im Bereich 1:6 bis 1:10 verstellbare LEONARD-Satz ist heute, wie erwähnt, dem hydraulischen Getriebe für hohe Leistung, also für den Schnitt, wirtschaftlich überlegen.

Die möglichst restlose Ausnutzung der Leistung der Werkzeugmaschine wird durch das stufenlos verstellbare Vorschubgetriebe, d. h. durch ein geeignetes hydraulisches Getriebe, erreicht. Im Wettbewerb mit dem hydraulischen Getriebe stehen jedoch in diesem Falle oft die mechanischen Verstellgetriebe. Von den hydraulischen Vorschubgetrieben sind die umlaufenden hydraulischen Motoren zum erheblichen Teil, wie z. B. beim Antrieb des umlaufenden Vorschubs der Rundschleifmaschine, durch den Elektromotor in Verbindung mit einem mechanischen Getriebe verdrängt worden. Die hin- und hergehenden Vorschubgetriebe hingegen sind der eigentliche Bereich des hydraulischen Vorschubs, sei es, daß ihr Antrieb durch hydraulische Verstellmotoren oder durch Zahnradpumpen mit Drosselung geleistet wird.

4. Die Treibölkreisläufe.

In diesen Kreisläufen wird das Treiböl zur Betätigung des Schnitts, des Vorschubs und auch der Hilfseinrichtungen dem betreffenden Motor, der auch in einem Zylinder mit Kolbenhub, z. B. für den Vorschub, bestehen kann, zugeführt. Das Treiböl wird durch eine der erörterten Pumpen oder durch Sonderfördereinrichtung angesaugt und unter Druck gesetzt. Häufig wird das Treiböl der Verstellpumpe auch bereits unter Druck zugeführt.

Vier verschiedene Pumpengattungen können zur Anwendung kommen:

1. die Pumpe mit konstanter Förderung und Verlustregelung;
2. die Verstellpumpe mit Kolben oder Flügelzellen und variabler Förderung;
3. die Eilgangpumpe oder auch die HELLERsche hydromatische Vorschubpumpe zur Herstellung des bis zum 8fachen beschleunigten Schlittenrücklaufs;
4. die Leckpumpe, ein kleines Hochdruckpümpchen für den bereits erwähnten Ersatz von Treibölverlusten, eine Aufgabe, die jedoch auch mit Hilfe der Eilgangpumpe erledigt werden kann.

Der Kreislauf ist ein offener, wenn das Treiböl nach der Arbeitsleistung in den Ölbehälter zurückgeführt wird, dem es zuvor entnommen wurde.

Der Kreislauf ist ein geschlossener, wenn das Treiböl von der einen Kolbenseite unmittelbar der anderen Kolbenseite zugeführt wird, ohne durch den Ölbehälter zu wandern. In diesem Falle muß nur durch eine besondere Einrichtung, z. B. eine Leckpumpe, für Ergänzung des durch Leckverluste oder auch durch Anzapfungen dem Kreislauf entzogenen Treiböls gesorgt werden.

Sechs einfache, grundlegende, von DÜRR[1] beschriebene Kreisläufe, auf welche sich viele der in den Werkzeugmaschinen gebräuchliche Kreisläufe zurückführen lassen, sind folgende:

a) Der einfache Treibölkreislauf, getätigt durch eine Pumpe mit konstanter Förderung und Drosselregelung (Verlustregelung).

Das Treiböl wirkt (Abb. 145) z. B. auf einen Kolben K mit durchgehender Kolbenstange, also beiderseits gleich großen, wirksamen Kolbenflächen, wie es auch beim nächsten Ölskreislauf der Fall ist. Eine Zahnradpumpe Zp fördert das Öl durch ein einstellbares Drosselventil Dr gegen die eine Kolbenseite, wobei der Maximaldruck vor dem Drosselventil durch ein Auslaßventil Mv begrenzt ist. Das überschüssig von der Zahnradpumpe geförderte Öl entweicht ungenutzt durch dieses Maximalventil (Verlustregelung). Von der anderen Kolbenseite wird das Treiböl dem Behälter wieder zugeführt. In die Rückleitung ist jedoch ein Widerstandsventil Wv eingebaut, um zu verhüten, daß bei plötzlicher Entlastung des Vorschubschlittens derselbe ungedämpft ruckweise vorschnellt. Die Bewegungsumkehr erfolgt durch Umsteuerung.

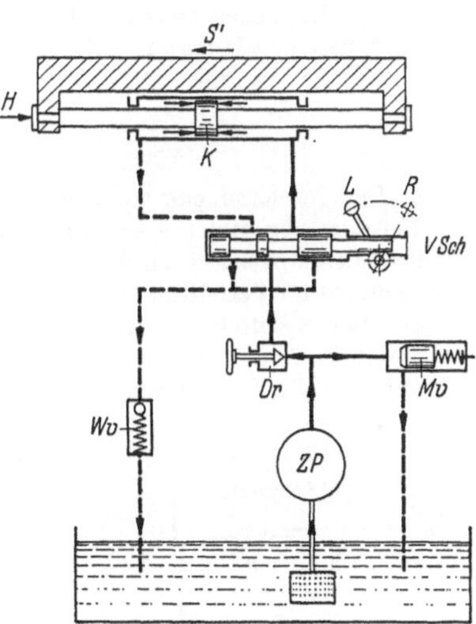

Abb. 145. Einfacher Ölkreislauf mit Drosselregelung. (Nach DÜRR u. WACHTER.)

Die Vorteile sind die Einfachheit der Anordnung, die Dämpfung sonst möglicher Ölschwingungen durch das Drosselventil, die Gleichmäßigkeit des Vorschubs bei konstantem Vorschubwiderstand und die einfache Geschwindigkeitsregelung durch Verstellung des Drosselventils. Die Nachteile sind die Empfindlichkeit der Drosselregelung, indem sich bei feiner Verstellung, namentlich bei langsamem Vorschub, und durch Änderung der Viskosität des Öls infolge seiner Temperaturänderung im Kreislauf während der Arbeitsleistung unerwünschte Änderungen der Vorschubgeschwindigkeit ergeben, und ferner die Verstopfungsgefahr des Drosselventils bei den feinen Drosselquerschnitten bei der Einstellung langsamer Vorschübe. Solche feinen Querschnitte setzen sich in absehbarer Zeit mehr und mehr zu, so daß der Vorschub schließlich aufhört.

b) Der einfache Treibölkreislauf mit regelbarer Pumpe.

In diesem Kreislauf ändert sich gegenüber dem erst erörterten nur, daß die Zahnradpumpe durch eine Verstellpumpe ersetzt wird und das Drosselventil in Fortfall kommt (Abb. 146. Die Bewegungsumkehr wird auch in diesem Fall, wie im Beispiel zuvor, durch Umsteuerung ausgeführt. Der beschleunigte Rücklauf kann in diesem Falle durch Steigerung der Förderleistung der Verstellpumpe erreicht werden,

---

[1] DÜRR, A., u. O. WACHTER: Hydraulische Antriebe. München: Carl Hanser.

jedoch nur begrenzt. Um einen 8 fach beschleunigten Rücklauf zu erreichen, müßte der Verstellbereich der Pumpe nicht 1 : 25 bzw. 1 : 50, sondern 1 : 200 bzw. 1 : 400 betragen. Ein solcher Verstellbereich verbietet sich, weil die Verstellung dabei unzuverlässig werden würde. Diese Unzuverlässigkeit erhöht sich noch durch den mit der Zeit eintretenden Verschleiß des Getriebes, insbesondere der Verstellpumpe.

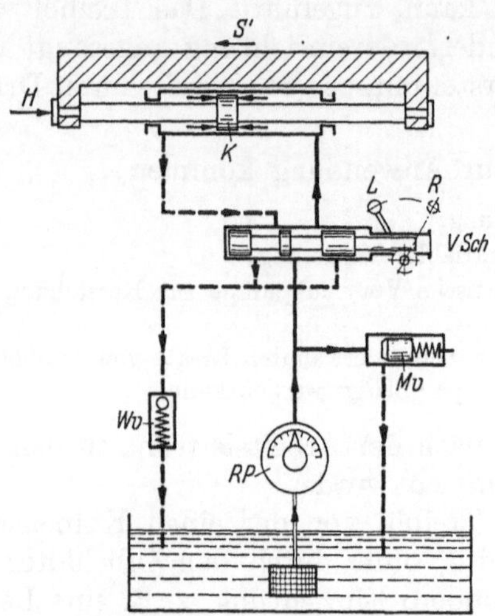

Abb. 146. Einfacher Ölkreislauf mit Verstellpumpe. (Nach Dürr u. Wachter.) (Statt *RP* richtig *VP*.)

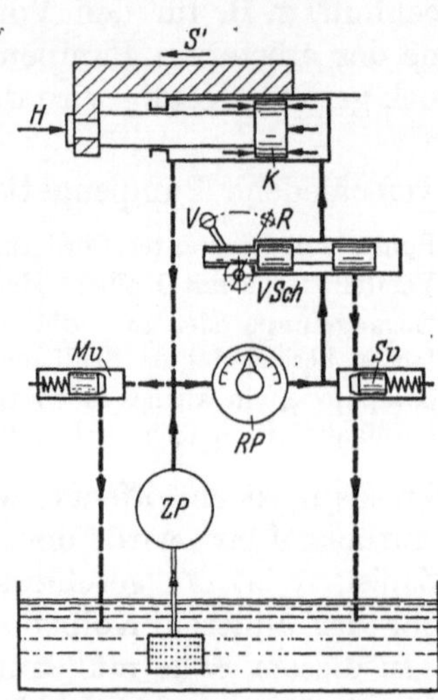

Abb. 147. Zweipumpensystem mit Verstellpumpe und Eilgangpumpe im Rücklauf, dazu eingeschränkte Kolbenfläche auf der Rücklaufseite. (Nach Dürr u. Wachter.) (Statt *RP* richtig *VP*.)

c) Das Zweipumpensystem mit Verstellpumpe und mit Eilgangpumpe im Kreisrücklauf.

Bei dem abgebildeten System dieser Art (Abb. 147), wie auch bei dem nächstfolgenden, wird der Vorschubschlitten einseitig durch die Kolbenstange getätigt, so daß die wirksame Druckfläche auf der Kolbenstangenseite im Verhältnis 2 : 1 bzw. 3 : 1 durch den Querschnitt der Kolbenstange verringert ist. Da die Kolbenstangenseite bei dieser Anordnung stets die Rücklaufseite ist, so kann mit der gleichen Treibölmenge wie auf der Arbeitsseite der zwei- bzw. dreifach beschleunigte Rückgang bereits erreicht werden. Hinzukommt, daß die Fördermenge der an die Rückseite angeschlossenen Eilgangpumpe eine doppelt bis dreifach

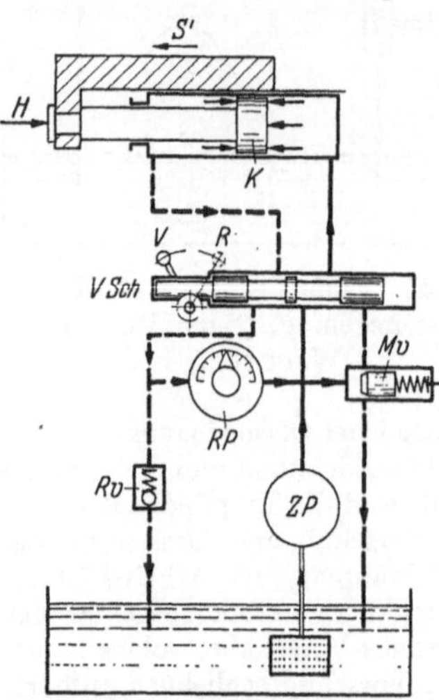

Abb. 148. Zweipumpensystem mit Verstellpumpe und Eilgangpumpe im Vorlauf, dazu eingeschränkte Kolbenfläche auf der Rücklaufseite. (Nach Dürr u. Wachter.)
(Statt *RP* richtig *VP*.)

so große zu sein pflegt wie die Maximalfördermenge der Verstellpumpe. Auf diese Weise ergibt sich gegenüber der Vorschubseite eine bis zum 9 fachen gesteigerte Rücklaufgeschwindigkeit des Vorschubkolbens. Die Verstellpumpe wird auch bei diesem Kreislauf nicht umgesteuert und nur das Vorlauftreiböl beim Rücklauf dem Behälter zugesteuert. *Sv* ist lediglich ein Sicherheitsventil zur Vermeidung eines unzulässig hohen Arbeitsdrucks, wie er sich bei außergewöhnlichem Vorschubwiderstand einstellen könnte. *Mv* ist ein Maximal-Auslaßventil zur Begrenzung des Rückdruckes nach oben. Der Kreislauf ist kein geschlossener; der Verstellpumpe wird das Treiböl unter Druck zugeführt, so daß die Gefahr der Luftansaugung zum Teil wenigstens vermieden wird.

Der Vorteil dieser Anordnung, auf welche in der Praxis häufig zurückgegriffen wird, ist der erheblich beschleunigte Rücklauf bei verhältnismäßig kleiner Treibölmenge für denselben. Auf der Vorschubseite des Kolbens wird kein Treiböl angesaugt, so daß gerade hier die Luftblasengefahr auf ein Minimum reduziert ist.

d) Das Zweipumpensystem mit Verstellpumpe und mit Eilgangpumpe im Treibölverlauf.

Bei diesem Kreislauf (Abb. 148) kann beim Vorlauf, also während des Vorschubs, nur so viel Treiböl auf der Kolbenrückseite austreten, wie die Verstellpumpe auf die Vorderseite des Kolbens hinüberfördert. Die Verstellpumpe mißt gewissermaßen die Treibölmenge auf der Rücklaufseite des Kolbens heraus, regelt damit die Vorschubgeschwindigkeit und verhindert zugleich ein Vorschnellen des Kolbens und damit des Werkstücks gegen das Werkzeug bei plötzlicher Entlastung. Eine Anordnung dieser Art wurde von der Cincinnati Milling Co. vor etwa 30 Jahren in die Praxis eingeführt, jedoch mit dem Unterschied, daß bei Cincinnati die beiden Kolbenflächen nur wenig verschieden sind und das Treiböl durch Umsteuerung beiden Zylinderseiten abwechselnd zugesteuert werden kann. Beim beginnenden Vorlauf des Vorschubkolbens kann die Verstellpumpe über das Rückschlagventil Rv Öl aus den Behältern ansaugen zur Ergänzung ihrer Füllung. Dieser Kreislauf ist besonders geeignet, wenn es darauf ankommt, den Vorschub weich und genau zu regeln.

e) Der offene und geschlossene Treibölkreislauf für Drehbewegungen (Abb. 149a und b).

Diese beiden Kreisläufe bestehen aus einer Verstellpumpe und einem umlaufenden Motor. Der geschlossene Kreislauf kommt zur Anwendung bei leichten Antrieben, bei welchen ein ungünstiger Wirkungsgrad in Kauf genommen werden kann und der hydraulische Motor sich einfach einbauen läßt.

f) Der offene Kreislauf zum Antrieb einer Vorschubspindel (Abb.150).

Da die Vorschubspindel selbstsperrend ist, wird durch sie jegliches

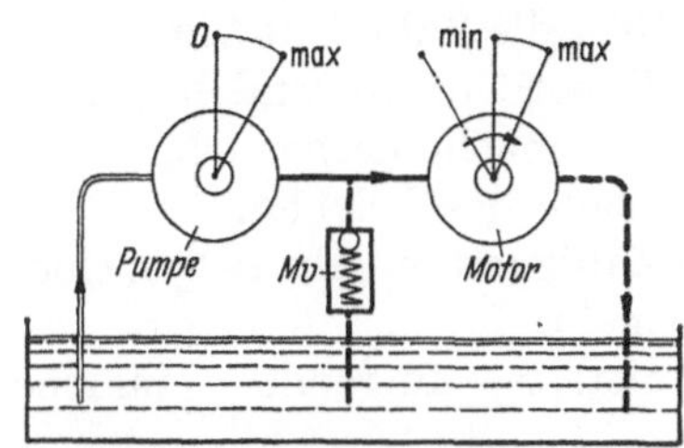

Abb. 149a. Offener Ölkreislauf mit Pumpe und Motor.

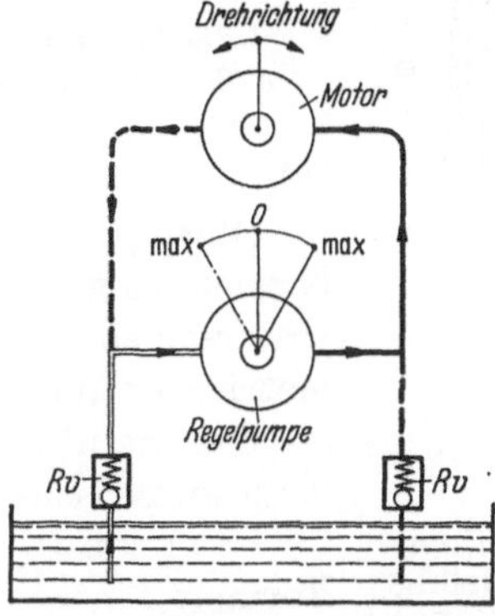

Abb. 149b. Geschlossener Ölkreislauf mit Pumpe und Motor.

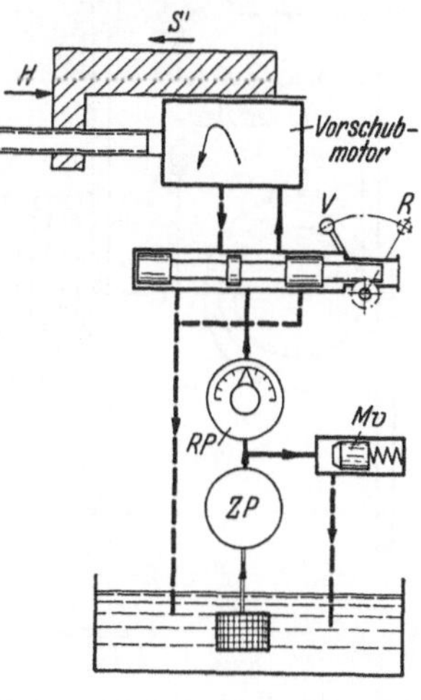

Abb. 150 Offener Kreislauf zum Antrieb einer Vorschubspindel. (Nach Dürr u. Wachter.) (Statt RP richtig VP.)

Vorschnellen des Vorschubschlittens verhindert und ein völlig gleichmäßiger Vorschub auch bei plötzlicher Entlastung erreicht. Auch in diesem Kreislauf findet eine Zahnradpumpe und eine Verstellpumpe Anwendung. Erstere jedoch nur, um der Verstellpumpe das Treiböl bereits gespannt zuzuführen, so daß der Wirkungsgrad der Verstellpumpe innerhalb tragbarer Grenzen verbleibt. Dieser Vorschub kann, und das ist ein besonderer Vorzug, von Hand mit Hilfe einer Kreisskala genau eingestellt werden. Für beschleunigten Rücklauf kann außerdem noch eine besondere Eilgangpumpe vorgesehen werden.

Heller, Nürtingen, macht von diesem Kreislauf bei den schweren Planfräsmaschinen Gebrauch, um einen möglichst gleichförmigen, fein verstellbaren Vorschub zu erhalten.

5. Die Leistung der Treibölkreisläufe.

a) Entwicklung der Formeln.

Zur Feststellung der Leistung eines Kreislaufs ist die Bestimmung der sekundlichen Treibölmenge, der atü sowie der im ganzen für einen Kreislauf aufkommenden Fördermenge erforderlich.

Bei solcher Feststellung kommt es häufig gar nicht so sehr darauf an, die Berechnung der Fördermenge und der atü in möglichst genauer Berücksichtigung der Widerstände durchzuführen, als vielmehr

1. den Vergleich eines in bestimmter Weise abgeänderten Kreislaufs mit einem erprobten verwirklichten Kreislauf durchzuführen, und

2. vertiefte Anschauung über einen neu ersonnenen Kreislauf zu gewinnen, z. B. beim Drosseln oder Abzweigen von Treiböl für einen Nebenzweck. Gerade aus solcher Anschauung ergibt sich oft spielend die Lösung neuer Fertigungsaufgaben auf hydraulischem Wege.

Einstein und H. Ernst, Direktoren der Cincinnati Milling Co., mit dem Mitarbeiter A. H. Dall haben in mehreren Veröffentlichungen Kreisläufe im Schema und auch rechnerisch behandelt, indem ein Vergleich zwischen hydraulischer und elektrischer Strömung gezogen wurde, der hier auszugsweise in deutscher Benennung und deutscher Fassung wiedergegeben und ergänzt wird.

Die Untersuchung geht aus von der Bestimmung des Widerstandes einer Rohrdrossel (Abb. 151) nach der POISEUILLEschen Formel

$$p = \frac{32\,\eta_z\,l\,v}{d^2}\ \text{kg/m}^2,$$

worin bedeuten:

p den spezifischen Überdruck, d. h. die Druckdifferenz am Anfang und Ende der Drossel kg/m².

Auf den Absolutwert des Druckes kommt es demnach nicht an.

η_z die absolute Zähigkeit $\dfrac{\text{kg sec}}{\text{m}^2}$,

l die Länge des Drosselrohres, m

d den Durchmesser des Drosselrohres, m

v die mittlere Durchflußgeschwindigkeit des Treiböles, m/sec.

Obwohl lt. DIN 1304 die Zähigkeit kurz mit η bezeichnet werden soll, wird im folgenden η_z zum Unterschied von dem η mechanischer oder volumetrischer Wirkungsgrade geschrieben.

Für die absolute Zähigkeit η_z gibt es verschiedene empirische Formeln.

UBBELOHDE ermittelte folgende einfache Formel:

$$\eta_z = \gamma\left(0{,}000\,74\,\text{E}^\circ - \frac{0{,}000\,64}{\text{E}^\circ}\right)\frac{\text{kg sec}}{\text{m}^2},$$

worin

γ spez. Gewicht des Öls etwa $= 0{,}96 \sim 0{,}89$, meist rund $0{,}9\ \text{E}^\circ$ (Englergrade),

bedeutet.

Diese Englergrade werden im ENGLER-Viskosimeter (Abb. 152) ermittelt und geben das Verhältnis

$$\text{E}^\circ = \frac{\text{Ausflußzeit des Öles bei der Versuchstemperatur}}{\text{Ausflußzeit der gleichen Menge Wasser bei 20° C}}\ \text{an.}$$

Die nachstehenden Angaben geben für den Apparat (Abb. 152) die Abmessungen und Toleranzen.

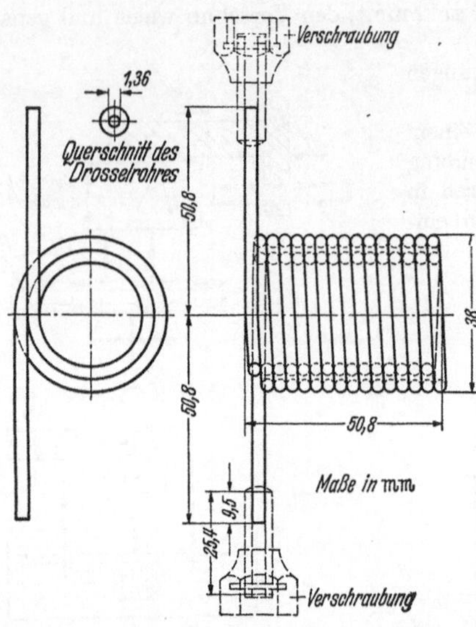

Abb. 151. Typische Drossel zur Erreichung einer bestimmten Druckdifferenz. Hydraulic Control and Feeding Mechanisms (HCFM.)

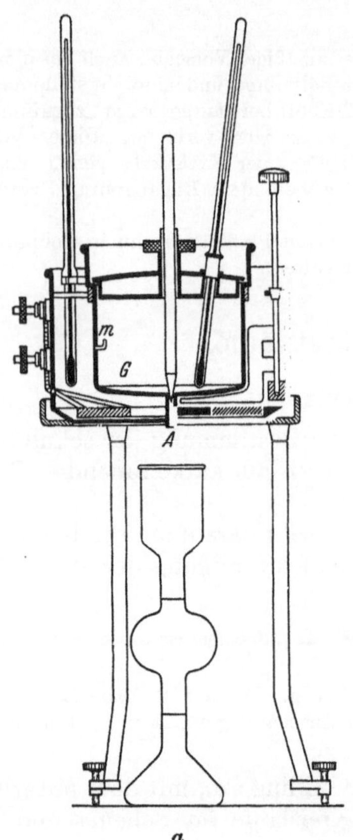

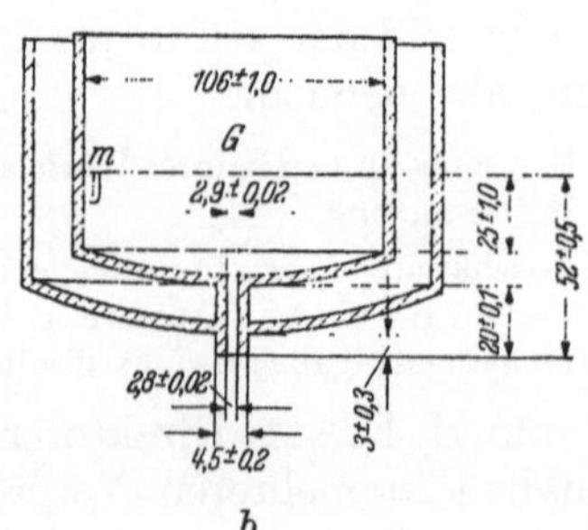

Abb. 152. ENGLER-Viskosimeter gemäß DIN 53655. a Gerät, b Abmessungen des Ölgefäßes (Erklärung im Text.)

Rohrweite oben 2,90 mm, unten 2,80 mm . . . . $\pm 0{,}02$ mm
Rohrlänge A 20 mm . . . . $\pm 0{,}10$ mm
Höhe der Markenspitzen über der unteren Röhrchenmündung 52 mm . . . . $\pm 0{,}50$ mm
Weite des Gefäßes G 106 mm . . . . $\pm 1{,}00$ mm
Höhe des zylindrischen Teiles des Gefäßes unterhalb der Markenspitzen m 25 mm . . . . . $\pm 1{,}00$ mm
Inhalt bis zu den Markenspitzen 240 cm³ . . . . $\pm 4{,}00$ cm³

Die Eichung des Apparates geschieht, indem man 200 cm³ destilliertes Wasser von 20° C aus dem vorher sorgfältigst mit Äther und Alkohol gereinigten und bis zu den Markenspitzen gefüllten Gefäß ausfließen läßt und die Ausflußzeit mittels Stoppuhr mit Teilung nach 0,5 sec beobachtet. Apparate mit richtigen Abmessungen müssen hierbei Ausflußzeiten von 50 bis 52 sec ergeben.

Für Voltol-Gleitöl II mit 4,5 E° (Englergraden) bei 50° C Treiböltemperatur und dem spezifischen Gewicht $\gamma = 0{,}9$ ergibt sich die absolute Zähigkeit η_z

1. nach UBBELOHDE

$$\eta_z = 0{,}9\left(0{,}000\,74 \cdot 4 - \frac{0{,}000\,64}{4}\right) = 0{,}0025\ \frac{\text{kg sec}}{\text{m}^2},$$

2. auf Grund der Zähigkeitstabellen (s. einschlägiges Schrifttum) ist

$$\eta_z = \frac{\text{St}\,\gamma}{100} = \frac{0{,}295 \cdot 0{,}9}{100} = 0{,}002\,66 = 0{,}0027\ \frac{\text{kg sec}}{\text{m}^2},$$

$$\text{St} = \text{Stokes} = \frac{c\,\text{St}}{100} = \frac{29{,}5}{100} = 0{,}295\ \frac{\text{kg sec}}{\text{m}^2}\quad (c\ \text{St lt. Tab.}).$$

Das Mittel ist

$$\eta_z = 0{,}0026\ \frac{\text{kg sec}}{\text{m}^2}.$$

Nach der POISSEUILLEschen Gleichung ergibt sich für beispielsweise angenommene Werte von

$p = 50$ atü $= 500\,000$ kg/m² Überdruck in einer Drossel von $l = 20$ m, Länge des Drosselrohres,

$$Q = 0{,}001\ \text{m}^3/\text{sec} = 1\ \text{l/sec}$$

durch die Drossel gefördertes Treiböl,

$$v = \frac{Q}{\dfrac{d^2\,\pi}{4}} = \frac{4\,Q}{d^2\,\pi}\quad \text{m/sec}$$

die mittlere Treibölgeschwindigkeit in der Drossel, der gesuchte Innendurchmesser d der Drosselröhre in m bzw. mm aus

$$d^2 = \frac{32\,\eta_z\,v\,l}{p} = \frac{32\,\eta_z\,4\,Q\,l}{d^2\,\pi\,p}$$

also

$$d^4 = \frac{32 \cdot 0{,}0027 \cdot 4 \cdot 0{,}001 \cdot 20}{\pi \cdot 500\,000},$$

$$d = \frac{8{,}1}{1000}\,\text{m} = 8{,}1\ \text{mm}.$$

Somit wird

$$v = \frac{Q}{\dfrac{d^2\,\pi}{4}} = \frac{4 \cdot 0{,}001}{0{,}0081^2\,\pi} = 19{,}5 = 20\ \text{m/sec}.$$

Setzt man in die Gleichung

$$p = \frac{32\,\eta_z\,v\,l}{d^2}\ \text{kg/m}^2 \qquad v = \frac{4\,Q}{d^2\,\pi}$$

ein, so wird

$$p = \frac{128\,\eta_z\,l\,Q}{\pi\,d^4}$$

also

$$\frac{p}{Q} = \frac{128\,\eta_z\,l}{\pi\,d^4} = R\ \frac{\text{kg sec}}{\text{m}^6}$$

analog dem OHMschen Gesetz $\dfrac{E}{J} = R$.

Der Drosselwiderstand R wie auch ein Ventilwiderstand R kann demnach experimentell einfach ermittelt werden, indem der Überdruck p durch die sich ergebende Flüssigkeitsmenge Q dividiert wird.

Wie in der Elektrotechnik können auch in den hydraulischen Kreisläufen Widerstände in parallelgeschalteten Leitungen bzw. in einer Leitung hintereinandergeschaltet sein. Es ergibt sich

1. $p = Q\,\dfrac{R_1 R_2}{R_1 + R_2}$ für Parallelschaltung (Abb. 153) und

2. $p_1 = p\,\dfrac{R_2}{R_1 + R_2}$ für Serienschaltung (Abb. 154).

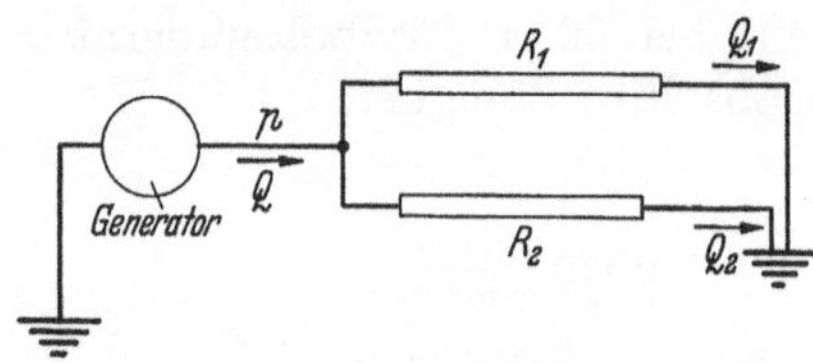

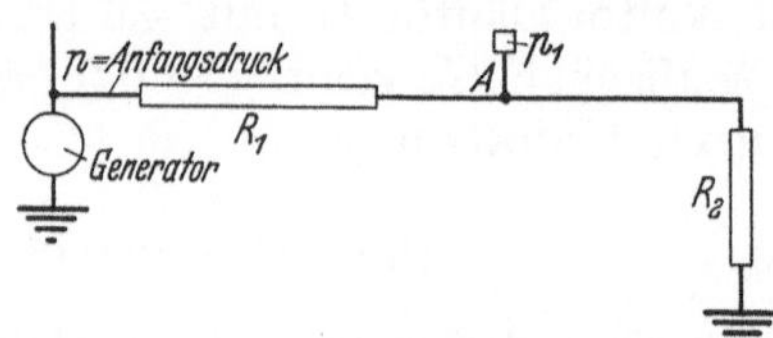

Abb. 153. Zwei Drosselwiderstände, parallel geschaltet. (Hydraulic Control and Feeding Mechanisms [HCFM].)

Abb. 154. Zwei Drosselwiderstände in Serienschaltung. (Hydraulic Control and Feeding Mechanisms [HCFM].)

Es ist (Abb. 153)

1. $Q_1 = \dfrac{p}{R_1}, \quad Q_2 = \dfrac{p}{R_2}$

$Q = Q_1 + Q_2 = p\left(\dfrac{1}{R_1} + \dfrac{1}{R_2}\right) = p\,\dfrac{R_1 + R_2}{R_1 R_2},$

$p = Q\,\dfrac{R_1 R_2}{R_1 + R_2},$

folglich

und laut Abb. 154 ist

2. $p = Q(R_1 + R_2) \qquad Q = \dfrac{p}{R_1 + R_2}$

$p_1 = Q R_2$

$$p_1 = p\,\dfrac{R_2}{R_1 + R_2}$$

Bei letzterer Formel (2) ist Voraussetzung, daß im Punkt A eine merkliche Entnahme von Energiestrom nicht stattfindet, daß vielmehr nur der Druck p_1 zu einer Steuerung ausgenutzt wird, daß also durch die ganze Leitung hindurch Q konstant bleibt.

b) Anwendungsbeispiel ohne und mit Leckverlust.

Ein Anwendungsbeispiel ist die Steuerung zweier aufeinanderfolgender Vorschübe derart, daß der zweite Vorschub erst einsetzen darf, wenn der erstere zum Stillstand gekommen ist, so daß von ihm der zweite Vorschub nicht abgeleitet werden kann. In dem Beispiel (Abb. 155) ist die Drossel R so angeordnet, daß der höhere Druck p_1 den Ventilkolben V durch Druck auf die Stirnfläche a nach rechts verschiebt und damit die Betätigung des Vorschubs des 2. Schlittens sperrt. Sobald aber der 1. Schlitten, angetrieben durch den durch die Drossel reduzierten Druck p_2, in seiner Endlage links angekommen ist, der Ölstrom also am Aufhören ist, steigert sich der Druck p_2 auf die Höhe von p_1. Dadurch wird der Steuerkolben von rechts nach links geschoben, weil die Stirnfläche A rechts am Steuerkolben größer als diejenige auf der linken Seite ausgeführt ist und somit nunmehr wirksam wird. Damit aber wird das Treiböl dem zweiten Schlitten zugeleitet, so daß dessen Vorschub beginnt.

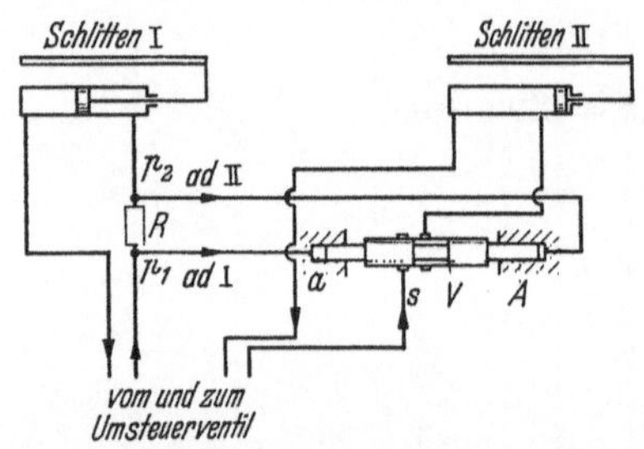

Abb. 155. Steuerung zweier zeitlich aufeinanderfolgender Vorschübe mit Hilfe der Drossel R. (Hydraulic Control and Feeding Mechanisms [HCFM].)

Der Einfluß des Vorschubwiderstandes durch das Werkzeug sowie eines Leckverlustes auf die Vorschubgeschwindigkeit ergibt sich aus folgendem Verfahren, wobei, um die Vorstellung auf einen konkreten Fall zu lenken, der einfache Treibölkreis (Abb. 145) zugrunde gelegt und schließlich noch ein Leckverlust mitberücksichtigt wird.

Die auftretenden Widerstände sind:

1. der Widerstand des Drosselventils $R \dfrac{\text{kg} \cdot \text{sec}}{\text{m}^6}$,

2. der Widerstand des Werkstückschlittens W kg,

3. der Widerstand in den Leckquerschnitten $R_1 \dfrac{\text{kg} \cdot \text{sec}}{\text{m}^6}$.

Die Zahnradpumpe ZP ist so leistungsfähig vorausgesetzt, daß sie ständig unter dem durch das Maximalauslaßventil Mv (Abb. 145) bestimmten Maximaldruck fördert, also fortgesetzt überschüssiges Treiböl zum Abfluß durch das Maximalauslaßventil zwingt. Das Drosselventil Dr regelt den Treibölzustrom zum Vorschubzylinder und damit die Vorschubgeschwindigkeit. Der Vorschubkolben ist der Einfachheit halber mit durchgehender Kolbenstange, also beiderseitig gleich großen Kolbenringflächen, vorausgesetzt. Das Widerstandsventil W_v in der Rückleitung schützt gegen Vorschnellen des Schlittens bei plötzlicher Entlastung. Schließlich ist durch eine angenommene Drosselröhre zwischen Vor- und Rückleitung des Treiböls ein Leckverlust vorgesehen.

Es bedeuten

p_0 den konstanten Druck kg/m² zwischen Zahnradpumpe und Drosselventil,
p_v den Vorschubdruck kg/m² hinter dem einstellbaren Drosselventil,
p_r den Druck kg/m² in der Rückleitung,
W den Widerstand des Vorschubschlittens in kg,
A die Ringfläche des Vorschubkolbens in m².

Dann ist, zunächst ohne Berücksichtigung des Leckverlustes,

$$\frac{W}{A} p_v - p_r, \qquad p_v = \frac{W}{A} + p_r, \qquad W = A(p_v - p_r),$$

d. h. der Schlittenwiderstand W ist gleich der wirksamen Kolbenfläche A mal der Druckdifferenz vor und hinter dem Kolben in kg/m².

Die sekundliche Flüssigkeitsmenge Q in m³/sec hinter dem Drosselventil ist

$$Q = \frac{p_0 - p_v}{R} \ \text{m}^3/\text{sec},$$

worin p_v der Widerstand des Drosselventils ist, woraus sich die Vorschubgeschwindigkeit

$$v = \frac{Q}{A} \ \text{m/sec}$$

errechnet. Setzt man für p_v seinen Wert

$$p_v = \frac{W}{A} + p_r$$

ein, so erhält man

$$Q = \frac{p_0 - p_r - \dfrac{W}{A}}{R},$$

d. h. vom Treiböldruckunterschied vor und hinter dem Kolben ist noch W/A zu subtrahieren, um QR zu erhalten.

Differenziert nach W ergibt sich

$$\frac{dQ}{dW} = - \frac{1}{AR}.$$

Die Abnahme der Treibölmenge mit der Zunahme des Schlittenwiderstandes ist konstant gleich $-\dfrac{1}{AR}$. Bezieht man dieses Verhältnis $\dfrac{dQ}{dW}$ auf die Treibölmenge vor der Änderung des Schlittenwiderstandes, so ergibt sich

$$\frac{dQ}{dW} \frac{1}{Q} = - \frac{1}{AR} \frac{1}{Q} = \frac{1}{A(p_0 - p_r)}.$$

Die prozentuale Abnahme des Vorschubs bei Zunahme des Schlittenwiderstandes gegenüber dem Vorschub vor der Zunahme des Schlittenwiderstandes ist umgekehrt proportional dem Druckabfall $(p_0 - p_v)$.

Demnach soll die Kolbenfläche und der Druckabfall durch die Drossel so groß wie praktisch möglich gemacht werden, um die Wirkung einer Änderung des Werkstückschlittenwiderstandes auf die Größe des Vorschubes möglichst klein zu halten.

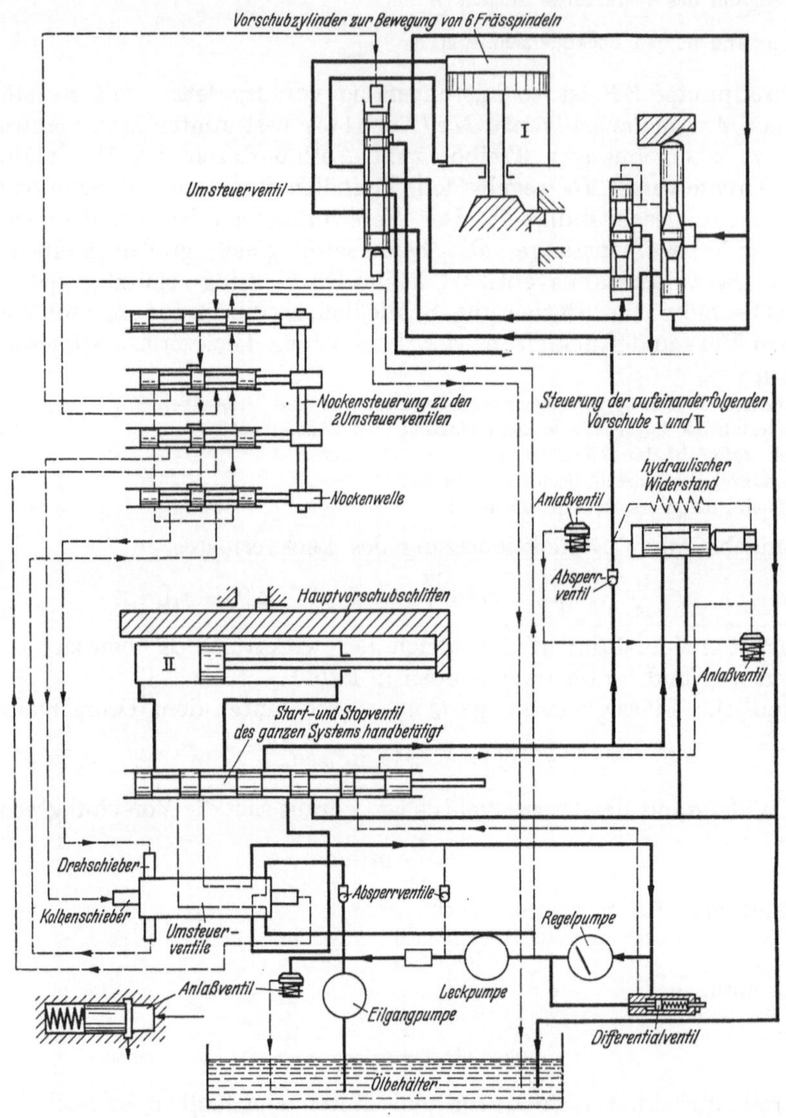

Abb. 156. Steuerung des Vorschubschlittens für das Werkstück und der 6 Fräserspindeln in zeitlicher Aufeinanderfolge mit Hilfe des Kreislaufes nach Abb. 155. (Hydraulic Control and Feeding Mechanisms [HCFM].) (Statt Regelpumpe richtig Verstellpumpe.)

Ist das in Abb. 145 beispielsweise angedeutete Lecken mit zu berücksichtigen, so verringert sich Q um den Leckverlust q, welcher $q = \dfrac{p_v - p_r}{R_1}$ ist. Darin ist $p_v = \dfrac{W}{A} + p_r$, also kann der Leckverlust auch gleich $q = \dfrac{W}{A\,R_1}$ gesetzt werden, wobei R_1 der Widerstand gegen den in der Regel kleinen Leckstrom ist.

So ergibt sich die durch den Leckverlust verringerte Treibölmenge vor dem Kolben zu

$$Q = \frac{(p_0 - p_r) - \dfrac{W}{A}}{R} - \frac{W}{A\,R_1}$$

$$\frac{dQ}{dW} = -\frac{1}{A}\left(\frac{1}{R} + \frac{1}{R_1}\right)$$

und entsprechend der Formel ohne Leckverlust

$$\frac{dQ}{dW}\,\frac{1}{Q} = -\frac{1}{A}\left(\frac{1}{R} + \frac{1}{R_1}\right)\frac{1}{\dfrac{p - \dfrac{W}{A}}{R} - \dfrac{W}{A\,R_1}}$$

$$= -\frac{1}{A}\left(\frac{1}{R} + \frac{1}{R_1}\right)\frac{A\,R\,R_1}{A\,R_1\left(p - \dfrac{W}{A}\right) - R\,W}$$

$$= -\frac{R_1 + R}{A\,R_1\,p - W\,(R + R_1)}$$

$$= -\frac{1}{A\,p\left(\dfrac{R_1}{R + R_1}\right) - A\,(p_v - p_r)}$$

$$= -\frac{1}{A\left[(p_0 - p_r)\left(\dfrac{R_1}{R_1 + R}\right) - (p_v - p_r)\right]}$$

An Hand dieser Formel läßt sich der Einfluß der Druckdifferenz und der Widerstände R und R_1 auf den Vorschub diskutieren. Großer Widerstand R_1 verringert das Lecken und macht den Einfluß des Leckens unmerklich. Geringer Widerstand R_1 verlangsamt den Vorschub, indem das Treiböl zumeist durch die Leckstelle entweicht und der Vorschub sich erheblich verlangsamt oder aufhört. Die Grenzen liegen bei $R = \infty$ bzw. $R = 0$.

c) Andere Beispiele.

In gleicher Weise können die Formeln für andere Kreisläufe abgeleitet und diskutiert werden. Ist z. B. das Drosselventil im Rücklauf angeordnet, so wird $p_v = p_0$

$$W = (p_0 - p_r)\,A,$$

$$Q = \frac{p_r - p_b}{R},$$

worin p_b der Druck hinter der Drossel, also im Abflußrohr ist, also für $p_b = 0$

$$Q = \frac{p_r}{R}$$

$$p_r = p_0 - \frac{W}{A}.$$

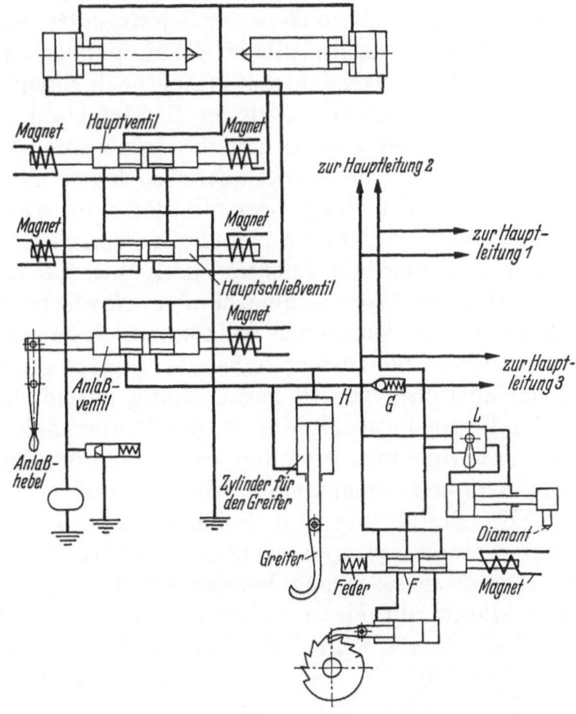

Abb. 157. Schema hydraulisch getätigter Vorschubbewegungen, wobei die Steuerkolben durch Solenoide nach Schützenart getätigt werden. (Hydraulic Control and Feeding Mechanisms [HCFM].)

Ein zweifacher Kreislauf wurde bereits zuvor (S. 122) erörtert.

d) Schemen komplizierter Kreisläufe.

Das Schema (Abb. 156) gewährt einen Einblick in einen komplizierten zweifachen Kreislauf nach Art des Kreislaufes Abb. 155, dessen wesentliche Einzelheiten dem Schema auf Grund der Anschriften entnommen werden können. Eine eingehende Beschreibung[1] verbietet der Raumbedarf.

Das Schema (Abb. 157) zeigt die Zuhilfenahme der Elektrotechnik, um die sonst erforderlichen langen Ölleitungen, insbesondere zu den zusätzlichen Betätigungen, zu vermeiden. Die Kolbenschieber zur Steuerung des Treiböls werden elektrisch durch Schütze getätigt, die durch Magnete in der Abbildung gekennzeichnet sind. Solches Vorgehen ist sehr zukunftsreich.

Beispiele zu ausgeführten hydraulischen Getrieben in Werkzeugmaschinen finden sich in den Abschnitten „Fräsmaschinen" und „Schleifmaschinen" bei der Erörterung der Maschinen von Cincinnati (S. 261), und Fortuna (S. 340).

IX. Die elektrische Ausrüstung von Werkzeugmaschinen.

Bearbeitet von Dr.-Ing. P. VOLK, Erlangen.

A. Einführung.

Um die Jahrhundertwende hatte die Elektrotechnik die technischen Voraussetzungen für den Einzelantrieb von Arbeitsmaschinen geschaffen. Die Form der elektrischen Bauelemente, insbesondere der Schaltgeräte, entsprach aber noch nicht den Ansprüchen des Werkzeugmaschinenbaus, der damals schon auf einen organischen Einbau der elektrischen Ausrüstung in der Maschine bedacht war. Nach dem ersten Weltkrieg paßte sich die Elektrotechnik diesen Bedürfnissen an. Von dieser Zeit an sprach man von der elektrischen Ausrüstung der Werkzeugmaschine.

Die Vorteile des Einzelantriebes lagen nicht nur in der wesentlich besseren Werkstättenübersicht durch Fortfall der vom Deckenvorgelege herabführenden Antriebsriemen und der damit verbundenen besseren Beleuchtungsmöglichkeit, sondern auch in der Einsparung von Energie durch ihre bessere Ausnützung. Die Bedienung elektrisch angetriebener Werkzeugmaschinen erforderte weniger Kraft und Überlegung. Außerdem ließen sich die Maschinen vollkommen freizügig so anordnen, daß kurze Fertigungswege entstanden und bessere Arbeitsleistungen erreicht wurden. Die Weiterentwicklung des Einzelantriebes führte zwangsläufig zu immer kürzer werdenden Übertragungswegen freier Bewegungsenergie, d. h. der Motor rückte immer näher auf die Arbeitsspindel zu. Mehrere Spindeln erhielten auch mehrere Motoren, die allerdings in einer gewissen Abhängigkeit voneinander arbeiten mußten.

Die Einführung von Schützensteuerungen mit sicher wirkenden Verriegelungen stellte einen weiteren wichtigen Schritt in der Entwicklung der Antriebstechnik dar. Die Schützensteuerung bezeichnete man vielfach auch als Druckknopfsteuerung und wies damit auf einen weiteren Vorteil hin. Die Druckknopftaster als Elemente für die Befehlsgabe waren klein und ließen sich mit Rücksicht auf kurze Griffzeiten dort anordnen, wo sie von dem Arbeiter zur sicheren Bedienung der Maschine gebraucht wurden. Die zum Teil als sperrig empfundenen Schalt- und Anlaßgeräte konnten, da sie fernbetätigt wurden, in einem getrennt angeordneten Schaltschrank untergebracht werden.

Ursprünglich wurden Schützensteuerungen nur bei Großwerkzeugmaschinen verwendet. Ihre Vorteile waren aber so offensichtlich und bahnbrechend, daß in den zwei

---

[1] Hydraulic Control and Feeding Mechanisms, Cincinnati Milling Machine Co., 1942, Cincinnati/Ohio, USA.

Jahrzehnten nach dem ersten Weltkrieg alle Arten von Werkzeugmaschinen, auch solche mit kleinen Antriebsleistungen — gelegentlich herab bis zu etwa 0,5 kW — vorzugsweise diese Steuerung erhielten.

Gegen Mitte der 30er Jahre ermöglichten die Schützensteuerungen auch den schnellen und reibungslosen Übergang zur Automatik. An Stelle der handbetätigten Druckknöpfe traten selbsttätige Befehlsgeber, alles übrige konnte bleiben. Auch die Weiterentwicklung der Steuerung zur Regelung ließ die Schützensteuerung als Grundelement bestehen.

Bei einer Steuerung läuft der einmal eingeleitete Vorgang unbeeinflußt ab. Da eine Rückwirkung auf den Befehlsgeber nicht stattfindet, bleiben etwa auftretende Steuerfehler bestehen. Vollkommen hingegen wirken regelnde Einrichtungen, bei denen der Befehlsgeber so eingreifen kann, daß Fehler rückgängig gemacht werden.

Eine solche Einrichtung eignet sich für Antriebsverhältnisse, deren Forderungen weit über den Rahmen der ursprünglich gestellten Antriebsaufgaben hinausgehen. Man spricht deshalb nicht mehr vom Einzelantrieb der Werkzeugmaschinen, sondern von ihrer elektrischen Ausrüstung.

In den folgenden Abschnitten wird das Grundsätzliche solcher Ausrüstungen kurz behandelt. Die Erläuterung von Schützensteuerungen nimmt, der tatsächlichen Bedeutung dieser Steuerungen in der Praxis entsprechend, einen verhältnismäßig breiten Raum ein. Die Steuerungen werden, ausgehend von ihren Bauelementen, nach elementaren Vorgängen geordnet, der Reihe nach schrittweise beschrieben. Wenn auch nur werkstattreife Einrichtungen genannt werden, so soll doch darüber hinaus dem Werkzeugmaschinenbauer die Möglichkeit gegeben werden, die Problematik der zukünftigen Entwicklung zu erkennen, um diese selbst durch eine klar umrissene Aufgabenstellung zu beeinflussen. Die genaue Kenntnis der Anwendungsmöglichkeiten der Bauelemente und der wichtigsten Schaltungen erleichtert die erforderliche Verständigung und Zusammenarbeit mit dem Elektrotechniker.

Um unter diesen Gesichtspunkten das Grundsätzliche hervorzuheben, wurde auf die sonst übliche Darstellung von vollständigen elektrischen Ausrüstungen der verschiedenen Werkzeugmaschinen verzichtet. Es ließe sich sonst nicht vermeiden, daß einzelne Probleme, die bei jeder Maschine vorkommen, immer wieder beschrieben werden müßten. An einem Beispiel wird gezeigt (s. S. 160), wie aus den Bauelementen vollständige Ausrüstungen zusammengestellt werden.

B. Technologische Aufgaben.

Für den Antrieb der Werkzeugmaschinen wird in der Regel der Elektromotor verwendet. In besonderen Fällen jedoch, insbesondere für gewisse Vorschübe, eignen sich je nach Aufgabenstellung sowohl elektrische als auch hydraulische Einrichtungen.

An die rotierenden Bewegungen der Werkzeugmaschinen werden hinsichtlich der Werkstückfertigung verschiedenartige Anforderungen gestellt, die bei verschiedenen Drehzahlen bestimmte Drehmomente verlangen.

Zur Aufrechterhaltung der optimalen Schnittgeschwindigkeit bei Drehbänken ist z. B. eine Änderung der Drehzahl mit zu- oder abnehmendem Werkstückdurchmesser erforderlich. Nimmt beim Abstechen auf der Drehbank der Halbmesser des Werkstückes an der Schnittstelle ab, so muß bei gleichbleibender Schnittgeschwindigkeit die Drehzahl des Werkstücks entsprechend zunehmen. Soll neben der Schnittgeschwindigkeit auch die Schnittkraft P gleichbleiben, so muß auch die Leistung entsprechend der Beziehung $N = P \cdot v$ gleichbleiben. Die Antriebsmotoren müssen also eine über ihren Drehzahlbereich gleichbleibende Leistung abgeben.[1]

Bei Vorschubantrieben liegen die Verhältnisse anders. Die Vorschubkraft hängt hauptsächlich von der Reibung der Vorschubeinrichtungen auf den Führungen ab, während die auf die Vorschubbewegung wirkende Schnittkraftkomponente im Vergleich

---

[1] OPITZ, H., Leistungsmessungen an Werkzeugmaschinen. ZVDI Bd. 81 (1937) S. 57—63.

dazu sehr klein ist. Da die Reibungskraft fast gleichbleibt, werden bei Vorschubantrieben von z. B. Fräs-, Schleifmaschinen u. dgl. Antriebsmotoren gebraucht, die über ihren Drehzahlbereich ein gleichbleibendes Drehmoment abgeben.

Gleiches Verhalten wird auch von den Antriebsmotoren für die Eilgänge von Vorschubeinrichtungen gefordert. Auch in diesem Falle ist das Drehmoment nur von der zu überwindenden Reibung abhängig. Eilgänge werden beim Einrichten von Werkzeugmaschinen gebraucht, um Rüstzeit einzusparen; sie arbeiten oft 50mal schneller als die Arbeitsvorschübe. Eilgänge werden bei einigen Fertigungsverfahren auch verlangt, um den Abstand von einer Zerspanungsstelle zur nächsten mit wesentlich höherer Geschwindigkeit zu überbrücken (Sprungschaltung).

Neben bewußt verlangten Drehzahländerungen müssen noch die unerwünschten, vom Antrieb selbst herrührenden Drehzahlschwankungen beachtet werden. Diese treten zum Beispiel bei Laständerungen auf. Ihre Ursache ist verschieden, je nachdem, ob es sich um einen plötzlichen (dynamischen) Übergang von einem Lastzustande in den andern handelt oder um über längere Zeit gleichbleibende (statische) Lastunterschiede. Man spricht deshalb von einem statischen und dynamischen Drehzahlverhalten des Antriebes bei Laständerungen. Große Schwankungen sind unerwünscht.

Letzten Endes bedingen Drehzahländerungen auch alle diejenigen Schaltvorgänge, die im Laufe der Bearbeitung ein Stillsetzen oder Wiedereinschalten verlangen. Auf der Drehbank z. B. muß die Werkstückspindel zum Ausspannen stillgesetzt werden. Das erfordert Bremsen, um unnötige Wartezeiten beim Auslauf zu sparen. Bei kurzen Bearbeitungszeiten, wie sie bei Revolverdrehbänken u. dgl. vorkommen, spielt auch die Zeit zum Wiederanlauf eine Rolle. Mit Antrieben, die diese Schaltvorgänge schnell erledigen, sind Fertigungsgewinne von 25% erreicht worden. Die gleichen Überlegungen gelten beim Umsteuern von Vorwärtsvorschub auf Rückwärtseilgang beim Gewindeschneiden.

Die Elektrotechnik begnügte sich aber nicht nur damit, im richtigen Augenblick das erforderliche Drehmoment zur Verfügung zu stellen. Man versuchte darüber hinaus, sowohl die mechanischen Bauteile (Kupplungen, Bremsen, Schaltwellen u. dgl.), die bezüglich Betriebssicherheit, baulichem Aufwand und bequemer Bedienung zu wünschen übrigließen, durch elektrische Einrichtungen zu ersetzen, als auch die Elektrotechnik in immer stärkerem Maße dazu heranzuziehen, dem Arbeiter die Bedienung der Maschine zu erleichtern oder den Facharbeiter einzusparen (Automatisierung). Diese Aufgaben stehen im Vordergrund und werden deshalb eingehender behandelt als die seit Jahrzehnten gelösten Probleme.

Neben den bisher erwähnten, nur die Werkzeugmaschine selbst betreffenden Anforderungen, müssen die elektrischen Ausrüstungen den vom gesamten Betrieb herkommenden Ansprüchen gewachsen sein.

Eine reibungslos arbeitende Fertigung verlangt höchste Betriebssicherheit von ihren Betriebsmitteln. Bei verständnisvoller Wartung und Pflege erfüllt die zweckmäßig gewählte Ausrüstung diese Bedingungen ohne weiteres. Gewisse Teile (z. B. Schaltstücke) unterliegen zwar einem vorläufig noch nicht vermeidbaren Verschleiß. Hat dieser ein bestimmtes Maß erreicht, versagt das Gerät und gefährdet die Sicherheit. Glücklicherweise wirkt sich dieser Nachteil ganz selten zum Schaden der Gesundheit des Arbeiters aus. Die Störung verteuert aber die Fertigung. Der Betrieb drängt deshalb nach einer möglichst langen Lebensdauer der Bauelemente. Erwünscht wäre zweifellos eine „Maschinenlebensdauer". Diese würde aber bisweilen zu großen, teueren Geräten führen, die der formschönen Gestaltung der Maschine entgegenstehen. Man baut deshalb lieber kleinere Elemente und sorgt für eine leichte Auswechselbarkeit der einem Verschleiß unterliegenden Teile.

Zu den betrieblichen Einflüssen, die man bei der Ausgestaltung der elektrischen Ausrüstung berücksichtigen muß, gehören auch diejenigen, die durch den nicht vermeidbaren Schmutz, durch Öl und Wasser, Kühlflüssigkeit, rauhe Behandlung, Unachtsamkeit usw. die Betriebssicherheit gefährden.

Umgekehrt muß die elektrische Einrichtung so gebaut sein, daß durch Strom und Spannung keine Gefährdung der mit ihr arbeitenden Menschen entsteht.

Nach diesen Gesichtspunkten werden im folgenden die elektrischen Bauelemente behandelt, und zwar in der Reihenfolge, wie sie bei der Bedienung der Maschine in Tätigkeit treten.

C. Bauelemente und ihre Eigenschaften.

1. Hauptschalter.

Nach VDE 0113 erhält jede Maschine einen mit einem roten Kreis gekennzeichneten Schalter, mit dem der elektrische Antrieb jederzeit stillgesetzt werden kann. Er beugt nicht nur einer unbeabsichtigten Energieentnahme in den Betriebspausen vor, sondern dient auch als Notschalter bei Unfällen. Da bei größeren Maschinen oft nur der eingeweihte Arbeiter weiß, wie der gefahrbringende Antrieb stillgesetzt wird, hat die zentrale Abschaltung Vorteile. Mit diesem Schalter darf aber die gesamte Anlage nicht unbedenklich spannungslos gemacht werden. Es wäre falsch, z. B. an einer Schleifmaschine durch den Notschalter auch die magnetische Spannvorrichtung abzuschalten. Das lose werdende Werkstück könnte neuen und schwereren Schaden anrichten. In solchen Fällen dient als Trennstelle die Sicherung, um beim Nachprüfen die Anlage spannungslos zu machen.

Als Hauptschalter benutzt man z. B. Hebelschalter mit Messerkontakten. Recht zweckmäßig wirken sich Motorschutzschalter aus, die gleichzeitig den Hauptmotor vor Überlastungen schützen, wenn seine Leistung gegenüber den übrigen Motoren groß ist oder diese nicht in Betrieb sind, solange der Hauptmotor läuft.

Der Motorschutzschalter, in welchem Kurzschlußschnellauslöser und träge Bimetallauslöser untergebracht sind, kann mit Hilfe von Handgriffen, Gestängehebeln u. dgl. ein- und ausgeschaltet werden. Selbsttätig erfolgt das Ausschalten bei Überlast, und zwar durch magnetisch unverzögerte Überstromschnellauslöser, wie die Auslösecharakteristik (Abb. 158) zeigt, sofort (20 msec) bei mehr als 10fachem Nennstrom und verzögert (2 sec bis 30 min) durch die Bi-Auslöser bei Strö-

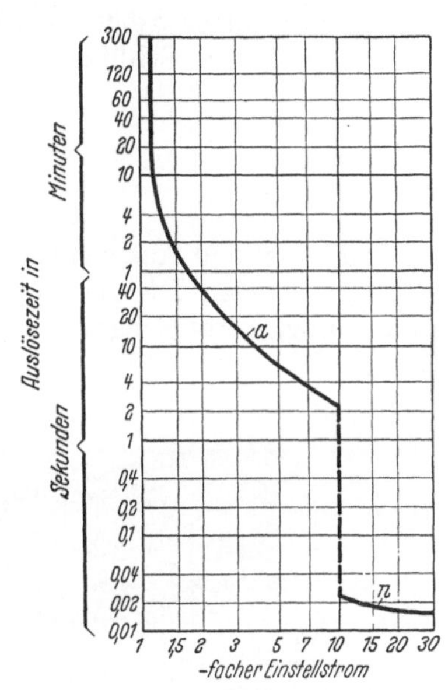

Abb. 158. Auslösecharakteristik für Motorschutzschalter.
a Bimetallauslösung, *n* Überstromschnellauslösung.

a   b

Abb. 159a u. b. Kleinsteuerschalter.
a für Einbau, b in Gußgehäuse.

men, die darunterliegen, wobei die Auslösezeit mit abnehmender Überlast zunimmt. Die Schalter können auch Spannungsrückgangsauslöser bekommen, die beim Wiederkehren der durch Störung ausgefallenen Netzspannung das unbeabsichtigte Anlaufen der Maschine verhindern. Die Motorschutzschalter werden für alle praktisch vorkommenden Ströme gebaut.

Bei kleineren Maschinen mit nur einem Antrieb ist der Hauptschalter in der Regel gleichzeitig Betätigungsschalter für den Motor. Infolgedessen muß dieser Schalter für größere Schalthäufigkeit geeignet sein. Bis etwa 200 Schaltungen in der Stunde bewähren sich bei Motorleistungen von etwa 8 kW die Kleinsteuerschalter. Sie werden als Einbau-, Aufbau- und als Einsatzgeräte (Abb. 159) gebaut und erhalten als Handgriff häufig den an der Werkzeugmaschine üblichen Kugelgriff. Der Schalter dient dann nicht nur als Ein- und Ausschalter für direkten und Stern-Dreieck-Anlauf, sondern auch als Umschalter zur Drehrichtungsumkehr und Polumschaltung. Die Schaltungen selbst werden später behandelt.

Bei der immer größer werdenden Schalthäufigkeit der Motoren empfiehlt sich die Verwendung von Schützen, für deren Betätigung besondere Befehlsgeber nötig sind.

2. Befehlsgeber.

a) Handbetätigte Befehlsgeber.

Zum Ein- und Ausschalten sind Befehlsgeber erforderlich, die vom Bedienungsmann betätigt werden. Die gebräuchlichen Geräte unterscheiden sich durch die Schaltstückanordnung, Betätigungsart und mechanische Ausführung.

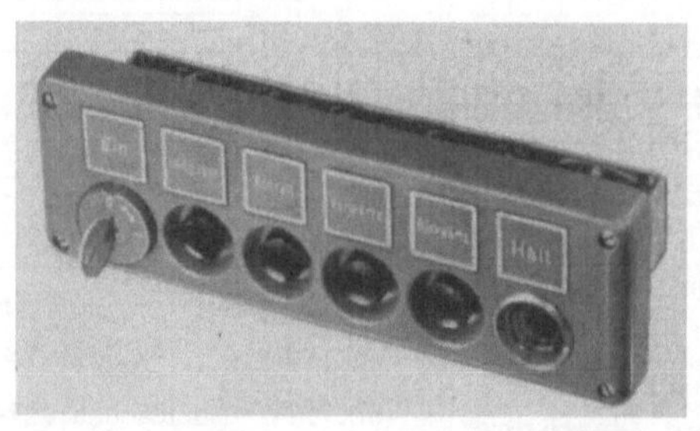

a   b

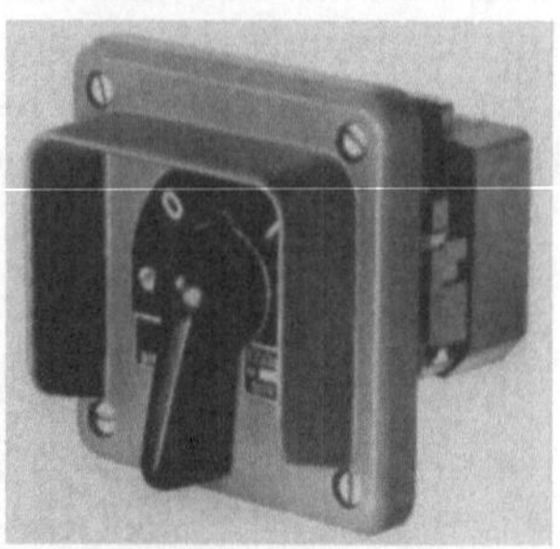

c   d   e

Abb. 160a—e. Ausführungsbeispiele für verschiedene Befehlsgeber.
a Druckknopftafel für Einbau; b Druckknopftafel; c Fußdruckknopftaster; d Schwenktaster in Gußgehäuse; e Schwenktaster für Einbau.

Am häufigsten werden Druckknopf- und Schwenktaster bzw. Befehlsschalter verwendet. Erstere nehmen ihre Arbeitsstellung nur für die Dauer der Betätigung ein und kehren nach Loslassen von selbst in die Ausgangsstellung zurück (Taster), letztere verharren in ihrer Arbeitsstellung und müssen von Hand ausgeschaltet werden (Schalter, Dauerkontaktgeber).

Beim Betätigen wird der Schließer (Arbeitskontakt) geschlossen und der Öffner (Ruhekontakt) geöffnet. Die mechanische Ausführung der Taster und Schalter entspricht den vorkommenden Betriebsverhältnissen. Als Beispiel zeigt Abb. 160 einige gebräuchliche Geräte, die teilweise auch Fußbetätigung zulassen.

b) Selbsttätige Befehlsgeber.

Direkte Befehlsgabe. Beim Geben eines Befehls wird in der einfachsten Form ein Stromkreis durch einen Schalter geschlossen oder geöffnet. Dazu ist eine Bewegung nötig. Von den Geräten, die mechanisch betätigt werden, hat der Endtaster die größte Bedeutung. Dieser ist ähnlich wie ein Druckknopftaster aufgebaut. Die Betätigungseinrichtung besteht im allgemeinen aus Nocken oder Anschlägen. Die Ausführung des Tasters mit Stößel

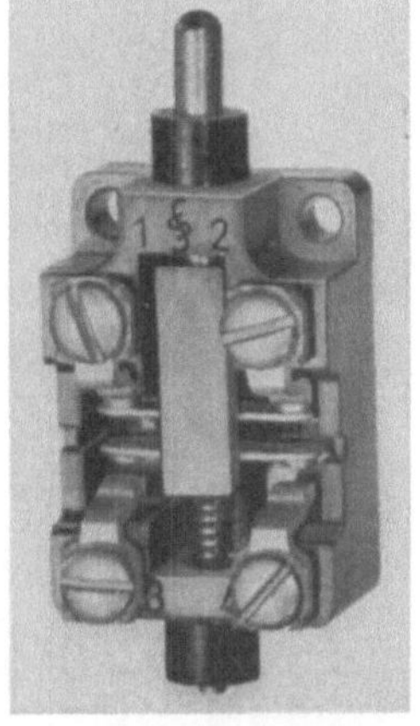

a   b   c

Abb. 161a—c. Endtaster in den gebräuchlichsten Ausführungen.

a mit Stößel ohne Gehäuse; b mit Rollenhebel; c mit Sprungschaltung.

(Abb. 161a und c) eignet sich wegen der Verschleißkräfte nur für seltenes Schalten. Zweckmäßiger ist der Taster mit Rollenhebel (Abb. 161b). Dieser kann bei 30° Neigungswinkel des Schaltlineals von beiden Seiten betätigt werden.

Die Schalter haben meistens einen Schließer und einen Öffner, die getrennt schalten. Es werden auch Sonderausführungen mit anderen Schaltstückanordnungen gebaut. Bei der Ausführung mit Kontaktüberdeckung z. B. wird erst der Schließer geschlossen und dann der Öffner geöffnet. Mit Rücksicht auf die Lichtbogendauer soll die zulässige Schaltgeschwindigkeit bei Gleichstrom 15 mm/sec nicht unterschreiten. Beim Schalten von Wechselstrom sind beliebig kleine Geschwindigkeiten zulässig, wenn die Betätigung erschütterungsfrei erfolgt. Für extrem kleine Geschwindigkeiten werden vorteilhaft Endtaster mit Sprungschaltung verwendet (Abb. 161c).

Die beschriebenen Geräte kommen für Steuerungen in Betracht, bei denen an die Genauigkeit keine besonders hohen Anforderungen gestellt werden. Bei Steuerungen für maßgerechtes Arbeiten sind ähnlich wie beim Messen Festmaß- und Istmaßgeräte mit Zusatzeinrichtungen zum Schalten vorzusehen. Die Geräte werden dann als Fühler bezeichnet.

Ein Fühler mit Festmaßgrenzlehre dient z. B. bei Heald-Innenschleifmaschinen zur maßgerechten Fertigung des Werkstückes W (Abb. 162). Mit der hin- und hergehenden Schleifscheibe S verschiebt sich eine Lehre L; erst nach dem Erreichen des Sollmaßes läßt sich die Lehre in die Bohrung einführen. Dann wird Kontaktstelle K geschlossen und die Maschine durch geeignete Verriegelung am Hubende stillgesetzt. Durch Vorkontakte und abgesetzte Lehren kann die Zustellung in der Nähe des Sollmaßes verkleinert bzw. abgeschaltet werden. Die Steuerung hat den Vorteil, daß sie auch bei genuteten Bohrungen angewendet werden kann.

9*

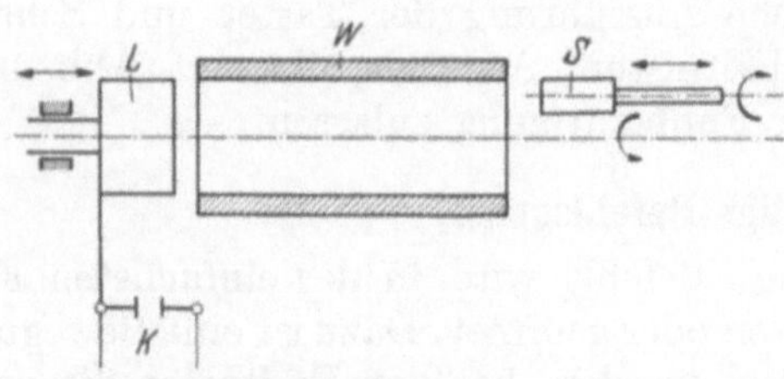

Abb. 162. Grundsätzlicher Aufbau einer Heald-Innenschleifmaschinen-Steuerung mit Fühler als Festmaßlehre.
S Schleifscheibe; *L* Lehre; *K* Kontaktstelle; *W* Werkstück.

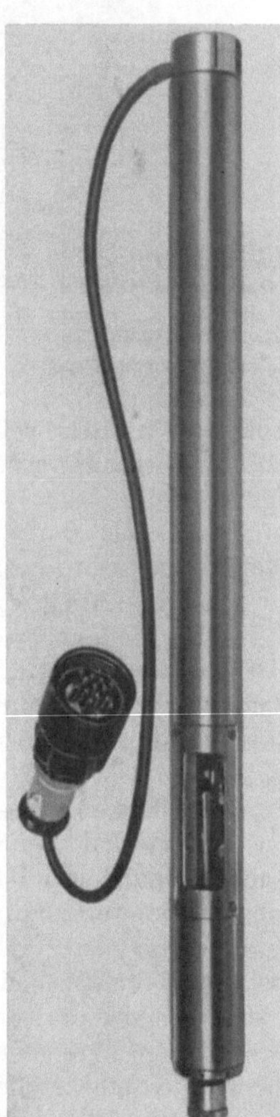

Abb. 163. Kontaktfühler für radiale und axiale Betätigung. (Bauart: Heyligenstaedt.)

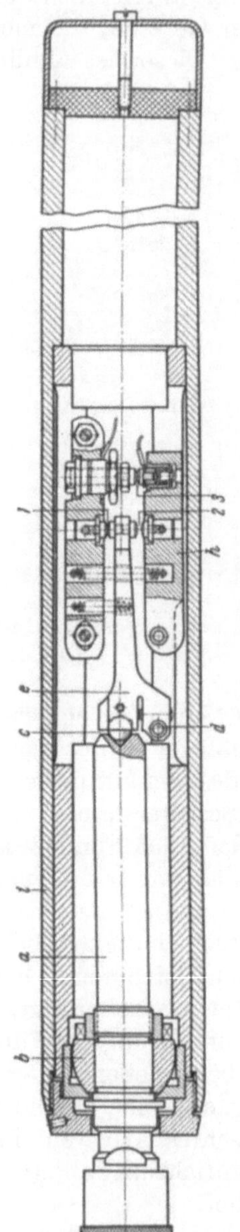

Abb. 164. Schnitt durch einen Fühler nach Abb. 163.

a Fühlspindel; *b* Kugelpfanne; *c* Kugelgelenk; *d* Drehpunkt des Schaltstückhebels; *e*, *h* Schaltstückhebel; *i* Schaft; *1*, *2*, *3* Schaltglieder.

Eine vielgestaltigere Anwendung ergibt sich durch Fühler zur Istmaßbestimmung. In der einfachsten Form besteht der Fühler aus mechanischen Elementen, wie Schneide und Pfanne. Die mechanischen Bewegungen werden dann zur Kontaktgabe unmittelbar benützt. Der Aufbau des Fühlers hängt von der Art der gewünschten Betätigung ab.

Handelsüblich sind Geräte mit zulässiger Auslenkung in radialer und axialer Richtung oder in beliebigen Zwischenrichtungen. Die Fühler haben selbsttätige Rückstellung. Sie unterscheiden sich in der Art der Schaltstückbetätigung. Bei dem in Abb. 163 und 164 dargestellten Fühler ist die Fühlerspindel a in einem halboffenen Kugelgelenk b drehbar. Jede Auslenkung verursacht über eine keglige Pfanne c eine Drehung des Schaltstückhebels e um die Achse d. In der Nullage ist Schaltglied 1 geschlossen. Es wird infolge der Auslenkung zuerst geöffnet. Nach einem einstellbaren Schaltstückweg schließt das Schaltglied 2. Bei weiterer Auslenkung wird der Schalthebel h gedreht. Schaltglied 3 öffnet sich. Der Fühler wird am Schaft i eingespannt. Die Schaltglieder sind in den Schaft eingebaut und können durch Fenster beobachtet werden. Die Einstellung der Schaltstückabstände erfolgt durch Schrauben am Schaltglied 3. Bei waagerechter Einspannung dient eine Feder zum Gewichtsausgleich der Spindel.

Um Fehler und großen Schaltstückverschleiß auszuschalten, wendet man Kleinspannungen (12 V) und Löscheinrichtungen mit Kondensatoren oder Gleichrichtern an. Trotzdem können durch Werkstoffeinwanderungen, besonders bei Edelmetallen und Gleichstrom, Schwierigkeiten auftreten. Dem Schaltstückwerkstoff ist deshalb besondere Aufmerksamkeit zu schenken. Geeignete Werkstoffe für solche Fühler sind heute bekannt, z. B. Wolfram-Kupfersorten.

Ohne Löschkreise können die in Steuerstromkreisen auftretenden Ströme mit Vakuumschaltstücken funkenfrei geschaltet werden. Die Schaltstücke sind in ein luftleeres Glasrohr eingeschmolzen und werden von außen über ein elastisches Glaswellrohr durch einen Schaltstab betätigt. Der Schalter ist allerdings stoßempfindlich, kann aber, wenn er in ein geeignetes Gehäuse eingebaut ist, als genau schaltendes Element in der Werkstatt verwendet werden. Nachdem es durch Vakuumschalter möglich wurde, auch bei kleinsten Wegen und langsamsten Geschwindigkeiten störungsfrei zu schalten, bestanden keine Bedenken mehr, die durch die Wärmeausdehnung auftretenden Bewegungen für die Befehlsgabe zu benutzen. Bekanntlich entsteht durch Temperatureinflüsse eine Relativbewegung, wenn die Wärme nur auf einen Teil der Anordnung oder auf zwei Metalle mit verschiedenen Temperaturkoeffizienten (Bimetalle) wirkt. Die Temperatur der Luft, der Flüssigkeit usw. kann so zu Steuerzwecken herangezogen werden.

Indirekte Befehlsgabe. Nicht immer ist es möglich, für die Befehlsgabe eine Bewegungsgröße zur Verfügung zu haben. Deshalb wurden Einrichtungen entwickelt, um die Schaltstückbewegungen über Zwischenmittel, wie Gase, Flüssigkeiten, Elektrizität usw., zu erreichen. Beispiele sind:

1. Thermische Geräte. Es liegt nahe, die Wärme vom elektrischen Strom erzeugen zu lassen. Unter diesen Wärmeausdehnungsgeräten haben die Bimetallrelais zum Motorschutz eine große Verbreitung gefunden (Abb. 165). Sie bestehen aus einem, aus zwei verschiedenen Metallen zusammengesetzten Streifen, der sich wegen der verschiedenen Ausdehnung der beiden Metalle unter dem Einfluß der Stromwärme

Abb. 165. Bimetallrelais für Motorschutz.

verbiegt. Diese Formänderung dient zur Betätigung von Schaltgliedern. Die Wärmezufuhr erfolgt z. B. über Heizwiderstände, die um den Bimetallstreifen herumgewickelt sind. Hängt die Wärmezufuhr z. B. vom Motorstrom ab, so erfolgt das Ansprechen lastabhängig.

Es ist zu beachten, daß Öffner meist nur in Wechselstromkreisen gebräuchlich sind. Für Gleichstromkreise werden in der Regel Schließer verwendet; es sind dann aber zum Unterbrechen von Stromkreisen Zwischenrelais (s. S. 138) erforderlich.

2. Magnetische Geräte. Da die Wärme verhältnismäßig langsam wirkt, wird für Befehle, die schnell erfolgen sollen, die magnetische Eigenschaft des Stromes herangezogen. Hierzu werden Geräte verwendet, die wie ein Relais aufgebaut sind. Sobald der Strom so groß ist, daß die entsprechende Magnetkraft die Kraft der Rückzugsfeder überwindet, werden die Schaltstücke geschlossen.

Solche Einrichtungen werden beispielsweise dann verwendet, wenn zum Schutz von teuren Fräswerkzeugen die Maschine abgeschaltet werden soll. Die für Gleich- und Wechselstrom lieferbaren Relais können ferner bei motorisch angetriebenen Spannvorrichtungen dazu dienen, den beim Spannen festgefahrenen Motor abzuschalten.

Die Magnetkraft wird auch zur Erzeugung von Bewegungen für die Betätigung verschiedenster Geräte ausgenutzt. Bei Fernzählwerken schaltet z. B. ein Magnet über Zahnräder und Klinken das Zählwerk. An Stelle der Relaismagnete werden teilweise magnetische Schrittmotoren mit Schwinganker verwendet. Diese Geräte sind besonders für schnelle Impulse (bis zu 50 Imp./sec) geeignet. Die Impulsdauer kann 0,1 bis 0,5 sec betragen (Abb. 166). Solche Zählwerke können außerdem Schaltstückvorrichtungen haben, die bei einstellbarer Ansprechzahl einen Stromkreis schließen oder öffnen. Nach dem Arbeitsvorgang erfolgt die Rückstellung des Zählwerkes durch einen Hebel. Durch einen Schlüssel kann jede Ansprechzahl vorher eingestellt werden. Bei Wiederholungszählern fällt die handbetätigte Rückstellung weg. Die Befehle werden also selbsttätig nach Ablauf der eingestellten Zahl fortlaufend gegeben. Ein zweites miteingebautes Zählwerk erfaßt die Anzahl der Wiederholungen und wird für Kontaktgabe bei einer bestimmten Anzahl solcher Wiederholungen gebaut. Für Fernzählwerke sind Schaltstückeinrichtungen ausgebildet, die auch bei Drehbewegungen Befehle geben. Es gibt Geräte, bei denen die mechanische Bewegung für die Betätigung des Zählwerkes unmittelbar ausgenutzt wird. Sie sind für Hub- oder Drehbetätigung ausgeführt. Durch Zusatzeinrichtungen können nicht nur Stückzahlen, sondern auch Längen festgestellt werden.

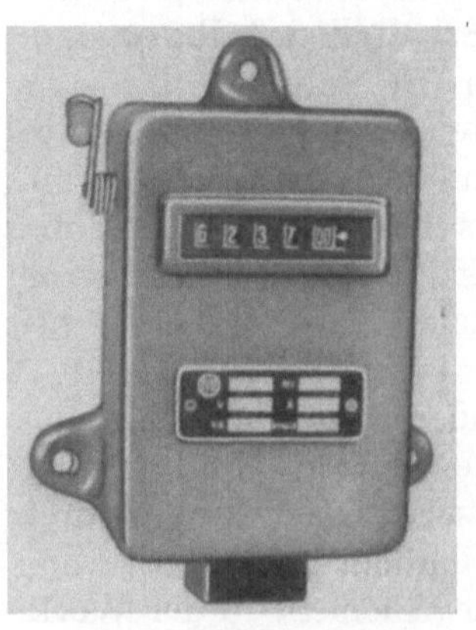

Abb. 166. Fernzählwerk für schnelle Impulse mit Drucknullstellung durch Hebel (Bauart: Irion & Vosseler).

3. Druckluftverfahren. Die Möglichkeit, strömende Luft für die Steuerung von Vorgängen nutzbar zu machen, liegt dem Verfahren von Solex zugrunde. Die Art des Verfahrens ist aus Abb. 167 ersichtlich. Wenn einem Druckbehälter B durch eine Düse D_1 Luft aus einer Leitung mit gleichbleibendem Druck h_0 zugeführt wird und die Luft durch eine Düse D_2 austritt, entsteht im Behälter ein Druck h, den das Manometer M anzeigt. Ist Düse D_1 als Eichdüse ausgebildet, ergeben sich geringere Drücke h bei größerem Querschnitt der Düse D_2 und größere Drücke bei kleineren Querschnitten.

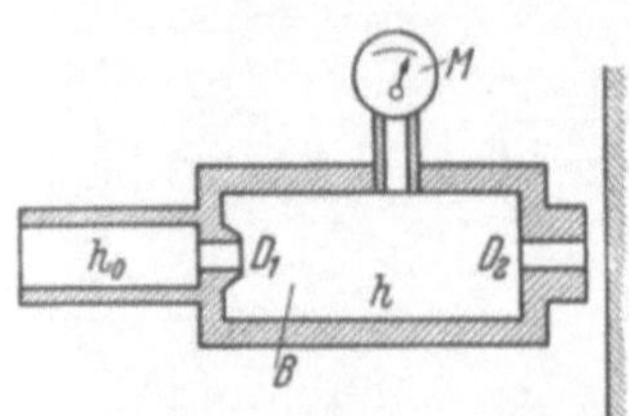

Abb. 167. Grundsätzlicher Aufbau einer Meßanordnung mit Druckluft.
B Druckluftbehälter; D_1 Eichdüse; D_2 Meßdüse; h_0 Eichdruck; h Meßdruck; M Meßgerät.

Das Verfahren wird z. B. bei Rundschleifmaschinen angewandt. Auf dem Werkstück W (Abb. 168) sitzt eine Reiterlehre mit der Düse D_2. Beim Schleifen nimmt der Querschnitt für den Luftaustritt ab, der Druck in einem Hg-U-Rohr steigt. Durch eine Einstellschraube S kann erreicht werden, daß bei einem bestimmten Überdruck die Kontaktstelle K schließt. Bei Innenschleifmaschinen tastet ein Finger F, der durch Blattfedern B angelegt wird, das Werkstück ab. Eine Platte P beeinflußt den Luftaustritt an der Meßdüse D_2.

Die Einrichtung dient auch für andere Messungen, wie Oberflächenprüfung, bei denen die zu messende Größe den Querschnitt des Luftaustrittes verändert.

4. Meßgeräte mit Kontakteinrichtungen. Oft ist es erwünscht, auf Grund von elektrischen Meßwerten, wie Spannung, Strom, Widerstand, Frequenz usw., zu steuern. Die Meßgeräte werden deshalb mit Kontaktvorrichtungen gebaut, die mit dem Zeiger des Meßwerkes einen Stromkreis schließen, sobald der Zeiger den eingestellten Sollwert erreicht hat. Neben elektrischen Meßgeräten gibt es auch andere Zeigergeräte mit Kontakteinrichtungen. Es können deshalb Ausschläge von Druckmessern (Manometer, Vakuummeter, Mano-Vakuummeter), Quecksilber-Fadenthermometern, Drehzahlmessern (Tachometer) und Zugkraftmessern (Dynamometer) zum Steuern dienen.

5. Brückenschaltungen. Um die Rückwirkungen der Kontaktkraft auf die Meßkraft weitgehend zu vermeiden, wurden Einrichtungen geschaffen, die bei Befehlsgabe so geringe Stromänderungen herbeiführen, daß ein empfindliches Feinrelais (Ansprechwert etwa 10 bis 20 mA) noch ansprechen kann. Erforderlichenfalls werden Verstärkereinrichtungen benutzt.

Vorwiegend handelt es sich hierbei um Brückenschaltungen. Nach Abb. 169 werden 4 Widerstände $w_1 - w_4$ an eine konstante Spannung gelegt und die Widerstände so bemessen, daß im Beharrungszustand vor der Befehlsgabe durch das Relais R kein Strom

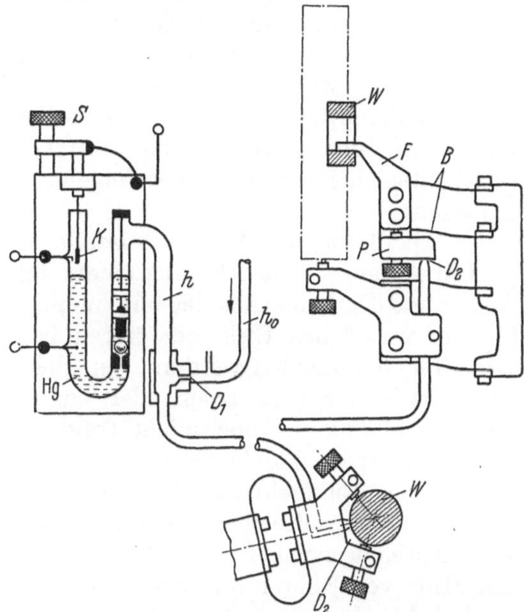

Abb. 168. Grundsätzlicher Aufbau einer Einrichtung zum Steuern von Schleifmaschinen durch Druckluft (Solex-Verfahren).
Unten: für Außenschleifen; rechts oben: für Innenschleifen.

fließt. Wird ein Widerstand oder ein Widerstandspaar geändert, so fließt durch das Relais ein Strom, der es zum Ansprechen bringt.

Neben der Änderung des OHMschen Widerstandes läßt sich auch der Wechselstromwiderstand einer Brücke beeinflussen. Dazu werden induktive Widerstände mit Eisenkernen verwendet. Der Brückenstrom kann dann von einer Bewegung des Eisenkernes abhängig gemacht werden. Die Einrichtung kann also als elektrischer Fühlhebel dienen.

Die nach diesem Grundsatz aufgebaute „Eltas-Lehre" besteht aus zwei mit Wechselstrom erregten Magnetspulen, in deren Luftspalt sich eine Zunge bewegen kann. Die Tastbewegung wird über ein Gelenk vom Taststift auf die Zunge übertragen und verursacht eine Änderung des Brückenstromes, der das Gitter einer Verstärkerröhre aussteuert und dadurch ein im Anodenkreis liegendes Feinrelais betätigt.

Nach dem gleichen Grundsatz arbeitet die MAHR-SIEMENS-Lehre. An Stelle der Zunge wird hier ein Teller mit einem Stift in der Spule bewegt.

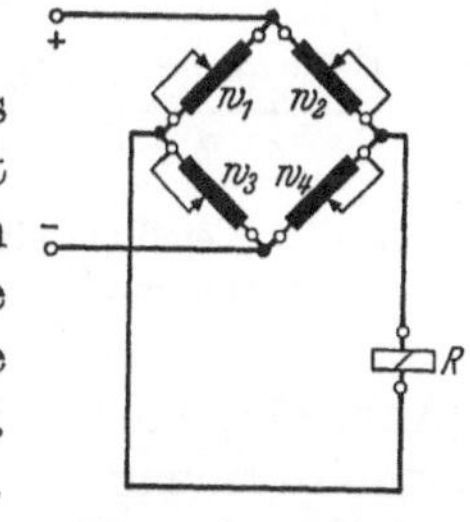

Abb. 169. Brückenschaltung zum Steuern eines Relais.
$w_1 - w_4$ Widerstände; R Relais.

Für die Schnittkraftmessung wird meistens eine kleine Längenänderung der Einspannteile des Werkzeuges benutzt. Zur Messung dieser Länge dient z. B. ein induktives Verfahren. Durch Verstärkungseinrichtungen werden somit Steuerbefehle abhängig von der Schnittkraft gegeben; das ist z. B. für Versuchsmaschinen zur Bestimmung von Grenzbeanspruchungen wichtig.

6. Lichtzellen. Aus verschiedenen Gründen ist es erwünscht, Steuerbefehle zu geben, ohne daß eine Berührung stattfindet. Manche Vorrichtungen oder Werkstoffe sind zu weich oder zu wenig widerstandsfähig, um den mit der Kontaktgabe verbundenen Kräften standzuhalten. In anderen Fällen werden die mechanischen Befehlsgeräte zu stark abgenützt. Es könnte auch der Fall eintreten, daß infolge der Temperatur des Werkstoffes die Befehlsgeber zu warm werden. Bei fertigen Geräten mit empfindlichen Oberflächen lassen sich durch berührungsfrei arbeitende Befehlsgeber Beschädigungen vermeiden. Auch hygienische Gesichtspunkte können maßgebend sein.

Die Lichtzelle stellt ein Gerät dar, das die Umwandlung der Strahlungsenergie in elektrische Energie ermöglicht. Die Steuerung erfolgt auf Grund von Helligkeitswerten und ist mit gewissen Einschränkungen auch abhängig von der Farbe einer Fläche. Mit diesem Hilfsmittel sind schon eine Reihe schwieriger Aufgaben gelöst worden. Für die Beurteilung der Anwendbarkeit von Lichtzellen auf neuen Gebieten sind jedoch die wichtigsten Eigenschaften der folgenden 3 Hauptgruppen der Lichtzellen zu berücksichtigen:

a) Alkalizelle, b) Widerstandszelle, c) Sperrschichtzelle.

Die Alkalizelle besteht aus einem luftverdünnten oder edelgasgefüllten Gefäß mit Anode und Kathode. Aus der mit einem Alkalimetall, z. B. Kalium, Natrium, Rubidium, Cäsium versehenen Elektrode treten bei der Bestrahlung trägheitslos Elektronen aus. Bei Widerstandszellen werden zwei gleichartige, meist kammförmige Elektroden durch einen Halbleiter, z. B. Selen oder Thalliumsulfid überbrückt. Sein Widerstand nimmt bei Bestrahlung — leider nicht trägheitslos — infolge innerer Elektronenverschiebung ab. Die Sperrschichtzelle ähnelt in ihrer Wirkungsweise den Kupferoxydulgleichrichtern, eignet sich aber mehr für Meß- als für Steuereinrichtungen.

7. Verstärker. Reichen die auftretenden Spannungen, wie die bei den magnetischen Brückenschaltungen, für die Betätigung der Relais nicht aus, so muß eine Verstärkung mit Hilfe von Röhren durchgeführt werden.

Bei der *Hochvakuumröhre* ändert sich der Anodenstrom Ia gemäß Abb. 170 bei verschiedenen Gitterspannungen. Legt man das Gitter an ein negatives Potential, so fließt praktisch kein Gitterstrom, deshalb kann der zu verstärkende Strom i des Impulsgebers

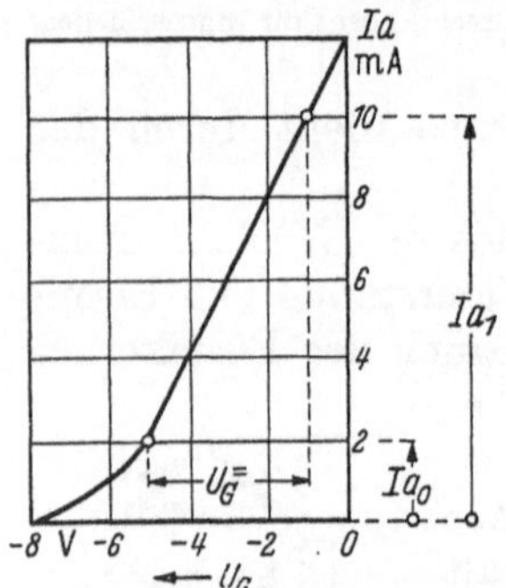

Abb. 170. Kennlinie einer
Hochvakuumröhre.

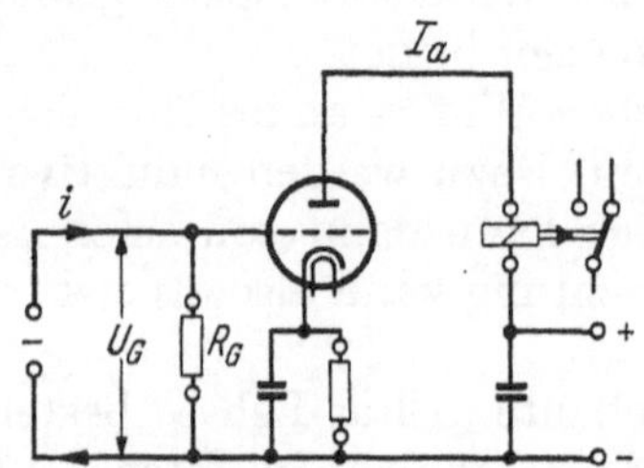

Abb. 171. Röhrensteuerung für
Gleichstromimpuls.

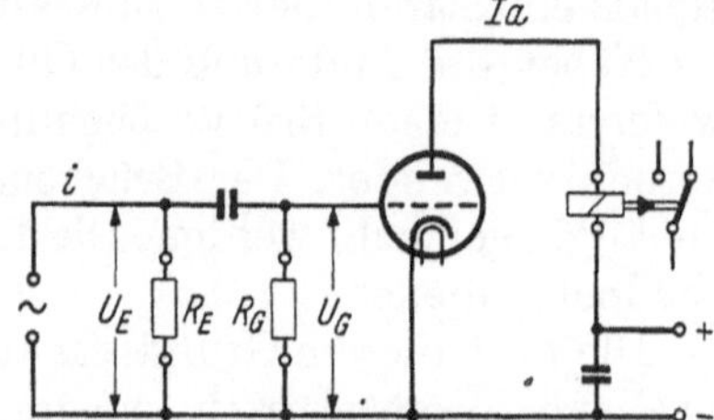

Abb. 172. Röhrensteuerung für
Wechselstromimpuls.

(Abb. 171) außerordentlich klein sein. An einem (hochohmigen) Widerstand R_G entsteht eine Spannung U_G, die das Gitterpotential nach Abb. 170 beispielsweise von -5 auf -1 V ändert. Damit steigt der Anodenstrom von $Ia_0 = 2$ mA auf $Ia_1 = 10$ mA und bringt ein Relais zum Ansprechen. Dieses gilt, wenn der Impulsstrom i ein Gleichstrom ist. Wechselstrom muß gleichgerichtet werden. Dazu kann man die Möglichkeit der Gittergleichrichtung von Verstärkerröhren (Abb. 172) ausnützen. Solange kein Impulsstrom i fließt, hat das Gitter über den Widerstand R_G das gleiche Potential wie die Kathode (z. B. $= 0$ V). Der Anodenstrom ist groß, das Relais ist angezogen. Kommt jetzt vom Impulsgeber ein Strom i, so entsteht am Eingangswiderstand R_E eine Spannung U_E, die den Kondensator auflädt. Bei genügend großem Widerstand R_G entlädt sich der Kondensator, im Vergleich zur Frequenz von i so langsam, daß am Widerstand R_G eine praktisch gleichbleibende Spannung U_G entsteht, die dem Gitter ein Potential von $-U_G$ gibt. Der Anodenstrom nimmt ab, das Relais fällt ab.

Reicht die so entstehende Anodenstromänderung nicht aus, so nimmt man Verstärker mit mehreren Stufen, oder benutzt *Stromtore* (Thyratron). Sie entsprechen in ihrem grundsätzlichen Aufbau den Quecksilberdampfgleichrichtern mit Glühkathoden und eingebautem Gitter. Sie lassen den Strom nur in einer Richtung zwischen Kathode und Anode durch, wenn die Anode gegenüber der Kathode ein positives Potential hat und das negative Potential des zwischen Kathode und Anode befindlichen Steuergitters gegenüber der Kathode einen bestimmten Wert nicht überschreitet. Wird die Gitterspannung U_G (Abb. 173) von einem größeren negativen Wert an gegen Null verändert, so fließt zunächst nur ein kleiner Elektronenstrom. Erst bei bestimmter Gitterspannung und gegebener Anodenspannung erfolgt über die ionisierte Gasstrecke eine Entladung. Der hierbei fließende Strom beträgt ein Vielfaches des Elektronenstromes vor der Zündung. Seine Stärke hängt im wesentlichen vom Belastungswiderstand R ab, da der innere Spannungsabfall des Stromtores nur noch 15

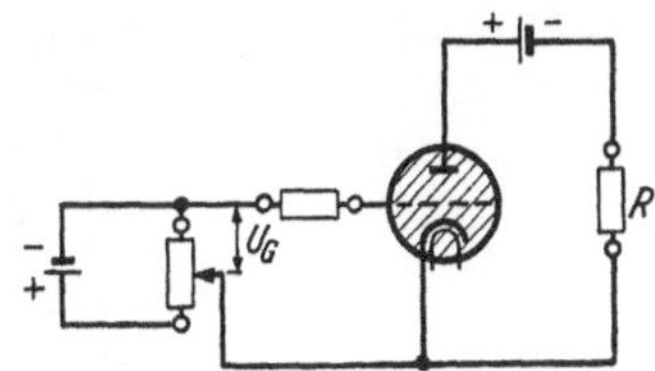

Abb. 173. Grundschaltung eines Stromtores.

bis 20 V beträgt. Nach erfolgter Zündung kann der Anodenstrom im Gegensatz zu den Vakuumverstärkerröhren durch Verändern der Gitterspannung nicht mehr beeinflußt werden. Der Strom muß dadurch unterbunden werden, daß die Anodenspannung kurzzeitig kleiner als die Brennspannung der Röhre gemacht wird. Bei Anodengleichspannung geschieht dies am einfachsten durch Unterbrechen des Anodenstromkreises. Bei Wechselstrom geht die Spannung im Anodenkreis nach jeder Halbwelle von selbst durch Null. Steuert man durch eine veränderliche Gitterspannung den Zündeinsatz, so verwandelt man mit einer solchen Röhre einen Wechselstrom in einen Gleichstrom, dessen Spannung sich mit der Gitterspannung feinstufig ändert. Von dieser Eigenschaft des Stromtores hat man bei den Röhrensteuerungen (Elektronik) von Gleichstromregelantrieben Gebrauch gemacht[1].

Reihenschaltung von Befehlsgebern. Für die Befehlsgabe können auch mehrere Geräte zum Einleiten eines Vorganges verwendet werden. Durch Reihenschaltung einer Lichtzelle mit einem Zählwerk läßt sich z. B. erreichen, daß eine Maschine abhängig vom Durchgang einer bestimmten Anzahl von Arbeitsgängen gesteuert wird.

3. Fernbetätigte Schaltgeräte.

a) Hilfsrelais.

Neben den bisher erwähnten Relais, die zum Befehlsgeber gehören und wegen ihrer kleinen Erregerströme oft als Feinrelais bezeichnet werden, sind für die verschiedenartigen Aufgaben innerhalb einer Steuerung Hilfsrelais erforderlich. Diese bestehen aus einem Magnetsystem, in dem durch elektrische Ströme Kräfte erzeugt werden, die zum Schließen der teilweise auf einem beweglichen Anker angeordneten Schaltstücke dienen. Nach ihrem Aufbau werden sie im allgemeinen in 3 Gruppen eingeteilt.

a) Die Relais mit Schaltstücken zum Schalten in Luft können Erschütterungen vertragen und werden deshalb vorwiegend in Steuerungen für Werkstätten verwendet (Abb. 174).

b) Die Relais mit Quecksilberschaltröhren haben Schaltglieder verschiedenster Schaltleistung und Art in der jeweils erforderlichen Zusammenstellung. Da die Kontaktgabe im luftabgeschlossenen Raum erfolgt, sind die Schaltstücke gegenüber Gasen und Dämpfen unempfindlich. Sie schalten aber langsamer als die vorherigen und müssen gegen von außen wirkende Erschütterungen geschützt sein (Abb. 175).

---

[1] MAECKER, K.: Die Anwendung der Röhrensteuerung bei Werkzeugmaschinen. Werkstatt u. Betrieb, 83. Jg. (1953) Heft 5, S. 229.

c) Die letzte Gruppe umfaßt Relais für Sonderaufgaben, nämlich polarisierte Relais, Kipprelais, Fortschaltrelais usw.

Hilfsrelais dienen im allgemeinen dazu, die durch Ein- und Ausschalten des Erregerkreises auf ihre Erregerspule übertragenen Befehle an einen oder mehrere Steuerstrom-

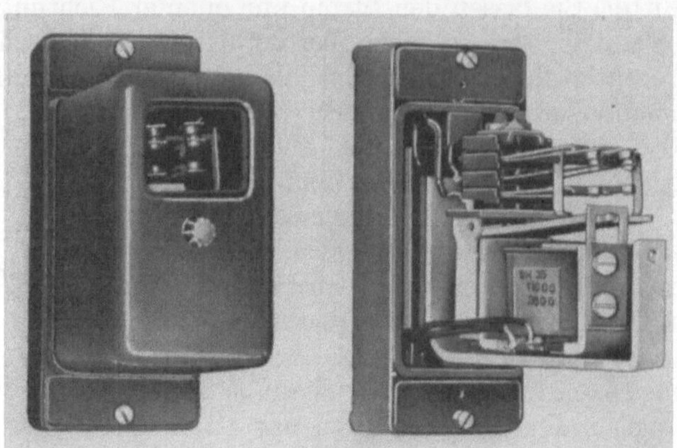

Abb. 174. Hilfsrelais mit Schaltstücken in Luft.

kreise weiterzugeben. Wenn auch zur Vereinfachung der Steuerung das Bestreben grundsätzlich dahin geht, auf Hilfsrelais zu verzichten, so läßt sich ihre Anwendung aus nachstehenden Gründen nicht vermeiden.

Ist z. B. die über den Befehlsgeber zur Verfügung stehende Energie zu klein, um den zu steuernden Apparat zu betätigen (kleine Schaltleistung des Befehlsgebers oder großer Widerstand im Befehlskreis), so muß ein Hilfsrelais mit kleiner Erregerleistung nach Abb. 176a zur Verstärkung der Steuerleistung verwendet werden.

Ein Hilfsrelais ist ferner erforderlich, wenn der Befehlskreis (= Erregerkreis des Hilfsrelais) und der Steuerkreis mit verschiedenen Spannungen arbeiten (Abb. 176b).

Hilfsrelais werden auch gebraucht, um den Steuerkreis abhängig von mehreren Befehlsgebern zu betätigen oder wenn die Betätigungsart (z. B. mit Öffner) von der Steuerart (z. B. mit Schließer) abweicht.

Auf Grund dieser Aufgaben entstehen folgende Schaltgliedausführungen für Hilfsrelais (Abb. 177):

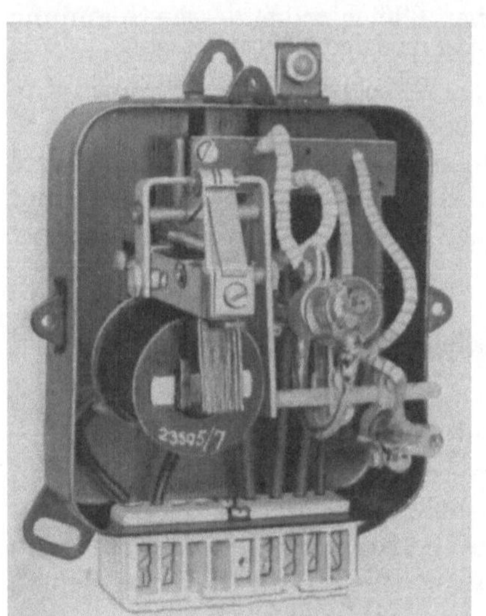

Abb. 175. Hilfsrelais mit Quecksilberschaltröhren.

a) Der Schließer wird nach Einsetzen der Erregung geschlossen, bleibt in dieser Stellung solange das Relais erregt ist, und öffnet nach Aussetzen der Erregung.

b) Der Öffner ist geschlossen, solange das Relais nicht erregt ist und öffnet nach Einsetzen der Erregung.

c, d) Wechsler (Schließer und Öffner mit gemeinsamem Mittelpol), die bei Erregen oder Entregen des Relais so arbeiten, daß entweder die Schaltglieder beim Umschalten sicher unterbrechen oder alle drei Schaltglieder vorübergehend überbrückt werden.

e) Wechsler mit vier Polen haben einen Schließer und einen Öffner mit gemeinsamer Schaltstückbrücke.

f, g) Schaltglieder mit Schließverzögerung. Der Schließer schließt verzögert nach Einsetzen der Erregung, öffnet sofort bei Entregung. Der Öffner öffnet sofort bei Erregung und schließt verzögert bei Fortfall der Erregung.

h, i) Schaltglieder mit Öffnungsverzögerung. Der Schließer schließt sofort nach Einsetzen der Erregung, öffnet verzögert nach Fortfall der Erregung. Der Öffner öffnet nach Einsetzen der Erregung verzögert, schließt sofort nach Fortfall der Erregung.

Wischer. Der Schließer schließt bei Einsetzen der Erregung vorübergehend (für den Bruchteil einer Sekunde), beim Entregen erfolgt keine Kontaktgabe. Der Öffner schließt beim Entregen kurzzeitig, beim Erregen erfolgt keine Kontaktgabe.

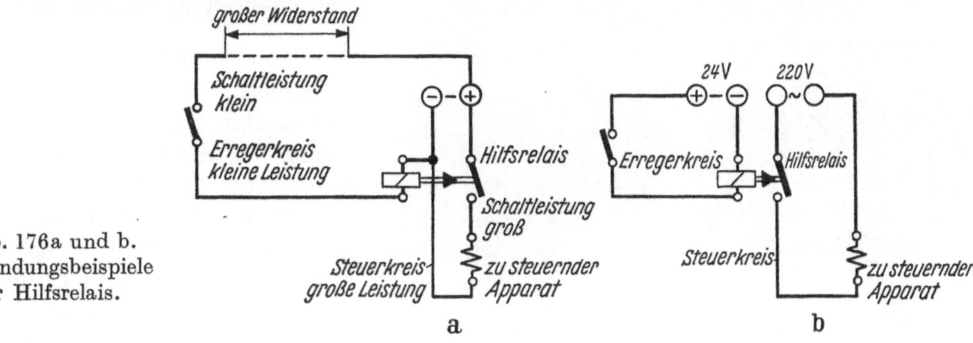

Abb. 176a und b. Anwendungsbeispiele für Hilfsrelais.

Schaltglieder von Kipprelais bleiben mechanisch in der eingesteuerten Lage auch beim Entregen der betreffenden Spule so lange liegen, bis die andere Spule erregt wird.

Schaltglieder der Fortschaltrelais arbeiten ähnlich wie die der Kipprelais. Das abwechselnde Schalten erfolgt jedoch durch Erregen der gleichen Spule. Dafür sind besondere mechanische oder elektrische Einrichtungen erforderlich.

b) Zeitrelais.

Zeitrelais werden verwendet, wenn ein Befehl erst nach einer einstellbaren Zeit weiterzugeben ist und wenn aus anderen Gründen Schaltvorgänge verzögert oder zeitlich begrenzt werden müssen (Abb. 177a). Nach ihrem verschiedenen Aufbau unterscheiden sich die gebräuchlichen Relais durch:

a) die einstellbaren Verzögerungszeiten, die sich von Bruchteilen einer Sekunde bis auf Stunden erstrecken können,

b) die Genauigkeit, mit der die eingestellte Sollzeit eingehalten wird,

c) die Art der Erregung (stoßweise oder dauernd),

d) die Reihenfolge der Kontaktgabe (Einfachrelais schließen oder öffnen ihre Schaltglieder gleichzeitig nach Ablauf der eingestellten Verzögerung, während die Mehrfachzeitrelais innerhalb der Gesamtlaufzeit ihre Schaltglieder in bestimmten Zeitabständen nacheinander betätigen),

e) die zulässige elektrische und mechanische Beanspruchung, also die Schalthäufigkeit, Schutzart, Erschütterungsempfindlichkeit usw.

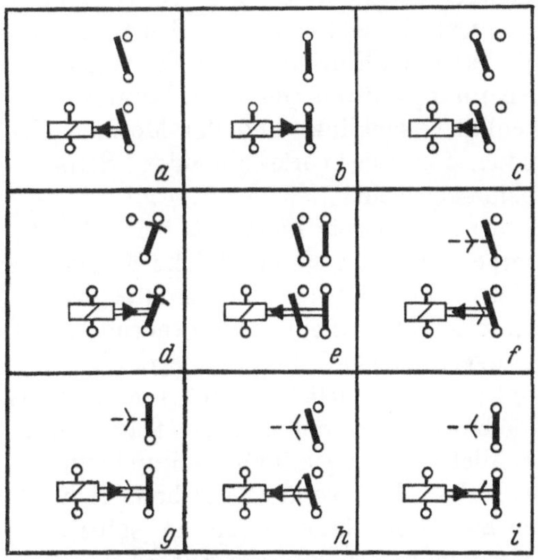

Abb. 177. Gebräuchliche Schaltgliedausführungen an Hilfsrelais.

Jeweils oben: Darstellung im Stromlaufplan; jeweils unten: Darstellung im Wirkschaltplan. *a* Schließer; *b* Öffner; *c* Wechsler mit Unterbrechung; *d* Wechsler mit Überdeckung; *e* Wechsler mit getrenntem Öffner und Schließer; *f* Schließer mit Schließverzögerung bei Erregung; *g* Öffner mit Schließverzögerung bei Entregung; *h* Schließer mit Öffnungsverzögerung bei Entregung; *i* Öffner mit Öffnungsverzögerung bei Erregung.

Wie bei dem Hilfsrelais können die Schaltglieder in den verschiedensten Ausführungen vorgesehen werden, in Luft schalten oder als Quecksilberschaltröhren ausgebildet sein. Für die Verzögerungen werden benutzt:

a) Mechanische Uhrwerke in Verbindung mit Magnetspulen (Hemmwerke).

b) Elektrische Uhrwerke (meist Synchronmotoren) oder

c) Kontaktvorrichtungen mit Verzögerungen durch magnetische, thermische, mechanische und ähnliche Zeitkonstanten.

In diesem Zusammenhang müssen noch die Schaltuhren erwähnt werden. Sie werden meist durch Synchronmotoren angetrieben und können zu bestimmten Zeiten oder in periodischen Abständen Kontakt geben. Wichtig sind auch die Kontakteinrichtungen an elektrischen Uhren, um bei Arbeitsbeginn oder zu anderen einstellbaren Zeiten Steuerimpulse zu geben.

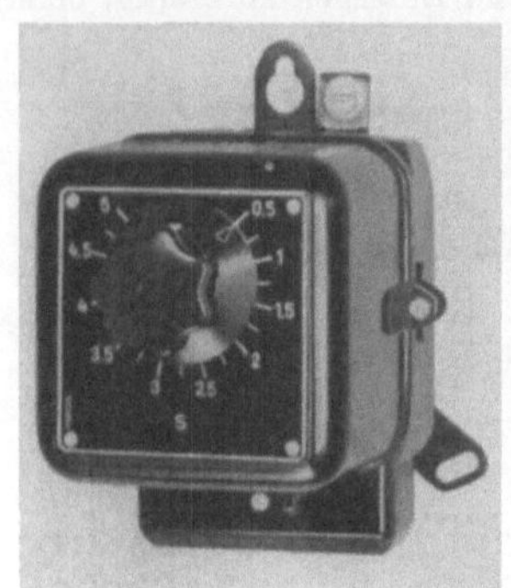

Abb. 177a. Zeitrelais.

c) Schütze.

Reicht die Schaltleistung der Relais zum Schalten von Antriebselementen nicht aus, so werden ferngesteuerte Schalter und Schütze verwendet. Während das Schütz ähnlich wie ein Relais aufgebaut ist, erfolgt beim ferngesteuerten Schalter die vorwiegend magnetische Betätigung nur kurzzeitig. Die Kontaktkraft erfolgt durch Federn, die mittels Klinken wirksam bleiben. Der Schalter kann deshalb unter wirtschaftlich gerechtfertigtem Aufwand für größere Kontaktkräfte ausgeführt werden als das Schütz. Immerhin werden heute Schütze schon bis etwa 500 A Dauerstrom gebaut. Nur größere Schaltleistungen, die bei Werkzeugmaschinenantrieben selten vorkommen, sind dem ferngesteuerten Schalter vorbehalten, der häufig als Motorschutzschalter ausgeführt wird. Er hat dazu Einrichtungen, die den Motor gegen Überlastung oder andere Gefahren, z. B. Spannungsausfall, schützen. Beim Ansprechen einer dieser Einrichtungen wird das Schaltschloß ausgeklinkt und der Motor vom Netz getrennt. Die Schaltstücke müssen demnach für alle vorkommenden Ströme, insbesondere für solche bei Kurzschlüssen, bemessen sein.

Im Gegensatz hierzu ist beim Schütz der Abschaltstrom zu begrenzen und dafür zu sorgen, daß der oft erhebliche Kurzschlußstrom durch vorgeschaltete Sicherungen oder Motorschutzschalter abgeschaltet wird. Das Schütz kann deshalb im allgemeinen als Motorschutzeinrichtung nur thermischen Überlastungsschutz jedoch keinen unverzögerten Kurzschlußschutz bieten. Gegenüber dem Motorschutzschalter hat das Schütz den Vorteil eines wesentlich einfacheren Aufbaus. Der Zug-, Klapp- oder Kniegelenkanker, der die beweglichen Schaltstücke trägt, zeigt viel geringeren Verschleiß als die umfangreichen Schließ- und Verklinkungseinrichtungen beim Motorschutzschalter. Das Schütz eignet sich deshalb besonders für hohe Schalthäufigkeit und wird in Werkstätten wegen der großen Betriebssicherheit in selbsttätigen Steuereinrichtungen dem ferngesteuerten Motorschutzschalter vorgezogen[1].

Es sind verschiedene Typen von Schützen entwickelt worden, die sich hauptsächlich dadurch unterscheiden, daß die Schaltstücke entweder in Öl oder in Luft arbeiten. Obwohl das Öl die Schaltstücke schmiert, hat sich gezeigt, daß der Schaltstückabbrand in Luft wesentlich kleiner ist. Ölschütze müssen jedoch immer dann gewählt werden, wenn die Schaltstücke der Einwirkung chemisch angreifender Gase entzogen werden müssen.

Für die Auswahl der Schützgröße stehen Schütztypen gestaffelt für Dauerströme von z. B. 10, 20, 40, 65, 100, 150, 300 und 500 A zur Verfügung. Die Wahl der Schützgröße hängt von der Schalthäufigkeit und den charakteristischen Strom- und Spannungswerten der zu schaltenden Motoren ab. Als Beispiel für die Ausführung und für den Aufbau der Schütze sei ein kleines Luftschütz für einen Nennstrom von 20 A gewählt (Abb. 178a bis c). Bei diesem Schütz sind das Magnetsystem sowie die festen Schaltstücke der Haupt- und Hilfsschaltglieder mit den Anschlußklemmen in einem Isolierstoffsockel eingebaut. Magnetanker und Isolierbrücke sind im Sockel gleitend an-

---

[1] FRANKEN, H.: Verschleißfeste Schaltgeräte. Elektrotechn. u. Masch.-Bau, 58. Jg. (1940) S. 124—133.

geordnet. Die Isolierbrücke trägt die federnd gelagerten, beweglichen Schaltstücke. Die Schütze haben eine dreifach unterteilte Lichtbogenkammer aus Keramik, welche die Hauptschaltglieder abdeckt.

a

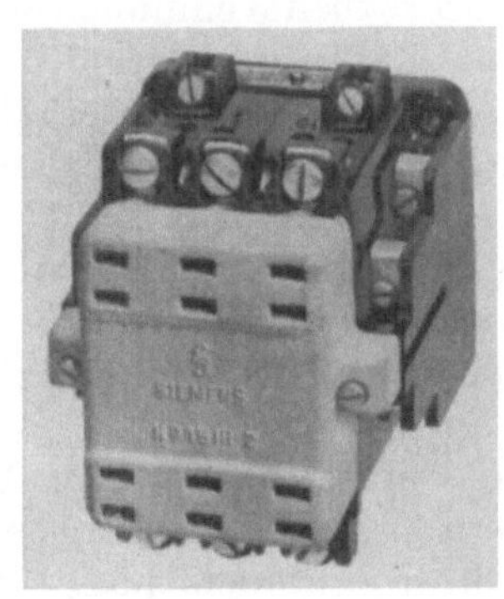

b

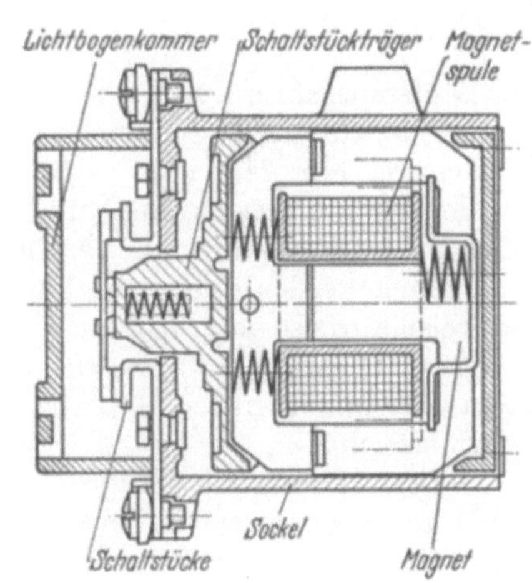

c

Abb. 178a—c. Luftschütz für 20 A.

a Aufbauteile; b Ansicht; c Schnitt.

Für Schützensteuerungen gibt es Schützzusammenstellungen für die verschiedensten Aufgaben, wie Drehrichtungswechsel, Polumschaltung, Sterndreieckschaltungen, Anlaßeinrichtungen, Wechsel zwischen Arbeitsvorschub und Eilbewegung.

4. Antriebsteile.

a) Der Motor.

Die Bedeutung des Elektromotors als Antriebsteil liegt vor allem darin, daß die für die Bearbeitung nötige Leistung in der Nähe der Verbraucherstelle zur Verfügung steht und der Arbeitsvorgang durch Änderung der Drehzahl beeinflußt werden.kann.

Drehstrommotoren. Wegen des einfachen Aufbaues und der damit verbundenen Betriebssicherheit hat der Drehstromasynchronmotor für Antriebe von Werkzeugmaschinen die größte Bedeutung. In Netzen größerer Werke sind die beim direkten Schalten von Motoren mit Kurzschlußläufer auftretenden Stromstöße von etwa 6fachem Nennstrom auch bei Leistungen für Großwerkzeugmaschinen zulässig. Für selbsttätige Anlagen hat diese einfache Motorausführung große Vorzüge.

Zum Einschalten des Motors ist lediglich ein Schalter nötig. Sollte der mit der direkten Einschaltung verbundene Stromstoß nicht zulässig sein, wird die Sterndreieckschaltung

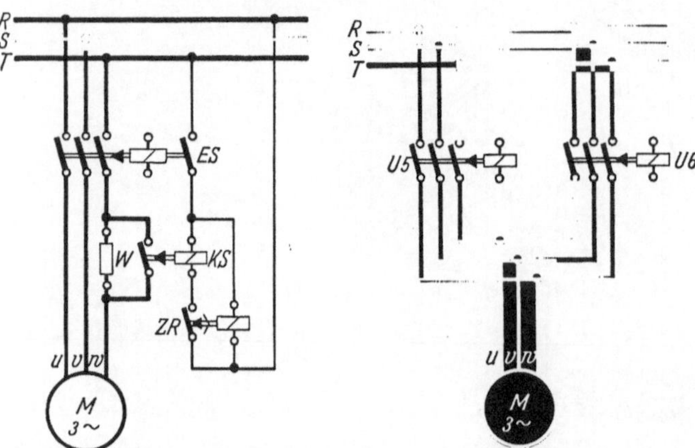

Abb. 179. Selbsttätige Kusa-Schaltung (*Kurzschluß-Sanft*anlauf) für Drehstrom-Kurzschlußläufermotoren.

Abb. 180. Schaltung eines Schützumschalters für den Drehrichtungswechsel eines Drehstrommotors.

gewählt. Bemerkenswert ist eine andere Schaltung (Abbildung 179) mit Widerstand W in einer Phase, um beim direkten Einschalten das Anlaufmoment zu verkleinern. Nach dem Anlauf schließt das Schütz KS nach einer am Zeitrelais ZR eingestellten Frist den Widerstand W kurz (Kusa-Schaltung).

Zum Umschalten der Drehrichtung werden zwei Phasen der Ständerwicklung vertauscht (Abb. 180). Mit Rücksicht auf den etwa 6- bis 8fachen Stromstoß sind der Schalthäufigkeit thermische Grenzen gesetzt. Sie hängen von der Läuferausführung sowie den äußeren Schwung- und Bremsmomenten ab. Für die Berechnung der zulässigen Schaltzeiten werden für die Motortypen Kennlinien angegeben.

Bei kleineren Motoren (1 kW) sind Schalthäufigkeiten (Zahl der Umschaltungen) von 7000 in der Stunde ohne Fremdbelüftung erreicht worden. Die Motoren erhalten dazu besondere Kurzschlußläufer mit erhöhtem Läuferwiderstand (Widerstandsläufer). Die Umschaltzeiten werden dann sehr kurz. Für einen Motor von 1,5 kW bei 1500 U/min wurden beispielsweise nur 0,15 sec Umschaltzeit gemessen. Deshalb sind Widerstandsläufer überall da vorteilhaft, wo die Schaltzeit einen nennenswerten Teil der Spielzeit ausmacht. Mit ihnen wird z. B. bei Revolverdrehbänken eine erhebliche Steigerung der Fertigung erreicht[1].

Zur schnellen Bremsung des Motors dienen besondere Geräte. Bei der Eigenbremsung hat der Motor mechanische Bremsen, die elektromagnetisch durch vorhandene oder zusätzliche Wicklungen betätigt werden. Weitere Schaltgeräte sind nicht nötig. Bei diesen Einrichtungen unterliegen die Bremsmittel einem Verschleiß, den eine Bremsung auf elektrischem Wege vermeidet.

Bei der Gegenstrombremsung werden zwei Phasen der Ständerwicklung vertauscht, so daß eine Umkehr des Drehfeldes erfolgt. Bei selbsttätigen Bremsschaltungen muß man

---

[1] CHLADEK, R.: Elektrisches Umsteuern. Werkzeugmaschine 40. Jg. (1936) S. 483—485. — SCHARLL, R.; Drehstrommotoren für hohe Schalthäufigkeit. AEG-Mitt. 1937, S. 302—306.

die Ständerwicklung so rechtzeitig vom Netz trennen, daß ein Drehrichtungswechsel nicht zustande kommt. Als Befehlsgeräte dienen hierfür angebaute Bremswächter (Abb. 181). Diese bestehen aus einem Läufer mit kurzgeschlossener Wicklung, der sich in einem permanenten Magneten dreht und mit der Motorwelle fest gekuppelt ist. Läuft der

Abb. 181. Drehstrommotor mit angebautem Bremswächter bei Gegenstrombremsung.

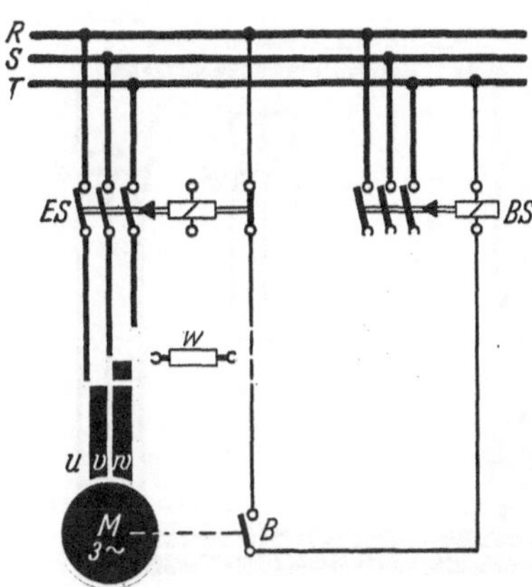

Abb. 182. Schaltung zur Bremsung eines Drehstrommotors mit Gegenstrom.

Motor, so entsteht ein Drehmoment, das den Magnet aus seiner Mittelstellung bewegt, und ein Schaltglied schließt. Gemäß Schaltbild (Abb. 182) wird beim Abschalten des Einschaltschützes ES durch den Öffner und über die noch geschlossene Kontaktstelle B des Bremswächters das Bremsschütz BS eingeschaltet. Kommt die Motordrehzahl in die Nähe des Stillstandes, so nimmt das Moment des Bremswächters ab, eine Rückzugfeder öffnet sein Schaltglied und das Bremsschütz fällt ab. Harte Stöße schwächt der Widerstand W ab.

Bei der Gleichstrombremsung kann ein Bremsmoment durch Gleichstromerregung der Ständerwicklung erzeugt werden. Wenn Gleichstrom nicht zur Verfügung steht, wird dieser meist mittels Trockengleichrichter Gl und Trafo Tr dem Wechselstromnetz entnommen (Abb. 183). Beim Abschalten des Antriebes fällt ein Spannungsrelais SR ab, sobald die Wechselspannung im Motor weit genug abgeklungen ist. Das Bremsschütz BS schaltet den Gleichstrom ein und nach Ablauf der Bremszeit durch ein Zeitrelais ZR wieder ab.

Da die Drehzahl des Motors von der Frequenz und der Polzahl abhängt, können zur Drehzahlregelung diese beiden Werte verändert werden. Zur Frequenzänderung dienen Frequenzwandler. Sie werden meistens bei Drehzahlen über 3000 U/min verwendet, die an einem Netz von 50 Hz nicht zu erreichen sind.

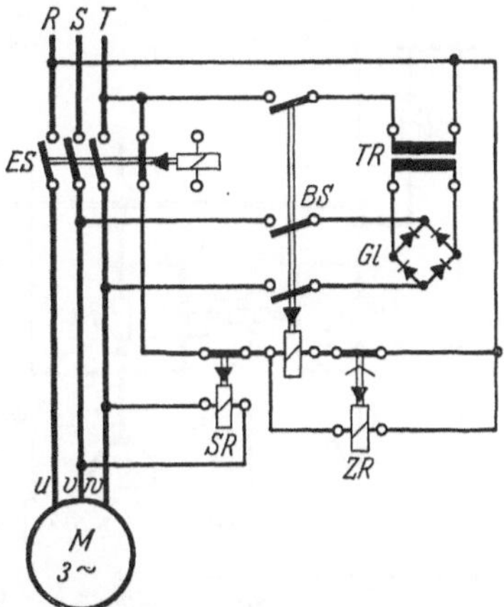

Abb. 183. Schaltung zur Bremsung eines Drehstrommotors mit Gleichstrom über Gleichrichter. ES Einschaltschütz; BS Bremsschütz; Tr Steuertrafo; Gl Trockengleichrichter; SR Spannungsrelais; ZR Zeitrelais.

Bei der Polumschaltung muß entweder die eine Ständerwicklung des Motors umgeschaltet, oder der Motor mit mehreren Ständerwicklungen versehen werden. Bei der gebräuchlichen Polumschaltung einer Wicklung (Dahlanderschaltung) ergibt sich eine Änderung der Drehzahl im Verhältnis 1 : 2. Für die selbsttätige Umschaltung sind drei dreipolige Schütze (Abb. 184) nötig. Für nicht im Verhältnis 1 : 2 stehende Drehzahlen sind ähnliche Schaltungen mit einer Wicklung bekannt. Diese erfordern aber einen um-

fangreichen Schaltgeräteaufwand; außerdem sind Schwierigkeiten beim Anlauf zu befürchten. Es werden deshalb gern Motoren mit getrennten Wicklungen verwendet, die
auch im Verhältnis von 1 : 2 polumschaltbar sein können.

Die bisherigen Betrachtungen gelten für den Leerlauf des Motors. Bei Belastung
ändert sich seine Drehzahl. Die Motorkennlinie normaler Motoren ist so ausgelegt, daß
die Drehzahl beim Nennmoment etwa 5 % unter der Leerlaufdrehzahl liegt (5 % Schlupf).

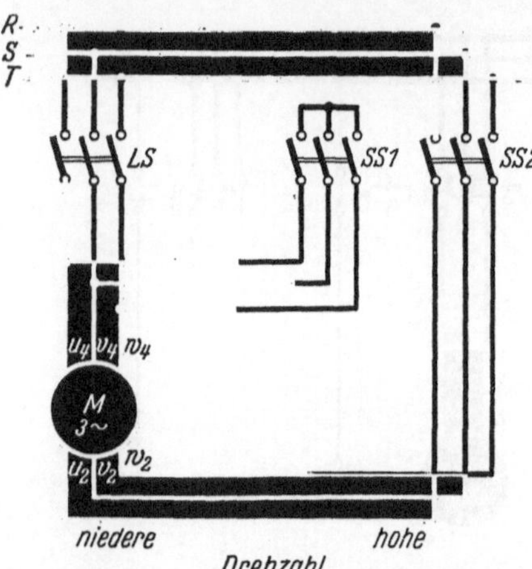

Abb. 184. Polumschaltung eines Drehstrommotors für das Drehzahlverhältnis
1 : 2 mit drei Schützen.
LS Langsamschütz; *SS 1*, *SS 2* Schnellschütze.

Die Drehzahl läßt sich also durch Änderung des Last-
momentes erhöhen oder erniedrigen. Die Belastung
darf hierbei jedoch nicht das Kippmoment überschreiten, weil sonst die Betriebsverhältnisse un-
stabil werden. Für Sonderaufgaben, insbesondere
zum Entladen von Schwungrädern, wird von dieser
Drehzahlregelmöglichkeit Gebrauch gemacht. Für
diesen Zweck können Widerstandsläufer verwendet
werden.

Für gleiche Zwecke kann der Motor mit Schleif-
ringläufer Vorteile haben, wenn ein Teil des Läufer-
widerstandes außen angeordnet wird. Mit diesem
veränderlichen Teilwiderstand ist eine Drehzahländerung und die Wahl der Anlaufmomente und
Ströme unter den genannten Verhältnissen möglich.
Nach dem Anlauf kann der Widerstand durch zeitabhängige Steuerungen ganz oder teilweise kurzgeschlossen werden.

Für eine feinstufige, möglichst lastunabhängige
Drehzahländerung werden Drehstrom-Kommutatormotoren vereinzelt an Werkzeugmaschinen eingesetzt. Die Drehzahländerung erfolgt bei ständergespeistem Motor mittels
eines Drehtransformators; beim läufergespeisten Motor wird die Bürstenbrücke verstellt.

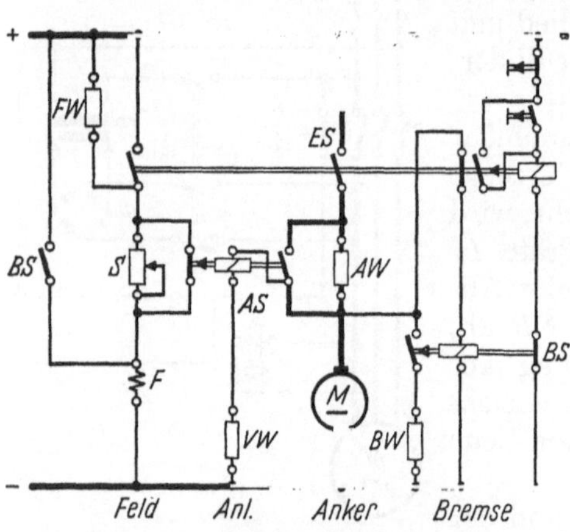

Abb. 185. Selbsttätige Anlaß- und Brems-
schaltung eines Gleichstromnebenschlußmotors.
ES Einschaltschütz; *AS* Anlaßschütz; *BS* Bremsschütz; *R* Steller; *AW, VW, BW, FW* Widerstände.

Für die Fernverstellung müssen also Hilfsmotoren
herangezogen werden. Zum Einschalten und
Bremsen sind weitere Zusatzgeräte erforderlich.

Gleichstrommotoren. Neben dem Drehstrommotor hat der Gleichstrommotor für Sonderaufgaben wieder Bedeutung gewonnen. Es wird
meistens der Nebenschlußmotor verwendet. Durch
Feldschwächung oder Änderung der Ankerspannung ergibt sich eine feinstufige Drehzahlverstell-
möglichkeit.

Werden die Motoren an eine unveränderliche
Netzspannung angeschlossen, so wird die Feldschwächung durch einen Widerstand vorgenommen. Die Drehzahl kann im allgemeinen im Verhältnis 1 : 3 verändert werden.

Das Anlassen solcher Motoren, also das selbsttätige Kurzschließen des Anlaßwiderstandes, erfolgt nach Abb. 185 durch ein Anlaßschütz *AS*,
das beim Ansprechen des Einschaltschützes *ES*
noch abgefallen ist. Es überbrückt zunächst den Stellerwiderstand *S*. Läuft dann der
Motor an, so steigt die Ankerspannung, die bei einem bestimmten Wert das Anlaßschütz *AS* einschaltet. Letzteres schließt den Anlaßwiderstand *AW* kurz und gibt den
Steller *S* frei. Der Motor läuft dann auf die am Steller eingestellte Drehzahl hoch. Je
nach der Motorgröße und dem Drehzahlbereich sind ein oder mehrere Anlaßstufen nötig.
Werden mit Rücksicht auf die Motorgröße schwere Anlaßschütze erforderlich, so erfolgt

das Einschalten zeitabhängig. Zum Bremsen dient ein Bremsschütz *BS*, das beim Abschalten des Einschaltschützes erregt wird und dabei einen Bremswiderstand *BW* parallel zum Anker schaltet. Der Motor wirkt dann so lange als Generator, bis seine Schwungenergie vernichtet ist und die Spannung abklingt, die das Bremsschütz erregt.

Beim Umschalten der Drehrichtung wird die Richtung des Ankerstromes durch zwei Umschaltschütze umgekehrt. Eine direkte Umschaltung ist nur bei Motoren kleinerer Leistung (bis etwa 3 kW) zulässig, wenn Sonderschaltungen verwendet werden. Neben der Änderung der Stromrichtung im Anker durch die Schütze *U5* und *U6* (Abb. 186) wird durch ihre Schließer jedes mal das Feld *F* geschaltet. Der den Anlaßstrom auf etwa 5fachen Nennstrom begrenzende Vorwiderstand *VW* bleibt hierbei dauernd eingeschaltet. Wichtig ist, daß der Feldstrom bei der Änderung der Stromrichtung im Anker kurzzeitig unterbrochen wird. Mit dieser

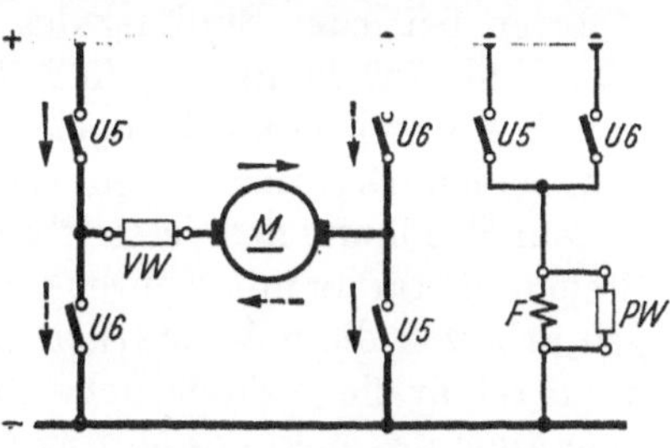

Abb. 186. Direkte Schützumschaltung eines Gleichstromnebenschlußmotors für große Schalthäufigkeit.

Schaltung lassen sich bis zu 1000 Umschaltungen/Stunde erreichen, wenn der Motor mechanisch entsprechend bemessen ist. In allen übrigen Fällen wird der Motor beim Umschalten zunächst abgeschaltet, dann selbsttätig gebremst und erst nach dem Stillstand wieder in der anderen Drehrichtung angelassen.

Die Feldschwächung ist bei hohen Drehzahlen und großer Schalthäufigkeit nachteilig, weil sich damit eine Verkleinerung des Drehmomentes ergibt. Auch sind zum Anlassen und Bremsen umfangreiche Schaltgeräte nötig. Bei Motoren, die mit einer

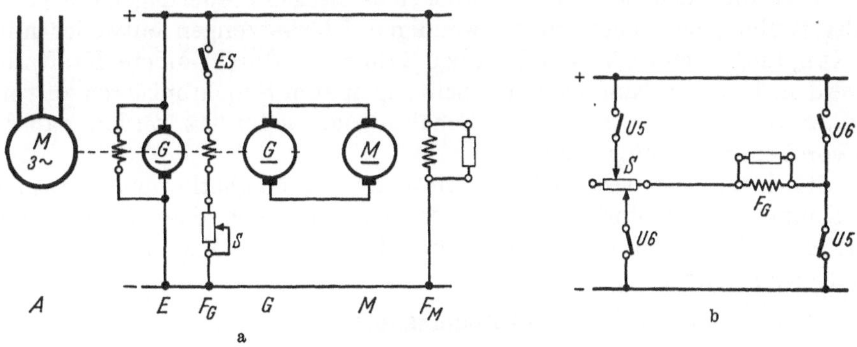

Abb. 187a u. b. Grundsätzliche Schaltung eines Leonardumformers.
a für eine Drehrichtung; b für beide Drehrichtungen (Schaltung des Generatorfeldes).

veränderlichen Ankerspannung betrieben werden, lassen sich diese Nachteile vermeiden und außerdem Verstellbereiche bis etwa 1 : 10 unter normalen Betriebsverhältnissen erreichen. Für die Erzeugung der veränderlichen Ankerspannung und der festen Feldspannung werden Leonardsätze verwendet. Nach Abb. 187 treibt der Antriebsmotor *A* einen Steuergenerator *G* für den Arbeitsmotor *M* und die Erregermaschine *E* für die konstanten Feldspannungen F_G, F_M an. Die Regelung eines so gespeisten Motors wird durch einen Steller *S* im Feld F_G des Steuergenerators *G* vorgenommen.

Das Einschalten erfolgt durch ein Schütz *ES*, das bei kleinen Motorleistungen in jeder Stellung des Drehzahlstellers *S* betätigt werden kann. Bei größeren Leistungen ist dieses nur möglich, wenn der Motor geeignete Wicklungen für die Dämpfung des Stromstoßes hat. Ist dies nicht der Fall, so darf das Schütz *ES* nur bei größtem Widerstand des Stellers eingelegt werden. Nach Hochlaufen des Motors kann der Steller dann auf den gewünschten Wert eingestellt werden. Zum Abschalten wird das Schütz *ES* geöffnet. Die Generatorspannung fällt. Der Ankerwiderstand des Generators dient dann als Belastungswiderstand für den nunmehr als Generator wirkenden Motor. Diese elektrische Bremse ist sehr wirksam.

Die Umkehr der Drehrichtung wird durch Änderung der Stromrichtung im Feld des Steuergenerators vorgenommen. Bei geeigneter Bemessung der Motorwicklungen können Motoren bei jeder Stellung des Stellers direkt umgeschaltet werden. In der Schaltung nach Abb. 187 kann das Feld G des Steuergenerators mit zwei Umschaltschützen $U\,5$ und $U\,6$ durch einen Doppelsteller S so umgeschaltet werden, daß die Drehzahlen in den beiden Drehrichtungen verschieden sind (z. B. Hobelmaschinen)[1].

Zur Erhöhung des Verstellbereiches verwendet man besondere Erregerschaltungen des Steuergenerators mit Röhren-, Magnet- oder Maschinenverstärker. Bei kleinen Leistungen arbeiten diese Verstärker nicht auf das Feld des Steuergenerators, sondern liefern unmittelbar die veränderliche Gleichspannung für den Anker des Antriebsmotors. Speist man auch das Feld des Motors über Trockengleichrichter aus dem Wechselstromnetz, so fällt der rotierende Leonardumformer weg.

b) Schaltgetriebe.

Die Drehzahländerungen, die sich durch elektrische Beeinflussung des Motors erreichen lassen, reichen nicht immer aus, um den gestellten Forderungen zu genügen. Mit Rücksicht auf die vielseitigen Verwendungsmöglichkeiten kann beispielsweise bei Drehbänken die Änderung der Planscheibendrehzahl im Verhältnis 1 : 75 nötig sein. Ähnliche Drehzahlunterschiede gibt es, wenn ein Tisch beim Fräsen etwas mit 20 mm/min zu verschieben ist und beim Einrichten für die Eilbewegung Geschwindigkeiten von 2000 mm/min gefordert werden.

Solche Drehzahlunterschiede bedingen bei selbsttätigen Steuerungen die Verwendung von Schaltgetrieben, bei denen die notwendigen Übersetzungen entweder mittels gesteuerter Kupplungen eingerückt, oder aber Zahnräder durch andere Kraftmittel verschoben werden. Um zum Einrücken Vorrichtungen zum Synchronisieren zu vermeiden, muß bei guten Lösungen ferngesteuerter Schaltgetriebe gefordert werden, daß die Zahnräder von vornherein im Eingriff sind.

Für elektrisch ferngesteuerte Schaltgetriebe werden Magnetkupplungen, magnetisch betätigte Kupplungen, motorisch angetriebene Kupplungen oder Differentialgetriebe verwendet. Es sind also besondere Steuerungselemente, wie Zugmagnete und Magnetkupplungen, erforderlich.

c) Zugmagnete.

Neben der Betätigung von Kupplungs- und Getriebeteilen werden Zugmagnete überall da verwendet, wo durch elektrische Impulse wiederholt kurzwegige und geradlinige Arbeitsvorgänge auszulösen sind, also Ventile, Ver- und Entriegelungsvorrichtungen, Klappen, Klinken, Bremsen und ähnliche Vorrichtungen betätigt werden müssen.

Die Zugmagnete bestehen aus einem geteilten Magnetsystem. Der eine meistens fest angeordnete Teil trägt die Wicklung. Der andere bewegliche Teil, der Anker, wird angezogen, wenn durch die Wicklung ein Strom fließt. Im allgemeinen arbeiten die Magnete mit ziehender Kraftwirkung.

Die Ankerkraft ändert sich mit dem Quadrat des Erregerstromes. Magnete mit Gleichstromerregung haben also eine gleichbleibende Zugkraft. Bei Wechselstromerregung würde die Ankerkraft zwischen Null und Maximum mit doppelter Netzfrequenz schwanken. Durch Kurzschlußringe im Blechpaket können jedoch die Schwankungen der Zugkraft so klein gehalten werden, daß diese bei den üblichen Massenwirkungen ohne

---

[1] CHLADEK, W., u. J. IRTENKAUF: Neuzeitlicher Hobelmaschinenantrieb mit Leonardsatz. Siemens-Z. Bd. 16 (1936) S. 73—75. — SCHARLL, R.: Leonard-Schnellantriebe für Hobelmaschinen. Werkstattstechnik 34. Jg. (1940) S. 306—308. — THEIMER, F.: Ein neuer Hobelmaschinen-Schnellantrieb mit elektromagnetischen Umkehrkupplungen und stufenlos regelbarer Vorlaufgeschwindigkeit. Werkstattstechnik 35. Jg. (1941) S. 105—106.

besondere Meßgeräte nicht mehr festzustellen sind. Außerdem wird zur Vermeidung der Wirbelströme der Eisenkern geblättert.

Grundsätzlich unterscheiden sich Gleich- und Wechselstrommagnete auch durch die Größe des Dauerstromes. Bei Gleichstrommagneten ist dieser lediglich von der angelegten Spannung und vom Widerstand der Spule abhängig. Der Strom ist also unabhängig vom Luftspalt, so daß der Hub beliebig groß gewählt werden kann, falls die Hubarbeit ausreicht. Bei Wechselstrommagneten gelten diese Beziehungen nicht. Der Strom des Wechselstrommagneten ist von dem Wechselstromwiderstand des Systems und damit auch von der Größe des Luftspaltes abhängig. Im allgemeinen muß deshalb dafür gesorgt werden, daß der Hub und damit der Luftspalt begrenzt werden. Bei einem zu großen Luftspalt kann die Spule wegen des zu großen, zum Anziehen des Ankers nötigen Stromes beschädigt werden.

Unterschiede liegen ferner im Verlauf der Stromwerte beim Einschalten. Bei Gleichstrommagneten wächst der Strom nach einer e-Funktion bis zu seinem Nennwert an. Auch bei höchster Schalthäufigkeit kann deshalb keine unzulässige Erwärmung auftreten. Bei Wechselstrommagneten dagegen steigt der Strom beim Einschalten stark über den Nennwert an und klingt erst mit der Verkleinerung des Hubes ab. Die Schalt-

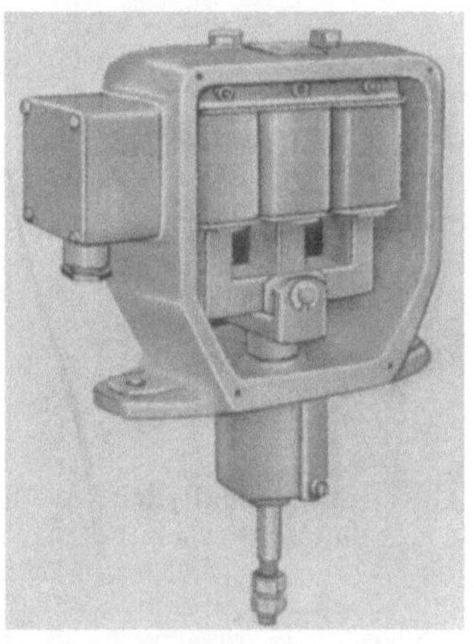

a   b

Abb. 188a u. b. Hubmagnete (Bauart Magnet-Schultz).
a für Wechselstrom; b für Drehstrom.

häufigkeit eines Wechselstrommagneten ist somit thermisch begrenzt. Bei großer Schalthäufigkeit muß der Hubweg herabgesetzt werden. Die max. Schalthäufigkeit liegt bei etwa 4000 Schaltungen/Stunde.

Für die Bestimmung der Magnetgröße, die von der Hubarbeit sowie der Einschaltdauer abhängt, stellen die Hersteller Kennlinien zur Verfügung. Die Ausführung der Zugmagneten ist vielgestaltig. Abb. 188 zeigt Beispiele von Wechsel- und Drehstrommagneten mit den entsprechenden Kernformen[1].

Für größere Kräfte werden motorisch angetriebene Geräte angewendet. Die Längsbewegung entsteht dabei durch mechanische Einrichtungen, wie Schneckengetriebe usw., zum Teil wird auch die Zentrifugalkraft ausgenutzt. Im „Eldro"-Gerät treibt der Motor eine Ölpumpe an, die Bewegung wird damit hydraulisch gesteuert.

d) Magnetkupplungen.

Auf Grund der magnetischen Kraftwirkung entstanden Magnetkupplungen zur Übertragung von Energie drehender Maschinenteile.

Bei der Wellenkupplung (Abb. 189) sind Magnetkörper und Magnetspule M mit der treibenden Welle fest verbunden. Die Ankerscheibe ist mit dem anzutreibenden Wellenende verkeilt. Die Ankerscheibe zieht an, wenn die Kupplung erregt wird. Die kraftschlüssige Verbindung erfolgt über den Reibbelag B, dessen Dicke so bemessen ist, daß ein Luftspalt L von etwa 3 mm (abhängig von der Kupplungsgröße) entsteht. Für die Stromzuführung dienen die Schleifringe S.

---

[1] MAECKER, K.: Der Elektromagnet im Werkzeugmaschinenbau. Werkstatttechnik 35. Jg. (1941) S. 101—104.

Kupplungen mit Reibbelag und Luftspalt haben kurze Eigenzeiten und bewährten sich bei schnellen Schaltvorgängen, die beispielsweise an Fühlersteuerungen vorkommen. Ihre Abmessungen sind aber verhältnismäßig groß. Störend wirkt auch die Ölempfindlichkeit des Reibbelages.

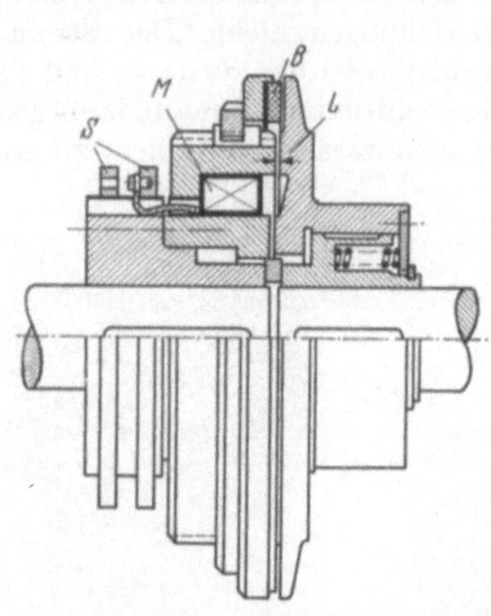

Abb. 189. Grundsätzliche Ausführung einer Magnetkupplung (Wellenkupplung, Bauart Stromag). (Erklärungen im Text.)

Abb. 190. Elektromagnetische Lamellenkupplung (Bauart Zahnradfabrik Friedrichshafen) im Schnitt.

Diese Nachteile vermeidet eine elektromagnetische Mehrscheibenkupplung (Abb. 190). Sie kann in ölberieselte Getriebekästen direkt eingebaut werden und wird hauptsächlich da verwendet, wo man eine (z. B. austreibende) Welle wahlweise mit zwei anderen, mit verschiedenen Geschwindigkeiten laufenden Getriebeteilen verbinden und elektrisch steuern will (z. B. Umschalten von Vorschub auf Eilgang). Abb. 191 zeigt den Aufbau eines Getriebeblockes mit Einzelheiten einer dazu erforderlichen Doppelkupplung. In diesem Fall sind die Magnetkörper (1) miteinander verschraubt und über eine genutete Buchse (2) mit der Welle verbunden. Die beiden Zahnräder (3), die mit den zugehörigen Mitnehmern (4) fest verbunden sind, laufen auf der Welle (5) mittels Wälz-

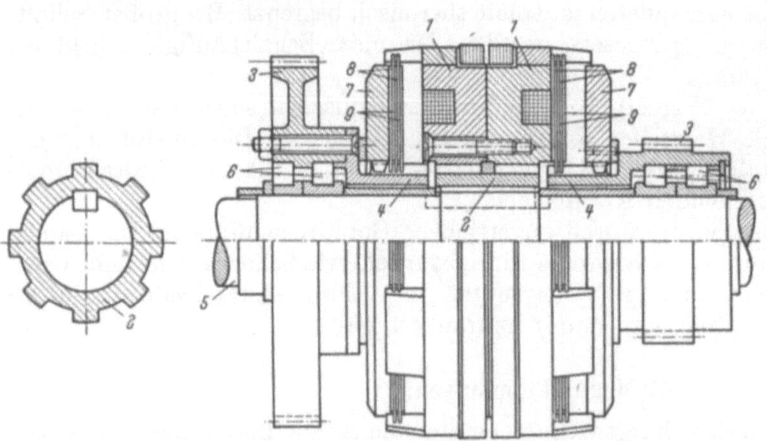

Abb. 191. Getriebeblock mit elektromagnetischer Lamellenkupplung (Doppelkupplung).

1 Magnetkörper; 2 Buchse; 3 Zahnräder; 4 Mitnehmer; 5 Welle; 6 Wälzlager; 7 Ankerscheiben; 8 Innenlamellen; 9 Außenlamellen.

lagern (6). Die Ankerscheiben (7) und die inneren Lamellen (8) drehen sich mit den Mitnehmern (4). Die äußeren Lamellen (9) drehen sich dagegen mit den Magnetkörpern (1) und damit mit der Welle (5). Beim Erregen einer Spule wird die Ankerscheibe angezogen und die Lamellen werden zusammengepreßt. Es entsteht eine kraftschlüssige Verbindung zwischen dem einen der Zahnräder (3) und der austreibenden Welle (5).

Die Kupplungen eignen sich auch für Spindelantriebe von beispielsweise Revolverdrehbänken, wo in bestimmten Stufen bei verschiedenen Drehzahlen eine konstante Leistung verlangt wird.

e) Magnetische Spannvorrichtung.

Die Magnetkraft wird auch zum Aufspannen von Werkstücken ausgenutzt, sofern diese aus einem magnetisierbaren Werkstoff bestehen. Hauptsächlich werden diese Vorrichtungen bei Schleifmaschinen eingesetzt, weil hier die Zerspanungskräfte verhältnismäßig klein sind. Eine Ausführungsform zeigt Abb. 192.

Werkstücke, die nach dem Aufspannen noch restmagnetisch bleiben, können mit Entmagnetisiergeräten behandelt werden. Magnetische Werkstücke sind in der Fertigung meistens unerwünscht.

Abb. 192. Magnetaufspannplatte (Bauart Binder).

5. Installation.

Eine sorgsame Gestaltung der Leitungsverlegung ist wegen der Unfallgefahr und der unerläßlichen Betriebssicherheit von ganz besonderer Wichtigkeit. Den Arbeiten wird neuerdings große Aufmerksamkeit geschenkt.

Bezüglich der mit der Leitungsverlegung zusammenhängenden Fragen wird deshalb auf die nachfolgenden Vorschriften verwiesen. Allgemein gelten die „Vorschriften nebst Ausführungsregeln für die Errichtung von Starkstromanlagen mit Betriebsspannungen unter 1000 V" VDE 0100. Mit Rücksicht auf die Wichtigkeit sind weitere Vorschriften in den „Regeln für die elektrische Ausrüstung von Bearbeitungs- und Verarbeitungsmaschinen", VDE 0113, aufgenommen worden.

D. Elementare Steuerungen.

Mit den beschriebenen Bauelementen lassen sich nun Steuerungen für die verschiedensten Aufgaben zusammenbauen. Es ist zweckmäßig, immer wiederkehrende, insbesondere umfangreiche Steuerungen fertig zusammengebaut und geschaltet zu beziehen. Um den grundsätzlichen Aufbau der bereits entwickelten Einrichtungen zu erläutern, werden die elementaren Steuerungen zur Lösung der wichtigsten Aufgaben in der selbsttätigen Fertigung behandelt.

Als wertvolle Erleichterung für den Entwurf von umfangreichen elektrischen Anlagen hat sich der Stromlaufplan erwiesen, in dem lediglich die Steuerstromkreise dargestellt sind. Ist nämlich aus diesem Schaltplan zu ersehen, daß das Schütz zum Einschalten des Motors anspricht, so kann im allgemeinen auf die Darstellung der Hauptschaltglieder des Schützes und der zu schaltenden Hauptstromkreise verzichtet werden. Damit sich der Leser mit dieser Darstellung vertraut machen kann, wird sie im folgenden angewendet und schrittweise erläutert.

1. Der einfache Antrieb.

a) Einschalten.

Den Stromlaufplan für die einfachste Steuerung zeigt Abb. 193a. Der Befehlsgeber E schaltet das Einschaltschütz ES ein. Der Antrieb bleibt für die Dauer des Befehls eingeschaltet. Oft ist eine Dauerkontaktgabe nicht durchzuführen. Dann wird die Selbsthaltung nach Abb. 193b durch einen Schließer des Einschaltschützes ES vorgesehen.

Nach dem Einschalten fließt dabei der Strom nicht nur über die Kontaktstelle von E. Sie kann also wieder geöffnet werden, ohne daß das Einschaltschütz abfällt. Zum Ausschalten ist ein weiteres Schaltgerät A nötig. Dieses kann so in die Steuerleitung eingefügt werden, daß der „Ein"-Befehl unwirksam bleibt, solange der „Aus"-Befehl gegeben wird (Abb. 193 b), oder so, daß die Selbsthalteleitung unterbrochen wird (Abb. 193 c). Die Schaltung b muß immer dann angewendet werden, wenn ein Wiedereinschalten während des „Aus"-Befehls mit Gefahren verbunden ist.

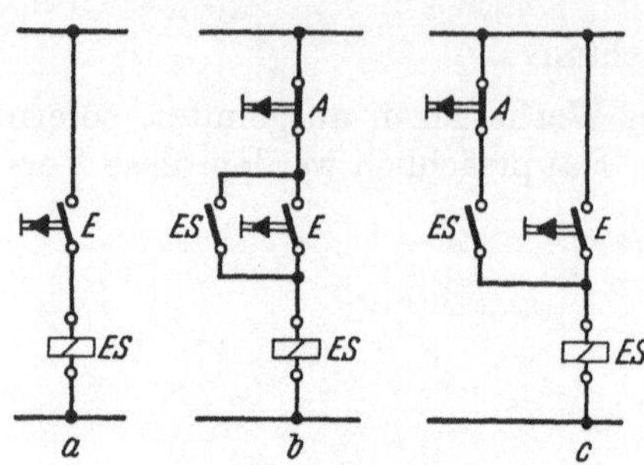

Abb. 193. Verschiedene Beispiele für die Schaltung eines Befehlsgebers E.

a ohne Selbsthaltung; *b*, *c* mit Selbsthaltung.

Dient in Schaltung c als „Aus"-Schalter ein Wahlschalter, so kann erreicht werden, daß der „Ein"-Befehlsgeber das Einschaltschütz bei geschlossenem Wahlschalter und kurzzeitiger Kontaktgabe dauernd einschaltet. Bei geöffnetem Wahlschalter wird dann das Einschaltschütz nur für die Dauer des Impulses ansprechen. Die Schaltung wird für Einrichtearbeiten oft verwendet.

In manchen Fällen muß das Schütz durch zwei Befehlsgeber eingeschaltet werden können (Abb. 194): beim einen ($E1$) soll das Einschaltschütz nur für die Dauer des Befehls ansprechen, beim anderen ($E2$) nach kurzzeitiger Befehlsgabe eine Selbsthaltung zustande kommen. Es könnte $E1$ mit einem Öffner versehen werden, um damit die Selbsthaltung von ES zu unterbrechen. Damit ergibt sich aber eine Abhängigkeit von der Schaltgeschwindigkeit, weil beim schnellen Zurückgehen von $E1$ eine Selbsthaltung auftreten kann. Bei einer Schaltung nach Abb. 194 wird mit dem Druckknopf $E1$ das Schütz ES nur für die Dauer des Befehls eingeschaltet, weil das Hilfsrelais HR nicht eingeschaltet wird. Dieses spricht aber bei Betätigung von $E2$

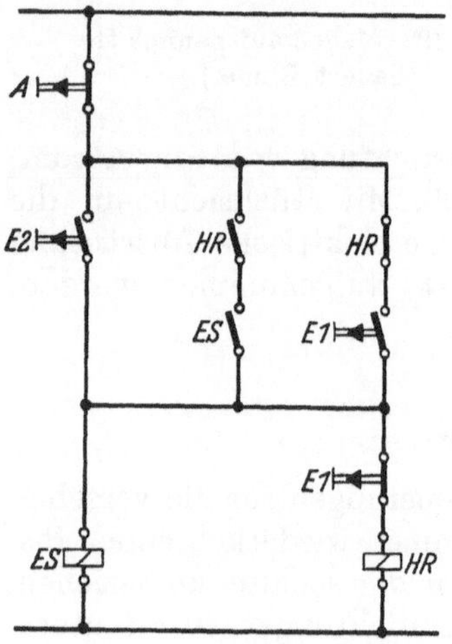

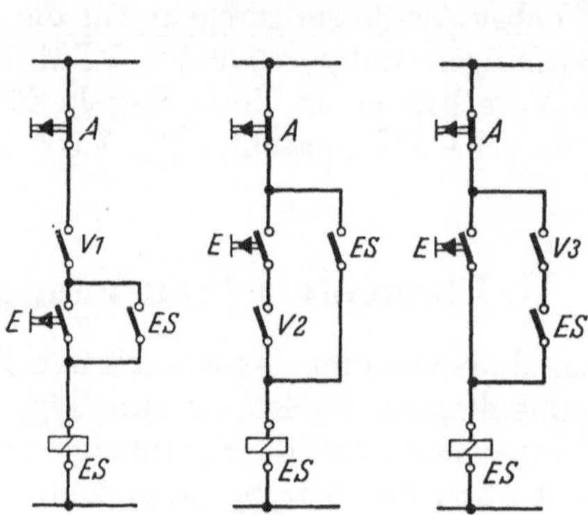

Abb. 194. Schaltung eines Schützes über zwei Befehlsgeber $E1$ (ohne Selbsthaltung) und $E2$ (mit Selbsthaltung des Schützes).

Abb. 195. Schaltmöglichkeiten eines Verriegelungsschalters.

$V1$ bis $V3$ im Erregerkreis eines Einschaltschützes.

an. Sein Schließer schaltet das Schütz ES ein. Dessen Schließer bringt die Selbsthaltung.

Das Einschalten eines Schützes kann durch Verriegelungen von den verschiedenartigsten Bedingungen abhängig gemacht werden. Grundsätzlich werden dazu Schaltglieder in die Erregerleitung geschaltet und diese durch Befehlsgeber irgendwelcher Art betätigt. Es gibt drei verschiedene Möglichkeiten (Abb. 195):

a) Liegt der Verriegelungsschalter $V1$ in Reihe mit dem „Aus"-Kontakt, so muß er auf alle Fälle geschlossen sein, wenn das Schütz ES eingeschaltet werden soll. Diese Schaltung wird hauptsächlich verwendet, um Gefahren auszuschließen.

b) Der Verriegelungsschalter $V2$ liegt in Reihe mit dem Befehlsgeber. Das Schütz kann nur eingeschaltet werden, wenn der Verriegelungsschalter geschlossen ist. Wird er nach dem Einschalten geöffnet, so ist die Verriegelung unwirksam. Diese Verriegelung ist für die Abhängigkeitsschaltungen von Stellern und Anlassern vorteilhaft.

c) Bei einem Schalter *V 3* in der Selbsthalteleitung kann der Antrieb zwar eingeschaltet werden, aber die Selbsthaltung ist erst bei geschlossenem Verriegelungsschalter wirksam. Die Schaltung wird häufig für vom Motorstrom abhängige Verriegelungen verwendet. Da der Einschaltstrom bekanntlich eine große Spitze hat, soll die Verriegelung während dieser Zeit nicht wirksam sein.

In dem Beispiel (Abb. 195) sind für die Verriegelung Schließer verwendet worden. Sinngemäß lassen sich auch Öffner anordnen. Als Befehlsgeber können z. B. Schaltglieder in einem Ölstromüberwachungsschalter das Einschalten eines Antriebes nur dann zulassen, wenn genügend Schmieröl fließt. Gleichermaßen können Strömungsklappen für die Belüftung der Maschine oder für die Staubabsaugung usw. wirken.

Zu den elektrischen Verriegelungselementen gehören vor allem die Hilfsschaltglieder an den Schützen, die gegenseitige Verriegelungen ermöglichen. Es werden auch Spannungsrelais angewendet, damit z. B. ein Wechselstromkreis nur geschlossen werden kann, wenn ein Gleichstromkreis Spannung hat.

b) Arbeitsablauf.

Ist der Antrieb eingeschaltet, so kann der Arbeitsablauf durch Änderung der Drehzahl des Antriebsmotors gesteuert werden. Soll z. B. bei einer Abstechdrehbank mit abnehmendem Drehdurchmesser zur Gleichhaltung der Schnittgeschwindigkeit die Planscheibendrehzahl erhöht werden, so läßt sich durch die Schlittenbewegung der Stellerwiderstand zwangsläufig ändern. Dasselbe kann man an der Schleifmaschine bei der Steuerung der Schleifscheibendrehzahl im Laufe der Scheibenabnützung erreichen. Bei Nockenwellenschleifmaschinen ist es möglich, die Schleifgeschwindigkeit während einer Umdrehung des Werkstückes konstant zu halten.

Sind wie bei einer Revolverdrehbank im Laufe des Arbeitsvorganges mehrere Werkzeuge in Tätigkeit, so kann die Werkstückdrehzahl der zulässigen Schnittgeschwindigkeit und Schnittrichtung der Werkzeuge angepaßt werden. Hierfür wurde eine bemerkenswerte Sondereinrichtung zur selbsttätigen Drehzahleinstellung abhängig von der Stellung des Revolverkopfes entwickelt. Zu diesem Zweck ist der Revolverkopf über ein mechanisches Vorgelege mit einer Nockenwalze verbunden, deren Nocken Endtaster betätigen. Dadurch ergibt sich die Möglichkeit, für einen bestimmten Arbeitsgang der einzelnen Revolverkopfstellungen in beliebiger Reihe die an der Drehbank angegebene günstigste Motordrehzahl einzuschalten. Der wesentliche Vorteil besteht darin, daß dem Arbeiter insbesondere bei kurzen Arbeitsvorgängen die Mühe erspart wird, für die zweckmäßige Drehzahleinstellung zu sorgen oder den Drehrichtungswechsel vorzunehmen. Sinngemäß arbeiten Lochkartenvorwähler.

Eine große Bedeutung haben selbsttätige Umschalteinrichtungen, die wegabhängig gesteuert werden. Entweder erfolgt dabei der Arbeitsvorgang wie bei Gewindeschneid-, Hobel-, Stoß- und ähnlichen Werkzeugmaschinen nur in einer Richtung, so daß das Werkzeug in umgekehrter Drehrichtung zurückgeholt werden muß, oder es sind pendelnde Arbeitsbewegungen wie bei Schleif- oder Fräsmaschinen nötig. Die Umschaltung wird dabei durch mechanisch betätigte Endtaster oder Walzenschalter vorgenommen. Mit Rücksicht auf die Gefährdung der Maschine sind dabei Sicherheitseinrichtungen für den Fall nötig, daß der Antrieb in der Endlage nicht umschaltet. Bekanntlich erfolgt ein Drehrichtungswechsel bei Drehstrommotoren nicht, wenn der Motor bei der üblichen Umschaltung durch Phasenwechsel 2phasig läuft, weil beispielsweise eine Phase ausfiel. Aus diesem Grunde müssen bei gefährdeten Antrieben immer Notschalter vorgesehen werden, die den Antrieb beim Überfahren der Endlage abschalten. Bei Hobelmaschinen wird zur Abschaltung durch den Notschalter ein besonderes Hauptschütz verwendet, das reichlicher als die Umschaltschütze bemessen ist und infolgedessen auch eine Abschaltung des Antriebes ermöglicht, wenn Schaltstücke an einem Umschaltschütz zusammenschweißen sollten.

Bei Arbeitsmaschinen mit einem derart hin- und hergehenden Arbeitsspiel können Zählwerke (Abb. 166) verwendet werden, insbesondere wenn feststeht, daß die Bearbeitung, wie bei einer Gewindeschleifmaschine, nach einer bestimmten Anzahl von Arbeitsspielen beendet ist. Durch einen Wahlschalter kann diese selbsttätige Betriebsart vorgewählt werden. Es ist auch möglich, die Maschine bei jedem Arbeitshub oder Arbeitsspiel in Abhängigkeit von der Stellung des Wahlschalters stillzusetzen.

Neben wegabhängigen Steuerungen spielen auch zeitabhängige Einrichtungen eine Rolle. Es ist z. B. bekannt, daß die Oberflächengüte beim Läppen von der Zeit abhängt. Deshalb wird bei der Zahnradläppmaschine eine einstellbare Zeitspanne für den einzelnen Arbeitsgang vorgesehen.

Zur Leistungssteigerung der Fertigung genügt es nicht, den Vorgang weg- und zeitabhängig zu steuern. Man wird außerdem noch bestrebt sein müssen, alle Faktoren zu berücksichtigen, die eine Erhöhung der Spanleistung ermöglichen.

Wenn z. B. ein Werkstück nach einem Anriß zu fräsen ist, kann es erhebliche Änderungen des Spanquerschnittes geben. Bei konstanter Vorschubgeschwindigkeit wäre diese dem größten Querschnitt anzupassen. Um Arbeitszeit zu gewinnen, wird deshalb die Vorschubgeschwindigkeit abhängig von der Schnittkraft gesteuert und dabei berücksichtigt, daß die Motorleistung des Werkzeugantriebes und damit auch der Motorstrom von der Schnittkraft abhängen. Überschreitet die Schnittkraft das zulässige Maß, so muß ein unverzögertes Überstromrelais zum Ansprechen gebracht und die Vorschubbewegung so lange unterbrochen werden, bis sich der Fräser freigeschnitten hat.

Erfolgt die Änderung des Spanquerschnittes, wie beispielsweise bei Kaltsägen beim Abschneiden von zylindrischen Blöcken, nach einer Gesetzmäßigkeit, so kann danach die Vorschubgeschwindigkeit durch entsprechende Betätigung eines Stellers mittels einer Schablone oder durch stromabhängige Einrichtungen gesetzmäßig gesteuert werden. Bei Drehstählen kann die Verstellung der Schnittwinkel eine große Rolle spielen, insbesondere wenn das Werkstück nicht rund ist. Bei der Vierkantblock-Oval- und Pilgerwalzendrehbank wurde für einen solchen Schwenkantrieb ein Leonardsatz vorgesehen und dessen Drehzahl durch Endtaster gesteuert, die von Nocken an der Planscheibe betätigt werden.

c) Stillsetzen.

Nachdem die Steuerung zum Einleiten des Vorganges und für den Lauf der Fertigung behandelt ist, fehlen noch die Einrichtungen zum Abschalten des Antriebes. In selbsttätigen Anlagen haben diese Einrichtungen die größte Bedeutung, weil von ihnen zunächst nicht nur die Unfallgefährdung des Arbeiters, sondern auch die Schadensverhütung abhängt. Von einer Abschalteinrichtung wird deshalb eine große Betriebssicherheit verlangt. Diese gewährleisten Öffner in der Erregerleitung des Einschaltschützes. Falls nämlich der Öffner aus irgendeinem Grunde nicht in Ordnung ist, wird bereits das Einschalten unterbunden. Diese Maßnahme ist besonders dann nötig, wenn die Steuerleitung über Schleifleitungen geht, bei denen der Stromdurchgang durch Verschmutzen oder Oxydieren gefährdet ist. Bei Unfallgefahr werden außerdem noch Maßnahmen getroffen, daß immer mindestens ein „Aus"-Schaltglied erreichbar ist. Wenn z. B. die Hände gefährdet sind, wird ein weiterer Fußschalter vorgesehen.

Welche Antriebe bei einem Notkommando abzuschalten sind, muß von Fall zu Fall entschieden werden. Meistens wird es ratsam sein, die gesamte elektrische Ausrüstung abzuschalten, so daß nicht erst geprüft zu werden braucht, von welcher Seite eine Gefahr droht. Wichtig ist dabei jedoch, wie im Teil „Hauptschalter" bereits erwähnt, daß z. B. Magnetaufspannplatten nicht abzuschalten sind, weil sonst das nicht mehr festgehaltene Werkstück Schaden anrichten kann.

Die Abschalteinrichtung muß schnell arbeiten, damit der nächste Arbeitsvorgang ohne Verlustzeiten beginnen kann. Oft muß diese Einrichtung auch die Maßhaltigkeit des Werkstückes gewährleisten oder z. B. in Teilantrieben die maßgerechte Bearbeitung vorbereiten. Ebenso wie Meßwerte infolge der Meßunsicherheit streuen können, so sind die gesteuerten Werte wegen der dynamischen Meßunsicherheit Schwankungen unterworfen.

Da oft der irrige Eindruck entsteht, daß diese um so kleiner ausfallen, je „genauer" der Fühler ist, werden zur richtigen Wahl der Steuerelemente die grundsätzlichen Verhältnisse für wegabhängige Steuerungen erläutert. Bei der Auslenkung des Fühlers auf das Sollmaß wird der Abschaltimpuls nach der Zeit t_1 gegeben. Nach einer Zeit t_2 haben die Hilfsrelais und das Schütz den Befehl an das Antriebselement weitergegeben, das nach einer Zeit t_3 zum Stillstand kommt. Ist zunächst die Meßunsicherheit am Fühler zu Null angenommen, so wird die Zeit t_1 beim Kontaktfühler hauptsächlich von der Schnelligkeit der Lichtbogenlöschung abhängen. Bei kontaktlosen Fühlern treten durch die Zeitkonstanten Verzögerungen auf, die bei Wechselstromanschluß infolge

der Ansprechzeit der Relais um eine viertel bis halbe Wechselstromperiode streuen können. Die Ansprechzeit der Schaltgeräte kann sich erfahrungsgemäß um 3 bis 8 msec ändern, je nachdem ob Gleich- oder Wechselstromanschluß vorgesehen ist. Bei den Antriebselementen hängen die Bremszeiten, abgesehen von der Bremsart, von den meist schwankenden Bremsmomenten und Schwungmassen ab.

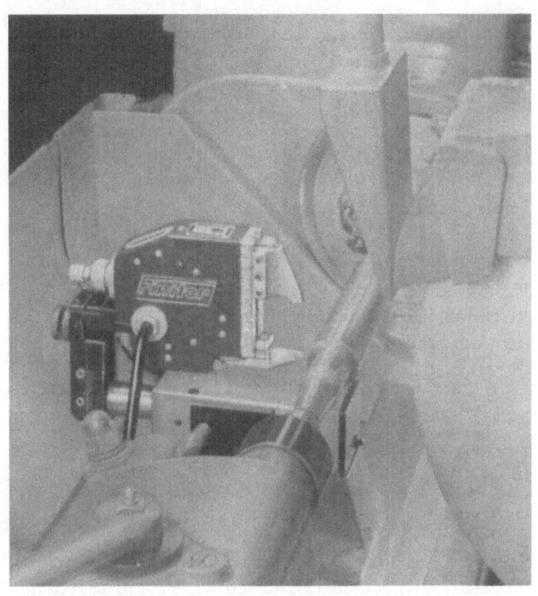

Während der Zeit t_1 und t_2 geht die Bewegung unvermindert weiter. Im Zeitabschnitt t_3 nimmt die Geschwindigkeit gegen Null ab. Dadurch entsteht ein Nachlauf, von dessen Streuung die dynamische Meßunsicherheit abhängt, wenn der Fühler statisch keine Meßunsicherheit hätte.

Es ist deshalb anzustreben, den Nachlauf ganz auszuschalten. Erfolgt wie bei der Rundschleifmaschine die Zustellung bei der Bearbeitung am Hubende und wird

Abb. 196. Fühler an einer Rundschleifmaschine (Bauart Fortuna).

sie durch den Fühler abgeschaltet, so hängt die dynamische Meßunsicherheit nicht vom Nachlauf, sondern von der Zustellgröße ab. Für Feinbearbeitung kann die Zustellung bei den letzten Pendelbewegungen ganz abgeschaltet werden. Bei dem einsetzenden „Ausfeuern" der Schleifscheibe wird auf diese Weise dafür gesorgt, daß die Abschaltung der Zustellung schon bei einem solchen Durchmesserwert erfolgt, daß das Ausfeuern in der Nähe des Sollwertes beendet ist, so läßt sich die dynamische Meßunsicherheit auf $\pm 0,001$ mm herabsetzen. An der Schleifmaschine tastet der Fühler (Abb. 136) das Werkstück unmittelbar ab. Etwa 10 bis 15 μ vor dem Sollmaß wird durch einen Hubmagneten die hydraulische Zustellung unterbrochen.

Ist es nicht möglich, durch die Art der Bearbeitung vom Nachlauf unabhängig zu werden, so sind bei den Steuerungen die Nachlaufgrößen entsprechend zu berücksichtigen. Die Werte hängen von der Vorschubgeschwindigkeit ab. An einer Drehbank, bei der im langsamlaufenden Getriebeteil die von einer Magnetkupplung (30 cmkg) übertragenen Vorschubbewegungen durch einen Kontaktfühler über Gleichstromschütze mit Schnellerregung abgeschaltet wurden und außerdem das zusätzliche Moment einer Bandbremse zu überwinden war, wurden Messungen durchgeführt, deren Ergebnisse aus Abb. 197 zu ersehen sind.

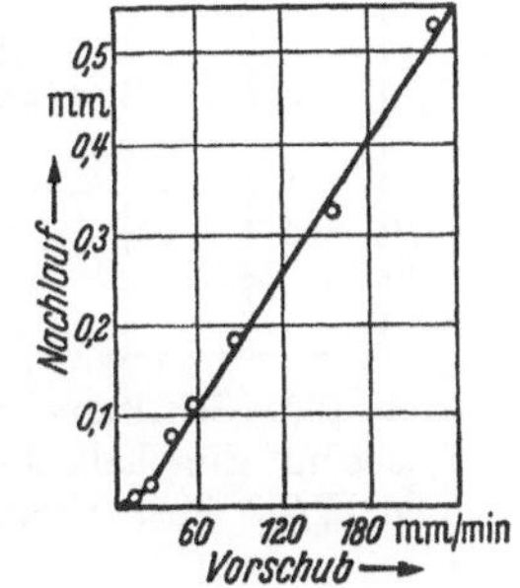

Abb. 197. Abhängigkeit des Nachlaufes von der Vorschubgeschwindigkeit (Drehbank mit Kontaktfühler).

Bei Antrieben von Kreisteilscheiben mit hohen Ansprüchen an die Genauigkeit wird deshalb zur Erzielung eines kleinen Nachlaufes vor dem endgültigen Abschalten die Geschwindigkeit erheblich herabgesetzt. Bei Gleichstromantrieben erfolgt dieses nach Abb. 198 mittels eines Vorkontaktes $E\,1$, der das Anlaßschütz AS ausschaltet; durch ein zweites Schütz S wird ein Parallelwiderstand PW an die Ankerklemmen gelegt, damit im Anlaßwiderstand AW auch bei kleiner Last ein Spannungsabfall entsteht. Der Motor läuft dann mit stark verminderter Drehzahl. Durch den zweiten Endtaster $E\,2$ wird der Antrieb endgültig abgeschaltet.

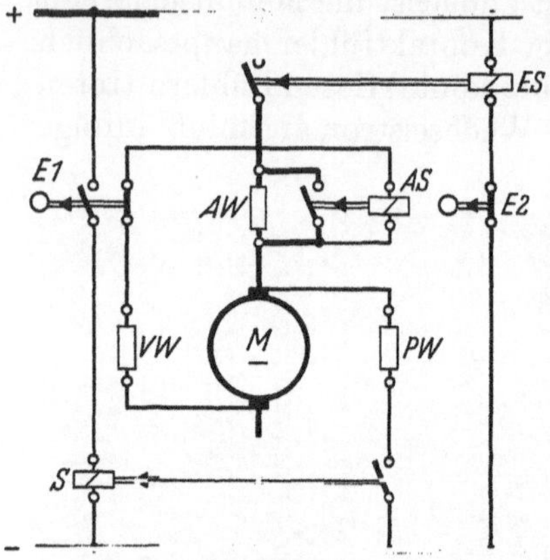

Bei Notschaltungen muß der Nachlauf wegen der Unfallgefahr klein sein. Es werden elektrische Bremseinrichtungen gewählt (s. S. 142 ff). Damit diese auch dann wirken, wenn das Netz im Augenblick der Gefahr unterbrochen ist, sind zur Erzeugung der Bremsenergie (Gleichstrom) rotierende Umformer mit entsprechenden Schwungmassen vorzusehen.

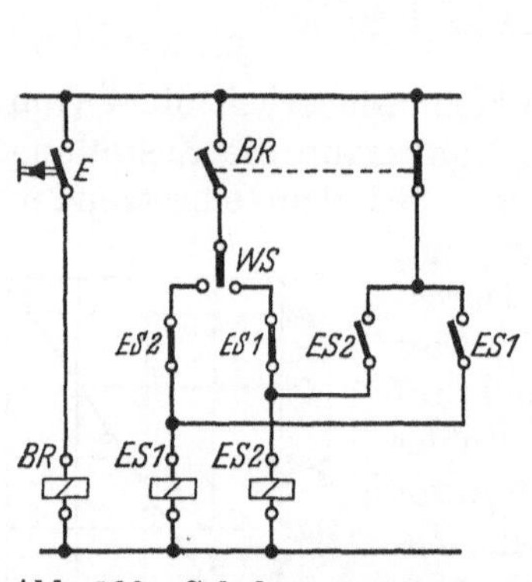

Abb. 198. Schaltung eines Gleichstromnebenschlußmotors zur Geschwindigkeitsverminderung bei Betätigung des Endtasters $E\,1$ und Bremsung bei Betätigung des Endtasters $E\,2$.

2. Der zusammengesetzte Antrieb.

Neuzeitliche Werkzeugmaschinen haben oft Mehrmotorenantriebe. Es ergeben sich damit weitere Steuermöglichkeiten durch die gleichzeitige oder aufeinanderfolgende Steuerung mehrerer, voneinander abhängiger Antriebe.

a) Vorwähler.

Bei Antrieben, die nacheinander gesteuert werden, ist es erwünscht, den nächsten Steuervorgang bereits vor Ablauf des vorhergehenden zu wählen. Dadurch werden Verlustzeiten vermieden. Mit einer Schaltung nach Abb. 199 können zwei Antriebe durch die Schütze $ES\,1$ und $ES\,2$ geschaltet werden. Ist z. B. durch den Wahlschalter WS das Schütz $ES\,1$ vorgewählt, so spricht dieses nach Betätigung des Befehlsgebers E an, weil das Befehlsrelais BR erregt wird. Beim Aufhören des Befehles fällt das Relais zwar ab, aber das Schütz bleibt über seinen Schließer und den Öffner von BR eingeschaltet. Daraufhin kann durch den Wahlschalter der neue Vorgang vorgewählt werden,

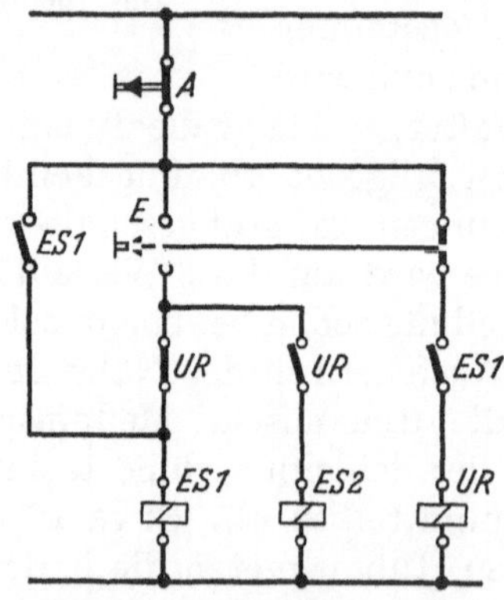

Abb. 199. Schaltung zweier Antriebe mit Einschaltschützen $ES\,1$ und $ES\,2$ über Vorwähler WS.

Abb. 200. Schaltung zweier Schütze über einen Befehlsgeber.

ohne daß sich am Ablauf des vorhergehenden etwas ändert. Wenn der neue Befehl durch den Taster E gegeben wird, fällt das Schütz $ES\,1$ ab und Schütz $ES\,2$ spricht an.

Oft liegt auch die Forderung vor, daß von einem Befehlsgeber zuerst ein Schütz $ES\,1$ und nach der zweiten Kontaktgabe ein Schütz $ES\,2$ eines anderen Antriebes betätigt wird. Bei der Schaltung nach Abb. 200 erfolgt das erstmalige Einschalten wie früher beschrieben. Beim Loslassen des Befehlsgebers E wird der Öffner geschlossen. Über den Schließer des Schützes $ES\,1$ wird ein Relais UR erregt, dessen Schließer die Erregung von *ES 2* vorbereitet. Die Schaltung dient z. B. dazu, mit dem gleichen Befehlsgeber *E* zuerst den Motor über das Schütz *ES 1* und nach dessen Anlauf den Verstellmotor des Nebenschlußreglers über das Schütz *ES 2* einzuschalten.

b) Folgeschaltungen.

Eine große Bedeutung haben die Verriegelungsmöglichkeiten zur folgerichtigen Steuerung mehrerer Antriebe. Bei Fräsmaschinen z. B. und dergleichen darf der Vorschub nicht vor dem Hauptantrieb eingeschaltet werden. Bei Maschinen mit mehreren beweglichen Teilen, wie Bettschlitten, Reitstock usw., muß das gegenseitige Anfahren vermieden werden. Es können auch durch Getriebehebel Endtaster betätigt werden, um in einer vorher festgelegten Reihenfolge die Arbeit zu vollziehen.

Aus der Fülle der ausgeführten Steuerungen wird an einem Beispiel das Grundsätzliche erläutert. Bei einer Karuselldrehbank (Abb. 201) soll der Hauptantrieb (Schütz *HS*) nur dann eingeschaltet werden können, wenn der Querbalken festgespannt ist, umgekehrt der Querbalkenverstellantrieb (Schütz *VS*) nur bei gelöstem Querbalken. Zum Festspannen und Lösen dient ein Hilfsmotor. Er wird in einer Richtung durch das Schütz *U 5* (Spannen) und in der anderen Richtung durch das Schütz *U 6* (Lösen) geschaltet. Mit dieser Schaltung lassen sich folgende Verriegelungen durchführen:

Spannen. Die Spannbewegung wird durch den Taster *E 1* eingeleitet, wenn der Verstellantrieb nicht eingeschaltet, das Schütz *U 6* zum Lösen abgefallen ist und das Bimetallrelais des Antriebes nicht angesprochen hat. Der Antrieb bleibt über das Selbsthalteschaltglied *U 5* so lange eingeschaltet, bis das Überstromrelais *SR* beim eingestellten Motorstrom anspricht. In der Spannlage wird der Endtaster *E 5* betätigt. Der Hauptantrieb kann also durch den Befehlsgeber *E 2* eingeschaltet werden, weil der Verstellantrieb abgeschaltet ist.

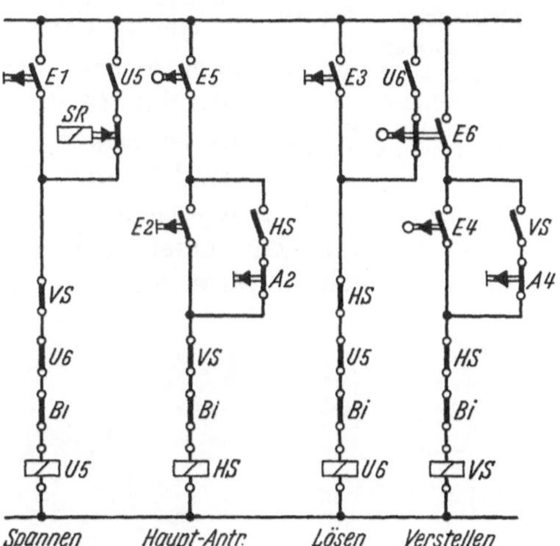

Abb. 201. Grundsätzliche Schaltung einiger Antriebe einer Karuselldrehbank als Beispiel für Verriegelungsmöglichkeiten.

Lösen. Der Befehl durch den Taster *E 3* ist nur wirksam, wenn der Öffner *HS* vom Hauptschütz geschlossen, das Schütz *U 5* abgefallen ist und das Bimetallrelais nicht angesprochen hat. Der Schließer gibt Selbsthaltung, bis am Hubende der Taster *E 6* die Losbewegung abschaltet. Sein Schließer bereitet die Verstellbewegung vor. Diese wird durch den Endtaster *E 4* und über den Öffner des Hauptschützes eingeleitet.

Aus der folgerichtigen Verriegelung mehrerer Antriebe entsteht eine selbsttätige Steuerung. Wenn gleichzeitig sämtliche Einschaltbefehle gegeben werden, vollzieht sich der Vorgang zwangsläufig so, wie er durch die Verriegelungen vorgeschrieben ist. Nach diesem Grundsatz werden heute selbsttätige Steuerungen aufgebaut.

Bei Hobelmaschinen oder ähnlichen Werkzeugmaschinen verlangt das Arbeitsverfahren nicht nur eine selbsttätige Pendelbewegung, sondern auch noch eine zustellende Vorschubbewegung am Hubende. Sie wird über den Schalter für den Umkehrbefehl eingeleitet und unabhängig von der pendelnden Bewegung weg- oder zeitabhängig abgeschaltet. Darf die Zustellbewegung nur an einem Hubende erfolgen, so wird am anderen Ende die Einschaltung vorbereitet.

Bei wegabhängigen Steuerungen bietet die Abschaltung der Zustellung oft Schwierigkeiten. Nach erfolgter Zustellung ist die Kontaktunterbrechung am Endtaster aufzuheben, weil bei dem nächsten Hub das Schütz wieder eingeschaltet werden muß. Infolge des Nachlaufes und bei geeigneter Nockenausbildung wird der Endtaster nur kurzzeitig beim Abschalten betätigt. Die Zuverlässigkeit solcher Steuerungen leidet durch die Veränderlichkeit der Nachlaufgröße.

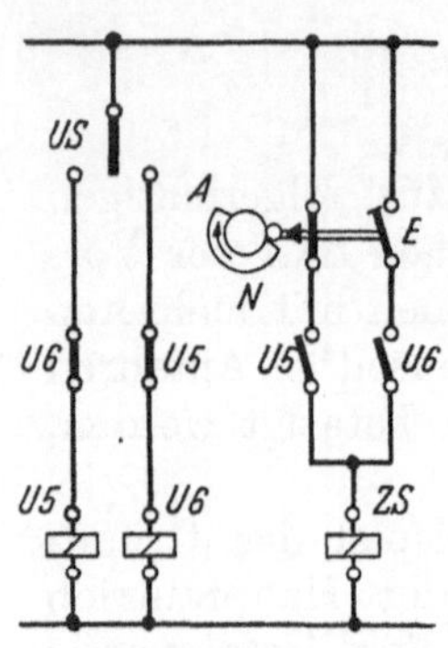

Abb. 202. Schaltung des Zustellantriebes bei Arbeitsmaschinen mit hin- und hergehendem Arbeitsspiel.
ZS Zustellschütz; *U 5*, *U 6* Schütze für Umkehrantrieb.

Eine Schaltung nach Abb. 202 vermeidet diese Unsicherheit. Der Umschalter *US* betätigt die Schütze *U 5* und *U 6* für die hin- und hergehende Bewegung. Über den Schließer von *U 5* und den Öffner des Endtasters *E* spricht das Zustellschütz *ZS* an. Bei der Zustellung dreht sich ein Nocken *N* in Pfeilrichtung. Am Punkt *A* wird der Schließer des Endtasters früher geschlossen als der Öffner geöffnet. Das Zustellschütz *ZS* fällt ab und bereitet die neue Einschaltung unabhängig von der Nachlaufgröße sicher vor. Wenn das Schütz *U 6* anzieht, erfolgt die Zustellung sinngemäß so lange, bis die Betätigung des Endtasters durch den Nocken aufgehoben wird. Die Zustellgröße kann durch die Länge der Nocken und durch ein Getriebe zwischen Spindel und Nockenschalter gewählt werden.

Oft sind Werkstücke durch mehrere Werkzeuge in einer vorgeschriebenen Reihenfolge zu bearbeiten. Auf einer Langfräsmaschine (Abb. 203) werden z. B. bei einem Zylinderblock zuerst die schräggeneigten Flächen durch die schräg gestellten Frässpindeln und daran anschließend die obere Fläche durch eine hinter dem Querbalken angeordnete Spindel gefräst. Wegen der Flansche müssen die Vorschubbewegungen zuerst nach schrägaufwärts, dann in der Längsrichtung, anschließend nach abwärts und zum Schluß wieder in der Längsrichtung gesteuert

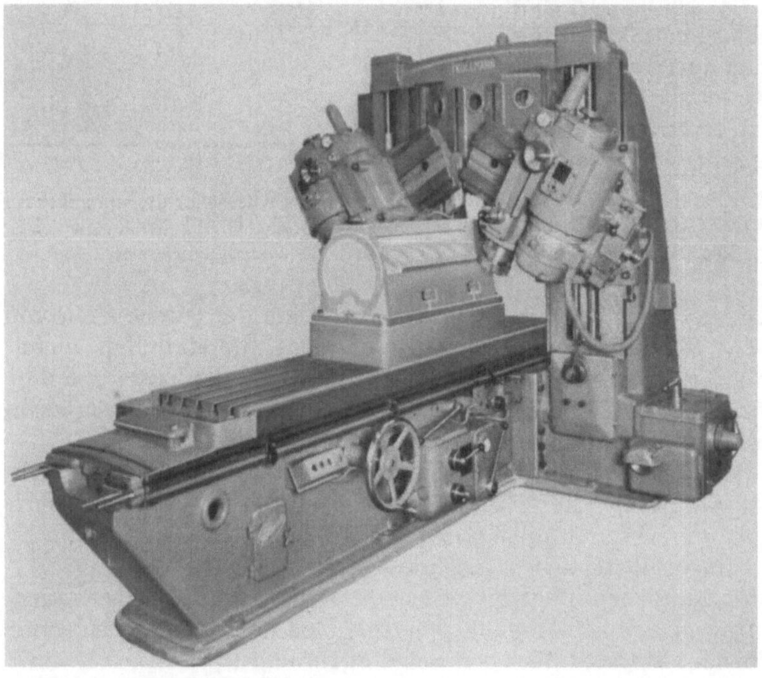

Abb. 203. Langfräsmaschine (Bauart Köllmann) mit elektrischer Folgeschaltung zur Bearbeitung von Zylinderblöcken mit mehreren Werkzeugen.

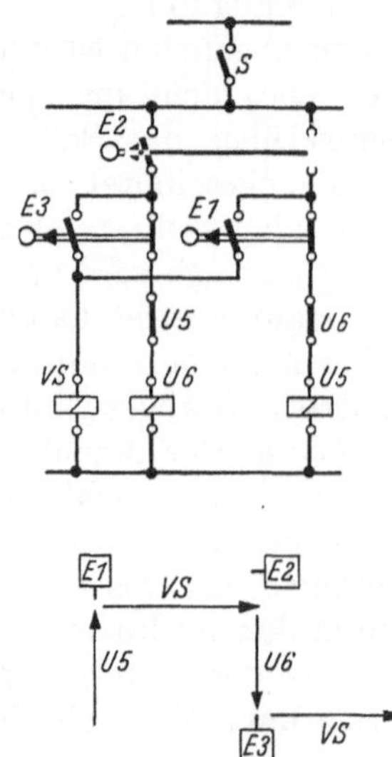

Abb. 204. Schaltung der Vorschübe zur Bearbeitung des Zylinderblockes Abbildung 203.
U 5, *U 6* Schütze für den Quervorschub; *VS* Schütz für den Längsvorschub; *E1—E 3* Endtaster zum Einleiten der Folgeschaltung.

werden. Erhält der Quervorschubmotor zwei Schütze *U 5* und *U 6* für beide Drehrichtungen, der Längsvorschubmotor ein Schütz *VS* für eine Drehrichtung, so erfolgt die Schaltung nach Abb. 204 mittels der drei Endtaster *E 1* bis *E 3*. Wird kein Endtaster betätigt, spricht das Schütz *U 5* nach dem Einschalten durch den Schalter *S* an. Durch den Endtaster $E1$ wird der Längsvorschub ein- und daran anschließend der Quervorschub aufwärts abgeschaltet. Es erfolgt daher keine Unterbrechung des Vorschubes; das Fräsbild zeigt keine Rillen. Sinngemäß werden die Endtaster $E2$ und $E3$ betätigt, sie leiten der Reihe nach den Quervorschub abwärts und den Längsvorschub ein. Nach beendetem Arbeitsvorgang kann die Maschine durch mechanische Betätigung des Schalters S stillgesetzt werden.

E. Regelnde Einrichtungen.

Die beschriebenen Steuerungen haben keine Einrichtungen, um die beim Arbeitsablauf entstandenen Steuerfehler richtigzustellen. Um Aufgaben zu lösen, bei denen diese Fehler in festgesetzten Grenzen bleiben sollen, wurden regelnde Einrichtungen entwickelt. Im Gegensatz zur Steuerung besteht hier die Möglichkeit, in den Steuerablauf einzugreifen. Dazu muß eine Rückwirkung des Antriebsteiles auf den Befehlsgeber erfolgen. Es entsteht ein geschlossener Regelkreis. Deswegen treten bei Regeleinrichtungen neue Verhältnisse auf. Sie unterscheiden sich von der Steuerung dadurch, daß Pendelungen vorkommen und Gleichgewichtsbedingungen zu erfüllen sind.

Man spricht von Pendelungen, z. B. des Vorschubes bei der später behandelten Nachformfräsmaschine (S. 160), wenn der Fühler vor- und zurückschwingt. Auf alle Fälle müssen jedoch die für ein stabiles Gleichgewicht notwendigen Bedingungen vorbehaltlos erfüllt sein, d. h., nach einer Abweichung vom Sollwert weg muß der Vorgang wieder auf den Sollwert zu gesteuert werden.

Die mit diesen beiden neuen Erscheinungen zusammenhängenden Fragen werden an einigen grundsätzlichen Beispielen erläutert.

1. Nachlaufeinrichtungen.

Ein Maschinenteil K soll von einem Verstellmotor um einen in einem Sollwertgeber vorgegebenen Wert verstellt werden. Ist die Kraft zum Verstellen des Maschinenteiles wesentlich größer als diejenige zum Einstellen des Sollwertgebers G, so kann dieser als Widerstand ausgebildet und an eine Gleichspannung angeschlossen werden (Abb. 205). Als Istwertgeber I dient dann ein gleicher Widerstand, der mit dem Verstellmotor gekuppelt der Stellung des Maschinenteiles entspricht. Ist die Einstellung der Widerstände von Sollwert- und Istwertgeber gleich, so ist zwischen den Drehpunkten der Widerstände keine Spannungsdifferenz vorhanden.

Durch das Relais R, das an diesen beiden Punkten angeschlossen ist, fließt kein Strom. Wird nun der Sollwertgeber G verstellt, so fließt durch das stromrichtungsempfindliche Relais R ein Strom, dessen Richtung davon abhängt, ob die Verstellung nach dieser oder jener Seite erfolgte. Es wird also entweder Kontaktstelle 1 oder Kontaktstelle 2 geschlossen und das betreffende Schütz ($U5$ oder $U6$) eingeschaltet. Der Verstellmotor läuft an und

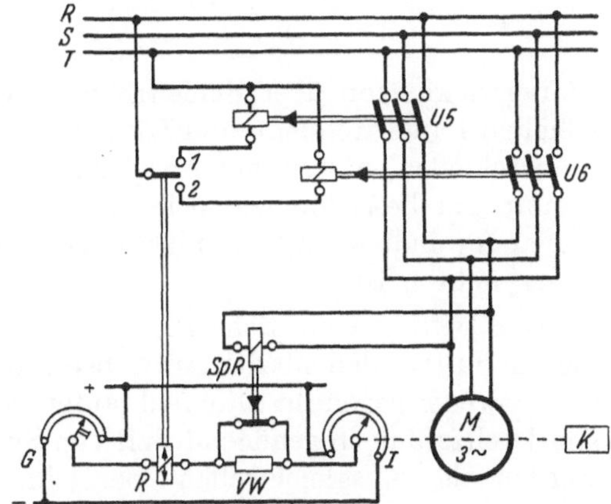

Abb. 205. Schaltung einer elektrischen Nachlaufeinrichtung.

K Maschinenteil; M Verstellmotor; G Sollwertgeber; I Istwertgeber; R polarisiertes Relais; SpR Spannungsrelais; VW Vorwiderstand; $U5$, $U6$ Schütze für Verstellmotor.

verstellt das Maschinenteil K und den Istwertgeber I bis der vom Sollwertgeber G vorgegebene Wert erreicht ist.

Bei Erreichen der Gleichstellung fließt kein Strom mehr durch das Relais. Der Motor wird abgeschaltet. Infolge des Nachlaufes spricht jedoch das Relais wieder an. Das andere Schütz wird eingeschaltet, so daß der Motor den Istwertgeber in der anderen Richtung auf den Sollwert zudreht. Beim Abschalten entsteht wieder ein Nachlauf. Die Einrichtung pendelt; sie kommt infolgedessen nie zur Ruhe. Als Abhilfe werden sogenannte Rückfühlelemente benutzt, die die Befehlsgabe auf einen Vorwert zurückführen. Im vorliegenden Beispiel dient hierzu ein Vorwiderstand VW im Stromkreis des Relais. Vor Erreichen des Sollwertes fällt das Relais bereits ab, und der Motor muß um diesen Vorwert nachlaufen, wenn die Einrichtung nicht mehr pendeln soll. Im Beharrungszustand wird der Widerstand durch einen Öffner des Relais SpR, das von der Motorspannung abhängt, überbrückt. Für weitere Änderungen des Sollwertes ist die Einrichtung dann ebenso empfindlich wie früher.

2. Gleichlaufeinrichtungen.

Sollen getrennte elektrische Maschinen mit gleicher Drehzahl umlaufen, so spricht man von Gleichlaufeinrichtungen. Als Maschinen werden zwei Asynchron-Schleifringläufermotoren mit gleicher Polzahl verwendet. Haben diese Motoren, die wechselweise als Geber und Empfänger arbeiten können, ungefähr gleiche Leistung, so werden sie mit der Ständerwicklung an dasselbe Drehstromnetz geschaltet (Abb. 206a) und die offenen

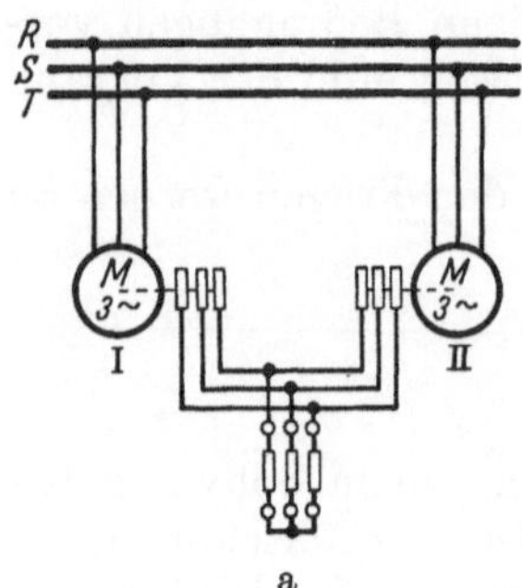
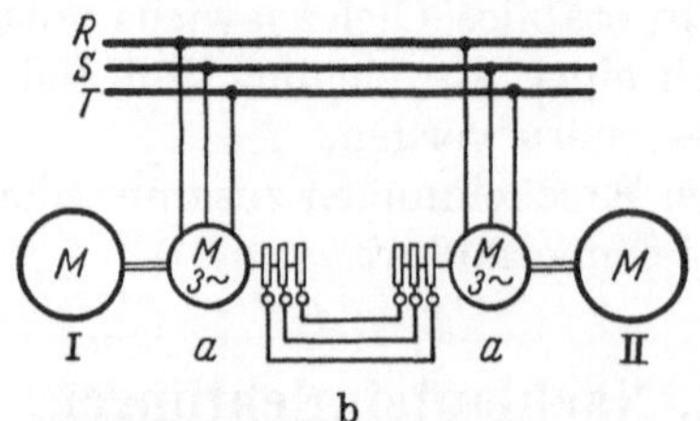
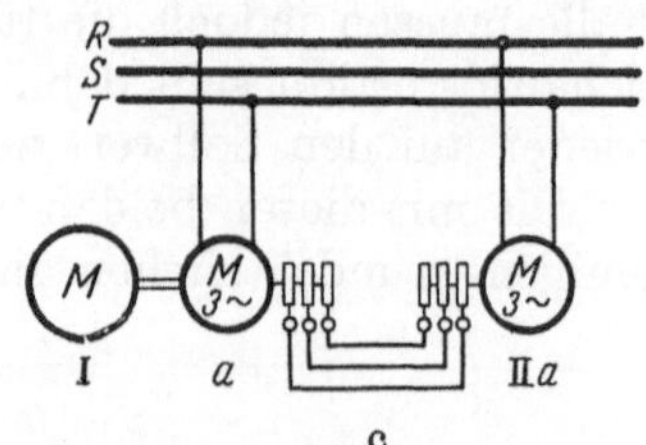

Abb. 206a—c. Elektrische Gleichlaufeinrichtungen: a Für gleiche Antriebsleistungen. b Für gleiche Antriebsleistungen jedoch für geringe oder negative Belastung. *I, II* Antriebsmotoren; *a* Ausgleichmaschinen (Geber, Empfänger). c Für ungleiche Antriebsleistungen. *I* Antriebsmotor, große Leistung; *a* Ausgleichmaschine (Geber); *IIa* Antriebsmotor, kleine Leistung, und Ausgleichmaschine (Empfänger).

Läuferwicklungen über Schleifringe durch elektrische Leitungen verbunden. Infolge der gleichen Läuferfrequenz und Läuferspannung sind die Drehzahlen gleich. Bei Drehzahlunterschieden entsteht ein Ausgleichmoment, das die Nachregelung auf Gleichlauf vornimmt. Da dieses Moment bei synchroner Drehzahl verschwindet, kann diese Schaltung nur angewandt werden, wenn die Drehzahl stets mit Sicherheit genügend unter- oder übersynchron ist.

Das trifft jedoch nicht zu, wenn bei Antrieben negative Momente vorkommen. In diesem Fall werden mit den Antriebsmotoren Ausgleichmaschinen gekuppelt (Abb. 206b), die entweder gegen ihr Drehfeld laufen oder durch entsprechende Polzahl auch bei höchster Drehzahl noch genügend weit von Synchronismus entfernt sind. Diese Einrichtungen werden als „Ausgleichwellen" bezeichnet.

Bei zwei Antrieben, die recht verschiedene Leistungen benötigen, wie z. B. beim Haupt- und Vorschubantrieb einer Drehbank, wird die eine Ausgleichmaschine (IIa in Abb. 206c) als Antriebsmotor verwendet. Bei 3phasigem Anschluß des Ständers besteht allerdings die Gefahr, daß der Motor IIa, besonders bei starker Belastung die synchrone Drehzahl annimmt und die Läuferwicklung der anderen Ausgleichmaschine als Schlupfwiderstand dient. Deshalb werden die Ständer der Ausgleichmaschinen 2phasig erregt. Das Drehmoment ändert sich über eine Polteilung sinusförmig, wenn die nicht benötigte Wicklung kurzgeschlossen wird. Der Empfänger läuft entsprechend der Belastung um einen bestimmten Winkelbetrag gegenüber dem Geber nach. Schwankende Belastungen und verschiedene Schwungmassen können eine Voreilung bewirken; die Einrichtung pendelt[1]. Überschreiten diese Winkelabweichungen eine Polteilung, so bleibt der Antrieb stehen, weil die Gleichgewichtsbedingungen nicht erfüllt sind. Das Ausgleichmoment in der nächsten Polteilung versucht die Drehzahl des Motors II a weiter vom Sollwert wegzubringen. Sinngemäß bleibt der Motor auch bei zu großem Lastmoment stehen.

Abb. 207 zeigt eine Plandrehbank mit einer Gleichlaufeinrichtung nach Abb. 206c. Die Planscheibe wird vom Hauptmotor angetrieben. Der Geber G ist am Spindelkasten angebaut, der Vorschubmotor (Empfänger) am Supportständer.

3. Fühlersteuerungen.

Bei den beschriebenen Regeleinrichtungen ändert sich der Sollwert während der Regelung nicht. Infolgedessen bleiben die Gleichgewichtsbedingungen und die zum Unterdrücken der Pendelungen not

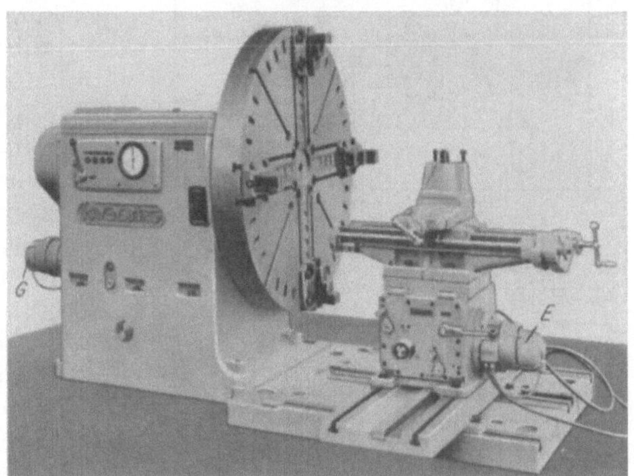

Abb. 207. Plandrehbank (Bauart Maschinenfabrik Ravensburg) mit elektrischer Gleichlaufeinrichtung nach Abb. 206c.
G Geber; E Spindelantrieb, Empfänger.

wendigen Rückführelemente gleich. Schwieriger werden die Aufgaben, wenn sich der Sollwert einer Regeleinrichtung stetig oder sprunghaft ändert, z. B. beim Nachfahren von Schablonen bei Nachformfräsmaschinen.

Ist in einer beispielsweise senkrechten Ebene ein beliebiger Kurvenzug nachzufahren, so könnte die Vorschubrichtung durch stetige Drehzahlregelung von zwei senkrecht aufeinanderstehenden Vorschüben in waagerechter und senkrechter Richtung der Kurvenneigung angepaßt werden. Die Gleichgewichtsbedingungen sind bei stetigen Einrichtungen selbsttätig recht schwer zu erfüllen, weil sich die Kurvenneigung im ungünstigen Augenblick erheblich ändern kann. An unstetigen Stellen, wie Ecken und Kanten, müßte die stetige Regeleinrichtung unstetig arbeiten. Es sind deshalb umfangreiche elektrische Einrichtungen für diese schwierigen Verhältnisse zu erwarten, um so mehr, da Regelfehler als Bearbeitungsfehler im Werkstück aufgezeichnet bleiben. Deshalb oft wurde auf vollkommen selbsttätige stetige Steuerungen zunächst verzichtet und die Bedienung der Drehzahlsteller dem Arbeiter überlassen.

Bei selbsttätigen Steuerungen lassen sich die schwierigen Gleichgewichtsbedingungen auf einfache Weise erfüllen, wenn die Regelung der Vorschübe aussetzweise erfolgt. Eine Vorschubbe

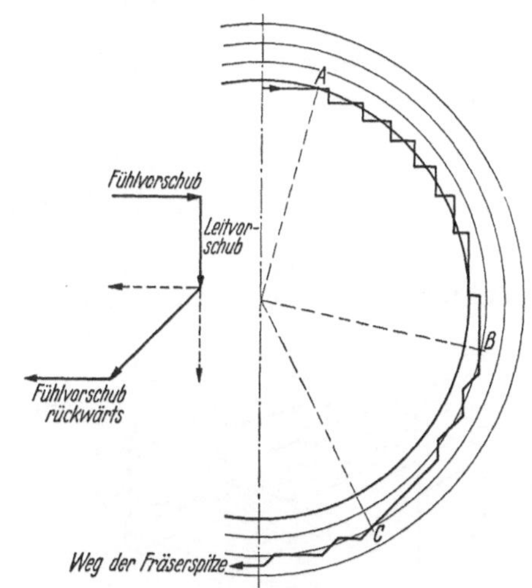

Abb. 208. Weg der Fräserspitze bei einer Fühlersteuerung für Fräsmaschinen.

wegung, der Fühlvorschub, bleibt so lange eingeschaltet, bis der Fühler das Modell berührt. Dann wird ein dazu senkrechter Leitvorschub „vom Modell weg" eingeschaltet (Abb. 208).

---

[1] Jordan, H. und W. Schmitt: Über die Unterdrückung der Pendelneigung elektrischer Wellen durch induktive und ohmsche Widerstände im Läuferkreis. AEG-Mitt. 1941, S. 102—106.

Das Spiel wiederholt sich bis zum Punkt B. Hier erfolgt eine zunehmende Auslenkung des Fühlers beim Leitvorschub und ein zweites Schaltglied schaltet den Fühlvorschub „vom Modell weg" ein. Die Schaltung einer Einrichtung, die aus einem Kontaktfühler als Befehlsgeber, Schützen und Magnetkupplungen als Antriebselemente besteht, zeigt Abb. 209.

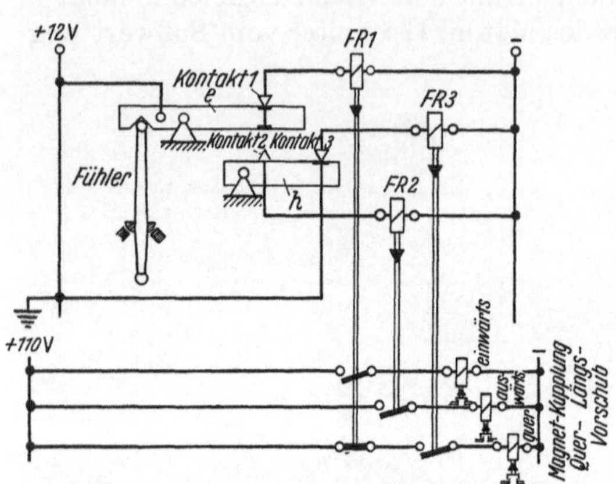

Abb. 209. Schaltung einer Fühlersteuerung mit Kontaktfühler und Magnetkupplungen. *FR 1* bis *FR 3* Fühlerrelais.

Es ließe sich einwenden, daß ein mit Rücksicht auf die Betriebssicherheit derart einfach gestalteter Aufbau der Fühlersteuerungen infolge der Schalthäufigkeit zu einem ungenauen Arbeiten und einer Leistungsverminderung führen muß. Unter Berücksichtigung der Schaltstückwege ergibt sich nach Abb. 208 eine Stufung der Arbeitskurve, die an kleinen Maschinen Fehler von etwa 0,1 mm gegenüber der Kurve aufweist. Der Fehler ist im allgemeinen kleiner als die Formgenauigkeit. Das gilt besonders für das Abtasten unebener Flächen der Holzmodelle von räumlichen Gebilden. Bezüglich der Spanleistung ist zu berücksichtigen, daß mit der Aussetzregelung wegen des dauernd abwechselnden Schaltens der Vorschubbewegung infolge Schaltzeitverlusten nach einwärts langsamer als nach auswärts gearbeitet wird. An Fräsmaschinen, die vorläufig noch die größte Bedeutung für das Nachformen haben,

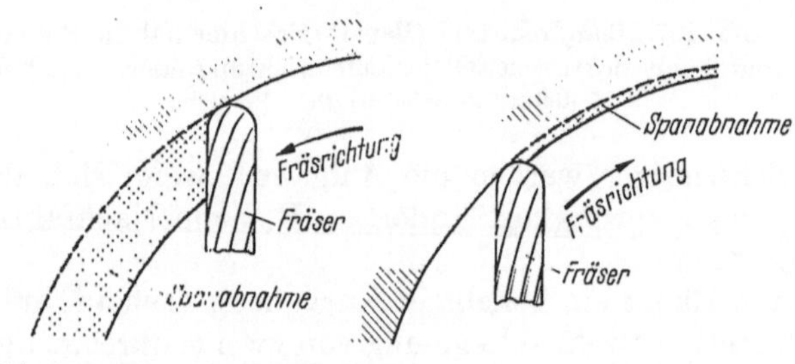

Abb. 210. Einfluß der Fräsrichtung auf den Spanquerschnitt bei Fingerfräsern.

ist dies erwünscht, weil die Spanleistung der Fingerfräser bei der Einwärtsbewegung kleiner ist als beim Schneiden nach auswärts mit der zylindrischen Schneide (Abb. 210).

F. Beispiel einer Automatik.

Die schwierigsten Aufgaben entstehen, wenn sich der gesamte Arbeitsgang aus mehreren Vorgängen zusammensetzt, von denen ein Teil geregelt und der andere gesteuert wird.

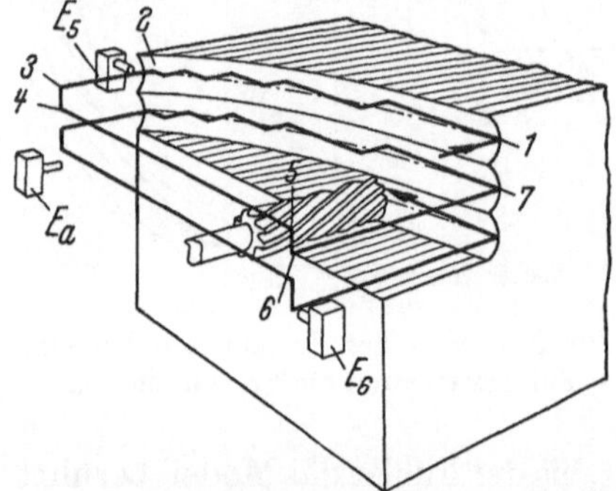

Abb. 211. Weg des Fräsers beim Nachformfräsen, wenn wegen des großen Spanquerschnittes nur nach auswärts gefräst werden kann.

Solche Aufgaben kommen bei schweren Nachformfräsmaschinen vor, bei denen der Fingerfräser, wie bereits erwähnt, nach einwärts nur eine sehr kleine Spanleistung zuläßt. Es wird deshalb bei großen Spantiefen nur nach auswärts gefräst, insbesondere bei Stahlgußwerkstücken mit sehr harter Haut (Abb. 211).

Bei der Bearbeitung einer unregelmäßigen Oberfläche wird bekanntlich das Werkzeug streifenweise in parallelen Ebenen geführt. Beginnt die Arbeit im Punkt *1*, so muß die Bewegung bis zum Punkt *2* entsprechend der Vorlage in der beschriebenen Weise geregelt werden. Nach kurzer Auswärtsbewegung zum Punkt *3* folgt ein Schritt abwärts

(Punkt *4*). Dann wird das Werkzeug aus Zeitgründen zweckmäßig in Eilgang auf Punkt *5* zurückgeführt, und bei nochmaligem Schritt nach abwärts (Punkt *6*) durch die Einwärtsbewegung Punkt *7* erreicht. Nach diesen Steuerbewegungen kann die Bearbeitung sinngemäß wieder einsetzen. Die grundsätzliche Schaltung einer solchen Nachformfräsmaschine ist aus Abb. 212 zu ersehen[1].

Die Bewegungsgrenzen in der waagerechten Fräsrichtung werden durch Endtaster *E 5* und *E 6* festgelegt. Ein weiterer Endtaster *E a* begrenzt die Auswärtsbewegung. Für die Regelung der Bewegungen werden Magnetkupplungen von einem Kontaktfühler betätigt.

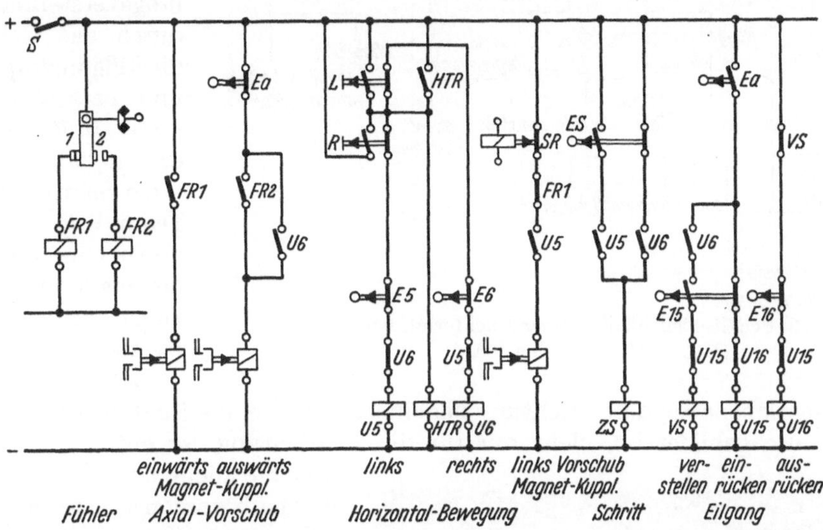

Abb. 212. Grundsätzliche Schaltung einer Nachformfräsmaschine für selbsttätige Bearbeitung nach Abb. 211.

Den Eilrücklauf bewirkt eine motorisch eingerückte Kupplung. Die Erläuterung der Schaltung dient als zusammenfassende Darstellung, um zu zeigen, wie aus den beschriebenen Bauelementen elektrische Einrichtungen für vollkommen selbsttätige Arbeitsmaschinen entwickelt werden können.

Beim Einrichten der Maschine wird der Fräser durch Handsteuerung vor Punkt *1* geführt. Wenn die Automatik durch den Schalter *S* eingeleitet wird, bewegt sich der Fräser auf das Werkstück zu, sofern der Fühler das Modell noch nicht berührt. Das Relais *FR 1* spricht an und die Kupplung für die Einwärtsbewegung wird eingeschaltet. Einmalig muß jetzt noch die Fräsrichtung durch den Druckknopf *L* (links) vorgewählt werden. Trifft der Fühler das Modell, so fällt Relais *FR 1* ab, dessen Öffner leitet die Vorschubbewegung nach links über den Schließer des Richtungsrelais *U 5* ein. Die Auslenkung am Fühler wird größer bis Schaltglied *2* geschlossen ist; dann spricht Relais *FR 2* an und schaltet die Kupplung für die Auswärtsbewegung ein. Die Auslenkung verkleinert sich, und das Spiel beginnt von neuem.

Wird aus irgendeinem Grunde die Schnittkraft zu groß, so spricht ein Überstromrelais *SR* an, dessen Spule im Motorstromkreis des Fräsantriebes liegt. Der Öffner schaltet den Leitvorschub so lange ab, bis die Überlastung beendet ist.

An der Werkstückgrenze (Punkt *2*) wird der Endtaster *E 5* betätigt. Er schaltet das Richtungsrelais *U 5* ab und *U 6* ein. Dadurch hört der Leitvorschub auf. Der Endtaster *E a* setzt die Auswärtsbewegung still. Gleichzeitig erfolgt die Schrittschaltung durch das Schütz *ZS*, das über den Schließer von *U 6* so lange eingeschaltet bleibt, bis der Endtaster *ES*, wie früher beschrieben (Abb. 202), freigegeben ist. Zur Eilbewegung wird

---

[1] VOLK, P.: Elektrische Kontaktfühlersteuerung beim Nachformfräsen. Masch.-Bau Betrieb Bd. 19 (1940) S. 327—328.

nach Betätigung des Endtasters *E a* durch das Schütz *U 15* ein Kupplungsverstellmotor ein- und nach Betätigung des Endtasters *E 15* durch das eingerückte Kupplungselement abgeschaltet. Das Schütz *VS* schaltet dann den Schnellverstellmotor so lange ein, bis die Betätigung des Endtasters *E 6* an der Werkstückgrenze einsetzt, *U 6* fällt ab und entregt *VS*. Der Kupplungsverstellmotor rückt durch das Schütz *U 16* die Eilgangkupplung aus und betätigt den Endtaster *E 16*. Gleichzeitig erfolgt, wie beschrieben, die Schrittschaltung.

Dann beginnt das Spiel von neuem, weil der Fühler das Modell nicht berührt. Sein Schaltglied *1* ist also geschlossen.

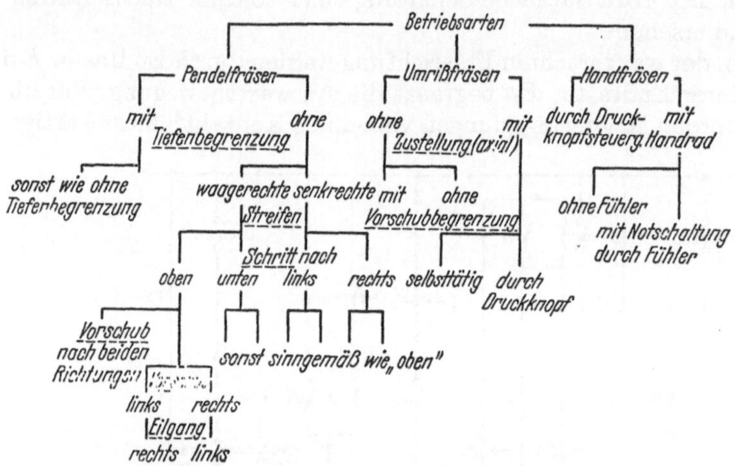

Abb. 213. Schaltmöglichkeiten einer Nachformfräsmaschine
(Bauart Collet & Engelhard).

daß die beschriebene Sondereinrichtung bei einer Maschine, die für derartig umfangreiche Aufgaben durchgebildet ist, nicht nur für die Bearbeitung der eingangs dargestellten Fläche allein ausgebildet sein darf. Deshalb werden andere Bearbeitungsfälle durch Wahlschalter vorgewählt. Der Fräsvorgang muß nicht nur nach links, sondern auch nach rechts, oben und unten vorgenommen werden, während der Eilgang in der jeweils umgekehrten Richtung zu erfolgen hat. Beim Schlichten kann auch bei der Einwärtsbewegung das Fräsen zulässig sein. Diese Bearbeitung muß ebenfalls in waagrechten und senkrechten Ebenen möglich sein. Ferner sollen Umrisse bearbeitet werden. Zum Einrichten ist eine Handsteuerung mit Vorschub- und Eilganggeschwindigkeit nötig. Damit ergeben sich, wie Abb. 213 zeigt, etwa 30 verschiedene Betriebsmöglichkeiten.

An einer ausgeführten Maschine (Abb. 214) sind die notwendigen Wahlschalter neben den Befehlsgebern am Frässchlitten griffbereit angeordnet. Signallampen zeigen den gewählten Betriebszustand an.

Das Beispiel betrifft eine selbsttätige Maschine für den Werkzeugbau, der vielseitige Verwendungsmöglichkeiten verlangt. Für Maschinen der Massenfertigung kann auf

Abb. 214. Bedienungstafel am Schlitten einer großen Nachformfräsmaschine.

a Druckknopftaster für die Betriebsvorbereitung; *b* Steller für die Vorschubmotoren; *c* Wahlschalter; *d* Signal- und Meßgeräte.

viele Wahlmöglichkeiten verzichtet und die Bedienung durch fest eingestellte Sondersteuerungen auf das kleinstmögliche Maß zurückgeführt werden. Die Tatsache, daß sich die Automatik durch wenige sinnfällige Wahlschalter auf andere Aufgaben schnell umstellen läßt, wird vor allem bei häufiger Änderung der Fertigung von Nutzen sein.

X. Die Drehbank.

A. Die Drehwerkzeuge.

Die Abb. 215a und b S.164 bringen eine Auswahl der zur Zeit üblichen Drehwerkzeuge für Schnellstahl und Hartmetall. Profilwerkzeuge (Abb. 216) werden am einfachsten auf der Drehbank als Drehkörper oder auf der Waagerechtstoßmaschine geradlinig hergestellt. Aus dem Drehkörper wird ein Sektor herausgeschnitten, derart, daß sich der Spanwinkel γ und der Freiwinkel α der Schnitttheorie entsprechend einstellen lassen. Dazu wird das Werkzeug mit seiner Bohrung auf einen geeigneten Schaft aufgesteckt und so eingeschwenkt, daß bei der Spanabnahme in der Drehbank die genannten Winkel vorhanden sind.

Über die Leistung eines üblichen Schruppmeißels s. Abschnitt „Schnitttheorie". Gleich übersichtliche Berichte über die Leistungen von Schlichtwerkzeugen sowie über die Leistung der einzelnen genormten Drehstähle liegen noch nicht vor.

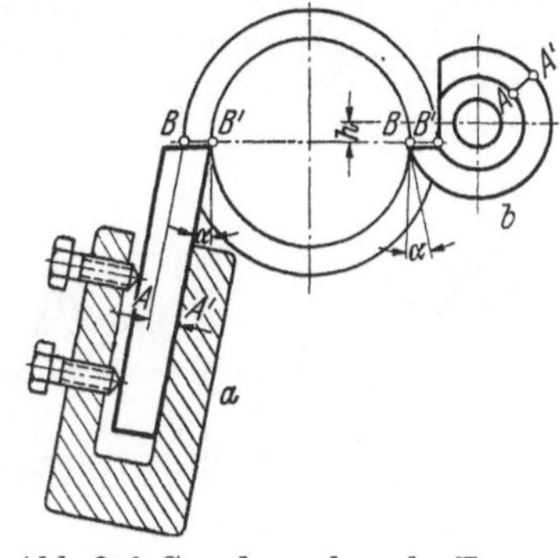

Abb. 216. Gerader und runder Formmeißel. $A—A'$ Querschnitt senkrecht bzw. radial, $B—B'$ Ebene des Schneidenprofils, h Überhöhung des Stahlmittelpunktes über Schneide, α Freiwinkel. (Aus KLINGELNBERG Hilfsbuch, 13. Aufl. 1953.)

B. Der Zeitraum von der Jahrhundertwende bis zum Ende des 1. Weltkrieges (1900 bis 1920).

In diesem Abschnitt wird die Entwicklungshöhe der Drehbänke im ersten Jahrzehnt an dem Beispiel der Pratt & Whitney-Schnelldrehbank (1907) gekennzeichnet, um von ihr ausgehend und ergänzt durch das deutsche Beispiel der Schaerer-Bank (1905) in den nächsten Abschnitten den Fortschritt und die dabei auftretenden Probleme im Drehbankbau bis zur Jetztzeit an Hand der VDF-Drehbank der Vereinigten Drehbank-Fabriken, Göppingen, Hamburg, Hannover, und an noch anderen Drehbänken darzustellen.

In der Zeit von 1900 an wurde von den führenden Firmen eine Werkzeugmaschine zur Herstellung möglichst genauer Werkstücke angestrebt, wie sie z. B. nach dem gerade damals in Einführung begriffenem Toleranzsystem und den entsprechenden Längen und Abstandstoleranzen verlangt wurde.

Die eigentliche Umwälzung im Dreh-, Fräs- und alsbald auch im Hobel- und Bohrmaschinenbau aber wurde durch die Einführung des erstmalig in Europa auf der Pariser Weltausstellung 1900 in seiner überragenden Spanleistung vorgeführten Schnellstahls verursacht. Nicht nur eine zwei- bis dreifach hohe Schnittgeschwindigkeit und eine entsprechende Hauptlagerausbildung wurde nötig, sondern auch die Vergrößerung der Spanquerschnitte, so daß Antriebe von 4,5 kW und mehr gegenüber bislang 0,35 bis 1,1 kW und eine entsprechend starre Gestaltung der ganzen Maschine erforderlich wurden.

Wer diese Zeit miterlebt hat, wird sich des Erstaunens erinnern, welches die Pariser Schnellstahlvorführung in Europa hervorrief, zugleich aber auch der Unsicherheit in der Beurteilung der Aussichten des Schnellstahls. Vielfach wurde angenommen, daß der

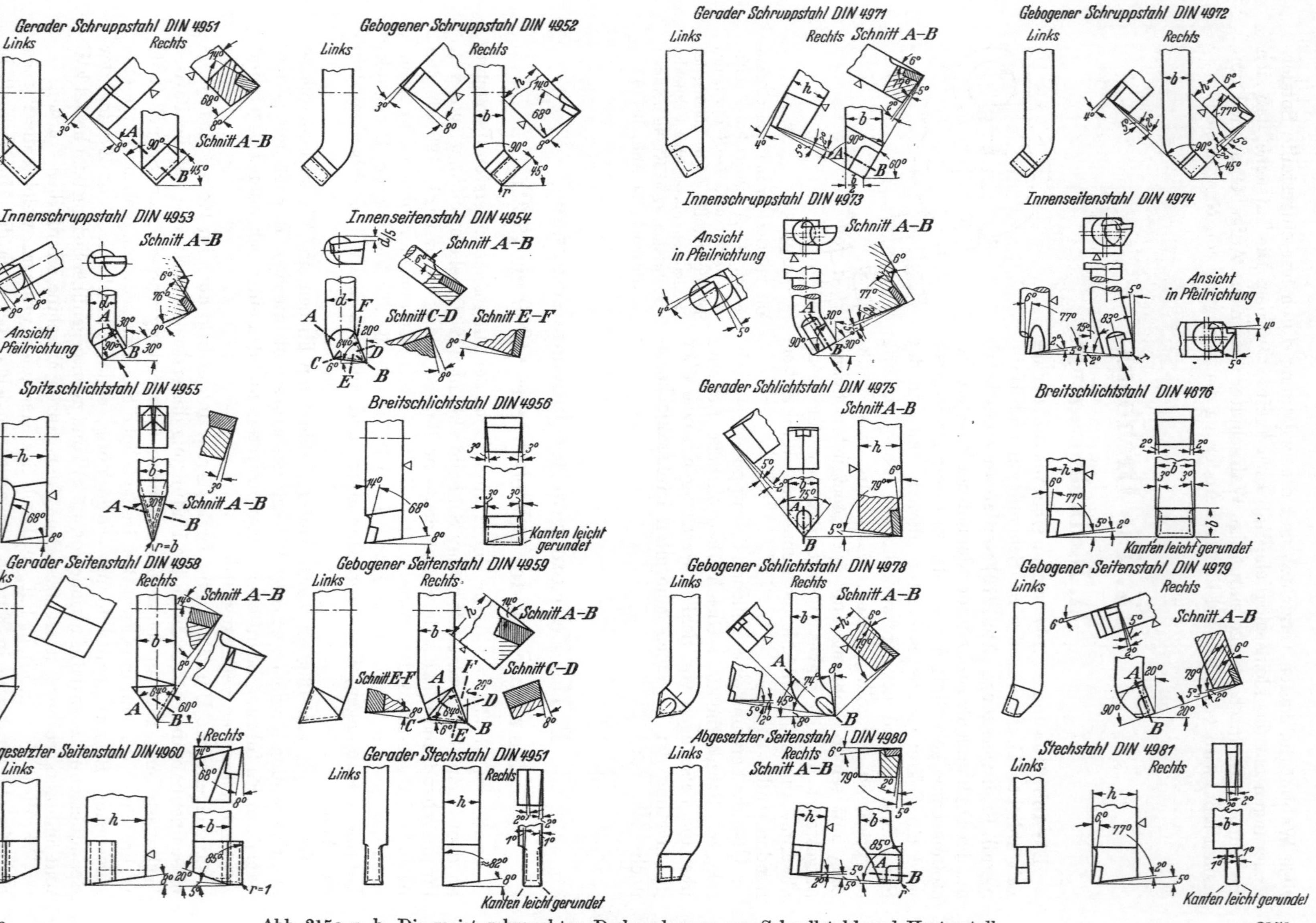

Abb. 215a u. b. Die meist gebrauchten Drehwerkzeuge aus Schnellstahl und Hartmetall.

neue Stahl nur für das Schruppen Bedeutung haben werde. Gewindedrehbänke und Mechanikerdrehbänke wurden weiterhin ohne Rücksicht auf den Schnellstahl gebaut. Der Vorteil hoher Schnittgeschwindigkeit zur Erzielung erstklassiger Oberflächen am Werkstück war damals noch nicht erkannt worden.

a) Die Pratt & Whitney-Werkzeugmacherdrehbank.

Da die Bekanntschaft mit einer Leitspindeldrehbank sowie die Benennung ihrer einzelnen Teile aus der praktischen Arbeitszeit vorausgesetzt werden darf, kann sogleich mit der Erfassung der wesentlichen Merkmale der Pratt & Whitney-Drehbank begonnen und die Schaerer-Bank mit ihren besonderen Merkmalen angeschlossen werden. Leider sind die Abbildungen aus den Prospekten jener Zeit im Hinblick auf die konstruktive Gestaltung der Einzelteile unzulänglich. Sie genügen aber immerhin für die Feststellung der Konstruktionshöhe.

Die Pratt & Whitney-Leitspindeldrehbank (1907) wurde aus der Werkzeugmacherbank der Firma entwickelt und sollte nur für die Spanabnahme mit Schnellstahl vervollkommnet werden, im übrigen aber die bis-

Abb. 217. Leitspindeldrehbank, Einscheibenantrieb auf Spindelkasten.

herigen Vorzüge der erleichterten Gewindeherstellung beibehalten. Die für die damalige Zeit hervorstechenden Eigenschaften der Pratt & Whitney-Leitspindeldrehbank waren folgende:

1. Schweres, starres Bett, aber noch keine 45°-Verrippung, wie sie zur Aufnahme der Verdrehbeanspruchung zweckmäßig gewesen wäre.

2. Antrieb vom Deckenvorgelege (Abb. 106) aus mit 2 Stufen, Stufenscheibe mit 4 Stufen und Vorgelege im Spindelstock (Abb. 108) mit 2 Stufen, im ganzen also 16 Drehzahlen, oder aber Einscheibenantrieb (Abb. 217) bzw. auf den Spindelstock aufgesetzter Elektromotor (Abb. 218), in diesen beiden Fällen ein Rädergetriebe mit 8 Stufen antreibend. Bei dem Einscheibenantrieb wurde das Deckenvorgelege mit 2 Stufen beibehalten zwecks Verdoppelung der Drehzahlen im Räderkasten. Im Falle des unmittelbaren Elektromotorenantriebes wurde die Verdoppelung der Drehzahlen in an sich gleicher Weise erreicht durch Senken der Motordrehzahl um den halben Stufensprung des Getriebes im Räderkasten. Drehzahlbereich $B = 45$, 16 Drehzahlen 7 bis 335 und 9,5 bis 440 U/min.

3. Schaltung der Drehzahlen im Spindelstock durch Anwendung von im Getriebeplan (Abb. 219) nur angedeuteten Reibungskupplungen, aber mit nur je einer Reibfläche. Die größeren Getriebezahnräder noch aus Gußeisen.

4. Hauptlager in den Abmessungen vergrößert. Durchmesser der Spindel im Hauptlager 108 mm. Lagerbüchsen, geschlitzt, aus Rotguß, innen zylindrisch, außen kegelig, zum Ausgleich des Lagerverschleißes nachstellbar. Nachstellung (Abb. 219) erfolgt durch Gewindemutter, deren Verstellung mit Hilfe eines Zahnradritzels und aufgesteckter Kurbel

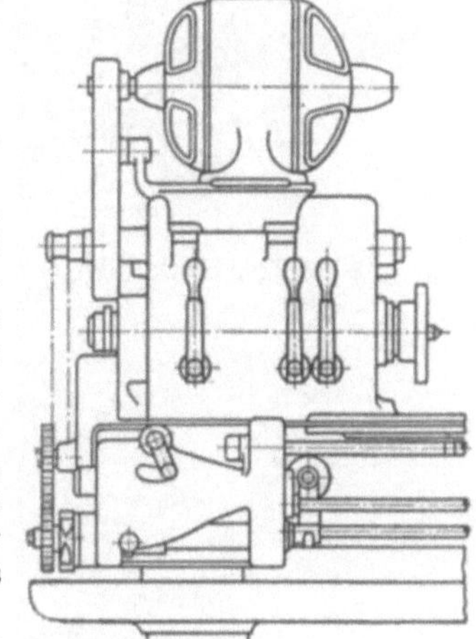

Abb. 218. Leitspindeldrehbank mit auf dem Spindelstock aufgesetzten Antriebsmotor.

vorgesehen ist. Hauptspindel hohl, zum Anziehen der Spannzangen mit Handrad am linken Spindelende oder durch Anziehen des Spannfutters. Wärmeausdehnung im Hauptlager nur durch Lagerspiel berücksichtigt. Also Laufsitzpassung erst nach Erwärmung erreicht.

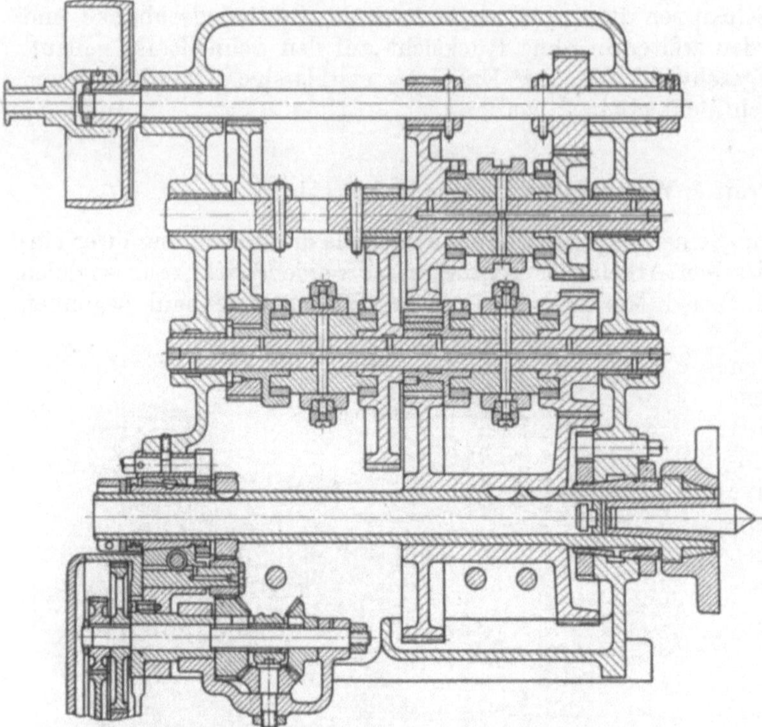

Abb. 219. Getriebeplan bzw. Schnitt durch das Getriebe im Spindelstock.

5. Aufnahme der Längskraft am Schwanzlager (in der Abbildung nicht dargestellt, aber in der Beschreibung angegeben).

6. Ableitung des Vorschubs (Abb. 219) durch Einzahnkupplung und Kegelradwendegetriebe. Leitspindel nur für Gewindeherstellung. 41 Gewindesteigungen unmittelbar erreichbar. Abnormale Gewinde durch zusätzliche Wechselräder. Für metrisches Gewinde Sondergetriebe.

7. Zugspindel für die gewöhnliche Spanabnahme. Herabsetzung der Drehzahl in der Schloßplatte durch Schnecke und Schneckenrad (Abb. 220).

8. Ein- und Auskuppeln von Selbstgang oder Handgang durch Reibkegel. Wellen im Schild doppelt gelagert. Zahnstangenritzel fliegend.

9. Vielseitigkeit der Drehbank nicht durch verschiedene Typen erreicht, sondern durch zahlreiche Zusätze, davon einige, z. B. Spannvorrichtungen unter der Drehbank, dargestellt. Außerdem fester und mitlaufender Setzstock. Expansionsdorne und sogar Hinterdrehvorrichtung (Abb. 221).

Mit den vielen neuen Vorzügen war die Pratt & Whitney-Leitspindeldrehbank eine anerkannt erstklassige und darum führende Maschine in der ganzen Welt.

b) Die Schaerer-Leitspindeldrehbank.

Aber auch deutsche Maschinen, unter ihnen solche von Ludwig Loewe, Berlin, und Reinecker, Chemnitz, gelangten zu Weltruf. Auch die bereits erwähnte Schaerer-Leitspindeldrehbank gehört zu diesen deutschen Werkzeugmaschinen. Sie wurde nach ori-

Abb. 220. Schloßplatte am Support.

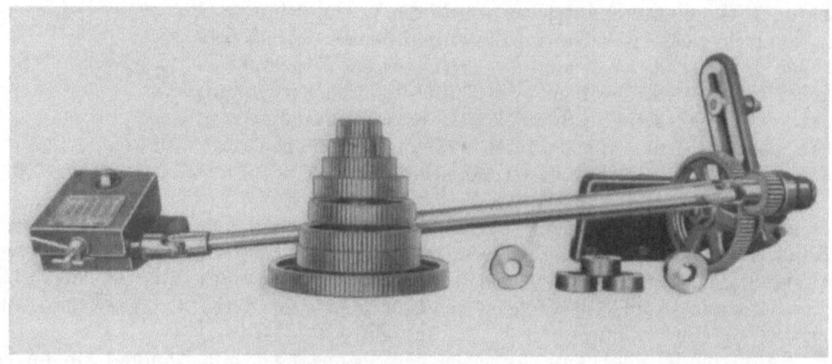

Abb. 221. Hinterdrehvorrichtung.

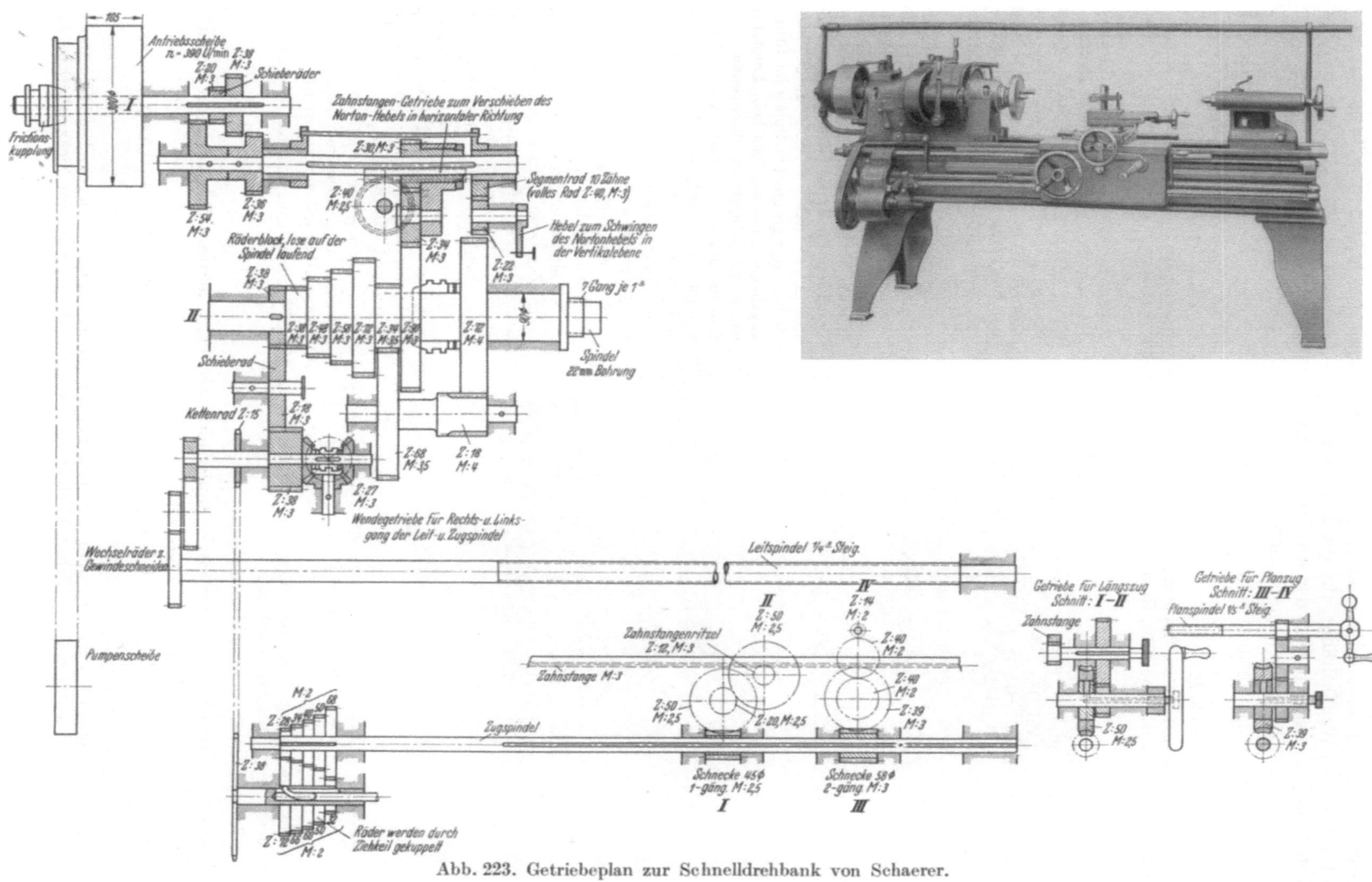

Abb. 223. Getriebeplan zur Schnelldrehbank von Schaerer.

ginellen Gesichtspunkten als Schnelldrehbank entwickelt. Vorschübe über Ziehkeilgetriebe und Kette. Gewindeherstellung nur mit Antrieb durch (der jeweiligen Steigung entsprechend) Wechselräder auf die Leitspindel. Sie verdankt ihren Ruf nicht nur der Konstruktion, sondern auch der sorgfältigen Herstellung.

Die wesentlichen Merkmale dieser Drehbank sind folgende:

1. Antrieb nur durch Einscheibe (Abb. 222) von der Decke oder durch Einzelmotor am Fußboden.

2. Getriebeplan, Norton-Getriebe (5 Stufen). Stufensatz auf Laufbüchsen angeordnet, zur Druckentlastung der Hauptspindel (Abb. 223).

3. Reibungskupplung der Hauptspindel nur mit dem schnell umlaufenden Räderstufensatz, wobei das Drehmoment klein ist (Abb. 223). Großes Drehmoment bei Kupplung der Spindel direkt mit dem Bodenrad durch Klaue (Abb. 224a und b) übertragen. 8-fach beschleunigter Rücklauf des Supports, jedoch nur bei Reversierung von Leit- oder Zugspindel zwecks Übergang vom Gewindeschneiden mit eingeschalteter Bodenradübersetzung zum beschleunigten Rücklauf unter Mitnahme der Spindel durch das Norton-Getriebe.

4. Beim Hauptlager (Abb. 225 u. 226) ist die Lauffläche als Rotgußbüchse mit flachem und steilem Kegel gestaltet, nachstellbar nach Verschleiß. Beide kegeligen Flächen ergaben indessen im Dauerbetriebe einen harmonischen Verschleiß, so daß er sich durch Einstellung des geeigneten Spiels im Stirnkugellager mit beseitigen ließ. Letzteres nahm die Längskraft unmittelbar vor dem Hauptlager auf. Diese Konstruktion war nur brauchbar, weil der Verschleiß gering war, später wurde sie aufgegeben. Spindeldurchmesser in der Büchse zum Hauptlager 90 mm.

20 Drehzahlen geometrisch gestuft von 6 bis 325 U/min.

5. Leitspindelantrieb durch Wechselräder. Zugspindelantrieb durch Renold-Kette als Ersatz für den in der Vorzeit üblichen zu kurzen Riemenzug sowie durch Ziehkeilgetriebe (Abb. 224).

6. Führungsbahnen für den Supportlängsschlitten seitlich unten an den Drehbankwangen, damit Schutz gegen Späne und Gußstaub (S. 89, Abb. 98).

7. Wellen in der Schloßplatte doppelt gelagert, aber noch kein geschlossener Öltrog (Abb. 223 rechts unten).

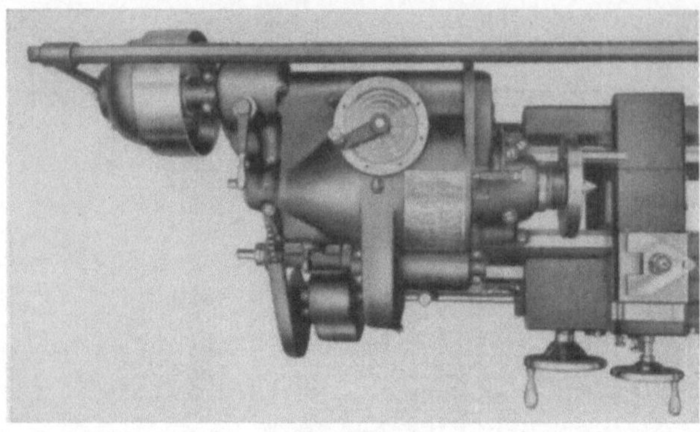

a

b

Abb. 224a u. b. Draufsicht und Innenansicht des Spindelstocks der Schaerer-Bank.

8. Verriegelung von Leit- und Zugspindel mittels des in Abb. 222 durch Querganghandrad teilweise verdeckten doppelarmigen Sperrhebels.

9. Zusätzlicher Revolverschlitten (Abb. 227).

Bei den vorstehend erörterten Leitspindeldrehbänken zeigten sich aber auch schon zu jener Zeit empfindliche Mängel, wie

nicht ratterfreies Arbeiten bei angebautem Motor, da dieser noch nicht einwandfrei ausgewuchtet geliefert wurde,

Drehzahlen unter 450 U/min,

Häufiges Versagen der an sich nicht billigen Reibungskupplungen im Deckenvorgelege und im Spindelstock,

Kettentrieb mit unzulänglicher Gleichmäßigkeit der Umlaufübertragung auf das Ziehkeilgetriebe und die Zugspindel,

Unzulängliche Schmierung usw.

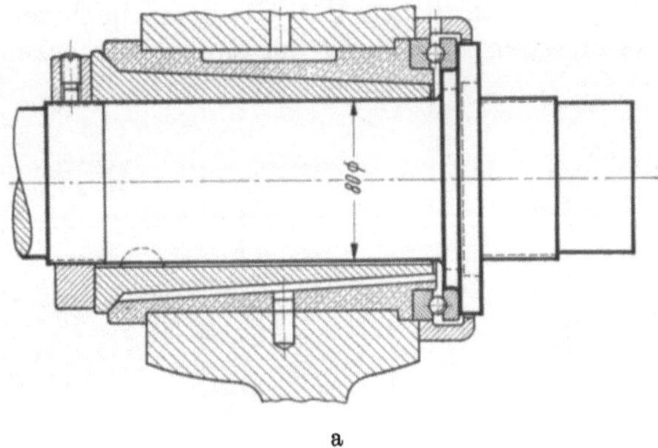

a

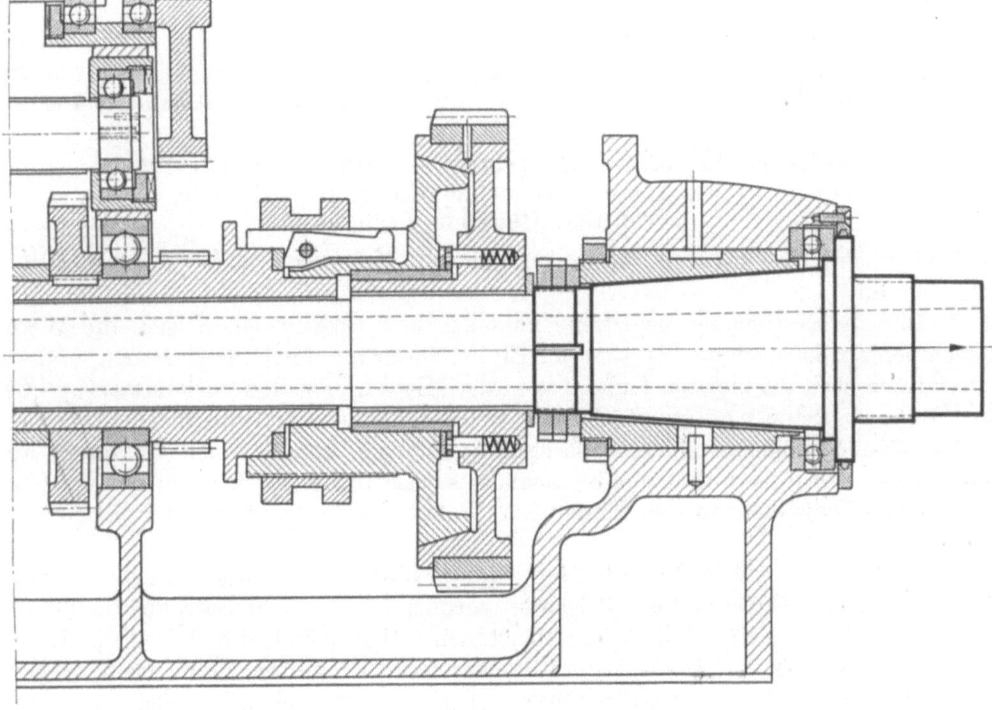

b

Zu Abb. 225 c.

Nachstellen des vorderen Lagers:
1. Lösen der Sprengschrauben a; 2. Justieren des Lagers mittels Schraube b über Ringmutter c; 3. Prüfen auf leichten Lauf der Hauptspindel bei Abschaltung aller Antriebselemente; 4. Anziehen der Sprengschrauben a; 5. Prüfen auf leichten Lauf; 6. Einstellen der Längskugellager mit Ringmutter d.

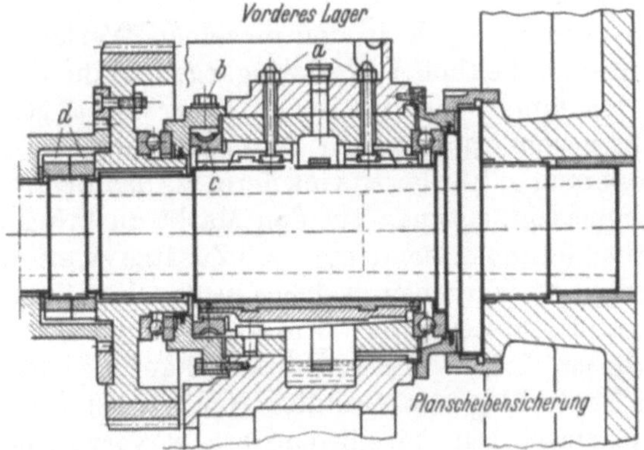

c

Abb. 225a—c. Hauptlager der Schaerer-Bank in jener Zeit.

Der Vergleich mit der neuzeitlichen VDF-Bank im nächsten Abschnitt läßt den in der Zeit von 1920 an erzielten Fortschritt am einfachsten erkennen (S. 173).

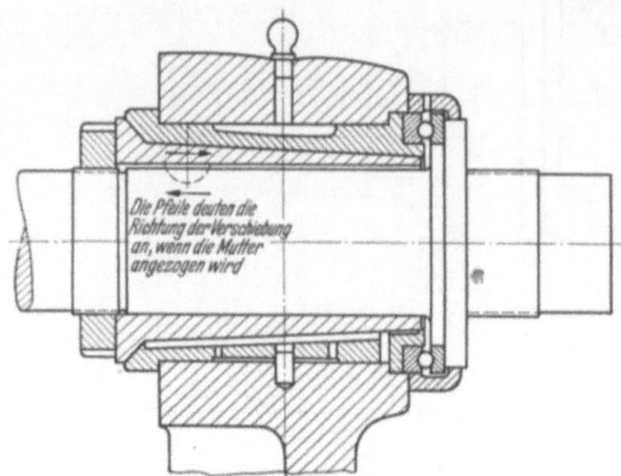

Abb. 226. Spindellagerung
der Schaerer-Bank.

Abb. 227. Schaerer-Schnelldrehbank mit Revolverschlitten
und drehbarem Vierkant-Stahlhalter.

c) Die aus der Entwicklungsstufe des Werkzeugmaschinenbaues vor dem 1. Weltkrieg sich ergebende Beeinflussung von Gestaltung und Fertigung.

Von erheblichem Einfluß auf Gestaltung und Fertigung in der Zeit vor dem Weltkrieg waren:

1. Das in Einführung begriffene Passungsystem, bei welchem sich die Werkzeugmaschinenfabriken für das System der Einheitsbohrung entschieden haben, und zwar in erster Linie, weil die meisten Ruhesitze in der Mitte der Wellen vorkommen und deshalb die Wellen abgesetzt werden müssen und weil die Werkzeughaltung hierbei auf einen Satz der teueren Maschinenreibahlen beschränkt bleiben konnte. Der Übergang auf das System der Einheitswelle kam nur ausnahmsweise in Betracht, wenn sich unabgesetzte Wellen mit Festsitzen an den Enden der Welle eigneten und dadurch Kosten erspart wurden.

Austauschbare Arbeit war das angestrebte Ideal, insbesondere in der Serien- und Massenfertigung. Unwandelbare Urmaße, verkörpert in einem Satz auf 0,0001 mm genaue Endmaße, waren Voraussetzung. Maschinenfertige Arbeit, d.h. Arbeit ohne nachträgliche Fertigstellung von Hand, wurde damals noch bei weitem nicht wie heute erreicht.

2. Die Schlagworte „Spezialisierung", „Typisierung" und „Normung" wurden zwar eingehend erörtert, die Durchführung stieß aber gerade in Deutschland auf besondere Schwierigkeiten.

Die Normung wurde in den einzelnen Werken für die gängigsten Werkstücke und Werkzeuge (einheitlicher Werkzeugkegel, einheitliches Gewindesystem usw.) zwar in Angriff genommen bzw. eingeführt, aber die allgemeine Normung kam erst nach dem 1. Weltkrieg zur erfolgreichen Durcharbeitung.

Typisierung gab es bereits insofern, als das Bestreben vorlag, sorgfältig durchgebildete Werkzeugmaschinentypen auf den Markt zu bringen und an ihnen Vielseitigkeit nicht durch Abänderungen, sondern durch Zusätze zu erreichen und besondere Kundenwünsche abzulehnen, ein Vorgehen, welches in den Vereinigten Staaten bei manchen Firmen bis zur Schroffheit durchgeführt wurde, in Deutschland aber zwecks Aufrechterhaltung des erforderlichen Auftragsbestandes sich häufig nicht durchführen ließ. Immerhin wurde auch in Deutschland an Gestaltung möglichst festgehalten und z. B. gleiche Getriebekästen in Maschinen verschiedenster Art verwandt, z. B. im Schleifmaschinenbau[1].

---

[1] SCHLESINGER: Richtlinien des heutigen deutschen und amerikanischen Werkzeugmaschinenbaues. Vortrag im Verein deutscher Werkzeugmaschinenfabriken am 7. Februar 1911 in Charlottenburg gehalten.

Der Spezialisierung standen in Deutschland wiederum die Kundenwünsche oft entgegen, weil zu jener Zeit für die Beschaffung von Werkzeugmaschinen oft noch die Meister im Betriebe maßgebend waren, die bei Neubestellungen von den gewohnten und erprobten Maschinen zum Teil sogar mit Recht nicht abgingen. Immerhin wurden trotzdem schon damals, d. h. im ersten Jahrzehnt, viele überalterte Modelle aus dem Fertigungsprogramm der Firmen gestrichen und nur noch bestimmte Maschinenarten im einzelnen Werk gebaut.

3. Besonders hemmend war die noch zu wenig entwickelte **Elektrotechnik** und ihr Zurückbleiben gegenüber den Anforderungen des Werkzeugmaschinenbaues.

Die Anwendung der Elektrotechnik wurde zwar vielfach erörtert, führte aber nur zu wenig befriedigenden Ergebnissen. Gleichstrom und Drehstrom kamen zur Anwendung. Große Werke in USA wurden vorteilhaft mit Gleichstrom versorgt, in Deutschland blieb der Drehstrom infolge seiner leichten Transformierbarkeit ausschlaggebend.

Schlimm aber war, daß die Motoren noch zu schwer waren und unruhig liefen und daß elektrische Ausrüstungen, Schaltapparate u. dgl. so wenig entwickelt waren, daß sie das Aussehen der Werkzeugmaschine verdarben und auch rasch verschlissen, so daß man sich scheuen mußte, von der Elektrotechnik im Werkzeugmaschinenbau weitgehend Gebrauch zu machen. Hinzu kam noch, daß in den Werken geschulte Elektrotechniker oft nicht vorhanden waren und daß daher selbst bei den häufigen kleinen Instandsetzungsarbeiten und Änderungen die Elektrofirmen in Anspruch genommen werden mußten.

Die organische Eingliederung elektrischer Ausrüstung in die Werkzeugmaschine gelang in jener Zeit nur ausnahmsweise bei besonderem Entgegenkommen der betreffenden Elektrizitätsfirma. Erst in den beiden auf den 1. Weltkrieg folgenden Jahrzehnten kam diese Eingliederung im Werkzeugmaschinenbau im Einvernehmen mit der Elektroindustrie allmählich zur Durchführung, und heute noch befindet sie sich in steter Fortentwicklung.

4. Die Vernachlässigung von **Späneschutz**, insbesondere gegen den feinen Gußstaub, und von Späneabfuhr. Ausnahmen wie bei der Schaerer-Bank und im Schleifmaschinenbau bestätigen die Regel.

5. Das geringe Interesse, welches im Konstruktionsbüro der Durcharbeitung einer einwandfreien Schmierung der Werkzeugmaschine entgegengebracht wurde. Die Schmierplanung blieb oft der Werkstatt überlassen und ein wunder Punkt. Die Anfertigung eines zur Maschine gehörenden Schmierplanes, der auch dem Kunden mit eingehenden Schmiervorschriften mitgeliefert wird, war noch nicht üblich.

6. Die Entscheidung der damaligen Frage: **Stufenscheibe oder Räderkasten?** In einer sorgfältigen Broschüre hat die Firma Ludwig Loewe im Jahre 1909 zu dieser Frage Stellung genommen und auf gleiche Anschauungen von Fachleuten der USA hingewiesen. Das Ergebnis in wenigen Worten war damals etwa folgendes:

a) Der Räderkasten wird erforderlich bei Übertragung von mehr als 3,5 kW, weil in diesem Fall die Stufenscheibe einen Riemen von etwa 100 mm Breite bei der üblichen Riemengeschwindigkeit von etwa 5 m/sec verlangte und damit einen Raum erforderte, der im Spindelstock nicht vorhanden ist.

b) Der schnelle Wechsel der Drehzahlen für Schnitt- und Vorschubbewegung bietet in der Massenfertigung keinen erheblichen Vorteil, weil ein häufiger Wechsel der Drehzahlen nicht stattfindet.

c) Bei der Neubeschaffung von Werkzeugmaschinen darf der etwa um 30 % größere Anschaffungspreis für die Werkzeugmaschine mit Räderkasten gegenüber derjenigen mit Stufenscheibe nicht aufgewandt werden, wenn er nicht entsprechende Vorteile bringt.

Ferner hat sich im Betriebe gerade im 1. Weltkrieg die Empfindlichkeit des Getriebes im Räderkasten gegen Verschleiß und Bruch von Zahnrädern und Kupplungen dadurch sehr störend bemerkbar gemacht, daß die Maschine dadurch oft für lange Zeit ausfiel. Aus diesem Grunde kehrten im Im- und Auslande namhafte Betriebe zu dem einfachen Stufenscheibenantrieb zurück.

Zu berücksichtigen ist dabei noch, daß in jener Zeit die Decken in den Werkstätten mit ihren Unterzügen zur Anbringung von Deckenvorgelegen ohne weiteres geeignet waren. Heute ist das nicht mehr der Fall. Das Deckenvorgelege bleibt heute auf kleine und ländliche Betriebe beschränkt, bei denen Anschaffungskosten eine wichtige Rolle spielen. Im übrigen ist heute der Einzelantrieb der Werkzeugmaschine grundsätzlich zur Anwendung gekommen, und zwar wegen

    a) der Übersichtlichkeit in den Werkstätten durch Entfall des Antriebsriemenwaldes,

    b) der Gefahren des Riementriebes für den Arbeiter,

    c) der Belästigung durch verspritztes Öl beim Riementrieb vom Deckenvorgelege her,

    d) der erheblichen Staubentwicklung durch den Riementrieb, die man so oft, wenn derselbe nahe der Werkstättenwand hochgeführt ist, durch rußähnliche Verschmutzung der Wand erkennt,

    e) der schnellen, vereinfachten und sicheren Bedienung der Werkzeugmaschine und

    f) der nicht so leicht versagenden Durchzugskraft bei Anwendung der Schieberädergetriebe.

7. Die Marktlage in Deutschland an und für sich war und ist auch heute noch eine wesentlich andere als gerade in den USA[1]. Dort konnte eine sorgfältig durchkonstruierte und einwandfrei gefertigte Werkzeugmaschine mit Bestimmtheit auf einen großen Absatz rechnen. Anpassung an Kundenwünsche war nicht erforderlich und wurde zurückgewiesen. Das Umgekehrte galt für Deutschland, wie denn in Deutschland sehr häufig gerade die Sonderkonstruktion oft auf wertvolle Anregungen von seiten des Kundenkreises hin erst die erforderliche Anzahl von Aufträgen hereinzubringen gestattete. Auch die Mode und die Bequemlichkeit der Betriebsingenieure gaben nicht selten den Ausschlag, so z. B.

der Wunsch, eine möglichst vielseitige, wenn auch teurere Maschine zu erwerben, um leichter die Arbeit auf die Maschinen verteilen zu können;

der Wunsch nach einem Drehzahlenbereich, der über den erforderlichen weit hinausging;

der Wunsch, lange Bänke zu besitzen, um möglichst vielen die Bearbeitung langer Wellen zuteilen zu können. Die Folge war, daß diese langen Drehbänke nur in der Nähe des Spindelstocks beansprucht wurden und erheblichen Verschleiß aufwiesen, während 2 oder 4 m dahinter noch die Kennzeichen der ursprünglichen Bearbeitung zu sehen waren. Die Folge war, daß bei betrieblichen Veränderungen solche Bänke oft einfach auf den 3. Teil gekürzt wurden, um Raum zu gewinnen;

der Wunsch, auf der Drehbank möglichst große Durchmesser bewältigen zu können. Dies führte zur Aussparung im Bett, die für gewöhnlich durch eine Einsatzbrücke überdeckt wurde. In jener Zeit fand man in den Betrieben oft die Mehrzahl solcher Maschinen mit Einsatzbrücken ausgerüstet, die, einmal zu dem angegebenen Zweck wieder entfernt, nicht mehr in ihre ursprüngliche Lage eingepaßt wurden bzw. eingepaßt werden konnten;

auch der Wunsch, den Betrieb mit Rücksicht auf den Arbeiter ausschließlich mit Leitspindeldrehbänken auszurüsten, weil der Arbeiter es für eine Herabsetzung seiner Person hielt, wenn ihm eine Drehbank ohne Leitspindel zugewiesen wurde.

8. Schließlich der Fortschritt in wissenschaftlicher Forschung und Schulung. Es gab damals bereits eine ganze Reihe von wertvollen Büchern und Veröffentlichungen in Zeitschriften, so das grundlegende Buch von FISCHER[2] und das heute noch lesenswerte und lehrreiche Buch von RUPPERT[3]. Mit diesen und ähnlichen Werken war die Loslösung des Werkzeugmaschinenbaues aus der beschreibenden mechanischen Technologie vollzogen, im allgemeinen jedoch noch ohne eine Durcharbeitung der Typen bis in alle Einzelheiten zu bringen, wie sie heute von dem neuzeitlich geleiteten Konstruktionsbüro besorgt wird.

Die Schnitttheorie stützt sich im wesentlichen auf die klassische Arbeit von TAYLOR, die durch die Übersetzungen von WALLICHS den deutschen Ingenieuren nahegebracht wurde, ferner auf diesbezügliche Arbeiten von FISCHER und auf Mitteilungen aus den

---

[1] SCHLESINGER: Die Stellung der deutschen Werkzeugmaschine auf dem Weltmarkt. Vortrag auf der Hauptversammlung des Vereins deutscher Maschinenbauanstalten am 6. April 1911 in Berlin.

[2] FISCHER, H.: Die Werkzeugmaschinen.

[3] RUPPERT, FR.: Aufgaben und Fortschritte des deutschen Werkzeugmaschinenbaues. 1907.

Betrieben. Die Gestaltung der Werkzeugmaschine aber griff nur zum Teil auf die noch unvollkommene wissenschaftliche Lehre zurück. Kurz: es war die Übergangszeit von der Erschaffung der Werkzeugmaschine aus den im Betriebe gemachten Erfahrungen und Ideen der Meister und Betriebsingenieure heraus zur straffen wissenschaftlichen Behandlung.

C. Die Drehbank in der Zeit nach dem 1. Weltkrieg bis zum Schluß des 2. Weltkrieges (1919 bis 1945) und deren Fortentwicklung bis zum Jahre 1953.

Als Musterbeispiele dieses Zeitabschnittes werden folgende Drehbänke herangezogen: die VDF-Bank und die Feindrehbänke von Kärger, ferner die Hinterdrehbank.
Die Einteilung des Stoffes geht aus dem Inhaltsverzeichnis hervor.

1. Die Leitspindeldrehbank.

Ein Beispiel ist die VDF-(Vereinigte Drehbank-Fabriken) Leitspindeldrehbank, (Abb. 229) von der Firma Heidenreich & Harbeck hergestellt. Sie ist eine auf das sorgfältigste durchgearbeitete neuzeitliche Drehbank und hat weite Verbreitung gefunden.
Ausgangspunkte der Entwicklung dieser und anderer Drehbänke sind:

1. Anwendung hochwertigerer Werkstoffe (Raumersparnis),
2. Steigerung der Genauigkeit in der Fertigung,
3. Normung, wofür gerade die Normung der Drehzahlen und Vorschübe eines der bedeutendsten Beispiele ist,
4. Spezialisierung und Typisierung, (hierfür ist die Aufteilung des Herstellungsprogramms auf die verschiedenen VDF-Firmen ein Beispiel),
5. erweiterte Anwendung der Elektrotechnik oder der Hydraulik.

a) Die Hauptabmessungen und die Merkmale der VDF-Drehbank.

Die wesentlichsten Daten der VDF-Drehbank E 3 sind:

Drehdurchmesser . . . . 450 mm
  über dem Bettschlitten . . . . 250 mm
Hauptspindel:
  Spindelbohrung. . . . . 60 mm
  Spindeldurchmesser im vorderen Lager . . . . . . 100 mm
Umdrehung i. d. Min.:
  Drehzahlen normal . . . . 11,8 bis 600 in 18 Stufen, $\varphi = 1{,}25$
Vorschübe 26
  Längsvorschübe . . . . 0,12 bis 1,7 mm/U, $\varphi = 1{,}12$
  Planvorschübe . . . . 0,04 bis 0,56 mm/U $\approx \frac{1}{3}$ der Längsvorschübe
Bettbreite . . . . 400 mm
Kraftbedarf etwa . . . . 5,5 kW

In der Druckschrift der VDF-Drehbank sind die nachstehenden wesentlichen Merkmale der Drehbank angeführt, die fast wörtlich wiedergegeben werden. Aus diesen Merkmalen gehen ohne weiteres die Anforderungen hervor, an welche heute bei der Neukonstruktion einer Drehbank zu denken ist. Es wird sich in den folgenden Ausführungen zeigen, auf welche Weise und inwieweit die angestrebten Ziele erreicht werden. Die Merkmale sind:

Austauschbarer Antrieb, ermöglicht die Anpassung an jeden Betrieb (Antrieb durch Einscheibe, Drehstrom-Flanschmotor oder Gleichstrommotor). Bei Änderung der Betriebseinrichtung ist ohne weiteres ein Umbau von Einscheiben- auf Flanschmotorenantrieb oder umgekehrt möglich.

Hohe Durchzugskraft, da auf der Antriebswelle — abgesehen von der Mehrscheibenkupplung — nur gehärtete Schieberäder aus legiertem Stahl der Kraftübertragung im Spindelstock dienen und alle Teile stark konstruiert sind.

Hohe Nutzbarkeit, geringer Leerlauf und damit hoher Wirkungsgrad und geringe Betriebskosten. Die Anzahl der Räder und Wellen im Spindelstock ist gering; sämtliche Wellen laufen auf Schrägrollenlagern; leerlaufende Räder sind nicht im Eingriff. Ineinanderlaufende Büchsen, Hülsen, Kupplungen usw. sind vermieden. Alle Teile werden reichlich geschmiert.

Große Schnittleistung im Dauerbetrieb bei genauer Dreharbeit durch kräftige Ausführung aller beanspruchten Teile und Verwendung von bestgeeignetem Material durch reichlich bemessenen Bettquerschnitt und günstige Schnittkraftaufnahme sowie große Widerstandsfähigkeit der Bettbahnen gegen Verschleiß.

Dauernd einwandfreie Dreharbeit, da die Hauptspindel nicht als Radwelle dient und das Bodenrad so groß bemessen ist, daß die spezifische Lagerpressung und damit die Abnutzung gering wird.

Einfache Bedienung, kurze Griffzeiten und dadurch wesentliche Verminderung der toten Zeiten durch geringste Anzahl und bequeme, übersichtliche Anordnung der Bedienungselemente. Ferner die Möglichkeit, das Ingang- und Stillsetzen sowie Umsteuern der Hauptspindel, das Ein- und Ausrücken des Vorschubs und die Änderung der Vorschubrichtung vom Support aus vorzunehmen.

Genau wirkende Selbstauslösung des Längs- und Planzuges nach beiden Richtungen ermöglicht — unter Verwendung von einstellbaren Anschlägen und Endmassen — das Anschlagdrehen; die Drehbänke können daher bei Benutzung von Mehrfachstahlhaltern infolge ihrer größeren Verwendungsmöglichkeit mit der Revolverbank konkurrieren. Dadurch:

Hohe Wirtschaftlichkeit und Produktionssteigerung, die sich besonders durch die große Anzahl der Spindelgeschwindigkeiten auswirken, da alle Werkstücke mit der wirtschaftlichsten Schnittgeschwindigkeit bearbeitet werden können.

Zentral- bzw. Umlaufschmierung ist weitgehend durchgeführt und vereinfacht die Wartung der Maschine.

Große Betriebssicherheit durch sorgfältige, auf langjähriger Erfahrung aufgebaute Konstruktion und erstklassige Werkstattsarbeit.

Angestrebt wurde demnach

1. große Starrheit (Genauigkeit); 2. geringerer Verschleiß; 3. zwecks Anpassung an den Werkstoff großer Geschwindigkeitsbereich und damit große Schnittleistung zur Herabsetzung der Hauptzeit, leichte und sichere Bedienbarkeit zur Herabsetzung der Nebenzeiten; 4. vielseitige Verwendbarkeit und 5. lange Lebensdauer.

b) Die Gestaltung der Drehbank und deren Getriebegruppen.

1. Gesamtansicht und Benennung. Abb. 228 ist eine Aufnahme der VDF-Drehbank E 3, in welche die Benennung der außen sichtbaren Einzelteile eingetragen ist.

Die Bank besteht aus dem Drehbankbett mit Abstützung und Fangschale, aus dem Spindelstock, dem Vorschubantrieb, dem Schlitten mit Schloßkasten, Längsschlitten (auch Bauchschlitten genannt), Planschnitten (auch Querschlitten genannt), Drehteil (in der Abbildung nicht gut erkennbar, aber vorhanden), Werkzeugschlitten mit Spannklaue (auch Spannpratze genannt) und ferner dem Reitstock. Diese Teile werden nachstehend im einzelnen erörtert.

2. Das Drehbankett (Abb. 229) hat 4 Führungsbahnen, drei V-förmige und eine flache. Die eine V-förmige und die flache sind durchgeführt bis unter den Spindelstock, auf sie werden Spindelstock und Reitstock so aufgepaßt, daß die beiderseitigen Körnerspitzen genau fluchten. Die beiden anderen außenliegenden Führungsbahnen bilden die Laufflächen für den Drehbanksupport.

Das Bett wird durch die Schnittkraft, auf den Schlitten im vorliegenden Falle, mit etwa 900 kg beansprucht. Die Beanspruchung erfolgt auf Biegung und auf Verdrehung. Der Verdrehung des Bettes wird durch die 35°-Verrippung (Abb. 229) entgegengewirkt. Unter Zugrundelegung eines vereinfachten Trägheitsmomentes kann die Festigkeitsrechnung leicht durchgeführt werden. Sicher ist sie aber nicht, weil der Werkstoff aus Gußeisen mit gehärteten Führungsbahnen besteht und die tatsächliche Gestaltung kein einheitliches Trägheitsmoment zugrunde zu legen gestattet. In der Praxis wird ein nicht erschütterungsfrei arbeitendes Bett auf Grund dieser Anschauung verstärkt. Es wird z. B. das Zurückweichen der Werkzeugspitze unter Belastung gemessen und danach die erforderliche Verstärkung bestimmt.

3. Der Spindelstock. Abb. 230 gewährt Einblick in den Spindelstock bei aufgeklapptem Deckel. Abb. 231 zeigt den Getriebeplan vom Antrieb bis zur Hauptspindel und weiterhin bis zur Ableitung des Vorschubgetriebes über Wechselräder.

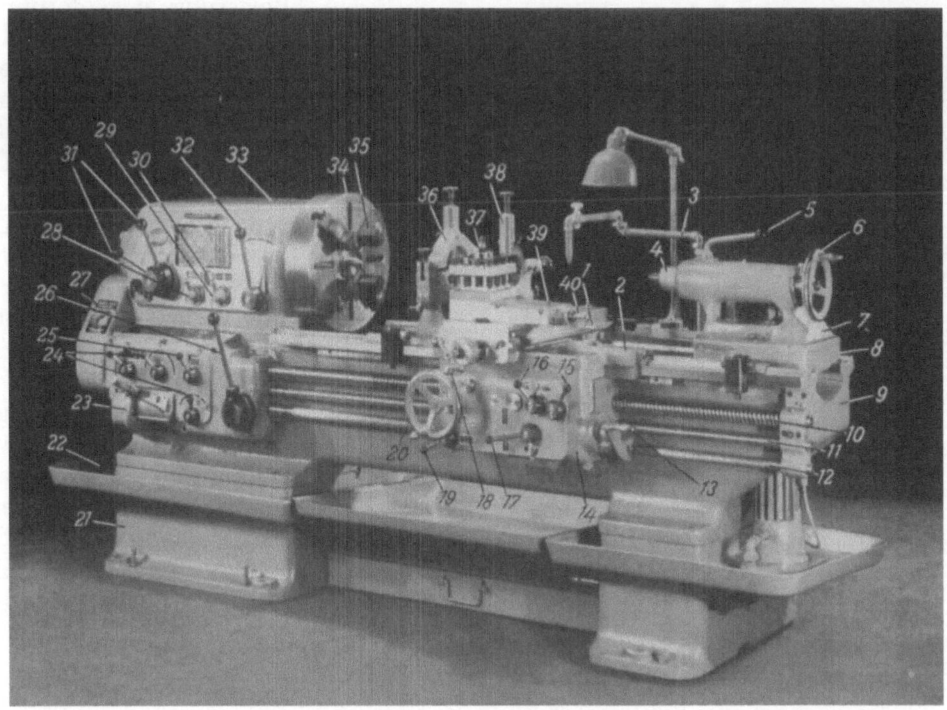

Abb. 228. VDF-Drehbank E 3 mit Benennung der außen sichtbaren Teile.

1 Handkurbel für die Bewegung des Werkzeugschlittens; *2* Längsschlitten — Bettschlitten; *3* Zuführung der Kühlflüssigkeit; *4* Reitstockpinole mit Körnerspitze; *5* Hebel zum Festklemmen der Reitstockpinole; *6* Handrad zum Vorschieben der Reitstockpinole; *7* Reitstock mit Klemmutter; *8* Unterteil des Reitstockes mit Führungen zum Querverschieben; *9* Bett; *10* Leitspindel; *11* Zugspindel; *12* Schaltstange; *13* Hebel zum Einrücken des Vor- und Rücklaufes der Maschine; *14* Schloßkastengehäuse; *15* Hebel zum Einrücken der geteilten Schloßmutter; *16* Hebel zum Einrücken von Längs- und Plangang; *17* Hebel zum Einrücken der Fallschnecke; *18* Kurbel für Querbewegung des Planschlittens; *19* Hebel für die Richtungsänderung des Vorschubes; *20* Handrad für Längsbewegung des Schlittens; *21* Fuß; *22* Spanfangschale; *23* Nortonschwinge; *24* Hebel zum Schalten des Vorschubgetriebes; *25* Hebel zum Schalten auf Zugspindel oder Leitspindel; *26* Hebel zum Einrücken des Vor- und Rücklaufes der Maschine; *27* Wechselräderkasten; *28* Wendehebel für die Leitspindel; *29* Hebel zum Schalten auf normale Steigung oder Steilgewinde; *30* Durchflußanzeiger; *31* Hebel zum Schalten der Vorgelegeübersetzungen; *32* Spindelstock, zugleich Hauptgetriebekasten; *33* Körnerspitze, in vorderem Ende der Hauptspindel sitzend: *34* Planscheibe; *35* Spannbacke; *36* Feststehender Setzstock; *37* Vierfachstahlhalter; *38* Mitgehender Setzstock; *39* Werkzeugschlitten (Oberschlitten); *40* Planschlitten.

Der Getriebeplan zum Spindelstock. Von der in der Abb. 231 gezeigten Riemenscheibe *A* wird durch Welle *I* die Mehrscheibenkupplung mitgenommen, welche im Anschnitt „Mechanische Getriebe" durch Abb. 118 auf S. 97 zur Darstellung gebracht ist. Mit dieser Mehrscheibenkupplung, mit den Buchstaben *FF'* im Getriebeplan gekennzeichnet, wird entweder der Vorwärtsgang oder der Rückwärtsgang der Drehbank eingeschaltet, letzterer kommt über das Zwischenrad auf der Welle *I a* zustande, welches in Wirklichkeit mit dem auf Welle *II* sitzenden Zahnrad in ständigem Eingriff ist. Wird längere Zeit vom Rückwärtsgang kein Gebrauch gemacht, so wird dieses Zahnrad (als Verschieberad ausgebildet) seitlich aus dem Eingriff herausgezogen. Beim Einschalten auf den Vorwärtsgang erfolgt durch das auf Welle *II* sitzende Schieberäderpaar die erste Aufteilung der Drehzahl, wobei zugleich der Drehzahlabfall, der durch

Abb. 229. Drehbankbett mit 4 Führungsbahnen, schräg verrippt.

Abb. 230. Einblick in den Spindelstock bei aufgeklapptem Deckel.

Belastung des Motors entsteht, ausgeglichen wird. Ein Dreierblock auf Welle *III* übernimmt den Energiestrom und überträgt ihn auf die beiden auf der Welle *III* festsitzenden Zahnräder, von denen der Energiestrom mittels des Zweierblocks auf Welle *IV* übernommen wird. Von Welle *IV* wird der Energiestrom ebenfalls durch Verschieberäder auf Welle *V* übertragen, auf welcher zugleich das Zahnrad mit Schrägverzahnung festsitzt, welches unmittelbar in das auf der Hauptspindel befindliche große Zahnrad, das Bodenrad, eingreift. Dieses Bodenrad sitzt aus guten Gründen, wie noch bewiesen werden wird (S. 210), nicht dicht am Hauptlager, sondern ist von der Lagermitte ebenso weit entfernt wie die Körnerspitze auf der anderen Seite.

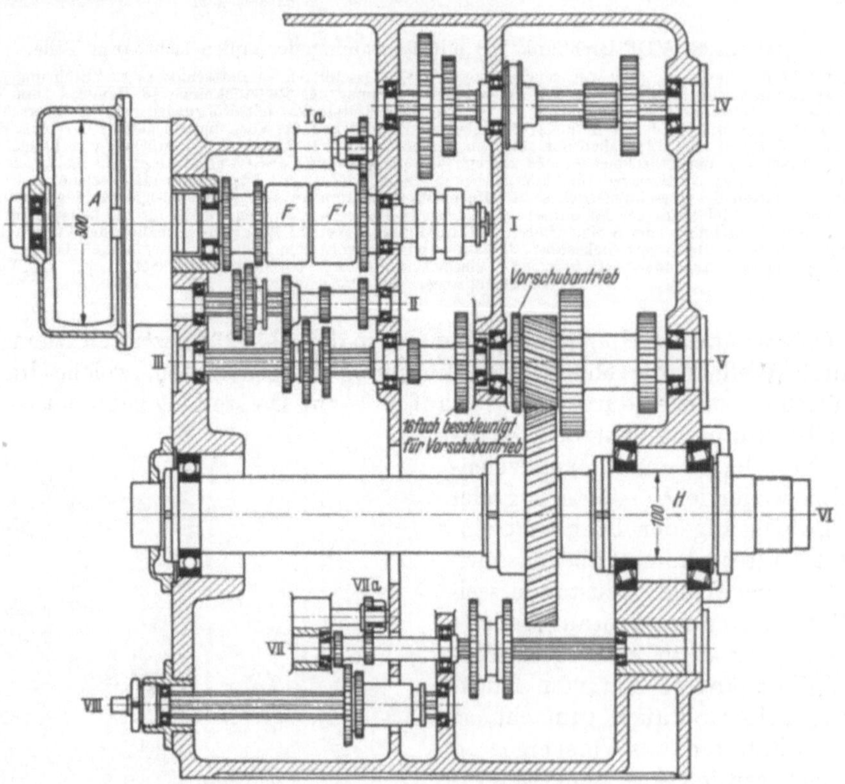

Abb. 231. Getriebeplan zum Spindelstock.

Der Antrieb des Vorschubgetriebes wird nicht unmittelbar von der Spindel abgeleitet, sondern von zwei schmalen Zahnrädern, welche auf den Wellen *III* bzw. *V* rechts und links der beiden nebeneinanderliegenden Wälzlager angeordnet sind und vor denen je nach der Schaltung der auf Welle VII angeordnete Schiebeblock mit 1facher, 4facher oder 16facher Umlaufgeschwindigkeit angetrieben wird. Von Welle VII wird durch den auf Welle VIII sitzenden Schiebeblock der Vorwärts- oder Rückwärtsgang übernommen, wobei rechts das auf Welle VIIa sitzende Zwischenrad in Eingriff kommt. Auch die 6fach profilierten Keilwellen, auf welchen die Schieberäder sitzen, sind im Getriebeplan angedeutet. Die Lager sind sämtlich als Wälz- bzw. Kugellager ausgebildet zwecks Erhöhung des mechanischen Wirkungsgrades.

Nebenbei bemerkt kommen nicht nur bei Drehbänken, sondern auch bei Fräsmaschinen vier verschiedene Kombinationen von Lagern vor, und zwar

1. nur Kugel- oder andere Wälzlager,
2. Gleitlager für die Hauptspindel, Wälzlager für alle übrigen Wellen,
3. Wälzlager für die Hauptspindel und Gleitlager für alle übrigen Wellen, schließlich
4. durchgehend Gleitlager.

Eine einfache Überlegung ergibt, daß alle vier Kombinationen ihre Berechtigung haben je nach dem Zweck und den Anforderungen, welche mit der Maschine erfüllt werden sollen. Fernere Beispiele ergeben sich später bei der Behandlung der einzelnen Maschinentypen.

Die Hauptspindel und ihre Lagerung. Abb. 232a zeigt eine Ausführung der Hauptspindel mit dem darauf festsitzenden Bodenrad *R*. Die Spindel ist mit einer Bohrung von 60 mm Durchmesser über die ganze Länge versehen zur Durchführung von Werkstoffstangen. Das Hauptlager ist ein Gleitlager, welches zur Abdämpfung von Schwingungen besonders geeignet ist.

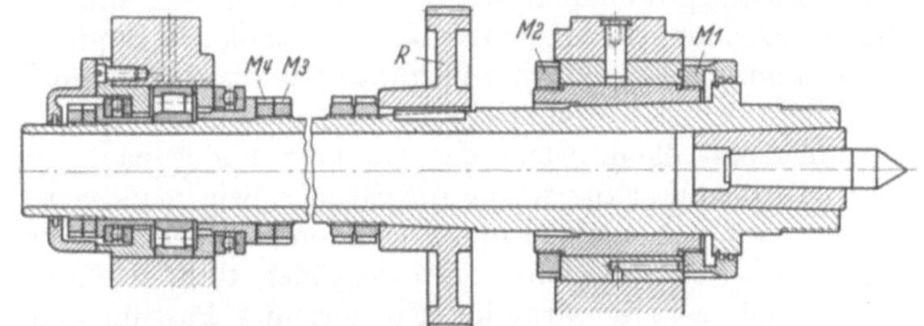

Abb. 232a. Hauptspindellagerung, ausgeführt als Gleitlager.

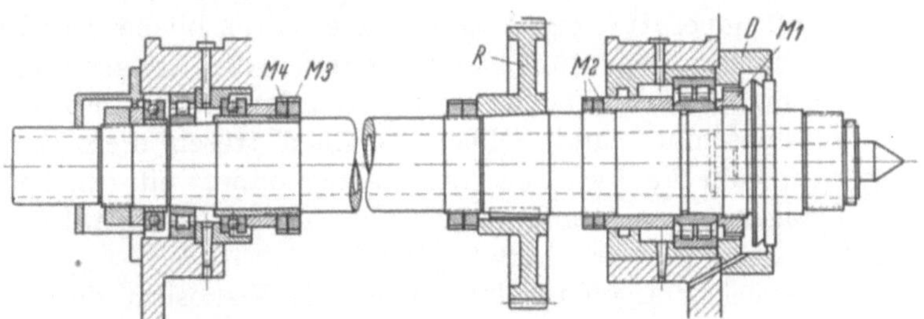

Abb. 232b. Hauptspindellagerung, ausgeführt als Wälzlager.

Das Hauptlager (Abb. 232b) ist mit einem Schrägrollenlager ausgerüstet, wodurch geringste Erwärmung und geringster Reibungsverlust erreicht wird.

Um zu einer Wertung der nachstehend aufgeführten Lagerkonstruktion zu gelangen, bedarf es zunächst der Feststellung der Beanspruchung des Lagers.

Die Spindel verlangt eine Abstützung in radialer und in axialer Richtung. Die im wesentlichen nach oben gerichtete Teilkraft, ausgehend vom spanabhebenden Werkzeug und vom Bodenrad, überträgt auf die Spindel ein Biegungs- und ein Verdrehmoment sowie eine radiale und eine axiale Kraft.

Ist der Zapfen der Spindel der einfachen Nachstellbarkeit halber im Hauptlager kegelig ausgebildet, so muß der Axialdruck unmittelbar am Hauptlager aufgenommen werden und nicht im rückwärtigen Lager, um eine Änderung des Lagerspiels infolge der Wärmeausdehnung der Spindel in ihrer Länge zu vermeiden. Ist dagegen der Zapfen der Spindel im Hauptlager nach einem Kreiszylinder ausgebildet, so kann die Axialfestlegung im rückwärtigen Lager angeordnet werden. Diese Anordnung hat den Vorteil, daß die beiden Lagerungen nicht zusammengedrängt ausgeführt werden müssen. Andererseits kann das rückwärtige Lager ganz einfach ausgeführt werden, wenn beide Lagerungen im Hauptlager zusammengelegt sind.

Die Spielpassung im Hauptlager beträgt bei einem Spindeldurchmesser von 100 mm etwa 0,02 mm. Von diesem Spiel wird durch Durchbiegung der Spindel im Lager etwa der vierte Teil, d. h. 0,005 mm, in Anspruch genommen, wie die Rechnung S. 215 ergibt. Der Rest von 0,015 mm muß also genügen, um der Wärmeausdehnung des Spindelzapfens in radialer Richtung Raum zu lassen.

Rechnet man diese Ausdehnung nach, so ergibt sich bei einer Temperatursteigerung von 40° C, wie sie nach einiger Zeit des Laufs, etwa nach einer halben Stunde, sich einstellt, bei einem Ausdehnungskoeffizienten des Stahls für 1 cm Länge und 1° Temperatursteigerung von etwa 0,00012 mm der Durchmesserzuwachs

$$s = 10 \times 40 \times 0{,}00012 = 0{,}048 \text{ mm.}$$

Das ist bereits der doppelte Betrag des gesamten Lagerspiels. Die Spindel müßte also schon vor Erreichung der Temperatursteigerung von 40° C festlaufen, wenn das Lager selbst sich nicht ausdehnte und ein zunächst unbekanntes Spiel hergäbe. Die Lagerschale besteht gewöhnlich aus Rotguß oder einem ähnlichen Werkstoff, hat also einen höheren Dehnungskoeffizienten als der stählerne Zapfen. Es entsteht nun die Frage, ob die bronzene Lagerbüchse imstande ist, die drei Bahnen, in welchen sie in der Regel im Gußkörper des Spindelstocks aufgenommen wird, zurückzudrängen oder sogar zusammenzudrücken, wenn der Gußkörper sich nach innen infolge Erwärmung ausdehnt. In diesem Falle würde die Büchse, wie man sich ausgedrückt hat, nach innen wachsen und den Spindelzapfen festklemmen. Das Lagerspiel im kalten Zustand des Lagers muß also um etwa 0,02 mm größer, d. h. zu 0,04 mm, vorgesehen werden und erreicht erst nach Erwärmung sein normales Passungsspiel (vgl. auch die nachstehenden Bemerkungen zu den Lagern der Rundschleifmaschine).

Die ideale Lösung wäre, die Dehnung so einzurichten, daß das Lagerspiel von 0,02 mm bei jeder Temperatursteigerung gerade erhalten bliebe. Das Problem ist bei Drehbänken von besonderer Bedeutung, weil bei ihnen die Erwärmung infolge des großen Lagerdruckes und der in *weiten Grenzen* schwankenden Drehzahlen sich stark ändern kann. Bei Fräsmaschinen und Schleifmaschinen treten diese Änderungen in erheblich geringerem Maße auf, wie die Anschauung ohne weiteres lehrt.

In folgendem wird gezeigt, wie man diesen Temperaturschwankungen zu begegnen sucht.

Zu berücksichtigen ist dabei auch die Viskosität des Schmieröls, welches mit zunehmender Temperatur dünnflüssiger wird, so daß die Maschine in kaltem Zustand schwer anläuft, während in warmem Zustande Gefahr besteht, daß die flüssige Reibung beim Eintreten des hohen Lagerdruckes in trockene Reibung übergeht. Es muß also auch dafür gesorgt werden, daß der Lagerdruck nicht in Linienberührung zwischen Zapfen und Lagerschale, sondern in einer möglichst breiten Berührung, wenn auch nicht mit gleichmäßiger Flächenbelastung, aufgenommen wird.

Aus solcher Anschauung und Überlegung und der Bestätigung durch den Versuch bis zu den Erfahrungen, welche erst bei einer größeren Zahl von Drehbänken im Betriebe sich ergibt, entsteht die endgültige neue Gestaltung des Lagers.

Abb. 232a zeigt eine der bislang üblichen Gleitlagerausführungen. Der Spindelzapfen ist zylindrisch, ihn umschließen zwei in einer Kegelfläche aufeinander verschiebliche Lagerbüchsen, von welchen die innere geschlitzt ist. Sie wird mit Hilfe der beiden in ihren Enden befindlichen Gewindemuttern *M 1* u. *M 2* verschoben und dadurch enger oder weiter gestellt und festgezogen. Die äußere Büchse sitzt unverschieblich fest in der zylindrischen Bohrung des Gußgehäuses des Spindelstockes.

Die Axialfestlegung ist im rückwärtigen Lager angeordnet. Wichtig ist dabei, daß die den axialen Druck aufnehmenden Kugellager in Büchsen nachgestellt werden und nicht etwa unmittelbar durch die Gewindemuttern *M 3* u. *M 4*, da ein Anliegen an einer Gewindemutter keine Sicherheit dafür bietet, daß der Kugellagerring genau senkrecht zur Spindelachse umläuft und daß dadurch das Kugellager auf dem ganzen Umfang gleichmäßig trägt. Es handelt sich hier bekanntlich um etwa 0,0001 mm, wenn alle Kugeln befriedigend tragen sollen. Andernfalls taumelt die Spindel und ebenso ein etwa erzeugtes Gewinde.

Diese Konstruktion kann als der von alt her bekannte Grundtyp einer genau einstellbaren Lagerung bezeichnet werden. Sie bewährt sich in allen den Fällen, in welchen der Drehzahlbereich klein gehalten werden kann, beispielsweise zwischen 200 bis 500 Umdrehungen, und zwar nicht nur bei Drehbänken. In diesem Fall und bei nicht allzu hoher Lagerbelastung kann das Spiel erfahrungsgemäß so eingestellt werden, daß die Ausdehnung durch Temperaturerhöhung gerade das Passungsspiel hervorruft, welches für den zufriedenstellenden Dauerlauf geeignet ist. Damit muß freilich der Nachteil in Kauf genommen werden, daß für genaue Bearbeitung von Werkstücken erst eine Zeitlang gewartet werden muß, bis das der Paßtoleranz entsprechende enge Lagerspiel sich eingestellt hat, so daß die von der Spanabnahme herrührenden Schwingungsimpulse genügend abgedämpft werden.

Diese Feststellung gilt z. B. auch für das bis etwa 1920 übliche Hauptlager der Rundschleifmaschine, bei welcher für Ausführungen genauer Schleifarbeit stets etwa $^1/_2$ Stunde lang gewartet werden muß, bis die Maschine „warm" geworden ist, wie man sich auszudrücken pflegt.

Die Wälzlagerkonstruktion (Abb. 232 b) ist die heute ziemlich allgemein übliche für Drehbänke mit großem Drehzahlbereich, z. B. einem solchen von 15 bis 900 U/min. Die Lagertemperaturen bleiben infolge der günstigen Reibungsverhältnisse niedriger. Sie übersteigen 25 bis 30° Temperatursteigerung nicht. Der Nachteil aber ist die größere Neigung der Spindel zu Schwingungen und zum Rattern, weil die vom Gleitlager ausgeübte Dämpfung nicht vorhanden ist.

Auch das MACKENSEN-Lager DRP. 54774 (Abb. 233) ist für Drehbänke erprobt worden. Dieses Lager wird dadurch auf die zweckmäßige Passung eingestellt, daß die Lagerschalen an drei Stellen durch außenliegende keilförmige Leisten nach innen durch-

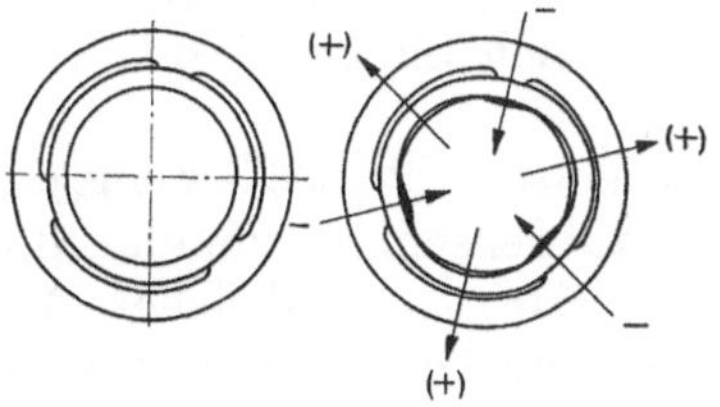

Abb. 233. MACKENSEN-Lager.

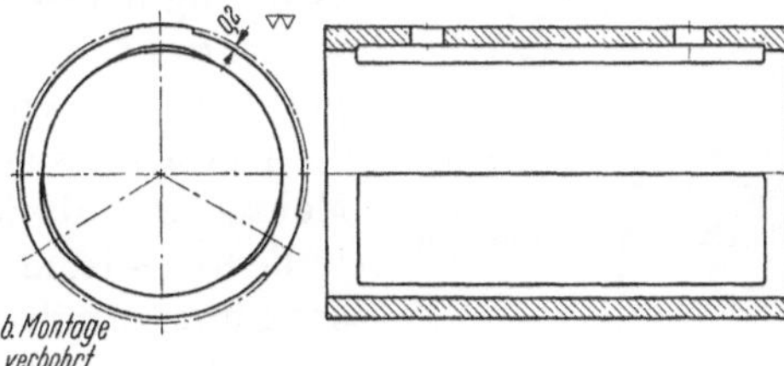

Abb. 234. Hauptlagerbüchse von Heidenreich & Harbeck.

gebogen werden, natürlich nur in Bruchteilen von mm. Das Lager hat sich aber bei Drehbänken nicht bewährt, weil bei den großen Lagerdrucken die auf eine zu kleine Fläche gedrängte Berührung des Spindelzapfens mit der Lagerschale einen zu großen Lagerverschleiß verursachte. Es ist ein Lager für Schleifmaschinen mit geringem Lagerdruck und geringster Erwärmung.

Aus dem Gesagten geht bereits hervor, daß ein Gleitlager vorzuziehen ist, vorausgesetzt, daß es gelingt, es so herzustellen, daß das Lagerspiel durch den Temperaturanstieg nicht geändert wird. Zwei Vorschläge, von welchen der erstere bereits an vielen VDF-Drehbänken sich bewährt hat, liegen vor.

Das Hauptlager (Abb. 234) nach DRP. 713461 besteht aus einer geschlossenen Lagerbüchse, welche den schwach kegeligen Spindelzapfen umschließt, so daß durch Verschieben der Spindel in axialer Richtung das geeignete Passungsspiel endgültig eingestellt werden kann. Außen sitzt das Lager fest zwischen drei Leisten des Gußkörpers des Spindelstocks. Bei Erwärmung dehnt sich die Lagerschale zwischen den drei Leisten nach außen, während an den Stellen der Abstützung im Gußkörper eine Durchmesserzunahme der Lagerschale durch den Gußkörper verhindert wird, da dieser selbst keinem merklichen Temperatureinfluß unterliegt. Um nun aber den unmittelbaren Einfluß der Stützstellen, an denen die Lagerschale nicht zurückweichen kann oder gar nach innen gedrängt wird, auszuschalten, ist die Lagerschale innen an diesen Stellen, wie die Abb. 234 zeigt, ausgearbeitet. Die Aufgabe besteht nun darin, das Lagermaterial und die Breite dieser Ausarbeitung so zu bemessen, daß das Spiel zwischen Zapfen und Lagerschale an den Berührungsstellen gerade erhalten bleibt. Da die Lagerschale im allgemeinen sich weniger erwärmt als der Zapfen, wird sie aus einem Werkstoff herzustellen sein, welcher einen entsprechend größeren Ausdehnungskoeffizienten besitzt. Diese Wahl ist gelungen, auch beim sofortigen Heraufgehen auf 1000 U/min

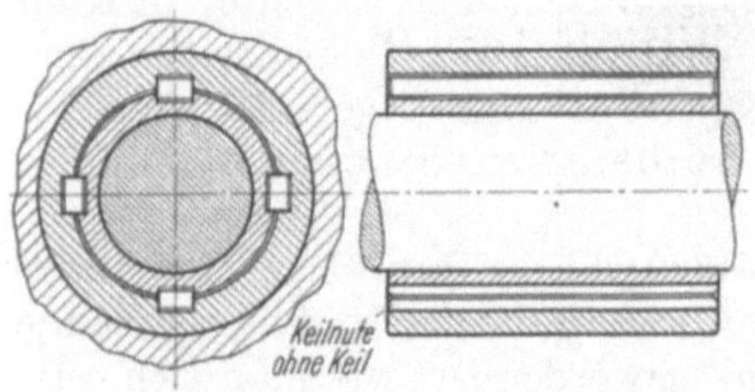

Abb. 235. Nur durch Gleitflächen abgestützte Lagerschale mit freier, genau konzentrischer Wärmeausdehnung.

kann die Drehbank unmittelbar nach längerem Stillstand, also in kaltem Zustand, bei höchster Beanspruchung laufen.

Die Fa. Heidenreich & Harbeck hat festgestellt, daß an über 100 gelieferten Bänken sich dieses Lager im Dauerbetrieb bewährt hat.

Die Lagerschale (Abb. 235) besteht ebenfalls aus einer innen leicht kegeligen, außen zylindrischen Büchse. Diese Büchse hat im Gußkörper etwa 1 mm Spiel. Sie würde also im Gußkörper „schlottern“. Um die genau zentrische Lage der Büchse zu der Bohrung im Gußkörper des Spindelstocks einzuhalten, wird die Büchse durch 3 oder 4 Paßstücke (Lagerkeile), welche im Gußkörper festsitzen und an denen radial gleitend sich die Büchse ausdehnen kann, geführt. Auf diese Weise kann die Lagerbüchse sich unter dem Einfluß steigender Temperatur ausdehnen, ohne daß ihre Mittelachse die geringste Lagenveränderung erfährt. Wählt man nunmehr entsprechend gemachter Erfahrung den Werkstoff für die Lagerbüchse so, daß die Temperatureinwirkung bei Zapfen- und Lagerbüchse dieselbe Dehnung hervorruft, so bleibt das Lagerspiel bei allen Temperaturen dasselbe. Es dürfte sich lohnen, diesem Gedanken praktisch nachzugehen.

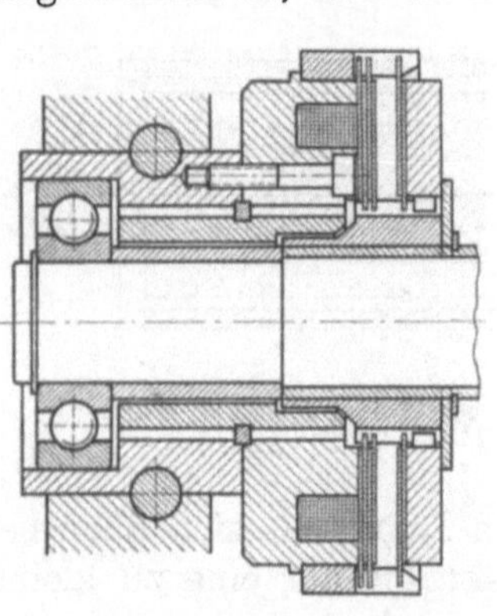

Abb. 236. Elektrische Spindelbremse, SSW-Elektrokupplung, schaltbares Drehmoment 10 mkg, übertragbares Drehmoment 20 mkg, Bremszeit <2 sec.

Die elektrische Spindelbremse (Abb. 236) ist eine einfache Mehrscheibenbremse. Sie ist auf der schnellaufenden Antriebswelle angeordnet, um eine kurzfristige und sichere Abbremsung mit verhältnismäßig kleinem Anpreßdruck zu erreichen.

4. **Der Norton-Kasten.** Abb. 237 zeigt den Norton-Kasten mit abgenommenem Gußdeckel. Links erkennt man den Zapfen, auf welchem das antreibende Wechselrad aufgesetzt wird. Rechts sind die beiden Muffen zu sehen, in welchen Leit- und Zugspindel anschließen. Der Vergleich mit dem Getriebeplan des Norton-Kastens (Abb. 223) läßt Antrieb und Fortleitung der Bewegung ohne weiteres erkennen. Je nachdem einfach gedreht wird oder Withworth- oder metrische Gewinde geschnitten werden, ist die Überleitung der Bewegung nicht die gleiche. Dieses wird bei der Durchrechnung der Maschine im einzelnen auseinandergesetzt werden.

5. **Schloßkasten.** Die Abb. 238 des Schloßkastens von außen zeigt die Gesamtansicht mit Bedienungshebeln und Handrad. Abb. 239 gewährt einen Einblick in den Schloßkasten von oben. Das Ineinandergreifen der Schnecken und Zahnräder geht aus Abb. 220 hervor.

Während die Leitspindel durch das allbekannte Mutterschloß den Schloßkasten und damit den Schlitten bewegt, treibt die Zugspindel zunächst das bekannte Umkehrgetriebe an, von welchem aus eine viergängige Fallschnecke ein Schneckenrad in Umlauf versetzt, von dessen Welle sodann Längsgang und Plangang je nach Schaltung durch ein Schieberad betätigt werden. Der Handtransport greift in das auf der Ritzelwelle angeordnete große Zahnrad unmittelbar ein, wie aus dem Getriebeplan zu sehen ist. Auch diese Übersetzungen werden in der folgenden Durchrechnung im einzelnen behandelt.

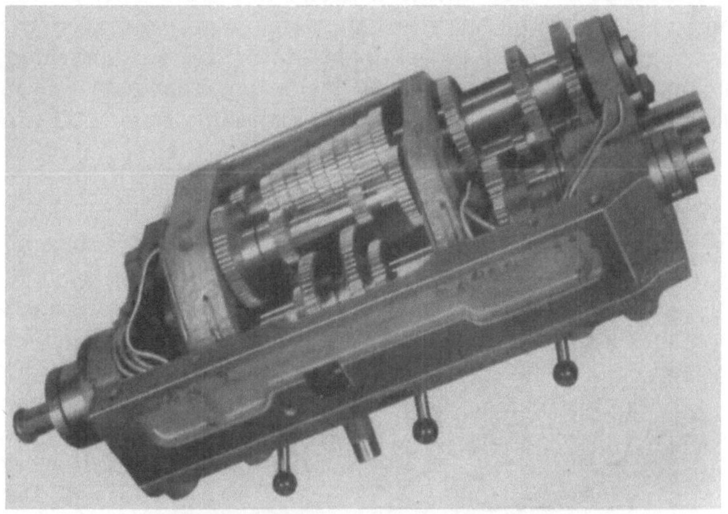

Abb. 237. Norton-Kasten zum Vorschubgetriebe.

6. Das Schlittenoberteil (Abb. 238). Der Längsschlitten ist auf zwei V-Bahnen geführt. Beachtlich ist die große Länge der Führung. Durch nachstellbare Anschläge und durch Auslösung der Fallschnecke kann an genau bestimmter Stelle die Bewegung angehalten werden. Durch eingelegte Endmaße oder Koordinatenstäbe kann genau von Absatz zu Absatz überdreht werden. Über dem Längsschlitten bewegt sich der Planschlitten, darüber kann das Drehteil eingeschwenkt und festgeklemmt werden. Dem Festklemmen dient die Mutter, welche vorne vor dem Werkzeugschlitten zu sehen ist. Dieser wird über dem Drehgestell von Hand gekurbelt und trägt oben die Spannvorrichtung, im vorliegenden Fall einen Vielstahlhalter, von dem am oberen Rande des Bildes gerade noch sechs Halteschrauben zu sehen sind. Auf der Spindel zum Plangang und derjenigen zum Werkzeugschlitten sind Teilscheiben angeordnet, mit deren Hilfe die Weglängen eingestellt werden können.

Abb. 238. Schloßkasten in Ansicht.

7. Ergänzungen zum Schlitten. Abb. 240 zeigt die Anordnung des Kegellineals, so wie es zur Herstellung schlanker Kegel gebräuchlich ist. Um kegelig zu drehen, wird das Lineal um den betreffenden Winkel gegenüber den Führungsbahnen des Bettes eingeschwenkt, wobei die

Abb. 239. Blick in den Schloßkasten von oben.

angebrachte Teilung eine erste Orientierung bietet. Die genaue Einschwenkung erfolgt durch Abtasten einer Kegellehre, die zwischen den Körnerspitzen der Maschine eingespannt ist. Das Abtasten erfolgt mit Hilfe einer Meßuhr, welche 0,001 mm anzeigt und in der Spannklaue des Schlittens eingespannt genau in Höhe der Körnerspitzen entlang geführt die Kegellehre abtastet. Wird ein Ausschlag an der Meßuhr beobachtet, so muß das Kegellineal um so viel nachgeschwenkt werden, daß der Ausschlag verschwindet. Bei dieser Arbeit ist der Planschlitten vom Antrieb durch den Norton-Kasten

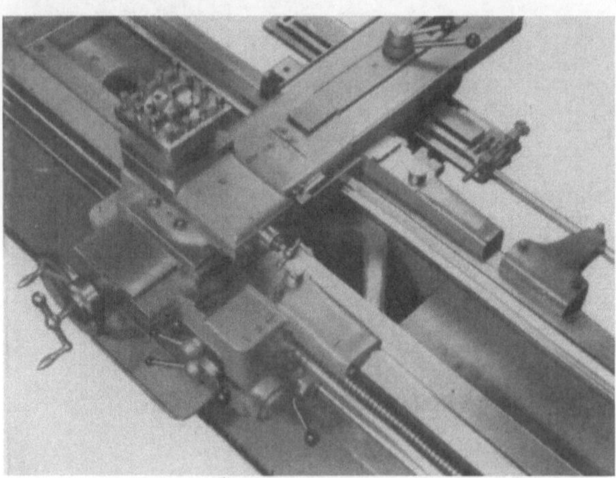

Abb. 240. Kegellineal.

und die Vorschubspindel im Planschlitten gelöst und wird verbunden mit dem Gleitstück des Kegellineals während des Längsganges des Schlittens um so viel gleichmäßig verschoben, wie es der Schrägstellung des Kegellineals entspricht. Andere Ergänzungen (Abb. 241 a und b) sind der feststehende und der mitgehende Setzstock, auf welche näher einzugehen sich erübrigt.

8. **Der Reitstock.** Der Reitstock (Abb. 242) wird auf zwei Führungsbahnen des Drehbankbettes festgezogen. Das Oberteil kann senkrecht zur Drehbankachse seitlich verschoben werden, um die Körnerspitze zum genauen Fluchten zu bringen. Die Reitstockpinole wird mit Hilfe der handradbetätigten Gewindespindel auf den Spindelstock zu vorgeschraubt und zurückbewegt. Letztere Bewegung kann fortgesetzt werden, bis das rückwärtige Ende der Körnerspitze gegen die Spindel stößt, wie in der Abbildung dargestellt ist. Bei Fortsetzung dieser Drehbewegung wird der Körner im

Abb. 241 a—b. Feststehender und mitgehender Setzstock.

Pinolensitz gelockert, so daß er entfernt werden kann. Durch Nut und Gleitstück wird die Pinole am Verdrehen gehindert. Durch die in der Zeichnung oben dargestellte Zweibackenklemme kann sie festgezogen werden. Wichtig ist, daß durch dieses Festziehen die Körnerspitze nicht aus dem Fluchten herausgedrückt wird, da sonst die Werkstücke leicht kegelig werden. Diese Gefahr kann verringert werden, wenn die Klemmeinrichtung horizontal gelegt wird, so daß die nicht ganz zu vermeidende Körnerspitzenbewegung nach oben oder unten erfolgt, in welchem Falle die Horizontalabweichung gegenüber dem Werkzeug ein Minimum bleibt.

Die Fortentwicklung der VDF-Drehbank.

Der Fortschritt brachte nicht nur eine Einschränkung der Nebenzeit und genauere Übersetzungen, sondern auch noch die Verringerung der Schwingungen in der Maschine, welche von jeher die Schnitttheorie forderte, die Spänebeseitigung, die hydraulisch und elektrisch betätigten Nachformeinrichtungen usw.

Im Anschluß an die VDF-Drehbank wird hierunter 1. auf die Vorwählschaltung und 2. auf das Vorschubgetriebe mit Schieberrädern näher eingegangen. Die Durchbildung der Nach-

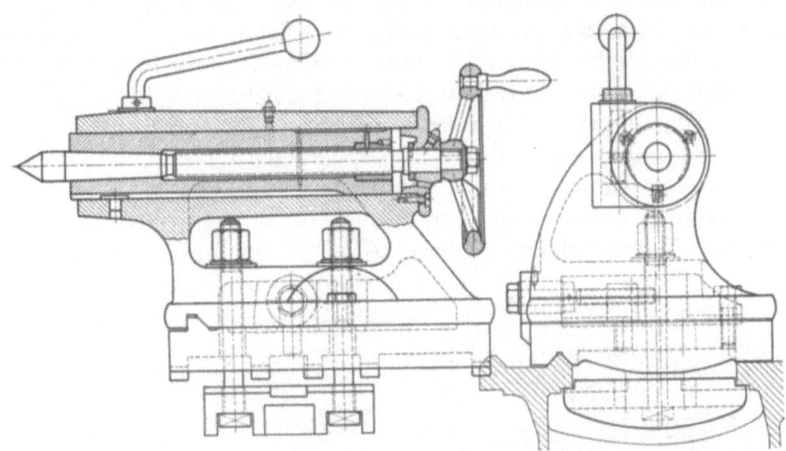

Abb. 242. Der Reitstock.

formeinrichtung wird nur kurz an einem Beispiel gezeigt und sodann bezüglich der elektrischen Ausrüstung erläutert.

1. Die Vorwählschaltung. Die Vorwählschaltung kann mechanisch-hydraulisch oder elektrisch betätigt werden. Der Nachteil der mechanischen Gestänge ist, daß sich Fernschaltung verbietet. Die hydraulische Betätigung gestattet zwar die Fernschaltung, jedoch nur mit entsprechend langen Rohrleitungen. Beide Nachteile entfallen bei der elektrischen Betätigung. Diese wurde erst durch die Entwicklung der elektromagnetischen Mehrscheibenkupplung betriebsfähig.

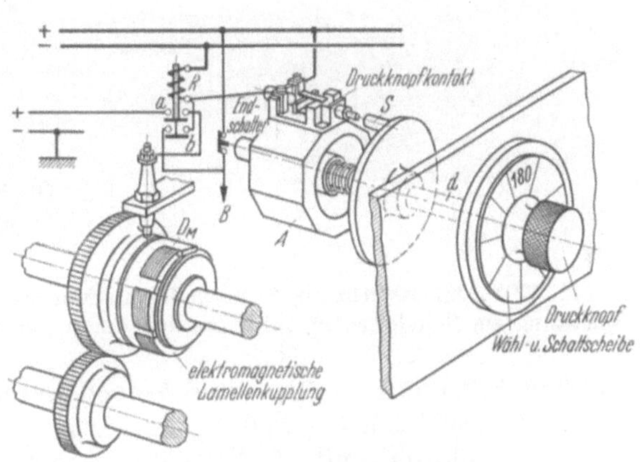

Abb. 243. Vorwählschaltung für Drehzahl und Vorschub.

Drei Schaltungen sind erforderlich

a) das Abschalten der bisher wirkenden Mehrscheibenkupplung,

b) das Abbremsen des Grundgetriebes, während die Antriebswelle ununterbrochen weiterläuft, nur zu dem Zweck, die Lösung der bisher eingeschalteten Kupplung mit Sicherheit zu erreichen,

c) das Einschalten der während des Arbeitens der bisher eingeschalteten Mehrscheibenkupplung vorgewählten Drehzahl durch Druckknopfbetätigung der einzuschaltenden Mehrscheibenkupplung.

Diese Vorwählschaltung kann und wird sowohl für das Hauptgetriebe als auch für den Vorschub angewendet.

Die elektrische Fernübertragung von einem Schalter auf eine der Mehrscheibenkupplungen wird in der Regel im Benehmen mit einer Elektrizitätsfirma entworfen und kann in der verschiedensten Weise ausgeführt werden.

In Abb. 243 ist eine solche Steuerung so dargestellt, daß das Einrücken einer neuen Getriebestufe durch die gezeichnete Magnetkupplung über den zugehörigen Druckknopfkontakt zu erkennen ist. Die vorher eingerückte Kupplung und der z. B. auf der Fläche A angeordnete Druckknopfkontakt sind wegen der besseren Übersicht fortgelassen. Angeordnet sind z. B. zu dem einen Endschalter 9 Druckknopfkontakte, 9 Relais sowie 7 Magnetkupplungen.

Während die Magnetkupplung zu A noch erregt ist, soll nunmehr die Schaltung der nächsten oder einer anderen Magnetkupplung, z. B. D_M, vorgesehen werden. Dazu wird die Wählerscheibe gedreht, bis der Stift S in der gezeichneten Stellung steht. In dem Augenblick, in dem die nächstfolgende Drehzahl benötigt wird, braucht die Wählerscheibe nur noch axial betätigt zu werden. Beim Drücken auf den Druckknopf des mit der Wählerscheibe fest verbundenen Druckknopfstiftes d, angeordnet in der Achse der Wählerscheibe, wird zuerst der Endschalter, der auf alle Magnetkupplungen wirken kann, betätigt. Damit werden die zu A gehörigen Ruhekontakte a und b und folglich die Selbsthaltung des unter Spannung stehenden Kupplungsrelais unterbrochen. Beim Fortsetzen des Druckes in axialer Richtung wird der Druckknopfkontakt betätigt. Das Kupplungsrelais R bekommt Spannung und erregt über seinen Arbeitskontakt a die elektromagnetische Mehrscheibenkupplung D_M. Nach Loslassen des Druckknopfs

Abb. 244. VDF-Einheitsdrehbank in normaler Ausführung mit Schnellschaltung am Spindelkasten, mit Vorschub durch Schieberäder.

und nach damit durch Federspannung erfolgtem Schluß des Endschalters erhält über einen zweiten Arbeitskontakt b das Kupplungsrelais R Selbsthaltung. Das Kupplungsrelais bleibt nunmehr eingeschaltet, so daß die Dreharbeit nicht unterbrochen wird. Der Druckknopf muß aber kurzfristig losgelassen werden, und der Druckstift d muß kurzfristig durch Federentspannung zurückschnellen, damit das durch Lösen des Druckknopfkontaktes stromlos gewordene Relais R infolge seiner Trägkeit die Kontakte a und b noch festhält, bis der Endschalter geschlossen ist und damit dem Relais der Selbsthaltestrom zugeführt wird. Die Drehzahlschaltung ist damit abgeschlossen und die Vorwählerscheibe zum nächsten Einstellen während des laufenden Arbeitsganges bereit.

2. Das Vorschubgetriebe mit Schieberädern. Der Ersatz des Norton-Vorschubgetriebes durch ein Schieberädergetriebe wurde von VDF (Gebr. Boehringer) entwickelt. Es wurde erstmalig 1952 auf der Europäischen Werkzeugmaschinen-Ausstellung in Hannover an einer VDF-Drehbank (Abb. 244) vorgeführt.

Die Gewindesteigungen werden im Vorwählverfahren mit einer Wählerscheibe *11* (Abb. 244) eingestellt und mechanisch mit dem Hebel *12* anstatt mit dem vorstehend bei der elektrischen Schaltung angegebenen Druckknopf geschaltet. Die verschiedenen Gewindearten werden durch den Drehknopf *13* eingestellt, und zwar

$$\left.\begin{array}{l}\text{Metrisches Gewinde} \ . \ . \ . \\ \text{Whithworth} \ . \ . \ . \ . \ . \ . \ . \\ \text{Modul} \ . \ . \ . \ . \ . \ . \ . \ . \\ \text{Diametral-Pitch-Gewinde} \ . \end{array}\right\}$$

Metrisches Gewinde . . . \
Whithworth . . . . } mit Wechselradübersetzung 1 : 1. \
Modul . . . . \
Diametral-Pitch-Gewinde . } mit Wechselradübersetzung $\pi/4$.

Der Vorschubgetriebekasten (Abb. 245) zeigt die zu schaltenden Zahnräder mit ihren Keilwellen, den Eindrehungen für die Verschiebegabeln und vorne eine solche Verschiebegabel auf ihrer Keilwelle. Die Gesamtansicht der Schalteinrichtung (Abb. 246) zeigt vier Keilwellen mit den Verschiebegabeln.

Abgesehen von der mechanischen Betätigung dieser Vorwählschaltung (Abb. 244), besteht noch der Unterschied gegenüber der zuerst beschriebenen reinen Vorwählschaltung (Abb. 243), daß das Wählen erst nach Zurückschalten des Räderblocks in die Mittelstellung vollzogen werden kann, um zu vermeiden, daß die Wählerscheibe zwar auf eine bestimmte Gewindesteigung eingestellt ist, aber die geschaltete Übersetzung eine andere Gewindesteigung ergibt, indem irgendeine vorherige Schaltung mit eingeschaltet geblieben ist.

3. Die Nachformverfahren.

Das Nachformen (Kopieren) eines Werkstücks, möglichst genau nach einem vorgelegten Musterwerkstück, kann mechanisch, hydraulisch oder elektrisch bewerkstelligt werden.

Das mechanische Verfahren steht gegenüber den beiden anderen Verfahren an Feinfühligkeit zurück und soll hier nicht erörtert werden.

Aber auch von den beiden anderen Verfahren kann nur

Abb. 245. Gewinderäderkasten mit abgenommenem Deckel. Radblöcke in Mittelstellung.

durch Abbildungen und Mitteilung der hydraulischen, elektrischen oder elektrischhydraulischen Grundlage eine Vorstellung gegeben werden.

Das rein hydraulische Nachformverfahren (z. B. Abb. 247) beruht auf Öffnen und Schließen der hydraulischen Steuerventile, veranlaßt durch den das Muster abtastenden Hebel. Solche Einrichtung läßt sich ohne weiteres an einer normalen Drehbank, die dafür vorgesehen ist, so anbringen, daß die Drehbank auch zur Dreharbeit wie jede normale Drehbank verwendet werden kann.

Das elektronisch oder elektromagnetisch gesteuerte Verfahren wird nachstehend in seinen Grundlagen erörtert.

Eine Vorstellung eines solchen Verfahrens gibt das elektronischhydraulische Schema (Abb. 248) einer Nachformdrehbank der VDF-Werke. Die Nachformdrehbank und ihre Bedienungselemente sind in Abb. 249 dargestellt. Einen Blick in den elektronischen Teil des Steuergerätes gewährt Abb. 250.

Es folgen die Angaben über

Abb. 246. Deckel zum Gewinderäderkasten. Schalteinrichtung zur Schnellschaltung in Mittelstellung.

die Art und die Wirkungsweise des elektronischen und Magnetverstärkerverfahrens.

Durch diese Verstärkersteuerungen wird eine Herabsetzung der Tastkraft von etwa 1 bis 1,5 kg auf wenige Gramm erreicht, die Verformung in den Übertragungsgliedern herabgesetzt und damit die Genauigkeit der Steuerung aufs höchste gesteigert.

Elektronischer Verstärker. Eine Gleichspannung zwischen der Anode und der Kathode in einer hochevakuierten Röhre treibt die von der geheizten Kathode emittierten Elektronen zur Anode, d. i. der Anodenstrom. Ein auf geringe negative Vorspannung gegen die Kathode gehaltenes Gitter im Strom der Elektronen bremst diese. Der Gitterspannung aufgezwungene geringe Änderungen bei winzigem Leistungsverbrauch bewirken kräftige Änderungen des Anodenstromes, die in einem gekoppelten Kreise, z. B. über

Abb. 247. VDF-Drehbank mit hydraulischer Nachformeinrichtung.

T Taster zum Schruppen und Schlichten; *H* Doppelhebel zur Aufnahme des Tasters; *S1* verstellbarer Schieber; *S2* Musterwelle; *H1* Hebel zur Spantiefeneinstellung; *H2* Hebel zum Einrücken der Nachformeinrichtung; *B* Spitzenböcke zur Aufnahme der Musterwelle; *E* Feineinstellung der Musterwelle; *N* Führungsleiste zur Aufnahme der Spitzenböcke; *F* Feineinstellung des Werkzeugs.

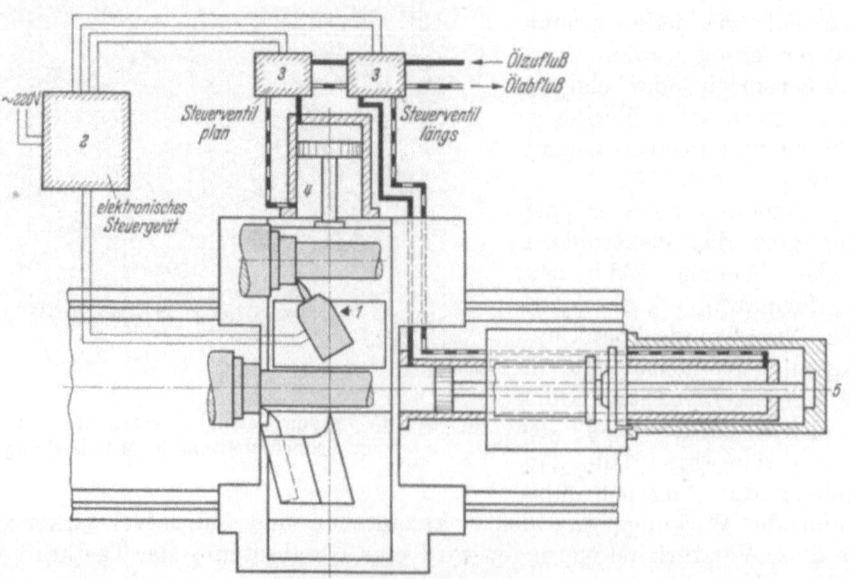

Abb. 248. Schema der selbsttätig elektronisch nachformenden Einrichtung der VDF-Drehbank und deren Hauptbaugruppen.

Die Hauptgruppen: *1* Feintaster; *2* Elektronisches Steuergerät; *3* Elektromagnetischer Hydraulikschieber; *4* Arbeitszylinder für Planbewegung; *5* Arbeitszylinder für Längsbewegung.

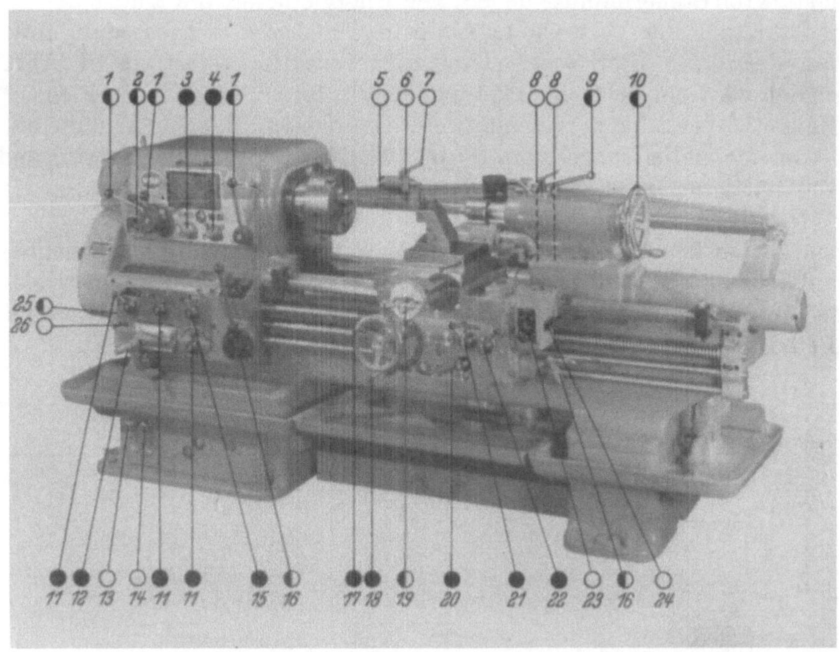

Abb. 249. Die Nachformdrehbank mit ihren Bedienungselementen.

○ Bedienungselemente für Nachformdrehen; ◑ Bedienungselemente für Nachformdrehen und Normaldrehen; ● Bedienungselemente nur für Normaldrehen; 1 Hebel zum Einstellen der Arbeitsspindeldrehzahlen; 2 Druckknopfschalter für den Antriebsmotor der Arbeitsspindel; 3 Schalthebel des Leitspindelwendegetriebes; 4 Umschalthebel für Normal- und Steigewinde; 5 Handgriff für Pinolenbewegung zur Nachformwellenaufnahme; 6 Handgriff zum Klemmen der Pinole; 7 Hebel zum Klemmen des Spitzenbockes; 8 Sterngriffe zum Einstellen der Plan- und Längsvorschubgeschwindigkeiten; 9 Klemmhebel der Reitstockpinole; 10 Handrad für die Bewegung der Reitstockpinole; 11 Hebel zur Vorschubeinstellung; 12 Nortonschwinge; 13 Druckverstellung für Rücklauf; 14 Druckverstellung für Vorschub; 15 Umschalthebel für Leit- und Zugspindel; 16 Kupplungshebel für Arbeitsspindelantrieb; 17 Handrad für Längstransport; 18 Umschalthebel für Vorschubrichtungen; 19 Handkurbel für Planbewegung; 20 Fallschneckenhebel; 21 Umschalthebel für Plan- und Längsvorschubbewegungen; 22 Mutterschloßhebel; 23 Steuerschalter für Vorschubbewegungen; 24 Schalthebel für Endschalter; 25 Hauptschalter; 26 Schalter für Hydraulik.

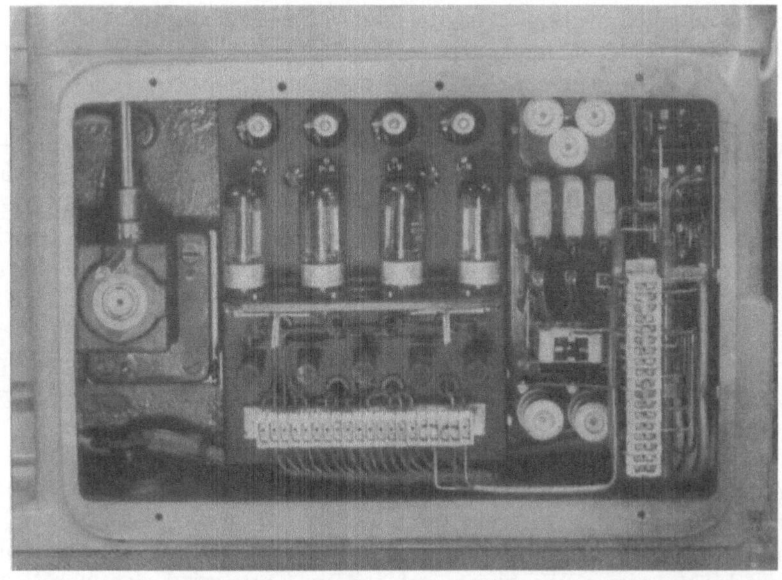

Abb. 250. Elektronisches Steuergerät mit elektrischer Ausrüstung (Schutzkappe abgenommen).

Spulen, die verstärkten Steuerimpulse geben. Die Energie liefert die Quelle der Anodenspannung. Zur Erhöhung der Verstärkung kann man mehrere Röhrenstufen anwenden.

Magnetischer Verstärker. Der Schaltplan ist in vereinfachter Form in Abb. 251a gezeigt. Verwendet wird ein geblechter Transformatorkern T aus einer Eisensorte, die eine solche Magnetisierungskurve (magnetische Induktion B oder Flußdichte V in Abhängigkeit vom Magnetisierungsstrom J) hat, daß der von Null steil steigende Ast in einem kurzen Sättigungsknie zu einem nur ganz wenig steigenden flachen Ast umbiegt (Abb. 251b).

Durch einen Gleichstrom I_v in einer Wicklung V wird der Kern T vormagnetisiert, so daß die Flußdichte $+ B_v$ in diesem Knie liegt („v" bedeutet „vormagnetisiert").

Über einen Netztransformator wird eine passende sinusförmige Wechselspannung mit 50 Hz an eine zweite Wickelung M des Transformatorkerns gelegt. Diese bewirkt,

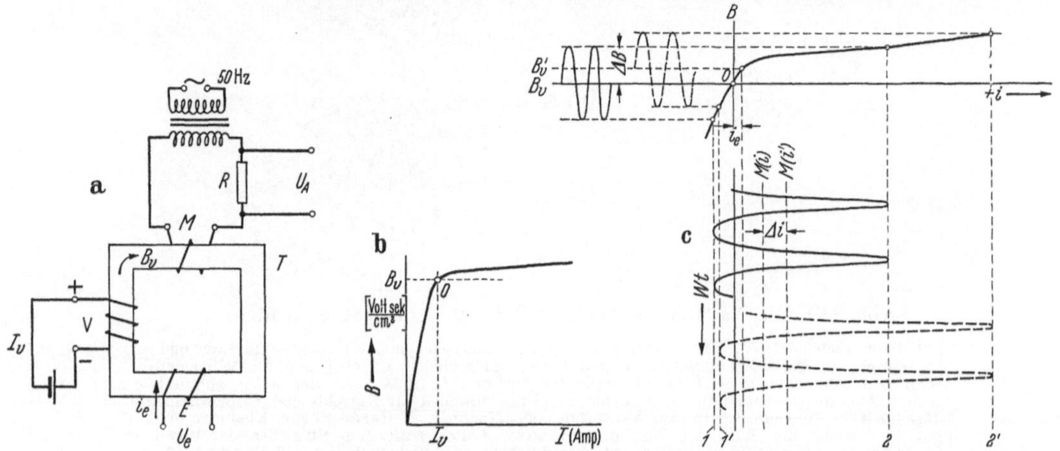

Abb. 251a—c. Vereinfachter Schaltplan einer Magnetverstärkereinrichtung.

daß der Flußdichte B ein sinusförmig wechselnder Betrag $\pm\varDelta B$ überlagert wird. Nun nimmt gemäß Abb. 251c bei positivem $\varDelta B$ diese Wickelung entsprechend dem flachen Ast der Magnetisierungskurve einen verhältnismäßig starken positiven Strom $+i$ auf, bei negativem $\varDelta B$ jedoch entsprechend dem steilen Ast nur einen verhältnismäßig schwachen negativen Strom. Somit ergibt sich eine sinusähnliche Stromkurve mit starken positiven und schwachen negativen Halbperioden. Deren Mittelwert liegt bei $M(i)$.

Gibt man nun in eine dritte Wickelung E des Kerns, den sogenannten „Eingang", einen schwachen Gleichstrom i_e bei sehr kleiner Leistung, so rückt die Vormagnetisierung von B_v auf das ein wenig größere B_v' (Abb. 251c gestrichelt gezeichnet). Die Flußdichte pulsiert mit demselben $\pm\varDelta B$, aber um B_v'. Der von der zweiten Wicklung M aus dem Wechselstromnetz aufgenommene Strom hat dann noch viel stärkere positive Halbperioden, während die negativen Halbperioden gegen vorher nur wenig gemindert werden, der Gleichstromanteil $M(i')$ in der Spule M wächst beträchtlich über $M(i)$ um den Betrag $\varDelta i$.

An einem „Ausgangs"-Widerstand R vor der Spule M erhält man einen Spannungsverlauf U_A ähnlich dem Strom i. Die Eingangsspannung U_E ist auf die Ausgangsspannung U_A vergrößert worden.

Für eine Verstärkerstufe verwendet man gemäß Abb. 252 vier solche Kerne und einen Netztransformator in einer Brückenschaltung. Durch den Ausgangswiderstand im Nullzweig der Brücke fließt nur die Differenz der Gleichstromanteile $M(i') - M(i)$, d. h. $\varDelta i$, die dem Impuls i_e in der Eingangswicklung entspricht. Durch Rückkopplung über Gleichrichter und eine vierte Wicklung auf jedem Kern wird der Verstärkungsgrad erhöht. Mehrere derartige Stufen können hintereinandergeschaltet werden.

Der magnetische Verstärker hat keine der Abnutzung unterliegenden Teile, er eignet sich gut zur Verstärkung von Impulsen, die mehrere Perioden von 50 Hz dauern. Er findet wegen seiner Betriebssicherheit in der Steuerung von Werkzeugmaschinen im Zusammenhang mit Gleichrichteranordnungen zur Speisung von Regelmotoren steigende Anwendung.

Ausschlaggebend für die Verwendung der beiden Steuerungen ist die Tatsache, daß bei der Elektronensteuerung wegen der mit Lichtgeschwindigkeit sich bewegenden Elektronen die Steuerung trägheitslos vor sich geht, während bei der Steuerung durch Magnetverstärker der Steuervorgang langsamer (in etwa 0,1 sec) verläuft, weil der Aufbau der magnetischen Felder diese Zeit erfordert. Der Magnetverstärker ist dort am Platze, wo die längere Steuerzeit von 0,1 sec und der geringere Verstärkungsgrad gegenüber der Steuerung mit Elektronenröhren ausreicht.

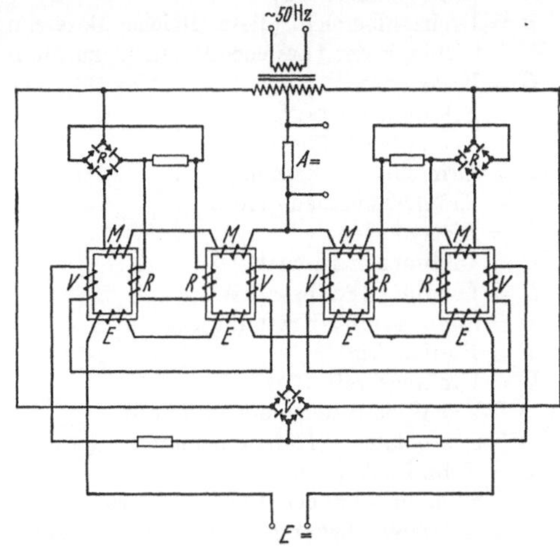

Abb. 252. Vier Transformatorkerne und ein Netztransformator in Brückenschaltung zu einer Magnetverstärkersteuerung.

Mit dieser Darstellung ist wenigstens ein Eindruck von diesem nicht einfachen Vorgang der magnetischen Verstärkung zu geben versucht worden.

c) Die Nachrechnung zum Spindelstock.

1. Vorbemerkungen. In dem Abschnitt „Grundsätze der Normung", S. 74, wurden die Normungszahlen nach DIN 323 verwendet. In Nachfolgendem dagegen ist auf die bei der VDF-Drehbank tatsächlich vorhandenen Drehzahlen zurückgegriffen. Die Durchrechnung der VDF-Einheitsdrehbank E 3 weist den Weg, sich über eine solche Werkzeugmaschine genau zu orientieren. Sie ist zugleich ein Beispiel für das schrittweise Vorgehen in Entwurf und Rechnung bei einer Neukonstruktion. Der Entwurf geht mit zunächst geschätzten Abmessungen der Rechnung voran. Genau nachgerechnet wird vom erfahrenen Konstrukteur erst, wenn wesentliche, die Konstruktion beeinflussende Änderungen nicht mehr wahrscheinlich sind.

Entscheidende Konstruktionseinzelheiten werden zuvor gleichzeitig mit dem Entwurf in ihren Abmessungen vorwegbestimmt und herausgezeichnet.

Vorgehen in der geschilderten Weise kann freilich nur der erfahrene Konstrukteur. Der Anfänger wird sich beim Entwurf nach einem Vorbild umsehen müssen.

Eine Übersicht über die benutzten Formelzeichen gibt Tab. 13.

Die Aufgabe hat im vorliegenden Falle etwa gelautet:

„Es ist eine Universal-Schnelldrehbank mit einem größten Drehdurchmesser $d = 500\ \text{mm}$ und einer stündlichen Spanleistung $G_h = 100\ \text{kg/h}$ zu überprüfen bzw. zu entwerfen."

Die Berechnung beginnt, ausgehend von der in Aussicht genommenen Getriebeanordnung, mit der Feststellung der Übersetzungen des Hauptgetriebes. Es folgt ebenso, unter Zugrundelegung des in Aussicht genommenen Vorschubgetriebes, dessen Durchrechnung insbesondere zwecks Herstellung der einzelnen Gewindearten.

Sodann folgt die Festlegung der Abmessungen mit Rücksicht auf die Leistung an der Hauptspindel sowie auf Starrheit und Verschleiß der Hauptspindel, der Wellen und der Zahnräder des Hauptgetriebes und das Vorschubgetriebes.

Eine so ins einzelne gehende Durchrechnung ist in diesem Buch nur an diesem einen Beispiel möglich. Sie ist aber auch ein Beispiel für die Durcharbeitung der anderen Werkzeugmaschinen, da die Methode durchweg die gleiche ist.

Tabelle 13. Übersicht über die benutzten Formelzeichen.

A = Auflagedruck (kg).

B = Auflagedruck (kg).

B = Drehzahlbereich (diese gleiche Bezeichnung trifft mit der vorstehenden nicht zusammen).

C = Konstante.

G = Schubmodul (kg/cm²).

G_h = Spangewicht (kg/h).

HB = Brinellhärte (kg/mm²).

J = Trägheitsmoment (cm⁴).

M_b = Biegemoment (cm kg).

M = Drehmoment (cm kg).

N = Leistung (PS bzw. kW).

P = Schnittkraft, Kraft (kg).

R = Radius (cm).

U = Umfangskraft (kg).

W $\begin{cases} Wb = \text{Widerstandsmoment (cm}^3\text{).} \\ Wp = \text{polares Widerstandsmoment (cm}^3\text{).} \end{cases}$

Z = Zahndruck (kg).

α = Steigungswinkel der Planspindel in Graden (°).

β_m = Mittlerer Steigungswinkel der Schnecke (°).

γ = Spezifisches Gewicht (kg/dcm³).

α = Verdrehungswinkel (°).

η = Wirkungsgrad.

μ = Reibungszahl.

ϱ = Reibungswinkel.

σ = Normalspannung (kg/mm²) (kg/cm²).

τ = Schubspannung (kg/mm²) (kg/cm²).

ψ = Stufensprung.

a = Anzahl der Gänge auf 1″.

b = Zahnbreite (cm).

d = Durchmesser (mm) (cm).

e = Steigung der Planspindel (mm).

f = Durchbiegungspfeil ( ).

$f_{(s)}$ = Spanquerschnitt (mm²).

g = Gangzahl der Schnecke.

h = Gewindesteigung (in Zoll bzw. in mm).

i = Übersetzungsverhältnis.

k = Walzenpressung (kg/cm²).

k_s = Spezifische Schnittkraft.

l = Länge (mm).

m = Modul (mm).

m_n = Normalmodul.

m_s = Stirnmodul.

m_s = Schneckenradmodul (cm).

n = Drehzahl (min⁻¹).

ζ = Anzahl der Drehzahlen.

q = Zahnbiegefaktor.

r = Radius (cm).

s = Vorschub (mm).

t = Anzahl der Betriebsstunden (h).

u = $1/i$ Kehrwert des Übersetzungsverhältnisses.

v = Schnittgeschwindigkeit (m/min).

z = Zähnezahlen.

Anm.: Da der Buchstabe z im folgenden für die Zähnezahlen gewählt ist, mußte für die Anzahl der Drehzahlen der entsprechende griechische Buchstabe ζ eingesetzt werden.

2. Die Wahl des Drehzahlbereiches. Der Drehzahlbereich B ist eingegrenzt durch die Forderung, den größten Durchmesser mit einer für das Gewindeschneiden notwendigen genügend kleinen und den kleinsten Durchmesser mit ausreichend hoher Schnittgeschwindigkeit bearbeiten zu können. Den Zusammenhang zwischen Drehzahl n U/min, Drehdurchmesser d mm und Schnittgeschwindigkeit v m/min gibt die Formel

$$v = \pi \frac{d}{1000} n.$$

Bei einem Drehdurchmesser von $d_1 = 500$ mm, entsprechend einer Spitzenhöhe von 250 mm, ist der größte im allgemeinen für das Gewindeschneiden in Frage kommende Durchmesser über dem Bettschlittem $d_2 = 250$ mm. Für das Gewindeschneiden wird gewöhnlich $v_1 = 10$ m/min als Höchstwert angesehen. Damit wird die kleinste Drehzahl

$$n_1 = \frac{v_1 \cdot 1000}{\pi\, d_2} = \frac{10 \cdot 1000}{\pi \cdot 250} = 12{,}7 \text{ U/min.}$$

Legt man als praktisch kleinsten Drehdurchmesser $d_3 = 25$ mm zugrunde, so folgt daraus bei einer günstigsten Schnittgeschwindigkeit von $v = 50$ m/min für Schnellstahl eine größte Drehzahl

$$n_2 = \frac{50 \cdot 1000}{\pi \cdot 25} = 638 \text{ U/min.}$$

Die Schnittgeschwindigkeit $v = 50$ m/min wird gewählt, weil der kleinste Drehdurchmesser mit Schnellstahl und mit Hartmetall bearbeitet werden soll. Die Schnittgeschwindigkeiten für Hartmetall beginnen etwa bei 40 m/min.

Damit wird der Drehzahlbereich

$$B = \frac{n_2}{n_1} = \frac{638}{12{,}7} = 50.$$

3. Die Wahl des Stufensprunges φ. Von dem Stufensprung wird gefordert:

Er soll möglichst fein sein, d. h. in einem gegebenen Drehzahlbereich sind *viele Drehzahlen erwünscht*, um die abzudrehenden Durchmesser möglichst angenähert mit jeweils der günstigsten Schnittgeschwindigkeit bearbeiten zu können. Eine große Anzahl von Drehzahlen bedingt andererseits ein *kompliziertes Getriebe*, so daß man den Stufensprung praktisch wieder *nicht allzu fein* machen kann.

Der Stufensprung muß die Verwendung von *Vervielfachungsgetrieben* ermöglichen, um eine einfache Getriebekonstruktion zu erhalten.

Die Drehzahlen sollen nach der geometrischen Reihe abgestuft sein.

In Betracht kommen nur (S. 76) die Reihen

$$\varphi = \sqrt[20]{10} = 1,12 \quad \text{und} \quad \varphi = \sqrt[10]{10} = 1,25 \, .$$

Die Reihe mit dem Stufensprung $\varphi = 1,12$ läßt sich bei Verwendung eines polumschaltbaren Motors aus der Reihe $\varphi = 1,25$ entwickeln und kommt zwecks Erweiterung und Höherbegrenzung des Drehzahlbereichs zur Anwendung, die *Reihe* $\varphi = 1,25$ eignet sich also in der Regel am besten. Zwischen dem Stufensprung φ, der Anzahl der Drehzahlen ξ und dem Drehzahlbereich B gilt die Gleichung

$$\varphi = \sqrt[\zeta-1]{B} \quad \text{oder} \quad \zeta = \frac{\log B}{\log \varphi} + 1; \quad \zeta = \frac{\log 50}{\log 1,25} + 1 = 18 \, \text{Stufen}, \quad \text{also} \quad \varphi^{17} = B.$$

4. Aufbau des Rädergetriebes der Drehbank im allgemeinen. Folgende Bedingungen müssen eingehalten werden:

Das Getriebe setzt sich *aus mehreren hintereinander geschalteten*, d. h. nacheinander angetriebenen *Wellen* zusammen. Die Drehzahlen sind in der Aufteilung $2 \cdot 3 \cdot 3$, $3 \cdot 3 \cdot 2$ oder $3 \cdot 2 \cdot 3$ möglich. Da man von hohen Antriebsdrehzahlen ausgeht, um Momente und Abmessungen klein zu halten, ist die Aufteilung $2 \cdot 3 \cdot 3$ *am günstigsten*. Die Wellen erhalten dann die höchstmöglichen Drehzahlen.

Bezeichnet man die Antriebsdrehzahl der Welle I mit n_A, so erhalten bei dieser Aufteilung die nachfolgenden Wellen folgende Drehzahlen:

$$\text{Welle I:} \quad n_A,$$

$$\text{Welle II:} \quad \frac{n_A}{\varphi^0} \cdot \frac{n_A}{\varphi} \, .$$

Die Übersetzungen auf die Welle III werden durch einen Dreierblock erreicht, welcher die Drehzahlen der Welle II, also n_A und n_A/φ, durch Multiplikation mit den Faktoren $1/\varphi^0$, $1/\varphi^2$ und $1/\varphi^4$ von n_A anfangend in langsamere Drehzahlen überführt.

$$\text{Welle III:} \quad \frac{1}{\varphi^0}\left(\frac{n_A}{\varphi^0} \frac{n_A}{\varphi}\right), \quad \frac{1}{\varphi^2}\left(\frac{n_A}{\varphi^0} \frac{n_A}{\varphi}\right), \quad \frac{1}{\varphi^4}\left(\frac{n_A}{\varphi^0} \frac{n_A}{\varphi}\right).$$

Die Welle IV wiederum erhält alle 18 Drehzahlen, indem die Drehzahlen der Welle III durch die Faktoren φ^0, φ^6 und φ^{12}, wiederum von n_A anfangend, herabgesetzt werden. Somit ergeben sich die 18 Drehzahlen der Welle IV zu

$$\frac{1}{\varphi^0}\left[\frac{1}{\varphi^0}\left(\frac{n_A}{\varphi^0} \frac{n_A}{\varphi}\right), \quad \frac{1}{\varphi^2}\left(\frac{n_A}{\varphi^0} \frac{n_A}{\varphi}\right)\right], \quad \frac{1}{\varphi^4}\left(\frac{n_A}{\varphi^0} \frac{n_A}{\varphi}\right)\right], \quad \frac{1}{\varphi^6}\left[\cdots\right], \quad \frac{1}{\varphi^{12}}\left[\cdots\right].$$

Kann die Übersetzung $1/\varphi^{12}$, wie im Abschnitt „Grundsätze der Normung" bereits festgestellt wurde, in einem nicht ausgeführt werden, so muß man sie in zwei Übersetzungen $1/\varphi^6 \cdot 1/\varphi^6$ aufteilen.

Die Zahlenwerte der Potenzen von φ, die dem Konstrukteur stets zur Hand sein müssen, sind folgende (z. B. φ^{11} für 1—12 stufiges Getriebe):

$$\varphi^0 = 1, \quad \varphi = 1,25, \quad \varphi^2 = 1,60, \quad \varphi^3 = 2,0, \quad \varphi^5 = 3,15, \quad \varphi^7 = 5,0, \quad \varphi^8 = 6,3, \quad \varphi^{11} = 12,5,$$
$$\varphi^{15} = 31,5, \quad \varphi^{17} = 50,0.$$

5. Der Aufbau des Rädergetriebes der VDF-Drehbank. Die an das Getriebe zu stellenden Anforderungen sind folgende:

a) Die Drehzahlen sollen Normungszahlen sein. Als Lastdrehzahl des Motors gilt 1400 U/min; hier wird aber mit der genaueren Lastdrehzahl 1430 gerechnet, die durch das erste Räderpaar auf eine Normdrehzahl übersetzt wird.

b) Um die Momente und Abmessungen möglichst klein zu halten, sind die hohen Drehzahlen auf möglichst vielen Wellen beizubehalten.

c) Die Arbeitsspindel soll bis auf das Bodenrad frei von Getrieberädern sein, um Schwingungen der Arbeitsspindel zu vermeiden.

d) Der Vorschub soll auch zur Herstellung von steilen Gewinden ohne irgendwelche Ergänzung geschaltet werden können, und zwar mit Übersetzungen nicht nur 4:1, sondern auch 16:1.

e) Keine lose laufenden Räder oder Hülsen, weil sie schmiertechnisch ungünstig sind und leicht unnötige Schwingungen verursachen.

f) Keine Klauenkupplungen, sondern Schaltung durch Schieberäder, weil diese bruchsicherer und billiger sind.

Um diesen Anforderungen zu entsprechen, wird zunächst das Drehzahlschaubild (Abb. 253) entworfen. Auf der Spindelachse (rechts) werden in beliebigem logarithmischem Maßstabe die genormten Drehzahlen aufgetragen, welche sich auf folgende Weise ergeben:

Die Lastdrehzahl der Antriebswelle des Elektromotors

$$n = 1430 \text{ U/min}$$

wird so übersetzt, daß auf der Welle II des Achsendiagramms zwei genormte Drehzahlen entstehen, von denen die obere $n = 1500$ ist und die darunterliegende $n = 1500/\varphi$. Damit werden von Welle II an durch weitere Übersetzungen mit Faktoren $1/\varphi$, $1/\varphi^2$ usw. stets genormte Drehzahlen erreicht. Multipliziert man die obere Drehzahl 1500 U/min mit dem Faktor $1/\varphi^4 = \dfrac{1}{2,5}$, so erhält man die abgerundete Drehzahl 600, und diese dividiert durch den vorgesehenen Drehzahlbereich $B = 50$ ergibt die langsamste Drehzahl $n = 12$ U/min. Diese Drehzahl aber steht der eingangs festgestellten kleinsten Drehzahl $n_1 = 12{,}7$ U/min nahe. Ersetzt man nun diese Drehzahl durch die Drehzahl 11,8 der Normungsdrehzahl, so erhält man den Drehzahlbereich $n = 11{,}8$ bis $n = 600$ U/min und damit bei Abstufung nach dem Faktor $\varphi = 1{,}25$ 18 Drehzahlen der genormten Drehzahlreihe R_{40}, in welcher Reihe jeweils 3 dazwischenliegende Drehzahlen übersprungen werden, so daß die auf 11,8 folgende Drehzahl 15, die nächste 19 usw. ist. Auf diese Weise kommt die Drehzahlreihe (Abb. 253) zustande.

Bislang wurde nur die Übersetzung von $n = 1500$ U/min der Welle II zur obersten Spindeldrehzahl $n = 600$ U/min, bestehend in Übersetzungen 1:1 bis zur Welle V und von dort mit der Übersetzung $1/\varphi^4$ zur Spindelwelle VI der Arbeitsspindel, nachgewiesen. Die 6 Drehzahlen der Welle III werden durch den bereits erwähnten Dreierblock mit $1/\varphi^0$, $1/\varphi^2$ und $1/\varphi^4$, ausgehend von den Drehzahlen 1500 und 1180 der

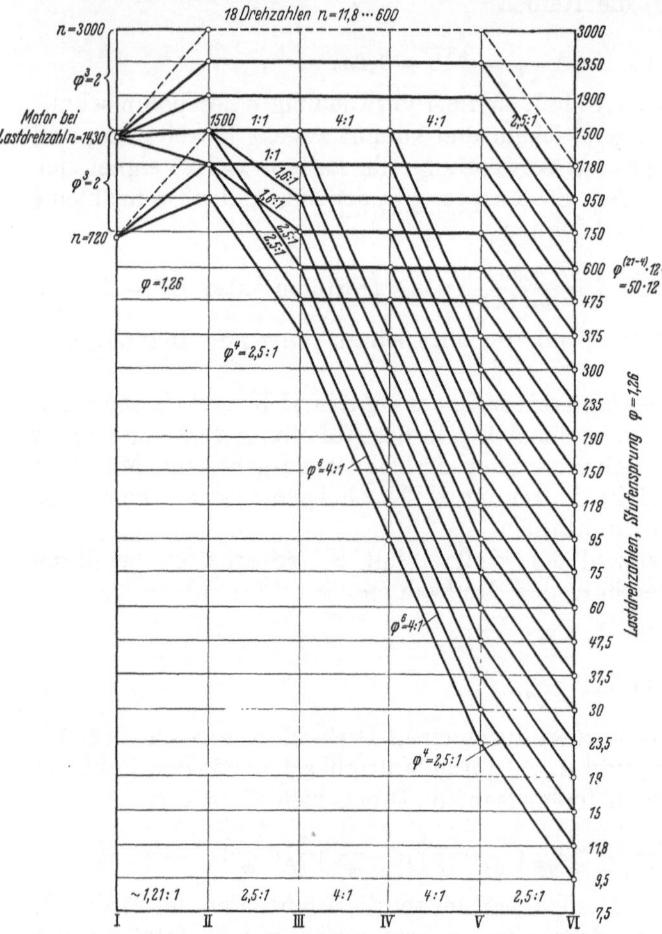

Abb. 253. Drehzahlschaubild der VDF-Einheitsdrehbank E_3. Drehzahlen $n = 11{,}8$ bis 600 U/min, bzw. mit polumschaltbarem Motor $n = 9{,}5$ bis 3000 U/min.

Welle II, hergestellt. Von Welle III werden die 6 Drehzahlen in gleicher Höhe auf Welle IV und von dort in gleicher Höhe und mit dem Faktor $1/\varphi^6$ auf Welle V übersetzt. So entstanden die 12 Drehzahlen von $n = 1500$ bis $n = 118$ auf Welle V, die nunmehr mit dem Faktor $1/\varphi^4 = 1/2,5$ auf die Arbeitsspindel übersetzt die 12 Spindeldrehzahlen von $n = 600$ bis $n = 47,5$ ergeben. Auf diese Weise ist, wie aus dem Drehzahlschaubild ohne weiteres zu ersehen ist, der Anforderung entsprochen, daß die Drehzahlen möglichst lange hochgehalten werden sollen.

Um noch die langsamen Spindeldrehzahlen $n = 37,5$ bis $n = 11,8$ zu erhalten, wird von Welle III zweimal mit dem Faktor $1/\varphi^6 = 1/4$ und dann noch mit dem Faktor $1/\varphi^4 = 1/2,5$ auf die Arbeitsspindel VI übersetzt. Durch eine geeignete Verriegelung wird dafür gesorgt, daß die Übertragung 1:1 von den Drehzahlen 375 bis 118 der Welle IV ausgeschlossen bleibt.

Die Drehzahlen jeder Welle können übrigens unmittelbar abgelesen werden, wenn man von den auf der Arbeitsspindel VI aufgetragenen Normungszahlen horizontal an die einzelnen Zwischenwellen herübergeht.

Überlegt man sich nun, wie der zugehörige Getriebeplan am zweckmäßigsten entworfen wird, so stehen zwei Getriebeschemen zur Wahl, die Schemata nach 1. und 2. (Abb. 254). Vergleicht man diese beiden Getriebepläne, so ergibt sich zwar die gleiche Zähnezahl in beiden Fällen, aber der Entwurf nach 2. hat den großen Vorteil, daß darin die Wellen III und V fluchten, so daß von ihnen der Vorschub in einfachster Weise abgeleitet werden kann, indem man nach 1:1, 4:1 und 16:1 in Übereinstimmung mit den Spindeldrehzahlen abgestufte Drehzahlen der ersten Vorschubwelle erhält, wenn die abgeleiteten Drehzahlen noch durch eine Übersetzung $1/\varphi^4 = 1/2,5$ ebenso herabgesetzt werden wie die Drehzahlen der Welle V. So entsteht der Getriebeplan nach Abb. 256. In diesem sind der Motor mit seiner Drehzahl $n = 1435$ U/min, die Lamellenkupplung auf der Welle I zur Umschaltung der ganzen Maschine auf Rücklauf mit Hilfe der Zahnräder 21 und 7 und des für gewöhnlich eingeschal-

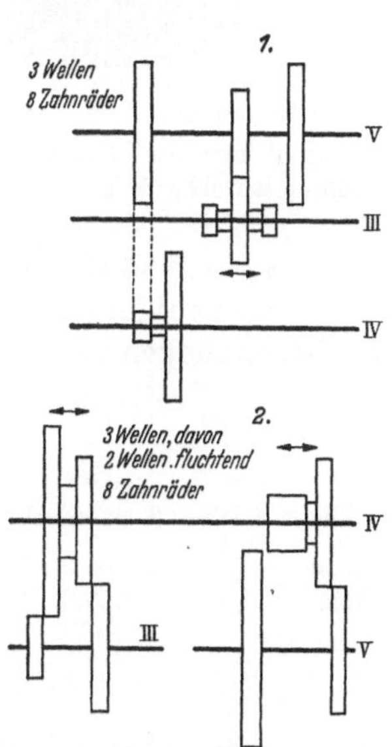

Abb. 254. Zwei Getriebeschemen zur Entscheidung über den zweckmäßigen Getriebeplan.

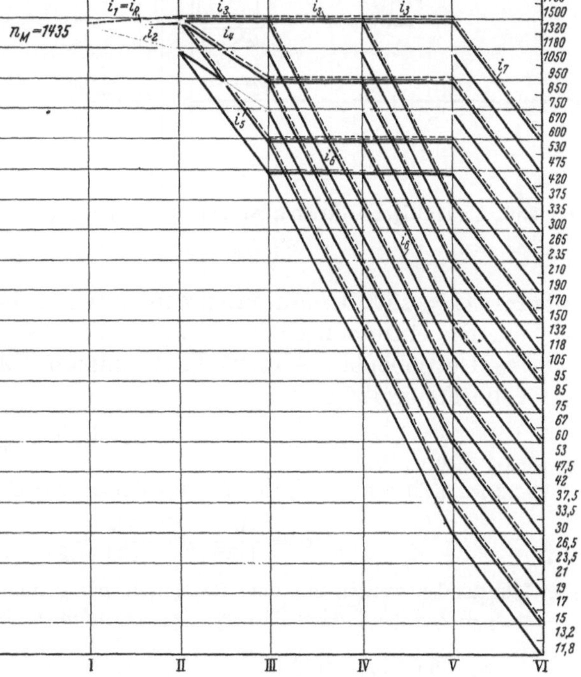

Abb. 255. Drehzahlschaubild der VDI-Einheitsdrehbank E_3. 18 Vorlauf- und 9 Rücklaufdrehzahlen.

teten Schwenkrades 22, sowie schließlich alle Zahnräder mit Nummern versehen angegeben; die Zahnräder 13 und 13a sind diejenigen, von welchen der Vorschub abgeleitet wird. Die folgenden Übersetzungen von der Welle III auf die Welle V werden nach Abb. 255

erreicht. Das Bodenrad *20* und das Antriebsritzel *19* haben des ruhigen Laufes wegen Schrägverzahnung (S. 176, Abb. 230).

In Abb. 253 sind zudem noch die Erhöhung bzw. Senkung der Drehzahlen durch den polumschaltbaren Motor mit $\varphi^3 = 2$ bzw. $1/\varphi^3 = 1/2$ eingetragen.

Zu Abb. 255 sind 9 Rücklaufdrehzahlen gestrichelt gekennzeichnet, welche sich mit dem Getriebeplan (Abb. 256) erreichen lassen und über den Vorlaufdrehzahlen liegen, an welche sie anschließend geschaltet werden.

Im logarithmischen Diagramm (Abb. 257) sind die Drehzahlen von $n = 600$ bis $n = 11,8$ auf den 45°-Linien eingetragen. Die vier Begrenzungslinien des Diagramms enthalten die

> Drehdurchmesser d in mm links,
> Schnittgeschwindigkeiten v in m/min unten,
> Vorschübe s in mm/U rechts,
> Drehlängen l in mm/min oben.

6. Die Errechnung der Zähnezahlen.

Als Antrieb sind Flansch- oder Fußmotor mit einer Leer-

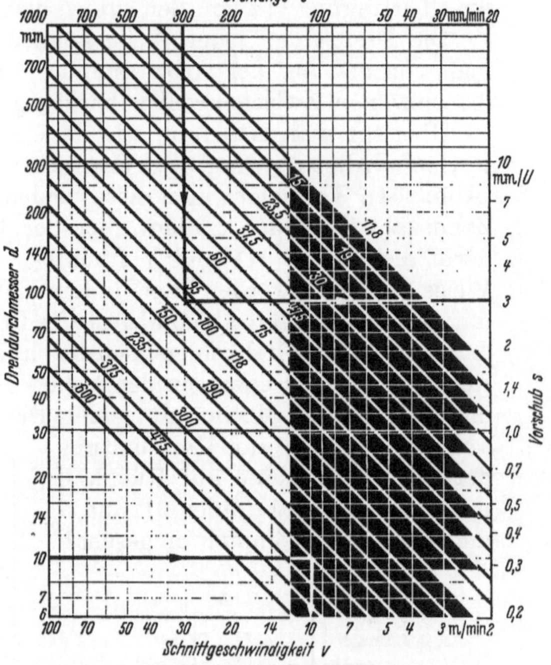

Abb. 256. Endgültiger Getriebeplan zum Hauptgetriebe.   Abb. 257. Logarithmisches Diagramm zur Einheitsdrehbank E_3.

laufzahl $n_0 = 1500$ U/min entsprechend einer Lastdrehzahl von $n_1 = 1435$ U/min vorgesehen. Die einzelnen Übersetzungsverhältnisse werden dem Drehschaubild (Abb. 253) und dem Getriebeplan (Abb. 256) entnommen. Für die beiden Übersetzungen von Welle I auf Welle III ergibt sich

$$i_1 = \frac{1500}{1435} \, 1,045 = \frac{z_1}{z_2} = \frac{46}{44},$$

um genau 1500 zu erhalten.

23/22 ist nicht brauchbar, weil für den Einbau der Kupplung ein größeres Stichmaß erforderlich ist.

$$i_1 = \frac{1500}{1435\,\varphi} = \frac{1500}{1435}\,\frac{1}{1,25} = 0,83 = \frac{z_3}{z_4} = \frac{1,045}{1,25}.$$

(Die Zähnezahlen werden mit dem Rechenschieber gefunden.)

Da $z_1 + z_2 = 46 + 44 = 90 = z_3 + z_4$ sein muß, ergibt sich

$$z_3 = 90 - z_4; \quad 0,83 = \frac{90 - z_4}{z_4}; \quad z_4 = \frac{90}{0,83 + 1} = 49,2 \cong 49; \quad z_3 = 90 - 49 = 41.$$

Die Welle III soll die Drehzahlen 1500

$$\frac{1500}{\varphi^2} = 950; \quad \frac{1500}{\varphi^4} = 600$$

erhalten

$$i_3 = 1; \quad i_4 = \frac{1}{\varphi^2}; \quad i_5 = \frac{1}{\varphi^4}.$$

Um mit Sicherheit Unterschnitt zu vermeiden, wird als kleinste Zähnezahl 20 gewählt.

$$z_9 = 20; \quad z_{10} = \frac{z_9}{i_5} = z_9\,\varphi^4 = 50.$$

Ausgeführt ist $z_9 = 52$. Grund: Die Summe der Zähnezahlen soll ein Vielfaches der Zahl 12, besser noch der Zahl 18, betragen, auf diese Weise lassen sich die zu den φ-Werten gehörigen Übersetzungen mit den geringsten Abweichungen erreichen.

$$z_9 + z_{10} = 72; \quad \frac{z_7}{z_8} = i_3 = 1; \quad z_7 = 36; \quad z_8 = 36,$$

$$\frac{z_5}{z_6} = i_4 = \frac{1}{\varphi^2}; \quad z_5 + z_6 = 72; \quad z_5 = 72 - z_6;$$

$$\frac{72 - z_6}{z_6} = \frac{1}{\varphi^2} = \frac{1}{1,59} = \frac{1}{1,6}; \quad z_6 = \frac{72 \cdot 1,6}{1 + 1,6} = 44.$$

$$z_5 = 72 - 44 = 28.$$

Zwischen Welle III und IV sollen die Übersetzungen $i_3 = 1$ und $i_6 = 1/\varphi^6 = 1/4$ erzeugt werden. Folglich

$$z_{11} = 20; \quad z_{12} = 80; \quad z_{11} + z_{12} = 100,$$

$$z_{13} = \frac{z_{11} + z_{12}}{2} = 50; \quad z_{14} = 100 - 50 = 50.$$

Dasselbe Spiel wiederholt sich zwischen den Wellen IV und V bei der Errechnung der Zähnezahlen z_{15} bis z_{18}; $z_{15} = 20$; $z_{16} = 80$; $z_{17} = 50$; $z_{18} = 50$. Die Übersetzung $i_7 = 1/\varphi^4 = 1/2,5$ zwischen den Wellen V und VI wird aus konstruktiven Gründen, um dem Bodenrad möglichst großen Durchmesser zu geben, von den Zähnezahlen $z_9 = 30$ und $z_{20} = 75$ gebildet.

In der Tab. 14 sind die theoretischen Genauwerte, die VDW-Richtwerte und die Drehzahlen der VDF-Einheitsdrehbank E_3 bei einer Antriebsdrehzahl $n = 1435$ U/min zusammengestellt. Die Abweichungen der Arbeitsspindeldrehzahlen von den Genauwerten bzw. VDW-Richtwerten sind errechnet. Die Abweichungen sind bedingt durch die Notwendigkeit, bei Rädergetrieben nur mit ganzen Zähnezahlen zu rechnen. Wenn berücksichtigt wird, daß die Lastdrehzahlen des Antriebsmotors von den Leerlaufdrehzahlen um 6% und mehr abweichen, so müssen die größten Abweichungen der Arbeitsspindeldrehzahlen von 3,8% bzw. 4% als nicht zu groß angesehen werden.

Tabelle 14. *Abweichungen der Drehzahlen von den Sollwerten.*

$$\varphi = \sqrt[10]{10} = 1,2589, \quad n = 1435 \text{ U/min.}$$

Nr.	Übersetzung	Theoretische Drehzahlen	Drehzahlen der VDF-Bank	VDW-Richtwerte	Abweichungen von den theoretischen Drehzahlen
n_1	1,0000	11,8	11,5	11,8	2,54
n_2	1,2589	14,8	14,4	15,0	2,70 (= 4,0 % v. VDW-Wert)
n_3	1,5849	18,7	19,1	19,0	2,14
n_4	1,9953	23,5	23,9	23,5	1,70
n_5	2,5100	29,6	30,0	30,0	1,35
n_6	3,1623	37,3	37,5	37,5	0,53
n_7	3,9811	47,0	46,1	47,5	1,91
n_8	5,0119	59,1	57,7	60,0	2,37 (= 3,8 % v. VDW-Wert)
n_9	6,3096	74,5	76,3	75,0	2,42
n_{10}	7,9433	93,5	95,5	95,0	2,14
n_{11}	10,0000	118,0	120,0	118,0	1,70
n_{12}	12,5690	148,0	150,0	150,0	1,35
n_{13}	15,8490	187,0	184,6	190,0	1,28
n_{14}	19,9530	235,0	230,8	235,0	1,79
n_{15}	25,1000	296,0	305,4	300,0	3,18
n_{16}	31,6230	375,0	382,0	375,0	3,30
n_{17}	39,8110	470,0	480,0	475,0	2,12
n_{18}	50,1190	591,0	600,0	600,0	1,52

Tabelle 15. *Drehzahlbereiche der VDF-Einheitsbank.*

1	Stufensprung	Rad-Nr. $\frac{1}{2}$ (i_1)	$\frac{3}{4}$ (i_2)	$\frac{5}{6}$ (i_3)	$\frac{7}{8}$ (i_4)	$\frac{9}{10}$ (i_5)	$\frac{21}{7}$ (i_R)	Flanschmotor $n = 1435$	Einscheibe $n = 720$	Fußmotor $n = \frac{1435}{720}$	Fußmotor $n = \frac{1435}{720}$
2	φ	Übersetzung						18 Drehzahlen	18 Drehzahlen	21 Drehzahlen	36 Drehzahlen
3	$\varphi = 1{,}25$	$\frac{56}{34}$	$\frac{51}{39}$	$\frac{28}{44}$	$\frac{36}{36}$	$\frac{20}{52}$		19 bis 950	9,5 bis 475	9,5 bis 950	
4	$\varphi^2 = 1{,}6$			$\frac{28}{44}$	$\frac{36}{36}$	$\frac{20}{52}$	$\frac{57}{28}$	30 bis 1180	15 bis 600	15 bis 1180	
5	$\sqrt{\varphi} = 1{,}12$	$\frac{56}{34}$	$\frac{54}{26}$	$\frac{28}{44}$	$\frac{36}{36}$	$\frac{32}{40}$					17 bis 950
6	$\varphi = 1{,}25$			$\frac{28}{44}$	$\frac{36}{36}$	$\frac{32}{40}$	$\frac{57}{28}$				23,5 bis 1180
7	$\varphi = 1{,}25$	$\frac{51}{39}$	$\frac{46}{44}$	$\frac{28}{44}$	$\frac{36}{36}$	$\frac{20}{52}$		15 bis 750	7,5 bis 375	7,5 bis 750	
8	$\varphi^2 = 1{,}6$			$\frac{28}{44}$	$\frac{36}{36}$	$\frac{20}{52}$	$\frac{57}{28}$	30 bis 1180	15 bis 600	15 bis 1180	
9	$\sqrt{\varphi} = 1{,}12$	$\frac{51}{39}$	$\frac{48}{42}$	$\frac{28}{44}$	$\frac{36}{36}$	$\frac{32}{40}$					13,2 bis 750
10	$\varphi = 1{,}25$			$\frac{28}{44}$	$\frac{36}{36}$	$\frac{20}{52}$	$\frac{57}{28}$				23,5 bis 1180
11	$\varphi = 1{,}25$	$\frac{46}{44}$	$\frac{41}{49}$	$\frac{28}{44}$	$\frac{36}{36}$	$\frac{20}{52}$	$\frac{38}{36}$	11,8 bis 600	6 bis 600	6 bis 600	
12	$\varphi^2 = 1{,}6$			$\frac{28}{44}$	$\frac{36}{36}$	$\frac{20}{52}$	$\frac{38}{36}$	15 bis 600	7,5 bis 300	7,5 bis 600	
13	$\sqrt{\varphi} = 1{,}12$	$\frac{46}{44}$	$\frac{44}{46}$	$\frac{28}{44}$	$\frac{36}{36}$	$\frac{32}{40}$					10,5 bis 600
14	$\varphi = 1{,}25$			$\frac{28}{44}$	$\frac{36}{36}$	$\frac{32}{40}$	$\frac{38}{36}$				11,8 bis 600
15	$\varphi = 1{,}25$	$\frac{41}{49}$	$\frac{36}{54}$	$\frac{28}{44}$	$\frac{36}{36}$	$\frac{20}{52}$		9,4 bis 476	4,75 bis 235	4,75 bis 475	
16	$\varphi^2 = 1{,}6$			$\frac{28}{44}$	$\frac{36}{36}$	$\frac{20}{52}$	$\frac{38}{36}$	15 bis 600	7,5 bis 300	7,5 bis 600	
17	$\sqrt{\varphi} = 1{,}12$	$\frac{41}{49}$	$\frac{38}{52}$	$\frac{28}{44}$	$\frac{36}{36}$	$\frac{32}{40}$					8,5 bis 475
18	$\varphi = 1{,}25$			$\frac{28}{44}$	$\frac{36}{36}$	$\frac{32}{40}$	$\frac{38}{36}$				11,8 bis 600

7. Der Rücklauf. Für den Rücklauf wird der Umlauf in der Drehbank umgekehrt. Daher wird die Welle I mit einer Mehrscheibenkupplung ausgerüstet, die wahlweise die Motorwelle mit dem Räderblock *1* und *3* für den Vorlauf oder dem Rad *21* für den Rücklauf kuppelt. Rad *21* treibt über das Zwischenrad *22* das Rad *7* der Welle II an. Wie aus dem Getriebeplan (Abb. 256) zu ersehen ist, lassen sich somit 9 Rücklaufdrehzahlen einstellen.

Im allgemeinen ist sowohl bei Drehbänken als auch bei den übrigen Werkzeugmaschinen ein beschleunigter Rücklauf vorgesehen. Im vorliegenden Falle der VDF-Bank E$_3$

aber hat der Konstrukteur für den Rücklauf dieselbe Übersetzung wie für den Vorlauf vorgesehen. Damit ergibt sich $46/44 = z_{21}/36$, da das Zahnrad z_7 zum Dreierblock gehörig bereits bei der Bestimmung der Zähnezahlen desselben errechnet wurde. Somit ergibt sich $z_{21} = \dfrac{46 \cdot 36}{44} \cong 38$.

8. Der Einbau anderer Drehzahlreihen. Ein Vorteil der gewählten Getriebeanordnung im Spindelkasten der VDF-Bank liegt in der Bereitschaft, den Drehzahlbereich durch einfache Umschaltung nach oben oder unten zu verschieben und zu erweitern. Man braucht nur die Übersetzungen i_1 und i_2 mit φ, φ^2, φ^3 bzw. $1/\varphi$ $1/\varphi^2$, $1/\varphi^3$ zu multiplizieren, um nach oben bzw. nach unten verschobene Drehzahlbereiche zu erhalten. Ebenso kann durch Anwendung des polumschaltbaren Motors, wie bereits erwähnt, der Drehzahlbereich um 3 Stufen $B = 100$, z. B. nach oben, also um die Stufen 750, 950 und 1180 (Abb. 258) erweitert werden.

Ein Beispiel zur Verdichtung der Drehzahlen ($\varphi = 1,12$) zeigt Tab. 15, deren Erläuterung sich wohl erübrigt. Die Tab. 15 umfaßt die Drehzahlbereiche, welche für die VDF-Einheitsbank vorgesehen sind.

Im allgemeinen wird mehr Wert auf die Erweiterung des Drehzahlbereiches als auf eine Vergrößerung der Anzahl der Drehzahlen gelegt, da der Stufensprung $\varphi = 1,25$ für die normalen Betriebsanforderungen fein genug ist. Die ausgezogenen Linien der Achsendiagramme kennzeichnen den Vorlauf, die gestrichelten den Rücklauf.

9. Die Wirtschaftlichkeit des gewählten Stufensprunges. Bei dem Faktor

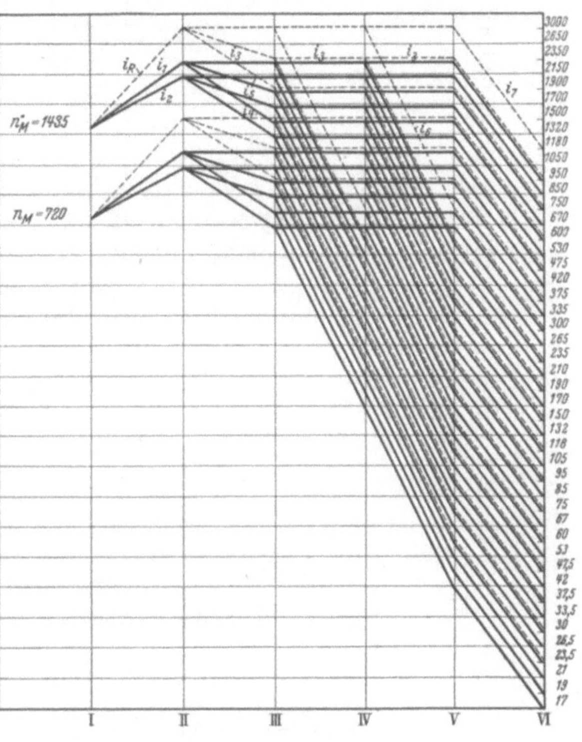

Abb. 258. Drehzahlschaubild der VDF-Einheitsdrehbank E_3. Drehzahl $n = 17$ bis 950 U/min.

$\varphi = 1,25$ beträgt die einzelne Stufe rund 25 % Zunahme gegenüber der bisherigen. Da die günstigste Schnittgeschwindigkeit nicht überschritten werden soll, kann es vorkommen, daß eine bestimmte Drehzahl der Spindel gerade so groß ist, daß von ihr nicht mehr Gebrauch gemacht werden kann, sondern auf die nächst niedere Drehzahl, d. h. um 20 %, zurückgegangen werden muß. In diesem Fall ist die günstigste Schnittgeschwindigkeit bei weitem nicht erreichbar. Die Spanabnahme bleibt um 20 % gegenüber der günstigsten zurück. Da es in solchen Fällen aber keineswegs auf ein genaues Einhalten von Drehzahlen ankommt, so liegt der Zeitverlust durchschnittlich unter 12 %.

d) Die Nachrechnung des Vorschubgetriebes.

1. Vorbemerkungen und Anforderungen. Die Ableitung des Vorschubes bis zum ersten Wechselrad ist wie bei der Hendey-Norton-Bank von 1898 im Spindelstock untergebracht.

Wie aus dem Getriebeplan (Abb. 259) hervorgeht, wird der Vorschub von den auf ihren Wellen festsitzenden Zahnrädern 13 und $13a$ abgenommen, wobei die Wellen III und V fluchtend angeordnet sind. Die Welle III läuft aber 16mal so schnell um wie die Welle V, so daß auch der von ihr abgeleitete Vorschub 16mal so groß ist. Durch

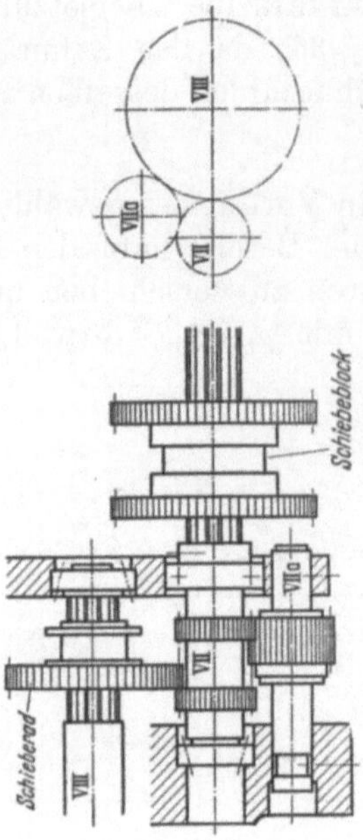

Die Drehbank.

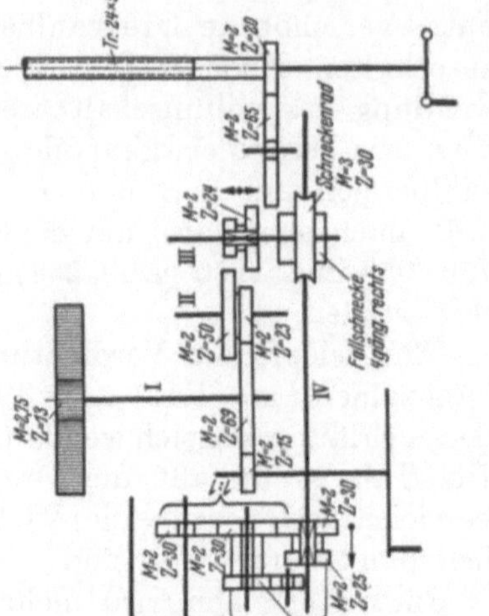

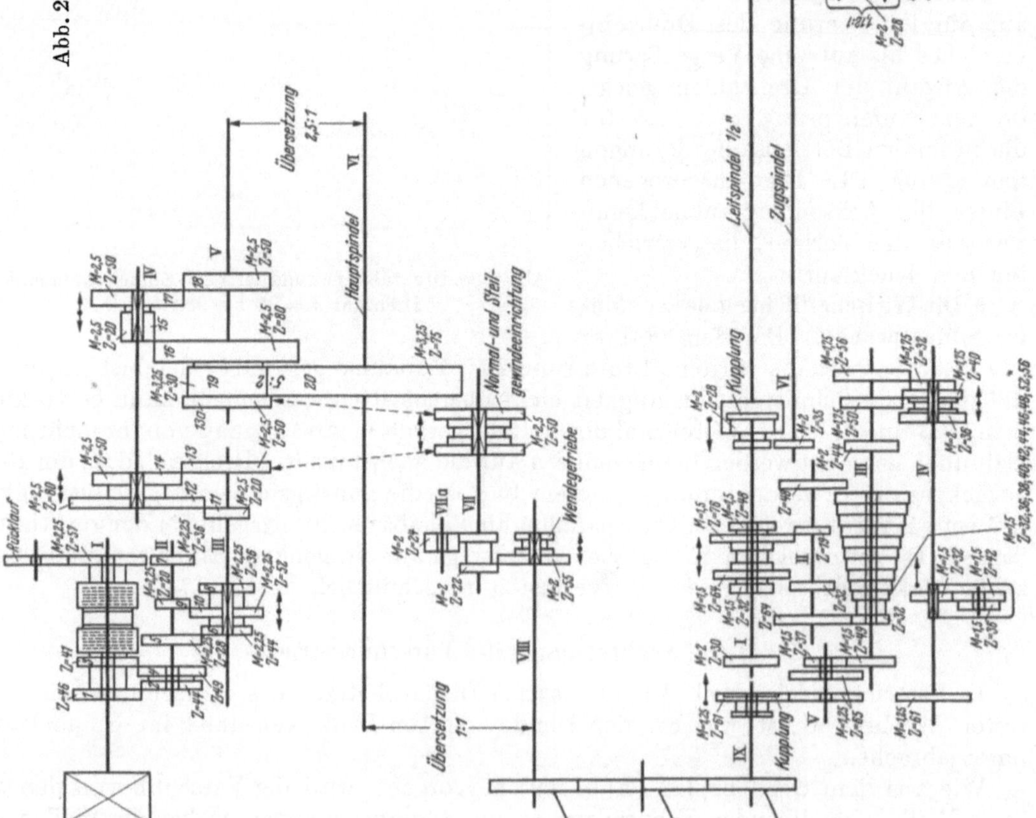

Abb. 259. Vollständiger Getriebeplan der VDF-Einheitsdrehbank E₃

Abb. 260 Getriebeplan vom Vorschubwendegetriebe.

die entsprechende Schaltung der Zahnräder des Hauptgetriebes kann auch ein vierfacher Vorschub erreicht werden (vgl. Abb. 259).

Mittels des Schieberadblockes auf Welle VII (Abb. 260) wird die Drehzahl auf diese Welle VII übertragen. Mittels eines Wendegetriebes geht der Antrieb von Welle VII auf Welle VIII über, jedoch mit einer Übersetzung $1/\varphi^4 = 1/2{,}5$ ins Langsame, um bei der Welle VIII die gleiche bzw. die 16fache oder 4fache Umlaufzahl der Arbeitsspindel herzustellen. Das Schieberad auf Welle VIII kann sowohl in das linke Zahnrad der Welle VII als auch in das Zahnrad auf Welle VIIa eingeschoben werden, deren Anordnung durch die Kreise gekennzeichnet ist; das linke Zahnrad auf Welle VII liegt seitlich von dem Zahnrad auf Welle VIIa (Abb. 260). Die Einrichtung, daß diese erste Welle (Herzwelle) für Wechselräder dieselbe Umlaufzahl hat wie die Arbeitsspindel, ist eine grundsätzliche für alle Drehbänke, um die Berechnung der auf die Leitspindel zur Erzielung einer bestimmten Gewindesteigung erforderlichen Übersetzung zu erleichtern. Bei der in Rede stehenden VDF-Bank beträgt die Übersetzung von Welle VII auf VIII 22 : 55, d. h. 2 : 5 ins Langsame.

Die Gewindesteigungen sind nicht geometrisch gestuft. Hieraus folgt eine umständlichere Gestaltung des Vorschubgetriebes.

Anforderungen an das Vorschubgetriebe sind, daß

alle normal vorkommenden Gewindesteigungen für Whitworth-, metrisches, Modul-, Diametral-Pitch (Dp)- und Circular-Pitch (Cp)-Gewinde und der Vorschub zur gewöhnlichen Spanabnahme ohne Umstecken von Wechselrädern durch einfache Hebelschaltungen eingestellt werden können,

der Antrieb nur durch Zahnräder erfolgt (für das Gewindeschneiden ist das selbstverständlich, da sonst Ungenauigkeiten, z. B. durch den Riemenschlupf oder Kettennachgiebigkeit, entstehen würden), zum gewöhnlichen Drehen soll das für das Gewindeschneiden notwendige Getriebe mitbenutzt werden, um den Vorschubantrieb möglichst einfach zu halten,

der Übergang vom Leitspindelantrieb zum Zugspindelantrieb, d. h. vom Gewindeschneiden zum Drehen, schnell vor sich geht.

2. Das Whitworthgewinde (WW). Für die Leitspindel wird eine Steigung von $1/_2''$ gewählt, also 2 Gang auf $1''$. Je langsamer die Leitspindel umläuft, desto mehr Gewindegänge entfallen auf $1''$ Länge des Werkstücks.

Die Steigungen der Whitworth-Gewinde nach DIN 11, Whitworth-Feingewinde DIN 239 und 240 und Whitworth-Rohrgewinde DIN 239 lassen sich in folgender Weise (Tab. 16) aufschreiben.

Tabelle 16. Whitworth-Gewinde.

Gänge auf $1''$										Übersetzung
2	$2^1/_4$	$2^3/_8$	$2^1/_2$	$2^5/_8$	$2^3/_4$	$2^7/_8$	3	$3^1/_4$	$3^1/_2$	A 1 : 1
4	$4^1/_2$	$4^3/_4$	5	$5^1/_4$	$5^1/_2$	$5^3/_4$	6	$6^1/_2$	7	B 1 : 2
8	9	$9^1/_2$	10	$10^1/_2$	11	$11^1/_2$	12	13	14	C 1 : 4
16	18	19	20	21	22	23	24	26	28	D 1 : 8

Wie man sieht, geht eine Längsreihe aus der nächst oberen durch Verdoppelung hervor.

Um den Aufbau des Vorschubgetriebes zu verstehen, ist es zweckmäßig, sich stets die Anordnung und Auswirkung der einzelnen Übersetzungen im Getriebe selbst vor Augen zu halten.

Das in Aussicht genommene Vorschubgetriebe zwischen Welle VIII und der Leitspindel besteht (Abb. 261), soweit es für die Herstellung von Whitworth-Gewinden benötigt wird, aus einem Norton-Getriebe als Grundgetriebe mit den unmittelbar aufeinanderfolgenden Stufen und aus einem Viererblock als Erweiterungsgetriebe mit Übersetzungen ins Langsame von 1/1 beginnend mit 1/2, 1/4 und 1/8. Im Falle der Herstellung von Whitworth-Gewinden läuft auch noch die Welle IX, um welche die Norton-Schwinge geschwenkt wird, mit der gleichen Drehzahl um wie Welle VIII. Von der Welle IX geht der Antrieb zunächst zum Norton-Stufensatz, weil das Norton-Getriebe schnell laufen soll und für die späteren Gewindearten noch durch anderweitige Übersetzungen ergänzt werden muß, während der Viererblock unverändert unmittelbar die Leitspindel antreibt.

Um nunmehr die erforderlichen Übersetzungen des Norton-Getriebes zu ermitteln, geht man am einfachsten von der Übersetzung $n_a/n_l = 1/1$ der Arbeitsspindel auf die Leitspindel aus. Bei der Übersetzung 1/1 kopiert die Leitspindel ihre Steigung $^1/_2''$, also ihre Gangzahl $2/1''$ auf das Werkstück, das ist die kleinste Gangzahl der Tab. 16, von

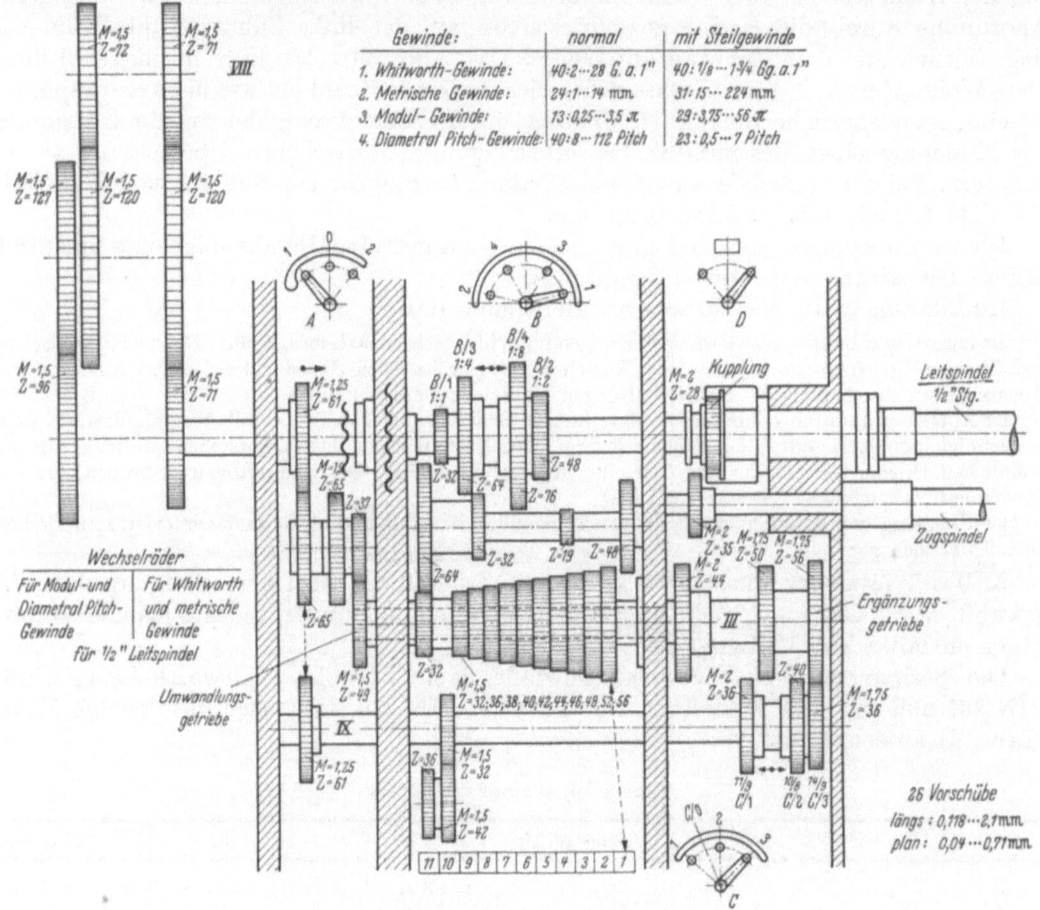

Abb. 261. Getriebeplan vom Norton-Kasten.

welcher an die Gangzahlen in der ersten Reihe A bis auf $3^1/_2$ zunehmen. Die der Gangzahl $2/1''$ benachbarte Gangzahl $2^1/_4$ der obersten Reihe der Tab. 16 entsteht durch Verlangsamung des Leitspindelumlaufs von 2 auf $2/2^1/_4 = 8/9$. Je langsamer die Leitspindel zum Umlauf gebracht wird, desto größer wird die Gangzahl. Die Übersetzung 8/9 kann des Unterschnittes wegen aber nicht mit $\frac{z=8}{z=9}$, auch nicht mit $\frac{z=16}{z=18}$, sondern zweckmäßig nur mit $\frac{z=32}{z=36}$ Zähnen erreicht werden, d. h., man hat die Leitspindel mit einem Norton-Satz $32/32 = 1/1$, 32/36, 32/38, 32/40 usw. bis 32/56 anzutreiben, um die Gangzahlen der Reihe A von 2 bis $3^1/_2$ Gänge auf $1''$ zu erhalten. Die nächste Reihe B erhält man durch Zwischenschalten der Übersetzung 1/2 zwischen Norton-Getriebe und Leitspindel mit Hilfe des Viererblockes des erwähnten Erweiterungsgetriebes. Die Reihe C erfordert Erweiterung um $^1/_4$, die Reihe D um $^1/_8$. Auf diese Weise werden sämtliche Gangzahlen des *WW*-Gewindes von 2 bis 28 Gang auf $1''$ erreicht.

Die Formel für den ganzen Gangbereich von 2 bis auf 28 Gang je Zoll lautet demnach

$$\text{Gangzahl}/1'' = \frac{(32 \sim 56)}{32} (1 \sim 2 \sim 4 \sim 8)\, 2,$$

die entsprechenden Steigungen in Zoll sind

$$h'' = \frac{32}{(32 \sim 56)}\ \frac{1}{(1 \sim 2 \sim 4 \sim 8)}\ \frac{1}{2}'' ,$$

das sind die reziproken Werte die Gangzahl $1''$.

Kurz: die Verlangsamung des Leitspindelumlaufs und damit die Verringerung des Vorschubes des Werkzeugs erhöht die Gangzahl von 2 auf 28 Gänge und verringert die Steigung von $1/_2''$ auf $1/_{28}''$.

Um die Gangzahl/$1''$ von 2 noch weiter herabzusetzen, muß die Leitspindel zu noch schnellerem Lauf als für die Gangzahlen der Reihe A veranlaßt werden. Das geschieht durch Ableitung des Antriebes der Welle VIII von der Welle III mit 4- bzw. 16fach gesteigerter Umlaufzahl und durch Kombination mit den Übersetzungen im Vorschubgetriebe. Auf diese Weise werden die Gangzahlen bis $1/_8$ Gang auf $1''$ und damit die großen Steigungen bis $16/2 = 8''$ erreicht.

Tabelle 17. *Metrische Gewinde von 1 mm aufwärts.*

$c = \mathrm{I}$		II	II	I	II	III	III		
N Nr. 5		7	9	10	10	11	10		
	1		1,25			1,5	1,75	A	IV
	2	2,25	2,5	2,75		3	3,5	B	III
3,75	4	4,5	5	5,5		6	7	C	II
7,5	8	9	10	11	$11^1/_4$	12	14	D	I
15	16	18	20	22		24	28	E	
30	32	36	40	44	45	48	56	F	
60	64	72	80	88	90	96	112	G	
120	128	144	160	176	180	192	224	H	

3. Das metrische Gewinde. Die Tab. 17 der metrischen Gewinde zeigt von der Reihe A an ein Ansteigen der Gewindesteigungen von 1 mm bis auf 224 mm, während in der Tab. 16 der Whitworth-Gewinde die Steigungen von $1/_2''$ bis auf $1/_{28}''$ abnehmen entsprechend der Zunahme der Gangzahlen von 2 bis 28 je $1''$ Länge des Werkstückes.

Man muß also von der Steigung 1 mm an den Umlauf der Leitspindel steigern.

Eine Steigerung des Umlaufes der Leitspindel aber, um die größeren Steigungen zu erreichen, kann durch das in der Drehbank vorhandene und ins Langsame übersetzende Norton- und Erweiterungsgetriebe nicht ausgeführt werden, es sei denn, daß man die Übersetzungen umkehren, also das Norton-Getriebe vom Norton-Satz auf die Norton-Schwinge antreiben und ebenso den Viererblock umkehren würde. Damit würden sich aber durchgehende Übersetzungen der Zahnräderpaare ins Schnelle mit der bekannten unerwünschten Steigerung der Übersetzungsfehler ergeben.

So hat der Konstrukteur sich entschlossen, die Übersetzungen des Norton- und des Erweiterungsgetriebes ins Langsame beizubehalten und sich auf andere Weise zu helfen.

Er wählt die Reihe D der Tab. 17 als Ausgangsreihe und setzt von dieser, statt wie bei den Whitworth-Gewinden der Tab. 16 von der Reihe A, die Steigungen der Reihe D mit Hilfe des vorhandenen Norton- und Erweiterungsgetriebes bis auf den $1/_2$, $1/_4$ und $1/_8$ Teil in den Reihen C, B und A herab.

Das Problem besteht nun darin, die Steigungen der Reihe D der Tab. 17 der metrischen Gewinde in ihren einzelnen Zahlen zu erreichen.

Dazu sind folgende Maßnahmen erforderlich:

Die $^1/_2'' = 12,7$ mm Steigung der Leitspindel muß durch Multiplikation mit 1/12,7 in ihrer Auswirkung auf das Werkstück auf 1 mm Steigung gebracht werden, so daß sich bei der 10fachen Drehzahl der Leitspindel die Steigung $h = 10$ mm in der Reihe D ergibt. Damit wird aber umgekehrt durch Übersetzung mit dem Norton-Getriebe ins Langsame, also mit 32/40 mal 1/8 = 1/10 die Steigung $h = 1$ mm der Stufe 4 in der Reihe A erreicht.

Würde man nun von dieser Steigung $h = 10$ mm die übrigen Steigungen der Reihe D mit den Übersetzungen des Norton-Getriebes zu erreichen suchen, so würde das nicht gelingen. Der Vergleich der Reihen D der Tab. 16 und 17 zeigt auf den ersten Blick, daß nicht einmal die Gliederzahl der beiden Reihen und erst recht nicht die Abstufungen selbst übereinstimmen. Zudem kann die Übersetzung $8 \, \frac{40}{32} \, \frac{1}{12,7} = \frac{10}{12,7}$ nur mit ganzen Zähnen des Viererblocks $\frac{8}{1}$ und mit einem Räderpaar $\frac{100}{127}$ erreicht werden, da 127 eine Primzahl ist. $\frac{100}{127}$ erfordert aber sehr große, im Getriebe schwer unterzubringende Zahnräder. Der Konstrukteur hat jedoch ermittelt, daß die Übersetzung $\frac{9}{12,7}$ sich sehr genau durch $\frac{61}{65} \, \frac{37}{49} = \frac{8,99965}{12,7}$ herstellen läßt und daß sich mit diesem Umwandlungsgetriebe $\frac{9}{12,7}$ Steigungen ergeben, die der Größe nach nicht gerade viel von den genormten Steigungen der Reihe D der Tab. 17 abweichen. Damit genaue Übereinstimmung erreicht wird, muß sodann jede solche mit $\frac{9}{12,7}$ erreichte Steigung noch mit einem Korrekturfaktor a/b ergänzt werden. Somit schreibt sich die Gleichung für die metrischen Steigungen der Tab. 17:

$$ h = 12,7 \, \frac{9}{12,7} \, \frac{32}{(32 \sim 56)} \, \frac{1}{(1 \sim 2 \sim 4 \sim 8)} \, \frac{a}{b} \quad \text{mm.} $$

Es ist nun nur noch erforderlich, die Werte a für die Reihe D mit der Übersetzung des Viererblocks 1/1 zu bestimmen, also die Werte

$$ \frac{a}{b} = h \, \frac{1}{9} \, \frac{32 \sim 56}{32} \, \frac{1}{1} \quad \text{für} \quad h = 7,5 \sim 14 \quad \text{der Reihe D.} $$

So erhält man die Tab. 18, in welcher einige gleiche Werte für a/b vorkommen, so daß nicht für jede Steigung der Reihe D eine besondere Ergänzungsübersetzung a/b bereitgestellt werden muß. Die hier in Frage kommenden Ergänzungswerte a/b sind in der Tab. 18 schwarz umrändert gekennzeichnet. Die Brüche $\frac{38}{32 \cdot 9}$, $\frac{46}{32 \cdot 9}$ und $\frac{52}{32 \cdot 9}$ sind in der Tab. 18 nicht mit aufgenommen, weil sie Primzahlen enthalten und daher nicht mehrfach in der Tabelle auftreten. Mit den Ergänzungswerten $\frac{a}{b} = \frac{5}{4} \, \frac{7}{4}$ und $\frac{11}{9}$ könnten alle Steigungen der Reihe D genau erreicht werden. Aber die Übersetzung 7/4 erscheint bei einfachen Zahnrädern gefährlich. Statt der vorstehenden Werte $\frac{a}{b} = \frac{5}{4}$, $\frac{7}{4}$ und $\frac{11}{9}$ hat der Konstrukteur dabei die Werte $\frac{a}{b} = \frac{5}{4} \, \frac{11}{9}$ und $\frac{14}{9}$ gewählt, wodurch allein die Steigung $h = 12$ mm, wie aus Tab. 18 hervorgeht, unerreicht bleibt. Die Steigung wird durch Anordnung der zusätzlichen Übersetzung $\frac{7}{6} = \frac{32}{42} \, \frac{36}{32}$ als 11. Stufe (Abb. 259) des Norton-Getriebes, unter Hinzunahme der Schaltung, erreicht, d. h.:

$$ h = 9 \, \frac{32}{42} \, \frac{36}{32} \, \frac{14}{9} = 12 \quad \text{(Stufe D III)} . $$

Die Übersetzungen $\frac{a}{b} = \frac{5}{4}$, $\frac{11}{9}$ und $\frac{14}{9}$ werden durch das Ergänzungsgetriebe 50/40, 44/36 und 56/36 erreicht.

Tabelle 18. *Werte der Übersetzung a/b zu den metrischen Gewinden.*

$$\frac{a}{b} = h \,\frac{(32 \sim 56)}{32}\,\frac{1}{9}$$

$\frac{32 \sim 56}{32}\,\frac{1}{9}$	$\frac{32}{32}\,\frac{1}{9} = \frac{1}{9}$	$\frac{36}{32}\,\frac{1}{9} = \frac{1}{8}$	$\frac{40}{32}\,\frac{1}{9} = \frac{5}{36}$	$\frac{42}{32}\,\frac{1}{9} = \frac{7}{48}$	$\frac{44}{32}\,\frac{1}{9} = \frac{11}{72}$	$\frac{48}{32}\,\frac{1}{9} = \frac{1}{6}$	$\frac{56}{32}\,\frac{1}{9} = \frac{7}{36}$
7,5	$\frac{15}{18}$	$\frac{15}{16}$	$\frac{25}{24}$	$\frac{35}{32}$	$\frac{55}{48}$	$\frac{5}{4}$	$\frac{35}{24}$
8	$\frac{8}{9}$	1	$\frac{10}{9}$	$\frac{7}{6}$	$\frac{11}{9}$	$\frac{4}{3}$	$\frac{14}{9}$
9	1	$\frac{9}{8}$	$\frac{5}{4}$	$\frac{21}{16}$	$\frac{11}{8}$	$\frac{3}{2}$	$\frac{7}{4}$
10	$\frac{10}{9}$	$\frac{5}{4}$	$\frac{25}{18}$	$\frac{35}{24}$	$\frac{55}{36}$	$\frac{5}{3}$	$\frac{35}{18}$
11	$\frac{11}{9}$	$\frac{11}{8}$	$\frac{55}{36}$	$\frac{77}{48}$	$\frac{121}{72}$	$\frac{11}{6}$	$\frac{77}{36}$
$11\frac{1}{4}$	$\frac{5}{4}$	$\frac{45}{32}$	$\frac{25}{16}$	$\frac{105}{64}$	$\frac{55}{32}$	$\frac{15}{8}$	$\frac{35}{16}$
12	$\frac{4}{3}$	$\frac{3}{2}$	$\frac{5}{3}$	$\frac{7}{4}$	$\frac{11}{6}$	2	$\frac{7}{3}$
14	$\frac{14}{9}$	$\frac{7}{4}$	$\frac{35}{18}$	$\frac{49}{24}$	$\frac{77}{36}$	$\frac{7}{3}$	$\frac{49}{18}$

(Erste Spalte: $\langle$== h der Grundreihe D ==$\rangle$)

Der Antrieb geht bei der Herstellung metrischer Gewinde von der Welle VIII (Abb. 259) über die Zahnräder 71, 120, 71, 61 und 65 auf das Umwandlungsgetriebe 65, 37, 49 und durch die hohle Achse des Norton-Konus zum Ergänzungsgetriebe 44/36, 50/40 und 56/36 und von diesem zur Norton-Schwinge und schließlich über das Norton- und das Erweiterungsgetriebe an die Leitspindel. Für die Steigung 12 mm wird die Norton-Schwinge mit 32, 42, 36 auf das abgesetzte Zahnrad 32 des Norton-Getriebes benutzt.

Die Reihen C, B und A werden durch den Viererblock mit den Übersetzungen 1/2, 1/4 und 1/8 gebildet.

Für das Schneiden hoher Steigungen über 14 mm wird die Welle VIII von der Welle III im Spindelstock angetrieben (Steilgewinde).

Im Ergänzungsgetriebe sind korrigierte Zahnräder zwecks Erzielung gleichen Wellenabstandes eingebaut.

4. Das Modulgewinde. Um Schneckengewinde zu schneiden, müssen Steigungen mit der Ganghöhe $h = m\,\pi$ erzeugt werden.

Die normalen Modulgewinde sind in der nachfolgenden Tab. 19 zusammengestellt.

Diese Zahlen sind jeweils der vierte Teil der entsprechenden Werte für metrische Gewinde. Das metrische Gewinde beginnt mit $h = 1$ mm. Das Modul-

Tabelle 19. *Normale Modulgewinde.*

	0,25							A
	0,5					0,75		B
	1		1,25			1,5	1,75	C
	2	2,25	2,5	2,75		3	3,5	D
3,75	4	4,5	5	5,5		6	7	E
7,5	8	9	10	11		12	14	F
15	16	18	20	22		24	28	G
30	32	36	40	44	45	48	56	H

gewinde beginnt mit 1/4, also Erweiterung mit 1/4, und zwar $1/4 \cdot \pi$. Denn die Ganghöhe ist ja $m\pi$, daher ist die metrische Ganghöhe mit $\pi/4$ zu erweitern. Daraus folgt, daß die Modulgewinde mit derselben Getriebeanordnung geschnitten werden können, wie sie für metrische Gewinde vorgesehen ist, wenn die Getriebekette um das Glied $\pi/4$ vermehrt wird. So wird durch Aufstecken der Wechselräder $\frac{71}{113}\,\frac{120}{96} = \frac{\pi}{4}$ (Abb. 259) an Stelle von $\frac{71}{71} = \frac{1}{1}$ das Vorschubgetriebe auf das Schneiden von Modulgewinden umgestellt.

5. Das Diametral-Pitch-Gewinde. Mit Diametral-Pitch (Dp) bezeichnet man die Anzahl Z der Zahnteilungen dividiert durch den in Zoll gemessenen Teilkreisdurchmesser

$$Dp = \frac{Z}{\dfrac{Z\,m}{1''}} = \frac{1''}{m} = \frac{1}{\dfrac{m}{1''}},$$

d. h., Dp ist der reziproke Wert des in Zoll angegebenen Moduls m. Die Steigung eines Modulgewindes ist $h = m\pi$, also $m = h/\pi$.

An der Drehbank vorhanden ist die Whitworth-Steigung

$$h = \frac{32}{(32 \sim 36)}\,\frac{1}{(1 \sim 2 \sim 4 \sim 8)}\,\frac{1}{2''},$$

$$m = \frac{h}{\pi} = \frac{1}{2\pi}\,\frac{32}{(32 \sim 56)}\,\frac{1}{(1 \sim 2 \sim 4 \sim 8)}.$$

Multipliziert man diesen Modul mit $\pi/4$, so erhält man einen abgeänderten Modul

$$m = \frac{\pi}{4}\,\frac{1}{2\pi}\,\frac{32}{(32 \sim 56)}\,\frac{1}{(1 \sim 2 \sim 4 \sim 8)} = \frac{1}{8}\,\frac{32}{(32 \sim 56)}\,\frac{1}{(1 \sim 2 \sim 4 \sim 8)}.$$

Setzt man diesen Modul in die Gleichung vor $Dp = 1''/m$ ein, so ergibt sich

$$Dp = \frac{1''}{\dfrac{1}{8}\,\dfrac{32}{(32 \sim 56)}\,\dfrac{1}{(1 \sim 2 \sim 4 \sim 8)}} = 8\,\frac{(32 \sim 56)}{32}\,(1 \sim 2 \sim 4 \sim 8).$$

Diese Dp-Werte, ausgerechnet für das Erweiterungsgetriebe 1/1, ergeben genau die Werte der Reihe D der Dp-Tab. 20.

Die übrigen Reihen von der Zahl 16 bis 112 sind in der Dp-Tabelle mit enthalten, die kleineren Werte von 7 bis 1/2 (Reihe E bis H) erhält man wiederum durch Antrieb der Welle VIII von Welle III (Steilgewinde).

Man hat also die Steigungen des Whitworth-Gewindes in der Drehbank nur mit dem Faktor $\pi/4$ zu erweitern, um die Dp-Werte laut Tab. 20 zu erhalten.

Tabelle 20. *Diametral-Pitch-Gewinde.*

1	2	3	4	5	6	7	8	9	10		B auf
112	104	96	92	88	84	80	76	72	64	A	IV
56	52	48	46	44	42	40	38	36	32	B	III
28	26	24	23	22	21	20	19	18	16	C	II
14	13	12	$11\tfrac{1}{2}$	11	$10\tfrac{1}{2}$	10	$9\tfrac{1}{2}$	9	8	D	I
7	$6\tfrac{1}{2}$	6	$5\tfrac{3}{4}$	$5\tfrac{1}{2}$	$5\tfrac{1}{4}$	5	$4\tfrac{3}{4}$	$4\tfrac{1}{2}$	4	E	
$3\tfrac{1}{2}$	$3\tfrac{1}{4}$	3		$2\tfrac{3}{4}$		$2\tfrac{1}{2}$		$2\tfrac{1}{4}$	2	F	Steilgewinde
$1\tfrac{3}{4}$		$1\tfrac{1}{2}$				$1\tfrac{1}{4}$			1	G	
		$\tfrac{3}{4}$							$\tfrac{1}{2}$	H	

6. Das Circular-Pitch-Gewinde. Unter Circular-Pitch (Cp) versteht man die Länge einer Zahnteilung $m\pi$ in Zoll, gemessen im Teilkreis.

$$Cp = \frac{m\pi}{1''}.$$

Die Tab. 21 enthält die Cp-Gewinde, jedoch geteilt durch 16, also $Cp/16$. Diese Zahlen kommen ebenso und in der gleichen Folge in der Tab. 17 der metrischen Gewinde vor. Daher geht man von der Einrichtung der Drehbank für metrische Gewinde aus. Hier ist

Tabelle 21. *Circular-Pitch-Gewinde.*

a	b	c	d	e	f	g	h
	5		6		7		8
9	10	11	12	13	14	15	16
18	20	22	24	26	28	30	32
36	40	44	48	52	56	60	64
72	80	88	96	104	112	120	128

$$Cp = \frac{m\pi}{1''} = \frac{h}{1''} = 9\,\frac{32}{(32\sim56)}\,\frac{1}{(1\sim2\sim4\sim8)}\,\frac{a}{b}\,\frac{1}{1''},$$

$$\frac{Cp}{16} = \frac{9}{16}\,\frac{32}{(32\sim56)}\,\frac{1}{(1\sim2\sim4\sim8)}\left(\frac{5}{4}\sim\frac{11}{9}\sim\frac{14}{9}\right)x.$$

Setzt man $x = 8$ und errechnet die Werte

$$Cp = \frac{9}{16}\,\frac{32}{(32\sim56)}\,\frac{1}{(1\sim2\sim4\sim8)}\left(\frac{5}{4}\sim\frac{11}{9}\sim\frac{14}{9}\right)8,$$

$$Cp = \frac{9}{2}\,\frac{32}{32\sim56}\,\frac{1}{1}\left(\frac{5}{4}\sim\frac{11}{9}\sim\frac{14}{9}\sim\frac{6}{7}\right),$$

so ergeben sich die Zahlen für 4 Reihen der $Cp/16$. Wird davon die Reihe 6/7 fortgelassen, so ergibt sich die folgende Tabelle:

Tabelle 22. *Circular-Pitch-Gewinde.*

Stufe	1	2	3	4	5	6	7	8	9	10	11
Norton-Getriebe	$\frac{32}{32}$	$\frac{32}{36}$	$\frac{32}{38}$	$\frac{32}{40}$	$\frac{32}{42}$	$\frac{32}{44}$	$\frac{32}{46}$	$\frac{32}{48}$	$\frac{32}{52}$	$\frac{32}{56}$	$\frac{32}{42}\,\frac{36}{32}=\frac{6}{7}$
$\frac{9}{2}\,\frac{32}{32\sim56}$	$\frac{9}{2}$	4	$\frac{72}{19}$	$\frac{18}{5}$	$\frac{24}{7}$	$\frac{36}{11}$	$\frac{72}{23}$	3	$\frac{36}{13}$	$\frac{18}{7}$	$\frac{27}{7}$
$\frac{a}{b}=\frac{5}{4}$	$\frac{45}{8}$	5b	$\frac{90}{19}$	$\frac{9\,a}{2}$	$\frac{30}{7}$	$\frac{45}{11}$	$\frac{90}{23}$	$\frac{15\,g}{4}$	$\frac{45}{13}$	$\frac{45}{14}$	$\frac{5}{4}\,\frac{27}{7}=\frac{135}{28}$
$\frac{a}{b}=\frac{11}{9}$	$\frac{11\,c}{2}$	$\frac{44}{9}$	$\frac{88}{19}$	$\frac{22}{5}$	$\frac{88}{21}$	4	$\frac{88}{23}$	$\frac{11}{3}$	$\frac{44}{13}$	$\frac{22}{7}$	$\frac{11}{9}\,\frac{27}{7}=\frac{33}{7}$
$\frac{a}{b}=\frac{14}{9}$	$7f$	$\frac{56}{9}$	$\frac{112}{19}$	$\frac{28}{5}$	$\frac{16}{3}$	$\frac{56}{11}$	$\frac{112}{23}$	$\frac{14}{3}$	$\frac{56}{13}$	4	6 d

$Cp/16$ ist gleich den eingerahmten Tabellenwerten, wovon die Reihen a b c d f g erfüllt sind, aber e u. h ausfallen.

Es fehlen nur noch je einer der $Cp/16$-Werte der Reihen e und h. Diese werden erreicht:

Reihe e unmittelbar durch Wechselräder auf der Schere

$$Cp = 13 = \frac{Cp}{16} = \frac{13}{16}\,\frac{72}{130}\quad\text{und}$$

Reihe h durch die Whitworth-Schaltung.

$$\frac{Cp}{16} = 8\quad\text{für}\quad\frac{32}{32}\quad\text{und}\quad1.$$

Abschließend wird besonders darauf aufmerksam gemacht, daß der vorstehende Aufbau des Norton-Getriebes so ergänzt wurde, daß der Antrieb unter allen Umständen von der Norton-Schwinge aus erfolgt.

7. Das Vorschubgetriebe. Für den Vorschub ist ein Bereich von $s = 2\ \mathrm{mm/U}$ bis $0,1\ \mathrm{mm/U}$ mit einem möglichst feinen Vorschub, also $\varphi = 1,12$ erwünscht[1]. Naheliegend ist es, dazu auf die für die Gewinde angeordneten Übersetzungen des Norton- und des Erweiterungsgetriebes zurückzugreifen.

Dem Zahnstangenritzel, welches in die am Bett befindliche Zahnstange eingreift, wird ein möglichst kleiner Teilkreisdurchmesser zugeteilt, und zwar der Unterbringung wegen und um die Übersetzungen von der Arbeitsspindel auf die Ritzelwelle in tragbaren Grenzen zu halten. Bei einem Modul von $m = 2,75\ \mathrm{mm}$ ergibt sich somit für $z_r = 13$ (Zähnezahl des Ritzelzahnrades) ein Teilkreisumfang von

$$z_r\, m\, \pi = 13 \cdot 2,75 \cdot \pi = 112\ \mathrm{mm}.$$

Dieser Umfangsweg muß also auf $s = 2$ bis $0,1\ \mathrm{mm}$, $B = 1 : 20$ für eine Umdrehung des Werkstücks, herabgesetzt werden. So ergibt sich

$$\frac{n_r}{n_a} = \frac{s}{112}\ ;\quad s = 112\,\frac{n_r}{n_a}\ .$$

Für die geometrische Reihe der Stufensprünge mit $\varphi = 1,12$ liefert das Nortongetriebe unter Weglassen dazwischenliegender Stufen die Übersetzungen.

$$\frac{32}{32} = \frac{1}{\varphi^0} = 1;\quad \frac{32}{36} = \frac{1}{\varphi} = \frac{1}{1,12}\ ;\quad \frac{32}{40} = \frac{1}{\varphi^2} = \frac{1}{1,25} = \frac{32}{46} = \frac{1}{\varphi^3} = \frac{1}{1,44}$$

$$\frac{32}{52} = \frac{1}{\varphi^4} = \frac{1}{1,62}$$

und das Vervielfachungsgetriebe die Übersetzungen

$$\frac{1}{\varphi^0} = 1;\quad \frac{1}{\varphi^6} = \frac{1}{2}\ ;\quad \frac{1}{\varphi^{12}} = \frac{1}{4}\ ;\quad \frac{1}{\varphi^{18}} = \frac{1}{8}\ .$$

Um die kleinen Teilstrecken $2 \sim \frac{1}{10}$ mm des Ritzelteilkreises zu erreichen, ist im Vorschubkasten (Abb. 259) eine Fallschnecke 4/30 angeordnet sowie die Übersetzungen 24/50 und 23/69, das gibt im ganzen

$$\frac{4}{30}\,\frac{24}{50}\,\frac{23}{69} = \frac{32}{1500}\ .$$

Um den größten Vorschubweg $s = 2\ \mathrm{mm}$ zu erreichen, wird für die beiden Vorschubgetriebe $\dfrac{32}{32 \sim 56}$ und $\dfrac{1}{(1,2,4,8)}$ der Faktor 1 gesetzt und nunmehr festgestellt, welche Übersetzung x noch eingefügt werden muß, um den größten Vorschub $s = 2\ \mathrm{mm}$ zu erreichen. So ergibt sich $2 = s = 112 \cdot x$; $x = \dfrac{1}{56}$ und ferner aus $s = 112 \cdot n_r/n_a = 112$

$$\frac{32}{(32 \sim 56)}\,\frac{1}{(1,2,4,8)}\,\frac{32}{1500}\, x = 2\ \mathrm{mm}$$

ergibt sich

$$x = \frac{2}{112 \cdot 1 \cdot 1\,\dfrac{32}{1500}} = \frac{29,3}{35}\ .$$

Statt dieser Übersetzung wird die einfachere $\dfrac{28}{35} = \dfrac{4}{5}$ gewählt, somit wird

$$s = 112\,\frac{32}{1500}\,\frac{28}{35} = 1,91 = 1,9,$$

der kleinste Vorschub wird

$$s = 112\,\frac{1}{1,62}\,\frac{1}{8}\,\frac{32}{1500}\,\frac{28}{35} = 0,149 = 0,15.$$

Das ist aber gegenüber dem Soll von $s = 0,1\ \mathrm{mm}$ ein noch zu großer Vorschub. Daher wird die Reihe der Vorschübe nach oben und unten noch erweitert, und zwar

nach oben um den Faktor $\varphi = 1,12$, also von $1,9$ auf $1,9 \cdot 1,12 = 2,1$, und

nach unten mit Hilfe der metrischen Schaltung 2 mm die Werte $s = 0,13\ \mathrm{mm}$ und $s = 0,119$, $0,12$, so daß $s = 10$ nicht ganz erreicht wird.

Auf diese Weise ergeben sich die Vorschübe der Tab. 23.

---

[1] IRTENKAUF: Die Vorschubnormung bei den spanabhebenden Werkzeugmaschinen. Werkstattstechnik 1939, H. 2, S. 25.

Tabelle 23. *Vorschübe der Zugspindel.*

Schaltung	$^1/_1 = \varphi^0$	$^1/_2 = \varphi^{-6}$	$^1/_4 = \varphi^{-12}$	$^1/_8 = \varphi^{-18}$
$\dfrac{112}{58,6}\ \dfrac{9}{12,7}\cdot\dfrac{14}{9}\ (\varphi^1)$	2,1	1,05	0,53	0,265
$\dfrac{112}{58,6}\ \dfrac{32}{32}\ (\varphi^0)$	1,9	0,95	0,475	0,235
$\dfrac{112}{58,6}\ \dfrac{32}{36}\ (\varphi^{-1})$	1,7	0,85	0,42	0,21
$\dfrac{112}{58,6}\ \dfrac{32}{40}\ (\varphi^{-2})$	1,5	0,75	0,375	0,19
$\dfrac{112}{58,6}\ \dfrac{32}{46}\ (\varphi^{-3})$	1,32	0,67	0,335	0.17
$\dfrac{112}{58,6}\ \dfrac{32}{52}\ (\varphi^{-4})$	1,18	0,6	0,3	0,15
$\dfrac{112}{58,6}\ \dfrac{9}{12,7}\ \dfrac{11}{9}\ \dfrac{32}{48}\ (\varphi^{-5})$				0,132
$\dfrac{112}{58,6}\ \dfrac{9}{12,7}\ \dfrac{11}{9}\ \dfrac{32}{56}\ (\varphi^{-6})$				0,110

Die Planvorschübe s_p sollen 1/3 der Längsvorschübe betragen.

Ist e die Steigung der Planspindel in mm und n_p ihre Drehzahl, so ergibt

$$s_p\, n_a = e\, n_p; \quad \frac{n_p}{n_a} = \frac{s_p}{e}\ ; \quad s_p = \frac{1}{3}\, s\,.$$

Wird $e = 5$ mm gewählt, dann ist

$$\frac{28}{35}\ \frac{4}{30}\ x_p = \frac{1,9}{3,5}\ x_p$$

die Übersetzung zwischen Schneckenrad und Planspindel

$$x_p = \frac{1,9}{3,5}\ \frac{30}{4}\ \frac{35}{28} = 1,19 = \frac{24}{20} \quad \text{(Abb. 259).}$$

8. Schaltplan des Vorschubgetriebes (Abb. 261).

Hebel A betätigt das Norton-Getriebe.　　Hebel B steuert das Erweiterungsgetriebe.

Stellung　I „metrisch" $\dfrac{61}{65}\ \dfrac{37}{49} = \dfrac{9}{12,7}$　　Stellung　　I $32 - 46 - 32 = 1:1$

Stellung II „Whitworth" $61 - 65 - 61 = 1:1$　Stellung　II $\dfrac{32}{64}\ \dfrac{48}{48} = 1:2$

Stellung III $\dfrac{32}{64}\ \dfrac{32}{64} = 1:4$

Stellung IV $\dfrac{32}{64}\ \dfrac{19}{76} = 1:8$

Hebel C schaltet die Übersetzungen des Ergänzungsgetriebes (Abb. 259).

Stellung　I $\dfrac{44}{36} = \dfrac{11}{9}$

Stellung II $\dfrac{50}{40} = \dfrac{5}{4}$

Stellung III $\dfrac{56}{36} = \dfrac{14}{9}$

Tabelle 24. *Schaltplan des Vorschubgetriebes.*

In der Kopfzeile stehen über den Spalten 1–10 die *Nortonschwinge*-Stellungen; die Spalten 1:1, 1:4, 1:16 gehören zu *Hebel B — Vorgelege*. Die rechte Randspalte trägt die Angabe *Hebel A* (bei WW- und Dp-Gewinde „Whitworth", bei metrischem und Modulgewinde „metrisch").

Gewinde	Wechselräder	Steigungen	1	2	3	4	5	6	7	8	9	10	1:1	1:4	1:16	Hebel A
WW-Gewinde	Wechselräder $\frac{71}{71}$		28	26	24	23	22	21	20	19	18	16	IV			„Whitworth"
			14	13	12	$11\frac{1}{2}$	11	$10\frac{1}{2}$	10	$9\frac{1}{2}$	9	8	III			
			7	$6\frac{1}{2}$	6	$5\frac{3}{4}$	$5\frac{1}{2}$	$5\frac{1}{4}$	5	$4\frac{3}{4}$	$4\frac{1}{2}$	4	II			
			$3\frac{1}{2}$	$3\frac{1}{4}$	3	$2\frac{7}{8}$	$2\frac{3}{4}$	$2\frac{5}{8}$	$2\frac{1}{2}$	$2\frac{3}{8}$	$2\frac{1}{4}$	2	I			
Dp-Gewinde	Wechselräder $\frac{71}{113}\,\frac{120}{96}$	norm. Steigungen	112	104	96	92	88	84	80	76	72	64	VI			„Whitworth"
			56	52	48	46	44	42	40	38	36	32	III			
			28	26	24	29	22	21	20	19	18	16	II			
			14	13	12	$11\frac{1}{2}$	11	$10\frac{1}{2}$	10	$9\frac{1}{2}$	9	8	I			
		hohe Steigungen	7	$6\frac{1}{2}$	6	$5\frac{3}{4}$	$5\frac{1}{2}$	$5\frac{1}{4}$	5	$4\frac{3}{4}$	$4\frac{1}{2}$	4		II	IV	
			$3\frac{1}{2}$	$3\frac{1}{4}$	3		$2\frac{3}{4}$		$2\frac{1}{2}$		$2\frac{1}{4}$	2		I	III	
			$1\frac{3}{4}$		$1\frac{1}{2}$				$1\frac{1}{4}$			1			II	
					$\frac{3}{4}$							$\frac{1}{2}$			I	
Hebel C →			II	I	II	II	I	II	III	III						
Norton-Schwinge →			3	5	7	9	10	10	11	10						
Metrische Gewinde	Wechselräder $\frac{71}{71}$	norm. Steigungen		1		1,25			1,5	1,75			IV			„metrisch"
				2	2,25	2,5	2,75		3	3,5			III			
			3 75	4	4,5	5	5,5		6	7			II			
			7,5	8	9	10	11		12	14			I			
		hohe Steigungen	15	16	18	20	22		24	28				II	IV	
			30	32	36	40	44	45	48	56				I	III	
			60	64	72	80	88	90	96	112					II	
			120	128	144	160	176	180	192	224					I	
Modulgewinde	Wechselräder $\frac{71}{113}\,\frac{120}{96}$	norm. Steigungen		0,25									IV			„metrisch"
				0,5					0,75				III			
				1		1,25			1,5	1,75			II			
				2	2,25	2,5	2,75		3	3,5			I			
		hohe Steigungen	3,75	4	4,5	5	5,5		6	7				II	IV	
			7,5	8	9	10	11		12	14				I	III	
			15	16	18	20	22		24	28					II	
			30	32	36	40	44	45	48	56					I	

Tabelle 24. (Fortsetzung.)

Norton-Schwinge	1	2	3	4	5	6	7	8	9	10	Hebel B Vorgelege	
Wechselräder		$\frac{72\cdot127}{120\cdot96}$			$\frac{72\cdot130}{120\cdot96}$		$\frac{72\cdot127}{120\cdot96}$	$\frac{71\cdot127}{120\cdot71}$	$\frac{71}{71}$			
Hebel A	metrisch				Whitw.		metrisch		Whitw.			
Hebel C	II	II	I	III	Mitte		III	II	Mitte			
Norton-Schwinge	7	9	10	11	10		10	10	10			
Cp-Gewinde — normale Steigungen				$^3/_{16}$							II	
		$^5/_{16}$		$^3/_8$			$^7/_{16}$		$^1/_2$		I	
Cp-Gewinde — hohe Steigungen	$^9/_{16}$	$^5/_8$	$^{11}/_{16}$	$^3/_4$	$^{13}/_{16}$		$^7/_8$	$^{15}/_{16}$	1		II	IV
	$1^1/_8$	$1^1/_4$	$1^3/_8$	$1^1/_2$	$1^5/_8$		$1^3/_4$	$1^7/_8$	2		J	III
	$2^1/_4$	$2^1/_2$	$2^3/_4$	3	$3^1/_4$		$3^1/_2$	$3^3/_4$	4			II
	$4^1/_2$	5	$5^1/_2$	6	$6^1/_2$		7	$7^1/_2$	8			I

A	Norton-Schwinge	Hebel C	I	Längs Hebel B auf II	III	IV	Plan Hebel B auf I	II	III	IV
II	10	III	2,1	1,05	0,53	0,265	0,71	0,335	0,18	0,09
I	10	0	1,9	0,95	0,475	0,235	0,63	0,315	0,16	0,08
	9		1,7	0,85	0,42	0,21	0,56	0,28	0,14	0,071
	7		1,5	0,75	0,375	0,19	0,5	0,25	0,125	0,063
	4		1,32	0,67	0,335	0,17	0,45	0,225	0,112	0,056
	2		1,18	0,6	0,3	0,15	0,5	0,2	0,1	0,05
II	3	I				0,132				0,045
	1					0,118				0,04

e) Nachprüfung der Abmessungen.

Bei der Nachprüfung der Abmessungen der Gehäuse und Maschinenteile muß man sich stets vor Augen halten, daß das der Sicherung gegen Bruch entsprechende Festigkeitsmaß die untere Grenze kennzeichnet, aber gerade im Werkzeugmaschinenbau den Anforderungen in der Regel nicht genügt. Rücksichtnahme auf die Anpassung im Raum, auf den entstehenden Lagerdruck, auf die Vermeidung von Kantenlauf der Zahnräder, auf Durchbiegung der Wellen in den Lagern und der dadurch entstehenden Verringerung des Lagerspiels, auf Vermeidung von Zurückweichen oder Schwingungen des Werkzeugs oder Werkstücks, auf Rattern im Hauptlager usw., bedingt die endgültige Dimensionierung.

In erster Linie ist auf das Einhalten einer kleinsten elastischen Verformung zu achten. Die Grenze dafür ist selten genau bestimmbar, so daß letzten Endes die Abmessungen im Werkzeugmaschinenbau auf die Erfahrung an vorliegenden Ausführungen anknüpft. So ist es einfach, den Grad der Verstärkung des Maschinenteils auch durch Rechnung im Vergleichswege mit Erprobtem zu bestimmen. Solche Nachrechnung fördert zudem die Wertung der Einzelteile und des Aufbaus sowie der Leistung der Werkzeugmaschine und erleichtert damit auch die Angebotsabgabe zu neuen ähnlichen Maschinen.

I. Der Spindelstock.

1. Leistung an der Arbeitsspindel. Gebaut wird die Werkzeugmaschine in der Regel für einen Elektromotor von bestimmter Leistung oder auch für eine bestimmte stündliche Spanmenge von einem zumeist zu bearbeitenden Werkstoff, z. B. St 60.11.

So ergibt sich:

$$N_s = \frac{P_s\,v}{60\cdot102} = \frac{k_m(a\,s)\,v}{60\cdot102} \quad \text{an der Schneide}$$

$$G_h = \gamma\,(10\cdot v\cdot60)\,\frac{a\,s}{10000} = 0{,}06\cdot v\cdot a\cdot s\cdot\gamma$$

$$v\,a\,s = \frac{G_h}{0{,}06\cdot\gamma}$$

$$N = \frac{k_m\,G_h}{0{,}06\cdot\gamma\cdot60\cdot102} = \frac{k_m\,G_h}{3{,}6\cdot102\cdot\gamma}$$

$$G_h = \frac{N\cdot3{,}6\cdot102\cdot\gamma}{k_m}$$

N kW	Energieaufwand
P_s kg	Schnittkraft an der Schneide
v m/min	Schnittgeschwindigkeit
k_m kg/mm²	Mittlere Schnittkraft
$t_s = a\,s$ mm²	Spanquerschnitt
G_h kg	Stündliches Spangewicht
$\gamma = 7{,}85$	spez. Gewicht vom Stahl

Verlangt wurde für eine mittlere Schnittkraft $k_m = 135$ kg/mm², entsprechend etwa St 60.11 bis 70.11 bei einem Vorschub $s = 1$ mm, die stündliche Spanmenge $G_h = 100$ kg/h. Diese Spanmenge erfordert einen Energieaufwand $N = \dfrac{135\cdot100}{7{,}85\cdot102\cdot3{,}6} = 4{,}7$ kW an der Arbeitsspindel entsprechend $\dfrac{4{,}7}{0{,}9} = 5{,}2$ kW Motorleistung, wobei für die 5 Übersetzungen von Welle zu Welle jeweils mit einem Energieverlust von 2 % gerechnet wird, also einem Wirkungsgrad von 0,9 für die gesamten Übersetzungen. Der Motor mit 5,5 kW ist demnach reichlich gewählt. Von ihm aus gelangen an die Arbeitsspindel 4,95 kW, welche sich mit der normalen Drehzahlreihe 11,8 bis 600 U/min (Abb. 253, S. 192) auswirken.

Das größte Drehmoment würde sich zu

$$M_d = 97\,500\,\frac{N}{n} = \frac{97\,500\cdot4{,}95}{11{,}8} = 41\,000 \ \text{[cmkg]}$$

ergeben.

Dieses Drehmoment würde derartige Abmessungen der Wellen und Zahnräder erfordern, daß der Spindelkasten für die gewöhnlich auftretenden Beanspruchungen einer Schnelldrehbank mit einem Drehdurchmesser über Bett $D = 450$ mm viel zu groß und die Bank damit unverkäuflich werden würde. Es muß daher das Drehmoment begrenzt werden.

Um für diese Begrenzung zu einer Norm zu kommen, wurde im Jahre 1938/39 unter den Drehbänke herstellenden Firmen folgender Ausweg vereinbart:

An dem Drehdurchmesser

$$d = \frac{\text{Umlaufdurchmesser } D \text{ über Bett}}{1{,}6}$$

soll beim Zerspanen von St 60.11 mit Schnellstahl bei einer Schnittgeschwindigkeit $v = 20$ m/min und einem angenommenen Schnittwiderstand $k_m = 140$ kg/mm² die *installierte* Leistung ($N = 5{,}5$ kW bzw. 4,95 kW an der Schneide) ohne Nachteil für die Drehbank abgenommen werden können.

Im vorliegenden Fall mit der einschaltbaren Drehzahl $n = 23{,}5$ U/min (Abb. 253, S. 192) errechnet sich das Drehmoment zu $M_d = \dfrac{97\,500\cdot N}{n} = \dfrac{97\,500\cdot5{,}5}{23{,}5} \cong 22\,500$ cm/kg, wenn, reichlich gerechnet, statt 4,95 kW an der Arbeitsspindel die Motorleistung 5,5 kW eingesetzt wird.

Es ist

$$d = \frac{D}{1{,}6} = \frac{450}{1{,}6} = 280 \ \text{mm}$$

und damit die zulässige Schnittkraft

$$P = \eta \frac{M_d}{d/2 \cdot 10} = 0{,}9 \frac{22\,500}{14} = 1450 \, \text{kg}$$

am Werkstück vom Drehdurchmesser $d = 280$ mm und damit der Spanquerschnitt

$$f_s = \frac{P}{k_m} = \frac{1450}{135} = 10{,}7 \approx 11 \, \text{mm}^2.$$

2. Die Wellen. Die Wellen unterliegen einer zusammengesetzten Beanspruchung durch Biegung und Verdrehung. Die Biegebeanspruchung wechselt bei jeder Umdrehung ihr Vorzeichen; die Verdrehbeanspruchung wechselt ihr Vorzeichen nicht und wird mit dem festgestellten maximalen Drehmoment $M_d = 22\,500$ cm/kg in den nachfolgenden Rechnungen berücksichtigt.

Bei der praktischen Ausführung einer Welle sowie bei andern Maschinenteilen werden die Abmessungen nicht nur von dem Ergebnis der Festigkeitsrechnung bestimmt, sondern auch von anderen Größen, wie z. B. Wahl von Normmaßen, Rücksichtnahme auf vorhandene Meßgeräte und Werkzeuge, auf die einzubauenden Kugellager, ferner auf die möglichst häufige Anwendung derselben Abmessungen, um ein öfteres Umstellen der Fertigungsmaschine zu vermeiden.

Von den verschiedenen Festigkeitshypothesen wird diejenige von MOHR der Rechnung zugrunde gelegt, weil sie die Bruchgefahr gegenüber allen anderen Hypothesen weitgehend einschränkt. Die Wellen sind aus einem Werkstoff gefertigt, der St 60.11 bis 70.11 entspricht. Für solchen Werkstoff beträgt

die Dauerzugspannung im Belastungsfall III $\sigma_z = 23$ kg/mm²,
die Dauerschubspannung bei Torsion für Belastungsfall II etwa $\tau_z = 19$ kg/mm².

Die Formel der Zugspannung lautet

$$\sigma = \sqrt{\sigma_B + 4(\alpha\,\tau_z)^2}$$

darin ist:

$$\alpha = \frac{\sigma_z}{2\,\tau_z} = \frac{23}{2 \cdot 19} = 0{,}61, \quad \alpha^2 = 0{,}37$$

$$\sigma_B = \frac{M_b}{W_b} \quad \text{und} \quad \tau = \frac{M_d}{2\,W_b}, \quad \text{also} \quad \sigma = \sqrt{\frac{M_b^2}{W_b^2} + \frac{4\,\alpha^2\,M_d^2}{4\,W_b^2}} = \frac{1}{W_b}\sqrt{M_b^2 + 0{,}37\,M_d^2} \quad \text{kg/mm}^2.$$

Im folgenden werden die Wellen mit ihren ausgeführten Abmessungen nachgerechnet, um die hieraus sich ergebende Beanspruchung mit der höchstzulässigen des Werkstoffs zu vergleichen.

Die Ergebnisse der Nachrechnung der Wellen II bis V sind in der Tab. 25 zusammengestellt. Die kW nehmen von der Welle I an um je 2% Energieverlust ab. Die Drehzahlen n sind dem Drehzahlbild (Abb. 253, S. 192) entnommen, und zwar die drei kleinsten Drehzahlen ausgehend von $n = 23{,}5$, die folgenden drei Drehzahlen der Wellen I, II, III in ihren niedrigsten Werten. Danach ergibt sich das auf die betreffenden Wellen entfallende Drehmoment $M_d = N/n \cdot 97\,500$.

Die folgenden Zahlen der Spalten 6 bis 17 gehen unmittelbar auf die an der Maschine ausgeführten Abmaße zurück, mit Ausnahme der Werte $d = 3{,}2$ bzw. $4{,}1$, welche an Stelle von $d = 2{,}8$ bzw. $3{,}6$ in die Tab. 25 aus dem nachstehend noch angegebenen Grunde eingetragen sind. Die Spalte 18 ergibt das Nachrechnungsresultat, d. h. die Spannungen, welche nach MOHR für das eingeschränkte Drehmoment $M_d = 22\,500$ cm/kg errechnet worden sind.

Die Formeln zu den einzelnen Spalten sind in der angewandten Fassung nochmals übersichtlich zusammengestellt.

Spalte 1 enthält in römischen Zahlen I bis V die Kennzeichnung der betreffenden Wellen,
Spalte 2 $N = \eta N_1$ kW (pro Welle $\eta = 0{,}98$),
Spalte 3 enthält die kleinste bei voller Leistung mögliche Drehzahl n/min,

Tabelle 25. *Zusammenstellung der Nachrechnung der Wellen II bis V des Spindelkästens.*

1	2	3	4	5	6	7	8	9	10	11	12	13	14	15	16	17	18
Welle Nr.	$\overset{\cdot}{N}$	n	$M_d = 97500\frac{N}{n}$	Z Zähnezahl	m Modul	$r = \frac{zm}{2}$	$P_1 = \frac{M_d}{r}$	P_2	d	$W_b = \frac{(0,9\,d)^3}{10}$	a	b	c	A	$B = P_1 + P_2 - A$	M_b	$\sigma = \frac{1000}{W_b}\sqrt{\left(\frac{M_b}{1000}\right)^2 + 0,378\left(\frac{M_d}{1000}\right)^2}$
	kW	min⁻¹	cmkg		cm	cm	kg	kg	cm	cm³	cm	cm	cm	kg	kg	cm/kg	$\frac{\text{kg}}{\text{cm}^2}$
I	5,5	1435	375	(3)41	0,225	4,6	82										
II	5,4	1180	446	(4)49 (9)20	0,225 0,225	5,5 2,25	81	198	2,4	1,0	8,6	8	8,4	$\frac{81(8+8,4)+198\cdot8,4}{25}$ $=120$	$279-120$ $=159$	$B\,c$ 1333	$\frac{1000}{1,0}\sqrt{1,333^2 + 0,378\cdot0,446^2}$ $=1360$
III links	5,3	475	1085	(10)52	0,225	5,85	185		2,8	1,6	16,8	9,2	—	$\frac{185\cdot9,2}{26}=65$	$185-65$ $=120$	$A\,a$ 1090	$\frac{1000}{1,6}\sqrt{1,090^2 + 0,378\cdot1,085^2}$ $=800$
III rechts	5,3	475	1085	(13)50	0,25	6,25	174		2,8	1,6	11	3	—	$\frac{17,4\cdot3}{14}=37$	$174-37$ $=137$	$B\,b$ 411	$\frac{1000}{1,6}\sqrt{0,411^2 + 0,378\cdot1,085^2}$ $=488$
IV links	5,2	235	2140	(12)80	0,25	10	224		2,8	1,6	3,8	11,7	—	$\frac{214\cdot11,7}{15,5}=161$	$214-161$ $=53$	$A\,a$ 612	$\frac{1000}{1,6}\sqrt{0,612^2 + 0,378\cdot2,140^2}$ $=906$
IV rechts	5,2	235	2140	(15)20	0,25	2,5	856		2,8	1,6	11,4	12,8	—	$\frac{856\cdot12,8}{24,2}=453$	$856-453$ $=403$	$B\,b$ 5160	$\frac{1000}{1,6}\sqrt{5,160^2 + 0,378\cdot2,140^2}$ $=3520$
V	5,1	60	8250	(16)80 (19)30	0,25 0,346	10 5,2	1590	825	3,6	3,4	6	4	13	$\frac{1590(4+13)+825\cdot13}{23}$ $=1640$	$2415-1640$ $=775$	$B\,c$ 10000	$\frac{1000}{3,4}\sqrt{10^2 + 0,378\cdot8,250^2}$ $=3290$
IV rechts	5,2	235	2140	(15)20	0,25	2,5	890		3,2	2,4	11,8	12,8	—	$\frac{860\cdot12,8}{24,2}=455$	$860-455$ $=405$	$B\,b$ 5130	$\frac{1000}{2,4}\sqrt{5,18^2 + 0,378\cdot2,140^2}$ $=2230$
V	5,1	60	8250	(16)80 (19)30	0,25 0,346	10 5,2	1590	825	4,1	5,0	6	4	13	$\frac{1590(4+13)+825\cdot13}{23}$ $=1640$	$2415-1640$ $=775$	$B\,c$ 10100	$\frac{1000}{5,0}\sqrt{10,1^2 + 0,378\cdot875}$ $=2254$

Spalte 4 $M_d = 97\,500\,\dfrac{N}{n}$ cmkg das Drehmoment an der Welle,

Spalte 5 s. Abb. 253, S. 192 und Abb. 261, S. 200,

Spalte 6 Modul m in cm,

Spalte 7 $r = \dfrac{z\,m}{2}$ cm Teilkreisradius,

Spalte 8 P_1 ⎫
Spalte 9 P_2 ⎬ kg Zahndruck,

Spalte 10 die Wellen sind als 6fache Keilwellen ausgeführt mit den Abmessungen:
Welle II $d = 24/28$ mm zu 6 mm Bohrungsdurchmesser,
Welle III und Welle IV $d = 28/35$ zu 8 mm,
Welle V $d = 36/42$ zu 8 mm,
Für die Berechnung von W_b wird 0,9 des Kerndurchmessers genommen unter Berücksichtigung der Beeinträchtigung der Festigkeit durch die Kerbwirkung der Keilnuten,

Spalte 11 $W_b = 0{,}1 \cdot 0{,}9\,d^3 = \dfrac{(0{,}9\,d)^3}{10}$,

Spalte 12 bis 14 sind der Konstruktionszeichnung entnommen,

Spalte 15 $A = \dfrac{P_1(b+c) + P_2\,c}{a+b+c}$,   Für P_2 und $c = 0$ wird $A = \dfrac{P_1\,b}{a+b}$,

Spalte 16 $B = P_1 + P_2 - A$, $B = \dfrac{P_1\,a + P_2(a+b)}{a+b+c}$,

Spalte 17 $M_b = a\,A$ bzw. $c\,B$,

Spalte 18 $\sigma = \dfrac{1}{W_b}\sqrt{M_b^2 + 0{,}378\,M_d^2}$ zur Erleichterung der Rechnung

$$= \dfrac{1000}{W_b}\sqrt{\dfrac{M_b^2}{1000} + 0{,}378\,\dfrac{M_d^2}{1000}}\,.$$

Die Welle I nachzurechnen erübrigt sich, weil sie wegen der Mehrscheibenkupplung in ihrer Festigkeit überdimensioniert ist. Die Festigkeitsrechnung der Welle VI kann entfallen, weil diese Welle ebenfalls überdimensioniert ist, um auch bei höchster Belastung elastisch durchgebogen noch mit Spiel umzulaufen.

In der Tab. 25 sind die Ergebnisse der Festigkeitsrechnung der Wellen II bis V wiedergegeben auf Grund der tatsächlichen Abmessungen der Wellendurchmesser sowie der Abstände der Kräfteangriffe voneinander. Die Nachrechnung ist nach der MOHRschen Formel durchgeführt und ergibt für die Wellen IV (rechts) und V eine um etwa 50% hohe Überbeanspruchung.

Nichts hätte im Wege gestanden, die Keilwellen in ihrem Kerndurchmesser so zu erhöhen, wie es in Tab. 25 in den unten angeführten Reihen IV und V mit den Durchmessern $d = 3{,}2$ bzw. $4{,}1$ mm geschehen ist, bei welchen sich die Beanspruchung zu $\sigma = 22{,}3$ bzw. $22{,}5$ kg/mm² ergab gegenüber dem zulässigen Koeffizienten im Belastungsfall III $\sigma_{\text{zul}} = 23{,}0$ kg/mm².

Diese Überbeanspruchung rührt daher, daß die Drehbank ursprünglich für einen Antrieb von 4,4 kW entworfen wurde, dann aber im Hinblick auf die solide Ausführung mit dem der Rechnung zugrunde liegenden 5,5 kW-Motor geliefert wurde, selbstverständlich nach vorausgegangener sorgfältiger Erprobung, welche sodann im Laufe der Jahre durch das einwandfreie Arbeiten von Hunderten von Maschinen ihre Bestätigung fand. In keinem Fall ist eine Reklamation wegen der Wellen von seiten der Kundschaft erfolgt.

Der Fall ist eines der typischen Beispiele für ein Rechnungsergebnis, welches der tatsächlichen Beanspruchung der Maschine nicht entspricht. Zweifellos liegt für die Wellen der Belastungsfall III vor, nämlich die Hin- und Herbiegung der Wellen während des Umlaufs. Zu berücksichtigen ist aber, daß der zulässige Wert für die Biegefestigkeit eine mehr als 100%ige Überbelastung in sich schließt mit Rücksicht auf in anderen Fällen unerwartete Überbeanspruchungen insbesondere durch Stöße. Zu berücksichtigen ist ferner, daß die mehr als 100%ige Sicherheit sich auf die Überschreitung der Elastizitätsgrenze bezieht, bis zu welcher beliebige millionenfache Hin- und Herbiegungen anstandslos ertragen werden.

Es besteht also für die Wellen IV und V noch immer eine 50%ige Sicherheit gegenüber der Elastizitätsgrenze. Hinzu kommt, daß die Bearbeitungsaufgaben für diese Drehbank so schwere Schnitte nicht verlangen, sie würden zur Scherspanbildung mit Belastungsschwankungen und damit zum Rattern der Maschine führen, so daß es in solchen Fällen zweckmäßiger und wirtschaftlicher ist, mit zwei Schnitten statt mit einem die Spanschicht abzunehmen. Kurz gesagt, die aus Sicherheitsgründen in anderen Fällen im zulässigen Festigkeitskoeffizienten vorgesehene Sicherheit wird bei der Arbeitsleistung dieser Bank nicht in Anspruch genommen bzw. wenn Überlastung eintreten sollte, so wird sie sich durch Rattern der Maschine oder durch Versagen der Mitnahme des Werkstücks anzeigen und abgestellt werden.

Auf Wirklichkeitsnähe kommt es bei solcher Entscheidung über die tatsächliche Belastung bzw. bei der Nachprüfung an. Diese Entscheidung aber trifft der Erfahrene, nicht der Anfänger.

Rechnerische Überlastungsfälle ergeben sich bei sorgfältiger der Wirklichkeit rechnungtragender Konstruktion gar nicht selten. Die Verantwortung für solches Vorgehen kann freilich nur ein Ingenieur übernehmen, welcher sich mit dem Belastungsfall sowie mit der Häufigkeit desselben vollkommen vertraut gemacht hat. Ein sehr einfaches Beispiel ist die Belastung der Elektromotoren beim Anlauf, die auch im Hinblick darauf, daß die schädliche Erwärmung erst nach längerer Zeit eintritt, jeweils in Kauf genommen wird.

Die Abmessungen der Arbeitsspindel Welle VI sind bedingt durch die Forderung nach einer großen Spindelbohrung, um möglichst starkes Stangenmaterial verarbeiten zu können und ferner durch die bei Genauigkeitsdrehbänken erforderliche große Starrheit. Sie ist daher ebenfalls überdimensioniert und soll einer genügend kleinen elastischen Verformung im Hinblick auf den einwandfreien Umlauf genügen.

Bei der Nachprüfung dieser Anforderung kann von zwei Arten der Gestaltung der kegeligen Lagerbüchse zum Hauptspindellager ausgegangen werden, nämlich:

1. Der Kegel ist mit nach innen gekrümmter Mantellinie ausgeführt, so daß der Arbeitsspindelzapfen nur in der Lagermitte zur Anlage kommt, oder aber

2. der Kegel hat eine gerade Mantellinie, so daß die Spindel auch bei der geringsten Durchbiegung an den beiden Lagerenden sich abstützt.

Für die Nachprüfung selbst kommen drei Verfahren in Frage, CLAPYRON, MOHR und CASTIGLIANO. Das erste Verfahren ist im allgemeinen zu umständlich. Das MOHRsche Verfahren hat den Vorzug, die Durchbiegung der Arbeitsspindel auf ihrer ganzen Länge aufzuzeigen, verlangt aber sehr genaue Zeichnung und birgt die Gefahr in sich, sich zu verrechnen. Das CASTIGLIANO-Verfahren ist das einfachste und schützt vor Rechenfehlern, da erst am Ende der Rechnung die Zahlen einzusetzen sind, die algebraische Rechnung gilt also für jede entsprechende Gestaltung der Welle.

Durch Überlagerung der Momente der Abb. 262 und 263, S. 216 (letztere mit X_a multipliziert) erhält man das wirkliche Moment an einer beliebigen Stelle:

$$M = M_0 + M_a X_a. \tag{1}$$

Es folgt nun die Berechnung von $X_a = A$ nach CASTIGLIANO bei starr angenommenen Lagern.

$$0 = \frac{\partial A_f}{\partial X_a}.$$

$A_f =$ Formänderungsarbeit, hervorgerufen durch die Biegungsmomente.

$$A_f = \int\limits_l \frac{M^2\, ds}{2\, E\, J}$$

FÖPPL [Gl. (88)] (1. Aufl.) $ds =$ Längendifferential, $EJ =$ Biegungssteifigkeit der Spindel.

$$0 = \int\limits_l \frac{M\, \partial M}{\partial X_a}\, \frac{ds}{EJ} \tag{2}$$

$\dfrac{\partial M}{\partial X_a} = M_a$ aus Gl. (1) durch Differenzieren erhalten.

$\dfrac{\partial M}{\partial X_a} = M_a$ in Gl. (2) eingesetzt gibt

$$0 = \int\limits_l (M_0 + X_a' M_a)\, M_a\, ds = \int\limits_l M_0 M_a\, ds + X_a \int\limits_l M_a^2\, ds.$$

Die Integration wird über die ganze Länge der Spindel erstreckt.

$$A = X_a' = - \frac{\int\limits_l M_0 M_a\, ds}{\int\limits_l M_a^2\, ds}. \tag{3}$$

Durch Überlagerung der entsprechenden Momente aus Abb. 262 und 263:

$$\int\limits_l M_0 M_a\, ds = - \int\limits_{\xi=0}^{\xi=b} P\,\xi(a+\xi)\, d\xi - Pb \int\limits_{x'=0}^{x'=l_2} \frac{l_1}{l_2}\, x'\, dx'$$

$$= - Pa\,\frac{b^2}{2} - P\,\frac{b^3}{3} - Pb\,\frac{l_1}{l_2}\,\frac{l_2^2}{2} = - \frac{Pa\,b^2}{6}\left(3 + \frac{2\,b}{a} + \frac{3\,l_1\,l_2}{a\,b}\right). \tag{4}$$

$$\text{Ferner} \int\limits_{l} M_a^2 \, ds = \int\limits_{x=0}^{x=l_1} x^2 \, dx + \left(\frac{l_1}{l_2}\right)^2 \int\limits_{x'=0}^{x'=l_2} x'^2 \, dx' = \frac{l_1^3}{3} + \left(\frac{l_1}{l_2}\right)^2 \frac{l_2^3}{3} = \frac{l_1^2}{3}(l_1 + l_2). \tag{5}$$

In Gl. (3) die Werte aus Gl. (4) und (5) eingesetzt, ergibt

$$A = X_a = + \frac{P a b^2}{2 l_1^2} \cdot \frac{3 + \dfrac{2 b}{a} + \dfrac{3 l_1 l_2}{a b}}{l_1 + l_2}. \tag{6}$$

Nunmehr ergeben sich die wirklichen Lagerreaktionen B und C zu

$$B = B_0 + B_a X_a = P + \frac{l_1}{l_2} X_a \tag{7}$$

$$C = C_0 + C_a X_a = P - \frac{l_1 + l_2}{l_2} X_a. \tag{8}$$

Es folgt die Berechnung der Durchbiegung f_m in der Mitte von Feld l_2

$$M_{x'} = P(b + x') - B x'.$$

Die Gleichung der elastischen Linie lautet:

$$E J y'' = - P(b + x') + B x'$$

also

$$E J y' = - P b x' + (B - P)\frac{x'^2}{2} + l_1$$

und

$$E J y = - P b \frac{x'^2}{2} + (B - P)\frac{x'^3}{6} + l_1 x' + l_2.$$

Für $x' = 0$ ist $y = 0$, also $l_2 = 0$.

Für $x' = l_2$ ist $y = 0$, also $0 = - P b \frac{l_2^2}{2} + (B - P)\frac{l_2^3}{6} + l_1 l_2$

$$l_1 = \frac{P b l_2}{2} - (B - P)\frac{l_2^2}{6}.$$

Somit $E J y = - P b \dfrac{x'^2}{2} + (B - P)\dfrac{x'^3}{6} + \dfrac{P b l_2 x'}{2} - (B - P)\dfrac{l_2^2}{6} x'$

$$= \frac{P b}{2} x'(l_2 - x') - \frac{B - P}{6} x'(l_2^2 - x'^2).$$

In der Lagermitte wird die Durchbiegung $f_m = y_m$ für $x' = \dfrac{l_2}{2}$.

$$f_m = \frac{1}{E J}\left[\frac{P b l_2^2}{8} - (B - P)\frac{l_2^3}{16}\right] = \frac{l_2^2}{8}\left(P b - (B - P)\frac{l_2}{2}\right)\frac{1}{E J}. \tag{9}$$

Das Maximum der Durchbiegung $f_{\max}$ ergibt sich aus

$$\frac{dy}{dx'} = 0 = \frac{P b}{2}(l_2 - 2 x') + \left(\frac{B - P}{6}\right)(3 x'^2 - l_2^2) \quad \text{durch Diff. der Gleichung } E J y$$

$$= x'^2 - \frac{2 P b}{B - P} x' + \frac{P b l_2}{B - P} - \frac{l_2^2}{3} = 0$$

$$x' = \frac{P b}{B - P} (\pm) \sqrt{\left(\frac{P b}{B - P}\right)^2 - \frac{P b l_2}{B - P} + \frac{l_2^2}{3}} \quad \text{für} \quad y = f_{\max}. \tag{10}$$

Gegeben ist $a = 480$ mm, $b = 90$ mm, $l_1 = 570$ mm, $l_2 = 140$ mm, $P = 1500$ kg, $J = 260$ cm^4, $E = 21\,000$ kg/mm^2.

So wird aus Gl. (6) $\qquad X_a = 113$ kg,

aus Gl. (7) und (8) $B = 1959$ kg, $C = 928$ kg,

aus Gl. (9) $\qquad f_m = 0{,}000461$ mm,

aus Gl. (10) $\qquad x' = 66$ mm, also 4 mm von Lagermitte.

Vorstehende Zahlenwerte sind mit dem Rechenschieber ermittelt.

Die Nachprüfung in der Rechnung ist nach CASTIGLIANO durchgeführt, jedoch ohne Erläuterung im einzelnen, da das Verfahren als bekannt vorausgesetzt werden muß.

Die Feststellung des Biegungspfeiles f der Welle im Hauptlager, durchgeführt zu 1) unter Zugrundelegung der tatsächlichen Welle (Abb. 262) ergab einen Biegungspfeil $f = 4\,\mu$. Die Nachprüfung zu 2) unter Zugrundelegung einfach einer Welle von gleich-

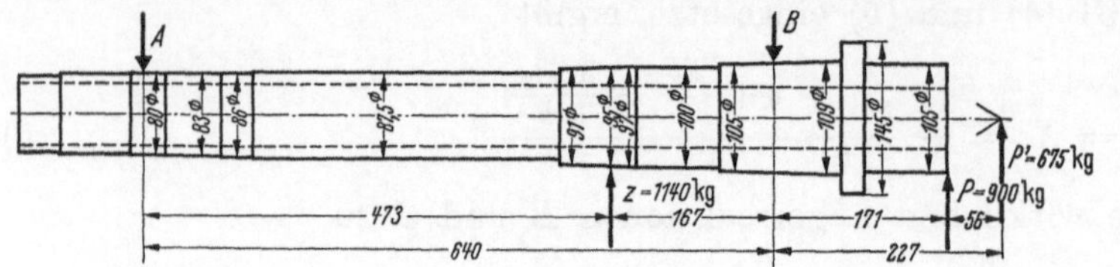

Abb. 262. Hauptspindel (Welle VI) der Einheitsdrehbank E_3.

bleibendem, aber wesentlich kleinerem Durchmesser $D = 90\,\text{mm}$ ($d = 60\,\text{mm}$) ergab

    a) nach Mohr $f = 4,5\,\mu$ und ferner

    b) nach Castigliano $f = 4,6\,\mu$,

also eine nahezu vollkommene Übereinstimmung bei den verschiedenen Verfahren.

Die Bestimmung der Durchbiegung nach Castigliano (Abb. 263a bis c) wurde so vollständig wiedergegeben, um den Umfang und die Gefahr der Arbeit vor Augen zu führen.

Die Bestimmung nach Mohr hat den Vorzug, die Durchbiegung der Welle an jeder Stelle über die ganze Länge zu zeigen, birgt aber die Gefahr in sich, beim Einbringen der Dimensionen Fehler zu begehen und muß von Anfang bis zu Ende sehr genau gezeichnet werden, erfordert also erhebliche Arbeit.

Beim Castigliano-Verfahren kann von der einmal durchgeführten Rechnung ohne Gefahr Gebrauch gemacht werden, indem einfach in die Endformel die gegebenen Daten eingesetzt werden. Diese Arbeit ist also innerhalb einer Stunde durchführbar. Sie eignet sich daher besonders zur Abschätzung und zum Vergleich bei ähnlicher Belastung, wenn entweder das Ergebnis nach Mohr kontrolliert wird oder wenn das Mohrsche Verfahren sich erübrigt, da ähnliche Belastungsfälle in der Durchbiegung über die ganze Länge bereits bekannt sind.

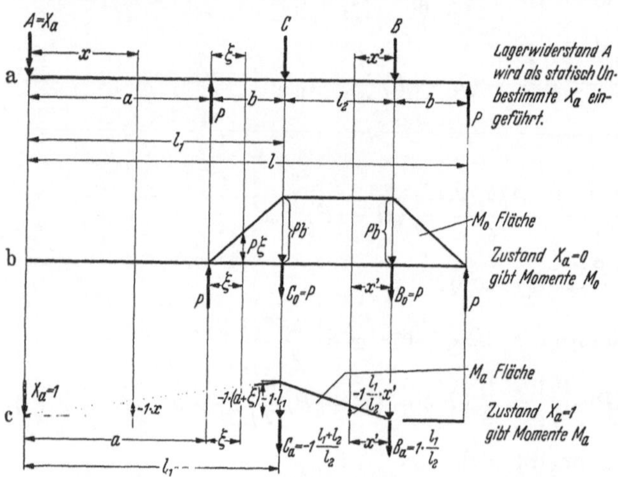

Abb. 263. Feststellung des Biegungspfeils der Arbeitsspindel nach dem Rechnungsverfahren von Castigliano.

Da die Laufsitzpassung im Hauptlager etwa $17\,\mu$ beträgt, so schwimmt bei dem festgestellten Durchbiegungspfeil von 4 bis 5 μ die Welle auf dem Ölfilm. Bei den normalen Drehzahlen unter 600 U/min tritt somit ein Heißlaufen des Lagers und damit ein Versagen der Lagerung nicht ein.

Bei höheren Drehzahlen hingegen dehnt sich die Spindel in ihrem Durchmesser um 15 μ und mehr aus. Um ein Heißlaufen zu vermeiden, muß in diesem Fall das Hauptlager nachgestellt werden.

Bei der VDF-Bank hat die Firma Heidenreich u. Harbeck das bereits erwähnte selbsteinstellende Lager geschaffen, so daß sich bei dieser Maschine das Nachstellen des Lagers auch bei Drehzahlen über 600 U/min erübrigt.

Die Nachprüfung ergibt demnach, daß in Voraussetzung eines Tragens der Welle nicht in der Lagermitte, sondern beiderseits außen eine erheblich dünnere Welle den gleichen Zweck erfüllt. Die Frage ist nur, ob ein so vorausgesetztes Tragen in Wirklichkeit dauernd erreicht werden kann.

3. Die Berechnung der Zahnräder. Die Räder werden auf Wälzpressung K und auf Biegung σ_B nachgeprüft. Eine Nachprüfung auf Erwärmung ist nicht erforderlich, da die Drehzahlen n nicht wesentlich über $n = 1000$ U/min hinausgehen.

Die übliche Formel zur Errechnung der zulässigen Belastung durch Wälzpressung lautet:

$$K_{\mathrm{err}} = \frac{312 \cdot U}{b \cdot d_1} \cdot \frac{i+1}{i} \quad \mathrm{kg/mm^2}.$$

$U =$ Umfangskraft in kg

Die zulässige Wälzpressung K_{zul} ist nach NIEMANN[1] eine Funktion der Brinellhärte H und der Anzahl der Betriebsstunden

$$K_{\mathrm{zul}} = \frac{0{,}68\,H^2}{E\sqrt[3]{\dfrac{n\,h\,60}{10^6}}} \quad \mathrm{kg/mm^2}.$$

Für die Getrieberäder der VDF-Einheitsdrehbank ist ein Chrom-Mangan-Vergütungsstahl (0,5 % C, 0,4 % Si, 0,8 % Mn, 1,1 % Cr, 0,2 % Va) gewählt, welcher dem Stahl VCV 150 DIN E 1665 bzw. 50 Cr V 4 DIN E 1667 entspricht. Die Räder werden auf 160 kg/mm² Festigkeit bei einer Oberflächenhärte von $H = 480$ Brinell vergütet. Als Lebensdauer sind $h = 5000$ Betriebsstunden zugrunde gelegt.

Mit diesen Zahlenwerten für H und h wird die zulässige Wälzpressung:

$$K_{\mathrm{zul}} = \frac{0{,}68 \cdot 480^2}{2{,}1 \cdot 10^6 \sqrt[3]{\dfrac{n \cdot 5000 \cdot 60}{10^6}}} = \frac{11{,}14}{\sqrt[3]{n}} \quad \mathrm{kg/mm^2}.$$

Die Biegebeanspruchung σ_B errechnet sich nach WISSMANN[2] aus der Gleichung:

$$\sigma_B = \frac{U\,q}{b\,m} \quad \mathrm{kg/mm^2}.$$

Für den vorliegenden Werkstoff ist $\sigma_{B\,\mathrm{zul}} = 36\,\mathrm{kg/mm^2}$ anzusetzen. Der Faktor q ist abhängig von der Zähnezahl und dem Eingriffswinkel. Er ist in den Nachschlagebüchern, z. B. KLINGELNBERG (13. Aufl., S. 728), für Zähnezahlen von 10 bis ∞ für 20° Eingriffswinkel mit Werten $q = 3{,}24$ bis 1,53 angegeben.

Zu dem Berechnungsblatt für Zahnräder (Tab. 26) sind folgende Erläuterungen zu berücksichtigen:

Spalte 1, 2, 3 s. Abb. 259 (S. 198).

Spalte 4 Der Zahnmodul soll möglichst klein sein, um die Getriebeabmessungen gering zu halten. Andererseits beeinflussen ihn auch konstruktive Erwägungen. Er muß z. B. so groß sein, daß das Rad mit der geringsten Zähnezahl noch eine seiner Welle entsprechende Bohrung erhält.

Spalte 5 $d = m\,z \quad r = \dfrac{m\,z}{2}$.

Spalte 6 $M\,d = 97\,500\,\dfrac{N}{n}$ (N in kW).

Spalte 7 $U = \dfrac{M_d}{d/2}$.

Spalte 8 $i = \dfrac{n_1}{n_2} = \dfrac{z_2}{z_1}$.

Spalte 9 $\dfrac{i+1}{i}$.

Spalte 10 b, auch die Zahnbreite b wird von konstruktiven Gesichtspunkten beeinflußt. So sind z. B. für die Schieberäder Mindestbreiten einzuhalten.

Spalte 11 q laut obiger Erläuterung.

Spalte 12 $\sigma_B = \dfrac{U\,q}{b\,m}\,\mathrm{kg/mm^2}$.

Hierzu ist $\sigma_{B\,\mathrm{zul}} = 36\,\mathrm{kg/mm^2}$.

Spalte 13 n, auch für die Berechnung der Wälzpressung sind die kleinsten vorkommenden Drehzahlen der Rechnung zugrunde zu legen.

Spalte 14 $K_{\mathrm{err}} = \dfrac{3{,}12\,U}{b\,d_1}\,\dfrac{1+i}{i}\,\mathrm{kg/mm^2}$.

Spalte 15 $K_{\mathrm{zul}} = \dfrac{1114}{n_2}\,\mathrm{kg/mm^2}$.

[1] NIEMANN: Wälzpressung und Grübchenbildung bei Zahnrädern. In Fachtagung für Maschinenelemente 1938, VDI-Verlag 1940. Versuchsergebnisse s. Z. VDI 1943, S. 521.

[2] WISSMANN, K.: Berechnung und Konstruktion von Zahnrädern usw., Diss. T. H. Berlin 1930.

Tabelle 26. *Berechnungsblatt für Zahnräder* (s. Abb. 226, S. 194).

Nr.	Größe	Einheit																					Boden-rad
1	Rad-Nr.		1	2	3	4	5	6	7	8	9	10	11	12	13	14	15	16	17	18	19	20
2	Gegenrad		2	1	4	3	6	5	8	7	10	9	12	11	14	13	16	15	18	17	20	19
3	z	—	46	44	41	49	28	44	36	36	20	52	20	80	50	50	20	80	50	50	30	75
4	m	mm	2,25	2,25	2,25	2,25	2,26	2,25	2,25	2,25	2,25	2,25	2,5	2,5	2,5	2,5	2,5	2,5	2,5	2,5	3,46	3,46
5	$d = zm$	mm	103	99	92	11	63	99	81	81	45	117	50	200	125	125	50	200	125	125	104	260
6	M_d	cm/kg	375	359	375	446	446	690	446	446	446	1085	436	1685	1085	1065	1685	6600	1065	1040	6600	16100
7	$U = \dfrac{M}{d/2}$	kg	73		82		142		110		198		175		174		675		170		1270	
8	i	—	0,955		1,19		1,57		1		2,6		4		1		4		1		2,5	
9	$\dfrac{i+1}{i}$	—	2,05		1,84		1,64		2		1,38		1,25		2		1,25		2		1,4	
10	b	mm	15		15		16		15		18		18		17		45	27	18		38	
11	q	—	2,9	2,9	2,9	2,8	3,1	2,9	3	3	3,3	2,8	3,3	2,6	2,8	2,8	3,3	2,6	2,8	2,8	3,1	2,7
12	σ	$\dfrac{\text{kg}}{\text{mm}^2}$	628	628	705	680	1220	1145	978	978	1610	1370	1280	1010	1145	1145	1980	2600	1060	1060	3040	2640
13	n	U/min	1435	1180	1435	1180	1180	750	1180	1180	1180	475	1180	300	475	475	300	75	475	475	75	30
14	K_{zul}	$\dfrac{\text{kg}}{\text{mm}^2}$	100		100		106		106		106		106		143		167		143		266	$\dfrac{1114}{\sqrt[3]{n_3}}$
15	K_{err}	$\dfrac{\text{kg}}{\text{mm}^2}$	30		34		72		56,5		105		76		51		117		47		140	
16																							

Die Zusammenstellung der Zahlen in der Tab. 26 zeigt, daß sämtliche Biegungsspannungen σ_B unter der maximal zulässigen Biegungsspannung $\sigma_{B\,zul} = 36$ kg/mm² bleiben und daß auch die errechneten Wälzpressungen mit ihren K_{err}-Werten unter den K_{zul}-Werten liegen.

II. Das Vorschubgetriebe.

1. Welle I. Als größte Vorschubkraft U wird der vierte Teil der Schnittkraft angenommen. $U = \dfrac{1450}{4} = 360$ kg. Das Zahnstangenritzel erhält die Abmessungen $m = 275$ mm, $z = 13$, $b = 3,5$ mm. (Werkstoff wie Getrieberäder des Spindelstocks) $U = \dfrac{1450}{4} = 360$ kg, $q = 2,68$.

Dann wird

$$M_{d_1} = U\,\frac{m\,z}{2} = 360 \cdot 2,75\,\frac{13}{2} = 643\ \text{cmkg}$$

$$\sigma_B = \frac{U\,q}{b\,m} = 360\,\frac{2,68}{35 \cdot 2,75} = 10,1\ \text{kg/mm}^2.$$

Aus diesen Ergebnissen folgt, daß das Zahnstangenritzel nicht überbeansprucht ist. Die Momente der Getriebezahnräder nehmen bis zur Zugspindel so sehr ab, daß für alle folgenden Zahnräder der Modul 2 mm, der aus praktischen Gründen für keines der Zahnräder unterschritten wird, bereits Überdimensionierung ergibt.

Somit erübrigt sich nicht nur die Nachprüfung der Zahnräder bis zur Zugspindel, sondern erst recht die Nachprüfung der Zahnräder im Vorschubräderkasten. In diesem sind die Zahnräder weit überdimensioniert.

2. Die Planspindel. $M_d = U\,r\,\mathrm{tg}(\alpha + \varrho)$,

Trapezgew. 24×5, StC 45.61 $\sigma_B = 60 - 70$ kg/mm².

Außen-⌀	$d_a = 24$ mm,	
Flanken-⌀	$d_f = 21,5$ mm,	
Kern-⌀	$d_k = 18,5$ mm,	
	$r = 10,75$ mm,	

$$\mathrm{tg}\,\alpha = \frac{h}{d\,\pi} = \frac{5}{21,5\,\pi} = 0,074 \quad \alpha = 4°14',$$
$$\mathrm{tg}\,\varrho = 0,1 \text{ gewählt. } \varrho = 5°43'.$$
$$M_d = 725 \cdot 10,75 \cdot \mathrm{tg}(9°57')$$
$$= 725 \cdot 1,075 \cdot 0,1754 = 137\ \text{cmkg}.$$

$$\tau = \frac{M_d}{2 \cdot d_k^3} = \frac{1370}{2 \cdot 18,5^3} = 1,08\ \text{kg/mm}^2.$$

3. Das Zahnrad auf der Planspindel. $z = 20$; $m = 2$ mm; $b = 16$ mm; $q = 2,20$; Werkstoff StC 45.61

$$U = \frac{M_d}{r} = \frac{1370}{20} = 68,5\ \text{kg},$$

$$r = \frac{z\,m}{2} = \frac{20 \cdot 2}{2} = 20\ \text{mm},$$

$$\sigma_B = \frac{U\,q}{b\,m} = \frac{68,5 \cdot 2,2}{16 \cdot 2} = 4,7\ \text{kg/mm}^2.$$

4. Die Verdrehung der Planspindel und der Verwindungsweg. Der Verdrehungswinkel wird

$$\varepsilon = \frac{180\,M_d\,l}{G\,J_p}.$$

$l_{max} = 325$ mm, $l = $ Maß von Antriebsritzel auf der Spindel bis zur Spindelmutter, wenn der Drehstahl die Spindelmitte erreicht hat.

$$G = 8000\ \text{kg/mm}^2,$$

$$J_p = \frac{\pi}{32}\,d_k^4 = \frac{\pi}{32}\,1,85^4 = 1,02\ \text{cm}^4,$$

$$\varepsilon = \frac{180 \cdot 137 \cdot 32,5}{800000 \cdot 1,02} = 0,31°.$$

Der gesamte Verwindungsweg s bei 5 mm Steigung ist dann

$$s = \frac{31 \cdot 5}{360} = 0,0043\ \text{mm}.$$

2. Die Feindrehbänke.

Die Leit- und Zugspindeldrehbank von Kärger ist aus der Absicht entstanden, für normale und feine Dreharbeiten eine leistungsfähige, genau arbeitende Drehbank zum Gebrauch mit Schnellstahl und Hartmetall auf den Markt zu bringen. Im Anschluß daran wurde noch eine Feinstdrehbank herausgebracht, insbesondere zur Bearbeitung mit Diamantwerkzeugen. Der erreichte Genauigkeitsgrad, gemessen an der Oberflächengüte nach SCHMALTZ[1], ergab für die erstere Bank 1 bis 4 μ (Rauhigkeit), für die Feinstdrehbank 0,1 bis 0,2 μ.

a) Die Leit- und Zugspindeldrehbank.

1. Die Merkmale einer solchen Feindrehbank sowie Vorbemerkungen. Die von der Drehbankfabrik Kärger seinerzeit in Bernau bei Berlin hergestellte Feindrehbank DL 3/1000 z. B. hat folgende Merkmale:

Verwendung hochwertiger Baustoffe;

Starrheit durch zweckmäßige Materialverteilung;

vollständige Entlastung der Arbeitsspindel;

Aufteilung des Getriebes in zwei Getriebegruppen unter Zwischenschalten eines Riementriebes;

Motorschaltung durch Schützensteuerung;

Drehzahlen von 24 bis 1068 je Minute;

Vorschübe von 0,04 bis 6 mm je Umdrehung der Spindel beim Längsvorschub, Planvorschub $^1/_4$ der vorgenannten Beträge.

Außer der bereits angegebenen Arbeitsgenauigkeit besteht ein wesentlicher Erfolg in dem schwingungsfreien Lauf und damit auch in den langen Standzeiten der Hartmetall- und Diamantschneiden.

Die Gesamtansicht (Abb. 264) läßt bereits den gedrungenen Bau und die übersichtliche Anordnung der Handgriffe zur Bedienung der Drehbank erkennen.

Abb. 264. Leit- und Zugspindeldrehbank der Kärger A.G. (bis 1945 in Berlin).

2. Das Bett. Das Drehbankbett hat drei Prismen- und eine Flachbahn, davon zur Supportführung die beiden außen liegenden Prismen. Die Frage, ob eine Drehbank zwei Prismenführungen oder vorn ein Prisma und hinten eine Flachbahn erhalten soll, kann folgendermaßen beantwortet werden: Eine Prismenführung genügt, wenn mit

---

[1] SCHMALTZ: Technische Oberflächenkunde. Berlin: Springer 1936.

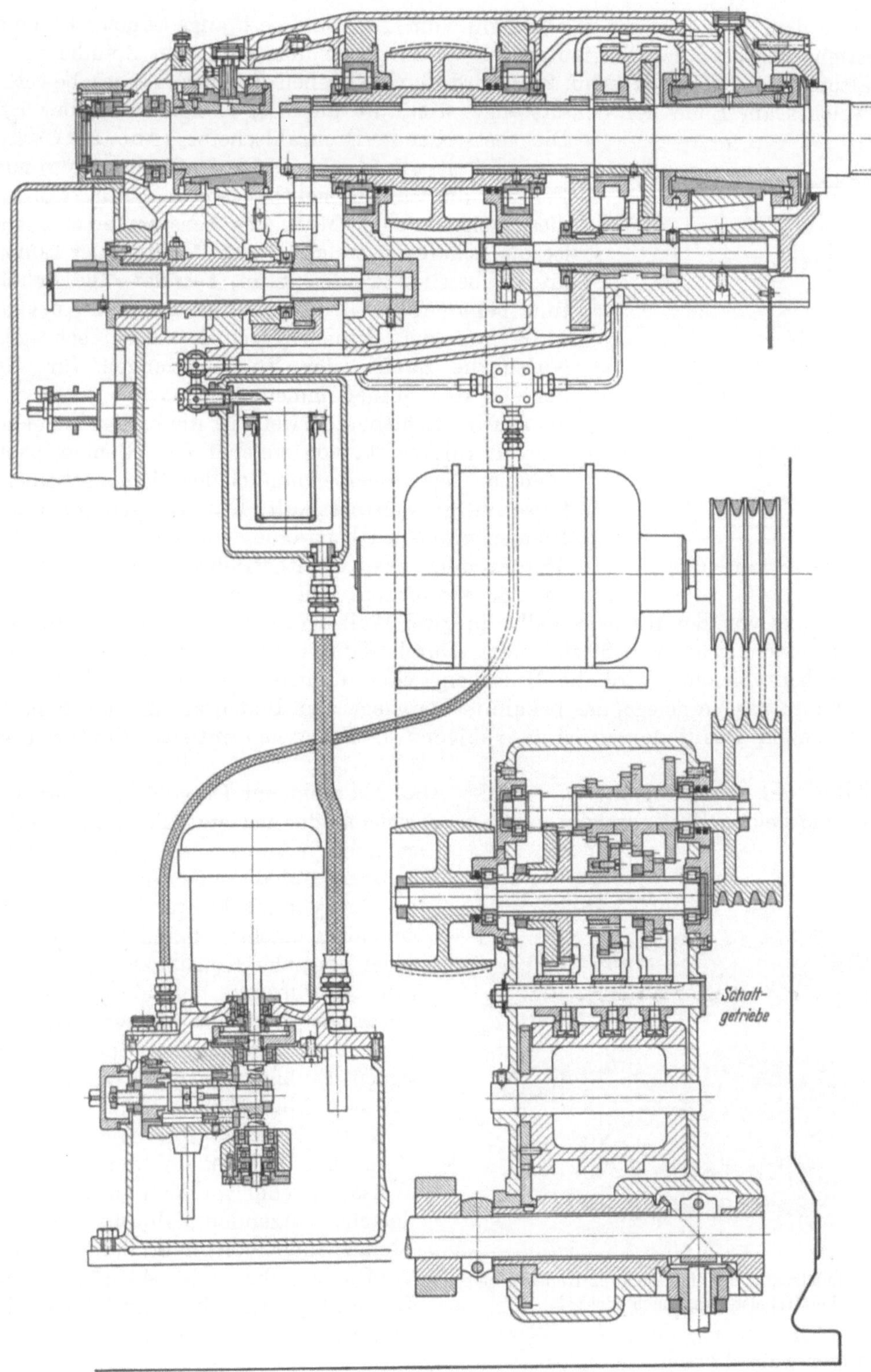

Abb. 265. Getriebeplan.

dem Schlitten allein von vorn gedreht wird. Sie genügt nicht bei der zusätzlichen Anwendung eines rückwärtigen Supports oder eines Kegellineals.

3. **Der Spindelstock.** Der Antriebsmotor steht auf einer Wippe und treibt lt. Getriebeplan (Abb. 265) durch vier Keilriemen das Schaltgetriebe, welches nahe dem Fuß-

boden unter dem Spindelstock unabhängig vom Drehbankbett angeordnet ist. Vom Schaltgetriebe aus geht der Antrieb mittels Flachriemen hinauf in den Spindelstock. Die Schaltung des Getriebes (Abb. 266) wird durch Drehen des Schaltrades bewerkstelligt, welches am Ende der Schaltstange sitzt, die an ihrer Länge erkennbar ist.

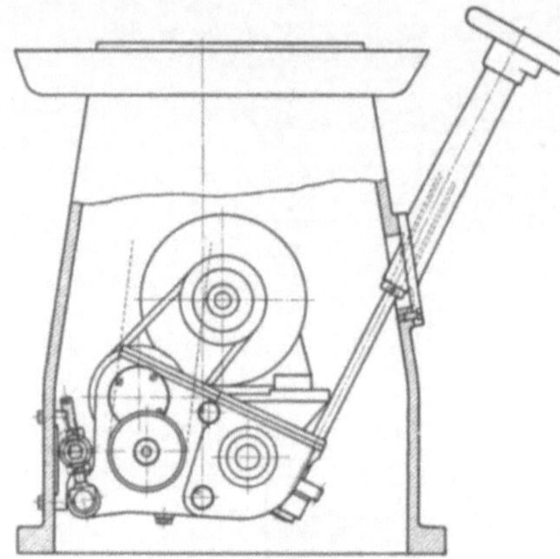

Abb. 266. Schaltgetriebe.

Die feststehende Drehzahlscheibe (Abb. 264) wird vom Schaltrad so überdeckt, daß nur das runde Fenster die Zahlen sichtbar werden läßt. Sobald diese genau in der Mitte des Fensters erscheinen, ist die Schaltung, welche durch Rechts- oder Linksdrehen bewirkt werden kann, beendet. Die Schaltung geht (Abb. 266) über Zahnräder und Kurvenwalze auf die Schieberäder, in deren schrägen Nuten die Zapfen der Führungszangen für die Schieberäder mitgenommen werden.

Auf der Schieberäderwelle ist die ballige Riemenscheibe aufgesetzt, von welcher der Riemen nach oben zur Gegenscheibe, nämlich der Riemenscheibenhülse im Spindelstock läuft. Durch diesen nahtlosen Riemen wird jede Übertragung von Schwingungen des Motors oder des Schaltgetriebes auf die Hauptspindel vermieden. Die Riemenscheibenhülse ist rechts und links von der Riemenscheibe in zwei Wälzlagern gelagert und umgibt die Spindel mit einem Spiel von etwa 1 mm. Durch Zahnkupplung (in Abb. 265 nicht besonders gekennzeichnet) wird die Hülse entweder unmittelbar über eine Zahnradmuffe oder über das Vorgelege, das bekannte Vorgelege zum Bodenrad, mit der Hauptspindel verbunden. Das Bodenrad ist des ruhigeren Laufes wegen mit zwei Zahnkränzen versehen.

Die Zähne der Zahnkupplung sind in der Abb. 265 nicht zur Darstellung gebracht, wohl aber die beiden Keile, welche um 180° gegeneinander versetzt die Spindel mitnehmen, indem sie lediglich ein Drehmoment auf dieselbe ausüben.

Abb. 267. Spindelkasten mit eingerücktem Rädervorgelege bei Hebelstellung nach rechts.

Der zylindrische Spindelzapfen läuft in einem nachstellbaren Bronzegleitlager normaler Konstruktion, auf dessen Ausführung besondere Sorgfalt verwandt ist. Die Längsfestlegung liegt im rückwärtigen Spindellager. Einen Einblick in den Spindelstock gewährt Abb. 267.

4. Der Vorschub. Die Ableitung des Vorschubs erfolgt in der üblichen Weise entweder von dem auf der Spindelachse sitzenden Zahnrad oder für Steilgewinde von dem daneben auf der Riemenscheibenhülse angeordneten Zahnrad. — In bekannter Weise geht nunmehr der Vorschubantrieb über Wechselräder zum Vorschubgetriebekasten und von dort zum Schloßkasten.

Das Norton-Vorschubgetriebe mit 13 Stufen ergibt bei Übersetzung 1 : 1 die 13 Grundvorschübe, durch Übersetzungen 1 : 2, 1 : 4 und 1 : 8 wird das Getriebe erweitert und ergibt im ganzen 250 verschiedene Vorschübe. Der Schaltgriff zu den 13 Stufen sowie die beiden Hebel zur Einschaltung des Erweiterungsgetriebes 1 : 1 bis 1 : 8 sind in Abb. 267 zu sehen.

5. Die Schnellsteuerung. Eine Besonderheit der Drehbank ist die Schützensteuerung des Motors auf Rechtslauf und Linkslauf oder Stillstand. Abb. 268 zeigt die Ausführung. Die Firma gibt dazu folgende Erläuterung:

Die Schnellsteuerung des Motors geschieht durch nachstehende Steuergeräte:

a) die unterhalb der Zugspindel angeordnete Schaltwelle,

b) den über diese genutete Schaltwelle hinweggleitenden und an der Räderplatte mitgehend befestigten Schalthebel,

c) das auf der Schaltwelle rechts aufgesetzte Zahnsegment,

d) den in der Höhlung des Drehbankbettes rechts geschützt untergebrachten Hilfswalzenschalter mit Zahnrad (auf vorstehender Abbildung hervorgezogen). Diese Teile a bis d bilden die mechanischen Steuergeräte.

Der Motor ist ausgeschaltet, wenn sich der Schalthebel in der Waagerechtlage befindet. Wird der Schalthebel abwärts oder aufwärts geschwenkt, so erfolgt vom Hilfswalzenschalter aus die elektrische Steuerung des Motors durch ein Schütz.

Zum häufigen Schalten und zur Momentumkehrung der Arbeitsspindel gestattet die elektrische Schützensteuerung das plötzliche Umkehren des Motors. Dieses Schnellsteuern wirkt sich vorteilhaft aus beim Gewindeschneiden und bei Dreharbeiten von kurzer Drehzeit, die, zur Erzielung hoher Leistungen, ein plötzliches Stillsetzen oder Umkehren der Spindeldrehung bedingen.

Abb. 268. Schützensteuerung des Hauptantriebsmotors auf Rechts- oder Linkslauf oder Stillstand.

Abb. 269. Support-Räderplatte mit Fallschnecke mit Sicherheitsauslösung beim Anschlagdrehen oder beim Überschreiten der Schnittdrucke.

6. Der Schlitten. Abb. 264 zeigt den Schlitten im ganzen, Abb. 269 den Schloßkasten mit Bett und Planschlitten. Der Knebel an der hinteren Führung dient dem Festklemmen

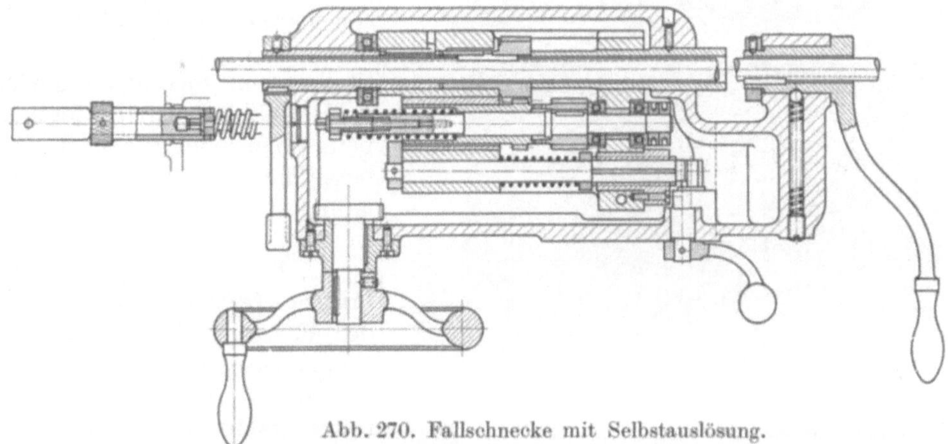

Abb. 270. Fallschnecke mit Selbstauslösung.

des Schlittens beim Plandrehen. Kreisteilungen und Endanschläge, letztere zur Wegbegrenzung, sind in bekannter Weise angebracht. Die Kreisteilung an der Planspindel ist für eine Zustellung von 0,05 mm geteilt.

Die Endabstellung des Längsvorschubes erfolgt durch die Fallschnecke — hier besser Gleitschnecke genannt — im Schloßkasten (Abb. 270), die zugleich als Sicherheitsauslösung gegen das Überschreiten der Schnittkraft durchgebildet ist.

Beim Anlaufen gegen einen der Anschlagknacken oder auch beim unbeabsichtigten Anlaufen z. B. des Werkzeugs gegen einen Bund fällt die Schnecke aus, indem die die Kupplung aufrecht haltende Spannfeder zurückgedrückt wird.

Tabelle 27. *Leit- und Zugspindel-Drehbank.*

Spindelbohrung durchgehend . . . . mm	42
Spitzenhöhe . . . . mm	205
Größter Drehdurchmesser über Bett/Support . . . mm	405/240
12 Spindeldrehzahlen { 6 mit Rädervorgelege n/min	24 34 48 66 94 133
12 Spindeldrehzahlen { 6 ohne Rädervorgelege n/min	188 267 383 528 750 1068
Langvorschübe auf eine Spindeldrehung von bis mm	0,04 bis 6
Planvorschübe auf eine Spindeldrehung von bis mm	0,025 bis 3,75
Steigung der Leitspindel/Planspindel metrisch . . mm	6/6
Spindelkopf-Ausführung DIN 800/Gew. Steigung . M	76×6
Spindelkopf und Reitstock Morsekegel . . . . . . Nr.	4
Motor-Leistung/Drehzahl . . . . etwa kW/n	4,5/1400
Ausführung: Modell/Spitzenweite	DL 3/750 DL3/1000 DL 3/1500
Gewicht mit Motor und mit Schaltgeräten unverpackt/kistenverpackt . . . . etwa kg	1810/2150 1920/2300 2100/2500

Langdrehen, Plandrehen und Gewindeschneiden (mit Hilfe der Leitspindel) sind gegenseitig in bekannter Weise verriegelt.

Die Teilscheibe an der Spindel zum Werkzeugschlitten ist in 0,01 mm eingeteilt. Diese Teilung gestattet das Wiedereinbringen der Räderplatte in die genaue vorherige Stellung für den Fall, daß der Support zur Vornahme eines Meß- oder Prüfvorgangs von dem festgespannt bleibenden Arbeitsstück wegbewegt werden muß. Als besonders vorteilhaft erweist sich diese Teilung beim Innendrehen, weil der sich in der Bohrung befindliche unsichtbare Drehstahl wieder schnell und genau in die gleiche vorherige Stellung eingebracht werden kann. An Hand der Teilstriche kann auch beim Innen- oder Außendrehen eine bestimmte Drehlänge ohne Zuhilfenahme eines Meßgeräts eingehalten werden.

7. Die Abmessungen und die Prüfungsergebnisse. Die Hauptdaten der Maschine sind in Tab. 27 zusammengestellt.

Von Interesse ist noch das Prüfungsergebnis einer solchen Maschine, wie es in Tab. 28 wiedergegeben ist. Mit dieser Wiedergabe ist

Abb. 271. Gesamtansicht der Kärger-Feinstdrehbank DLO (Mechaniker-Leitspindeldrehbank).

beabsichtigt, einmal in dieser Schrift bekanntzugeben, mit welcher Sorgfalt und Genauigkeit Konstruktion und Fertigung einer solchen Drehbank durchgeführt werden müssen.

Tabelle 28. *Prüfkarte über die Präz.-Leit-Zug-Spindel-Drehbank DL 3/1000 (G. Kärger).*

Gegenstand der Messung	Fehler in mm	
	zulässig	festgestellt
Bett:		
Bett gerade in Längsrichtung; Räderplattenseite (nur nach oben gewölbt) auf 1000 mm	0,02	0,018
Desgl. gegenüberliegende Seite auf 1000 mm	+0,01 −0,02	0,010
Bett eben in Querrichtung auf 1000 mm	±0,04	0,026
Reitstockführung parallel zur Bettschlittenbewegung auf 1000 mm. .	0,01	0,010
Arbeitsspindel:		
Körnerspitze auf Rundlauf	0,01	0,006
Zentrierzylinder auf Rundlauf	0,005	0,002
Innenkegel zur Aufnahme der Spannzange auf Rundlauf	0,01	0,002
Arbeitsspindel auf axial schiebende Bewegung	0,01	0,003
Kegel der Arbeitsspindel auf Schlag; größter Schlag, an 300 mm langem Dorn gemessen	0,02	0,015
Arbeitsspindel parallel zum Bett in der Senkrechtebene (nach dem freien Ende des Dorns nur steigend) auf 300 mm.	0,01	0,008
desgl. in der Waagerechtebene (das freie Ende des Dorns nur zur Stahldruckseite gerichtet) auf 300 mm	0,01	0,010
Schlitten:		
Oberschlittenbewegung parallel zur Arbeitsspindel in der Senkrechtebene auf 300 mm	0,02	0,010
Reitstock:		
Pinole parallel zum Bett in der Senkrechtebene (vorn nur steigend) auf Pinolenweg	0,01	0,008
desgl. in der Waagerechtebene (vorn nur zur Stahldruckseite gerichtet) auf Pinolenweg	0,01	0,010
Kegel der Pinole parallel zum Bett in der Senkrechtebene (nach dem freien Ende des Dorns nur steigend) auf 300 mm	0,01	0,010
desgl. in der Waagerechtebene (das freie Ende des Dorns nur zur Stahldruckseite gerichtet) auf 300 mm	0,01	0,010
Arbeitsachse (Dorn zwischen Spitzen) parallel zum Bett in der Senkrechtebene (am Reitstock nur hoch)	0,01	0,010
Leitspindel:		
Steigungsgenauigkeit der Leitspindel wird zugesichert auf 300 mm	0,03	0,024
Leitspindel auf axial schiebende Bewegung	0,01	0,005
Leitspindellager fluchten miteinander (Lagerachsen parallel zur Bettführung) in der Senkrechtebene (Messung erfolgt in den Stellungen II und III)	0,1	0,035
desgl. in der Waagerechtebene	0,1	0,035
Leitspindellager fluchten mit dem Mutterschloß in der Senkrechtebene (Messung erfolgt bei geschlossenem Leitspindelschloß, Support auf Bettmitte stehend, mit der Messung I als Ausgangsmessung) . .	0,15	0,040
desgl. in der Waagerechtebene	0,15	0,040
Genauigkeitsleistung der arbeitenden Maschine im Lieferwerk:		
Bank dreht rund	0,005	0,002
Bank dreht zylindrisch (zwischen Spitzen) auf 300 mm.	0,01	0,005
Bank dreht plan (nur halb) auf 300 mm Durchmesser	0,02	0,010

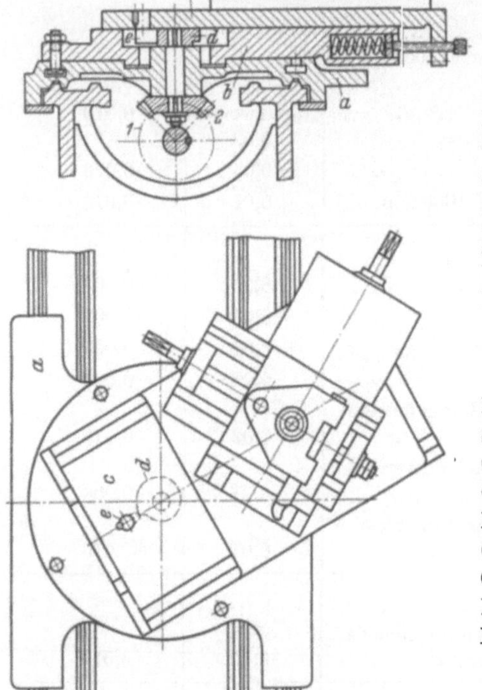

Abb. 272. Hinterdrehbankschlitten.

a Bettschlitten; *b* Drehscheibe; *c* Planschlitten; *d* Daumenscheibe; *e* Dorn; *1* u. *2* Antrieb (Reinecker).

b) Die Feinstdrehbank von Kärger.

Die Bank unterscheidet sich von der bisher behandelten im wesentlichen durch folgendes:

1. Die Genauigkeitstoleranz ist noch enger gezogen als bei der Leit- und Zugspindelbank.

2. Das Bett stützt die Drehbankwangen in ihrer ganzen Länge ab und wirkt somit nicht nur der Durchbiegung, sondern auch der Verdrehung soweit entgegen, daß eine merkliche Verformung nicht mehr entsteht. Abb. 271 gibt die Gesamtansicht.

3. Die Drehzahlbereiche sind eingeschränkt, wie aus den Daten der Tab. 29 hervorgeht. Der Schlitten ist kastenförmig ausgebildet und dadurch starrer geworden. Der Erfolg ist die bereits erwähnte Oberflächengüte von 0,1 bis 0,2 μ (Rauhigkeit).

Tabelle 29. *Hauptmessungen der Drehzahlbereiche.*

12 Spindeldrehzahlen: }	58 79 117 175 241 355
Höchste Drehzahlreihe: }	460 635 945 1400 1940 2840
Spindelbohrung:	20 mm
Größter Dreh-⌀ über Schlitten:	150 mm
Größter Dreh-⌀ über Bett:	200 mm
Drehlänge zwischen Spitzen:	500 mm
6 Planvorschübe: }	
6 Langvorschübe: }	0,02 0,03 0,05 0,08 0,13 0,2
Leitspindelsteigung:	3 mm
Motorleistung:	1,2 kW

3. Die Hinterdrehbank.

a) Das Verfahren des Hinterdrehens.

Formfräser werden hinterdreht, damit beim Schärfen (Abschliff an der Spanfläche) der Freiwinkel in gleicher Größe erhalten bleibt. Die Kurve, nach welcher das Hinterdrehen grundsätzlich hierzu vollzogen werden muß, ist die logarithmische Spirale.

Beim Modulfräser z. B. wird das Werkzeug jedesmal an der Schneide angesetzt und gegen die Achse des Fräsers nach der logarithmischen Spirale vorgeschoben, um am zurückliegenden Fräserzahnende kurzfristig zurückzuschnellen und den Span an der Schneide des nächsten Zahns anzusetzen. Diese Bewegung des Werkzeugs (Abb. 272) wird durch einen umlaufenden Nocken besorgt, der für jeden Zahn einmal umläuft und nach der logarithmischen Spirale oder einer anderen Kurve (oft einfach nach einem Kreisbogen) geformt ist. — Der hinterdrehte Wälzfräser besitzt schraubenförmige Nuten, damit die Spanfläche senkrecht zum Gewindegang steht. Das Hinterdrehen eines solchen Fräsers

Abb. 273. Universal-Hinterdrehbank, Normaltype. Schaerer.

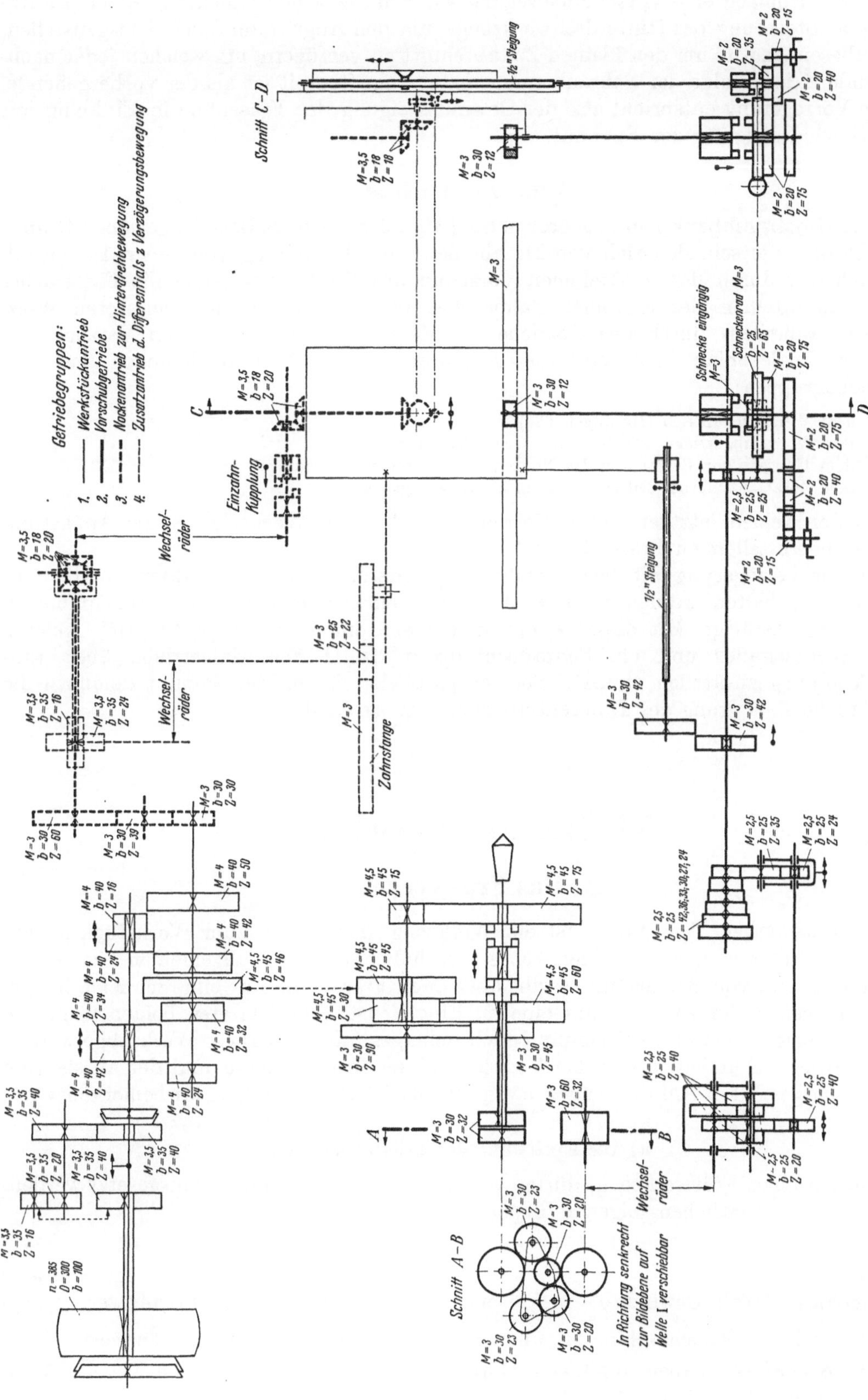

Abb. 274. Getriebeplan der Schaerer-Hinterdrehbank.

erfordert demnach eine Vorschubbewegung wie beim Gewindeschneiden, jedoch zusätzlich eine Steuerung des Hinterdrehwerkzeugs, um den Angriff am Zahn richtigzustellen, d. h. diesen Angriff um den kleinen Zeitabschnitt zu verzögern, um welchen jeder nachfolgende Zahn infolge der Schraubennut später angriffbereit ist als der vorhergehende. Diese Verzögerung entspricht also der Gewindesteigung der Fräszähne in Einklang mit der Gewindesteigung der Spannut.

b) Die Hinterdrehbank.

Die Hinterdrehbank von Schaerer u. Co. (Abb. 273) wird als Beispiel gewählt. Hinterdrehbänke unterscheiden sich von Drehbänken zur Herstellung von Gewinden grundsätzlich nur durch den zusätzlichen Vorschub des Werkzeugs gegen die Fräserachse zum Hinterdrehen des einzelnen Zahns und bei schraubenförmig genuteten Wälzfräsern, außerdem durch das Getriebe zur Herstellung der erwähnten Verzögerung.

Der Getriebeplan (Abb. 274) dieser Hinterdrehbank besteht demnach aus vier Getriebegruppen:

1. dem Werkstückantrieb (Hauptgetriebe),
2. dem Vorschubgetriebe (wie bei einer Gewindedrehbank),
3. dem Getriebe zur Betätigung des Nockens zur Hinterdrehbewegung,
4. dem Zusatzantrieb des Differentials zur Verzögerungsbewegung.

In den beiden letztgenannten Getrieben wird durch Wechselräder die Anpassung an den herzustellenden Fräser besorgt.

Da die Verzögerung mit dem Vorschub zur Herstellung von Wälzfräsern in Übereinstimmung gehalten werden muß, wird sie von einer vom Schlitten mitgenommenen Zahnstange betätigt. Mit dieser Zahnstange steht ein Stirnrad im Eingriff, welches über Wechselräder und ein Schraubenradpaar das Differentialgetriebe über Einzahnkupplung zusätzlich steuert. Bei achsparallelen Spannuten kommt demnach die zusätzliche Betätigung des Differentials nicht zur Anwendung.

XI. Die Fräsmaschinen.

A. Das Fräswerkzeug.

Vorbemerkungen. Der Fräser ist ein Werkzeug, das relativ zum Werkstück gleichzeitig umläuft und quer zu seiner Achse verschoben wird. Im allgemeinen hat es eine größere Anzahl von Schneiden; es gibt aber auch Fräser, die nur eine Schneide haben, und nur wenige der Art, daß nur eine im Eingriff ist. (Die letzteren beiden heißen in einer abwegigen Werkstattbenennung auch Schlagzahnfräser.) Diese Werkzeuge werden nur insoweit behandelt, als es das Verständnis der Fräsmaschine und der an sie vom Werkzeug gestellten Anforderungen nötig macht. Hierfür ist folgendes bemerkenswert:

a) Die Einteilung der Fräswerkzeuge.

Die einzelnen Fräswerkzeuge dürfen aus der Praxis als bekannt vorausgesetzt werden. Es gibt im wesentlichen folgende Typen:

Walzenfräser,	Stirnfräser,
Scheibenfräser,	Messerköpfe als große Scheibenfräser
Sonderfräser (Wälz-Gewinde-Form-Fräser),	oder als große Stirnfräser.

Hinsichtlich der Fräsmaschine ist über diese Fräser folgendes bemerkenswert:

Die *Schaftfräser* haben nur kleine Durchmesser und sitzen mit ihren Kegelschäften unmittelbar in der Spindel (Abb. 275) oder mit ihren Zylinderschäften in Patronenspannfuttern, die ihrerseits in der Spindel sitzen (Abb. 276). Sie verlangen die höchsten Drehzahlen und die kleinsten Vorschübe.

Die *Walzenfräser* (Abb. 277 bis 279), häufig lang und mit schraubigen Nuten versehen, verursachen Axialkräfte auf die Spindel, die bisweilen durch Koppelung zweier Fräser mit gegenläufigen Schraubnuten (Abb. 278) aufgehoben werden. Die Fräser müssen wegen der Kräfte quer zur Achse auf kräftigen Dornen sitzen; sie verlangen entsprechend ihren Durchmessern und Längen große Drehmomente; wegen der quer zur Achse wirkenden Kräfte sollen sie zwischen eng sitzenden Lagern abgestützt werden (Abb. 280).

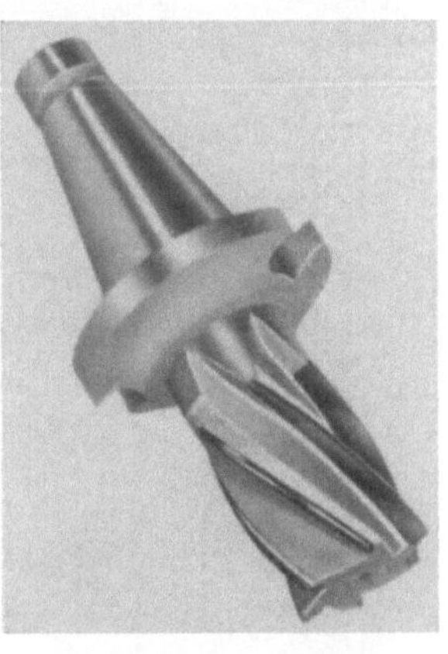

Abb. 275. Schaftfräser mit Isokegel.

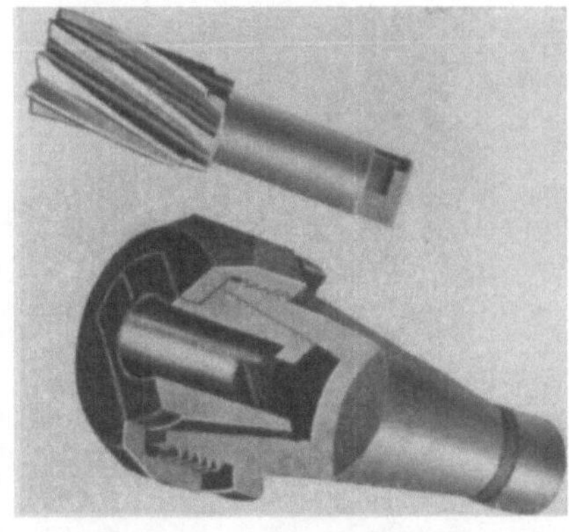

Abb. 276. Futter (geschnitten) zur Aufnahme eines Schaftfräsers.

Die *Scheibenfräser* sind verhältnismäßig schmale Fräser, teils aus einem Stück (Abb. 281, siehe STOCK, Fräserhandbuch S. 76, Bild 68d), teils mit eingesetzten Zähnen (Abb. 282); bisweilen haben sie sehr tiefe Nuten zum

Abb. 277 a u. b.

Abb. 278.

Abb. 277 a u. b. Wälz- und Stirnfräser für normale Maschinenbaustähle und Grauguß.

Abb. 278. Zusammengesetzter Wälzfräser mit gewundenen Schneiden.

Abb. 279 a u. b. Walzen- und Stirnfräser für Leichtmetall mit sehr grober Zahnteilung und großer Steigung.

Abb. 279 a u. b.

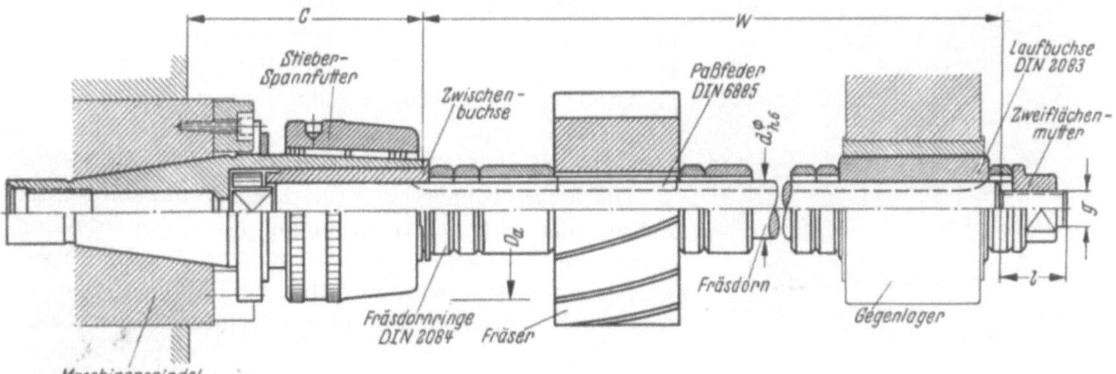

Abb. 280. Schnellwechsel-Fräserdorn mit Spannfutter. (Nach Schreyer: WT. 1954, S. 236.)

Fräsen. Wegen des großen Durchmessers erfordern sie außerordentlich große Drehmomente (Abb. 283). Den Grenzfall der Scheibenfräser stellen die Kaltkreissägeblätter dar, die bis zu Durchmessern von mehreren Metern ausgeführt werden.

Abb. 281. Nicht verstellbarer Nuten- und Scheibenfräser. (Stock.)

Abb. 282. Zusammengesetzter Profilfräser mit Schnellstahlschneiden.

Abb. 283. Nutenfräser für 120 mm tiefe Nuten an Läufern für Turbogeneratoren.

Abb. 284a. Zusammengesetzter Profilfräser mit abgerundeten Ecken.

Nicht selten werden Scheibenfräser und Walzenfräser auf einem Dorn zur gemeinsamen Arbeit zusammengespannt, der allgemein beidseitig gelagert und angetrieben ist (Abb. 284 u. 285). Hierbei sind die Drehmomente der einzelnen Fräser und ihre Um-

Abb. 284b. Satzfräser zum Fräsen von Bahnweichen.

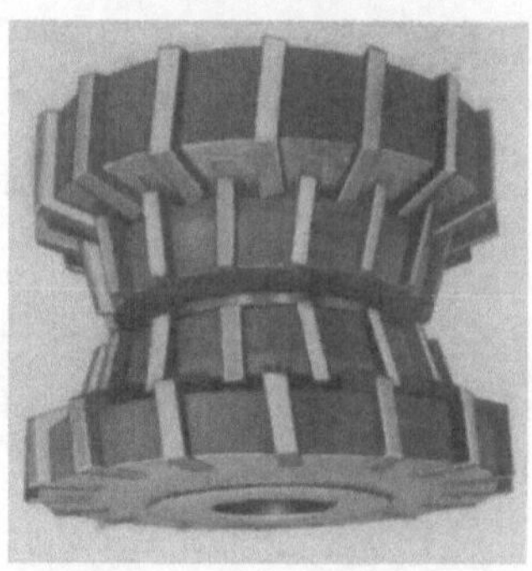

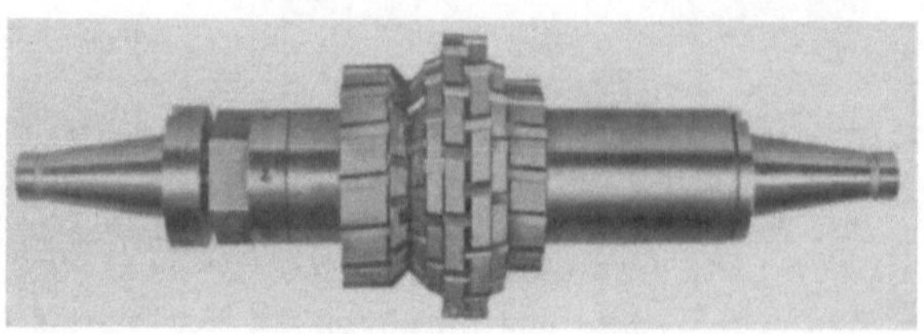

Abb. 285. Beidseitig angetriebener Fräsdorn mit Isakegel.

Abb. 286. Scheibenfräser auf einem Dorn mit Kegelschaft.

fangskräfte je zusammenzuzählen und wachsen zu erheblichen Beträgen an. Wenn am Werkstück kein Raum für ein zweites Lager zur Verfügung steht, muß an Stelle eines durchgehenden Dornes ein Dorn mit Kegelschaft benutzt werden (Abb. 286). Das führt zu sehr großen Belastungen des Hauptlagers.

Die *Messerköpfe* stellen die größten und schwersten Fräser dar. Ihren Namen haben sie davon, daß die einzelnen Fräsmeißel oder Fräsmesser in große Tragkörper eingesetzt werden (Abb. 287). Ihre Größe bewegt sich zwischen 100 und 800 mm Durchmesser. Diese Werkzeuge arbeiten häufig als Schruppwerkzeuge in fliegender Aufspannung. Zufolge ihres großen Durchmessers und der schweren Belastung erfordern sie die größten Drehmomente.

Der Abstand der einzelnen Schneiden voneinander richtet sich nach der Größe der abzuhebenden Späne und nach der verfügbaren Leistung der Fräsmaschine.

An sich wird die Leistung vom Werkzeug aus bestimmt. Vorschub und Schnittgeschwindigkeit bestimmen die Umfangskraft und die Leistung der einzelnen Schneiden; je enger die Schneiden zueinander sitzen, desto mehr Schneiden können während des Umlaufes angreifen. In der Umlaufzeit, die durch die Schnittgeschwindigkeit bestimmt ist, ist daher eine um so höhere Leistung erforderlich, je mehr Zähne der Fräser besitzt. Das ist grundlegend für die Leistung, die die Fräsmaschine herzugeben hat. Wenn überdies bei großer Fräsbreite und kleiner Teilung zahlreiche Zähne gleichzeitig im Angriff sind, dann werden Drehmoment und Leistung weiterhin gesteigert.

Abb. 287. Messerköpfe zu 500 mm.

b) Die Werkstoffe des Fräswerkzeugs.

Werkzeugstahl (Kohlenstoffstahl) wird heute zur Herstellung von Fräsern nur noch verwendet, wenn es sich um die Bearbeitung eines einzelnen Werkstücks oder nur weniger Werkstücke handelt, so daß die Anfertigung des Fräsers aus teuerem Werkstoff (Schnellstahl oder Hartmetall) sich nicht lohnt.

Die Legierung des Schnellstahls wird dem Arbeitszweck angepaßt. Außer dem normalen Schnellstahl findet verschleißfester, mit Kobalt legierter Schnellstahl Anwendung zur Zerspanung härterer Gußeisensorten und der mit Vanadin legierte Schnellstahl, z. B. zur Zerspanung der Stahlsorten über 70 kg/mm² Festigkeit.

Häufig werden Schnellstahlwerkzeuge mit Plättchen aus Schnellstahl ausgerüstet, wenn der Fräser größere Ausmaße besitzt, da die Gestaltung des gesamten Fräskörpers in Schnellstahl unwirtschaftlich wäre.

Aus Hartmetall werden die Schneiden hergestellt, wenn sehr harte Werkstoffe zu bearbeiten sind, bei denen der Schnellstahl versagen würde. In viel größerem Umfang wird aber Hartmetall aus Gründen höherer Leistung verwendet. Da es sich beim Fräsen im Vergleich zum Drehen immer nur um dünne Späne handelt, so kommt hier der Vorzug der hohen Schnittgeschwindigkeit voll zur Geltung. Die Hartmetallschneiden stellen an die Maschine eine Anforderung besonderer Art, da sie bis zu einem gewissen Grad gegen Schwingungen empfindlich sind.

c) Der Einfluß des Fräserdurchmessers.

Der Fräserdurchmesser wird mit Rücksicht auf einen kleinen Fräsweg zwischen Anschnitt und Auslauf möglichst klein gewählt. Dabei ist aber Rücksicht zu nehmen auf die entgegenstehende Anforderung, daß der Durchmesser des Fräsdornes möglichst groß gewählt werden soll, um eine schädliche Durchbiegung ($< 1/_{100}$ mm) zu vermeiden. Die als Stirnfräser verwandten Messerköpfe zur Bearbeitung ebener Flächen sollen einen Durchmesser haben, der 1,4 bis 2 mal so groß wie die Fräsbreite ist, damit die in den Werkstoff eintretenden Zähne unter einem günstigen Winkel einschneiden und die Zähne auf der anderen Seite möglichst unter 45° austreten.

d) Die Winkel an der Schneide.

Für Spanwinkel und Freiwinkel (Abb. 288) gilt grundsätzlich das, was bereits für die Drehmeißel ausgeführt wurde. Von größerer Wichtigkit als beim Drehmeißel ist beim Fräser der Neigungswinkel λ, der beim Walzenfräser (Abb. 289) zugleich als Schrägungswinkel sichtbar ist. Er bringt beim Fräsen den großen Vorteil, daß nicht die ganze Schneide zugleich in das Werkstück eindringt und damit die Maschine stoßartig belastet; vielmehr dringt die Schneide allmählich ein, so daß die Kraftschwankungen gering werden.

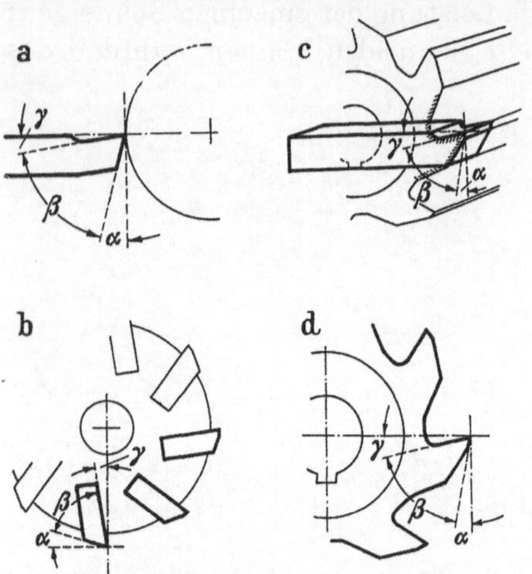

Abb. 288a—d. Schnittwinkel am Fräser im Vergleich mit demjenigen am Drehstahl.

Man kann diese fast auf Null bringen, wenn die Teilung auf die Größen

Fräserteilung
Fräsbreite
Eingriffslänge

so aufeinander abgestimmt ist, daß in dem Augenblick, in dem eine Schneide auszutreten beginnt, die nächste ihren Schnitt beginnt.

Darauf, daß die Neigungswinkel Axialkräfte hervorrufen und daß diese durch Anordnung gegenläufiger Steigungen aufgehoben werden können, wurde oben bereits hingewiesen.

Bei Scheibenfräsern werden die Zähne häufig mit abwechselnder Rechts- und Linkssteigung ausgeführt (Abb. 281), wenn es sich darum handelt, beim Fräsen von Nuten an beiden Seiten die Späne in Richtung zur Mitte hin abzuführen.

e) Schneidrichtung und Nutenrichtung.

Die Schneidrichtung heißt „rechts", wenn sich die Spindel, vom Antrieb aus gesehen, im Sinne des Uhrzeigers dreht (Abb. 290). Unabhängig davon, ob ein Fräser rechts oder links schneidet, ist die Nutenrichtung anzugeben und zwar rechtsschraubig oder linksschraubig. Ein rechtsschneidender Fräser soll linksgängig sein, damit die Axialkraft gegen das Lager geht.

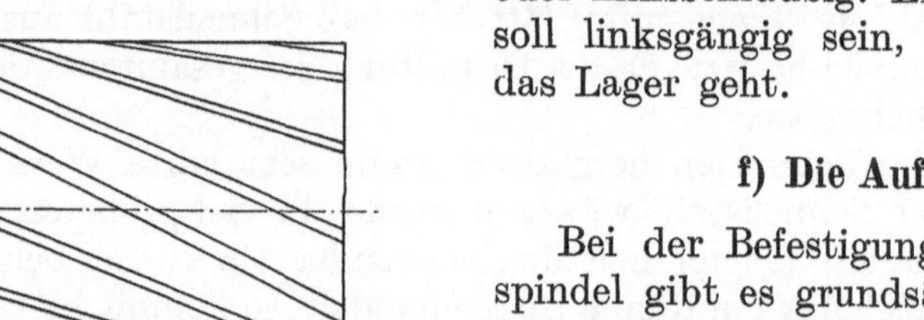

Abb. 289. Schneidenneigungswinkel λ am Walzenfräser.

f) Die Aufnahmeelemente.

Bei der Befestigung von Fräsern an der Frässpindel gibt es grundsätzlich drei Arten:

a) Schaftfräser werden mit ihrem Kegelschaft unmittelbar in die Spindel gesteckt und axial festgehalten,

b) Walzenfräser, Scheibenfräser und andere, die eine Bohrung besitzen, werden auf zylindrische Dorne gespannt, die ihrerseits mit einem Kegel in der Spindel sitzen und in einem oder mehreren Gegenlagern getragen werden,

c) Messerköpfe werden unmittelbar auf einer Außenfläche der Spindelnase befestigt.

Man findet heute in den Betrieben noch zwei verschiedene Konstruktionen der Spindelnase, nämlich die *alte* mit einem Morsekegel in der Spindel zur Aufnahme von Schaftfräsern und Fräsdornen und einen Außenkegel 1 : 3,33 zur Aufnahme von Messerköpfen. In beiden Fällen dient eine von hinten

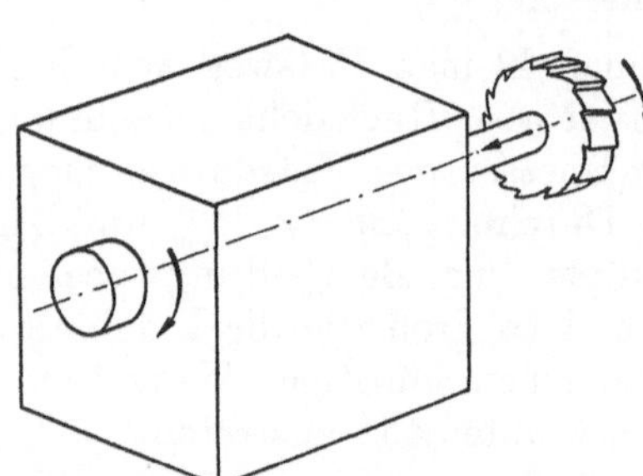

Abb. 290. Drehrichtung am Fräser.

durch die hohle Frässpindel gesteckte Spannschraube dazu, die Fräser in Axialrichtung festzuspannen (Abb. 291a u. b).

Die *neuere* Ausführung ist in den dreißiger Jahren aus den Vereinigten Staaten von Nordamerika gekommen und wurde inzwischen als internationale Form empfohlen (Abb. 292a u. b). Hier ist der Morsekegel durch den sogenann- ten Steil- oder ISA-Kegel (mit $3^{1}/_{2}''$ auf $1'$ oder $1:3,4286$) ersetzt. Dies hat den großen Vorteil, daß nach Lösen der Einzugsspindel der Kegel leicht aus der Spindel herauszunehmen ist. Die Messerköpfe werden nicht, wie bei der älteren Lö- sung, auf den Kegel aufgesetzt, sondern an eine ebene Stirn- fläche angeschraubt und von einem Kegel zentriert. Die Mit- nahme erfolgt durch zwei ge- härtete Mitnehmerzähne, die mit Schrauben in Nuten der Spindel- nase befestigt sind.

Da auch die Aufgabe vorliegt, Schaftfräser mit zylindrischen Schäften zu befestigen, gehört auch das Spannzangenfutter zu den notwendigen Aufnahme- elementen (Abb. 276). Ferner macht es das Nebeneinander der beiden Befestigungssysteme not- wendig, Fräskegel des einen Systems in Spindeln des an- deren Systems zu befestigen. Außerdem müssen Werkzeuge mit kleinerem Kegel im größeren Kegel der Spindel befestigt werden. Für beide Zwecke ist eine Reihe von Konstruktionen geschaffen worden; Beispiele zei- gen Abb. 293a u. b.

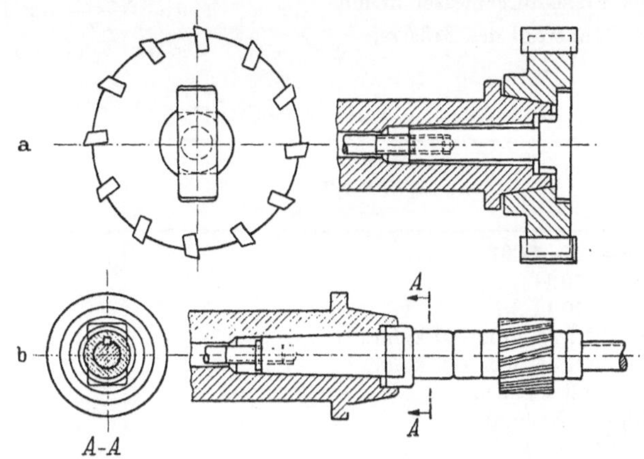

Abb. 291a u. b. a Morsekegel in der Spindel zur Aufnahme von Schaftfräsern und Fräsdornen. b Außenkegel zur Auf- nahme von Meßköpfen.

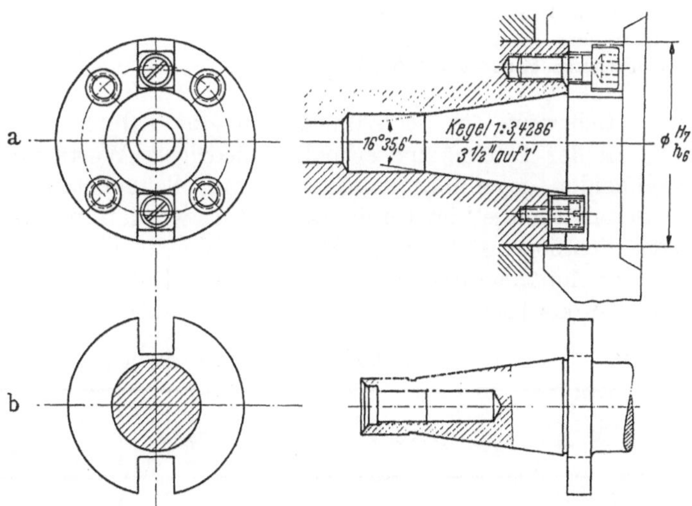

Abb. 292a u. b. a Neuere Aufspannung eines Messerkopfes. b Aufspanndorn.

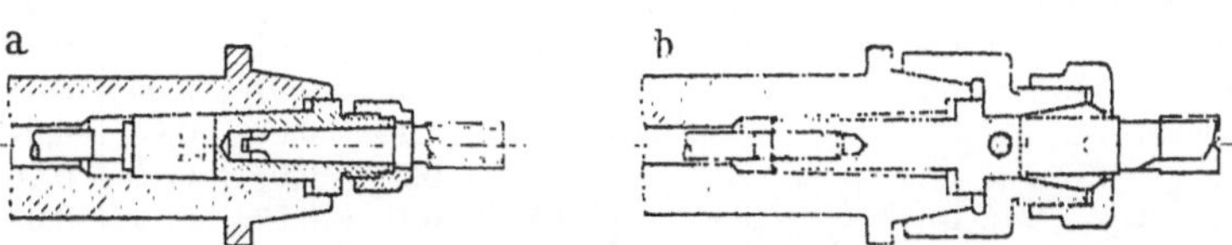

Abb. 293a u. b. Befestigungsbeispiele von Fräsern und Kegelschaft.

g) Schnittgeschwindigkeit und Vorschub.

Eine Vorstellung von den heute gebräuchlichen Schnittgeschwindigkeiten für Schnell- stahl und Hartmetall sowie für die Vorschübe ergeben die Tab. 30 und 31. Unter Zu- grundelegung der Zahnteilung und der Drehzahl oder der Schnittgeschwindigkeit sind die Vorschubwege in mm/min leicht auszurechnen. Die Vorschubgeschwindigkeit s in mm/min ist

$$ s = s_z\, z\, n = \frac{s_z\, z\, v\, 1000}{d\,\pi}. $$

Darin bedeuten:

s die Vorschubgeschwindigkeit in mm/min, v die Schnittgeschwindigkeit nach Tab. 30 in m/min,

d den Fräserdurchmesser in mm, $n = \dfrac{v\,1000}{d\,\pi}$ die Drehzahl des Fräsers in U/min,

z die Zähnezahl des Fräsers, s_z der Vorschub je Fräserzahn nach Tab. 31 in mm/Zahn.

Tabelle 30. *Schnittgeschwindigkeiten beim Fräsen mit Schnellstahl und mit Hartmetall.*

Werkstoff	Schnittgeschwindigkeit in m/min für Fräser aus	
	Schnellstahl	Hartmetall
Gußeisen Ge 18.91	17 ··· 20	60 ··· 100
Stahl St 50.11	16 ··· 24	100 ··· 160
Stahl St 70.11	15 ··· 20	100 ··· 140
Stahl VCN 35 h bis 110 kg/mm²	12 ··· 16	80 ··· 120
Stahl VCN 45 über 110 kg/mm²	8 ··· 14	60 ··· 100
Temperguß Te 38.92	18 ··· 22	60 ··· 100
Stahlguß Stg 45.81	18 ··· 25	60 ··· 100
Bronze GBz 14	40 ··· 50	60 ··· 100
Messing Ms 58.	50 ··· 70	110 ··· 150
Alusil	150 ··· 200	300 ··· 400
Silumin	200 ··· 300	400 ··· 500
Elektron	400 ··· 500	800 ··· 1500
Dural und Lautal	300 ··· 400	600 ··· 750
Aluminium	400 ··· 500	800 ··· 1500
Kunstharze, Kunstpreßstoffe, Hartpapier	60 ··· 80	150 ··· 200

Richtwerte für die Zähnezahlen gibt Tab. 32.

In der Tab. 30 sind erheblich niedrigere Werte für den Messerkopf mit Hartmetallschneiden gegenüber demjenigen mit Schnellstahlmessern angegeben. Im Abschnitt „Schnitttheorie" ist bereits ausgeführt worden, warum bei höherem Durchschnittswert der Schnittkraft je mm² Spanquerschnitt die Standzeit zunimmt, nämlich weil bei dieser Zunahme die örtliche Schneidenbelastung abnimmt. Diese Abnahme aber ist für das spröde Hartmetall von größerer Bedeutung als für den zähen Schnellstahl. Hieraus

Tabelle 31. *Richtwerte für Vorschübe je Fräserzahn und stabile Werkstücke.*

Fräseart			Vorschübe s_z in mm Zahn				
	WFr	WSt	SFr	SaFr	FoFr	MSt	MHa
Gußeisen Ge 18.91	0,2	0,2	0,07	0,05	0,04	0,3	0,1
Stahl St 50.11 bis 60 kg/mm²	0,15	0,2	0,07	0,05	0,04	0,3	0,09
Stahl St 70.11 bis 85 kg/mm²	0,1	0,15	0,06	0,04	0,03	0,2	0,08
Stahl VCN 35 h bis 110 kg/mm²	0,08	0,1	0,05	0,02	0.02	0,15	0,08
Stahl VCN 45 über 110 kg/mm²	0,05	0,08	0,03	0,01	0,01	0,1	0,05
Temperguß Te 38.92	0,2	0,2	0,07	0,05	0,04	0,3	0,09
Stahlguß Stg 45.81	0,15	0,15	0,07	0,05	0,04	0,2	0,08
Bronze GBz 14	0,15	0,15	0,07	0,05	0,04	0,3	0,1
Messing Ms 58	0,2	0,2	0,07	0,05	0,04	0,3	0,12
Alusil	0,1	0,1	0,07	0,04	0,03	0,15	0,08
Silumin	0,1	0,1	0,07	0,05	0,04	0,18	0,08
Elektron	0,1	0,1	0,07	0,04	0,03	0,15	0,08
Duralumin, Lautal	0,15	0,15	0,07	0,05	0,04	0,2	0,1
Aluminium	0,15	0,15	0,07	0,05	0,04	0,2	0,1
Kunstharze, Kunstpreßstoffe	0,2	0,2	0,08	0,06	0,06	0,3	0,2
Hartpapier	0,15	0,15	0,07	0,05	0,04	0,2	0,1

Die Werte gelten bei Walzenfräsern für Frästiefen von etwa 3 mm, bei Scheibenfräsern für Frästiefen etwa gleich der Fräsbreite, bei Schnittfräsern für Frästiefen etwa gleich den Fräserdurchmessern.

WFr = Walzenfräser;   WSt = Walzenstirnfräser;   SFr = Scheibenfräser, kreuzverzahnte;   SaFr = Schaftfräser;   FoFr = hinterdrehte Formfräser;   MSt = Messerkopf mit Schnellstahlmessern;   MHa = Messerkopf mit Hartmetallschneiden.

erklärt sich die in den Betrieben gemachte Erfahrung, daß bei Hartmetall mit kleineren Vorschüben je Fräserzahn, dafür aber mit größeren Schnittgeschwindigkeiten, die höchste Standzeit erreicht wird.

Tabelle 32. *Richtwerte für die Zähnezahlen z an Fräsern.*

Fräser-Dmr. in mm	Hochleistungs-Schaftfräser mit Schälschnitt	Schaftfräser für Leichtmetall	Walzenfräser mit Schälschnitt	Walzenstirnfräser	Walzenstirnfräser für Leichtmetalle	Schlitzfräser mit Bohrung	Hinterdrehte Nutenfräser	Geradverzahnte Scheibenfräser	Kreuzverzahnte Scheibenfräser	Messerköpfe mit Flachmesser	Messerköpfe mit Vierkantmesser	Messerköpfe für Leichtmetalle	Genormte Formfräser	Walzenförmige Gewindefräser, gerade genutet	Walzenförmige Gewindefräser, spiral genutet	Walzenförmige Gewindefräser mit Schaft
15	4	3														5
20	4	4														7
25	5	4														8
30	5	4														8
35	6	4														10
40	6	5	6		4		10						10	12		12
45	6	5	6		4		12						12	14	12	12
50	7	5	6	8	4		14						12	14	14	
55			6	8	4 oder 5	18	14						14	16	16	
60			6	8	4 oder 5	18	16	9	12				14	16	16	
65			8	10	4 oder 5	18	16	9	12				14	18	16	
70			8	10	4 oder 5	18	16	10	12				16	20	18	
75			8	12	4 oder 5	20	18	12	12				16	20	18	
80			8	12	4 oder 5	20	18	12	14				16	22	20	
90			8	14	5 oder 6		20	12	14				18			
100			10	14	5 oder 6		20	14	14				20			
110			10	16	5 oder 6		22	14	16				20			
120			10	16	5 oder 6		24	14	16				24			
130			12	16	5 oder 6		26	14	18	10		4				
150				18	9		28	14	20	10		4				
175							32	16	20	12	10	4				
200										14	10	4				
225										14	12	6				
250										16	14	6				
300										20	16	6				

Die in der Tab. 31 angegebenen Vorschubwerte gelten für normales Schruppen und Schlichten mit der Maßgabe, daß beim Schlichten die Schnittgeschwindigkeit um 30 bis 50 % heraufgesetzt werden kann. Für das Feinschlichten werden die Vorschubwerte bis etwa auf die Hälfte herabgesetzt, so daß beispielsweise beim Feinschlichten von VCN-Stahl (über 100 kg/mm²) mit einem Hartmetallmesserkopf der Vorschub s_z mit 0,025 mm/Zahn angesetzt wird.

Die entsprechenden Rauhigkeitsgrade, also die Tiefen der Unebenheiten in der Werkstückoberfläche, können für

Schruppen . . . . mit 30 μ
Schlichten . . . . „ 10 μ
Feinschlichten (= Feinstfräsen) . . . . „ 5 μ

angenommen werden.

Aus diesen Angaben lassen sich die hohen Anforderungen, die an die Fräsmaschine beim Feinschlichten zu stellen sind, ableiten:

1. Der Fräser muß beim Feinschlichten auf 0,002 mm genau rund laufen.
2. Die Frässpindel muß mit einer um 30 bis 50 % erhöhten Drehzahl umlaufen.
3. Der Vorschub s_z muß auf etwa die Hälfte reduziert werden.

4. Die Spantiefe muß unter 1 mm bleiben.

5. Die Kühlflüssigkeitsmenge muß etwa auf das Doppelte gesteigert werden.

6. Irgendwelche Schwingungen von Werkstück und Maschine müssen sorgfältig vermieden werden.

h) Spandicke, Schnittwiderstandsmoment, Schnittwiderstand und Leistung des Wälzfräsers.

Die Dicke des Spans bei einem Wälzfräser mit graden Schneiden parallel zur Achse ergibt sich aus den Schnittbahnen zweier aufeinanderfolgender Fräszähne (Abb. 294). In dieser Abbildung sind die Schnittbahnen, an sich Epizykloiden, mit ausreichender Annäherung durch Kreisbögen ersetzt worden. Die horizontale Gerade an jeder Stelle zwischen den beiden Schnittbahnen ist gleich dem Vorschub s_z. Dieser Vorschub ergibt sich aus der Gleichung

$$s = s_z z n \quad \text{zu} \quad s_z = \frac{s}{z n}.$$

Die Spandicke x ergibt sich zu

$$x = s_z \sin \varphi \qquad x_{\max} = s_z \sin \psi$$

$$\sin \psi = \sqrt{1 - \cos^2 \psi} = \sqrt{1 - \left(\frac{R - a}{R}\right)^2}.$$

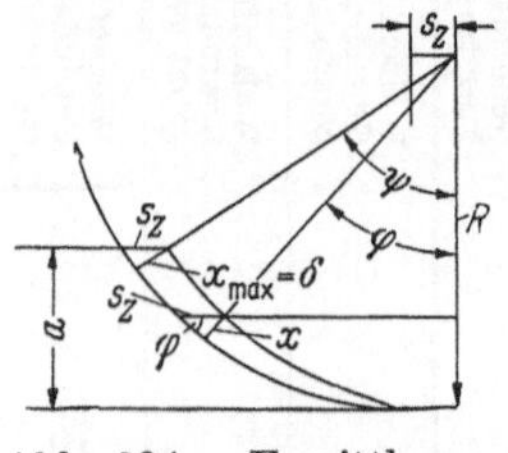

Abb. 294.   Ermittlung der Spandicke x.

Das Schnittwiderstandsmoment M ergibt sich zu $M = x b k_s R$ (kgmm) für jeden im Schnitt stehenden Zahn. Darin ist k_s der Spandicke x entsprechend einzusetzen. Das gesamte Schnittwiderstandsmoment des Fräsers ergibt sich somit zu

$$M_g = \sum x b k_s R \text{ (kgmm).}$$

In gleicher Weise können auch die Kräfte, jedoch geometrisch, summiert werden, indem man den Schnittwiderstand $W = x b k_s$ vor jedem Zahn in die betreffende Normale und Horizontale (Abb. 295) zerlegt und die sich ergebenden horizontalen bzw. vertikalen Kräfte zu je einer Resultierenden vereinigt. Auf diese Weise kann die Beanspruchung der Maschine bei jeder Fräserstellung und das Maximum derselben ermittelt werden. Freilich hängt, wie man sieht, diese Beanspruchung vom Fräserdurchmesser ab, der Fräserteilung, der Drehzahl des Fräsers und der Schnittiefe a, mit welcher der Span abgehoben wird.

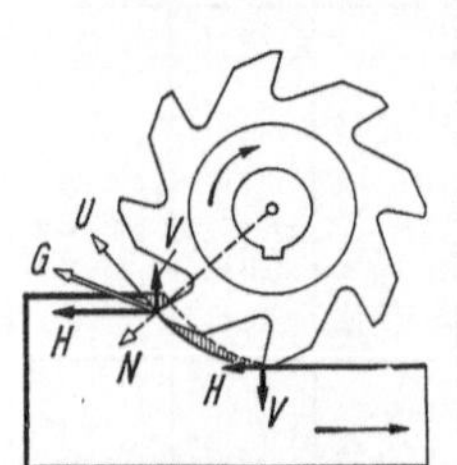

Abb. 295. Kennzeichnung der Richtung der Fräskräfte.

Wenn man bei der Konstruktion einer Fräsmaschine von der gewählten Antriebsmotorleistung ausgeht, so kann man sich aus den vorstehenden Gleichungen immerhin ein Bild machen, wie groß die Spanleistung in kg stündlich ist und wie sich die Beanspruchung der Werkzeugmaschine durch den Schnittwiderstand ergibt. Man kann sodann die Grenze ziehen, bei welcher nach anderweitig vorliegenden Erfahrungen der Fräser zu rattern beginnt. Wie bei der Drehbank, so kann auch hier die Schnittgeschwindigkeit bei voller Motorleistung nur bis zur Rattergrenze herabgesetzt werden.

Das Spanvolumen V_s in mm³/min ergibt sich für einen Zahn vom Anschnitt bis zur größten Spandicke zu

$$V_s = \int_0^\varphi b(R\,d\varphi)\,x = b R \int_0^\psi d\varphi\, s_z \sin \varphi = b R s_z \int_0^\omega \sin \varphi\, d\varphi = b R s_z (1 - \cos \psi)$$

$$= b R s_z \left(1 - \frac{(R - a)}{R}\right) = b s_z a = \frac{b a s}{z n} \text{ in mm³/min.}$$

Die bisherigen Ableitungen gehen der Einfachheit halber von dem heute veralteten Fräser mit graden, parallel zur Fräserachse verlaufenden Schneiden aus. Bei Wälzfräsern mit gewundenen Schneiden können die Ableitungen sinngemäß Anwendung finden, wenn mit der mittleren Spandicke vor einer jeden Schneide gerechnet und ein entsprechender k_s-Wert eingesetzt wird. Auch für den Stirnfräser können in ähnlicher Weise Formeln abgeleitet werden.

i) Versuchsergebnisse.

Der Einfluß, welcher die Art und Arbeitsweise des Fräsers auf die Spanbildung und damit auf die Fräsmaschine ausübt, ist durch Versuche der Firma Ludwig Loewe (SALOMON) dargestellt worden. Die folgenden Abbildungen zeigen:

Abb. 296 den Einfluß der Neigung der Fräserschneide auf die Schnittkraftschwankung beim Fräser,

Abb. 297 die Steigerung des Drehmomentes bei zunehmendem Vorschub,

Abb. 298 den Einfluß des Spanwinkels γ auf das Drehmoment,

Abb. 299 das schnelle Anwachsen der Schneidtemperatur gegenüber der langsameren Zunahme der Schnittkraft; 1. beim gewöhnlichen Anschnitt einer Werkstückoberfläche und der Fortsetzung des Spanabnehmens,

Abb. 300 2. beim Anschnitt einer Werkstückecke,

Abb. 301 3. bei Wiederaufnahme der Arbeit, wenn die Rundung entsprechend dem Radius des Fräsers bereits vorgefräst ist.

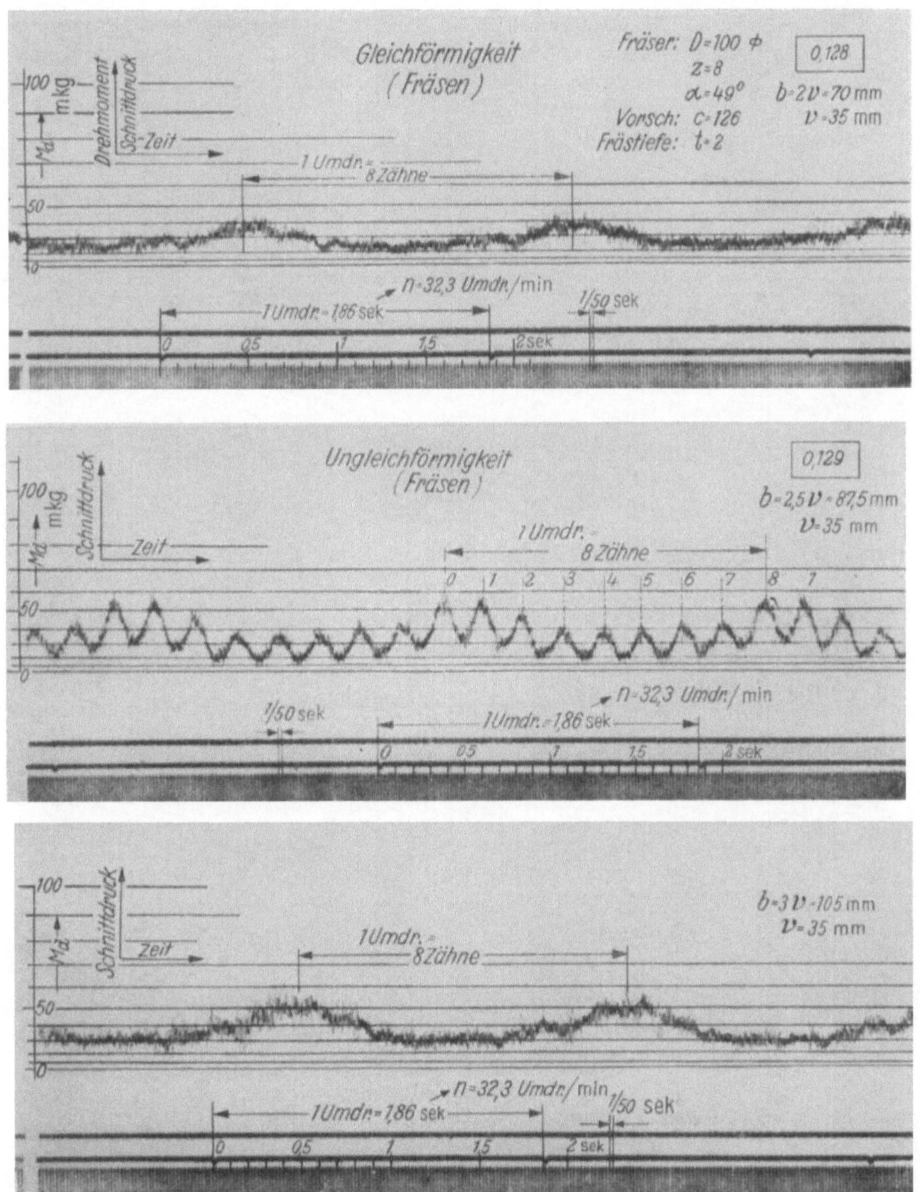

Abb. 296. Steigung und Schnittkraftschwankung beim Fräser.

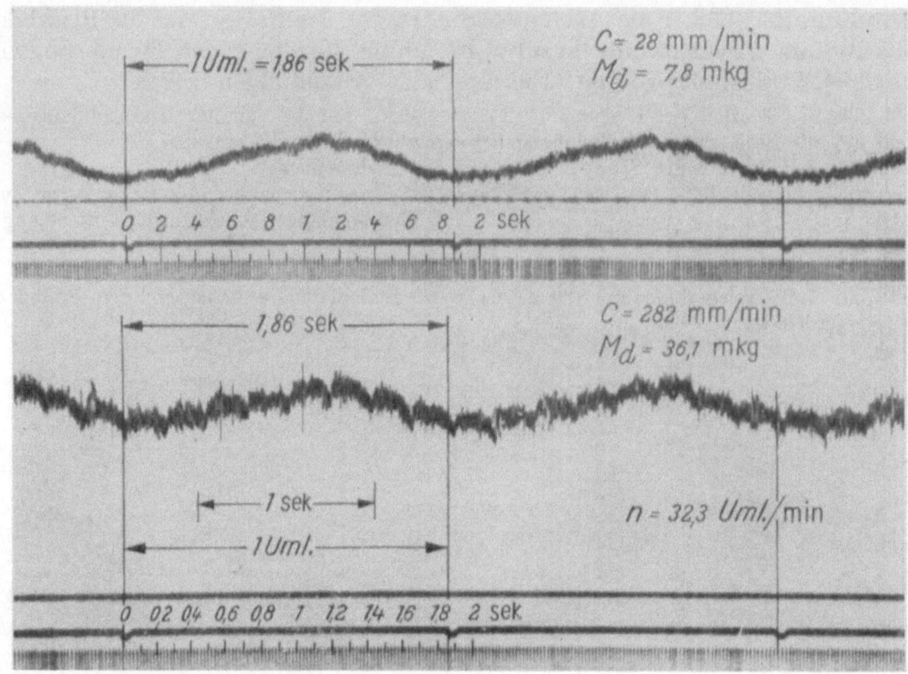

Abb. 297. Drehmoment bei zunehmendem Vorschub.

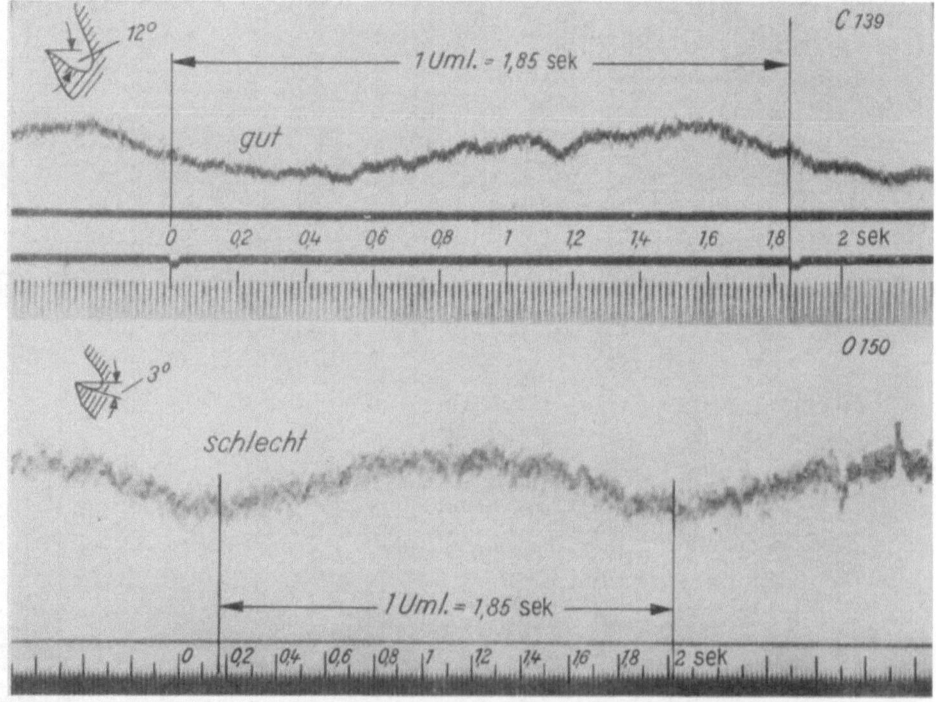

Abb. 298. Einfluß von zwei verschiedenen Spanwinkeln auf das Drehmoment beim Fräsen.

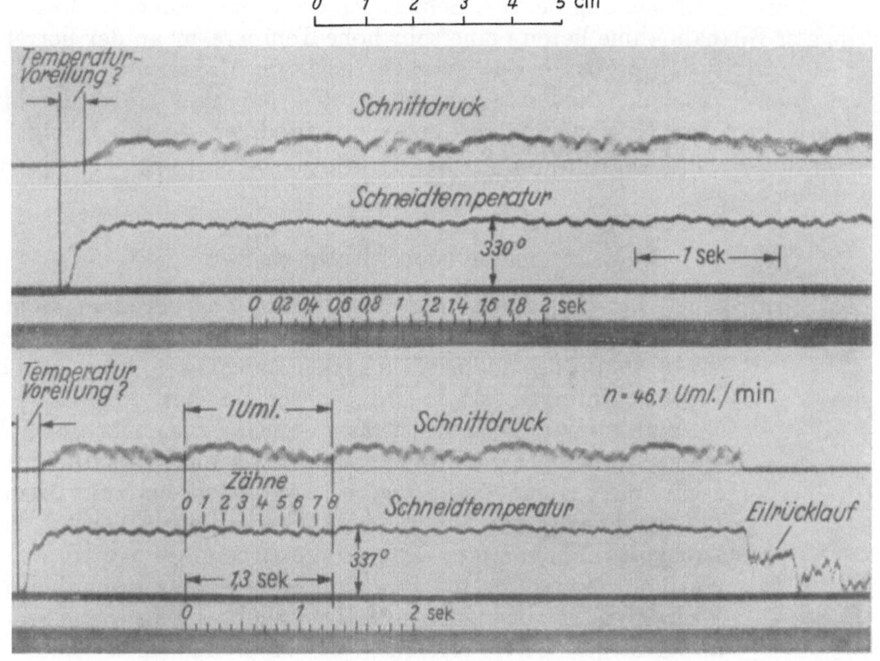

Abb. 299. Temperaturvoreilung gegenüber dem Schnittkraftanstieg beim Fräsen sowie Temperaturabfall nach Einrücken des Eilrücklaufs.

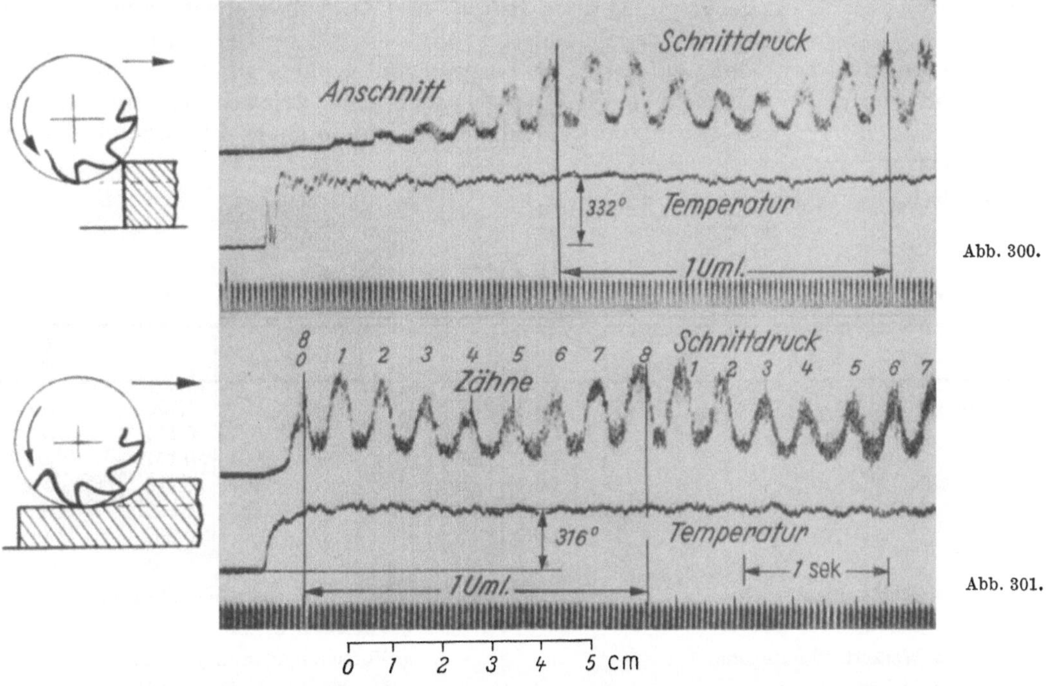

Abb. 300. Temperaturvoreilung gegenüber dem Kraftanstieg beim Anfräsen einer Werkstückecke.

Abb. 301. Temperaturvoreilung gegenüber dem Kraftanstieg beim Fortsetzen des Fräsens in einer vorgearbeiteten Rundung.

Aus diesen Versuchen geht die Schädigung der Fräserschneide und die Ungleichförmigkeit der Maschinenbelastung hervor. Schließlich ergibt sich noch die Feststellung, daß bei geringster Spanabnahme bereits eine sehr hohe Temperatur an der betreffenden Schneidenstelle auftritt längst bevor der Schnittdruck sein Maximum erreicht. Wenn nun z. B. bei einem Fräser das Nochnichtangreifen oder bei einer Hobelmaschine der Rücklauf mit mehrfacher Geschwindigkeit ohne vollständigen Abhub erfolgt, so ist das Ausglühen und damit die Stumpfung oder selbst die Zerstörung der Schneide die unmittelbare Folge.

k) Walzenfräsen oder Stirnfräsen.

Auch der Stirnfräser (Abb. 302) trennt mit dem im Umfang liegenden Schneidenteil einen jedoch langen Kommaspan ab, arbeitet also ebenfalls wie der Walzenfräser (Abb. 303). Trotzdem führt die Arbeitsweise zu erheblichen Beanspruchungs- und Leistungsunterschieden.

Abb. 302. Spanbildung beim Stirnfräsen.

Wählt man einen Stirnfräser (Messerkopf) mit einem Durchmesser drei- oder mehrfach so groß wie die Werkstückbreite, so erhält man einen Span, der vom Anschnitt bis zum Auslauf des Fräserzahns nahezu die gleiche Dicke behält, in der Art also dem Drehspan nahekommt. Durch diese Arbeitsweise wird die Feinst- und Feinzerspanung bei dem Anfang der Kommaspanbildung des Walzenfräsers vermieden und eine erhebliche Leistungssteigerung in kg/St. je 1 kW erreicht. Es empfiehlt sich daher, ebene Flächen möglichst zu „stirnen". Nachstehende Versuchsergebnisse aus dem Betriebe der Naxos-Union lassen immerhin den

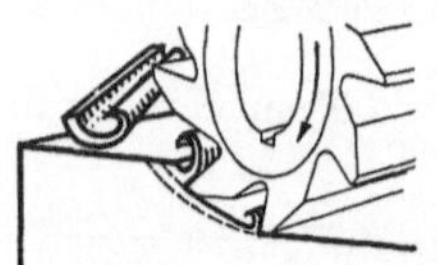

Abb. 303. Spanbildung beim Walzenfräsen.

großen Leistungsunterschied erkennen, wenn auch bei diesen Versuchen der Wirkungsgrad des Getriebes in gleicher Größe bei den verschiedenen Vorschüben und damit bei den verschiedenen Lagerpressungen im Haupt- und Vorschubgetriebe angesetzt und somit der gleiche Energieverbrauch des Getriebes für sich von der Motorleistung in Abzug gebracht ist. Der Leistungsunterschied in der Spanmenge/St. ist so groß, daß der Unterschied im Energieverbrauch des Getriebes das Ergebnis nicht wesentlich beeinflußt. Der bei diesen Versuchen verwendete Glockenfräser arbeitet wie ein Messerkopf.

Die Versuchsergebnisse sind folgende:

Tabelle 33.
Versuche der Naxos-Union zum Walzenfräsen und Stirnfräsen von Gußeisen mit Schnellstahl.

	z	D	b	t	v	s	s_z	L kg/St.
Walzenfräser	24	114	57	7	20	96	0,073	5,7
	24	114	57	7	20	152	0,115	5,7
	24	114	57	7	20	200	0,151	7,0
Glockenfräser.	18	148	62	7	21	96	0,118	Fräser tönt
	18	148	62	7	21	152	0,187	11,2
	18	148	62	7	21	200	0,202	11,0

<table>
<tr><td>z Zähnezahl</td><td>v Schnittgeschwindigkeit m/min</td></tr>
<tr><td>D Durchmesser mm</td><td>s Vorschub in mm/min</td></tr>
<tr><td>b Werkstückbreite mm</td><td>s_z Vorschub in mm je Zahn</td></tr>
<tr><td>t Schnittiefe mm</td><td>L Leistung in kg/St. je kW</td></tr>
</table>

Die Leistungssteigerung beim Stirnfräsen steigt bis auf etwa das 1,5fache an.

l) Fräsen im Gegenlauf oder im Gleichlauf.

Der Schnittrichtung des Wälzfräsers wird das Werkstück in der Regel (Abb. 304) entgegengeführt. Man bezeichnet diese Arbeitsweise als Aufwärtsfräsen oder Gegenlauffräsen. Das Werkstück kann aber auch in der Schnittrichtung (Abb. 305) herangeführt werden. Damit ergibt sich das Fräsen mit dem Vorschub, d. h. das Abwärts- oder Gleichlauffräsen.

Letztere Fräsart kommt z. B. zur Anwendung, wenn das Werkstück auf der Unterlage nicht genügend festgehalten werden kann, so daß es sich abhebt. Mit der Größe der Zugabe nimmt auch die abhebende Senkrechtkomponente (Abb. 305) zu und kann unter Umständen nicht mehr aufgenommen werden. Beim Gleichlauffräsen hingegen ist es die niederdrückende Senkrechtkomponente, welche das Werkstück auf den Tisch preßt. Freilich ergibt sich beim Gleichlauffräsen eine große Gefahr: Wenn das Werkstück nicht mit Sicherheit gegen Verschieben in Vorschubrichtung festgehalten ist, wird es vom Fräser mitgenommen und der nächste Fräserzahn findet eine Spanabnahme zugeteilt, der weder er, noch die Maschine gewachsen ist. Irgend etwas, der Fräserzahn, der Fräsdorn oder die Maschine muß zu Bruch gehen. Trotz dieser Gefahr findet das Gleichlauffräsen immer häufigere Anwendung. Die Fräsdorne werden zu solcher Arbeit stärker ausgeführt und dementsprechend werden auch die Fräserbohrungen über die Normenwerte vergrößert. Es ist auch wirtschaftlich beim Schruppen von langspanendem Werkstoff angewandt worden. Die Pfeile in den Abbildungen geben die Kraftkomponenten an. Das Abwärtsfräsen hat, abgesehen davon, daß der Fräser sogleich zur maximalen Spandicke des Kommaspans ansetzt, den Nachteil, daß die Werkstückoberfläche unsauberer wird, insbesondere, wenn Schneidenansätze sich gebildet haben, die zum Teil in die Werkstückoberfläche auslaufen. Gerade beim Fräsen mit Schnellstahl bleibt die Spanabnahme bei den Baustählen in der Regel im Gebiet der Schneidenansatzbildung.

Beim Fräsen dem Vorschub entgegen beginnt die Spanbildung mit unendlich dünnem Span, so daß gerade in dem Moment, in dem die neue Werkstückoberfläche entsteht, Schneidenansätze sich noch nicht bilden können.

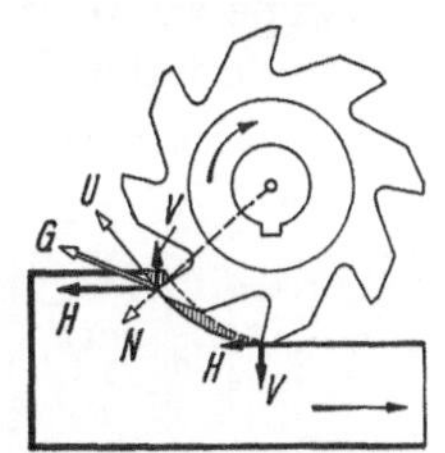

Abb. 304. Fräsen entgegen dem Vorschub, Gegenlauffräsen, Aufwärtsfräsen.

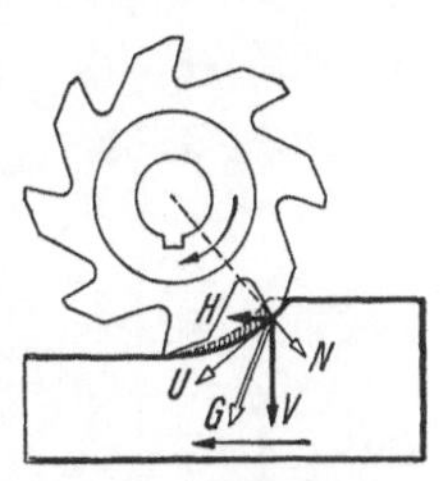

Abb. 305. Fräsen mit dem Vorschub, Gleichlauffräsen, Abwärtsfräsen.

B. Die Fräsmaschine in der Zeit von 1900 bis 1919.

Auch die Fräsmaschinen mußten von 1900 an durch Erhöhung der Frässpindeldrehzahlen auf etwa das Dreifache der mehrfachen Leistung des Schnellstahlwerkzeuges angepaßt werden. Zugleich verstärkte man die Maschine zwecks Erhöhung des Spanquerschnittes ebenfalls um ein Mehrfaches, so daß die Gesamtleistung der Maschine im Hinblick auf das stündliche Spangewicht etwa auf das Sechs- bis Zehnfache gesteigert wurde und damit auch zu einer Heraufsetzung des Antriebes von 0,4 bis 0,8 kW auf 3 bis 4 kW führte. Die Maschinen hatten ein mechanisches Getriebe mit dem Vorzuge unnachgiebigen Vorschubes.

Die Universalfräsmaschine von Brown & Sharpe, Größe 3 A.

Diese Universalfräsmaschine, hier gewählt als die lehrreichere, unterscheidet sich von der einfachen Planfräsmaschine durch den schwenkbaren Frästisch, so daß z. B. auch

Schnecken- und Schraubenräder gefräst werden können. Ihr Platz ist die Werkzeug-
macherei, aber auch der Betrieb bei Einzelanfertigung und der Anfertigung kleiner Serien.

Gerade mit der Universalfräsmaschine, so wie sie auf Grund von vier Patenten
aus den Jahren von 1892 bis 1905 der Schnellstahlleistung angepaßt wurde, war Brown
& Sharpe führend in der ganzen Welt.

Die damalige Neukonstruktion (Abb. 306)[1] ist nicht nur besonders vielseitig und lehrreich, sie ist sogar klassisch insofern, als viele ihrer Einrichtungen auch heute noch, wenn

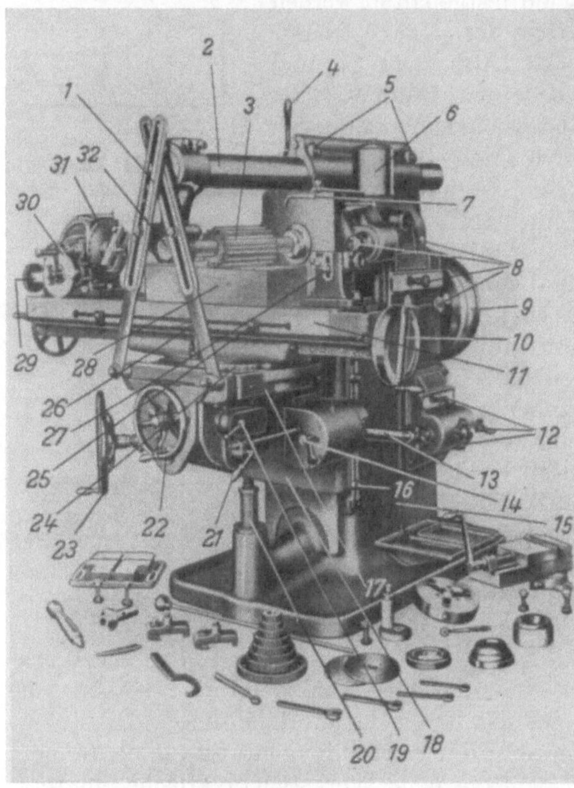

Abb. 306. Universalfräsmaschine von Brown
& Sharpe, Größe 3 A, mit eingetragenen
Benennungen.

auch in etwas veränderter Gestaltung, Anwendung finden, wie der Vergleich mit den
nachfolgenden Maschinen ergibt. Die Neugestaltung führte zu einer Gewichtserhöhung
von 40 % und zeichnete sich durch besondere sorgfältige Werkstattarbeit aus.

Der Antrieb der Maschine 3 A erfolgt durch einen 125 mm breiten Riemen als Einscheibenantrieb. Die Daten der Maschine, dem Katalog entnommen, sind im wesentlichen folgende:

Arbeitsfläche des Tisches	1305×330 mm²
Selbsttätige Längsbewegung des Tisches	760 mm²
Selbsttätige Querbewegung des Tisches	255 mm²
Größte Entfernung von der Mitte der Spindel bis zur Oberfläche des Tisches	480 mm²
Anzahl der Spindelgeschwindigkeiten vorwärts und rückwärts	16
Spindelumdrehungen pro Minute vorwärts und rückwärts	16 ··· 370 U/min
Anzahl der Vorschubgeschwindigkeiten	16
Bewegung des Tisches längs, quer und senkrecht	12 ··· 404 mm/min
Zum Antrieb erforderlich	3,5 kW

Die Benennung der einzelnen Teile, soweit sie außen an der Maschine sichtbar sind, ist in Abb. 306
eingetragen.

---

[1] Die Unterlagen zu dieser Maschine stammen, soweit sie, wie z. B. der Getriebeplan, nicht in dem
vorhandenen Katalog enthalten sind, von Abbildungen und Aufzeichnungen an der Maschine selbst aus jener
Zeit. Nur die Achsendiagramme sind neu entworfen. Achsendiagramme gab es zu jener Zeit noch nicht.

Die Frontfläche des Ständers war in der ganzen Ausdehnung glatt bearbeitet und geschabt. Diese Maßnahme gestattete die Anbringung von ergänzender Ausstattung wie z. B. einer einfachen Senkrechtfrässpindel, angetrieben von der Hauptspindel (Abb. 307). So ergibt sich auch die lange Führungsbahn für den Support, der übrigens, wenn nicht gerade eine Senkrechtbewegung ausnahmsweise erforderlich wurde, durch eine Schere mit dem am stählernen Ausleger (Abb. 306) befestigten Gegenhalter für die Frässpindel verbunden wurde, so daß Support, Ausleger und Ständer einen möglichst starren Rahmen bildeten.

In dem Getriebeplan (Abb. 308) für Hauptantrieb und Vorschub ist die Zusammengehörigkeit der Zahnräder durch die eingeschriebenen Ziffern gekennzeichnet. Zur Erleichterung dient, daß im Vorschubgetriebeplan die Wellen durch römische Ziffern und die Zahnräder, so wie sie im Eingriff aufeinanderfolgen, durch arabische Ziffern gekennzeichnet sind. Die Nummern *1* bis *12* gehören dem Hauptgetriebe an, die Nummern *14* bis *26* dem Bronwn & Sharpe-Getriebe, von *27* bis *31* der Überleitung zur Verteilungswelle XVI und von ihr über *38* bis *44* zur Spindel XXIII dem Längsgang des Tisches (in Richtung der Länge des Tisches), die Nummern *32* und *33* zur Spindel XVII für den Quergang (quer zur Länge des Tisches), und die Nummern *24* bis *37* für die Spindel XX zum Senkrechtgang.

Abb. 307. Ergänzungseinrichtung mit schwenkbarer Senkrechtspindel, insbesondere zur Anwendung von Stirnfräsern. (Brown & Sharpe.)

Aus dem in dem logarithmischen Maßstabe aufgetragenen Achsendiagramm für Hauptgetriebe (Abb. 309) läßt sich die Zuteilung der Drehzahlen auf die einzelnen Wellen ohne weiteres entnehmen. Die Drehzahlen für das Hauptgetriebe steigen von $n = 16$ bis 370 U/min. So ergeben sich Vorschübe von 12 bis 400 mm/min.

Das Hauptgetriebe (Abb. 310) ist das in dem ganzen Zeitraum von 1900 bis 1920 häufig angewandte Brown & Sharpe-Getriebe, bestehend aus einem von der Antriebswelle angetriebenen 4fachen Stufenkonus mit nachfolgenden zwei Rädervorgelegen, von welchen das erstere mit auf der Frässpindel angeordneten Schieberädern betätigt wird und das letztere, wie bei der Drehbank, exzentrisch gelagert und somit einschwenkbar ausgeführt ist. Die Zahnräder bestehen noch aus Gußeisen, daher die großen Abmaße.

Nur bei kleineren Bauarten dieser Fräsmaschine wurde noch an Stelle des Stufenrädersatzes ein Stufenkonus mit Riemenantrieb verwandt, um bei diesen Maschinen die Herstellungskosten in tragbaren Grenzen zu halten.

Die Frässpindel ist aus Tiegelstahl, durchbohrt und an den Laufflächen gehärtet und geschliffen. Bemerkenswert ist die einfache Nachstellbarkeit der Frässpindel in ihren Bronzelagern (Abb. 311). Durch Axialfestlegung am Hauptspindellager kann das rückwärtige Ende bei Ausdehnung der Spindel infolge Erwärmung frei folgen. Der gegenüber einer Drehbank geringere Drehzahlbereich gestattet eine Vereinfachung des Getriebes. Der Umlauf der Spindel erfolgt wie bei der Drehbank entgegen der Uhrzeigerrichtung und bedingt somit linksschneidende Fräser.

Die Ableitung des Vorschubantriebes von der Hauptantriebswelle wird durch eine Zahnkette (Abb. 312) erreicht, ist also bei gespannter Zahnkette zwangsläufig. Die Vorschübe sind demnach von den Drehzahlen der Hauptspindel unabhängig. Der bis zum Jahre 1900 noch oft gebräuchliche Riemenantrieb für den Vorschub ist wegen der bei kurzen Riemen sich bald einstellenden Unsicherheit der Mitnahme vermieden. Auch in

16*

Deutschland ging man häufig zur Zahnkettenübertragung (Reynauldkette) über, bis auch diese, besonders nach Einführung des Schieberädergetriebe, zurücktrat.

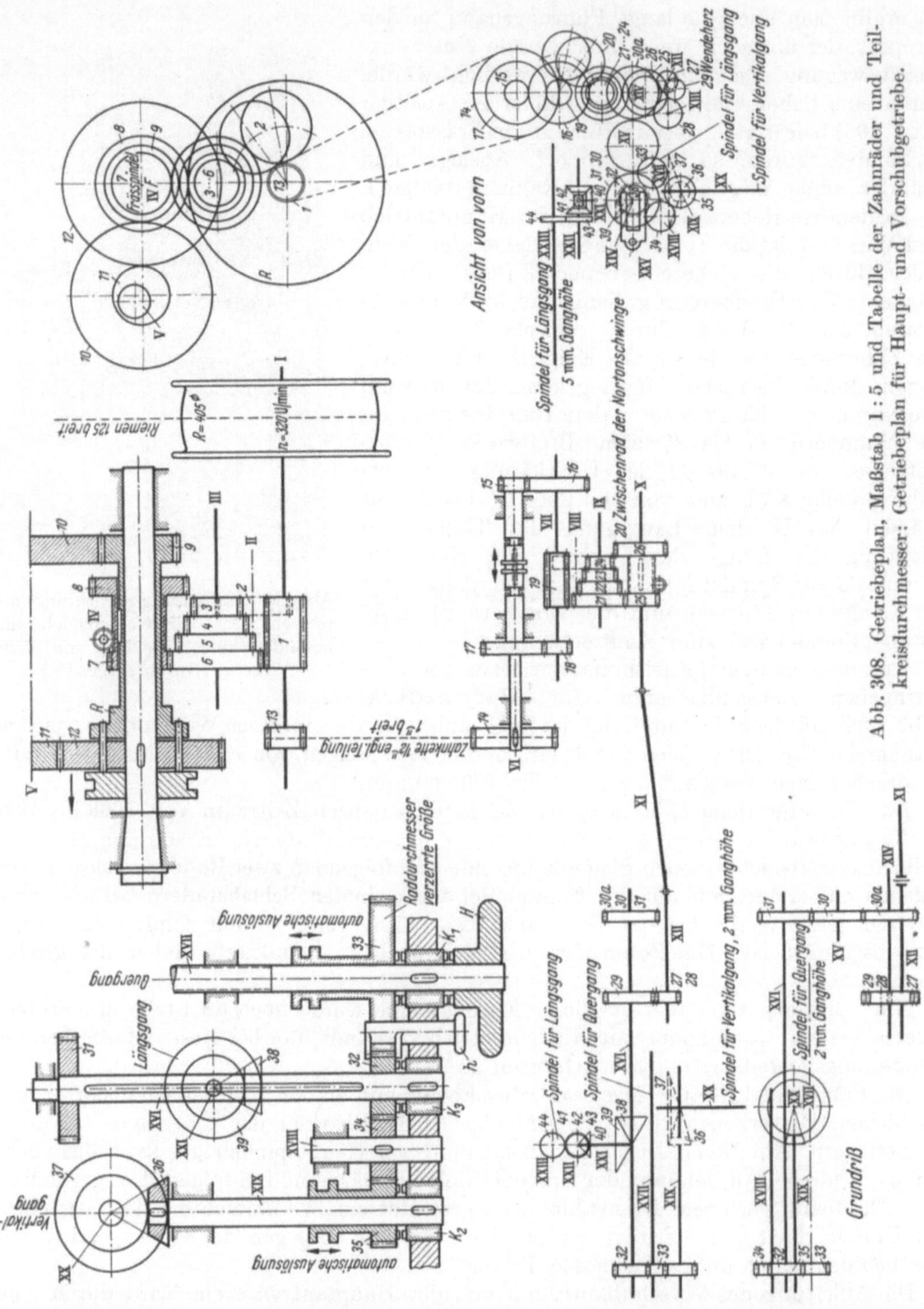

Abb. 308. Getriebeplan, Maßstab 1 : 5 und Tabelle der Zahnräder und Teilkreisdurchmesser; Getriebeplan für Haupt- und Vorschubgetriebe.

Diese Ableitung des Vorschubantriebes (Abb. 308) erfolgt von Welle I über die Kettenräder *13* und *14* auf Welle VI. Von hier aus geht es durch Schwenken des Hebels zur Vorschubeinschaltung (Abb. 307) nach rechts oder links entweder durch Räderpaar *15*,

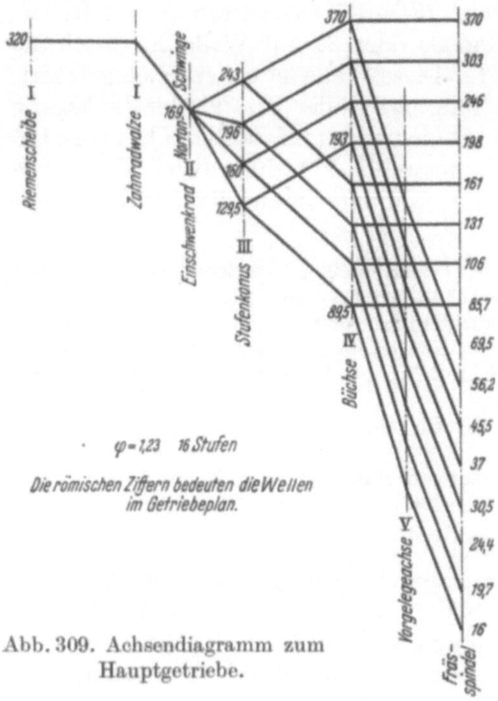

Abb. 309. Achsendiagramm zum
Hauptgetriebe.

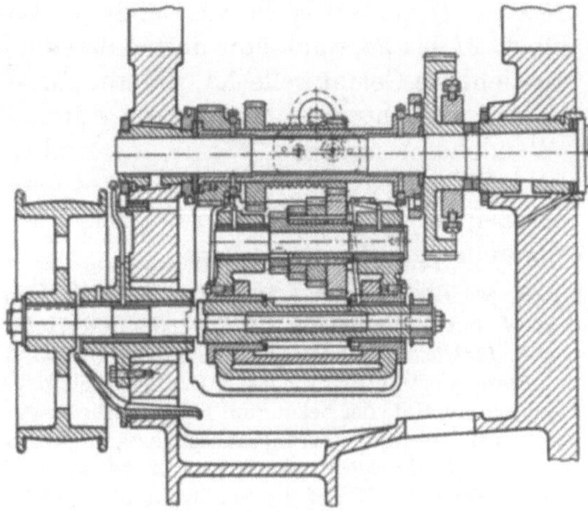

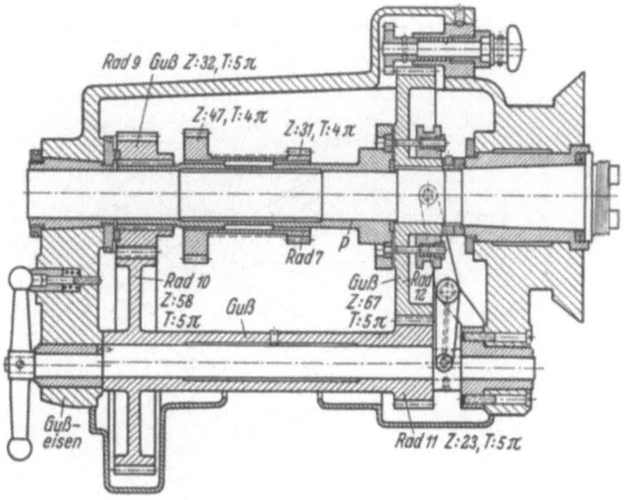

Abb. 311.
Schnitt durch den Frässpindelstock.

Abb. 312.
Innenansicht des Brown & Sharpe-Getriebes zum
Vorschubmechanismus.

16 oder *17, 18* auf Welle VII, sodann durch Ritzel *19* mit Zwischenrad *20* auf Räderblock *21* bis *24*, und von dort entweder mit Rad *25* oder *26* auf Welle X, durch die ausziehbare Gelenkwelle XI, sodann auf Welle XII. Diese Welle ist exzentrisch gelagert, so daß sich entweder Rechtsgang durch Vermittlung der Räder *27, 29* oder Linksgang (Wendeherz) mit Rad *27, 28, 29* ergibt, durch Räder *30a* (auf Welle XIV) und *30* (auf XV) nach *31* (Welle XVI) auf die Verteilungswelle. Von hier (wie deutlich in der Zeichnung oben links zu sehen ist) wird der Vorschubantrieb auf die drei Vorschubspindeln verteilt, und zwar:

1. *für Längszug* durch Winkelräder *38, 39*, von *40* über *41* oder *42* (Wendegetriebe) auf *43*, von dort auf *44* und damit auf die Längsspindel XXIII für den gewöhnlichen Fräsvorschub,

2. *für Querzug* von Welle XVI durch Rad *32, 33*, bei eingerückter Klauenkupplung K_1 (Abb. 308 links oben), dieser Vorschub ist wichtig z. B. als Vorschub des Werkstücks gegen einen in die Frässpindel eingesetzten Bohrer; mit Hilfe der bekannten Knopfmethode wurden damals Bohrungen in Bohrvorrichtungen hergestellt mit einer Toleranz Bohrungsachsenabstände von 0,02 mm,

3. *für Senkrechtgang* durch Rad *32, 34, 35* bei eingerückter Klauenkupplung K_2 auf Welle XIX, durch Winkelräder *36, 37* auf die Senkrechtspindel XX.

Kupplung K_3 verbindet Rad *32* mit Welle XVI. Durch Ziehen am Handgriff *h* wird *32* mit K_3 verbunden; *h* ermöglicht somit die Ausrückung sowohl des Senkrecht- als auch des Querganges.

Der Vorschubbereich ist im Prospekt mit 16 bis 505 mm/min angegeben. Auf dem Maschinenschild hingegen war 12 bis 405 mm/min aufgeschlagen. Die Änderung bedeutet einen Bereich, der den Fertigungsaufgaben der Naxos-Union angepaßt war, einfach durch Änderung der Kettenradübersetzung.

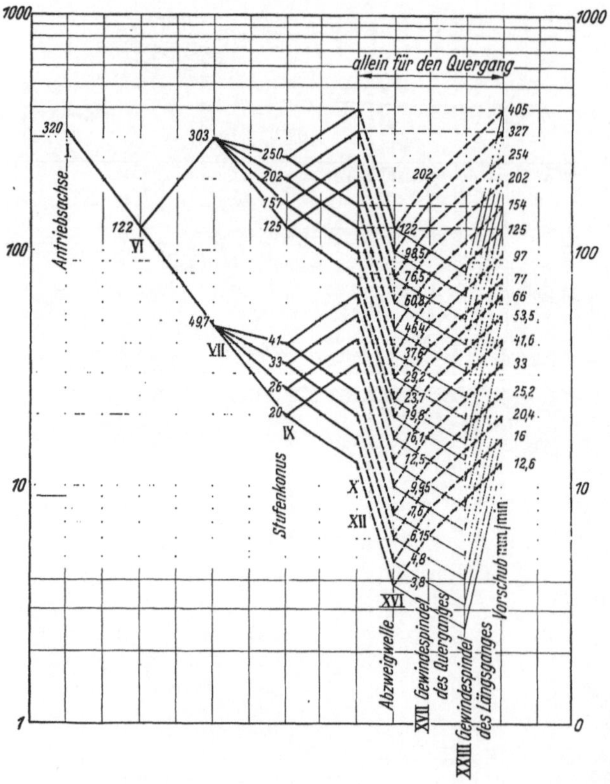

Das Achsendiagramm vom Vorschub (Abb. 313) stützt sich auf die auf Abb. 308 rechts unten eingetragenen Zähnezahlen. Die Abzweigwelle XVI und die Gewindespindeln für den Längsvorschub und den Quervorschub (Steigung 5 bis 2 mm, eingängig) sind als Beispiele für die Abzweigung eingetragen, die Zwischenübersetzungen sind zusammengefaßt, d. h. nicht für die einzelnen Wellen angegeben. Die Steigung für den Senkrechtvorschub beträgt 8 mm (zweigängig).

Es versteht sich, daß die Zwischenübersetzungen zwischen der Verteilungswelle XVI und den drei Spindeln so einzurichten sind, daß die gewünschten Vorschübe, im vorliegenden Falle dieselben wie beim Längsvorschub, herauskommen.

Die Gestaltung ist nicht in allen Teilen die einfachst mögliche, die Drehzahlen der Frässpindel und die Vorschübe in mm/min liegen tiefer als heute, aber trotzdem und gerade für die Einzelfertigung ist diese Maschine auch heute noch im Hinblick auf Genauigkeit der anfallenden Werkstücke und auf Leistung kaum zu übertreffen, wenn nur die Lagerung entsprechend vervollkommnet und die Drehzahlen entsprechend erhöht werden.

Dies zeigt auch der Vergleich mit der nachfolgenden heutigen WERNERschen Universalfräsmaschine.

Abb. 313. Achsendiagramm zum Vorschube

C. Die Fräsmaschine in der Zeit von 1919 bis 1953.

1. Die Universalfräsmaschine.

a) Die Maschine im einzelnen.

Ein Beispiel ist die Universalfräsmaschine der Fritz Werner A.G., Berlin. Diese Maschine, zu Hunderten geliefert, hat sich ausgezeichnet bewährt. Der Vergleich mit der Brown & Sharpe-Universalfräsmaschine ergibt im großen und ganzen den gleichen Aufbau, nämlich denjenigen einer Konsolfräsmaschine mit einschwenkbarem Längstisch. Der Fortschritt besteht in der Gestaltung im einzelnen, welche durch die Anforderungen des mit Hartmetall bestückten Fräsers und durch wirtschaftliche Ausnutzung und Bedienung der Maschine sich ergeben haben. Die Maschine wird heute mit zwei verschiedenen Tischen, beide mit Einhebelsteuerung ausgerüstet, hergestellt, wobei der zweite Tisch durch einen Eilgangvorschub und Rücklauf ausgerüstet ist, der von Hand oder selbsttätig, durch einen Sondermotor angetrieben, geschaltet wird.

Die erstere Ausführung dient der Fertigung von Einzelstücken und kleinen Reihen, bei welchen nur eine geringe Verstellung des Tisches in der Quer- und Senkrechtrichtung vorgenommen werden muß.

Die zweite Ausführung hingegen eignet sich besonders, wenn große Leerwege des Längsschlittens, des Querschlittens oder in senkrechter Richtung des Konsols zu über-

<table>
<tr><td>

 1 Maschinenleuchte
 2 Gegenhalterlager
 3 Unterstützungsböckchen
 4 Zuführung der Kühlflüssigkeit
 5 Frässpindel
 6 Frässpindelhauptlager
 7 Gegenhalter
 8 Schrauben zum Festspannen des Gegenhalterarmes
 9 Neigbarer Reitstock
10 Endauslöser für Tischvorschub
11 Fenster mit Anzeiger für Spindeldrehzahl
12 Handrad zum Einstellen der Spindeldrehzahl
13 Frästisch
14 Handrad zum Einstellen der Vorschubgeschwindig-
   keit
15 Teleskopwelle zum Vorschubantrieb
16 Antriebsmotor
17 Handkurbel für Tischlängsverstellung
18 Fräsmaschinenständer
19 Wendeschalter für Antriebsmotor
20 Gesamtausschalter
21 Fräsmaschinenkastenfuß mit Kühlflüssigkeits-
   behälter
22 Sicherungskasten
23 Biegsame Zuführungsleitung zum Schalter
24 Konsol
25 Teleskopspindel
26 Rücklaufleitung für Kühlflüssigkeit
27 Hebel für Änderung der Vorschubrichtung
28 Handkurbel für Querverstellung
29 Handkurbel für Höhenverstellung
30 Einhebelschalter zum Einrücken der Fräs- und
   Vorschubbewegung
31 Führung für Tischquerverstellung
32 Drehteil für Frästisch
33 Auslösehebel für automatischen Vorschub
34 Handrad für Tischlängsverstellung
35 Wechselräder zum Antrieb des Teilkopfes
36 Lochscheibe am Teilkopf
37 Teilkopf
38 Vorderes Frässpindelende
39 Klemmschraube für Gegenhalter
40 Gegenhalterstütze (Schere)

</td><td>

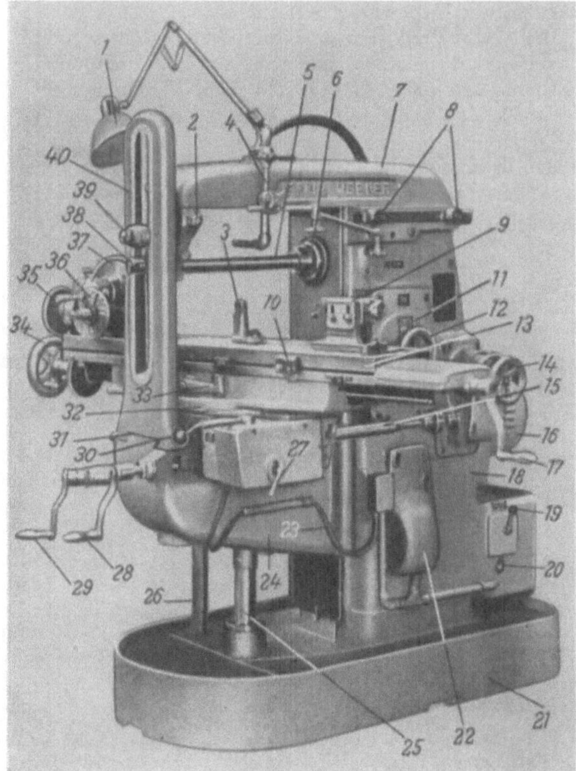

</td></tr>
</table>

Abb. 314. Die Universalfräsmaschine mit Einhebelsteuerung.

brücken sind. Hierzu ist der Eilgang vorgesehen, welcher bei dieser Maschine von Hand betätigt wird. Wahlweise kann die Maschine auch mit automatischem Eilgang geliefert werden.

Abb. 314 zeigt diese Maschine mit Benennung der außen sichtbaren Teile, Abb. 315 die Maschine mit Eilgang und den an dem Konsol angeflanschten Motor zum Eilgangantrieb. Die Tab. 34 enthält die Hauptdaten der Maschine.

Tabelle 34. *Hauptdaten der Universalfräsmaschine.*

Universalfräsmaschine mit	Support	3	5
Tisch			
Länge × Breite . . . . mm		1100 × 275	
Längsbewegung (parallel zur Nut) . . . . . . mm		650	650
Querbewegung (rechtwinklig zur Nut). . . . . mm		225	240
Senkrechtbewegung . . . . mm		365	395
Drehbarkeit des Tisches nach jeder Seite		45°	
Frässpindel			
Anzahl der Geschwindigkeitsstufen		9	
Drehzahlen, normale Reihe . . . . U/min		68, 96, 135, 190, 270, 380, 540, 750, 1075	
Drehzahlen, erhöhte Reihe I . . . . U/min		48, 68, 96, 135, 190, 270, 380, 540, 750	
Drehzahlen, erhöhte Reihe II . . . . U/min		34, 48, 68, 96, 135, 190, 270, 380, 540	
Drehzahlen, erhöhte Reihe III . . . . U/min		—	
Drehzahlen erniedrigte Reihe IV . . . . . U/min		24, 34, 48, 68, 96, 135, 190, 270, 380	
Durchmesser im vorderen Lager . . . . mm		75	
Morsekegel (mit Mitnahme)		Nr. 4	
DIN-Außenkegel . . . . mm		76	
Tischvorschub			
Anzahl der Geschwindigkeitsstufen		8	
Arbeitsgeschwindigkeit längs (Support 3 u. 5) mm/min		8, 12, 19, 30, 48	
Arbeitsgeschwindigkeit quer (Support 3) . . mm/min		75, 120, 190	
Arbeitsgeschwindigkeit senkrecht (Support 3) mm/min		38, 60, 95	
Schnellgangsgeschwindigkeit längs und quer (Support 3) . . . . mm/min		1000	
Schnellgangsgeschwindigkeit senkrecht (Support 3) . . . . mm/min		500	
Kraftbedarf . . . . etwa kW		5	4

Abb. 315. Die Universalfräsmaschine mit Eilgang und angeflanschtem Eilgang-Motor.

Der Fortschritt im Hinblick auf Hartmetall, Normung und vor allem auf Wirtschaftlichkeit ist durch folgende Maßnahmen gekennzeichnet:

a) Steigerung des Antriebs, also Erhöhung der Motorleistung, wie bereits angegeben,

b) Durchbildung des Hauptlagers und der Lagerung der Getriebewellen,

c) Versteifung des Gegenhalters durch Ausführung als Kastenguß und Erleichterung des Gebrauchs der Gegenhalterstütze durch Herstellung in Leichtmetallguß,

d) Einführung des Schieberädergetriebes für Hauptantrieb und Vorschubgetriebe,

e) Einhandradschaltung für Haupt- und Vorschubgetriebe mit Schauöffnung für die Drehzahl- bzw. die Vorschubgeschwindigkeit,

f) Einhebelschaltung für Hauptantrieb und Vorschübe,

g) Eilgangschaltung,

h) sorgfältige Durchbildung der Schmierung nach besonderem Schmierplan.

Das Schema des Aufbaus und zugleich des Getriebeplans zeigt die annähernde

Übereinstimmung mit der Brown & Sharpe-Maschine und bedarf kaum der Erläuterung. Zwei Dreierblöcke leiten den Antrieb auf die Frässpindel, welche normalerweise laut Tabelle 34 9 Drehzahlen z. B. von 34 bis 540 U/min der Frässpindel erteilt. Die Maschine kann auch mit 18 Drehzahlen geliefert werden. Schwere Maschinen werden normalerweise mit 18 Drehzahlen ausgerüstet. Erhöhte Drehzahlen sind vorgesehen.

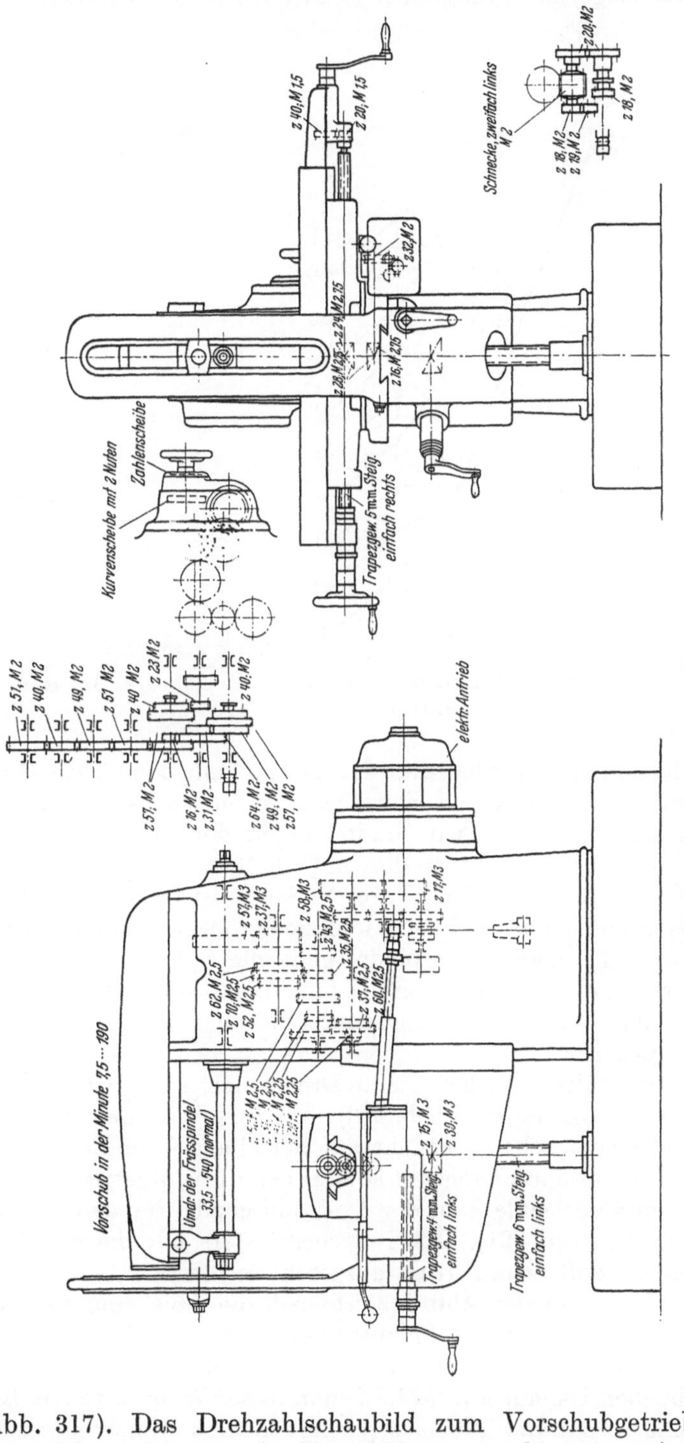

Die Ableitung der 9 bzw. 18 Drehzahlen für den Vorschub erfolgt auch noch im Ständer der Maschine. Sodann wird durch eine ausziehbare Kugelgelenkwelle der Vorschubantrieb in den Support übergeleitet. Die Kugelgelenkwelle hat man bei schweren Maschinen verlassen, weil sie bei größerer Beanspruchung versagte. Bei kleineren Fräsmaschinen wird die Kugelgelenkwelle bevorzugt angewendet, da sie hier den Anforderungen genügt. Im Support wird der Vorschubantrieb aufgeteilt auf die drei Koordinatenrichtungen, wobei das Konsol, abgestützt durch eine Gewindespindel und an breiter und langer Senkrechtführung am Ständer gleitend, den senkrechten Vorschub parallel zur Frässpindel ausführt. Die Vorschubbewegung des einschwenkbaren Längstisches geht (wie bereits bei der Brown & Sharpe-Maschine) senkrecht zur Frässpindel und unter derselben hindurch. Der Antrieb des Längstisches muß also durch die Schwenkachse (Abb. 323) desselben hindurchgeleitet werden.

Dem einfachen Getriebeschema (Abb. 316) entspricht das einfache Drehzahlschaubild zum Spindelantrieb (Abb. 317). Das Drehzahlschaubild zum Vorschubgetriebe (Abb. 318), ausgehend von 422,5 U/min, leitet zu den Vorschüben von 8 bis 190 mm/min über. Die Maschine wird auch mit 16 Vorschüben geliefert. Es hat sich jedoch gezeigt, daß ein großer Teil der Kundschaft mit 8 Vorschüben zurechtkommt und diese bevorzugt.

Abb. 316. Schema zum Aufbau und Getriebeplan.

b) Die Gestaltung des Hauptgetriebes und des Vorschubantriebs.

Der Antrieb (Abb. 319) kann an Hand des Getriebeschemas leicht verfolgt werden. Die Frässpindel ist zur Aufnahme des Fräsdorns mit Morsekegel Nr. 4 versehen. Auf den Außenkegel der Frässpindel kann nach dem Entfernen der Schutzhülse ein Messerkopf

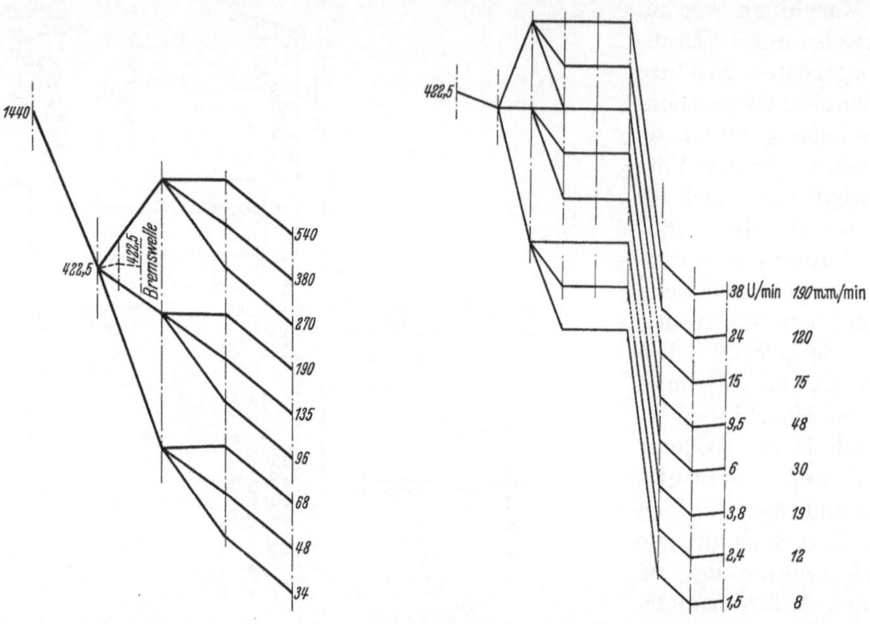

<table>
<tr><td>Abb. 317. Achsendiagramm zum
Hauptantrieb.</td><td>Abb. 318. Achsendiagramm zum Vorschubantrieb.
(Nach ULBRICHT.)</td></tr>
</table>

aufgenommen werden. Zur Längsfestlegung sind zwei Stirnkugellager am Vorderlager vorgesehen. Das große Hauptlager ist ein nachstellbares Gleitlager mit bewährter Filzschmierung. Bei hohen Umdrehungen der Frässpindel wird durch eine Ölpumpe das Schmieröl eingepreßt. In diesem Falle fällt bei einer entsprechenden Änderung des Lagers die Filzschmierung fort. Durch Versuche ist festgestellt, daß mit solchen Gleitlagern eine bedeutend sauberere Fläche und eine größere Genauigkeit erzielt wird als mit Wälzlagern. Durch die hohle Frässpindel geht die Spindel zum Anziehen des Fräsdorns in den Morsekegel der Hauptspindel hinein. Sie dient auch zum Anziehen des Messerkopfes auf dem Außenkegel. Angedeutet ist auch der Anschluß des Flanschmotors, d. h. des Hauptmotors.

Geschaltet werden die 9 Drehzahlen zum Frässpindelantrieb durch eine Schaltkurvenkombination (Abb. 320) und 2 Hebelarme zum Verschieben der beiden Dreierblöcke laut Schaltübersicht auf derselben Abbildung.

Die gewählte Drehzahl sowohl beim Hauptgetriebe als auch beim Vorschub ist durch die entsprechende Zahl der Drehzahlscheibe für den Arbeiter und den Meister sichtbar gemacht (Abb. 321). Dabei erscheint stets nur die gerade gewählte Drehzahl im Blickfeld, so daß Schaltirrtum ausgeschlossen ist.

Unten auf der Abb. 319 ist noch die Ableitung zum Vorschub dargestellt. Auf der zweiten noch schnell umlaufenden Welle zum Vorschub ist die Bremse zum schnellen Stillsetzen des Antriebsmotors und damit auch der Frässpindel angeordnet. Bei dem schnellen Umlauf $n = 422,5$ U/min dieser Welle wird das Bremsmoment verhältnismäßig klein, so daß der Bremskörper mit kleinen Abmessungen ausgeführt werden kann. Die Bremsung erfolgt durch Spreizung zweier Bremsbacken und wird durch einen Bremsmagneten betätigt, der von der bereits erwähnten Einhebelschaltung unter Strom gesetzt wird. Die Bremsung dauert so lange, als der Arbeiter den Einhebel in der

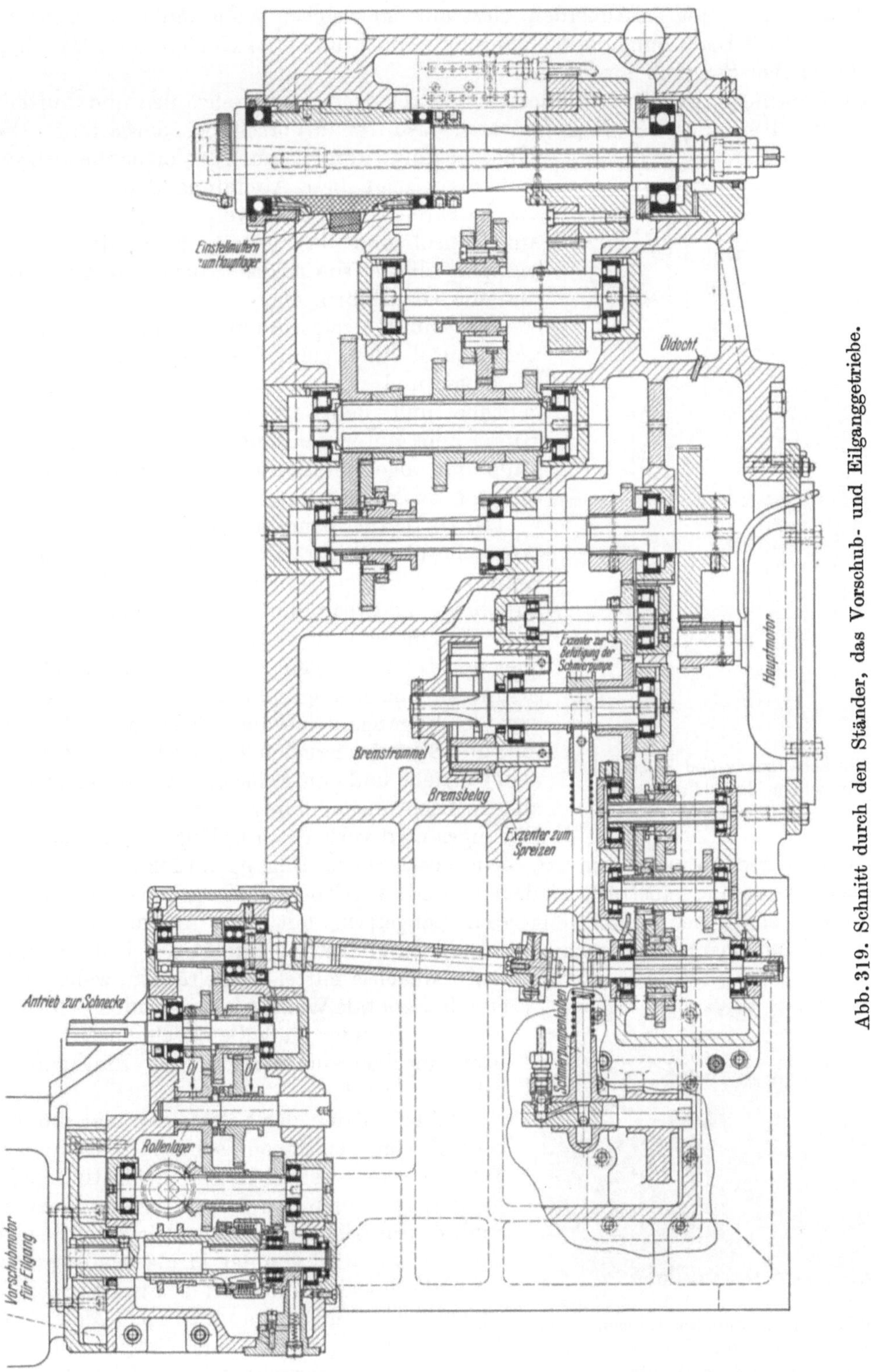

Abb. 319. Schnitt durch den Ständer, das Vorschub- und Eilganggetriebe.

Bremsstellung festhält. Läßt er ihn los, so springt er federgezogen von selbst in die Ruhestellung zurück und gibt die Frässpindel frei.

Die an der beschriebenen Maschine befindliche mechanische Bremse kann auch durch eine Gleichstrombremse ersetzt werden, die aber die elektrische Ausrüstung wesentlich komplizierter gestaltet. — Außerdem sitzt auf der gleichen Welle mit der Bremse noch der Exzenter zur Betätigung der Schmierung (Abb. 319), deren Kolben unter Einwirkung einer Feder den Saughub ausführt.

Das Vorschubgetriebe im Ständer zur Herabsetzung der Drehzahlen und Aufteilung ist in Abb. 319 mit zwei Dreierblöcken, also für 9 Vorschübe, dargestellt. Durch Überdeckung werden nur 8 Vorschübe wirksam. Außerdem zeigt diese Abbildung den Anschluß der ausziehbaren Kugelgelenkwelle zum Getriebekasten am Konsol und das untere Ende des Schmierpumpenkolbens sowie das Saug- und Druckventil und die Ölanflußleitung.

Die Abb. 319 zeigt unten den im Getriebekasten am Konsol untergebrachten Teil des Vorschubgetriebes, und zwar mit dem zusätzlichen Eilganggetriebe und dem Anschluß des Eilgangmotors. Hinter dem Motorenanschluß ist eine Mehrscheibenkupplung angeordnet, um das Eilganggetriebe abschalten zu können.

Der Antrieb des Längsvorschubes geht von der Teleskopwelle über Stirnräder und Klauenkupplung zur Keilwelle, der Eilgangantrieb über die Mehrscheibenkupplung und Stirnräder zur Keilwelle, die die Fallschnecken im Schlitten antreibt. Der Vorschubantrieb quer und senkrecht geht von der Teleskopwelle über Stirnräder und Klauenkupplung zu den Kegelrädern bzw. der Eilgangantrieb über die Mehrscheibenkupplung und Stirnräder zu den Kegelrädern gemeinsam zu dem Getriebe und den Fallschnecken im Konsol. Für alle drei Richtungen gilt folgendes: Beim Einrücken des Eilganges wird vorher zwangsläufig die Klauenkupplung für den Vorschub ausgerückt bzw. beim Loslassen des Eilgangeinrückhebels rückt sich die Vorschubkupplung selbsttätig wieder ein; beide Antriebe sind also gegenseitig verriegelt.

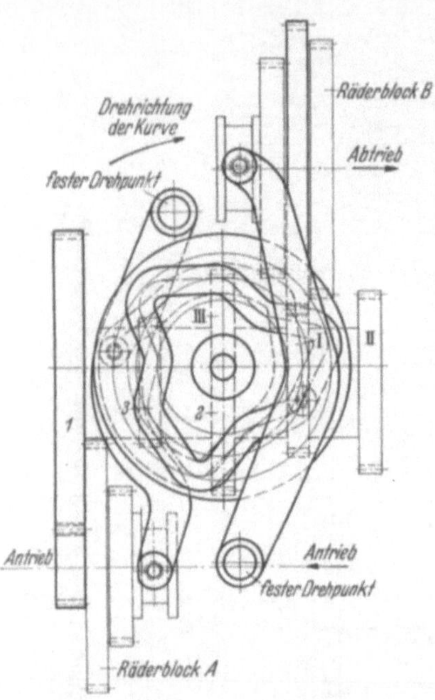

Abb. 320. Schaltkurve und Schalthebel zur Einstellung der 9 Frässpindelumdrehungen.

Abb. 322 stellt den einschwenkbaren Längstisch mit dem Antrieb der Spindel für den hin- und hergehenden Längstisch dar. Der Antrieb erfolgt durch die vertikale Schwenkachse mittels Kegelrädern, welche durch eine horizontale Welle mit den beiden Schneckenrädern verbunden sind, die durch einschwenkbare Fallschnecken zum Rechts- und Linksgang angetrieben werden.

Dieser Antrieb der Schneckenräder durch die beiden von demselben Zahnrad angetriebenen Fallschnecken, welche in einem ölgefüllten Trog gelagert umlaufen, wird auch für den Quer- und Senkrechtantrieb angewendet. Die Fallschneckenumsteuerung wird von der Firma bevorzugt, weil die Fallschnecke auch bei schweren Schnitten augenblicklich und genau ausrückt. Zudem kann die Ausführung mit einem links- und einem rechtsgängigen Schneckentrieb zugleich als Wendegetriebe benutzt werden. Das Einschwenken der

Abb. 321. Einhandrandschaltungen zum Hauptantrieb und zum Vorschubantrieb, mit Drehzahl im Blickfeld.

Schnecken erfolgt durch den Arbeiter bequem durch Betätigung eines am Tisch greifbaren Handhebels bzw. im Selbstgang durch entsprechende Anschläge an den hin- und hergehenden Tisch über Winkelhebel und Gestänge. Winkelhebel und Gestänge

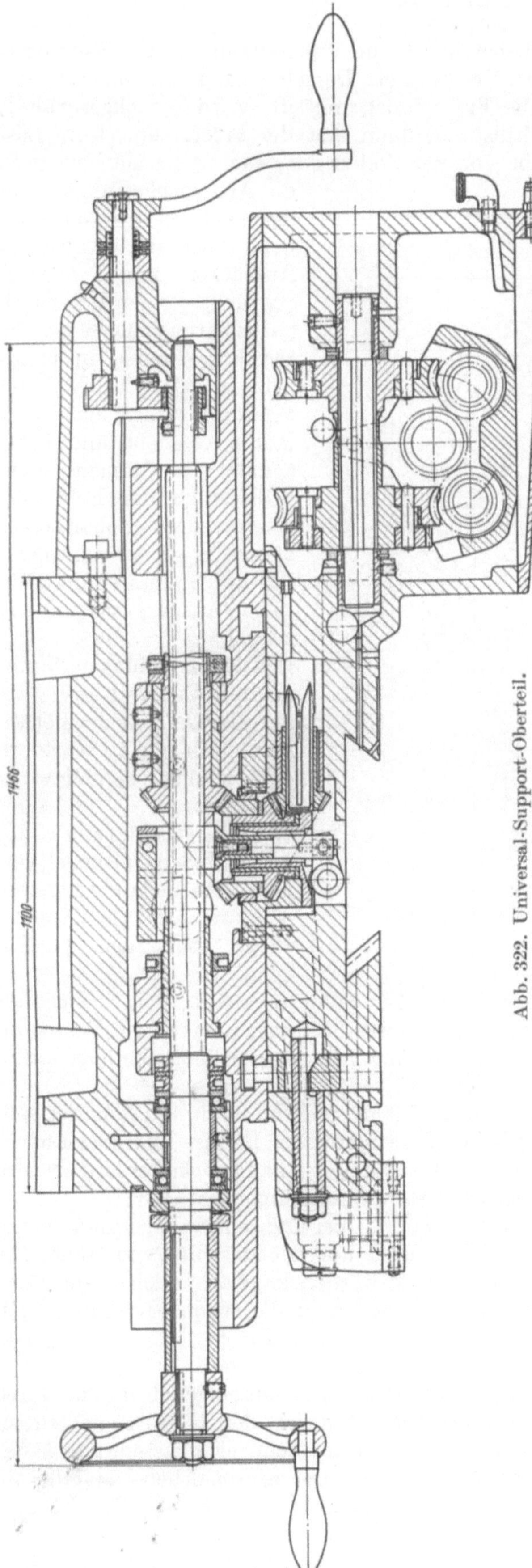

Abb. 322. Universal-Support-Oberteil.

sind der Gestaltung des Konsols entsprechend angepaßt, aber hier nicht gezeigt, um die Darstellung nicht zu verwirren. Die genaue Schaltstellung wird durch Kerbrast in einer Rastenscheibe und den durch Federbelastung zum Einschnappen gebrachten Keilrasthebel der Hand des Arbeiters fühlbar gemacht und gesichert (Abb. 322).

Unten in der Abb. 322 ist noch die Grundplatte gezeichnet, auf welcher der Längstisch ruhend aus der Richtung senkrecht zur Frässpindel nach jeder Seite um 45° geschwenkt werden kann.

c) Die Getriebeschaltung.

Nachdem die Gestaltung der Getriebe im Zusammenhang gezeigt ist, muß nunmehr noch auf die Art der Schaltung von Hauptantrieb, Vorschub und Eilgang eingegangen werden.

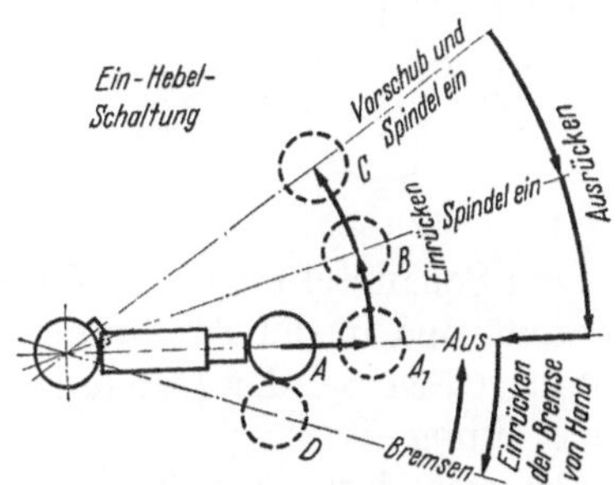

Abb. 323. Einhebelschaltung.

Diese Schaltung ist für Hauptantrieb und Vorschübe durch die im Schema (Abb. 323) gezeichnete Einhebelschaltung dargestellt. Zur Bedienung wird zunächst der Schaltknopf A in die Stellung A_1 herausgezogen und dadurch die Blockierung der Einhebelsteuerung aufgehoben. Sodann wird der Hebel nach B umgelegt, wodurch die Frässpindel zugleich mit der Kühlwasserpumpe in Umlauf versetzt wird. Erst wenn der Schalthebel in gleichem Schaltsinn in die Stellung C weiterbewegt wird, wird der Vorschub eingeschaltet. Derselbe kann also niemals eingeschaltet werden, wenn nicht zuvor die Frässpindel umläuft. Wird zurückgeschaltet, so kommt zuerst der Vorschub zum Stillstand, dann erst der Fräser, und beim Loslassen des Kugelknopfes springt derselbe von der Stellung A_1 nach A zurück, wodurch die Arbeitsschaltungen wieder blockiert sind. Wird der Schalthebel in Richtung des Ausrückens von A nach D gedrückt, so wird dadurch auf elektrischem Wege die erwähnte Bremse in Tätigkeit gesetzt, welche, der Massenwirkung entgegen, Motor, Getriebe und Frässpindel im Moment zum Stillstand bringt. Beim Loslassen des Schalthebels springt er selbsttätig wieder aus der Bremsstellung D in seine Ausgangsstellung A zurück.

Die Einstellung der Spindeldrehzahl und der Vorschubgröße geht der Betätigung des Schalthebels in der bereits geschilderten Weise voraus.

Die Ausführung der durch den Schalthebel veranlaßten Schaltungen, soweit sie auf elektrischem Wege übertragen werden, zeigt Abb. 324.

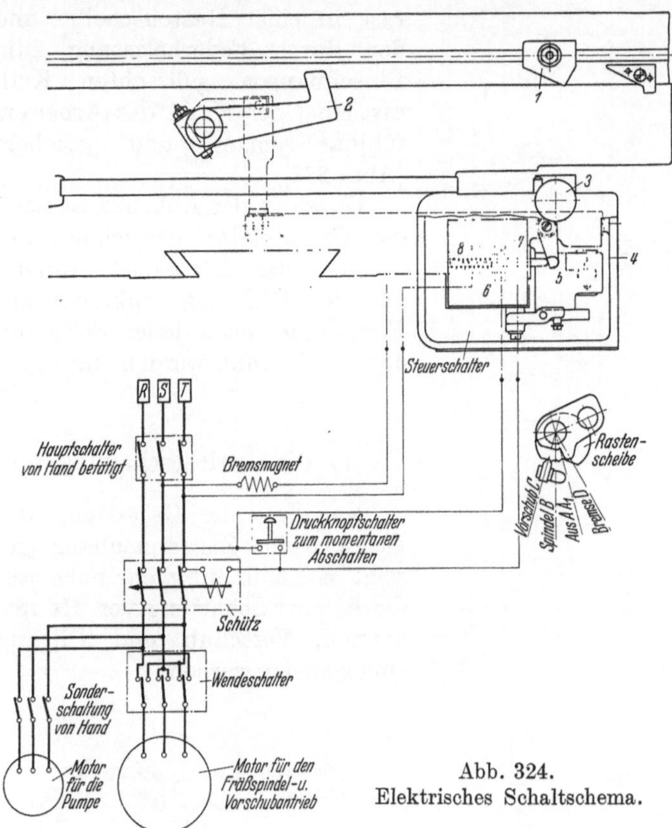

Abb. 324.
Elektrisches Schaltschema.

Drei Schaltstellungen A, B und D des elektrischen Steuerschalters, auch Endschalter genannt, sind in der Abbildung angegeben. Die vierte Stellung, nämlich die Vorschubstellung C, ist bei der Darstellung der Rastenscheibe mit eingezeichnet. Sie liegt hinter der Stellung B.

Das elektrische Schaltschema bedarf keiner Erläuterung. Motoren und Schalter sind gekennzeichnet, ebenso der Bremsmagnet zur Betätigung der Bremse zum augenblicklichen Stillsetzen der Frässpindel, so daß nur noch auf den Druckknopfschalter hinzuweisen ist, mit dem beide Motoren zugleich abgeschaltet werden können.

Die Schaltung auf einen der drei Vorschübe (längs, quer und senkrecht) erfolgt ebenso wie die Einstellung der Vorschubgröße vor Ingangsetzung der Maschine von Hand. Die Ausschaltung der Vorschubes kann von Hand bewirkt werden, kann aber auch automatisch durch Anschläge erfolgen. Auch die Eilgänge werden über die schon erwähnten Fallschnecken-Wendegetriebe geleitet.

Zusammengefaßt ergibt sich (Abb. 324) folgender Schaltvorgang: Der Support ist in der Vorschubstellung gezeichnet. Der Fallschneckenkasten ist eingehoben und durch die Klinke gehalten. Der Anschlag 1 am Tisch fährt gegen den Hebel 2 und dieser schiebt über Wellen die Klinke weg. Infolgedessen fällt der Schneckenkasten, und damit ist der Vorschub des Tisches augenblicklich stillgesetzt. Der Einschalthebel 3 steht auf Stellung „Spindel ein".

Der Einschalthebel *3* ist mit dem Schneckenkasten verbunden. Eine Schräge hebt den Schneckenkasten beim Wiedereinrücken in den Vorschub an, bis eine Klinke sich unter den Klinkenbolzen des Schneckenkastens schiebt.

Das Gestänge des Steuerschalters zum Schneckenkasten muß durch die Mitte des Supports gehen wegen der eventuellen Schrägstellung des Tisches. Schaltet man von Hand den Einschalthebel auf Stellung „Aus", so wird mittels der Nase *4* der Hebel *5* betätigt, der den Endtaster *6* auf Mittelstellung bringt, also die Kontakte *7* trennt und damit die Spindel ausschaltet. In der Bremsstellung werden die Kontakte *8* geschlossen, und die Bremse tritt in Tätigkeit.

Der Eilgang zur Maschine (Abb. 325) wird durch den in Abb. 319 unten am Konsol angedeuteten Eilgangmotor herbeigeführt. Es läge nun nahe, auch die Schaltung des Eilgangs in die Einhebelschaltung hineinzunehmen. Dieser seinerzeit auch ausgeführte Gedanke beeinflußte aber die Genauigkeit der Arbeitsvorschübe. So wird auch bei Anordnung des Eilganges an der bisherigen Einhebelschaltung festgehalten, d. h. zum Schalten der Vorschübe und der Eilgänge sind getrennte Bedienungshebel vorhanden. Es hat sich in der Praxis gezeigt, daß der die Maschine Bedienende um so sicherer die Schaltungen ausführt, wenn er für gleiche Funktionen dieselben Bedienungshebel hat. Der Eilgang wird von Hand bedient, nachdem der Vorschub ausgerückt ist. Die gegenseitige Verriegelung von Vorschub und Eilgang wird in folgender Weise erreicht:

Abb. 325. Eilgangschaltung.

Beide Kupplungen, die Mehrscheibenkupplung für den Eilgang und die Klauenkupplung für den Vorschubantrieb, werden gleichzeitig durch denselben einarmigen Schalthebel mit Drehpunkt unterhalb der Mehrscheibenkupplung betätigt, so daß, wenn der Eilgang eingerückt, der Vorschub gleichzeitig ausgerückt wird (Abb. 319).

Zum Einschalten des Eilgangs wird der unter Federdruck stehende Handhebel nach links (Abb. 325) gezogen, wobei der laufende Vorschub ausgerückt und der Schnellgang so lange in Vorschubrichtung eingerückt wie der Hebel in dieser Linksstellung gehalten wird. Läßt man den Hebel wieder los, so schaltet sich der Eilgang selbsttätig wieder aus und der Vorschub läuft in der vorher eingestellten Richtung und Geschwindigkeit sofort wieder weiter.

Die Universalfräsmaschine kann durch Zusätze wesentlich vervollständigt bzw. erweitert werden, nämlich durch:

1. Universalteilkopf für Direkt-, Einfach- und Differenzial-Teilen. Er findet auch Verwendung bei Spiralarbeiten.
2. Senkrecht- und Waagerecht-Teilapparate in verschiedener Ausführung.
3. Zahnstangenfräsapparat.
4. Senkrechtfräskopf.
5. Universalfräskopf.
6. Rundtisch.

d) Der Teilapparat.

Zur Universalfräsmaschine wie auch zu Universalrundschleifmaschinen aber auch zu andern Werkzeugmaschinen gehört als wichtigste Ergänzung der Teilapparat, auch Teilkopf genannt (Abb. 326). Man unterscheidet den einfachen, den universalen und den selbsttätigen Teilkopf.

Der Teilkopf dient zur Einteilung des Werkstückumfanges in eine bestimmte Anzahl gleicher Teile, z. B. zwecks Einbringen von Nuten oder Einfräsen von Zahnlücken und ferner zur Herstellung von Wälzfräsern usw.

Die größte zulässige Winkelabweichung der mit dem Teilapparat ausführbaren Teilungen vom Sollwert beträgt ± 1 min.

1. Die Bauart des Teilkopfes. Die Bauart des Wernerschen Universalteilkopfes geht aus Abb. 326 hervor. Das (Abb. 327) im Gehäuse (a) gelagerte Drehteil (b) ist durch die Deckel c staubdicht geschlossen. Es ist um 110° neigbar, die Teilspindel d ist also um 10° unter die Waagerechte und um 10° über die Senkrechte schrägstellbar. In jeder Schräglage kann das Drehteil mit dem Gehäuse durch Anziehen der Schraubbolzen e zu einem starren Ganzen vereinigt werden.

Abb. 326. Werner-Präzisions-Universal-Teilkopf.

Die Teilspindel d ist durch kegelige Lagerung (Abb. 327 II) einwandfrei zentriert, sie ist am vorderen Ende innen mit einem Morsekegel für die Körnerspitze, außen mit Gewinde für ein Spannfutter versehen, das Gewinde ist durch eine Kordelmutter geschützt. Das vordere Ende der Spindel trägt die auf ihr festsitzende Lochscheibe f für das direkte Teilen; in eines ihrer 24 Löcher greift der Haltestift g ein. Beim Drehen eines Exzenters wird die Spindel durch das Druckstück h festgeklemmt, so daß der Haltestift entlastet wird. In die durchgehende Bohrung der Spindel wird beim Differentialteilen (s. unten) die Körnerspitze (Abb. 327 III) mit dem verlängerten Schaft i gesetzt, der zur Aufnahme eines Antriebszahnrades dient, welches beim Differentialteilen den Antrieb der Wechselräder zur Teilscheibe übernimmt. Auf der Spindel d ist das Schneckenrad k fest aufgekeilt, so daß diese feste Verbindung stets erhalten bleibt. Die Schnecke l (Abb. 327 II) mit ihrer Welle in einem Stück gefertigt, läuft im Ölbad; sie ist in einer exzentrischen Büchse m gelagert, durch deren Drehung der Schneckentrieb außer Eingriff gebracht werden kann, damit die Spindel für das direkte Teilen von Hand frei drehbar wird.

Die unmittelbar auf der Schneckenwelle (Abb. 327 I und V) befestigte Handkurbel n ist radial verstellbar, so daß man mit dem federnden Indexstift o konzentrisch alle Lochkreise der Teilscheibe p erreichen kann. Zur Sicherung gegen Fehlteilungen kann der erforderliche Teilschritt auf der Lochscheibe durch zwei zueinander einstellbare Zeiger q, die Zeigerschere (Abb. 327 VI), begrenzt werden, welche von Teilung zu Teilung geschwenkt, den Teilschritt des Indexstiftes festlegt. Die Lochscheibe ist auswechselbar, sie ist konzentrisch zur Schneckenwelle *drehbar* gelagert und einwandfrei zentriert.

2. Die Teilverfahren. Die Arten des Teilens sind:

1. das unmittelbare oder direkte Teilen,
2. das mittelbare oder indirekte Teilen.

Bei dem indirekten Teilen unterscheidet man das

a) einfache Teilen,
b) Differentialteilen,
c) Verbundteilen,
d) Bruchteilen.

Die im folgenden zur Aufstellung der Formeln für die verschiedenen Teilverfahren angewandten Bezeichnungen sind:

z die Zähnezahl des Schneckenrades,
G die Gangzahl der Schnecke,
e die Anzahl der Umdrehungen der Teilkurbel n, die zu einer vollen Umdrehung des Schneckenrades k führt und ebenfalls damit des Werkstückes,

m die Teilzahl,

n die Anzahl Umdrehungen der Teilkurbel n, welche notwendig sind, um das Werkstück um einen Teil (beim Zahnrad von Zahnlücke zu Zahnlücke) zu verstellen,

u die Anzahl der vollen Umdrehungen der Teilkurbel n,

p die für eine Teilung erforderliche Gesamtzahl der Löcher im Lochkreis der Teilscheibe.

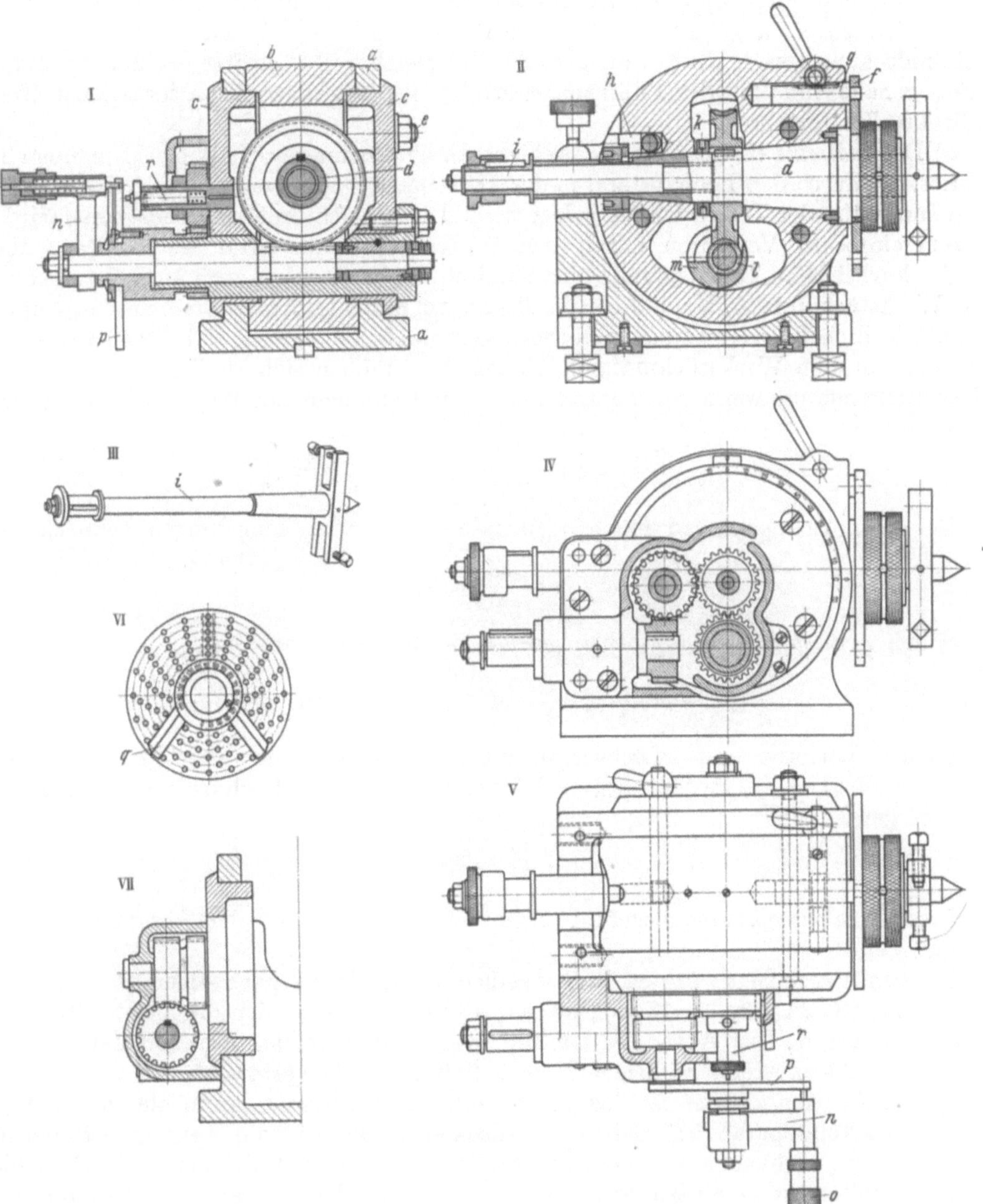

Abb. 327. Werner-Präzisions-Universal-Teilkopf.

1. Das *direkte Teilen* besteht in einem Drehen der Teilspindel (Abb. 327) nach Ausschwenken der Schnecke l aus dem Schneckenrad irgendwie von Hand um eine Anzahl Löcher der unmittelbar auf die Teilspindel aufgesetzten Teilscheibe f. Diese Teilscheibe mit ihren in der Regel 24 Löchern kann auch durch eine andere mit geeigneterer Lochzahl ausgewechselt werden.

2. Das *indirekte Teilen* wird ausgeführt durch Drehen der mit dem Indexstift versehenen Handkurbel n, und zwar müssen, wenn das Schneckenrad beispielsweise wie im vorliegenden Falle beim WERNERschen Teilkopf 40 Zähne hat und die Schnecke eingängig ist, jeweils 40 volle Umdrehungen der Kurbel ausgeführt werden, damit das Werkstück, mitgenommen von der Teilwelle, gerade genau eine Umdrehung erfährt. Innerhalb dieser 40 Vollumdrehungen kann die Kurbel unter Einhaltung genau gleicher Teilschritte so oft angehalten werden, als es sich ergibt, damit das Werkstück bei einer Vollumdrehung gerade die gewünschte Anzahl gleicher Teilschritte erhält. Die Art, wie dieses genaue Anhalten der Teilkurbel n erfolgt, ist charakteristisch für das betreffende indirekte Teilverfahren.

a) Das *indirekte einfache Teilen* geschieht durch Drehen der Teilkurbel um einen Teilschritt, der durch den Lochabstand in der Teilscheibe p gegeben und mit einschnappendem Indexstift der Teilkurbel festgelegt wird. Die an sich drehbare Teilscheibe wird bei diesem einfachen Verfahren durch den Haltestift r andauernd festgehalten. Macht die Teilkurbel beim Teilen jeweils eine Umdrehung, so ergeben sich 40 Teilstrecken auf dem Werkstückumfang. Macht aber die Teilkurbel unter Inanspruchnahme von 4 um 90° auf der Teilscheibe versetzten Teillöchern Gebrauch, so ergeben sich $4 \cdot 40 = 160$ Teilstrecken auf dem Werkstückumfang. Umgekehrt ergeben sich 10 Teilstrecken auf dem Werkstückumfang, wenn erst nach 4 Kurbelumdrehungen am Werkstück geteilt wird.

Es ist

$$\frac{z}{G} = e \quad \text{und} \quad m\,n = e \quad \text{also} \quad n = \frac{e}{m}.$$

Bei einem Schneckenrad mit $z = 40$ Zähnen und einer eingängigen Schnecke wird

$$e = \frac{40}{1} = 40.$$

Sollen z. B. $m = 14$ Zahnlücken gefräst werden, so ergibt sich

$$n = \frac{e}{m} = \frac{40}{14} = 2\,\frac{6}{7} \quad \text{also} \quad u = 2 \quad \text{und} \quad p = 7.$$

Ist kein Lochkreis mit 7 Löchern vorhanden, so wird 6/7 erweitert, z. B. auf 18/21, und es wird über $u = 2$ noch um 18 Löcher auf dem 21er Lochkreis weitergeschaltet, also im ganzen um

$$2\,\frac{18}{21} = 2\,\frac{6}{7}.$$

Diese Schaltung 14mal ausgeführt ergibt 14 Zahnlücken auf dem Umfang des Werkstücks.

Mit den in der Regel in den Lochscheiben vorhandenen Lochzahlen 15, 16, 17, 18, 19, 20, 21, 23, 27, 29, 31, 33, 37, 39, 41, 43, 47, 49 lassen sich die meisten Teilungen bereits ausführen. Das Abzählen der Teillöcher und etwa damit verbundener Irrtum wird durch die einstellbare Zeigerschere q (Abb. 327 VI) vermieden.

b) Das *Differentialteilen* ist das gebräuchlichste Verfahren, wenn auf den 4 in der Regel dem Teilapparat beigegebenen Teilscheiben die für die Teilung erforderliche Lochzahl nicht vorhanden ist, also im besonderen bei großen Teilzahlen und Primzahlen.

Festzuhalten ist von vornherein, daß die Teilkurbel stets genau 40 Umdrehungen zurücklegen muß, damit das Werkstück gerade einmal umläuft. Dieser genau 40fache Teilkurbelumlauf kann aber statt 40- oder 160mal zwischendurch angehalten zu werden auch so angehalten werden, daß sich statt 40 nur 39, 38, 37 oder 41, 42, 43 usw. Teilungen ergeben. Ebenso kann z. B. das Anhalten der Teilkurbel so stattfinden, daß sich statt 160 nur 159, 158, 157, 156 usw. bzw. 161, 162, 163, 164 usw. Teilungen ergeben. Die hierzu erforderliche Verlängerung oder Verkürzung um ein oder mehrere Umläufe der Teilkurbel bzw. um $^1/_4$ oder mehrere Viertel der Umlaufstrecke der Teilkurbel von Anhalt zu Anhalt wird dadurch erreicht, daß der Teilscheibe selbst eine im Sinne des Kurbelumlaufs oder im entgegengesetzten Sinne verlaufende Umlaufstrecke während des einmaligen Umlaufs des Werkstücks erteilt wird.

Diese Bewegung der Teilscheibe wird über Wechselräder von der stets wie das Werkstück nur einmal umlaufenden Teilspindel (Abb. 327 IV und 327 VII) abgeleitet und auf *das* Zahnrad übertragen, welches auf derselben Buchse festsitzt, auf welcher auch die Teilscheibe fest aufgekeilt ist. Die Buchse selbst ist frei drehbar und wird bei Übersetzung 1 : 1 gerade *so* mitgenommen, daß auch sie genau eine Umdrehung zurücklegt wenn die Teilspindel bzw. das Werkstück einmal umgelaufen ist. Ebenso kann diese Übersetzung z. B. mit 3 : 4, d. h. Zwischenzahnrädern 15 : 20, so bewerkstelligt werden, daß die Teilscheibe während des Gesamtumlaufs des Werkstücks genau $^3/_4$ einer Umdrehung zurücklegt. Im Falle des Vorlaufs der Teilscheibe genau um eine volle Umdrehung während der 40 Umdrehungen der Teilkurbel ergeben sich am Werkstückumfang 39 Teile. Der Differenzbetrag zwischen einem Umlauf der Teilkurbel und des von Anhalt zu Anhalt zurückgelegten Teilwegs der Teilkurbel beträgt demnach 1/39 · 1, d. h. 1/39 zusätzlichen Teilweg, so daß bei 39 Teilschritten gerade ein Teilabschnitt der Teilkurbel während der 40 genauen Teilumläufe derselben entfällt.

Im zweiten Fall bei Verwendung von 4 um 90° versetzten Löchern der Teilscheibe würden sich bei festgehaltener Teilscheibe 160 Teilstrecken am Umfange des Werkstücks ergeben.

Läßt man aber die Teilscheibe z. B. um $^3/_4$ ihrer Vollumdrehung während des einen vollen Umlaufs des Werkstücks vorwärts in Richtung der Teilkurbelumdrehung vorlaufen, so entstehen auf dem Werkstück 157 Teilstrecken. Hat nämlich die Teilurbel genau $^1/_4$ Umdrehung zurückgelegt, so muß sie noch um 1/157 · $^3/_4$ des Teilscheibenumfanges zurücklegen, um zu dem inzwischen fortgeschrittenen Teilloch der $^1/_4$-Teilung der Teilscheibe zu gelangen und Anhalt zu finden. Nach 157 solchen Teilstrecken sind demnach 157 Teilscheibenviertel und dazu noch $^3/_4$ · 1/157 · 157 = 3 Teilstreckenviertel der Teilscheibe zurückgelegt, also gerade die zu einer Umdrehung des Werkstücks erforderlichen $\frac{157}{4} + \frac{3}{4} = \frac{160}{4}$ Teilumdrehungen der Teilkurbel.

Die Formel für das Differentialteilen lautet demnach in vorstehendem Falle von 157 Teilstrecken

$$e \pm \frac{x}{p} = \frac{m}{p} \quad \text{also} \quad 40 - \frac{3}{4} = \frac{157}{4},$$

wovon x die Zahl der Löcher des angewandten Teilkreises bedeutet, um welche die Teilkurbel während einer Umdrehung des Werkstücks vor- oder zurückbewegt wird.

c) *Das Verbundteilen* besteht in der Anwendung zweier Lochkreise und damit zweier fest miteinander zu verbindender Teilscheiben und dem Gebrauch der Differenz oder der Summe der Fortschritte auf beiden Lochkreisen

$$\text{z. B.} \quad \frac{1}{5} - \frac{1}{6} = \frac{1}{30}.$$

Ein anderes Beispiel ist die Aufteilung in 57 Teile:

$$n = \frac{e}{m} = \frac{40}{57} = \frac{19}{57} + \frac{21}{57} = \frac{1}{3} + \frac{7}{19} = \frac{5}{15} + \frac{7}{19},$$

$$p_1 = \frac{5}{15}, \quad p_2 = \frac{7}{19}.$$

Die beiden Teilungen sind in diesem Falle ohne weiteres ausführbar.

d) *Das Bruchteilen* beruht auf der gleichzeitigen Anwendung von 2 Lochkreisen, von denen der eine einen Bruchteil der Teile des anderen ergibt. Hiermit können die Teilzahlen erhalten werden, welche sich in zwei Faktoren zerlegen lassen, die Faktoren zweier Lochkreise sind, ohne daß einer der beiden Faktoren als gemeinsamer Faktor in beiden Lochkreisen vorkommt.

Beispiel: Es ist eine Teilung in 2320 Teile erwünscht.

$$2320 = 40 \cdot 58 = 2 \cdot 20 \cdot 2 \cdot 29.$$

20 und 29 sind vorhandene Lochkreise, ohne daß in einem ein Faktor des anderen vorkommt.

Heftet man beide Teilscheiben so fest aneinander, daß ein Loch der einen Scheibe mit einem solchen der anderen Scheibe zusammenfällt, so fällt beim Umschwenken um 180° das Loch von 20 Teilen gerade in die Mitte zwischen zwei Löchern im 29er Teilkreis, so daß auf diese Weise um $1/2 \cdot 1/29 = 1/58$ jeder Umlauf der Teilkurbel geteilt werden kann. Man wird zunächst in 29 Teile teilen und dann um $^1/_2$-Teilung verdreht die restliche Teilung nachnehmen und so jede Teilkurbelumdrehung unterteilen.

2. Die Universalstarrfräsmaschine.

Die Universalstarrfräsmaschine (Abb. 328) wurde mit mechanischem Getriebe als starke leistungsfähige Konsolfräsmaschine mit in der Regel doppelt geschlossenem Rahmen von der Starrag (Starrfräsmaschinen AG Rohrschacherberg, Schweiz) vor etwa dreißig Jahren auf den Markt gebracht.

Die neue Grundidee besteht in der Anordnung einer in den umschließenden Zylinder versenkbaren Säule, welche gewöhnlich an den verschiebbaren Ausleger (Abb. 328) angeschlossen ist, so daß das Konsol an dieser Säule und an dem Zylinder geführt ist. So ergibt sich der doppelt geschlossene Rahmen (Abb. 329a u. b).

Der Fräsdorn ist in dem Verbindungsstück zwischen Ausleger und Säule unnachgiebig gelagert. Bei starkem Rückdruck, z. B.

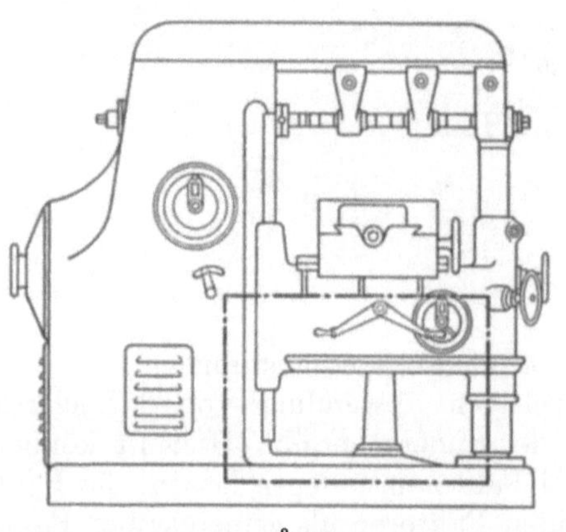

Abb. 328. Die Universalstarrfräsmaschine.
(Starrfräsmaschinen A.G. (Starrag), Rohrschach.)

beim Arbeiten mit mehreren Scheibenfräsern, wird der Fräsdorn noch in der üblichen Weise in am Ausleger befestigten Führungsböcken abgestützt. Werkstück und Fräser sind damit unnachgiebig zueinander.

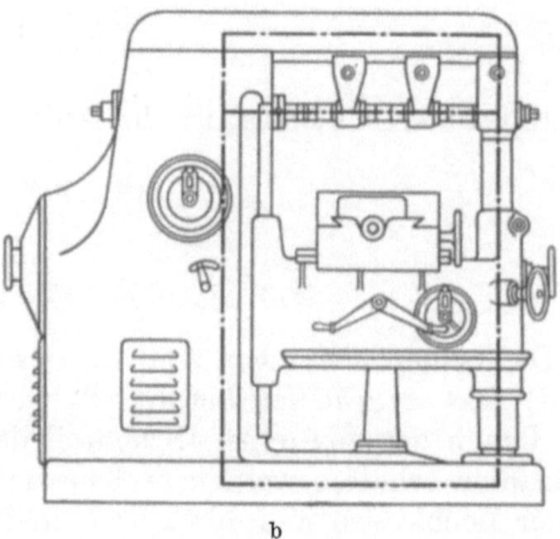

a   b

Abb. 329a u. b. Der doppelt geschlossene Rahmen der Universalstarrfräsmaschine. (Starrag.)

In den starren Ausleger ist eine senkrechte Spindel eingebaut, die als Fräs- oder Bohrspindel benutzt werden kann. Das Konsol ist nicht wie bei den gewöhnlichen Konsolfräsmaschinen nur senkrecht beweglich wenn die Versteifung, z. B. die Schere von Konsol und Oberarm eingebaut ist, sondern kann auch bei geschlossenem Rahmen jederzeit in senkrechter Richtung nachgestellt werden.

Zwecks Bearbeitung sperriger Stücke wird die Säule in den Zylinder versenkt.

Universal ist die Maschine (Abb. 328) wie üblich durch den um seine Senkrechtachse schwenkbaren Obertisch.

Unter Vermeidung des einschwenkbaren Obertisches kann in einer zweiten Ausführungsart der Starrfräsmaschine auch dadurch Universalarbeit ausgeführt werden, daß dieselbe (Abb. 331) an Stelle des Auslegers mit einem um seine Längsachse schwenkbaren Oberarm und an diesem mit einem schwenkbaren Frässpindelkopf ausgerüstet ist. Diese gedrungene Ausführung gestattet schnelle Einstellung des Fräsers und macht die Maschine zur Ausführung von wechselnder Einzelarbeit geeignet.

Abb. 330 zeigt den an die Maschine angeschlossenen Teilapparat.

Für die Serien- und Massenfertigung mit mehreren Fräsern gleichzeitig hingegen ist die zuerst beschriebene Starrfräsmaschine (Abb. 328) die geeignete, immer vorausgesetzt, daß Universalarbeit zu leisten ist.

Abb. 330. Der Teilapparat zur Universalstarrfräsmaschine. (Starrag.)

Abb. 331. Der schwenkbare Frässpindelkopf zur Universalstarrfräsmaschine. (Starrag.)

So sind neben der Starrfräsmaschine für die normale Produktion auch diese beiden Universalmaschinentypen vielseitig verwendbar. Die Beschaffung von Sondermaschinen erübrigt sich dadurch in vielen Fällen.

Auch als Hydronachformfräsmaschine ist die Starrfräsmaschine durchgebildet worden.

3. Eine amerikanische Produktionskonsolfräsmaschine.

Die als Beispiel gewählte Hydromatic der Cincinnati Milling Machine Co., Cincinnati, Ohio, USA, wird mit einem und mit zwei Ständern (Abb. 332 u. 333) ausgeführt und hat sich mit ihrem seinerzeit bahnbrechenden hydraulischen Vorschub nicht nur in den

Vereinigten Staaten, sondern auch in Europa wegen des weichen Werkstoffvorschubes gegen das Werkzeug, der ausgezeichneten Werkstattfertigung und der hohen Wirtschaftlichkeit gebührende Anerkennung und einen großen Markt erworben. Tab. 35 gibt die wesentlichen Daten der Maschine an, die zur Zeit in 12 Größen ausgeführt wird. Als Vorzüge der Maschine werden folgende hervorgehoben:

Abb. 332. Planfräsmaschine Hydromatic.

1. Hydraulisch genau bemessener Vorschub mit weichem Fräserangriff sichert längstmögliche Lebenszeit des Fräsers. Hydraulisch im Eilgang betätigter Rücklauf.

2. Selbsttätiger unabhängiger Eilgangkreislauf bringt das Werkstück schnell vor den Fräser (760 mm/min bei kleinen Maschinen, 660 mm/min bei den großen Maschinen) und tätigt auch den schnellen Rücklauf.

3. Stufenlose Tischvorschübe von 0 bis 1000 mm/min für kleine, und 0 bis 750 mm/min für große Maschinen.

4. Selbsttätiger Vorschubwechsel während die Maschine im Schnitt steht.

5. Starker Antrieb bei allen Maschinen von 10 bis 25 kW je nach Größe der Maschine (stärkere Motoren können, wenn nötig, angeschlossen werden).

6. Auswahl unter 7 Bereichen von Spindelgeschwindigkeiten einschließlich hoher Bereiche für Hartmetallfräser.

7. Bequeme, znsammengefaßte Bedienungsgriffe bei der normalen Arbeitsstellung des Arbeiters.

8. Ein einziger 4-Rastenhebel für die gesamte Tischsteuerung.

9. Außergewöhnlich leichte Handhabung der Schalter. (Die Antriebskupplung wird hydraulisch betätigt.)

Abb. 333. Zweiständer-Planfräsmaschine Hydromatic.

10. Selbsttätiges Ein- und Ausschalten des Kühlwassers mit dem Spindelumlauf.

11. Eingebaute Druckknöpfe und elektrische Schalter leicht zugänglich, geschützt gegen Staub und Feuchtigkeit.

12. Die Spindelantriebsräder sind schräg- und die Kegelräder spiralverzahnt für ruhigen und we'chen Lauf.

13. Ausleger zum Hauptspindelträger versteift die Spindellagerung.

14. Ein Satz von Keilriemen überträgt den Antrieb vom Motor zur Hauptgetriebewelle.

15. Verbesserte Spanerfassung und Kühlwasserzufuhr. Die Späne fallen in einen Raum im Bett, von wo sie leicht in den Transportkarren gebracht werden können.

16. Selbsttätige Schmierung.

17. Eingebaute Einstellibellen (Wasserwaage) erleichtern das Ausrichten.

18. Schwingungsdämpfung im Ausleger.

19. Hauptgetriebeschalträder, angeordnet in der Abschlußplatte des Motorraums.

Diese Aufstellung der Firma zeigt, wie sehr sie bemüht ist, den an die Maschine zu stellenden Anforderungen zu entsprechen.

Der Getriebeplan (Abb. 334) enthält drei Treibölpumpen:

1. die Regelpumpe (VDP = Variable Displacement Pump),
2. die Eilgangpumpe (RTP = Rapid Traverse Pump) und
3. die Leckpumpe (BP = Booster-Pump),

ferner drei Ventile zur Umsteuerung:

1. das Steuerventil (PV = Pilot Valve),
2. das Umsteuerventil (SV = Selector Valve),
3. das Start- und Stopventil (AV = Auxiliary Valve),

schließlich zwei Regelventile:

1. das Differentialventil (DCV = Differential Control Valve).
2. ein einfaches Überlaufventil (SRV = Simple Relief Valve).

Die drei Treibölpumpen laufen ununterbrochen in gleichem Sinne um. Der Fräser hingegen kann auf Umlauf in einem oder anderen Sinne eingestellt werden, je nachdem bei der Vorschubrichtung nach rechts oder links im Gegenlauf oder im Gleichlauf gefräst werden soll. Im Gegenlauf wird gefräst, wenn das Werkstück der Schnittrichtung des Fräsers entgegen vorgeschoben wird, im Gleichlauf wird gefräst, wenn das Werkstück in der Richtung wie der Schnitt herangeschoben wird.

Während des Schnitts arbeiten nur die Regelpumpe und die Leckpumpe, während die Eilgangpumpe zwar weiterläuft, aber kurzgeschlossen ist, so daß das Treiböl zwar angesaugt, aber sogleich ohne wesentliche Arbeitsleistung dem Ölbehälter wieder zugeführt wird. Beim Rücklauf und beim Eilgang im Vorlauf zwischen zwei Arbeitsstrecken arbeitet die Eilgangpumpe allein, während die

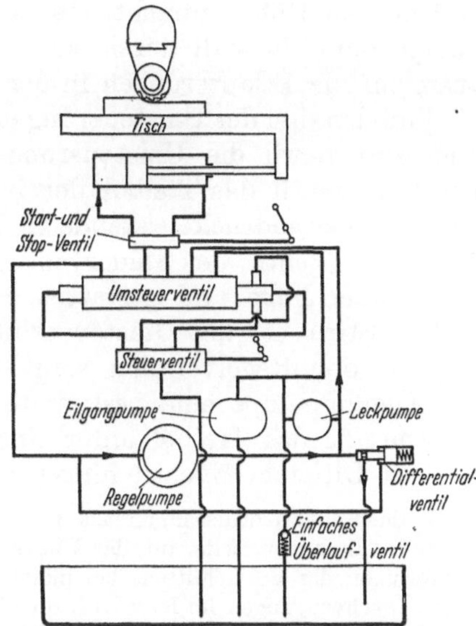

Abb. 334. Gesperrter hydraulischer Kreislauf, dessen Tischgeschwindigkeit geregelt wird durch Ausmessen des Rücklauföls aus dem Vorschubzylinder durch die Regelpumpe, so daß der Kolben mit seinen beiden Kolbenseiten unter Druck gehalten ist. (Hydraulic Control- and FeedingMechanisms [HCFM], 1942.)

Regelpumpe und die Leckpumpe kurzgeschlossen sind. Die Leckpumpe ergänzt den Leckverlust bzw. kleinere Entnahmen und hält damit den Treiböldruck in der durch das Maximalauslaßventil oder bei der Hydromatic durch das Differentialventil in der

Tabelle 35. *Daten der Hydromatic.*

Größe der Maschine	3 ⋯ 36	34 ⋯ 40	45 ⋯ 60	56 ⋯ 72
Aufspanntisch	$14 \times 52^3/_4''$	$18 \times 66^7/_8''$	$22 \times 79^3/_4''$	$26 \times 90^5/_8''$
Tischweg	$36''$	$48''$	$60''$	$72''$
Senkrechthub	$7''$	$7''$	$10^1/_2''$	$13^1/_4''$
Abstand zwischen Spindelträger und Tischmitte	$10^{13}/_{16}''$	$12^{13}/_{16}''$	$15^7/_{16}''$	$17^1/_2''$
Abstand Tischmitte bis Spindelumfang				
Maximum	$9^{15}/_{32}''$	$11^{15}/_{32}''$	$14^1/_2''$	$16^9/_{13}''$
Minimum	$5^{15}/_{32}''$	$7^{15}/_{32}''$	$8^1/_2''$	$8^9/_{16}''$
Spindelhülse				
Gesamtverschiebung, waagerecht	$4''$	$4''$	$6''$	$8''$
Durchmesser der Hülse	$7''$	$7''$	$8''$	$9''$
Spindeldrehzahlen				
Anzahl	8	8	8	8
Drehzahlbereich	$37 \cdots 276$	$37 \cdots 276$	$29 \cdots 217$	$24 \cdots 179$
Tischvorschübe innerhalb unbegrenzt des angegebenen Bereichs Vorschübe in '' p/min	$0 \cdots 40$	$0 \cdots 40$	$0 \cdots 30$	$0 \cdots 30$
Eilgangvorschübe in '' p/min	300	300	220	220
Riemenantrieb $n = 800$ U/min für normale und hohe Spindelumdrehungen	durchgehend			
Motorantrieb	5,5 kW	5,5 kW	11 kW	18 kW
Nettogewicht der Maschine	4200 kg	5400 kg	7500 kg	8800 kg

bestimmten Höhe aufrecht. Ob und wie die Fördermenge der kleinen Hochdruckleck-
pumpe dem Ölausfall durch eine besondere Einrichtung angepaßt wird, darüber liegen
ausreichende Erläuterungen in der Literatur nicht vor.

Von den drei der Umsteuerung des Frässchlittens dienenden Ventilen stellt das Stopp-
und Startventil die Umsteuerung und damit den Vorschub ab oder an, leitet das
Umsteuerventil das Treiböl der rechten oder linken Zylinderraumseite zu und führt
das den Gegendruck leistende Öl auf der Rückseite des Kolbens der Regelpumpe zu.
Das dritte Ventil, das Steuerventil, bewegt den Steuerkolben zum Umsteuerventil nach
rechts oder links und gestattet damit den Durchfluß von Treiböl auf die eine oder
andere Stirnseite des Umsteuerkolbens selbst.

Von den Regelventilen sorgt das einfache Überlaufventil dafür, daß der Druck
der Eilgangpumpe eine bestimmte Druckhöhe nicht überschreitet und somit auch der
Leckpumpe das Treiböl unter einem gleichbleibenden Druck zugeführt wird.

Das Differentialventil hingegen sorgt dafür, daß

1. der Vorwärtsdruck im Kreislauf nicht höher steigt als es zur Bewältigung der Fräsarbeit erforderlich
ist und daß andererseits auf der Rücklaufseite stets ein Öldruck vorhanden ist, der ein momentanes
Vorspringen des Frässchlittens bei plötzlicher Entlastung des Fräsers verhütet;

2. Ölschwingungen im Kreislauf, die sich namentlich bei länger geführten, gebogenen Ölleitungen oft
in launischer Weise einstellen, nicht aufkommen.

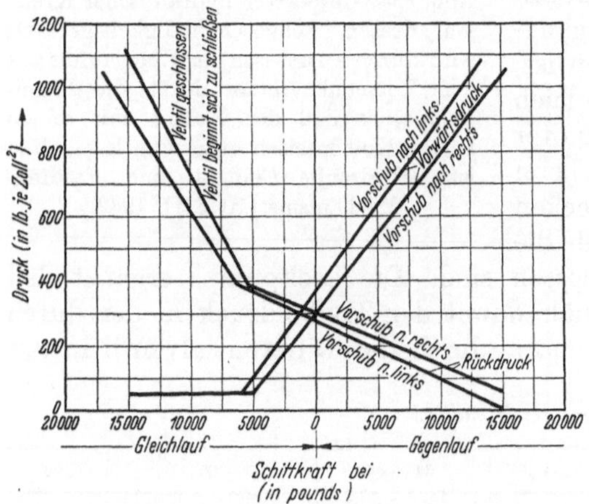

Abb. 335. Annähernder Zusammenhang zwischen
Vorwärts- und Rückdruck und der Schnittkraft.
(HCFM, 1942.)

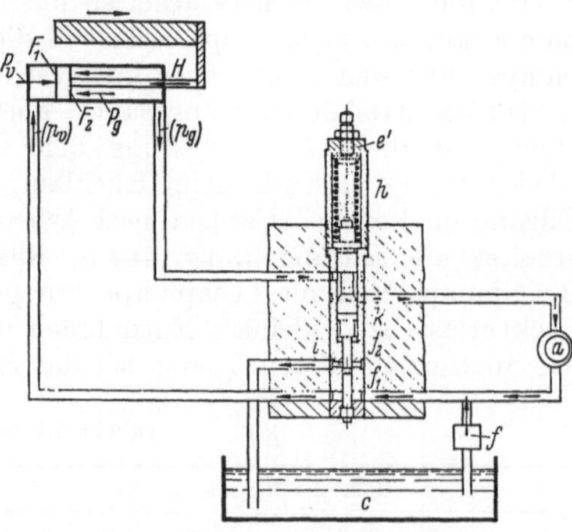

Abb. 336. Kreislauf zum Differentialventil. (Aus
SCHLESINGER: Die Werkzeugmaschinen.)

Da dieses Differentialventil wesentlich zur Leistungssteigerung der Maschine bei-
trägt, lohnt es sich schon deshalb, die Arbeitsweise dés Ventils genau zu erfassen. Zudem
gibt das Ventil ein selten lehrreiches Beispiel dafür, wie eine solche Untersuchung
geführt werden muß, bei der von vornherein nicht alle zur Durchrechnung erforderlichen
Daten mitgeteilt sind, dieselben vielmehr teilweise erst aus Angaben des bekanntgegebenen
Originaldiagramms (Abb. 335) abgeleitet werden müssen.

Die beiden in Rede stehenden Ventile, das einfache Überlaufventil und das
Differentialventil, sind zu der Darstellung des Kreislaufs in Abb. 337 u. 338 wiedergegeben. Zum Überlaufventil (Abb. 337) bedarf es keiner Erläuterung. Sein Einbau
in den Kreislauf geht aus der Abbildung hervor. Das Differentialventil (Abb. 338) wird
sowohl vom Vorlauf des Treiböls zum Vorschubzylinder als auch vom Rücklauf desselben durchflossen, wobei das Rücklauföl der Regelpumpe zugeführt und sie als
Vorlauföl verläßt. Auf der Abb. 334 hingegen ist das Differentialventil an den Rück-
laufstrom einfach nur angeschlossen, wird also von diesem nicht durchflossen. Nach
dem Differentialventil ist die Leckpumpe angeschlossen. Wird der Ventilkolben dem
Federdruck entgegen ein wenig angehoben, so entweicht ein Teil des Vorlauföls zum

Ölbehälter. Wird der Ventilkolben stark angehoben, so kann es dahin kommen, daß
durch den oberen Zylinder am Tisch die Rücklaufleitung für das Öl vollständig gesperrt
wird, also der Vorlauf des Werkstücks gegen den Fräser aufhört, so daß dieser sich frei-
schneiden kann. Der Fall tritt ein, wenn durch plötzliche Zunahme, z. B. der Werk-
stückzugabe, bei dem bestehenden Vorschub der Antrieb des Fräsers nicht ausreicht,
um den Span abzunehmen, so daß der Vorschub beträchtlich verringert bzw. auf 0

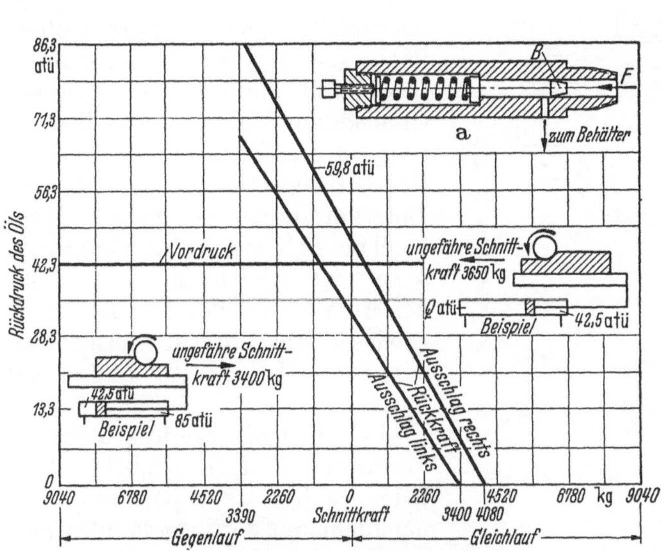

Abb. 337. Einfaches Überlaufventil zur Begrenzung des Maximal-
druckes. (HCFM, 1942.)

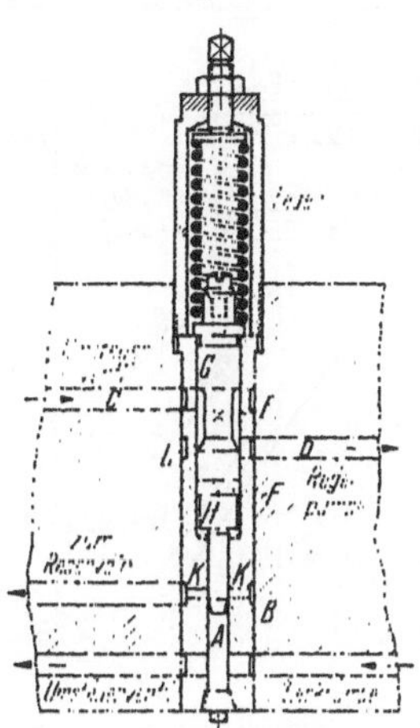

E
F } Kanäle
G
L Schalter des Differentialkolbens
B Kolbenende; Stirnfläche a
K Abgangskanal 2. Reservoir
(S Federbelastung, a Kolbenfläche
nicht eingezeichnet)

Abb. 338. Differentialventil der Hydromatic. (HCFM, 1942.)

abgestoppt werden muß. Die Einwirkung des Rücklauföls ist bei der Hydromatic je
atü dreimal so groß wie die des Vorlauföls, so daß eine Zunahme des Öldrucks im Rücklauf erheblich auf den Vorlaufdruck wirkt.

Diese Einwirkung geht aus dem Originaldiagramm bereits hervor, ist aber im Hinblick auf die Größe der Auswirkung leichter zu erfassen, wenn das Diagramm auf deutsches Maß umgezeichnet und die zugrunde liegende Rechnung in den in Deutschland
üblichen Maßen durchgeführt wird.

Vor Beginn der Rechnung sind indessen die einzelnen Bezeichnungen klarzustellen
und mit dem aufzustellenden Diagramm in Verbindung zu bringen, weil sonst Fehlern
Tür und Tor geöffnet wird.

Der Kolben im Vorschubzylinder ist in dem veröffentlichten Beispiel (Abb. 336) mit
einseitiger, nach rechts anschließender Kolbenstange ausgeführt, so daß das Vorlauföl,
wenn es auf der linken Seite in den Zylinder eintritt, auf die Kolbenfläche F_1 gleich
dem vollen Zylinderquerschnitt einwirkt, während auf der anderen Seite des Kolbens
die wirksame Kolbenfläche F_2 um den Querschnitt der Kolbenstange verringert ist.
Eine Angabe der Größe des Kolbenstangenquerschnitts fehlt in den Veröffentlichungen[1],
so daß die Kolbenfläche F_2 rückwärts aus Angaben des Originaldiagramms (Abb. 335)
bestimmt werden muß. Ferner fehlt die Angabe der Stirnfläche a unten am Kolben
des Differentialventils (Abb. 338 bei A), und ebenso fehlt die Angabe der Federbelastung S desselben. Aus dem Diagramm (Abb. 335) kann aber nur rückwärts das Verhältnis von S/a ermittelt werden. Nur das Verhältnis S/a ist auf die Wirkungsweise des
Ventils von Einfluß, so daß der Quotient, Federdruck durch Kolbenquerschnitt, größer

---

[1] Hydraulik Control and Feeding Mechanisms für Machine Tools, Copyright 1942. The Cincinnati
Milling Machine Co., Cincinnati/Ohio, USA.

oder kleiner gewählt werden kann, wenn nur dafür gesorgt ist, daß die Ölmenge nicht durch zu engen Querschnitt am Durchfluß gehindert ist.

Das Diagramm (Abb. 339) ist durch eine senkrechte Mittellinie in zwei Teile geteilt. Der Teil rechts enthält den Druckverlauf p_v vor und p_r hinter dem Kolben in atü über dem Schnittwiderstand H in kg als Abszisse aufgetragen, d. h. bei Spanabnahme für das übliche Gegenlauffräsen, also bei Spanabnahme von unten nach oben. Dabei kann der Vorlauf gegen die größere oder kleinere Kolbenfläche gerichtet sein. Auf der linken Seite sind die Linienzüge in entsprechender Weise für die Bearbeitung im Gleichlauf aufgetragen. Die Bearbeitungsschemen sind über den Diagrammlinien angegeben. Somit ergeben sich auf jeder Diagrammseite vier Linienzüge, von denen bei Aufstellung der Formeln nachgewiesen wird, daß die Druckänderungen nach geraden Linien verlaufen.

Für die Öldrücke in atü vor und hinter dem Kolben ergeben sich auf jeder Seite zwei Gleichungen, je nachdem auf der betreffenden Seite

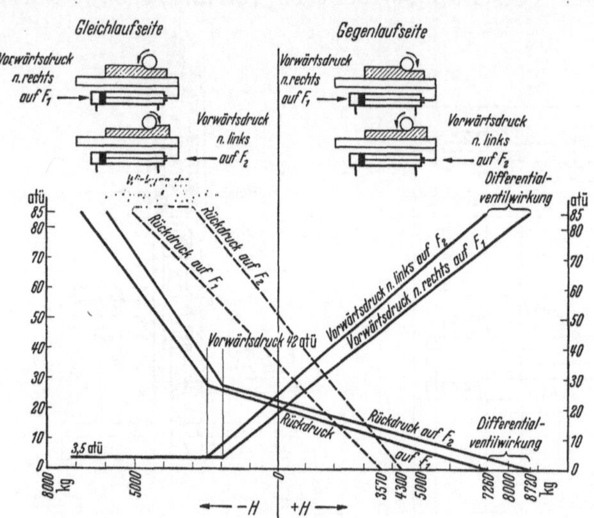

Abb. 339. Diagramm zur Wirkungsweise des Differentialventils der Hydromatic.

der Ölzulauf, also der Vorwärtsdruck p_v des Öls, in Vorschubrichtung auf die volle Kolbenfläche F_1 oder auf die reduzierte Kolbenfläche F_2 trifft. Die Gleichungen lauten:

$$p_v F_1 - p_r F_2 = \pm H \quad \text{für Vorschub nach rechts} \qquad (I_{F_1})$$
$$p_v F_2 - p_r F_1 = \pm H \quad \text{für Vorschub nach links} \qquad (I_{F_2})$$

Das positive Vorzeichen vor H bezeichnet den Schnittwiderstand der Vorschubrichtung entgegen (beim Aufwärtsfräsen, also beim Fräsen im Gegenlauf, rechte Diagrammseite), das negative Zeichen den in Vorschubrichtung wirkenden Schnittdruck (beim Aufwärtsfräsen, also beim Gleichlauffräsen, linke Diagrammseite). Mit anderen Worten: Der Schnittdruck H des Frässchlittens verringert beim Gegenlauffräsen den Rücklaufdruck p_r, während derselbe beim Gleichlauffräsen vergrößert wird. Der Reibungswiderstand kann im H mit berücksichtigt werden.

Die Regelpumpe, deren Umlaufgeschwindigkeit die Vorschubgeschwindigkeit regelt, muß den Widerstand gegen den Vorschub überwinden. Aus der Gleichung kann nur das Verhältnis $p_v : p_r$ für einen bestimmten Schnittwiderstand, genau genommen für die Waagerechtkomponente dieses Schnittwiderstandes, ermittelt werden. Um die Größen p_v und p_r selbst festzustellen, bedarf es der Hinzunahme der zweiten Gleichung, welche sich aus der Wirkungsweise des Differentialventils in einfacher Weise ableiten läßt.

$$p_v\, a + p_r\, A = S.$$

In dieser Gleichung ist bei der ausgeführten Maschine, wie bereits erwähnt, $A = 3a$ der Summe der unter Einwirkung des Rücklauföls stehenden Ringflächen am Differentialventilkölbchen. Dadurch kann die Gleichung auch geschrieben werden:

$$p_v + 3\,p_r = \frac{S}{a}. \qquad (II)$$

Zunächst muß das Verhältnis $F_1 : F_2$ ermittelt werden. Zur Bestimmung von F_1 ist in der Literatur die Angabe des Innendurchmessers des Vorschubzylinders

$d = 4{,}5'' = 4{,}5 \cdot 2{,}54$ cm enthalten, (1 Zoll $= 2{,}54$ cm.) folglich Kolbenfläche

$$F_1 = d^2 \frac{\pi}{4} = 102 \text{ cm}^2.$$

Zur Bestimmung von F_2 wird dem Originaldiagramm (Abb. 335) für den Vorschub nach rechts und $p_r = 0$ der Fräswiderstand $+H$ zu 18600 lbs. $= 8400$ kg abgegriffen und ebenso

$$p_v = 1200 \text{ lbs./sq. in.} = 84 \text{ atü, da } 1 \text{ lbs./sq. in.} = \frac{0{,}454}{2{,}54^2} = 0{,}07 \text{ ist. } (1 \text{ lbs.} = 0{,}454 \text{ kg.})$$

Somit wird aus Gl (I_{F_2})

$$p_v F_2 = +H \quad F_2 = \frac{+H}{p_v} = \frac{8400}{84} = 100 \text{ cm}^2.$$

Damit ergibt sich das Verhältnis

$$\frac{F_1}{F_2} = \frac{102}{100} = 1{,}02, \qquad \frac{F_2}{F_1} = 0{,}98.$$

Für den Kreislauf *mit dem einfachen Sicherheitsventil* wird

$$p_v \text{ auf } 600 \frac{\text{lbs.}}{\text{sp. in.}} = 0{,}07 \cdot 600 = 42 \text{ atü gehalten.}$$

Für H und p_r ergibt sich aus Gl. (I_{F_1}) für Vorschub nach rechts

$$p_r = \frac{p_v F_1 - H}{F_2}.$$

Für $p_v = 42$ atü und $p_r = 0$ wird

$$H = p_v F_1 = 42 \cdot 102 = 4300 \text{ kg} \quad \text{auf der Gegenlaufseite,}$$

und für $H = -1500$ kg auf der Gleichlaufseite wird

$$p_r = \frac{4300 + 1500}{100} = \frac{5800}{100} = 58 \text{ atü}.$$

Ebenso wird aus Gl. (I_{F_2}) für Vorschub nach links für

$$p_r = 0$$
$$H = p_v F_2 = 42 \cdot 100 = 4200 \text{ kg} \quad \text{auf der Gegenlaufseite,}$$

und für $H = -1500$ kg auf der Gleichlaufseite wird

$$p_r = \frac{3570 + 1500}{102} = \frac{5070}{102} = 49{,}6 \text{ atü}.$$

Mit diesen 4 Zahlenwerten können die p_r-Linien in das Diagramm eingetragen werden.

Für den Kreislauf der Hydromatic *mit dem Differentialventil* ist zunächst das Verhältnis S/a, sodann S und a selbst zu ermitteln.

Nach Gl. (II) ist

$$\frac{S}{a} = p_v + 3 \, p_r \quad \text{für} \quad H = 0 \quad \text{wird} \quad \frac{p_r}{p_v} = \frac{F_2}{F_1} = 0{,}98.$$

1. $\dfrac{S}{a} = p_v + 3 \cdot 0{,}98 \, p_v \, 3{,}5 \, p_v$ für den Vorwärtsdruck beim Vorschub nach links.

Aus dem Originaldiagramm (Abb. 335) werden die Werte

$$p_v = 370 \text{ lbs./sq. in.} = 0{,}07 \cdot 370 = 26 \text{ atü}$$

für den Vorwärtsdruck beim Vorschub nach links, sowie

$$p_r = 280 \text{ lbs./sq. in.} = 0{,}07 \cdot 280 = 19{,}6 \text{ atü}$$

für den Rückdruck beim Vorschub nach links abgegriffen. Damit wird, wenn man den Durchmesser der unteren Stirnfläche des Differentialventilkolbens zu $d = \dfrac{1''}{5} = 5{,}08 = 5{,}1$ mm als eine wahrscheinliche Größe annimmt,

$$a = \frac{d^2 \pi}{4} = \frac{5{,}1^2 \pi}{4} = 20{,}3 \text{ mm}^2 = 0{,}3 \text{ cm}^2$$

und

$$\frac{S}{a} = 3,5 \cdot 26 \qquad S = 0,2 \cdot 3,5 \cdot 26 = \underline{18,2\,\text{kg}}.$$

$$2. \quad \frac{S}{a} = 1,2\,p_r + 3\,p_r = 4,2\,p_r,$$

$$S = 0,2 \cdot 4,2 \cdot 19,6 = \underline{16,4\,\text{kg}}.$$

Die Werte müßten übereinstimmen, wenn die Werte für p_v bzw. p_r dem Diagramm genau entnommen werden könnten. So wird der Mittelwert

$$S = \frac{18,2 + 16,4}{2} = 17,3 = 17\,\text{kg}$$

der nachfolgenden Rechnung zugrunde gelegt.

Zur Aufstellung der Gleichungen für p_v und p_r zum Auftragen über der positiv für den Gegenlauf und negativ für den Gleichlauf eingetragenen Fräserkraft bedarf es nur der Eliminierung entweder von p_r oder von p_v aus den Gl. (I_{F_1}) bzw. (I_{F_2}) und der Gl. II. So wird.

$$p_v = \frac{1}{1 + 3\,\dfrac{F_1}{F_2}}\left(\pm\,\frac{3\,H}{F_2} + \frac{S}{a}\right)$$

für den Vorschub nach rechts im Gegenlauf [Gl. (I_{F_1})] sowie

$$p_v = \frac{1}{1 + 3\,\dfrac{F_2}{F_1}}\left(\pm\,\frac{3\,H}{F_1} + \frac{S}{a}\right)$$

für den Vorschub nach links im Gegenlauf [Gl. (I_{F_2})].

Die Berechnung von p_r wird am einfachsten .wenn man in Gl. (II) den bereits nach den Gl. (I_{F_1}) oder (I_{F_2}) errechneten Wert von p_v übernimmt. Die Gleichung lautet dann

$$p_r = p_v\,\frac{F_1}{F_2} \mp \frac{H}{F_2}$$

für den Vorschub nach rechts im Gegenlauf und

$$p_r = p_v\,\frac{F_2}{F_1} \mp \frac{H}{F_1}$$

für den Vorschub nach links im Gegenlauf.

Zum Auftragen der Linienzüge errechnet man für jeden derselben zwei Punkte, zunächst vier Punkte auf der mittleren Senkrechten für $H = 0$, also bei Fräserleerlauf, und ferner die beiden Punkte auf der Abszisse $+H$ für $p_r = 0$ sowie schließlich die zugehörigen Punkte für p_v. Für die Gleichlaufseite ist in den sich ergebenden Formeln nur an Stelle von $+H$ $-H$ zu setzen, wie bereits in den Gleichungen angegeben. Somit ergeben sich für die vier Punkte auf der Mittelsenkrechten unter Benutzung der festgestellten Konstanten

$$H = \pm 0, \quad S = 17, \quad \frac{F_1}{F_2} = 1,2, \quad \frac{F_2}{F_1} = 0,83, \quad a = 0,2\,\text{cm}^2$$

die Werte

$$p_v = \frac{1}{4,6}\,\frac{17}{0,2} = 18,5\,\text{atü}$$

für den Vorschub nach rechts [Gl. (I)]

$$p_v = \frac{1}{3,49}\,\frac{17}{0,2} = 24,3\,\text{atü}$$

für den Vorschub nach links [Gl. (II)]

$$p_r = \frac{S}{3\,a} - \frac{p_v}{3} = \frac{17}{0,6} - \frac{18,5}{3} = 22,2\,\text{atü}$$

für den Vorschub nach rechts

$$p_r = \frac{17}{0,6} - \frac{24,3}{3} = 20,3 \text{ atü}$$

für den Vorschub nach links.

Ferner ergeben sich aus den Gleichungen

$$p_v = \frac{1}{1 + 3\,\frac{F_1}{F_2}} \left(\pm \frac{H}{F_2} + \frac{S}{a} \right)$$

$$p_v = \pm \frac{1}{4,6}\,\frac{3}{85}\,H + \frac{17}{0,2 \cdot 4,6} = 18,5 \pm 0,0077\,H \text{ atü}$$

für Vorschub nach rechts und

$$p_v = \frac{1}{1 + 3\,\frac{F_2}{F_1}} \left(3\,\frac{H}{F_2} + \frac{S}{a} \right)$$

$$p_v = \pm \frac{1}{3,5}\,\frac{3}{101}\,H + \frac{17}{0,2 \cdot 3,5} = 24,3 \pm 0,0084\,H \text{ atü}$$

für Vorschub nach links.

Durch Einsetzen von $p_v = 18,5 \pm 0,0077\,H$ in die Gleichung

$$p_r = \frac{F_1}{F_2}\,p_v \mp \frac{H}{F_2}$$

wird

$$p_r = 1,2\,p_v \pm \frac{H}{85}\,22,2 \mp 0,00255\,H \text{ atü}$$

für Vorschub nach rechts und durch Einsetzen von $p_v = 24,3 \pm 0,0084\,H$ in die Gleichung

$$p_r = \frac{F_2}{F_2}\,p_v \mp \frac{H}{F_1}$$

wird

$$p_r = 0,83\,p_v \mp \frac{H}{102} = 20,3 \mp 0,0028\,H \text{ atü}$$

für Vorschub nach links.

Auf der *Gleichlaufseite* gelten die Formeln jedoch nur, bis p_v auf 3,5 atü abgesunken ist. Von da ab wird durch entsprechende Drosselung in der Leitung dafür gesorgt, daß der p_v-Wert nicht weiter absinken kann. Infolge der anschließenden Konstanterhaltung der p_v-Werte auf 3,5 atü steigen die p_r-Werte nach einer steiler verlaufenden Geraden nach den Gleichungen

$$p_r = p_v\,\frac{F_1}{F_2} + \frac{H}{F_2} = 1,2 \cdot 3,5 + \frac{1}{85}\,H = 4,2 + 0,0117\,H \text{ atü}$$

für Vorschub nach rechts,

$$p_r = p_v\,\frac{F_2}{F_1} + \frac{H}{F_1} = 0,82 \cdot 3,5 + \frac{H}{102} = 2,9 + 0,0098\,H \text{ atü}$$

für Vorschub nach links.

An Hand der vorstehenden Formeln können die nötigen Punkte zur Auftragung der Linienzüge ohne weiteres errechnet werden.

Überblickt man nunmehr die Kurvenzüge, so tritt der Vorteil des Differentialventils klar hervor. Im Vergleich mit dem Kreislauf mit dem einfachen Sicherheitsventil, welches den Vorlaufdruck auf $p_v = 42$ atü konstant hält, erreichen die Rückdrücke bei Anwendung des Differentialventils erst bei 7000 bis 8000 kg Fräserdruck die zulässige Höchstgrenze für den Öldruck, während dieser sich beim einfachen Sicherheitsventil bereits bei 3000 bzw. 5000 kg einstellt. Ebenso ist der Öldruck vorwärts erst bei über 7000 bzw. 8000 kg Fräserdruck erreicht, wenn der Rückdruck auf 0 abgesunken ist. 85 atü ist die oberste Grenze, bis zu welcher ein positiver Rückdruck zur Wirkung kommt, von welchem man aber auch mit Rücksicht auf Leckverluste um etwa 15% zurückbleiben wird.

Die Gestaltung des Fräserantriebs (Abb. 340) ist zwar einer Veröffentlichung aus dem Jahre 1929 entnommen, es ist aber durch Vergleich mit einer Skizze aus den letzten Jahren festgestellt, daß sich nichts geändert hat. Der Hauptantrieb wird wie gewöhnlich durch den Elektromotor mit zwischengeschaltetem Hauptgetriebe besorgt. Vom Vorschubzylinder gibt Abb. 341 eine Vorstellung. Der Steuerkasten (Abbildungen 342 u. 343) zeigt das Bemühen, verbindende Rohrleitungen nach Möglichkeit zu vermeiden und faßt die gesamte Steuerung einschließlich der Pumpen in einem Gußkörper zusammen.

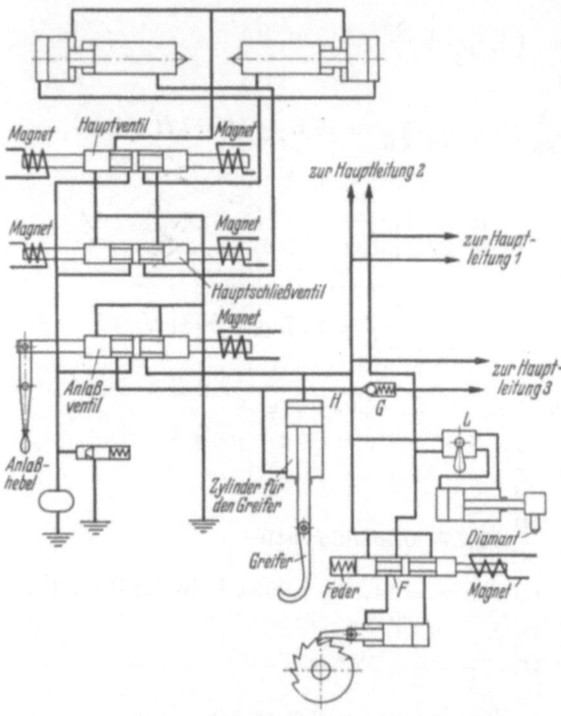

Die Erfahrungen mit den Widerständen, Schwingungen und Leckverlusten in solchen Gußkörpern werden sowohl in den Vereinigten Staaten als auch in Deutschland geheimgehalten, so daß Mitteilungen darüber nicht zu machen sind. Die Bedienungshebel A, B, C, S und T sind dem Arbeiter bequem zur Hand (Abb. 344).

Von den beiden Leistungsdiagrammen (Abb. 345) zeigt die untere Kurve den allmählich anwachsenden und dann in längerem Zeitbedarf (137 sec) abnehmenden Energieaufwand, wenn das dargestellte Werkstück ohne Vorschubregelung während des Schnitts bearbeitet wird, also auf den für die Maximalbreite des Werkstücks erforderlichen kleinen Vorschub eingestellt bleibt, während nach der oberen Kurve dadurch mit annähernd gleichbleibendem Energieaufwand gefräst wird, daß der Vorschub selbsttätig mit Hilfe einer Schablone mit Abnahme der Breite des Werkstücks so gesteigert wird, daß andauernd mit der maximal möglichen Energiezufuhr gearbeitet wird. Die Arbeitszeit verringert sich dabei auf 100 sec; 37 sec werden an Arbeitszeit gespart.

Trotz der erörterten Wirkung des Differentialventils kann bei schweren Fräsmaschinen und plötzlicher Druckentlastung,

Abb. 340. Gestaltung der Fräserantriebe der Hydromatic. (The Cincinnati Hydromatic with locked Hydraulic Feed, 1929.)

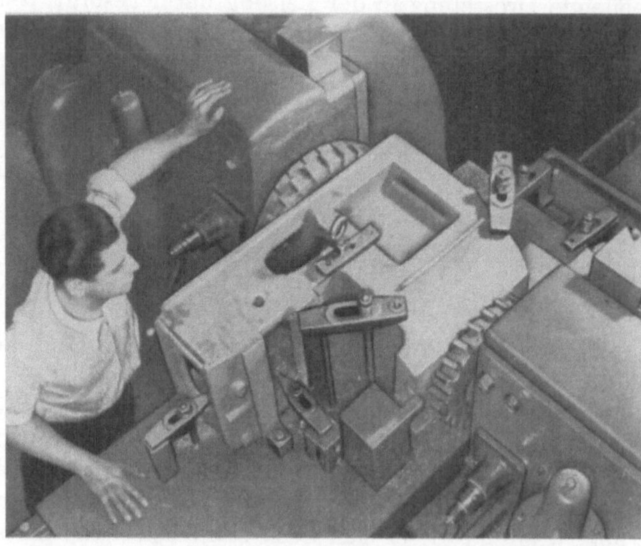

Abb. 341. Vorschubzylinder der Hydromatic. (HCFM, 1942.)

z. B. durch Spalten oder Querschnittsübergänge im Werkstück, eine augenblickliche elastische Entspannung und folglich ein ruckweiser Vorschub nicht vermieden werden. Unter dem Einfluß des Differentialventils wird die Steigerung der Vorschubkraft prak-

Abb. 342. Vorderseite des Hydraulic-Getriebekastens, Einblick zu dem Getriebe durch das Fenster für die Abschlußdeckel, seitlich der Einstellhebel, dahinter eine Ecke des Ölbehälters.

Abb. 343. Rückseite des Steuerkastens.

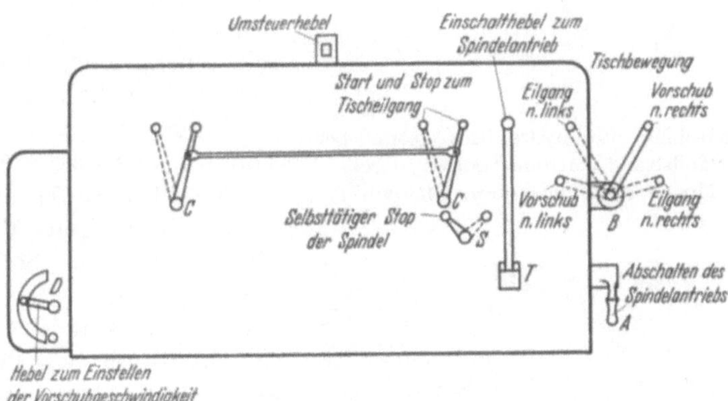

Abb. 344. Tisch und Frässpindelhebel der Hydromatic mit Tischvorschub nach beiden Seiten. (Aus Operators Instruction.)

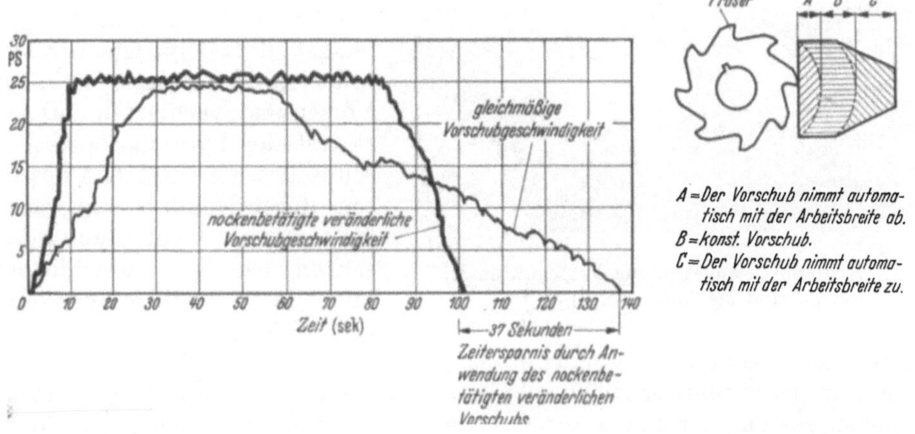

Abb. 345. Diagramm des Energieaufwandes in PS über der Fräszeit in sec bei konstantem bzw. gesteuertem Vorschub. (Cincinnati Tracer Controlles Hydromatic, 1947.)

tisch ohne Druckanstieg im Vorschubraum nur durch die Absenkung der hydraulischen Gegenhaltung erreicht. Die Zusammenpressung des Vorschuböls bleibt damit während des Vorschubs konstant, so daß eine gleichförmige Vorschubbewegung garantiert ist. Diese Gleichförmigkeit wird aber nur erreicht, wenn eine allmähliche Belastungszu- und -abnahme vorhanden ist. In vielen Fällen, besonders beim Fräsen, treten aber die erwähnten plötzlichen Schnittkraftschwankungen auf, die in Zeitabschnitten von $1/_{10}$ bis $1/_{11}$ sec die Schnittkraft abfallen bzw. ansteigen lassen. In diesen kurzen Zeitabschnitten ist die Ölmenge nicht vorhanden, um den Druckaufbau ohne Entspannung der eben belastenden Ölsäule durchzuführen. Man erhält daher bei dieser Arbeitsweise mit Gleichgangregelventilen einen ruckweisen Vorschub.

In Erkenntnis dieser Sachlage hat Cincinnati für Arbeit mit augenblicklicher Entlastung Fräsmaschinen mit mechanisch getätigter, selbstsperrender, starrer Gewindespindel beibehalten.

Abb. 346. Planfräsmaschine mit hydraulisch getriebener Vorschubspindel. (Sundstrand Machine Tool Co., Rockford/Illinois, USA, Modell 33, Fluid-Screw, Rigidmill.)

Die Firmen Sundstrand Machine Tool Co. in Rockford/Illinois, USA, (Abb. 346 u. 347) und Gebrüder Heller, Nürtingen (Abb. 348 u. 349), aber sind einen Schritt weitergegangen, indem sie die selbstsperrende, starre Gewindespindel mit hydraulischer Betätigung versahen und somit auch in diesem Falle den stufenlosen Vorschub erreichten. Durch diesen hydromechanischen Antrieb wird der Vorteil stufenlosen Vorschubs und des Überlastungsschutzes mit demjenigen des schwingungsfreien, absolut gleichförmigen und ruhigen Vorschubs verbunden. Dazu gestattet der hydromechanische Vorschub des Feineinstellen des Schlittens durch Handrad und verhindert bei senkrechter Anordnung das Absacken des Werkzeugschlittens infolge der Selbsthemmung der Gewindespindel.

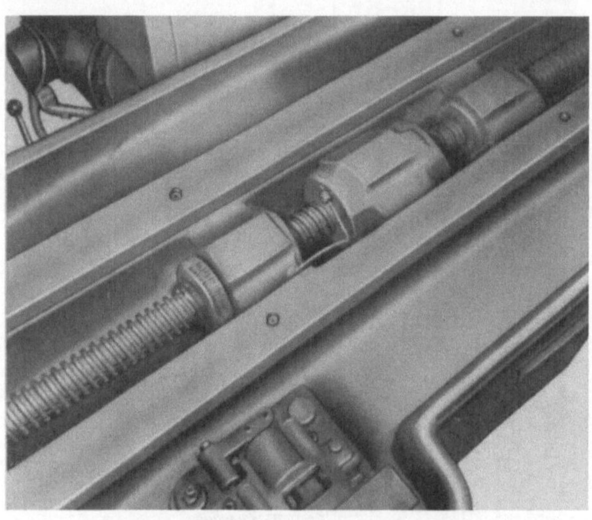

Abb. 347. Hydraulisch angetriebene Vorschubspindel. (Sundstrand Machine Tool Co.)

Nachstehende Gegenüberstellung (Abb. 350) von hydraulischem Vorschub (Cincinnati) gegenüber dem hydromatischen Vorschub (Heller) zeigt den großen Unterschied in der Zusammenpressung der 2 m langen Ölsäule zur Dehnung der gleichlangen Vorschubspindel. In dem Beispiel beträgt bei gleicher Entlastung die Längenkürzung der Ölsäule 3 mm, die Längenänderung der Stahlspindel 0,03 mm, also nur den hundertsten Teil.

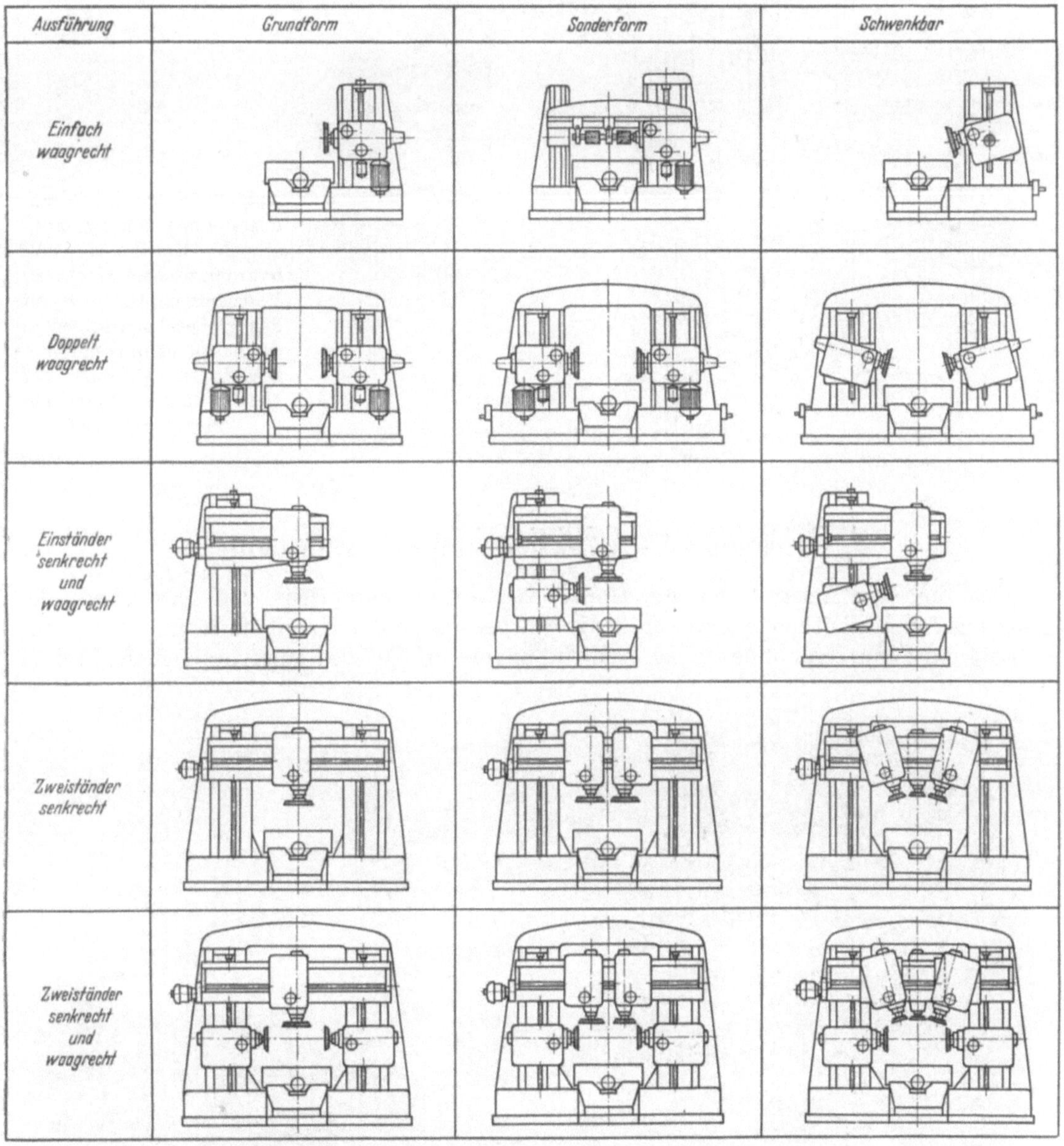

Ausführung
Grundform
Sonderform
Schwenkbar
Einfach waagrecht
Doppelt waagrecht
Einständer senkrecht und waagrecht
Zweiständer senkrecht
Zweiständer senkrecht und waagrecht

Abb. 348. Grundsätzliche Bauformen von Langfräsmaschinen. (Aus HELLER: Langfräsmaschinen im Baukastensystem.)

gut verrippter Aufspanntisch
Gleitbahnschützer
Spindelantrieb
sehr lange Gewindemutter mit spielfreier Selbsteinstellung
Spindel

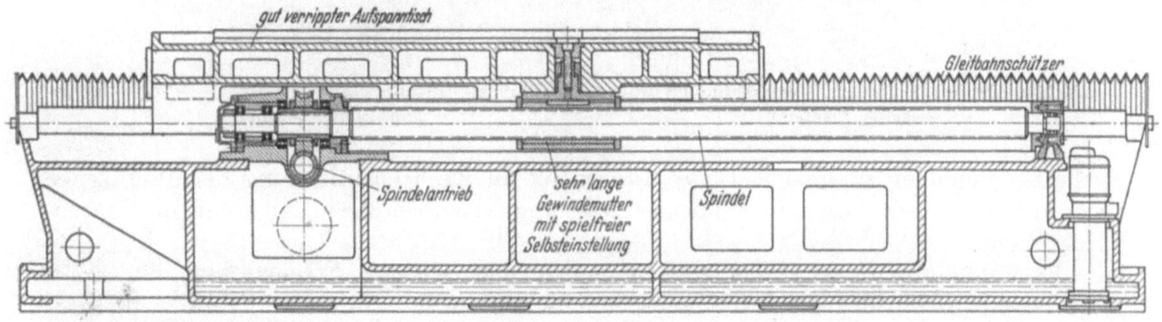

Abb. 349. Schnitt durch die Tischeinheit mit hydraulisch angetriebener Vorschubspindel. (Aus HELLER: Langfräsmaschinen im Baukastensystem.)

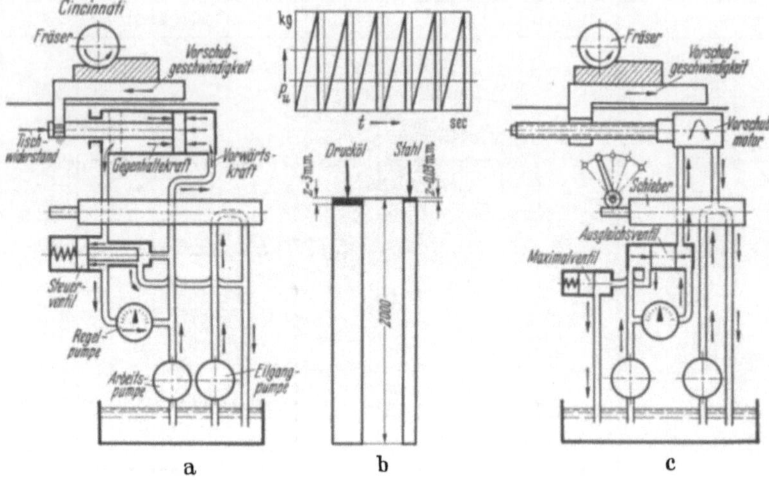

Abb. 350a bis c. Gegenüberstellung von hydraulischem (Cincinnati) und hydromatischem (HELLER) Vorschub im Hinblick auf den großen Unterschied in der Zusammenpressung der Ölsäule zur Dehnung der gleich langen Vorschubspindel. (Heller.)

4. Die deutsche Produktionskonsolfräsmaschine.

Das deutsche Beispiel der Fa. Heller, Nürtingen, entspricht dem Bestreben, die Leistung der neuzeitlichen Fräswerkzeuge, insbesondere der Hartmetallwerkzeuge, vollständig auszunutzen, ohne es zu Schwingungen infolge des unterbrochenen Fräser-

Abb. 351. Produktionskonsolfräsmaschine (Vorderansicht). (Heller.)

Abb. 352. Produktionskonsolfräsmaschine (Seitenansicht). (Heller.)

schnitts kommen zu lassen. Diese Anpassung an die Höchstleistung der Werkzeuge erfordert aber auch noch die stufenlose Verstellung der Vorschübe in den drei Koordinatenrichtungen.

Es entstand eine in ihrem Aufbau gedrungene schwere Fräsmaschine, an deren Vorderseite (Abb. 351) die Bedienungselemente angeordnet sind. In der Mitte befindet sich der Handgriff für die Vorschubregelung. Drei Hydraulikmotoren sind in der dem Konsol vorgehefteten Hydraulikvorschubeinheit angeordnet.

Die Seitenansicht (Abb. 352) zeigt hinten am Ständer den Hauptantriebsmotor mit etwa 11 bis 30 kW Leistung und im Konsol den Antriebsmotor für die Hydraulik.

Das Hauptgetriebe (Abb. 353) mit dem direkten Antrieb der Arbeitsspindel durch sieben Keilriemen bezweckt im hohen Drehzahlbereich einen zügigen und schwingungsfreien Fräserlauf. Für die langsamen Drehzahlen mit den hohen Drehmomenten ist ein Vorgelege 1 : 8 vorgeschaltet. Vom Antriebsmotor über die Mehrscheibenkupplung werden mittels zweier Dreierblöcke neun Drehzahlen erreicht, die durch das Vorgelege auf 18 erweitert werden.

Die Arbeitsspindel hat einen Lagerdurchmesser von 140 mm und ist in nachstellbaren Wälzlagern gelagert.

Das Drehzahlenschaubild (Abb. 354) zeigt den Drehzahlenbereich und die Abstufung der Drehzahlen.

Der Querschnitt (Abb. 355) zeigt die neuartige übersichtliche Konstruktion der Maschine und die Schmierung.

Abb. 353. Hauptgetriebe vom Antriebsmotor zur Hauptspindel. (Heller.)

Die Vorschubeinheit in geöffnetem Zustand stellt die Abb. 356 dar. In der Mitte unten befindet sich die Verstellpumpe und darüber der Hydraulikmotor für die Längsbewegung mit der Vorschubregelkurve. Links ist der Vorschubmotor für die Senkrecht- und rechts derjenige für die Querbewegung eingebaut. Ganz oben auf beiden Seiten ist die elektrische Installation mit jeweils zwei Druckknöpfen und einer Kontrollampe untergebracht. Damit kann von der Bedienungsseite aus jeder Schaltvorgang kurzfristig ausgeführt werden.

Diese Zusammenfassung der Vorschubbetätigung im Vorschubkasten wurde möglich, weil es Heller gelang, sowohl die Verstellpumpe als auch die Vorschubmotoren mit in Achsenrichtung wirkenden Kolben so gedrängt auszuführen, daß sie sich zu einer solchen Vorschubeinheit auf engstem Raum zusammenfassen ließen.

Die Vorschubsteuerung (Abb. 357) gliedert sich in den Hauptstromkreis und den Steuerstromkreis.

Im Hauptstromkreis befindet sich die Verstellpumpe RP und der Hauptstromschieber sowie der Hydromotor HM, also jeweils einer der drei Vorschubmotoren.

Der Steuerstromkreis steuert je nach

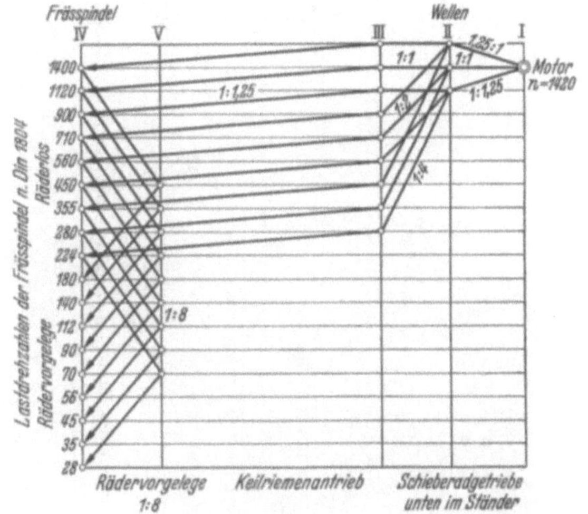

Abb. 354. Drehzahlenschaubild zum Hauptantrieb. (Heller.)

Schaltung einen der Hauptstromkreise, er wird durch die Steuerpumpe ZP über den Hilfsstromschieber gespeist. Die Stellungen des letzteren gehen sinnfällig von „Halt" über „Vorschub" und „Eilgang" nach der einen Seite und von „Halt" über „Vorschub rückwärts" und „Eilgang rückwärts" nach der anderen Seite.

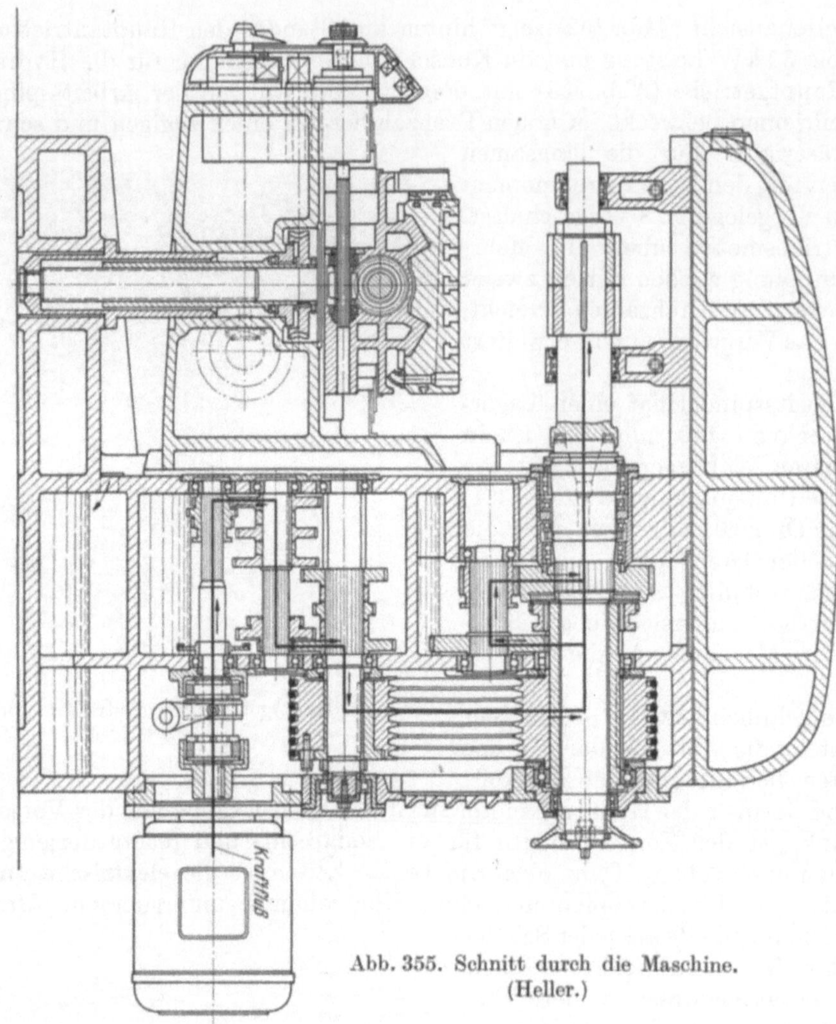

Abb. 355. Schnitt durch die Maschine.
(Heller.)

Abb. 356. Vorschubkasten ohne Schild.
(Heller.)

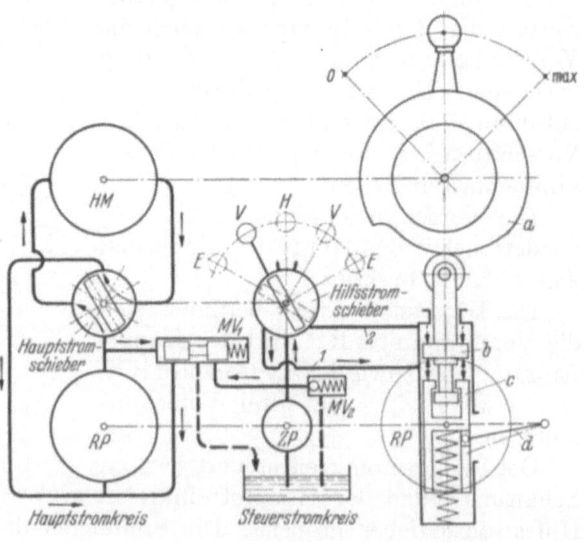

Abb. 357. Getriebeplan zur kombinierten Pumpen- und
Schiebersteuerung. (Heller.)

Beaufschlagt werden über den Hilfsstromschieber die in der Abbildung mit *1* und *2* bezeichneten Leitungen zum Steuerzylinder. In diesem Steuerzylinder bewegen sich zwei Kolben, der Rollenkolben *b* nach oben mit der Rolle seines Rollenbolzens an der Regelkurve *a* anliegend und der Regelkolben *c*, welcher unter einem von unten nach oben wirkenden Federdruck steht. Dieser Regelkolben *c* wirkt wie die Verstellpumpe RP über den Regelhebel *d* des Hauptstromkreises. Die Feder drückt den Regelhebel *d* immer in Richtung auf die Nullstellung, so daß, wenn kein hydraulischer Druck auf den beiden Steuerkolben ruht, die Regelpumpe in Nullstellung *H* steht und nicht fördert. Steht der Hilfsstromschieber, wie in der Abbildung gezeichnet, auf Vorschub, so kommt Steueröldruck zwischen Rollenkolben *b* und Regelkolben *c* und bewirkt, daß der Regelkolben *c* der Federspannung entgegen sich nach unten an den Abschlag des Kolbens *b* anlegt. Auf diese Weise ist der Regelkolben *c* fest mit dem Rollenkolben *b* verbunden und nimmt die durch die Regelkurve *a* bestimmte Stellung ein.

Wird der Hilfsstromschieber vom Vorschub auf Eilgang gestellt, so setzt die Steuerpumpe ZP den Steuerzylinder durch die beiden Leitungen *1* und *2* zugleich unter Druck. Die Folge davon ist, daß der Regelkolben *c* dem Federdruck entgegen ganz nach unten gedrückt wird und die Regelpumpe auf Eilgang stellt.

In gleicher Weise kommt auch die Steuerung der Regelpumpe für den Rückwärtslauf zustande; dabei wird der Hauptstromschieber zwangsläufig umgesteuert.

Steht der Hilfsschieber auf *H* (Halt), so ist der Zustrom der Steuerpumpe gesperrt, und die beiden Leitungen *1* und *2* sind drucklos. Sie stehen in Verbindung mit den oben am Hilfsstromschieber angedeuteten Abflußrohren, welche zum Ölbehälter führen.

Das Druckventil MV_1 begrenzt den maximalen Vorschubdruck der Verstellpumpe, und das Ventil MV_2 überwacht den Höchstdruck des Hilfsstromkreises.

XII. Maschinen zur Herstellung von Bohrungen.

Die genaue und wirtschaftliche Herstellung von Bohrungen setzt nicht nur geeignete Werkzeugmaschinen, sondern auch bestgeeignete Werkzeuge und namentlich bei schwächeren Maschinen Vorrichtungen voraus. Ohne diese und den geschulten und sorgfältigen Arbeiter bleibt der Erfolg aus.

A. Die Bohrwerkzeuge und die Werkzeuge zum Nacharbeiten von Bohrungen.

a) Die Einteilung und der Werkstoff der Bohrwerkzeuge.

Bohrwerkzeuge sind

1. Spitzbohrer; 2. Spiralbohrer; 3. Sonderbohrer.

Werkzeuge zum Nacharbeiten der Bohrung sind

1. Senker; 2. Reibahlen; 3. Sonderwerkzeuge.

Bis zum Jahre 1935 war der Schnellstahl zur Werkzeugherstellung ein legierter Edelstahl mit 18% Wolfram, 4% Chrom und 1% Vanadin. Infolge der Einsparung an Legierungselementen wurden 1943 folgende Richtanalysen vorgeschrieben, die noch gelten:

a) Klasse ABC II 10,0% Wolfram, 4,0% Chrom, 1,7% Vanadin; b) Klasse ABC III 2,5% Wolfram, 4,0% Chrom, 2,5% Vanadin; 2,5% Molybdän; c) Klasse D und E.

Bei der Klasse D und E wird die Leistung gesteigert durch Erhöhung des Vanadingehaltes auf 2,7 bzw. 4,5%.

Die Gestaltung und Arbeitsweise der Bohrwerkzeuge ist keineswegs so einfach, wie es auf den ersten Blick zu sein scheint.

b) Die Bohrwerkzeuge.

1. Der Spitzbohrer. Der Spitzbohrer (Abb. 358) war bis zur Mitte des verflossenen Jahrhunderts vorwiegend im Gebrauch. Erst um die Jahrhundertwende kam der Spiralbohrer allgemein zur Einführung. Danach fand der Spitzbohrer nur noch in Einzelfällen Verwendung, z. B. bei einem Mangel an geeigneten Spiralbohrern sowie bei Bohrerdurchmessern unter 2 mm. Heute kehrt er in der Gestalt von Hartmetalleinsätzen, die quer in gehärtete Bohrschäfte eingesetzt sind, wieder.

Die Winkel am Spitzbohrer sind

$$\text{Spanwinkel } \gamma = 0°,$$
$$\text{Freiwinkel } \alpha = 5{-}6°.$$

In Abb. 358 ist der Spanwinkel γ negativ. Er kann indessen durch Anschleifen einer Hohlkehle an der Schneidkante positiv werden.

Die Freiflächen durchdringen sich an der Spitze des Bohrers in einer schabend wirkenden Schneide mit einem negativen Spanwinkel, welche Querschneide genannt wird. Besser wäre die Bezeichnung Schabschneide. Der Spitzenwinkel φ beträgt 90

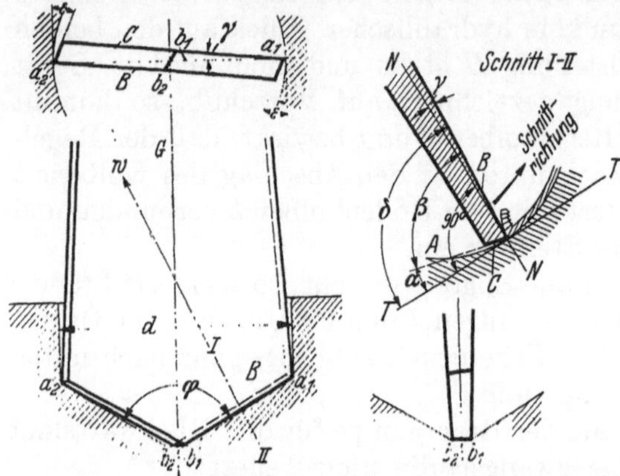

Abb. 358. Konstruktion und Benennung des Spitzbohrers. (Aus Werkstattbücher Heft 15, DINNEBIER: Bohren 4. Aufl. 1949.)

bis 130°. Der Spanwinkel der Querschneide beträgt z. B. bei $\varphi = 120°\ \gamma = -60°$. Er ändert sich mit dem Spitzenwinkel. Der von jeder der beiden Bohrerschneiden abgehobene Spanquerschnitt ergibt sich zu

$$f = \frac{d}{2}\,\frac{s}{2}\,\text{mm}^2.$$

Das Drehmoment für beide Bohrerschneiden zusammengenommen beträgt

$$M = 2\,f\,k_s\,\frac{d}{4} = \frac{d^2}{8}\,\frac{s\,k_s}{1000}\ \ \text{mkg}.$$

Der Vorschubwiderstand in Richtung der Bohrerachse ergibt sich zu

$$P = 2\,W\sin\frac{\varphi}{2}\ \ \text{kg}.$$

Der Energieaufwand für beide Schneiden zusammen genommen beträgt

$$N_s = \frac{M\,n\,2\,\pi}{75\cdot 60\cdot 100} = \frac{M\,n}{71620}\,\text{PS} = \frac{M\,n}{97410}\ \ \text{kW}.$$

In diesen Formeln bedeutet:

f Spanquerschnitt mm²,
d Durchmesser des Bohrers mm,
s Vorschub des Bohrers je Umdrehung mm,
k_s Schnittwiderstand kg/mm²,
W Rückdruck senkrecht zur Schneide und Schnittrichtung kg,
P Vorschubwiderstand in Richtung der Bohrerachse kg,
N_s Energieaufwand an beiden Schneiden zusammengenommen in PS bzw. kW,
φ Spitzenwinkel.

In diesen Formeln ist die Wirkung der Querschneide (DIN 1412) nicht berücksichtigt. Diese erhöht den Vorschubwiderstand P noch beträchtlich, etwa um 30 bis 40%, bei langen Querschneiden bis zu 65%. Der Anstieg des Drehmoments bleibt unter 10%.

Die Formeln sind bereits hier beim Spitzbohrer angegeben, weil sie zwar für diesen aufgestellt, aber in Berücksichtigung der nachstehenden Angaben sinngemäß auch auf den Spiralbohrer Anwendung finden können. Ist der k_s-Wert, wie z. B. in der Kurzausgabe des AWF-Blockes angegeben, auch beim Bohren für einen bestimmten Werkstoff gültig, so errechnen sich die Zahlenwerte für einen anderen Bohrerdurchmesser nach Vorstehendem ohne weiteres.

2. Der Spiralbohrer (Drallbohrer). Den gewundenen Bohrer gab es für Holz bereits im Jahre 1770 und für Metall (Abb. 359) bereits 1822. Aber diese beiden Ausführungen sollten nur den Spanabgang erleichtern.

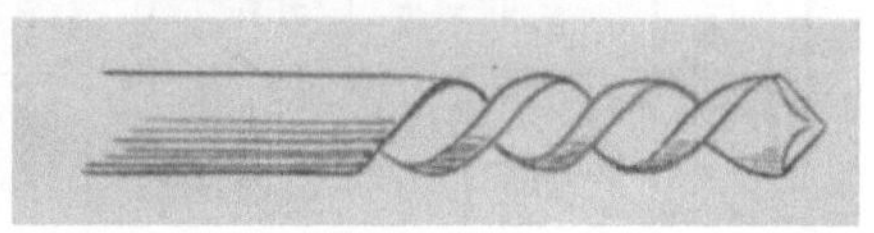

Abb. 359. Spiralbohrer von JAMES PERKINS, 1822. (Aus: Der Weg zur modernen Bohrmaschine.)

An die Ausfüllung des zur Verfügung stehenden Raumes zur Verstärkung des Bohrers ist bei diesen beiden Bohrern noch nicht gedacht.

Bei dem heutigen Spiralbohrer ist der Raum zwischen den beiden Bohrerlippen, das ist die Hälfte des Gesamtraumes, zur Verstärkung des Bohrers herangezogen, so daß er gegenüber dem Spitzbohrer um ein Mehrfaches stärker beansprucht und seine Leistung in gleichem Maße gesteigert werden kann.

Die Hälfte des Raumes verbleibt für die Spanabführung.

Der Werkstoff, die Gestalt und die Leistung des Spiralbohrers (Abb. 360) verdienen eine eingehende Betrachtung, weil aus ihnen nicht nur die Anforderungen hervorgehen, welche an das Bohrwerkzeug zu stellen sind, sondern auch diejenigen, welche die Maschine betreffen. Die Benennungen der Einzelheiten zum Spiralbohrer sind in der Abbildung angegeben.

Abb. 360. Konstruktion und Benennung des Spiralbohrers. (Aus „Werkstattstechnik u. Werksleiter", 1937.)

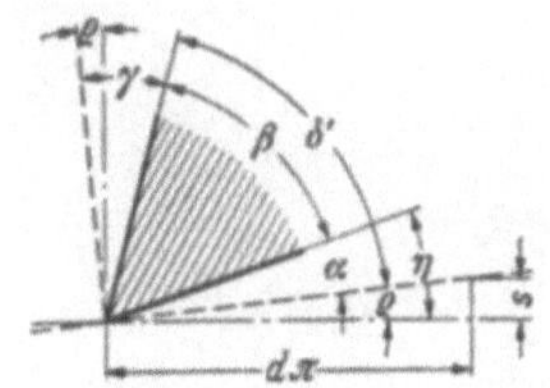

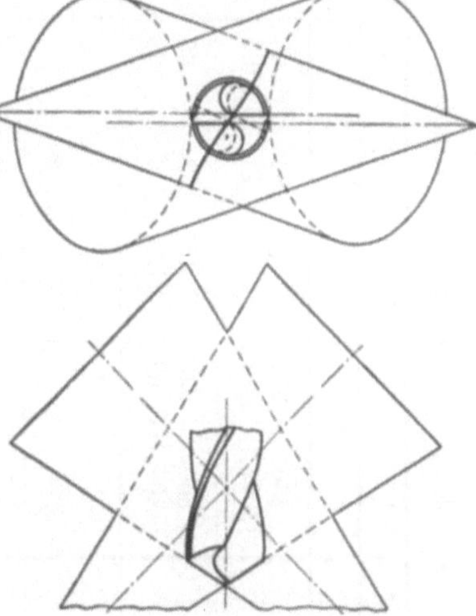

Die Bohrer weichen, wie aus Abb. 361 hervorgeht, im Hinblick auf den zu bearbeitenden Werkstoff erheblich voneinander ab. So ist z. B. die äußere Ecke an der Bohrlippe bei dem Spiralbohrer für Gußeisen abgephast, und zwar nicht so sehr der Erwärmung als vielmehr des Verschleißes wegen.

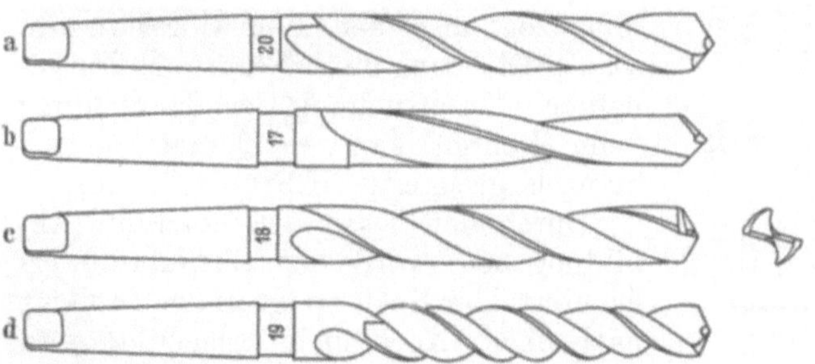

Abb. 361a bis c. Spiralbohrer für a) Maschinenstahl, b) Edelstahl hoher Festigkeit, c) Gußeisen, d) Leichtmetall. (Von ROHDE u. DÖRRENBERG.)

Abb. 362. Entstehung der Schabschneide als Durchdringungslinie der beiden Hinterschliffkegel. (Aus Werkstattstechn. u. Werksleiter, 1937, H. 5.)

Die Durchdringung der Freiflächen ergibt sowohl beim Spitzbohrer als auch beim Spiralbohrer die Querschneide. Sind die Freiflächen nach Kegelflächen (Abb. 362)

Tabelle 36. *Drehzahlen und Vorschübe für Spiralbohrer* (Auszug nach Angaben der Firmen Rohde und Dörrenberg.)

Werkstoff	Werkzeugstahl					Schnellstahl					Hartmetall					mm-Bohrer Ø
	5	8	15	30	60	5	8	15	30	60	5	8	15	30	60	
Gußeisen bis Ge 22.91	530	355	180	85	36	1700	1120	530	224	90	4500	3000	1600	700	400	n/min
	0,07	0,1	0,13	0,17	0,2	0,11	0,18	0,26	0,43	0,53	0,05	0,07	0,12	0,25	0,3	mm/U
Stahl St 50.11. 50···70 kg/mm²	850	530	280	132	56	2360	1500	800	375	180	3200	2000	1200	500	250	n/min
	0,08	0,109	0,16	0,2	0,236	0,085	0,085	0,2	0,3	0,375	0,03	0,05	0,1	0,2	0,25	mm/U
Legierter Stahl 90···110 kg/mm²						800	530	250	112	45	1900	1200	700	320	160	n/min
						0,053	0,085	0,16	0,236	0,315	0,02	0,04	0,06	0,1	0,15	mm/U
Messing — 60 Hn Zähe Leichtmetalle Kurzspanend	5300	3550	1800	800	355	3550	2240	1120	530	236						n/min
	0,15	0,212	0,315	0,4	0,425	0,16	0,236	0,4	0,6	0,710						mm/U
Automatenleichtmetalle Kurzspanend	4250	2700	1440	710	350	7500	6000	3550	1600	600	10000	6000	3500	1600	800	n/min
	0,14	0,20	0,25	0,35	0,42	0,16	0,236	0,4	0,6	0,71	0,08	0,1	0,12	0,15	0,2	mm/U

angeschliffen, so entsteht eine s-förmige, nur wenig gekrümmte Querschneide. Obwohl das Arbeiten an der Querschneide mit ihrem negativen Spanwinkel $\gamma = -58°$ seit Einführung des Bohrers durch dessen Gestalt bedingt war und obwohl die grundsätzliche Arbeitsweise dieser Schneide beachtet wurde, haben eingehendere Untersuchungen über die Spanbildung vor der Querschneide nicht stattgefunden. Man beobachtete die Bildung des Schabspans schon im Jahre 1911 durch Bohren in Kernseife (Abb. 363) und stellte dabei die

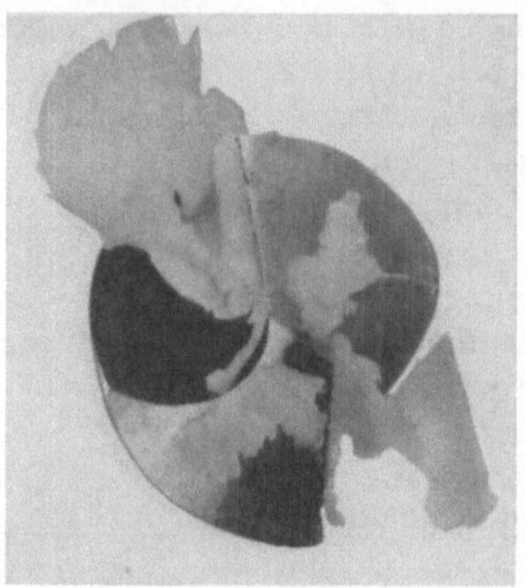

Abb. 363. Schabspan beim Anbohren von Kernseife mit dem Spiralbohrer.

aus der Abbildung hervorgehenden beiden Schabspäne fest. Beim Freilegen der Querschneide durch Vorbohren mit einem Bohrer vom Durchmesser etwas größer als die Länge der Schabschneide wurde festgestellt, daß sich bei der Herstellung der Bohrung der Bohrer in die Seife hineinzog, also der Bohrwiderstand in axialer Richtung unter Null sank. Zur genaueren Untersuchung der Spanbildung beim Bohren kam es damals jedoch mangels geeigneter Hilfsmittel nicht.

Durch den Drall der Drallnut (Abbildung 360) wird der Spanabfluß erleichtert. Der Span steigt in der Drallnut nach oben. Noch mehr erleichtert wird der Spanabfluß durch Bohren von unten nach oben, ein Verfahren, welches namentlich bei der Herstellung von langen und engen Bohrungen zur Anwendung kommt, aber eine geeignete Sondermaschine voraussetzt. Wie bei einer Wendeltreppe nimmt der Steigungswinkel von außen nach der Mitte hin zu, d. h., auf den Spiralbohrer übertragen, der Spanwinkel γ nimmt längs der Schneide (Abb. 360) bis zur Bohrerseele auf nahezu 0° ab. Nach der Schnitttheorie wird die Spanbildung außen an der Mitte des Bohrers ungünstiger. Dementsprechend wird an der Schneide der Spanwinkel eher größer gewählt als es nach der Schnitttheorie erforderlich wäre, damit der Bohrer nach der Mitte zu mit etwas günstigerem Spanwinkel arbeitet. Besser läßt sich aber der günstige Spanwinkel durch Schneidenkorrektur erreichen.

Die Bohrerseele (Abb. 360) hat einen Durchmesser von 12 bis 20 %, unter 1 mm bis zu 30 % des Bohrerdurchmessers. Sie nimmt aus Festigkeitsgründen von der Bohrerspitze nach dem Bohrerschaft hin um etwa 10 % zu. Aus diesem Grunde muß das bekannte Anspitzen des Bohrers (Abb. 364) durch Nachschärfen bei allmählich eingetretener Verkürzung der Bohrerlänge vertiefter ausgeführt werden.

Die Schnittgeschwindigkeit nimmt an der Bohrerschneide proportional mit der Annäherung an die Bohrerseele ab. Die Hauptbeanspruchung des Bohrers trifft die äußere Bohrerecke. An dieser Stelle wird der Bohrer zuerst stumpf. Bei Guß-

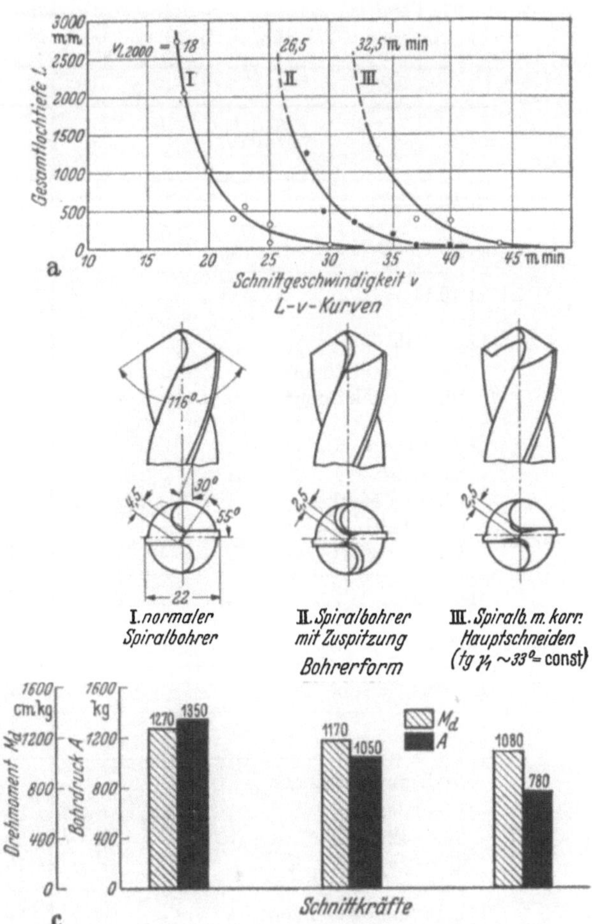

Abb. 364. Nicht angespitzter und zwei angespitzte Spiralbohrer. $L\text{-}v$-Kurven und Schnittkräfte. Chromnickellegierter Stahlguß vergütet; = 54,75 kg/mm², = 22,55 %. Einzellochtiefe 50 mm, Bohrerdurchmesser 22 mm, Vorschub 0,56 mm/U, Kühlmittelverdünnung 1 : 10. (Aus Werkstattstechnik u. Werksleiter, 1937, Heft 5.)

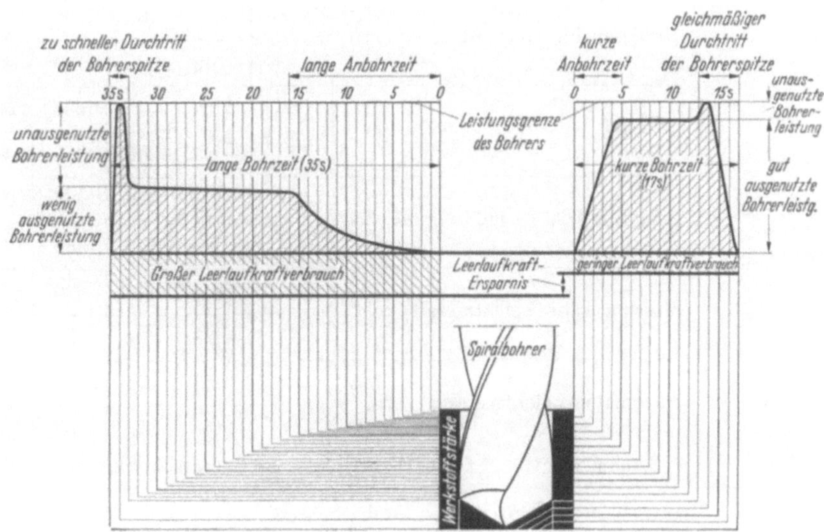

Abb. 365. Bohrdiagramm einer nachgiebigen und einer steifen Maschine. (Aus STEPHAN: Das Radialbohren.)

Tabelle 37. *Vergleich zwischen den Schnittgeschwindigkeiten für Schnellstahlwerkzeuge beim Drehen* (nach Angaben AWF 158, 3. Aufl.) und beim *Bohren* (nach Raboma-Angaben, 1940, S. 37).

Vorschübe	Drehen (v_{60}) 0,2	0,4	0,8 mm/U	Bohren (5...63) Vorschübe mm/U vom Bohrerdurchmesser abhängig	
St 50.11	48	36	27	35,5	0,14 ⋯ 0,5
St 60.11	40	30	22	28	0,11 ⋯ 0,4
St 70.11	32	24	18	22,4	0,09 ⋯ 0,32
Leg. Stahl				11,2	0,07 ⋯ 0,25
90 ⋯ 100 kg/mm²					
100 ⋯ 140 kg/mm²	16	11	8		
Gußeisen					
bis 22.91				28	0,16 ⋯ 0,56
12.91 ⋯ 14.91	48	27	18		
über 22.91				18	0,12 ⋯ 0,45
18.91 ⋯ 26.91	32	18	13		
Messing	125	85	56		
Rotguß	85	63	48	56	0,12 ⋯ 0,45
Kupfer	63	45	34		
Bronze	63	53	43		
Aluminiumlegierungen					
8 ⋯ 30 kg/mm²	85	52	36	90	0,16 ⋯ 0,36
30 ⋯ 42 kg/mm²	80	53	36		
42 ⋯ kg/mm²	75	50	34		
Magnesiumlegierungen	900	800	750	140	0,2 ⋯ 0,71

Tabelle 38. *Drehmoment und Vorschubwiderstand beim Bohren mit Spiralbohrern*[1].
Zugrunde liegen die in Tab. 36 angegebenen Drehzahlen und Vorschübe für Schnellstahl[2].

	5	8	15	30	60	mm Bohrerdurchmesser
Gußeisen bis Ge 22.91	9,5	26,5	120	600	2800	cm/kg*
	40	71	170	425	1000	kg**
St 50.11	22,4	71	285	1500	6700	cm/kg
	85	160	380	950	2360	kg
Leg. Stahl 90 ⋯ 110 kg/mm²	22,4	63	285	1500	6700	cm/kg
	85	160	380	950	2360	kg
Messing, zähe Leichtmetalle	6,3	18	70	395	1900	cm/kg
	28	50	90	260	1320	kg
Automaten-Leichtmetalle	2,3	7,5	41	236	1320	cm/kg
	10,6	21,2	58	170	475	kg

* Drehmoment. ** Vorschubwiderstand = Vorschubkraft.

---

[1] Auszug aus STEPHAN: Das Radialbohren.
[2] Gleiche Zahlen, weil bei den festeren Werkstoffen mit entsprechend kleinerem Vorschub gearbeitet wird.

eisen (Abb. 361c) wird weniger der Erwärmung als des Verschleißes wegen die spitze Außenachse der Bohrerlippe vermieden.

Die Schnittgeschwindigkeiten v m/min, Drehzahlen n U/min und die Vorschübe s mm/U für verschiedene Werkstoffe und Bohrerdurchmesser sind in Tab. 36 zusammengestellt. Den Unterschied zwischen den Schnittgeschwindigkeiten beim Drehen und beim Bohren gibt Tab. 37. Drehmoment und Vorschubdruck sind in Tab. 38 enthalten. Auch beim Spiralbohrer ist die Querschneide am Vorschubdruck mit 30 bis 65% beteiligt, am Drehmoment mit noch nicht 10%.

Die Leistung des Bohrers an Spangewicht ergibt sich ohne weiteres aus der Drehzahl und dem Vorschub des Bohrers.

Einen Unterschied in der Leistung der Bohrer bei schwacher, nachgiebiger und bei starker Bohrmaschine zeigt das Diagramm (Abb. 365).

Die Bruchgefahr bei nachgiebiger Bohrmaschine wird auf S. 286 erörtert.

c) Die Werkzeuge zum Nacharbeiten der Bohrung.

1. Der Senker dient der Herstellung von genauen Bohrungen (etwa von 12 bis 100 mm) nach DIN 394—343—222, während noch größere Bohrungen mit Bohr-

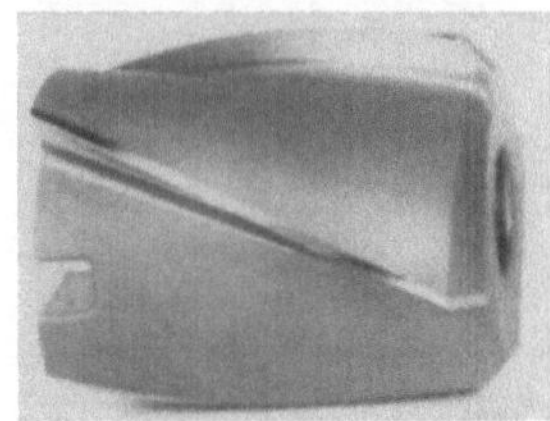

Abb. 366. Senker. (Reinecker.)

stangen ausgeführt werden. Der übliche Aufstecksenker (Abb. 366) hat schrägen Anschnitt. Wenn aber im Gußstück ein Loch mit ungleichem oder versetztem Durchmesser vorhanden ist, so daß die ungleiche Zugabe Veranlassung zum Verlaufen des Senkers mit schrägem Anschnitt sein könnte, verwendet man

Tabelle 39. *Drehzahlen und Vorschübe beim Reiben.* (Nach Angaben der Firma Rohde und Dörrenberg.)

Werkstoff	Werkzeugstahl					Schnellstahl					Hartmetall					Ahlendurchmesser
	5	8	15	30	60	5	8	15	30	60	5	8	15	30	60	
Gußeisen bis Ge 22.91	500 / 0,1	300 / 0,15	180 / 0,3	80 / 0,7	40 / 0,9	570 / 0,1	350 / 0,15	190 / 0,3	95 / 0,7	47,5 / 0,9	1180 / 0,08	900 / 0,1	600 / 0,2	300 / 0,3	150 / 0,4	U/min mm/U
St 50.11	320 / 0,1	200 / 0,16	115 / 0,25	50 / 0,3	27 / 0,6	600 / 0,1	400 / 0,16	220 / 0,25	95 / 0,3	53 / 0,6	1180 / 0,05	800 / 0,06	500 / 0,07	260 / 0,09	130 / 0,1	U/min mm/U
Leg. Stahl 90 ⋯ 110 kg/mm²						300 / 0,08	180 / 0,11	100 / 0,14	50 / 0,25	27 / 0,55	600 / 0,02	400 / 0,04	270 / 0,06	140 / 0,08	80 / 0,1	U/min mm/U
Messing zähe Leichtmetalle	650 / 0,1	400 / 0,2	220 / 0,35	100 / 0,6	53 / 1	1000 / 0,1	600 / 0,2	350 / 0,35	160 / 0,6	80 / 1	1600 / 0,1	1000 / 0,15	650 / 0,2	300 / 0,25	150 / 0,3	U/min mm/U
Automaten- leichtmetalle	650 / 0,1	400 / 0,2	220 / 0,35	100 / 0,6	53 / 1	1250 / 0,1	800 / 0,2	460 / 0,35	200 / 0,6	100 / 1	2400 / 0,1	1500 / 0,15	900 / 0,2	600 / 0,25	220 / 0,3	U/min mm/U

Vorschübe sind bei Verwendung von Werkzeugstahl, Schnellstahl und Hartmetall gleich!

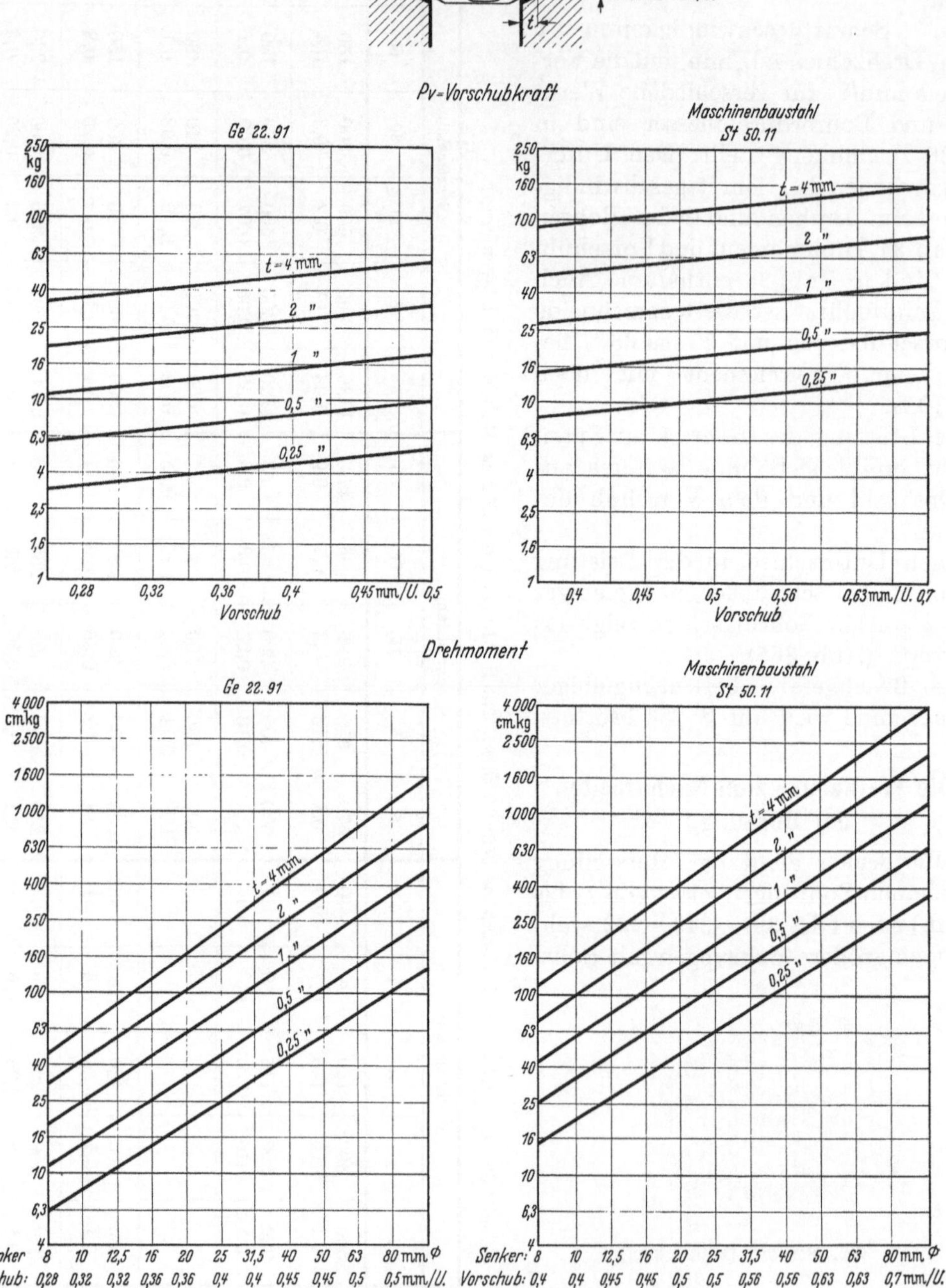

Abb. 367. Vorschubkraft und Drehmoment beim Senker. (Aus STEPHAN: Das Radialbohren.)

einen Senker mit radial angeordneten Schneiden, um den Anlaß zum Verlaufen zu
mindern. — Der Senker und auch der Bohrer dienen in erster Linie der Herstellung oder Vergrößerung der Bohrung und der Einhaltung der Bohrerachse, während die genaue Einhaltung des Durchmessers der Bohrung bei engen Toleranzen durch die Reibahle erreicht
wird. Die Bohrungen harter Werkstoffe, z. B. 140 kg/mm², werden ausgeschliffen.

Das genaue Einhalten des Abstandes der Achsen zweier Bohrungen wird in aus der Fertigungslehre bekannter Weise durch Bohrvorrichtungen oder durch Anwendung von geschliffenen Endkoordinaten erreicht.

Zur Zeit ist man insbesondere beim Bau von Bohrwerken bemüht, die Arbeitsgenauigkeit dieser Maschinen dem Lehrenbohrwerk so weit zu nähern, daß die Anwendung der Bohrvorrichtungen sich erübrigt.

a

b

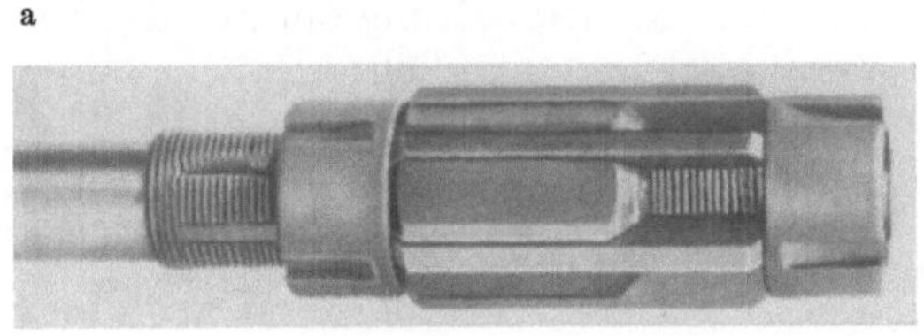
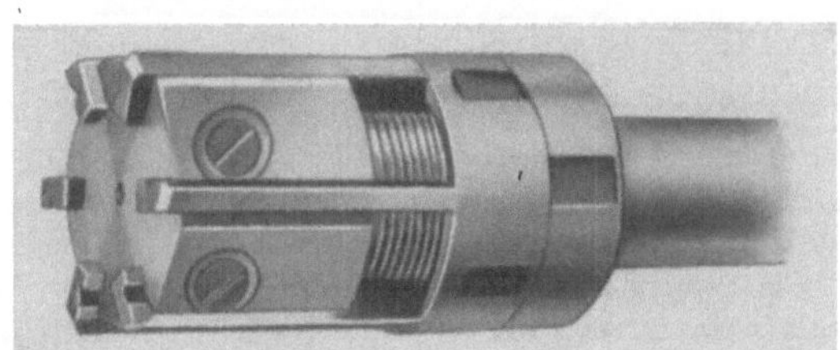

Abb. 368a u. b. Nachstellbare Maschinenreibahlen.
a Reibahle für durchgehende Bohrung; b Grundreibahle. (Hahn & Kolb.)

Die Schnittgeschwindigkeit des Senkers ist die gleiche wie diejenige des Bohrers. Drehmoment und Vorschubwiderstand gehen aus den Diagrammen (Abb. 367) hervor. Die Vorschubwerte können auf das 1,5fache gesteigert werden, da die Querschneide fehlt.

2. Die Reibahle. Da der Bohrer im Grunde genommen ein Schruppwerkzeug ist, muß zur Nacharbeit der Bohrung eine Zugabe von 0,15 bis 0,8 mm bei Bohrungen von 10 bis 70 mm im Durchmesser stehenbleiben. Das wird erreicht durch die Untermaßbohrer bzw. Untermaßsenker. Durch Entfernen dieser Zugabe bringt die nachfolgende Reibahle die Bohrung auf Paßmaß.

Die Reibahlen werden unverstellbar oder nachstellbar ausgeführt. Die Maschinenreibahle (Abb. 368) hat kurzen Anschnitt und kann, um ein Verlegen der vorhandenen Bohrungsachse zu vermeiden, in der Maschine pendelnd (Abb. 369) eingesetzt werden.

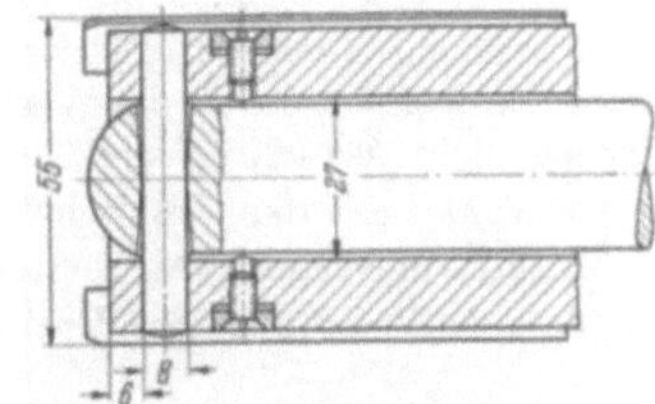

Abb. 369. Mit Doppelgelenk einschwenkbare Maschinenreibahle. (Naxos-Union.)

Über Drehzahlen und Vorschübe der Reibahle gibt Tab. 39 Aufschluß. Den Zusammenhang zwischen den entsprechenden Drehzahlen und Vorschüben beim Bohren und Reiben überschaut man mit einem Blick in den drei Diagrammen (Abb. 370).

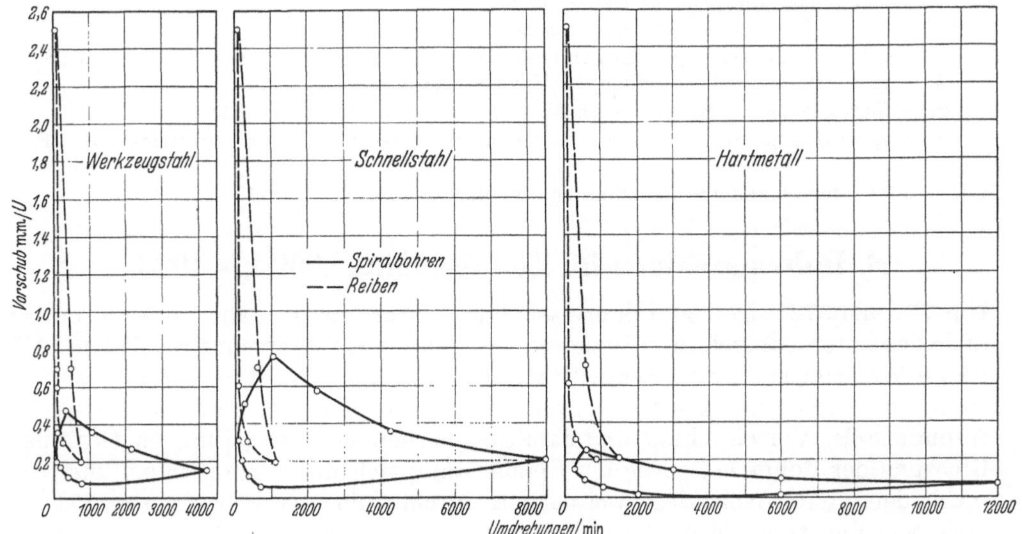

Abb. 370. Vergleich der Drehzahlen und Vorschübe beim Reiben bzw. Bohren.

3. Sonderwerkzeuge zum Nacharbeiten von Bohrungen. Solche Sonderwerkzeuge sind: Kegelbohrer, Zentrierbohrer, Gewehrlaufbohrer mit Kühlflüssigkeitskanälen, Honwerkzeuge, Kalibrierkugeln usw.

Zu diesen Werkzeugen wird auf die entsprechende Fachliteratur verwiesen.

d) Einwandfreie Herstellung der Bohrung und Bruchgefahr für den Bohrer.

Die einwandfreie Herstellung einer Bohrung hat u. a. die Einhaltung der aus der Zerspanungslehre bekannten Anforderungen zur Voraussetzung, nämlich:

1. möglichst gleichmäßigen Werkstoff, keine Unterschiede in der Festigkeit ein und desselben Werkstoffs, insbesondere keine porösen Stellen; indessen werden auch in inhomogenen Werkstoffen genaue Bohrungen ausgeführt, oft unter Anwendung von Kunstgriffen, z. B. Bohren auf der Fräsmaschine, Innenschleifen usw;

2. genügend starke Bohrmaschinen, so daß ein unzulässiges Aufbäumen in Richtung der Bohrerachse und damit ein Ausweichen der Bohrspindel vermieden wird;

3. völlige Symmetrie in der Gestalt des Bohrers, insbesondere der Bohrerlippen;

4. einwandfreie Aufspannung des Werkstücks sowie einwandfreie Einspannung des Bohrers; kein Anbohren schräger Flächen, welche den Bohrer seitlich abdrücken;

5. genaue Einstellung der Achse der Bohrspindel und damit des Bohrers über den vorgeschlagenen Körner.

Der Bohrerbruch kann die Folge sein

1. von fehlerhafter Härtung des Bohrers,

2. von inhomogenem Werkstoff,

3. zumeist aber von elastischem Zurückweichen des Maschinengestells und Vorschnellen des Bohrers beim Durchtreten durch das Werkstück, so daß die Bohrerlippen plötzlich eine Spanstärke vor sich finden, der sie nicht gewachsen sind,

4. vom Verlaufen des Bohrers an schräger Werkstückoberfläche,

5. von ungenauem Ausrichten gegenüber einem vorgebohrten Loch,

6. vom Verstopfen der Drallnuten mit Bohrspänen.

e) Anforderungen an die Bohrmaschine.

Aus den vorstehenden Bohraufgaben und der Zusammenfassung der Voraussetzungen zur Erzielung einwandfreier Bohrungen sowie der Gefahren für Bohrerbruch ergeben sich folgende Anforderungen an die Maschine:

1. ausreichende Steifigkeit der Bohrmaschine,

2. genügend starker und schwingungsfrei arbeitender Antrieb,

3. einfache, sichere Aufspannart des Werkstücks,

4. sichere und genaue Einspannung des Bohrers,

5. Drehzahl- und Vorschubbereich entsprechend den Bohraufgaben,

6. möglichst kleine Stufensprünge oder kontinuierlicher Übergang von einer Drehzahl bzw. einem Vorschub zum andern, um die größte Leistung des Bohrers und der Maschine zu erreichen,

7. genaue Endabstellung, z. B. zur Vorschubbegrenzung, durch Endkoordinaten,

8. Sicherungsvorrichtungen gegen Bruch in der Maschine bei fehlerhafter Bedienung (z. B. Rutschkupplungen),

9. Einrichtung zur einwandfreien Zuführung von Bohröl bzw. Kühlmittel.

B. Bohrmaschinen im Zeitabschnitt 1900 bis 1920.

Abb. 371 und 372 zeigen zwei Bohrmaschinen, wie sie um die Jahrhundertwende bzw. am Ende des ersten Jahrzehnts gefertigt wurden. In diesem Jahrzehnt wurde beim Übergang vom Werkzeugstahl zum Schnellstahl zunächst die Schnittgeschwindigkeit durch Erhöhung der Drehzahlen gesteigert, während entsprechend starre Neukonstruktionen zur Aufnahme der Vorschubkraft und damit eine erhebliche Steigerung der Genauigkeit der Richtung der Bohrachse sowie der Spanleistung sich nur allmählich einführten und erst nach dem ersten Weltkriege weitgehend durchgeführt wurden. In Abb. 371 ist in vergrößertem Maßstabe die Winkeländerung angedeutet, welche Bohrspindel und Bohrtisch durch die Vorschubkraft erfahren.

Die Bohrmaschine (Abb. 372) hat noch den durch zu kurzen Riemen von der Bohrspindel abgeleiteten Vorschub und ein freiliegendes Erweiterungsvorgelege zur Verdopplung der Drehzahlen von 4 auf 8 für Bohrer von 5 bis 50 mm Durchmesser.

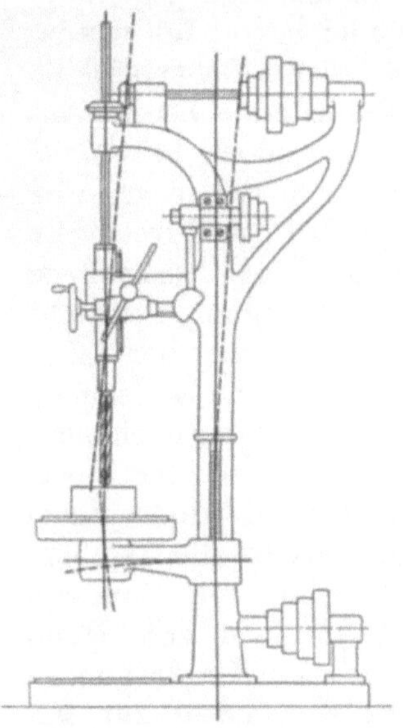

Abb. 371. Säulenbohrmaschine (schwache Konstruktion) zu Anfang des Zeitabschnittes 1900 bis 1920.

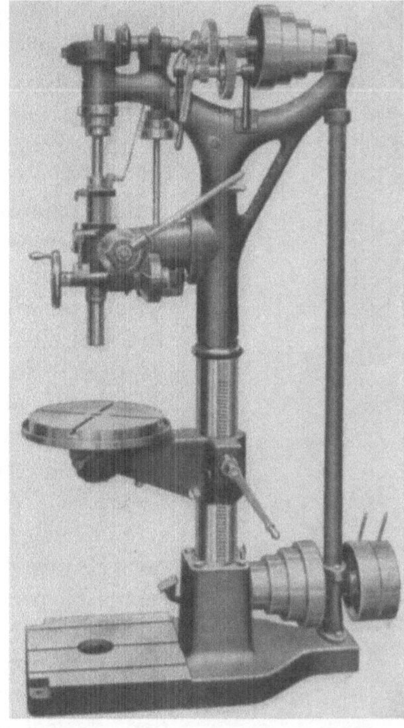

Abb. 372. Freistehende Säulenbohrmaschine von Hermann Kolb, Köln-Ehrenfeld 1910, mit doppeltem, ausrückbarem Rädervorgelege, Hebel, Handrad, Selbstgang und automatischer Auslösung der Bohrspindel. Für Bohrungen bis zu 50 mm Durchmesser. (Nach Kolb.)

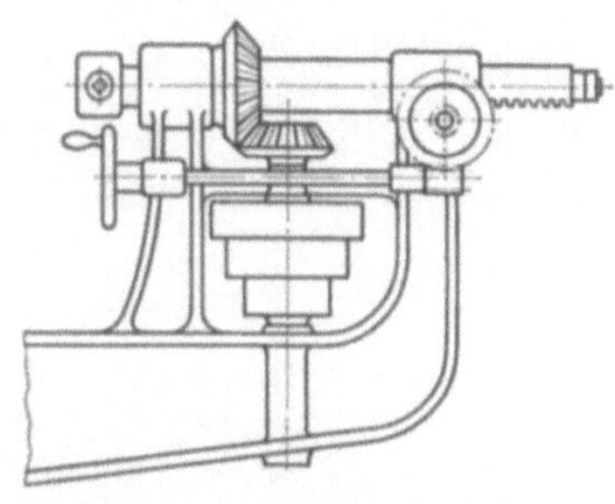

Abb. 373. Bewegung der Bohrspindel durch eine Zahnstange (alte Konstruktion, H-Schnecke nicht ausschwenkbar).

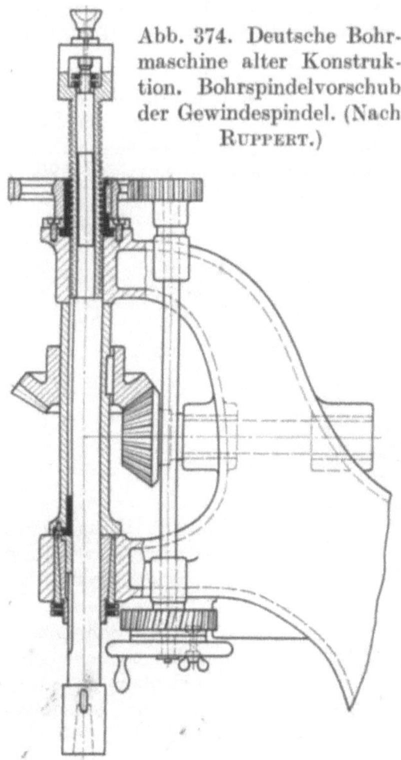

Abb. 374. Deutsche Bohrmaschine alter Konstruktion. Bohrspindelvorschub der Gewindespindel. (Nach Ruppert.)

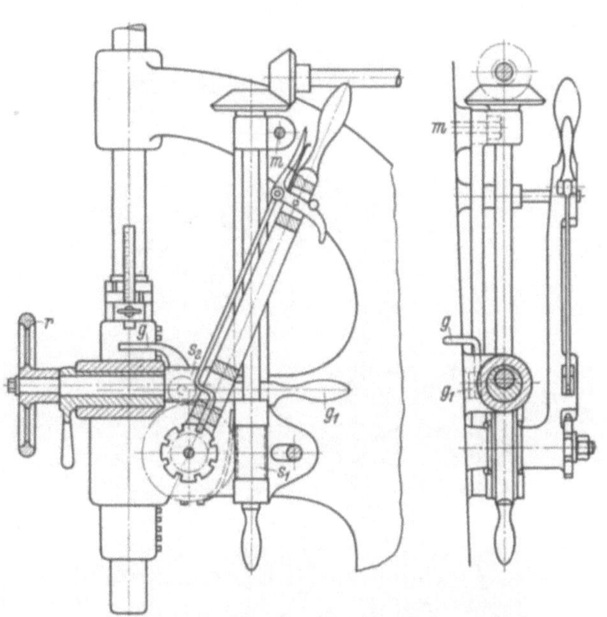

Abb. 375. Bohrspindel mit 2 Schneckenantrieben. (Nach Ruppert.) (Erklärung auf S. 289.)

a

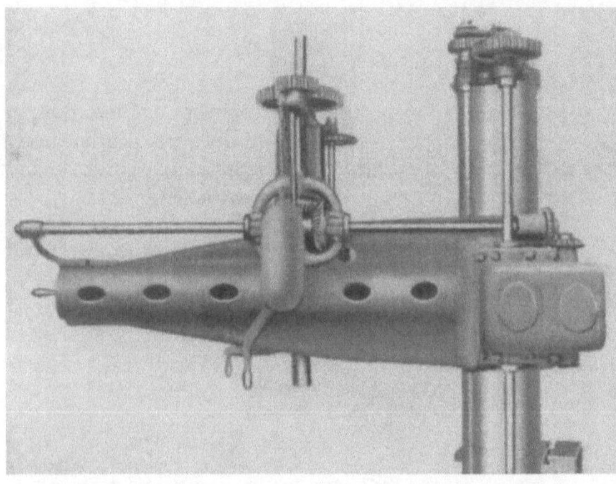

b

Die Abb. 373 bis 375 zeigen die Entwicklung des Vorschubantriebes, bei welchem, wie übrigens auch bei der Drehbank, die Zahnstange gegenüber der Gewindespindel bevorzugt wurde. Zwar hat in der Bohrmaschine (Abb. 373) die Zahnstange bereits Anwendung gefunden, jedoch bei unlösbarem Eingriff von Schnecke und Schneckenrad, so daß nur durch viele Handkurbelumläufe eine erhebliche Größenanpassungsbewegung erreicht werden konnte. Der Vorzug der Zahnstange zur Herstellung von langsamem und schnellem Vorschub war noch nicht erkannt. So erklärt sich der Übergang zur einfachen Gewindespindel (Abb. 374), bei welcher die Größenanpassung wiederum nur langsam selbsttätig oder langsam von Hand erreicht werden kann. 50 Umdrehungen der Handkurbel sind nötig zur Erreichung eines Bohrspindelweges von nur 100 mm.

Erst der Gedanke, die Schnecke ausschwenkbar anzuordnen, führte zu der klassischen Art der Vorschubbetätigung, welche später, aber erst nach dem ersten Weltkriege, auch bei der Drehbank und vielen anderen Werk-

Abb. 376 a u. b. Radialbohrmaschine der Bickford Drill & Tool Co. Ausleger der Bickford-Maschine. (Aus „Die Werkzeugmaschine auf der Weltausstellung in Lüttich" 1905.)

Abb. 377. Waagerecht-Bohr- und Fräswerk mit 16 Spindeldrehzahlen und mit senkrecht verstellbarer Bohrspindel und längs und quer verschiebbarem sowie drehbarem Aufspanntisch. (Werkzeugmaschinen-AG, Köln.)

zeugmaschinen zur Einführung kam. In Abb. 375 finden zwei ausschwenkbare Schnecken Anwendung, und zwar Schnecke S_1 ausschwenkbar um den Zapfen m, zur Betätigung und Unterbrechung des mechanischen Vorschubs, die andere, S_2, ausschwenkbar durch exzentrische Lagerung der Schneckenspindel, zum Ein- und Ausschalten des Handrades r. Bei ausgeschaltetem Handrad r und ausgeschwenkter Schnecke S_1 kann der Vorschub nach Gefühl durch den Handhebel betätigt werden. Bemerkenswert ist ferner noch die maßgenaue Endabstellung durch den zweiarmigen Hebel $g\,g_1$.

Die Radialbohrmaschine (Abb. 376a u. b) der Bickford Drill & Tool Co., ausgestellt auf der Weltausstellung in Lüttich im Jahre 1905, gibt eine Vorstellung von der damaligen Entwicklungsstufe zum Vergleich mit der neuzeitlichen Radialbohrmaschine (S. 301). Bei den Maschinen jener Zeit wird der Antrieb noch durch den Ständer geleitet, der aber offensichtlich zu schwach ausgebildet ist, so daß die Maschine bei kräftigem Bohren an der Außenseite des Auslegers durch eine Stütze angestützt werden mußte. Abb. 376b läßt das Mißverhältnis zwischen dem schweren Ausleger und der schwachen Bohrsäule erkennen.

Das Waagerecht-Bohr- und Fräswerk der Werkzeugmaschinen AG, Köln, Konstruktion Ruppert, 1910 (Abb. 377), wird abgebildet zum Vergleich mit der neuzeitlichen Maschine (S. 311). Die Maschine hat noch nicht die unabhängig vom Bohrspindelantrieb angetriebene Planscheibe.

C. Bohrmaschinen im Zeitabschnitt 1920 bis 1953.

1. Die Ständerbohrmaschine.

Die Ständerbohrmaschine dient der Herstellung von Bohrungen mittleren Durchmessers, etwa von 5 bis 80 mm, dem Ausreiben und dem Herstellen von Gewinden in den Bohrungen.

a) Die Ständerbohrmaschine KSt 60.

Die Ständerbohrmaschine KSt 60 der Firma Hermann Kolb in Köln-Ehrenfeld (Abb. 378) ist eine der neuzeitlichen, erfolgreichen Maschinen. Die Benennungen der sichtbaren Teile sind neben der Abbildung eingetragen. Die Hauptteile sind:

Ständer mit dem Arbeitstisch und der Grundplatte,
Bohrspindel mit dem Hauptgetriebe und dem Antrieb durch den Elektromotor,
Grundschlitten mit dem Vorschubgetriebe und dem Bohrspindelschlitten.

Die Hauptdaten sind in Tab. 40 zusammengestellt.

Gebohrt wird gewöhnlich mit dem selbsttätigen Vorschub des Bohrspindelschlittens, da

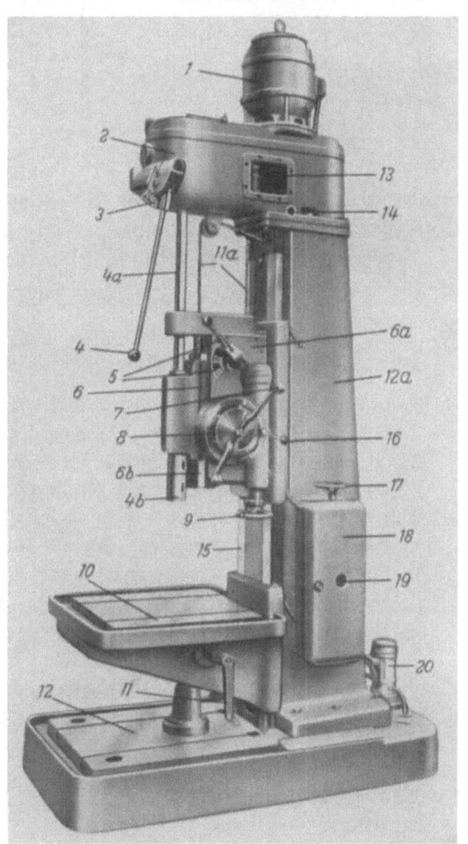

1 Antriebsmotor; 2 Hauptgetriebekasten; 3 Drehzahltafel; 4 Schalthebel für Hauptgetriebe und Kupplung; 4a Bohrspindel oben als Vielleitwelle ausgebildet; 4b Bohrspindel unten mit Werkzeugaufnahme (Morsekegel); 5 Schalthebel für Vorschubgetriebe mit Vorschubtabelle; 6 Bohrspindelschlitten; 6a Grundschlitten mit Vorschubgetriebe; 6b Führung für Bohrspindelschlitten; 7 Vorschubkupplungshebel; 8 Zahlenring für Tiefeneinstellung; 9 Handrad für Feinvorschub; 10 Bohrtisch; 11 Handkurbel für Tischverstellung; 11a 2 Kettenzüge zur Entschwerung; 12 Grundplatte mit T-Nuten, zugleich Kühlflüssigkeitsbehälter; 12a Ständer (Kastenständer); 13 Schauglas zum Hauptgetriebe; 14 Ölstandsschauglas; 15 Führung für Grundschlitten und Aufspanntisch; 16 Handgriff zum Einstellen der Bohrtiefe (Tiefenauslösung); 17 Schaltrad für den Motor; 18 Gehäuse für die elektrische Ausrüstung; 19 Kühlflüssigkeits-Pumpenschalter; 20 Kühlmittelpumpe mit Motor.

Abb. 378. Ständerbohrmaschine KSt 60, Hermann Kolb, Köln-Ehrenfeld mit Benennung.

Tabelle 40. *Die Hauptdaten der Ständerbohrmaschine KSt 40, 60 und 80.*

	KSt 40	KSt 60	KSt 80
Für Löcher in Stahl von 50 ··· 60 kg Festigkeit . . . . mm	40	60	80
Für Löcher in Gußeisen . . . mm	55	75	100
Aufbohren, wenn mit $1^1/_2$ Durchmesser vorgebohrt, St/Ge . . . . . mm	70/90	100/120	120/160
Gewindeschneiden in Stahl	$1^1/_2''$	$2''$	$2''$
Gewindeschneiden in Ge	$2''$	$3''$	$4''$
Durchmesser der Bohrspindel . mm	45/75	55/85	65/95
Bohrung d. Spindel, Morsekegel Nr.	4	5	6
Hub d. Bohrspindel. . . . . mm	300	350	400
Hub d. Bohrschlittens . . . mm	400	500	500
Ausladung d. Bohrspindel . . mm	300	350	400
Länge u. Breite d. einfachen Aufspanntisches . . . . mm	600×600	750×750	750×850
Aufspannfl. d. Grundplatte . . mm	650×700	800×850	850×900
Kleinster/größter Abstand zwischen Grundpl. u. einf. Tisch . . . mm	350/630	400/790	400/790
Größter Abstand zw. Bohrspindel u. Grundplatte . . . . mm	1280	1275	1400
12 Spindeldrehzahlen . . . U/min (halbfette Zahlen gelten für einstufigen Motor $n = 1440$ U/min)	**50, 70,** 100, 140, **190, 270,** 380, 540, von **710, 1050,** 1420, 2100 **68, 100,** 135, 200, **265, 375,** 530, oder 750, **1000, 1450,** 2000, 2900	**34,** 48, 68, 95, **135, 190,** 270, 380, **540, 750,** 1090, 1500	**27, 38,** 54, 76, **96, 136,** 192, 272, **320, 450,** 640, 900 **30, 42,** 60, 84, **108, 155,** 216, 310, **365, 515,** 730, 1030
6 bzw. 9 bzw. 12 Vorschübe . . .	0,12, 0,20, 0,30, 0,50, 0,75, 1,25	0,12, 0,18, 0,25, 0,35, 0,50, 0,75, 0,9, 1,35, 2	0,07, 0,10, 0,15, 0,2, 0,25, 0,36, 0,54, 0,75, 1, 1,50, 2,15, 3
Energiebedarf des polumschaltbaren Motors $n = 1440/2880$ U/min . kW	3 ··· 4	5,5 ··· 7	8,5 ··· 11
Gewicht der Maschine. . . . . kg	1900	2600	3200

er der leichtere ist und der Grundschlitten der Mehrspindelanordnung und der Verdoppelung des Vorschubweges vorbehalten ist.

So kann der Bohrspindelschlitten mit der Bohrspindel feinfühlig von Hand vor- und zurückgeführt werden. Gerade auch für das Gewindeschneiden ist diese Arbeitsweise besonders geeignet.

Die Hauptmerkmale der KSt 60 sind:

1. prismatisch geführte Vorschubschlitten,
2. Selbstgang, umschaltbar auf beide Vorschubschlitten,
3. doppelte Bohrtiefe und doppelter Vorschub, erreichbar durch gleichzeitigen Selbstgang beider Schlitten,
4. Festklemmung des Bohrspindelschlittens in Hochstellung bei Anwendung eines Mehrspindelkopfes mit selbsttätigem Vorschub des Grundschlittens,
5. Mehrscheibenkupplung für Rechts- und Linkslauf,
6. Schnellbremsung in Mittelstellung der Mehrscheibenkupplung,
7. Zwölf Geschwindigkeiten für Rechts- und Linksgang von 34 bis 1500 U/min,
8. Einschalthebel, gleichzeitig für Mehrscheibenkupplung und Getriebe,
9. Vorschubgetriebe im Grundschlitten öldicht eingebaut,
10. leicht zu betätigende Kerbzahnkupplung für den Vorschub,
11. einstellbare Kugelsicherheitskupplung gegen Überlastung des Bohrers.

Die grundsätzlich erforderlichen Eigenschaften wie Werkstoffgüte, Starrheit und geeignete Schmiereinrichtungen des Ständers sind in dieser Aufzählung nicht mit aufgenommen.

b) Die Durchrechnung der Ständerbohrmaschine, Drehzahlbereich, Drehzahlen, Energiebedarf.

Die Durchrechnung der Maschine geht von deren Aufgabe aus, in Stahl St 50.11 mit dem Schnellstahlbohrer von 35 mm Durchmesser Bohrungen aus dem vollen herzustellen, diese Bohrungen auszureiben oder mit Gewinden zu versehen.

Der kleinste Durchmesser von 8 mm soll noch mit wirtschaftlicher Schnittgeschwindigkeit bearbeitet werden. Aus den Tab. 36 u. 39 des Abschnittes „Bohrwerkzeuge" lassen sich die zugehörigen Drehzahlen und Vorschübe für St 50.11 entnehmen bzw. schätzen und wie nachstehend zusammenstellen. Die Drehzahlen für Gewindeschneiden sind Angaben der Firma Rohde & Dörrenberg.

Um auch Gußeisen wirtschaftlich zu bohren und zu reiben, wird der Vorschub auf höchstens 2,0 mm/U festgesetzt. Der kleinste Vorschub wird zu 0,12 mm/U angenommen.

Mit einem Stufensprung $\varphi = 1,4$ und dem Drehzahlbereich

$$B = \frac{n_{\max}}{n_{\min}} = \frac{1500}{34} = 44 \sim 45$$

ergeben sich aus der Formel

$$\varphi = \sqrt[z-1]{B} \qquad z = 12 \text{ Stufen.}$$

Für den Vorschub ergeben sich in gleicher Weise in den Grenzen 0,12 bis 2 mm/U 9 Stufen.

Der Energiebedarf für St 50.11, einem Bohrerdurchmesser von 35 mm, das Drehmoment $M = 1800$ cm/kg und einer Drehzahl von $n = 500$ U/min ist

$$N = \frac{M\,n}{97410} = \frac{1800 \cdot 500}{97410} = 9,2 \text{ kW.}$$

Im Hinblick auf den Getriebewirkungsgrad des Hauptgetriebes und des Vorschubgetriebes wird der Energiebedarf um etwa 10% erhöht, so daß die erforderliche Motorleistung mit 10 kW bemessen wird.

c) Die Bohrspindel mit dem Hauptgetriebe.

Die Bohrspindel erhält ihren Antrieb von einem polumschaltbaren Motor ($n = 1500$ bis 3000 U/min) über das oben auf dem Ständer (Abb. 378) angeordnete Hauptgetriebe. Das Hauptgetriebe (Abb. 379) stellt an der Spindel 12 Drehzahlen (Tab. 41) zur Ver-

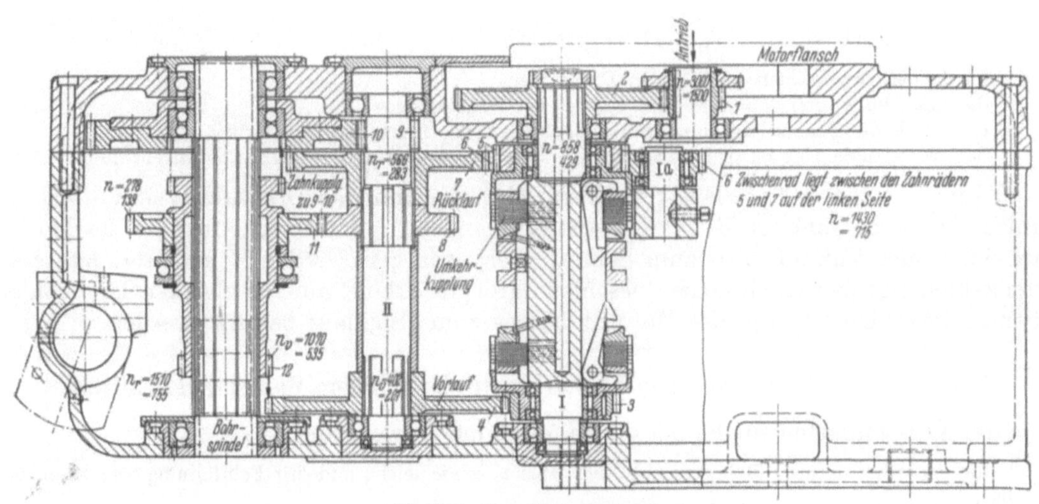

Abb. 379. Das Hauptgetriebe.
(Die Zahlenangaben 1—12 bedeuten die Folge der kämmenden Zahnräder.)

fügung sowie 6 beschleunigte Rücklaufzahlen. Auf der Zwischenwelle I ist eine Mehrscheibenkupplung angeordnet, durch welche unten der Vorlauf (Schnitt) eingerückt wird und oben, mittels eines zwischengeschalteten Zahnrads auf der Achse $I\,a$, der Rücklauf. Durch diese Anordnung kann mit einem Griff von unten nach oben der beschleunigte Rücklauf eingeschaltet werden und ebenso in umgekehrter Weise der Vorlauf. Die Drehzahlen der Bohrspindel sind in Abb. 379 eingetragen, ebenso die Zähnezahlen und Module, so daß sich danach das Drehzahlschaubild ohne weiteres entwickeln läßt.

Tabelle 41. *Leerlaufzahlen* $n = U/min$ *der KSt 60.*

n lt. Druckschrift	Sollreihe $\dfrac{n}{\varphi}$		Istreihe lt. Zahnradübersetzungen	z	Prozente der Istwerte gegenüber den Sollwerten
1500	$\dfrac{1500}{1}$	$= 1500$	$1510\ r$	24	101
1080	$\dfrac{1500}{1,4}$	$= 1060$	1070	24	101
750	$\dfrac{1500}{2}$	$=\ 750$	$755\ r$	24	100,5
540	$\dfrac{1500}{2,8}$	$=\ 537$	535	24	99,8
380	$\dfrac{1500}{4}$	$=\ 375$	$392\ r$	52	104,5
270	$\dfrac{1500}{5,6}$	$=\ 268$	278	52	103,6
190	$\dfrac{1500}{8}$	$=\ 188$	$196\ r$	52	104
135	$\dfrac{1500}{11,2}$	$=\ 134$	139	52	103,8
95	$\dfrac{1500}{16}$	$=\ 94$	$104,5\ r$	65	111
68	$\dfrac{1500}{22,4}$	$=\ 67$	74,2	65	110,4
48	$\dfrac{1500}{31,5}$	$=\ 47,7$	$52\ r$	65	109
34	$\dfrac{1500}{44,67}$	$=\ 33,6$	37,1	65	110,4

$z =$ Zähnezahl des eingeschalteten Zahnrades auf der Bohrspindel; r bedeutet erhöhte Rücklaufzahlen, die aber durch Umschalten des Motors auch als Vorlaufdrehzahl benutzt werden können.

Zum Vergleich sind in Tab. 41 angegeben

1. die in der Druckschrift enthaltenen Drehzahlen,
2. die mit dem Faktor $\varphi = 1{,}41$ sich ergebenden Drehzahlen,
3. die durch die Zahnradübersetzungen tatsächlich sich ergebenden Drehzahlen,
4. der prozentuale Unterschied zwischen den errechneten und den tatsächlichen Drehzahlen.

Die mit r in dieser Tabelle gekennzeichneten tatsächlichen Drehzahlen sind die Drehzahlen des beschleunigten Rücklaufs. Sie können aber auch durch Umkehr des Motordrehsinns zum Vorlauf, also zum Schnitt, herangezogen werden. Zu diesen letzteren Drehzahlen gibt es freilich keinen beschleunigten Rücklauf, nur die gleichen Drehzahlen können durch Umschalten des Motordrehsinns zum Rücklauf benutzt werden.

d) Der Grundschlitten mit dem Vorschubgetriebe und dem Bohrspindelschlitten.

Drei Vorschubarten finden bei dieser Maschine Anwendung:

1. der einfache, normale Bohrvorschub, mechanisch sowie leicht und mit Feinfühlung von Hand bedienbar,
2. der starke Vorschub zur Betätigung von Mehrspindelköpfen,
3. der langhubige Vorschub zur Ausführung tiefer Bohrungen, z. B. unter Anwendung von Bohrstangen.

Erreicht wird dieses dreifache Ziel durch Anordnung von zwei Vorschubschlitten (Abb. 378 Pos. 6 u. 6a) des Grundschlittens und, diesem vorgebaut, des Bohrspindelschlittens.

Zwei Führungen und damit zwei Bewegungsgrade voreinander erfordern längere Führungsbahnen, um die Winkeländerung und damit das Ausweichen der Bohrspindel in den erforderlichen sehr engen Grenzen der DIN zu halten. Das gleichzeitige Arbeiten beider Führungen kommt indessen nur bei dem langhubigen Vorschub zur Anwendung, bei welchem in der Regel eine Bohrstange noch in besonderer Führung in ihrer Achslage gesichert ist.

Beim einfachen Bohren kann der Grundschlitten festgeklemmt werden. Beim Bohren mit einem Mehrspindelkopf ist der Bohrspindelschlitten in Höchstlage so festgeklemmt, daß sein Antriebsritzel außer Eingriff gekommen ist, oder aber er ist ganz abgenommen. In diesen Fällen arbeitet nur der Grundschlitten, an dem der Mehrspindelkopf unmittelbar befestigt ist. So ist in allen Fällen die Winkeländerung auf eine Führung beschränkt.

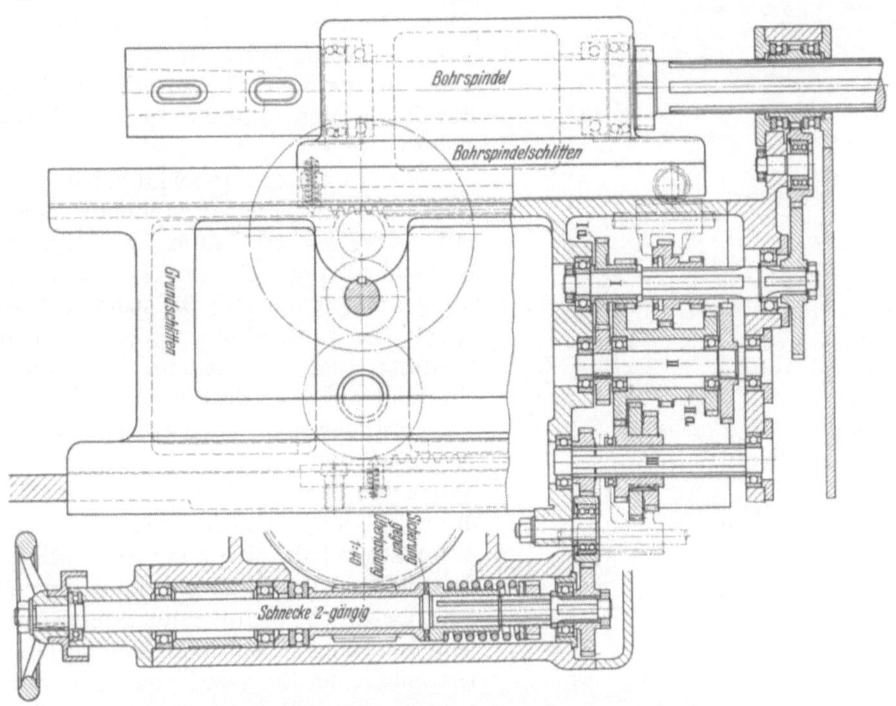

Abb. 380. Grundschlitten mit Vorschubableitung.

Der Vorschub wird (Abb. 380) von der in ihrem oberen Teil als Vielkeilwelle ausgebildeten Bohrspindel unmittelbar in den Vorschubgetriebekasten im Grundschlitten (Abb. 378) übernommen. Nach der Zusammenstellung der Hauptdaten (Tab. 40) stehen für jede Umlaufzahl der Bohrspindel 9 Vorschübe von 0,12 bis 2,0 mm/U zur Verfügung. Da das auf der Schneckenradwelle sitzende Ritzel im Teilkreis einen Umfang von 142,94 bis 143 mm hat, so muß für den Vorschub von 2 mm/U eine Übersetzung im Vorschubgetriebe ins Langsame von $i = \dfrac{2}{142,94} = \dfrac{1}{71,5}$ von der Bohrspindel auf das Zahnstangenritzel hergestellt werden. In gleicher Weise wird durch das Übersetzungsverhältnis $i_1 = \dfrac{1}{1190}$ bei einer Umdrehung der Bohrspindel $n = 0,000842$ Umdrehungen des Spindelritzels erreicht, wodurch sich ein Bohrervorschub $s = 0,000842 \times 142,94 = 0,12$ mm ergibt.

Zwischen diesen beiden Grenzvorschüben sind, abgestuft um den Faktor $\varphi = 1,41$, noch 7 Stufen einzufügen. In dem Vorschubgetriebe (Abb. 380) sind die drei Hauptwellen mit *I*, *II* und *III* bezeichnet, die auf den Wellen *I* und *II* sitzenden, lose umlaufenden Büchsen mit *Ia* und *IIa*. Von der Welle *I* werden auf die Büchse *IIa* drei Drehzahlen übertragen:

1. Von dem auf Welle *I* verschiebbar angeordneten Zweierblock durch ein Zahnrad mit 31 Zähnen wird der Büchse *IIa* die gleiche Drehzahl zuerteilt.

2. Eine zweite Drehzahl erhält die Büchse durch Einschieben des Zweierblocks in die Zähne des Zahnrads $z = 17$, welches mit dem unteren Zahnrad der Büchse *IIa* in Eingriff ist.

3. Die dritte Drehzahl erhält die Büchse *IIa* durch Einschieben des Zweierblocks in das Zahnrad $z = 44$, welches oben auf Welle *II* fest verkeilt ist. Das Zahnrad $z = 29$, unten auf der gleichen Welle *II* fest verkeilt, steht im Eingriff mit der Büchse *Ia*, welche ihrerseits durch das Zahnrad $z = 17$ mit dem unteren Büchsenzahnrad $z = 45$ in ständigem Eingriff ist.

Von der Büchse *IIa* erhält die Welle *III* durch einen gewöhnlichen Dreierblock zu jedem Büchsenumlauf drei Drehzahlen, so daß die Welle *III* sowie alle nachfolgenden Wellen mit neun Drehzahlen durch entsprechende Schaltung in Umlauf gesetzt werden können. Die Büchsen dienen lediglich der Herstellung der größeren Übersetzung mit $q^3 = 2,8$. Von der Welle *III* wird der Antrieb auf die Schneckenwelle übertragen, welche oberhalb der Schnecke durch eine Sicherheitskupplung den Bohrer gegen Überlastung sichert.

Das mit dieser doppelgängigen Schnecke *g* (Abb. 381) in Eingriff stehende Schneckenrad *f* von $z = 80$ Zähnen wirkt durch eine Kerbzahnkupplung *h, e* auf die Schneckenradwelle und damit auf die beiden Vorschubritzel. Die Kerbzahnkupplung kann in jeder Stellung, auch bei höchster Belastung, leicht ein- und ausgeschaltet werden.

Sämtliche Stirnräder zwischen Schneckenrad und den beiden Vorschubzahnstangen haben den gleichen Modul (3,5 mm). Die Umdrehung der Schneckenradwelle um einen Zahn des auf ihr sitzenden Stirnrads bewirkt den gleichen Vorschub der einen, der anderen oder beider Vorschubzahnstangen, je nachdem der Eingriff der Zahnräder geschaltet ist. Die möglichen Einschaltungen gehen aus dem Schnitt durch Bohr- und Grundschlitten eindeutig hervor. Für gewöhnlich ist auf den Bohrspindelschlitten allein geschaltet.

Wenn die Schneckenradwelle auf beide Zahnstangenritzel geschaltet ist, so arbeitet der Bohrer mit dem doppelt so großen Vorschub.

Ist die Kerbzahnkupplung ausgeschaltet, so können beide Schlitten von Hand über Handrad *b* bewegt werden.

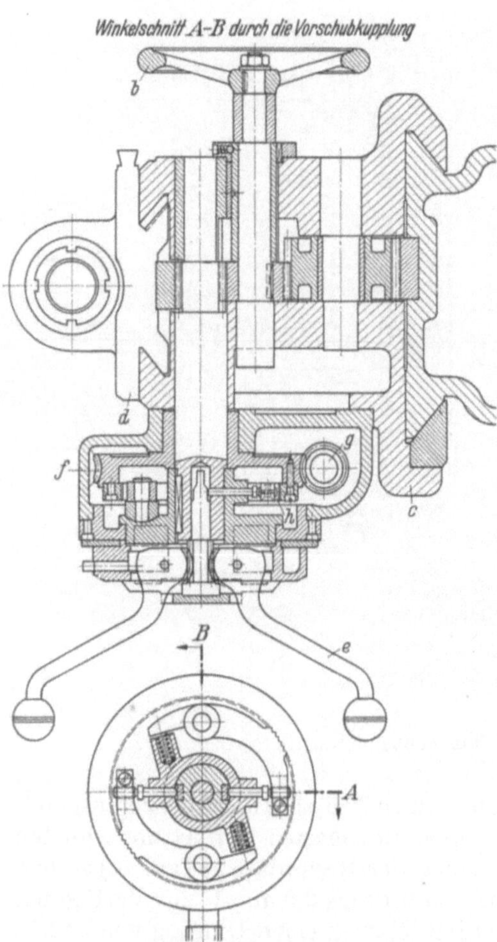

Abb. 381. Vorschubschieberadkupplung zum selbsttätigen Vorschub.

Soll, wie gewöhnlich, nur der Bohrspindelschlitten *d* mit selbsttätigem Vorschub arbeiten, so muß der Grundschlitten *c* festgeklemmt und sein Ritzel außer Eingriff gebracht sein. Soll nur der Grundschlitten selbsttätig arbeiten, so muß das Handradritzel in das Ritzel der Schneckenradwelle eingeschoben sein. Der Bohrspindelschlitten wird in diesem Falle so hoch geschoben und festgeklemmt, daß sein Ritzel außer Eingriff gekommen ist.

Die Übersetzung von Welle zu Welle zu verfolgen erübrigt sich. Sie kann ohne weiteres auf Grund der angegebenen Zähnezahlen zur Bohrspindel und zum Spindelritzel ermittelt werden.

Die Betätigung der beiden Schlitten ist leicht, weil beide Schlitten durch mit Ketten über Rollen angreifende Gegengewichte entschwert sind. Insbesondere kann der Bohrspindelschlitten mit Feingefühl von Hand geführt werden.

e) Der Ständer mit dem Arbeitstisch und der Grundplatte.

Der Ständer ist in Kastenform so widerstandsfähig durchgebildet (Abb. 382a), daß er auch den höchsten Bohrwiderständen ohne schädliche Auffederung widersteht.

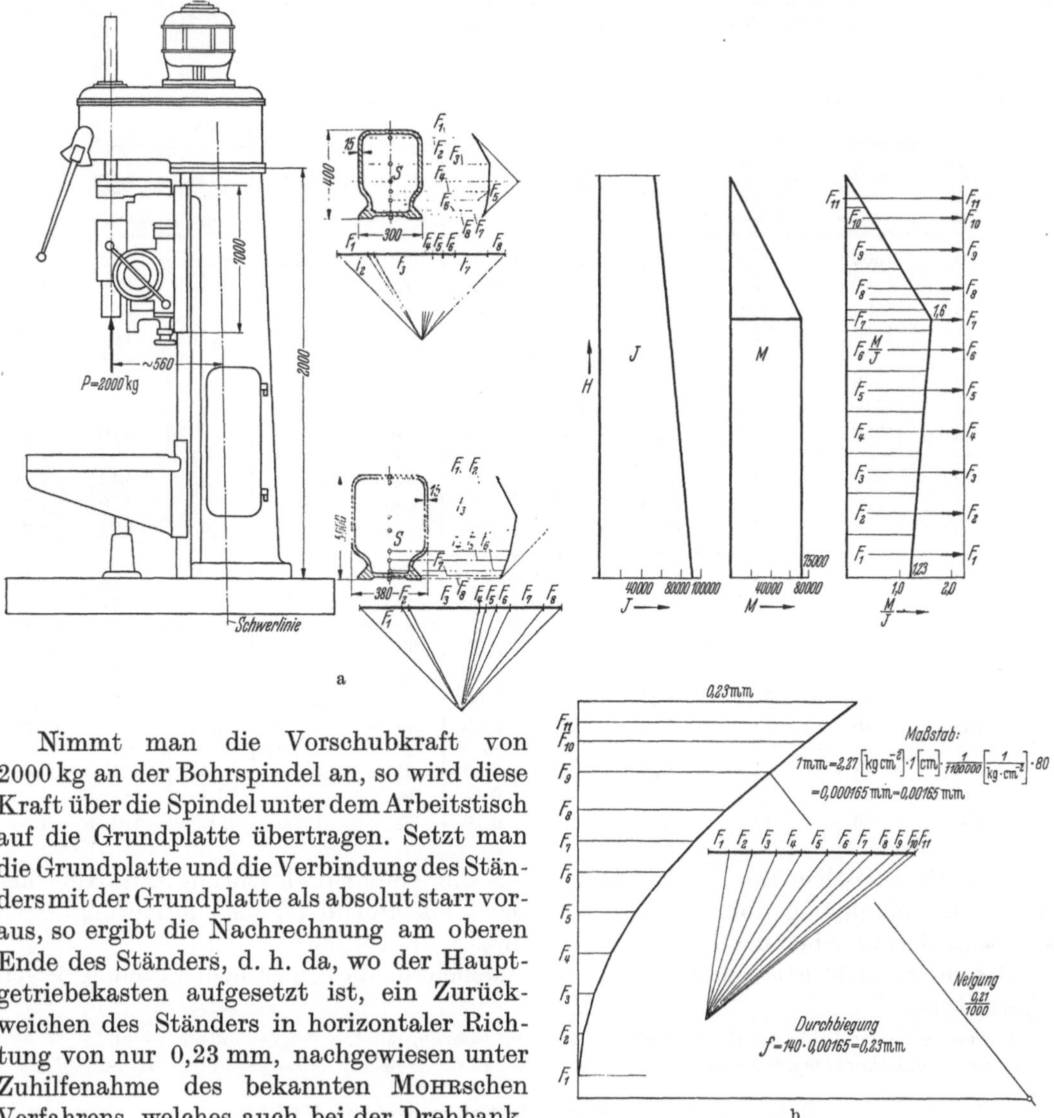

Abb. 382a u. b. Der Bohrmaschinenständer.

Nimmt man die Vorschubkraft von 2000 kg an der Bohrspindel an, so wird diese Kraft über die Spindel unter dem Arbeitstisch auf die Grundplatte übertragen. Setzt man die Grundplatte und die Verbindung des Ständers mit der Grundplatte als absolut starr voraus, so ergibt die Nachrechnung am oberen Ende des Ständers, d. h. da, wo der Hauptgetriebekasten aufgesetzt ist, ein Zurückweichen des Ständers in horizontaler Richtung von nur 0,23 mm, nachgewiesen unter Zuhilfenahme des bekannten Mohrschen Verfahrens, welches auch bei der Drehbank, S. 216, bereits Anwendung gefunden hat.

f) Das Gewindeschneiden.

Die Anfertigung von Gewinden wird in dem nachfolgenden besonderen Abschnitt S. 476 behandelt. Hier wird nur die Betätigung der Ständerbohrmaschine zum Gewindeschneiden vorweggenommen.

In der Regel wird der Vorschub von Hand ausgeführt. Die Bohrspindel muß sich also leicht vorführen lassen, damit die Hand den Gewindebohrer mit Gefühl ansetzen kann. Danach zieht er sich von selbst weiter in die Bohrung hinein.

Tabelle 42. *Leistungsbereich der KSt 60.*

	Stahl 50.11	Gußeisen
Bohren ins Volle bis . . . . . . mm/Dmr.	60	75
Aufbohren, wenn $^1/_2$ Dmr. vorgeb.. . . . mm	50/100	60/120
Ausbohren . . . . mm	140/160	160/180
Ausschneiden . . . . mm	300	350
Gewindeschneiden . . . . Whitworth	2″	3″
Gewindeschneiden . . . . Feingewinde	3″	$3^1/_2$″

Bohrleistungen.

	Stahl					Gußeisen				
Bohrer-durch-messer mm	Dreh-zahl U/min	Schnitt-geschwin-digkeit m/min	Vor-schub mm	Bohr-tiefe mm/min	kW	Dreh-zahl U/min	Schnitt-geschwin-digkeit m/min	Vor-schub mm	Bohr-tiefe mm/min	kW
8	1500	37,6	0,12	180	1,84	1500	37,6	0,25	375	1,84
10	1500	47	0,18	280	2,20	1080	34	0,25	270	1,74
12	1080	40,8	0,25	270	2,67	1080	28	0,35	380	1,84
15	1080	51	0,35	340	4,05	750	35	0,75	560	2,94
20	750	47	0,5	375	5,52	540	34	0,75	400	3,68
25	540	42,3	0,5	370	5,68	380	30	0,9	340	4,05
30	380	35,8	0,5	190	5,98	380	35,8	0,9	340	5,52
40	270	34	0,50	135	7,10	270	34	0,90	243	7,36
50	190	30	0,75	142	5,89	190	30	0,9	170	7,75
60	135	25,5	0,5	67	7,66	135	25,5	0,9	122	7,75
70	95	21	0,35	33,2	4,71	95	21	0,75	72	7,86
75	95	22,5	0,35	33,2	5,00	95	22,5	0,5	47,5	5,15
80	68	17	0,35	23,5	4,05	68	17	0,75	51	5,15
90	68	19,2	0,35	23,5	5,16	68	19,2	0,75	51	5,73
100	68	21,3	0,25	17,0	5,00	68	21,3	0,50	34	5,30
120	48	18	0,20	12	5,15	48	18	0,50	24	5,23
140	48	21	0,25	12	6,25	48	21	0,35	16,5	5,88
150	34	16	0,25	8,5	6,41	34	16	0,35	11,8	4,79
160	34	17	0,25	8,5	6,79	34	17	11,8	0,35	5,30

The left-margin row groups read: "Bohren" spanning the rows 8–60, and "Aufbohren" spanning the rows 70–160.

Zum Herausziehen des Gewindebohrers ist die Spindeldrehrichtung mit Hilfe der Mehrscheibenkupplung umzukehren, d. h., das Umkehren der Vorschubrichtung allein wie beim Zurückziehen des Bohrers genügt nicht.

Besonders wichtig ist gerade beim Gewindebohren die Sicherheitskupplung gegen Überlastung,

1. wenn erhöhter Widerstand sich einstellt, weil die Bohrung zu eng vorgeschnitten ist und
2. bei Sacklöchern, bei welchen die Gefahr besteht, daß der Gewindebohrer gegen den Grund läuft.

g) Die Leistung der Ständerbohrmaschine KSt 60.

Über den Leistungsbereich und die Leistungen der KSt 60 gibt die Tab. 42 Auskunft.

h) Ergänzungen und Zusätze.

Die Abb. 383 zeigt die Ständerbohrmaschine, ausgerüstet mit Kreuztisch. Sowohl der Drehtisch als auch der Kreuztisch dient der beschleunigten Fertigung insofern, als während der Bohrarbeit an einem Werkstück das nächste bereits eingespannt wird. Durch Schwenken des Drehtisches um 180° wird jeweils das nächste Bohrstück in Bohrstellung gebracht. Dasselbe kann auch mit Hilfe des Kreuztisches erreicht werden.

Der Drehtisch dient aber auch dazu, mehrere Bohrungen auf einem Kreis in gleichem Abstand mit Hilfe einer Teilvorrichtung einzubringen. Mit Hilfe des Kreuztisches und Endkoordinaten können Bohrungen in genauen Abständen voneinander hergestellt werden.

Ist das gleiche Werkstück abzufasen, vorzubohren, auf Maß zu bohren und zu reiben, so kann ein Satz von Ständerbohrmaschinen als Reihenbohrmaschine (Abb. 384) das Auswechseln der Werkzeuge ersparen. Das ist vorteilhaft, wenn das Werkstück mit einem Griff umgespannt werden kann.

Ausführungen über die Anordnung des Mehrspindelkopfes s. S. 298.

Abb. 383. Bohrmaschine mit Kreuztisch.

Abb. 384. Reihenbohrmaschine.

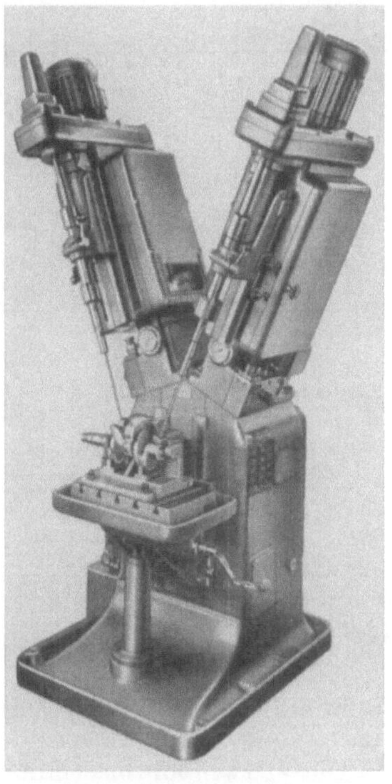

Abb. 385. Einzweckmaschine zum Tieflochbohren von Ölkanälen in Kurbelwellen.
(Nach HÜLLER: Sondermaschinen.)

i) Sonderbohrmaschinen.

Eine Sonderausführung zur Ständerbohrmaschine ist z. B. auch die Einzweckmaschine (Abb. 385) zum Tieflochbohren von Ölkanälen und Kurbelwellen. Sie ist nach
dem Baukastensystem zusammengefügt.

k) Das Baukastensystem.

Dieses System ist eine an sich naheliegende Sparmethode, die aber erst im Zeitalter
der Massenfertigung zur Bedeutung gelangte. Das System findet nicht nur bei Bohrmaschinen, sondern ebenso bei Drehbänken und insbesondere auch bei Fräsmaschinen

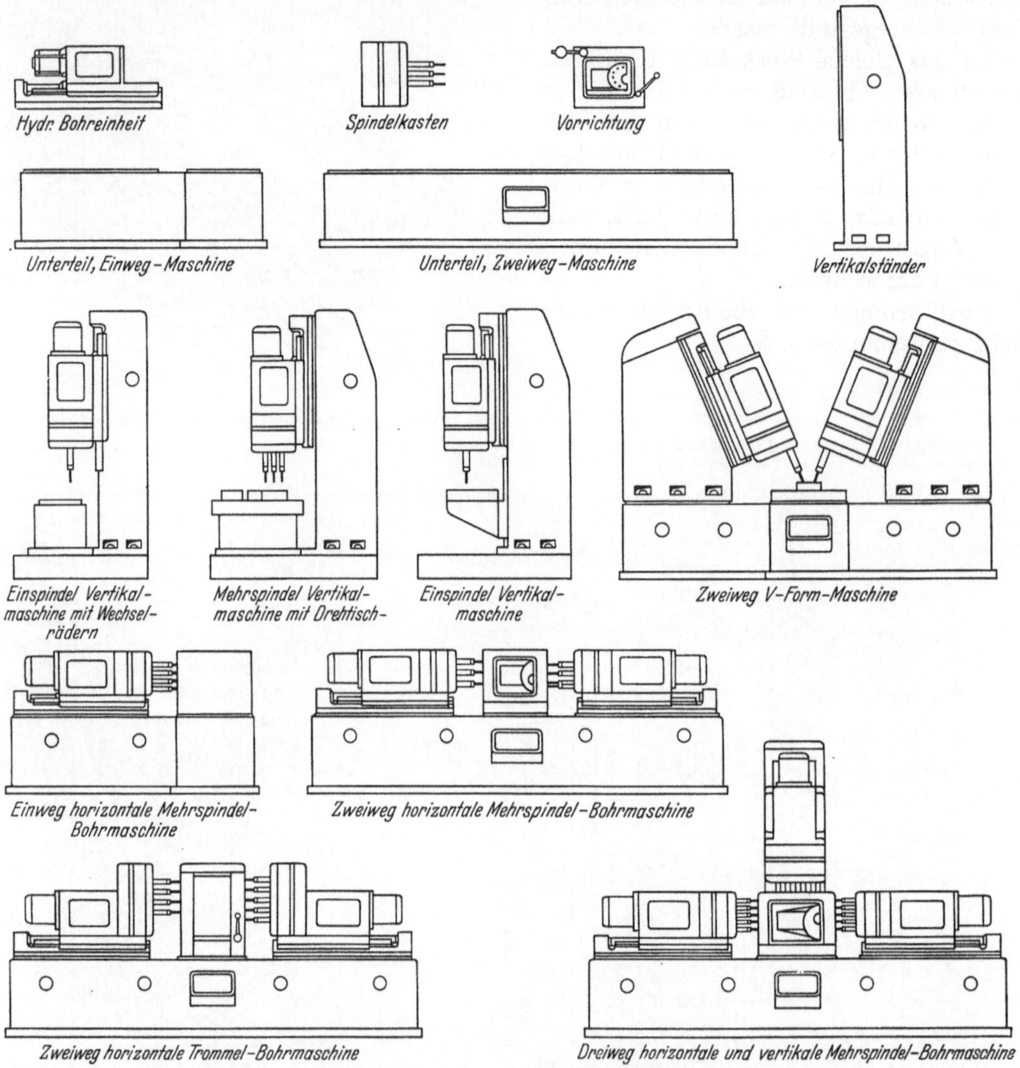

Abb. 386. Elemente und Zusammenstellung von Maschinen aus Bohreinheiten. (Burkhardt & Weber KG.)

Anwendung. Spezialfirmen wie Burkhardt & Weber, Reutlingen/Württ., Heller, Nür-
tigen/Württ., u. a., haben Bauelemente (Abb. 386) nach diesem System entwickelt.

Die Vierwegbohrmaschine (Abb. 387) ist eine ebenfalls nach dem Baukastensystem
entwickelte Einzweckmaschine.

Die größte Bedeutung aber hat dieses System innerhalb jeder größeren Werkzeugmaschinenfabrik zur Erzielung von Serienfertigung der einzelnen Baukastensätze und
zur Vereinfachung der Zusammenstellung von Normal- und Sonderzweckmaschinen.

2. Die Radialbohrmaschine.

Die Radialbohrmaschine, kurz auch „Radiale“ genannt, bewältigt insofern einen größeren Arbeitsbereich als bei ruhendem Werkstück, in der Regel große und schwere Maschinenteile wie Dampfmaschinenzylinder, Schiffsbleche, Feuerbüchsen von Lokomotiven, die Größenanpassung in den drei Koordinatenrichtungen ausgeführt werden kann, ohne das Werkstück zu verschieben. Die Entwicklung führte immer mehr dahin, diese Maschine zu einer Fertigungsmaschine umzugestalten und die Bohrungen nach

Abb. 387. Vierwegbohrmaschine aus Bohreinheiten. (Burkhardt & Weber KG.)

Achsrichtung und Durchmesser genau und wirtschaftlich herzustellen und gegebenenfalls auch Senker, Reibahlen, Gewindebohrer u. dgl. nachfolgen zu lassen. Gerade wenn die Werkstücke schwer und sperrig sind, eignet sich diese Maschine auch zur Reihenfertigung, gegebenenfalls mit Hilfe von Bohrkästen, Bohrschablonen u. dgl.

a) Das Problem der Radialen und ihre Ausführung.

Zu den führenden Maschinenfabriken auf diesem Gebiete gehören die Raboma-Werkzeugmaschinenfabrik Berlin, welche seit 1900 diese Maschinen auf den Markt gebracht hat und weiterentwickelte, (Abb. 388) und die Firma Hermann Kolb, Werkzeugmaschinenfabrik, Köln-Ehrenfeld, welche den Radialbohrmaschinenbau 1912 (Abb. 389) aufnahm und ebenfalls zu anerkennenswerter Höhe entwickelt hat, und nicht zuletzt die Firma Gebrüder Heller, Nürtingen.

Gegenüber der Ständerbohrmaschine kommt bei der Radialen das Problem hinzu, das durch die Rückkraft des Werkstoffs gegen den Bohrer verursachte große Moment ohne schädlichen Ausschlag, d. h. ohne aus dem Bereich der DIN 8625 herauszukommen, aufzunehmen. Dieses Moment bewirkt nicht nur ein Auffedern, sondern auch ein Verwinden des Auslegerarms, da die Bohrspindel seitlich, wenn auch möglichst nahe, am Ausleger vorbeigeht und ferner ein Übertragen der Beanspruchung auf den Ständer und die ihn umgebende Säule. Aber nicht nur der Einfluß dieses Momentes muß klein gehalten werden, auch die Ölschichten zwischen den Gleitflächen des Bohrschlittens an dem Ausleger, des Auslegers an der senkrechten Führung der Säule und schließlich der

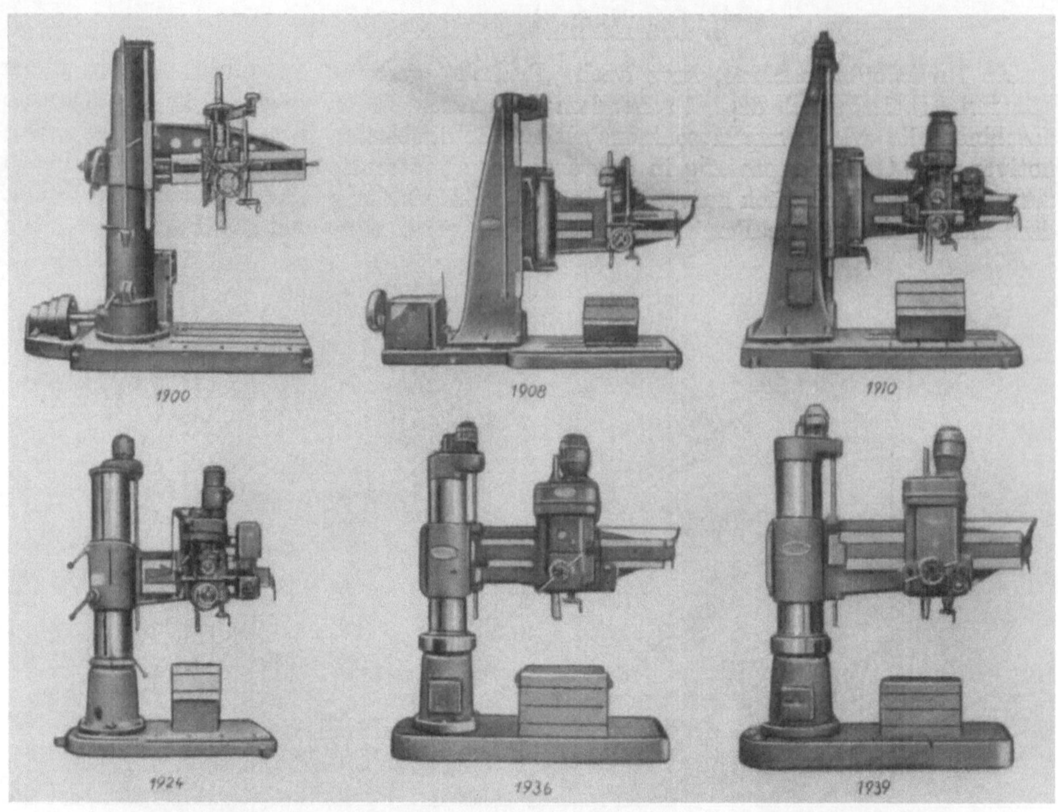

Abb. 388. Geschichtliche Entwicklung der RABOMA-Radialbohrmaschinen. (Aus STEPHAN: Das Radialbohren.)

Abb. 389. KOLB-Radialbohrmaschine, 1. Ausführung 1912. (Aus „Der Weg zur modernen Bohrmaschine".)

Zu Abb. 390.

1 Geschwindigkeitshebel; *2* Vorgelegehebel; *3* Hebel der Lamellenwendekupplung *4* Hebel für die zentrale Handklemmung; *5* Hebel zur Vorschubkupplung; *6* Schalthebel für 12 Vorschübe; *7* Hebel für selbsttätige Tiefenauslösung; *8* Knüppelschalter für Bohr- und Hubmotor; *9* Handrad für Handvorschub; *10* Kupplung zum Stillsetzen des Handrades; *11* Handrad zur Schlittenverstellung; *12* Leistungsrechner; *13* Vorschubschild; *14* Geschwindigkeitsschild.

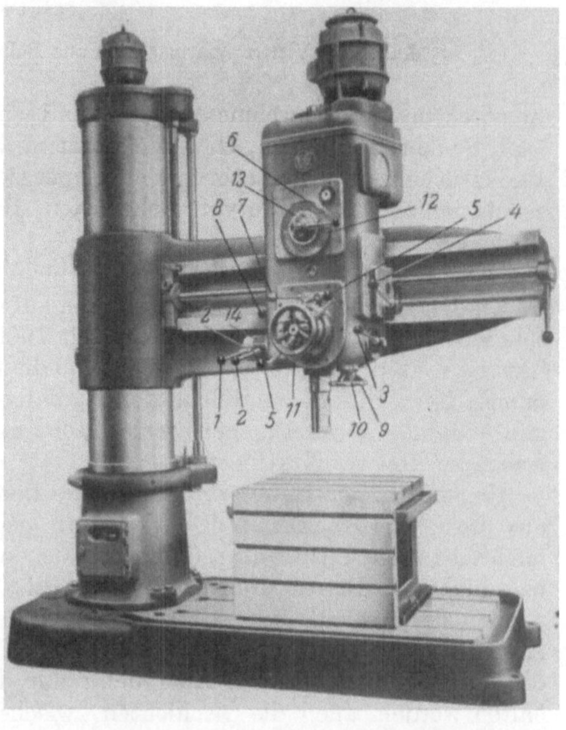

Abb. 390. Radialbohrmaschine HK 60.

Säule am Ständer müssen unschädlich gemacht werden. Letzteres geschieht durch Festklemmen. Gerade diese Einrichtungen sind ebenso charakteristisch für den Aufbau der Radialen wie die Gestaltung der Maschine im ganzen.

Das Gesamtbild (Abb. 390) stellt die KOLBsche Radiale HK 60 dar.

Zum Vergleich wird noch eine schwerere Ausführung HK 80 (Abbildung 391) gezeigt, welche eine Ausladung von 2,5 m hat und deren Größenanpassung teilweise auf elektrischem Wege ausgeführt wird.

Tab. 43 gibt die Hauptdaten der Maschinen.

Die **Bohrschlitten** der Größen HK 60 und HK 80 zeigen die Abb. 390 u. 391 mit Benennung zu den Bohrschlitten. Diese gilt für beide Schlitten bis auf die nachstehenden Ergänzungen zu HK 80:

Hebel zur Klemmung des Bohrschlittens,

Schnellverstellung des Bohrschlittens, und ,

Ablesen der Klemmstellung, auf der Abbildung nicht sichtbar.

Das Getriebeschema im Bohrschlitten (Abb. 392) weicht von demjenigen der Ständerbohrmaschine KSt 60, welche aus der Radialen entwickelt wurde, in der Anordnung nicht ab. Auch die Antriebsart ist die gleiche.

Der Antrieb und die Mehrscheibenwendekupplung zur Bohrspindel (Abb. 393) sind von denjenigen der Ständerbohrmaschine KSt 60 nicht wesentlich verschieden. Die Bohrspindel selbst ist bei der Radialen unmittelbar im Bohrschlitten gelagert (Abb. 394) und kann sowohl zur Größenanpassung als auch zur Arbeitsleistung von Hand oder mechanisch betätigt werden.

Durch die Schnellbremse (Abb. 395) wird die Bohrspindel in folgender Weise augenblicklich stillgesetzt: Mit der Schaltung der Mehrscheiben-

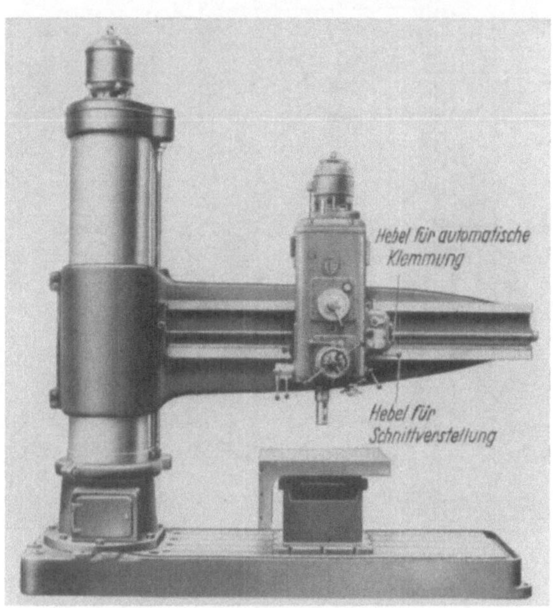

Abb. 391. Schweres Modell HK 80.
(Statt Schnittverstellung lies: Schnellverstellung)

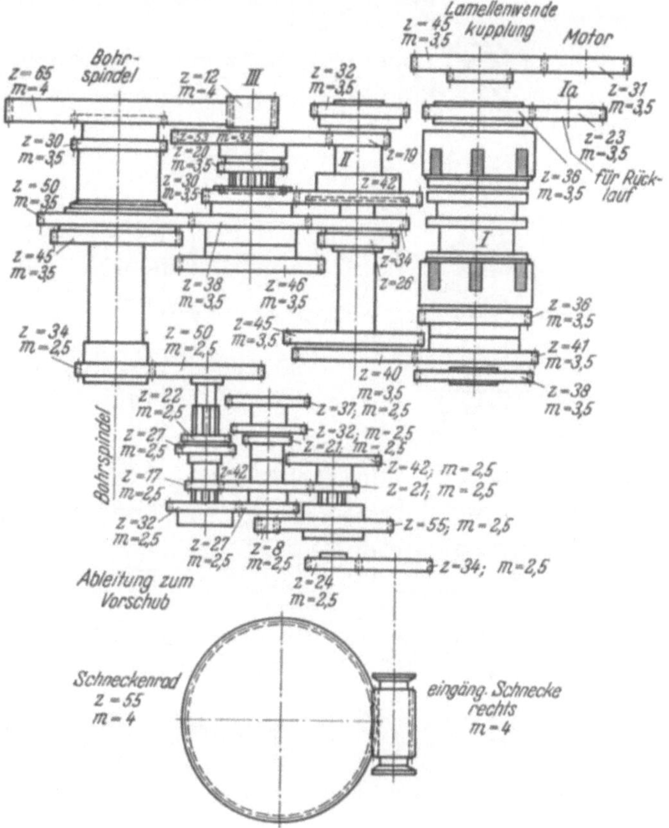

Abb. 392. Getriebeschema zur HK 60 Haupt- und Vorschubgetriebe.

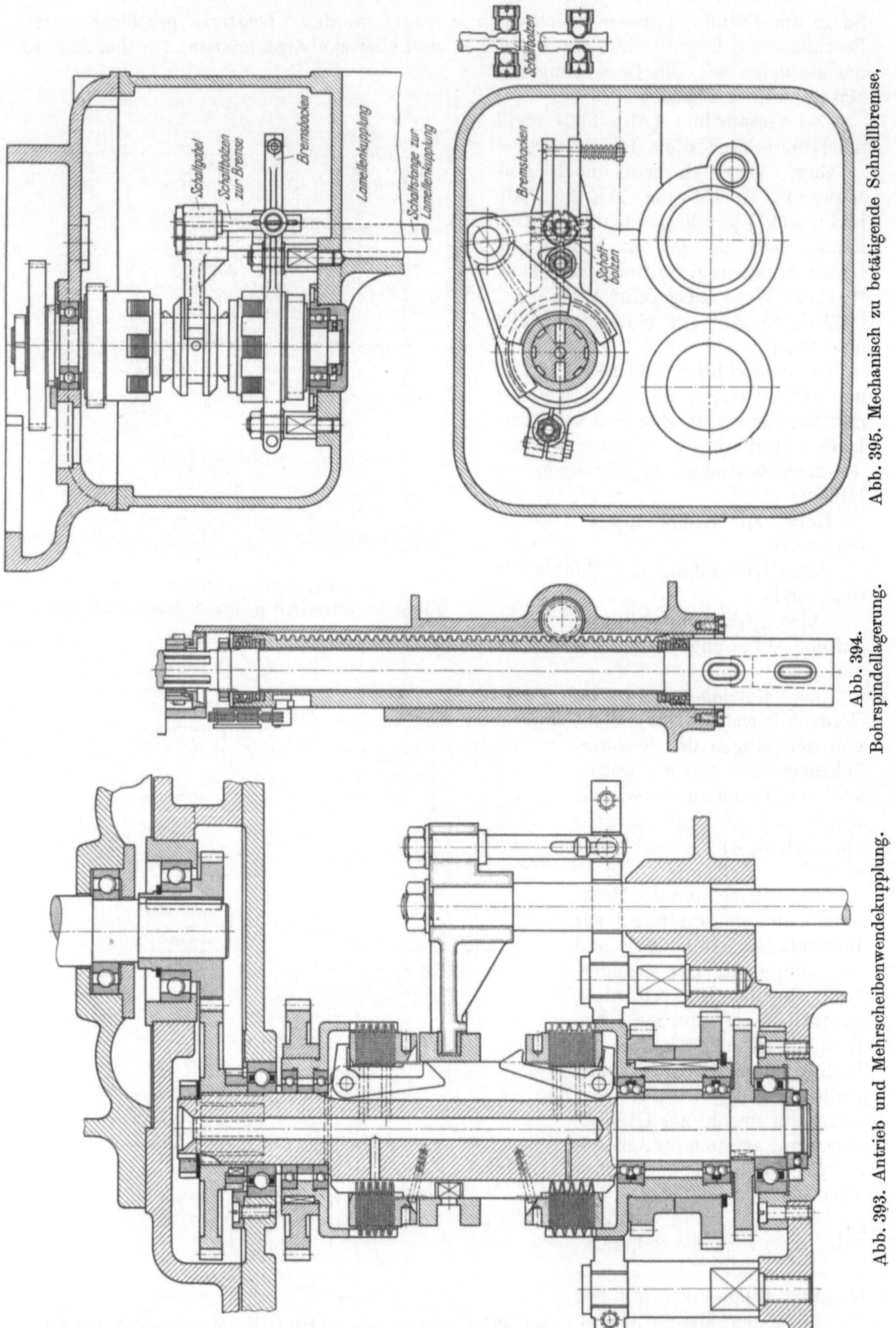

Abb. 395. Mechanisch zu betätigende Schnellbremse.

Abb. 394. Bohrspindellagerung.

Abb. 393. Antrieb und Mehrscheibenwendekupplung.

a   Abb. 396 a u. b. Einblick von oben in den Bohrschlitten.   b

Tabelle 43. *Übersichtstafel der Leistungen u. Hauptabmessungen der Kolb-Hochleistungs-Radialbohrmaschinen, Modelle HK.*

Hochleistungsradialbohrmaschine HK	61	63	64	66	84	86
Größte Ausladung . . . . mm	1000	1500	1750	2500	1750	2500
Größter Bohrradius . . . . mm	1280	1800	2050	2850	2050	2950
Kleinste Ausladung . . . . mm	300	300	300	320	320	350
Kleinster Bohrradius . . . . mm	580	600	600	670	620	800
Durchmesser der Säule . . . . mm	400	450	450	550	500	650
Durchmesser der Bohrsp./Pinole . . . . mm	50/95				60/110	
Morsekegel . . . . Nr.	5				5 oder 6	
Bohrtiefe . . . . mm	475				600	
Anzahl der Bohrspindel-Geschwindigkeiten	24 oder 36				24 oder 36	
Bohrspindelumdrehungen in der Min.	$n = 24 \cdots 1750$ oder $n = 24 \cdots 2400$				$n = 19 \cdots 1250$ oder $n = 19 \cdots 1800$	
Anzahl der Vorschübe	12				12	
Vorschübe je Spindelumdrehung . . . . mm	$0,07 \cdots 3,0$				$0,07 \cdots 3,0$	
Stärke des Bohrmotors . . . . kW	$4,5 \cdots 5,5$ $n = 1500$				$7,4 \cdots 11,0$ $n=15$	
Größte Entfernung zwischen Grundplatte u. Bohrspindel mm	1650	1650	1650	1750	1650	2100
Kleinste Entfernung zwischen Grundplatte u. Bohrspindel mm	250	300	300	400	170	300
Vertikalverst. d. Ausl. auf der Säule . . . . mm	950	900	900	900	930	1000
Länge u. Breite d. Aufspannfläche der Grundplatte . mm	1390	1900	2150	2950	2200	3020
	910	1050	1050	1140	1100	1270

	Stahl St 50.11	Gußeisen	Stahl St 50.11	Gußeisen
Bohrleistung:				
Löcher ins Volle . . . . mm	60	80	80	100
Aufbohren, wenn mit $^1/_2$ Dmr. vorgebohrt bis . . . . mm	100	120	130	150
Ausbohren bis . . . . mm	130	160	200	250
Ausschneiden . . . . mm	250/300		350	
Gewindeschneiden Whitworth	$2^1/_4{''}$	$2^3/_4{''}$	$3''$	$4''$
Feingewinde	$3''$	$3^1/_2{''}$	$4''$	$5''$

kupplung auf Mitte wird der Schaltbolzen zwischen den beiden Stahlkugeln so weit vorgeschoben, daß diese in die Rasten am Schaltbolzen einspringen. Sogleich werden die unter

Federspannung stehenden Bremsbacken an die Kupplungsschale gepreßt und bringen
Getriebe und Bohrspindel zum Stillstand.

Der Einblick von oben in den Bohrschlitten vor und nach Abhebung des
Bodenrads (Antriebsrads auf der Bohrspindel) (Abb. 396a u. b) zeigt die Lage der
Achsen so, wie sie im Bohrkasten orientiert sind. Diese Orientierung gilt auch für die

Abb. 397. Drehzahlwähler.

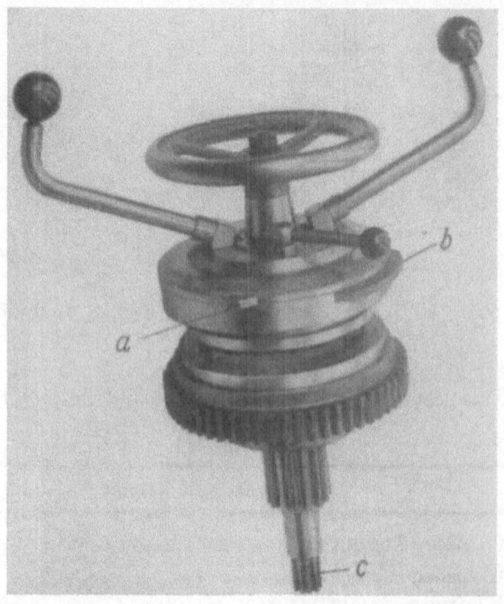

Abb. 398. Handrad zur Schlittenverschiebung sowie 2 Hebel zur Vorschubkupplung.

Ständerbohrmaschine KSt 60, zu welcher die besondere Abbildung nicht zur Verfügung
stand.

Der Drehzahlwähler ist nichts anderes als ein Rechenschieber (Abb. 397), dessen
logarithmische Teilungen auf Kreisbögen angeordnet sind. Nach der Formel

$$n = \frac{v}{\pi\, d}$$

ist $\log n = \log v - (\log \pi + \log d)$,   worin
        $v =$ Schnittgeschwindigkeit in m/min,
        $\pi = 3,14,$
        $d =$ Bohrerdurchmesser in m,   und
        $n =$ Bohrspindeldrehzahl/min   ist.

Stellt man die schwarze Pfeilmarke auf die wirtschaftliche Schnittgeschwindigkeit,
so erhält man die einzustellende Bohrspindeldrehzahl durch Ablesen an dem Durchmesser des Bohrers. Diese Pfeilmarke ist also dementsprechend gesetzt.

Das Handrad zur Schlittenverschiebung (Abb. 398) sowie die beiden Hebel zur Vorschubkupplung sind in ihrer Wirkungsweise bereits bei der Ständerbohrmaschine (S. 294)
geschildert worden. Die Einstellung der Vorschubgröße wird durch Nocken a, b erreicht,
von denen der eine bei erreichter Vorschubtiefe auslöst, der andere den Vorschubweg nach
oben und unten begrenzt (s. auch Rundschleifmaschine der Naxos-Union von 1906,
S. 354).

Das Ritzel c in Abb. 398 greift in die Zahnstange am Ausleger ein. Durch Drehen am
Handrad wird somit der Bohrschlitten von Hand in waagerechter Richtung verschoben.

In senkrechter Richtung erfolgt die Verschiebung der Bohrspindel durch Betätigung
der beiden Hebelarme (Abb. 398) wie bei der Ständerbohrmaschine KSt 60.

Die HK-Typen werden wahlweise mit Hand- oder Kraftklemmung zu den nachstehend angegebenen drei Klemmstellen ausgerüstet. Für die Radialen mit Kraftklem-

mung ist ein Eilganggetriebe zum Heben und Senken des Bohrschlittens mit 8 m/min eingebaut, welches durch den Hebel für Schlittenverstellung (Abb. 398) ein- und aus geschaltet wird.

b) Die drei Einrichtungen zum Festklemmen.

Die drei einzelnen Klemmstellen liegen zwischen 1. Ständer und Säule, 2. Säule und Ausleger und 3. Ausleger und Bohrschlitten.

Die Klemmungen können gleichzeitig in bestimmter Reihenfolge, aber auch einzeln, ausgeführt werden.

Die Anbringung einer Abstützung zwischen Grundplatte und Ausleger an dessen freiem Ende ist naheliegend. Sie würde aber die Schwenkung des Auslegers unmöglich

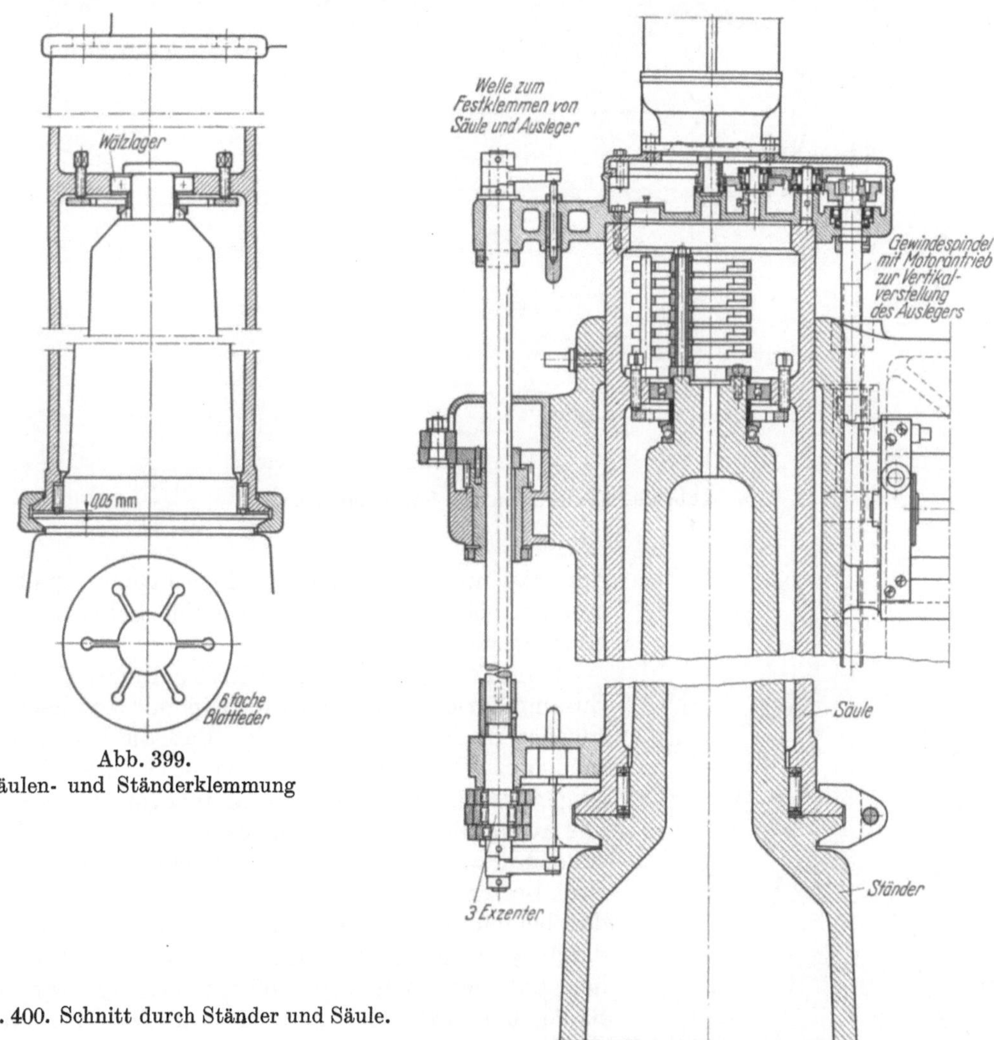

Abb. 399.
Säulen- und Ständerklemmung

Abb. 400. Schnitt durch Ständer und Säule.

machen. Die Einrichtung kann daher nur angebracht werden, wenn sie sich lohnt, d. h. wenn z. B. Serien von Werkstücken mit einer erheblichen Anzahl von Bohrungen auszuführen sind.

Die Säulenklemmung muß so durchgebildet sein, daß sie

1. schnell und leicht festzuziehen ist und ebenso schnell und leicht die Säule mit dem Ausleger zum freien Schwenken freigibt

2. den Ausleger nicht irgendwie verschiebt,

3. ihn sicher festhält.

Erreicht werden diese drei Anforderungen durch elastisches Aufhängen der Säule an sechs justierbaren Blattfedern (Abb. 399) derart, daß zwischen Säule und Ständer

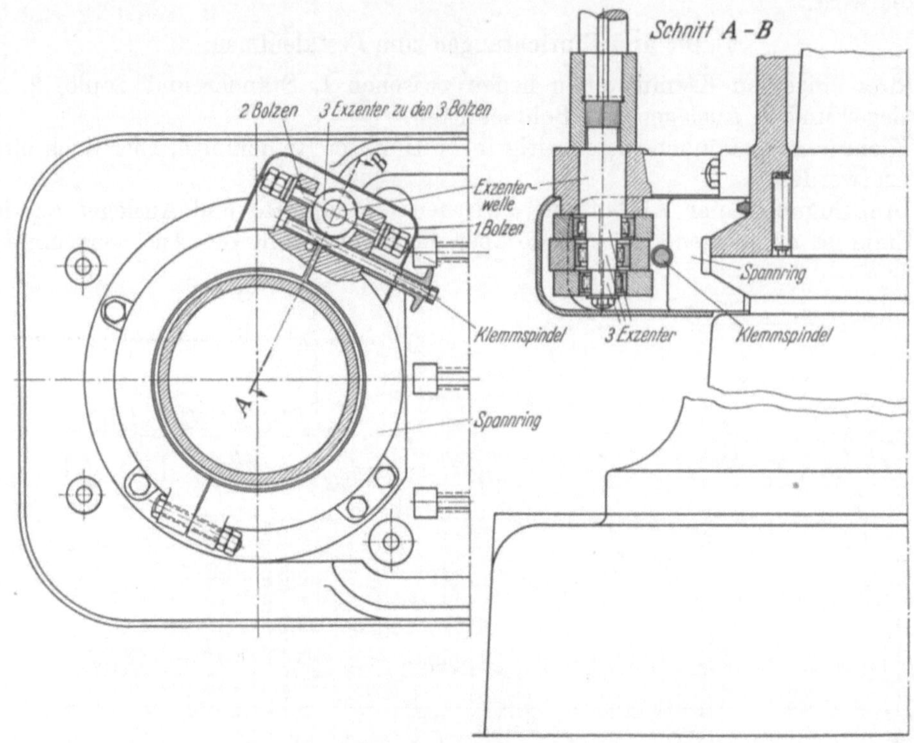

Abb. 401. Einzelheiten zur Säulenklemmung.

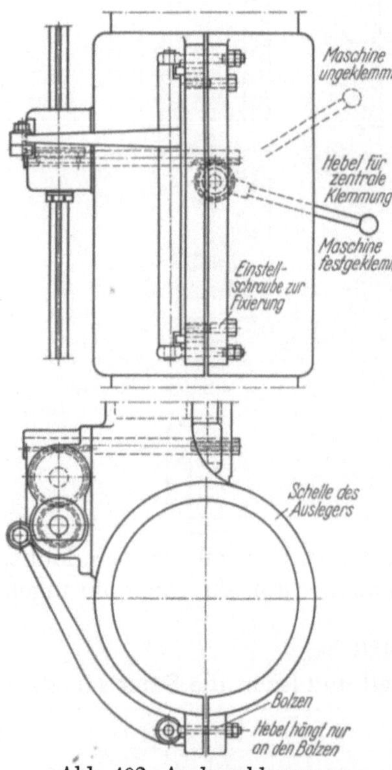

Abb. 402. Auslegerklemmung.

nur das in der Abbildung eingetragene Spiel von 0,05 mm besteht, welches das freie Schwenken der Säule gestattet.

Beim Festklemmen wird dieses geringe Spiel durch Zusammenziehen eines Klemmrings mit zwei kegeligen Flächen in der Weise beseitigt, daß die beiden Flanschen des Klemmrings (Abb. 400, 401) durch drei mit Augen versehene Bolzen zusammengezogen werden. Die Augen dieser Bolzen umfassen drei auf einer Welle sitzende Exzenter, durch deren Drehung um etwa 60° zwei Bolzen gegen den dritten in der Mitte zwischen den beiden andern angeordneten Bolzen anziehen und damit auch den Klemmring um so viel zusammenziehen, daß der Spalt von 0,05 mm beseitigt wird und Säule und Ständer unverrückbar fest verbunden werden.

Bei der schwereren Maschine HK 80 erfolgt das Spannen des Klemmrings vom Bohrschlitten über Klemmgehäuse und Gestänge zum Klemmring.

Das Festklemmen des Auslegers (Abb. 402) geschieht durch Zusammenklemmen des die Säule umschließenden Mantels des Auslegers, dessen Spannbacken sich am oberen und unteren Ende des Auslegermantels befinden. Die Spannbacken werden zusammengezogen, indem die frei an den beiden Bolzenaugen oben und unten aufgehängte Klemmwelle sich oben und unten gegen je einen Anschlag anlegt und so die beiden Augenbolzen anzieht (Abb. 402).

Das Festklemmen des Bohrschlittens an horizontalen Führungsbahnen am Ausleger zeigt Abb. 403, aus welcher auch das Festklemmen durch den Hilfsmotor hervorgeht und wie es bei HK 80 vorgesehen ist. Im einzelnen spielt sich der Vorgang des Festklemmens von Hand bzw. durch den Hilfsmotor wie folgt ab: Mit dem Klemmhebel (Abb. 404) wird über ein Zahnsegment und ein Stirnrad eine Exzenterwelle gedreht, wobei das Exzenter auf einen Klemmstein drückt und damit den Bohrschlitten festsetzt.

Tabelle 44. *Leistungsbereich der KSt 60.*

	Stahl 50.11	Gußeisen
Bohren ins Volle bis . . . . mm Dmr.	60	80
Aufbohren, wenn $^1/_2$ Dmr. vorgebohrt . . . . mm Dmr.	100	120
Ausbohren bis . . . . mm Dmr.	130	160
Ausschneiden . . . . mm Dmr.	300	
Gewindeschneiden . . . . Withworth	$2^1/_4''$	$2^3/_4''$
Gewindeschneiden . . . . Feingewinde	$3''$	$3^1/_2''$

Bohrleistungen:

	Stahl						Gußeisen				
	Bohrer-durch-messer mm	Dreh-zahl U/min	Schnitt-geschwin-digkeit m/min	Vor-schub mm	Bohr-tiefe mm/min	kW	Dreh-zahl U/min	Schnitt-geschwin-digkeit m/min	Vor-schub mm	Bohr-tiefe mm/min	kW
Bohren	7	1750	38,5	0,15	262	2,20	1750	38,5	0,20	350	1,84
	10	1350	42,5	0,20	270	2,67	1350	42,5	0,25	350	1,99
	12	1200	45,3	0,25	300	2,94	1200	45,3	0,36	432	2,67
	14	1060	46,5	0,25	265	3,68	1060	46,5	0,36	382	3,32
	16	950	47,5	0,36	342	4,05	950	47,5	0,54	515	3,68
	18	850	48,0	0,36	305	4,79	850	48,0	0,54	460	3,68
	20	750	47,2	0,36	270	5,52	750	47,2	0,54	405	3,68
	22	680	47	0,36	245	5,15	680	47	0,54	370	4,05
	24	600	45	0,36	215	5,52	600	45	0,54	325	4,86
	25	540	42,5	0,54	290	5,88	540	42,5	0,75	405	3,68
	28	480	42	0,54	260	5,52	480	42	0,75	360	5,75
	30	380	35,8	0,54	205	5,98	380	35,8	1,00	380	5,52
	35	300	33	0,54	162	6,25	300	33	1,00	300	5,88
	40	235	29,5	0,54	127	6,64	·235	29,5	1,00	235	6,78
	50	190	30	0,54	103	6,25	190	30	1,00	190	6,64
	55	150	26	0,54	81	6,55	150	26	1,00	150	6,64
	60	120	23	0,54	65	6,55	120	23	1,00	120	6,64
Vorbohren	70	95	21	0,54	51	5,08	95	21	0,75	71,5	5,88
	80	75	19	0,54	40,5	5,52	75	19	0,75	57	5,75
	90	60	17	0,54	32,5	5,88	60	17	0,75	45	5,52
	100	48	15	0,36	17	5,00	48	15	0,54	36	5,23
Ausbohren	120	38	14,5	0,36	13,3	5,30	38	14,5	0,54	20,5	5,15
	140	30	13,2	0,36	10,8	6,25	30	13,2	0,54	16,2	5,88
	160	24	12	0,36	8,6	6,64	24	12	0,54	13,0	5,52

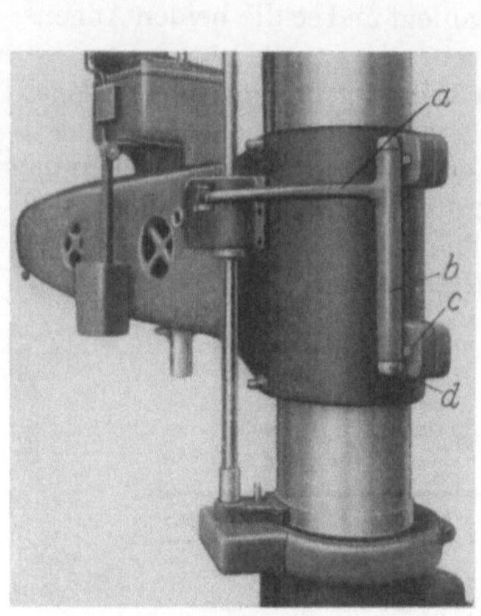

Abb. 403. Rückansicht von Ausleger
und dem Klemmhebel.

a Hebel;　　　*c* Anschlag;
b Klemmwelle;　*d* Bolzenauge.

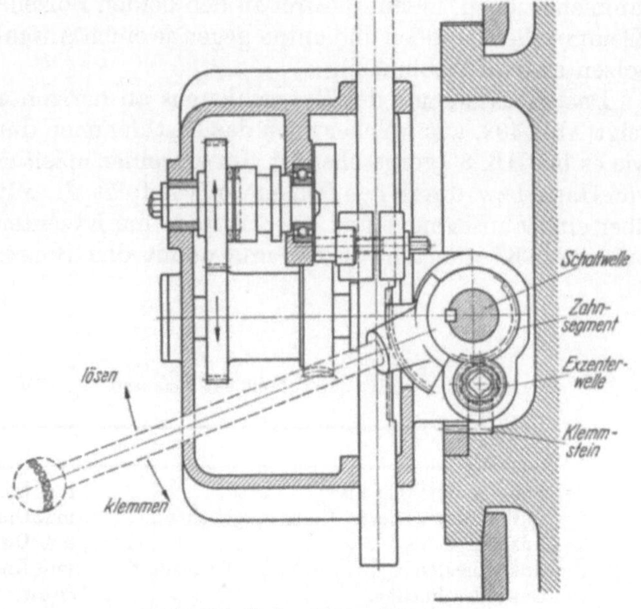

Abb. 404. Bohrschlittenklemmung.

Tabelle 45. *Griffzeiten der Radialen in Minuten.*

	HK 60	HK 80
1. Bohrmotor ein- u. ausschalten	0,02	0,02
2. Bohrspindel ein- u. ausschalten	0,02	0,02
3. Bohrspindelschlitten einstellen von Loch zu Loch bis max. 500 mm einschl. Klemmen	0,15	0,15
4. Bohrspindel heben oder senken 300 mm einschl. Vorschub einrücken	0,05	0,06
5. Bohrspindeldrehzahl wechseln	0,05	0,05
6. Vorschub wechseln	0,03	0,03
7. Tiefenauslösung einstellen	0,10	0,10
8. Ausleger um 360° schwenken einschl. Säule los- u. festspannen	0,20	0,20
9. Ausleger lösen, in der Höhe 1000 mm verschieben und wieder festklemmen	1,00	1,05
10. Bohrer mit Kegelhülse in die Bohrspindel einsetzen	0,06	0,065
11. Bohrer herausschlagen	0,08	0,09
12. Bohrer wechseln	0,15	0,20
13. Bohrer in Schnellwechselfutter einstecken	0,04	0,05
14. Bohrer aus Schnellwechselfutter herausnehmen	0,05	0,06
15. Bohrer im Schnellwechselfutter wechseln	0,10	0,12
16. Bohrstange (600 mm) im Schnellwechselfutter wechseln	0,15	0,20
17. Bohrstange (600 mm) im Spindelkegel wechseln	0,20	0,25
18. Reinigen der Maschine, wöchentlich	30,00	30,00

Die vorstehenden Richtwerte gelten für Serienarbeiten. Für ausgesprochene Massenarbeiten können
sie noch verkürzt werden.

$$0,01 \text{ min} = 0,6 \text{ sec} \qquad 0,1 \text{ min} = 6 \text{ sec}$$

c) Die Bohrleistungen und die Griffzeiten.

Tab. 44 enthält Angaben über

1. Drehzahlenvorschübe und Kraftbedarf der Radialen HK 60,
2. den Leistungsbereich und
3. Bohrleistungen in Stahl und Gußeisen.

Tab. 45 stellt die Griffzeiten für die Radialen HK 60 und HK 80 zusammen, um
eine Vorstellung zu geben von den kurzen Bedienungszeiten, welche durch die neuzeitliche Durchbildung der Maschine erreicht werden.

d) Schlußbemerkungen zur Radialbohrmaschine.

Es wird seit langem angestrebt, die Radiale immer größeren Arbeitsgebieten zugängig zu machen. Vor allem muß eine zentrale und übersichtliche, einfache Bedienung die toten Zeiten herabmindern. Dieses zu erreichen, sind von den einzelnen Herstellerfirmen die verschiedensten Probleme gelöst worden. Probleme, wie zentrale Klemmungen in den drei Koordinatenrichtungen auch wahlweise zu trennen oder in bedingter Reihenfolge zu schalten, ferner automatische Reihenfolge der Schaltungen, z. B. druckknopfgesteuerte elektro-mechanische, elektro-hydraulische Schaltungen (Wahlschaltungen) sind in der Entwicklung begriffen.

e) Koordinatenradiale.

Aus der vorstehend erläuterten Radialen wurde durch Abstützung des verstärkten Auslegers an einer Gegensäule (Abb. 405) und Ergänzung durch eine Feinmeßeinrichtung ein Bohrwerk entwickelt, welches auch zum Lehrenbohren geeignet ist und in einer Aufspannung zu fräsen, zu bohren, feinzubohren und mit Gewinde zu versehen gestattet.

Abb. 405. Koordinatenbohrwerk.

Abb. 406. Unterer Teil des Bohrschlittens des Koordinatenbohrwerks.

Abb. 407. Optische Meß- und Kontrolleinrichtung.

Das Bohrwerk eignet sich nicht nur als Koordinatenbohrmaschine zur Herstellung von Vorrichtungen, sondern auch zu Erstausführungen und Kleinserien von Werkstücken, welche mit höherer Genauigkeit herzustellen sind.

Diese Genauigkeit wird, abgesehen von der entsprechend starren Ausführung der Maschine, durch eine Feinmeß- bzw. Kontrollvorrichtung erreicht, mit welcher die Maschine in den beiden Ausführungen mit optischer Einrichtung oder mit Einrichtung zum Einlegen von Parallel- oder Zylinderendmaßen geliefert wird. Die Einrichtung ist jeweils am Bohrschlitten und eine zweite am Arbeitstisch angebracht.

Die optische Meß- und Kontrolleinrichtung (Abb. 406 u. 407), Fabrikat der Firma Leitz, Wetzlar, arbeitet mit einem genauen Glasmaßstab und einer 100teiligen Strichplatte auf eine hellbeleuchtete Mattscheibe in der Vergrößerung 1 : 100. Ein Tischweg von 0,01 mm erscheint also auf der Mattscheibe 1 mm lang.

Eine Arbeitsgenauigkeit von $\pm 0,01$ mm, freilich unter Einhaltung der bei Feinmessung erforderlichen Sorgfalt (gleiche Temperatur von Werkstück und Maschine, Sauberkeit usw.), läßt sich ohne Schwierigkeit erreichen.

Für die Messung und Kontrolle mit Endmaßen und Meßuhranschlag zur zusätzlichen Kontrolle des Meßdruckes findet eine 0,01 Millimeter anzeigende Meßuhr Verwendung.

3. Das Waagerecht-Bohr- und Fräswerk.

Der fortschrittliche Gedanke des Bohr- und Fräswerks ist, wie schon der Name besagt, die Hinzunahme von Fräsarbeit auf dem zuvor nur für Bohrarbeit eingerichteten Waagerechtbohrwerk; ohne Umspannen des Werkstücks kann auf diese Weise Bohr- und Fräsarbeit zeitsparend ausgeführt werden.

Eine solche Maschine erfordert aber eine erhebliche Steigerung der Antriebskraft, etwa auf das Dreifache, und eine wesentlich steifere Gestaltung. Der Fräser, in der Regel ein Messerkopf, bringt gleichzeitig eine Anzahl Messer zum Schnitt und übt ein größeres Moment, damit aber auch eine größere Kraft auf das Werkstück aus als der Bohrer. Zugleich gibt der Fräser bei dem wechselnden Schnittangriff Schwingungsimpulse. Diese müssen in ihrer Einwirkung auf Werkzeugschneide und Werkstück auf ein tragbares Kleinstmaß herabgesetzt werden.

Tabelle 46. *Daten vom Waagerecht-Bohr- und Fräswerk BF 80/170.*

Spindeln

Durchmesser	Arbeitsspindel	mm	80
	Frässpindel	mm	170
Werkzeugaufnahme	Arbeitsspindel/Befestigungskegel		ISA 45
	Frässpindel/Zentrierdurchmesser	mm	400 H 6

Arbeitswege

Bohrtiefe in einem Zuge/Nachschub		mm	710/355
Senkrechtweg des Spindelstocks und des Setzstocklagers		mm	900
		mm	*1400*
Tischquerweg		mm	1000
		mm	*1750*
Tischlängsweg bei Querstellung des Tisches	Tisch normal	mm	1060
	Tisch vergröß.	mm	840
	Tisch normal	mm	*2060*
	Tisch vergröß.	mm	*1840*

Arbeitsgrößen

Ausbohren: max. Durchmesser	mm	710
Fräsen: max. Fräser- bzw. Messerkopf-Durchmesser	mm	500
Flanschendrehen: min.-max. Durchmesser	mm	0–950

Drehzahlen (3 verschiedene Bereiche zur Arbeit)

Anzahl			24
Bereich für Arbeitsspindel	1. Bereich	U/min	5,6–1250
	2. Bereich	U/min	7,1–1600
	3. Bereich	U/min	9–2000
Bereich für Planscheibe bzw. Plandrehsupport	1. Bereich	U/min	5,6–200
	2. Bereich	U/min	7,1–250
	3. Bereich	U/min	9–315

Vorschübe (in allen Bewegungsrichtungen)

Anzahl (je Umdrehung der Arbeitsspindel			36
im Bereiche von		mm	0,02–12
Anzahl (je Minute)			18
im Bereiche von	für 1. Drehzahlbereich	mm/min	16,6–800
	für 2. Drehzahlbereich	mm/min	20,8–1000
	für 3. Drehzahlbereich	mm/min	26–1250

Eilgang (in allen Bewegungsrichtungen)

für 1. Drehzahlbereich	mm/min	2250
für 2. Drehzahlbereich	mm/min	2840
für 3. Drehzahlbereich	mm/min	3580

Gewindeschneiden

Anzahl der metrischen bzw. Zollgewinde	je	18
im Bereiche von (metrisch)	mm	0,25–12
im Bereiche von (Gänge)	je 1″ engl.	2–96

Antriebsmotorleistung

bei 1. und 2. Drehzahlbereich	etwa kW	7,5
bei 3. Drehzahlbereich	etwa kW	11,0

Nettogewicht

Maschine ohne Vergrößerung, ohne elektrische Ausrüstung	etwa kg	13500

Abb. 408. Gesamtansicht des Waagerecht-Bohr- und Fräswerks.

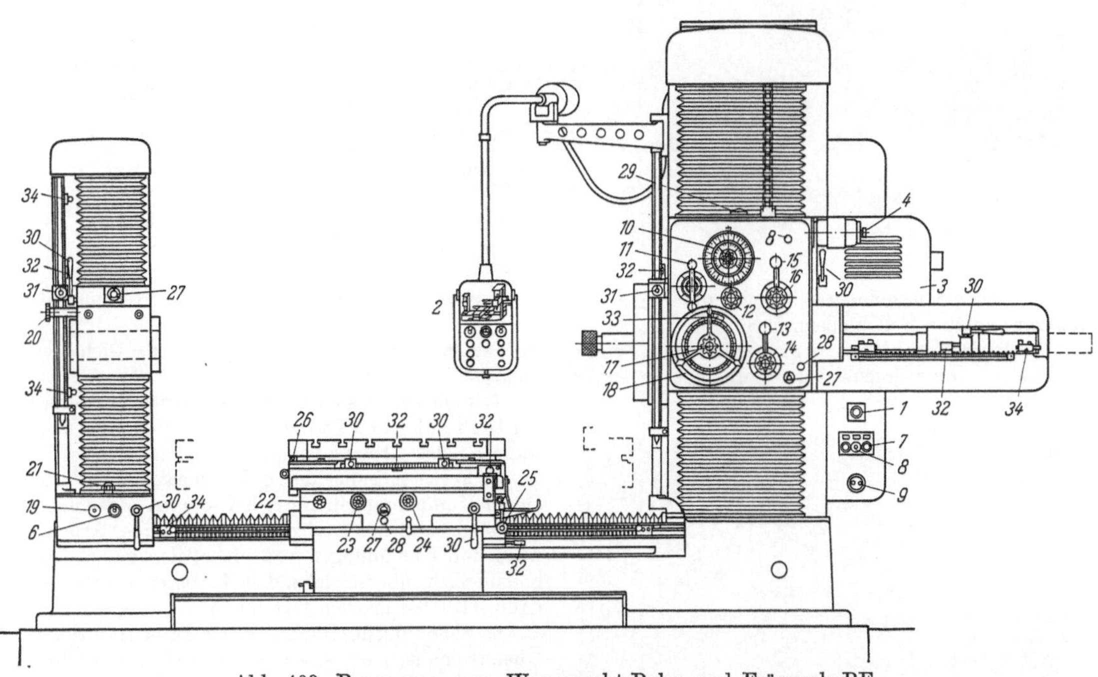

Abb. 409. Benennung zum Waagerecht-Bohr- und Fräswerk BF.

 1 Hauptschalter
 2 Kommandogerät mit Vorschub-Leucht-
   pfeilanzeige
 3 Hauptantriebmotor mit Bremswächter
 4 Hilfsmotor für Vorwahlschaltung
 5 Hilfsmotor für Setzstock
 6 Schalter für Setzstockmotor
 7 Schalter für Elektropumpe
 8 Signallicht
 9 Steckdose
10 Vorwahlschaltung für Drehzahlen und
   Vorschübe
11 Richtungswechsel: Vorschub/Eilgang
12 Vorschubrichtungswechsel für Arbeitsspindel und Planschieber
13 Arbeitsspindel-Vorschub
14 Planvorschub
15 Drehzahlreihenwechsel
16 Vorschubreihenwechsel
17 Handverstellung grob/fein
18 Zentralhandrad
19 Setzstock-Handverstellung
20 Setzstocklager-Feineinstellung
21 Wahlschaltung: Setzstock längs/Lager
   senkrecht
22 Tischrundbewegung von Hand
23 Tischlängsverstellung von Hand
24 Tischquerverstellung von Hand
25 Wahlschaltung: Tisch längs – quer – rund
26 Anschlag für Tisch-Rechtwinkellagen
27 Ölstand
28 Handkolbenpumpe für Gruppen-
   schmierung
29 Ölumlaufkontrolle
30 Klemmhebel
31 Meßuhreinrichtung (gegen Mehrpreis)
32 Maßstab/Gradskala mit Nonius
33 Bohrtiefenskala mit Nonius
34 Endanschläge

Das Waagerecht-Bohr- und Fräswerk der Vereinigten Werkzeugfabriken, Frankfurt a. M.
Gebaut werden drei Typen:

1. Maschinen mit festem Ständer und kreuzbeweglichem Drehtisch (Abb. 408).
2. Maschinen mit kreuzbeweglichem Ständer (Grundplattenmaschinen).
3. Maschinen mit hobelmaschinenähnlichem Tisch (Quertischmaschinen) (Abb. 412).

Folgende, für die Konstruktion wesentliche Eigenschaften sind für diese Maschine kennzeichnend:

1. Hohe Antriebsleistung zur vollen Ausnutzung der modernen Hartmetalle, auch beim Fräsen mit dem Messerkopf.

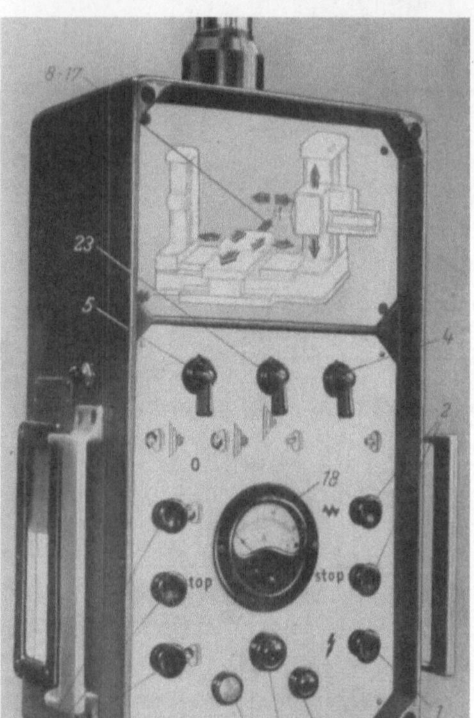

Abb. 410. Fernsteuerndes Kommandogerät der Arbeitsbewegungen bei den kleineren Typen.

1.	Druckknopfschalter	Eilgang
2.	Druckknopfschalter	Vorschub
	Druckknopfschalter	Vorschub Aus
3.	Druckknopfschalter	Bohrspindelmotor Rechtslauf
	Druckknopfschalter	Bohrspindelmotor Aus
	Druckknopfschalter	Bohrspindelmotor Linkslauf
4.	Einrichteschalter	Einrichten links und rechts
5.	Vorwählschalter	für die Drehrichtung nach vollzogener selbsttätiger Drehzahl- bzw. Vorschub-Schaltung.
6.	Kontrollampe, rot	Maschine eingeschaltet
7.	Kontrollampe, rot	Vorschub eingeschaltet
8.	Leuchtpfeil	Spindelstock heben
9.	Leuchtpfeil	Spindelstock senken
10.	Leuchtpfeil	Arbeitsspindel einfahren
11.	Leuchtpfeil	Arbeitsspindel ausfahren
12.	Leuchtpfeil	Tischlängsbewegung in Richtung nach rechts
13.	Leuchtpfeil	Tischlängsbewegung in Richtung nach links
14.	Leuchtpfeil	Tischrundbewegung rechtsdrehend
15.	Leuchtpfeil	Tischrundbewegung linksdrehend
16.	Leuchtpfeil	Tischquerbewegung in Richtung nach hinten
17.	Leuchtpfeil	Tischquerbewegung in Richtung nach vorne
18.	Amperemeter	
23.	Schwenkschalter	zur Auslösung der vorgewählten Schaltungen in der Maschine
24.	Kontrollampe, grün	zeigt Schaltungsablauf in der Maschine an.

2. Steifes Maschinengestell sowie die Einhaltung der zu genauer Arbeit stets erforderlichen Konstruktionseinzelheiten und Meßeinrichtungen.

3. Große Genauigkeit der oberflächengehärteten Arbeitsspindel und der Pinole, die hinsichtlich Verschiebelagerung weitgehend unempfindlich gegen Verschleiß ist.

4. Selbsttätiges elektromechanisches Vorwählen der Drehzahlen und Vorschubgeschwindigkeiten auch während des Arbeitsganges.

5. Fernsteuerung der Arbeitsbewegungen von einem Kommandogerät aus bei kleinen Maschinen. Fernsteuerung der Drehzahlen, Vorschübe, Arbeitswege und Klemmungen von einem den ganzen Arbeitsbereich überstreichenden Fernsteuergerät aus (Abb. 410) bei großen Maschinen.

6. Sicherung des Hauptantriebes elektrisch durch Überstromauslösung sowie mechanisch durch Überlastungskupplung, Vorschub- und Eilganggetriebe durch Überlastungsmagnetkupplungen.

7. Planscheibe und Plandrehsupport, unabhängig von der Arbeitsspindel gelagert und angetrieben.

8. Die Herstellungsgenauigkeiten entsprechen den Toleranzen des Prüfbuches für Werkzeugmaschinen bzw. unterschreiten dieselben.

Als Beispiel für die nachstehenden Ausführungen wird das Bohr- und Fräswerk BF 60/170 (Abb. 408) gewählt.

Abb. 411.
Bohrer und Messerkopf zu BF 80/180, arbeitsbereit.

Die Bedienungselemente sind in Abb. 409 hervorgehoben und benannt. Tab. 46 gibt die Daten zu 80/170, aus welcher die erhöhte Antriebsleistung sowie das erhöhte Nettogewicht (Steifigkeit) hervorgehen. Bohrer und Fräser sind arbeitsbereit (Abb. 411) dargestellt. In dem Kommandogerät (Abb. 410) zur Fernsteuerung der Arbeitsbewegungen sind die Bedienungselemente, Kontroll-Lampen, Leuchtpfeile und Meßgeräte zusammengefaßt und in der Abbildung benannt.

Ein Bohr- und Fräswerk BFQ des dritten Typs (Abb. 412) mit hobelmaschinenähnlichem Tisch zeigt eine schwere Gestaltung. Das Kommandogerät ist (Abb. 413) mit

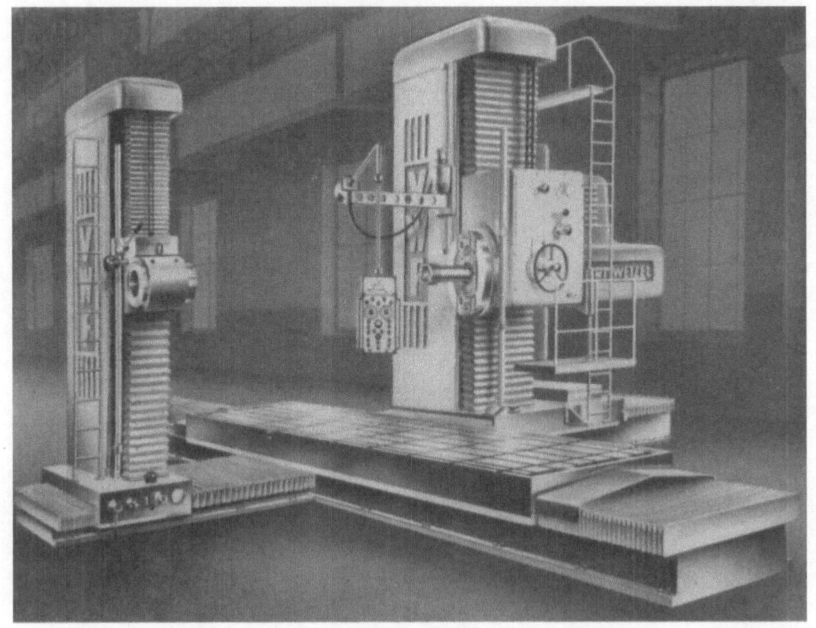

Abb. 412.
Waagerecht-Bohr- und Fräswerk mit hobelmaschinenähnlichem Tisch (Quertischmaschine) BFQ 160/280.

seinen einzelnen Elementen in größerem Maßstab und der Benennung derselben wiedergegeben.

Der Getriebeplan (Abb. 414) ist umfangreich. Seine Erörterung muß des Raumbedarfs wegen unterbleiben.

XIII. Die Schleifmaschinen.

Die nachstehenden Ausführungen beziehen sich im wesentlichen auf die Rundschleifmaschine als dem häufigsten und zugleich lehrreichsten Typ der Schleifmaschinen.

A. Die Schleifscheibe, das Werkzeug der Rundschleifmaschine, deren Arbeitsweise und Anforderungen an die Werkzeugmaschine.

a) Die Schleifarten sind: 1. Längsschleifen (Werkstück oder Schleifscheibe in der Längsrichtung des Werkstücks bewegt), 2. Einstechen, Einstechen mehrerer Schleifstellen zugleich und Formschleifen, 3. zeitlich aufeinanderfolgendes mehrmaliges Einstechen nebeneinander, 4. Längsschleifen ohne Zustellung während des Schleifens. Beim Rundschleifen kommen drei Arten der Bewegung des Werkstücks relativ zur Schleifscheibe vor: 1. Zustellung kontinuierlich, in der Regel durch Umlauf des Werkstücks,

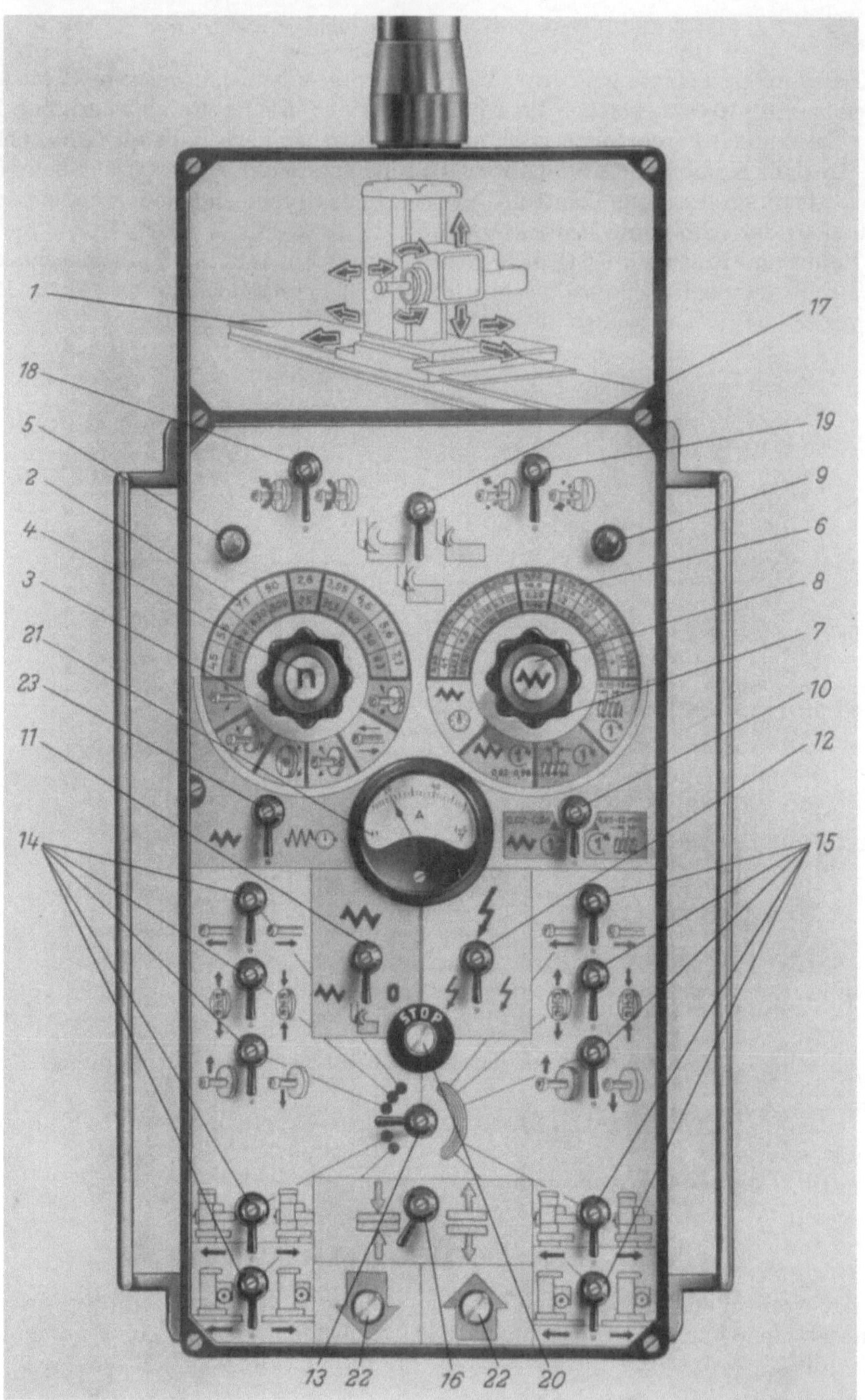

Abb. 413. Fernsteuerndes Kommandogerät bei großen Waagerecht-Bohr- und Fräswerken.

1 Elektrische Kontrolle der Vorschubbewegungen durch Leuchtpfeilanzeige
2 Drehzahl-Skala
3 Drehzahl-Vorwahlknopf
4 Drehzahl-Kommando-Schalter
5 Kontrollampe für Hauptmotor
6 Vorschub-Skala
7 Vorschub-Vorwahlknopf
8 Vorschub-Kommando-Schalter
9 Kontrollampe für mechanischen Vorschub
10 Vorschubreihen-Schaltung: Feinvorschub/Normalvorschub
11 Vorschub-Schalter/Null/Anschnitt/Vorschub
12 Eilgang-Schalter
13 Wahlschalter für die Vorschubbewegungen der Maschinengruppen/Einzeln/Kombiniert
14 Schalter für die Vorschubbewegungen der Maschinengruppen sowie für deren Klemmung und Lösung. Die Schalter sind gegenseitig verriegelt, so daß immer nur eine Maschinengruppe geschaltet werden kann
15 Schalter für die Vorschubbewegungen der Maschinengruppen sowie für deren Klemmung und Lösung. Die Schalter sind gegenseitig nicht verriegelt, so daß eine oder mehrere Maschinengruppen gleichzeitig geschaltet werden können
16 Schalter für elektro-hydraulische Klemmung: Alles geklemmt/Alles gelöst
17 Schalter für Anschnitt-Vorschubgeschwindigkeiten: Fein/Mittel/Grob
18 Schalter für Hauptmotor: Rechtslauf/Linkslauf/Aus
19 Schalter für Tippen und Einrichten: Links/Rechts
20 Not-Stoppschalter
21 Strommesser
22 Schalter für Fernsteuergerät-Verstellung: Auf/Ab
23 Wahlschalter für: Normaler Betrieb/Automatische Positionierung/Programmsteuerung/(Sondereinrichtung)

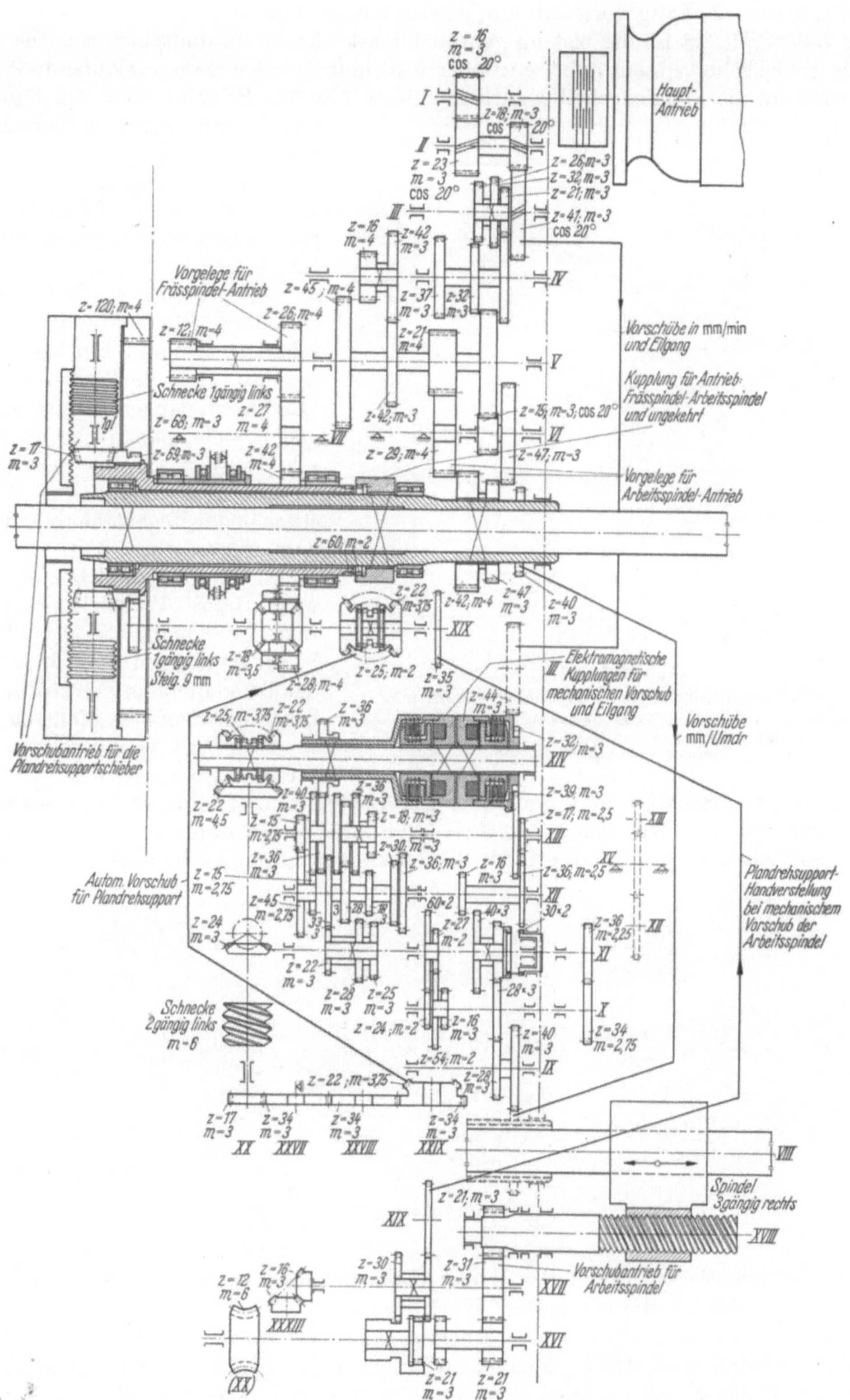

Abb. 414. Getriebeplan zu einem kleineren Waagerecht-Bohr- und Fräswerk.

sog. Zuschub, 2. Beistellung am Hubende des Werkstückschlittens oder kontinuierlich beim Einstechen, 3. Längsvorschub am Werkstück entlang.

Das *Längsschleifen* ist die bislang gebräuchlichste Art des Rundschleifens. Die umlaufende Schleifscheibe steht dabei entweder fest, und das gleichfalls umlaufende Werkstück wird an der Schleifscheibe entlanggeführt (Norton-Prinzip) oder die Schleifscheibe wird an dem Werkstück entlanggeführt (Landis-Prinzip) (Abb. 415a). Letzteres Verfahren ergibt bei großen Werkstücklängen die kürzere Bauart der Schleifmaschine

Das *Einstechen* ist das neuzeitlichste und häufig auch wirtschaftlichste Verfahren, besonders deshalb, weil die Schleifscheibe mit ihrer ganzen Breite dabei gleich tief spant. Die Schleifscheibe wird auf das Werkstück zu bewegt, während das Werkstück in der Regel nicht oder nach dem Norton-Prinzip nur wenige Millimeter hin und her bewegt wird. Diese Vorschubbewegung wird zweckmäßig als Zustellung bezeichnet zum Unterschied von der Beistellung an den Hubenden des Tisches und ist nicht zu verwechseln mit dem Zuschub des Werkstoffes entgegen der Schnittrichtung. Dieses Verfahren dient auch zum Anschleifen eines Profils an das Werkstück sowie ferner zum gleichzeitigen Einstechen (Abb. 415) an mehreren Stellen des Werkstücks. Gegebenenfalls ist die Breite der Schleifscheibe um einige Millimeter größer als

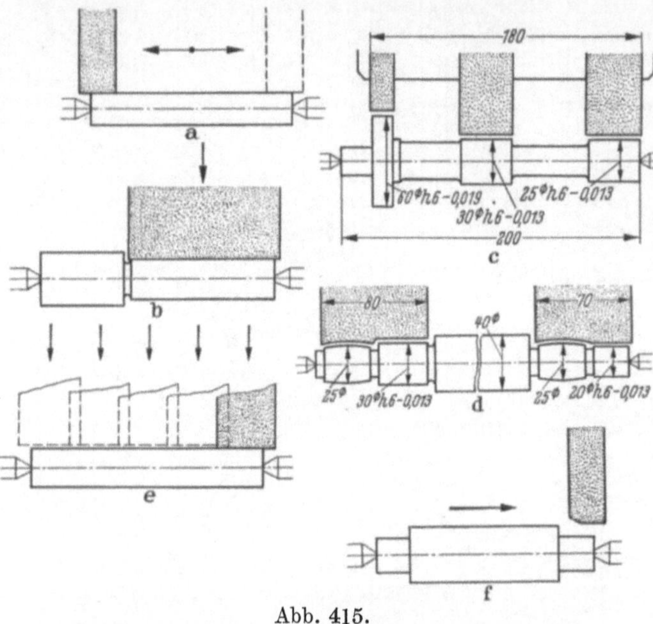

Abb. 415.
Wirtschaftliches Schleifen. Die Schleifverfahren.

a Längsschleifen; *b* Einstechen; *c* Einstechen gleichzeitig an mehreren Schleifstellen; *d* Formschleifen; *e* mehrfaches Einstechen nebeneinander; *f* Schleifen ohne Beistellung.

der zu schleifende Werkstückzylinder, so daß sie seitlich über denselben ein wenig herausragt, so bei Maschinenfertigung breiter Werkstücke.

Das zeitlich *aufeinander folgende, mehrmalige Einstechen* wird in der Weise ausgeführt, daß die Schleifstellen ineinander übergehen, indem die Schleifscheibe nahezu mit ihrer ganzen Breite gleich tief spanend den Abschliff ausführt. Das Verfahren ist darum besonders wirtschaftlich, setzt aber sehr genaue Arbeit voraus, damit die Spanabnahme an allen Stellen den gleichen Werkstückdurchmesser ergibt.

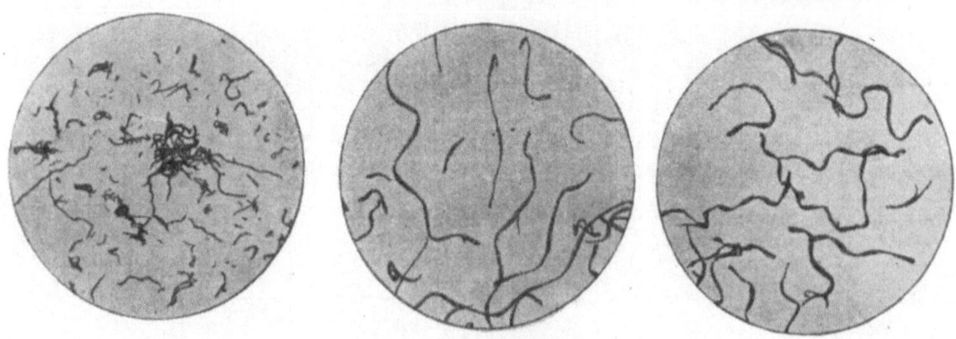

Abb. 416. Schleifspäne.

Bei dem *Längsschleifen ohne Zustellung während des Schleifens* wird die Schleifscheibe vor Beginn der Arbeit so eingestellt, daß sie fast die ganze Schleifzugabe in einem Span abnimmt. In dieser Stellung wird die Scheibe langsam am Werkstück entlang geführt. Auf diese Weise lassen sich kurze Wellen und sehr schlanke Werkstücke ohne Bunde bearbeiten.

Genaue Angaben im einzelnen zu diesen vier Verfahren gehören in die Fertigungslehre.

Bei allen Schleifverfahren werden wie bei der Fräsmaschine Kommaspäne abgehoben, bei zähem Werkstoff oft von mehreren Millimetern Länge (Abb. 416).

b) Das Schleifmittel und dessen Bindung, Härte und Körnung. 1. Die *Schleifscheibe* besteht aus dem *Schleifmittel* und der *Bindung*.

Die Schleifmittel sind 1. Aluminiumoxad (Elektrokorund), 2. Siliziumkarbid.

Die übrigen Schleifmittel, wie natürlicher Korund z. B. aus Kanada, Schmirgel usw., treten in ihrer Bedeutung heute mehr und mehr zurück.

Aluminiumoxad ist künstlicher Korund mit einem Gehalt von 99,5% reinem Aluminiumoxyd beim Edelkorund und mit einem Gehalt von 95 bis 96% beim Normalkorund. Es findet Anwendung für Werkstoffe von hoher Zugfestigkeit, z. B. von gehärtetem und ungehärtetem Werkzeugstahl, legiertem Stahl, Schnellstahl, zäher Bronze usw.

Siliziumkarbid wird einerseits für Werkstoffe von geringer Zugfestigkeit verwendet, z. B. für Gußeisen, Messing, weiche Bronze, Aluminium, andererseits für spröde, harte Werkstoffe, wie Hartmetalle, Porzellan, und schließlich zum Feinschleifen der meisten Werkstoffe.

Die Bindungen sind: *anorganische*, nämlich keramische, Silikat- und Magnesitbindungen und *organische*, nämlich Schellack-, Gummi- und Kunstharzbindungen.

Die beiden erstgenannten enthalten Naturharz, die letztere Kunstharz.

Die keramische Bindung besitzt große Festigkeit, offenes Gefüge und ermöglicht einen großen Bereich an Härtestufen. Sie wird weitaus am häufigsten verwendet. Die Scheiben sind porös und griffig, gegen Wasser und Öl unempfindlich und können für Naß- und Trockenschliff verwendet werden. Eine gleichmäßige, nicht allzugroße Erwärmung schadet ihnen nicht.

Die Silikatbindung hat geringere Festigkeit und ist gegen Nässe empfindlicher. Sie findet Anwendung beim Schleifen von dünnwandigen Rohren, Werkzeugschneiden u. dgl., weil sie geringere Wärme entwickelt, so daß dem Ausglühen mehr vorgebeugt wird.

Die Magnesitbindung ist gegen Feuchtigkeit sehr empfindlich und findet nur wegen ihrer Billigkeit im Großschliff Verwendung.

Die schellackgebundenen Scheiben finden Anwendung für hochgradigen Feinschliff, z. B. von Stahlwalzen, Aluminiumkolben u. dgl.

Die Gummibindung ist sehr widerstandsfähig und läßt Umfangsgeschwindigkeit über 35 m/sec zu. Sie eignet sich infolge ihres milden Angriffes zum Schleifen von Kugellaufbahnen, Laufrollen u. dgl., auch von Werkzeugen.

Die Bakelitbindung ist besonders zum Einstechen und Abtrennen geeignet. Sie hat ähnliche Eigenschaften wie die Schellack- und die Gummibindung, besitzt aber ein offenes Gefüge und größere Schneidhaltigkeit. Die Schnittgeschwindigkeit wird mit $v = 45$ bis 60 m/sec genommen. Sie kann auf 75 bis 80 m/sec gesteigert werden, wenn die Maschine dafür gebaut ist. Diese als Trennscheiben verwendeten Scheiben sind auch dann vollkommen betriebssicher.

2. Die *Härte* der Schleifscheibe wird nicht durch die Härte der Schleifkörner bestimmt, sondern durch die Bindung, deren Festigkeit im wesentlichen abhängig ist von der *Brenntemperatur, der Preßkraft* und *der Korngröße*. Unter der Härte einer Schleifscheibe versteht man ihre Widerstandskraft gegen das Ausbrechen der Körner.

Jede Schleifscheibe hat eine Eigenhärte in ruhendem Zustand, die nicht verwechselt werden darf mit der Arbeitshärte, bei der die Schneidkraft der Körner eine Rolle spielt. Die Arbeitshärte nimmt mit der Umfangsgeschwindigkeit der Scheibe zu. Scheiben, die beim Gebrauch auf einen kleineren Durchmesser abgenutzt sind, erscheinen daher weicher als neue Scheiben gleicher Art, die mit gleicher Drehzahl umlaufen.

Zu harte Scheiben werden leicht stumpf, weil die Körner nicht rechtzeitig ausbrechen und auch noch abgestumpft in der Scheibe verbleiben, bis sie schließlich herausgedrückt werden. Solche Scheiben schmieren, erzeugen Brandflecken am Werkstück, unter Umständen auch Schleifrisse, und brauchen mehr Antriebsenergie als Schleifscheiben, deren Härte dem betreffenden Werkstoff angepaßt ist, die also scharf schneiden.

Zu weiche Scheiben brauchen zwar weniger Energie, nutzen sich aber zu schnell ab. Es ist deshalb schwer, mit ihnen in der Reihenfertigung das gewünschte Fertigmaß bei einer größeren Anzahl von Stücken einzuhalten.

3. Die *Körnung* des Schleifmittels ist der dritte für dessen Wirkungsweise maßgebende Faktor. Dabei bedeutet z. B. Körnung 30, daß auf 1″ Länge des Siebes, mit dem das Korn abgesiebt wird, 30 Maschen entfallen. Die Drahtstärke des Siebes beträgt etwa den vierten Teil der Maschenteilung. Wichtig ist, daß die Schleifkörner nicht durch Mahlen, sondern durch Zerdrücken hergestellt werden, damit sie möglichst scharfe Kanten als Schneiden behalten. Die Orientierung dieser Schneiden in der Scheibe ist eine zufällige.

c) Die Auswahl der Schleifscheiben. Die Wahl der Schleifscheiben im Hinblick auf das Schleifmittel, auf die Körnung, auf die Härte und die Bindung und schließlich auch auf die Gestalt der Schleifscheibe setzt große Erfahrung voraus. Die Firmen geben umfangreiche Tabellen hierzu heraus, gleichwohl bedarf es oft noch der Erprobung. Folgende zwölf Regeln geben einen Einblick:

1. Je härter der Werkstoff ist, desto weicher muß die Scheibe sein und umgekehrt.

2. Bei weichen Metallen, wie Messing und Kupfer, die zum Schmieren neigen, ist eine besonders weiche und grobe Schleifscheibe mit offener Struktur zu verwenden, damit sie dauernd frei schneidet.

3. Je größer der Werkstückdurchmesser ist, desto weicher muß die Scheibe sein und umgekehrt, und zwar wegen der größeren Berührungsfläche.

4. Je größer die Umfangsgeschwindigkeit des Werkstücks ist, desto härter muß die Scheibe sein und umgekehrt.

5. Für Röhren sind weichere Scheiben als für volle Werkstücke gleichen Werkstoffs zu verwenden.

6. Für unterbrochene Flächen sind härtere Scheiben als für glatte vorzusehen.

7. Je größer und breiter die Schleifscheibe ist, desto weicher muß sie sein und umgekehrt.

8. Bei gleicher Härte der Bindung arbeitet die Schleifscheibe mit feinem Korn härter als die mit grobem Korn.

9. Eine etwas zu harte Schleifscheibe arbeitet etwas weicher und wird leistungsfähiger bei Verringerung ihrer Umfangsgeschwindigkeit.

10. Eine weiche Scheibe ist im allgemeinen trotz des größeren Scheibenverbrauchs wegen der höheren Leistung und des geringeren Kraftverbrauchs einer harten vorzuziehen. Sie darf natürlich nicht so weich sein, daß sie zu schnell unrund wird.

11. Zum Einstechen bei stillstehendem Tisch ist eine weichere Scheibe als zum Schleifen mit hin- und hergehendem Tisch zu benutzen. Für denselben Werkstoff sollen Formscheiben, deren Kanten stehen müssen, etwas härter sein als zylindrische Schleifscheiben.

12. Beim Innenschleifen sind weichere Scheiben zu verwenden als beim Außenschleifen wegen des größeren Berührungsbogens. Beim stirnseitigen Anschleifen mit einer Topfscheibe ist eine weichere und offenere Scheibe als beim gewöhnlichen Rundschleifen zu verwenden, weil die Topfscheibe mit einer größeren Berührungsfläche arbeitet.

Diese Regeln gelten sinngemäß auch für ebenen Schliff.

Tabelle 47. *Umfangsgeschwindigkeit des Werkstücks in m/min bei verschiedenen Werkstoffen.*

	Stahl				Gußeisen	Messing Kupfer	Aluminium
	weich	hart	eingesetzt hart	legiert hart			
Schruppen	12···18	14···18	15···18	14···18	12···15	18···21	20···30
Schlichten	10···15	10···12	11···13	11···14	9···12	15···18	20···30
Innenschleifen	18···21	21···24	21···24	20···25	21···24	21···27	25···35
Feinschleifen							
von Walzen			20···40				
von Wellen			8···15				

d) Die Umfangsgeschwindigkeit der Schleifscheibe. Von der Größenordnung der einzelnen Bewegungen in der Schleifmaschine geben folgende Angaben eine Vorstellung:

Die Umfangsgeschwindigkeit der Schleifscheibe beträgt 15 bis 35 m/sec. Für keramisch gebundene Schleifscheiben liegen diese Werte bei 25 bis 35 m/sec. Bei Gummibindung geht man sogar noch über 35 m/sec, wie bereits erwähnt. Zu beachten sind die am 1. Januar 1939 vom Deutschen Schleifscheibenausschuß zur Verhütung von Unfällen herausgegebenen Höchstumfangsgeschwindigkeiten.

Für die Umfangsgeschwindigkeit des Werkstücks in m/min (*nicht* in m/sec wie bei der Schleifscheibe) gelten für verschiedene Werkstoffe die nachstehend zusammengestellten Zahlenwerte (Tab. 47).

e) Vorschub und Spantiefe. Die Längsvorschübe des Werkstücks betragen je Umdrehung

$^2/_3$ bis $^3/_4$ der Schleifscheibenbreite zum Schruppen,
$^1/_4$ bis $^1/_3$ der Schleifscheibenbreite zum Schlichten,
$^1/_{10}$ bis $^1/_5$ der Schleifscheibenbreite zum Feinschleifen.

Die Schleifzugaben, z. B. für Wellen, steigen mit der Länge und dem Durchmesser der Welle und betragen 0,1 bis 1 mm. Werkstücke mit Härteverzug erfordern größere Zugaben, jedoch selbst für Wellen von 200 mm Durchmesser und 1 m Länge nicht über 1 mm.

Die Spantiefe und damit die Zustellung der Schleifscheiben geht aus Tab. 48 hervor:

Tabelle 48.

Werkstückdurchmesser	Zustellung in mm für eine Werkstückumdrehung			
	bis 50	Breite der Schleifscheibe in mm		
		51 ··· 100	101 ··· 150	151 ··· 200
15 ··· 20	0,004	0,003	0,002	0,002
21 ··· 50	0,005	0,004	0,004	0,003
51 ··· 100	0,007	0,007	0,006	0,006
101 ··· 150	0,009	0,009	0,009	0,009
151 ··· 200	0,010	0,010	0,010	0,010

f) Leistung und Verschleiß der Schleifscheibe. Bei einer Schnittgeschwindigkeit von 30 m/sec einer Schleifscheibenbreite von 50 mm und einem Abstand der Schleifkörnchen voneinander von 0,5 mm gehen in 1 Sekunde $30\,000 \cdot 2 \cdot 50 \cdot 2 = 6\,000\,000$ Schneiden am Werkstück vorbei.

Die Schnittkraft in Schnittrichtung (tangential) beträgt bei einer Schleifscheibe von 600 mm Durchmesser, 50 mm Breite, bei 40 mm Längsvorschub, einer Schnittiefe von 0,04 mm und einer Umfangsgeschwindigkeit des Werkstücks von 0,25 m/sec, beim Abschleifen von Gußeisen 25 kg, die Anpreßkraft (radial) etwa das Dreifache, also 75 kg.

Dabei ergibt sich eine Spanmenge von 400 cm³ je Stunde, also ein Spangewicht von etwa 10,4 kg/st.

Bei gleichem Energieaufwand erhält man bei der Spanabnahme durch Schruppen auf der Drehbank, also beim Abdrehen, etwa 150 kg/st. Der große Unterschied in dem erzielten Spangewicht rührt her von den wilden und ungünstigen Schnittwinkeln und der feinen Zerspanung des Werkstoffs, also den zahllosen zusätzlichen Trennflächen. In beiden Fällen beträgt der Energieaufwand etwa 7,5 kW.

Eine solche Feststellung ist demnach der Bestimmung des Antriebmotors in Berücksichtigung des Wirkungsgrades der Schleifmaschine zugrunde zu legen.

Zu berücksichtigen ist ferner noch der Schleifscheibenverschleiß. Eine geeignete Schleifscheibe ist ein Werkzeug, das sich von selbst scharf hält, aber es nutzt sich dabei ab, und diese Abnutzung muß durch die Maschine ausgeglichen werden, eine neue Anforderung, die an Präzisionsmaschinen zu stellen ist. Der Scheibenverschleiß schwankt in den weitesten Grenzen. Während beim Handabschliff mit 1 kg Schmirgel mehrere

hundert Kilogramm Eisen abgeschliffen werden können, liegt diese Zahl bei Rund-
schleifmaschinen je nach Material und Umständen etwa in den Grenzen 10 bis 100 kg.
Legt man einen Wert von 20 kg abgeschliffenen Maschinenstahles auf 1 kg Schleif-
material der folgenden Betrachtung zugrunde, so ergibt sich folgendes: Das spezifische
Gewicht der Schleifscheibe verhält sich zu dem des Eisens etwa wie 1 : 3. Bei gleichem
Durchmesser von Schleifscheibe und Werkstück, also 600 mm für beide, und 1 U/min des
Werkstücks ohne Seitenvorschub nutzt sich die Scheibe daher wie 3 : 20, d. h. um den
siebenten Teil der Spantiefe, ab. Beträgt der Werkstückdurchmesser nur den zehnten
Teil, also 60 mm, so kommt man auf $^1/_{70}$. Schaltet man den Seitenvorschub ein und läßt
um volle Scheibenbreiten vorschieben, so würde sich bei 70 · 50 mm, d. h. bei $3^1/_2$ m
Länge des Werkstücks und unter der ausdrücklichen Voraussetzung gleichbleibender
Anpreßkraft, die Schleifscheibe um die Schnittiefe abgenutzt haben.

Wenn also die Maschine mit selbsttätiger Endabstellung arbeitet, so würde jedes
folgende Werkstück um die Summe der gesamten Beistellbeträge infolge der Scheiben-
abnutzung dicker ausfallen als das vorhergehende. Eine Vorrichtung, die die Schleifscheibe um den Betrag ihrer Abnutzung, ohne die Endabstellung zu beeinflussen, heranzubringen gestattet, ist die Forderung, welche sich aus der Abnutzung der Schleifscheibe
ergibt.

Abschließend kann folgender Hauptsatz für das Schleifen aufgestellt werden, der in
allen Fällen Gültigkeit hat:

    je größer die Schleifscheibenbreite,

    je weicher die Schleifscheibe,

    je größer die Spantiefe,

    je kleiner die Umfangsgeschwindigkeit des Werkstücks,

    je größer der Längsvorschub

nach den gegebenen Verhältnissen gewählt werden können,

    desto höher ist die Leistung bei kleinstem Schleifscheibenverbrauch und bei gering-
stem Kraftverbrauch.

Kühlung ist beim Schleifen auf Rundschleifmaschinen stets anzuwenden. Auch hierüber gibt es umfangreiche Sondervorschriften, von denen hier im Hinblick auf die an die
Maschine zu stellenden Anforderungen nur die Angabe über das normale Kühlmittel folgen kann.

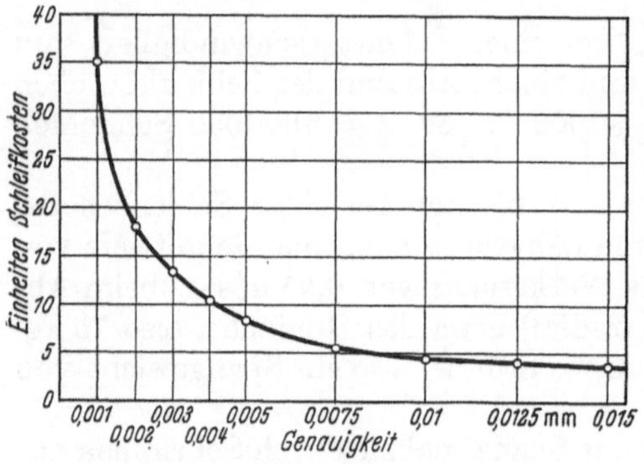

Dieses besteht meist aus Wasser, dem als Rostschutzmittel 2 bis 5 Gewichtsprozente Soda zugesetzt sind. Zur Verminderung der Reibung zwischen Schleifscheibe und Werkstück ist es gut, wenn noch 1 bis 2 % wasserlösliches Öl oder Fett hinzugefügt werden. Folgende Mischung hat sich gut bewährt:

    100 l Wasser,
    2 kg Soda,
    0,5 kg Borax,
    0,5 kg Schmierseife.

Abb. 417.
Wirtschaftliches Schleifen, Schleifkosten.

Schleiföle sind Mischungen aus Wasser und
Ölsorten, welche die Schneidfähigkeit der Schneide nicht beeinträchtigen, Rostbildung
verhindern, keine Harzrückstände bilden und außerdem keine schädigende Wirkung
auf Atmungsorgane und Haut des Arbeiters haben. Unverdünnte Spezialöle eignen
sich besonders gut, gerade auch zum Feinschliff. Man kann damit feinere Körnung
anwenden, ohne daß die Scheibe sich zersetzt und brennt. Der Schliff wird nicht ganz
so blank wie mit Emulsion, weil die Scheibe scharf schneidet und nicht drückt und
poliert. Damit wird die Oberfläche aber genauer, das Schleifbild drückt sich nicht weg
bei örtlicher Mehrzugabe und Härte des Werkstücks.

Über die Schleifkosten in Abhängigkeit von den Genauigkeitsanforderungen gibt nachstehendes Diagramm Aufschluß (Abb. 417).

g) Die an die Schleifmaschine zu stellenden Anforderungen. Das Überdenken der vorstehend geschilderten Arbeitsweise der Schleifscheibe führt zu folgenden Hauptanforderungen an die Maschine, welche bei der Konstruktion und Herstellung stets beachtet werden müssen:

1. Steifheit, um das elastische Entspannen zwischen Schleifscheibe und Werkstück zu beschränken. Bei guten Maschinen beträgt nach dem Abstellen des Vorschubs das Ausschleifen nur etwa 2 bis 4 Hin- und Hergänge, sonst leicht das Drei- bis Vierfache,

2. Antrieb schwingungsfrei, bequem zu verstellen und zu überwachen,

3. Spindellagerung so, daß bei allen erforderlichen Drehzahlen das gleiche Passungsspiel im Lager erhalten bleibt,

4. genaue und von der Vorschubgeschwindigkeit unabhängige Umsteuerung des Längsvorschubes,

5. Zuschub und Beistellung, d. h. kontinuierliches Heranbringen der Schleifscheibe beim Einstechverfahren und Schaltbewegung der Schleifscheibe beim Längsschleifen, so daß bei einer Einstellung solchen Vorschubes auf wenige Tausendstel mm die Schleifscheibe auch wirklich um diesen Betrag an das Werkstück herangebracht wird und nicht etwa zunächst eine Spannung im Vorschubmechanismus und sodann ein sprungweises Herangleiten der Schleifscheibe um einen größeren Betrag stattfindet,

6. Schutz gegen Verschleiß der Führungsbahnen durch den Abschliff in der Kühlflüssigkeit,

7. leichte Bedienbarkeit und Rücksichtnahme auf die Fähigkeit des Arbeiters,

8. den Aufgaben der Fertigungsstätte entsprechende Lebensdauer der Maschine sowie ausreichende Haltbarkeit der Einzelteile, d. h. geringere Reparatur bzw. Überholungsbedarf,

9. Wirtschaftlichkeit der Fertigung beim Gebrauch der Maschine und

10. nicht zuletzt der jeweilige Stufensprung und Stufenbereich der Drehzahlen bzw. Vorschübe.

B. Die Rundschleifmaschine in der Zeit von 1900 bis 1920.

a) Die Probleme.

Führend waren um die Jahrhundertwende die Maschinen der amerikanischen Firmen Brown & Sharpe, Norton Co. sowie Landis Co.

Die deutschen Schleifmaschinenfabriken waren zu Anfang dieses Zeitabschnittes noch bemüht, den Vorsprung der Amerikaner einzuholen. Das ist im wesentlichen gelungen, zum Teil wurden sogar bahnbrechende Leistungen erreicht. Zu den betreffenden Firmen gehören: Ludwig Loewe, Mayer & Schmidt, Naxos-Union, Reinecker, Friedrich Schmaltz, außerdem Firmen wie z. B. Herbert Lindner, Jung u. a., die erst später zu den vorgenannten hinzukamen und in der Hauptsache Spezialgebiete bearbeiteten, wie z. B. Lindner das Gewindeschleifen, Jung das Innenschleifen.

Bei den in jener Zeit noch verhältnismäßig einfachen Rundschleifmaschinen haben die wesentlichen Probleme für die damalige Zeit so zufriedenstellende Lösungen erfahren, daß die Werkstücke im Hinblick auf Maßhaltigkeit und Güte der Oberfläche so geschliffen werden konnten, daß der Einführung des Passungssystems keine besonderen Schwierigkeiten mehr entgegenstanden.

Die wesentlichen Probleme waren folgende:

1. die Feststellung des geeigneten Bereiches und geeigneter Abstufung der Bewegungen in der Maschine,

2. der Antrieb der Maschine über ein schwingungsfreies Deckenvorgelege, sodann die Vermeidung dieses Vorgeleges,

3. die Lagerung und Schmierung der schnellaufenden Schleifspindel und die Wahrung eines Lagerspieles von etwa 0,02 mm,

4. die automatische Betätigung der Umsteuerung und die genaue Einhaltung der Hubgrenzen für den Längsvorschub,

5. die Erreichung einer ausreichenden Haltezeit des hin- und hergehenden Schlittens in seinen Endlagen, nämlich so lange, bis das Werkstück wenigstens einmal umgelaufen und damit an seinen Enden rundum zum Schliff gekommen ist,

6. die genaue Beistellung des Schleifschlittens und die genaue Endabstellung,

7. die fortlaufende Zustellung des Schleifschlittens zum Einstechverfahren,

8. der Staub- und Wasserschutz der Führungen.

Besonders lehrreich ist in bezug auf diese Problemlösungen die Norton-Rundschleifmaschine, deren Herstellung in Deutschland die Firma Ludwig Loewe durch Lizenz-
vertrag übernommen hatte. Die deutschen Norton-Patente stammen aus dem Jahre 1901,
ausgenommen das Patent auf die Werkstückstütze vom Jahre 1904. Ludwig Loewe
war vertraglich gehalten, keine Konstruktionsänderungen vorzunehmen, so daß außer
amerikanischen Unterlagen auch diejenigen der Firma Loewe ohne weiteres für die
Norton-Maschine zugrunde gelegt werden können.

b) Rundschleifmaschinen von Loewe, Brown & Sharpe und Naxos-Union.

Diese Konstruktionen sind geeignet, um daran die Grundlagen aus jener Zeit
darzulegen.

Die Ansicht der drei Maschinen gibt Abb. 418. Die Daten der Norton-Loewe-Maschine
aus jener Zeit enthält die Tab. 49.

Abb. 418. Ansicht der Brown & Sharpe, Norton-Loewe- und Naxos-Union-Rundschleifmaschine.

Tabelle 49. *Anleitung von* Loewe (gekürzt).

Maschine Nr. Modell	100 B III
Größter Schleifdurchmesser bei Benutzung der Lünetten . . . . mm	100
Ohne Lünetten bei kurzer Länge. . . . . mm	250
Größte Schleiflänge . . . . mm	2500
Schleifscheiben:	
Durchmesser × Breite . . . . mm	455 × 50
Umdrehungen in der Minute	1300 und 1530
Stufenzahl der Schleifscheiben-Antriebsscheibe	2
Umdrehungen des Werkstückes	
in Stufen	12
in der Minute	21 ··· 166
Vorschübe des Tisches	
in Stufen	16
in der Minute . . . . mm	270 ··· 2400
Deckenvorgelege-Antriebsscheibe	
Durchmesser × Breite . . . . mm	350 × 125
Umdrehungen in der Minute	505
Kraftbedarf bis etwa . . . . kW	5,5 ··· 7,5

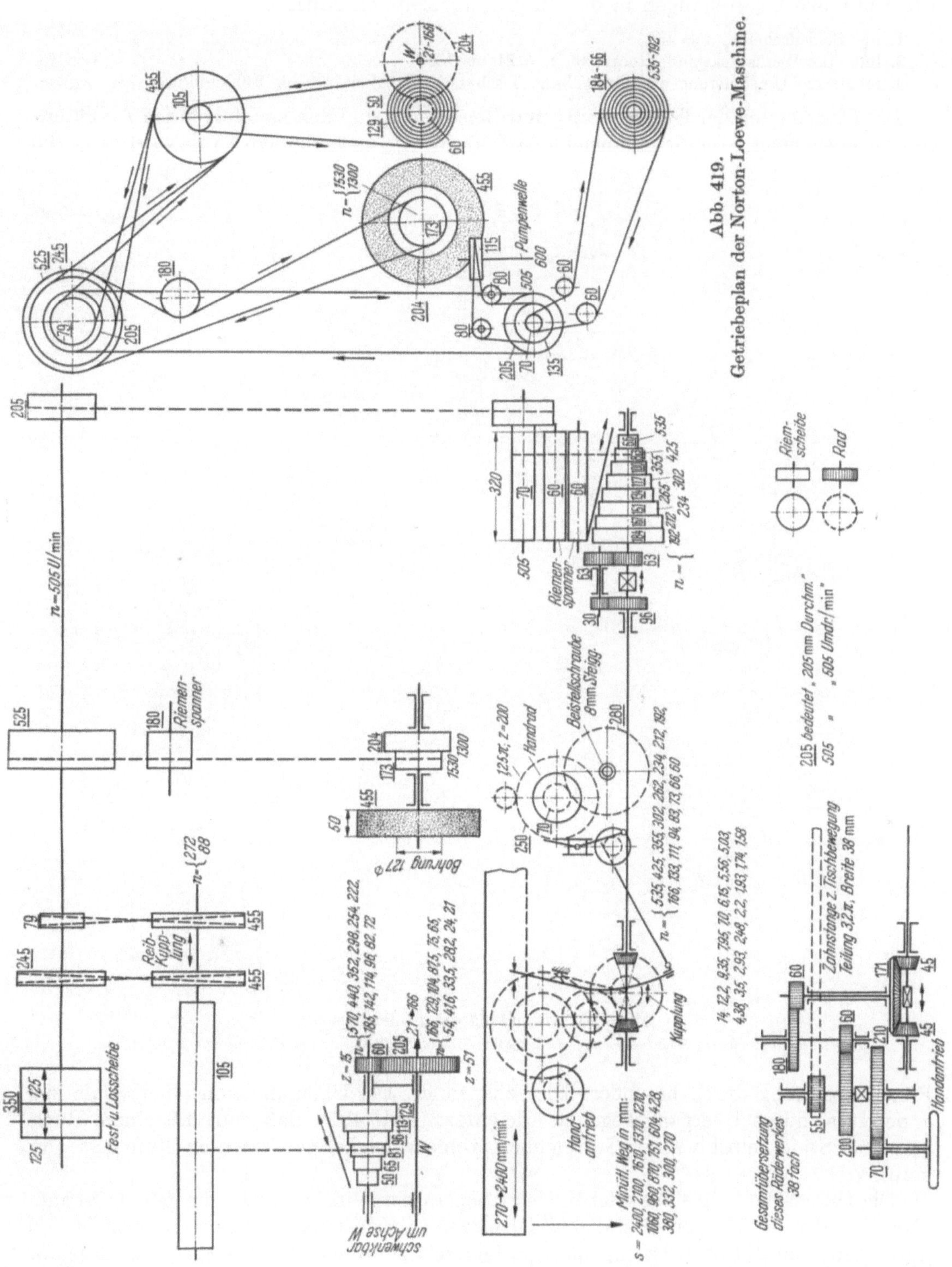

Abb. 419. Getriebeplan der Norton-Loewe-Maschine.

Der Getriebeplan (Abb. 419) der Norton-Maschine zeigt den von der Transmissions-
welle mit 505 Umdrehungen in der Minute abgeleiteten Antrieb

1. der Schleifscheibe, $n = 455$,
2. links des Werkstückspindelstockes W, $n = 21$ bis 166,
3. rechts der Umsteuerung und Beistellung. Tischgeschwindigkeit 270 bis 2400 mm/min.

Die Einzelheiten der Umsteuerung und Beistellung sind den nachfolgenden Abbildungen zu entnehmen. Die Seitenansicht ganz rechts im Getriebeplan (Abb. 419) zeigt die

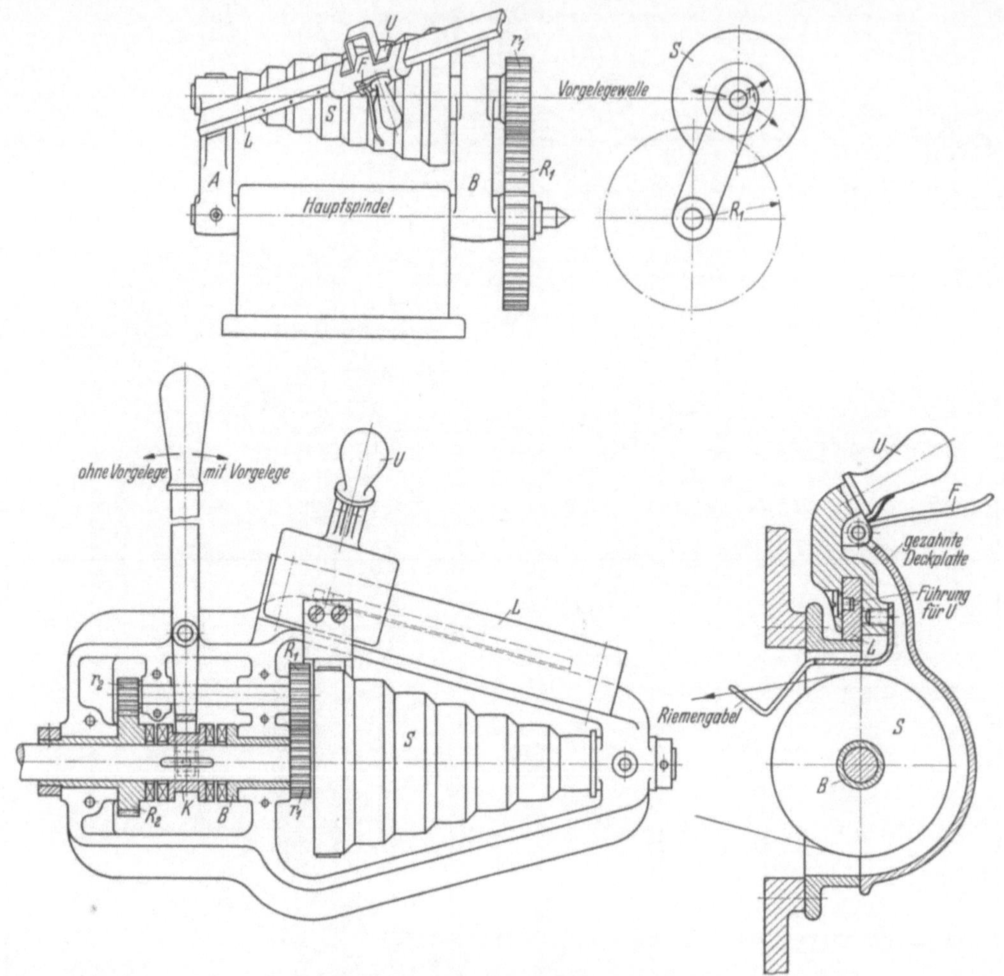

Abb. 420. Ausbildung des Stufenkegels.
S Stufenscheibe;　R_1, R_2 Rädervorgelege;　*U* Umleger;　*L* Führungs-Lineal;　*A, B* Lagerung;　*K* Kupplung.

Riemenspannung durch besondere Riemenspanner. Der Übergang von einer Stufe zur
anderen ist durch Übergangskegel so erleichtert (Abb. 420), daß man mit einem Ruck
von einer Stufe, selbst mehrere Stufen überspringend, zu der gewünschten Stufe gelangen
kann.

Die Durcharbeitung eines solchen Getriebeplanes und insbesondere die genaue Kennt-
nisnahme der zugehörigen Gestaltung der einzelnen Konstruktionsgruppen ist nicht nur
interessant, um die Entwicklung bis zur Jetztzeit zu verstehen, sondern auch deshalb,
weil viele dieser Gestaltungen klassisch sind, so daß auf diese nicht nur im Schleifmaschinenbau, sondern im gesamten Werkzeugmaschinenbau bis in die heutige Zeit
mannigfach und mit Erfolg zurückgegriffen wird, und zwar der Einfachheit und billigen
Herstellung wegen.

Der Antrieb über ein Deckenvorgelege und insbesondere die Anwendung einer meterlangen Antriebstrommel zum Stufenkegel des hin- und hergehenden Werkstückspindelstockes war freilich keine Lösung, die auf die Dauer befriedigen konnte. Es wäre naheliegend gewesen und ist auch versucht worden, den Werkstückspindelstock einfach durch einen auf ihn aufgesetzten Elektromotor unmittelbar anzutreiben unter Verwendung eines geeigneten Zahnradvorgeleges. Das aber war damals keine ¦befriedigende Lösung.

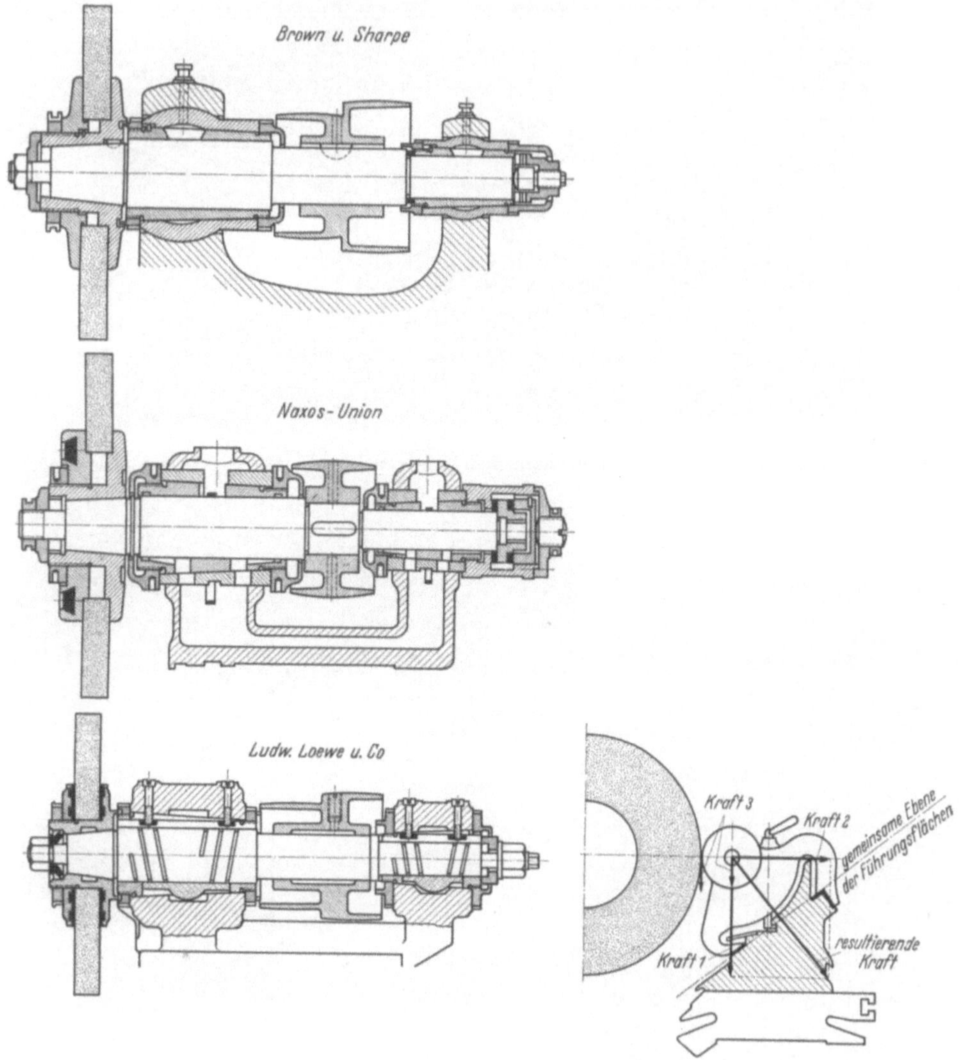

Abb. 421. Schleifspindelhauptlager.

Der Elektromotor jener Zeit war noch zu schwer und ungenügend ausgewuchtet, so daß sich Schwingungen des Werkstückes einstellten, die ebenso zu Rattermarken Veranlassung gaben wie eine Unwucht der Schleifscheibe. In dieser Hinsicht waren neue, geeignetere Lösungen dringendes Bedürfnis.

Die drei Hauptlager der Schleifspindeln der drei Firmen (Abb. 421) sind als nachstellbare Bronzelager ausgebildet, um sie auf das Lagerspiel von etwa 0,2 mm einstellen zu können[1]. Eine halbe Stunde aber mußte der Arbeiter morgens beim Arbeitsbeginn warten, bevor er einwandfreien Schliff erreichen konnte. Das war ein Übelstand, dem

---

[1] Nachdem der Schleifspindelzapfen nach halbstündigem Lauf die größte Wärmeausdehnung angenommen hat.

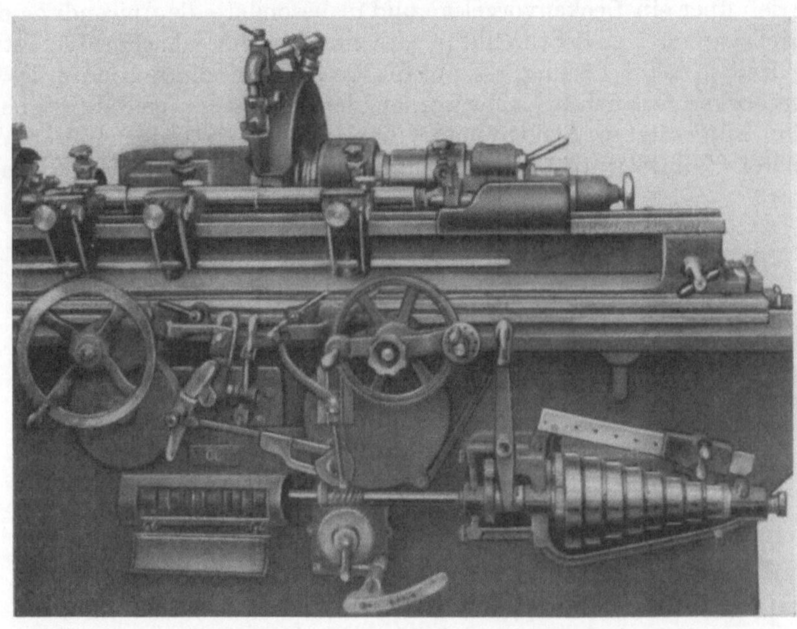

Abb. 422. Gestaltung der Vorschubmechanismen mit der Maschine. (Aus Loewe-Anleitung.)

Abb. 423. Gestaltung der Vorschubmechanismen allein ohne die Maschine. (Aus Loewe-Anleitung.)

 1 Linke Anschläge zur Tischumsteuerung
 2 Handrad für Längsverstellung und Vorschub des
   Tisches von Hand
 3 Verschiebbare Klinke für Benutzung der Hilfsanschläge
 4 Hebel zum plötzlichen Stillsetzen des Tisches
 5 Sperrklinke zur selbsttätigen Beistellung
 6 Klemmgriff
 7 Feinbeistellung der Schleifscheibe von Hand
 8 Sperrad zur selbsttätigen Beistellung
 9 Kupplungshebel für Rädervorgelege
10 Rechte Anschläge zur Tischumsteuerung
11 Riemenumleger (während des Betriebes anwendbar)
12 Stufenscheibe für Tischvorschub

13 Kulissen für selbsttätige Beistellung der Schleifscheibe bei
   hin- und hergehendem sowie bei stillstehendem Tisch
14 Kupplung für Rechts- und Linksschaltung der Tischbewegung
15 Antrieb der selbsttätigen Beistellung bei stillstehendem
   Tisch
16 Selbsttätige Beistellung der Schleifscheibe (wirkt in beiden
   Endlagen oder bei stillstehendem Tisch)
17 Schutzdeckel zum Schneckenantrieb
18 Rädervorgelege zum Tischvorschub
19 Schutzdeckel zum Getriebekasten
20 Feder zur Einstellung der Kupplung zwischen Stufenscheibe
   und Welle

erst heute mit Erfolg begegnet worden ist bzw. begegnet werden kann, und zwar durch Vermeidung störender Temperatursteigerung, durch viel größere Glätte und Genauigkeit der gleitenden Oberflächen von Lagerschale und Zapfen, auch durch das Mackensen-Lager bzw. durch die auf S. 179 u. 180 erwähnte Lagerkonstruktion.

Die Gestaltung der Vorschubmechanismen, so wie sie an der Maschine angebracht und zugänglich sind (ein besonderer Vorteil der Norton-Konstruktion), zeigt Abb. 422 und, vergrößert aus der Maschine herausgehoben und benannt, Abb. 423. Verdeckt sind in Abb. 423 die die Umsteuerung bewirkenden Schneiden. Der um einen Punkt in der Maschine schwenkbare Umsteuerungshebel mit der verschiebbaren Klinke und der an ihm angebrachten Kulisse (Abb. 423) hat unten jenseits seines Drehpunktes eine Schneide, welche mit der einen Fläche an der Fläche einer gleichartigen Schneide (Abb. 422) eines Federbolzens anliegt. Wird nun der Hebel von dem Tischanschlag mitgenommen, so wird der Federbolzen, an dem die erwähnten Flächen aneinandergleiten, herabgedrückt, bis Schneide auf Schneide steht. Die Hebelbewegung geht dann noch etwas über die Schneide hinaus, bis der Federbolzen in die Höhe emporschnellt und den Umsteuerhebel in seiner Bewegungsrichtung ruckartig weiter herumlenkt, so daß die Kupplungsmuffe mit ihren Zähnen zum Eingriff in die Zähne auf der entgegengesetzten Kupplungsseite gelangt und in der Regel bis auf den Zahngrund eingeschlagen wird. Dadurch wird die Bewegung des hinter diesem Mechanismus liegenden Getriebes umgekehrt. Der Vorschubtisch würde also sogleich die rückläufige Bewegung antreten, wenn nicht zwischen dem Umschaltgetriebe und der Zahnstange in einer zweiten Auslösungskupplung, welche zum Übergang auf den Handantrieb vorgesehen ist, die Zahnlücken den Zähnen erhebliches Spiel geben würden, so daß diese auf der einen Seite anliegend — infolge der Umsteuerung — einen etwa 10 mm langen Weg zurücklegen, bis sie auf der anderen Seite zur Anlage kommen und damit erst den Rücklauf des Tisches bewirken. Dieses Kupplungsspiel ist so bemessen, daß während des dadurch erzielten Anhaltens des Vorschubtisches das Werkstück mindestens eine Umdrehung gemacht hat, bevor die rückläufige Bewegung des Tisches beginnt. Eine Anpassung der Haltezeit an die Umlaufzeit des einzelnen Werkstückes entsprechend dessen Durchmesser ist also nicht vorgesehen. Das ist ein Problem, welches erst in späterer Zeit gelöst wurde. Das Vermeiden des Abspringens der Kupplungszähne beim Einschlagen der Kupplungsmuffe ist gleichfalls ein Problem, wenn auch ein kleineres. Die Hilfsmittel zur Lösung des letzteren Problems sind:

1. Wahrung der Höchstgrenze für die Umlaufgeschwindigkeit der Kupplungsmuffe,
2. Ausbildung der Flächen der Kupplungszähne als steilgängige aufeinander, damit Flächenberührung auch dann erreicht wird, wenn die Muffe mit den Kupplungszähnen nicht ganz auf den Grund einschlägt, sondern etwa auf halber Zahntiefe hängenbleibt,
3. das Patschen der Kupplung in Öl zur Dämpfung des Auftreffschlages der Schraubenflächen.

Der Umlauf des Werkstückes ergibt den Zuschub, welcher durch den erwähnten Stufenkegel im Werkstückspindelstock den Schleifbedingungen angepaßt wird.

Da der Quervorschub, also die Bewegung des Schleifspindelstockes auf das Werkstück zu, jedesmal nur 0,01 oder wenige 0,01 mm betragen darf, so muß das Werkstück oft an der Schleifscheibe in seiner Längsrichtung entlanggeführt werden. Daher wird die automatische Umsteuerung des Längsvorschubes notwendig.

Die Beistellung des Schleifspindelstockes erfolgt zweckmäßig in jeder Endlage des Vorschubschlittens oder wenn gegen einen Bund ein Werkstückzylinder angeschliffen werden soll, jedoch nur auf der dem Bund entgegengesetzten Grenze der Vorschubbewegung. Bei der Norton-Maschine wird die Beistellung von der erwähnten am Umsteuerhebel befestigten Kulisse abgeleitet, und, wie aus Abb. 423 hervorgeht, mittels der Zahnstangengabel auf ein Zahnrad hinter einer Kurbelscheibe übertragen, welche mit einer Schubstange in einer Gleitführung einen Stein bewegt, an dem der Hebel der Schaltklinke befestigt ist. Die Schaltklinke greift mit ihrer Schneide in die Zahnlücken des Beistellrades ein (in der Abbildung Sperrad zur selbständigen Beistellung genannt) und dreht es um so viel Zähne, als dem Ausschwingen der Kulissenmuffe bei der betreffenden Einstellung entspricht.

Ein Nachteil ist es, daß diese Bewegungen ruckartig mit dem Herumschleudern des Umsteuerhebels durch den Federbolzen erfolgen. Sie erfolgen übrigens bei dieser Art der Betätigung jeweils nur auf der einen oder nur auf der anderen Seite oder auf beiden Seiten, je nachdem, wie die Kurbelscheibe zum Ausschwingen eingestellt ist.

Die Übertragung der Bewegung des Beistellrades auf den Schleifspindelkopf sowie die Feinbeistellung und Grobbeistellung von Hand geht aus Abb. 426 hervor. Der Zapfen, in welchem sich das Beistellrad dreht, ist am Maschinengestell fest verankert. Das Beistellrad hat eine verlängerte Nabe, auf welcher Zähne eingeschnitten sind, die mit dem auf der Gewindespindel an deren anderem Ende sitzenden Zahnrad in Eingriff stehen. Dem Beistellrad vorgelegt ist ein Doppelhebel, an dessen einem Ende die Feineinstellung von Hand, an dessen anderem Ende ein Gegengewicht zum Ausgleichen des Hebels angebracht ist. Von diesem doppelarmigen Hebel sitzt mit ihm festverschraubt ein Handrad mit Handgriff. Doppelhebel und Handrad können durch die vorgesetzte Gewindemutter gegen eine Stirnfläche am verankerten Zapfen festgezogen werden.

In diesem Falle kann das Beistellrad selbsttätig von der Kulisse aus, wie bereits beschrieben, betätigt werden, wenn das kleine Zahnritzel der Feinbeistellung entgegen dem Federwiderstand in seine Rast zurückgezogen und damit außer Eingriff mit dem Beistellrad gebracht ist. Umgekehrt, wenn das Ritzel in Eingriff steht, muß die Schaltklinke zurückgenommen sein. Dann aber kann das Ritzel mit Hilfe von Hebel und Indexstift um ein oder mehrere Bohrungen der Teilscheibe, in welche der Indexstift eingerückt wird, gedreht werden. Im vorliegenden Fall verursacht solche Drehung von einem Teilloch zum nächsten eine Beistellung des Schleifspindelstocks um genau 0,0005″ (d. h. angenähert 0,012 mm).

Ist jedoch das Ritzel im Eingriff und die Klemmutter gelöst, so kann durch Kurbeln mit dem Handrad eine Größenanpassung, z. B. ein schnelles Heranbringen der Schleifscheibe bis an das Werkstück, erreicht werden. Dabei muß allerdings die ganze Masse der Feinbeistellung und des Gegengewichtes mit herumgekurbelt werden. Statt dessen sind von anderen Firmen einfachere Konstruktionen angewandt worden.

Mit dem Doppelhebel verbunden ist noch ein Abdecksegment, welches bei selbsttätigem Vorschub dadurch zur Endabstellung dient, daß es sich allmählich der Schaltklinke nähert und diese schließlich ganz am Eingreifen in die Zahnlücken des Beistellrades hindert, so daß die Beistellung aufhört.

Die Norton-Konstruktion ist zwar gut zugänglich, aber auch ungewollten Beschädigung sehr ausgesetzt und daher nach ein paar Jahren des Gebrauches oft verbraucht. Die bahnbrechende Leistung des Erfinders NORTON in jener Zeit wird hierdurch nicht aberkannt. Es ist aber gerade sehr lehrreich, wie man allmählich zu geeigneteren Konstruktionen überzugehen lernte.

Bei der Norton-Loewe-Maschine ist erstlich auch das Schleifen nach dem Einstechverfahren vorgesehen. Die Kulisse (Abb. 423) unterhalb der Umsteuerwelle schwingt kontinuierlich und der in der oberen Kulisse angegebene Kulissenstein kann dort abgezogen und über die untere Kulisse aufgeschoben werden. Dann wird in unmittelbar aufeinanderfolgenden Schaltungen des Beistellrades die Zustellung ausgeführt. Die Bezeichnungen Zuschub und Zustellung haben demnach verschiedene Bedeutung (vgl. S. 316).

Vergleicht man nunmehr mit dieser Maschine diejenigen von Brown & Sharpe und Naxos-Union, so ergeben sich teils gleiche Lösungen, teils aber auch interessante Abweichungen, bessere und weniger gute. Kleine Unstimmigkeiten in den Zahlenangaben, die aber für die nachfolgenden Erörterungen belanglos sind, müssen in Kauf genommen werden, damit die Angaben so mitgeteilt werden, wie sie überliefert sind. Es handelt sich dabei im wesentlichen nur um Unterschiede in dem Übergang von Zoll- auf Metermaß.

Das logarithmische Diagramm zum Zusammenhang zwischen Werkstückumdrehungen, hier also nicht wie bei der Drehbank die Schnittgeschwindigkeit ergebend, sondern den Zuschub und den Längsvorschub je Umdrehung des Werkstückes bzw. in mm/sec, zeigt für Brown & Sharpe, Naxos-Union und Norton-Loewe (Abb. 424) gleich großen Bereich der Werkstückumdrehungen 1 : 8. Die noch nicht genormten Drehzahlen bei Brown & Sharpe und Norton-Loewe in 12 Stufen von 40 bis 320 Umdrehungen betragen bei der Naxos-Union, gleichfalls nicht genormt, bei 12 Stufen nur etwa 20 bis 170 Umdrehungen, da doppelt so große Werkstückdurchmesser vorgesehen waren.

Die sekundlichen Vorschubwege des Tisches betragen bei allen drei Firmen im Höchstfalle nicht über 45 mm/sec. Die kleinsten Vorschübe hingegen betragen bei

Brown & Sharpe . . . . 3,36 mm/sec
Norton-Loewe . . . . 2,46 „ „
Naxos-Union . . . . 6,51 „ „

Sie sind also bei der Naxos-Union doppelt so groß, anstatt entsprechend den langsameren Drehzahlen auf die Hälfte, d. h. auf 1,5 mm/sec, gesenkt zu sein. Die Folge ist, daß bei großen Werkstückdurchmessern, also kleinen Drehzahlen, die Vorschübe nicht unter 20 mm, d. h. nicht unter $^2/_5$ der Schleifscheibenbreite, gesenkt werden können. Das ist zum Schlichten nicht ausreichend. Die Umlaufzahl der Welle, welche die Kupplungsmuffe für die Umsteuerung mitnimmt, beträgt bei Norton höchstens $n = 535$ Umdrehungen/min, bei der Naxos-Union nur 150 Umdrehungen/min.

Die Auswirkung dieses Unterschiedes auf die Haltbarkeit der Kupplungszähne und der Lärm der Umsteuerung hängt freilich noch von der Masse der Kupplungsmuffe, dem Vergütungszustand der Kupplungszähne und dem bei Aufschlag der Zähne aufeinander zu verdrängenden, also schlagdämpfenden Öl ab. Je nach den an die Dauerhaftigkeit der Kupplungszähne und die Geräuschlosigkeit gestellten Anforderungen gibt es eine Gefahrengrenze, welche bei derartigen Umsteuerungen einzuhalten ist.

Solche Feststellungen zu den Diagrammen und ebenso zu den Getriebeplänen sind der sicherste Weg, um in das Verhalten der Werkzeugmaschine im Dauerbetriebe einzudringen und die Maschine zu werten.

Der Getriebeplan zum Vorschub der Brown & Sharpe-Maschine vom Anfang des 19. Jahrhunderts (Abb. 426) zeigt bereits eine Umsteuerung, bei welcher ein Minimum von Masse zu beschleunigen ist, nämlich nur der kurze Hebel zur Kupplungsmuffe und diese selbst. Die Arbeitsweise dieser Umsteuerung, auch Präzisionsumsteuerung genannt, ergibt sich ohne weiteres aus dem Vergleich mit der nachstehend beschriebenen Umsteuerung der Naxos-Union (Abb. 425).

Weder ein von den Anschlägen am Tisch betätigter Umsteuerhebel mit anhängender Kulisse noch der gesamte Mechanismus zur selbsttätigen Beistellung muß, wie bei Norton-Loewe (Abb. 419) durch den Federbolzen, mit beschleunigt werden.

Die Naxos-Union hat die Idee von Brown & Sharpe weiter durchgebildet, enger gestaltet und mit der Kupplung in einem Getriebekasten mit Ölbad vereinigt, also auch die bislang bei allen Firmen nur einseitig gelagerten Wellen vermieden (Abb. 425).

Der Vergleich der selbsttätigen Beistellungen ergibt folgende Unterschiede: Norton-Loewe verwandte damals bereits eine sehr kräftige Gewindespindel, um den Schleifspindelstock an das Werkstück heranzuführen und sodann beizustellen, ein Vorteil der Konstruktion. Der Nachteil der Gewindespindel, daß man vielmals umdrehen muß, um einen erheblichen Weg zurückzulegen, wurde in Kauf genommen. Brown & Sharpe und Naxos-Union verwandten Zahnstange und Ritzel zum gleichen Zweck, jedoch um die feinen Beistellbeträge mit vorgeschaltetem Schneckenrad und Schnecke zu erreichen. Damit ist zwar, wenn auch umständlicher, dasselbe erreicht wie bei der Norton-Maschine, aber auch der gleiche Mangel in Kauf genommen. Das beschleunigte Heranführen des Schleifspindelstocks wird bei den neuzeitlichen Maschinen, wie noch gezeigt werden wird, auf hydraulischem Wege erreicht, so daß heute auch dieses Problem gelöst ist (vgl S. 321).

Die Getriebepläne (Abb. 425 u. 426) von Naxos-Union und Brown & Sharpe zeigen beide zwischen dem Schaltrad und der Schnecke noch eine Übersetzung, die bei der Naxos-

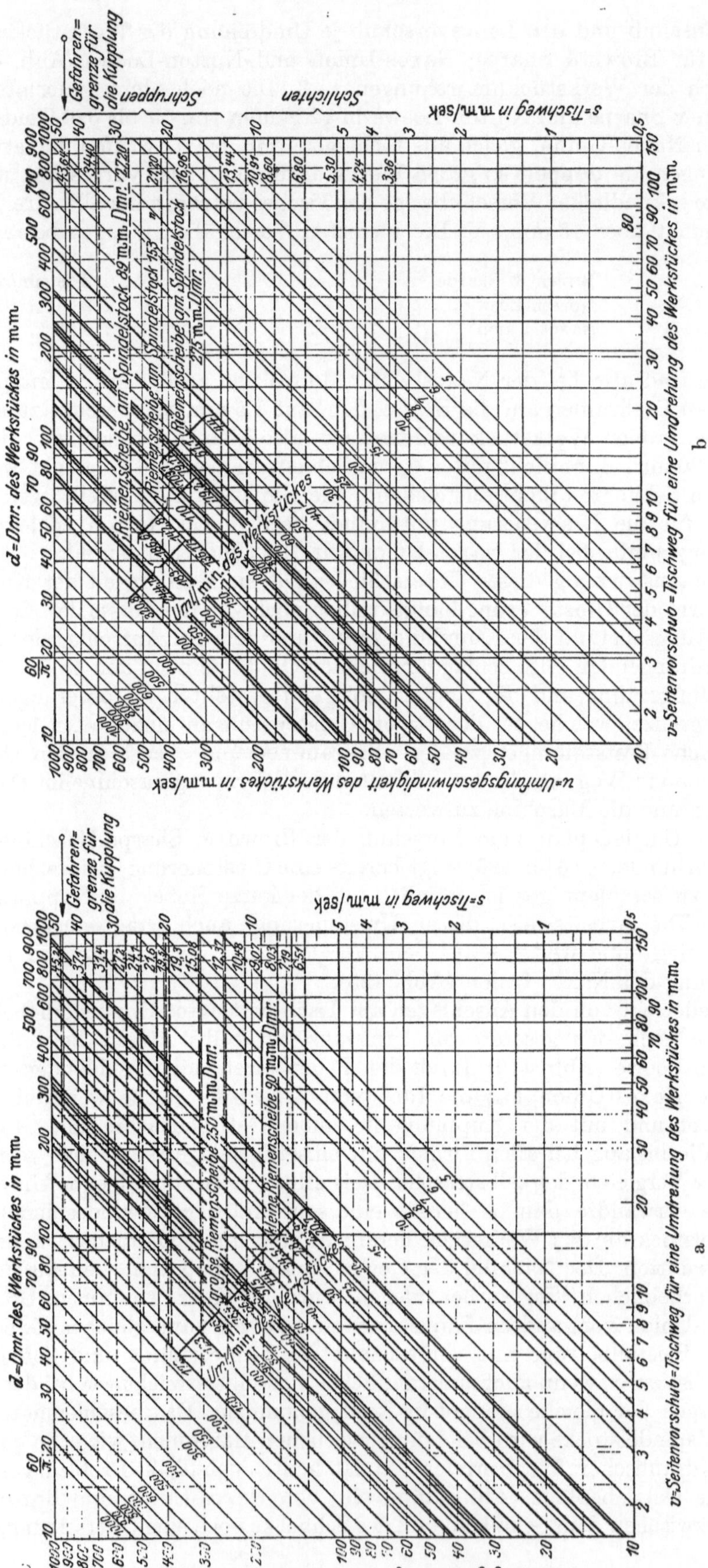

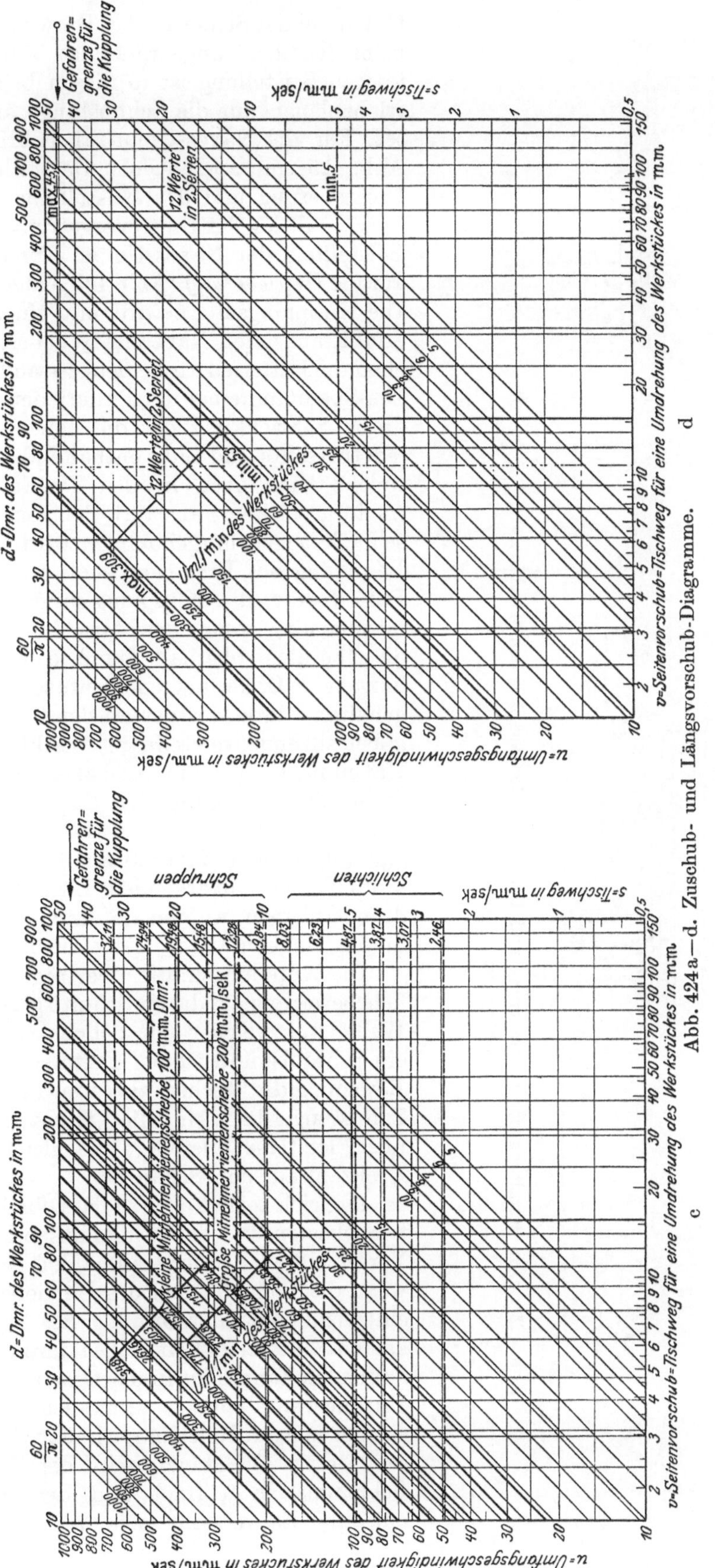

Abb. 424 a—d. Zuschub- und Längsvorschub-Diagramme.

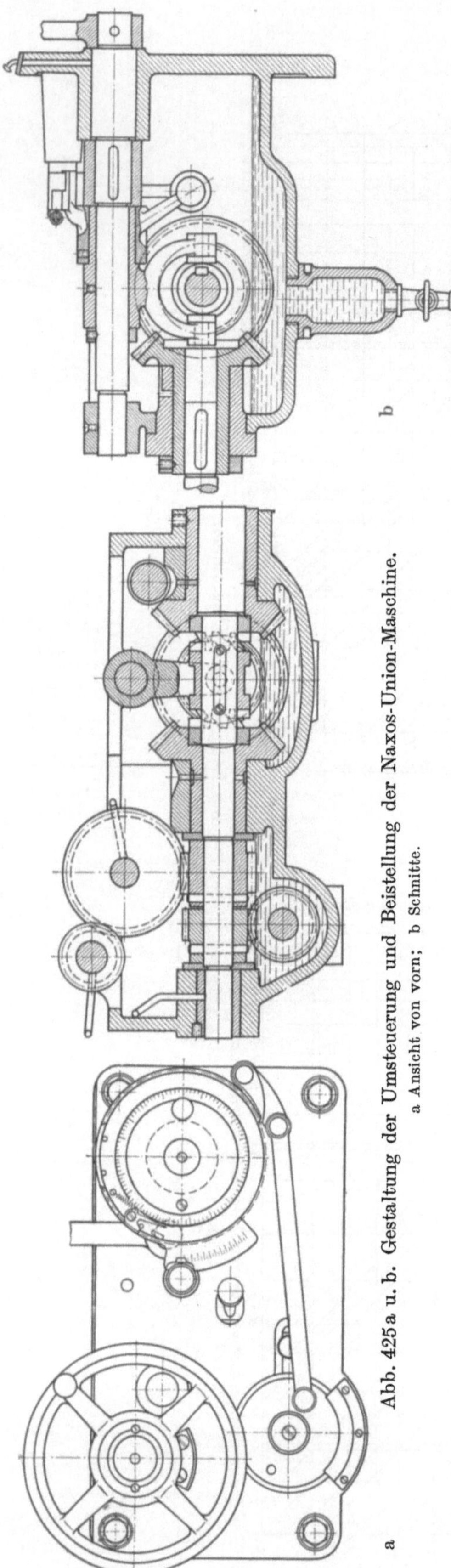

Abb. 425a u. b. Gestaltung der Umsteuerung und Beistellung der Naxos-Union-Maschine.
a Ansicht von vorn; b Schnitte.

Union bei der Schnecke, bei Brown & Sharpe beim Schaltrad angeordnet ist. Zur selbsttätigen Beistellung ist in diesen beiden Getriebeplänen nur die Schubstange angedeutet. Für die Naxos-Union aber bringt die Abb. 425 eine ausführliche Darstellung der Umsteuerung und der Beistellung.

Gestaltung der Umsteuergetriebe und der Beistellung der Naxos-Union. Zunächst sei auf die *Umsteuerung* (Abb. 425) eingegangen. Die Kupplungsmuffe wird mit einer Gabel erfaßt, auf deren Nabe ein Hebel sitzt, welchen die Pufferfedern beiderseits andrücken. Die Spannung einer der Pufferfedern erfolgt durch Schwenkung der die beiden Pufferfedern rechts und links enthaltenden Gabel, welche nach oben in den Umsteuerhebel (nicht gezeichnet) ausläuft, der von den Anschlagknaggen mitgenommen wird. Bei der Bewegung des Umsteuerhebels würden die Pufferfedern die Kupplungsmuffe sogleich mitnehmen, wenn der Anschlaghebel für dieselbe nicht oberhalb durch je einen überhängenden Haken auf jeder Seite so lange festgehalten würde, bis der an der Pufferfedergabel sitzende verstellbare Anschlag diesen Haken nach oben zum Aushaken bringt und damit die Bewegung der Kupplungsmuffe freigibt. Damit die beiden Haken durch die Anschläge nicht dauernd aus ihrer auf den Muffenhebel einwirkenden Lage herausgedrängt bleiben, werden sie durch eine Feder in die eingeschwenkte Lage zurückgeführt.

Die Kupplungsmuffe überträgt die Umkehrbewegung auf die im Schnitt gezeichnete Welle, auf welcher ein Schneckenrad und ein Schraubenrad sitzen. Ersteres leitet zur Bewegung des Tisches, also zum Eingriff des Zahnstangeritzels in die Tischzahnstange über, letzteres überträgt die gleich große Drehzahl auf den Schaltkopf.

Zugleich zeigt Abb. 425 das Ölbad im Getriebekasten und den Schlammsack, in den Verschleißteilchen usw. allmählich wandern, wenn die Bodenflächen des Getriebekastens ein wenig nach der Öffnung des Schlammkastens hin geneigt sind. Die durch die umlaufenden Zahnräder in das Ölbad gebrachte Unruhe veranlaßt das allmähliche Wandern solcher kleinen Teilchen nach dem Schlammsack. Etwa alle Monate wird der Hahn am Schlammsack geöffnet und der Schmutz entfernt. Es versteht sich, daß ein solcher

Getriebekasten im Inneren lackiert ist, um das Abbröckeln kleiner Teilchen von den Gußwänden von vornherein zu verhindern.

Abb. 427 zeigt unten die Umhüllung der umlaufenden Kegelräder mit einem Wulst von Öl.

Die selbsttätige Beistellung wird durch den Schaltkopf betätigt, der aus einer glatten zylindrischen Trommel besteht, welche mit dem erwähnten Schraubenrad auf der gleichen Welle sitzt, also ebenfalls 150 Umdrehungen/min macht. Auf der Trommel ist eine flache Feder angebracht, deren beide Enden rechtwinklig nach außen aufgebogen sind. Die Feder geht um etwa Fingerbreite über die Windungslänge hinaus, so daß zwischen den beiden hochgebogenen Federenden ein fest in der Schaltscheibe, die vor der umlaufenden Trommel in gleicher Axialrichtung angeordnet ist, eingesetzter Bolzen Platz hat und von den Federenden bei Umlauf der Trommel jeweils mitgenommen wird. Diese Mitnahme erfolgt aber nur so lange, bis nach einem Umlauf das dem mitnehmenden Federende entgegengesetzte Federende gegen einen Anschlag trifft. Hierdurch wird die Feder entspannt, und die Mitnahme der Schaltscheibe hört auf, bis nach Bewegungsumkehr des Tisches das andere Federende den Bolzen der Schaltscheibe für eine Umdrehung mitnimmt, bis nunmehr durch Anschlag des entgegengesetzten Federendes wiederum Entspannung der Feder stattfindet. Diese einfache Konstruktion hat sich so bewährt, daß sie bis heute bei der Naxos-Union beibehalten ist. Bei der geschilderten Arbeitsweise ergibt sich infolge des einmaligen Umlaufens der Schaltscheibe ein Hin- und Herschwingen der Schaltstange und damit auch ein Hin- und Hergang der Schaltklinke, welche in das feingeteilte Schaltrad eingreift. So erfolgt an jedem Hubende eine volle Schaltung. Durch Einrichten eines Anschlags beim Trommelumlauf um eine halbe Umdrehung kann aber auch nur ein halber Schaltweg, d. h. jeweils das Vorschieben oder das Zurückziehen der Schaltklinke, erreicht werden und damit, je nachdem die Be-

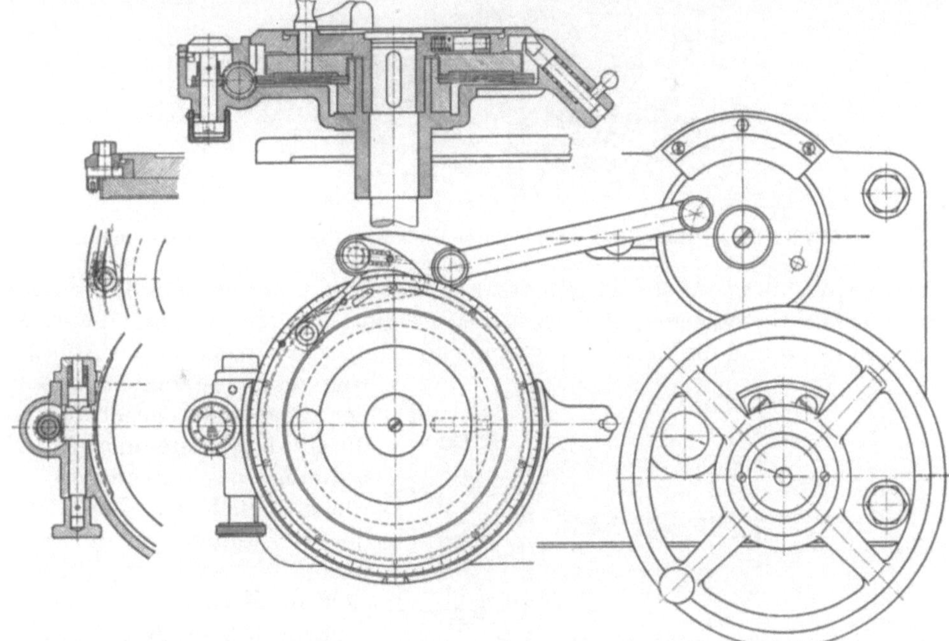

Abb. 426. Vorschub-Getriebeplan der Brown & Sharpe-Maschine.

wegung auf die eine oder andere Hälfte des Trommelumlaufes beschränkt bleibt, die Schaltung nur am rechten oder nur am linken Hubende des Tisches stattfinden.

Die Schaltung des Schaltrades um nur einen Zahn führt zu einer Beistellung, also zu einem Heranholen des Schleifspindelstocks um 0,0025 mm, daher bei dem Schalten um vier Zähne zum Heranholen um 0,01 mm. Der Gesamtanschlag der Schaltklinke kann

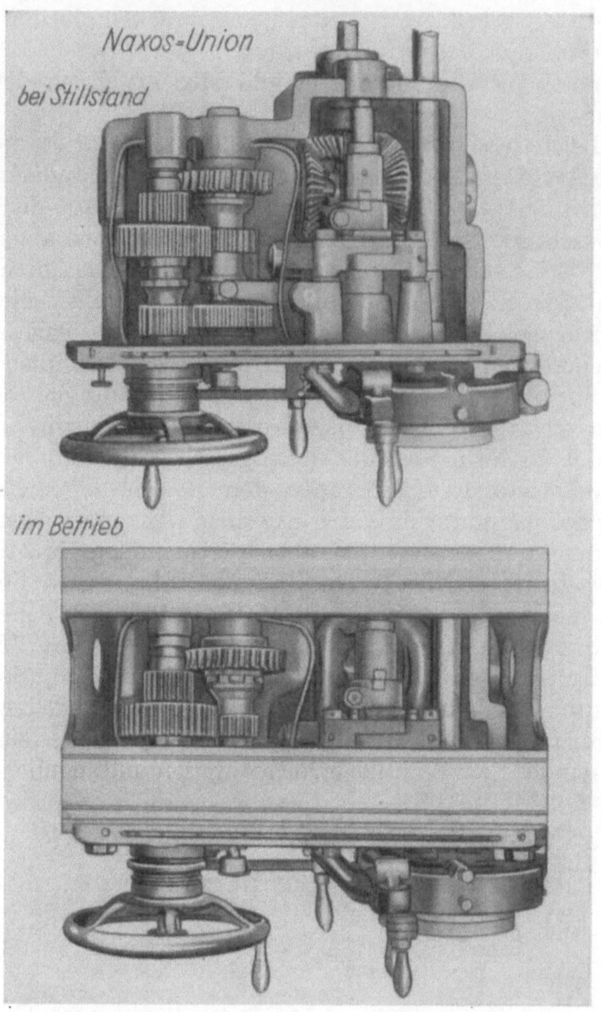

Abb. 427. Vorschubgetriebe während des Umlaufs, Kegelräder vom Öl umhüllt.

nun in seiner Wirkung auf so viel Schaltzähne beschränkt werden, als ein seitlich unter
die Schaltklinke geschobener Abdeckrücker freigibt. Die Einstellung dieses Abdeck-
rückers von Hand und die Anzeige des damit erzielten Schaltweges ist der Abb. 428 ohne
weiteres zu entnehmen. In dem unter der Draufsicht gegebenen Schnitt durch die Beistellung ist die An-
ordnung des erwähnten Abdeck-rückers ersichtlich. Das Gußgehäuse der Beistellung ist im Vorschub-kasten fest eingesetzt. In ihm dreht sich die Beistellspindel und auf ihr verkeilt das Handrad, in welches der Handgriff eingesetzt ist. Mit diesem Handrad fest verbunden ist das Bei-stellrad und neben diesem verstell-

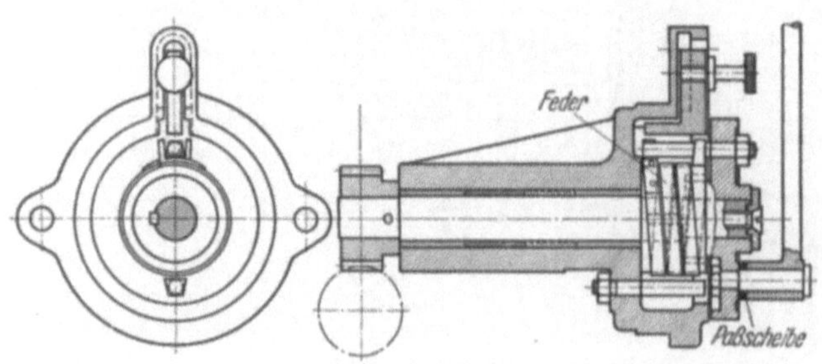

Abb. 428. Schaltkopf zur Beistellung. (Nach Naxos-Union.)

bar die Scheibe mit dem erwähnten Abdeckrücker zur Begrenzung des wirksamen Hubes
der Schaltklinke. Außerdem aber befindet sich auf der anderen Seite des Schaltrades
ein Gleitring, dessen saugende Bewegung durch einen Gleitschuh mit bestimmter Feder-
pressung gleichmäßig aufrechterhalten wird.

Dieser Ring ist durch den in der Abb. 428 links bezeichneten Bajonettverschluß in seiner Nullstellung, wie oben in der Draufsicht angegeben, orientiert. Wird der Bajonettverschluß durch Zurückziehen des Federbolzens gelöst, so kann der Ring von seiner Nullstellung oben nach links zurückgedreht werden. Ein an diesem Ring befestigter

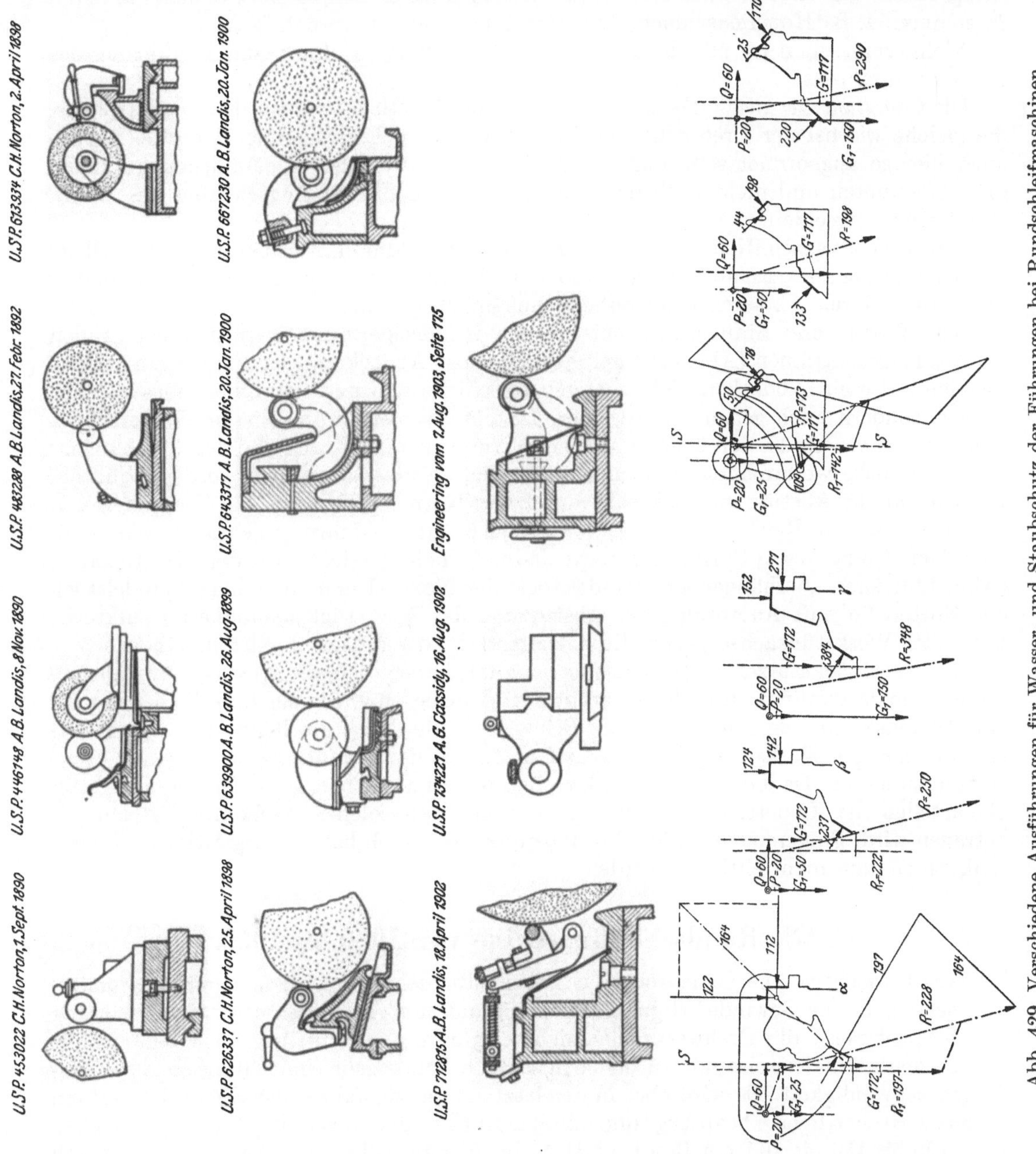

Abb. 429. Verschiedene Ausführungen für Wasser- und Staubschutz der Führungen bei Rundschleifmaschinen.

zweiter Abdeckrücker besorgt den Abhub der Schaltklinke, sobald er mit der Ringscheibe und dem Handrad umlaufend unter die Klinke tritt. Auf diese Weise kann die Endabstellung des Vorschubes eingestellt werden, um den Vorschub abzustellen, sobald das Schleifrad das Werkstück so weit abgeschliffen hat, daß das Paßmaß erreicht ist. Will man von Hand nur um 0,0025 mm schalten, so drückt man den in der Draufsicht dargestellten Knipshebel gegen seinen Anschlag, wodurch eine kleine mit ihm in Verbindung stehende Schaltklinke gerade um einen Zahn schaltet. Diese Betätigung wird zweckmäßig ausgeführt, um den Verschleiß der Schleifscheibe auszugleichen, indem eine Abnutzung der Schleifscheibe von 0,005 mm auf den Durchmesser bezogen durch die Schaltung um einen Zahn ausgeglichen wird.

Durch die beschriebene Konstruktion ist den Anforderungen in so einfacher Weise entsprochen, daß diese bis heute nicht nur an Schleifmaschinen, sondern auch an anderen Maschinen, z. B. Hobelmaschinen, teilweise übernommen worden ist.

Nicht vorgesehen ist allerdings die kontinuierliche Beistellung zur Ausführung des Einstechverfahrens.

Die *Gestaltung des Reitstocks* ist, abgesehen von der Rücksicht auf den Wasserschutz, die gleiche wie bei der Drehbank. Die Einrichtung zum Festklemmen der Pinole sollte auch hier so angeordnet sein, daß ein Ausweichen durch den Klemmdruck nur nach oben oder unten und nicht nach der Seite erfolgt, um das Kegeligschleifen des Werkstückes zu vermeiden.

Soll kegelig geschliffen werden, so geschieht dies durch Einschwenken des Obertisches und genaues Einstellen an Hand der am Ende des Obertisches angebrachten Skala bzw. durch Abtasten einer entsprechenden Kegellehre.

Der Wasser- und Staubschutz hat bei den Rundschleifmaschinen zu einer großen Anzahl Konstruktionen (Abb. 429) geführt. Restlose Abdeckung der Führungen ist das Problem, also ein Abdecken nicht nur gegen Schleifstaub und herabfließendes Schleifwasser, sondern auch gegen Spritzwasser. In dem Wettstreit um diesen Wasserschutz baute die Naxos-Union den überhängenden Werkstückspindelstock und den überhängenden Reitstock, wodurch die Führungen sämtlich restlos abgedeckt werden konnten. Norton hat die Abstützung senkrecht unter den Körnerspitzen und ein Umgreifen von Spindelstock und Reitstock um die Spritzfläche zur Ausführung gebracht. Ein vollständiger Schutz gegen Spritzwasser war dadurch nicht erreicht. Aus den Kräfteplänen (Abb. 429) zum überhängenden Spindelstock der Naxos-Union und dem Spindelstock der Norton Co. mit Anordnung der Abstützung des Werkstückes annähernd senkrecht unter der Werkstückachse gehen die betreffenden Grundideen unmittelbar hervor.

Die Werkstückstützen, auch Lünetten genannt, haben die mannigfachste Ausführung schon damals erfahren. Ihre Konstruktion und insbesondere auch ihre Bedienung ist eine Wissenschaft und Kunst für sich. Prinzip ist, die durch die Körnungen am Werkstück festgelegte Werkstückachse stets genauestens in der Geraden zwischen den Körnerspitzen zu halten. Da die Stützblöcke der Lünetten allmählich verschleißen, so muß beim Nachstellen der Lünetten dafür gesorgt werden, daß solcher Aushöhlung Rechnung getragen wird. Fingerspitzengefühl des Arbeiters kann auch bei der sorgfältigsten Lünettenkonstruktion nicht entbehrt werden.

C. Die Rundschleifmaschine von 1920 bis 1953.

Vorbemerkungen. Die Schleifscheiben haben, abgesehen von denjenigen für Sonderaufgaben, z. B. zur Gewindefertigung (Lindner) und zum Abstechen usw., eine Änderung wie beispielsweise die Drehwerkzeuge nicht erfahren. Die Schleifscheiben laufen auch heute noch normalerweise mit 15 bis 35 m/sec, die keramischen mit 20 bis 30 m/sec Umfangsgeschwindigkeit. Es wird aber in den letzten zwanzig Jahren das Einstechverfahren als das wirtschaftlichste bevorzugt und damit ergibt sich die Anwendung breiterer Scheiben (von 100 bis 150 bis 200 mm Breite, statt 50 bis 60 mm früher), gegebenenfalls auch von profilierten breiten Scheiben.

Der Fortschritt in diesem Zeitraum besteht auch bei den Schleifmaschinen in der Berücksichtigung der Arbeiten der technischen Verbände, wie der Normung, ferner der Typisierung, also der Vorschläge zur Beschränkung des Fertigungsgebietes. Gerade die letzteren Bestrebungen führten beim Schleifmaschinenbau zu erheblichen Erfolgen.

Hinzu kam als größter technischer Fortschritt, freilich unter erheblicher Preissteigerung, der Übergang von der mechanischen zur hydraulischen Steuerung. Der Antrieb der

Schleifscheiben, welcher 80 bis 90% des gesamten Energiebedarfs in Anspruch nimmt, verblieb von vornherein beim Elektromotor. Der Antrieb des Werkstückspindelstocks wurde in den ersten zehn Jahren von einigen Firmen hydraulisch vermittelt und vereinzelt noch bis gegen Ende der dreißiger Jahre so geliefert. Der Einfachheit halber und mit dem Fortschritt der Elektrotechnik in bezug auf Verringerung der Ausmaße und auf Sorgfalt der Auswuchtung des Motors wurde das hydraulische Getriebe aufgegeben und der unmittelbare Antrieb durch den Motor bevorzugt.

Die Vorschübe und die zusätzlichen Getriebe aber wurden vorzugsweise hydraulisch durchgebildet, da gerade bei der Schleifmaschine der Energieaufwand für die Vorschübe und Zusatzgetriebe gering ist und man somit auf teuere Einrichtungen zur Energieersparnis verzichten konnte. Die Aufgabe der hydraulischen Steuerung war also bei der Schleifmaschine leichter zu lösen als z. B. bei der Fräsmaschine.

1. Die mittelschwere Rundschleifmaschine.

a) Hauptdaten der Fortuna-Einstechmaschine, Abbildungen mit Benennungen, Konstruktionsgruppen.

Ein lehrreiches Beispiel für den Fortschritt seit dem ersten Weltkrieg ist diese Rundschleifmaschine der Fortuna-Werke in Stuttgart.

Die Tab. 50 gibt die Hauptdaten der Maschine E 1500 sowie diejenigen der kleinsten und größten Ausführung. Der Vergleich mit der LOEWE-Tabelle (S. 322) läßt den Unterschied in der Motorgröße und damit der Leistung der Maschine erkennen. Die Daten sind für alle Maschinenlängen (nach denen die Größen benannt sind) die gleichen bis auf den Winkel der Schrägstellung des Obertisches.

Tabelle 50. *Hauptdaten der Fortuna-Rundschleifmaschine unter Fortlassung der Zwischengrößen 800 und 1200.*

Größe	500	1500	2200
Spitzenhöhe . . . . mm	175	175	175
Größter Werkstückdurchmesser . . . . mm	350	350	350
Größter Werkstückdurchmesser bei neuer Schleifscheibe . mm	240	240	240
Größte Schleiflänge (Spitzenweite). . . . . mm	500	1500	2200
Größte Durchmesser der Schleifscheibe . . . . mm	500	500	500
Normale Breite der Schleifscheibe . . . . mm	100	100	100
Größte zulässige Breite der Schleifscheibe . . . . . . mm	150	150	150
Bohrung der Schleifscheibe . . . . mm	203	203	203
Umdrehungen der Schleifscheibe in der Minute		1220 und 1600	
Werkstückdrehzahlen . . . . U/min		23 bis 265 in 8 Stufen	
Drehbarkeit der Werkstückspindelstöcke gegen Schleifscheibe Grad	90	90	90
Größte Schrägstellung des Obertisches . . . . Grad	9	5	4
Tischgeschwindigkeit . . . . m/min		0,1 bis 8 stufenlos regelbar	
Kleinster Tischweg. . . . . mm	2	2	2
Eilrücklauf des Schleifspindelschlittens . . . . mm	65	65	65
Größter Zustellweg bei Einstechschleifen, auf den Durchmesser bezogen . . . . mm	1,9	1,9	1,9
Hauptantriebsmotor . . . . kW	7,4	7,4	7,4
Leerlaufdrehzahl des Hauptantriebsmotors . . . . . . U/min	1500	1500	1500
Motor für den Werkstückspindelstock . . . . kW	1,0	1,1	1,1
Motor für die Kühlmittelpumpe . . . . kW	0,35	0,3	0,3

In den beiden Abb. 430 u. 431 ist die Benennung der Einzelteile eingetragen, soweit diese der Bedienung und damit der Sicht zugänglich sind.

Die Maschine ist mit besonderer Berücksichtigung des Einstechverfahrens für die Anwendung breiter Schleifscheiben von 100 bis 150 mm durchgebildet.

Die wesentlichen Konstruktionsgruppen sind folgende:
1. der Antrieb,
2. das Bett mit dem Vorschubzylinder und dem Hauptteil der Steuerung (Hydraulikplan),

Abb. 430. Fortuna-Rundschleifmaschine, Vorderansicht.

1 Tisch-Umsteuerhebel
2 Knopf zum Einstellen der Haltedauer
3 Anschlag für Tischumsteuerung
4 Handrad zum Einstellen der Schleifscheibe
5 Kupplungsgriff für selbsttätige Einstechzustellung
6 Schleifspindelschlitten
7 Hebel zum Zurückziehen der Reitstockpinole
8 Hebel zum Festklemmen der Reitstockpinole
9 Reitstock
10 Öldruckleitung für das hydraulische Zurückziehen der
    Reitstockpinole
11 Hebel zum Beschleunigen und Unterbrechen der selbst-
    tätigen Einstechzustellung
12 Druckknopfschalter für Motoren
13 Schalthebel für Eilgang des Schleifspindelstockes

14 Regelknopf für Einstechgeschwindigkeit
15 Fußhebel zum hydraulischen Zurückziehen des Reit-
    stockes
16 Griff zum Einlegen der Zustellklinke
17 Einstellgriff für die Größe der Zustellung beim Längs-
    schleifen
18 Bett
19 Regelknopf für Tischgeschwindigkeit
20 Hebel zum Einschalten der Haltestellung bei Tisch-
    umsteuerung
21 Handrad für Tischbewegung
22 Schalthebel für hydraulische Tischbewegung
23 Hebel zum Werkstückspindelgetriebe
24 Schalter für Werkstückspindelmotor
25 Werkstückspindelstock

Abb. 431. Fortuna-Rundschleifmaschine, Rückansicht.

1 Reitstock
2 Gehäuse zur Abdeckung des hinteren Endes der Schleif-
    spindel
3 T-Nuten für Innenschleifeinrichtung
4 Schleifspindelschlitten
5 Werkstückspindelstock
6 Schleifscheibenhaube
7 Führungsbahnen für verschiebbare Schleifscheibenschutz-
    haube
8 Kühlflüssigkeitsleitung
9 Kühlflüssigkeitspumpe

10 Abdeckung des hinteren Endes der Schaltwelle
11 Kühlflüssigkeitsbehälter
12 Drucköbehälter
13 Schutzkasten für Drucköpumpenantriebskette
14 Schutzkasten für Schleifscheibenantriebsriemen
15 Hauptmotor
16 Öffnung für Hebezeug
17 Bett
18 Schaltgerätekasten
19 Ausziehbarer Staubschutz für Tischführung
20 Schwenkbarer Obertisch mit Drehteil

3. der Schlitten für den Längsvorschub, auch Untertisch bzw. einfach Tisch genannt. Die letzte Bezeichnungsweise verdient ihrer Kürze wegen den Vorzug. Auf ihm ruht, bei 1500 mm Spitzenweite bis zu 6° einschwenkbar um den Drehzapfen, der Obertisch (Abb. 431),

4. der Schleifspindelstock, auch Schleifsupport genannt, erstere Bezeichnung wird beibehalten,

5. der Werkstückspindelstock mit Bremse,

6. der Reitstock,

Werkstückspindelstock und Reitstock ruhen verschieblich, aber festklemmbar auf Führungsbahnen des Obertisches;

7. der Wasserkasten mit Kühlwasserpumpe,

8. Zusätze — Innenschleifen, Automatisierungen, Meß- und Steuereinrichtungen, elektrische Einzelausrüstungen.

Es ist zweckmäßig, mit dem Antrieb und dem Hydraulikplan zu beginnen, um den Zusammenhang zwischen den Bewegungen der einzelnen Getriebegruppen zu erfassen und dann erst auf die Gestaltung, die Arbeitsweise und, soweit erforderlich, auf die Durchrechnung der einzelnen Konstruktionsgruppen überzugehen.

b) Der Antrieb.

Die elektrische Ausrüstung besteht aus den in den Hauptdaten angegebenen drei Motoren.

Der 7,4 kW-Motor leistet den Schleifscheibenantrieb, den Antrieb der Zahnradpumpe für die Steuerungen und mittels eines Zahnradpaares von der Schleifspindel auch den Antrieb der kleinen Zahnradpumpe für die Schmierung der Schleifspindel. Der Motor steht auf Gleitschienen (Abb. 432) auf der Rückseite der Maschine und treibt mit fünf Keilriemen (Abb. 433) die Hauptwelle an, von welcher ein besonders geschmeidiger Riemen die auf der Schleifspindel sitzende Riemenscheibe antreibt. Der Ausgleich in der Drehzahl bei abgenutzter Schleifscheibe kann durch Auswechseln einer der Riemenscheiben hergestellt werden. Dieses Abziehen der Riemenscheiben kommt ja nur in langen Zeitabschnitten in Betracht.

Abb. 432. Antrieb auf Hauptwelle.

Der Motor (1,1 kW) für den Werkspindelstock ist (Abb. 432 u. 433) auf dem Werkstückspindelstock angeordnet und treibt mit Keilriemen ein Vorgelege an, mit dessen Hilfe die in der Tabelle angegebenen acht Werkstückdrehzahlen erreicht werden. Dieser unabhängige Antrieb des Werkstückes ist freilich nur möglich, wenn, wie in der Regel mit der Rundschleifmaschine, keine Gewinde zu schleifen sind.

Außerdem ist noch ein kleiner Motor (0,3 kW) für die Kühlmittelpumpe oberhalb des Wasserkastens angeordnet (Abb. 434).

Eine andere elektrische Ausrüstung mit LEONARD-Antrieb für den Werkstückspindelstock, so daß dieser einen Drehzahlenbereich von 1 : 10 erhält, zeigt die Abb. 435. In dieser Abbildung

Abb. 433. Antrieb auf Schleifspindel.

22*

Abb. 434.
Kühlwasserzufuhr.

ist unten das Schaltschema angegeben, in welchem auch die elektrische Abbremsung der Maschine zwecks Verkürzung des Auslaufs mit angegeben ist. Auch die Lage der einzelnen hydraulischen Steuerorgane geht aus dieser Abbildung ohne weiteres hervor.

Abb. 435. Elektrische Ausrüstung mit Leonard-Aggregat.

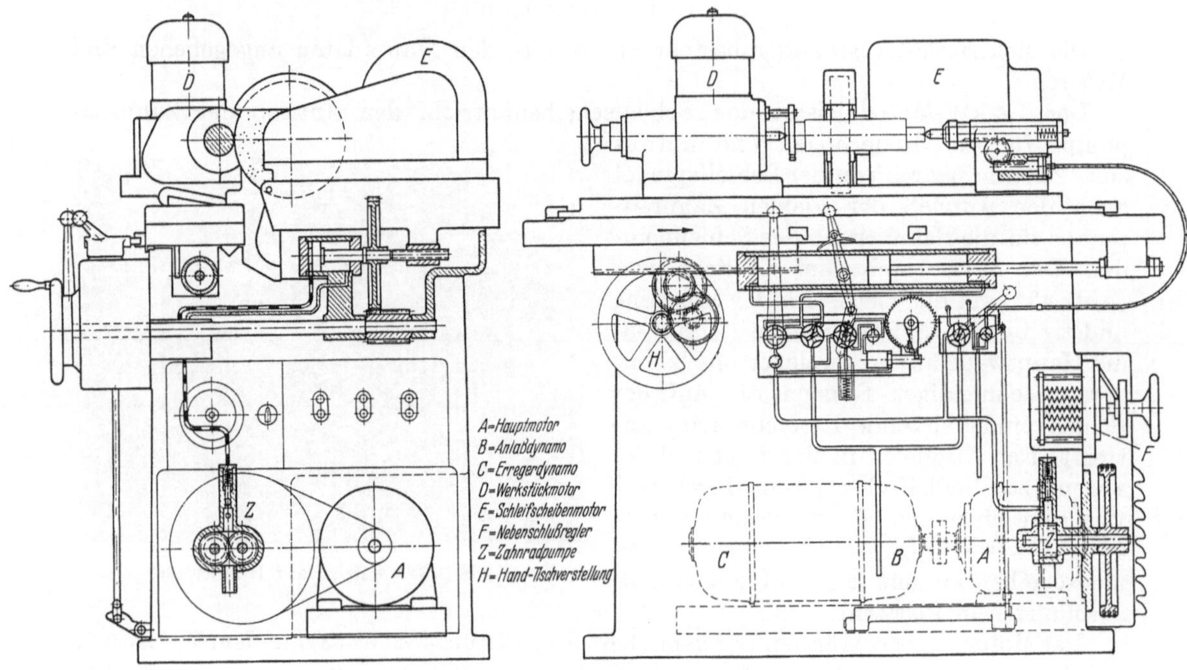

c) Der Hydraulikplan.

Sämtliche hydraulischen Steuerkreisläufe sind offene Kreisläufe. Die Gestehungskosten der Maschine fallen dadurch erheblich geringer aus. An Stelle der früheren Pumpe mit verstellbarer Treibölförderung wurde eine einfache Duplex-Zahnradpumpe gewählt und die Zuflußmenge zu den Steuerorganen durch Drosselung geregelt. Die Drosselverluste werden dadurch herabgesetzt, daß die Zahnradpumpe mit zwei Zahnradpaaren von gleichen Durchmessern aber unterschiedlicher Zahnradbreite, unterschiedlich z. B. im Verhältnis 1 : 2, ausgeführt ist, so daß dadurch drei konstante Fördermengen, nämlich die halbe, die ganze und die anderthalbfache, zur Verfügung sind und nach Bedarf eingeschaltet werden können.

Es lohnt sich, den Hydraulikplan (Abb. 436) der gesamten Steuerung durchzugehen, weil in ihm eine ganze Reihe von neuzeitlichen Steuerproblemen gelöst sind.

Bevor aber dieser Hydraulikplan erörtert wird, empfiehlt es sich, ein einfaches Schema (Abb. 437) der Tischumsteuerung vorwegzunehmen.

α) Einfaches Schema der Tischumsteuerung.

Der Zahnradpumpe treibt in offenem Kreislauf (Abb. 437) das dem Behälter entnommene Drucköl durch ein Drosselventil, mit welchem die Vorschubgeschwindigkeit ein-

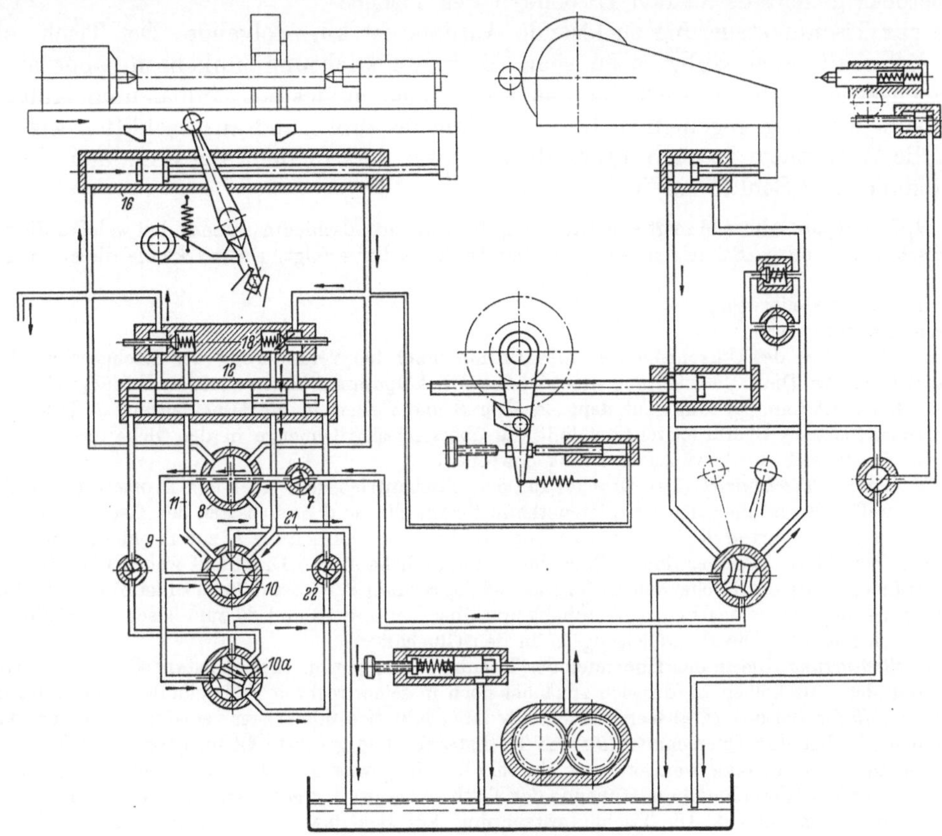

Abb. 436. Hydraulikplan einer Rundschleifmaschine (Fortuna-Werke)
(Erklärung S. 342)

gestellt wird, einem Drehschieber zu, der dem Drucköl die Öffnung zu der einen oder anderen Kolbenseite (nach dem Ölbehälter hin) freigibt. Die Umsteuerung geschieht durch einen vom Tischanschlag mitgenommenen Hebel, wie z. B. bei der NORTON-Maschine (S. 327), nur daß damit eine hydraulische Steuerung eingeleitet wird.

Erforderlich und vorgesehen ist bei der Umsteuerung noch das Halten des Tisches am Hubende, bis das Werkstück sich wenigstens einmal vor der Schleifscheibe herumgedreht hat. Diese Einrichtung wird bei der Erörterung des vollständigen Hydraulikplanes (Abb. 436) genau beschrieben.

β) Vollständiger Hydraulikplan zur Fortuna-Rundschleifmaschine.

Die Tischumsteuerung mit der Haltesteuerung. Abb. 436 zeigt eine der vielen Lösungen der Schleif-

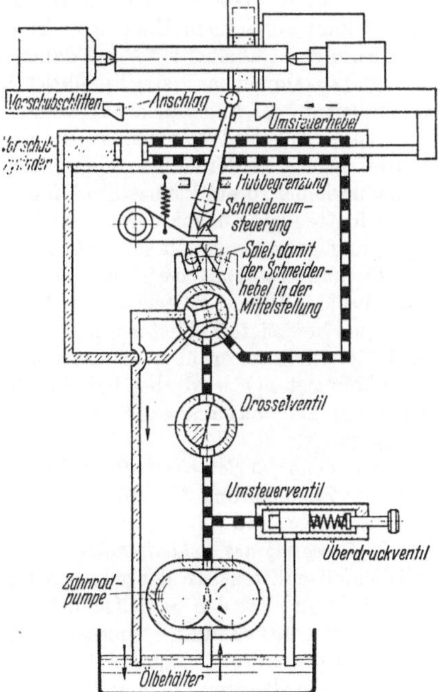

Abb. 437. Einfaches Schema der Tischumsteuerung.

maschinensteuerung auf hydraulischem Wege. Sie ist grundsätzlich dieselbe wie im vereinfachten Schema (Abb. 437), nur erweitert durch die Steuerung zum soeben erwähnten Anhalten des Tisches an den Hubenden und der Ableitung der Beistellung des Schleifspindelstocks gleichfalls an den Hubenden des Tisches.

Die zur Tischumsteuerung zu lösende Aufgabe ist kurz folgende: Der Tisch soll in genau einzuhaltenden Hubgrenzen seine Bewegungsrichtung umkehren, aber an den Hubenden stillgehalten werden, bis das Werkstück mindestens einmal umgelaufen ist, damit beim Schleifen gegen einen Bund rundum bis zum Bund ausgeschliffen wird.

Da die Werkstücke je nach ihrem Durchmesser verschieden lang umlaufen, muß die Anhaltedauer des Schlittens einstellbar sein.

Der Hydraulikplan Abb. 436 zeigt eine Steuerung für Außenrundschleifmaschinen, bei welcher die selbsttätige Tischumkehr durch Schneidensteuerung über Drehschieber erfolgt. Die Merkmale dieser Steuerung sind:

sehr kleine Umsteuerwege,

weiche Umsteuerung,

genaues Einhalten des Umkehrpunktes auf 0,01 mm, auch bei Veränderung der Tischgeschwindigkeit.

Drucköljörderung. Die in Pfeilrichtung angetriebene Druckölpumpe *1* (Pumpe mit gleichbleibender Fördermenge, z. B. Zahnradpumpe) saugt aus dem Behälter *2* und fördert in die Druckleitung *3*. Das an diese Leitung angeschlossene Überdruckventil *4* läßt die überschüssige Ölmenge in den Behälter zurück. Mit Druckfeder *5* läßt sich der gewünschte Druck einstellen.

Tischbewegung, Tischantrieb. Das Drucköl für den Tischantrieb geht über das Drosselventil *7* für die Tischgeschwindigkeit und über den Hauptsteuerhahn *8* zum Ein- und Ausschalten der Tischbewegung über Leitung *9* zum Querschnitt *10* des Tischsteuerhahns, von hier über die Leitung *11* zur Tischhaltesteuerung *12*. Der Haltekolben *13* ist in seiner linken Einstellung, dadurch kann das Druckfeld weiter über Leitung *14* und *15* zur linken Seite des Tischzylinders *16*. Das auf der rechten Seite befindliche Öl kann über Leitung *17* zur Haltesteuerung, wo es das Ventil *18* anhebt und über Leitung *19* und *20* zum Tischsteuerhahn *10* gelangt und von hier über die Rücköllleitung *21* in den Ölbehälter.

Tischhaltesteuerung. Die an den Hubenden der Tischbewegung gewünschte Stillstandsdauer wird dadurch bewirkt, daß der Haltekolben *13*, der sich zunächst noch in seiner rechten Endstellung befindet, nach dem Umlegen von *10* die Leitung *14* absperrt. Die Haltedauer läßt sich mit Drosselventil *22* einstellen, das das zum Kolben *13* über den Querschnitt *10a* des Tischsteuerhahns geführte Öl nach seinem Umlegen über Leitung *24* und *23* mehr oder weniger rasch durchläßt. Ein gewisser Stillstand ist bei Werkstücken mit Bunden erforderlich. Hierbei muß am Hubende der Tisch so lange stillstehen, bis das Werkstück mindestens eine Umdrehung gemacht hat. Die Tischhaltesteuerung läßt sich durch Anheben der Halteventile *18* für eine oder beide Zylinderseiten ausschalten, das Drucköl kann dann in jeder Stellung des Haltekolbens ungehindert zum Tischzylinder.

Selbsttätige Tischumsteuerung. Der Tisch, der sich in gezeichnetem Schaltzustand nach rechts bewegt, nimmt kurz vor seinem Umkehrpunkt mittels des Umsteueranschlages *25* den Umsteuerhebel *26* mit, der wiederum den Gabelhebel *27* und damit den Umsteuerhahn mit den beiden Steuerquerschnitten *10* und *10a* bewegt (Zusammenhang strichpunktiert). Hierbei schließt der Umsteuerhahn die Druckölleitung *9* und die Rücköllleitung *21* allmählich ab, wodurch die Tischbewegung verlangsamt wird und in der Mittelstellung ganz zum Stillstand kommen würde, wenn nicht der Schneidenhebel *28* nun über den Totpunkt weghelfen würde. Damit in der Mittelstellung nicht auch die beiden Schneiden aufeinander stehenbleiben, hat der Umsteuerhebel *26* ein kleines Spiel im Gabelhebel *27*, so daß die Schneidensteuerung schon ihren Totpunkt überschritten hat, bevor der Umsteuerhahn ganz in seine Endstellung gelangt ist, bevor also die Tischbewegung ganz abgestellt ist. Der Tisch schiebt also den Hebel *26* über seinen Totpunkt hinweg.

Tischverschiebung von Hand. Soll die selbsttätige hydraulische Tischbewegung ausgeschaltet werden, aber die Möglichkeit bestehen, den Tisch von Hand zu verschieben (z. B. über ein Rädergetriebe und eine am Tisch befestigte Zahnstange), so wird der Hauptsteuerhahn *8* auf Stellung „Aus" umgelegt, wodurch die beiden Zylinderseiten über die Leitungen *29* und *30* miteinander verbunden werden. Wegen der einseitigen Tischkolbenstange wird aber bei einer Tischbewegung nach rechts auf der rechten Kolbenseite weniger Öl verdrängt als links angesaugt werden muß, dieses Öl wird über die Leitung *31* aus dem Rückölbehälter nachgesaugt.

Bewegung des Schleifschlittens. Bei der gezeichneten Anordnung gelangt bei Tischumkehr rechts Drucköl über die Zustelleitung *32* zum Zustellkolben *33* und schaltet über Klinkenhebel *34* das auf der Zustellwelle sitzende Schaltrad *35* um die an der Schraube *36* einzustellende Zähnezahl weiter.

Eilbewegung des Schleifschlittens. Die Druckölleitung *3* führt zum Steuerhahn *37* für die Eilbewegung des Schleifschlittens. In der gezeichneten Stellung gelangt Drucköl über die Leitung *38* hinter den Eilgangkolben *39* und hat den Schleifschlitten nach vorn bewegt. Das auf der Vorderseite verdrängte Öl geht über die Leitung *40*, *41* und Steuerhahn *37* zur Rücköllleitung *42*.

Einstechzustellung. Beim Arbeiten ohne Tischbewegung (Einstechschleifen) erfolgt die Zustellung der Schleifscheibe kontinuierlich, indem die Zustellwelle durch die verzahnte Kolbenstange des Einstechkolbens *43* über Zahnrad *44* langsam verdreht wird. Die Zustellgeschwindigkeit kann mit Drosselventil *45* eingestellt werden, zum schnellen Rücklauf (= zurückdrehen von Hand) der Einstellzustellung dient das Umgehungsventil *46*.

Reitstockbewegung. Bei hydraulisch betätigter Reitstockpinole wird durch einen Fußhebel der Steuerhahn *47* gedreht, wodurch über Leitung *48* und *49* Öl hinter den Reitstockkolben *50* gelangt, der die Reitstockpinole zurückzieht. Die Leitung *48* führt nur Drucköl wenn der Schleifschlitten zurückfährt oder gefahren ist, so daß zur Vermeidung von Unfällen während des Schleifens kein hydraulisches Zurückziehen der Reitstockpinole erfolgen kann.

(Nach Umdruck der Fortuna-Werke, Stuttgart, Bad Cannstatt.)

d) Die Gestaltung der einzelnen Gruppen der Schleifmaschine.

Bett, Tisch und Obertisch. Das Bett wird auf Grund von Erfahrung und nicht nach Rechnung ausgeführt und ist durch Rippen verstärkt. Da die Rechnung etwa nach dem MAXWELLschen Satz die Gestaltung im einzelnen nicht zu erfassen vermag und deshalb Wirklichkeitsnähe nicht mit Sicherheit erreicht wird, kann die Rechnung nur dazu dienen, die Vorstellung zu erleichtern und Hinweis zu geben, nach welcher Richtung die Konstruktion verbessert werden kann.

Der Untertisch gleitet in zwei über seine Länge auf nahezu das Doppelte durchgeführten Führungsbahnen, einer planen und einer V-förmigen.

Die bereits erwähnte Einstellbarkeit des Obertisches erfolgt an einer Gradeinteilung (Abb. 438).

Die Tischsteuerung. Die durch den Hydraulikplan (Abb. 436) gekennzeichnete Tischsteuerung ist eine von den vielen möglichen.

Die bereits erwähnte Zahnradpumpe liefert das Treiböl zu den hydraulischen Steuerungen. Von den Pumpen mit verstellbarer Treibölförderung (bei der Fortuna-Rundschleifmaschine) und von der Enor-Pumpe ist man auf die einfache Zahnradpumpe mit konstanter Fördermenge übergegangen, weil

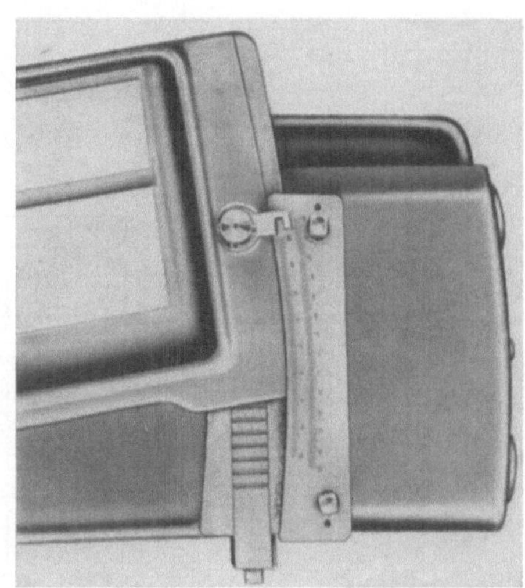

Abb. 438. Einstellbarkeit des Obertisches.

1. die Voraussetzungen, daß mit den verstellbaren Pumpen, Druckölpumpen, die Öltemperatur geringer bleiben würde, sich nicht bewahrheitet hat,
2. der Gesamtenergieaufwand für die Steuerungen nur etwa 1,1 kW beträgt, so daß

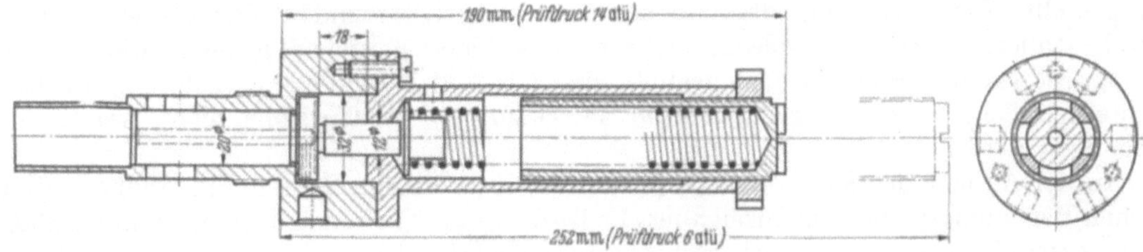

Abb. 439. Überströmventil.

Energieverluste durch Drosselung klein ausfallen und daher in Kauf genommen werden können,
3. die Zahnradpumpe erheblich einfacher und billiger ist. Diese Zahnradpumpe liefert 90 l/min und hat schräg verzahnte Räder.

Beachtenswert ist auch die bewährte Manschettendichtung und die Druckentlastung des schräg verzahnten Zahnradgetriebes von seitlichem Druck, um den Energiebedarf und den Verschleiß auf ein Mindestmaß zu beschränken. Bei der Antriebswelle mit dem Kettenrad sind die Räume am Ende der Welle mit dem Außendruck in Verbindung gebracht. Der Druckausgleich der hohlgebohrten Welle erfolgt durch eben diese Hohlbohrung. Die Durchrechnung folgt in einem besonderen Abschnitt (S. 349).

Der Druck, mit welchem das Treiböl dem Ölkreislauf zugeführt wird, wird durch das Überdruck-, d. h. Überströmventil (Abb. 439), eingestellt. Das Überströmventil der Abbildung gilt für eine Durchflußmenge von etwa 100 l/min bei einem Druck von 6 bis 14 atü. Bei kleineren Maschinen kann das Ventil mit Hilfe einer einstellbaren Federbelastung auf etwa 6 atü und bei größeren Maschinen auf einen entsprechend höheren Druck eingestellt werden. Bei sehr schweren Maschinen, bei denen große Massen bewegt werden, geht man mit dem Öldruck bis auf 20 atü.

Je höher der Druck steigt, desto härter arbeitet die Steuerung der Maschine, wenn nicht besondere Maßnahmen zur Dämpfung ergriffen werden. Bis zu etwa 10 bis 15 mm/sec Tischgeschwindigkeit sind etwa 10 atü Betriebsdruck das Richtige.

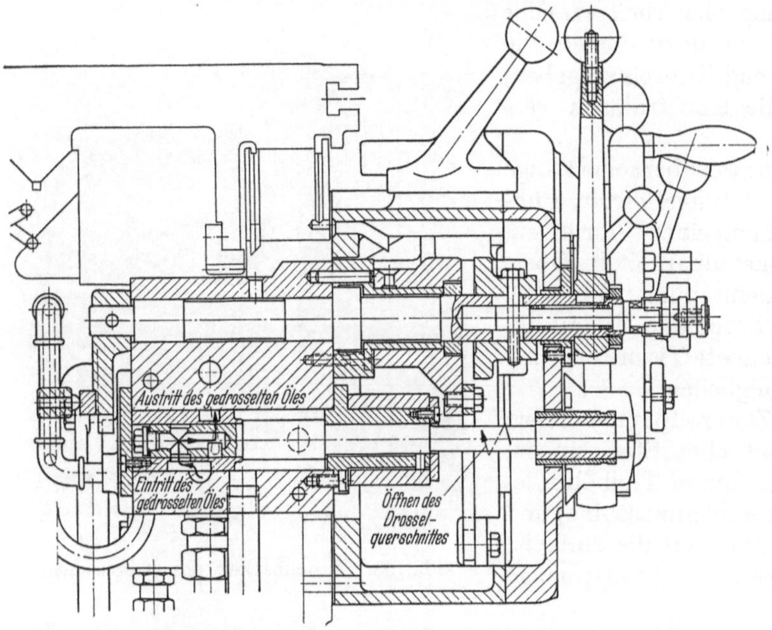

Die in der Abbildung dargestellte besondere Schlitzform des Ventils hat den Zweck, bei Beginn des Öffnens eine feine Steuerung des Ölstroms zu erreichen. Mit zunehmender Öffnung wächst der Öffnungsquerschnitt und gestattet größeren Ölmengen den Durchfluß.

Das Hauptdrosselventil (Abb. 440) dient der Regelung der Tischgeschwindigkeit. Es ist im Hydraulikplan (Abb. 436) bezeichnet. Abb. 440 zeigt am rechten Ende der Welle den Regelknopf zum Drosselventil. Seine Anordnung in der Maschine ist in Abb. 430 u. 441 dargestellt. Die Drosselung des von der Pumpe herkommenden Treiböls wird durch zwei Schneiden erreicht, welche, mehr oder weniger gekreuzt gestellt, die Fördermenge bestimmen und, parallel gestellt, den Ölstrom abschließen. Auf die mit dargestellten Schalteinrichtungen zur Abb. 440 kann an dieser Stelle nicht weiter eingegangen werden.

Abb. 440. Hauptdrosselventil mit Regelknopf.

In der Ansicht des Steuerkastens (Abb. 441) sind die einzelnen in Handhöhe befindlichen Bedienungsgriffe gekennzeichnet. Es ist dies eine Neukonstruktion, in welcher die Schaltgetriebe in einem Steuerkasten zusammengefaßt sind.

Der Vorschubzylinder (Abb. 442) ist oben im Bett unmittelbar an der Unterseite des Tisches verankert. Das Ende der nur einseitig durchgeführten Kolbenstange ist mit dem Untertisch verschraubt. Die einseitige Kolbenstange wird nicht nur angewandt, um eine zweite Stopfbüchse zu vermeiden, sondern vor allem um der ungleichen Wärmeausdehnung der Kolbenstange und des Tisches zu entgehen, und damit ein Anlaufen eines Werkstückbundes gegen die Stirnfläche der Schleifscheibe bei genau eingestellter Umsteuerung zu vermeiden. Unterhalb des Zylinders ist eine Zahnstange angebracht, in welche das Ritzel zum Handantrieb eingreift. Die Lage ist in der Abbildung angegeben.

Die Brauchbarkeit der hydraulischen Steuerung steht und fällt mit der Freiheit des Treiböls von Luft. Das Treiböl ist bei einem Druck von 100 atü nur um etwa $1^1/_2\%$ zusammendrückbar, und auf dieser Eigenschaft ist die Genauigkeit der Steuerung aufgebaut. Es darf aber keine Luft in das Öl geraten. Solange im Kreislauf Überdruck vorherrscht, ist dies auch durch Undichtheit nicht möglich. Beim Ansaugen des Öls aus dem Behälter jedoch und bei Unterdruck kann infolge von Undichtheiten Luft in Form von Bläschen eindringen und besonders in Betriebspausen sich zu größeren Luftmengen im Zylinder vereinigen. Aus diesem Grunde muß der Zylinder mit einer Entlüftungseinrichtung an der höchsten Stelle des Kreislaufsystems versehen werden. Das ist gewöhnlich die oberste Stelle im Vorschubzylinder.

Bei den kleineren Zylindern bis etwa 800 mm Länge erfolgt diese Entlüftung einfach durch Zu- und Abführen des Öls an den beiden höchsten Stellen des Arbeitszylinders.

Abb. 441. Steuerkasten.

1 Handrad für Tischverstellung
2 Umschaltgriff für Tisch-Feinverstellung
3 Schalthebel für hydraulische Tischbewegung
4 Kupplungsknopf für Einhebelbedienung
5 Tischumsteuerhebel
6 Regelknopf für Tischgeschwindigkeit
7 Wählhebel für Einstech- und Längsschleifen
8 Hebel zum Steuern der Verzögerung bei der Tischumkehr
9 Knopf zum Einstellen der Haltedauer bei der Tischumkehr
10 Knopf zum Einstellen der Größe der Zustellung beim Längsschleifen
11 Handrad zum Zustellen der Schleifscheibe

12 Knopf zum Zustellen um sehr kleine Beträge (Ausgleich der Schleifscheibenabnützung)
13 Hebel zum Ein- und Ausschalten der Zustellklinke und zum Einlegen des Nullanschlages
14 Rändelknopf zum Wählen der Zustellung rechts oder links beim Längsschleifen
15 Griff zum Einkuppeln der selbsttätigen Einstechzustellung
16 Sterngriff zum Feststellen der Maßscheibe
17 Regelknopf für Einstechgeschwindigkeit
18 Hebel zum Beschleunigen und Unterbrechen der selbsttätigen Einstechzustellung
19 Eilganghebel für Schleifschlitten
20 Schraube zum Verriegeln des Eilganghebels

Die etwa eingedrungene Luft wird durch einige Hin- und Hergänge des Kolbens über den gesamten Kolbenweg herausgespült.

Bei längeren Zylindern wird an deren höchster Stelle eine besondere Entlüftungsleitung vorgesehen. Diese läßt bei entsprechend kleinem Querschnitt (0,3 mm) und damit großem Widerstand dauernd die Luftblasen austreten ohne gleichzeitigen erheblichen Ölverlust. Bei größeren Maschinen werden hierfür auch besondere Entlüftungsventile vorgesehen, die zum Entlüften geöffnet und während des Betriebes der Maschine geschlossen werden.

Die Bemessung des Arbeitszylinders geschieht bei Gleitbahnführungen unter Berücksichtigung eines Reibungskoeffizienten von $\mu = 0,3$, obwohl sämtliche Führungen mit selbsttätiger Schmierung versehen sind.

Der Schleifspindelstock. Die Schleifspindel ist fliegend angeordnet, um sie mit ein paar Griffen zwecks Auswechselns mit feinkörnigerer Scheibe abziehen zu können.

Der Antrieb der Hauptwelle (Abb. 444) erfolgt durch Keilriemen. Das Lagerspiel beträgt nur 10 bis 15 μ. Die Zapfengeschwindigkeit beträgt 5 bis 6 m/sec bei einer Umfangsgeschwindigkeit der Schleifscheibe von 25 bis 28 m/sec. In der Lagerschale ist Raum für einen Schmierkeil vorgesehen, aber keinerlei Schmiernute. Die Schleifspindel selbst wird durch einen besonders weichen Lederriemen angetrieben.

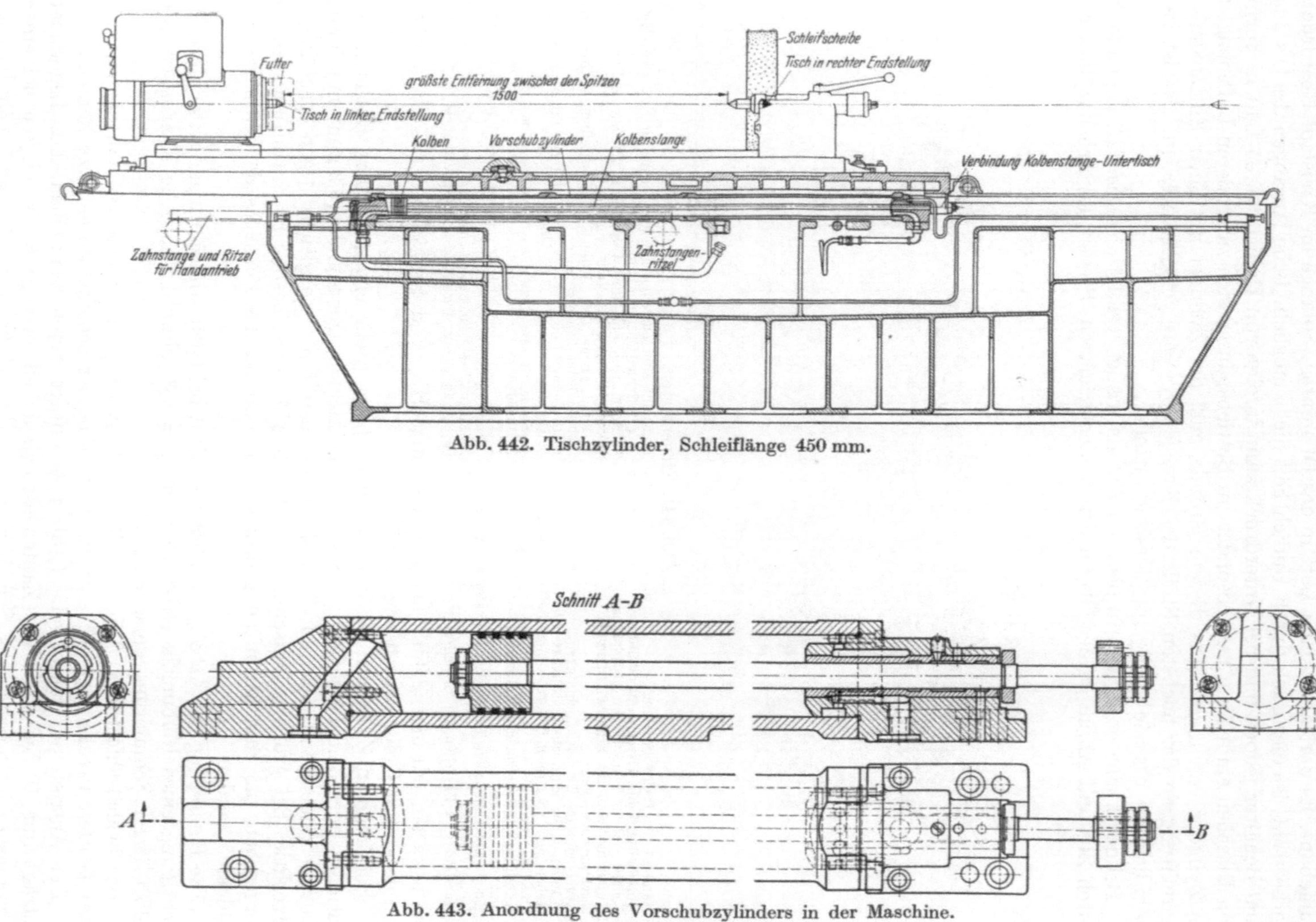

Abb. 442. Tischzylinder, Schleiflänge 450 mm.

Abb. 443. Anordnung des Vorschubzylinders in der Maschine.

Die Schleifspindel (Abb. 444) ist einfacher gelagert gegenüber der früheren nachstellbaren Lagerung. Aber die zweiteiligen Lagerschalen sind auf das sorgfältigste mit Diamanten bearbeitet und poliert. Die Ringschmierung früherer Zeit ist durch eine Druckölschmierung mit 1 bis 2 atü Öldruck ersetzt. Das Drucköl wird von einer von der Schleifspindel angetriebenen Zahnradpumpe geliefert. Das Öl wird durch ein Ölsieb von Fremdkörpern rein gehalten.

Der Schleifspindelstock (Abb. 445) mit seinen Steuerorganen gleitet ebenfalls in einer Plan- und einer V-Bahn. An einem nach unten reichenden Arm greift die Vorschubspindel an, welche durch eine Spindelmutter Beistellung und Zustellung herbeiführt. Die Mutter ist außen verzahnt und steht in Eingriff mit einem um 65 mm längeren Zahnritzel, in welchem sie um den genannten Betrag vor- und zurücklaufen kann. Auf diese Weise kann der Schleifspindelstock ohne Änderung an den Vorschüben durch einen am rückwärtigen Ende der Vorschubspindel eingreifenden Kolben im Eilgang vor- und

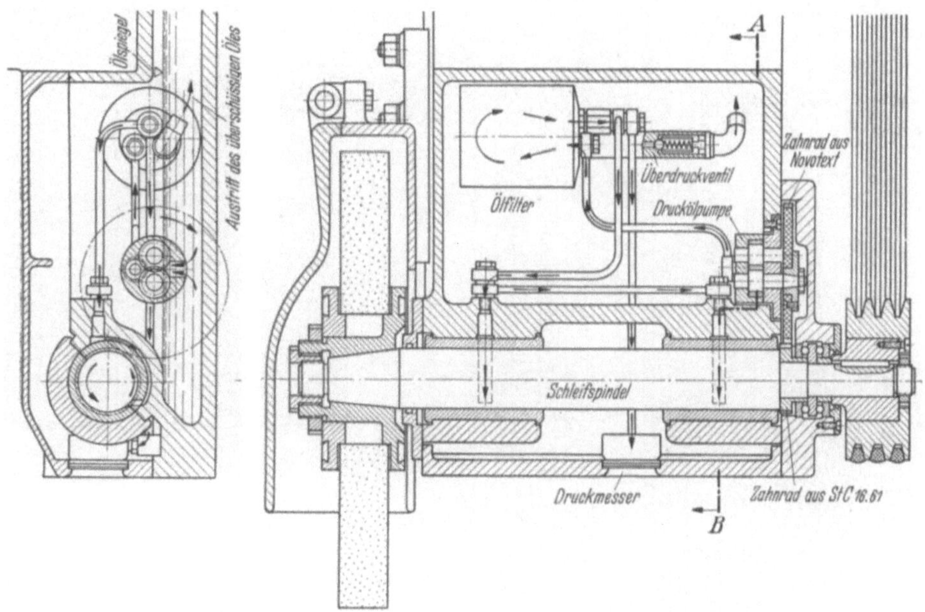

Abb. 444. Schleifspindellagerung.

zurückbewegt werden. Der Eilgangzylinder hat infolgedessen eine Länge entsprechend der wirksamen Länge der Vorschubspindel zuzüglich 65 mm Eilganghub. Dadurch, daß der Eilgangkolben stets unter Öldruck von der Rückseite her gegen ein und denselben Anschlag im Zylinder steht und von diesem Eilrückgang sich entfernt, kommt der Schleifspindelstock beim Vorlauf in die Arbeitsstellung stets auf 0,002 mm genau in die gleiche Stellung zurück, solange nicht die Beistellung betätigt wird. Zugleich wird durch diese Einrichtung jegliches Spiel im Vorschubgetriebe ausgeschaltet.

Der Antrieb des langen Ritzels bis zurück zum Beistell- und Zustellzylinder sowie zum Handrad ist in Abb. 445 gleichfalls dargestellt. Die beiden Zylinder sind hervorgehoben.

Die Handbetätigung geht im wesentlichen auf die bereits im ersten Jahrzehnt übliche zurück (S. 328).

Der Werkstückspindelstock. Der Antrieb erfolgt durch einen einfachen Drehstrommotor mit anschließendem 6- bis 8fachem mechanischem Stufengetriebe, so daß z. B. Drehzahlen von 23 bis 265 Umdrehungen in der Minute sich ergeben. Oder es ist ein regelbarer Gleichstrommotor vorgesehen oder ein dreifach polumschaltbarer Drehstrommotor oder schließlich ein etwa 1,5 kW starker LEONARD-Satz.

Die Lager der hohlen Werkstückspindel sind in Anbetracht des durch die zum Teil hohe Belastung sich ergebenden Verschleißes nachstellbar ausgeführt und der Betrieb

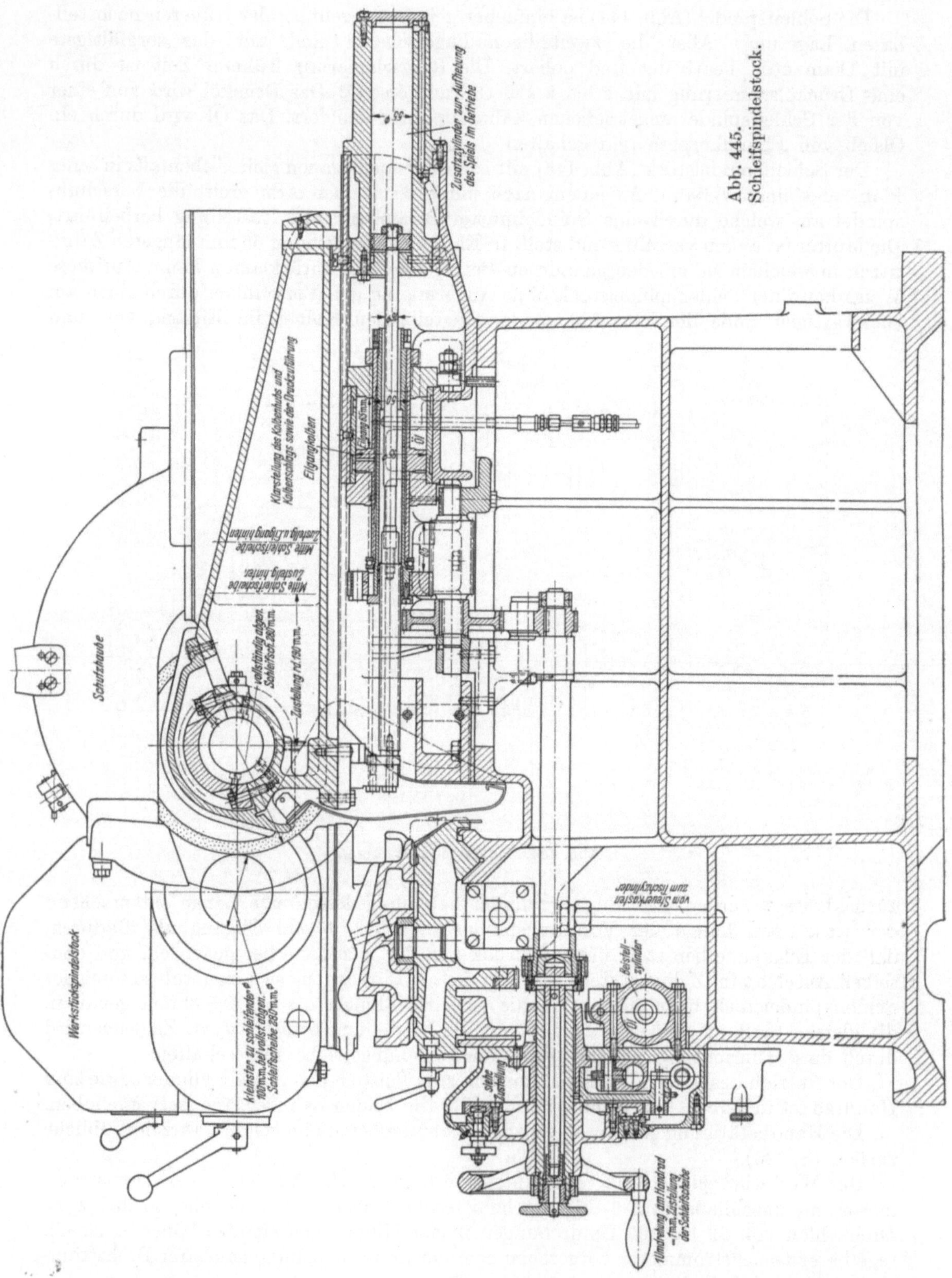

Abb. 445. Schleifspindelstock.

mit fester und laufender Körnerspitze vorgesehen. Die Mitnahme der umlaufenden Hülse ist in Abb. 446 angegeben. Die Umstellung auf umlaufende Hülse erfolgt durch eine Schraubenverbindung, die ja nur beim Übergang von durch den Mitnehmer in Umlauf gebrachten Werkstücken zur Stangenarbeit erforderlich wird. Die Spannzangen für Werkstückdurchmesser von 4 bis 38 mm werden in die Werkstückspindel eingesetzt. Das Erfassen und die Mitnahme der Werkstückstangen ist in Abb. 446 gleichfalls gezeichnet. Die Einzelheiten sind für den in Maschinenteilen Bewanderten ohne weiteres verständlich. Der Spindelstock kann nach einer Gradeinteilung bis zu 90° gegen einstellbare Anschläge geschwenkt werden, um Kegel zu schleifen.

Die Maschine kann auch mit einer Innenschleifeinrichtung ausgerüstet werden. Die Innenschleifeinrichtung wird dabei (Abb. 447) auf den Schleifspindelstock aufgesetzt und mit dem kleinen Schleifzylinder bis vor die Werkstückbohrung eingeschwenkt.

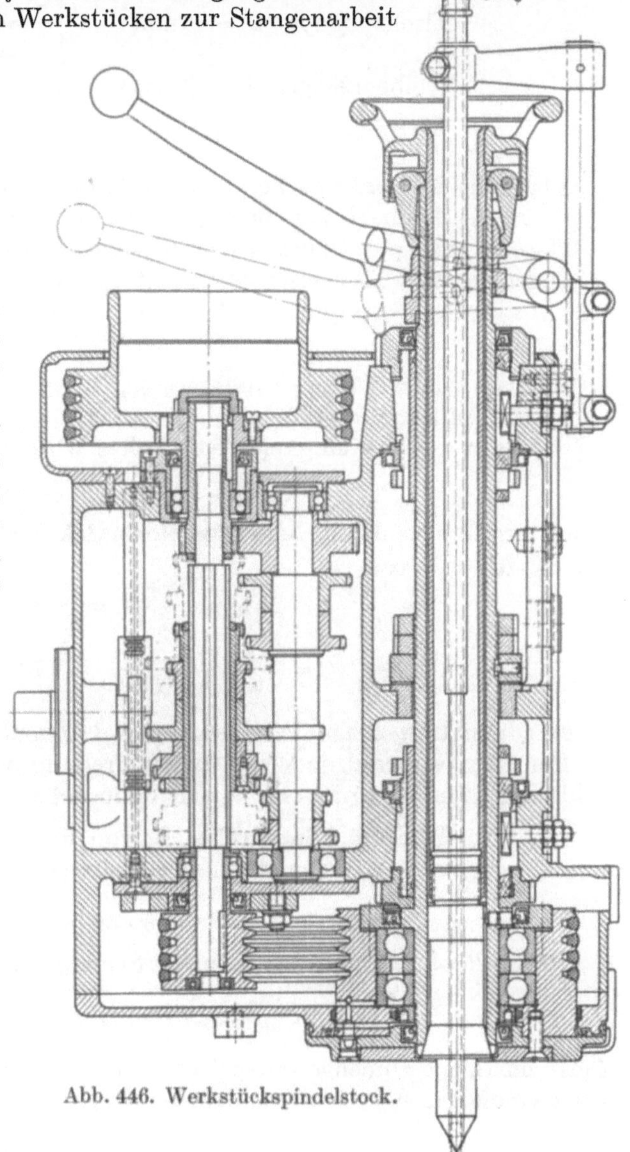

Abb. 446. Werkstückspindelstock.

Abb. 447. Innenschleifeinrichtung.

Der Reitstock. Der Reitstock unterscheidet sich, abgesehen von der bereits geschilderten hydraulischen Einrichtung zur Zurücknahme der Pinole, nicht wesentlich von der früheren Darstellung.

e) Beispiel zur Durchrechnung der Hydraulik.

1. Tisch. Gewicht der Tischteile geschätzt:

Untertisch	250 kg
Obertisch	160 kg
Werkstückspindelstock und Reitstock	190 kg
Werkstück	200 kg
Gesamtgewicht	800 kg

Mit $\mu = 0,3$ wird die zur Bewegung des Tisches aus Ruhe notwendige Kraft P:

$$P = 800 \cdot 0,3 = 240 \text{ kg}.$$

Tischzylinder $\quad D = 65 \text{ mm}; \quad \dfrac{D^2 \pi}{4} = 33 \quad \text{cm}^2 = 3300 \text{ mm}^2$

Kolbenstange $\quad d = 22 \text{ mm}; \quad \dfrac{d^2 \pi}{4} = \underline{3,8 \text{ cm}^2 = 380 \text{ mm}^2}$

Wirksame Kolbenfläche $\qquad F = 29,2 \text{ cm}^2 = 2930 \text{ mm}^2$.

Wirksame Kolbenkraft bei 10 atü $= 10 \cdot 29,2 = 292$ kg.
Sie reicht demnach zur Bewegung des Tisches aus.
Tischbewegung. a) Ölmenge und Ölgeschwindigkeit.
Angenommene Tischgeschwindigkeit $v_{\max} = 10$ m/min

$$\text{oder} \quad \frac{10}{60} \cdot 1000 = 167 \text{ mm/sec}.$$

Tischkolben 65 mm Durchmesser,
Kolbenfläche $= 0,33$ dm².
Bei höchster Geschwindigkeit des Tisches wird die Ölmenge:

$$Q = 0,33 \cdot 100 = 33 \text{ l/min}.$$

Damit ergibt sich die höchste Ölgeschwindigkeit C in der Tischzylinderleitung bei einer lichten Weite d von

$$d = 20 \text{ mm}; \quad \frac{d^2 \pi}{4} = 0,0314 \text{ dm}^2$$

$$\text{zu} \quad C = \frac{Q}{f \, 60} = \frac{33}{0,031 \cdot 60} = 17,75 \text{ dm/sec} \cong 1,8 \text{ m/sec}.$$

b) Die sich ergebende Tischgeschwindigkeit und Ölmenge.
Der Längsvorschub je Werkstückumdrehung beträgt beim Schruppen $^2/_3$ bis $^3/_4$ der Schleifscheibenbreite; es ergibt sich dann bei einer

Werkstückdrehzahl z. B. von 68 U/min
und einer Schleifscheibenbreite von 50 mm $= 25 \cdots 265$ U/min (in 8 Stufen).

Tischgeschwindigkeit $v = \dfrac{3}{4} \cdot 3 \cdot 68 \cdot 50 = 2500$ mm/min $= 2,5$ m/min, also Ölmenge
$Q = 0,33 \cdot 25 = 8,25$ l/min bei normaler Schleifgeschwindigkeit von etwa 30 m/sec.

$$Q_{\max} = \frac{265}{68} \cdot 8,25 = 32 \text{ l/min} \quad \text{(oben 33 l/min)}.$$

Diese maximale Ölmenge entspricht der vorstehend angenommenen maximalen Tischgeschwindigkeit $v_{\max} = 10$ m, denn es ist:

$$v = 2,5 \cdot \frac{265}{68} = 9,75 = 10 \text{ m/min}.$$

2. Schleifschlitten (Schleifsupport). *a) Wirksame Kräfte.*
Gewicht des Schlittens geschätzt . . . . etwa 500 kg,
Reibungskoeffizient für Gleitbahnführungen . . . . . $\mu = 0,3$.
Die Vorschubkraft T zur Bewegung des Schlittens aus der Ruhelage erfordert:

Vorschub: $\qquad T = \mu \cdot G = 0,3 \cdot 500 = 150$ kg.

Die wirksame Kolbenfläche F_1 des Eilgangkolbens errechnet sich

bei einem Eilgangzylinder $\quad D_1 = 95 \text{ mm}; \quad \dfrac{D_1^2 \pi}{4} = 71 \text{ cm}^2$

und bei einer Kolbenstange $\quad d_1 = 50 \text{ mm}; \quad \dfrac{d_1^2 \pi}{4} = \underline{20 \text{ cm}^2}$

$$F_1 = 51 \text{ cm}^2$$

Die wirksame Kolbenfläche F_2 des Rückzugkolbens zum Spielausgleich

errechnet sich für $\qquad D_2 = 55\,\text{mm}; \quad \dfrac{D_2^2\,\pi}{4} = 24\,\text{cm}^2$

und eine Kolbenstange $\quad d_2 = 16\,\text{mm}; \quad \dfrac{d_2^2\,\pi}{4} = \underline{\ 2\,\text{cm}^2}$

$$\text{zu}\ \ F_2 = 22\,\text{cm}^2$$

$$F_1 - F_2 = 51 - 22 = 29\,\text{cm}^2,$$

somit bei 10 atü eine Anpreßkraft P von

$$
\begin{aligned}
(F_1 - F_2) \cdot 10 &= 29 \cdot 10 = 290\,\text{kg}\\
\text{Reibungsverlust} & = \underline{\ 20\,\text{kg}}\\
P &= \overline{270\,\text{kg}}
\end{aligned}
$$

Erforderlich sind nach vorstehendem $P - 150\,\text{kg}$.

b) Ölbedarf und Ölgeschwindigkeit in der Ölzuleitung für das Vorbringen und Zurückholen des Schleifsupports.

Zeit für das Vorbringen bzw. Zurückholen zu $T = 1\,\text{sec}$ gewählt. Wirksame Kolbenfläche des Eilgangkolbens $F_1 = 51\,\text{cm}^2$,

somit erforderliche Ölmenge Q bei einem Eilganghub $h_1 = 65\,\text{mm}$

$$Q_1 = F_1 h_1 = 0,5 \cdot 0,65 = 0,325\,\text{dm}^3/\text{sec} = 19,5\,\text{l/min}.$$

Ölgeschwindigkeit in der Rohrleitung bei $d = 20\,\text{mm}$ l. W.:

$$c = \frac{Q_1}{f \cdot 60} = \frac{19,5}{0,0314 \cdot 60} = 10,4\,\text{dm/sec} = 1\,\text{m/sec}.$$

3. Der Reitstock. Der Ölbedarf für den hydraulischen Rückzug der Reitstockpinole, welcher ebenfalls in $T_1 = 1\,\text{sec}$ erfolgen soll:

wirksame Pinolenkolbenfläche $F_3 = 28\,\text{cm}^2$,

somit erforderliche Ölmenge Q_2 bei einem Pinolenhub $h_2 = 35\,\text{mm}$

$$Q_2 = F_3\,h_2 = 0,28 \cdot 0,35 = 0,098\,\text{dm}^3/\text{sec} = 6\,\text{l/min}.$$

Die drei Ölmengen für Tisch, Schleifsupport und Reitstockpinole ergeben zusammengenommen einen Ölbedarf Q_3 von:

$$Q_3 = (32 + 19,5 + 6) = 57,5 = 58\,\text{l/min}.$$

4. Die Druckölpumpe. Da die drei Bewegungen (Tisch, Schleifsupport und Reitstockpinole) zwar gleichzeitig eingeschaltet werden können, aber nicht mit den maximalen Geschwindigkeiten gleichzeitig wirksam sein müssen, kann auch unter Berücksichtigung von Verlusten (veranlaßt durch Reibung, Undichte usw.) ein Gesamtölbedarf von 60 l/min zugrunde gelegt werden.

Für eine Zahnradpumpe von:

$$
\begin{aligned}
&\text{Zahnradbreite} \ldots \ldots \ldots \ldots \quad B = 50\,\text{mm,}\\
&\text{Kopfkreisradius} \ldots \ldots \ldots \ldots \quad R_k = 33\,\text{mm,}\\
&\text{Fußkreisradius} \ldots \ldots \ldots \ldots \quad R_f = 24,3\,\text{mm,}\\
&\text{Drehzahl} \ldots \ldots \ldots \ldots \ldots \quad n = 800\,\text{U/min}
\end{aligned}
$$

ergibt sich die Fördermenge Q zu

$$Q = \frac{B\,n\,(R_k^2 - R_f^2)}{1000} = \frac{5 \cdot 800 \cdot (10,9 - 5,9) \cdot 3,14}{1000} = 63\,\text{l/min,}$$

ist also ausreichend.

Der Energiebedarf ist bei 10 atü:

$$N = \frac{Q \cdot 10}{60 \cdot 102} = \frac{63 \cdot 100 \cdot 10}{60 \cdot 102 \cdot 100}\,10 = \frac{63 \cdot 100}{60 \cdot 102} = 1,03\,\text{kW}.$$

Mit Rücksicht auf die bei der Rechnung unberücksichtigt gebliebenen Verluste wird ein Antriebsmotor von

$$N = 2\ \text{kW} \cdot$$

vorgesehen.

f) Der erreichte Fortschritt.

Wenn man sich überlegt, welche Fortschritte seit dem Jahre 1920 erreicht worden sind, so ergeben sich folgende:

1. Mehrmotorenantrieb und Anwendung polumschaltbarer Motoren;
2. die hydraulische Vorschubsteuerung und mit deren Hilfe
   a) der Eilgang,
   b) die Zustellung, d. h. der stufenlos einstellbare kontinuierliche Vorschub zum Einstechverfahren,
   c) die Aufhebung des Spiels an der Vorschubgewindespindel,
   d) die in ihrer Zeitdauer verstellbaren Halte,
   e) die Einhebelsteuerung,
   f) die selbsttätigen Sicherungen;
3. der Ersatz der einstellbaren Hauptspindellagerung durch einfache hochpolierte Lagerschalen;
4. die elektro-magnetische Bremse am Werkstückspindelstock;
5. die Leistung steigernden Zusätze, die Automatisierung und die automatischen Meßgeräte;
6. die hydraulisch-elektrische Steuerung (vgl. S. 366).

g) Die Fortentwicklung der Rundschleifmaschine.

Ein hervorragendes Beispiel dieser Fortentwicklung ist die auf der Europäischen Messe 1952 in Hannover vorgeführte neue Rundschleifmaschine der Fortuna-Werke (Abb. 448), welche die in neuerer Zeit an eine genau und wirtschaftlich arbeitende Rundschleifmaschine gestellten Anforderungen erfüllt.

Der Arbeitsbereich ist folgender:

Größte Spitzenweite	300 bzw. 500 mm
Spitzenhöhe	135 mm
Größter Schleifdurchmesser, je nach der Art des Werkstücks etwa	100 mm
Schleifscheibendurchmesser	400 mm
Breite der Schleifscheibe	~40 mm
Drehbarkeit des Werkstückspindelstocks gegen Schleifscheibe	90°
Größte Schrägstellung des Tisches	
bei 300 mm Spitzenweite	12°
bei 500 mm Spitzenweite	10°
Tischgeschwindigkeit, Werkstückdrehzahl und Schleifscheibendrehzahl stufenlos verstellbar.	
Eilrück- und -vorlauf des Schleifschlittens.	

An Hand der Abb. 449 und der Benennung der einzelnen Bedienungselemente kann die Bedienungsweise der Maschine verfolgt werden.

Die fortschrittlichen Merkmale der Rundschleifmaschine (Abb. 448 u. 449) sind folgende:

1. Zusätzlich zu der bekannten stufenlosen Verstellung der Werkstückdrehzahlen wird auch die Schleifscheibengeschwindigkeit innerhalb eines Bereichs von etwa 15 bis 35 m/sec feinstufig über ein LEONARD-Aggregat durch Änderung der Feldspannung verstellt. Die gewünschte Umfangsgeschwindigkeit wird über einen Vorwähler eingestellt und bleibt dann durch Nachstellen der Schleifscheibenschutzhaube, entsprechend der Abnutzung der Schleifscheibe, konstant. Diese stufenlose Drehzahlenverstellung gestattet eine sehr feinfühlige Anpassung an verschiedene Arbeitsbedingungen, z. B. den Ausgleich von Härteunterschieden in den Schleifscheiben und die Erzielung günstigster Schnittverhältnisse für verschiedene Werkstoffe.

2. Über einen zusätzlichen Wählschalter kann die Schleifscheibengeschwindigkeit auf etwa 1,5 m/sec heruntergesetzt werden zum Einrollen von Profilen für Formschleifarbeiten.

3. Die Maschine ist auch für sitzende Bedienungsweise eingerichtet; hierdurch läßt sich Ermüdungsausschuß weitgehend vermeiden.

4. Für Profilschleifarbeiten kann die Maschine mit einer rechts vom Bedienungsstand liegenden Schleifscheibe ausgerüstet werden. Damit wird es möglich, den Schleifspindelstock zum Anschleifen von Schultern bis zu 45° schräg zu stellen zur Vermeidung von Kreuzschliff an den Schultern und zur Reduzierung der Profilhöhe an der Schleifscheibe.

5. Das hydraulische Zustellgetriebe ist von der Handzustellung getrennt, so daß jederzeit eine Zustellung, wie sie bei zunehmender Schleifscheibenabnutzung beim Abrichten der Schleifscheibe oder infolge unterschiedlicher Schleifzugaben notwendig ist, erfolgen kann.

6. Außer dem üblichen Schleifen auf Fertigmaß gegen festen Nullanschlag ist eine automatische Arbeitsweise mit Hilfe einer Meß- und Steuereinrichtung möglich. Hierbei steuert der das Werkstück abtastende Meßkopf (Fortuna-Finitor) (Abb. 450) den Arbeitsablauf unmittelbar vom Werkstückmaß ausgehend so, daß die Maschine von Schruppen auf Schlichten umgeschaltet und bei Fertigmaß abgeschaltet wird. Beim Längsschleifen kann noch eine zustellungslose Ausfeuerzeit angeschlossen werden, während der der Werkstücktisch eine erfahrungsgemäß zweckmäßige Anzahl von Leerhüben ausführt. Damit lassen sich Toleranzen innerhalb $\pm 1,5\ \mu$ auch in Großserien sicher einhalten.

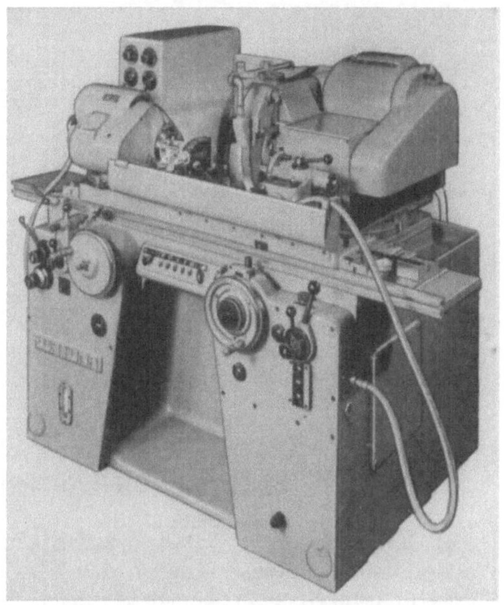

Abb. 448. Neue Rundschleifmaschine. (Nach Fortuna-Werke.)

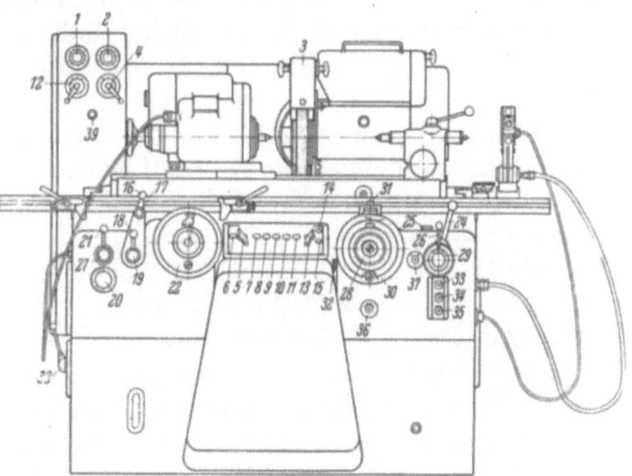

Abb. 449. Benennung der Bedienungselemente mit deren Anordnung in der Maschine. (Fortuna-Werke.)

1 Regelknopf für Werkstückdrehzahl; 2 Wählschalter für Schleifscheiben-Umfangsgeschwindigkeit; 3 Nachstellbarer Spritzwasserschutz, der zugleich zum Konstanthalten der vorgewählten Schleifscheibengeschwindigkeit dient; 4 Wählschalter für Schleif- bzw. Einrollgeschwindigkeit; 5 Wählschalter zur Steuerung des Werkstückspindelstocks; 6 Tippschalter für schrittweise Drehung der Werkstückspindel; 7 Druckknopf „ALLES AUS"; 8 Druckknopf „HYDRAULIK EIN; 9 Druckknopf „SCHLEIFSCHEIBE LÄUFT"; 10 Druckknopf „KÜHLMITTELPUMPE LÄUFT"; 11 Druckknopf „INNENSCHLEIFSPINDEL LÄUFT"; 12 Wählschalter für Drehrichtung des Werkstückspindelstocks; 13 Wählschalter für Meß- u. Steuereinrichtung; 14 Signallampe „SCHRUPPEN"; 15 Signallampe „SCHLICHTEN"; 16 Tischumsteuerhebel; 17 Zugknopf in Tischumsteuerhebel, um aus den Tischanschlägen, unabhängig von deren Stellung, herausfahren zu können; 18 Wählhebel für Tischhaltesteuerung; 19 Regelventil für Tischhaltezeit; 20 Regelventil für Tischgeschwindigkeit; 21 Wählhebel für Tischbewegung und Kupplung der Tisch- und Schleifschlittenbewegung; 22 Handantrieb; 23 Schaltknopf für 2 Tischgeschwindigkeiten über Handantrieb; 24 Steuerhebel für Schleifschlittenbewegung, zugleich Haupthebel für gemeinsame Schaltung der Bewegung von Tisch, Schleifschlitten und Werkstück; 25 Verriegelung des Haupthebels; 26 Steuerhebel zur Betätigung der Schleifschlittengeschwindigkeit unabhängig von der einmal eingestellten Vorschubgeschwindigkeit des Schleifschlittens; 27 Wählschalter für Zustellart; 28 Wählschalter für Größe des Gesamtzustellbetrages; 29 Ventil für Zustellgeschwindigkeit; 30 Handrad für Ausgleichszustellung; 31 Einzahnschaltung für Zustellung; 32 Verriegelung der Ausgleichszustellung; 33 Wählschalter für Meßkopfsteuerung; 34 Drosselventil für Schlichtgeschwindigkeit; 35 Steuerventil für Ausfeuerzeit; 36 Einstellknopf für Schlichtbetrag beim Arbeiten ohne FINITOR; 37 Steuerventil für Eilganggeschwindigkeit des Schleifschlittens; 38 Hauptschalter der Stromzuführung; 39 Signallampe zum Hauptschalter.

Abb. 450.
Finitor, Meßkopf 5 bis 60 mm ausgefahren.

7. Für die Bearbeitung von Werkstücken, deren geometrische Form ein Abtasten ihrer Oberfläche nicht zuläßt (z. B. genutete Werkstücke) ist ebenfalls die Möglichkeit für einen automatischen Arbeitsablauf vorgesehen. Die Steuerung erfolgt hierbei elektrisch in Abhängigkeit von der Zustellbewegung über zwei Kontakte, von denen der erste von einer Grobzustellung auf eine Schlichtzustellung umschaltet und der zweite die Maschine bei Fertigmaß abschaltet.

8. In allen Fällen werden bei automatischer Arbeitsweise beim Stillsetzen der Maschine der Schleifspindelstock und die Zustellung selbsttätig wieder in die Anfangsstellung zurückgeführt.

Die bekannten Zusatzeinrichtungen, wie hydraulische Formabdreheinrichtung und Innenschleifeinrichtung, vervollständigen die allgemeine Verwendungsmöglichkeit dieses neuen Maschinentyps.

2. Rundschleifmaschinen-Entwicklungsstufen.

a) Kennzeichnung der drei auf Stufe I (1900—1920) folgenden Entwicklungsstufen. An den Rundschleifmaschinen der Firma Naxos Union läßt sich anschließend an den Typ von 1906 (S. 322), Entwicklungsstufe I, der Fortschritt in der Lösung der klassischen Probleme und der mit dem Aufkommen der neuen Schleifverfahren, des Einstechens und des Schleifens mit fest eingestellter Schleifscheibe, zusätzlich die Lösung der neuen Probleme anschaulich verfolgen.

Als drei nachfolgende Entwicklungsstufen können angesehen werden:

Stufe II. Die Vermeidung des komplizierten Deckenvorgeleges durch Übergang zum Einscheibenantrieb. Ferner die erhebliche Steigerung der Antriebsleistung und die Einführung des Einstechverfahrens mit kontinuierlicher Zustellung des Schleifspindelstocks von Hand oder selbsttätig und mit Hinzufügung des Eilgangs.

Stufe III. Die genaue Anpassung an die höchstmögliche Leistungsfähigkeit der Schleifscheibe durch stufenlose und bequeme, also vom Arbeiter infolgedessen auch angewandte Einstellung der hydraulischen Steuerung der Vorschübe und durch den nunmehr auch hydraulisch betätigten Eilgang des Spindelstocks zur Vervollkommnung des Einstechverfahrens.

Stufe IV. Die Einführung des Mehrmotorenantriebs, z. B. bei schweren Hochleistungsmaschinen von 4 bzw. 5 Motoren, und das Heranziehen des gesamten Fortschritts in Wirkungsweise und Gestaltung auch bei diesen schweren Maschinen.

b) Zu Stufe II: Aus der Rundschleifmaschine von ehedem (Stufe I) zur Ergänzung der Arbeit anderer Werkzeugmaschinen zwecks Erzielung hoher Genauigkeit vor allem bei Passungen war im Laufe der ersten zwanzig Jahre des Jahrhunderts eine Fertigungsmaschine zur Erhöhung der Wirtschaftlichkeit geworden, ohne damit im geringsten die Ansprüche auf Präzisionsarbeit zu ermäßigen. Selbst erhöhten Anforderungen in dieser Hinsicht wurde entsprochen.

Ein Beispiel zur Stufe II ist die Rundschleifmaschine Baumuster WSE[1] der Firma

---

[1] 1500 mm mit Einscheibenantrieb.

Naxos-Union, deren Getriebeplan (Abb. 451) aus dem Jahre 1921 die Fortentwicklung im einzelnen zeigt, nämlich:

a) den Übergang von der Zahnstange zur Gewindespindel zwecks Beistellung des Schleifspindelstocks;
b) den Einscheibenantrieb der gesamten Maschine;

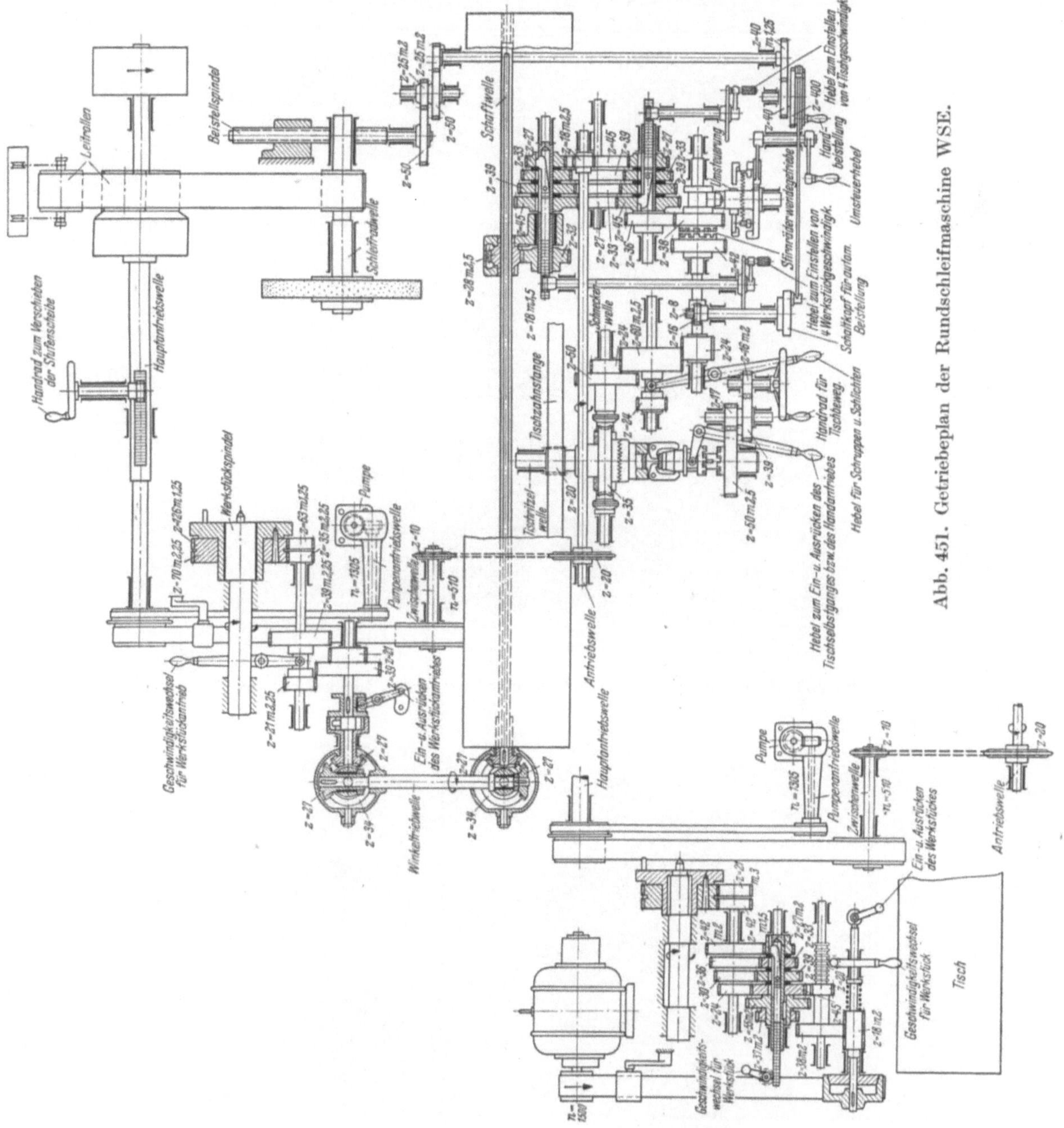

Abb. 451. Getriebeplan der Rundschleifmaschine WSE.

c) den Antrieb des Werkstückspindelstocks durch eine genutete Schaftwelle, wobei diese von der Hauptantriebswelle, welche zu Dämpfung von Schwingungen nahe dem Fußboden angeordnet ist, über zwei Zwischenwellen und ein Ziehkeilgetriebe angetrieben wird;
d) den Eilgang zum Einstechverfahren, jedoch nur bei den Schleiflängen 500, 750 und 1000 mm, während bei größeren Spitzenweiten der Eilgang verständlicherweise nur auf besonderen Wunsch des Bestellers geliefert wurde.

23*

Abb. 452. Selbsttätige Präzisions-Rundschleifmaschine. Ansicht der WSE 1500 mm Spitzenweite.

Abb. 453. Selbsttätige Präzisions-Rundschleifmaschine. Rückansicht der WSE.

Abb. 454. Vorderansicht des Getriebekastens.

a Hebel zum Einschalten des Handganges des Längsvorschubes
b Hebel zum Einschalten des Selbstganges des Längsvorschubes
c Umsteuerhebel zum Längsvorschub
d Rasthebel zum Zielkeilgetriebe zum Antrieb des Werkstückspindelstockes
e Einstellring
f Rastenhebel zum Ziehkeilgetriebe für Tischantrieb
g Schaltkopf

Außerdem geht aus dem Getriebeplan bzw. den nachfolgenden Abb. 452 bis 457 noch hervor, daß der Wasserschutz bei überhängendem Werkstückspindelstock und Reitstock, der Tischantrieb und die Beistellung durch Schaltkopf und Schaltrad wie in der Stufe I beibehalten wurden.

Die Ansicht der Maschine von 1500 mm Spitzenweite (Abb. 452) zeigt den Eilganghebel nicht, der in der Regel nur bei Spitzenweiten bis 1000 mm angebracht wurde. In der Rückansicht (Abb. 453) ist die Tieflage der Antriebsscheibe, das Gehäuse zum Schleifscheibenantrieb, welches auf den breiten Antriebsriemen schließen läßt, das Handrad rechts unten zum Riemenspannen sowie der Antrieb der Kühlwasserpumpe zu sehen.

Die Ansicht des Getriebekastens (Abb. 454) und der Einblick in denselben (Abb. 455) sind durch den Getriebeplan (Abb. 457) und die Angaben auf demselben erläutert.

Der Schaltkopf (Abbildung 456) hat gegenüber der Ausführung in Stufe I nur eine Abänderung in der Gestaltung der Schaltfeder erfahren, insofern als auf den bei Hobelmaschinen üblichen Schaltkopf zurückgegriffen wurde.

c) Zu Stufe III stehen nur wenige Unterlagen zur Verfügung. Sie gehören zu einer Maschine Baumuster WRE etwas leichteren Typs.

Diese Maschine WRE 750 (Abb. 458) hat vollhydraulische Steuerung des Längsvorschubes und stammt etwa aus dem Jahre 1925.

Dem Getriebeplan WRE 750 (Abb. 462) zu-

Abb. 455. Einblick in den Getriebekasten.

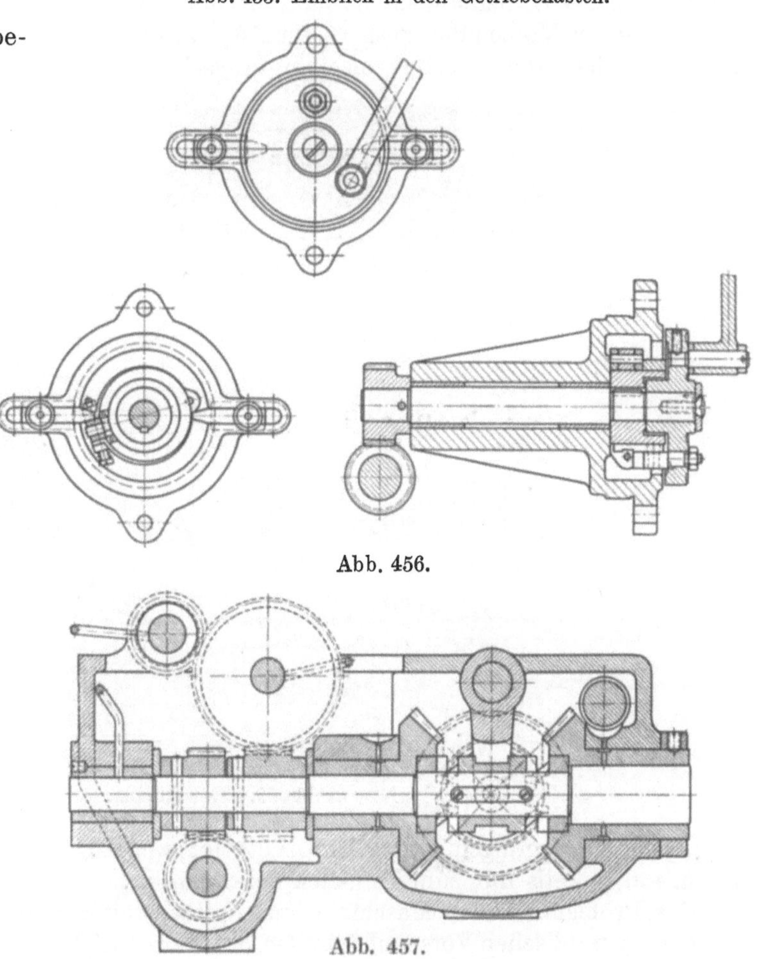

Abb. 456.

Abb. 457.

Abb. 456 u. 457. Schaltkopf.

folge wird der Antrieb zum Werkstückspindelstock auch bei dieser Maschine noch mittels genuteter Schaftwelle bewerkstelligt. Der Nachteil dieser Antriebsart besteht in der Gefahr eines elastischen Nach- und Voreilens des Werkstückumlaufs, hervorgerufen durch ungleichmäßige Zugabe oder harte Stellen am Werkstück. Bei dem der Antriebsleistung angepaßten Durchmesser sind solche Schaftwellen bei Längen über 2 bis 3 m Versager.

Ein Eingehen auf Einzelheiten dieser Maschine erübrigt sich im Hinblick auf die ausführlichen Darlegungen zur Fortuna-Rundschleifmaschine gleicher Größe für ähnliche Aufgaben. Zum Vergleich beider Maschinen sind in Tab. 51 die Daten der WRE angegeben.

d) **Zu Stufe IV:** Die großen und schweren Rundschleifmaschinen WSE unterscheiden sich in erster Linie dadurch, daß

Abb. 458. WRE 750 Vorderansicht.

dieser Typ bei Schleiflängen bis zu 2500 mm (Abb. 460) durchweg mit hydraulischer Steuerung der Vorschübe ausgerüstet ist, während bei Schleiflängen von 3000 mm (Abb. 461) der Längsvorschub mechanisch gesteuert wird und nur die übrigen Vorschübe

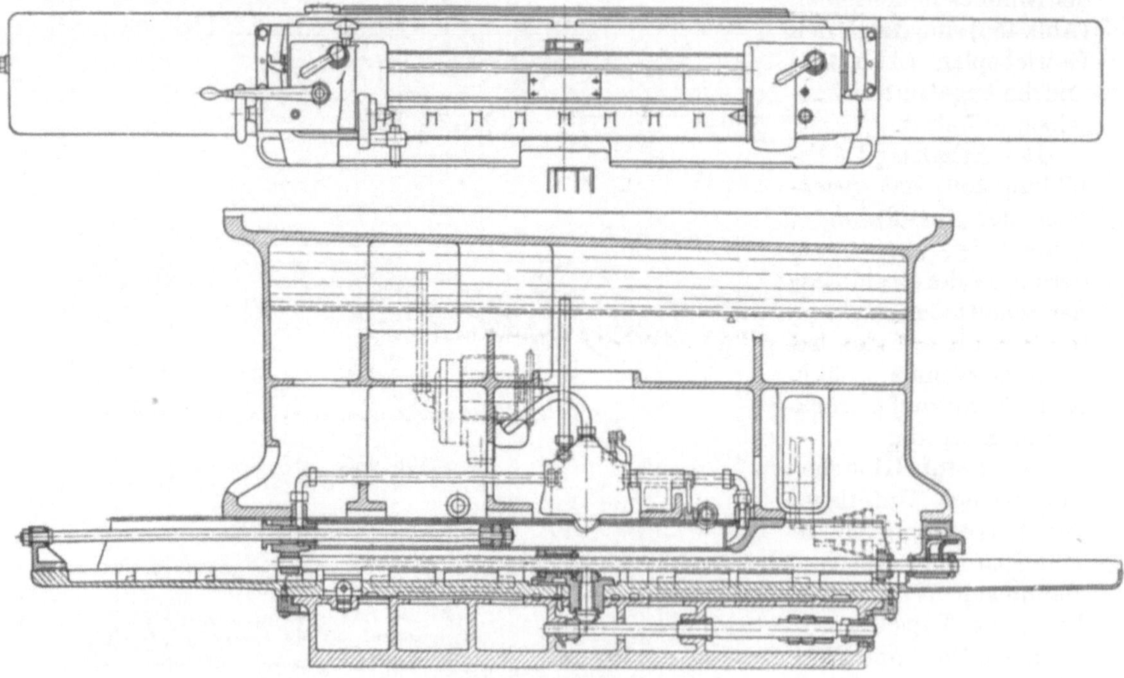

Abb. 459. Getriebeplan.

bzw. Schaltbewegungen hydraulisch betätigt werden. Im folgenden wird dieser Typ (Abb. 460) jeweils nur zum Vergleich herangezogen.

Das Problem bei den Maschinen mit Spitzenweiten von 3000 mm an besteht darin, für den hydraulischen Vorschubzylinder, der, namentlich bei den langsamen Vorschüben, infolge der Zusammendrückbarkeit des Treiböls und der nie restlos vermeidbaren Lufteinflüsse zu unregelmäßigem, sprunghaftem Vorschub führt und dementsprechend zu ungleichem Abschliff, Ersatz zu finden.

Die Lösung besteht in Anwendung eines kurzen, also etwa $1\frac{1}{2}$ bis 2 m langen Vorschubzylinders derart, daß die Kolbenstange des Zylinders als Zahnstange ausgebildet ist und mittels zweier zwischengeschalteter Zahnräder auf die Tischzahnstange einwirkt,

Abb. 460. WSE 3 bis 2500 mm Spitzenweite mit hydraulischem Tischgang.

Abb. 461. WSE 3 über 2500 mm Spitzenweite mit mechanischem Tischgang.

so daß der Hub entsprechend vergrößert wird. Oder aber man kehrt zum mechanischen Antrieb des Längsvorschubes zurück, wobei man bei dem Antrieb der Stufe II verbleiben kann. Der letztere Weg ist von der Naxos-Union gewählt.

Der Getriebeplan (Abb. 462) zeigt weitgehende Übereinstimmung der mechanischen Tischsteuerung mit derjenigen der Stufe II. Die übrigen Steuerungen sind wie bei Schleiflängen bis 2500 mm hydraulisch betätigt, der Antrieb ist auf 4 bzw. 5 Motoren verteilt.

Die Hydraulik zur kontinuierlichen Zustellung, zur Beistellung an den Hubenden des Tisches und zum Eilgang entsprechen den Einrichtungen bei der Fortuna-Maschine, ebenso die Hydraulik zum Zurückziehen der Reitstockspindel.

Tabelle 51. *Daten der Rundschleifmaschine 750 u. 1000 Baumuster WRE 1925 der Naxos-Union.*

Arbeitsbereich:

Spitzenweite = Schleiflänge	mm	750 und 1000
Schleifdurchmesser (in Lünetten)		
größter	mm	75
kleinster	mm	25
Schleifdurchmesser mit Schleifrad 400 mm Durchmesser	mm	125
Schleifdurchmesser mit Schleifrad 363 mm Durchmesser	mm	160
Größter Werkstückdurchmesser	mm	160
Größter Kegel auf den Durchmesser bezogen		1:6, 1:7,5
Größter Kegel in Grad, auf den Durchmesser bezogen		9°30′, 7°30′

Arbeitsstück:

Drehzahlen in der Minute		58 ··· 428
Anzahl der Stufen		8

Tischvorschübe:

in einer Minute	stufenlos m	0 ··· 12

Schleifscheibe:

Durchmesser	mm	450
Breite normal 50 mm, Schutzhaube läßt Breiten zu bis	mm	100
max. Radbreite bei anorm. Schutzhaube	mm	120
Bohrung	mm	203
Drehzahl in der Minute		1100 ··· 1400
Anzahl der Stufen		2

Schleifscheibenspindel:

Ganze Länge	mm	786
Vorderes Lager: Länge	mm	180
Durchmesser	mm	70
Antriebsscheibe: Durchmesser	mm	175
Breite	mm	150
Oszillationsspiele in der Minute		19 und 24
Oszillationsbewegung verstellbar (stufenlos)	mm	0 ··· 4

Schleifscheibenbeistellung, bezogen auf den Werkstückdurchmesser:
(automatische) verstellbar pro

Schaltung	mm	0,0025 ··· 0,05
auf einmal einstellbarer Abschliff	mm	0,8

Antrieb:
Deckenvorgelege — Fest- und Losscheibe:

Durchmesser	mm	400
Breite	mm	140
Umdrehungen per Minute		400
Antriebsscheibe an der Maschine:		
Durchmesser	mm	250
Breite	mm	130
Umdrehungen per Minute		960
Energiebedarf	etwa kW	5,5 ··· 7,5
bei Schleifscheiben bis 160 mm Breite:		
Leistung	kW	8 ··· 10
Drehzahl	U/min	1000

1. Tischantrieb (gesondert und nur bei Maschinen über 2500 mm Spitzenweite) mit mechanischem Tischgang:

Leistung	kW	1,2
Drehzahlen	U/min	500, 750, 1000, 1500

2. Werkstückantrieb:

Leistung	kW	1,2
Drehzahlen bei Drehstrom polumschaltbar	U/min	750, 1000, 1500
Drehzahlen bei Gleichstrom verstellbar	U/min	700 ··· 1750

Tabelle 51. (Fortsetzung).

4. Ölpumpenantrieb:	
bei Maschinen unter 2500 mm Spitzenweite mit hydraulischem	
Tischgang:	
Leistung . . . . kW	2,2
Drehzahl . . . . U/min	1500
bei Maschinen mit mechanischem Tischgang:	
Leistung . . . . kW	1,5
Drehzahl . . . . U/min	1500
4. Wasserpumpenantrieb:	
Leistung . . . . kW	0,5
Drehzahl . . . . U/min	1500
Gesamtkraftbedarf . . . . etwa kW	16

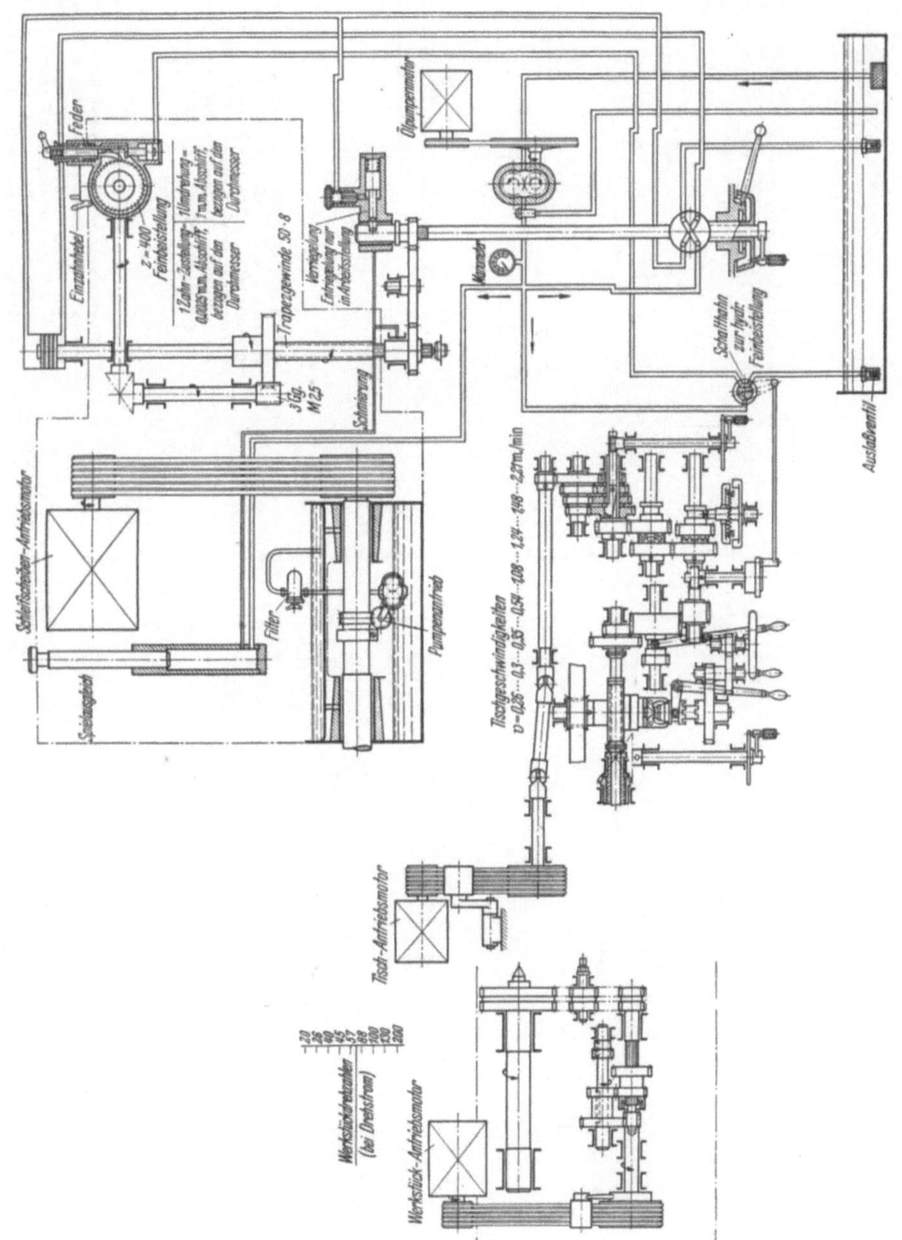

Abb. 462. Getriebeplan zur WSE 3 mit mechanischem Tischgang.

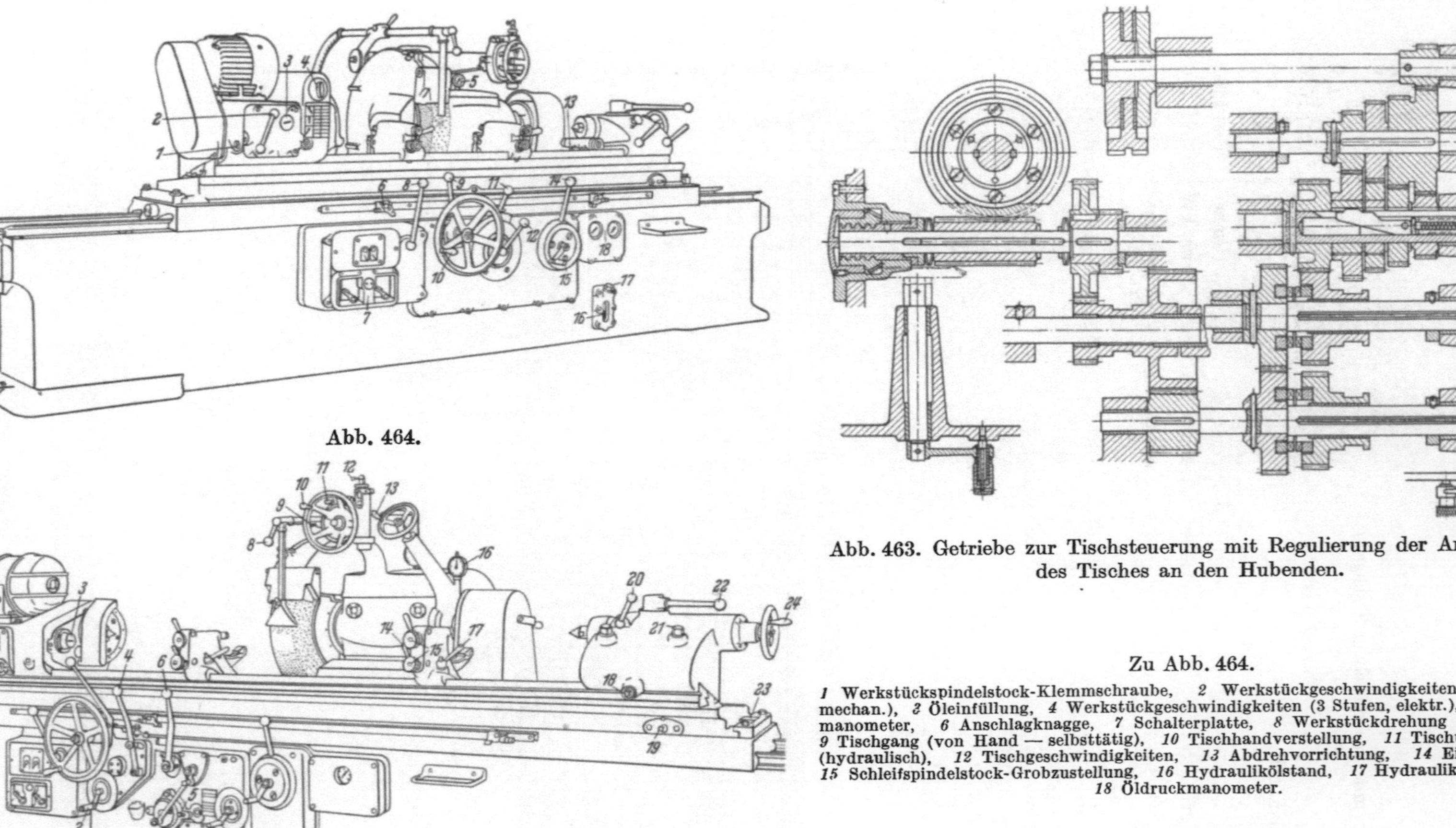

Abb. 464.

Abb. 465.

Abb. 464 u. 465. Benennung der Bedienungseinrichtungen der WSE 3.

Abb. 463. Getriebe zur Tischsteuerung mit Regulierung der Anhaltdauer des Tisches an den Hubenden.

Zu Abb. 464.

1 Werkstückspindelstock-Klemmschraube, 2 Werkstückgeschwindigkeiten (3 Stufen, mechan.), 3 Öleinfüllung, 4 Werkstückgeschwindigkeiten (3 Stufen, elektr.), 5 Öldruckmanometer, 6 Anschlagknagge, 7 Schalterplatte, 8 Werkstückdrehung (ein — aus), 9 Tischgang (von Hand — selbsttätig), 10 Tischhandverstellung, 11 Tischumsteuerung (hydraulisch), 12 Tischgeschwindigkeiten, 13 Abdrehvorrichtung, 14 Einstechhebel, 15 Schleifspindelstock-Grobzustellung, 16 Hydrauliköistand, 17 Hydrauliköleinfüllung, 18 Öldruckmanometer.

Zu Abb. 465.

1 Werkstückspindelstock-Verstellung, 2 Tischstillstands-Regelung im Umsteuermoment, 3 Anschluß für Zusatzeinrichtung, 4 Tischgeschwindigkeiten (2 Stufen, mechan.), 5 Schaltkopf für Schleifscheibenzustellung, 6 Tischumsteuerung (mechan.), 7 Tischgeschwindigkeiten (4 Stufen, mechan.), 8 Wasserzuführung, 9 Anschlag zum Zustellen gegen Festpunkt, 10 Schleifscheiben-Feinzustellung, 11 Schaltdrücker, 12 Selbsttätige Zustellung, 13 Axiale Verstellung der Schleifwelle, 14 Setzstockbackenklemmung, 15 Setzstockbacken-Feinverstellung, 16 Meßuhr zur axialen Schleifwellen-Verstellung, 17 Setzstockklemmung, 18 Reitstockverstellung, 19 Tischverschwenkung, 20 Reitstockpinolenklemmung, 21 Reitstockklemmung, 22 Reitstockpinole (vor — zurück), 23 Skala für Tischverschwenkung, 24 Einstellen der Reitstockkörnerspitze.

Tabelle 52. *Daten der schweren Rundschleifmaschine WSE 3.*

Arbeitsbereich:		
größter Werkstückdurchmesser . . . . mm		600
größter zu schleifender Durchmesser		
mit neuer Schleifscheibe . . . . mm		300
mit abgenutzter Schleifscheibe . . . . mm		400
kleinster zu schleifender Durchmesser		
mit abgenutzter Schleifscheibe von 380 mm Durchmesser . . . . . . mm		60
mit abgenutzter Schleifscheibe von 500 mm Durchmesser . . . . . . mm		—
zulässiges Werkstückgewicht . . . . bis kg		1000
Schleifscheibe:		
Durchmesser und Bohrung bei Breiten bis 50 mm . . . . mm		600 und 305
Durchmesser und Bohrung bei Breiten über 50 mm . . . . mm		500 und 203
Durchmesser und Bohrung bei Breiten bis 65 mm . . . . mm		—
Durchmesser und Bohrung bei Breiten über 65 mm . . . . mm		—
Größe der selbsttätigen Zustellung pro Schaltung, auf den Dmr. bezogen mm		0,0024 ⋯ 0,05
auf einmal einstellbarer Gesamtabschliff, auf den Durchmesser bezogen . mm		bis 0,8
hydraulische Schnellverstellung . . . . mm		50
Geschwindigkeiten:		
Werkstückdrehzahlen		
bei Drehstrom 9 Stufen . . . . U/min		25 ⋯ 300
bei Gleichstrom, praktisch stufenlos . . . . U/min		25 ⋯ 375
Tischgeschwindigkeiten		
bei Maschinen bis 2500 mm Spitzenweite stufenlos . . . . m/min		0,3 ⋯ 5,0
bei Maschinen über 2500 Spitzenweite 8 Stufen . . . . m/min		0,3 ⋯ 3,5
Schleifscheibendrehzahlen		2
Motoren:		
1. Schleifscheibenantrieb		
bei Schleifscheiben bis 160 mm Breite		
Leistung . . . . kW		8 ⋯ 10
Drehzahl . . . . U/min		1000
2. Tischantrieb (bei Maschinen über 2500 mm Spitzenweite)		
Leistung . . . . kW		1,2
Drehzahlen . . . . U/min		500/750/1000/1500
3. Werkstückantrieb		
Leistung . . . . kW		1,2
Drehzahlen bei Drehstrom polumschaltbar . . . . U/min		750/1000/1500
Drehzahlen bei Gleichstrom regelbar . . . . U/min		700 ⋯ 1750
4. Ölpumpenantrieb		
bei Maschinen mit hydraulischem Tischgang		
Leistung . . . . kW		2,2
Drehzahl . . . . U/min		1500
bei Maschinen mit mechanischem Tischgang		
Leistung . . . . kW		1,5
Drehzahl . . . . U/min		1500
5. Wasserpumpenantrieb		
Leistung . . . . kW		0,5
Drehzahl . . . . U/min		1500
Gesamtkraftbedarf . . . . etwa kW		16

Tabelle 53. *Baumuster WSE 3.*

Schleiflänge mm	Anzahl der Setzstöcke	Größter Kegel, bezogen auf den Durchmesser	Nettogewicht etwa kg	Platzbedarf etwa m
1000	2	1: 7 = 8,5°	5400	3,6 × 2,2
1500	2	1: 8,5 = 7°	6100	4,6 × 2,2
2000	3	1:10 = 6°	6800	5,6 × 2,2
2500	4	1:12 = 5°	7500	6,6 × 2,2
3000	4	1:13 = 4,5°	8200	7,6 × 2,2
3500	5	} Tisch nicht schwenkbar {	8900	8,6 × 2,2
4000	6		9600	9,6 × 2,2

Abb. 463 zeigt das im Getriebeplan (Abb. 462) gekennzeichnete Getriebe zur Tischsteuerung mit einer eigenartigen Lösung der Regulierung der Anhaltdauer des Tisches an
den Hubenden. Die das Ritzel zur Tischzahnstange über ein Schneckenrad antreibende
Schnecke ist durch Nut und Feder längsgleitend auf ihrer Welle aufgebracht und hat

Abb. 466. Rückansicht der vollhydraulisch gesteuerten Maschine.

in der Längsrichtung Bewegungsfreiheit zwischen zwei Anschlägen, von welchen der
linke einstellbar den Längshub der Schnecke begrenzt. Auf diese Weise gleitet die
Schnecke bei Bewegungsumkehr zunächst auf ihrer Welle und nimmt das Zahnstangenritzel erst mit, wenn sie an den gegenüberliegenden Anschlag herangeglitten ist.

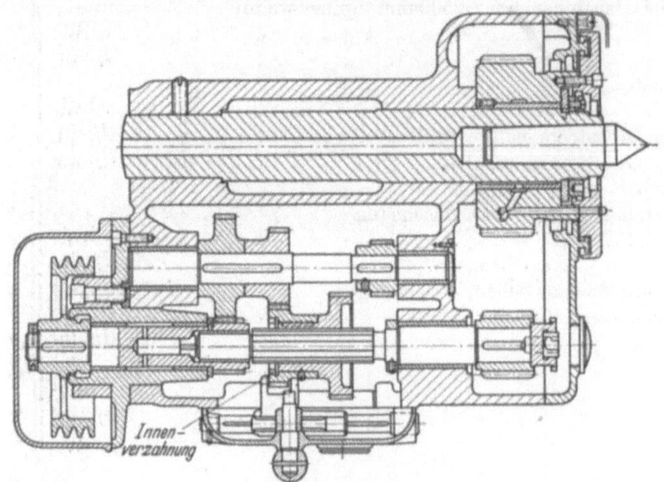

Abb. 467. Werkstückantrieb.

Die Benennung der Bedienungseinrichtungen (Abb. 464) gehört zur vollhydraulisch gesteuerten Maschine (Abb. 460), während die Benennungen der Abb. 455
zur Maschine (Abb. 461) gehört. Beide Abbildungen ergänzen sich in ihren Benennungen.
    Neu ist die axiale Verschiebung der Schleifspindel (Nr. 13 und 16) zum Einstech-
verfahren bei der Maschine Abb. 461, bei welcher der kurze Hin- und Hergang des Tisches
mit der mechanischen Steuerung nicht erreichbar ist. Eine Erörterung der Bewegungs-
einrichtungen im einzelnen erübrigt sich nach den bisherigen Darlegungen.

Die Daten der Maschine WSE 3 (Tab. 52 u. 53) geben Anlaß zum Vergleich mit den vorausgegangenen Tabellen.

In der Rückansicht der Maschine (Abb. 466) sind die vier Motoren zum Antrieb der vollhydraulisch gesteuerten Maschine (Abb. 460) abgebildet, nämlich der Antrieb der Schleifscheibe, des Werkstücks, der Ölpumpe und der Kühlwasserpumpe.

Es fehlt nur der Motor 2 der Tab. 52, weil dieser Motor nur zum Tischantrieb bei der mechanischen Steuerung desselben im Typ Abb. 460 benötigt wird.

Der Bereich des Werkstückantriebs (Abb. 460, 461 u. 467) wird erweitert durch den in Tab. 52 angegebenen 3fach polumschaltbaren Motor, so daß 9 Drehzahlen zur Verfügung sind. Die Abbremsung des umlaufenden Werkstücks erfolgt durch Gegenstromgeben.

Die Herabsetzung der Tischgeschwindigkeit gegen Ende des Tischweges zur Erzielung einer stoßfreien Tischumkehr genau an der gewünschten Stelle wird bei der vollhydraulischen Maschine (Abb. 460) durch Drosselung des Treiböls kurz vor dem Tischumkehrpunkt erreicht. Bei der Maschine (Abb. 461) ergibt sich die Umsteuerungsgenauigkeit durch die exakte mechanische Präzisionsumsteuerung wie in den früheren Entwicklungsstufen.

Der Schleifspindelstock (Abb. 460 u. 461) nimmt die Schleifspindel in nachstellbaren Lagerbüchsen aus Spezialbronze auf. Diese Ausführung hat sich bewährt, seit die Lagerbüchsen feinbearbeitet und auf solchen Hochglanz gebracht werden, daß selbst nach 15jährigem Lauf der gleichfalls feinbearbeiteten Spindel eine die Passung ändernde Abnutzung noch nicht eingetreten ist. Die Drucklölschmierung (2 atü) sichert die einwandfreie Schmierung ($n = 1000$ U/min Shellöl Jy 1).

Im Eilgang werden 50 mm Weg zurückgelegt. Die Rückkehr in die Arbeitsstellung erfolgt gegen Anschlag genau auf 0,002 mm. Das Zurückholen des Spindelstocks erleichtert 1. das Messen, 2. das Auswechseln des Werkstücks, 3. den Übergang von Sitz zu Sitz über Ansätze und Bunde.

a   b

Abb. 468a u. b. Beistellung.

Schaltkopf zur Schleifrad-Feinzustellung. *a* Einstellen eines bestimmten Abschliffes beim Zustellen von Hand, *b* Schaltdrücker, 1 Druck = 0,0025 mm auf den Durchmesser, *c* Ein- und Ausrücken der selbsttätigen Zustellung, *d* Einstellen der Größe der selbsttätigen Zustellung, *e* Feinzustellung von Hand, *f* Kupplung zum Festklemmen des Skalaringes, *g* Zustellskala, 1 Strich = 0,01 mm auf den Durchmesser.

Die Beistellung (Abb. 468a u. b) entspricht derjenigen der Stufe I von 1906 bis auf die Anwendung des hydraulischen Kolbens zur Bewegung der Schaltklinke. Der kleinste Schaltweg beträgt auch hier 0,0025 mm, bezogen auf den Werkstückdurchmesser. Die Mitnahme des Skalenrings erfolgt wie damals durch den unter Federdruck stehenden Schleifschuh, ist aber zudem durch eine Kupplung zum Festklemmen gesichert.

In neuester Zeit ist auch die hydraulische Steuerung zu einer Fernsteuerung erweitert worden durch Anwendung von Druckknopf und Schütz, also von elektrischen Hilfsmitteln (Abb. 469). In der Abbildung sind die Magnete zum Zurücknehmen der hydraulischen Steuerkolben entgegen dem Federdruck oder beiderseitig eingezeichnet. Die Abb. 469 gehört zu einer Maschine der Cincinnati Grinders Incorporated.

Beispielsweise hat das Umkehrventil F einen durch einen Druckknopf betätigten Magneten. Wenn der Druckknopf niedergedrückt wird, veranlaßt der Magnet die Verschiebung des Ventilkolbens F in seine äußerste linke Stellung. Damit wird auch der Kolben des Antriebszylinders in seine linke Endstellung getrieben und die Schaltklinke betätigt, welche durch Zahnräder und Vorschubspindel den Spindelstock vorwärts bewegt. Wird der Druckknopf losgelassen, so wird der Magnet stromfrei, und die Feder bringt den Ventilkolben in seine Rechtslage, so daß auch der Antriebskolben im Zylinder in seine Ausgangsstellung zurückkehrt. Der Vorwärtsdruck für diese Hin- und Herbetätigung wird ausgelöst von der Hochdruckleitung des Treiböls, sobald der Werkstückgreifer in Ruhestellung gekommen ist.

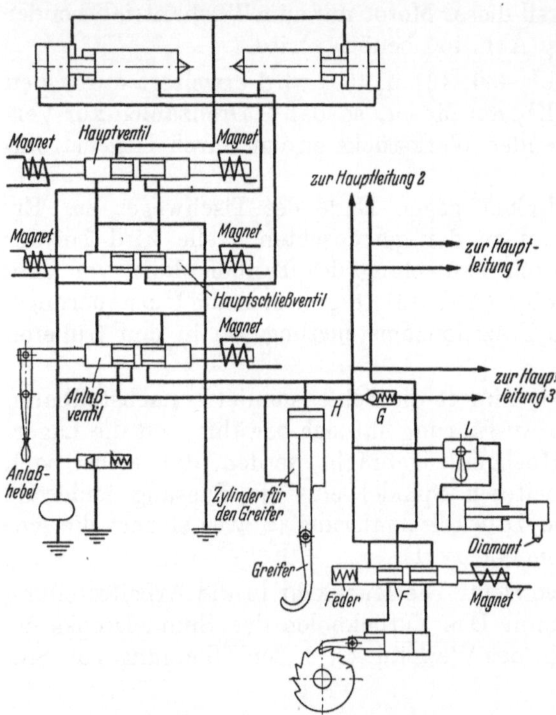

Abb. 469. Cincinnati VI, Schema des hydroelektrischen Getriebeplans mit den Magneten an den Steuerkolben und den Vorschubzylindern einer Einzweck-Rundschleifmaschine zur Bearbeitung von Automobilwellen.

In gleicher Weise kann z. B. die Diamant-Abricht-Einrichtung in Tätigkeit treten, und zwar nur dann, wenn die Schleifräder sich nicht in Arbeitsstellung befinden. Eine eingehende Darstellung dieser Steuerung (Abb. 469) setzt die genaue Kenntnis der Einzweckmaschine selbst voraus, die hier nicht gegeben werden kann. Es liegt auf der Hand, daß mit der Durchbildung der Teile elektrischer Ausrüstung und ihrer Anpassung an die Anforderungen der Schleifmaschine die Verbindung von elektrischer und hydraulischer Ausrüstung noch erheblich an Boden gewinnen wird.

e) Andere Schleifmaschinentypen. Abschließend werden noch einige Schleifmaschinentypen der Naxos-Union mit zugehöriger Abbildung aufgeführt, um zu zeigen, wie weitgehend solche schweren Maschinen auch für andere Zwecke entwickelt sind.

1. Walzenschleifmaschine (Abb. 470), 2. Planschleifmaschine (Abb. 471), 3. Innenschleifmaschine (Abb. 472), 4. Abrichtmaschine (Abb. 473).

Abb. 470. Walzenschleifmaschine.

Abb. 471. Planschleifmaschine.

Abb. 472. Innenschleifmaschine.

Abb. 473. Abrichtmaschine, d. h. Hochleistungs-Planschleifmaschine.

XIV. Die Hobelmaschine.

A. Die Werkzeuge.

Die Hobelmaschine arbeitet mit einfachen, billigen Werkzeugen, die aber bei jedem Werkstück aufs neue nach einer vorgesetzten Schablone angestellt werden müssen. Zwar bearbeitet bisweilen die Fräsmaschine das gleiche Werkstück in kürzerer Zeit, doch wird die Hobelmaschine vorgezogen, wenn die Beschaffung des teueren Satzfräsers sich nicht lohnt oder der Zeitgewinn nicht beträchtlich ist. Bei langen schmalen Stücken pflegt die Hobelmaschine wirtschaftlicher zu sein; das gleiche gilt, wenn mehrere Werkstücke hintereinander gespannt werden. Stets aber bietet die Hobelmaschine vor der Fräsmaschine den Vorteil, daß die örtliche Erwärmung des Werkstückes geringer ist; das ist wichtig für seine Formgenauigkeit.

Die Werkzeuge für die Hobelmaschine unterscheiden sich nicht wesentlich von denjenigen für die Drehbank, nur daß sie in der Regel stärker im Querschnitt sind, weil sie oft weiter vorkragend im Stahlhalter (Werkzeugklappe) eingespannt werden müssen. Stets sind sie zum Abhub beim Rücklauf, wie bereits im Abschnitt „Schnitttheorie" ausgeführt wurde, in eine schwenkbare oder anhebbare Fassung (Klappe) eingespannt, welche vom Umsteuermechanismus vor und nach dem Rücklauf abgeschwenkt bzw. in die Schnittlage zurückgeklappt wird.

B. Die Zeit von 1900 bis 1920.

1. Die Hobelmaschine von Brune.

a) Aufbau lt. Abbildungen sowie Abmessungen.

Abb. 474.
Hobelmaschine von Brune, Köln-Ehrenfeld, etwa 1903

Eine zu Beginn des Jahrhunderts von der Werkzeugmaschinenfabrik Brune auf den Markt gebrachte und in ihrem Aufbau wie in ihrer Leistung anerkannte Hobelmaschine (Abb. 474) kann als eine für jene Zeit typische kleine Hobelmaschine angesehen werden.

Es lohnt sich, diese in ihrem Aufbau, wenn auch nicht in den Einzelheiten noch heute angebotene Maschine näher zu untersuchen, weil die Einwirkung der Massen bei der Bewegungsumkehr sich bei dieser einfachen Maschine sehr genau verfolgen und die Erkenntnis sich sinngemäß auch auf die heutigen Maschinen übertragen läßt. Zugleich ist diese Untersuchung ein Beispiel, wie man sich auf einfache Weise einen Einblick in das Verhalten einer solchen Maschine verschaffen kann.

Die Hauptabmessungen dieser dargestellten Maschine sind:

Durchgang:	Breite	700 mm	Höhe	600 mm
	Tischbreite	550 mm	Hobellänge	2500 mm

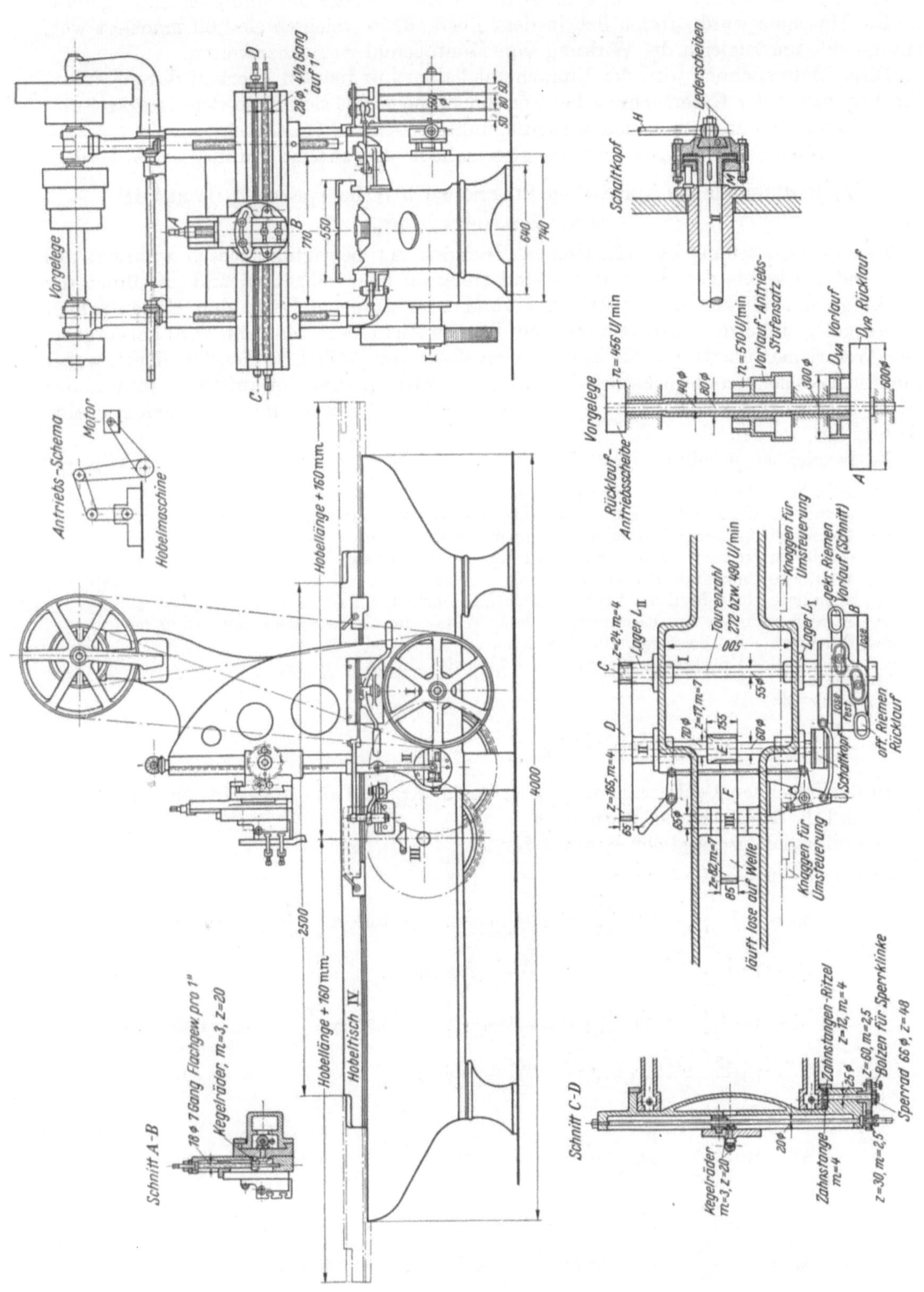

Abb. 475. Hobelmaschine 700/600 mm Durchgang, 2500 mm Hobellänge.

Die zur Durchrechnung erforderlichen Maße sind in der Zeichnung (Abb. 475) enthalten, zum Teil werden sie auch, wie z. B. die Gewichte, in der Rechnung selbst mitgeteilt.

Die Maschine wurde absichtlich in dem Zustand, in welchem sie neu montiert war, untersucht, um zugleich die Wirkung von Montagefehlern nachzuweisen.

Diese Untersuchung wird der Einfachheit halber nur für den Leerlauf durchgeführt. Die Ergänzung der Untersuchung bei Spanabnahme ergibt sich ohne Schwierigkeit und bringt keine wesentlichen neuen Gesichtspunkte.

Eine Maschine dieser Art darf im allgemeinen als bekannt vorausgesetzt werden.

b) Bestimmung der kinétischen Energie der 3 Wellensysteme I, II und III sowie des Hobeltisches.

Zwecks Feststellung der kinetischen Energien der bewegten Massen während des Vor- und Rücklaufs des Hobeltisches sind zunächst die Drehzahlen und mit ihnen die Umlaufgeschwindigkeiten zu bestimmen, und zwar ausgehend von den Umlaufzahlen der Vorgelegewelle, deren Antrieb aus dem kleinen Antriebschema (Abb. 475) hervorgeht. Vier Treibriemen übertragen die Energie vom Motor zur Welle I im Maschinenbett, wobei von den Losscheiben abwechselnd der gekreuzte Riemen zum Vorlauf (Schnitt) und der offene Riemen zum Rücklauf auf die auf der Welle I festsitzende mittlere Riemenscheibe übergeführt werden.

Es bezeichnet jeweils:

n_A minutliche Umlaufzahl der Riemenscheibe bzw. des Zahnrades im Vorlauf,
n_R minutliche Umlaufzahl der Riemenscheibe bzw. des Zahnrades im Rücklauf,
v_A Geschwindigkeit im Schwerpunktkreis in m/sec im Vorlauf,
v_R Geschwindigkeit im Schwerpunktkreis in m/sec im Rücklauf,
n_{VA} minutliche Umlaufzahl der Vorgelegewelle im Vorlauf,
n_{VR} minutliche Umlaufzahl der Vorgelegewelle im Rücklauf,
D Außendurchmesser der Riemenscheibe bzw. Teilkreisdurchmesser des Zahnrades in m.
d Durchmesser des Schwerpunktkreises in m,
G Gewicht des Kranzes der Riemenscheibe bzw. des Zahnrades in kg,

$$\frac{G}{g} = M = \text{Masse},$$

$$E = \frac{M v^2}{2} = \text{kinetische Energie in mkg.}$$

In der folgenden Rechnung wird durch den Faktor 1,1 der angenäherte Beitrag der Arme und der Nabe mit berücksichtigt.

So ergibt sich an Hand der Abb. 475 für

Welle I : $d = 0,55$ m; $G = 7$ kg;

$$n_A = n_{VA}\frac{D_{VA}}{D_I} = 510 \cdot \frac{300}{560} = 272 \text{ U/min}; \qquad v_A = 0,55 \cdot \pi \cdot \frac{272}{60} = 7,82 \text{ m/sec};$$

$$E_A = 1,1\frac{G}{g}\frac{v_A^2}{2} = 1,1 \cdot 0,7 \cdot \frac{7,82^2}{2} = 23,8 \text{ mkg};$$

$$n_R = n_{VR}\frac{D_{VR}}{D_I} = 456 \cdot \frac{600}{560} = 490 \text{ U/min}; \qquad v_R = 0,55 \cdot \pi \cdot \frac{490}{60} = 14,10 \text{ m/sec};$$

$$E_R = 1,1\frac{G}{g}\frac{v_R^2}{2} = 1,1 \cdot 0,7 \cdot \frac{14,10^2}{2} = 77,2 \text{ mkg.}$$

Welle II: $d = 0,61$ m; $G = 15,3$ kg;

$$n_A = 272 \cdot \frac{24}{165} = 39,5 \text{ U/min}; \qquad v_A = 0,61 \cdot \pi \cdot \frac{39,5}{60} = 1,26 \text{ m/sec};$$

$$E_A = 1,1 \cdot 1,53 \cdot \frac{1,26^2}{2} = 1,30 \text{ mkg};$$

$$n_R = 490 \cdot \frac{24}{165} = 71,2 \text{ U/min}; \qquad v_R = 0,61 \cdot \pi \cdot \frac{71,2}{60} = 2,28 \text{ m/sec};$$

$$E_R = 1,1 \cdot 1,53 \cdot \frac{2,28^2}{2} = 4,30 \text{ mkg.}$$

Welle III: $d = 0,525$ m; $G = 40,4$ kg;

$$n_A = 39,5 \cdot \frac{17}{82} = 8,24 \text{ U/min}; \quad v_A = 0,525 \cdot \pi \cdot \frac{8,24}{60} = 0,226 \text{ m/sec};$$

$$E_A = 1,1 \cdot 4,04 \cdot \frac{0,226^2}{2} = 0,11 \text{ mkg};$$

$$n_R = 71,2 \cdot \frac{17}{82} = 14,85 \text{ U/min}; \quad v_R = 0,525 \cdot \pi \cdot \frac{14,85}{60} = 0,408 \text{ m/sec};$$

$$E_R = 1,1 \cdot 4,04 \cdot \frac{0,408^2}{2} = 0,37 \text{ mkg}.$$

Hobeltisch IV: $G = 970$ kg;

$$v_A = d\pi \frac{n}{60} = \frac{z\,m}{1000} \cdot \frac{\pi\,n}{60} = \frac{82 \cdot 7 \cdot \pi}{1000} \cdot \frac{8,24}{60} = 0,248 \text{ m/s} \quad (8,24 \text{ siehe Welle III});$$

$$E_A = 97 \cdot \frac{0,248^2}{2} = 3,0 \text{ mkg};$$

$$v_R = \frac{82 \cdot 7 \cdot \pi}{1000} \cdot \frac{14,85}{60} = 0,446 \text{ m/sec};$$

$$E_R = 97 \cdot \frac{0,446^2}{2} = 9,6 \text{ mkg}.$$

Summe der Energien:

Im Vorlauf				im Rücklauf		
Welle	*I*	23,80 mkg		Welle	*I*	77,20 mkg
Welle	*II*	1,30 ,,		Welle	*II*	4,30 ,,
Welle	*III*	0,11 ,,		Welle	*III*	0,37 ,,
Hobeltisch		3,00 ,,		Hobeltisch		9,60 ,,
Zusammen		28,21 mkg		Zusammen:		91,57 mkg

Der größte Teil des Energieaufwandes gehört also nicht zum 970 kg schweren Hobeltisch, sondern zu der schnell umlaufenden, auf Welle *I* befindlichen festen Riemenscheibe $D = 560$ mm. Um diesen Energieaufwand herabzusetzen, wurde diese Riemenscheibe später nicht mehr aus Gußeisen ($\gamma = 7,25$), sondern aus Aluminiumguß ($\gamma = 2,56$) gefertigt. Das Werkstückgewicht ist von geringem Einfluß. Ein Werkstück selbst von 1000 kg würde nur eine kinetische Energie von 3 bzw. 10 mkg ausmachen.

c) Der Gleitwiderstand des Hobeltisches.

Dieser Gleitwiderstand, mit einem Dynamometer festgestellt, beträgt 82 kg bei allen vorkommenden Tischgeschwindigkeiten von $v = 1,2$ bis 15 m/min. Die Hobeltischführung hat in jeder der 4 m langen Gleitbahnen nur eine Schmierrolle. Die Schmierung ist also nicht sehr gut.

d) Der Gleitwiderstand an den übrigen Getriebeteilen.

α) **Am Schaltkopf.** Der Schaltkopf (Abb. 475) besteht aus einer Reibscheibe M, aufgekeilt auf Welle *II*, mit beiderseits anliegenden Lederscheiben, gegen welche federnd zwei Gußscheiben gespannt werden. Die eine enthält eine etwa um 120° herumgeführte kreisförmige Nut, in welche ein in der Lagerschale sitzender Bolzen hineinragt und somit die Schwenkung der Gußscheibe begrenzt. Die andere Scheibe trägt den verstellbaren Bolzen, welcher die senkrecht aufsteigende Exzenterstange H mitnimmt, die ihrerseits die Zahnstange zur Betätigung der Werkzeugschaltung auf und ab bewegt.

Der Schaltkopf führt demnach bei der Umsteuerung des Tisches nur eine kurze Hubbewegung aus, in welcher Zeit keine Reibung an den Lederringen entsteht, während über den nahezu gesamten Vor- und Rücklauf des Tisches der Schaltkopf bis auf die Reibscheibe M stillsteht, diese aber umlaufend den Widerstand der stillstehenden Schaltkopfteile überwindend Energieverlust durch Reibwärme verursacht. Somit kam es darauf an, die beiden Schaltkopfscheiben nur so fest gegen die Reibscheibe zu spannen, als erforderlich ist, damit sie von der Reibscheibe für die kurze Zeit der Schaltung mitgenommen werden.

So wie die beiden Gußscheiben zusammengespannt waren, ergab sich ein Reibmoment des Schaltkopfes von 450 cm/kg, d. h. 5 cm × 90 kg, während das Schaltmoment nur etwa 150 cm/kg, d. h. 5 cm × 30 kg, betrug.

Der Verlust N_e durch Reibwärme betrug daher

im Vorlauf

mit $\quad n = 39{,}5\ \text{U/min};\qquad N_R = \dfrac{450}{100}\cdot 2\,\dfrac{n\pi}{60}\cdot\dfrac{1}{75} = 0{,}25\ \text{PS} = 0{,}184\ \text{kW}\,,$

im Rücklauf

$\qquad n = 71{,}2\ \text{U/min};\quad N_R = 0{,}45\ \text{PS} = 0{,}33\ \text{kW}\,.$

Es wird also $^1/_3$ kW während des Rücklaufs im Beharrungszustand verlustbringend aufgezehrt.

β) **In den Lagern der Wellen.** Die Losscheiben und die Festscheibe auf der Welle I sind fliegend auf ihr angeordnet, und zwar mit einem Riemenzug senkrecht zur Welle für den

$$\begin{array}{lll}\text{gekreuzten Riemen von} & 270\ \text{kg}\\ \text{offenen} & \text{''} & \text{''} & 210\ \text{kg}\\\hline \text{zusammen:} & 480\ \text{kg}\end{array}$$

Damit ergibt sich für Welle I folgender Belastungsfall (Abb. 476):

$$y = \frac{P}{J\,E}\,\frac{a^2\,b}{6}\left(\frac{x}{a} - \frac{x^3}{a^3}\right),$$

$$\operatorname{tg}\beta = \frac{d\,y}{d\,x} = \frac{P}{J\,E}\,\frac{a^2\,b}{6}\left(\frac{1}{a} - \frac{3\,x^2}{a^3}\right),$$

$$\text{für}\quad x = a\quad\text{wird}\quad \operatorname{tg}\beta_a = \frac{P}{J\,E}\,\frac{a^2\,b}{6}\left(\frac{1}{a} - \frac{3}{a}\right) = \frac{P\,a\,b}{3\,J\,E}\,.$$

Mit den Daten $d = 5{,}5\ \text{cm}$, $J = 45\ \text{cm}^4$, $P = 480\ \text{kg}$, $a = 94\ \text{cm}$,

$$b = 18\ \text{cm}, \quad E = 2\cdot 10^6\ \text{kg/cm}^2$$

ergibt sich $\quad\operatorname{tg}\beta_a = \dfrac{480\cdot 94\cdot 18}{3\cdot 45\cdot 2\cdot 10^6} = 0{,}003\,.$

Bei der Lagerbreite von 180 mm und dem Neigungswinkel des Zapfens im Lager $\operatorname{tg}\beta_a = 0{,}003$ wäre für freien Umlauf des Zapfens im Lager ein Spiel von $0{,}003\cdot 180$ = 0,54 mm erforderlich. Nach der Laufsitzpassung ist jedoch nur ein Lagerspiel von 0,038 mm vorhanden, so daß im Lager ein starkes Klemmen eintritt.

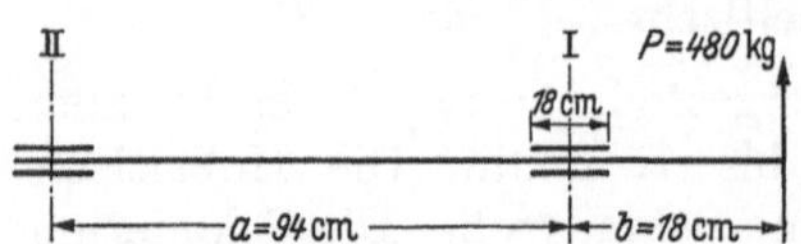

Abb. 476. Der Belastungsfall.

γ) **Die Energieverluste.** Von Interesse ist nun der Energieverlust, der durch dieses Klemmen entstanden ist. Um ihn festzustellen, wurde einerseits die Motorleistung im Beharrungszustand gemessen und ferner der Energiebedarf bestimmt, ausgehend von der Arbeitsleistung an der Tischzahnstange zurück bis zur Welle I.

Es ergab sich die vom Motor bis zur Riemenscheibe B auf Welle I gelangende Antriebsleistung, gemessen an der Riemenscheibe B

$$\begin{array}{l}\text{beim Vorlauf}\quad \text{zu } 1{,}35\ \text{PS} = 0{,}99\ \text{kW}\\ \text{beim Rücklauf zu } 2{,}95\ \text{PS} = 2{,}16\ \text{kW}\end{array}$$

Rückwärts gerechnet vom bereits ermittelten Widerstand der Zahnstange zu 82 kg ergibt sich mit dem Wirkungsgrad $\eta = 0{,}9$ ein Zahndruck an der Welle II zu $P_{\mathrm{II}} = \dfrac{82}{0{,}9}$ kg. Unter Berücksichtigung der nur wenig klemmenden Welle II wird der Wirkungsgrad bei der Übertragung des Zahndrucks auf Welle I mit $\eta = 0{,}85$ angenommen. Dann ergibt sich für die Zahnräder zwischen Welle II und Welle I unter Beachtung des bereits festgestellten Widerstandsmomentes des Schaltkopfes von 450 cmkg ein Zahndruck von

$$P = \frac{1}{0{,}85}\left(\frac{82}{0{,}9}\cdot 6 + 450\right)\cdot\frac{1}{33} = 3{,}70\ \text{kg}\,,$$

worin für den Teilkreisradius r_{II} des in das Rad zur Zahnstange eingreifenden Ritzels $(z = 17)$ $r_{\mathrm{II}} = 6$ cm eingesetzt ist, nämlich

$$r_{II} = \frac{z\,m}{2} = \frac{17 \cdot 7}{2} = \frac{119}{2}\,\text{mm} = 58\,\text{mm}.$$

33 cm ist der Halbmesser des Rades D. Das Rad C hat demnach ein Moment von

$$M_c = 37,0\,\frac{z\,m}{2 \cdot 10} = 37,0 \cdot 4,8 = 180\,\text{cmkg zu übertragen.}$$

Dieses Moment wird durch den Vorlauf- oder Rücklaufriemen der Antriebsscheibe B auf Welle I geleistet. Die Gesamtleistung dieser Riemenscheibe ist aber im Vorlauf wie im Rücklauf erheblich größer, wenn man von den am Elektromotor festgestellten Leistungen ausgeht. Die Differenz zwischen den Momenten ergibt den Verlust an der Welle I durch Klemmen und Reiben.

Nach der Formel $M = 71\,620\,\dfrac{N}{n}$ betragen die vom Motor an die Welle I übertragenen Momente

$$\text{im Vorlauf} \quad M = 71\,620 \cdot \frac{1,35}{272} = 355\,\text{cmkg},$$

$$\text{im Rücklauf} \quad M = 71\,620 \cdot \frac{2,95}{490} = 432\,\text{cmkg}.$$

Durch Reibung geht also ein Moment verloren

$$\text{im Vorlauf} \quad M = 355 - 180 = 175\,\text{cmkg},$$
$$\text{im Rücklauf} \quad M = 432 - 180 = 252\,\text{cmkg}.$$

Der Leistungsverlust stellt sich somit

$$\text{im Vorlauf auf} \quad \frac{175 \cdot 272}{71\,620} = 0,664\,\text{PS} = 0,49\,\text{kW}$$

$$\text{im Rücklauf auf} \quad \frac{252 \cdot 490}{71\,620} = 1,72\,\text{PS} = 1,27\,\text{kW}.$$

Das sind

$$\text{im Vorlauf} \quad \frac{0,664}{1,34} = 48\%\ \text{der Motorleistung an der Riemenscheibe } B,$$

$$\text{im Rücklauf} \quad \frac{1,72}{2,96} = 58\%\ \text{der Motorleistung an der Riemenscheibe } B,$$

d. h. untragbare Verluste. Die Riemen waren bei diesem Versuch zu stark gespannt und die Schaltkopffedern zu stark angezogen. Aber auch die Welle I ist im Durchmesser $d = 55$ mm zu schwach bemessen.

Mit diesen Rechnungen hat sich somit auch für die Bemessung ein Hinweis ergeben. Die Reibverluste für Welle II und III sind wesentlich geringer.

Für Welle II errechnet sich $\operatorname{tg}\beta = 0,000\,365$, also bei Lagerlänge $l = 150$ mm ist ohne Rücksicht auf Erwärmung des Wellenzapfens schon ein Lagerspiel von $150 \cdot 0,000\,365 = 0,055$ mm erforderlich. Da der geringste Lagerspielraum nach den damaligen Werkspassungen 0,038 mm betrug, so mußte auch hier das Lager bereits ein wenig klemmen, daher wurde vorstehend $\eta = 0,85$ gewählt.

Für Welle III erübrigt sich die Nachrechnung, da sie so stark bemessen und so kurz gelagert ist, daß ein Klemmen im Lager nicht eintritt.

δ) **Die Leistung der Riemen.** Während der Umsteuerung übertragen die 4 cm breiten und um 25 mm ihrer Länge kürzer gespannten Riemen ihre Leistung teilweise durch Mitnahme im Rutschen. Durch Bremsversuch festgestellt ergab sich für beide Riemen, wenn sie mit voller Breite (4 cm) rutschen, bei allen in Betracht kommenden Riemengeschwindigkeiten (von 2 bis 14 m/sec) gleichmäßig eine Umfangskraft von 70 kg. Diese Umfangskraft reduziert sich bei halber Riemenbreite auf 35 kg, bei $^1/_4$ Riemenbreite auf 17,5 kg. Die Ergebnisse gelten für den Beharrungszustand.

Wird der Riemen von der Leerlaufscheibe auf die Antriebsscheibe verschoben, so stellt sich seine Höchstleistung erst ein, nachdem er und die anderen Riemen bis zum

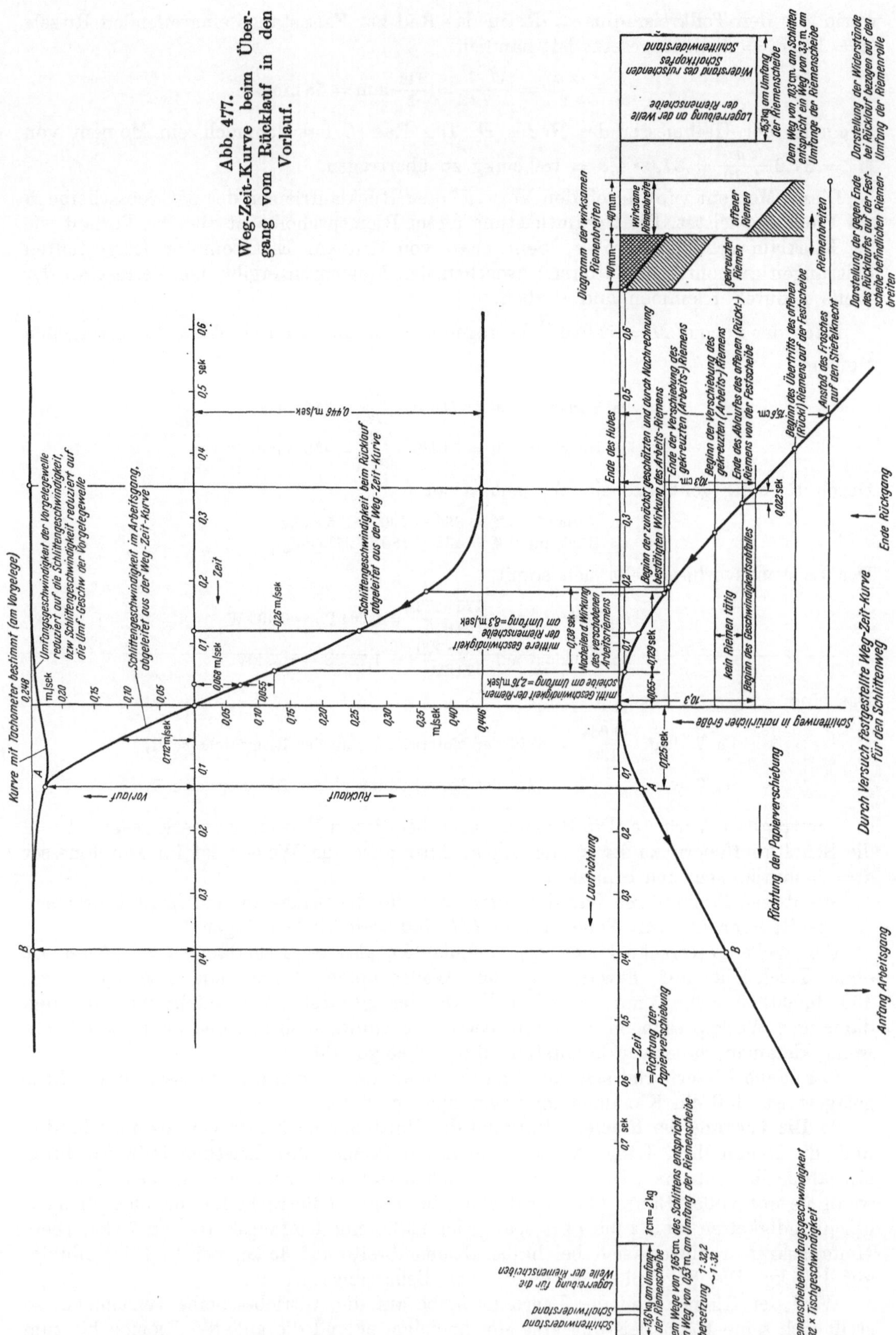

Abb. 477. Weg-Zeit-Kurve beim Übergang vom Rücklauf in den Vorlauf.

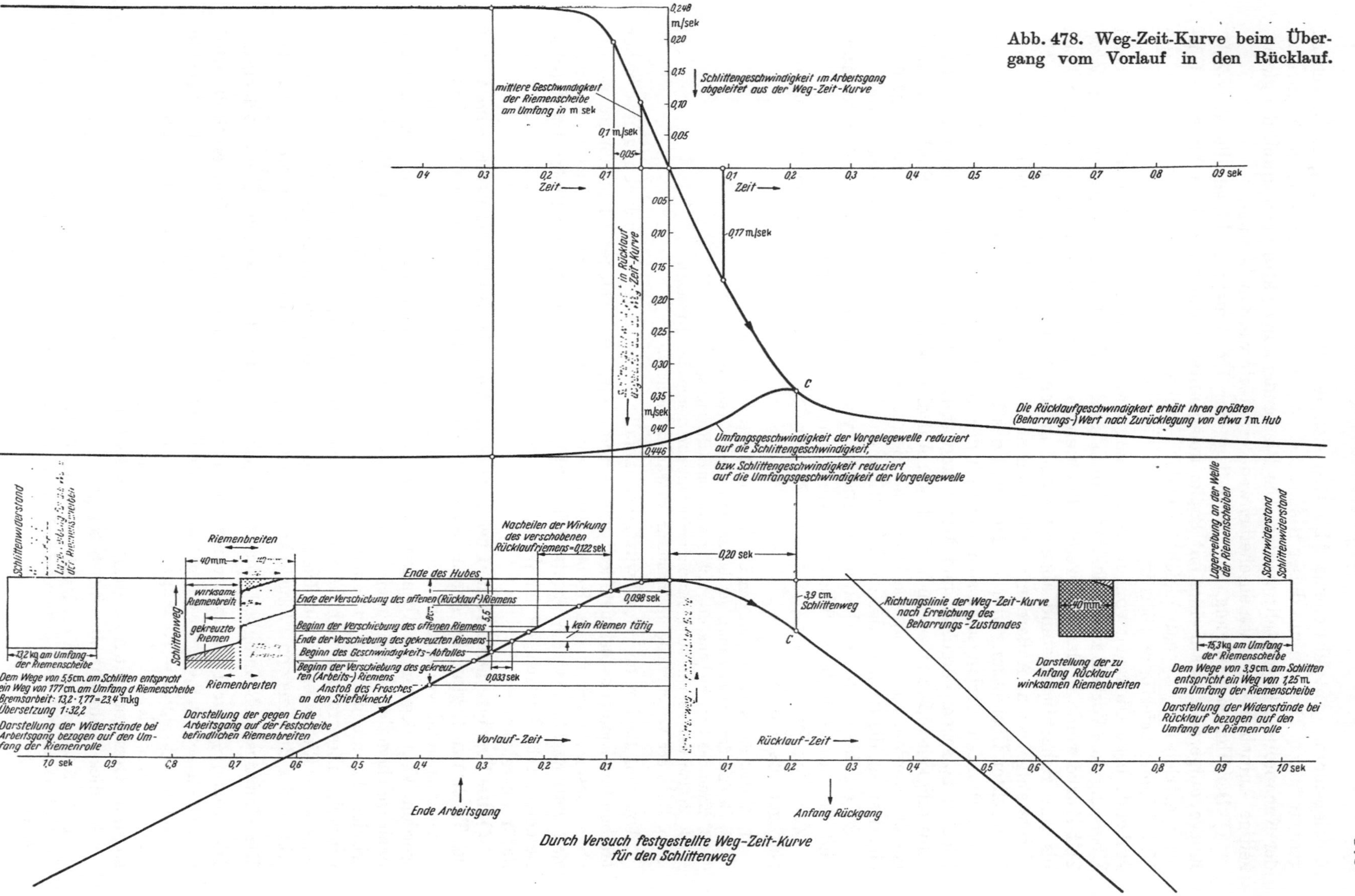

Abb. 478. Weg-Zeit-Kurve beim Übergang vom Vorlauf in den Rücklauf.
Schlittengeschwindigkeit im Arbeitsgang abgeleitet aus der Weg-Zeit-Kurve
mittlere Geschwindigkeit der Riemenscheibe am Umfang in m sek
0,248 m/sek
0,7 m/sek
0,17 m/sek
Zeit
m/sek
Die Rücklaufgeschwindigkeit erhält ihren größten (Beharrungs-)Wert nach Zurücklegung von etwa 1 m. Hub
Umfangsgeschwindigkeit der Vorgelegewelle reduziert auf die Schlittengeschwindigkeit,
bzw. Schlittengeschwindigkeit reduziert auf die Umfangsgeschwindigkeit der Vorgelegewelle
Nacheilen der Wirkung des verschobenen Rücklaufriemens = 0,122 sek
0,20 sek
Ende des Hubes
Ende der Verschiebung des offenen (Rücklauf-)Riemens
Beginn der Verschiebung des offenen Riemens
Ende der Verschiebung des gekreuzten Riemens
Beginn des Geschwindigkeits-Abfalles
Beginn der Verschiebung des gekreuzten (Arbeits-)Riemens
Anstoß des Frosches an den Stiefelknecht
0,098 sek
0,033 sek
kein Riemen tätig
3,9 cm Schlittenweg
Richtungslinie der Weg-Zeit-Kurve nach Erreichung des Beharrungs-Zustandes
40 mm
Darstellung der zu Anfang Rücklauf wirksamen Riemenbreiten
Lagerreibung an der Welle der Riemenscheiben
Schlittenwiderstand
15,3 kg am Umfang der Riemenscheibe
Dem Wege von 3,9 cm. am Schlitten entspricht ein Weg von 1,25 m. am Umfang der Riemenscheibe
Darstellung der Widerstände bei Rücklauf bezogen auf den Umfang der Riemenrolle
Riemenbreiten
40 mm
wirksame Riemenbreite
gekreuzter Riemen
Riemenbreiten
Schlittenweg
Schlittenwiderstand
13,2 kg am Umfang der Riemenscheibe
Dem Wege von 5,5 cm. am Schlitten entspricht ein Weg von 177 cm. am Umfang d Riemenscheibe
Bremsarbeit: 13,2 · 1,77 = 23,4 mkg
Übersetzung 1:32,2
Darstellung der Widerstände bei Arbeitsgang bezogen auf den Umfang der Riemenrolle
Darstellung der gegen Ende Arbeitsgang auf der Festscheibe befindlichen Riemenbreiten
Vorlauf-Zeit
Rücklauf-Zeit
Ende Arbeitsgang
Anfang Rückgang
Durch Versuch festgestellte Weg-Zeit-Kurve für den Schlittenweg
Die Hobelmaschine von Brune.

Antriebsmotor (Antriebsschema Abb. 475) sich der Mehrbeanspruchung entsprechend gereckt haben. Der Einfluß dieser Riemenreckung auf den Umsteuervorgang konnte bei der Nachprüfung festgestellt werden. Die Riemendehnung hätte auch durch die gleichzeitige Aufnahme der Riemenscheibenwege ermittelt werden können.

ε) **Der Umsteuervorgang.** Die Grundlage zur Untersuchung bildet die Weg-Zeit-Kurve, aufgezeichnet auf einer mit Papier umspannten Trommel, welche durch ein Uhrwerk getrieben mit genau gleichbleibender Geschwindigkeit umlief. Ein am Ende des Hobeltisches befestigter Bleistift zeichnete diese Weg-Zeit-Kurve auf die Trommel am Hubende beim Übergang vom Rücklauf zum Vorlauf des Tisches (Abb. 477) und beim Übergang vom Vorlauf zum Rücklauf (Abb. 478) auf. Mit Hilfe der Tangente an die Weg-Zeit-Kurve wurde in deren einzelnen Punkten die Geschwindigkeitskurve für den Tisch bis zum Beharrungszustand abgeleitet und in den Abb. 477 u. 478 über der Weg-Zeit-Kurve aufgetragen. Außerdem wurde auch noch die Tischgeschwindigkeit, wie sie sich bei direkter Übersetzung von der Drehzahl des Vorgeleges ergeben würde, aufgetragen. Diese Drehzahl verlangsamt sich während der Umsteuerung infolge der Dehnung der Riemen zwischen Vorgelege und Motor und steigt allmählich wieder bis zur Soll-Geschwindigkeit (0,248 m/sec im Vorlauf) an. Auf diese Weise konnte der Punkt „A" festgestellt werden, von wo an die Tisch- und die reduzierte Vorgelegegeschwindigkeit übereinstimmen, die Riemen also zur Bewältigung der Vorlaufreibung ausgereckt waren.

So ergab sich das Verhalten der Riemen vor, während und nach der Umsteuerung und die dadurch bedingte Tischgeschwindigkeit in jedem Zeitmoment.

Zur Weg-Zeit-Kurve (Abb. 477 u. 478) wurden die einzelnen Umsteuermomente eingetragen. Es sind dies

1. Anstoß des Anschlags an den Umsteuerhebel (Stiefelknecht),
2. Beginn der Verschiebung des bisher wirksamen Riemens,
3. Ende der Verschiebung des bisher wirksamen Riemens,
4. Beginn der Verschiebung des nunmehr wirksam werdenden Riemens,
5. Ende der Verschiebung des nunmehr wirksamen Riemens.

Um den Beginn des Geschwindigkeitsabfalls während der Verschiebung des bisher treibenden Riemens festzustellen, wurde ermittelt, von welcher Riemenbreite an die volle Geschwindigkeit des Hobelmaschinentisches aufrecht erhalten wird. Es ergab sich, daß ungefähr $^1/_4$ der Breite des Rücklaufriemens bzw. $^1/_2$ der Breite des Arbeitsriemens an der Festscheibe der Welle I bei deren Umlaufzahlen $n = 272$ bzw. 490 U/min dafür ausreichen.

ζ) **Die Vorgänge beim Auslauf des Tisches am Ende des Rücklaufs sowie beim Anlauf des Tisches zu Beginn des Arbeitsganges.** a) Der Rücklauf. Die im Rücklauf im Beharrungszustand vorhandene kinetische Energie war (S. 371) zu 91,5 mkg festgestellt worden. Vom Beginn des Absinkens der Tischgeschwindigkeit an, also von dem Moment, nach welchem der Riemen nicht mehr den gesamten Reibwiderstand der Maschine überwinden konnte und zu rutschen begann, wurde noch ein kleiner Energiebetrag eingebracht. Dies trat nach Ablauf von $^3/_4$ der Riemenbreite, also bei 1 cm im Rutschen noch wirksamer Riemenbreite, auf. Die Durchzugkraft des Riemens sank dabei mit dem völligen Ablauf des Riemens von 17 auf 0 kg und beträgt somit im Durchschnitt annähernd 9 kg.

Die Umfangsgeschwindigkeit der Riemenscheibe beträgt $v_R = 0{,}56 \cdot \dfrac{490}{60} = 4{,}6$ m/sec.

Die Ablaufzeit für 1 cm noch wirksamer Riemenbreite an der betreffenden Stelle wird dem Diagramm zu 0,022 sec entnommen. Somit beträgt die vom Riemen noch eingebrachte Arbeit $9 \cdot 4{,}6 \cdot 0{,}022 = 1{,}9$ mkg. Vom Beginn des Geschwindigkeitsabfalls an bis zum Umkehrpunkt des Tisches, auf einem Auslaufweg von 10,3 cm (lt. Diagramm), müssen somit an Gesamtarbeit $A_g = 91{,}5 + 1{,}9 = 93{,}4$ mkg aufgezehrt werden.

An dieser Aufzehrung sind beteiligt

1. die Reibungsarbeit in der Maschine bis zum Umkehrpunkt,
2. die Gegenarbeit des bereits vor dem Umkehrpunkt des Tisches auflaufenden Vorlauf- oder Arbeitsriemens.

Die Reibungsarbeit A_R ergibt sich aus der zu ihrer Überwindung erforderlichen Antriebsarbeit auf der erwähnten Strecke von 10,3 cm aus

$$M = 71\,620 \cdot \frac{N}{n} = 71\,620 \cdot \frac{2,95}{490} = 430 \text{ cmkg}$$

und aus der daraus sich ergebenden Antriebskraft auf der Riemenscheibe der Welle I

$$P = \frac{430}{28} = 15,3 \text{ kg}$$

zu $A_R = 15,3 \cdot 3,3 = 50,5$ kg, worin 3,3 m der dem Wege von 10,3 cm entsprechende Umlaufweg s_R der Riemenscheibe $s_R = 10,3 \cdot 32 = 330$ cm $= 3,3$ m ist. Der Übersetzungsfaktor ist somit $\frac{330 \text{ cm}}{10,3 \text{ cm}} = 32$.

$A_g - A_R = 93,4 - 50,5 = 42,9$ mkg ist der gesuchte Rest, der durch die Gegenarbeit des auflaufenden Vorlaufriemens bis zum Stillstand des Tisches aufzuzehren ist.

Vom Ende des Ablaufes des Rücklaufriemens bis zu dem Punkt, welcher als Beginn der Wirkung des Vorlaufarbeitsriemens zunächst einmal angenommen und gekennzeichnet ist, behält die Weg-Zeit-Kurve noch annähernd ihren geradlinigen Vorlauf bei. Dementsprechend nimmt die Tischgeschwindigkeit nur wenig, d. h. von 0,446 m/sec auf 0,360 m/sec lt. Diagramm ab, eine Abnahme, welche durch die Reibarbeit in der Maschine auf.dem Tischwege von 10,6 cm bis 3,4 cm vor der Tischumkehr verursacht ist.

Nimmt man nun zunächst einmal an, daß von 3,4 cm bis auf 0 cm vor der Umkehr die zusätzliche Bremsarbeit des auflaufenden Vorlaufriemens den Stillstand des Tisches veranlaßt, so kann man die Zeit der Wirkung des voll aufgelaufenen Riemens mit 0,055 sec und die Zeit vorher des Auflaufs der ganzen Riemenbreite mit 0,129 sec ansetzen. Im Zeitraum von 0,055 sec zieht der Riemen mit 70 kg voll durch, im Zeitraum 0,129 sec mit durchschnittlich $\frac{70}{2} = 35$ kg. Die Annahme ist nunmehr nachzuprüfen.

Mit den aus dem Geschwindigkeitsdiagramm abgenommenen mittleren Geschwindigkeiten von 0,068 m/sec bzw. 0,26 m/sec errechnen sich die Geschwindigkeiten am Umfang der Festscheibe zu $32 \cdot 0,068 = 2,16$ m/sec bzw. $32 \cdot 0,26 = 8,3$ m/sec, worin 32 der Umrechnungsfaktor ist.

Mit diesen Umlaufgeschwindigkeiten ergibt sich in der

Zeit von 0,055 sec die Gegenlaufarbeit von

$$70 \cdot 0,055 \cdot 2,16 = 8,3 \text{ mkg}$$

und in der Zeit vorher von 0,129 sec die Gegenlaufarbeit von

$$\frac{70}{2} \cdot 0,129 \cdot 8,3 = 37,5 \text{ mkg}.$$

Beide Gegenlaufarbeiten ergeben zusammen

$$8,3 + 37,5 = 45,8 \text{ mkg}.$$

Diese Gesamtarbeit weicht von der noch zu erledigenden Bremsarbeit von 42,9 mkg nur wenig ab.

Die Abbremsung durch den Vorlaufriemen beginnt zwar bereits im Moment seines Auflaufs auf die feste Riemenscheibe, wirkt sich aber so allmählich infolge der Dehnung des gesamten Riemensystems aus, als ob vom Auflaufpunkt an nur Riemenbreiten, wie im Riemenbreitendiagramm gestrichelt eingezeichnet ist, vorhanden gewesen wären (Abb. 477).

b) Der Anfangvorlauf (Arbeitsgang). Im Punkte „A" der Weg-Zeit-Kurve (Abb. 477) war das Rutschen des Arbeitsriemens auf der Antriebsriemenscheibe beendet. Vom Punkte „B" an bleibt die Tischgeschwindigkeit und damit auch die Umlaufgeschwindigkeit des Vorgeleges konstant.

Bis zum Punkt „A" muß die Rutschleistung des Riemens gleich der Reibarbeit der Maschine + der Massenbeschleunigungsarbeit sein.

Die Rutschleistung des Riemens berechnet sich aus der Leistung an der festen Riemenscheibe auf Welle I im Beharrungszustand. Aus dem Geschwindigkeitsdiagramm ergibt sich für die Strecke vom Umkehrpunkt bis zum Punkt „A" der Weg-Zeit-Kurve eine Durchschnittsgeschwindigkeit von 0,112 m/sec. An der Festscheibe ergibt dies eine Umlaufgeschwindigkeit von $0{,}112 \cdot 32$ m/sec. In 0,129 sec (laut Diagramm), zufällig die gleiche Zahl wie die Zahl beim Rückgang, werden $0{,}129 \cdot 0{,}112 \cdot 32$ m zurückgelegt. Dieser Weg multipliziert mit dem Riemenzug beim Rutschen des Riemens in ganzer Breite (70 kg) ergibt 32,4 mkg, geleistet in 0,129 sec.

Die in dieser Zeit eingebrachte Beschleunigungsenergie läßt sich am einfachsten aus der auf S. 371 festgestellten gesamten Beschleunigungsenergie für die Maschine im Vorlauf bestimmen, indem man diese Energie im Verhältnis der Geschwindigkeitsquadrate $0{,}225^2$, bestimmt aus dem Diagramm für den Punkt „A", zu $0{,}248^2$, dem Geschwindigkeitsquadrat im Beharrungszustand, reduziert. So ergibt sich die Beschleunigungsenergie von

$$\frac{0{,}225^2}{0{,}248^2} \cdot 28{,}2 = 23{,}2 \ \text{mkg.}$$

Die Reibarbeit bestimmt sich aus dem Reibwiderstand multipliziert mit dem Reibweg. Ersterer ist gleich dem Reibmoment von 355 cmkg (S. 373), dividiert durch den Radius der Festscheibe von 28 cm, also $\frac{355}{28} = 12{,}7$ kg.

Der Reibweg an der Festscheibe ergibt sich aus dem dem Diagramm entnommenen Tischweg von 1,65 cm, multipliziert mit 32 zu $1{,}65 \cdot 32 = 53$ cm $= 0{,}53$ m.

Somit beträgt die Reibarbeit $12{,}7 \cdot 0{,}53 = 6{,}7$ mkg.

Die Summe von Beschleunigungsenergie und Reibarbeit ergibt $23{,}2 + 6{,}7 = 29{,}9$ mkg, entsprechend den 32,4 mkg der auf anderem Wege errechneten Rutscharbeit. Der Unterschied liegt in der Ungenauigkeit der Bestimmung der aus den Versuchen bzw. dem Diagramm abgeleiteten Zahlen.

η) **Die Vorgänge am Ende des Arbeitsganges und zum Beginn des Rücklaufs.** Dieser Vorgang, aufgenommen im Diagramm (Abb. 478), kann im einzelnen ebenso verfolgt werden wie der bisher untersuchte. Beachtenswert ist die erhebliche Riemendehnung, welche der Erreichung der schnellen Rücklaufgeschwindigkeit der Maschine voraufgeht, so daß diese unzulässigerweise erst kurz vor Beginn der Umsteuerung zum Vorlauf erreicht wird. Im Diagramm (Abb. 478) ist durch eine gerade Linie neben der Weg-Zeit-Kurve die Richtung angegeben, in welche die Weg-Zeit-Kurve nach Erreichung der konstanten endgültigen Rücklaufgeschwindigkeit übergeht. Die Behebung dieses Mangels wird erreicht durch Beseitigung der Riemen zwischen Motor und Vorgelege, also durch unmittelbaren Antrieb des Vorgeleges.

ϑ) **Das Geschwindigkeitsdiagramm über den ganzen Hub.** Trägt man über dem Hub des Hobeltisches nach oben die Vorlaufgeschwindigkeit und nach unten die Rücklaufgeschwindigkeiten ein, so wie sie den Abb. 477 u. 478 entnommen werden können, so erhält man das Geschwindigkeitsdiagramm Abb. 479, aus welchem sich die kurze Wegstrecke ergibt, auf welcher die Soll-Rücklaufgeschwindigkeit von 0,446 m/sec erreicht ist.

Hobelmaschinen mit Umsteuermotoren, Vulkankupplungen usw. können ebenso untersucht werden, wobei elastische Dehnung in den Wellen und Reibarbeit in den Lagern bzw. in den Vulkankupplungen in Rechnung zu stellen sind. Mit Vorstehendem ist zugleich ganz allgemein der einfache Weg gezeigt, wie bei Hobelmaschinen ein Einblick in die Arbeitsweise gewonnnen wird.

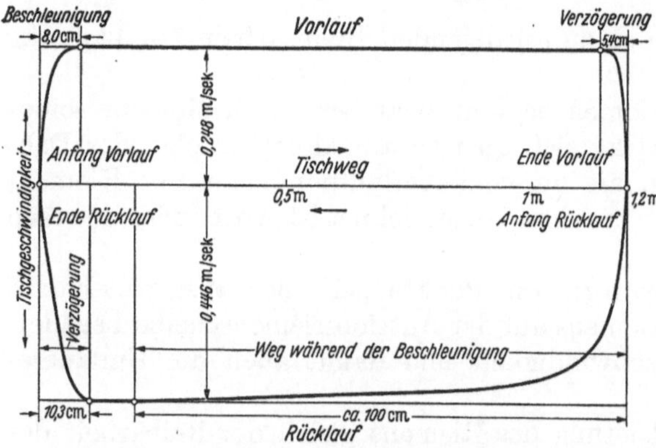

Abb. 479. Geschwindigkeitsdiagramm.

2. Ergänzende Angaben zur Brune-Maschine[1].

Der Antriebsmotor war ein einfacher Asynchronmotor.

Zu beachten ist die bei dieser Maschine bereits vorgesehene dreifache Schnittgeschwindigkeit mit Hilfe des patentierten Vorgeleges, in welchem ein dreifacher Stufenkegel auf einer durch das rechte Seitenlager

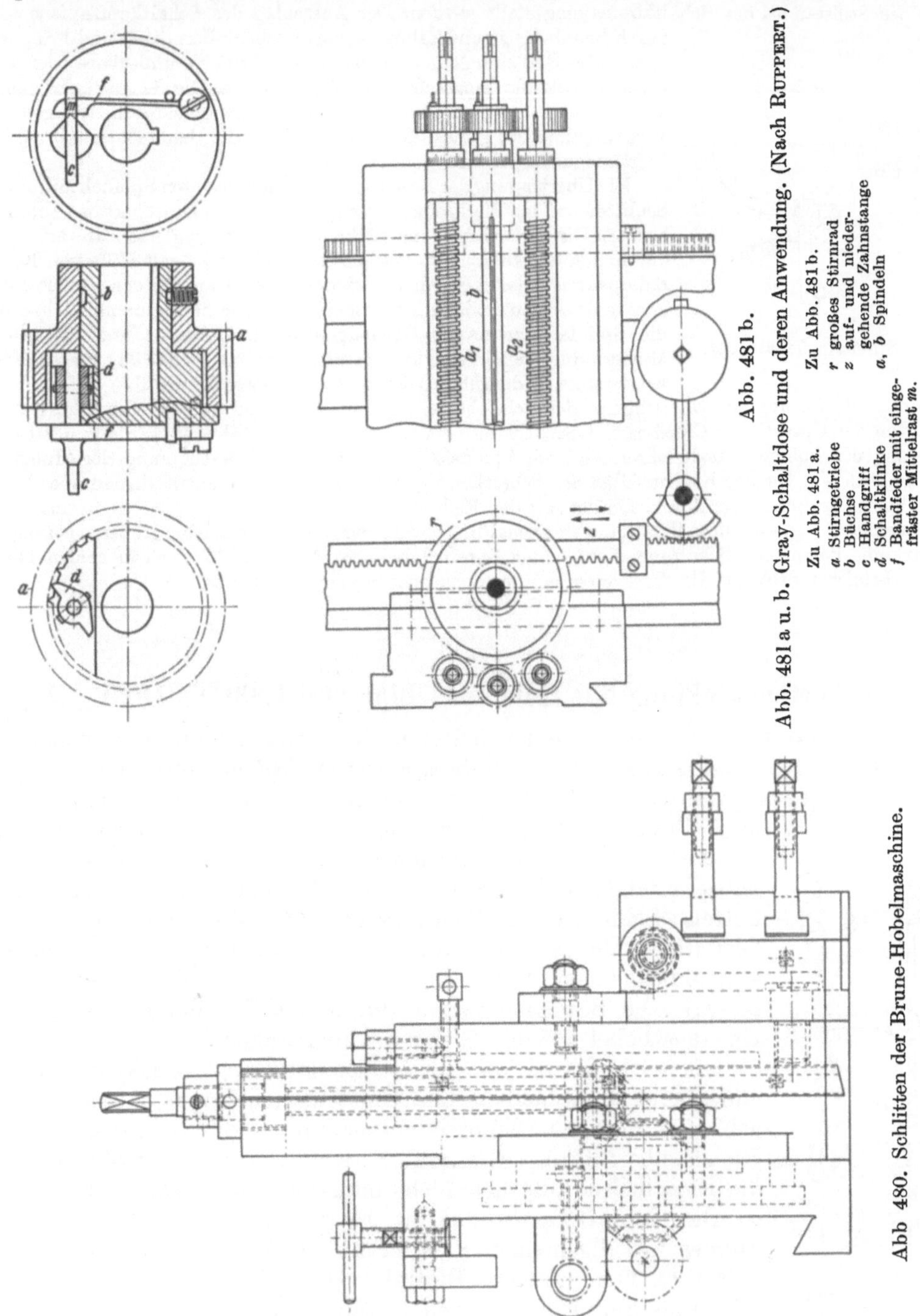

hindurchtretenden und die Riemenscheibe für den gekreuzten Vorlaufriemen mitnehmenden langen Büchse erreicht wird. Angetrieben wird das Vorgelege durch ein vorgeschaltetes zweites Vorgelege, welches vom Motor über eine in einer Grube verdeckt angeordnete Zwischenwelle angetrieben wird.

---

[1] Abb. 475.

Auch bei dieser Maschine ist bereits dem in die Tischzahnstange eingreifenden Zahnrad ein großer Durchmesser gegeben, um mit dem Zahndruck möglichst waagerecht zu wirken und den Tisch nicht nach oben zu drücken. Die Zahnräder sind indes noch gerad- und nicht schrägverzahnt.

Der Schaltkopf hat einen verstellbaren Kurbelzapfen, durch welchen der Schaltweg der Werkzeuge in den Schlitten festgelegt wird. Die Verstellung der Schaltkopfzapfens kann mit Hilfe einer Handkurbel während des Stillstandes des Schaltkopfes eingestellt werden. Der Ausschlag des Schaltkopfzapfens wird durch Schubstange und Zahnstange nach oben übermittelt und bringt ein verzahntes Rad zum Ausschwingen, in welches eine umlegbare oder doppelte Schaltklinke eingeschwenkt werden kann. Die Schaltklinke nimmt das Schaltrad, in welches die Ritzel der Schaltspindel für die Waagerechtschaltung und der genuteten Schaltwelle für die Senkrechtschaltung des Werkzeugs eingreifen.

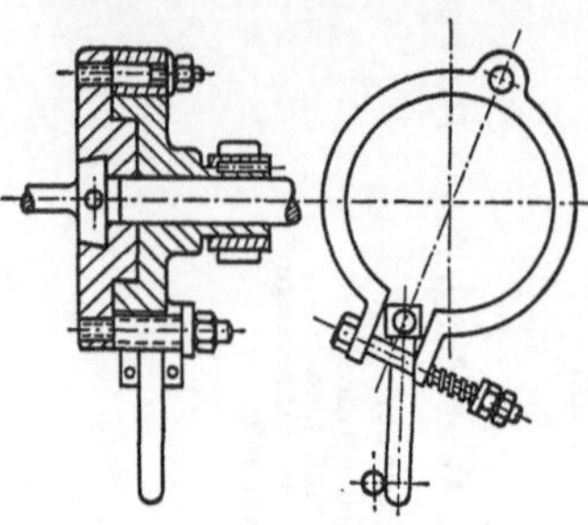

Abb. 482. Spreizringschaltkopf.

Die Übertragung der Bewegung von den genannten Spindeln durch den Schlitten auf das Werkzeug geht aus der Schlittenkonstruktion (Abb. 480) hervor. Die Schaltbewegung senkrecht oder schräg nach abwärts muß durch den Schwenkpunkt des Werkzeugschlittens mit Hilfe von Kegelräderpaaren geleitet werden. Um den toten Gang in der waagerechten und senkrechten Spindel zu vermeiden, wurde häufig damals schon auf die Spindel eine zweite Gewindemutter aufgebracht und die beiden Muttern durch eine Feder auseinander gespannt, so daß das führende Gewinde stets in derselben Richtung zur Anlage kommt.

Eine elegante Lösung zur Übertragung der Schaltbewegung vom Schaltrad auf die Spindeln, herausgebracht von der Gray Co. in Cincinnati, USA, ist die GRAYsche Schaltdose (Abb. 481). Sie gestattet, die Drehrichtung der Spindeln umzukehren und die Spindeln stillzusetzen. Die Bestimmung der Hubgröße aber bleibt nach wie vor der Exzentrizität des Schaltkopfzapfens vorbehalten. Unbefriedigend aber bleibt auch, nachdem die Schaltung durch Einführung des Reibschaltkopfes vom Umsteuermechanismus unabhängig gemacht worden war, diese Betätigung der Schaltung ebenso wie die namentlich bei größeren Maschinen zur Anwendung kommende Schaltung durch einen Spreizringschaltkopf (Abb. 482), weil in beiden Fällen noch ein erheblicher Stoß auf die Werkzeuge bei der Schaltung unvermeidlich war.

3. Fortentwicklung der Hobelmaschine von 1900 bis 1920.

1. Der Hauptantrieb. Die Bemühungen richteten sich zunächst unter Beibehaltung des einfachen Asynchronmotors auf die Verbesserung der Riemenumsteuerung. Man steigerte die Riemengeschwindigkeit, um mit schmalen Riemen auszukommen und die Überführungszeit der Riemen von der Losscheibe auf die Festscheibe und umgekehrt abzukürzen. Die Überführung selbst erfolgte (Abb. 483) durch Schwenken der Riemengabeln mittels Schlitze in einem geradlinig hin- und herbewegten Gleitstück. Dieses wurde von dem an jedem Hubende durch Anschlagknaggen am Tisch umgelegten Umsteuerhebel hin- und herbewegt. Die Bewegung wurde durch eine Verbindungsstange vom Umsteuerhebel auf das Gleitstück übertragen.

Oft auch wurde die Gleitstückanordnung verlassen und die einfachere Drehscheibe vom Umsteuerhebel zum Ausschwenken gebracht, in deren Schlitze mitgenommen die Riemengabeln die Riemen überführten (Abb. 484). RUPPERT berichtet ausführlich über die Einzelheiten, die hier nicht mitgeteilt werden können.

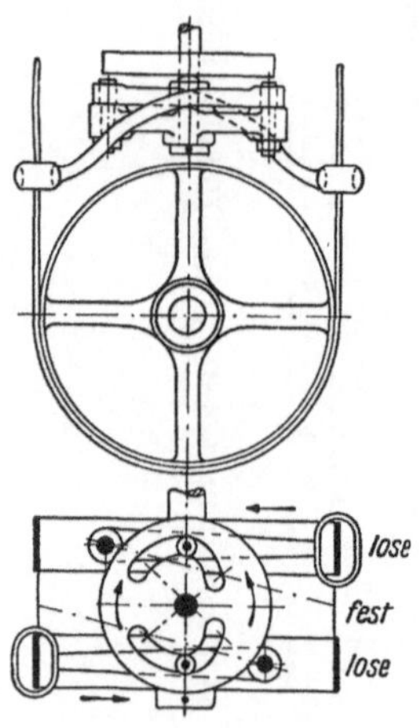

Abb. 483. Riemenüberführung mitS-Schlitzen im Gleitstück. (Nach RUPPERT.)

Die Schnittgeschwindigkeit betrug am Anfang dieses Zeitraumes im allgemeinen 8 bis 12 m/min, die Rücklaufgeschwindigkeit etwa 20 m/min. Das Bestreben ging dahin, in vollkommenerer Weise als durch den an sich bewährten, aber immerhin pflegebedürftigen Riemenantrieb die Schnittgeschwindigkeit mit Rücksicht auf den Schnellstahl zu erhöhen und nach Möglichkeit auch die Rücklaufzeit abzukürzen. Zwei Wege wurden beschritten:

α) Die Einführung der Vulkankupplung (Abb. 485) 1905 in Deutschland mit anschließendem einfachem Getriebe zur Ausdehnung des Geschwindigkeitsbereiches. Die

Kennlinie (Abb. 486) zeigt bei gleichbleibender Leistung des Asynchronmotors das Absinken des Moments nach einer Hyperbel. Die Anwendung dieser Kupplung setzte sich aber damals noch nicht durch, weil die Durchzugskraft zu gering und bei häufigem Umsteuern, also bei kurzen Hobelwegen, die Erwärmung der Magnete zu groß wurde.

β) Die Anwendung des Gleichstrom-Umkehrmotors (Abb. 487) im Jahre 1911. (Die Kennlinie bleibt die gleiche [Abb. 486], da ja der Motor gleichbleibende Leistung hat.) Verstellbar im Verhältnis 1:3 ($n = 360 - 1080$ U/min) mit dem Vorteil feinstufiger Verstellung gegenüber dem Antrieb mit Magnetkupplung und Getriebekasten.

An sich kam in Deutschland der Gleichstrommotor nur selten zur Anwendung, weil in der Regel nur Drehstrom zur Verfügung war und man die mit Anwendung des Gleichstroms verbundenen Mehrkosten und den erhöhten Pflegebedarf scheute, im Gegensatz zu den Vereinigten Staaten, wo die erwähnten Vorteile des Gleichstrommotors den Ausschlag gaben.

2. Die Schaltung. Hierüber sind Abänderungen von der BRUNEschen Schaltungsweise bereits erwähnt worden. Die wesentliche Fortentwicklung kam erst nach dem ersten Weltkrieg zur Auswirkung.

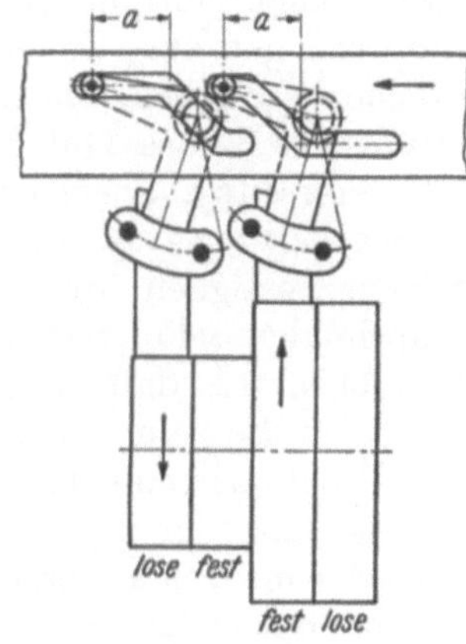

Abb. 484. Riemenüberführung mit Schlitze in Drehscheibe. (Nach RUPPERT.)

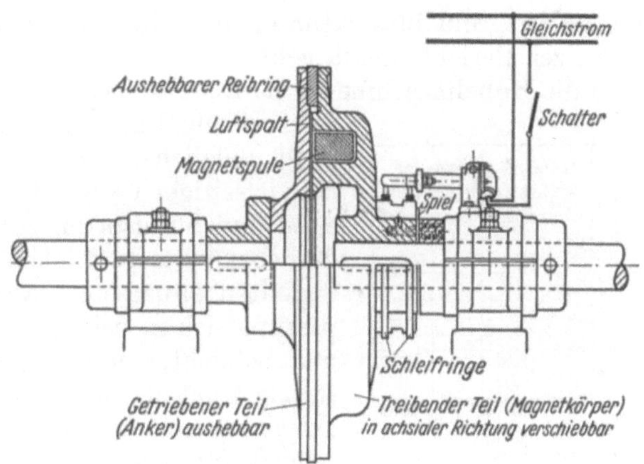

Abb. 485. Vulkankupplung, alte Ausführung.

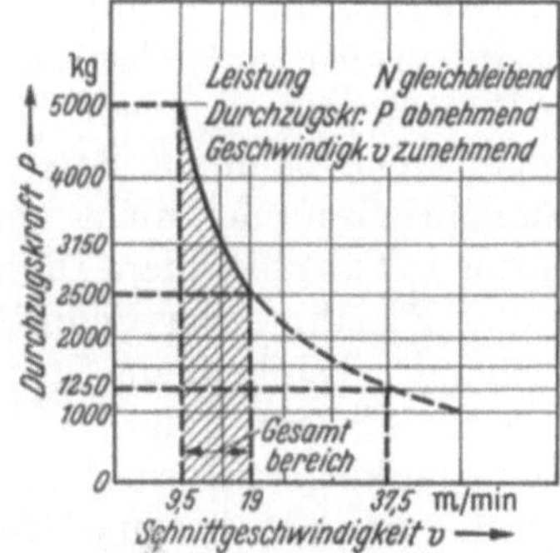

Abb. 486. Charakteristik des Asynchronmotors. (Nach IRTENKAUF.)

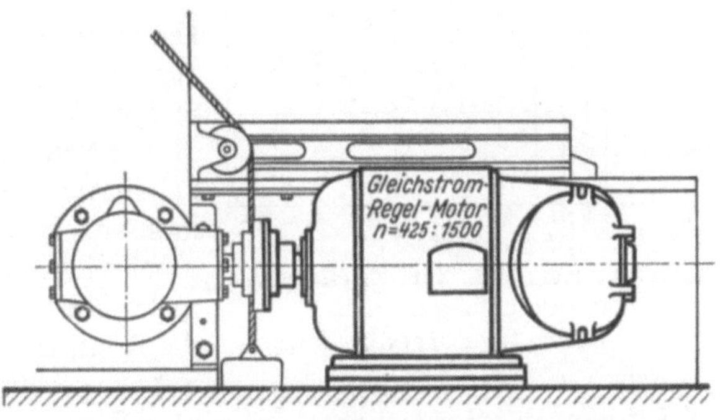

Abb. 487. Gleichstrom-Umkehrmotor noch ohne Erweiterungsgetriebe. (Nach IRTENKAUF.)

C. Die Zeit von 1920 bis 1953.

1. Die Fortentwicklung des Hauptantriebes der Hobelmaschine und der Schaltung.

a) Der Hauptantrieb.

Weiterentwickelt wurde die Magnetkupplung mit ihrem Antrieb und neu eingeführt der Gleichstrom-Regelmotor in Leonard-Schaltung und das Flüssigkeitsgetriebe.

α) Die Grundlagen der Entwicklung.

Zu diesem Thema hat IRTENKAUF unter dem Titel „Die verschiedenen Antriebe von Hobelmaschinen und ihre Kennlinien"[1] einen einfachen, wertvollen Beitrag geliefert.

Ein kurzer Bericht hierzu geht am besten von den Anforderungen aus, welche die Praxis an die Hobelmaschine stellt. Der Antrieb soll bei einfachen Aufgaben, wie sie die Bearbeitung nur eines Werkstoffes, z. B. des Gußeisens, stellt, möglichst einfach sein. Andererseits aber soll er sich bei vielseitiger Verwendung, zur Bearbeitung z. B. von Gußeisen und Stahlsorten verschiedener Festigkeit, den erforderlichen wirtschaftlichen bzw. optimalen Schnittgeschwindigkeiten anpassen. Dabei ist zu beachten, daß diese Anpassung sich in beiden Fällen auch auf die beim Schruppen und Schlichten unterschiedlichen Spanquerschnitte zu erstrecken hat. Dazu kommt noch die Anforderung, daß die Durchzugkraft der Maschine, also der maximale Spanquerschnitt für das Schruppen bis zur optimalen Schnittgeschwindigkeit, beibehalten werden kann. Erst beim Übergang zum Schlichten darf die Durchzugskraft, unter Steigerung der Schnittgeschwindigkeit, etwa bis zum doppelten Betrag der optimalen Schruppgeschwindigkeit und entsprechender Verringerung des Spanquerschnittes bis auf die Hälfte absinken.

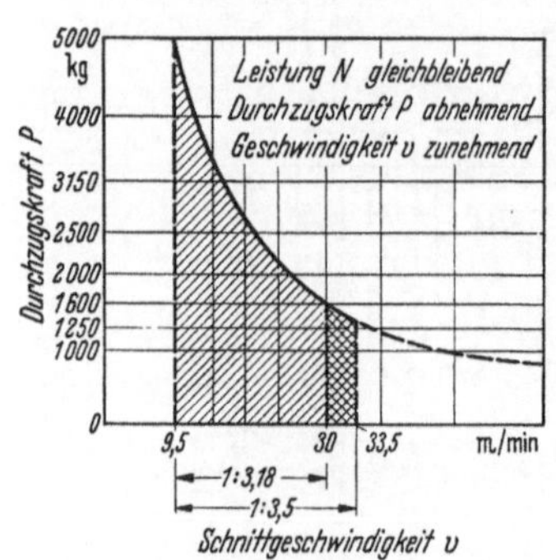

Abb. 488. Kennlinie des Gleichstrom-Regelmotors. (Nach IRTENKAUF.)

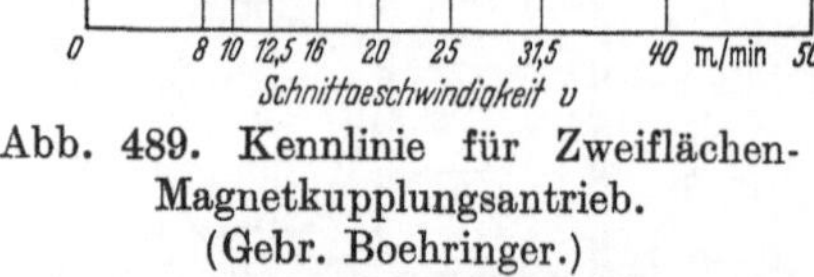

Abb. 489. Kennlinie für Zweiflächen-Magnetkupplungsantrieb. (Gebr. Boehringer.)

Diese Überlegungen führen zu zwei Kennlinien. Die erstere (Abb. 488) verläuft nach der gleichseitigen Hyperbel, bei welcher die Motorleistung wie beim einfachen Asynchronmotor und auch beim im Bereich $B = 3,5$ verstellbaren, umkehrbaren oder nicht umkehrbaren Gleichstrommotor mit absinkendem Drehmoment bei entsprechender Zunahme der Schnittgeschwindigkeit, also auch mit absinkendem Spanquerschnitt, sich auswirkt. Im anderen Falle nimmt die Kennlinie (Abb. 489) von der kleinsterforderlichen Schnittgeschwindigkeit, z. B. 9,5 m/min, bis zu der für das Schruppen erforderlichen optimalen Schnittgeschwindigkeit, z. B. 30 m/min, waage-

---

[1] VDF = Hausmitteilungen 1938, Heft 2.

rechten Verlauf und sinkt erst von da an nach der gleichseitigen Hyperbel bis zur doppelten Schnittgeschwindigkeit, also etwa 60 m/min, ab.

Mit der Ausführung des Antriebs nach dieser Kennlinie wird der volle Spanquerschnitt, z. B. 50 mm², für welchen bei Gußeisen eine Durchzugskraft von 2500 kg vorgesehen ist, gleichbleibend für das Schruppen aufrechterhalten und ein Absinken der Spanstärke erst beim Schlichten mit Schnittgeschwindigkeiten über 30 m/min zugelassen. Auf diese Weise wird zwar die volle Durchzugkraft beim Schruppen aufrechterhalten, aber zugleich der Überlastung der Maschine vorgebeugt, welche eintreten würde, wenn mit geringeren Schnittgeschwindigkeiten als 30 m/min gearbeitet würde. Hinzu kommt noch, daß bei dieser letzteren Kennlinie der Antrieb so ausgeführt werden kann, daß er über den ganzen Bereich $B = 10$ stufenlos verstellbar ist.

β) Die Ausführung des Hauptantriebes.

Der Antrieb mit Magnetkupplung. Etwa 1920 wurde die Magnetkupplung mit einem Durchmesser von etwa 500 mm durch Einbau in einen Räderkasten an ein Getriebe mit vier Schnittgeschwindigkeiten von 9,6; 11,8; 15,0 und 19,0 m/min und zwei Rücklaufgeschwindigkeiten von 19 und 30 m/min, also $B = 3$, angeschlossen. Damit wurde eine Erweiterung des Bereichs und eine Mehrung der Geschwindigkeitsstufen unter Steigerung der Rücklaufgeschwindigkeit erreicht.

Es folgte etwa 1924 der Einbau einer zweiten Magnetkupplung zur Steigerung der Rücklaufgeschwindigkeit auf 40 m/min. Die beiden Magnetkupplungen wurden für den Rücklauf hintereinandergeschaltet und die zweite ebenfalls durch einen Anschlagnocken am Hobeltisch gesteuert. Dabei leistete die erstere Magnetkupplung die Umsteuerung, die zweite die Erhöhung der Geschwindigkeit für den Rücklauf.

Die Kennlinie blieb bei allen diesen Fortschritten, auch bei der Erhöhung der Tischgeschwindigkeit, dieselbe, nämlich eine Hyperbel, wie in Abb. 488. Der Magnetkupplungsantrieb versagte bei dem Versuche, die Schnittgeschwindigkeit auf 30 m/min zur Ausnutzung der verbesserten Schnellstähle und der in Einführung begriffenen Hartmetalle und die Rücklaufgeschwindigkeit auf über 40 m/min zu steigern. Das Versagen trat ein, weil die Reibflächen der Kupplung den höheren Drehzahlen nicht standhielten, die Umsteuergenauigkeit litt und beim häufigen Umsteuern (etwa 30mal in der Minute) eine zu hohe Erwärmung eintrat.

Es folgte die Fortentwicklung der Magnetkupplung, ausgebildet als Zweiflächenkupplung (Abb. 489), für Drehzahlen bis 900 U/min, entsprechend 63 m/min Rücklaufgeschwindigkeit, wodurch der Außendurchmesser der Kupplungsscheibe verringert werden konnte. Gleichzeitig wurde das Stufengetriebe auf eine Stufenzahl von neun im Vorlauf und drei Stufen im Rücklauf erweitert, bei einer Erhöhung des Schnittgeschwindigkeitsbereichs auf $B = 6,3$ in der Grenze von 8 bis 50 m/min und bei den drei Rücklaufgeschwindigkeiten von 16 bis 32 und 63 m/min.

Der Gleichstrom-Regelmotor in Leonard-Schaltung. Dieser Antrieb (Abb. 490), entwickelt in den Jahren 1930 bis 1935, erlaubte bei konstantem Drehmoment, also konstantem Spanquerschnitt, die Erhöhung der Schnittgeschwindigkeit auf 30 m/min und bei absinkendem Moment und Spanquerschnitt bis zu 60 m/min. Die Kennlinie (Abb. 490) wurde vorstehend bereits begründet. Zugleich war die von Schaltung zu Schaltung praktisch stufenlose Regelung von 9,5 bis 60 m/min Schnittgeschwindigkeit, also ein Bereich $B = 6$ erreicht. Die Erprobung hat aber gelehrt, daß nach dem Kennlinienverlauf dieser Bereich bis auf $B = 20$ erweitert werden kann (Abb. 490). Das stündliche Spangewicht ist in Berücksichtigung des Wirkungsgrades der schraffierten Fläche proportional, steigt also bei diesem Antrieb auf ein Mehrfaches der bisher geschilderten Antriebe an, wie auch bei dem Antrieb mit Zweiflächen-Magnetkupplung (Abb. 489).

Es liegt auf der Hand, daß der Leonard-Antrieb teurer, aber dafür betriebssicherer ist.

So wird man Magnetkupplung wählen, wenn höchste Schnittleistung nicht maßgebend ist.

γ) **Der Antrieb mit einfachem Asynchronmotor und Flüssigkeitsgetriebe.**

Dieser Antrieb (Abb. 491) hat dieselbe Kennlinie wie der Gleichstromregelmotor in Leonard-Schaltung. In beiden Fällen wird zur Aufrechterhaltung des Drehmomentes, also zur Einhaltung des gleichbleibenden, der Konstruktion der Maschine entsprechenden maximalen Spanquerschnittes bis zu beispielsweise 30 m/min Schnittgeschwindigkeit,

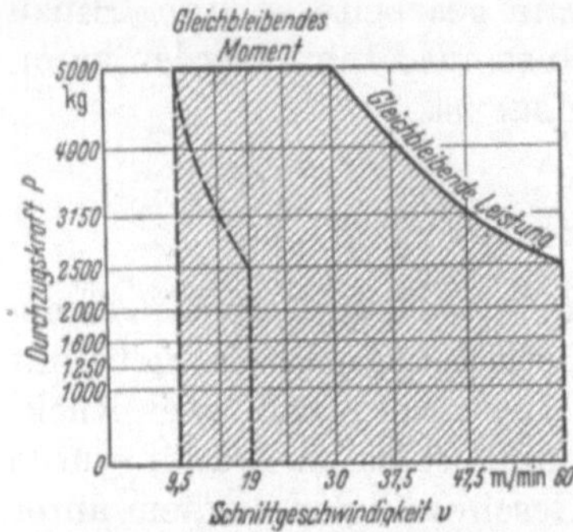

Abb. 490. Erweiterte Kennlinie zum Gleichstrom-Regelmotor in Leonard-Schaltung. (Nach IRTENKAUF.)

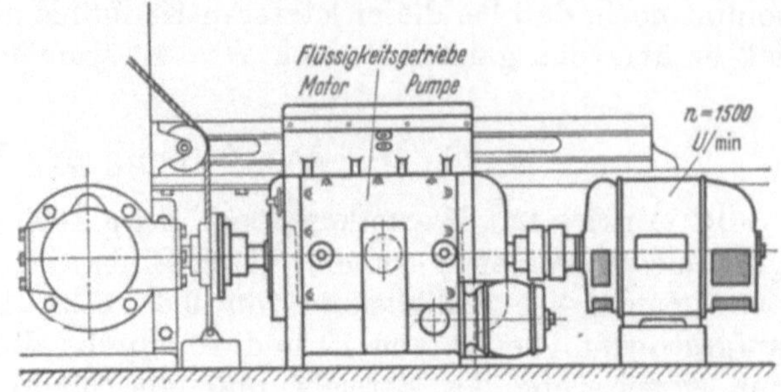

Abb. 491. Asynchronmotor und Flüssigkeitsgetriebe. (Nach IRTENKAUF.)

von dem Generator die Leistungssteigerung aufgebracht und die Verstellung der Geschwindigkeit über 30 m/min hinaus bei absinkendem Drehmoment von dem vom Generator gespeisten Motor herbeigeführt.

δ) Die Umsteuerzeiten.

Die Umsteuerzeiten betragen heute beim Leonard-Antrieb 0,6 bis 1 sec. Bei Umsteuerung mit Magnetkupplung sind sie noch etwas geringer. Den Einfluß der Kürzung, in erster Linie der Rücklauf-, aber auch der ganzen Umsteuerzeit auf die Wirtschaftlichkeit der Fertigung, zeigt folgendes Beispiel:

Ein Werkstück von 1 m Länge wird mit 30 m/min Schnittgeschwindigkeit bearbeitet. Die Rücklaufgeschwindigkeit beträgt 60 m/min, die Umsteuerzeit an jedem Hubende 1 sec. Es ergeben sich:

Schnittzeit . . . . 2 sec
Rücklaufzeit . . . . 1 sec
zweifache Umsteuerzeit . . . . 2 sec

d. h. in diesem Beispiel sind die Verlustzeiten (3 sec) größer als die Schnittzeit, und der Anteil der Umsteuerzeit an der Verlustzeit beträgt 66 %. Bei Arbeitshüben von mehreren Metern nimmt der prozentuale Anteil der Umsteuerzeit gegenüber der ganzen Verlustzeit entsprechend ab. Immerhin ist Anlaß genug, auf Kürzung der Umsteuerzeit großes Gewicht zu legen. Jedoch bringt eine kleine Erhöhung der Schnittgeschwindigkeit viel mehr als eine Verkürzung der Umsteuerzeit oder eine Erhöhung der Rücklaufgeschwindigkeit.

b) Die Werkzeugschaltung.

In der Zeit von 1920 bis 1945 sind die Konstruktionen beeinflußt durch die amerikanischen Ausführungen, insbesondere durch die G. A. Gray Co., Cincinnati/USA, und durch die Gestaltung der Schaltmechanismen im Schleifmaschinenbau im ersten Jahrzehnt des Jahrhunderts. Man kann die Entwicklung in den beiden ersten Jahrzehnten als I. Stufe bezeichnen.

Die II. Entwicklungsstufe von 1920 ab bringt nach dem Vorgehen im Schleifmaschinenbau (S. 354) die Regelung der Schaltwege durch die Betätigung eines Schaltrades am Querbalken mit dem Schweinsrücken zur Einstellung der Schaltung. Der Unterschied gegenüber der Zustellung bei Schleifmaschinen besteht nur darin, daß zusätzlich zwischen Schaltrad und Gewindespindel für den Querschlitten ein normales Stirnradwendegetriebe mit Klauenkupplung eingefügt ist, um den Querschlitten nach rechts und nach links schalten zu können. Diese Einrichtung ist exakter als die bisherige mit Umlegung der Schaltklinke (Stufe I).

Der Antrieb des Schaltrades erfolgt noch wie in Stufe I durch die auf- und niedergehende Zahnstange, jedoch mit dem Unterschiede, daß der Hub der Zahnstange konstant ist, also aus dem Schaltkopf mit verstellbarem Hub ein einfacher Exzenter mit der bereits erwähnten Spreizringkupplung (Abb. 492) geworden ist.

Neu ist ferner die Anordnung eines zweiten Motors zum Eilgang für das Heben oder Senken des Querbalkens zwecks Größenanpassung und Schnellverstellung der Schlitten.

Eine zusätzliche Nutzung dieses Eilgangmotors zur Betätigung der Schaltung ist noch nicht vorgesehen.

Die Stufe III der Entwicklung der Schaltung verläßt die auf- und niederschwingende Zahnstange, um die zu Ungenauigkeit führende Massenbeschleunigung der Zahnstange zu beseitigen. Die Schaltbewegung wird jeweils von der bereits in Stufe II vorhandenen Eilgangswelle abgeleitet, welche wie in Stufe II mit gleichbleibender Drehzahl und Drehrichtung umläuft. Die Ableitung erfolgt in der Weise (Abb. 493a), daß durch einen der beiden Anhaltehebel der federgespannte, zweiarmige Klinkhebel freigegeben wird, mit seinem zweiten Arm in das mit

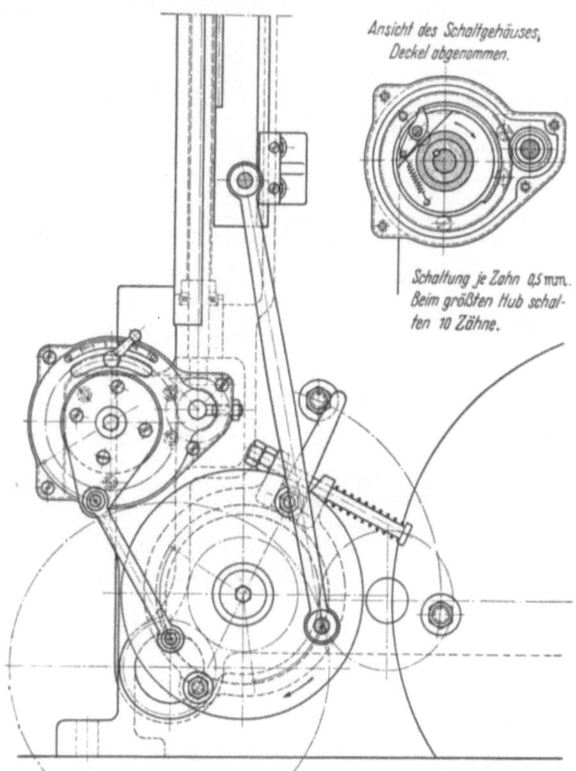

Abb. 492. Schaltung mit Spreizringkupplung, Stufe II.

konstanter Geschwindigkeit umlaufende Innenzahnrad einschnappt und damit das Schaltrad um eine halbe Umdrehung mitnimmt und eine parallel zur Eilgangswelle angeordnete Schaltwelle antreibt. Dann schlägt der erwähnte Klinkhebel an den zweiten Anschlaghebel an, und das Innenzahnrad wird freigegeben, das Schaltrad aber bleibt nach einer halben Umdrehung stehen, bis dieser zweite Anhaltehebel den Klinkhebel wieder freigibt. Dann erfolgt wieder ein halber Umlauf des Schaltrades in demselben Drehsinn. Über einen Kurbeltrieb und ein Kegelradpaar wird diese Bewegung einer zweiten, senkrechten Welle — der Schaltwelle — erteilt, die dadurch eine vor- und rückschwingende Bewegung erhält. Die Schaltzeit dieser Welle ist somit konstant und unabhängig von der Tischgeschwindigkeit, und die Bewegung ist stoßfrei. Die Steuerung der Anhaltehebel geht von den Anschlagknaggen am Hobeltisch aus, welche am Hubende in der bekannten Weise den Umsteuerhebel umlegen. Diese Umlegebewegung wird auf einen doppelarmigen Hebel übertragen, welcher abwechselnd am einen und anderen Hubende des Tisches die Anhaltehebel betätigt und diese zum Ausklinken des zweiarmigen Klinkhebels veranlaßt. Von der Tischbewegung wird demnach nur die Einleitung der Schaltbewegung abgeleitet.

An Stelle der auf- und niedergehenden Zahnstange der Entwicklungsstufen I und II
übernimmt die Schaltwelle den Antrieb des Klinkenträgers im Querbalken (Abb. 493b).

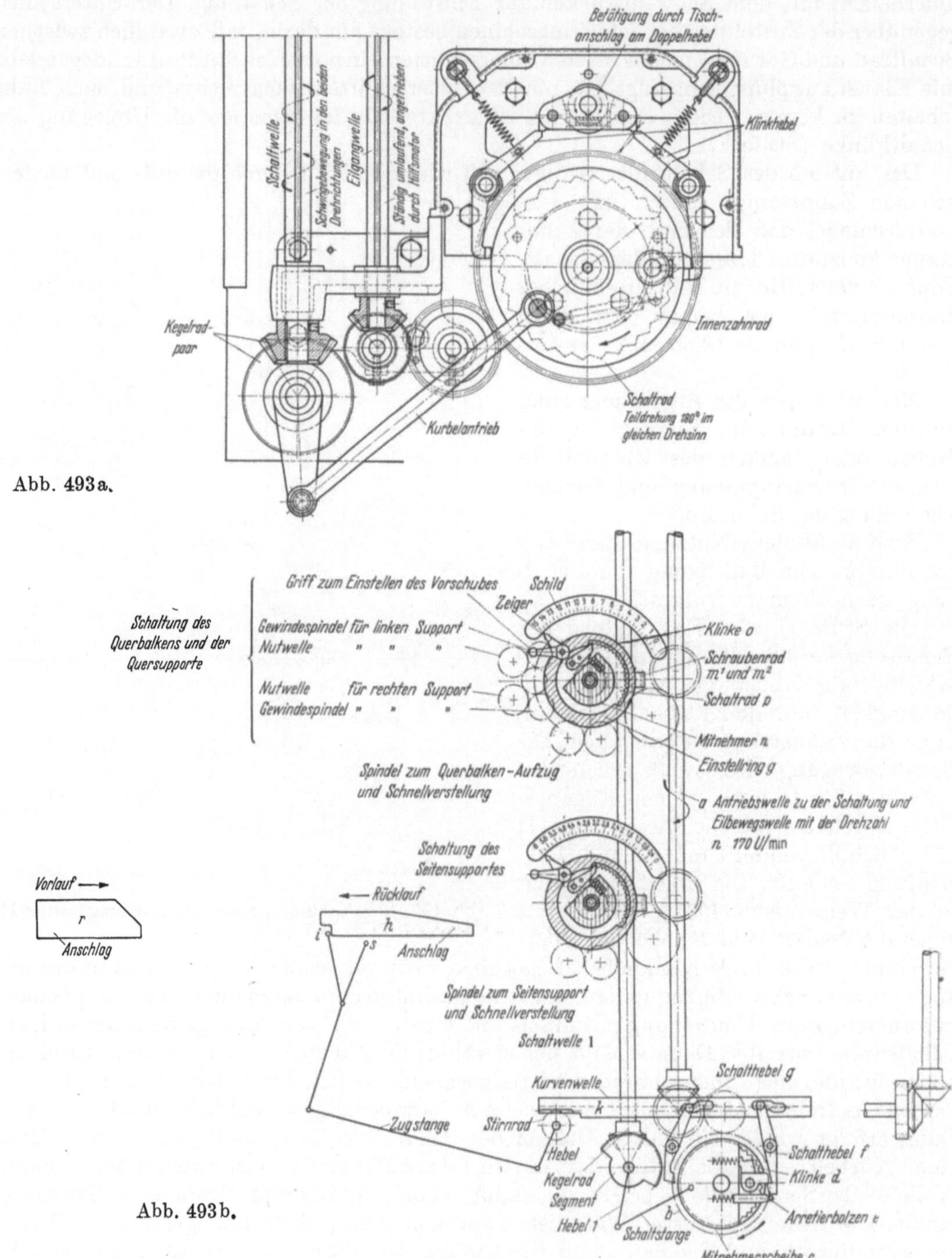

Abb. 493a u. b. Unterer Schaltkasten, Stufe III. Schaltplan der zwei Ständer-Hobelmaschinen
(Gebr. Boehringer SH 4 u. 5.)

Die in dem Klinkenträger schwenkbar gelagerte Klinke steht unter Federdruck, greift
in die Innenverzahnung eines Schaltrades ein und nimmt das Schaltrad in einer Richtung mit. In der Gegenrichtung rutscht die Klinke über die Schaltzähne hinweg. Über

ein Schieberadwendegetriebe wird die Bewegung auf eine Gewindespindel oder Nutwelle übertragen, die dem Schlitten den gewünschten waagerechten oder senkrechten Vorschub erteilt. Ein schwenkbarer Schweinsrücken (in Abb. 493b mit Einstellring bezeichnet) bestimmt den Einfallpunkt der Klinke in das Schaltrad. Der Winkelweg des Schaltrades und damit der Weg der Schlittenzustellung ist abhängig von der Stellung des Schweinsrückens zur Anfangstellung der Klinke. Ein mit dem Schweinsrücken verbundener Zeiger zeigt an einer Skala die eingestellte Vorschubgröße an. Die gleiche Einrichtung wie der Querbalken besitzt auch der Seitenschlitten am Ständer. Durch den Klinkenträger im Querbalken wird außerdem über Verbindungsstange und Hebel die vor- und rückschwingende Bewegung auf eine waagerecht angeordnete Nutwelle am Querbalken übertragen, welche über ein Hebelgestänge die Meißelklappe und damit den Hobelmeißel während des Tischrücklaufes von der Hobelfläche abhebt.

Sodann wurden die bislang drehbaren Gewindespindeln in den Ständern zum Heben und Senken des Querbalkens einfach feststehend eingebaut. Die Muttern im Querbalken wurden drehbar gelagert und können nunmehr nach Bedarf zur Höhenverstellung des Querbalkens auf die Eilwelle geschaltet werden. Diese Anordnung bringt die Vereinfachung, daß die Senkrechtbewegung des Seitenschlittens am Ständer auf dieselbe Gewindespindel geschaltet werden kann.

Nicht befriedigend war der unverdeckte offene und damit gefahrvolle Anbau der Schalteinrichtung (Abb. 493a).

Die VI. Stufe der Entwicklung der Schaltbewegung bis zum Jahre 1945 und noch darüber hinaus bis heute bringt keinen grundsätzlichen Fortschritt mehr, wohl aber eine ganze Reihe von einfachen Verbesserungen.

Zunächst wurde der Schaltmechanismus (Abb. 494) in einem geschlossenen Kasten untergebracht.

Die Muttern auf den zwei waagerechten Gewindespindeln nehmen je einen Schlitten waagerecht hin- und hergehend mit. Im Gegensatz zu der Höhenverstellung des Querbalkens werden hier bei Schaltung und Eilgang die Spindeln wie bisher gedreht, wobei Rechts- und Linksgang der Schlitten durch das erwähnte Wendegetriebe mit Klauenkupplung geschaltet wird.

Abb. 494. Geschlossener Schaltkasten unten am Ständer.

Außerdem sind noch folgende Verbesserungen zur Anwendung gekommen:

1. Schaltbereich der Vorschübe erweitert auf $B = 100$,
2. kleinster Vorschub herabgesetzt von 0,5 mm auf 0,2 mm,
3. Klinke im Querbalken und Seitenschlitten durch Band- oder Freilaufkupplung ersetzt,
4. der Schweinsrücken wird ersetzt durch Doppelhebel mit verstellbarem Drehpunkt zur Erzielung stoßfreier, stufenloser Vorschübe (Abb. 495).

Wie aus der Abb. 493b (Nockenschaltung) hervorgeht, erhält der Hebel *1* seine Bewegung von der Mitnehmerscheibe *c* über die Schaltstange (Kurbeltrieb). Davon werden 180° für das Aufziehen der Schaltung an einem Tischende und 180° für den Vollzug der Schaltung am anderen Tischende benötigt. Die Mitnehmerscheibe hat eine gleichbleibende Umlaufgeschwindigkeit; die über den Kurbeltrieb auf die senkrechte Schaltwelle *I* abgeleitete Schaltgeschwindigkeit hat jedoch einen sinusförmigen Verlauf. Sofern nun nach dieser der größte und kleinste Vorschub geschaltet wird, erfolgt die Einleitung des Vorschubes stoßfrei. Jede andere Vorschubgröße dagegen wird mit einem Stoß begleitet sein, dessen Maximum im Gipfelpunkt der Kurve entsteht.

Wenngleich selbst ein solcher maximaler Stoß keinen merklichen Schaden anrichtete, da die Schaltung bei unbelasteten Schlitten erfolgt, so war er doch hörbar und damit unangenehm, weil nicht abzuschätzen war, ob und wann Verschleiß oder Bruchschaden entstehen werde.

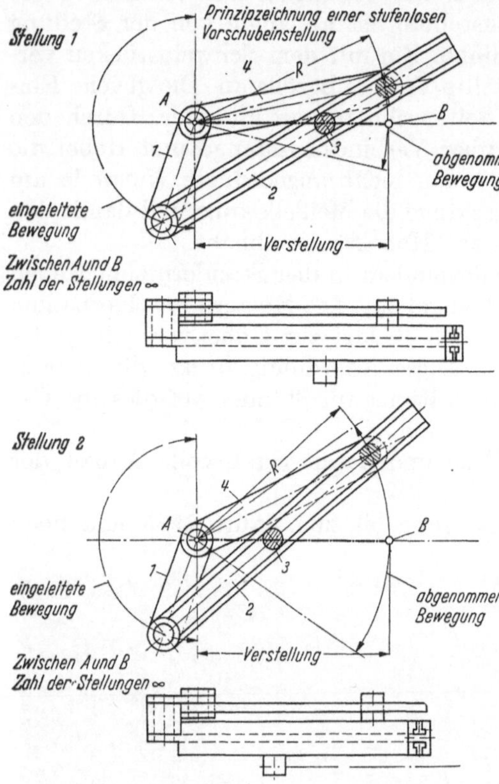

Das führte dazu, die Schaltung mit dem Anlauf aus der Anfangsstellung, also mit der Schaltgeschwindigkeit Null, beginnen zu lassen. Dies wurde durch das neue stoßfreie, stufenlose Schaltgetriebe (Abb. 495) erreicht.

Der Hebel *1* macht die bekannte Hin- und Herschwingung um etwa 180° mit der nach einer Sinuskurve zu- und abnehmenden Geschwindigkeit. In den beiden Endlagen des Hebels *1* ist also die Winkelgeschwindigkeit gleich Null. Am Ende dieses Hebels ist der doppelarmige, um den zwischen *A* und *B* verschieblichen Drehpunkt *3* schwingende Hebel *2* angeschlossen. Der Hebel *2* gleitet mit der einen seiner beiden T-Nuten über den Drehpunkt *3* hin und her. Ebenso gleitet der Endpunkt des Verbindungsstücks *4* in dem Hebel *2*, und zwar in der 2. T-Nut. Dieses Verbindungsstück *4* betätigt durch Einstellung des verschieblichen Drehpunkts *3* auf einen bestimmten Winkelanschlag des Hebels *4* die Größe der Schaltung, da von dem Verbindungsstück *4* die Schaltbewegung auf die senkrechten Schaltspindeln bzw. Schaltwellen übertragen wird.

Steht der Drehpunkt *3* in *B*, so ist die Schaltung gleich Null, und wenn der Drehpunkt *3* mit *A* zusammenfällt, so erreicht die Schaltung ihr Maximum.

Abb. 495. Prinzipzeichnung einer stoßfreien, stufenlosen Schlittenschaltung. (Gebr. Boehringer.)

Bei zwischen *A* und *B* liegendem Drehpunkt *3* nimmt die Schaltung von Null bis zum Maximum zu, je näher dem Punkt *A* der Drehpunkt *3* eingestellt wird. Stets aber beginnt die Schaltung aus der Ruhelage, ohne zu stoßen.

2. Die neuzeitliche Hobelmaschine.

Die Schilderung der Entwicklung hat bis 1945 und in die Jetztzeit geführt.

Eine Hobelmaschine aus dieser letzten Zeit ist die Boehringer SH 3 (Abb. 496). In Abb. 496b ist die Benennung der außen sichtbaren Teile angegeben.

Die Daten für die drei normalen Größen sind in Tab. 54 mitgeteilt, um die Größenunterschiede zu zeigen.

Das Hauptgetriebe (Abb. 497) ist schräg verzahnt. Die Schalteinrichtung stimmt mit derjenigen der Stufe III bzw. IV im wesentlichen überein.

Der LEONARD-Gleichstromregelmotor steuert in 0,6 bis 1 sec bei kleinen Hüben um. Der Verstellbereich ist 1 : 10, kann aber auf 1 : 20 erweitert werden. Das Nenn-Drehmoment M_n, etwa 70 mkg, bleibt bis zur Schnittgeschwindigkeit $v = 40$ m/min konstant. Über 40 m/min verändert es sich umgekehrt proportional zur Schnittgeschwindigkeit und beträgt demnach bei $v = 80$ m/min noch die Hälfte. Entsprechend sinken auch die abnehmbaren Spanquerschnitte. Der große Vorteil eines solchen Leonard-Antriebes liegt in:

Abb. 496 a.

Abb. 496 b.
Abb. 496 a u. b. Gesamtansicht der Hobelmaschine der Fa. Gebr. Boehringer.

1 Bett
2 Tisch
3 Ständer
4 Querbett
5 Querschlitten
6 Handverstellung für Senkrechtbewegung des Querschlittens
7 Tischanschlag für Hubbegrenzung des Tisches
8 Wendeschalter
9 Seitenschlitten
10 Handverstellung für waagerechte Verstellung des Seitenschlittens
11 Handverstellung für senkrechte Verstellung des Seitenschlittens
12 Eilgangwelle
13 Schaltwelle
14 Getriebekasten füe Vorschubschaltung
15 Antriebsaggregat für Gleichstrom-Regelmotor in LEONARD-Schaltung

16 Knopf für Einstellung der Vorschubgröße
17 Spindel zum Festklemmen des Querbettes
18 Spindel für Verstellung des Querbettes von Hand
19 Waagerechte Verstellung des Querschlittens
20 Handrad für Einstellung der Rücklaufgeschwindigkeit des Tisches
21 Handrad für Einstellung der Schnittgeschwindigkeit des Tisches
22 Kupplungshebel für Eilgang der Schlitten
23 Geschwindigkeitsanzeiger
24 Druckknopftafel für Einschalten, Ausschalten und Tischumkehr
25 Hilfsantrieb für Schaltung und Eilgang
26 Feststehende Ständerspindel, eine davon
27 Bewegliche Druckknopftafel für Einschalten, Ausschalten und Tischumkehr
28 Umsteuergehäuse
29 Steuerhebel für die Einleitung der Vorschubschaltung
30 Hahn für die Regulierung der Ölmenge zur Bettbahnschmierung.

1. konstantem Drehmoment bis zu der für Grauguß beim Schruppen optimalen Schnittgeschwindigkeit von 40 m/min;

2. vollkommen stoßfreier Umsteuerung bei geringem Drehmoment, also kleinen Belastungsstößen für das Netz;

3. kurzen Umsteuerzeiten (0,6 bis 1 sec);

4. belastungsunabhängigen Schnittgeschwindigkeiten.

Tabelle 54. *Hauptdaten der Zweiständer-Hobelmaschine SH 3, 4 u. 5 von Gebr. Boehringer.*

Baumuster	SH 3	SH 4	SH 5
Hobelbreite . . . . mm	850	1000 oder 1250	1250
Hobelhöhe . . . . mm	850	1000	1250
Tischbreite . . . . mm	700	820 oder 1000	1000
Vorschübe des Werkzeugsupports am Querbalken			
waagerecht und senkrecht . . . Anzahl	je 20	30	30
Vorschubbereich			
waagerecht . . . . mm	0,5 ··· 10	0,5 ···· 15	0,5 ··· 15
senkrecht . . . . mm	0,2 ··· 4	0,2 ··· 6	0,2 ··· 6
Einheitsräderkasten			
9 Schnittgeschwindigkeiten . . m/min	10/12,5/16/20/25/31,5/40/50/63	8/10/12,5/16/20/25/31,5/40/50	8/10/12,5/16/20/25/31,5/40/50
3 Rücklaufgeschwindigkeiten . . m/min	20/40/80	16/31,5/63	16/31,5/63
Kraftbedarf für den Hauptantrieb etwa kW	22	30	30
Gewicht des Räderkastens unverpackt etwa . . . . kg	1070	1070	1170
Gleichstromregelmotor in Leonard-Schaltung stufenlos, verstellbar, Verstellbereich B bis 1:20			

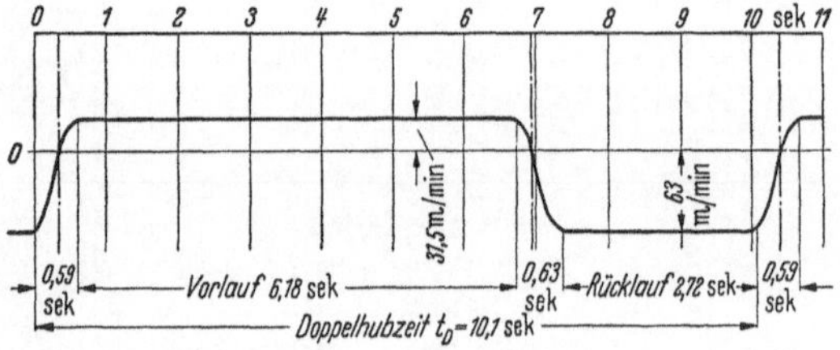

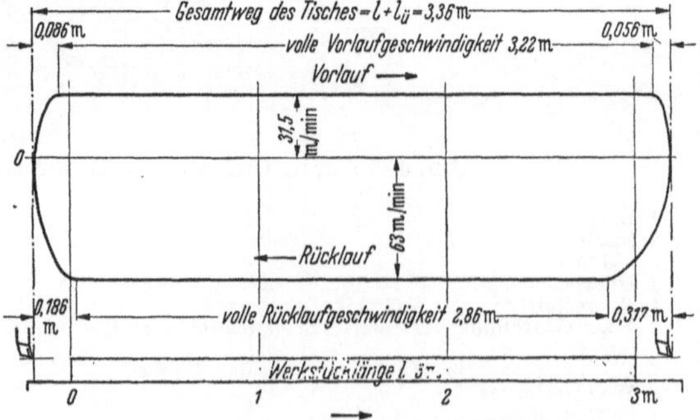

Abb. 497. Hauptgetriebe.   Abb. 498. Geschwindigkeitsdiagramm.

Das Geschwindigkeitsdiagramm (Abb. 498) zeigt die schnelle Erreichung der optimalen Geschwindigkeit im Vor- und Rücklauf, also die kurzen Umsteuerzeiten.

Sämtliche Tischbewegungen können auch von Hand mit Hilfe einer angebauten und einer Hängedruckknopftafel (Abb. 496) geschaltet werden.

Hobelmaschinen mit elektromagnetischer Zweiflächenkupplung (Abb. 499), bei welchen, abgesehen vom Maschinengetriebe und Tisch, nur die verhältnismäßig kleine Masse der Reibscheibe umzusteuern ist, sind in neuester Zeit zu einer Parallelausführung zum

Leonard-Antrieb geworden. Die Grenze in der Anwendung liegt in der Erwärmung der
Magnetspulen bei kurz aufeinanderfolgenden Umsteuerungen, also bei kurzen Hüben.
Die Hobelmaschine (Abb. 496a) zeigt den Anbau einer elektromagnetischen Zweiflächen-
kupplung mit anschließendem Getriebekasten. Die Maschine an sich ist in ihrer Ausführung dieselbe wie für den Leonhard-Antrieb.

Abb. 499. Räderkastenantrieb mit elektromagnetischer Umsteuerung (Heid)

3. Die kombinierte Hobel- und Fräsmaschine
der Werkzeugmaschinenfabrik Waldrich, Siegen.

Dieser Typ ist, abgesehen von den zusätzlich angeordneten Frässchlitten, die auch
das Arbeiten mit Hartmetall gestatten, sehr lehrreich wegen der Maßnahmen, welche
zur Überwindung einer Schnittkraft von 16000 bis 40000 kg je nach Größe der Maschine
erforderlich wurden. Während bei dem Bohr- und Fräswerk die Ergänzung des Waage-
rechtbohrwerks zur Eignung für Fräsarbeiten die wesentliche Erhöhung der Antriebsleistung und der Steifigkeit der Maschine erforderte, sind diese Erfordernisse bereits bei
der Hobelmaschine, wie gezeigt wird, weitgehend erfüllt. Die Ergänzung der Maschine zu
Fräsarbeiten bedingt hier nur die Anbringung von einem oder mehreren Frässchlitten
und die Einrichtung, die Tischgeschwindigkeit auf Vorschubgeschwindigkeiten herabsetzen
zu können. Zudem sind auch die Frässchlitten mit geeigneten Vorschubeinrichtungen
versehen, so daß entweder der Frässchlitten oder der Tisch die Vorschubbewegung ausführt. Die jeweils nicht benutzte Vorschubführung wird in bekannter Weise durch Hand-
bewegung geklemmt.

Für das bei diesem Typ vorgesehene Fräsen mit Hartmetall bedarf es nur der Erhöhung
der Schnittgeschwindigkeit des umlaufenden zweischnittigen Werkzeugs etwa auf das
Dreifache der Fräserschnittgeschwindigkeit zwecks Erzielung glatter Flächen.

a) Die Hobel- und Fräsmaschine H 3200/3000 F.

Als Beispiel wird die auf der Werkzeugmaschinenausstellung in Hannover 1952
vorgeführte Maschine (Abb. 500) gewählt. Diese Maschine hat folgende Daten:

Hobel- bzw. Fräsbreite . . . . 3200 mm
Hobel- bzw. Fräslänge . . . . 8000 mm

Tischgeschwindigkeit im Vor- und Rücklauf für Hobeln . . . . $v = 7 \cdots 70$ m/min

Durchzugskraft am Tisch . . . . 24 Tonnen

Hauptantriebsmotor. . . . . 117 kW

Fräsvorschub des Tisches von . . . . $s = 20 \cdots 10$ mm/min

Eilgang . . . . $s = 2500$ mm/min

Hobelschlitten

Längsvorschub von . . . . $s = 0{,}3 \cdots 30$ mm/Schaltung

Senkrechtvorschub von . . . . $s = 0{,}15 \cdots 15$ mm/Schaltung

Eilgang . . . . $s = 2$ m/min

Meißelschieberabhebung im Bereiche von . . . . $15 \cdots 190$ mm

Schwenkbereich der Schlitten . . . . $30° \cdots 60°$

Frässchlitten

Antriebsleistung . . . . 30 kW

16 Drehzahlen der Frässpindeln von . . . . $n = 6 \cdots 308$ U/min

Vorschübe, stufenlos verstellbar von . . . . $s = 20 \cdots 1000$ mm/min, längs und quer

Eilgang . . . . $s = 2500$ mm/min

Durchmesser der Frässpindel . . . . 200 mm

Frässchlitten, schwenkbar nach beiden Seiten . . . . 30°

Größter Verstellweg der Frässpindel von Hand . . . . 320 mm

Diese Abgaben gelten sowohl für den Frässchlitten am Querbalken als auch am Ständer.

Folgende Arbeitsoperationen wurden während der Messe ausgeführt:

Hobeln

Gehobelt wurde Stahl 70.11 und Grauguß

a) **Stahl**

Werkzeug TT 3

max. Schnittgeschwindigkeit . . $v = 60$ m/min

„ Schaltung . . . . $s = 3$ mm

„ Schnittiefe . . . . $a = 20$ mm

Wahlweise:

max. Schnittgeschwindigkeit . . . $v = 40$ m/min

„ Schaltung . . . . $s = 4{,}5$ mm

„ Schnittiefe . . . . $a = 20$ mm

b) **Grauguß** . . . .

max. Schnittgeschwindigkeit . . . $v = 50$ m/min

„ Schaltung . . . . $s = 6$ mm

„ Schnittiefe . . . . $a = 25$ mm

Fräsen mit Messerköpfen

Grauguß

Fräserdurchmesser . . . . . 350 mm bzw. 500 m

bestückt mit . . . . TT 3

Größte Zahl der Messer 20

Schnittgeschwindigkeit . . . . . . $v = 120$ m/min

Vorschub pro Zahn . . . . $s_z = 0{,}2$ mm

Vorschub pro Umdrehung des Fräsers $s_U = 4$ mm/U

Vorschub entsprechend einer Dreh-

  zahl von 87 Umdrehungen der

  Frässpindel in der Minute . . $s = 387$ mm/min

Schnittiefe . . . . $a = 3$ mm

Fräsen mit nur 2 Hartmetallschneider

Fräserdurchmesser . . . = 350 mm Durchmesser

bestückt mit . . . . 2 Messern TT 1

Schnittgeschwindigkeit . . . . . . $v = 400$ m/min

Schnittiefe . . . . $a = 2$ mm

Vorschub je Zahn . . . . $s_z = 0{,}15$ mm

Vorschub je Umdrehung . . . . . $s_U = 0{,}3$ mm/U

Vorschub . . . . $s = 108$ mm/min

Für das Fräsen kommt nur die Zerspanung von Grauguß in Frage.

Der Erfolg der Maschine ist im wesentlichen auf die Vermeidung schadenbringender Werkzeugbewegung zurückzuführen. Dazu ist folgendes zu berücksichtigen:

1. Unter dem Einfluß der Schnittkraft treten elastische Verformungen der Gesamtmaschine auf.

2. Die elastischen Verformungen unter dem Einfluß statischer Kräfte sind diesen proportional. Schnittkraftänderungen durch ungleichmäßige Bearbeitungszugabe und Lamellenspäne können Schwingungen des Maschinensystems und damit des Werkzeuges hervorrufen.

3. Das in den Bewegungsführungen notwendige Spiel gibt einzelnen Maschinenteilen die Möglichkeit, unter Belastung um den Betrag dieses Spieles auszuweichen.

Um diese Störungen auf ein tragbares Kleinstmaß herabzusetzen, wurden folgende Maßnahmen getroffen:

Die starre Ausbildung des gesamten Maschinenaufbaus. Um die elastischen Verformungen auf ein Kleinstmaß zu beschränken, wurden sämtliche Teile, welche zur Aufnahme der Schnittkräfte dienen, besonders kräftig ausgebildet. Hierzu gehören das Bett, die Ständer, die Kopftraverse und der Querbalken. Unter den Ständern und dem Bett wurde zusätzlich eine Grundplatte angeordnet. Grundplatte, Ständer und Kopftraverse bilden bei dieser Konstruktion einen geschlossenen winkelsteifen Rahmen, welcher durch das Bett und den Querbalken weiter verstärkt ist.

Die Herabsetzung des Führungsspieles während des Schnittes. a) Der Querbalken. Der Querbalken ist mit seinem Mittelteil tief zwischen die Ständer geführt und wird mit ihm an vier Stellen verspannt. Die Verspannung verbindet Ständer und Querbalken wie eine Verschraubung.

b) Die Hobelschlitten. Hobelschlitten arbeiten mit unterbrochenem Vorschub, d. h. während des Arbeitshubes findet keine Vorschubbewegung statt. Die Schlitten

Abb. 500. Kombinierte Hobel- und Fräsmaschine H 3200/3000 F. Vorderansicht mit einem betriebsbereiten Frässupport.

stehen still. Diese Tatsache wurde benutzt, um durch eine geeignete Vorrichtung den Schlitten vor Beginn und während des Schnitthubes auf seine Führungen zu klemmen. Der Schlitten führt sich mit einer Schmalführung auf der unteren Führungswange des Querbalkens und wird auf der oberen durch einen federbelasteten Keil geklemmt. Während des Rücklaufes wird die Verspannung mechanisch gelöst, um das normale Laufspiel zu erreichen. Die Gleiteinrichtung ist an den Führungen des Senkrechtschiebers vorhanden.

c) Die Frässchlitten. Beim Fräsen führt entweder der Frässchlitten (Abb. 501) oder der Tisch die Vorschubbewegung aus. Die jeweils nicht benutzte Vorschubführung wird in bekannter Weise durch Handbetätigung geklemmt.

d) Die Werkzeugabhebung. Beim Rücklauf des Werkstückes muß das Werkzeug von der Arbeitsstelle und aus dem Bereich der Späne entfernt werden. Die bisher übliche Anordnung einer Meißelklappe, welche vor Beginn des Schnittes durch ihr Eigengewicht in Arbeitsstellung fiel, befriedigte nicht, da der Aufhängungspunkt sehr weit von der Meißelschneide entfernt war und das erforderliche Bewegungsspiel dem Werkzeug Gelegenheit zum Ausweichen gab. Abhilfe wurde geschaffen durch die Senkrechtabhebung des Werkzeuges (Abb. 502). Das Werkzeug wird auf einem Schieber in der gleichen Weise wie auf der Meißelklappe befestigt. Dieser auf prismatischen Führungen gleitende Schieber wird durch eine Kurbelscheibe während des Rückhubes senkrecht nach oben gehoben. Die Hubhöhe ist feinstufig einstellbar. Vor Beginn des Schnitthubes werden Schieber und Werkzeug in die Arbeitsstellung gefahren und fest verspannt.

Abb. 501. Frässchlitten. Der Arbeiter auf der Abbildung soll dem Größenvergleich dienen.

Abb. 502. Der Werkzeugabhub (von einem bes. Motor betätigt).

Abb. 503. Schlittenträger einer Zweiständer-Hobelmaschine normaler Bauart.

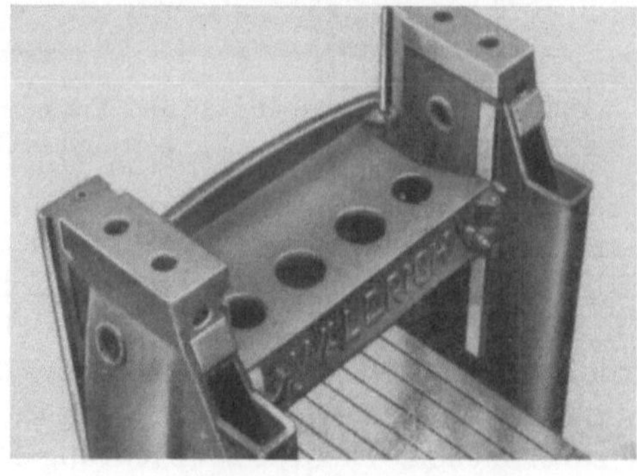

Abb. 504. Starrer Schlittenträger einer Zweiständer-Hobelmaschine.

   e) *Der Antrieb und die Vorschubbewegung.* Die absolute Größe der unerwünschten Ausweitung des Werkzeugs ist einmal von der zu übertragenden Kraft und zum anderen von der Länge des Kraftübertragungsweges abhängig. Deshalb wurden möglichst kurze Kraftwege gewählt. Das Antriebsrad für den Tischantrieb sitzt unmittelbar unter den Werkzeugen. Es ist somit ein minimaler Kraftweg gegeben. Die Schlitten werden für größere Typen mit Eigenantrieb ausgerüstet, d. h. der Antriebsmotor ist am Schlitten befestigt. Schaftwellen zur Übertragung der Schaltbewegung entfallen.

Der Erfolg dieser Maßnahmen geht einleuchtend aus dem Unterschied der Schwingungen bei den beiden Bauarten der Zweiständer-Hobelmaschine hervor, der früheren normalen Bauart (Abb. 503) und der so wesentlich verstärkten Bauart (Abb. 504).

Die zugehörigen Diagramme sind in Abb. 505 wiedergegeben und zeigen eine Herabsetzung der Schwingungen bei zwei verschiedenen Vorschüben, jedoch gleichen Spanquerschnitten sowohl beim Hobeln von Stahl als von Gußeisen etwa auf den 20. Teil.

Noch eine überzeugende Eigenschaft der Maschine wurde in Hannover gezeigt. Die Maschine konnte, arbeitend mit Hartmetall TT 3, im Schnitt angehalten werden, ohne daß die Schneide brach, so daß die Schnittbewegung ohne weiteres wieder aufgenommen und fortgesetzt werden konnte. Bekanntlich ist es eine unangenehme Erscheinung, daß z. B. bei plötzlichem Versagen der Kraftzentrale die Hartmetallschneiden in der Regel zum erheblichen Teil zu Bruch gehen.

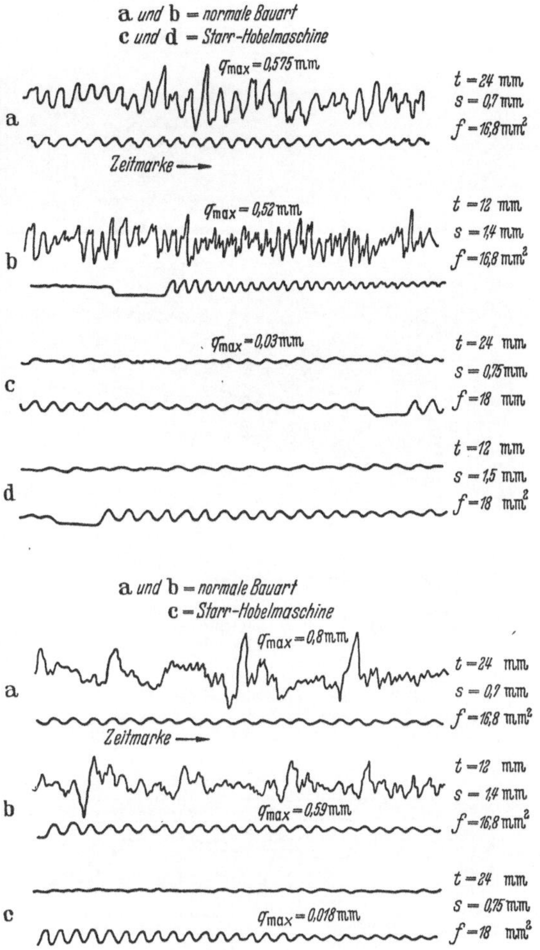

4. Die hydraulische Doppelständer-Hobelmaschine.

Diese Maschine, hergestellt von der Firma Adolf Waldrich, Coburg, hat sowohl hydraulischen Hobeltischantrieb (Hauptantrieb) als auch hydraulische Vorschubschaltung. Als Beispiel wird (Abb. 506) der Doppelständertyp mit folgenden Daten gewählt:

Abb. 505. Diagramme zu den Schwingungen in den Maschinen.

Hobelbreite	1250 mm
Hobelhöhe	1250 mm
Hobellänge	7000 mm

Schlittenschaltung (Vorschub)

waagerecht	von 0,1 bis 15 mm
senkrecht	von 0,1 bis 7,5 mm

Heben und Senken des Holms vermittels Gewindespindel durch Flanschmotor mittels Schneckengetriebe

Schnittgeschwindigkeit

normal	Arbeitsgang	6 ··· 45 m/min
	Rückgang	8 ··· 45 m/min
erhöht	Arbeitsgang	10 ··· 75 m/min
	Rückgang	12 ··· 90 m/min

Die Maschine ist ein Beispiel dafür, daß auch lange Ölzylinder, im vorliegenden Fall für 7000 mm Hublänge, sich für Hobelmaschinentypen bewährt haben. Bei der Hobelmaschine, die ausschließlich für Hobelarbeit bestimmt ist, kommt die langsame Bewegung eines gering belasteten Tisches nicht vor, welche z. B. bei Schleifmaschinen von großem Tischhub, also langem Ölzylinder, zu ruckweisem Vorschub führt.

Aus dem Gesamtplan (Abb. 507) und dem Getriebeplan (Abb. 508) gehen die Anordnung des hydraulischen Tischantriebs und die hydraulische Steuerung (Vorschub-

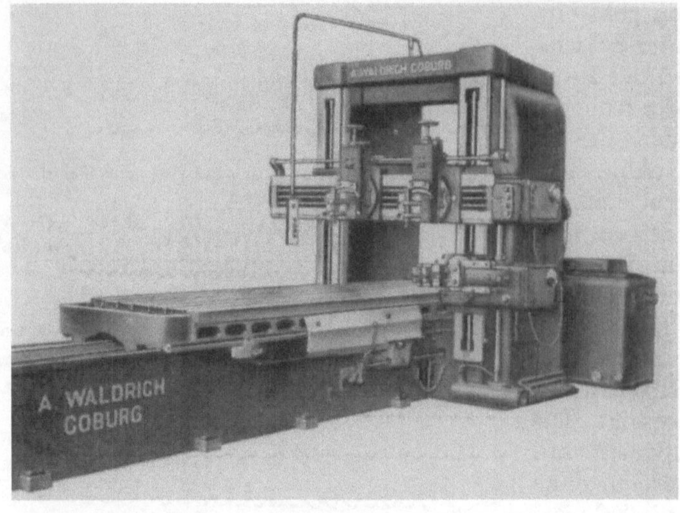

Abb. 506. Hydraulische Doppelständer-Hobelmaschine, Gesamtansicht.

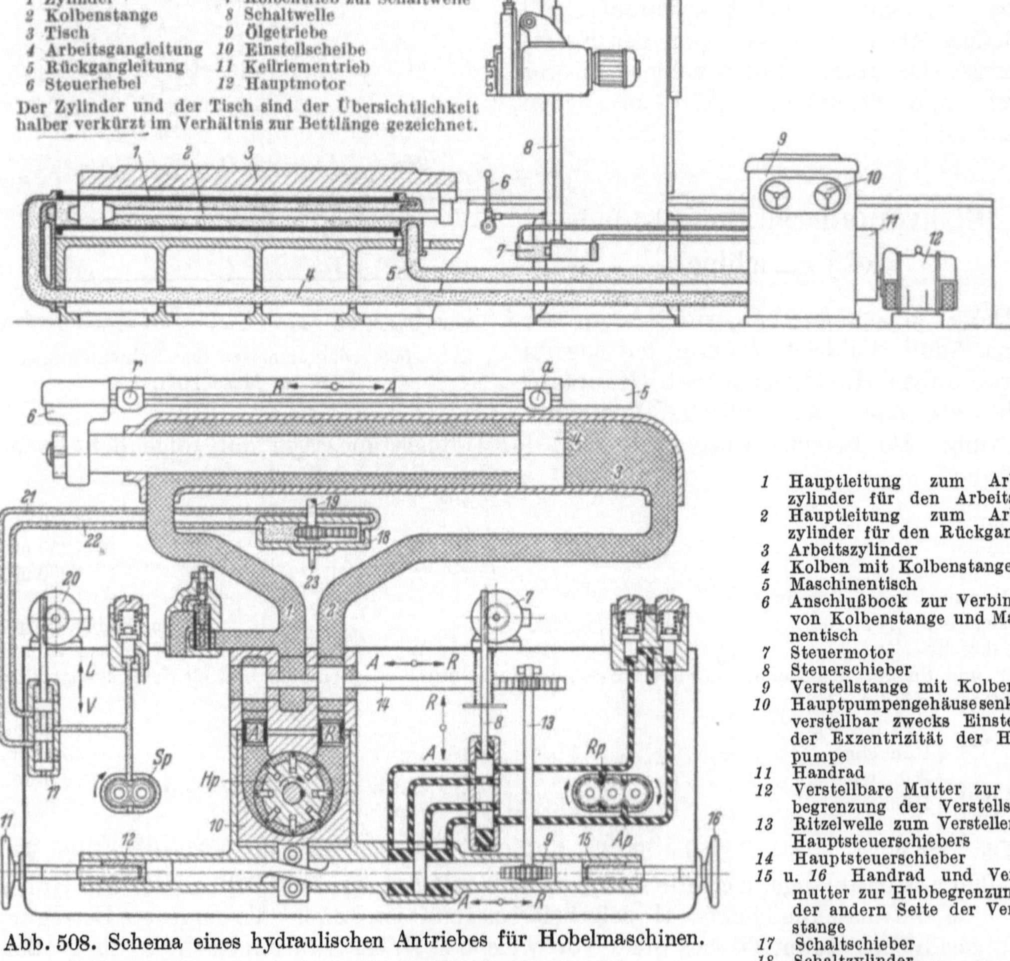

Abb. 507. Gesamtplan der hydraulischen
Doppelständer-Hobelmaschine.

1 Zylinder	*7*	Kolbentrieb zur Schaltwelle
2 Kolbenstange	*8*	Schaltwelle
3 Tisch	*9*	Ölgetriebe
4 Arbeitsgangleitung	*10*	Einstellscheibe
5 Rückgangleitung	*11*	Keilriementrieb
6 Steuerhebel	*12*	Hauptmotor

Der Zylinder und der Tisch sind der Übersichtlichkeit
halber verkürzt im Verhältnis zur Bettlänge gezeichnet.

Abb. 508. Schema eines hydraulischen Antriebes für Hobelmaschinen.

A	Arbeitsgang	*Ap*	Steuerpumpe vorwärts
R	Rückgang	*Rp*	Steuerpumpe rückwärts Zahn-
Hp	Verstellbare Hauptpumpe,		radpumpen
	Flügelpumpe	*Sp*	Schaltpumpe

1 Hauptleitung zum Arbeitszylinder für den Arbeitsgang
2 Hauptleitung zum Arbeitszylinder für den Rückgang
3 Arbeitszylinder
4 Kolben mit Kolbenstange
5 Maschinentisch
6 Anschlußbock zur Verbindung
von Kolbenstange und Maschinentisch
7 Steuermotor
8 Steuerschieber
9 Verstellstange mit Kolben
10 Hauptpumpengehäuse senkrecht
verstellbar zwecks Einstellung
der Exzentrizität der Hauptpumpe
11 Handrad
12 Verstellbare Mutter zur Hubbegrenzung der Verstellstange
13 Ritzelwelle zum Verstellen des
Hauptsteuerschiebers
14 Hauptsteuerschieber
15 u. *16* Handrad und Verstell-
mutter zur Hubbegrenzung auf
der andern Seite der Verstellstange
17 Schaltschieber
18 Schaltzylinder
19 Ritzel-Schaltwelle zum Schalten
des Schlittens am Querbalken
20 Schaltmotor
21 u. *22* Schaltleitungen
23 Abflußleitung zum Ölbehälter

betätigung) hervor. Es wird daher nur noch angegeben, was diesen Abbildungen nicht entnommen werden kann.

Der Hauptmotor (Abb. 507), ein- und ausgeschaltet durch Druckknopf bzw. Zug am Kugelgriff (Abb. 509) auf einer hängenden schwenkbaren Bedienungszentrale, treibt (Abb. 508) die verstellbare Hauptpumpe Hp zusammen mit den drei Steuerpumpen Ap, Rp und Sp stets im gleichen Sinne umlaufend an. Bei der Hauptpumpe wird das für die (linke) Arbeitsseite erforderliche zusätzliche Öl dem Behälter entnommen und beim Rücklauf diesem wieder zugeführt. Das überschüssige Öl der drei Steuerpumpen tritt unter Zurückdrängen des Auslaßventils unmittelbar in den Behälter zurück.

Die Haupt- und die Vorschubsteuerung werden durch Kontakt an den Anschlagknaggen a und r von dem Steuermotor 7 bzw. dem Schaltmotor 20 elektrisch fern betätigt.

Der Steuermotor verstellt mittels Kolbenschieber 8 vorwärts und rückwärts den Kolben der verzahnten Verstellstange 9, von welcher die Kolbenschieberstange 14 zur Hauptpumpe Hp gesteuert wird. In der Zeichnung (Abb. 508) steht sowohl der Kolbenschieber als auch das durch die Verstellstange 9 angehobene Pumpengehäuse 10 auf Drittelstellung. Die Flügelpumpe wirbelt das Öl nur herum, ohne zu fördern. Die beiden Hubbegrenzungen 12 bzw. 15 bestimmen die Größe der Exzentrizität des Hauptpumpengehäuses und damit die Schnittgeschwindigkeit der Hobelmaschine.

Zu den Vorzügen der weithin verbreiteten Maschine gehören:

die stufenlose Verstellung der Schnittbewegung und der Vorschubschaltung,
die Einfachheit der Bedienung,
die kurzen Umsteuerzeiten und
die bei hydraulischem Antriebe gegebene Sicherung gegen Bruch.

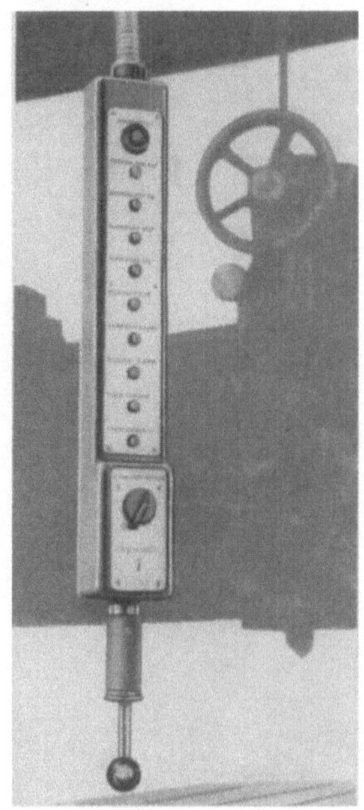

Abb. 509.
Hängende schwenkbare Bedienungszentrale.

5. Die Waagerecht-Stoßmaschine oder der Schnellhobler.

Der Schnellhobler unterscheidet sich grundsätzlich von der Hobelmaschine durch die Zuteilung der Schnittgeschwindigkeit an das Werkzeug statt an das Werkstück. Zwei Typen kommen in Betracht, der mechanisch und der hydraulisch angetriebene Hobler. Der Stößel des ersteren wird in einem Kurbelschleifengetriebe hin- und herbewegt.

a) Der Hobler mit mechanischem Getriebe.

Das Geschwindigkeitsdiagramm (Abb. 510) des Hoblers mit mechanischem Getriebe zeigt, daß auch bei großem Hub die optimale Schnittgeschwindigkeit nur im mittleren Teil annähernd aufrechterhalten bleibt, während bei kurzem Hub das Diagramm sich einem Kreisbogen nähert, so daß die bestmögliche Schnittgeschwindigkeit nur für ein Zeitmoment zustande kommt.

Dieser Nachteil hat in erster Linie den Übergang zum hydraulisch angetriebenen Hobler mit dem Geschwindigkeitsdiagramm (Abb. 511) veranlaßt, bei welchem die bestmögliche Schnittgeschwindigkeit nahezu über den ganzen Hub aufrechterhalten bleibt.

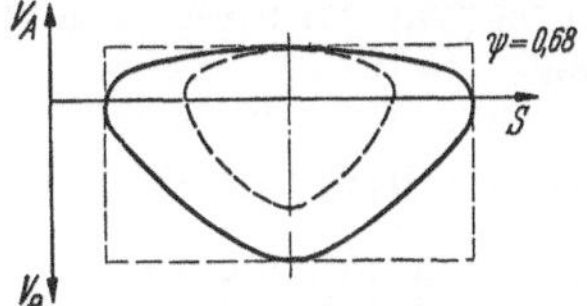

Abb. 510. Ideales Geschwindigkeits-Weg-Diagramm einer Waagerecht-Stoßmaschine. (Aus Dissertation Schnitger.)

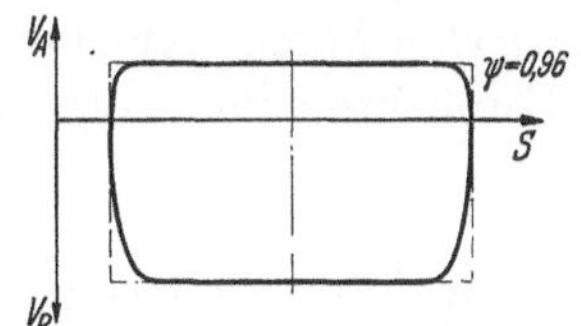

Abb. 511. Geschwindigkeits-Weg-Diagramm bei hydraulischem Antrieb. (Aus Dissertation Schnitger.)

Die Vorteile des mechanisch angetriebenen Hoblers bestehen in der genauen Hubbegrenzung und der Einfachheit der Maschine. Nachteilig ist die erwähnte Abnahme der Schnittgeschwindigkeit während des Hubs.

Der Vorteil des hydraulischen Hoblers ist außerdem die stufenlose Verstellung der Schnittgeschwindigkeit in weiten Grenzen ohne Stillsetzen der Maschine, ferner die Ausstattung des Getriebes mit Umstellung auf Rücklauf, so daß beim Festfahren des

Abb. 512. Vollhydraulischer Höchstleistungs-Produktions-Schnellhobler, Modell 850 H

Abb. 513. Mechanischer Hochleistungs-Einscheiben-Schnellhobler, Modell 675.

Werkzeuges oder bei einem Fehler in der Bedienung der Stößel bequem zurückgenommen werden kann. Der Nachteil ist wie bei allen Ölgetrieben die Unmöglichkeit, eine genaue Hubbegrenzung einzuhalten.

b) Der hydraulisch betätigte Hobler.

An Stelle eines mechanisch angetriebenen Hoblers wird der hydraulische Schnellhobler (Abb. 512) der Klopp-Werke, Solingen-Wald, gewählt, welche zuvor mechanische Schnellhobler (Abb. 513) auf den Markt gebracht haben und sie noch bringen. Die hydraulische Maschine ist eine ausgezeichnete Produktionsmaschine. Die Daten der Maschine sind folgende:

		650 H	850 H	1000 H
Bezeichnung des hydraulischen Hoblers		650 H	850 H	1000 H
Hobellänge (Hub des Stößels max.)	etwa mm	650	850	1000
Hobelbreite (Horizontalbewegung des Tisches)	etwa mm	685	780	780
Größte Entfernung zwischen Tisch und Stößel	etwa mm	370	430	430
Kleinste Entfernung zwischen Tisch und Stößel	etwa mm	60	60	60
Hobelhöhe an den Seiten des Tisches	etwa mm	835	900	900
Senkrechtbewegung des Stahlhalterkopfschlittens . . .	etwa mm	190	210	210
Obere Fläche des Tisches, Länge × Breite	etwa mm	625×340	850×420	1000×420
Höhe des Tisches, Schaltstufe I	etwa mm	375	455	455
Mittlere Schnittgeschwindigkeit (Schruppen)	m/min	8 ··· 28	8 ··· 22	8 ··· 22
Schaltstufe II (Schlichten)	m/min	28 ··· 42	22 ··· 32	22 ··· 22
Selbsttätiger hydraulischer Tischvorschub	etwa mm	0,2 ··· 3,0	0,2 ··· 3,0	0,2 ··· 3,0
Kraftbedarf (Flanschmotor) bei Drehstrom	kW	4,8	5,8	5,8
Zur Waagerechtbewegung des Arbeitstisches nach beiden Seiten, Eilgangmotor.	kW	0,74	0,74	0,74
Schraubstock, Spannweite/Beckenbreite	etwa mm	300/200	500/250	500/250
Schnittkraft max.	kg	3000	4000	4000

Folgende Vorzüge der Maschine sind bemerkenswert:

1. Antrieb durch eine mit einem überlastbaren Elektromotor gekoppelte regelbare Hochdruckpumpe, daher stufenlos verstellbare Schnittgeschwindigkeit,

2. weite Durchlaßquerschnitte und kurze Rohrleitungen, somit geringe Ölerwärmung,

3. beschleunigter Rücklauf,

4. Sicherheit gegen Überlastung und Bruchgefahr durch Überlaufventil,

5. Tischvorschub nach Skalen, feinstufig von 0,2 bis 3 mm einstellbar,

6. Begrenzung des Arbeitsweges des Tisches durch elektroautomatisches Ausschalten, hiermit auch Sicherung gegen Festfahren in den Endstellungen,

7. Maschinentisch sowohl durch den Vorschub als auch von Hand und auch durch einen besonderen elektrischen Eilgangmotor nach beiden Richtungen hin beweglich,

8. Bedienung der Maschine durch zusammengelegte Schaltelemente vom Standort des Arbeiters aus,

9. der Stahlhalterkopf nach beiden Seiten schwenkbar und die Schwenkung bis 45° ablesbar; die Senkrechtbewegung abwärts erfolgt selbsttätig bei Umkehr der Stößelbewegung im rückwärtigen Hubende,

10. Werkzeugabhub wie bei den Hobelmaschinen.

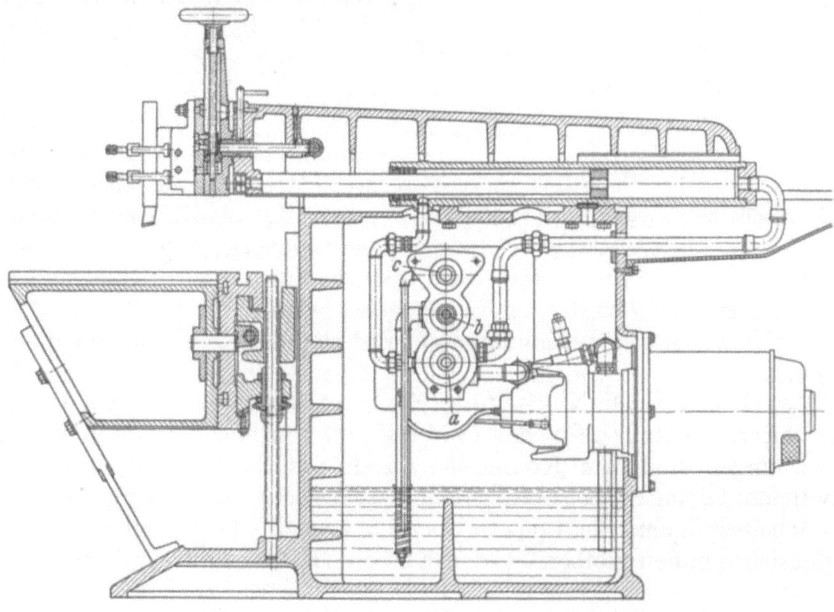

Abb. 514. Der Schnellhobler teilweise geschnitten, Gesamtansicht. (Klopp-Werke.)

An Hand der beiden Strichzeichnungen (Abb. 514 u. 515), welche für alle drei Größen und damit auch für die Größe 850 H (Abb. 512) gelten, wird die Arbeitsweise mitgeteilt.

Der 6 kW-Flanschmotor (Abb. 512) treibt die durch ein Handrad auf bestimmte Treiböllieferung und damit Schnittgeschwindigkeit einstellbare Verstellpumpe an. Diese führt

(Abb. 514) über den Umsteuerkolben (*a*) das Treiböl vor bzw. hinter den Kolben im Stößelzylinder. Durch die kräftige Kolbenstange wird die im Rücklauf wirkende Kolbenfläche klein gehalten und damit der beschleunigte Rücklauf erreicht.

Der Umsteuerkolben (*a*) bewegt über ein Vorschubgetriebe die Schlittenspindel. Der Vorschub erfolgt stets in der rückwärtigen Stößelumkehr, regelbar von ablesbaren Stufen von 0,2 mm in einem Bereich bon 0,2 bis 3 mm.

Der Hilfsumsteuerkolben (*c*) wird von Anschlägen wie bei einer Schleifmaschine über einen Doppelhebel, ein Ritzel und eine Zahnstange umgelegt. Die Umsteuerung kann auch von Hand bewerkstelligt werden.

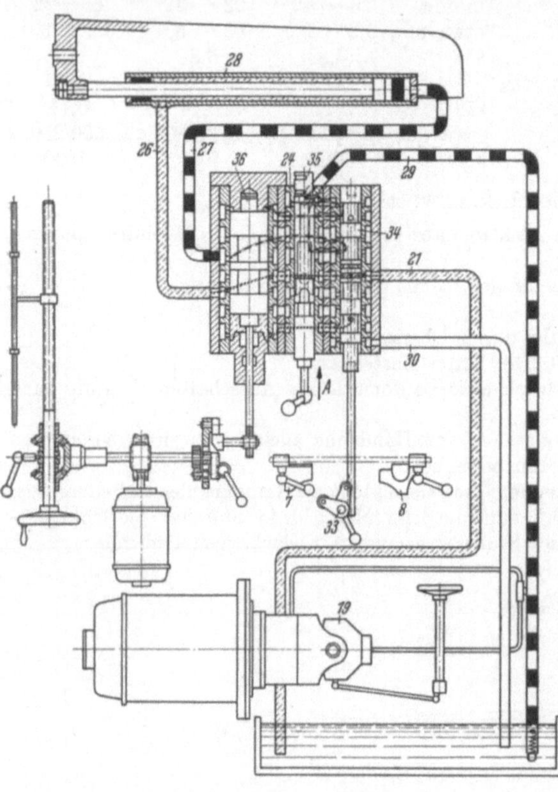

Abb. 515. Hydraulische Steuerung. (Klopp-Werke.)

Der Steuerkolben (*b*) wird für Ein- und Ausrücken um 90° geschwenkt, die beiden Schaltstufen werden durch Herausziehen zum Schruppen (Stufe *I*) bzw. durch Hineinschieben zum Schlichten (Stufe *II*) erreicht.

Zur schnellen Querverstellung des Schlittentisches ist ein besonderer Motor angeordnet.

Zu der Arbeitsweise der Steuerung im einzelnen folgt hierunter die von der Firma gegebene Erläuterung:

Der Getriebe- und Schaltplan (Abb. 515) zeigt u. a. die Steuerung im Schnitt. In der Mitte ist der axial verschieb- und drehbare in Stellung „EIN" gezeichnete Kolben *35*, der zum Ein- und Ausrücken der Maschine sowie zum Umschalten auf den Schrupp- und Schlichtgeschwindigkeitsbereich dient. Die Umschaltung erfolgt durch Axialverschiebung, das Ein- und Ausschalten durch Drehen. Der Kolben *36* ist der Hauptumsteuerkolben, von dessen Kolbenstange auch der Vorschub des Werkstücktisches abgeleitet wird. Der Kolben *34* ist ein Hilfssteuerkolben, der mechanisch vom Stößel durch Anschlag *7* und *8* über die Umsteuerwelle *33*, ein Ritzel und eine auf der Kolbenstange sitzende Verzahnung umgesteuert wird.

In der Abb. 515 ist der Treibölzu- und -abfluß durch je einen Linienzug verfolgbar eingetragen.

In der gezeichneten „EIN"-Stellung (Betriebsstellung) fließt das Drucköl aus der Pumpe *19* durch das Rohr *21* in das Gehäuse und von hier, da alle gleich bezeichneten Kanäle verbunden sind, am Kolben *36* durch das Rohr *26* zur vorderen Seite des Arbeitszylinders *28* im Stößel und schiebt diesen somit nach hinten. Von der hinteren Seite des Arbeitszylinders fließt das Öl über das Rohr *27* der Steuerung zu und über die Verbindungsleitung, den Kolben *34*, den Kolben *35*, den Kanal und das Rohr *29* in den Ölbehälter ab.

Das Öl der rechten Deckelseite des Kolbens *36* kann über die Verbindungsleitung, den Kolben *34*, den Kanal, in das Ablaufrohr *29* abfließen, während die linke Deckelseite im Kolben *36* vom Pumpenzufluß am Kolben *34* über die linke Kolbenstangenbohrung des Kolbens *34* und die Verbindungsleitung beaufschlagt wird. Wird Kolben *34* umgesteuert, kann das Öl der linken Deckelseite des Kolbens *36* und das Rohr *30* in den Behälter abfließen. Dagegen wird die rechte Deckelseite des Kolbens *36* vom Pumpenzufluß am Kolben *34* über die rechte Kolbenstangenbohrung des Kolbens *34* und die Verbindungsleitung beaufschlagt. Der Kolben *36* schaltet dann um, so daß die vordere Zylinderseite über die Verbindungsleitung, den Kolben *34*, den Kolben *35*, den Kanal mit dem Ablaufrohr *29* verbunden ist. Die hintere Zylinderseite bekommt dann Drucköl vom Kolben *36* und das Rohr *27* zugeleitet. Der Stößel schiebt sich somit nach vorne, dabei wird eine weiche Umsteuerung durch die Drosselung erreicht, die kurz vor dem Hubende der Kolben *34* und *36* durch entsprechend abgeschrägte Kolbenkanten eintritt. Zum Abschalten des Antriebes wird der Kolben *35* gedreht, so daß sich die Bohrung in der Büchse *24* öffnet und darüber das von der Pumpe *19* geförderte Öl über den Kolben *35* und den Kanal unmittelbar in den Ablauf *29* gelangen kann, ohne Arbeit zu leisten.

Zwei Geschwindigkeitsbereiche werden durch eine Differentialschaltung auf folgende Weise erreicht: Wird durch Axialverschiebung der Umsteuerkolben *35* in seine andere Schaltlage gebracht (in Richtung *A* eingeschoben), so fließt das beim Vorwärtsgang des Stößels aus der vorderen Zylinderkammer abfließende Öl nicht, wie oben beschrieben, in den Behälter ab, sondern wird über den Ringkanal und die Nute im Kolben *35* zu der Bohrung in die Büchse *24* geleitet. Hier wird es mit dem von der Pumpe *19* geförderten Öl vereinigt und mit diesem zusammen über den Umsteuerkolben *36* auf den Arbeitskolben im Stößel geführt. Die Schnittgeschwindigkeit wird im Verhältnis der zugeleiteten Ölmenge vergrößert, der Druck dagegen verringert. Letzteres wirkt sich jedoch nicht nachteilig aus, da die größeren Schnittgeschwindigkeiten ausschließlich für leichtere Schlichtarbeiten gebraucht werden.

XV. Revolverbänke und Drehautomaten.

A. Revolverbänke.

1. Vorbemerkungen.

Die Revolverbank unterscheidet sich von der Drehbank durch die Anordnung des in der Regel mit sechs Bohrungen zur Aufnahme von Werkzeugen versehenen Revolverkopfes und der schmal gebauten, in erster Linie zum Einstechen vorgesehenen Seitenschlitten. Mit dieser Einrichtung wird erreicht, daß sämtliche zur Bearbeitung des Werkstücks erforderlichen Werkzeuge in Arbeitsbereitschaft vorhanden sind und das Werkstück mit ihnen der Reihe nach bearbeitet werden kann, so daß erst das fertiggestellte Werkstück ausgespannt wird.

Beim Arbeiten von der Stange braucht nach dem Abstechen die Stange nur durch Vorschieben gegen Anschlag und Festklemmen bereitgestellt zu werden. Immerhin aber erfolgt die Bedienung sowohl der Werkstoff- als auch der Werkzeugseite von Hand.

Der Drehautomat unterscheidet sich von der Revolverbank dadurch, daß dem Arbeiter auch die Bedienung der Werkzeugmaschine abgenommen ist, abgesehen von der Zufuhr eines neuen Rohlings oder einer neuen Stange nach erfolgtem Aufarbeiten. Die Wirtschaftlichkeit der Herstellung von Massenartikeln ist eine außerordentliche, weil von einem Arbeiter vier bis acht solcher Maschinen versorgt werden können und dazu die Bauart des Automaten auch so gestaltet sein kann, daß gleichzeitig mehrere Werkstücke in Herstellung begriffen sind (Mehrspindler).

Es gibt drei Arten von Revolverköpfen

1. den Sternrevolver (Abb. 516) mit senkrechter Achse und mit am Umfang angeordneten Werkzeugen,

2. den Trommelrevolver mit waagerechter, zur Drehachse paralleler Achse und (Abb. 517) mit an der Stirnseite angeordneten Werkzeugen und

3. den Planrevolver mit waagerechter, aber zur Drehachse senkrechter Achse und (Abb. 518) mit ebenfalls am Umfang angeordneten Werkzeugen.

Der erstere Sternrevolver ist durch die Bauart (Abb. 516) mit seinem senkrechten Drehzapfen nur kurz gelagert. Dieser Mangel wird jedoch durch den großen Durchmesser des Auflageringes, des Verrieglungskreises und der Klemmbacken ausgeglichen. Die Sternrevolverbank ist besonders geeignet zur Bearbeitung sperriger Werkstücke.

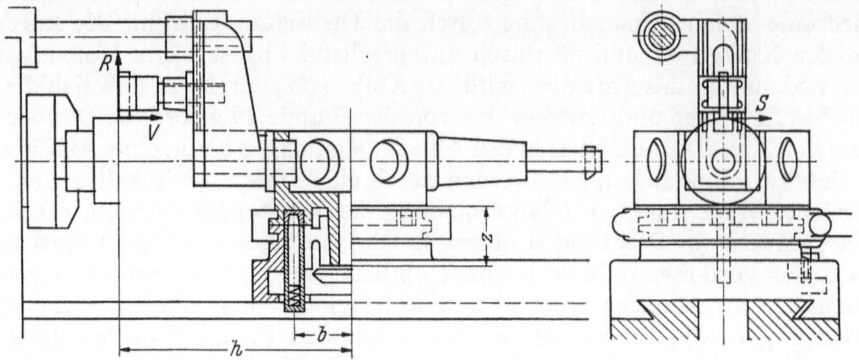

Abb. 516. Sternrevolver. (Pittler.)

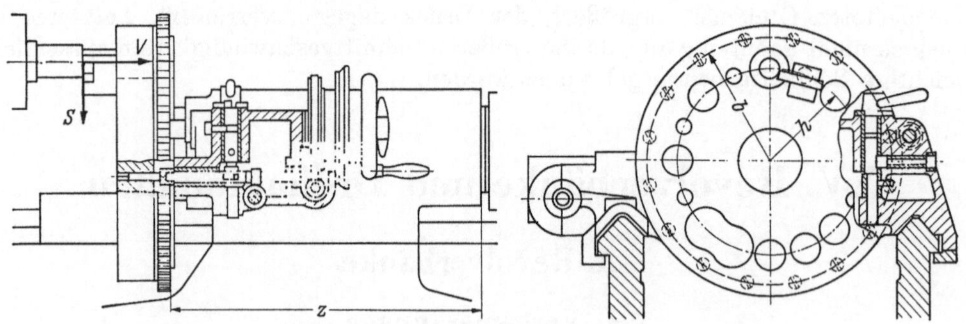

Abb. 517. Trommelrevolver. (Pittler.)

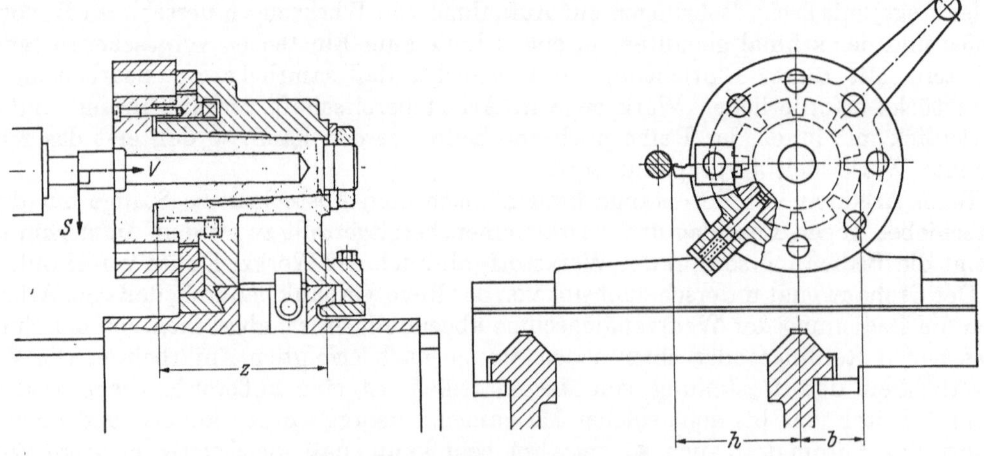

Abb. 518. Planrevolver. (Pittler.)

Zu Bild 516—518: *V* Vorschubkraft; *S* Schnittkraft; *Z* Wirksame Länge der Revolverkopfachse bzw. der Schnittachse; *b* Hebelarm des Sperrbolzens; *h* Hebelarm der Schnittkraft.

Der Trommelrevolver (Abb. 517) hat eine sehr günstige Lagerung und nimmt auf seinem großen Durchmesser viele Werkzeuge auf.

Der Planrevolver (Abb. 518) ist am leichtesten zu bedienen und dient vor allem zur Bearbeitung kleiner Werkstücke.

Alle drei Revolverköpfe werden um ihre Achse geschwenkt und durch einen kegeligen Bolzen oder einen Keil genau verriegelt. Das Zurückziehen dieses Bolzens ist zwangsläufig mit dem Schaltmechanismus gekuppelt, der entweder von Hand oder selbsttätig beim Zurückziehen des Revolverschlittens in eine bestimmte Endlage die Schaltung des Revolverkopfes besorgt.

Die Unterschiede der einzelnen Typen in den beiden Gruppen, Revolverbänke und Automaten, werden in den folgenden Abschnitten mitgeteilt.

Erörtert werden nur Maschinen neuzeitlicher Bauart, und zwar:

1. die Sternrevolverbank R 20 von Gebr. Boehringer, Göppingen,

2. die Trommelrevolverbank von Pittler, Langen bei Frankfurt a. M.,

3. der Einspindler Gridley-Automat von Gebr. Boehringer, Göppingen,

4. der Gridley-Vierspindel-Automat von Pittler, Langen b. Frankfurt a. M.

5. der Indexrevolverautomat der Index-Werke, Eßlingen.

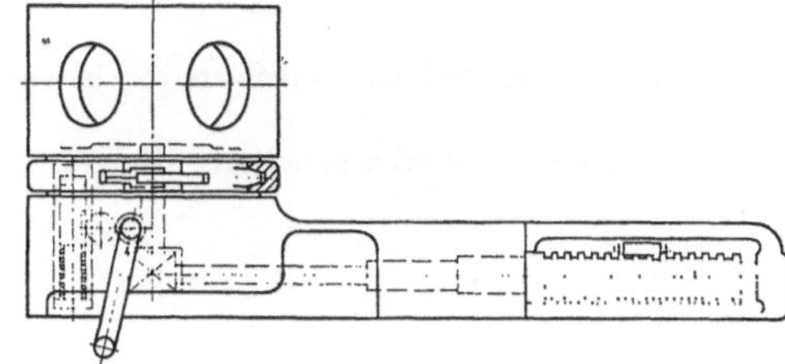

Abb. 519. Bauart des Sternrevolvers. (Gebr. Boehringer.)

2. Die Sternrevolverbank.

Ein Beispiel ist die Sternrevolverbank R 26 der Gebr. Boehringer, Göppingen. In einfacher Ausführung (Abb. 520) zeigt diese die wesentlichen Bestandteile, insbesondere den Spindelstock, den Revolverkopfschlitten und den Querschlitten und einen Vierkantrevolverschlitten mit den zugehörigen Benennungen.

Die Tab. 55 gibt die Hauptdaten der neuen Modelle R 26, RH 26 und RH 30, worin das H den überhöhten Typ, also den Typ mit größerem Drehdurchmesser, kennzeichnet.

Tabelle 55. *Hauptdaten der Boehringer-Revolverdrehbänke.*

Baumuster	R 26	RH 26	RH 30
Drehdurchmesser			
über den Bettschlittenführungen des Vierkantrevolverschlittens . . . . mm	620	670	810
über dem Vierkantrevolverschlitten . . . . mm	480	550	680
über dem durchgehenden Schlittenschieber . . . . . mm	340	400	520
Spannfutter			
Dreibackenfutter, Durchmesser . . . . mm	500	550	670
Hauptspindel			
Spindelbohrung . . . . mm	128	128	153
Größter Materialdurchmesser bei Stangenarbeit . . . mm	125	125	150
Hauptspindeldrehzahlen			
bei Antrieb durch Motor auf verbreitertem Bettfuß oder durch Flanschmotor; Drehstrom oder Gleichstrom . . Anzahl	18	18	18
Drehzahlenbereich für beide Antriebsarten . . . . . U/min	1,8 ⋯ 600	11,8 ⋯ 600	7,5 ⋯ 375
bei Antrieb durch polumschaltbaren Fuß- oder Flanschmotor Anzahl	21	21	21
Drehzahlenbereich . . . . U/min	6 ⋯ 600	6 ⋯ 600	3,75 ⋯ 375
Stufensprung	1,25	1,25	1,25
Vorschübe			
für Vierkant- und Sechskantrevolver . . . . Anzahl		9	
Längsvorschübe des Vierkantrevolvers . . . . mm/U		0,12 ⋯ 4,8	
Planvorschübe des Vierkantrevolvers . . . . mm/U		0,06 ⋯ 2,4	
Längsvorschübe des Sechskantrevolvers . . . . . . mm/U		0,12 ⋯ 4,8	
Stufensprung		1,6	

Tabelle 55. (Fortsetzung.)

Baumuster	R 26	RH 26	RH 30
Eilbewegung			
für Vierkant- und Sechskantrevolver längs . . . . m/min		5,2	
für Vierkantrevolver plan . . . . m/min		1,1	
Sechskantrevolver			
Größte Entfernung zwischen Futter- und Revolverkopffläche mm	1700	1700	2100
Durchmesser des Sechskantrevolvers von Fläche zu Fläche mm	430	430	480
Durchmesser der Werkzeughalterbohrungen . . . . . mm	80	80	100
Bett			
Bettlänge . . . . mm	3500	3500	4000
Bettbreite . . . . mm	485	485	545

Abb. 520. Sternrevolver-Drehbank R 26 für Futterarbeit.

1 Kräftiges, zentrisch spannendes Dreibackenfutter mit doppelt geführten Grundbacken nebst auswechselbaren und umdrehbaren Aufsatzbacken
2 Führungsbock zur Oberstangenführung
3 Schalthebel zur Betätigung einer doppelten Lamellenkupplung für Vor- und Rücklauf der Hauptspindel. Dieser Hebel betätigt beim Stillsetzen oder Umsteuern der Maschine gleichzeitig eine Bremse zum augenblicklichen Anhalten der Hauptspindel
4 Schalthebel zum Einstellen von 18 (36) Spindelgeschwindigkeiten nach VDW-Reihe, die durch gehärtete und in Öl laufende Schieberäder aus Chromnickelstahl erreicht werden. Sämtliche Vielkeilwellen sind geschliffen und laufen Schrägrollenlagern
5 Austauschbarer Einscheiben- oder Flanschmotorantrieb
6 Hauptspindel mit Schrägrollenlagern, auf Wunsch mit nachstellbaren Gleitlagern. Schrägverzahntes Bodenrad zum Antrieb der Hauptspindel dicht hinter dem vorderen Lager
7 Lager und Anschlagstange für die selbsttätige Vorschubauslösung des Vierkantrevolvers beim Längsdrehen
8 Vorschubantrieb für die Zugspindel mittels in Öl laufender Stahlräder
9 Lange und kräftig bemessene Führung für den Vierkantrevolverschlitten
10 Drehbare Anschlagwalze mit vier einstellbaren Anschlägen
11 Eilbewegungswelle
12 Einschalten des Antriebsmotors
13 Zugspindel
14 Handrad mit großem Skalaring für Schlittenverstellung von Hand
15 Hebel für Richtungswechsel der Längs- oder Planvorschübe
16 Räderplatte mit eingebautem Vorschubwechselgetriebe
Die Vorschübe können vollkommen unabhängig von denen des Sechskantrevolvers eingestellt werden

17 Schalthebel zum Einstellen von 9 Längs- oder Planvorschüben, die durch gehärtete und in Öl laufende Schieberäder aus hochwertigem Stahl erreicht werden. Sämtliche Keilwellen laufen in Rollen- bzw. Kugellagern
18 Hebel für Ein- und Ausrücken der Längs- oder Planverschübe
19 Hebel zum Einschalten des Motors beim Gewindeschneiden
20 Räderplatte mit eingebautem Vorschubwechselgetriebe. Die Vorschübe können vollkommen unabhängig von denen des Vierkantrevolvers eingestellt werden
21 Hebel für Ein- und Ausrücken der Längsvorschübe (sowie der Planvorschübe bei querverstellbarem Sechskantrevolver
22 Hebel für Richtungswechsel der Vorschübe
23 Schalthebel zum Einstellen von 9 Längsvorschüben (sowie von 9 Planvorschüben bei querverstellbarem Sechskantrevolver), die durch gehärtete und in Öl laufende Schieberäder aus hochwertigem Stahl erreicht werden. Sämtliche Keilwellen laufen in Rollen- bzw. Kugellagern
24 Ausrückbares Handkreuz mit großem Skalaring für Schlittenverstellung von Hand
25 Verstellbarer Anschlag für Endauslösung der Eilverstellung des Sechskantrevolvers
26 Leitspindel zum Gewindeschneiden
27 Schrauben zum Festklemmen der Revolverschlitten auf dem Bett
28 Hebel für Eilverstellung des Sechskantrevolvers in beiden Längsrichtungen
29 Hebel zum Verriegeln und Festklemmen des Sechskantrevolvers
30 Klemmring mit Exzenterspannung

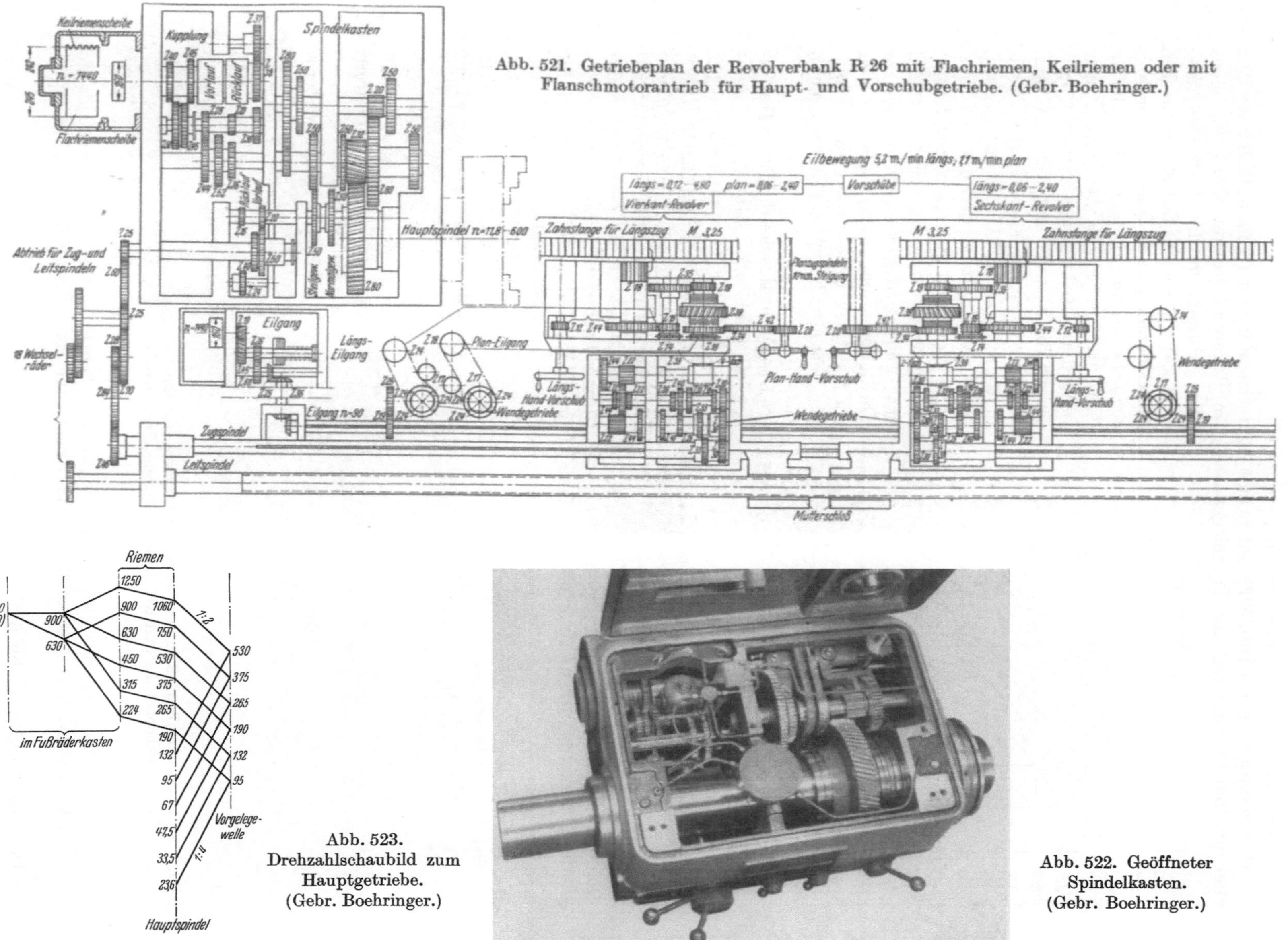

Abb. 521. Getriebeplan der Revolverbank R 26 mit Flachriemen, Keilriemen oder mit Flanschmotorantrieb für Haupt- und Vorschubgetriebe. (Gebr. Boehringer.)

Abb. 523. Drehzahlschaubild zum Hauptgetriebe. (Gebr. Boehringer.)

Abb. 522. Geöffneter Spindelkasten. (Gebr. Boehringer.)

Im Getriebeplan mit eingetragenen Zähnezahlen (Abb. 521) ist das Hauptgetriebe demjenigen der Einheitsdrehbank annähernd gleich.

Das Hauptgetriebe (Abb. 522) entspricht dem Getriebeplan (Abb. 521). Es enthält auch die Bandbremse auf der Vorgelegeachse zum Bodenrad (rechts oben). Sie dient zum Abbremsen des Getriebes, also zum kurzen Auslauf der Maschine. Die Getriebepläne zum Querschlitten und dem Sechskantrevolver, ebenfalls in Abb. 521 dargestellt, bedürfen keiner besonderen Erläuterung. Hinzu kommt jedoch die Eilwelle mit $n = 90$ U/min, welche, von einem besonderen Flanschmotor mit $n = 1440$ U/min angetrieben, ständig umläuft, so daß der beschleunigte Vor- und Rücklauf für Längs- und Querbewegung des Sechskant- und des Vierkantrevolvers jederzeit zur Verfügung steht. Beim Anlaufen oder bei sonstiger Bruchgefahr des Schlittens löst eine Kupplung den Vorschub aus.

Das Drehzahlschaubild zum Hauptantrieb (Abb. 524) stimmt mit demjenigen der VDF-Drehbank überein; es ist insofern lehrreich, als es den Unterschied im Antrieb der Arbeitsspindel klar herausstellt. Das Vorschubdrehzahlschaubild zum Revolver- und

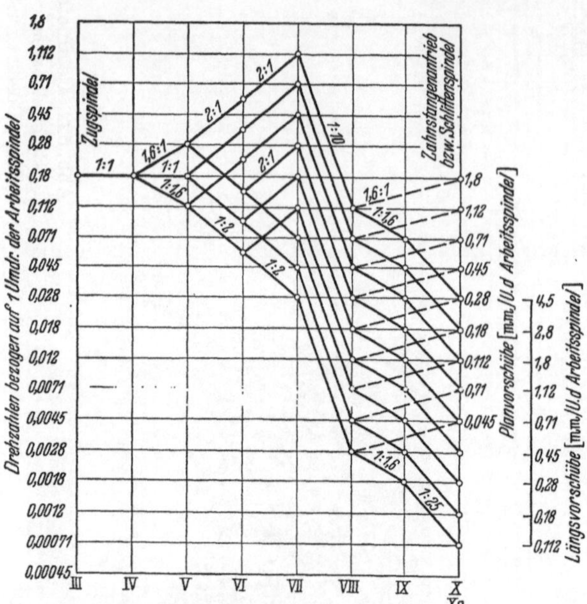

Abb. 524. Drehzahlschaubild zum Getriebeplan Abb. 521 der Vorschübe zum Querschlitten und Sechskantrevolver. (Gebr. Boehringer.)

Querschlitten zeigt ebenfalls geometrische Abstufung nach DIN 323. Auf das Gewindeschneiden ist bei den Vorschubgetrieben keine Rücksicht genommen, weil dafür eine Leitspindel mit unmittelbarem Antrieb durch eine Mindestzahl von Wechselrädern vorgesehen ist mit dem Vorteil, daß auf diese Weise die Steigungen der Gewinde so genau wie auf der Drehbank hergestellt werden können.

Die Gestaltung des Sternrevolverkopfes mit der Einrichtung, ihn durch eine Abstützstange mit dem Spindelstock zu verbinden, zeigt Abb. 525. Auf dieser Abbildung sind ganz rechts auch die Anschlagwalze zum Revolverkopfschlitten so-

Abb. 525. Revolverdrehbank R 26 für Futterarbeiten mit Verbindungsstange zwischen Spindelkasten und Revolverkopf. (Gebr. Boehringer.)

wie am Seitenschlitten die kleine Anschlagwalze ersichtlich. Die Anschlagwalze zum Revolverkopf schaltet sich selbsttätig über Kegelräder beim Schwenken des Revolverkopfes.

Der Querschlitten (Abb. 521 u. 525) ist laut Getriebeplan (Abb. 521) vom Vorschubantrieb des Revolverkopfes unabhängig.

Abb. 527. Forkardt-Preßluft-Spanneinrichtung. (Gebr. Boehringer.)

Abb. 529. Sechskantrevolverschlitten mit Querverstellung. (Gebr. Boehringer.)

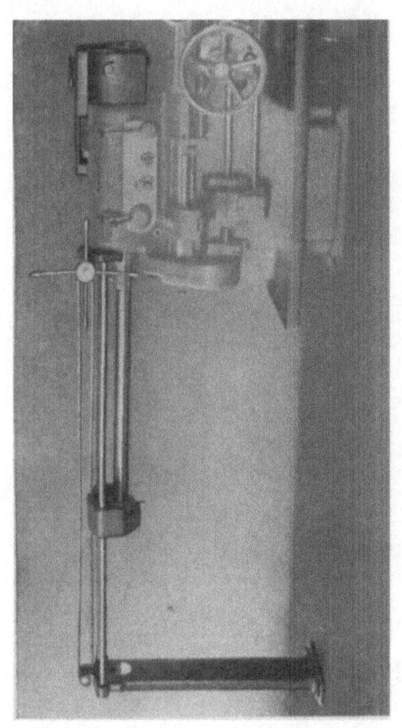

Abb. 526. Einrichtung für Stangenarbeit. (Gebr. Boehringer.)

Abb. 528. Konischdreheinrichtung für den Sechskant- und Vierkantrevolververschlitten. (Gebr. Boehringer.)

Ist die Revolverbank für Stangenarbeit (Abb. 526) eingerichtet, so erfolgt die Zuführung des Werkstoffes in ähnlicher Weise, wie es bereits bei der Fortuna-Rundschleifmaschine angegeben wurde.

Der Arbeitsbereich der Revolverbank kann noch erweitert bzw. die Wirtschaftlichkeit erhöht werden durch ergänzende Einrichtungen wie beispielsweise:

1. Gewindeschneideinrichtung (Leitspindel) für den Sechskantrevolver- und Querschubschlitten,
2. FORKARDT-Preßluft-Dreibackenspannfutter (Abb. 527),
3. Eilbewegung des Sechskantrevolvers in Längsrichtung sowie des Vierkantrevolvers längs und plan,
4. Konischdreheinrichtung für den Vierkantrevolver (Abb. 528),
5. Querverstellung des Sechskantrevolvers (Abb. 529) u. a. m.

3. Eine amerikanische Sternrevolverbank.

Zum Vergleich mit der Boehringer-Sternrevolverbank wird die Gisholt-Revolverbank 1932 und deren Getriebe zum Hauptantrieb (Abb. 530 u. 531) gezeigt. Aus beiden Abbildungen geht hervor, wie die Anforderungen, welche sich aus dem Zweck und Arbeitsbereich der deutschen und amerikanischen Maschinen ergeben, zu einer weitgehenden Übereinstimmung beider Maschinen geführt haben.

Abb. 530. Gisholt-Revolverbank.

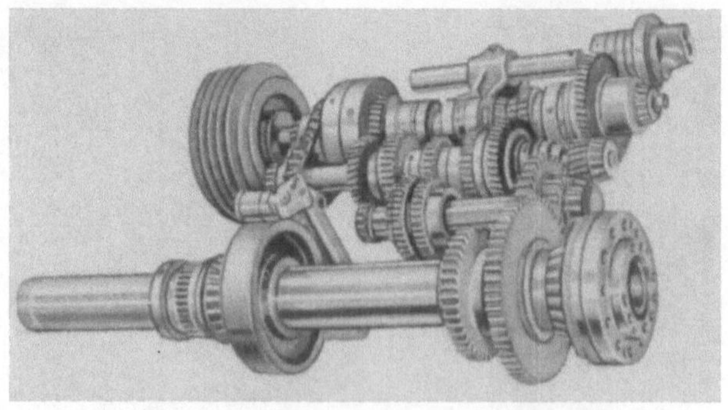

Abb. 531. Gisholt-Spindelkasten geöffnet.

4. Die Sternrevolverbank mit Programmschaltung.

Die Wirtschaftlichkeit als Grundgedanke der Revolverdrehbank ist heute keineswegs unumstritten. Die Werkzeuge sind zwar sämtlich arbeitsbereit in der Maschine vorhanden, aber ihre Schaltung erfordert zahllose Handgriffe, so daß der Arbeiter, wie eine Nachprüfung ergeben hat, in acht Stunden zwischen 6000 bis 10 000 Handgriffe auszuführen genötigt sein kann. Das ist nicht nur eine ermüdende Beanspruchung der Nerven, sondern auch eine erhebliche Muskelanstrengung, namentlich bei den größeren Revolverdrehbänken, bei welchen erhebliche Massen bei der Schaltung zu beschleunigen sind. Zudem ist die handbetätigte Revolverdrehbank in allen den Fällen unwirtschaftlich, in welchen die Stückzahl die Bearbeitung auf dem entsprechenden Automaten gestattet.

Über die durch die Stückzahl sich ergebenden Arbeitsbereiche ist bei Erörterung der Pittler-Maschinen (S. 413) Näheres mitgeteilt, aber die Stückzahl allein entscheidet nicht. Maßgebend ist außerdem die am Werkstück zu leistende Arbeit und im besonderen auch die Sperrigkeit der Werkstücke, welche nicht selten Revolverdrehbankarbeit zugunsten der Drehbank ausschließt. Gebrüder Boehringer haben den Bereich der Revolverdrehbank wie folgt angegeben:

„Die Revolverdrehbank kommt dann in Betracht, wenn bereits für eine geringe Anzahl von Werkstücken eine wirtschaftliche Bearbeitung durch das gleichzeitige Ablaufen von mehreren Arbeitsstufen gegeben ist. Sie findet bevorzugten Platz, wenn es sich außerdem um Werkstücke mit Sonderabmessungen und Sonderformen handelt, die auf einem Automaten nicht mehr erfaßt werden können, oder, falls dies möglich ist, in zu kleinen Stückzahlen vorkommen."

Der Gedanke, den Bereich der handbetätigten Revolverbank zu erweitern, führte zu dem Problem, die Zahl der Schaltgriffe einzuschränken.

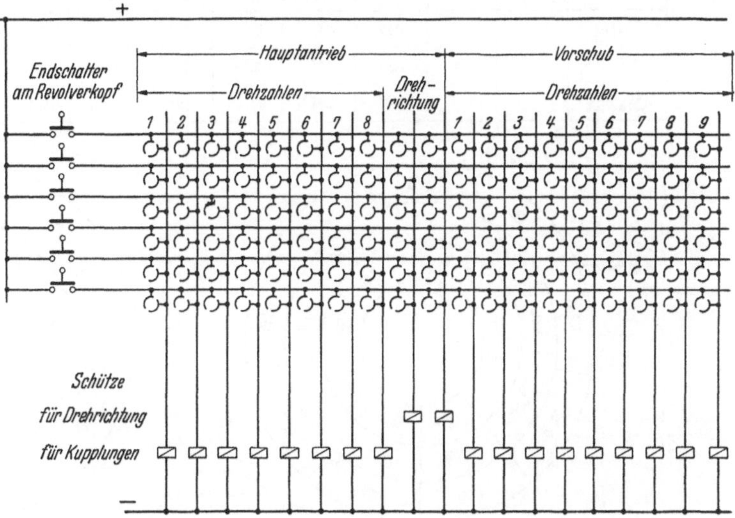

Abb. 532. Lochkartensteuerung für Revolverdrehbank.

So haben in Amerika z. B. die Firmen Jones & Lamson sowie Lodge & Shipley Vorwählschaltungen herausgebracht, die auch in ähnlicher Weise an deutschen Drehbänken und Fräsmaschinen Anwendung gefunden haben. Eingehend haben sich u. a. die deutschen Firmen wie Pittler und Boehringer mit diesem Problem beschäftigt. Boehringer ist mit seiner „Programmsteuerung"[1] noch einen Schritt weitergegangen und hat die Schaltung von Schnittgeschwindigkeit, Vorschub und Umdrehungsrichtung mit der Revolverkopfschaltung, die dazu allein vom Arbeiter noch auszuführen ist, zwangsweise verbunden.

Diese Verbindung wird durch Anwendung von elektromagnetisch bewirkten Mehrscheibenkupplungen erreicht. Der Strom wird ihnen von durch den Revolverkopf zwangsläufig betätigten Endschaltern zugeführt, und zwar jeweils derjenigen Kupplung, welche durch eine der Lochplatte vorgesetzte Lochkarte hindurch gestöpselt wurde. Diese Lochplatte hat ebenso viele waagerecht verlaufende Lochreihen, wie für den Revolverkopf Stellungen vorgesehen sind. Nach Abb. 532 werden die Lochöffnungen durch geteilte Metallhülsen gebildet. Die beiden Hülsenhälften sind elektrisch gegeneinander isoliert. Die eine (z. B. linke) Hülsenhälfte ist mit einem waagerechten Sammelschienensystem verbunden, das mit den Vorschubendschaltern verbunden ist, die vom Revolverkopf in den verschiedenen Stellungen betätigt werden. Die andere Hülsenhälfte ist mit einem senkrechten Sammelschienensystem verbunden, an das die Relais zum Umschalten der Mehrscheibenkupplungen angeschlossen sind.

---

[1] IRTENKAUF und SCHUMACHER: Schaltmittel für mechanische Getriebe, insbesondere bei Werkzeugmaschinen. Werkstattstechnik und Maschinenbau Bd. 41 (1951) S. 329.

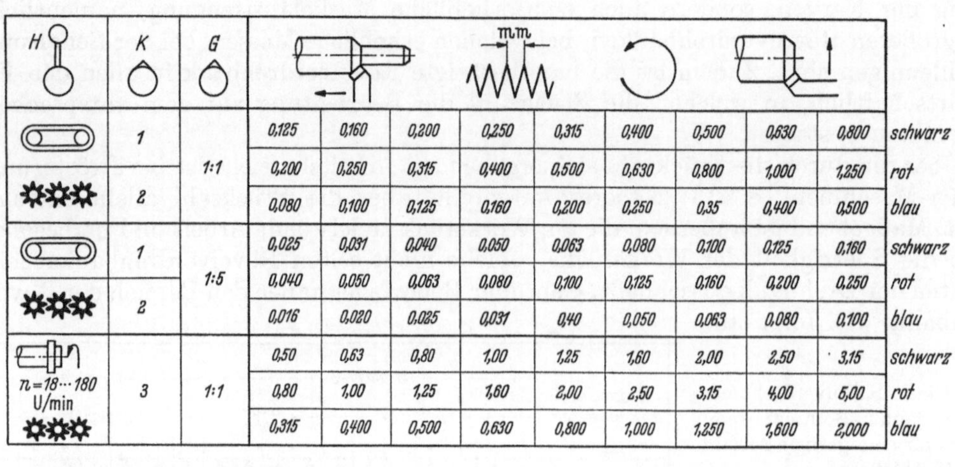

H	K	G										
⬤	1		0,125	0,160	0,200	0,250	0,315	0,400	0,500	0,630	0,800	schwarz
		1:1	0,200	0,250	0,315	0,400	0,500	0,630	0,800	1,000	1,250	rot
✸✸✸	2		0,080	0,100	0,125	0,160	0,200	0,250	0,35	0,400	0,500	blau
⬤	1		0,025	0,031	0,040	0,050	0,063	0,080	0,100	0,125	0,160	schwarz
		1:5	0,040	0,050	0,063	0,080	0,100	0,125	0,160	0,200	0,250	rot
✸✸✸	2		0,016	0,020	0,025	0,031	0,40	0,050	0,063	0,080	0,100	blau
$n = 18 \cdots 180$ U/min	3	1:1	0,50	0,63	0,80	1,00	1,25	1,60	2,00	2,50	3,15	schwarz
			0,80	1,00	1,25	1,60	2,00	2,50	3,15	4,00	5,00	rot
✸✸✸			0,315	0,400	0,500	0,630	0,800	1,000	1,250	1,600	2,000	blau

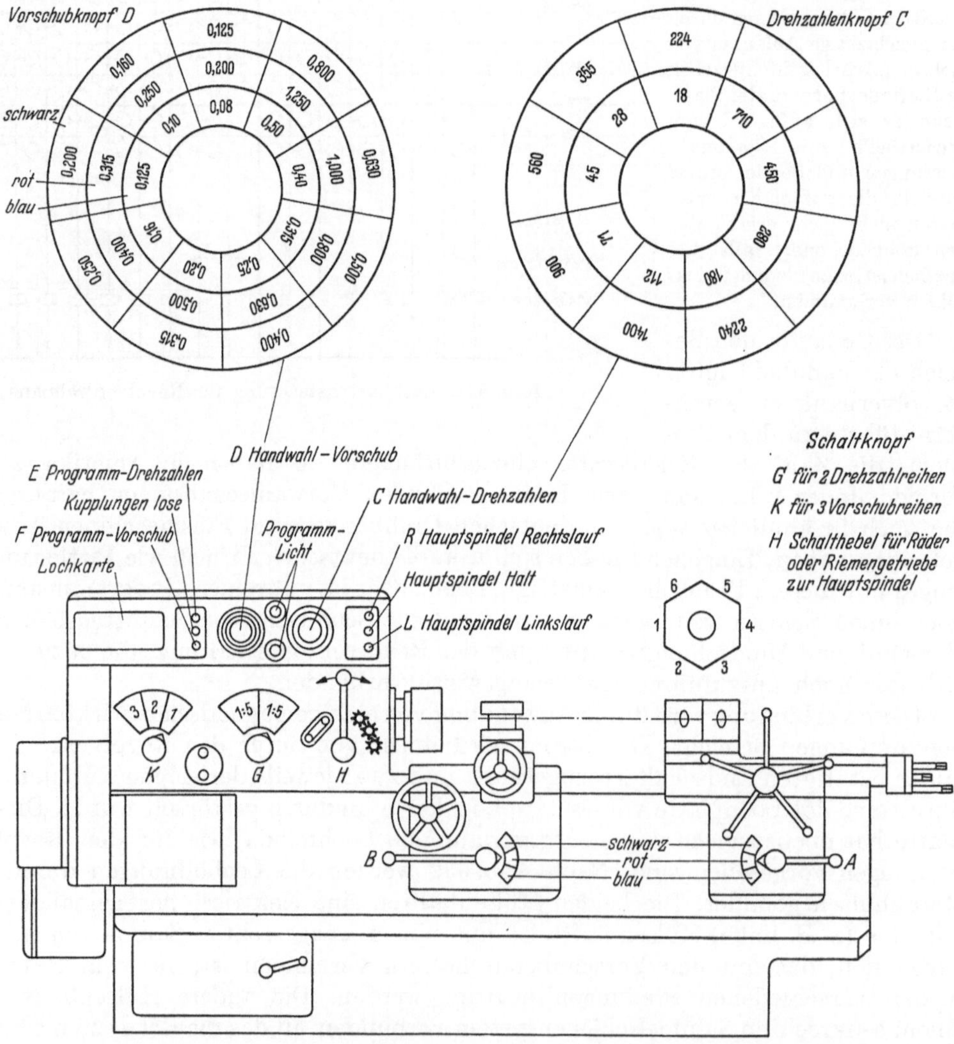

Abb. 533. Übersicht über die Schalthebel und Druckknöpfe. (Gebr. Boehringer.)

Schaltungsablauf			Revolverkopfschaltungen mit Arbeitsgängen					
			1.	2.	3.	4.	5.	6.
Drehrichtung	R		R	—	R	R	R	R
	L		—	L	—	—	—	—
Wahl-	Programm		E–F	E–F	E–F	—	—	E–F
schaltung	Handwahl		—	—	—	C–D	C–D	—
Drehzahl n/min			180	45	112	1400	2240	710
6.kt	Vor-schub	S	0,25	0,4	0,4	v. Hand	0,025	0,25
Rev.	Hebel-stellg.	A	schwarz	schwarz	schwarz	schwarz	schwarz	schwarz
4 kt	Vor-schub	S	0,25	0,25	0,63	0,63	v. Hand	—
Rev.	Hebel-stellg.	B	schwarz	blau	rot	rot	rot	rot
Rädergetriebe-Hebelstellung ⚙⚙⚙			⚙⚙⚙	⚙⚙⚙	⚙⚙⚙	—	—	⚙⚙⚙
Riemengetriebe-Hebelstellung ⊂⊃			—	—	—	⊂⊃	⊂⊃	—
Knopf	1		—	—	—	1	1	—
K	2		2	2	2	—	—	2
	3		—	—	—	—	—	—
Knopf	1:1		1:1	1:1	1:1	1:1	—	1:1
G	1:5		—	—	—	—	1:5	—

Beispiel einer Lochkarte

mit Räder	18	28	45	71	112	180	280	450	710	R	L	0,12	0,16	0,2	0,25	0,31	0,4	0,5	0,63	0,8	
	Hauptantrieb											Vorschub									
1	○	○	○	○	○	◎	○	○	○	◎	○	○	○	○	◎	○	○	○	○	○	1
2	○	○	◎	○	○	○	○	○	○	○	◎	○	○	○	○	○	◎	○	○	○	2
3	○	○	○	○	◎	○	○	○	○	◎	○	○	○	○	○	○	◎	○	○	○	3
4	○	○	○	○	◎	○	○	○	○	◎	○	○	○	○	○	○	◎	○	○	○	4
5	○	○	○	○	○	◎	○	○	○	◎	○	◎	○	○	○	○	○	○	○	○	5
6	○	○	○	○	○	○	○	○	◎	◎	○	○	○	○	◎	○	○	○	○	○	6

mit Riemen	224	355	560	900	1400	2240	Werkstück Nr........

Abb. 534. Arbeitskarte. (Gebr. Boehringer.)

Abb. 535. Stern-Revolverdrehbank RS 50 mit Programmsteuerung. (Gebr. Boehringer.)

Steckt man nun einen metallischen Stift in eine solche Hülse, so werden die beiden Sammelschienensysteme an dieser Lochstelle miteinander verbunden. Jedem Endschalter werden also durch das Einstecken von Stiften bestimmte Kupplungsrelais zugeordnet.

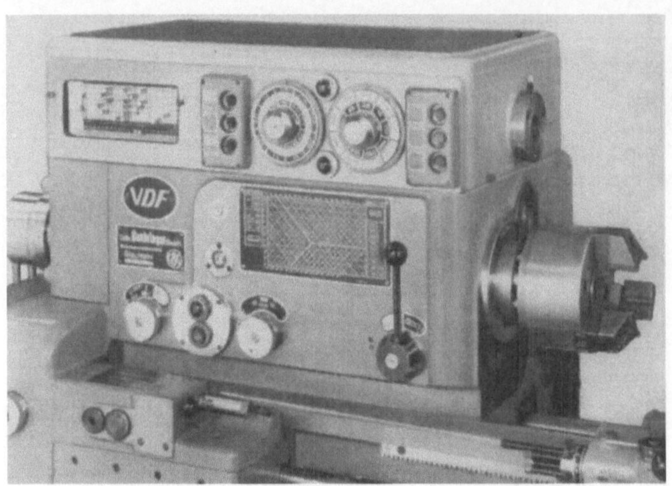

Abb. 536. Stern-Revolverdrehbank RS 50. Spindelkasten mit Steuerkopf zur Programmsteuerung. (Gebr. Boehringer.)

Der Arbeiter erhält die gelochte Karte, braucht sie nur der Lochplatte im Spindelstock vorzuheften und zu stöpseln. Damit sind für das Drehen die in der Arbeitskarte vorgeschriebenen Drehzahlen und Vorschübe bereits für die Bearbeitung festgelegt. Sollten sich bei der Bearbeitung der ersten Werkstücke Beanstandungen ergeben, so kann der Arbeiter ohne weiteres eine benachbarte Lochung stöpseln und sich damit z. B. einem härteren Werkstoff anpassen.

Alle übrigen Bewegungen für die Revolverbank sind von Hand zu schalten, z. B. größere Vorschübe längs und quer, Rückführung der Schlitten in ihre Ausgangsstellung u. a. m.

Da es aber nicht selten vorkommt, daß Handvorschub, z. B. zum Reiben einer Bohrung, erforderlich ist, so kann mit einer Druckknopfbetätigung die Programmschaltung abgeschaltet und auf Handbetätigung geschaltet werden.

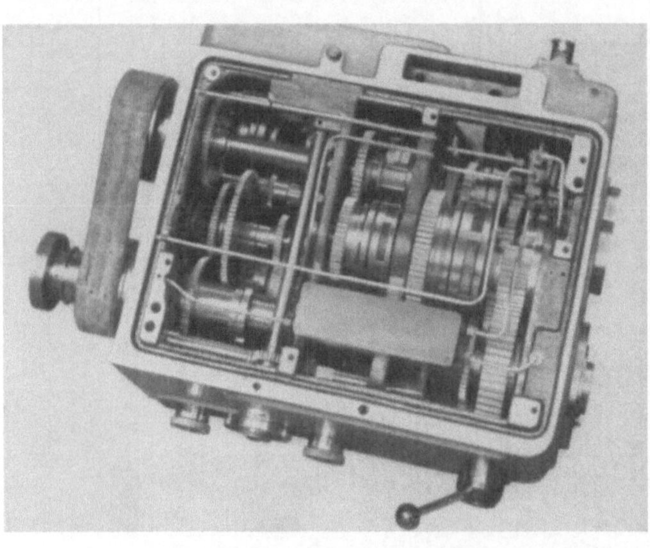

Abb. 537. Stern-Revolverdrehbank RS 50 mit Programmsteuerung, geöffneter Spindelkasten. (Gebr. Boehringer.)

Die Übersicht über die Schalttafel und die Druckknöpfe (Abb. 533) liefert den Nachweis über die Schaltmöglichkeiten zusammen mit der durch die Lochkarte (Abb. 534) abgedeckten Schalttafel für den Hauptantrieb, den Vorschub und die Umlaufrichtung.

Das Arbeitsbeispiel (Abb. 534) weist die Vorarbeit im einzelnen nach, welche im Fertigungsbüro ausgeführt wird und deren Endergebnis die vorgeschriebenen Hebel- und Druckknopfschaltungen sowie die mit zwei Kreisen gekennzeichneten Lochungen der Lochkarte zu dem vorliegenden Arbeitsbeispiel sind.

Für die beiden Schlitten wird übrigens dasselbe Loch gestöpselt. Ein Unterschied in den Vorschüben aber kann durch die verschiedene Einstellung der Hebel A und B auf je eine der drei Vorschubschaltreihen erreicht werden. Die völlige Unabhängigkeit der Vorschübe von Revolverkopf und Seitenschlitten würde noch ein Schaltfeld erfordern.

Das Gesamtbild dieser Drehbank für Programmschaltung (Abb. 535) zeigt am Spindelstock links seitlich die Schaltplatte bzw. Lochkarte, welche im Spindelstock

(Abb. 536) deutlicher zu sehen ist. Im Spindelkasten (Abb. 537) (mit zuvor abgenommenem Steuerkopf) sind die erwähnten elektromagnetischen Mehrscheibenkupplungen zu sehen.

Die mit Programmschaltung handbetätigte Revolverbank verringert die Bedienung der Maschine sehr wesentlich, so daß das Hauptbestreben, die Nebenzeiten klein zu halten, erreicht wurde, indem die Anzahl der Handgriffe zum Schalten der Drehzahlen und Vorschübe erheblich verringert ist. So ist diese Ausführung der Programmsteuerung gerade auch für *kleine Stückzahlen* geeignet.

Der nächste Schritt in der Fortentwicklung würde die vollständige Automatisierung, also eine Programmsteuerung, sein unter Beibehaltung des Vorteils der Lochkarte.

5. Die Trommelrevolverbank.

Die Revolverdrehbank RT 60 von Pittler, Langen b. Frankfurt a. M. (Abb. 538), mit den unter der Abbildung aufgeführten Benennungen der außen sichtbaren Teile ist eine der beiden mittleren Größen dieses Typs. Die Tab. 56 gibt die wesentlichen Daten der vier Maschinen, jede mit 16 Werkzeuglöchern, von denen zwei zu einem nierenförmigen

Abb. 538. Pittler-Revolverdrehbank RT 60 mit Querschlitten, Vorderansicht.

1 Recht- und Linkslauf	*12* Anschlagtrommel
2 Geschwindigkeitswechsel	*13* Klemmhebel zum Festklemmen des Revolverschlittens
3 Schauglas für Ölumlauf	*14* Fallschneckenhebel für selbsttätigen Längszug
4 Geschwindigkeitswechsel	*15* Handrad für Vorschubeinstellung
5. Druckknopftafel für Motorein- und -ausschaltung	*16* Sterngriff für Längszug von Hand
(*1* = langsam, *2* = schnell, *0* = aus)	*17* Öleinfüllschraube
6 Hebel zum Plananschlag	*18* Ölstandsglas
8 Sperrbolzenhebel zur Verriegelung des Revolverkopfes	*19* Ölablaßschraube
9 Hebel für selbsttätigen Planzug, rechts oder links	*20* Hand-Zentralöler für Vorschub
10 Handrad für Planzug von Hand, fein	*21* Hauptschalter (Netztrennschalter)
11 Handrad zum Schalten des Revolverkopfes und zum Plandrehen von Hand, grob	

Durchlaß vereint sein können. In der Abb. 538 befindet sich der Revolverschlitten auf der rechten Seite der Maschine. Es ist ein besonderer Vorzug dieser Maschinen, daß der Revolverschlitten auf so langer und breiter Basis gelagert ist, und zwar gegenüber dem Werkstück tief gelagert, so daß die Schnittkraft besonders gut aufgenommen wird.

Die Lagerung der Revolverkopfachse und die am hinteren Ende aufgebrachte Anschlagtrommel sowie die breite Schlittenbasis und die Mitnahme des Schlittens durch Zahnstange und Ritzel sind in Abb. 539 besonders dargestellt. Der Vorteil so vieler Werkzeuglöcher im Revolverkopf besteht darin, daß

Tabelle 56. *Daten der Pittler-Revolverdrehbänke.*

	RT 34	RT 45	RT 60	RT 80
Hauptabmessungen:				
Werkstoffdurchlaß . . . mm	34	45	60	80
Spindelbohrung . . . . mm	36	47	62	82
Größter Werkstoffdurchmesser für Futterarbeiten . . mm	110 bzw. 180[1]	140 bzw. 220[1]	170 bzw. 280[1]	200 bzw. 300[1]
Größter umlaufender Durchmesser über dem Bett (ohne Gewindesträhleinrichtung) mm	370	400	450	530
Dreibackenfutterdurchmesser, normal . . . . . . mm	165	190	270	330
Größte Entfernung zwischen Spindelflansch und Revolverkopf . . . . . . mm	530	650	750	900
Revolverkopf:				
Außendurchmesser/Durchmesser des Werkzeuglochkreises	220/150	265/190	335/230	390/270
Anzahl der Werkzeuglöcher .	16	16	16	16
Bohrung der Werkzeuglöcher 6 von mm	15 (7×)	15	20	20
6 von mm	30 (5×)	30	40	40
4 von mm	35	40	50	65
Drehzahlen und Vorschübe:				
Anzahl der schaltbaren Spindeldrehzahlen für Rechts- und Linkslauf durch Wechselräder einstellbar	8	8	8	8
Drehzahlen (rechts und links) U/min	3 Gruppen = 24	3 Gruppen = 24	3 Gruppen = 24	3 Gruppen = 24
	a) 40– 63– 100– 160 250–400– 630–1000	32– 50– 80– 125 200–315– 500– 800	25– 40– 63– 100 160–250–400– 630	18– 28– 45– 71 112–180–280–450
	b) 56– 90– 140– 224 355–560– 900–1400	45– 71– 112– 180 280–450– 710–1120	36– 56– 90– 140 224–355–560– 900	31,5– 50– 80–125 200–315–500–800
	c) 80–125– 200– 315 500–800–1250–2000	63–100– 160– 250 400–630–1000–1600	50– 80–125– 200 315–500–800–1250	35,5– 56– 90–140 224–355–560–900
Vorschübe des Revolverschlittens bzw. Revolverkopfes:				
Anzahl der schaltbaren Längs- und Planvorschübe	je 4	je 4	je 4	je 6
durch Wechselräder einstellbar	4 Gruppen = 16	4 Gruppen = 16	4 Gruppen = 16	2 Gruppen = 12
Größe der Längsvorschübe (nur eine Richtung) . . . mm/U	a) 0,03–0,06–0,1 –0,18 b) 0,06–0,1 –0,18–0,3 c) 0,1 –0,18–0,3 –0,6 d) 0,18–0,3 –0,6 –1,0	0,03–0,06–0,1 –0,18 0,06–0,1 –0,18–0,3 0,1 –0,18–0,3 –0,6 0,18–0,3 –0,6 –1,0	0,06–0,1 –0,18–0,3 0,1 –0,18–0,3 –0,6 0,18–0,3 –0,5 –1,0 0,3 –0,6 –1,0 –1,8	a) 0,06–0,1 –0,18 0,3 –0,6 –1,0 b) 0,1 –0,18–0,3 0,6 –1 –1,8
Größe der Planvorschübe (beide Richtungen)	a) 0,02–0,04–0,07–0,12 b) 0,04–0,07–0,12–0,2 c) 0,07–0,12–0,2 –0,4 d) 0,12–0,2 –0,4 –0,7	0,02–0,04–0,07–0,12 0,04–0,07–0,12–0,2 0,07–0,12–0,2 –0,4 0,12–0,2 –0,4 –0,7	0,04–0,07–0,12–0,2 0,07–0,12–0,2 –0,4 0,12–0,2 –0,4 –0,7 0,2 –0,4 –0,7 –1,2	a) 0,04–0,07–0,12 0,2 –0,4 –0,7 b) 0,07–0,12–0,2 0,4 –0,7 –1,2
Leistung des Motors etwa kW	2,8/4,0	3,7/4,0	4,8/6,6	7,4/9,9
Nenndrehzahl des Motors U/min	1000/1500	1000/1500	1000/1500	100/1500

[1]) Beim Arbeiten mit wenigen Werkzeugen.

1. in einer Schaltstellung des Revolverkopfes mehrere Werkzeuge gleichzeitig arbeiten können, die in benachbarten Werkzeuglöchern befestigt sind. Der Revolverkopf übernimmt dann gewissermaßen die Aufgabe eines Stahlhalters für mehrere Stähle;

2. es nichts ausmacht, wenn ein komplizierteres Werkzeug einmal ein Loch mit überdeckt, weil genügend Werkzeuglöcher vorhanden sind;

3. daß bei einfachen Werkstücken die Revolverbank gleichzeitig für zwei, ja sogar drei Werkstücke eingerichtet werden kann, wobei jeweils dem Werkzeugsatz für 1 Werkstück ein Teil der Löcher zugeteilt ist;

4. ein nierenförmiges Loch, wie erwähnt, aus zwei Löchern zusammengefaßt vorgesehen werden kann, um längeren Werkstükken den Durchtritt zu ermöglichen, während sie seitlich bearbeitet werden.

Der Getriebeplan (Abb. 540) für Hauptgetriebe, Vorschub und Schaltung ist so einfach, daß er einer eingehenden Erörterung nicht bedarf.

Die Drehzahlschaubilder für Haupt- und Vorschubgetriebe (Abb. 541 u. 542) mit Abstufung nach DIN 323 stehen in Einklang mit den Daten der Tab. 56.

Abb. 539. Pittler-Revolverdrehbank RT 60, Rückansicht.

Die Draufsicht auf den Revolver (Abb. 543) ergänzt die Darstellung (Abb. 538 u. 539) und zeigt, daß Drehspindel und Werkzeugloch unter 45° gegenüber der Senkrechtebene

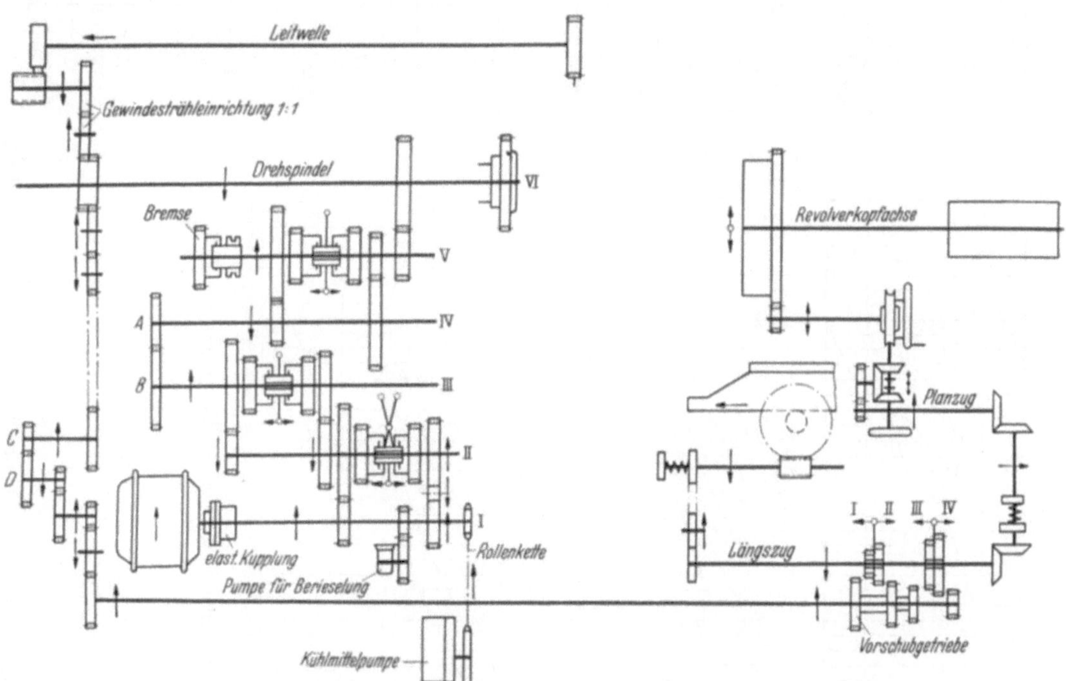

Abb. 540. Getriebeplan für Pittler-Revolverdrehbank, Baumuster RT 60.

durch die Achse des Revolverkopfes fluchten, also nach der Bedienungsseite hin und tief liegen.

Die Stirnansicht (von links gegen die Maschine) (Abb. 544) zeigt die Wechselräder für den Hauptspindelantrieb A u. B und für den Vorschubantrieb C u. D und außerdem zurückliegend den Querschlitten mit der um 10° schräg gestellten Führungsbahn für

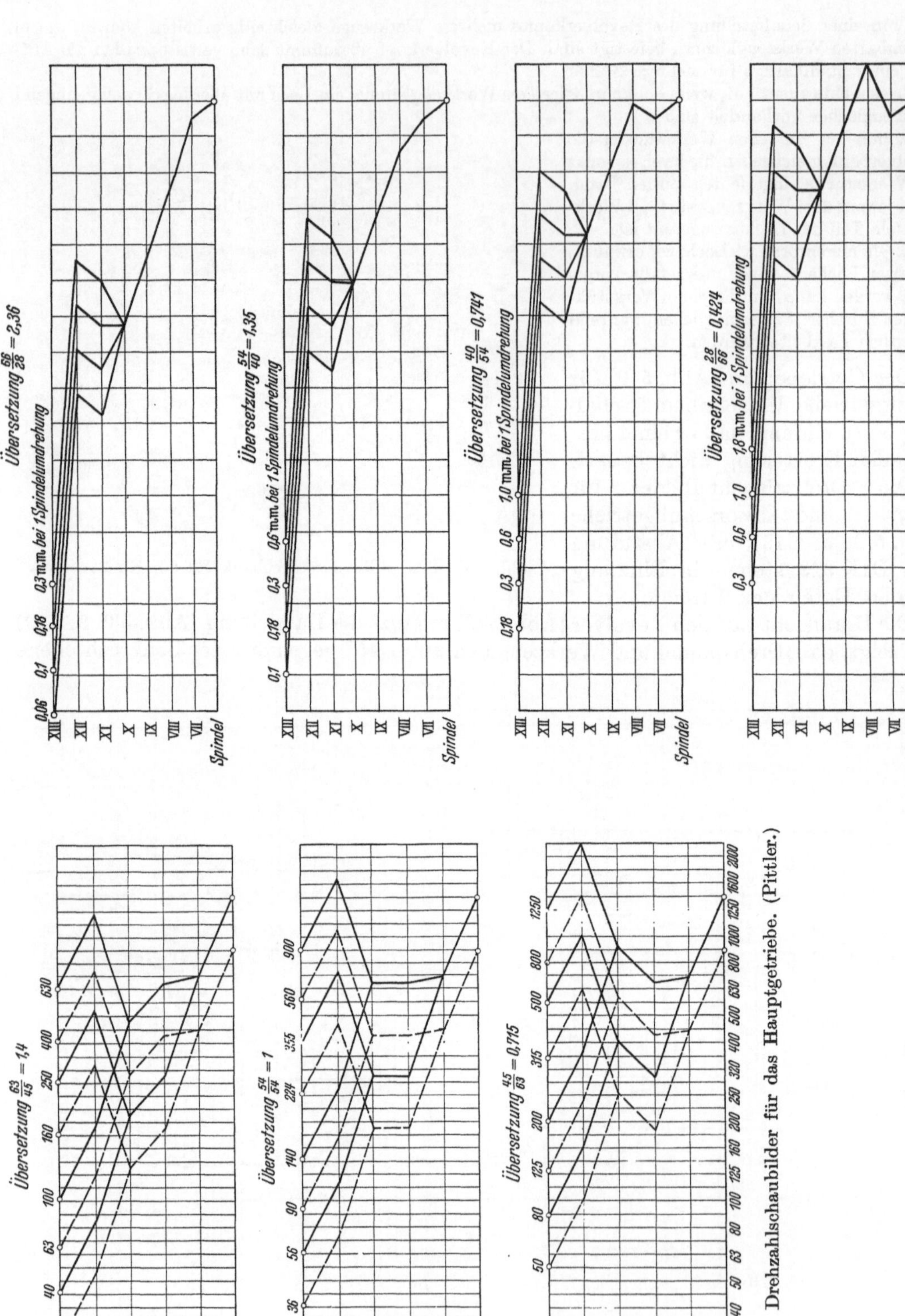

Abb. 541. Drehzahlschaubilder für das Hauptgetriebe. (Pittler.)

Abb. 542. Drehzahlschaubilder für das Vorschubgetriebe. (Pittler.)

den Werkzeugschlitten. Durch diese Schräglage in Verbindung mit dem oben erwähnten Fluchten der Drehspindel mit dem Werkzeugloch, das unter 45° gegenüber der Senkrechtebene nach vorn liegt, wird gegenüber (Abb. 545a u. b) das Überdecken von Werkzeuglöchern im Revolverkopf durch den Querschlitten vermieden (Abb. 545b), so daß auch die nächsten Löcher unterhalb des im Querschlitten arbeitenden Drehstahles mit Werkzeugen besetzt sein können.

Abb. 546 faßt die zur Bedienung des Querschlittens erforderlichen Handgriffe bzw. Einrichtungen zusammen.

Die Schaltung des Revolverkopfes geht aus Abb. 547 hervor. Die Anschlagtrommel sitzt fest auf der Achse des Revolverkopfes und macht somit die Schwenkung desselben von Werkzeugloch zu Werkzeugloch mit, so daß das Vorbringen des jeweiligen Werkzeuges

Abb. 543. Revolverschlitten. (Pittler.)

durch den zugehörigen Anschlag genau begrenzt wird. Wertvoll ist ferner, daß die genaue Verriegelung des Revolvers am äußersten Umfang des Revolverkopfes erfolgt und somit die größtmöglichste Genauigkeit und der geringste Druck auf den Verriegelungsbolzen ausgeübt wird.

Das Hauptgetriebe (Abb. 548) ist einfacher als bei Leitspindeldrehbänken, weil die Schnittgeschwindigkeiten zum Teil durch Wechselräder erreicht werden. Dasselbe gilt auch für das Vorschubgetriebe, welches (Abb. 544) mit seinen Wechselrädern im Anschluß an das Hauptgetriebe dargestellt ist.

Zur Anfertigung von Gewinden ist eine besondere Gewindesträhleinrichtung (Abb. 549 u. 551) vorgesehen. Sie dient der Herstellung sauberer Gewinde mit genauer Steigung und eignet sich besonders für die Herstellung von Gewinden an Werkstücken mit großem Durchmesser. Rechts- und Linksgewinde können gestrählt werden. Es lohnt sich, die Wirkungsweise dieser Gewindesträhleinrichtung als ein Beispiel für derartige Anordnungen im einzelnen zu betrachten. Sie folgt hierunter im Wortlaut der Bedienungsvorschrift der Pittler-Revolverbank RT 60:

Abb. 544. Stirnansicht von links gegen die Maschine mit den Wechselrädern für Spindeldrehzahl A und B sowie für Vorschub C und D.
(Pittler.)

„Die Gewindesträhleinrichtung (Abb. 549) ist an einer [längs verschieblichen] Leitwelle angeordnet, die an der Rückseite der Maschine dreifach gelagert ist.

An der linken Schmalseite der Maschine sitzt auf einem Bolzen eine auswechselbare Gewindepatrone, die über Zahnräder von der Drehspindel aus mit einem Übersetzungsverhältnis 1 : 1 oder 1 : 2 angetrieben wird. Durch Lösen der Schraube und Zurückziehen der gekordelten Hülse kann die Schere geschwenkt und in einer der folgenden 3 Stellungen eingerastet werden:

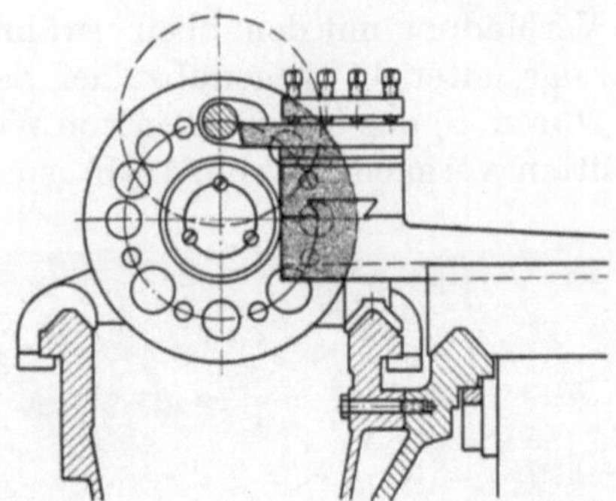

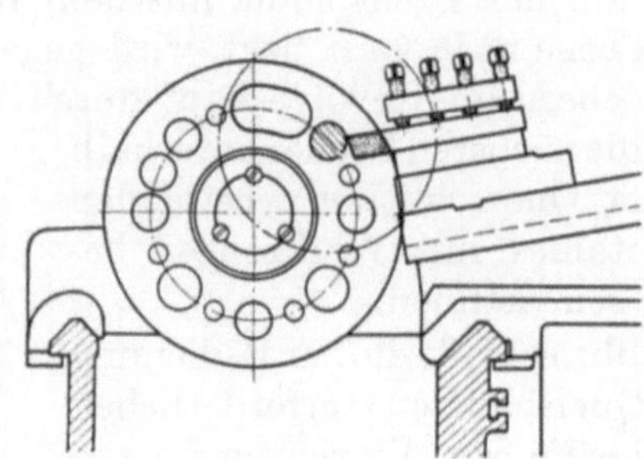

Abb. 545a. Querschlittenüberdeckung. Bei älteren Maschinen überdeckt der Querschlitten einen großen Teil des Revolverkopfes; großer Abstand zwischen Stahlschneide und Abstützung des Querschlittens.

Abb. 545b. Bei den Baumustern der neuen Reihe ganz geringe Überdeckung zwischen Querschlitten und Revolverkopf; kleiner Abstand zwischen Stahlschneide und Abstützung des Querschlittens. Der Lochkreis ist somit vollkommen frei. (Pittler.)

Abb. 546. Querschlitten mit Benennung. (Pittler.)

a Stahlhalter-Verriegelung
b Handrad für den Planzug
c Einstellteilung für den Planzug
d Einstellteilung für den Längszug
e Fallschneckenhebel für den selbsttätigen Planzug
f Hebel für das schnelle Vor- und Zurückfahren des Querschlittens in Planrichtung
g Handrad für den Längszug
h Fallschneckenhebel für den selbsttätigen Längszug
i Hebel für den Vor- und Rückwärtsgang
k Umschaltung für normalen und erhöhten Vorschub
l Hebel zum Festklemmen des Querschlittens bei Planbearbeitung
m Kreuzgriff für die Plananschlagwalze
n Handgriff zur Grobeinstellung des Längsanschlages
o Anschlagstange für die Grobeinstellung des Längszuganschlages
p Querschlittenantriebswelle
q Maschinentafel für Querschlittenvorschübe und Hebelstellungen
r Hebel für den Handzentralöler
s Füllschraube
t Ablaßschraube
u Ölstandanzeiger

1. Übersetzung 1:1,
2. Übersetzung 1:2,
3. Gewindesträhleinrichtung ausgedrückt.

In die Gewindegänge der Leitpatrone greift in Arbeitsstellung der Strähleinrichtung eine Gewindebacke (Abb. 549 u. 551) ein, die an einem mit der Leitwelle fest verbundenen kurzen Hebelarm auswechselbar befestigt ist. Die Gewindebacke überträgt wie eine Gewindemutter die der Gewindesteigung entsprechende Längsbewegung auf die Leitwelle.

An der rechten Seite trägt die Leitwelle den Strählerhalter mit Längsschlitten (Abb. 549 u. 550). Der Strähler wird waage-

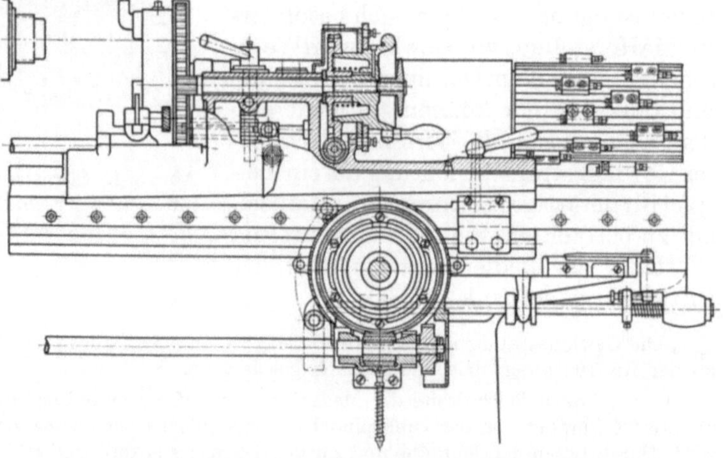

Abb. 547. Schaltung des Revolverkopfes. (Pittler.)

recht eingespannt und sitzt in einer exzentrischen Büchse. Durch diese Büchse sowie durch die Höhenverstellung mittels des Schlittens und die Seitenverstellung mittels Stellschraube des Strählerhalters kann der Strähler jederzeit genau eingestellt werden. Länge und Tiefe des Gewindes werden durch Anschläge begrenzt. Die waagerechte Lage des Strählers hat den Vorteil, daß das Gewinde wie bei der Drehbank von der Seite geschnitten werden kann, was besonders bei Werkstoffen höherer Festigkeit von Vorteil ist. Um der gesamten Anordnung die nötige Starrheit zu geben, ist neben dem Strählerhalter ein mit der Leitwelle fest verbundener Führungsarm (Abb. 549 u. 550) angebracht, der zum Ein- und Ausschwenken des Strählerhalters dient und die Gewindesträhleinrichtung beim Gewindestrählen mittels einer Führungsschraube auf einer an der vorderen Seite des Bettes angebrachten Leitschiene abstützt.

Im allgemeinen werden die Gewinde von rechts nach links gestrählt. Soll ausnahmsweise von links nach rechts gestrählt werden, so muß die Druckfeder auf der Leitwelle mit dem zugehörigen Klemmring und der Anschlagring so umgestellt werden, daß die Druckfeder nach der anderen Richtung wirkt. Die Gewindepatrone muß ebenfalls umgekehrt werden; ebenso muß mit entgegengesetzter Drehrichtung der Drehspindel gearbeitet werden.“

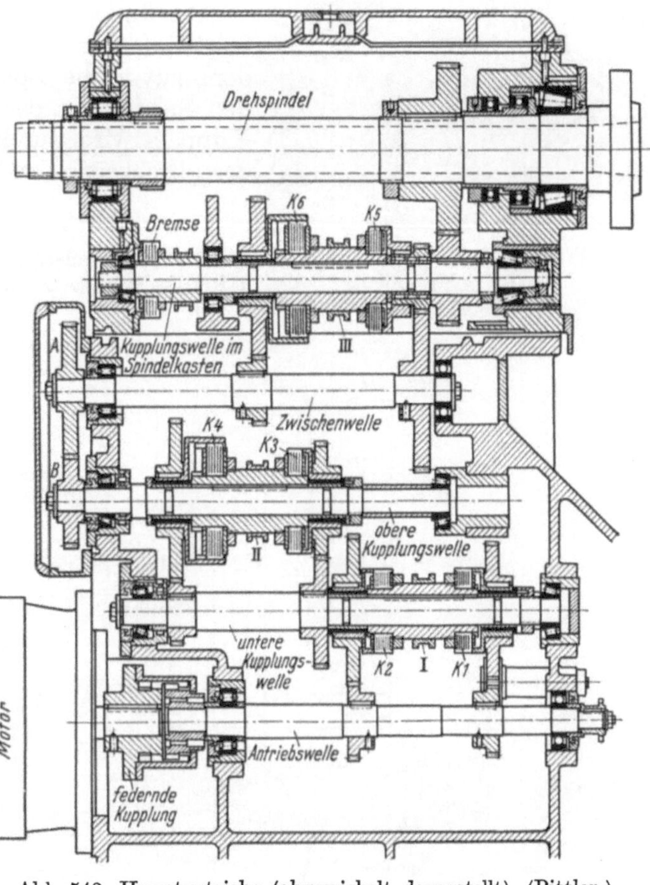

Abb. 548. Hauptgetriebe (abgewickelt dargestellt). (Pittler.)

Von besonderem Interesse ist noch die Schnellbohreinrichtung (Abb. 552), bei welcher der Bohrer durch einen besonderen Motor angetrieben wird und durch Einfügen der betreffenden Wechselräder A und B nachstehende hohe Drehzahlen erreicht werden, die sich zu folgenden Spindeldrehzahlen addieren:

$A:B$	25:40	30:35	35:30	40:25
n U/min	875	1200	1630	2240

Abb. 549. Angebaute Gewindesträhleinrichtung. (Pittler.)

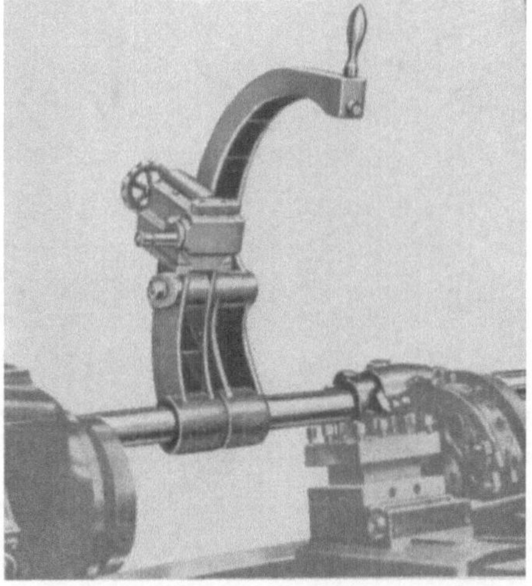

Abb. 550. Strählerhalter mit Gewindesträhler. (Pittler.)

27*

Der Antrieb vom Motorgetriebe auf die Bohrspindel wird einfach durch eine Klauenkupplung erreicht, nachdem zuvor die Bohrspindel in Arbeitsstellung durch den Sperrbolzen des Revolverkopfes verriegelt ist. Das Kuppeln wird durch einen Handhebel vorgenommen, der gleichzeitig den Bohrmotor einschaltet.

Abb. 551. Gewindepatrone mit einschwenkbarer Gewindebacke, dazu Wechselräderkasten mit abgehobenem Deckel, wie Abb. 544 (Pittler.)

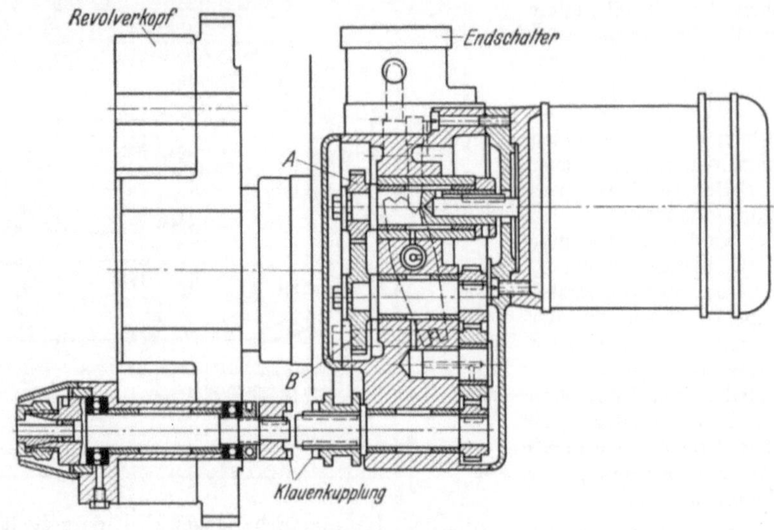

Abb. 552. Schnellbohreinrichtung mit Motor.

6. Die Pirex-Revolverdrehbank.

Zur vollständigen Ausnutzung der hohen Leistung der Hartmetallschneide hat die Pittler A. G. die „Pirex"-Revolverdrehbank (Abb. 553) auf den Markt gebracht. Die Maschine wird für einen Werkstoffdurchlaß von 32, 50 und 75 mm sowie für jeweils

1 Einstellhebel für Drehzahlbereiche: schnell — langsam; 2 Kommandoschalter: Lösen — Bremsen — Betrieb; 3 Stufenlose Verstellung des Vorschubes; 4 Druckknopfschalter: links — rechts — halt; 5 Werkstoff-Spannung und -Vorschub; 6 Hebel für Abstechschlitten; 7 Schwenkarm für Gewindesträhleinrichtung; 8 Fallschneckenhebel für selbsttätigen Längszug; 9 Plananschlag; 10 Sperrbolzenhebel zur Verriegelung des Revolverkopfes; 11 Selbsttätiger Planzug, rechts oder links; 12 Selbsttätiges Ausriegeln des Sperrbolzens; 13 Handrad zum Schalten des Revolverkopfes und zum Plandrehen von Hand, grob; 14 Bremshebel zum Feststellen des Revolverschlittens; 15 Handrad für Planzug von Hand, fein; 16 Griffstern für Längszug von Hand; 17 Drehzahlwähler; 18 Einstellhebel für Vorschubbereich: grob — mittel — fein; 19 Umkehrung der Vorschubbewegung; 20 Zentralöler.

Abb. 553. Pirex-Revolverdrehbank zur vorzugsweisen Anwendung von Hartmetallwerkzeugen. (Pittler.)

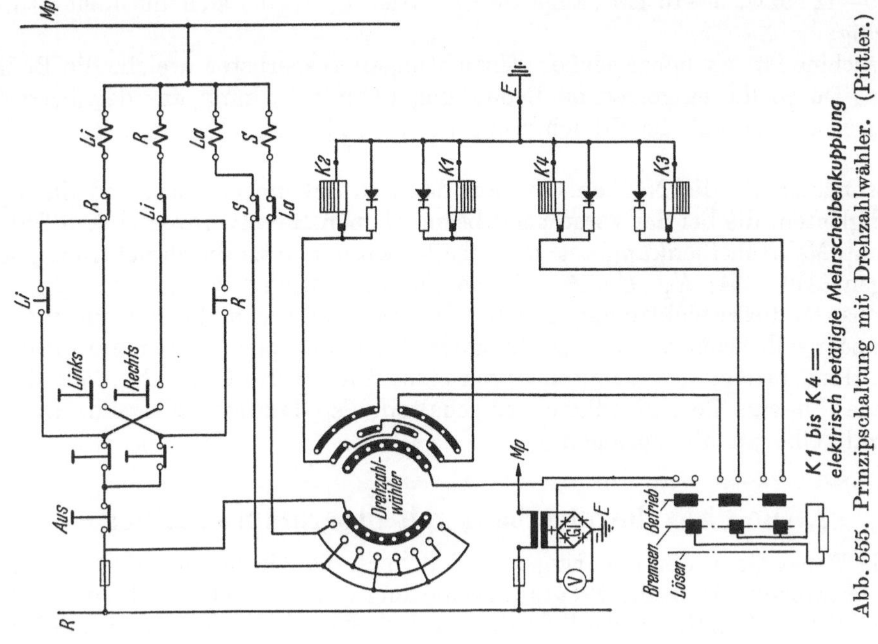

K1 bis K4 = elektrisch betätigte Mehrscheibenkupplung

Abb. 555. Prinzipschaltung mit Drehzahlwähler. (Pittler.)

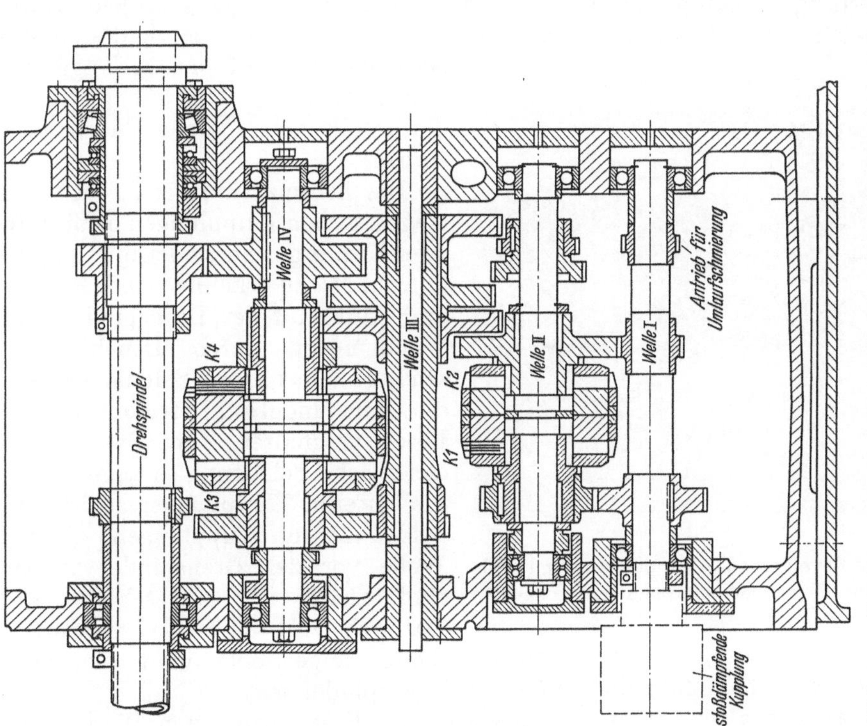

Abb. 554. Getriebeplan mit 4 Magnetkupplungen in Verbindung 2fach-polumschaltbarem Motor. So ergeben sich 8 Drehzahlen. (Pittler.)

16 Spindeldrehzahlen mit den Bereichen von 71 bis 1800, 90 bis 2250 und 45 bis 1120 bzw. 56 bis 1400, 28 bis 710 und 36 bis 900 gebaut und mit Motoren von etwa 3—9—12 bzw. 6—15 kW angetrieben. Hieraus ergibt sich die hohe stündliche Spanleistung.

Die Maschine ist mit neuzeitlichen Einrichtungen ausgerüstet, welche die Bedienung erleichtern. Durch die eingetragene Benennung (Abb. 553) kann aus den betreffenden Bedienungselementen auf die Erleichterung in der Bedienung der Maschine geschlossen werden.

Im besonderen ist die Neukonstruktion dadurch gekennzeichnet, daß die Spindelgeschwindigkeiten, die bei der vorstehend besprochenen Revolverdrehbank RT 60 durch handbediente Mehrscheibenkupplungen geschaltet wurden, jetzt durch elektromagnetische Kupplungen (Abb. 554) K_1, K_2, K_3, K_4 geschaltet werden.

Das Schalten dieser elektromagnetischen Kupplungen geschieht momentan entweder von Hand oder selbsttätig von der Stellung des Revolverkopfes aus (Programmsteuerungen). Von Hand erfolgt das Schalten durch einen Drehzahlwähler (Abb. 555), der es gestattet, jede beliebige Geschwindigkeit zu schalten, also dazwischenliegende Drehzahlen der Drehzahlreihe zu überspringen.

7. Die Pirex-Revolverbank mit Programmschaltung.

Wie die Firma Gebrüder Boehringer, so hat auch die Firma Pittler eine Programmschaltung entwickelt. Auch die Programmschaltung gründet sich auf die elektromagnetische Mehrscheibenkupplung. Sie läßt sich nachträglich ohne weiteres an die Pirex-Revolverbank anbauen.

Selbsttätig können die Schnittgeschwindigkeiten durch die elektromagnetischen Kupplungen über Endschalter und Relais von der Stellung des Revolverkopfes aus geschaltet werden.

Das selbsttätige Schalten der elektromagnetischen Kupplungen geschieht (Abb. 556) über Endschalter und Relais von der Stellung des Revolverkopfes aus. Zu diesem Zwecke befinden sich auf der verlängerten Revolverkopfachse (Abb. 557) Stifte, welche die jeweils notwendigen Endschalter antippen[1].

Die Stromzuführung zu den elektromagnetischen Kupplungen erfolgt über je zwei Kupfergewebeschleifbürsten, wie sie in Abb. 557 zu erkennen sind. Für Rechts- und Linkslauf der Drehspindel wird der Wendemotor durch Druckknöpfe geschaltet. Über einen Befehlsschalter wird die Drehspindel auf Betrieb, Bremsen oder Lösen geschaltet. Zum Bremsen ist die elektrische Schaltung so angeordnet, daß die unteren Kupplungen gelöst und die beiden oberen Kupplungen, die auf der Welle vor der Drehspindel angeordnet sind, gleichzeitig eingeschaltet werden.

Abb. 556. Pirex-Revolverbank, Hauptgetriebe mit elektromagnetischen Mehrscheibenkupplungen. (Pittler.)

Dadurch wird die Welle, die durch zwei Zahnradpaare mit verschiedenen Geschwindigkeiten angetrieben wird, blockiert und hält ihrerseits über den Zahntrieb auch die Drehspindel fest.

Die Programmschaltung wird vor allem bei der Bearbeitung von Werkstücken *in größeren* Stückzahlen verwendet. Durch sie werden die zu dem jeweilig in Arbeitsstellung

---

[1] Die erstmalig vom Einrichter eingestellt werden.

befindlichen Werkzeug gehörenden Spindeldrehzahlen selbsttätig gesteuert. Dem Arbeiter werden dadurch Handgriffe erspart, und es werden Fehlschaltungen vermieden.

Die Programmschaltung wurde bei den Pittler-Revolverdrehbänken nicht auf den Vorschub ausgedehnt. Für diesen wurde ein im Verhältnis 1 : 10 stufenlos verstellbares

Abb. 557. Pirex-Revolverbank mit angebauter Programmsteuerung. (Pittler.)

a Vorschubregelung 1:10 stufenlos; *b* Befehlsschalter: *c* Druckknopfschalter für Motor rechts — links — aus; *d* Programm-Schaltwalze; *e* Drehzahlschalter; *f* Relaiskasten zur Programmmschaltung.

PIV-Rollenkettengetriebe verwendet aus der Erkenntnis heraus, daß das stufenlose Verstellen gerade bei dem Arbeiten mit Hartmetall die bequemste Wahl des zweckmäßigen Vorschubs gestattet, bei dem die Späne am besten abfließen. Erfahrungsgemäß wird vor allem bei den kleineren Trommelrevolverdrehbänken mit selbsttätigem Vorschub längs oder plan jeweilig nur bei einzelnen Schnitten gearbeitet, viele Tätigkeiten, z. B. Anbohren, Anfasen, Aufbohren usw. werden durch Hand vorgenommen, so daß PITTLER die Apparatur einer Programmschaltung für die Vorschubbetätigung für überflüssig hält.

B. Die Drehautomaten.

Die Automaten werden in der Regel nach folgenden Gesichtspunkten eingeteilt:

1. nach der Zahl der gleichzeitig zu bearbeitenden Werkstücke in Einspindel- und Mehrspindelautomaten;

2. nach der Steuerungsart in Einkurven-, Mehrkurven- und Hilfskurvensysteme. Hinzu kommt gegebenenfalls hier auch die Unterteilung der Vorschubsteuerung in Automaten mit einer Steuerwelle und solche mit einer Steuerwelle und einer Hilfswelle;

3. nach der Art der Werkstoffzufuhr in Futterautomaten, auch Halbautomaten genannt, und in Stangensowie in Magazinautomaten. Bei den letzteren beiden Automaten arbeitet die Maschine völlig selbsttätig, bis die Stange aufgebraucht oder das Magazin leer geworden ist. Erst dann muß der Arbeiter für neue Zufuhr sorgen.

Beim Halbautomaten hingegen wird jedes Werkstück vom Arbeiter in das Futter eingespannt. Zu dieser Gruppe von Automaten gehört auch noch z. B. der Fay-Halbautomat, bei welchem das Werkstück vom Arbeiter zwischen Spitzen eingespannt wird;

4. nach der Art wie die Werkzeuge angeordnet werden in Revolverautomaten, Façonautomaten, Langdrehautomaten usw.

Es gibt aber auch noch andere Einteilungsgründe, z. B. nach der Eigenart des zu bearbeitenden Werkstückes, welches eine gesonderte Bauart des Automaten erfordert.

1. Der Einspindelautomat.

Als Beispiel für diesen Automaten wird der Einspindel-Revolverautomat AE 48 von der Firma Gebrüder Boehringer gewählt, der

Abb. 558. Halbautomat Type AE 48/F mit Elektrospannfutter für Rohlinge bis 200 mm Durchmesser. (Gebr. Boehringer.)

1. als Halbautomat (Abb. 558),
2. als Vollautomat (Abb. 559) und
3. als Magazinautomat

eingerichtet werden kann. Sein Vorgänger war der Gridley-Automat in den Vereinigten Staaten.

Die Hauptdaten dieses Einspindelautomaten sind auf Tab. 57 für Futter- und Stangenarbeit mitgeteilt.

Der Antrieb. Der Antrieb dieses Einspindlers geht von einem an der Rückseite der Maschine angeordneten normalen Fußmotor aus, der mit Keilriemen auf die Riemenscheibe der Antriebswelle des Spindelkastens treibt. Diese Riemenscheibe macht 875 U/min und ist im Getriebeplan (Abb. 560) durch ein Rechteck mit dem eingeschriebenen Durchmesser von 320 mm gekennzeichnet.

Abb. 559. Vollautomat Type AE 48/St für Stangenmaterial bis 48 mm Durchmesser. (Gebr. Boehringer.)

Tabelle 57. *Daten zum Einspindelautomat AE 48/F für Futterarbeiten sowie AE 48/ST für Stangenarbeiten.*

			AE 48/F	AE 48/ST
1.	Futterdurchmesser	mm	200	—
2.	Größter Durchmesser	mm	200	—
3.	Materialdurchlaß	mm	—	48
4.	Drehlänge	mm	180	180
5.	Hauptspindelumdrehungen	Anzahl	$4 \times 6 = 24$	$4 \times 6 = 24$
6.	Drehzahlenbereich	U/min	50 ··· 800	50 ··· 800
7.	Kraftbedarf	kW	7,5	5,5
8.	Drehzahl der Antriebsscheibe	U/min	875	875
9.	Durchmesser der Antriebsscheibe	mm	320	320
10.	Breite der Antriebsscheibe	mm	100	100
11.	Keilriemen	Anzahl	4	4

Der Getriebeplan. Die Zähnezahlen und Moduln sind in den Getriebeplan (Abb. 560) eingetragen, um die Vorstellung von Übersetzungsverhältnissen und damit auch vom gesamten Getriebe und dessen Masse zu erleichtern.

Der Getriebeplan gliedert sich in vier Teile, nämlich in:

1. das Hauptgetriebe von der Antriebswelle bis zur Hauptspindel mit kräftigen Strichen umrissen,

2. das Vorschubgetriebe für die gewöhnlichen Vorschübe sowie für den Eilgang,

3. den Revolverkopf mit den vier Werkzeugschlitten und der Mitnehmerstange sowie in die Querschlitten,

4. die Steuerwelle mit der Kurven- und Schalttrommel sowie den beiden Kurvenscheiben zur Betätigung der Querschlitten und gegebenenfalls beim Stangenautomaten eines dritten Schlittens zum Abstechen des Werkstückes.

Die Anordnung des Revolverkopfes und der Seitenschlitten (Abb. 561) zum FORKARDT-Dreibackenspannfutter zeigt, wie die Revolverkopf- und Seitenschlitten gleichzeitig zur Bearbeitung des Werkstücks im Futterautomaten herangezogen werden können.

Die vier Getriebegruppen werden nachstehend im einzelnen erörtert.

Das Hauptgetriebe. Das Hauptgetriebe (Abb. 560 u. 562) ist im Getriebeplan Abb. 560 durch einen stark ausgezogenen Linienzug umgrenzt. Mit diesem stehen 6 durch zwei Kupplungen getätigte Drehzahlen, welche durch 4 Wechselräderpaare auf 24 Drehzahlen erweitert werden können, zur Verfügung.

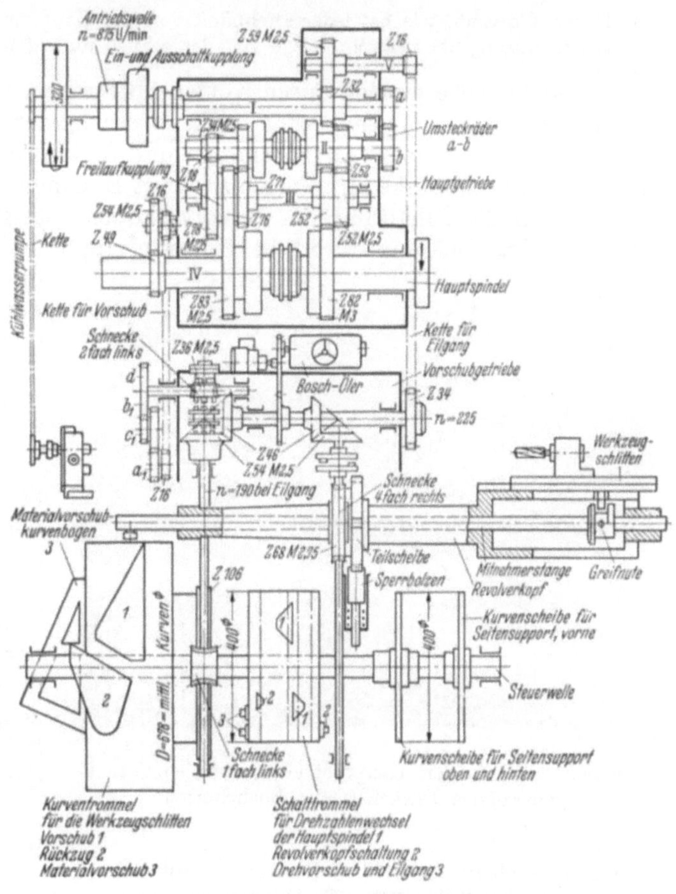

Abb. 560. Getriebeplan. (Gebr. Boehringer.)

Dieses einfache Getriebe unterscheidet sich von dem Getriebe einer normalen Drehbank im wesentlichen nur dadurch, daß der Drehzahlenbereich erheblich kleiner ist, nämlich $B = 16$, weil der Durchmesserunterschied der Werkstücke viel kleiner ist als bei der Drehbank. Die vier Gruppen des Gesamtdrehzahlbereichs von 50 bis 800 U/min (Tab. 57) enthalten je sechs automatisch schaltbare Drehzahlen von 50 bis 320, 68 bis 435, 92 bis 590 und 128 bis 800 U/min, womit sich die insgesamt 24 Hauptspindelumdrehungen ergeben, die entsprechend der günstigsten Schnittgeschwindigkeit gewählt werden.

Abb. 561. Ansicht gegen das FORKARDT-Dreibackenspannfutter 200 mm Durchmesser Revolverkopf und Seitenschlitten. (Gebr. Boehringer.)

Das Vorschubgetriebe. Auch dieses Getriebe ist im Getriebeplan (Abb. 560) an den Seiten und oben herum mit starken Strichen eingerahmt. Angetrieben wird:

1. der Vorschub, wie bei jeder Drehbank von der Hauptspindel,
2. der Eilgang über ein Vorgelege von der schnell umlaufenden Antriebswelle.

Beide Antriebe werden durch Ketten übertragen. Geschaltet wird auf Vorschub bzw. auf Eilgang durch die senkrecht wirkend gezeichnete Klauenkupplung, welche aber in Wirklichkeit waagerecht angeordnet ist und wirkt. So kann die Steuerwelle über die eingängige Schnecke links mit Vorschub- bzw. Eilganggeschwindigkeit angetrieben werden, wohingegen die Schaltung des Revolverkopfes, stets abgeleitet vom Eilgang (um 90 bzw. 45°), unabhängig durch die Einzahnkupplung (Abb. 560 links) getätigt wird. Sie erfolgt über die viergängige Schnecke auf das Schneckenrad, welches auf der Revolverkopfachse neben der Teilscheibe angeordnet ist.

Abb. 562. Blick in den Hauptgetriebekasten bei zurückgeklapptem Deckel. (Gebr. Boehringer.)

Der Revolverkopf. Der Revolverkopf ist mit vier um je 90° versetzten Führungen, jede für einen Werkzeugschlitten, und zudem, aber nur beim Stangenautomaten, mit dem auf einer um 45° zwischen zwei Führungen liegenden Kante befestigten Werkstoffanschlag ausgerüstet. Jeder der vier Werkzeugschlitten, kann gegebenenfalls mit mehreren Werkzeugen, z. B. mit einem Bohrer und einem Drehmeißel, ausgerüstet werden. Der Werkzeugschlitten hat einen Mitnehmerzapfen, welcher zwischen den beiden Bahnen der Schlittenführung nach innen in den Revolverkopf vorkragt und dort von der Greifnute der Mitnehmerstange beim Einschwenken des Revolverkopfes erfaßt wird. Diese im Inneren der Revolverkopfachse bis zum anderen Ende reichenden Mitnehmerstange besitzt an diesem anderen Ende eine Führungsrolle, welche sich zwischen den Steuerplatten führt, die auf die nachstehend beschriebene Kurventrommel aufgesetzt sind. So wird dem Werkzeugschlitten der erforderliche Vorschub erteilt. Nach Beendigung seiner Arbeitsleistung wird der Werkzeugschlitten stets genau in die gleiche Ausgangsstellung zurückgeführt, damit beim Schwenken des Revolverkopfes die Greifnute den Mitnehmerzapfen des nächsten Werkzeugschlittens erfaßt.

Das genaue Einschwenken des Revolverkopfes um 90° wird durch Einschnappen eines unter Federspannung stehenden Sperrbolzens in eine der Rasten der bereits erwähnten auf der Achse des Revolverkopfes festsitzenden Teilscheibe gesichert. Die Weiterschaltung des Revolverkopfes wird durch Zurückziehen des Sperrbolzens mit einem Gestänge erreicht, welches von der Schalttrommel der Steuerwelle aus getätigt wird. Nach dem Auslösen des Sperrbolzens wird der Antrieb über die viergängige Schnecke eingekuppelt und damit die Schwenkung des Revolverkopfes bewerkstelligt.

Die Steuerwelle. Die Steuerwelle macht zur Herstellung eines jeden Werkstückes genau eine Umdrehung, läuft also verhältnismäßig langsam (z. B. in 1 min) um. Nur zwischenhinein zum Rücklauf eines Werkzeugschlittens wird der Eilgang eingerückt. Die steuernden Kurvenplatten besitzen dazu eine steilere Führungskante, so daß die Führungswelle die Mitnehmerstange mit höherer Geschwindigkeit zurückbewegt. Auf der Schalttrommel (Abb. 560), in der Mitte der Steuerwelle dargestellt, befinden sich außer den an der linken Seite angeordneten Nocken (2) für die erwähnte Revolverkopfschaltung noch die Kurvenplatten (*1*) zum Drehzahlwechsel der Hauptspindel und ferner mehrere Nocken (*3*), links seitlich an der Schalttrommel angeordnet, zum Schalten von Drehvorschüben und von Eilgängen.

Auf der Kurventrommel für die Werkzeugschlitten befinden sich die soeben erwähnten Steuerplatten (*1*) für den Vorschub der Revolverkopfschlitten und die Steuerplatten (*2*) zur Betätigung des beschleunigten Rücklaufs der Werkzeugschlitten.

Beim Stangenautomaten ist außerdem noch der links seitlich an der Kurventrommel angebrachte Materialvorschubkurvenbogen (*3*) angeordnet.

Schließlich befinden sich auf der Steuerwelle noch die beiden Kurvenscheiben für den vorderen und den rückwärtigen Querschlitten und gegebenenfalls beim Stangenautomaten noch eine dritte Kurvenscheibe zur Betätigung des Abstechschlittens. Die drei Schlitten werden von Kurvenplatten, die an den Kurvenscheiben angeordnet sind, über Hebelgestänge betätigt, wobei die Schaltungen zum Arbeits- und Eilgang in gleicher Weise wie zu den Werkzeugschlitten erfolgen.

Die Kurvenplatten sowie die Wechselräder sind, laut einer an der Maschine angebrachten Tabelle, vielfach verwendbar.

Um bei kurzen Arbeitsgängen die Schaltzeit von Arbeitsgang auf Eilgang auf ein Mindestmaß zu beschränken, wird an Stelle der Führungsrolle ein federnder Umschalthebel verwendet.

Das Einrichten des Automaten. Das Einrichten der Maschine ist die wichtigste und zugleich schwierigste Arbeit. Sie wird deshalb von einem besonders geschulten und gelernten Arbeiter, dem Einrichter, vollzogen.

Beim Einrichten können die Kupplungen, durch welche die Drehzahlen der Hauptspindel bestimmt werden, auch durch Handhebel geschaltet werden.

Außerdem können bei ausgeschaltetem mechanischem Vorschub Seitenschlitten und Werkzeugschlitten auch von Hand dadurch betätigt werden, daß man durch Aufstecken einer Handkurbel, die in das Schneckenrad der Trommel eingreift, die Schneckenwelle in Drehung versetzt.

Der Schaltvorgang vollzieht sich also in folgender Weise:

Wenn der Werkzeugschlitten in Endstellung zurückgeschoben ist, so kann der unter Federdruck stehende Sperrbolzen aus der Teilscheibe des Revolverkopfes herausgezogen und die mit der Schneckenwelle in Verbindung stehende Einzahnkupplung mit dem Eilgang gekuppelt werden, worauf die Schwenkung des Revolverkopfes bis zum Einschnappen des inzwischen freigegebenen Sperrbolzens in die nächste Teilscheibenrast erfolgt, nachdem zuvor der Eilgangantrieb wieder ausgekuppelt worden ist.

Mit dieser Schilderung ist nur das Grundsätzliche zu den Schnitt- und Vorschubbewegungen mitgeteilt, während auf die Zusatzeinrichtungen nicht eingegangen werden kann, auch nicht auf die speziellen Spannfutter.

2. Der Mehrspindelautomat.

a) Der Grundgedanke.

Der Grundgedanke des Mehrspindelautomaten besteht darin, in ihm 4, 5 oder 6, in Amerika auch 8, Drehspindeln zur Verfügung zu stellen, mit denen gleichzeitig zerspant wird. Einrichten eines solchen Automaten bedarf eines besonders geschickten Einrichters und erfordert eine entsprechend lange Einrichtezeit.

b) Der Vierspindel-Halbautomat RPH 150 (System Gridley).

Entstehung und Hauptdaten. Der Vierspindel-Halbautomat, auch Futterautomat genannt (Abb. 563 u. 564), ist in Zusammenarbeit mit der National Acme Co. in Cleveland, USA, von der Werkzeugmaschinenfabrik Pittler entworfen und gebaut worden. Die Abbildungen sind mit Benennungen versehen, die im wesentlichen jedoch nur auf Kühlung, Schmierung und die Haupthebel hinweisen. Für die eingehende Erörterung der Arbeitsweise des Automaten bedarf es an Stelle dieser Übersichtsaufnahme genauer Einzelabbildungen.

Tab. 58 u. 59 (S. 437) geben die Hauptdaten der Pittler-Vierspindel-Futterautomaten, und zum Vergleich der Pittler-Vierspindel-Stangenautomaten an, die nach dem größten

a—d Kühlanschlüsse für Außenkühler
 e Kühlanschlüsse für innengekühlte Werkzeuge
 f Kühlmittelfilter
 g Schaltgeräte
 h Haupthahn der Kühlmittelleitung
 i Kühlmittelleitung
 k Schmierleisten der Sammelschmierung (Tropföler)
 l Druckluftventil
 m Schmiergefäß für den Druckluftzylinder

 1 Hebel für die Vorschubkupplung (Antrieb der Steuerwelle)
 2 Hebel für Schnellgang
 3 Anschluß für die Kurbel zum Drehen der Steuerwelle von Hand
 4 Hebel für die Auslösung der selbsttätigen Stillsetzung der Steuerwelle
 5 Hebel mit Einsteckbarer Verlängerung für die Spindelausrückung.

Abb. 563. Pittler-Vierspindel-Halbautomat RPH 4/15, Vorderseite.

Drehdurchmesser bzw. Werkstoffdurchlaß bezeichnet sind. Der Durchmesser beim Futterautomaten gilt für leicht zu bearbeitende Werkstoffe, während der kleinere Drehdurchmesser für legierte Stähle und zähharte Werkstoffe als Grenze zu nennen ist.

Die Aufteilung der Bewegungen. Die Aufteilung der Bewegungen ist bei den Mehrspindlern eine andere als beim Einspindler.

Mehrspindelautomaten für Futter- und Stangenarbeit besitzen grundsätzlich denselben Aufbau und dasselbe Getriebe mit den nachstehenden Ausnahmen:

1. Der Bereich der Drehzahlen für die Werkstücke bei Futterarbeit liegt tiefer als der für Stangenarbeit bei Mehrspindlern der gleichen Baugröße, da die Durchmesser bei Futterarbeit größer sind als bei Stangenarbeit.

2. Die Spannvorrichtungen für Futterarbeit — meistens durch Preßluft oder elektrisch betätigt — sind völlig anders als die mechanisch betätigten Zangenspannungen für Stangenarbeit.

3. Die Lage der Querschlitten ist verschieden. Beim Stangenautomat liegen sie dicht vor dem vorderen Spindelende, damit die Werkzeuge, die auf dem Querschlitten angebracht sind, möglichst dicht an der Zangenspannung arbeiten und Biegungsmomente klein gehalten

Abb. 564. Pittler-Vierspindel-Halbautomat RPH 4/150.

a—d Kühlölanschlüsse für Außenkühlung
k Schmierleisten der Sammelschmierung (Tropföler)

1 Hebel für die Vorschubkupplung (Antrieb der Steuerwelle)
2 Hebel für Schnellgang
3 Anschluß für die Kurbel zum Drehen der Steuerwelle von Hand
4 Handrad zum Drehen des Triebwerkes und der Spindel.

werden. Beim Futterautomat *muß* der Querschlitten mindestens um Futterhöhe vor dem vorderen Ende der Drehspindel liegen. Diese grundsätzlichen Unterschiede waren die Ursache dafür, daß die Pittler A.G. Futterautomaten und Stangenautomaten mit verschiedenen Spindelkastenkörpern ausrüstete. Die Firmen, die diese Unterschiede bei Futter- und Stangenmaschinen nicht vorsehen, müssen sich oft mit seitlich überhängenden Werkzeugen auf den Querschlitten abfinden.

4. Durch Aufsetzen einer selbsttätigen Ladeeinrichtung, eines sogenannten „Magazins", wird, wie bereits (S. 423) erwähnt, aus dem Stangenautomat der Magazinautomat. Für das Spannen und Auswerfen der Werkstücke verwendet man die Spann- und Vorschubeinrichtung des Stangenautomaten. Der Arbeiter braucht also nur von Zeit zu Zeit den Behälter der Ladeeinrichtung, das „Magazin", zu füllen.

5. Auch die Mehrspindel-Futterautomaten und die Mehrspindel-Stangen- bzw. -Magazinautomaten unterscheiden sich im Hinblick auf die Steuerwellen nur dadurch, daß letztere am linken Ende des Steuerwellenkreuzes (Abb. 565) für den Werkstoffvorschub und dessen Spannung eine Steuertrommel besitzen; erstere besitzen eine Steuertrommel zur Betätigung der Stillsetzung der Drehspindel in der Schaltlage der Spindeltrommel, in der das Aus- und Einspannen des Werkstückes erfolgt.

Um die Vorholeinrichtung für die Werkstückstangen nur einmal anbringen zu müssen, wird die Schaltung von 90 bzw. 60° der Werkstückseite zugeteilt, so daß bei den Mehrspindlern auf der Werkzeugseite die Umschaltung entfällt, der Schlittenkörper also nur eine hin- und hergehende Bewegung ausführt.

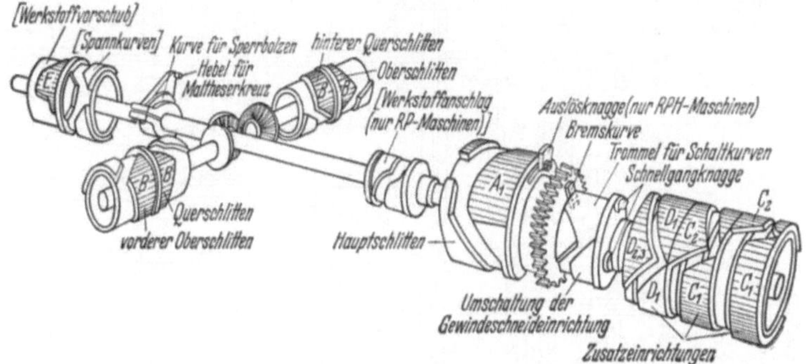

Abb. 565. Darstellung des Steuerwellenkreuzes. Normalwerkzeuge RP und RPH.

Der Antrieb der Maschine. Der Antrieb der Maschine wird vom Elektromotor mit Keilriemen auf die Antriebswelle übertragen. Diese Antriebswelle ist im Getriebeplan ganz rechts mit einer Drehzahl $n = 600$ U/min angegeben.

Der Getriebeplan. Der Getriebeplan (Abb. 566) sieht auf den ersten Blick hin verwickelter aus, als er in Wirklichkeit ist. Auch er gliedert sich in den *Hauptantrieb* für die Schnittbewegung, vermittelt durch die Mittelwelle, den *Vorschubantrieb*, gesteuert von der Steuerwelle, und den *Schnellgang*, der von der Antriebswelle über zwei Kegelräder, Kegelradwelle und Schnellgangkupplung auf das Zahnrad auf der Schneckenradwelle übertragen wird. Da ein solcher Automat für Tausende von Werkstücken eingerichtet wird, kann die für einen bestimmten Werkstoff konstante günstigste Drehzahl einfach durch Wechselräder (A_1, B_1) am rechten Ende der langen Mittelwelle herbeigeführt werden, während am linken Ende auf der Mittelwelle das Zentralzahnrad angeordnet ist, welches die 4 oder 6 Drehspindeln antreibt.

Von dieser Mittelwelle wird mit zwei Stirnräderpaaren die Schnecke angetrieben, welche über das auf der als Schneckenradwelle bezeichneten Querwelle sitzende Schneckenrad die Vorschubbewegung auf die Vorschubwechselräder überträgt. Eine Rollenkupplung gestattet eine Überholung der Vorschubbewegung durch den Schnellgang, der über die auf der Kegelradwelle sitzenden Lamellen- (Schnellgang-) Kupplung einen beschleunigten Umlauf der Steuerwelle bewirkt. Hierdurch wird erreicht, daß die Schaltwege für Vor- und Rückwärtsbewegen der Werkzeugschlitten sowie das Schalten der Spindeltrommel usw. in möglichst kurzer Zeit zurückgelegt werden.

Durch die Arbeitsgangkupplung wird die als Schneckenwelle bezeichnete Welle mit der auf ihr angeordneten Schnecke und das zugehörige Schneckenrad in Umlauf gesetzt

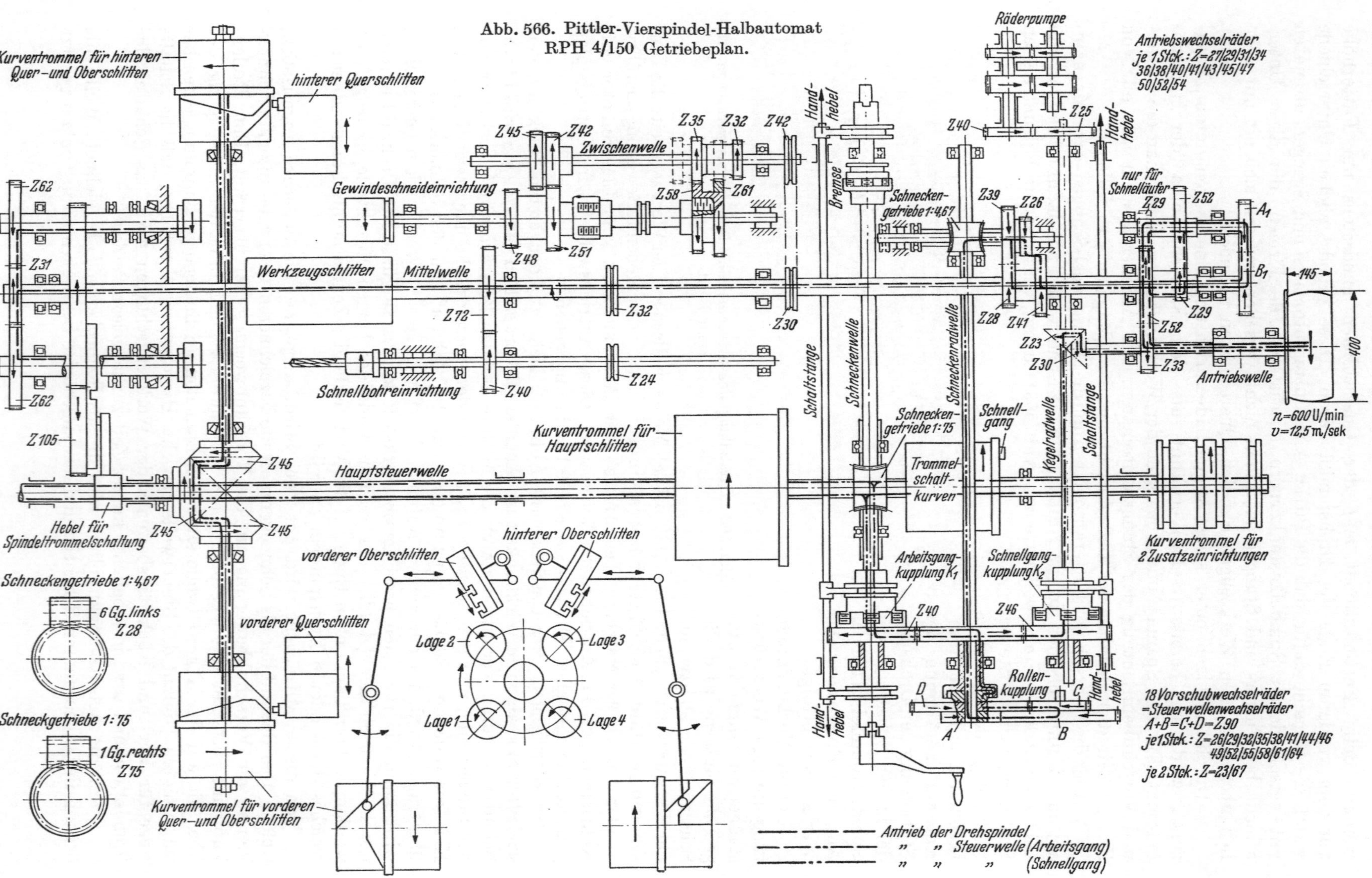

Abb. 566. Pittler-Vierspindel-Halbautomat
RPH 4/150 Getriebeplan.
Räderpumpe
Antriebswechselräder
je 1Stck.: Z=27/29/31/34
36/38/40/41/43/45/47
50/52/54
Kurventrommel für hinteren Quer- und Oberschlitten
hinterer Querschlitten
Z62
Z31
Z62
Z45
Z42
Zwischenwelle
Z35
Z32
Z42
Hand-hebel
Z40
Z25
Hand-hebel
Gewindeschneideinrichtung
Z58
Z61
Bremse
Schnecken-getriebe 1:4,67
Z39
Z26
nur für Schnelläufer
Z29
Z52
A₁
Werkzeugschlitten
Mittelwelle
Z48
Z51
Z72
Z32
Z30
Z28
Z41
Z29
B₁
145
Z23
Z30
Z52
Schnellbohreinrichtung
Z40
Z24
Z33
Antriebswelle
Schaltstange
Schneckenwelle
Schneckenradwelle
n=600 U/min
v=12,5 m./sek
Z105
Kurventrommel für Hauptschlitten
Hauptsteuerwelle
Z45
Schnecken-getriebe 1:75
Schnell-gang
Trommel-schalt-kurven
Kegelradwelle
Schaltstange
Kurventrommel für 2 Zusatzeinrichtungen
Hebel für Spindeltrommelschaltung
Z45
Z45
hinterer Oberschlitten
vorderer Oberschlitten
Arbeitsgang-kupplung K₁
Z40
Schnellgang-kupplung K₂
Z46
Schneckengetriebe 1:4,67
6 Gg. links
Z28
vorderer Querschlitten
Lage 2
Lage 3
Lage 1
Lage 4
Rollen-kupplung
Hand-hebel
D
A
B
C
Schneckgetriebe 1:75
1 Gg. rechts
Z75
Kurventrommel für vorderen Quer- und Oberschlitten
Hand-hebel
18 Vorschubwechselräder
=Steuerwellenwechselräder
A+B=C+D=Z90
je1Stck.: Z=26/29/32/35/38/41/44/46
49/52/55/58/61/64
je 2.Stck.: Z=23/67
Antrieb der Drehspindel
"   "   Steuerwelle (Arbeitsgang)
"   "   "   (Schnellgang)

und damit die Hauptsteuerwelle. Diese Hauptsteuerwelle läuft also parallel zur Hauptwelle der Maschine und endet beim Halbautomaten links in einem spiralverzahnten Kegelradgetriebe, welches zwei senkrecht zur Hauptsteuerwelle angeordnete Quersteuerwellen antreibt. Die Umdrehzahl dieser Quersteuerwellen und der auf ihnen angeordneten Kurventrommeln ist somit dieselbe wie diejenige der Hauptsteuerwelle.

Die Darstellung (Abb. 565) des Steuerwellenkreuzes ist mit der Kennzeichnung der Betätigungsaufgabe der einzelnen Trommeln versehen. Die Trommeln sind unmittelbar oder wenigstens in nächster Nähe der Schaltstellen, Kupplungen usw. angeordnet, so daß deren Betätigung unmittelbar durch einen Zapfen oder durch ein kurzes Zwischenstück, Hebel oder Gleitstück bewerkstelligt wird.

Die Drehzahlschaubilder. Das Drehzahlschaubild (Abb. 567) zum Hauptgetriebe, ausgehend von der Antriebsscheibe

$$n = 600\ \text{U/min},$$

zeigt Bereich und Abstufung der Drehzahlen der Drehspindeln und der zwischen Antriebsachse und den Spindelachsen liegenden Zwischenachsen für die Wechselräder A und B zur Bearbeitung von St 36.11. Ebenso läßt das Vorschubdiagramm (Abb. 568) die Vorschubregelung erkennen, ohne daß dazu Erläuterungen notwendig wären.

Die Gestaltung der Spindeltrommel des Vierspindel-Stangenautomaten. Die Abb. 569 zeigt auch den Hauptwerkzeugschlitten gleitend auf einem Rohr und am Umdrehen verhindert durch einen Gleitschuh. Dieses in die Spindeltrommel eingepreßte gehärtete Stahlrohr ist mit der Spindeltrommel in einer Aufspannung rund geschliffen.

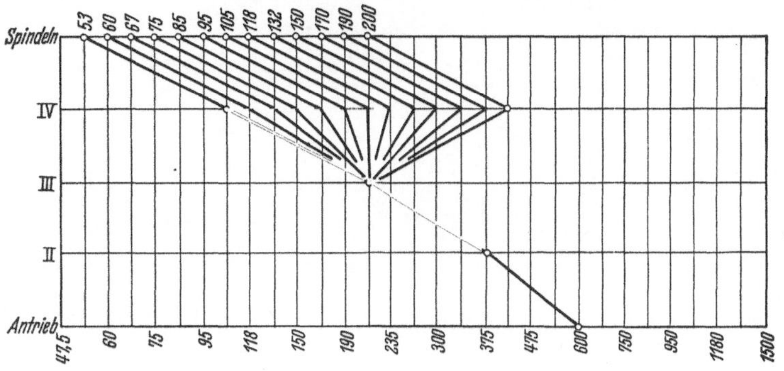

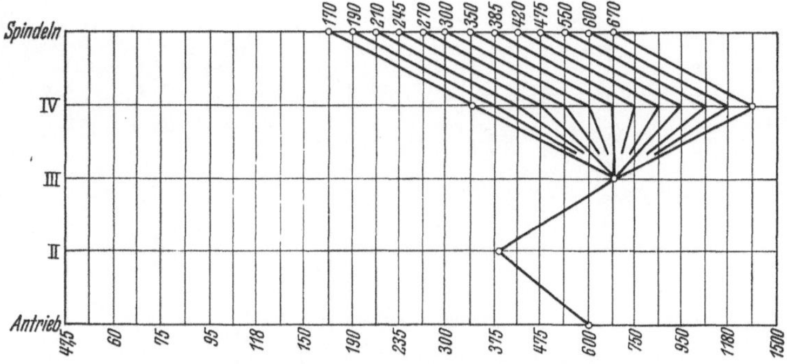

Abb. 567. Drehzahlplan zum Hauptgetriebe des Vierspindlers RPH 4/150. (Pittler.)

Hierdurch wird erreicht, daß die auf dem Hauptschlitten mittels aufgeschraubter Stahlhalter angeordneten Werkzeuge mit ihren Schneiden auf das genaueste parallel zu den Spindelachsen ihre Vorschubbewegung erhalten. Andererseits sind die Bohrungen in der Spindeltrommel zur Aufnahme der Drehspindeln sowohl in der Aufteilung von 90° zu 90° als auch in der Entfernung von der Mittelachse auf Spezialmaschinen mit engsten Toleranzen hergestellt, so daß beim Schwenken der Spindeltrommel jede Spindelachse genau in die gleiche Lage zur Werkzeugschneide der Werkzeuge auf dem Hauptschlitten gelangt. Auf diese Weise ist es gelungen, auch die Toleranzen für das Werkstück selbst fast mit der gleichen Genauigkeit einzuhalten wie bei der Drehbank oder Revolverbank.

Die Verriegelung und Schaltung der Spindeltrommel. Zur Schaltung der Spindeltrommel muß dieselbe (Abb. 570) zunächst entgegen der Vorholfeder entriegelt sodann unter Anwendung eines Malteserkreuzes (Abb. 571) um 90° geschwenkt werden, so daß der gehärtete Verriegelungsbolzen unter Einwirkung der Vorholfeder in die nächste glasharte Rast einschnappend die Trommel genau um 90° geschwenkt festhält.

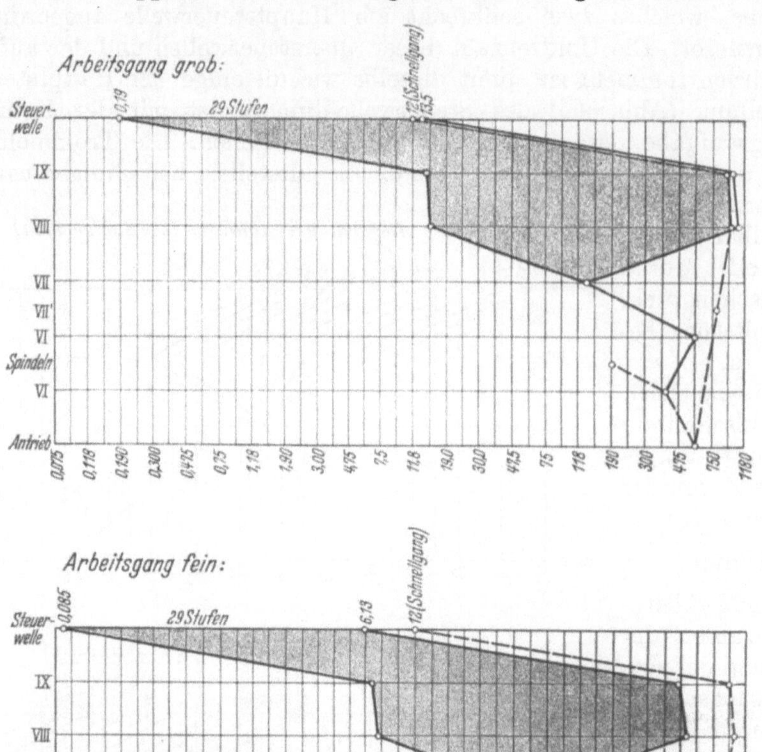

Abb. 568. Vorschubdiagramm zum Vierspindler RPH 4/150. (Pittler.)

Abb. 569. Spindeltrommel eines Vierspindel-Stangenautomat.

Die Druckluftspannvorrichtung zur Drehspindel des Halbautomaten ist in Abb. 572 dargestellt. Der Luftdruck beträgt 4 bis 6 atü. Unabhängig vom Spannen und Entspannen des Futters und gleichzeitig mit demselben in seiner Spannlage werden die Futter aller anderen Spindeln dauernd unter Druck gehalten. Hierzu dient die Luft-

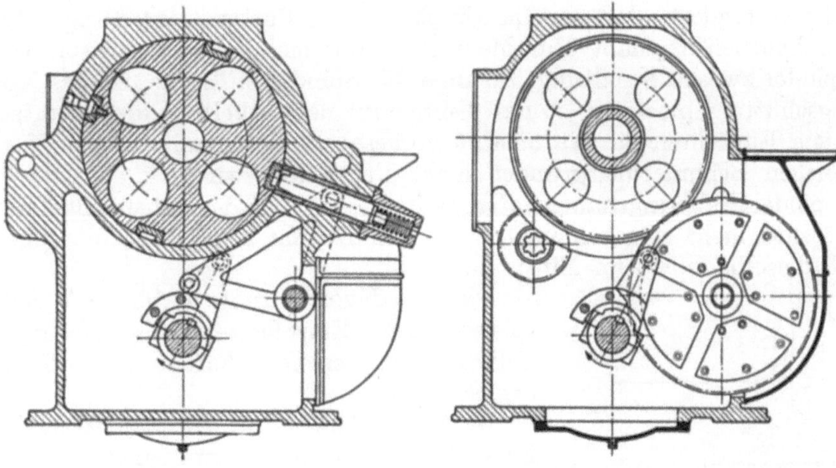

Abb. 570. Verriegelung des Pittler-
Vierspindelautomaten.

Abb. 571. Schaltung des Pittler-
Vierspindelautomaten.

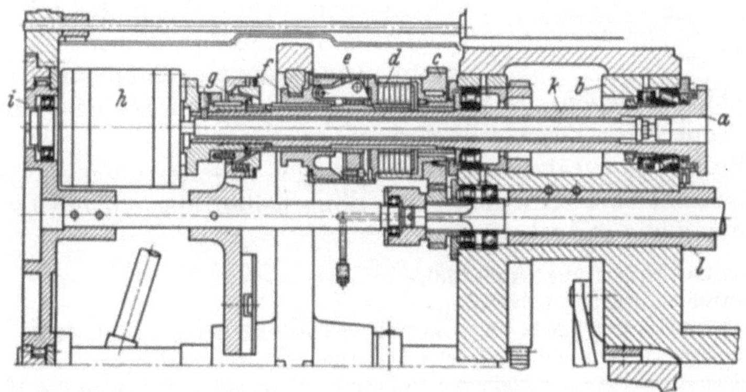

Abb. 572. Druckluftspannvorrichtung zur Drehspindel des Halbautomaten.
(Nach PETZOLD: Vorteilhafte Ausnützung von Mehrspindelautomaten. WT. 1940, H. 6.)

a Arbeitsspindel
b Spindeltrommel
c Spindeltriebrad
d Mehrscheibenkupplung
e Spannfinger
f Spannmuffe

g Spindelbremse, wird durch Spannmuffe *f* bei deren
   Rückgang betätigt
h doppelt wirkender Spannzylinder für Druckluft
i Abstützscheibe für die Spannzylinder
k Zugstange zur Steuerung der Spannvorrichtung
l Führungsrohr für den Werkzeugschlitten

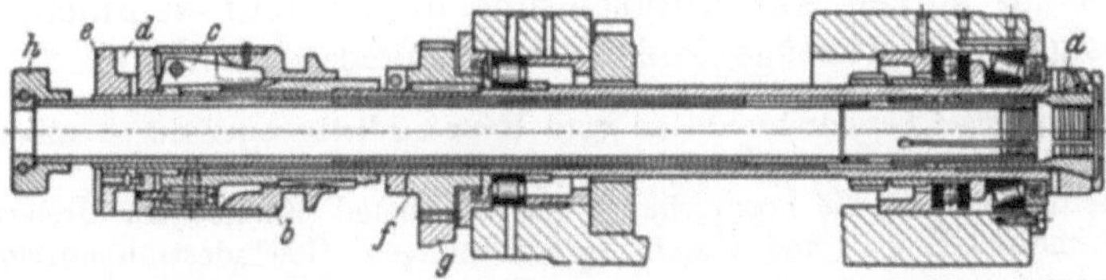

Abb. 573. Drehspindel des Stangenautomaten. (Nach PETZOLD.)

a Spannzange auf Zug wirkend
b Spannmuffe
c Spannfinger
d Ausgleichfeder
e Stellmutter auf dem Spannrohr
f Spindeltriebrad
g Zentralantriebsrad. Als vorderes Lager ist ein einstellbares
   Kegelrollenlager eingebaut; der Längsdruck wird durch ein
   Längslager aufgenommen
h Vorschubmuffe auf dem Vorschubrohr, wird durch den Vor-
   schubschieber in der Spannlage betätigt

leitung, welche verhindert, daß der Luftdruck in den Futtern der übrigen Spindeln infolge von Undichtheit nachläßt. Eine Mehrscheibenbremse sorgt für das sofortige Stillsetzen der Spindel zwecks Schaltung. Solange die Spindel stillsteht, ist das Vorlaufen des Werkzeugschlittens blockiert, so daß Gefahr für den Arbeiter vermieden ist, wenn einmal die beim Einrichten des Automaten vorgesehene Spannzeit für das Werkstück aus irgendwelchen Behinderungsgründen nicht eingehalten wird.

Die Drehspindel des Stangenautomaten (Abb. 573) ist von derjenigen einer Revolverbank grundsätzlich nicht verschieden. Die Werkstoffzufuhr beim Magazinautomaten ist grundsätzlich dieselbe wie beim Einspindler.

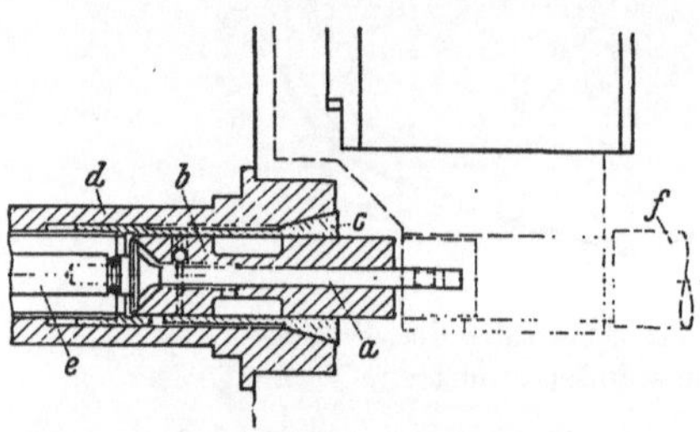

Abb. 574. Einzelheiten einer Ladevorrichtung. (Nach Petzold.)

a Werkstück; *b* Aufspannhülse; *c* Spannzange, *d* Arbeitsspindel; *e* Anschlag- und Ausstoßvorrichtung.

Eine Ladevorrichtung (Abb. 574) zeigt beispielsweise die Einzelheiten zum Einbringen eines Tellerventils, dessen Schaftende bearbeitet werden soll.

Der Hauptschlitten. Der Hauptwerkzeugschlitten, kurz Hauptschlitten genannt, gleitet auf dem bereits erwähnten Stahlrohr und erteilt somit sämtlichen Werkzeugen die gleiche Vorschubgeschwindigkeit. Dieses ist ein Nachteil des Mehrspindlers, welcher jedoch durch Hilfseinrichtungen zum Teil ausgeglichen wird. Jedenfalls müssen die Werkzeughalter mit den darin befestigten Werkzeugen so auf dem Hauptschlitten angeordnet werden, daß beim Vorschieben gegen die Spindeltrommel bis zum Hubende die Spitzen der Werkzeuge am Ende ihrer Bearbeitungsstrecke stehen.

Eine ganze Reihe von zusätzlichen Einrichtungen erweitern den Anwendungsbereich des Automaten. Solche sind z. B. (ohne auf Einzelheiten hier eingehen zu können, und nur um eine Vorstellung zu geben):

1. die Gewindeschneideinrichtung (Abb. 575),
2. die Gewindesträhleinrichtung (Abb. 576),
3. die Schnellbohreinrichtung (Abb. 577), Antrieb von der Mittelwelle (Abb. 565),
3a. die Schnellbohreinrichtung mit Andrückhebel (Abb. 578), bei welcher der Bohrer einen vom Hauptschlitten unabhängigen größeren oder kleineren Vorschub erhält als es derjenige des Hauptschlittens ist. Die gleiche Einrichtung wird auch angewandt zum Vorschieben von Reibahlen und Langdrehwerkzeugen, angebracht auf dem noch zu besprechenden Querschlitten. Zu beachten ist der gestrichelt angedeutete Vorschubhebel, welcher den Vorschub von der Kurventrommel für Zusatzeinrichtungen abnimmt;
4. selbsttätige Ladeeinrichtung.

Die Querschlitten. Beim Vierspindler stehen 4 Querschlitten zur Verfügung. Dadurch können auch Werkstücke bearbeitet werden, welche beim Einspindelautomaten nicht mehr vollständig fertiggestellt werden können. Während für den Hauptschlitten in erster Linie Werkzeuge zur Innenbearbeitung des Werkstücks, Bohren, Senken, Reiben, Abfasen, aber auch zur kurzen Außenbearbeitung in Betracht kommen, werden für die Querschlitten folgende Werkzeuge und Vorrichtungen verwendet:

a) für das Längsdrehen: Langdrehschlitten vom Hauptschlitten oder durch unabhängige Vorschubeinrichtung gesteuert;

b) für das Querdrehen und die Formgebung: Planwerkzeuge (Einstechen, Drehen der Stirnflächen, Abstechen); Nachformdreh-, Kugel- und Kegeldrehvorrichtungen; Gewindesträhleinrichtungen; Querbohr- und Fräsvorrichtungen;

c) für die Werkstückbewegung: Ladeeinrichtungen für Magazinmaschinen; Werkstücksortiereinrichtungen mit Abführrinne.

Zusammenfassung. Am Schluß dieses Abschnitts darf der Hinweis nicht unterbleiben, daß die vollständige genaue Beschreibung eines solchen Automaten den Umfang eines Buches haben würde und daß es auf den vorstehenden Seiten nur möglich war, das Grundsätzliche des Automaten, soweit es von anderen Werkzeugmaschinen wesentlich abweicht und zum Verständnis der Arbeitsweise erforderlich ist, zu bringen.

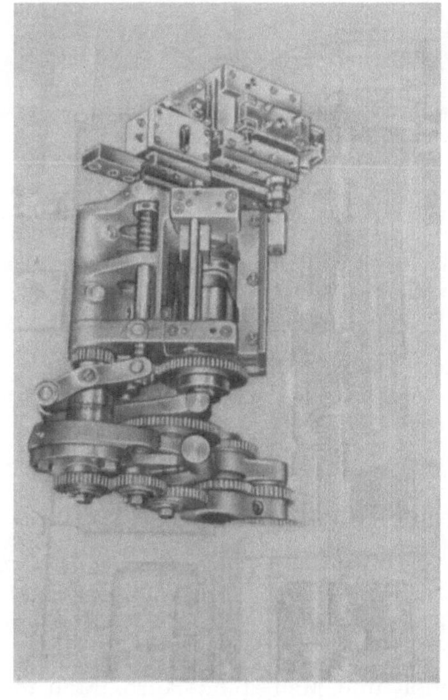

Abb. 576. Gewindesträhleinrichtung. (Schutzbleche abgenommen.)

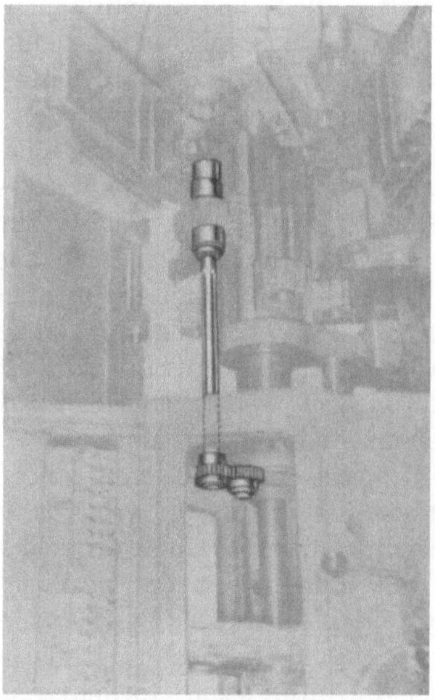

Abb. 578. Schnellbohreinrichtung mit Andrückhebel und mit Einrichtung für Innenkühlung.

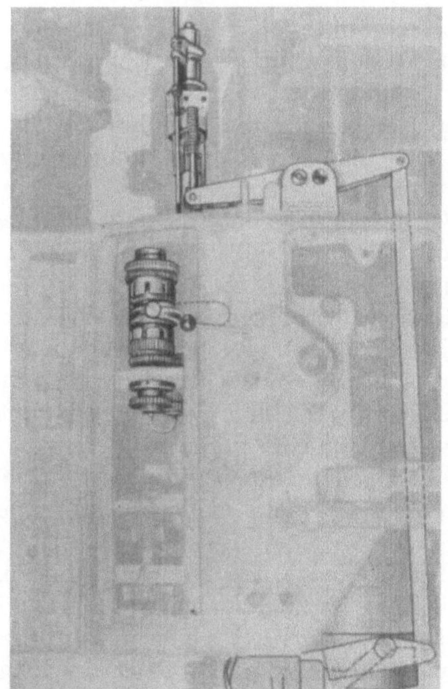

Abb. 575. Gewindeschneideinrichtung, schaltbar mit Antrieb und Sonderandrückhebel.

Abb. 577. Schnellbohreinrichtung.

Zusammenfassend werden hierunter die Vorzüge des Vierspindlers wie der Mehrspindler überhaupt noch einmal aufgeführt:

1. die Bearbeitung von 4 bzw. 6 Werkstücken gleichzeitig, also kurze Bearbeitungszeit;
2. Leistung des Vierspindlers 3- bis 4mal so groß wie die des Einspindlers, des Sechsspindlers 4- bis 6mal so groß;
3. Herstellung schwieriger, nur mit vielen Werkzeugen fertigzustellender Werkstücke;
4. weitgehende Gleichheit der anfallenden Werkstücke unter Einhaltung enger Toleranzen;
5. nur ein Satz Werkzeuge für alle Spindeln zusammen;
6. Verteilung der Arbeit auf viele Werkzeuge, daher schonende Beanspruchung der einzelnen, im besonderen auch Aufteilung schwerer Schnitte auf mehrere Werkzeuge und Zuteilung schwerer Schnitte auf die Orte in der Maschine, an welchen Werkstück und Werkzeug am starrsten aufgenommen sind;
7. weitgehende Möglichkeit, Sondereinrichtungen an den Werkzeugschlitten und in der Maschine selbst anzubringen, um den Anwendungsbereich der Maschine zu vergrößern;
8. Raumersparnis des Mehrspindlers gegenüber dem Einspindler bei gleicher Leistung und insbesondere gegenüber einfachen Drehbänken;
9. Bedienungsersparnis, da mehrere Mehrspindler von einem Arbeiter bedient werden;
10. Zwang zu sorgfältigster Durcharbeitung des Arbeitsplanes, da jede Unzulänglichkeit erheblichen Einfluß auf die Wirtschaftlichkeit der Herstellung ausübt.

3. Definition und Anwendungsgebiete der Revolverautomaten.

1. Definition des Revolverautomaten. Der Revolverautomat ist eine selbsttätig arbeitende Drehmaschine für Stangen- oder Futterarbeit, dessen Werkzeuge auf einem Revolverkopf angeordnet sind. Daneben können auch noch Abstechschlitten und Längsschlitten zur Verfügung stehen.

Als Revolverautomaten kann man alle Einspindel- und Mehrspindelautomaten mit revolverkopfartiger Werkzeuganordnung bezeichnen, nicht aber ausgesprochene Vielschnittautomaten.

Er wird als Vollautomat (mit automatischer Spannung bei Futterarbeiten aus Magazinzuführung) und als Halbautomat (mit Handspannung), meist Preßluftspannfutter, gebaut.

2. Verwendung des Revolverautomaten. Man bearbeitet mit dem Revolverautomaten gleichzeitig Außen- *und* Innenflächen. Planarbeiten werden während des Einsatzes der Revolverkopfwerkzeuge durchgeführt. Werkstücke mit schwierig zu bearbeitenden Formen werden vorteilhaft auf dem Revolverautomaten hergestellt, da hier von allen Seiten gleichzeitig oder in beliebiger Reihen- und Zeitfolge mit Revolverkopf, Längs- und Seitenschlitten an das Werkstück herangefahren werden kann.

3. Die Entscheidung, ob die Revolverdrehbank oder der Revolverautomat zu wählen ist. Für die Wahl der handbetätigten Revolverdrehbank oder des selbsttätig ablaufenden Revolverautomaten zur Durchführung einer Arbeit ist folgendes bestimmend:

Die Stückzahl und das davon abhängige Verhältnis „Fertigungszeit : Einrichtezeit" hängt ganz vom Werkstück ab. Manchmal ist der Einsatz des Revolverautomaten bereits bei den für die Revolverdrehbank gültigen Werten (10 bis 50 Stück) gerechtfertigt. Die beim Automaten größere Einrichtezeit kann von dem häufig kleinen Gewinn an Haupt- und Nebenzeiten nur bei großen Fertigungsmengen wettgemacht werden.

Die Ersparnis an Bedienungszeit: Kommen bei beiden Maschinenarten etwa gleiche Fertigungszeiten heraus, so arbeitet der Automat billiger, da meist mehrere Automaten von einem Arbeiter bedient werden.

Die Gleichmäßigkeit der bearbeiteten Werkstücke: Sofern die Materialzuführung sichergestellt ist, garantiert der Automat gleichmäßige Fertigungszahlen. An den handbetätigten Maschinen spielen Ermüdung und Krankheit des Arbeiters eine weit größere Rolle als am Automaten. Optimal eingestellte Schnittbedingungen (Schnittgeschwindigkeit und Vorschub) werden bei allen Werkstücken gleichmäßig erreicht, während bei Handbetätigung die Veränderung dieser Werte vielfach gar nicht erst vorgenommen wird oder aber die aufzuwendende Nebenzeit die gewonnenen Sekunden wieder aufwiegt.

Tabelle 58. *Pittler-Vierspindel-Futterautomaten.* (Zu S. 428.)

Baumuster	RPH 4/100	RPH 4/150	RPH 4/220	RPH 4/250
Hauptabmessungen:				
Größte Drehlänge . . . . mm	125	150	180	200
Größter Durchmesser . . . . mm	100/70	150/200	200/140	250/180
Bohrung der Werkzeughalter . . . . . engl. Zoll	$1^1/_2$	2	$2^1/_2$	$2^1/_2$
Flächenbedarf . . . . mm	2360×800	3430×1075	3540×1120	4460×1400
Drehzahlen:				
Anzahl der Spindeldrehzahlen	14	13	15	15
Drehzahlbereich: normal . . . . U/min	$71 \cdots 315$	$53 \cdots 210$	$53 \cdots 150$	$18 \cdots 90$
schnell . . . . U/min	$355 \cdots 1600$	$170 \cdots 670$	$132 \cdots 670$	$80 \cdots 400$
erhöht . . . . U/min	—	$265 \cdots 1050$	—	—
Verhältnis der Drehzahlen der Gewindespindel zu denen der Drehspindel:				
für Rechtsgewinde: schnell	1:5	1:4	1:4,2	1:3,75
langsam	1:10,5	1:7	1:7,2	1:8,5
für Linksgewinde: schnell (Ablauf)	1:5	1:3	1:4,2	1:3,75
langsam	1:10,5	1:5,5	1:7,2	1:8,5
Antrieb:				
Nennleistung . . . . kW	7,5	11	14	17,5
Nenndrehzahl . . . . U/min	1430	1410	1425	1460
Gewicht unverpackt . . . . kg	5000	5800	8600	12500

Tabelle 59. *Pittler-Vierspindel-Stangenautomaten.* (Zu S. 428.)

Baumuster	RP 4/22	RP 4/42	RP II 4/64	RP 4/100
Größter Werkstoffdurchlaß . . . . mm	22	42	64	100
Baumuster	RP 4/28	RP 4/56	RP II 4/70	RP 4/80
Größter Werkstoffdurchlaß . . . . mm	28	56	70	80
Hauptabmessungen:				
Größter Werkstoffvorschub . . . . mm	150	200	225	250
Größte Drehlänge . . . . mm	125	150	180	200
Bohrung der Werkzeughalter . . . . Zoll	$1^1/_2$	2	$2^1/_2$	$2^1/_2$
Flächenbedarf mit Werkstofführung . . . . mm	4780×800	5470×1075	6345×1120	6800×1400
Flächenbedarf ohne Werkstofführung . . . mm	2500×800	3035×1075	3540×1120	4275×1400
Drehzahlen:				
Anzahl der Spindeldrehzahlen	13	13	13	15
Drehzahlbereich: normal . . . . U/min	$210 \cdots 580$	$150 \cdots 600$	$105 \cdots 420$	$56 \cdots 280$
schnell . . . . U/min	$670 \cdots 2650$	$475 \cdots 1900$	$375 \cdots 1500$	$280 \cdots 1000$
Verhältnis der Drehzahlen der Gewindespindel zu denen der Drehspindel:				
für Rechtsgewinde: schnell	1:3,1	1:3,8	1:4,2	1:4,2
langsam	1:4,5	1:6,7	1:7,2	1:8,5
für Linksgewinde, schnell (Ablauf)	1:3,4	1:3,1	1:4,2	1:4,2
langsam	1:6,1	1:6,2	1:7,2	1:8,5
Antrieb:				
Nennleistung . . . . kW	5,5	11	14	17,5
Nenndrehzahl . . . . U/min	1430	1410	1425	1460
Gewichte und Verpackung:				
Gewicht unverpackt . . . . rd. kg	3850	6500	8600	13500

Vermeidung des Umspannens von Werkzeugen.

Auf dem Revolverkopf kann eine größere Zahl von Werkzeugen aufgespannt werden, wodurch das übliche Umspannen des Werkzeuges durch ein einfaches, noch dazu selbsttätiges Schalten des Revolvers ersetzt wird.

Einsparung an Durchlaufzeit bei symmetrischen Werkstücken: Eine weitere Einsparung an Durchlaufzeit ist dann möglich, wenn ein symmetrisches Werkstück bei nur einmaligem Einrichten der Werkzeuge in zwei Aufspannungen hintereinander bearbeitet werden kann. Die Durchlaufzeit für beide Aufspannungen muß dann der Taktzeit entsprechen.

Zeitersparnis bei gleichzeitigem Bearbeiten mehrerer Werkstücke: Der Vorteil der Mehrspindelautomaten kann auch dann gewahrt werden, wenn für ein Werkstück nicht alle Trommelschaltungen ausgenutzt werden müssen. Man setzt dann beispielsweise auf einen Sechsspindler 3 Werkstücke, die jeweils mit dem zweiten Arbeitsgang abgestochen werden. Wegen der erhöhten Einrichtezeit und des verhältnismäßig schnellen Durchlaufs sind diese Maschinen nur für große Stückzahlen geeignet.

4. Zusammenfassung. Ein Revolverautomat kommt vor allem zum Einsatz, wenn er schnell und leicht eingerichtet werden kann. In dieser Hinsicht ist aber durch die Entwicklung der Programmsteuerung (S. 408) eine grundsätzliche Erweiterung des Arbeitsgebietes der Revolverbank erreicht worden.

C. Der Index-Automat[1]

Arbeitsbereich. Dieser Drehautomat eignet sich besonders zur Herstellung von Teilen (Abb. 579), an welche besondere Ansprüche gestellt werden, z. B. Teile

mit komplizierter Gestalt,
mit mehreren Innen- und Außengewinden und mit Gewinde hinter einem Bund,
mit hoher Genauigkeit (wie Optik- und Uhrenteile),
mit mehreren Bohrungen und Inneneinstichen,
mit Querbohrungen, Schlitzen, Ausfräsungen und Hinbohrungen (die normalerweise auf besonderen Maschinen ausgeführt werden müssen),
die aus Preßlingen, Gußstücken oder Ziehteilen gefertigt werden müssen,
In diesem Fall arbeitet die Maschine mit Magazinführung,

Der Automat unterscheidet sich von den vorstehenden Automaten grundsätzlich durch die waagerechte Lage der Revolverkopfachse senkrecht zur Werkstückachse und durch die Anordnung einer Hilfssteuerwelle.

Der Arbeitsbereich und die Hauptmessungen gehen aus der Tab. 60 hervor.

Gesamtbild und Hauptdaten. In folgendem wird der Index-Automat der mittelgroßen Bauart (Abb. 580) mit dem Werkstoffdurchlaß 36 mm den Ausführungen zugrunde gelegt. Der Automat ist ein ausgezeichnetes Beispiel für die Sorgfalt, mit welcher nach den Gesetzen der Mechanik den Gefahren begegnet wird, welche von seiten der Beschleunigung und Verlangsamung in der Maschine deren Lebensdauer bedrohen. Die bei jeder Werkzeugmaschine vorkommenden Anforderungen im Hinblick auf Genauigkeit, Vermeidung von Verschleiß, Bedienung usw. werden übergangen. Zur Darstellung kommt nur das Besondere des Automaten. Die Rückansicht gibt Abb. 581.

Der Hauptantrieb. Der Antrieb der Arbeitsspindel zum Schnell- und Langsamgang für Rechts- und Linkslauf erfolgt über eine Doppelkegelkupplung durch das Hauptgetriebe (Abb. 582), welches im Maschinengestell untergebracht ist. Der Antrieb nimmt den in der Abbildung stark gezeichneten Weg. Die Steuerung der vier Bewegungen wird von zwei Kurventrommeln eingeleitet, welche auf der Hilfssteuerwelle angeordnet sind.

Die Umkehr der Arbeitsspindel wird durch den Doppelreibkegel auf dieser Spindel durch Einrücken in den einen oder anderen kettenangetriebenen Hohlkegel bewirkt. Der Kettenantrieb geht von dem Getriebe im Maschinenuntergestell aus, in welchem jeweils ein Reibkegel eingerückt, der andere ausgerückt ist. Beide sind durch Gestänge mit dem Doppelhebel verbunden, dessen oberes Ende in einer Kurve der erwähnten Kurventrommel bewegt wird.

---

[1] Index-Werke Hahn & Tessky, Eßlingen a. N.

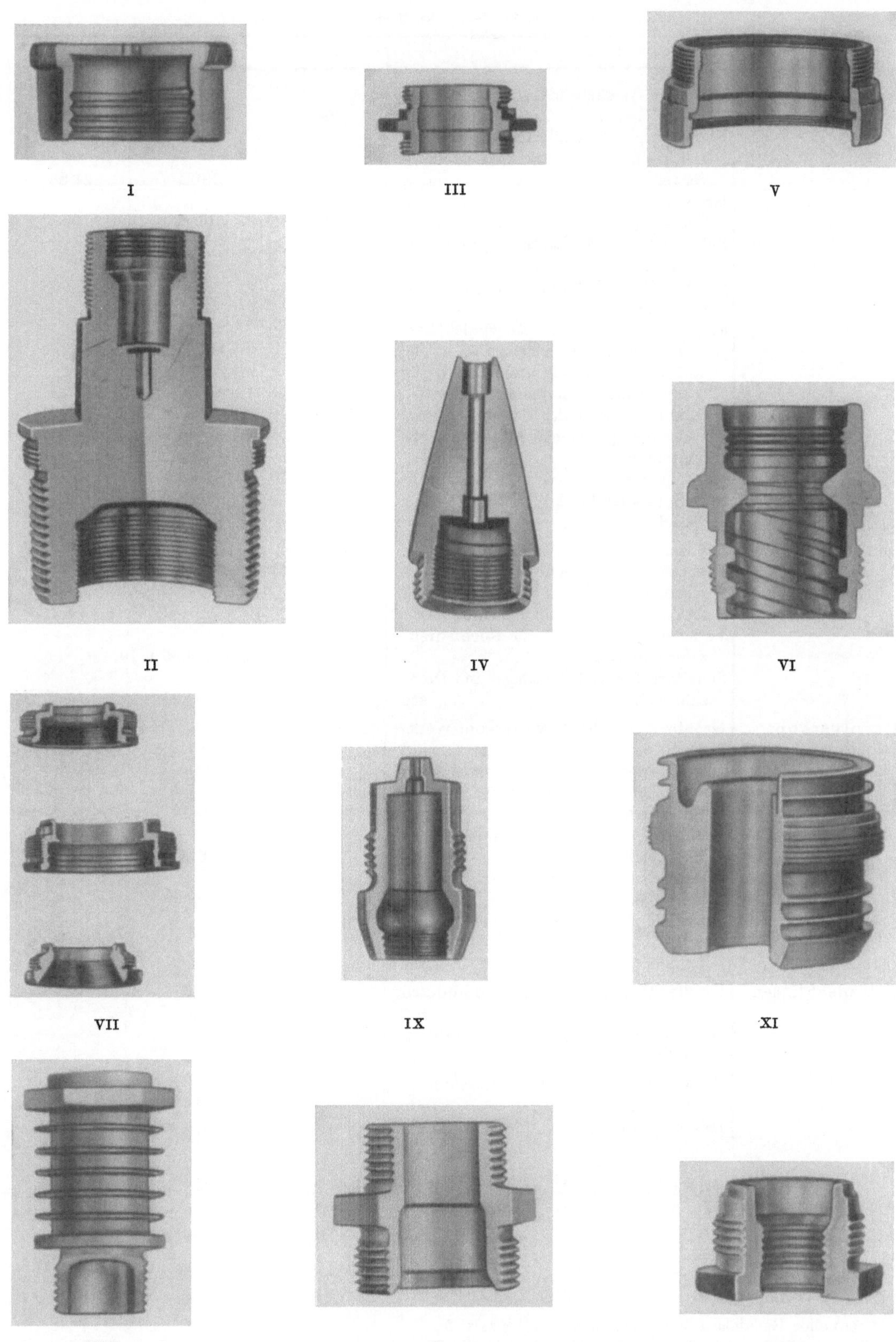

Abb. 579. I—XII. Arbeitsbeispiele. (Index-Werke.)

Tabelle 60. *Arbeitsbereich und Hauptabmessungen.*

Maschinenbauart: Index		24	36	52
Arbeitsbereich	Größter Werkstoffdurchlaß, normal Rund . . . . mm	24	36	52
	Spann- und Vorschubzangen mit Ausgleichteilen nach Sonderbestellung verwendbar von . . . . . . Index	12/18	18/24	24/36
	Größter Werkstoffvorschub bei einer Schaltung . . . . mm	90	90	90
	Schaltzeit für Werkstoffvorschub und -spannung . . . . sec	1	1	1
	Größter Gewindedurchmesser bei Fertigung mit			
	a) Schneideisen und Gewindebohrer auf Messing und Leichtmetall . . .	M 22	M 27	M 27
	auf leicht bearbeitbarem Stahl (für Feingewinde entsprechend größer) .	M 18	M 22	M 22
	b) Strähler (Gewindesträhleinrichtung) auf Messing, Leichtmetall und Automatenstahl . . . . mm	30	42	60
	(b. Futterarbeiten entsprechend größ.			
	Stückzeitdauer für 1 Werkstück veränderlich von . . . . sec	$8 \cdots 360$	$8 \cdots 360$	$8 \cdots 360$
Arbeitsspindel	Drehzahlen für Linkslauf (Drehen) U/min	$95 \cdots 2400$	$60 \cdots 1500$	$60 \cdots 1200$
	Drehzahlen für Rechtslauf (Gewindeschneiden, Reiben u. dgl.) . U/min	$48 \cdots 1200$	$30 \cdots 750$	$30 \cdots 600$
	Selbsttätig schaltbare Drehzahlstufen .	4	4	4
	Verhältnis von Links- zu Rechtsdrehzahlen, normal		1:2, 1:5 und 1:10	
	Schaltzeit für Drehrichtungs- und Drehzahlwechsel . . . . sec		$^1/_4$	
Revolverkopf	Größter Weg der Revolverkopf-Werkzeuge . . . . mm		80	
	Durchmesser des Revolverkopfes . mm		140	
	Größter Abstand von Spannzange bis Revolverkopf . . . . mm		180	
	Kleinster Abstand von Spannzange bis Revolverkopf . . . . mm		64	
	Durchmesser der Werkzeug-Aufnahmebohrungen		25,4 mm = 1″	
	Anzahl der Werkzeug-Aufnahmebohrungen		6	
	Schaltzeit des Revolverkopfes . . sec	$^2/_3$	$^2/_3$	1
Seitenschlitten	Größter Weg der vorderen und hinteren Seitenschlitten-Werkzeuge . . . mm		40	
	Größter Weg des dritten Seitenschlitten-Werkzeuges . . . . mm		30	
Antrieb	Flanschmotor (Befestigungsflansche nach DIN VDE 2941) . . . . . . U/min		$1420 \cdots 1450$	
	Leistung normal . . . . kW		3,7	

Durch die Wechselräder *A, B, C, D* (Abb. 582) können die verschiedenen Spindeldrehzahlen und damit die Schnittgeschwindigkeit der Werkstoffart und dem Durchmesser des Werkstücks angepaßt werden. So stellt der Antrieb der Maschine 48 Drehzahlen der Werkstückspindel zur Verfügung, die wie folgt gegeneinander abgestuft sind:

schneller Rechtslauf = $^1/_2$ des schnellen Linkslaufes;
langsamer Rechtslauf = $^1/_5$ bzw. $^1/_{10}$ des schnellen Linkslaufes;
langsamer Linkslauf = $^2/_5$ bzw. $^1/_5$ des schnellen Linkslaufes.

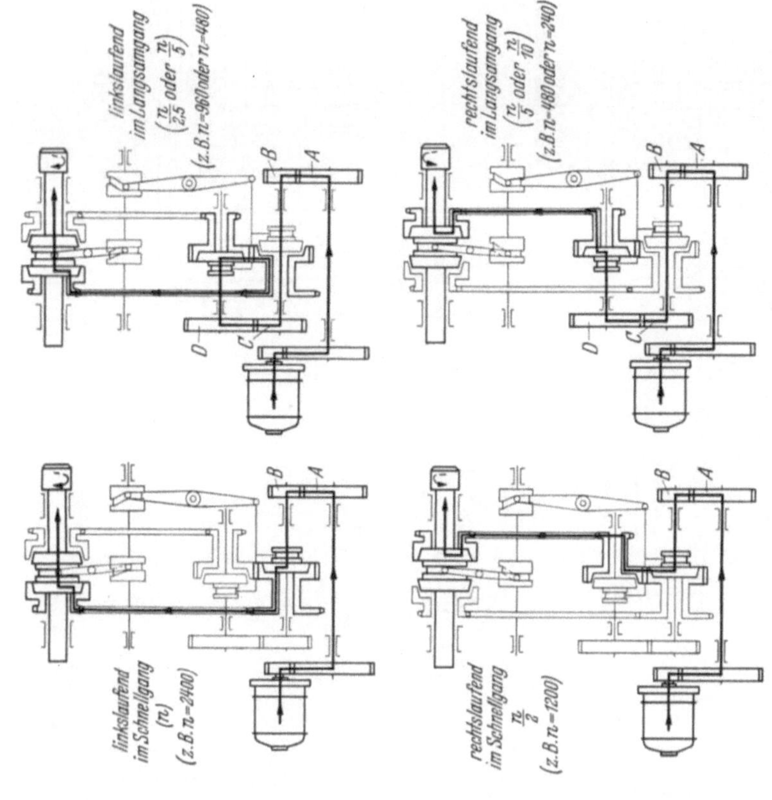

Abb. 582. Hauptgetriebeplan der Index-Automaten 24, 36 und 52.

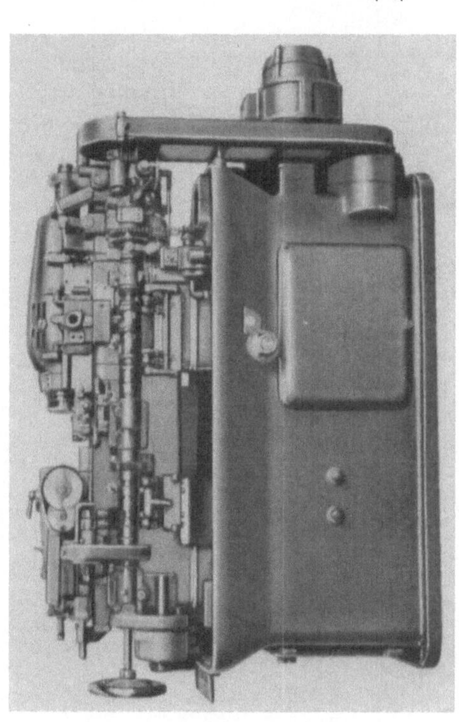

Abb. 581. Index-Automat 36, Rückansicht.

Abb 580. Index-Automat 36, Vorderansicht.

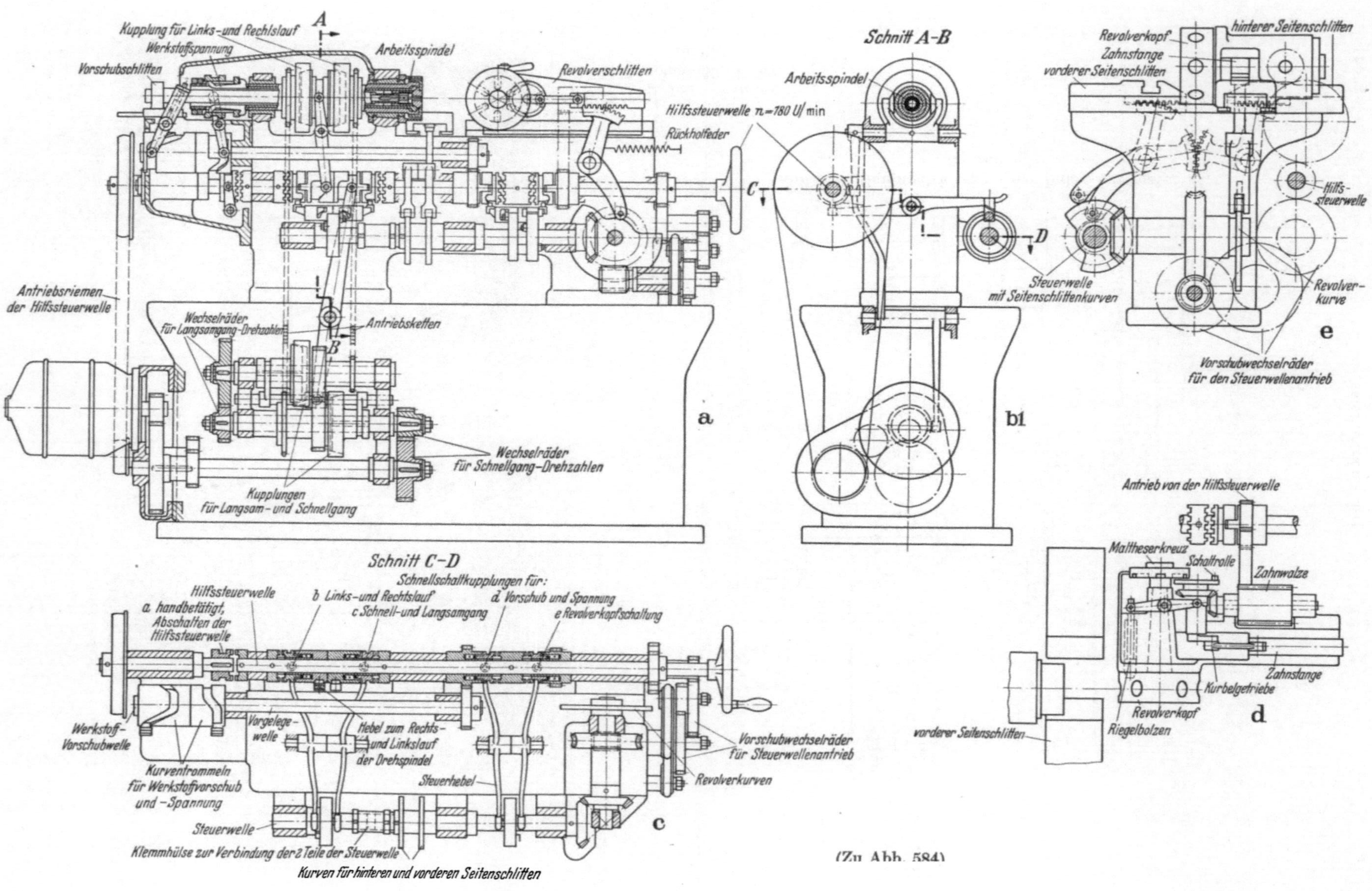

Kupplung für Links- und Rechtslauf
Werkstoffspannung
Arbeitsspindel
Revolverschlitten
Vorschubschlitten
A
Schnitt A-B
hinterer Seitenschlitten
Revolverkopf
Zahnstange
vorderer Seitenschlitten
Arbeitsspindel
Hilfssteuerwelle n = 780 U/min
Rückholfeder
C
D
Steuerwelle mit Seitenschlittenkurven
Hilfssteuerwelle
Revolverkurve
Antriebsriemen der Hilfssteuerwelle
Wechselräder für Langsamgang-Drehzahlen
Antriebsketten
B
Wechselräder für Schnellgang-Drehzahlen
Kupplungen für Langsam- und Schnellgang
a
b1
Vorschubwechselräder für den Steuerwellenantrieb
e
Schnitt C-D
Schnellschaltkupplungen für:
a. handbetätigt, Abschalten der Hilfssteuerwelle
b. Links- und Rechtslauf
c. Schnell- und Langsamgang
d. Vorschub und Spannung
e. Revolverkopfschaltung
Hilfssteuerwelle
Werkstoff-Vorschubwelle
Vorgelegewelle
Hebel zum Rechts- und Linkslauf der Drehspindel
Kurventrommeln für Werkstoffvorschub und -Spannung
Steuerhebel
Steuerwelle
Vorschubwechselräder für Steuerwellenantrieb
Revolverkurven
Klemmhülse zur Verbindung der 2 Teile der Steuerwelle
Kurven für hinteren und vorderen Seitenschlitten
c
Antrieb von der Hilfssteuerwelle
Maltheserkreuz
Schaltrolle
Zahnwalze
Zahnstange
Kurbelgetriebe
Revolverkopf
Riegelbolzen
vorderer Seitenschlitten
d
(Zu Abb. 584)

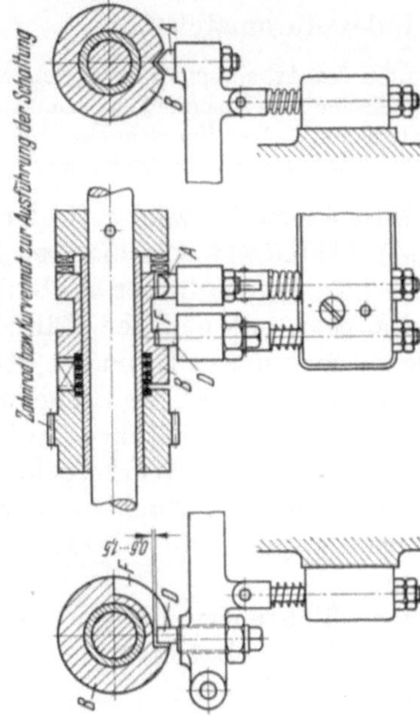

Abb. 583. Blick in den Hauptgetriebekasten.

Abb. 585. Schaltmuffe mit Schaltzapfen und Riegelbolzen.

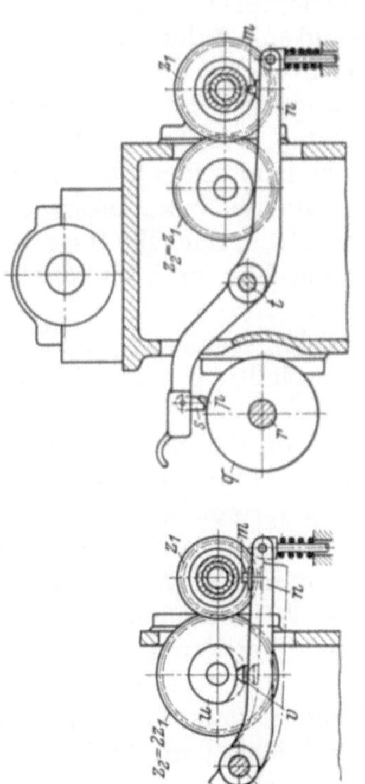

Abb. 584 a—e. Getriebeplan.

Die Steuerwellen. Das besondere Kennzeichen dieses Automaten, die erwähnte schnell umlaufende Hilfssteuerwelle, dient in erster Linie der Abkürzung der Schaltzeiten. Sie sind konstant und von der Umlaufzeit der Hauptsteuerwelle unabhängig und betragen für den Index-Automaten 36:

1. Schalten der Arbeitsspindel von Schnell- auf Langsamgang und umgekehrt $1/_4$ sec.
2. Schalten der Arbeitsspindel von Links- auf Rechtslauf und umgekehrt $1/_4$ sec.
3. Schalten des Werkstoffvorschubes und der Werkstoffspannung 1 sec.
4. Schalten des Revolverkopfes $2/_3$ sec.

Die Hilfssteuerwelle wird mit der stets gleichbleibenden Drehzahl $n = 120$ U/min angetrieben (Abb. 584a bis c). Der Antrieb der Steuerwelle erfolgt von der Hilfssteuerwelle über Wechselräder (Abb. 584b), über Schnecke und Schneckenrad und über ein Kegelradpaar mit gleichen Zähnezahlen. Die Wechselräder werden der Wechselradtabelle entnommen an Hand der Stückzeit, die sich bei der Kurvenberechnung ergibt. Damit wird erreicht, daß die Steuerwelle mit den darauf sitzenden Kurven je Arbeitsstück eine Umdrehung ausführt. Auf diese Weise ist die gleiche Wiederholung in der Fertigung der einzelnen Werkstücke gewährleistet, denn die gesamte Steuerung der Maschine geht von den Nocken- bzw. Kurvenscheiben der Steuerwelle bzw. von der Kurvenscheibe auf der Schneckenradwelle aus, welche in der gleichen Zeit wie die Steuerwelle umläuft.

Auf der Hilfssteuerwelle sind 5 Klauen-Schnellschalt-Kupplungen (*a* bis *e*) angeordnet, welche (Abb. 584b), von links nach rechts verfolgt, dem nachstehend angegebenen Zweck dienen:

a) handbetätigt, Abschalten der Hilfssteuerwelle,
b) Links- und Rechtslauf,
c) Schnell- und Langsamgang,
d) Vorschub- und Spannung der Stange,
e) Revolverkopfschaltung.

Die letzteren 4 Schaltungen (*b* bis *c*) werden von den Nocken der auf der Steuerwelle sitzenden Nockenscheiben über den betreffenden Steuerhebel ausgelöst. Der Umfang der Nockenscheibe ist in 100 gleiche Teile eingeteilt und mit Zahlen 1 bis 100 versehen. Auf Grund der Kurvenberechnung werden nun die Schaltnocken an die bestimmte Stelle am Umfang der Nockenscheibe gesetzt. Für ein etwaiges wiederkehrendes Einrichten sind die Nockenstellungen im Kurvenschema festgehalten. Die Kurvenscheiben werden auf vorgedruckten Entwurfblättern, die auch mit einer Hundertereinteilung und einem 0-Punkt versehen sind, nach der Stückberechnung aufgezeichnet. Dieser 0-Punkt ist auf der ganzen Steuerwelle durch Mitnahmestifte bzw. Mitnahmekeile festgelegt, so daß die Kurvenscheiben beim evtl. Wiedereinrichten der Maschine in ihrer Lage zueinander wieder in dieselbe Stellung gesetzt werden.

Die Auslösung der Revolverschaltung, der Spindelumschaltung, des Materialvorschubes und der Spannung und der Getriebekastenumschaltung geschieht auf folgende Weise:

Ein Steuerhebel (Abb. 585) wird von einem Nocken auf der Steuerwelle angehoben, dadurch wird der Zapfen *D*, welcher die Kupplungsmuffe auf der Hilfssteuerwelle außer Eingriff hält, zurückgezogen, und durch Federbelastung springt die Kupplungsmuffe in ein mit der Hilfssteuerwelle fest verbundenes Gegenstück ein. Die Kupplungsmuffe kann nun 1, $1^1/_3$ bzw. 2 Umdrehungen ausführen und treibt mittels Zahnrades die Schaltelemente an. Nachdem die Kupplungsmuffe 1, $1^1/_3$ bzw. 2 Umdrehungen ausgeführt hat, springt der Zapfen *D* durch Federdruck wieder in eine Vertiefung in der Kupplungsmuffe ein, und durch eine kurze Spiralkurve in der Kupplungsmuffe wird dieselbe aus dem Gegenstück wieder herausgezogen. Die Schaltung ist damit beendet. Die genaue Stellung der Ruhelage der Kupplungsmuffe wird durch eine Taste gesichert.

Die Werkzeugschlitten. Auf der Steuerwelle befinden sich außer den Nockenscheiben noch die Kurvenscheiben (Abb. 584a und b) zu den Vorschüben der Seitenschlitten und auf der mit gleicher Drehzahl umlaufenden Schneckenradwelle die Kurvenscheiben für den Vorschub des Revolverschlittens. Das Auswechseln der Kurvenscheiben zu den Seitenschlitten ist ausführbar durch Aufteilung der Steuerwelle in zwei Teile, welche durch eine Klemmhülse und durch einen Keil (Abb. 584b) zusammengehalten werden.

Außer den Revolverschlitten und den Seitenschlitten kann noch zusätzlich ein Oberschlitten angeordnet sein.

Der Revolverschlitten (Abb. 584a) wird vorgeschoben durch die bereits erwähnte Revolverkurvenscheibe über einen doppelarmigen Hebel, der mit seinem Zahnsegment in die Zahnstange des Schlittens eingreift, welche um 36 mm verstellbar ist. Diese Verstellmöglichkeit dient dazu, den Revolverkopf mit den möglichst kurz eingespannten Werkzeugen so nah wie möglich an die Werkstücke heranzubringen. Es versteht sich, daß beim Verstellen des Revolverschlittens die Federspannung entsprechend nachgestellt werden muß.

Das Zurückholen des Revolverschlittens erfolgt durch eine beim Vorschub gespannte Rückholfeder (Abb. 584a). Dieses Zurückholen ist bei zweckentsprechender Federspannung stoßfrei, da die Rückholfeder gleichzeitig zur Pufferung des Revolverschlittens dient. Aus den gewünschten Vorschubbewegungen erhält man die Vorschubkurven, nach welchen die Kurvenscheibe auszuarbeiten ist durch Aufzeichnen der betreffenden Stellungen der Rolle am andern Hebelarmende für die Endstellungen und gegebenenfalls für einige mittlere Stellungen, indem man die Vorschubkurve tangierend an diese Rollen legt.

Die Seitenschlitten werden von den bereits erwähnten auf der Steuerwelle sitzenden Kurvenscheiben über Hebel mit Zahnsegment und über die am Seitenschlitten verstellbar angebrachte Zahnstange bewegt (Abb. 584b und d). Zum Verstellen bis zu 3 mm ist eine gerändelte Feineinstellmutter vorgesehen, mit der die Drehme.ßel auf die genaue Durchmesserpassung der Werkstücke in einfachster Weise eingestellt werden. Ferner sind die Seitenschlitten wie bei der normalen Drehbank mit Anschlagschrauben ausgerüstet, um den Schlittenweg zwecks Einhalten der Durchmessertoleranzen am Werkstück genau zu begrenzen. In gleicher Weise wie die Seitenschlitten wird auch der gegebenenfalls zusätzlich angeordnete Oberschlitten, in der Regel zum Abstechen des Werkstücks, gesteuert.

Das Heranführen und Festspannen des Werkstoffs. Dieser Vorgang unterscheidet sich von demjenigen der Revolverbank und den bisher betriebenen Automaten nur dadurch, daß die Hand des Arbeiters durch einen von der Steuerwelle selbsttätig gesteuerten Schalthebel (Abb. 584c) verbunden mit einer Vorschubzange ersetzt wird.

Die zugehörige Kupplungsmuffe treibt mit ihrem Zahnrad das Zahnrad einer Vorgelegewelle an, an deren linkem Ende (Abb. 584a und b) sich zwei Kurventrommeln befinden, in welchen die Rollen je eines doppelarmigen Hebels laufen. In bekannter Weise wird von diesen Hebeln der Werkstoff vorgeführt und gespannt. Der Zeitbedarf für die Schaltung beträgt 1 sec entsprechend zwei Umläufen der Kupplungsmuffe. Die Spannzange (Schulterzange) wird durch ein kegeliges Druckrohr von links nach rechts gespannt und mit ihrer Schulter gegen die Spindelmutter gedrückt, dadurch wird der Spanndruck der Zange durch axial wirkende Zerspanungskräfte vom Revolver her noch verstärkt.

Nach dem Verbrauch einer Werkstoffstange erfolgt die selbsttätige Stillsetzung aller Arbeitsbewegungen infolge Abgleitens der Vorschubzange von dem von der Spannzange festgehaltenen Stangenende. Sogleich gleitet durch Federwirkung der Vorschubhebel mit einer Rolle in eine seitliche Aussparung der Vorschubkurve und bringt die Klaue a (sonst nur handbetätigt) außer Eingriff (Abb. 584a), wodurch die Hilfssteuerwelle und damit die ganze Maschine stillgesetzt wird.

Die Revolverkopfschaltung. Die Revolverkopfschaltung wird wie die übrigen Schaltungen durch Nocken einer Nockenscheibe über den Steuerhebel und die Kupplungs-

muffe *e* eingeleitet. Unterschiede gegenüber den übrigen Schaltungen bestehen nur
darin, daß die Nockenscheibe beiderseits mit Nocken besetzt ist, damit die Befestigungen
der einzelnen Nocken sich bei kurz aufeinanderfolgenden Schaltungen nicht gegenseitig
stören.

Die Werkstoffzufuhr und Spannung erfordert zwei Umläufe der Kupplungsmuffe.
Der zweimalige Umlauf wird dadurch erreicht, daß dem Steuerhebel mit einem Zapfen
das Eingreifen in die Aussparung der Kupplungsmuffe nach einem Umlauf derselben
verwehrt wird, indem der (Abb. 584 b) mit einem Tastknopf versehene Hebel auf eine
Sperrwalze tastet, welche nur und erst kurz vor dem Ende des zweimaligen Umlaufes
der Kupplungsmuffe eine Einsenkung darbietet, so daß der Tastknopf seine Bewegung
fortsetzen kann und damit dem Steuerhebel das Eingreifen in die Aussparung gestattet.
Der Umlauf der Sperrwalze wird einfach von der Verzahnung am Umfang der Kupplungsmuffe (Abb. 584 b) abgeleitet und ist nach den zwei Umläufen derselben beendet.

Von dem Zahnkranz der Schaltmuffe wird auch die Schaltung des Revolverkopfes
(Abb. 584 e) abgeleitet.

Die Kupplungsmuffe für die Revolverschaltung macht für eine Schaltung $1^1/_3$ Umdrehungen. Dieser Vorgang dauert also $\dfrac{60 \cdot 1^1/_3}{120} = {}^2/_3$ sec. Die genaue Umlaufsbegrenzung
wird auch bei dieser Schaltmuffe durch den Rastbolzen (Abb. 585) erreicht.

Da zwecks Schaltung der Revolverkopf mit seinen Werkzeugen aus dem Bereich der
übrigen Werkzeuge und des Werkstücks zurückgezogen werden muß, wird der Schalt-
antrieb von einer dem Rückzugsweg entsprechend langen Zahnwalze übernommen und
mittels Kegelradpaar auf die Schaltrolle übertragen (Abb. 584 e). Diese Rolle greift in
das Maltheserkreuz ein und verursacht die Schwenkung des Revolverkopfes um genau 60°.
Die Genauigkeit der Schaltung wird durch einen Riegelbolzen gesichert, der einer Feder
entgegen durch einen doppelarmigen Hebel von einer Kurve zum Ausschwenken gebracht
wird. Die Kurve sitzt auf der Schaltrollenscheibenachse dicht am Kegelrad auf derselben.
Mit Hilfe eines Handgriffes (Abb. 581) kann der Riegelbolzen auch von Hand herausgezogen werden. Der Revolver kann sodann von Hand frei geschwenkt werden.

Genügen drei Werkzeuge zur Bearbeitung, so kann mit einer Schaltung statt um 60°
um 120° geschaltet werden. Dies wird dadurch erreicht, daß auf der Schaltrollenscheibe
zwei Rollen angebracht werden, so daß das Maltheserkreuz durch die beiden Rollen um
120° gedreht wird.

Auf der gleichen Achse ist auch die Kurbel angeordnet, welche mit einer Schubstange
(Abb. 584 e) den Revolverschlitten zur Schaltung zurückholt und wieder vorbringt.

Eine große Anzahl organisch angegliederter
Zusatzeinrichtungen erweitert den Anwendungsbereich des Automaten. Solche Zusatzeinrichtungen sind:

dritter Seitenschlitten (Abb. 586),
Außenvorschubeinrichtung,
Schwinghebel für Werkstoffanschlag (Abb. 587),
Antriebseinrichtung,
Schnellbohreinrichtung,
Schlitzeinrichtung,
Gewindesträhleinrichtung,
Form- und Langdreheinrichtung,
Magazineinrichtung (Abb. 588),
Spindelabbremseinrichtung,
Werkstoffeinbringeinrichtung.

Abb. 586. Dritter Seitenschlitten.

Auf diese Einrichtungen kann bis auf die-
jenige zum Gewindestrählen nicht näher eingegangen werden. Ähnliche Einrichtungen
sind bereits bei den Pittler-Maschinen vorgeführt worden.

Gewinde wird auf dem Automaten entweder durch Schneideisen, Gewindeschneid-
köpfe oder mit Hilfe der Strähleinrichtung geschnitten, Innengewinde durch Gewinde-

bohrer bzw. Strähleinrichtung. Die Strähleinrichtung ist besonders vorteilhaft für sehr genaue und mehrgängige Gewinde, außerdem ist es möglich, mit ihr Gewinde hinter einem Bund aufzustrählen.

Zu den Schmiereinrichtungen folgen Angaben im Abschnitt „Schmierung" (S. 466).

Den besten Einblick in die hohe Leistungsfähigkeit der Automaten, aber auch in deren Grenzen, gewährt das Einrichten derselben. Es sei daher ausführlich mitgeteilt.

Das Verfahren beim Einrichten des Index-Automaten 36 zur Herstellung eines bestimmten Werkstücks. Die im Handbuch gebotene Darstellung des Verfahrens ist von den Index-Werken so vielfach erprobt, daß sich eine Neufassung erübrigt. Die Darstellung wird daher wörtlich wiedergegeben. Es sei an diesem Beispiel gezeigt, welche Maßnahmen und welche Sorgfalt erforderlich sind, um den Automaten auf höchste Leistung einzurichten.

Abb. 587. Schwinghebel für Werkstoffanschlag. Werkstoff-Schwinganschlag.

Kurvenberechnung[1].

Dem Kurvenberechnen ist der Arbeitsfolgeplan zugrunde zu legen. Zur Vereinfachung des Berechnens wird der Umfang der Kurven in hundert gleiche Teile eingeteilt, bei deren Ablauf gewöhnlicherweise ein Werkstück hergestellt wird.

Die Stückzeit, d. h. die gesamte Arbeitszeit zur Herstellung eines Werkstückes, zerfällt in

1. die Hauptzeit (während welcher die aufeinanderfolgenden, spanabhebenden Arbeitsgänge erfolgen) und

2. die Nebenzeit oder Totzeit.

Der Hauptzeit, in welcher das Werkstück verformt wird, liegen die zulässigen Schnittgeschwindigkeiten und Vorschübe, die auf die Arbeitsspindelumdrehungen entfallen, zugrunde.

Die Nebenzeiten oder Totzeiten setzen sich zusammen aus

a) Werkstoffvorschub und -spannung,

b) Schalten des Revolverkopfes,

c) Vor- und Rückgang der Werkzeuge, soweit diese in Rechnung gestellt werden müssen, und aus

d) zusätzlichen Stillständen, wie dieselben sich fallweise ergeben.

Die erforderlichen Hundertstel für Revolverkopfschaltung sowie Werkstoffvorschub und -spannung sind von der Größe der jeweiligen Stückzeit und der Maschinengröße abhängig, im übrigen jedoch feste Zeitwerte.

Man legt dem Gang der Berechnung zweckmäßig nachstehende Reihenfolge zugrunde:

1. Festlegung der minutlichen Drehzahl der Arbeitsspindel,

Abb. 588. Magazineinrichtung auf dem vorderen Seitenschlitten.

2. Aufstellen der Arbeitsfolge,

3. Bestimmung der Arbeitswege,

4. Einsetzen der anzuwendenden Vorschübe, bezogen auf eine Umdrehung der Arbeitsspindel,

5. Berechnung der für jeden einzelnen Arbeitsgang erforderlichen Spindelumdrehungen,

6. Errechnen der Hauptzeit,

7. Festlegung der Nebenzeit auf Grund der errechneten Hauptzeit. (Die Nebenzeit wird in Hundertstel des Kurvenumfanges ausgedrückt.)

---

[1] Dieser Abschnitt wurde mit der Genehmigung der Index-Werke K. G., Hahn & Tessky, Eßlingen, aus dem Betriebs-Handbuch Index-Revolver-Automaten übernommen.

8. Errechnen der Stückzeit,

9. Ermittlung der auf jeden einzelnen Arbeitsgang entfallenden Hundertstel des Kurvenumfanges.

Bei Strahl O läßt man gewöhnlicherweise die Schaltung des Werkstoffvorschubes beginnen. Diese Schaltung kann jedoch auch, wenn erforderlich, beliebig oft und an jeder Stelle des Kurvenumfanges erfolgen. Etwa 3 Strahlen früher muß der Abstechstrahl seine Arbeit beenden, denn derselbe muß genügend weit zurückgegangen sein, bevor bei Strahl O die Schaltung des Werkstoffvorschubes beginnt.

Berechnungsbeispiel.
(Anwendung der Schlitz-, Greif- und Schnellbohreinrichtung).

Als Berechnungsbeispiel diene das auf Abb. 590 gezeichnete Werkstück aus Messing Ms 58, welches einschließlich der beiden gefrästen Flächen auf der Maschine Index 24 gefertigt werden soll. Sie ist hierfür mit folgenden Zusatzeinrichtungen auszurüsten: Dritter Seitenschlitten, Außenvorschubeinrichtung, Schnellbohr- und Antriebseinrichtung, Schlitz- und Greifeinrichtung.

1. Festlegung der minutlichen Drehzahl der Arbeitsspindel. Das hier zur Verarbeitung kommende Messing kann mit einer Schnittgeschwindigkeit bis 150 m/min verarbeitet werden (s. Tab. 61). Ein Werkstückdurchmesser von 28 mm ergibt bei 1500 Umdrehungen der Arbeitsspindel eine Schnittgeschwindigkeit von 132 m/min.

2. Aufstellen der Arbeitsfolge. *Revolverkopfwerkzeuge*: 1. Begrenzen des Werkstoffvorschubes durch ·den Werkstoffanschlag. 2. Überdrehen Gewinde-⌀ und Bohren 10 ⌀. 3. Innen- und Außenkante brechen. 4. Gewindeschneiden. 5. Bohren 6 ⌀ mit Schnellbohrspindel.

Seitenwerkzeuge: Formen des Schaftes 20 ⌀ und des Gewindeeinstiches mit Formscheibenstahl auf vorderem Seitenschlitten. Formen des Ansatzes 22 ⌀ mit Formscheibenstahl auf hinterem Seitenschlitten. Abstechen mit Flachstahl des dritten Seitenschlittens.

Schlitzeinrichtung mit Greifeinrichtung: Flächenfräser des Werkstückes. Der Greifarm der Greifeinrichtung ergreift das Werkstück kurz bevor es abgestochen ist, um es anschließend den beiden Fräsern zum Flächenfräsen zuzuführen.

Diese Arbeitsfolge wird in die Spalte „a" des Berechnungsblattes Tab. 61, S. 457, eingetragen.

3. Bestimmung der Arbeitswege. Die Arbeitswege sind für jeden einzelnen Arbeitsgang der Werkstückzeichnung zu entnehmen und in die Spalte „b" im 1. Berechnungsbeispiel S. 457 einzutragen.

4. Einsetzen der Vorschübe, bezogen auf eine Umdrehung der Arbeitsspindel. Die Vorschübe für eine Umdrehung der Arbeitsspindel sind in die Spalte „c" einzutragen. Richtwerte hierfür enthält Tab. 64, S. 460.

5. Berechnung der für jeden einzelnen Arbeitsgang erforderlichen Arbeitsspindelumdrehungen. Die Arbeitsspindelumdrehungen in Spalte „d" berechnet man aus den Zahlen des Arbeitsweges und des Vorschubes, beispielsweise für die Werkzeugfolge 2 „Überdrehen Gewinde-⌀ und Bohren" aus dem Verhältnis:

$$\frac{\text{Arbeitsweg in mm}}{\text{Vorschub bei einer Arbeitsspindelumdrehung in mm}} = \frac{17}{0,133} = 128 \text{ Umdrehungen.}$$

Berechnung der Arbeitsspindelumdrehungen beim Gewindeschneiden oder Bohren mit der Schnellbohrspindel und dgl., s. Anmerkung zur Kurvenberechnung S. 450

6. Errechnen der Hauptzeit. Zur Bestimmung dieses Teiles der Stückzeit sind nur die Arbeitsspindelumdrehungen der aufeinanderfolgenden, spanenden Arbeitsgänge zu berücksichtigen und von der Spalte „d', in die Spalte „h" zu übertragen. Alle übrigen in diese Zeit fallenden Arbeiten werden nicht berechnet.

Demzufolge sind in diesem Beispiel beim Errechnen der Hauptzeiten die Zeiten für das Formen der beiden Seitenwerkzeuge, der größte Teil des Abstechens und das Flächenfräsen — mit Ausnahme einiger Greifarmbewegungen — nicht zu berücksichtigen, da diese Arbeiten während jener der Revolverkopfwerkzeuge erfolgen.

Beansprucht bei einem anderen Werkstück, bei dessen Fertigung die Revolverkopf- und Seitenwerkzeuge gleichzeitig arbeiten können, die Arbeit der Seitenwerkzeuge längere Zeit als diejenige der Revolverkopfwerkzeuge und der in der Berechnung berücksichtigten Greifarmbewegungen, so muß beim Berechnen der Hauptzeiten diejenige der Seitenwerkzeuge zugrunde gelegt werden. Die Möglichkeit, daß die Revolverkopf- und Seitenwerkzeuge gleichzeitig arbeiten können, ist, wenn angängig, stets auszunutzen, da hierdurch die Stückzeit günstig beeinflußt wird.

Nun zählt man die Zahlen der Spalte „h" zusammen; die Summe ergibt 319 Umdrehungen der Arbeitsspindel für spanende Arbeitsgänge. Die hierfür erforderlichen Hauptzeiten können wie folgt berechnet werden:

$$1500 \text{ Umdrehungen entsprechen 1 Minute . . } = 60 \text{ Sekunden}$$

$$1 \text{ Umdrehung entspricht . . . . } = \frac{60}{1500} \text{ Sekunden}$$

$$319 \text{ Umdrehungen entsprechen. . . } \frac{60 \cdot 319}{15} = \text{etwa 13 Sekunden.}$$

Diese Zeit wird für die zu berechnenden, spanenden Arbeitsgänge — ohne Berücksichtigung der Nebenzeiten — benötigt.

7. Festlegung der Nebenzeiten. Zu den für die spanenden Arbeitsgänge vorstehend berechneten Hauptzeiten kommen weiterhin die Nebenzeiten, die sich wie folgt zusammensetzen:

Werkstoffvorschub und -spannung,
Schalten des Revolverkopfes,
Vor- und Rückgang der Kurven zum bzw. nach dem Arbeitsgang,
erforderliche Nebenzeiten für die Greifarmbewegungen.

Diese letzteren umfassen gewöhnlicherweise halbes Abwärtsschwingen des Greifarmes auf Arbeitsspindelmitte, Stillstand, Vorgehen zum Greifen des Werkstückes, Stillstand während und nach dem Abstechen, sowie anschließendes halbes Aufwärtsschwingen, wodurch der Greifer wieder aus dem Arbeitsbereich der Revolverkopfwerkzeuge tritt.

Die für Werkstoffvorschub und -spannung bzw. für eine Schaltung des Revolverkopfes erforderlichen Hundertstel des Kurvenumfanges enthält Tab. 65, S. 461.

Um diese Nebenzeiten auf ein Mindestmaß zu beschränken, ist beim Festlegen derselben folgendes zu beachten:

Bei *Anwendung der Greifeinrichtung* kann der Greifarm erst dann auf Arbeitsspindelmitte schwingen, wenn das zuletzt in Arbeitsstellung befindliche Revolverkopfwerkzeug weggeschaltet ist, so daß der abwärtsschwingende Greifarm mit Greiferbüchse zwischen dem noch nicht abgestochenen Werkstück und dem Revolverkopf bzw. einem darinsitzenden Werkzeug Platz findet. Um dies mit Sicherheit zu erreichen, muß sich der abwärtsschwingende Greifarm auf etwa halbem Wege befinden, wenn der Revolverkopf eine halbe bzw. eine ganze Schaltung ausgeführt hat. Derselbe wird hierbei bis zu seiner rückwärtigen Endstellung zurückgezogen. Deshalb ist der Wert für eine halbe bzw. ganze Revolverkopfschaltung in die Berechnung einzusetzen. Umgekehrt muß sich der aufwärtsschwingende Greifarm auf etwa halbem Wege befinden, wenn die nächstfolgenden Revolverkopfschaltung zur Hälfte beendet ist bzw. der Revolverkopf mit seinem Vorgang beginnt.

Beansprucht das *Abstechen* nur geringe Zeit, so ist in Fällen, in denen nicht alle Werkzeugaufnahmebohrungen im Revolverkopf besetzt sind, immer zu prüfen, ob der Revolverkopf während der für das Abstechen erforderlichen Zeit bis zur Werkstoffanschlagstellung schalten kann. Ist dies nicht möglich, so müssen an Stelle des Abstechens die noch auszuführenden Revolverkopfschaltungen in der Berechnung berücksichtigt werden. Wenn zur Herstellung eines Werkstückes 3 oder weniger Revolverkopfwerkzeuge benötigt werden, ist es zweckmäßig, die *Zweilochschaltung* anzuwenden.

Zur Bestimmung der erforderlichen Hundertstel des Kurvenumfanges für die *Nebenzeiten* sind beim vorliegenden Berechnungsbeispiel insgesamt 5 Revolverkopfschaltungen zu berücksichtigen, da von den 2 letzten Schaltungen — aus den vorstehend erläuterten Gründen betr. Ab- und Aufwärtsschwingen des Greifarmes — je eine halbe Schaltung einzusetzen ist. Die Zeitdauer für das Schalten von Werkstoffvorschub und -spannung beträgt 1 Sekunde, für eine Schaltung des Revolverkopfes $^2/_3$ Sekunden. Für den Werkstoffvorschub und die 5 Revolverkopfschaltungen, sowie für die anderen Nebenzeiten seien vorerst insgesamt 8 Sekunden angenommen. Die ungefähre Zeit zur Herstellung des Werkstückes würde demnach 21 Sekunden (13 Sekunden für Hauptzeiten, 8 Sekunden für Nebenzeiten) betragen. Diese Zeit ist zunächst nur ein Annäherungswert, die richtige tatsächliche Stückzeit ergibt sich erst aus der weiteren Berechnung.

In Tab. 65, S. 461, ist die Stückzeit von 21 Sekunden nicht enthalten, so daß die Schaltwerte für die nächstliegende von 22 Sekunden zu wählen sind. Dieselben betragen für Werkstoffvorschub und -spannung 5 und für die Revolverkopfschaltungen 3 bzw. 4 Hundertstel des Kurvenumfanges. Diese Werte, ebenso die Einzelwerte für die Greifarmbewegungen, beginnend mit halbem Abwärtsschwingen bis einschließlich halbes Aufwärtsschwingen des Greifarmes, die als volle Werte aus Abb. 589e und f entnommen werden können, sind in die Spalte „i" einzutragen.

8. Errechnen der Stückzeit (Gesamtarbeitszeit) in Sekunden. Die Stückzeit setzt sich zusammen aus:

1. der Hauptzeit für die spanabhebenden Arbeitsgänge (in Arbeitsspindelumdrehungen errechnet und in Spalte „h" eingetragen. Ihre Summe ist 319).
2. der Nebenzeit (in Hunderstel des Kurvenumfanges festgelegt und in Spalte „i" eingetragen).

Die Summe letzterer Spalte ergibt für die Nebenzeiten insgesamt 42 Hundertstel, so daß für die spanabhebenden Arbeiten $100 - 42 = 58$ Hundertstel des Kurvenumfanges verbleiben. Während dieser 58 Hundertstel muß die Arbeitsspindel die errechneten 319 Umdrehungen ausführen.

Es entfallen also auf 58 Hundertstel = 319 Umdrehungen der Arbeitsspindel

$$1 \text{ Hundertstel} = \frac{319}{58} \text{ Umdrehungen der Arbeitsspindel}$$

$$100 \text{ Hundertstel} = \frac{319 \cdot 100}{58} = 550 \text{ Umdrehungen der Arbeitsspindel,}$$

welche zur Herstellung des Werkstückes erforderlich sind. Aus diesen 550 Umdrehungen errechnet man nun die Gesamtarbeitszeit wie folgt:

$$1500 \text{ Umdrehungen entsprechen 1 Minute } . \; . = 60 \text{ Sekunden}$$

$$1 \text{ Umdrehung entspricht } . \; . \; . \; . \; . \; . \; . = \frac{60}{1500} \text{ Sekunden}$$

$$550 \text{ Umdrehungen entsprechen} . \; . \; . \; \frac{60 \cdot 550}{1500} = 22 \text{ Sekunden.}$$

Dieser Wert kann aus der Tab. 65, S. 461 entnommen werden.

9. Ermittlung der auf jeden einzelnen Arbeitsgang entfallenden Hundertstel des Kurvenumfanges. Zur Überprüfung der Berechnung und zum Aufzeichnen der Kurven ist es notwendig, die für jeden einzelnen Arbeitsgang erforderlichen Umdrehungen der Arbeitsspindel in Hundertstel des Kurvenumfanges umzurechnen. Diese Umrechnung sei durch nachstehendes Beispiel für die Werkzeugfolge 2 „Überdrehen Gewinde-⌀ und Bohren 10 ⌀" erläutert. Dieser Arbeitsgang umfaßt 128 Umdrehungen der Arbeitsspindel.

$$550 \text{ Umdrehungen entsprechen} \quad 100 \text{ Hundertstel des Kurvenumfanges}$$

$$1 \text{ Umdrehung entspricht} \quad \frac{100}{550} \text{ Hunderstel des Kurvenumfanges}$$

$$128 \text{ Umdrehungen entsprechen} \quad \frac{100 \cdot 28}{550} = 23 \text{ Hundertstel des Kurvenumfanges.}$$

Die hierdurch erhaltenen Werte trage man in Spalte „e" ein. In die Spalten „k" und „l" werden nun die Werte der spanabhebenden Arbeitsgänge, sowie diejenigen der Nebenzeit in der Arbeitsfolge, von 0 beginnend fortlaufend bis 100, eingetragen, so daß aus diesen Spalten die berechneten Haupt- und Nebenzeiten in ihrer Reihenfolge ersichtlich sind. In die Spalten „f" und „g" werden in gleicher Weise die nicht berücksichtigten Werte der Haupt- und Nebenzeiten eingetragen. An Hand dieser Spalten-Eintragungen kann das Aufzeichnen der Kurven durchgeführt werden.

Anmerkung zur Kurvenberechnung.

Zu Werkzeugfolge 1: Bei Werkstücken mit einer längeren Fertigungszeit als 20 Sekunden sind die erforderlichen Hundertstel des Kurvenumfanges für die dem Werkstoffvorschub folgende erste Revolverkopfschaltung verschieden gegenüber denen für jede weitere Revolverkopfschaltung, wenn die Kurvenrolle des Revolverschlittens beim Schalten von einer höher gelegenen auf eine tiefer gelegene Kurve aufsetzt (s. Anmerkung auf Tab. 65, S. 461).

Werden bei einer Bearbeitung sämtliche 6 Werkzeug-Aufnahmebohrungen des Revolverkopfes zu spanabhebenden Arbeiten benötigt, so ist an Stelle des Werkstoffanschlages im Revolverkopf der *Werkstoffschwinganschlag* zu verwenden, siehe unter Zusatzeinrichtungen S. 447, Abb. 587. Das Ein- und Ausschwingen dieses Anschlages erfolgt während des Werkstoff-Vorschiebens und Spannens, so daß in der Berechnung hierfür die in der Tab. 65, S. 461 angegebenen Werte einzusetzen sind. Für den darauffolgenden Revolvervorgang werden etwa 4 Hundertstel benötigt. Nach diesem Vorgang kann die Arbeit des 1. Revolverwerkzeuges erfolgen. Zum Einschwingen des Schwinganschlages muß zwischen dem vorderen Ende der vorgeschobenen Werkstoffstange und dem betr. Revolverwerkzeug ein Abstand von mindestens 24 mm sein.

Zu Werkzeugfolge 4: Beim Aufschneiden des Gewindes wird, da es sich in diesem Beispiel um Messing handelt, die Drehzahl der Arbeitsspindel auf die Hälfte der Drehzahl beim Drehen herabgesetzt, während bei Stahlarbeiten gewöhnlich eine Herabsetzung auf ein Fünftel oder Zehntel erforderlich ist.

Da die Drehzahl beim Gewindeschneiden in diesem Falle auf die Hälfte herabgesetzt werden muß, ist, um die Rechnung mit einheitlicher Drehzahl der Arbeitsspindel durchführen zu können, die Anzahl der aufzuschneidenden Gewindegänge mit zwei zu multiplizieren, da einer Umdrehung der Arbeitsspindel beim Gewindeschneiden in diesem Falle zwei Umdrehungen derselben beim Drehen entsprechen. Würde der Rechtslauf dagegen ein Fünftel oder Zehntel der Drehgeschwindigkeit betragen, so müßte die Anzahl der Gewindegänge mit fünf bzw. zehn multipliziert werden.

Zu Werkzeugfolge 5: Die Schnellbohrspindel dreht sich in entgegengesetzter Richtung zur Arbeitsspindel, ist also ebenfalls linkslaufend. Die für den Bohrer gültige Drehzahl ist somit die Summe der Drehzahlen der Arbeitsspindel und der Schnellbohrspindel. Die Drehzahlen der Schnellbohrspindel, die durch Umstecken zweier Wechselräder der Antriebseinrichtung verändert werden können, betragen 800 und 1600 in der Minute. Mit Rücksicht auf die zulässige Schnittgeschwindigkeit ist in diesem Beispiel die Drehzahl 1600 anwendbar. Für den Bohrer ergibt sich hieraus eine tatsächliche Drehzahl von 1600 + 1500 = 3100.

Der Vorschub für den Bohrer beträgt in diesem Falle 0,11 mm. Zwecks Erleichterung der Berechnung wird dieselbe mit der Drehzahl der Arbeitsspindel — 1500/min — durchgeführt. Dadurch erhöht sich rechnungsmäßig der Vorschub im Verhältnis der Bohrerdrehzahl = 3100 zur Arbeitsspindeldrehzahl = 1500.

Dieses Verhältnis ergibt $\frac{3100}{1500} = 2{,}066$, demnach beträgt der auf eine Umdrehung der Arbeitsspindel entfallende rechnerische Vorschub:

$$0{,}11 \times 2{,}066 = 0{,}23 \text{ mm.}$$

Zu den Seitenwerkzeugen: Der Formstahl auf dem vorderen Seitenschlitten dreht den Schaft mit 20 mm ⌀ und hintersticht gleichzeitig das Außengewinde. Diese Arbeit fällt in diesem Beispiel mit der Werkzeugfolge 2 „Überdrehen Gewinde-⌀ und Bohren 10 ⌀" sowie der anschließenden Revolverkopfschaltung zusammen. Die für das Formdrehen erforderlichen Umdrehungen werden deshalb bei der Berechnung der Umdrehungen für ein Werkstück nicht berücksichtigt.

Der auf dem hinteren Seitenschlitten befindliche Formstahl dreht den Ansatz 22 ⌀ und sticht gleichzeitig dem Abstechstahl vor. Da diese Arbeit während der Werkzeugfolge 5 „Bohren 6 ⌀ mit Schnellbohrspindel" ausgeführt wird, sind die hierfür erforderlichen Umdrehungen in der Berechnung nicht zu berücksichtigen.

Der Abstechstahl beginnt, um eine hohe Leistung zu erzielen, seine Arbeit bereits während des Bohrens mit der Schnellbohrspindel und arbeitet auch während der anschließenden Greifarmbewegungen. Nach erfolgtem Abwärtsschwingen und Vorgehen des Greifarmes zum Greifen des Werkstückes soll der vom Abstechstahl noch durchzustechende Zapfen einen Durchmesser von 1,5 bis 3 mm (in diesem Falle 3 mm) aufweisen, um ein Abbrechen des Werkstückes vor dem Greifen zu verhindern und ein sicheres Ergreifen desselben zu gewährleisten.

Die vom hinteren Formstahl vorgedrehte Abstichfläche wird, um einen sauberen Abstich zu erhalten, vom Abstechstahl nachgeschlichtet. Der Vorschub für dieses Schlichten kann erforderlichenfalls das $1^1/_2$- bis 2fache des für das Abstechen zulässigen Wertes betragen. Die Schneide des Abstechstahles ist vorne schräg geschliffen, damit der an der Kopffläche des abgestochenen Werkstückes verbleibende Butzen möglichst klein wird. Der etwa 1 mm betragende Schräganschliff des Abstechstahles bedingt, daß der Weg desselben um diesen Betrag größer wird. Hierdurch wird der andernfalls an der Werkstoffstange stehenbleibende kegelförmige Butzen entfernt.

Zur Greifarmfolge: Im Nachstehenden sind die einzelnen Arbeitsbewegungen bzw. Stillstände, aus denen sich die Gesamtarbeit des Greifarmes zusammensetzt, mit den hierfür erforderlichen Hundertstel des Kurven-Umfanges aufsgeführt (s. Abb. 589e und f).

Abwärtsschwingen:

    bei Stückzeit 8 bis 16 Sekunden . . . . 9 Hundertstel

    ,,   ,,   über 16   ,, ... 6   ,,

    Stillstand nach dem Abwärtsschwingen 1   ,,

Vorgang zum Greifen:

    je nach Länge des Werkstückes bzw. Greifweges . . . . 4 bis 9 Hundertstel

Stillstand während des Abstechens:

    Dieser ergibt sich aus den notwendigen Umdrehungen der Arbeitsspindel zum Abstechen des noch durchzustechenden Zapfens.

Stillstand nach dem Abstechen . . . . 1 Hundertstel

Rückgang des Greifarmes (nur bei Anwendung des dritten Seitenschlittens) 3   ,,

Aufwärtsschwingen zum Fräsen (Flächen bzw. Schlitze):

    bei Stückzeit 8 bis 16 Sekunden . . . . 12 Hundertstel

    ,,   ,,   über 16   ,, ... 10   ,,

Vorgang zum Fräsen . . . . 2 bis 3   ,,

Fräsen u. dgl.

    Gewöhnlicherweise wird die ganze hierzu verbleibende Zeit verwendet; reicht jedoch bei großem Fräsweg (Schlitztiefe) diese Zeit nicht aus, so sind die zum Fräsen erforderlichen Umdrehungen der Fräser, ausgedrückt in Arbeitsspindelumdrehungen, in den Berechnungsgang einzustellen.

Rückgang beim Auswerfen des gefrästen bzw. geschlitzten Werkstückes:

    je nach Länge des Werkstückes bzw. Greifweges . . . . 4 bis 8 Hundertstel

Stillstand vor dem Abwärtsschwingen 1   ,,

Vorgang des Greifarmes während des Abwärtsschwingens (nur bei Anwendung des dritten

    Seitenschlittens) 3   ,,

Aufzeichnen der Kurven.

Um einen klaren Überblick über das Aufeinanderfolgen bzw. Ineinandergreifen der Revolver- und Seitenschlittenwerkzeuge zu erhalten, zeichnet man zweckmäßig die Kurven ineinander (s. Abb. 589b, S. 453).

Der Kurvenumfang ist in hundert Teile eingeteilt. Durch die Teilpunkte sind Kreisbogen (Strahlen) geschlagen, deren Radien 120 mm bei der Revolverkurve, 76 mm bei den Seitenschlittenkurven bzw. 110 mm bei der Schwingkurve für den Greifarm betragen. Diese Radien entsprechen den Rollenhebelarmen der Revolverschlitten-, Seitenschlitten- bzw. Schwingkurvensegmenthebel.

Revolverkurve. Beim Aufzeichnen der Revolverkurve ist zu beachten, daß der Mittelpunkt der Kurve mit demselben der Mitnehmerbohrung und dem O-Strahl am Kurvenumfang stets auf einer geraden Linie liegt.

Zur Bestimmung der Kurvenhöhe zeichnet man sich zunächst die für die festgelegten Arbeitsgänge benötigten Werkzeuge in ihrer vordersten Arbeitsstellung auf (s. Abb. 589a, S. 452.)

Liegt die Rolle des Revolverschlitten-Segmenthebels auf dem Außendurchmesser der Scheibenkurve von 250 mm $\varnothing$, so beträgt der Abstand zwischen Spannzange des Werkstückes und Revolverkopf 100 mm. Dieser Abstand ist, wie in der Beschreibung angegeben, um 36 mm verstellbar und kann demnach auf 64 mm gekürzt werden.

Bei dem hier in Frage stehenden Beispiel beträgt der kürzeste Abstand zwischen Revolverkopf in vorderster Arbeitsstellung und Spannzange bei Werkzeugfolge 5 ,,Bohren 6 $\varnothing$'' $= 100$ mm. Dementsprechend ist der größte Abstand des Revolverkopfes in rückwärtiger Stellung bis zur Spannzange mit Hilfe der Einstellehre auf $100 + 80$ (größter Revolverkopfweg) $= 180$ mm einzustellen.

Ist in besonderen Fällen, vor allem bei langen Werkstücken mit Bohrung der Abstand zwischen Spannzange und Revolverkopf bei sämtlichen Werkzeugen größer als 100 mm (z. B. 120 mm), so ist der größte Abstand, also $100 + 80 = 180$ mm einzustellen und die Kurve entsprechend dem Revolverkopfabstand

(z. B. 120 — 100 = 20 mm) niedriger zu legen. Zu beachten ist dabei, daß in diesen Fällen der größte Weg der Revolverwerkzeuge (80 mm) um das Maß, um welches die Kurve niedriger gelegt wurde (z. B. 20 mm) verkürzt wird (z. B. auf 60 mm).

Mit dem Aufzeichnen der Revolverkurve beginnt man bei diesem Beispiel mit der Werkzeugfolge 2 „Überdrehen Gewinde-∅ und Bohren 10 ∅". Diese beginnt gemäß Berechnungsblatt Tab. 61, S. 457 bei Strahl 8 und endet bei Strahl 31. Wie aus der Zeichnung „Werkzeugfolge" Abb. 589a ersichtlich, ist hier der

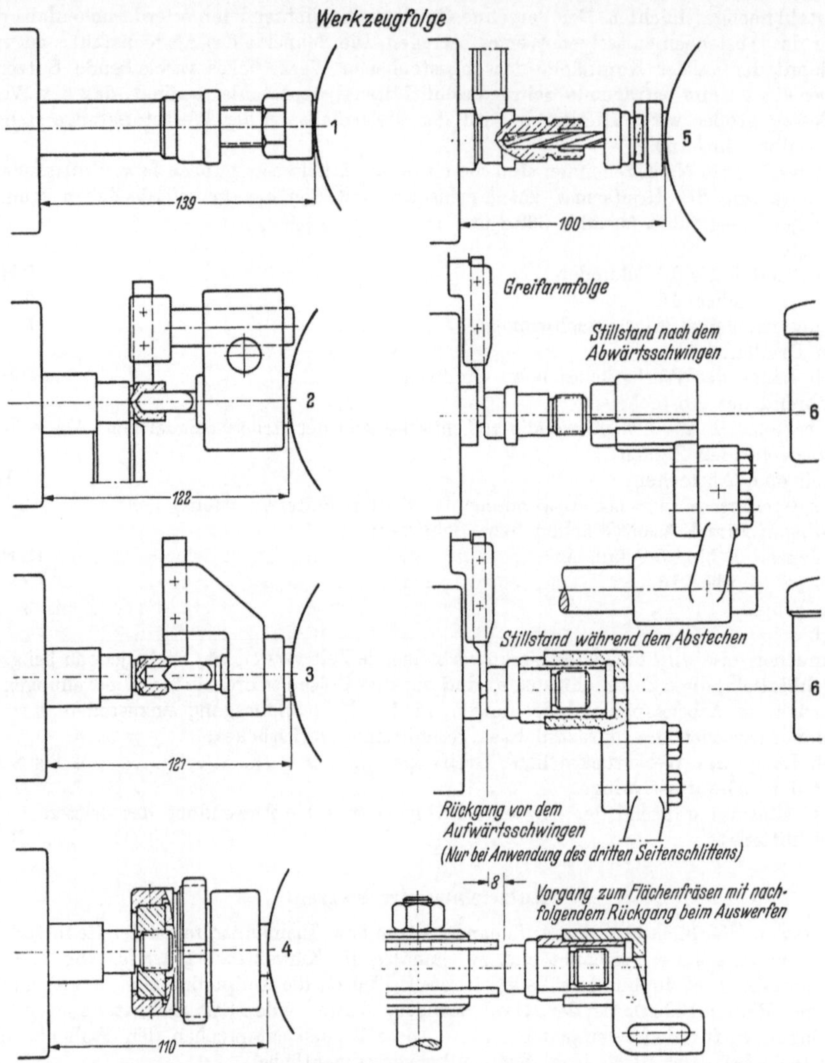

Abb. 589a. Werkzeugfolge. Werkzeuge in vorderster Arbeitsstellung.

1 Werkstoffanschlag;   *2* Überdrehen Gew.-∅ und Bohren 10 ∅;   *3* Innen- und Außenkante brechen;   *4* Gewindeschneiden;
5 Bohren 6 ∅;   *6* Unbesetzt, Greifarmfolge.

Abstand 122 mm; die Kurve ist also auf Strahl 31 um 122 — 100 = 22 mm tiefer zu legen. An dieser Stelle zeichne man die hier aufliegende Segmentrolle von 18 mm ∅ ein. Auf Strahl 8 beginnt der Arbeitsvorgang, der Arbeitsweg beträgt 17 mm. Man zeichne auf Strahl 8 die Rolle gleichfalls ein, jedoch rücke man entsprechend dem Arbeitsweg um 17 mm dem Kurvenmittelpunkt näher. An die beiden auf Strahl 8 und 31 gezeichneten Rollenstellungen ist eine gleichmäßig ansteigende Kurve zu legen (Konstruktion der Kurve siehe Anmerkung S. 459). Die Schaltung für Werkstoffvorschub und -spannung beansprucht 5 Strahlen, die daran anschließende Revolverkopfschaltung dagegen nur 3 Strahlen. Erstere beginnt bei Strahl 0. Bei Beginn des Werkstoffvorschubes soll der Werkstoffanschlag in Arbeitsstellung stehen. Die Kurve für den Werkstoffanschlag liegt auf gleicher Höhe wie die bei Strahl 8 beginnende Arbeitskurve, während für die Revolverkopfschaltung von Strahl 5 bis 8 die Kurve — wie zwischen allen anderen Arbeitskurven — zweckmäßigerweise um etwa 1 mm tiefer gelegt wird. Beide Kurven verlaufen konzentrisch. Der Werkstoffanschlag ist infolge seiner größeren Verstellbarkeit durchweg auf die entsprechende Länge einstellbar.

Von Strahl 31 bis 34 erfolgt Schalten des Revolverkopfes.

Bei Strahl 34 beginnt die Werkzeugfolge 3 „Innen- und Außenkante brechen" und endet bei Strahl 36, während der Abstand zwischen Revolverkopf und Spannzange 121 mm beträgt (nach Abb. 589a); die Kurve ist also in diesem Falle auf Strahl 36 um $121 - 100 = 21$ mm niedriger zu legen. Bei Strahl 34 liegt die Kurve um weitere 1,5 mm entsprechend dem Arbeitsweg tiefer. An die beiden, auf Strahl 34 und 36 gezeichneten Rollenkreise von 18 mm ⌀, lege man eine gleichmäßig ansteigende Kurve (Konstruktion der Kurve siehe Anmerkung S. 459).

Die Kurve für das Schalten des Revolverkopfes von Strahl 31 bis 34 ist nunmehr aufzuzeichnen. Sie liegt etwa 1 mm tiefer als die auf Strahl 34 ermittelte Höhe der Arbeitskurve. Zu beachten ist, daß der Verbindungsradius zu den Arbeitskurven etwa 9,5 mm beträgt.

Von Strahl 36 bis 40 schaltet der Revolverkopf. Der Verlauf dieser Kurve ist sinngemäß wie bei der vorhergehenden Revolverkopfschaltung nach Festlegung der Kurve für den nächstfolgenden Arbeitsgang aufzuzeichnen, nur wird in diesem Falle von einem höher gelegenen Kurvenpunkt auf einen tieferen geschaltet (siehe Anmerkung auf Tab. 65, S. 461).

Bei Strahl 40 beginnt das Aufschneiden des Gewindes und endigt bei Strahl 46. Der Abstand zwischen Revolverkopf und Spannzange beträgt 110 mm nach Abb. 589a. Die Kurve ist also auf Strahl 46 um $110-100=10$ mm niedriger zu legen. Bei Strahl 40 liegt die Kurve um 20 mm entsprechend dem Arbeitsweg dem Kurvenmittelpunkt näher.

Beim Gewindeschneiden soll die Kurve nach dem Anschneiden des Schneidwerkzeuges eine um etwa 10% geringere Steigung als die theoretisch ermittelte erhalten, damit das Schneideisen u. dgl. nicht gewaltsam aufgedrückt wird, sondern der Revolverkopf mit geringer Verzögerung folgt. Der Schneideisenhalter ist, diesem Umstand Rechnung tragend, ausziehbar. Die einzuzeichnende Kurvenhöhe beträgt demnach etwa 18 mm.

Von Strahl 46 bis 49 erfolgt Rücklauf des Schneideisens. Kurvenhöhe bei Strahl 49 ist dieselbe wie bei Strahl 40.

Von Strahl 49 bis 53 schaltet wieder der Revolverkopf. Konstruktion der Kurve, wie vorher beschrieben.

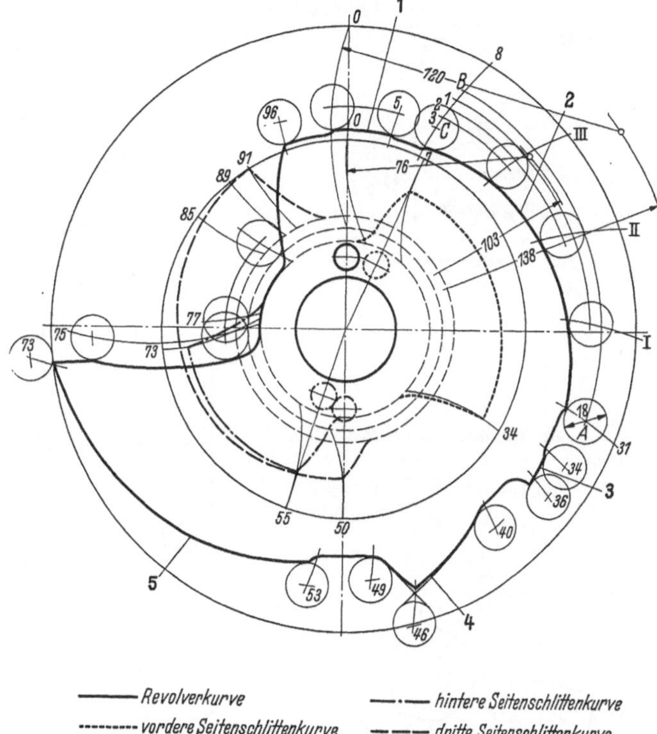

Abb. 589b. Kurvenblatt (Index 24).

Von Strahl 53 bis 73 erfolgt das Bohren der Bohrung 6 ⌀ mit der Schnellbohrspindel. Der Abstand beträgt in diesem Falle 100 mm (nach Abb. 589a).

Die Kurve erreicht demnach bei Beendigung dieses Arbeitsganges den Außendurchmesser derselben, während bei Strahl 53, entsprechend dem Arbeitsweg, die Kurve um 25,5 mm niedriger zu legen ist. Die Werkzeuge des Revolverkopfes haben bei Strahl 73 ihre Arbeit beendet. Damit der Greifarm ungehindert auf Arbeitsspindelmitte schwingen kann, wird der zuletzt in Arbeitsstellung befindliche Revolverwerkzeug weg- bzw. der Revolverkopf in seinen größten Abstand von der Spannzange zurückgeschaltet.

Werden also bei einem Werkstück nicht sämtliche 6 Werkzeugaufnahmebohrungen im Revolverkopf besetzt, so läßt man die Revolverkurve, nachdem die Revolverkopfwerkzeuge ihre Arbeit beendet haben, bis auf den Radius 35 mm zurückgehen oder schalten, damit der Revolverkopf in der hinteren Endstellung seine restlichen Schaltungen ausführen kann, während das Werkstück fertiggestellt bzw. abgestochen wird.

Die Formen des Auf- und Abstieges bei Revolverkurven sind in der Abb. 589a angegeben. Diese können auch zwecks leichteren Laufs der Maschine, sofern keine gegenseitige Behinderung der Werkzeuge und kein Zeitverlust dadurch verursacht wird, weniger steil ausgeführt werden.

Vordere Seitenschlittenkurve. Beim Aufzeichnen der Seitenschlittenkurve ist zu beachten, daß der Mittelpunkt der Kurve mit dem der Mitnehmerbohrng und dem Beginn der eigentlichen Arbeitskurve auf einer geraden Linie liegt.

Zur Bestimmung der Kurvenhöhe ist zu beachten, daß bei Index 24 und 36 die Außendurchmesser der Formscheibenstähle und die vorstehenden Längen der Formflächenstähle, sowie der Abstechstähle derart festgelegt sind, daß die Schneiden der Stähle auf Arbeitsspindelmitte stehen, wenn die Kurvenrolle des Rollen- bzw. Segmenthebels auf dem größten Außendurchmesser der Scheibenkurve aufliegt. Bei Index 52 dagegen sind vorderer und hinterer Seitenschlitten um 8 mm nach außen versetzt, so daß bei dieser Maschine mit einem Formscheibenstahl — Verwendung des normalen Formscheibenstahlhalters vorausgesetzt — nur auf 14 mm ⌀ gestochen werden kann.

Wird auf Index 24 und 36 ein Zapfen oder eine Form ausgedreht, so muß die Kurve um den Radius des kleinsten zu drehenden Durchmessers tiefer gelegt werden, wodurch der Seitenschittenweg = mm um das betr. Maß verkleinert wird. In gleicher Weise wird der Einheitlichkeit wegen, auch bei der Verwendung von geraden Abstechstählen verfahren. Wird z. B. ein Werkstück gebohrt und sticht der Abstechstahl nur bis zur Bohrung durch, so wird auch in diesem Falle die Kurve um den Radius der Bohrung tiefer gelegt.

Der Formstahl arbeitet von Strahl 7 bis 34. Man beginnt mit dem Aufzeichnen bei Strahl 34 und legt hier die Kurve um den Radius des kleinsten vom Formscheibenstahl zu drehenden Durchmessers, in diesem Falle um 8 mm niederer, also auf 75 — 8 = 67 mm Radius und rücke auf Strahl 7 dem Mittelpunkt der Kurve um weitere 6 mm, entsprechend dem Arbeitsweg, näher. Beide Punkte auf Strahl 7 und 34 verbinde man durch eine gleichmäßig ansteigende Kurve. Den Seitenschlitten läßt man nach Beendigung seiner Arbeit ganz zurückgehen. Die Kurve läuft hierbei konzentrisch mit dem Radius 35 mm.

Der Kuvenverlauf der Seitenschlittenkurven für Vor- und Rückgang der Seitenwerkzeuge ist der Abb. 589 d für Auf- und Abstiegkurven (S. 455) zu entnehmen. Der Auf- und Abstieg kann für sämtliche Seitenschlittenkurven auch länger ausgeführt werden, wenn dadurch die Leistung nicht beeinträchtigt wird.

Hintere Seitenschlittenkurve. Der Formstahl arbeitet von Strahl 55 bis 73. Das Aufzeichnen der Kurve erfolgt sinngemäß, wie bei der vorderen Seitenschlittenkurve erläutert.

Dritte Seitenschlittenkurve. Das Abstechen ist bei Strahl 91 beendet, die Kurve erreicht hier den Außendurchmesser (150 ⌀) der Scheibenkurve. Bei Strahl 89 rückt man der Kurvenmitte,

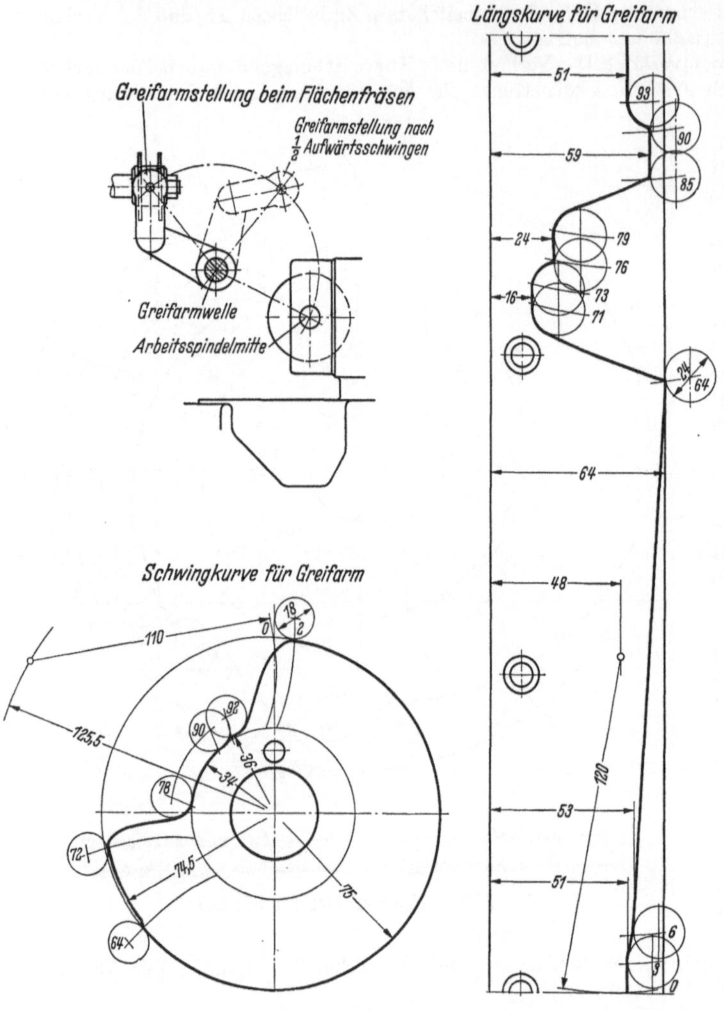

Abb. 589 c. Schwingkurve für Greifarm.

entsprechend dem Arbeitsweg, um 1 mm, bei Strahl 50 um weitere 14 mm 12,5 + 1,5) näher. Diese festgelegten Kurvenpunkte verbindet man miteinander durch gleichmäßig ansteigende Kurven.

Nach erfolgtem Abstechen muß der Abstechstahl ebenfalls ganz zurückgehen. Die Kurve verläuft dann konzentrisch mit dem Radius 45 mm.

Schwingkurve für Greifarm (Abb. 589 c). Während sich die Rolle auf dem Radius 75 mm bewegt, erfolgt das Vorgehen des Greifarmes zu den beiden Fräsern und anschließend das Flächenfräsen. Dabei wird die Schwingbewegung durch eine auf einer Anschlagschiene gleitende Anschlagschraube begrenzt. Anschließend findet das Auswerfen des Werkstückes statt. Da diese Bewegung durch Federkraft bewirkt wird, ist es vorteilhaft, hierzu den Greifarm vom Anschlagdruck zu entlasten; es wird daher die Kurve von Strahl 64 bis 72 auf annähernd 74,5 mm Radius zurückgelegt. Es soll dann die Anschlagschraube mit nur mäßigem Druck auf der Anschlagschiene gleiten; wenn nötig, ist eine entsprechende Nachstellung durch Schraube und Mutter im Kurvenrollenhebel vorzunehmen. Von Strahl 72 bis 78 erfolgt das Abwärtsschwingen des Greifarmes in Greifstellung auf Radius 34, um bis Strahl 90 in dieser Stellung zu verbleiben. In diese Zeit fällt das Greifen des Werkstückes. Anschließend steigt die Kurve bis Strahl 92 auf Radius 36 mm, dabei schwingt der Greifarm aus dem Bereich des dritten Seitenschlittens. Von Strahl 92 bis 2 steigt die Kurve auf Radius 75 und verläuft mit diesem Radius konzentrisch bis Strahl 64.

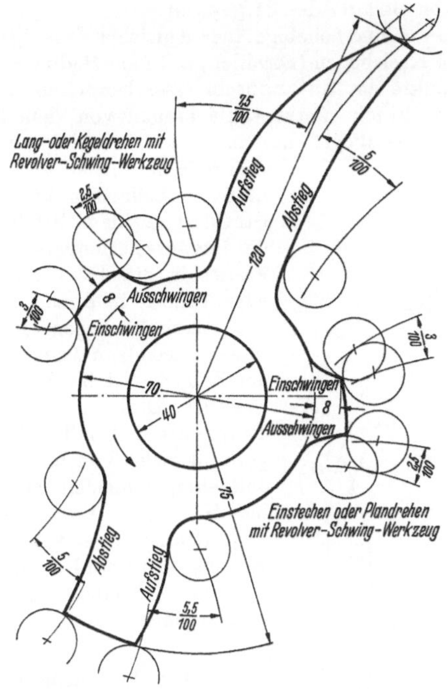

Abb. 589 d. Auf- und Abstiege bzw. Vor- und Rückgang der Revolver- und Seitenschlittenkurve.

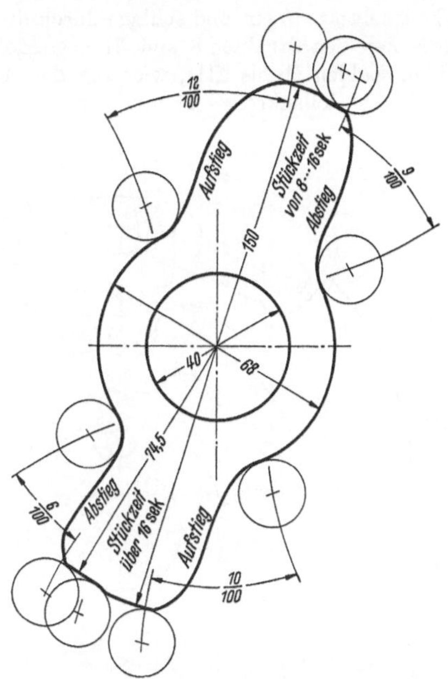

Abb. 589 e. Auf- und Abstiege der Schwingkurve bzw. Auf- und Abwärtsschwingen des Greifarmes.

Die Formen der Auf- und Abstiegkurven sind, der jeweiligen Stückzeit entsprechend, der Abb. 589 d zu entnehmen.

Längskurve für Greifarm (Abb. 589 c). Die Kurve für die Längsbewegung des Greifarmes ist eine Mantelkurve, von der die Abwicklung gezeichnet wird.

Die Längskurve erreicht immer die größte Kurvenhöhe, sobald das Fräsen u. dgl. beendet ist; gegebenenfalls auch bei Anwendung des dritten Seitenschlittens, wenn der Greifarm das Werkstück gegriffen hat. Aus genannten Gründen zeichnet man bei Strahl 64 auf die Kurve von 64 mm Höhe den Rollenkreis mit 24 mm ⌀ Von Strahl 64 bis 71. erfolgt das Auswerfen des gefrästen Werkstückes, hierbei fällt die Kurve um den gesamten Längsweg (Greifweg + Vorgang zu den Fräsern und Fräsweg), der in diesem Beispiel 48 mm beträgt, auf 16 mm Kurvenhöhe ab und verläuft gerade weiter bis Strahl 73. Von Strahl 73 bis Strahl 76 steigt die Kurve während des Abwärtsschwingens auf Arbeitsspindelmitte auf eine Kurvenhöhe von 24 mm, um bis zu Strahl 79 auf dieser Höhe zu verbleiben. Mittlerweile ist der Greifarm in Greifstellung geschwenkt, und es erfolgt von Strahl 79 bis 85 der Vorgang zum Greifen des Werkstückes. Die Kurve steigt dabei um den Greifweg von 35 mm auf 59 mm Kurvenhöhe, um bis Strahl 90 auf dieser Höhe zu verbleiben. Von Strahl 90 bis 93 fällt die Kurve um 8 mm auf eine Kurvenhöhe von 51 mm. Dieses Zurückgehen des Greifarmes ist nur bei Anwendung des dritten Seitenschlittens notwendig, damit der das Werkstück tragende Greifarm ungehindert am dritten Seitenschlitten vorüberschwingen kann. Von Strahl 93 verläuft die Kurve gerade weiter bis Strahl 3. Von Strahl 3 bis 6 vergrößert sich die Kurvenhöhe um 2 mm auf 53 mm. Dieser Weg entspricht dem Vorgang des Greifarmes zu den Fräsern. Von Strahl 6 bis 64 steigt die Kurve entsprechend dem Fräsweg von 11 mm auf 64 mm bei Strahl 64. Der Kurvenverlauf ist die Tangente an die in beiden Punkten gezeichneten Rollenkreise.

Die Formen der Auf- und Abstiegkurven sind der jeweiligen Stückzeit entsprechend der Abb. 589 f zu entnehmen.

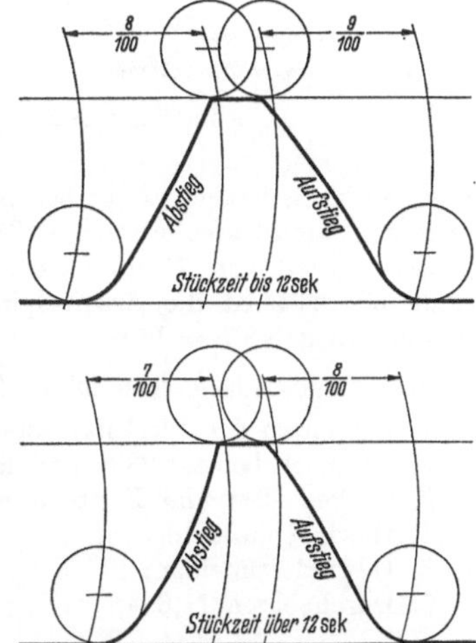

Abb. 589 f. Auf- und Abstiege der Längskurve bzw. Vor- und Rückgang des Greifarmes.

Anmerkung zur Konstruktion von Kurven mit gleichbleibender Steigung.

Als Beispiel hierfür sei die Revolverkurve des vorhergehenden Berechnungsbeispieles, und zwar Werkzeugfolge 2 „Überdrehen Gewinde-⌀ und Bohren 10 ⌀" von Strahl 8 bis 31 gewählt.

Den Teil der Scheibenkurve von Strahl 8 bis 31 teile man in eine beliebige Anzahl gleicher Teile (in diesem Falle beispielsweise 4) ein und schlage durch die Teilpunkte Kreisbogen (Strahlen) mit dem Radius 120 mm. Die zwischen den Strahlen 8 und 31 liegenden Schnittpunkte am Außendurchmesser bezeichne man mit laufenden Zahlen (I bis III), wie auf der Abb. 589b ersichtlich. Jetzt schlage man von dem Mittelpunkt A des Rollenkreises 18 mm ⌀ auf Strahl 31 einen Kreisbogen um das Kurvenmittel bis Strahl 8 und teile die Entfernung des erhaltenen Schnittpunktes B auf Strahl 8 bis zu dem Mittelpunkt C des hierauf gezeichneten Rollenkreises in dieselbe Anzahl gleicher Teile — in diesem Falle 4. Die zwischenliegenden Teilpunkte sind ebenfalls mit laufenden Zahlen — 1 bis 3 — zu bezeichnen. Durch die erhaltenen Teilpunkte 1 bis 3 ziehe man konzentrische Kreisbogen bis zu den entsprechenden Strahlen I bis III. Um die erhaltenen Schnittpunkte schlage man Rollenkreise von 18 mm ⌀ und verbinde dieselben mit einer tangierenden Kurve.

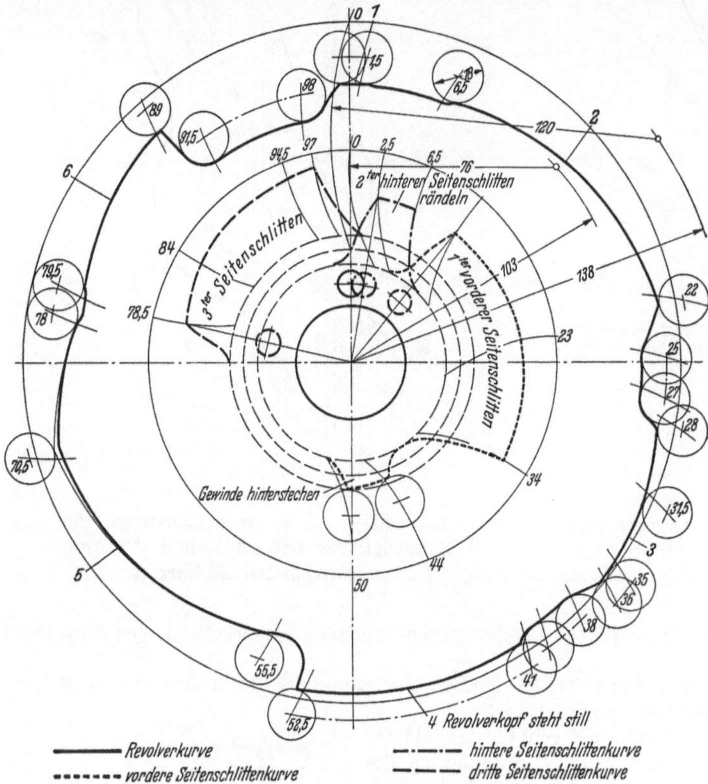

Abb. 589g. Kurvenblatt. (Index 36.)

2. Berechnungsbeispiel.
(Innengewinde und Rändel.)

Als Berechnungsbeispiel diene das in Tab. 62 gezeichnete Werkstück aus St Az (Automatenstahl), welches auf der Maschine Index 36 gefertigt werden soll, die hierfür mit dem dritten Seitenschlitten auszurüsten ist.

1. Festlegung der minutlichen Drehzahl der Arbeitsspindel. Der hier zur Verarbeitung kommende Werkstoff St Az kann als besonders gut bearbeitbarer Automatenstahl mit einer Schnittgeschwindigkeit bis zu etwa 80 m/min verarbeitet werden (s. Tab. 63). Ein Werkstückdurchmesser von 32 mm ergibt eine Schnittgeschwindigkeit von 75 m/min bei einer minutlichen Arbeitsspindeldrehzahl von $n = 750$. Für ein Gewinde mit 24 ⌀ ist die Arbeitsspindeldrehzahl $n = 75$ Umdrehungen/min. Das Gewindeablaufen erfolgt im Linksgang bei $n = 150$.

2. Aufstellen der Arbeitsfolge. *Revolverkopf-Werkzeuge:*

1. Begrenzen des Werkstoffvorschubes durch den Werkstoffanschlag,
2. Kernloch bohren 23 ⌀ und überdrehen 29 ⌀,
3. Senken 22 ⌀ und Kante brechen an 29 ⌀,
4. Gewindehinterstechen,
5. Gewindeschneiden,
6. Durchbohren 11,6 ⌀,

Seitenwerkzeuge:

Formen des Ansatzes 30 ⌀ und Anschrägen des Rändels mit Formscheibenstahl auf vorderem Seitenschlitten.

Rändeln mit Rändelhalter auf hinterem Seitenschlitten.

Abstechen mit Flachstahl des dritten Seitenschlittens.

Diese Arbeitsfolge wird in die Spalte „a" des Berechnungsblattes Tab. 62 eingetragen und die Berechnung in der darin gezeigten Anordnung durchgeführt, welche in vielen Punkten mit derjenigen des 1. Berechnungsblattes übereinstimmt.

Tabelle 61 zum 1. Berechnungsbeispiel.

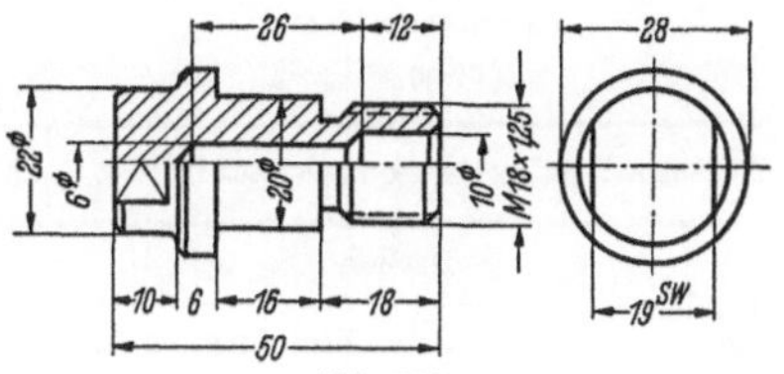

Abb. 590a.

Berechnungsblatt Index 24		
Werkstoff: Messing Ms 58, 28 ⌀		
Drehzahlen der Arbeitsspindel/min	Drehen	1500
	Gewindeschneiden	750
Schnittgeschwindigkeit m/min	Drehen	132
	Gewindeschneiden	42,5

Werkzeugfolge	Arbeitsfolge	Arbeitsweg	Vorschub bei 1 Umdrehung	Umdrehungen für den Arbeitsgang	100stel des Kurvenumfanges für: Anzahl	Kurvenaufzeichnen von	Kurvenaufzeichnen bis	Werte für Stückzeitberechnung: Zeit in Umdrehg. Haupt- u.	Zeit in 100stel Neben-	und Kurvenaufzeichnen von	und Kurvenaufzeichnen bis
		mm	mm								
	a	b	c	d	e	f	g	h	i	k	l
Revolverkopf	1 Werkstoff anschlagen								5	0	5
	Schalten des Revolverkopfes								3	5	8
	2 Überdrehen Gew.-⌀ und Bohren 10 ⌀	17	0,133	128	23	—	—	128	—	8	31
	Schalten des Revolverkopfes								3	31	34
	3 Innen- und Außenkante brechen . . .	1,5	0,14	11	2	—	—	11	—	34	36
	Schalten des Revolverkopfes								4	36	40
	4 Gewindeschneiden . . . . auf	16Gg.	—	32	6	—	—	32	—	40	46
	ab	16Gg.	—	16	3	—	—	16	—	46	49
	Schalten des Revolverkopfes								4	49	53
	5 Bohren 6 ⌀ mit Schnellbohrspindel		(0,11)								
	$n = 1600$	25,5	0,23	110	20	—	—	110	—	53	73
	Schalten des R.-K. (1/2 Schaltung)				4	73	77		2	73	75
	6 Unbesetzt					77	96				
	Schalten des R.-K. (1/2 Schaltung)				4	96	0		2	98	0
Greifarm	Abwärtsschwingen (1/2 abwärts)				6	72	78		3	75	78
	Stillstand					—	—		1	78	79
	Vorgang beim Greifen					—	—		6	79	85
	Stillstand während des Abstechens . . .					85	89		—	—	—
	Stillstand nach dem Abstechen					—	—		1	89	90
	Aufwärts während des Rückganges . . .				2	90	92		—	—	—
	Rückgang des Greifarmes[1]					—	—		3	90	93
	Aufwärtsschwingen zum Fräsen				10	92	2		5	93	98
	Stillstand				1	2	3				
	Vorgang zum Fräsen				3	3	6				
	Flächen fräsen	11				6	64				
	Rückgang zum Auswerfen				7	64	71				
	Stillstand vor dem Abwärtsschwingen .				1	71	72				
	Vorgang während des Abwärtsschwingens[1]				3	73	76				
Seitenschlitten	Vorderer: Formen 28—16 ⌀	6	0,04	150	27	7	34				
	Hinterer: Formen 28—20 ⌀	4	0,04	100	18	55	73				
	Dritter: Abstechen 28—3 ⌀	12,5	0,065	192	35	50	85				
	Dritter: Abstechen 3—auf Mitte . . .	1,5	0,065	22	4	—	—	22		85	89
	Dritter: Abstechen über Mitte	1	0,1	10	2	89	91				
	Zugabe nach dem Abstechen										
	Umdrehungen für 1 Werkstück: $\frac{319 \cdot 100}{58} = 550$ Umdr.							319	42		

$$\text{Stückzeit: } \frac{60 \cdot 550}{1500} = 22 \text{ sek}$$

[1] Nur bei Anwendung des dritten Seitenschlittens erforderlich.

Tabelle 62 zum 2. Berechnungsbeispiel.

Berechnungsblatt
Index 36

Werkstoff: St Az (Automatenstahl) 32 ∅

Drehzahlen der Arbeitsspindel/min	
Drehen	750
Gew.-Einschneiden 1:10	75
Gew.-Ablaufen 1:5	150

Schnittgeschwindigkeit m/min	
Drehen	75
Gew.-Einschneiden	5,7
Gew.-Ablaufen	11,3

Abb. 590b.

Werkzeugfolge	Arbeitsfolge	Arbeitsweg mm	Vorschub bei 1 Umdrehung mm	Umdrehungen für den Arbeitsgang	100stel des Kurvenumfanges für Anzahl	Kurvenaufzeichnen von	bis	Haupt- u. Zeit in Umdrehg.	Neben- 100stel	und Kurvenaufzeichnen von	bis
		b	c	d	e	f	g	h	i	k	l
1	Werkstoff anschlagen				1,5				1,5	0	1,5
	Schalten des Revolverkopfes				1	1,5	6,5	—	1	1,5	2,5
2	Kernloch bohren 23 ∅ und überdrehen 29 ∅	15,5	0,12	12°	15,5	—	—	126	—	6,5	22
	Rückgang	8	0,35	24	3	—	—	24	—	22	25
	Schalten des Revolverkopfes				3				3	25	28
3	Senken 22 ∅ und	3,5	0,12	28	3,5	—	—	28	—	28	31,5
	Kante brechen an 29 ∅	2	0,07	28	3,5	—	—	28	—	31,5	35
	Stillstand				1				1	25	36
	Rückgang	5	0,3	17	2	—	—	17	—	36	36
	Schalten des Revolverkopfes				3				3	38	41
4	Vorgang des Seitenschlittens				3				3	41	44
	Gewindehinterstechen	1,3	0,026	49	6	—	—	49	—	44	50
	Rückgang des Seitenschlittens			50	2,5				2,5	50	52,5
	Schalten des Revolverkopfes				3				3	52,5	55,5
5	Gewindeschneiden . . . . { auf	12Gg.	—	120	15	—	—	120	—	55,5	70,5
	{ ab	12Gg.	—	60	7,5	—	—	60	—	70,5	78
	Schalten des Revolverkopfes				0,5	78	79,5	—	0,5	78	78,5
6	Durchbohren 11,6 ∅	7	0,09	77		79,5	89				
	Schalten des Revolverkopfes										
Seitenschlitten Vorderer: {	Formen 30—18 ∅	3,5	0,035	100		11	23				
	(und betätigen von Werkzeugfolge 4)	2,5	0,028	90		23	34				
						44	50				
Hinterer: Rändeln				30		—	—	30	—	2,5	6,5
Dritter: Abstechen {	25—18 ∅	3,5	0,08	44	5,5	—	—	44	—	78,5	84
	18—11,8 ∅	3,2	0,038	84	10,5	—	—	84	—	84	94,5
	über Bohrung . .	1	0,05	20	2,5	—	—	20	—	94,5	97
Zugabe nach dem Abstechen					3				3	97	100

Umdrehungen für 1 Werkstück: $\dfrac{630 \cdot 100}{77,5} = 813$ Umdr.   100   630   22,5

Stückzeit: $\dfrac{60 \cdot 813}{750} = 65$ sek

Anmerkung zur Kurvenberechnung.

Zu Werkzeugfolge 1: Siehe 1. Berechnungsbeispiel auf S. 452.

Zu Werkzeugfolge 2: Um ein sauberes Drehbild des Ansatzes 29 mm ⌀ zu erhalten, ist es zweckmäßig, anschließend an das Überdrehen (Vorgang) den Drehstahl aus vorderster Arbeitsstellung anstatt wegzuschalten, mit entsprechend großem Vorschub über den gedrehten Durchmesser hinwegzuführen (Rückgang). Dadurch wird die sonst — beim Schalten des Revolverkopfes vom höchsten Kurvenpunkt dieses Arbeitsganges — unvermeidlich auftretende Spirale auf dem gedrehten Zapfen vermieden.

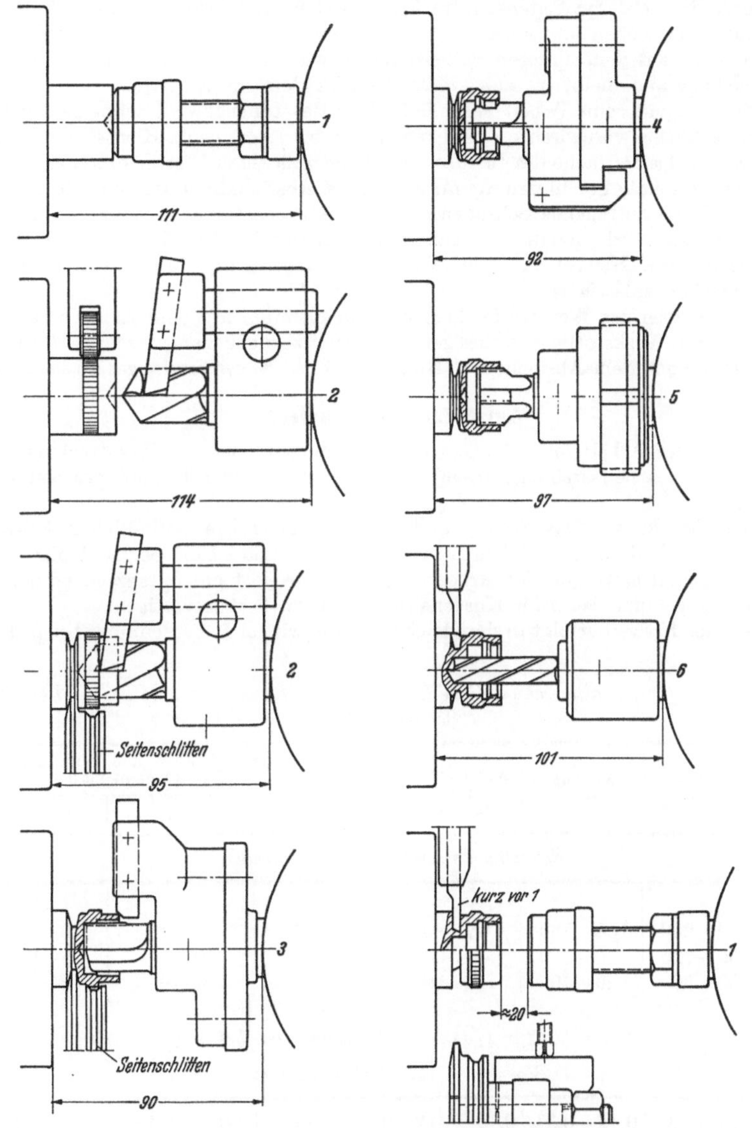

Abb. 591. Werkzeuge in vorderster Arbeitsstellung.

1 Werkstoffanschlag; *2* Arbeitsstellung während des Rändelns; *2* Kernloch bohren 23 ⌀ und überdrehen 29 ⌀; *3* Senken 22 ⌀ und Kante brechen 29 ⌀; *4* Gewindehinterstechen; *5* Gewindeschneiden; *6* Durchbohren 11,6 ⌀; *1* Werkstoffanschlagstellung beim Abstechen.

Zu Werkzeugfolge 3: Die Senkung 22 mm ⌀ wurde beim Kernlochbohren in der zweiten Arbeitsfolge nur angebohrt. Beim Plansenken derselben wird daher die Spanbreite zunehmend größer. Aus diesem Grunde wird der Vorschub beim Senken entsprechend unterteilt.

Zu Werkzeugfolge 4: Das Hinterstechen des Innengewindes wird mit einem im Revolverkopf befindlichen Schwingwerkzeug ausgeführt, welches vom vorderen Seitenschlitten betätigt wird. Für den Vor- bzw. Rückgang des Seitenschlittens sind 3 bzw. nach Beendigung des Hinterstechens 2,5 Hundertstel des Kurvenumfanges zu berücksichtigen (s. Abb. 589d).

Zu Werkzeugfolge 5: Siehe 1. Berechnungsbeispiel auf S. 452.

Zu Werkzeugfolge 6: Wenn der Bohrer mit 11,6 mm ⌀ seine Arbeit beginnt, sticht der Abstechstahl bereits ab. Die erforderlichen Arbeitsspindel-Umdrehungen für diesen Arbeitsgang werden deshalb bei der Berechnung der Hauptzeiten nicht berücksichtigt. Das Bohren 11,6 mm ⌀ muß beendet sein, bevor der Abstechstahl noch eine Wandung von 1 bis 2 mm Stärke zu durchstechen hat.

Zu den Seitenwerkzeugen: Der Formstahl auf dem vorderen Seitenschlitten dreht den Ansatz mit 30 mm ⌀ und bricht die schräge Kante am Rändel. Er sticht gleichzeitig dem Abstechstahl vor, wofür ein größerer Vorschub als beim Stechen der Außenform gewählt werden kann. Die für das Formen erforderlichen Arbeitsspindelumdrehungen sind nicht zu berücksichtigen, da dasselbe während der Werkzeugfolge 2 und 3 erfolgt. Die niedere Teilkurve der vorderen Seitenschlittenkurve, welche die Vorschubbewegung des Schwingwerkzeuges beim Gewindehinterstechen bewirkt, ist aus dem Kurvenblatt (Abb. 589 b) und der Abb. 589 d ersichtlich.

Das Rändelwerkzeug auf dem hinteren Seitenschlitten wird durch einen normalen Kurvenaufstieg an das Werkstück gedrückt und bleibt bis zum völligen Ausrändeln im Eingriff.

Der Abstechstahl beginnt seine Arbeit anschließend an das Innengewindeschneiden und schlichtet die vom vorderen Seitenschlitten vorgedrehte Abstichfläche (25 bis 18 ⌀) nach. Hierbei kann der Vorschub erforderlichenfalls das $1\frac{1}{2}$- bis $2\frac{1}{2}$fache des für das Abstechen zulässigen Wertes betragen. Die Schneide des Abstechstahles ist vorne schräg geschliffen, damit der an der Abstichfläche stehenbleibende Grat möglichst klein wird. Der etwa 1 mm betragende Schräganschliff des Abstechstahles bedingt, daß der Weg desselben um diesen Betrag größer wird, damit der andernfalls an der Werkstoffstange stehenbleibende kegelförmige Ring entfernt wird. Hierbei kann der Vorschub um etwa die Hälfte größer gewählt werden als dies sonst beim Abstechen zulässig ist.

Damit beim Vorschieben des Werkstoffes kein Zusammentreffen mit dem Abstechstahl erfolgen kann, muß dieser bei Beginn des Werkstoffvorschubes genügend weit zurückgegangen sein, wofür im Berechnungsbeispiel unter „Zugabe nach dem Abstechen" 3 Hundertstel des Kurvenumfanges zu berücksichtigen sind.

Aufzeichnen der Kurven.

Revolverkurve. Bei der Arbeitsfolge 4 „Gewindehinterstechen" ist die Revolverkurve von Strahl 41 bis 52,5, also während der Arbeitsstellung, einschließlich dem Vor- und Rückgang des Seitenschlittens konzentrisch zu legen.

Vordere Seitenschlittenkurve. Das Betätigen des im Revolverkopf befindlichen Schwingwerkzeuges erfolgt durch eine niedere Teilkurve. Auf dem Ausgangsradius 43 mm ist die Segmentrolle im Strahl 44 einzuzeichnen. Der Seitenschlittenweg für den Arbeitsvorgang vergrößert sich entsprechend dem Hebelverhältnis des Schwingwerkzeuges und ist beim Kurvenaufzeichnen zu berücksichtigen.

Das Aufzeichnen der Kurven erfolgt in der gleichen Weise, wie im 1. Berechnungsbeispiel auf S. 451 erläutert.

Tabelle 63. *Richtwerte für Schnittgeschwindigkeiten für Index-Revolverautomaten bei Verwendung guten Schnellstahls.*

Werkstoff	Leicht-metall	Messing Ms 58	Automaten-stahl (St Az)	Bau-, Einsatz- und Vergütungsstahl Festigkeit in kg/mm²			
				bis 50	bis 70	bis 85	bis 100
Schnittgeschwindigkeiten in m/min							
Drehen und Abstechen . .	150—200	100—150	60—80	35—45	25—30	20—25	15—20
Bohren	80—120	70—100	40—60	30—40	20—25	15—20	12—15
Gewindeschneid.	30—50	20—50	8—10	6—8	4—6	2—4	1—3

Tabelle 64. *Richtwerte für Vorschübe für Index-Revolverautomaten bei Verwendung guten Schnellstahls.*

Vorschübe für Drehen in mm

Längsdrehen .	0,15—0,3	0,15—0,3	0,12 —0,2	0,1 —0,15	0,08 —0,12	0,06—0,1	0,08—0,1
Formdrehen .	0,02—0,05	0,02—0,05	0,015—0,04	0,015—0,035	0,013—0,035	0,01—0,03	0,01—0,025
Abstechen mit Vorstechen	0,07—0,12	0,1 —0,18	0,05 —0,1	0,05 —0,08	0,04 —0,06	0,03—0,05	0,03—0,05
Abstechen ohne Vorstechen	0,04—0,08	0,05—0,1	0,03 —0,05	0,03 —0,05	0,02 —0,04	0,02—0,03	0,02—0,03

Vorschübe für Bohren und Anbohren in mm

Bohrer ⌀ 2—4	0,06—0,12	0,06—0,12	0,05—0,12	0,04—0,08	0,03—0,07	0,02—0,05	0,02—0,05
4—8	0,1 —0,16	0,1 —0,16	0,06—0,12	0,06—0,1	0,05—0,08	0,03—0,06	0,03—0,06
8—14	0,12—0,18	0,12—0,18	0,1 —0,16	0,08—0,14	0,07—0,1	0,05—0,08	0,05—0,08
14—20	0,14—0,2	0,14—0,2	0,12—0,18	0,1 —0,16	0,09—0,12	0,07—0,1	0,07—0,2
Anbohren . .	0,16—0,22	0,16—0,22	0,14—0,2	0,12—0,18	0,1 —0,14	0,08—0,12	0,08—0,12

Tabelle 65. *Stückzeiten mit den jeweiligen Arbeitsspindelumdrehungen und Schaltwerte für die Kurvenberechnung.*

Stückzeit in Sekunden	Wechselräder				Schaltwerte in 100stel — Index					Umdrehungen der Arbeitsspindel je Stückzeit — Maschinenbauart													
	auf Antriebswelle	auf Scherenbolzen		auf Schneckenwelle	24 36 52	24, 36		52		36, 52		24, 36, 52									24/36	24	
		vorn	hinten		Werkstoffvorschub	1. Revolverkopfschaltung	für jede weitere Revolverkopfschaltung	1. Revolverkopfschaltung	für jede weitere Revolverkopfschaltung	2	2,5	3,2	4	5	6,2	8	10	12,5	16	20	25	31,5	40
(1 sek → 1 min)										120	150	190	240	300	375	480	600	750	960	1200	1500	1900	2400
8	75	40	60	30	13	9	9	13	13							64	80	100	128	160	200	253	320
10	70	35	60	40	11	7	7	11	11							80	100	125	160	200	250	317	400
12	75	35	75	60	9	6	6	9	9						75	96	120	150	192	240	300	380	480
14	60	75	80	30	8	5	5	8	8					70	87	112	140	175	224	280	350	443	560
16	75	25	50	80	7	4,5	4,5	7	7					80	100	128	160	200	256	320	400	507	640
18	70	35	50	60	6	4	4	6	6				72	90	112	144	180	225	288	360	450	570	720
20	75	25	40	80	5	4	4	5	5				80	100	125	160	200	250	320	400	500	633	800
22	50	60	65	40	5	3	4	5	5			70	88	110	138	176	220	275	352	440	550	697	880
24	75	30	40	80	5	3	4	5	5			76	96	120	150	192	240	300	384	480	600	760	960
26	50	65	60	40	4	3	4	4	4,5			82	104	130	163	208	260	325	416	520	650	823	1040
28	50	40	65	75	4	2,5	3,5	4	4,5		70	89	112	140	175	224	280	350	448	560	700	887	1120
32	75	40	35	70	3,5	2,5	3,5	3,5	4		80	101	128	160	200	256	320	400	512	640	800	1013	1280
36	50	30	40	80	3	2	3	3	4	72	90	114	144	180	225	288	360	450	576	720	900	1140	1440
40	60	40	35	70	2,5	2	3	2,5	4	80	100	127	160	200	250	320	400	500	640	800	1000	1267	1600
44	50	80	65	60	2,5	1,5	3	2,5	3,5	88	110	139	176	220	275	352	440	550	704	880	1100	1393	1760
48	75	60	40	80	2,5	1,5	3	2,5	3,5	96	120	152	192	240	300	384	480	600	768	960	1200	1520	1920
52	75	65	40	80	2	1,5	3	2	3,5	104	130	165	208	260	325	416	520	650	832	1040	1300	1647	2080
56	75	70	40	80	2	1,5	3	2	3,5	112	140	177	224	280	350	448	560	700	896	1120	1400	1727	2240
60	50	80	60	75	2	1,5	3	2	3	120	150	190	240	300	375	480	600	750	960	1200	1500	1900	2400
70	40	80	60	70	1,5	1	3	1,5	3	140	175	222	280	350	438	560	700	875	1120	1400	1750	2217	2800
80	40	65	50	80	1,5	1	2,5	1,5	3	160	200	253	320	400	500	640	800	1000	1280	1600	2000	2532	3200
90	40	60	35	70	1,5	1	2,5	1,5	3	180	225	285	360	450	362	720	900	1125	1440	1800	2250	2850	3600
100	30	75	60	80	1	1	2,5	1	3	200	250	317	400	500	625	800	1000	1250	1600	2000	2500	3166	4000
120	35	70	40	80	1	1	2,5	1	3	240	300	380	480	600	750	960	1200	1500	1920	2400	3000	3800	4800
150	30	75	40	80	1	1	2,5	1	2,5	300	375	475	600	750	938	1200	1500	1875	2400	3000	3750	4750	6000
200	20	65	40	80	1	1	2,5	1	2,5	400	500	634	800	1000	1250	1600	2000	2500	3200	4000	5000	6333	8000
240	35	70	20	80	1	1	2,5	1	2,5	480	600	760	960	1200	1500	1920	2400	3000	3840	4800	6000	7600	9600
300	30	75	20	80	1	1	2,5	1	2,5	600	750	950	1200	1500	1875	2400	3000	3750	4800	6000	7500	9500	12000
360	25	75	20	80	1	1	2,5	1	2,5	720	900	1140	1440	1800	2250	2880	3600	4500	5760	7200	9000	11400	14400

Die Werte dieser Spalten sind anzuwenden, wenn die Kurvenrolle des Revolverschlittens beim Schalten von einer höher gelegenen auf eine tiefer gelegene Kurve aufsetzt, wie es hauptsächlich bei längeren Werkstücken vielfach der Fall ist. Schließt sich jedoch die nächstfolgende Kurve an die vorhergehende ohne Absatz an, so genügen für die Schaltung des Revolverkopfes die Werte der vorhergehenden Spalten.

XVI. Die Arbeitsfolge bei der Erschaffung der Werkzeugmaschine bis zum Fertigungsbeginn.

a) Ursachen, Anlaß, Vorarbeiten.

Dieser Abschnitt bezweckt die verständnisvolle Zusammenarbeit zwischen dem Vorgesetzten und dem Untergebenen. Er ist von besonderer Wichtigkeit, weil Verfehlungen in dieser Hinsicht nicht selten sind und zu den schwersten Mißerfolgen führen, gegebenenfalls sogar das ganze Unternehmen erschüttern.

Ursache und Anlaß zur Neukonstruktion liegen oft weit auseinander.

Ursache kann sein:

1. Überholung der bisherigen Gestaltung durch die Konkurrenz,
2. die Möglichkeit der Erhöhung der Leistungsfähigkeit der Werkzeugmaschine durch Steigerung der Geschwindigkeiten in der Maschine oder ihrer Steifigkeit,
3. das Aufkommen von Sonderproblemen, wie z. B. der Bewältigung der Spanmengen bei Zerspanung von Baustählen mit Hartmetall,
4. der Zusammenschluß von Firmen und damit die Vereinheitlichung der Konstruktion unter Einbringung der Erfahrungen und Patente der einzelneen Firmen.

Anlaß zum Beginn der Arbeit kann z. B. sein:

1. vorausschauende Verwendung freier Zeit im technischen Büro, insbesondere in Zeiten der Tiefkonjunktur,
2. ein Wechsel in der Leitung des Werkes oder des Konstruktionschefs,
3. die Ausdehnung des Konstruktionsprogramms, zwecks Aufnahme von besonders aussichtsvollen Maschinen und deren unverzügliche Herstellung, z. B. für eine Ausstellung oder um einen großen Auftrag sicherzustellen.

Die Unterlagen, auf welche die Neukonstruktion sich stützt, entstammen in der Regel der Vorarbeit des Chefkonstrukteurs, der gemeinsam mit der Werksleitung stets darauf bedacht ist, unmittelbar oder durch den Vertrieb die Fühlung mit den Wünschen der Kundschaft und von den dort sich zeigenden Mängeln an gelieferten Werkzeugmaschinen zu erfahren und sie zu untersuchen. Er wird streng darauf achten, daß die eingehenden Berichte nach Inhalt und Form auf das sorgfältigste vom Betriebe, z. B. von den die Kundschaft besuchenden Monteuren und von den Reisenden, erstattet werden. Nicht schnell und gründlich genug kann solchen Mängelberichten nachgegangen werden. Günstige Berichte haben weit eher Zeit.

Die Durcharbeitung der Mängelberichte führt zu Ergänzungen des längst angelegten Verbesserungsprogramms des betreffenden Musters. Dieses Programm enthält also nicht nur eine Registrierung der Vorkommnisse, sondern auch das Ergebnis von Nachprüfungen im eigenen Betrieb, von konstruktiver Vorarbeit und von Vorschlägen für Um- oder Neukonstruktionen, einschließlich entsprechender Entwürfe.

Kommt dann der Anlaß und damit der Zeitpunkt für den Beginn der Neukonstruktion, angeordnet von der technischen Leitung, so greift der Chefkonstrukteur nach seinem Programm und bringt die Neukonstruktion bis in ihre Einzelheiten der technischen Leitung in Vorschlag.

Die technische Leitung, z. B. der technische Direktor, hat sich selbständig ein Bild gemacht und vergleicht es mit den Vorschlägen des Chefkonstrukteurs. Er hat auf Grund von Erfahrungswerten aus der Kalkulationsabteilung bereits die Kosten der Neukonstruktion, so wie er sie sich vorstellt, geschätzt bzw. vorkalkuliert und gibt nunmehr, um vergleichen zu können, an den Chefkonstrukteur den Auftrag, ebenso für sich zu kalkulieren. Auf diese Weise kommt es durch den Vergleich zweier Vorkalkulationen von vornherein zu einer möglichst großen Sicherheit, daß keine Kosten übersehen werden. Damit ergibt sich nach der erkundeten Marktlage auch der voraussichtliche Gewinn, der aber nicht nur in Geld, sondern auch in der Stärkung des Ansehens der Firma und in der Gewinnung neuer Geschäftsverbindungen bestehen wird.

Aus solcher verständnisvollen Zusammenarbeit zwischen der Leitung mit dem Konstruktionschef entsteht das endgültige Konstruktionsprogramm mit allen logisch verträglichen Wünschen und Erfordernissen, und zwar schriftlich auf das sorgfältigste in Reinschrift niedergelegt.

Nur auf diese Weise wird verhütet, daß im weiteren Verlauf der Arbeit Gesichtspunkte übersehen werden, die zu irgendeinem Zeitpunkt als unzweckmäßig oder unausführbar angesehen wurden und in Vergessenheit geraten, obwohl sie bei erneuter Prüfung sehr wohl als wertvolle Verbesserung der Maschine hätten ausgeführt werden können. Unausführbarkeit wird im Büro oft behauptet und später widerlegt, wenn an Hand der erwähnten Reinschrift von der Leitung nochmalige Überprüfung angeordnet wird, gegebenenfalls mit der gleichen oder nur wenig geänderten Aufgabenstellung.

Gerade die Überprüfung und die Lösung solcher Probleme in zäher Arbeit ist eine interessante und äußerst reizvolle Arbeit für den jungen Akademiker, sobald er so viel Vertrauen einflößt, daß der Gruppenleiter ihm die vom Konstruktionschef angeordnete Überprüfung anvertraut.

Zwei Voraussetzungen sind in solchen Fällen entscheidend:

1. Der Konstruktionschef und der Gruppenleiter erfüllen ihren Auftrag nur dann, wenn sie den Nachgeordneten nicht nur klar unterrichten, was bei der Werkzeugmaschine mit der besonderen Aufgabestellung erreicht werden soll, sondern auch die eigenen Gedankengänge bis ins kleinste mitteilen. Der geistig bedeutende Vorgesetzte kann sich das nicht nur stets leisten, sondern er wird damit sogar besondere Erfolge haben, auch dann, wenn er Abweichungen von seinen Ideen zugibt, vorausgesetzt, daß solche Abweichungsvorschläge sorgfältig begründet wurden.

2. Der Untergebene sollte für eine derartige Auftragserteilung besonders dankbar sein und sich vor einem voreiligen ablehnenden Urteil hüten.

Selbst wenn in der Auftragserteilung ganz offensichtlich eine Fehlüberlegung in irgendeiner Richtung sich herausstellt, soll der junge Akademiker zunächst die Lösung mit diesem Fehler soweit als irgend möglich versuchen und durcharbeiten. Dann aber, bevor er sich geäußert hat, sollte er bemüht sein, unter Vermeidung der Fehlüberlegung den Auftrag zu bearbeiten. Dem Bürochef wird er sodann zuerst die Bearbeitung laut erteiltem Auftrage vorlegen und zeigen, daß sie zu Unzulänglichkeiten führt, und daß er wenigstens keine Möglichkeit sieht, zurechtzukommen. Sodann aber möge er bitten, einen Vorschlag des laut Auftrag zu Erreichenden vorlegen zu dürfen und in echter Bescheidenheit erklären, daß er infolge der ihm gewährten Zeit in die Lage gekommen sei, diesen Entwurf vorzulegen. Es ist also gut, wenn der Konstrukteur nicht täglich vom Bürochef in solchem Falle kontrolliert wird, sondern wenn ihm eine Atempause gewährt wird.

Jeder vernünftige Vorgesetzte freut sich eines solchen Mitarbeiters, denn dieser spart ihm nicht nur Zeit, sondern hebt damit das Ansehen, die Arbeitsfreudigkeit und die Arbeitsfreiheit des ganzen Büros. Der Vorgesetzte wird diesen Mitarbeiter auch zur Besprechung höheren Ortes mitnehmen, freilich nur für die Zeit, in welcher die betreffende Aufgabenlösung durchgesprochen wird.

Wie aber die gesamte Arbeit, soweit sie im technischen Büro erfolgt, Stufe für Stufe verläuft, wird durch nachstehende Zusammenstellung gezeigt, auf deren Erläuterung im einzelnen wohl verzichtet werden kann.

b) Die Arbeit im technischen Büro.

a) Erfassung der gestellten Aufgabe;

b) Ordnen der Datensammlung (Literatur, Erfahrungen, Notizen aus dem eigenen Betrieb, Vorstudien, Leistungsstudien und Feinmessungen auch an einzelnen Teilen, Durcharbeiten der Daten);

c) Aufstellung des Konstruktionsprogramms, Vereinigung aller Wünsche;

d) Anfertigung des Drehzahlenschaubildes und des Getriebeplans mit Drehzahlen, Wellenabständen (Moduln- und Zähnezahlen);

e) Entwurf der Maschine und Überprüfung des Konstruktionsprogramms, Rechnungen;

f) Anfertigung der Einzelzeichnungen;

g) Wahl und Konstruktion der zur Herstellung der Maschine erforderlichen Werkzeuge, Vorrichtungen und Lehren;

h) Vorkalkulation von Gewicht und Preis;
i) Endgültige Zusammenstellung;
k) Anfertigung der Stücklisten;
l) Ausarbeiten der Bedienungsvorschrift und Schmiervorschrift;
m) Ausarbeiten der Beschreibung und des Katalogs.

Inwieweit die Vorbereitung zur Herstellung des einzelnen Werkstückes für die Massenanfertigung vorbereitet werden muß, zeigt der nachfolgende Werdegang, aus welchem auch für die Vorbereitung der Serienfertigung, namentlich größerer Serien, Gesichtspunkte sich entnehmen lassen.

c) Der Werdegang eines Werkstückes in der Massenfertigung.

a) Studium der Konstruktions- und Werkstattzeichnungen;
b) Anfertigen der Holzmodelle; Kontrolle der Modelle;
c) Anfertigen der Metallmodelle; Kontrolle der Modelle;
d) Probeabguß;
e) Kontrolle des Probegusses auf äußere Beschaffenheit und Maßhaltigkeit;
f) Abguß von 4 Musterteilen:
    a) als Urmuster,
    b) zum Versand an evtl. Unterlieferanten;
g) Probebearbeitung nach Zeichnung;
h) Aufstellung des zweckmäßigen Bearbeitungsplans;
i) Freigabe für Massenguß;
k) Einreihung der bearbeiteten Teile in die Urmustersammlung;
l) Aufbau und Regulierung der Vorrichtungen an Hand dieser Muster;
m) Probebearbeitung mit Hilfe von Vorrichtungen und Lehren, Zeitstudien;
n) Kontrolle der Teile auf Austauscharbeit;
o) Freigabe zur Massenbearbeitung;
p) Überprüfung und Beseitigung von Bearbeitungsfehlern in der Massenfertigung, Korrektur der Unterweisungskarte;
q) Einrichten im Fertigteillager;
r) Gesamtzusammenbau.

Fehler in der Vorbereitung der Werkstücke zur Massenanfertigung, wenn es sich um viele Tausende von Stücken handelt, führen zu schwersten finanziellen Verlusten.

Ideen, Sorgfalt und wohlerwogene Genauigkeit sind die unerläßlichen Voraussetzungen für erfolgreiche Gestaltung der Werkzeugmaschine.

XVII. Prinzipien und Regeln.

Schon FRIEDRICH RUPPERT[1]) hat in seinem bereits mehrfach genanntem Buche „Aufgaben und Fortschritte des deutschen Werkzeugmaschinenbaues" Regeln zusammengestellt, welche bei dem Bau von Werkzeugmaschinen nicht außer acht gelassen werden dürfen.

Nachdem in den bisherigen Abschnitten die Grundtypen der Werkzeugmaschinen erörtert worden sind, lohnt es sich, die vorherrschenden Grundsätze und Regeln, der heutigen Zeit entsprechend erweitert, zusammenzustellen. Sie sollten nicht nur dem Konstrukteur, sondern auch dem Betriebsingenieur stets vor Augen stehen.

Die Liste dieser Grundsätze soll wie folgt gegliedert werden:

a) Prinzipien oder allgemeine Grundsätze.

1. Das Massengesetz, demzufolge die Massen in der dritten Potenz, die Flächen aber nur im Quadrat mit der linearen Vergrößerung der Abmaße der Maschine zunehmen. Bei Außerachtlassung dieses wichtigen Gesetzes besteht die Gefahr, daß die zulässigen Beanspruchungen, für welche die Maschine konstruiert ist, überschritten werden und Schaden eintritt.

2. Schwingungsfestigkeit der Werkzeugmaschine.

3. Kein Verbessern oder Zusammenfügen von Konstruktionsgruppen oder Einzelteilen, sondern Originalkonstruktionen von Grund auf.

---

[1] RUPPERT, FRIEDRICH: Aufgaben und Fortschritte des deutschen Werkzeugmaschinenbaues. S. III—XI. Ferner wird hingewiesen auf: SCHULTE, BERND: Physiologische Beziehungen zwischen Mensch und Maschine. Werkstatttechnik und Maschinenbau, Jahrgang 41, S. 115—122.

4. Beschränkung kennzeichnet den Meister. Minimumsätze.

a) Minimum an Kräftemomenten,

b) Minimum an elastischer Verformung,

c) Minimum an Getriebeteilen, Bewertung der Zahnradübersetzungen, Normung,

d) Minimum an Bearbeitung,

e) Minimum an neuen Teilen, Normung.

5. Neuzeitliche Werkstoffverteilung (Vollkörper ohne Schmutzecken, genormte Abrundungen, keine weichlichen Formen).

6. Heraushebung der wichtigen Teile in Konstruktion und Werkstoff (Schattierung, Farben) in Zeichnung und Ausführung.

7. Abdecken bzw. Verlegen der Getriebe ins Innere der Maschine, außen nur, was der Hand und dem Auge zugänglich sein muß.

8. Vereinigung zu Getriebegruppen (Vorteile: Herstellung der Gruppe auf kleinen Präzisionsmaschinen, Bohrständen, Steifigkeit der Gruppe in sich, desgleichen selbsttätige zentrale Schmierung.)

9. Beibehalten hoher Drehzahlen von der Motordrehzahl an, große Übersetzung erst kurz vor Werkstück und Werkzeug, nicht vom Langsamen ins Schnelle übersetzen.

10. Beachtung der Fortschrittsmöglichkeiten.

b) Fortschrittsmöglichkeiten zur unmittelbaren Erhöhung der Leistung.

a) Vervollkommnung der Maschinenantriebe (elektrischer Antrieb, einfache Vorgelege).

b) Erhöhung der Schnittgeschwindigkeiten (Gebrauch neuzeitlicher Schneidwerkzeuge, Kühleinrichtung.

c) Erhöhung der verfügbaren Arbeitsgeschwindigkeit bei

1. Schnitt,

2. Vorschub,

3. Anstellung (Beistellung).

d) Erhöhung der Leistung durch Ansatz mehrerer gleichzeitig arbeitender Werkzeuge (Messerköpfe, Mehrfachstahlhalter).

1. Zutatensystem, selbsttätiges Auslösen und Stillsetzen,

2. Revolverbank, Automat.

e) Bedienungsmöglichkeit mehrerer Maschinen durch einen Mann.

c) Mittelbare Leistungssteigerung, Minderung der toten Arbeitszeit, zeitsparende Einrichtungen.

a) Schneller Umlaufwechsel z. B. durch Fernsteuerung (elektrisch).

b) Schneller Wechsel der Vorschubgröße.

c) Schneller Übergang von einer Vorschubart zur anderen, z. B. von Waagerecht- zur Senkrechtschaltung.

d) Unabhängigkeit der Schaltvorschübe voneinander.

e) Feineinstellung der Weggrößen, einfache Endabstellung.

f) Schneller Leerrücklauf.

g) Schnelle Anstellbewegung des Werkzeugs.

h) Schnelle Größenanpassungsbewegung (Eilbewegung).

i) Sprungbewegung zur Überbrückung nicht zu bearbeitender Strecken.

k) Erleichterung senkrechter Bewegung durch Gewichtsausgleich.

d) Hineindenken in das Arbeiten und die Bedienung der Werkzeugmaschine.

a) Voraugenhaben der Bewegungen der arbeitenden Werkzeugmaschine, Freigehen aller Teile, keine Klemmgefahr.

b) Abwägen der Größenverhältnisse, Aufzeichnen der ganzen Maschine möglichst im Maßstabe 1 : 1, gegebenenfalls kleine Papp- oder Holzmodelle und Pappmodelle des Bedinungsmannes.

c) Zugänglichkeit aller Teile, auch der inneren (z. B. Aufklappen des Drehspindelkastendeckels).

d) Sinnvolles Zusammenlegen aller Bedienungsgriffe an geeigneter Stelle, z. B. am Drehbankschlitten.

e) Anpassung der Größe und Lage von Hebeln und ihrer Betätigungskräfte an die physiologischen Gegebenheiten des bedienenden Menschen.

f) Sorgfältiges Überdenken der Zusammenbaumöglichkeiten, Paßflächen, Anschlagflächen.

e) Erhaltung der Zuverlässigkeit der Maschinen.

a) Neuzeitliche Schmierung.

b) Staub- und Kühlwasserschutz, z. B. bei Schleifmaschinen.

c) Spanentfernung (z. B. Spänebewältigung bei Schruppdrehbänken).

d) Staubabsaugung, z. B. beim Trockenschleifen.

e) Dämpfungen (Dämpfung des Kupplungsschlages im Ölbad).

f) Verriegelung und selbsttätige Ausschaltung — Unfallverhütungsvorschriften der Berufsgenossenschaften.

g) Schutzvorrichtungen.

XVIII. Die Schmierung der Werkzeugmaschine.

a) Die Durcharbeitung der Schmierung im technischen Büro.

In den letzten zwei Jahrzehnten ist in der Schmiertechnik ein erheblicher Fortschritt erzielt worden. Während zu Anfang des Jahrhunderts die Schmiereinrichtung in der Werkzeugmaschine der Erfahrung der Werkstätte anvertraut wurde, also in den Zeichnungen darüber höchstens Andeutungen enthalten waren, wird heute eine Liste der einzelnen Schmiermittel mit genauer Kennzeichnung, mit Angabe des Schmierzeitpunktes, der Schmiermenge und mit Benennung der mit der Schmierung Beauftragten verlangt.

Ferner wird im Konstruktionsbüro ein genauer Schmierplan ausgearbeitet und der Bedienungsvorschrift beigefügt, in welchem nicht nur alle zu schmierenden Stellen mit ihren Schmiermitteln gekennzeichnet sind, sondern auch Angaben gemacht sind, wie die Schmierung vor sich gehen soll. Dazu gehört eine Darstellung der Schmiergeräte, Schmierspritzen, Schmierpumpen mit Antrieb, Schmierrohren und ihre genaue Verlegung, der der Abdeckungsart der Schmieröffnungen, der Schutzeinrichtungen gegen Verschmutzung und Ölverlust u. a. m.

Anzustreben ist dabei die völlig selbsttätige Schmierung der Werkzeugmaschine, so daß nur zu den in der Schmierliste angegebenen Zeitpunkten, z. B. zum Ersten jeden Monats, die Ölbehälter nachgefüllt und etwa alle sechs Monate gereinigt und mit dem richtigen Öl neu gefüllt werden. Eine solche Durcharbeitung der Schmierung der Werkzeugmaschine setzt engste Fühlungnahme nicht nur zwischen dem technischen Büro und der Werkstatt, sondern erst recht mit dem Schmiermittelfachmann bzw. den Herstellerfirmen der Schmiermittel voraus. Auf diese Weise wird im Erfahrungsaustausch Vereinfachung und Zuverlässigkeit der Schmierung erreicht.

Um eine Vorstellung zu geben, wie vielseitig und wie unterschiedlich auch heute noch Schmierungen ausgeführt werden, wird in der HESSBERG-Tab. 66 eine Zusammenstellung der Schmiergeräte und der Schmierstellen, sowie der Schmierstellenzahl und des Zeitbedarfs aus einer größeren Fertigungsstätte mitgeteilt. Zu beachten sind dabei besonders die Reihen 7, 8, 12 bis 15 in bezug auf die angegebenen Werkzeugmaschinentypen. Auf einen Großbetrieb von 1000 Werkzeugmaschinen umgerechnet ergibt diese Zusammenstellung 15000 Minuten = 250 Stunden = eine Schmierkolonne von zwölf Mann im täglichen 24-Stundenbetrieb!

Von selbst ergibt sich daraus die Forderung nach Vereinfachung:

1. Minderung der Zahl der Schmierstellen,
2. Minderung der Zahl der Schmiermittel, und damit
3. Vereinfachung der Bedienung,

und nicht zuletzt die Forderung der sorgfältigsten Aufstellung der Schmierliste und des Schmierplanes.

Eine ausführliche Behandlung der Schmiermittel und ihrer Eigenschaften würde über den Rahmen dieses Buches hinausgehen.

Nähere Einzelheiten sind bei den Ölfirmen zu erfragen bzw. der einschlägigen Fachliteratur zu entnehmen. Hingewiesen wird besonders auf die „Skizzenblätter des Shell Technischen Dienstes" und auf „Schmierstoffe und Schmiertechnik" von P. BEUERLEIN.

b) Die Konstruktionsaufgaben zur Schmierung.

Durch entsprechende Einrichtungen muß vom Konstruktionsbüro dafür gesorgt werden, daß die Schmiermittel andauernd nach Art, Menge und Reinheit möglichst ohne Leckverluste zur einwandfreien Schmierung gebracht werden. Der Betrieb hingegen sorgt für Bedienung der Maschine mit Schmiermitteln sowie für Reparatur bzw. Ersatz der schadhaft gewordenen Schmiereinrichtungen.

Tabelle 66. *Schmiervorrichtungen bzw. Schmiereinrichtungen an Werkzeugmaschinen der gebräuchlichsten Typen und Arten der normalen Baugrößen*[1].

1	Ausgezählte Typen: . .	9	9	15	22	15	35	33	12	15	34	12	213	
2	Deckel-, Dreh-, Kugel- und ähnliche Schmiernippel, Schrauben, Kappen, Dreh-, Klapp- und ähnliche Deckel als Einfüll- und Verschlußvorrichtungen für Ölkästen, Ölwannen und ähnliche für: (Docht- und Ölleitungen zu a nicht gezählt)	Bohrwerke	Einspindelautomaten	Senk- und waagerechte Kurzhobler	Revolverdrehbänke	Verschiedene Spezialfräsmaschinen	Spitzendrehbänke	Waagerechtfräsmaschinen	Gewindefräsmaschinen	Senkrechtfräsmaschinen	Rund-, Innen- und Planflächenschleifmaschinen	Radialbohrmaschinen	Quersumme	in Prozenten
a)	Getriebe, Spindelkästen u. Lager, Hydraul. u. ä.	20	23	9	65	27	126	146	47	58	117	15	653	12,39
b)	Vorschubgetriebe (Norton) Schlitten, Frästische u. ä.	37	19	21	47	7	69	59	4	32	15	—	310	5,89
	Docht- und Ölleitungen zu b) nicht mitzählen . .	265	—	8	89	25	342	265	8	137	—	—	1139	
3	Deckel-, Dreh-, Helm- und sonstige Schmiernippel	191	58	144	279	21	239	90	96	41	70	29	1258	23,87
4	Kugel- oder Lubnippel .	92	173	193	166	315	232	237	23	107	246	66	1850	35,10
5	Fettschmierbüchsen aller Art	27	5	3	17	33	18	5	1	9	10	5	133	2,52
6	Sonstige Öl- und Madenschrauben aller Größen	24	—	15	73	9	239	60	38	18	74	28	578	10,96
7	Einfache offene Öllöcher	—	90	133	54	34	32	54	19	6	40	26	488	9,27
	Bosch- und ähnliche Zentralöler (nicht mitzählen)	4	6	7	4	2	4	8	—	5	6	—	46	
	Verteilt auf Modellanzahl	3	6	6	2	2	4	6	—	3	5	—	37	
8	Gesamtzahl der zu bedienenden Schmierstellen	391	368	518	701	446	955	651	228	271	572	169	5270	100
9	Durchschnitt pro Type .	43,4	41	34,6	32,4	29,7	27,3	19,7	19	18	16,8	14		Stück
10	Gesamtzeit für Durchschmierung der Typen 1 mal tägl.	88	97	110	251	112	385	282	75	102	202	64		min
11	Durchschnitt pro Type	9,7	10,8	7,3	11,4	7,4	11	8,5	6,2	6,8	5,9	5,3		min
12	Geringste Schmierstellen einer Type	21	28	17	14	8	14	8	12	10	8	6		= 1
13	Größte Schmierstellenzahl einer Type	68	51	50	50	61	53	34	31	33	40	28		zu 3,4
14	Mindestzeit für Durchschmierung einer Type 1 mal tägl.	8	5	5	7	4	8	4	4	3	3	3		min
15	Höchstzeit für Durchschmierung einer Type	12	15	14	18	12	20	15	10	10	12	20		min

$$\text{Durchschnitt der Gesamtschmierstellen } \frac{5270}{213} = 24{,}7 \text{ Stück}$$

$$\text{Durchschnitt der Gesamtschmierzeiten } \frac{1767}{213} = 8{,}3 \text{ Minuten je Tag}$$

[1] HESSBERG: Zusammenstellung der Listen der ausgezählten Maschinenarten und Modelle (Typen).

Die Konstruktionsaufgaben betreffen

1. die Gleit- und Wälzlager;
2. die Gleitbahnen;
3. die Getriebe, z. B. Zahnradgetriebe, Kettengetriebe und stufenlos verstellbare mechanische oder hydraulische Getriebe.

1. Die Gestaltung der Lager wird in der Lehre von den Maschinenteilen so ausführlich behandelt, daß hier nur einige, den Werkzeugmaschinenbau im besonderen betreffende Angaben erforderlich sind.

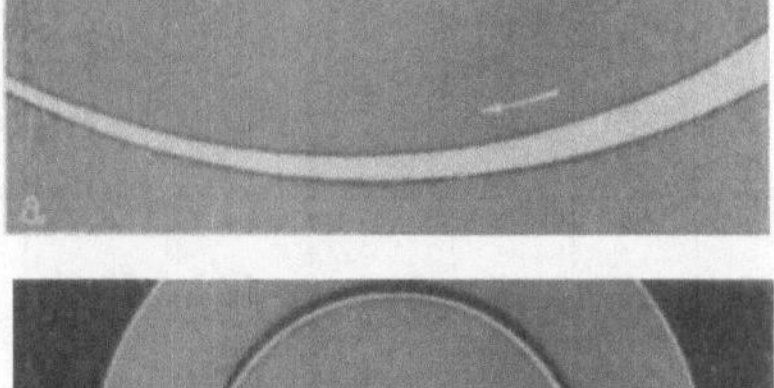

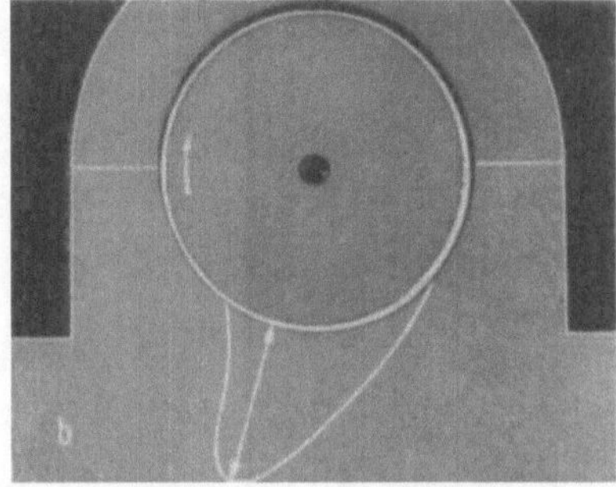

Abb. 592 a und b. Der optimale Ölfilm.
Druckverteilung im Lager.
(Aus Shell Taschenbuch.)

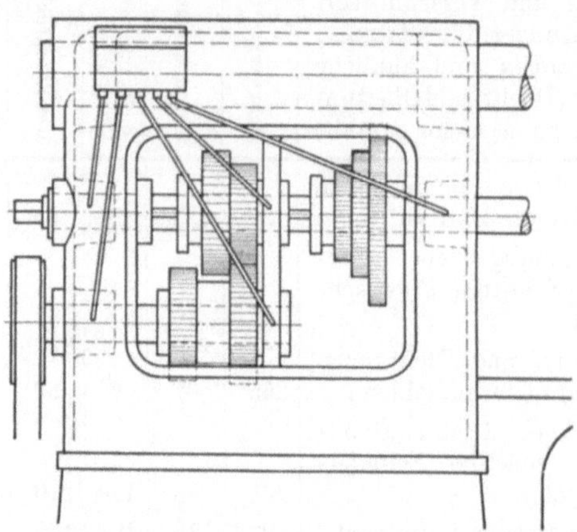

Abb. 594. Schmiermittelzuführung aus einem
über den Schmierstellen angeordneten Behälter.

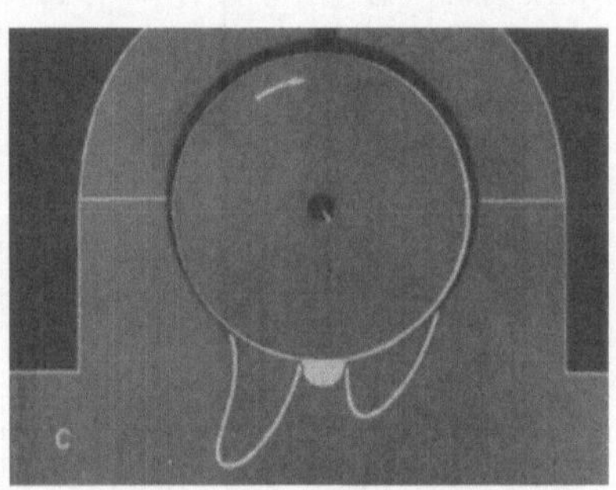

Abb. 593. Wirkung einer Längsschmier-
nut, unterbrochener Ölfilm.
(Aus Shell Taschenbuch.)

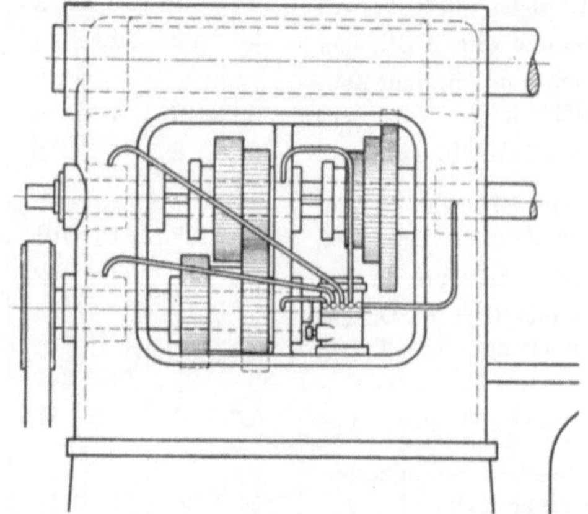

Abb. 595. Schmiermittelzuführung aus einem
unterhalb der Getriebe liegenden Behälter mit
Hilfe von Kolben- oder Zahnradpumpe.

Der optimale Ölfilm (Abb. 592 a u. b) wird, abgesehen von der einwandfreien Einhaltung der Passung, auch über die Lagerlänge durch Anordnung einer geraden Schmiernute parallel zur Lagerachse im unbelasteten Teil des Lagers und Aufhören der Nute etwa 10 mm vor den Lagerenden erreicht. Die Anbringung von Schmiernuten im belasteten Teil des Lagers, z. B. als Längsnut oder in Form einer Kreuznut, ist fehlerhaft und veraltet. Sie führte zur Ausbildung eines unterbrochenen und daher nicht genügend tragfähigen Ölfilms (Abb. 593).

Die Zuverlässigkeit der Schmierung wird am sichersten durch zwangsläufige Ölzufuhr erreicht, d. h. durch irgendeine Form von Umlaufschmierung. Diese kann in zweierlei Weise durchgeführt werden:

1. aus einem über den Schmierstellen liegenden Behälter (Abb. 594), aus welchem den Schmierstellen das Öl durch Ölröhrchen zugeführt wird, oder

2. durch Anordnung einer Druckpumpe (Kolben- oder Zahnradpumpe), welche das Öl den höher gelegenen Schmierstellen (Abb. 595) zuführt. Unter Umständen erfolgt diese Ölzufuhr, wie bei der Fortuna-Schleifmaschine, durch Zuführung unter Druck (2 bis 5 atü).

Eine Reinigung des Öls wird durch Einschaltung eines Siebes mit größtmöglicher Oberfläche erreicht (Schleifspindellagerung der Fortuna-Rundschleifmaschine). Außerdem erfolgt diese Reinigung durch Absetzen auf den Boden sogleich im Ölsammelbehälter unter der Maschine. Von besonderer Wichtigkeit ist ferner die schmutzsichere Abdichtung der Schmierstellen, der Saugrohre der Ölleitungen und der Ölbehälter bzw. Ölrinnen. Ungeeignete Abdeckung der letzteren, sowie das unzweckmäßige Verschließen mit Schrauben, Schnappölern u. dgl. sind Einrichtungen, die heute überholt sind. Besser sind Kugel- oder Lubnippelöler (Abb. 596). Eine völlig einwandfreie Lösung gibt es auch heute noch nicht[1]. Vermeidung der Abdeckung durch Einführung der Umlaufschmierung ist die beste Lösung. Leider ist sie häufig nicht durchführbar, nämlich

Abb. 596. Lubnippelöler.

wenn Schmierstellen weit auseinander liegen oder die Schmierröhren außen an der Werkzeugmaschine angebracht werden müssen und dann ebenso wie die Kugel- oder Lubnippelöler der Beschädigung ausgesetzt sind.

Ölverluste lassen sich durch genügend weite Öleinfüllöffnungen erreichen, so daß das Nachfüllen in einem erfolgen kann, und dadurch, daß Leck- und Versickerungsstellen vermieden werden. Verformung infolge allmählicher Entspannung z. B. von Gußkörpern, und damit Undichtwerden von Paßstellen führt namentlich dann zu erheblichen Ölverlusten, wenn die Ölzufuhr unter Druck steht. Solches Lecköl läuft im Innern der Maschinengestelle hinunter, nimmt dabei Schmutz auf und führt ihn dem Ölbehälter zu. Um den Schmutz zu entfernen, sollten Ölbehälter so angelegt werden, daß die Bodenflächen geneigt sind und das stets in Bewegung befindliche Öl den Schmutz an der tiefsten Stelle des Ölbehälters allmählich absetzen kann. Wird dann noch ein Filter eingeschaltet, das Schmutz und Luftblasen zurückhält, so kann auf der anderen Seite des Filters mit hinreichend gereinigtem Öl gerechnet werden.

Besondere Aufmerksamkeit aber ist noch der Konstruktion der Abdichtung der Lagerstellen selbst zu schenken. Grundsatz ist, nur diejenigen Wellen aus dem Getriebekasten austreten zu lassen, durch die die Verbindung mit einer anderen Getriebegruppe der Maschine hergestellt wird. Alle übrigen Lagerstellen sind nach außen durch runde Abschlußdeckel öldicht abzuschließen. Die aus dem Getriebekasten austretenden Wellen müssen durch Simmerringe oder ähnliche von Spezialfirmen hergestellte Abdichtungen auf das sorgfältigste gegen Ölaustritt gesichert werden.

2. Für die Gleitbahn gilt sinngemäß dasselbe. Auch hier muß für den optimalen Ölfilm (Abb. 597) gesorgt werden. Die Gleitbahnen haben seitlich über die ganze Länge laufende Ölrillen, in welchen das verdrängte Öl zu den am Ende der Gleitbahn angeordneten Sammelkästen geleitet wird. Das Heranbringen des Öls erfolgt durch zylindrische oder kegelige Ölwalzen, welche in Ölkästen eintauchend das Öl der oberen Gleitbahn zubringen.

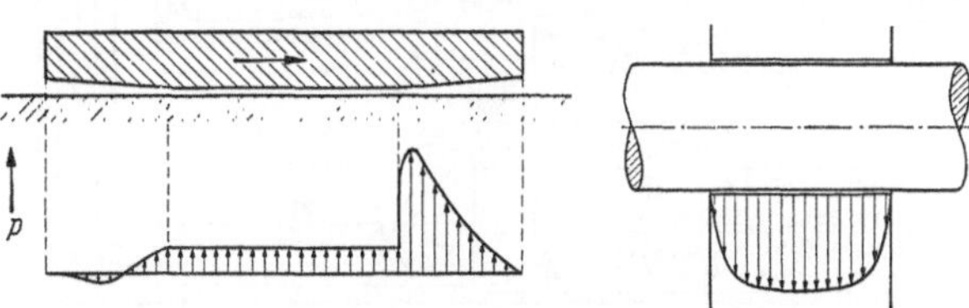

Abb. 597. Druckverteilung auf Gleitbahnen.

Gegen Verschmutzung der Gleitbahnen werden Abdeckungen angewandt, und zwar in Form von starrem Deckblech oder von an den Enden des Maschinenbettes durch Federantrieb sich aufrollende Abdeckbänder. Letztere haben den Nachteil, daß beim Aufrollen obenauf gebrachter Schmutz sich der Unterseite beim Aufrollen mitteilt und auf

---

[1] Aber einwandfrei arbeitet z. B. schon der kleine BOSCH-Öler mit Handkurbel für eine größere Anzahl von Schmierstellen oder die WILLY-VOGEL-Eindruckzentralschmierung.

diese Weise auf die Führungen gelangen kann. Harmonikazüge wiederum gehen leicht zu Bruch und sind schwer sauber zu halten. Sämtliche Abdeckungen haben zudem den Nachteil, daß sie die Gleitbahnen zudecken und so eine Kontrolle erschweren. Eine restlos befriedigende Lösung gibt es auch hier noch nicht.

3. Bei der Schmierung der Getriebe sind die gleichen Gesichtspunkte maßgebend, nur daß bisweilen ganz oder teilweise offene Getriebe zu schmieren sind. Bei solchen Getrieben ist Schmierung mit Fett am Platze, im besonderen bei Zahnrädern (z. B. FP 4, d. h. Ambroleum).

Zahnräder im geschlossenen Getriebekasten werden durch Auftropfen aus einer Umlaufschmierung oder auch einfach durch Eintauchen bis zum Zahngrund geschmiert. Letztere Schmierart ist jedoch nur bei verhältnismäßig langsam umlaufenden Zahnrädern geeignet, da das bei schnellem Umlauf auftretende Aufschäumen des Öls zu vermeiden ist.

c) Beispiele von Schmierlisten und Schmierplänen.

Es versteht sich, daß bei diesen Beispielen nicht eine gleichartige Ausgabe der Listen und Schmierpläne geboten werden kann, da diese bei den verschiedenen Firmen zu verschiedenen Zeiten entstanden sind und so wiedergegeben werden müssen, wie sie die Firmen herausgegeben haben. Im wesentlichen aber sind die vorangestellten Gesichtspunkte gewahrt.

α) *Die VDF-Drehbank.*

Zum Schmierplan der VDF-Bank (Abb. 598) wird auszugsweise folgendes von der Firma unter dem Titel „Richtiges Schmieren" bemerkt:

Am wichtigsten ist die Schmierung beim Spindelkasten und seinen Lagern. Der Spindelkasten hat daher auch eine vollautomatisch arbeitende Umlaufschmierung. Eine Ölpumpe, die unmittelbar von der Antriebswelle angetrieben wird, saugt das Öl aus dem Ölbehälter, der im Bett unter dem Spindelkasten sitzt. Ob die Pumpe richtig arbeitet, erkennt man an dem Ölstrahl hinter dem Schauglas an der Vorderseite des Spindelkastens. Das Öl wird von der Pumpe in einen Verteiler gedrückt und von hieraus einerseits durch Rohre zu den Hauptlagern geführt und andererseits mit Berieselungsrohren über die Zahnräder verteilt. Am Boden des Spindelkastens sammelt sich das Öl und fließt durch ein Abflußrohr zurück in den Ölbehälter. Hierbei muß es zuerst das in der Mitte des Ölbehälters angebrachte Filter durchlaufen, wobei Schmutzteilchen abgesondert werden. Beim Einlaufen der Bank soll der erste Ölwechsel nach 14 Tagen, der zweite nach weiteren vier Wochen vorgenommen werden. Später genügt es, das Öl alle sechs Monate zu erneuern.

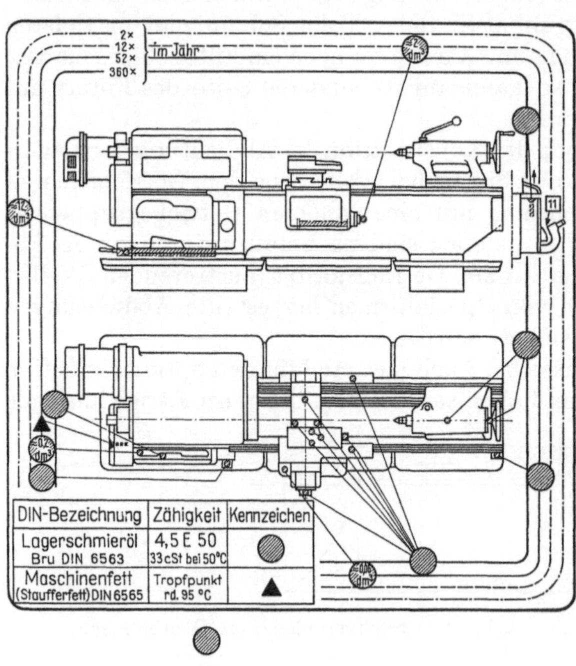

Abb. 598. Schmierplan der VDF-Bank.

Zur Schmierung der Lager des Nortonkastens dient eine sich über die ganze Länge des Nortonkastens erstreckende Ölkammer, von der eine Anzahl mit Dochten versehener Rohre nach den zugehörigen Lagern führen. Zum Nachfüllen dieser Ölkammern ist der auf dem Nortonkasten lose aufliegende Deckel abzuheben. Das Nachfüllen hat wöchent-

Tabelle 67. *Schmieranweisung für Index-Automaten 36*[1].
(Angaben gelten für Einschichtbetrieb; bei mehreren Schichten entsprechend häufiger schmieren.)

Zeitraum	Schmierstellen		Maschinenteil schmieren oder prüfen	Schmierstoff		aus-zuführ-ren von
	Nr.	Anzahl		Menge: Tropfen	Bezeich-nung	
① bis ⑤ Täglich	1	1	Ölstand am Ölbehälter für Bosch-Öler prüfen; bei Bedarf Öl nachfüllen		Masch.-Öl	
	2	1	Ölkammer der Spannmuffe bei Bedarf füllen (bei INDEX 52 nur Knaggengleitflächen schmieren)			
	3	2	Knaggengleitflächen der Spindelumschaltkupp-lung schmieren	4 ⋯ 6	Viscos. 6,5 E°	
	4	2	Revolverschlittenölbehälter füllen	—		
	5	2	Nur bei Verwendung der Schnellbohreinrich-tung schmieren	4 ⋯ 6		
⌐6⌐ bis ⌐22⌐ □ Wöchentlich	6	1	Vorschubschlittenführung (Gleitflächen schmie-ren)	4 ⋯ 6	Viscos. 6,5 E°	
	7	1	Vorschubrohrkugellager	4 ⋯ 6		
	8	4	Vordere Steuerwellenlager	4 ⋯ 6		
	9	5	Nocken und Klinken der Schalthebel	4 ⋯ 6		
	10	3	Kurvenrollen für Seitenschlitten.	4 ⋯ 6		
	11	2	Führung und Lager des dritten Seitenschlittens	4 ⋯ 6		
	12	4	Vorderer und hinterer Seitenschlitten	4 ⋯ 6		
	13	1	Revolversegmentbolzen	4 ⋯ 6		
	14	1	Kurvenrolle für Revolverschlitten	4 ⋯ 6		
	15	2	Schnecken- und Schneckenradwelle	4 ⋯ 6		
	16	3	Vorschubwechselräder und Räderbolzen . . .	4 ⋯ 6		
	17	10	Lagerstellen und Kupplungen der Hilfssteuer-welle (Gleitflächen der Kurven und Rast-bolzen schmieren)	4 ⋯ 6		
	18	3	Zwischenradlager für Revolverantrieb	4 ⋯ 6		
	19	4	Ölerleiste (unter hinterem Seitenschlitten) . .	4 ⋯ 6		
	20	2	Kupplungsgabel (Gleitsteine schmieren) . . .	4 ⋯ 6		
	21	4	Vorschubhebellager.	4 ⋯ 6		
	22	2	Antriebslager der Hilfssteuerwelle	4 ⋯ 6		
⬡A⬡ bis ⬡K⬡ ⬡ Viertel-jährliche Prüfungen			**Schmierung der Arbeitsspindel prüfen**		Viscos. 6,5 E°	
	A	1	Ablaßschraube für das Schmieröl der vorderen und hinteren Arbeitsspindellagerung. (Evtl. durch Vorderlager eingedrungene Kühlemul-sion regelmäßig ablassen)			
	B	1	Vorderlager prüfen, ob Schmierung bei laufender Spindel mitläuft. (Verschlußschraube wieder gut verschließen)			
			Tropfenzahl prüfen an Bosch-Öler-Tropfstelle			
	C	1	Muffenring für Werkstoffspannung	$^1/_2$ ⋯ 1 in der Min.		
	D	2	Getriebewellen im Untergestell			
	E	1	Muffenring für Spindelumschaltung			
	F	2	Vordere und hintere Arbeitsspindellagerung . .			
			Ölstände prüfen (bei Bedarf Öl bis zur Marke nachfüllen)			
	G	1	Getriebeölstand und Ablaßschraube			
	H	1	Antriebsvorgelege-Ölstand und Ablaßschraube			
	J	1	Schneckengetriebe-Öleinfüllung und -überlauf .			
	K	2	Kühlmittel-Ablaßschraube.			

lich zu erfolgen. Unter diesem Deckel befindet sich noch die mit Docht versehene Schmierstelle für die verschiebbare Nortonschwinge. Weitere Handschmierstellen sind das Antriebslager am Spindelstock bei Einscheibenantrieb (1 Öler), das hintere Leit-

---

[1] Hierzu siehe Abb. 599.

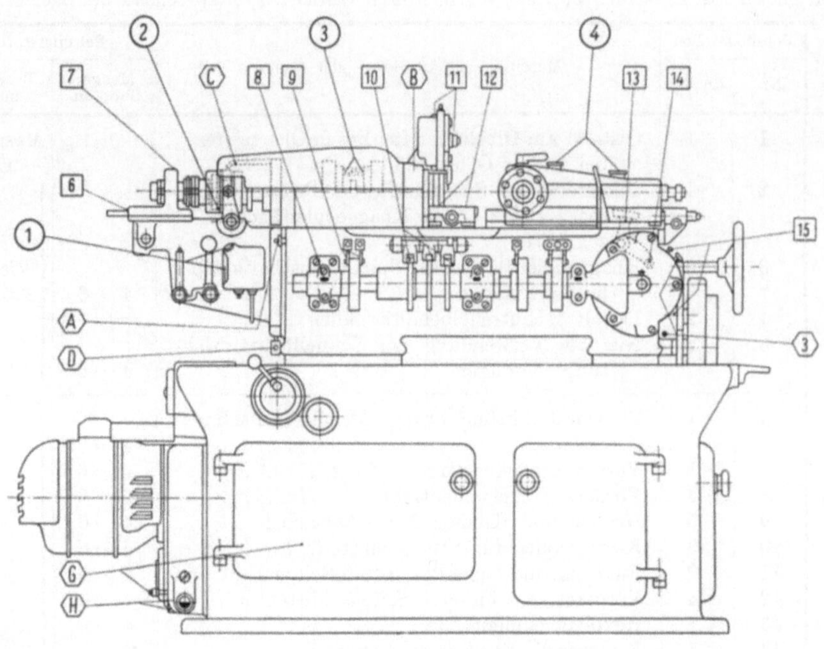

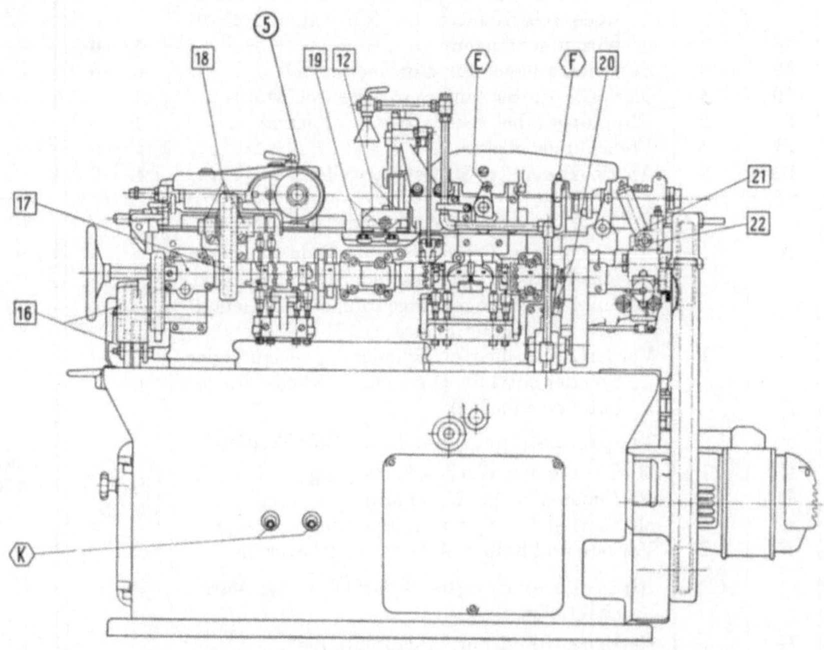

Abb. 599. Schmieranweisung zum Index-Automaten 36.

1 Ölstand am Ölbehälter; *2* Ölkammer der Spannmuffe; *3* Knaggengleitflächen der Spindelumschaltkupplung; *4* Revolverschlitten-Ölbehälter; *5* Schnellbohr-Einrichtung; *6* Vorschubschlittenführung; *7* Vorschubrohr-Kugellager; *8* Vordere Steuerwellenlager; *9* Nocken und Klinken der Schalthebel; *10* Kurvenrollen für Seitenschlitten; *11* Führung und Lager des dritten Seitenschlittens; *12* Vorderer und hinterer Seitenschlitten; *13* Revolversegmentbolzen; *14* Kurvenrolle für Revolverschlitten; *15* Schnecken- und Schneckenradwelle; *16* Vorschubwechselräder und Räderbolzen; *17* Lagerstellen und Kupplungen der Hilfssteuerwelle; *18* Zwischenradlager für Revolverantrieb; *19* Ölerleiste; *20* Kupplungsgabel (Gleitsteine schmieren); *21* Vorschubhebellager; *22* Antriebslager der Hilfssteuerwelle; *A* Ablaßschraube für das Schmieröl; *B* Vorderlager; *C* Muffenring für Werkstoffspannung; *D* Getriebewellen im Untergestell; *E* Muffenring für Spindelumschaltung; *F* Arbeitsspindellagerung; *G* Getriebe-Ölstand und Ablaßschraube; *H* Antriebsvorgelege-Ölstand und Ablaßschraube; *J* Schneckengetriebe-Öleinfüllung und -überlauf; *K* Kühlmittel-Ablaßschraube.

spindellager (2 Öler), die Spindel zum Verstellen der Reitstockpinole, die Schlitten-gleitbahnen und die Schlittenspindeln. Diesen letztgenannten Stellen wird das Schmieröl durch Schmierlöcher zugeführt, die durch Deckel verschlossen sind. In der Zeichnung sind sie durch einen schwarzen Kreis gekennzeichnet. Auch die Einfüllöffnungen der beiden Schmierstellen des Schloßkastens sind durch Deckel verschlossen. Unter diesen liegen Ölkammern, von denen Rohre zu den Lagern des Schloßkastens führen. Die im Schloßkasten befindliche Fallschnecke läuft in Öl, das durch die Öffnung rechts am Schloßkasten eingefüllt wird.

Die im Schmierplan angegebenen Handschmierstellen können zweckmäßig nicht zentral geschmiert werden, weil sie zu weit auseinander und an Maschinenteilen mit verschiedenartiger Bewegung angeordnet sind.

β) Der Index-Automat.

Diese Maschine hat außer drei Ölbehältern über 40 verschiedene Schmierstellen, die sich bei der vielseitigen Beweglichkeit nicht zentral zusammenfassen lassen. Einzelheiten gehen aus der Schmieranweisung (Tab. 67) der Firma in Verbindung mit der Darstellung (Abb. 599) der einzelnen Schmierstellen hervor.

Zur Schmierung ist zu verwenden:
Bestes Mineralöl, Viscosität *6 bis 7 Engler°*, bei 50° C.

Im Interesse zeitgemäßen, *sparsamsten Schmierölverbrauches* ist, entgegen früheren Angaben, folgendes zu beachten:

Ziehöler und untergeordnete Schmierstellen sind bei allen Index-Automaten im allgemeinen *1mal wöchentlich* (bei 50 Betriebsstunden) mit je 4 bis 6 Tropfen Öl zu schmieren.

Bei den Revolverautomaten sind die Tropfstellen für den automatischen Bosch-Öler normal für $^1/_2$ Tropfen je Minute, max. für 1 Tropfen je Minute einzustellen.

Bei dem Schnellaufautomaten Index on sind die Tropfölerstellen der Gewindeschneideinrichtung je nach Drehzahl für $^1/_2$ bis 1 Tropfen je Minute einzustellen.

An Schmieröl wird bestes Mineralöl von 6 bis 7 Englergraden bei 50° C empfohlen. Die Tropföler für den automatischen Bosch-Öler sind normal für $^1/_2$ Tropfen je Minute, maximal für 1 Tropfen je Minute einzustellen.

Tabelle 68. *Richtwerte über Kühlmittel- und Schmierölbedarf für Index-Automaten*[1].

1. Kühlmittelbedarf.

Maschine	Index 12/18/25	Index 24/36/52	Index on	Index or
Bedarf f. erstmalige Füllung	50 l	60 l	40 l	45 l
Monatlicher Bedarf für 200 Betriebsstunden[2] . .	etwa 10 l	etwa 15 l	etwa 8 l	etwa 8 l

2. Schmierölbedarf.

Maschine	Index 12/18/25	Index 24/36/52	Index on	Index or
Bedarf f. erstmalige Füllung[3]	5,5 l	*20 l* / *16,5* l	0,25 l	0,25 l
Monatlicher Bedarf für 200 Betriebsstunden . .	1,60 l	*2,25* l	0,80 l	0,60 l
Desgleichen Heißdampf- Zylinderöl	—	—	—	0,25 l

[1] Abhängig von Werkstückform, Späneanfall und Kühlmittelrückgewinnung.

[2] Nach etwa 3000 Betriebsstunden Öl ablassen, reinigen und frisches Öl auffüllen.

[3] Die eingerahmten Stellen gelten für den behandelten Index-Automaten 36.

Abb. 600. Groß-Karussellbank von Schiess-Defries. (Erklärung S. 475.)

Der Bedarf für erstmalige Füllung beträgt 20 l, für zweite Füllung 16,5 l, der monatliche Bedarf für 200 Betriebsstunden 2,25 l (Tab. 68).

Der Kühlmittelbedarf beträgt für erstmalige Füllung 60 l, der monatliche Bedarf für 200 Betriebsstunden 15 l.

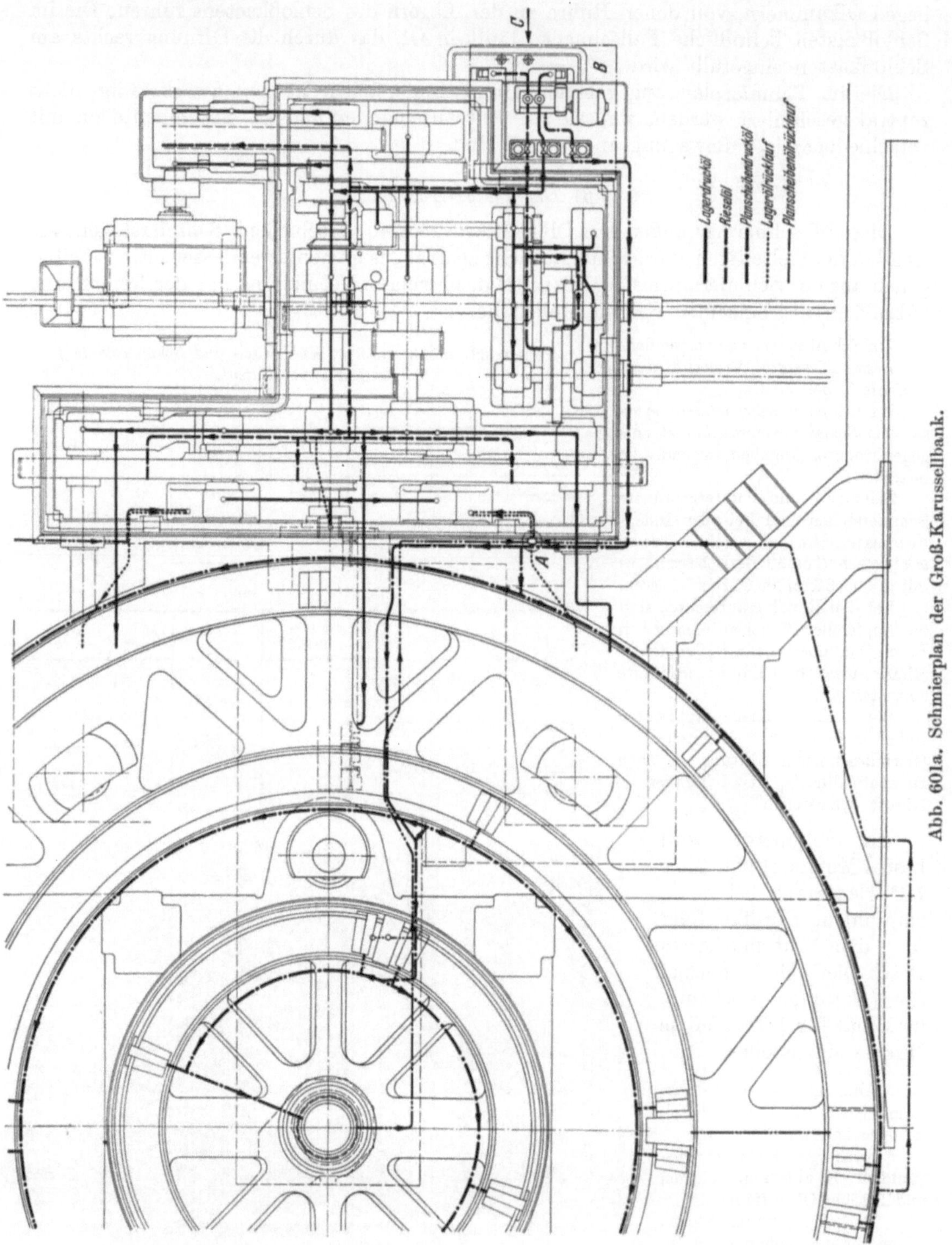

Abb. 601a. Schmierplan der Groß-Karussellbank.

γ) *Die Groß-Karusselldrehbank von Schieß-Defries.*

Diese Riesen-Karussellbank hat ein Gewicht von 700 t und einen Planscheiben-durchmesser von 12 m bei einem größten Drehdurchmesser von 18 m (Abb. 600, S. 473).

Um komplizierte Pumpen- und Behälteranlagen zu vermeiden, wird im Schmierplan (Abb. 601 a u. b) die Schmierölzufuhr zwar nach Lagerdrucköl, Rieselöl und Planscheiben-

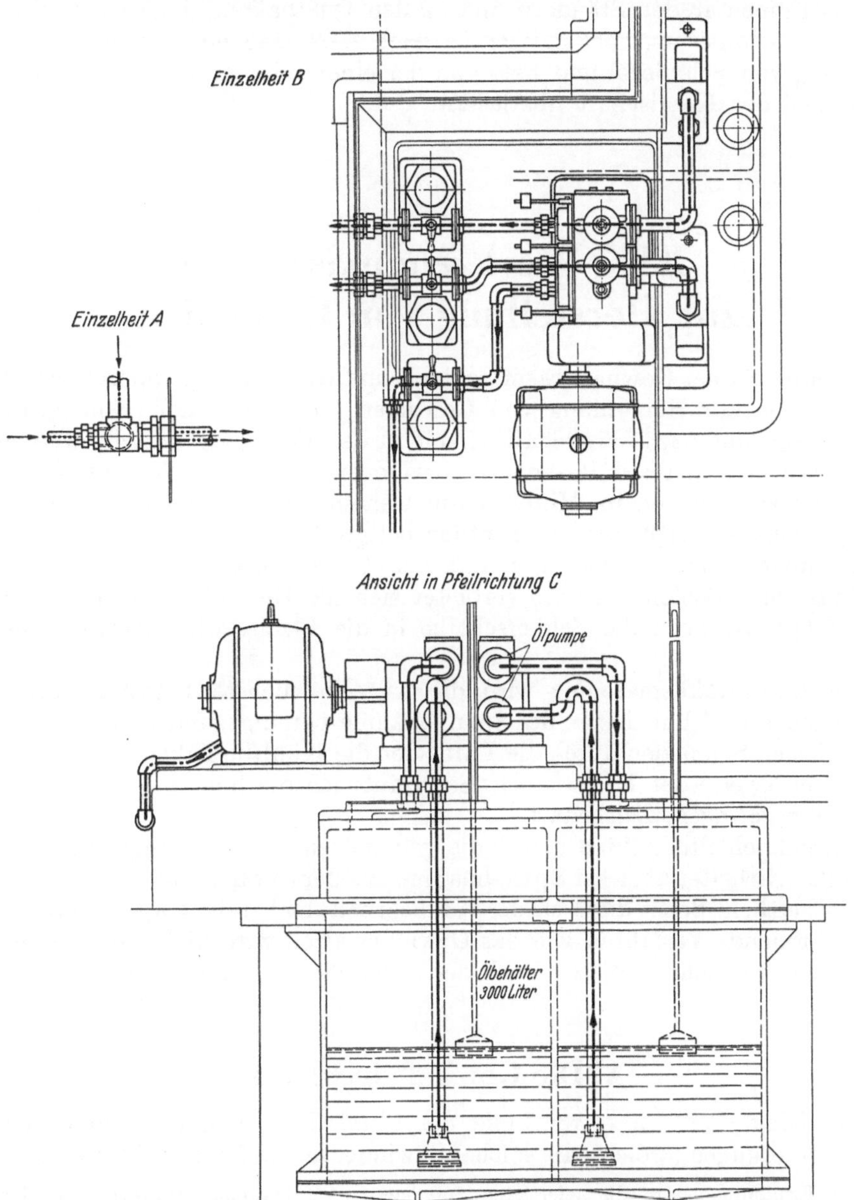

Abb. 601 b. Einzelheiten zum Schmierplan.

drucköl in drei Schmiersysteme unterteilt, aber dennoch nur ein und dasselbe Schmieröl verwandt, nämlich ein solches nach DIN 6543 mit einer Zähigkeit von 5 bis 6° E bei 50° C. Gespeist werden diese drei Rohrleitungssysteme durch eine große Ölpumpe aus einem Behälter von 3000 l.

Von den im Schmierplan (Abb. 601 a u. b) nicht angegebenen Stellen werden die Quer-balkenverstellung und Querbalkenfestspannung, die Vorschubkästen an den Ständern, der Querbalken und die Schlitten durch von Hand betätigte Fettpreßpumpen mit einem Getriebefett nach DIN 6564 geschmiert. Dasselbe Getriebefett wird auch für sämtliche Motoren benutzt.

Die Schneckengetriebekästen für die Senkrechtverstellung des Querbalkens oben auf den Ständern haben eine Spülschmierung, für die ein zäheres Getriebeöl nach DIN 6546 mit 1 bis 12° E bei 50° C verwendet wird.

Die Gleitbahnen an den Ständern und an den Querbalken hingegen werden mit dem für die Umlaufschmierung verwendeten Öl nach DIN 6543 eingefettet.

Der Bezug von Schmieröl und Fett von der einen oder anderen Firma bleibt selbst in diesem Fall der Kundschaft überlassen.

XIX. Werkzeugmaschinen
zur Herstellung von Gewinden.

Gewindedrehbänke, Gewindefräsmaschinen und Gewindeschleifmaschinen dienen als Sondermaschinen zur Herstellung von Gewinden, an welche hohe Anforderungen betreffend Genauigkeit bzw. Wirtschaftlichkeit in der Fertigung gestellt werden.

Mit der Gewindedrehbank lassen sich Gewindespindeln herstellen, welche den schärfsten Abnahmebedingungen im Hinblick auf Genauigkeit entsprechen, deren Fertigung aber infolge höheren Zeitbedarfs namentlich bei großen Gewindetiefen unwirtschaftlich ist. Flachgewinde aber können nur mit der Gewindedrehbank hergestellt werden. Bei der Fräs- und Schleifmaschine verbietet sich die Herstellung von Flachgewinden, weil der Fräser wie auch die Schleifscheibe in die Flachgewindeflanken einschneiden würden.

Mit der Gewindefräsmaschine wird die wirtschaftlichste Fertigung erreicht, weil gleichzeitig mehrere Schneiden an der Spanabnahme beteiligt sind und die nicht im Eingriff befindlichen Schneiden durch die Luft oder die Kühlflüssigkeit besser erkühlt werden als beispielsweise der Drehmeißel. So ergibt sich die höhere Leistung des Fräsers und damit der geringere Zeitbedarf.

Die Gewindeschleifmaschine liefert die genauesten Gewinde zugleich mit den glattesten Flanken, arbeitet aber bei Spanabnahme aus dem Vollen nur bei kleinen Gewindetiefen wirtschaftlich. Sonst dient sie der Feinbearbeitung bereits vorgearbeiteter Flanken.

Auf umformende Verfahren wie das Gewindewalzen wird nicht eingegangen. Solche Verfahren gehören nicht in dieses Buch der spanabhebenden Maschinen.

A. Die Gewindedrehbank.

Die Drehbank dient in erster Linie der Herstellung von Leit- und Meßspindeln. Die Anforderungen, welche an solche Gewindedrehbänke gestellt werden, sind:

1. sichere Erfüllung der an die gefertigten Spindeln laut Abnahmebedingungen oder Prüfbuch gestellten Steigungsgenauigkeit, z. B. 0,02 mm auf 300 mm Spindellänge, dazu

2. sichere und geradlinige Führung des Bettschlittens,

3. Angriff des Vorschubantriebes am Bettschlitten in der Mitte zwischen den beiden Führungsbahnen und nicht wie bei der normalen Drehbank außerhalb der beiden Führungsbahnen,

4. Vermeiden von Durchbiegung der Vorschubleitspindel durch Unterstützung mittels Unterstützungsschalen auf der ganzen Länge,

5. einwandfreie Längsfestlegung der Leitspindel,

6. Einhalten des genauen Übersetzungsverhältnisses zwischen Hauptspindel und Vorschubleitspindel, auch innerhalb kleiner Drehwinkel, mit Hilfe möglichst weniger genau geschnittener Wechselräder,

7. einwandfreie Längsfestlegung der Hauptspindel,

8. nahezu spielfreie Radiallagerung der Hauptspindel. (Spiel = 0,005 mm unter Anwendung eines dünnflüssigen Schmiermittels, Gemisch von Petroleum und Maschinenöl),

9. Führung der zu schneidenden Leitspindel unmittelbar vor und hinter dem Schneidstahl durch mitlaufende Setzstöcke mit gehärteten und geschliffenen Lagerschalen,

10. Vermeiden des Durchbiegens der zu schneidenden Spindel durch feste Setzstöcke, die vor dem herankommenden Bettschlitten zurückgeklappt und unmittelbar hinter ihm wieder aufgerichtet werden.

Die Werkstücke für längere herzustellende Spindeln sollen mindestens 24 Stunden vor der Bearbeitung an der Drehbank abgelegt werden, damit eine Temperaturangleichung erfolgen kann. Die Erwärmung bei der Spanabnahme darf die Spindellänge nicht merklich beeinflussen, entsprechend feine Späne müssen genommen werden. 1°C Temperaturzunahme führt bereits zu einer Längenänderung von $12\,\mu$ auf 1 m Werkstücklänge.

Hinzu kommen noch Anforderungen zwecks Erreichung wirtschaftlicher Arbeitsleistung, nämlich:

1. einfache und übersichtliche Schaltung,

2. bequeme Ein- und Umschaltung des Spindelantriebs und schnelle Abbremsung bei Stillsetzen, etwa mit Hilfe von elektrischer Ausrüstung,

3. größterreichbare Arbeitsleistung, Schneiden der Stähle genau gleich eingespannt beim Vor- und Rücklauf,

4. schnelle Handverstellung des Bettschlittens,

5. leichte Einstellbarkeit der Schnittiefe und ihre Begrenzung durch festen Anschlag,

6. leichtes Auswechseln der Wechselräder.

Die Gewindeschneidwerkzeuge sind der Spitzgewindestahl und der Strähler. Der Spanwinkel γ beträgt in der Regel $0°$, ist also ungünstig. Zur Herstellung möglichst glatter Flächen wird man beide Flanken einzeln schlichten mit $\gamma = 8°$. Die Arbeitsweise beider Stähle geht aus Abb. 602a und b hervor. Der Strähler ist das bei weitem wirt-

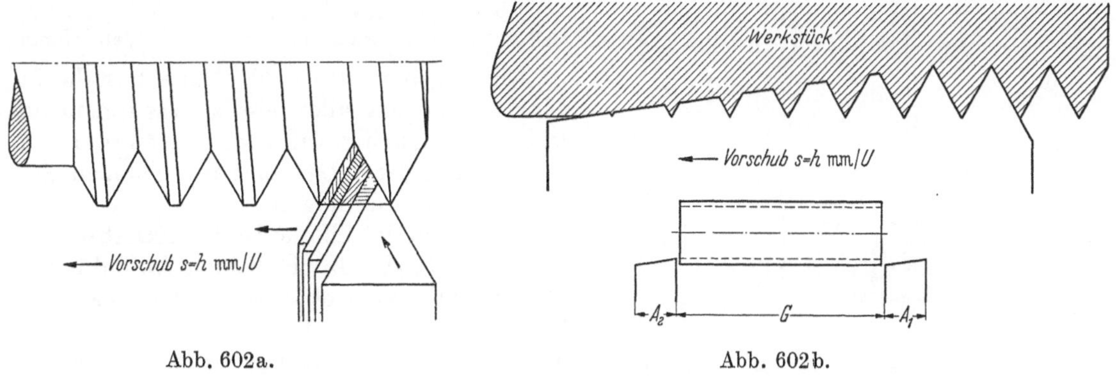

Abb. 602a.   Abb. 602b.

Abb. 602 a u. b. Die Arbeitsweise des Spitzgewindestahls (a) und des Gewindestrählers (b).

schaftlich arbeitende Werkzeug, bringt aber die Maschine leicht zum Rattern. Steile Gewinde können mit dem Strähler nicht hergestellt werden. Sie werden mit dem einfachen Gewindestahl hergestellt, der aber in den Gewindegang derart eingeschwenkt ist, daß die Spanfläche senkrecht zum Gewindegang ausgerichtet ist. Der Freiwinkel α am Werkzeug muß in jedem Fall den aus der Schnitttheorie bekannten Anforderungen genügen.

Beim Gewindeschneiden mit dem Einprofilwerkzeug (Abb. 602a, b) wird dasselbe an der einen Flanke im Abstand der geringen für das Nachschlichten noch erforderlichen Zugabe entlanggeführt, um das Zwängen des Spans zu vermeiden. Der Nachteil des Verfahrens gegenüber dem Strähler besteht darin, daß die Spitze des Werkzeugs die gesamte Arbeit längs der Flanke übernehmen muß. Das Werkzeug ist infolgedessen nach viel weniger Arbeitsstücken nachzuschleifen.

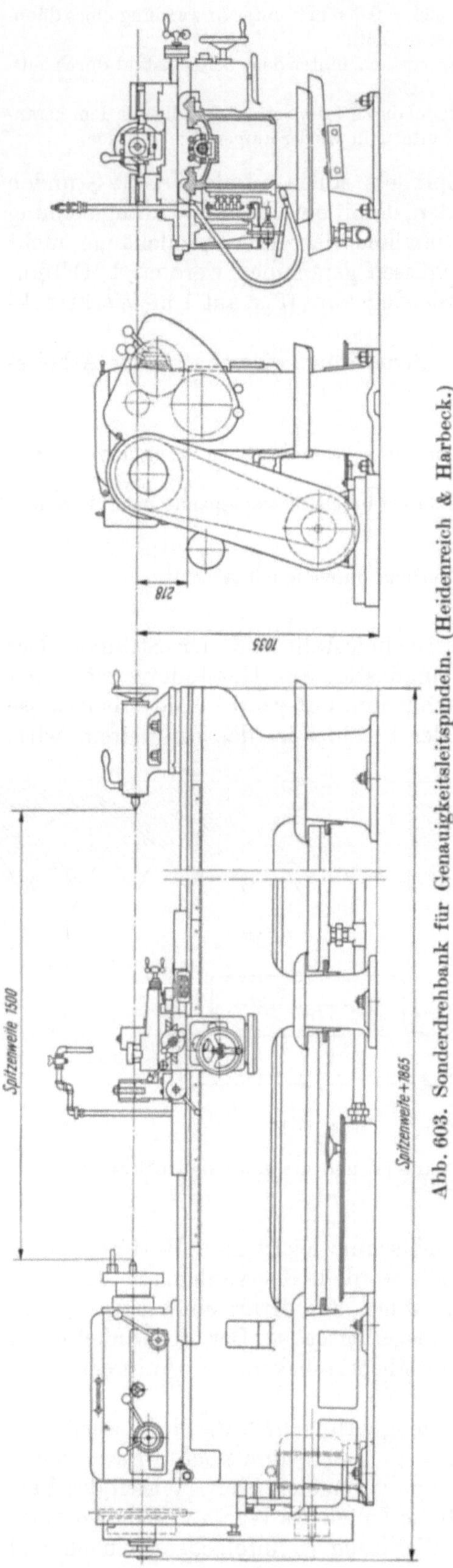

Abb. 603. Sonderdrehbank für Genauigkeitsleitspindeln. (Heidenreich & Harbeck.)

Abb. 604. Gesamtansicht der Sonderdrehbank von Heidenreich & Harbeck.

Die Sonderdrehbank von Heidenreich & Harbeck zur Herstellung genauer Gewindespindeln (Abb. 603) hat folgende Daten:

Spitzenhöhe über Bett, d. h. über Oberkante der Führungsbahnen . 218 mm
Spitzenweite . . . . 1500 ··· 1400 mm
Mitgelieferte Wechselräder für Gewindesteigungen von 5, 6, 10, 12 und 24 mm sowie 1, 2 und 4 Gängen auf 1·· Anzahl der Hauptspindeldrehzahlen ($\varphi = 1,26$; $n = 4,75 - 235$ U/min) 18
Antriebsleistung etwa . . . . 5 kW
Lastdrehzahl des Antriebsmotors . . 1450 U/min

Die Eigenart dieser Maschine besteht in der Ausschaltung alles dessen, was irgendwie zu Ungenauigkeiten führt, d. h. in erster Linie in Erfüllung der vorstehend angegebenen Genauigkeitsanforderungen.

Die Gesamtansicht der Drehbank (Abb. 604) wird ergänzt durch die beiden Abbildungen (Abb. 605) Rückansicht des Spindelstocks und Drehbankschlitten (Abb. 606). Von den beiden Kugelgriffen auf der Abb. 606 dient der rechte

Abb. 605. Rückansicht des Spindelstocks der Sonderdrehbank. (Heidenreich & Harbeck.)

zur Betätigung des Mutterschlosses. Mit dem linken Kugelgriff wird der Unterschieber in der Führung des Bettschlittens festgeklemmt, um ein unbeabsichtigtes Nachstellen in Planrichtung während des Gewindeschneidens zu vermeiden.

Die Doppelkurbel oben auf der Abb. 606 dient der schnellen Betätigung der einen der beiden mitlaufenden Werkstückstützen. Mit den drei Druckknöpfen wird die Bank auf Rechts- und Linkslauf in Betrieb gesetzt, mit dem mittleren Druckknopf ausgeschaltet und gleichzeitig der als Bremsmotor ausgebildete Elektromotor abgebremst.

Die Steigungsgenauigkeit der Leitspindel sollte größer sein, als es dem Toleranzmaß der herzustellenden Spindeln entspricht. Jedoch können Ungenauigkeiten in der Steigung der Leitspindel der Bank durch eine Korrektureinrichtung ausgeglichen werden. Diese besteht aus einem an der Rückseite des Bettes angeordneten Nachformlineal, welches eine Kurvenform entsprechend den gemessenen

Abb. 606. Der Drehbankschlitten der Sonderdrehbank. (Heidenreich & Harbeck.)

Steigungsfehlern der eingebauten Leitspindel besitzt. Die Fehler sind am Lineal auf den vierzigfachen Betrag erhöht. An dem Lineal führt ein Stift, welcher im Verhältnis 40 : 1 die im Schlitten angeordnete Planspindel verstellt, so daß der Stahl den Gewindegang mehr oder weniger tief am Werkstück aushebt. Dieses Korrekturverfahren behebt aber auch nur einen Teil der Fehler (wegen der Länge der Spindelmutter nur dann, wenn die ungenaue Flanke voreilt, nicht aber, wenn sie zurückbleibt). Immerhin genügt dieses Verfahren in den meisten Fällen. Einwandfrei wäre das Korrekturverfahren durch das allerdings komplizierte, dem Steigungsfehler entsprechende Verdrehen der Leitspindelmutter.

Eine andere Lösung zum Ausschalten der Ungenauigkeit der

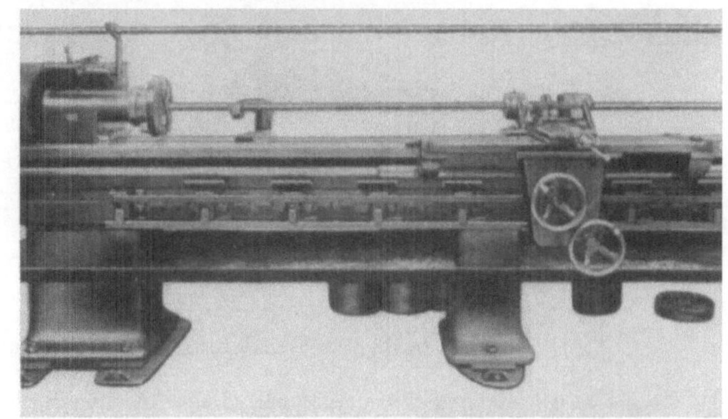

Abb. 607. Spezialdrehbank zur Herstellung genauer Leitspindeln. (Schäfer.)

langen Leitspindel hat die Firma Schärer, Karlsruhe, angewendet. Sie verwendet (Abb. 607) nur ein kurzes, besonders genaues Stück einer Leitspindel, welches durch eine durch das Leitspindelstück hindurchgeführte Schaftwelle in Umlauf gebracht wird und sich durch einzelne kurze, genau gesetzte Mutterböckchen hindurchschraubt. Diese Böckchen werden also so gesetzt, daß die Spindel den Schlitten mitnimmt wie eine lange fehlerlose Leitspindel.

Die Abgrenzung des Anwendungsgebietes folgt nach der Darstellung der beiden noch zu behandelnden Sondermaschinen für Gewindeherstellung, nämlich der Gewindefräsmaschine und Gewindeschleifmaschine, am Schluß des Abschnittes.

B. Die Gewindefräsmaschine.

Es gibt zwei Arten von Gewindefräsmaschinen:

die *Langgewindefräsmaschine* (Abb. 608), die in der Regel auch für das Wälzfräsen eingerichtet ist und eine universellere Bauart darstellt,

Abb. 608. Wanderer-Langgewinde- und Wälzfräsmaschine 30 M.

Abb. 609. Wanderer-Kurzgewindefräsmaschine 24 K.

die *Kurzgewindefräsmaschine* (Abb. 609), deren Arbeitsbereich auf das Fräsen kurzer Gewinde beschränkt ist, die aber eine höhere Leistung hervorbringt und in der Reihen- und Massenfertigung angewendet wird.

1. Die Werkzeuge der Gewindefräsmaschine.

Das Werkzeug der Langgewindefräsmaschine ist im allgemeinen der Einprofilfräser (Abb. 610), dessen versetzte Zähne abwechselnd rechts und links schneiden, um an Stelle des Spanwinkels $\gamma = 0$ den erprobten Spanwinkel etwa $\gamma = 8°$ anschleifen zu können. Dabei wird ein Zahn A des Fräsers als Kontrollzahn auf beiden Seiten schneidend ausgeführt, um diesen Zahn sowohl bei der Herstellung des Fräsers als auch später beim Nachschleifen als Meßzahn zu benutzen. Ein verhältnismäßig großer Durchmesser des Fräsers ist dadurch bedingt, daß die Fräserspindel in der Regel nahezu parallel zur Werkstückachse liegt.

An Stelle des Einprofilfräsers mit geraden Schneidkanten wird, um eine gleichmäßigere Schnittkraft zu erreichen, ein Fräser (Abb. 611 a u. b) mit gekrümmten Schneidkanten verwendet, obwohl diese nicht so einfach zu schleifen sind.

Mit dem Einprofilfräser können sowohl gewöhnliche Spitzgewinde als auch Trapezgewinde, Rundgewinde und andere besondere Gewinde hergestellt werden.

Der bei Leitspindeln für Drehgänge höchst zulässige Steigungsfehler von 0,03 mm auf je 300 mm Gewindelänge kann übrigens auch beim Fräsen bei entsprechender Sorgfalt eingehalten werden.

Abb. 611a.

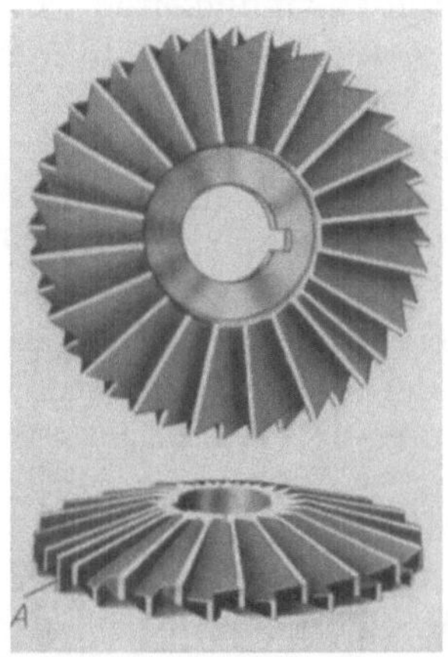

Abb. 610. Einprofilfräser mit geraden Schneiden und Kontrollzahn. (Wanderer.)

Abb. 611b.

Abb. 611a u. b. Hochleistungsfräser mit schrägen, gekrümmten Schneiden. (Wanderer.)

Das Werkzeug der Kurzgewindefräsmaschine ist ein Mehrprofilfräser (Abb. 612), bei dem die Fräszähne in ebenen Gewindeprofilringen nebeneinander angeordnet sind, und zwar in so viel Profilringen, daß die gesamte Länge des Fräsers mindestens um einen Profilring größer ist als die Länge des zu fräsenden Kurzgewindes. Die einzelnen Profilringe stellen also nicht eine Schraubenlinie dar. Auch der Mehrprofilfräser wird durch Hinterdrehen bzw. Hinterschleifen fertiggestellt.

Wie bei der Rundschleifmaschine gibt es zwei Vorschubarten, die beim Gewindefräsen gleichzeitig angewendet werden. Der Umlaufvorschub führt dem Fräser den Werkstoff der Schnittrichtung entgegen zu, während der Längsvorschub, wie bei der Drehbank und bei der Rundschleifmaschine, von Umlauf zu Umlauf den folgenden Schnitt neben den vorgehenden legt. Die Arbeitszeit für ein Werkstück ist demnach durch die von diesem zurückgelegte Umlaufstrecke in der Minute bzw. Stunde festgelegt.

Für den eingeschwenkten Einprofilfräser beispielsweise beträgt die Arbeitszeit in

Abb. 612. Kurzgewindefräser zum Massenfräsen von kurzen Spitzgewinden. (Wanderer.)

Minuten

$$T = \frac{d\,\pi}{s}\,\frac{L}{St}\,\text{min}$$

für einen Schnitt, worin bedeutet

  d Flankendurchmesser in mm, häufig bei der Zeitbestimmung zugunsten des Arbeiters ersetzt durch den Außendurchmesser des Gewindes, ebenso π durch die Zahl 3,

  s Umlauf-Vorschubgeschwindigkeit in mm/min,

  L die ganze Gewindelänge, gemessen parallel zur Achse des Gewindes und

  St Gewindesteigung in mm/U.

Aus dem langsamen Umlauf des Werkstücks, weil Vorschubbewegung, ergibt sich der nicht unwichtige Vorteil des Gewindefräsens gegenüber der Gewindebearbeitung auf der Drehbank, so daß auch eine größere Unwucht des Werkstücks sich nicht schädlich auswirkt.

Die mit den Gewindefräsern erreichbaren Schnittgeschwindigkeiten können etwa 50 % höher genommen werden als beim Drehen, weil sich jede Schneide nur während eines kleinen Teils ihres Umlaufs im Eingriff befindet und sich daher bei gleicher Schnittgeschwindigkeit weniger erhitzt als ein ständig im Schnitt stehender Drehstahl. Hinzu kommt noch, daß der Fräser, solange die Fräszähne außer Eingriff umlaufen, durch die umgebende Luft und in erhöhtem Maße durch eine geeignete Kühlflüssigkeit abgekühlt wird.

Entsprechend den Anforderungen an Maßgenauigkeit und Oberflächengüte wird das Gewinde in einem oder mehreren Schnitten erzeugt. Bei hohen Anforderungen an die Steigungsgenauigkeit des Gewindes muß die Erwärmung des Werkstücks wie bei der Drehbank (s. S. 477) nahezu vermieden werden.

In den Fällen, in welchen hohe Anforderungen an Maß, Genauigkeit und Oberflächengüte verlangt werden, wird ein Nacharbeiten auf der Drehbank oder auf der Gewindeschleifmaschine angeschlossen. Das Nachschleifen ergibt eine hohe Oberflächengüte und ist immer erforderlich bei gehärteten, mit hoher Genauigkeit auszuführenden Gewinden, insbesondere auch bei den Gewindefräsern.

2. Die Fräsverfahren.

Mit der vielseitig verwendbaren Langgewindefräsmaschine werden sowohl einzelne Werkstücke als auch große Stückzahlen wirtschaftlich hergestellt, namentlich bei größeren Gewindetiefen. Folgende Arbeitsverfahren kommen zur Anwendung:

a) Langgewindefräsen von Außen- und Innengewinden. — b) Kurzgewindefräsen von Außen- und Innengewinden. — c) Rundprofilfräsen ohne Steigung. — d) Wälzfräsen von geraden Verzahnungen und Keilprofilen. — e) Wälzfräsen von schraubigen Verzahnungen und steilgängigen Schnecken. — f) Langfräsen von einzelnen oder mehrfachen Nuten oder Profilen im Teilverfahren.

a) Beim **Langgewindefräsen** (Abbildung 613) wird die Achse des Einprofilfräsers gegenüber der Achse des Werkstücks um den Steigungswinkel des Gewindes eingeschwenkt. Die Frässpindel muß zu diesem Zweck innerhalb eines weiten Bereiches schwenkbar sein. Bei mehrgängigen Gewinden wird jeweils ein Gang gefräst, der zweite und die übrigen

Abb. 613. Fräsen einer Gewindespindel. Scheibenförmiger Gewindefräser, 70 mm Durchmesser. Werkstoff des Werkstücks: St 60.11 $n = 118\,\text{U/min}$, $v = 26\,\text{m/min}$, $s = 70\,\text{mm/min}$. Trapezgewinde 35 mm Durchmesser. Steigung 6 mm, 1600 mm lang. Fräslänge entlang der Schraubenlinie 29 200 mm, Fräszeit 420 min, sauber und genau in einem Schnitt. (Wanderer.)

Gänge werden mit Hilfe einer Teilvorrichtung eingestellt. Für das Zurückführen des
Werkzeugs in die Ausgangsstellung nach
beendetem Schnitt ist ein Eilrücklauf vorgesehen. Der Vorschub wird je nach Anforderungen an Genauigkeiten und Oberflächengüte verschieden hoch gewählt. Das
Heranführen des Werkzeugs sogleich auf
Gewindetiefe und das Zurückziehen aus dem
Gewinde erfolgt im allgemeinen von Hand.

b) Beim **Kurzgewindefräsen** (Abb. 614)
wird das ganze Gewinde während etwa
$1^1/_6$ Umdrehung des Werkstücks fertiggestellt. Dabei wird während des ersten
Sechstels der Umdrehung das Werkzeug
allmählich auf Tiefe zugestellt und dann
während der weiteren vollen Umdrehung
das Gewinde in ganzer Tiefe rundherum
gefräst. Während dieser Umdrehung des

Abb. 614. Fräsen eines Kurzgewindes. Walzenförmiger
Gewindefräser. 58 mm Durchmesser. Werkstoff des
Werkstücks: St 60.11 $n = 118$ U/min, $v = 21{,}5$ m/min,
$s = 56$ mm/min. Spitzgewinde $^5/_8$ Durchmesser, Stei-
gung 11 Gänge/1″, 60 mm lang, Fräslänge $= 1^1/_6$″,
Werkstückumfang $= 57$ mm. Fräszeit 0,9 min.
(Wanderer.)

Werkstücks wird das Werkzeug in der Längsrichtung um die Steigung des Gewindes
verschoben. Die Achse des Werkzeugs steht parallel zu der des Werkstücks.

Daraus ergibt sich die Begrenzung der Anwendung des Kurzgewindeverfahrens auf Gewinde
mit Steigungswinkel bis zu 3°. Größere Steigungswinkel erfordern Nacharbeit auf einer geeigneten
Maschine, so daß die Überschreitung von 3° nur
selten in Frage kommt. Auch eine Korrektur des
Werkzeugprofils kann bei größeren Steigungs-
winkeln als 3° in Betracht kommen.

Zu beachten ist aber, daß der Steigungswinkel
des Gewindes auch vom Durchmesser des Werkstücks abhängt, so daß Werkstücke mit größerem
Durchmesser noch im Kurzgewindefräsen hergestellt werden können im Gegensatz zu Werkstücken mit dem gleichen Gewindeprofil bei kleinem Durchmesser.

Das Werkzeug wird nach dem Einrücken bei
der normal gebauten Kurzgewindefräsmaschine
selbsttätig auf Schnittiefe herangeführt und nach
Fertigstellung des Gewindes selbsttätig zurückgezogen. Auch die Stillsetzung der Maschine erfolgt selbsttätig.

c) Beim **einfachen Rundprofilfräsen**, bei welchem
der Längsvorschub ausgeschaltet ist, so daß der
Profilring in sich geschlossen bleibt und keine Steigung entsteht, ist, wie beim Kurzgewindefräsen,
$1^1/_6$ Umdrehung des Werkstücks erforderlich.

d) Beim **Wälzfräsen** von geraden Verzahnungen
und Keilprofilen (Abb. 615) wird die Frässpindel
entsprechend dem Steigungswinkel des verwendeten Abwälzfräsers eingestellt, d. h. der Winkel

Abb. 615. Fräsen einer Keilwelle im Wälzverfahren. Keilwellen-Wälzfräser 60 mm
Durchmesser. Werkstoff des Werkstücks:
VCN 35 (auf 110 kg/mm² vergütet.) $n = 80$/min,
$v = 15$ m/min, $s = 0{,}45$ mm/Werkstückum-
drehungen $= 12$ mm/min bei 26,8 Werkstück-
umdrehungen/min, Fräszeit 20 min. Keilwelle
mit 6 Keilen, 8 mm breit, 32/37 mm Durchmesser, 120 mm lang. (Wanderer.)

zwischen Fräswinkel und Werkstückachse ist um den Steigungswinkel des Abwälzfräsers
kleiner als 90°. Die Drehbewegungen des Fräsers und des Werkstücks sind hierbei so zu

koppeln, daß sich (bei eingängigen Wälzfräsern) während einer Umdrehung des Fräsers das Werkstück um eine Profilteilung dreht, z. B. beim Fräsen einer Verzahnung mit 6 Zähnen oder eines Sechskeilprofils um $^1/_6$ Umdrehung. Der Fräsvorschub findet gleichzeitig in der Längsrichtung des Werkstücks statt. Seine Größe ist auch hier den Anforderungen an Genauigkeit und Oberflächengüte anzupassen. Dieses Verfahren entspricht dem Verfahren der Pfauter-Zahnrad-Wälzfräsmaschine, von der eine Darstellung noch folgt.

e) Beim **Wälzfräsen** von schraubengängigen Verzahnungen (Abb. 616) und steilgängigen Schnecken wird das Übersetzungsverhältnis zwischen Fräser und Werkstück ebenso wie beim Wälzfräsen gerader Profile durch die Zähnezahl oder Gangzahl bedingt, außerdem aber auch durch den Steigungswinkel. Da der Fräser während der Drehung des Werkstücks entsprechend dem Vorschub in der Längsrichtung des Werkstücks verschoben wird, muß sich von Umdrehung zu Umdrehung des Werkstücks dessen Stellung zum Fräser ändern, und zwar um verhältnismäßig geringe Beträge, da die Vorschübe je Umdrehung klein sind. Hierbei kommt man mit den sonst für das Übersetzungsverhältnis zwischen Fräser und Werkstück vorgesehenen Wechselrädern nicht ohne weiteres aus. Man muß dann bestimmte Berechnungsverfahren anwenden oder man benutzt ein zusätzliches Differentialgetriebe, dessen Übersetzung durch Wechselräder verändert wird. Auch dieses Verfahren entspricht demjenigen der Pfauter-Maschine.

Abb. 616. Fräsen eines Schraubenrades im Wälzverfahren. Schraubenrad-Wälzfräser. Werkstoff des Werkstücks: VCN 35 (auf 110 kg/mm² vergütet). Angenommen: Zähnezahl 25, 75,7 mm Durchmesser, Modul 3, dann ist bei 3 Werkstückumdrehungen/min der Vorschub je Werkstückumdrehung = 0,3 mm, in der Minute = 0,9 mm, die Fräszeit bei 60 mm Radbreite = 67 min. (Wanderer.)

f) Beim **Langfräsen** von einzelnen Nuten oder Profilen läuft das Werkstück während des Fräsens nicht um, nur der Längsvorschub ist eingeschaltet. Zur Herstellung mehrerer auf den Umfang des Werkstücks verteilten Profile wird zusätzlich eine Teilvorrichtung benutzt.

3. Die Langgewinde- und Wälzfräsmaschine und deren Arbeitsweise.

Der Aufbau dieser Maschine wird am Beispiel der Langgewinde- und Wälzfräsmaschine Modell 30 M (Abb. 608) der Wanderer-Werke A.-G., Haar bei München, erläutert.

Die Maschine wird für Gewindelängen bzw. Fräslängen von 500 mm bis 4000 mm in 5 verschiedenen Längen bei sonst gleichen Abmessungen gebaut.

Die Daten der Maschine sind folgende:

Spitzenhöhe . . . . mm   220
Größter Werkstückdurchmesser über Schlitten. . . . . mm   200
Größter Werkstückdurchmesser über Bett . . . . mm   440
Spindelbohrung für normalen Aufspannkopf . . . . mm   82
Spindelbohrung für großen Aufspannkopf . . . . mm   122
Größter zu spannender Durchmesser
    in Spannpatrone . . . . mm   75
    für großen Aufspannkopf . . . . mm   120
Größter und kleinster Fräserdurchmesser . . . . mm   120/65
Mitte Frässpindel bis Abflachung des Frässpindellagers . . . . mm   27,5
Steigung der Leitspindel . . . . Gänge/1″   2
Vorschübe: beim Gewindefräsen zu jeder Fräserdrehzahl . . . . Anzahl   18
    beim Abwälzen pro Werkstückumdrehung . . . . mm 0,075 ··· 5,5

Fräserdrehzahlen (normaler Schlitten) 40/50//63/80/100/125/160/200/250 . . . . . . Anzahl 9
Fräserdrehzahlen (schwerer Abwälzschlitten) 27/33,5/42/53/61/84/107/135/167 . . . . Anzahl 9
Größter Fräser für schweren Abwälzschlitten . . . . mm 120 $\varnothing$ × 110
Kraftbedarf . . . . kW 3

Der Motor ist zusammen mit dem Hauptgetriebe mit 9 Stufen im rechten Ende des Bettes untergebracht (Abb. 617a u. b). Von hier wird über die an der Rückseite des ganzen Bettes (Abb. 617b) entlanglaufende Hauptantriebskeilwelle zunächst die Frässpindel im Frässchlitten angetrieben.

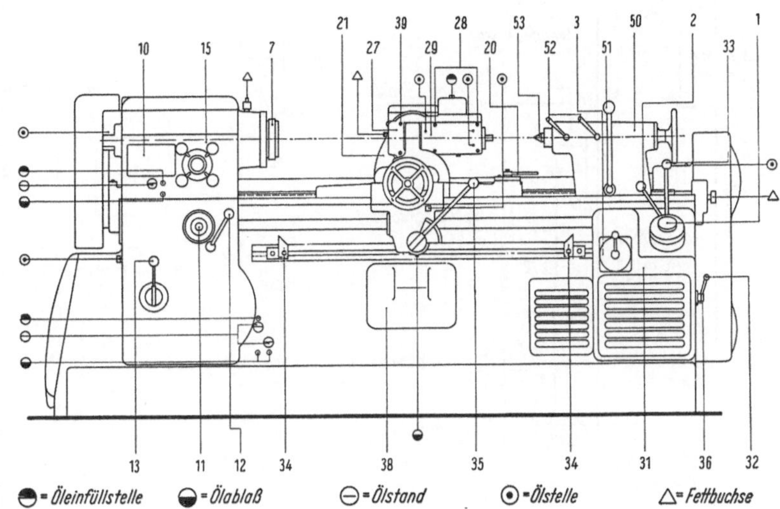

Abb. 617a. Wanderer-Langgewinde- u. Wälzfräsmaschine 31 M. Vorderansicht.

1 Vorwählscheibe für Fräserdrehzahl; *2* Schalthebel für Fräserdrehzahl; *3* Wendeschalter für Fräserdrehrichtung; *7* Aufspannspindel; *10* Vorschubschild; *11* Vorwählscheibe für Vorschub; *12* Schalthebel für Vorschub; *13* Schalthebel für Vorschubwendegetriebe und erhöhten Vorschub; *15* Aufspannkopf; *20* Feineinstellung des Schlittens; *21* Frässchlitten; *27* Frässpindellager; *28* Klemmschrauben; *29* Frässpindelschieber; *31* Schaltkasten; *32* Hebel für elektr. Hauptschalter; *33* Hebel zum Stillsetzen der Maschine (Motorlauf); *34* Anschläge zum Stillsetzen der Maschine; *35* Hauptschalthebel; *36* elektr. Hauptschalter; *38* Spänekasten; *39* Klemmschrauben; *50* Reitstock; *51* Klemmhebel; *52* Klemmknebel; *53* Körnerspitze.

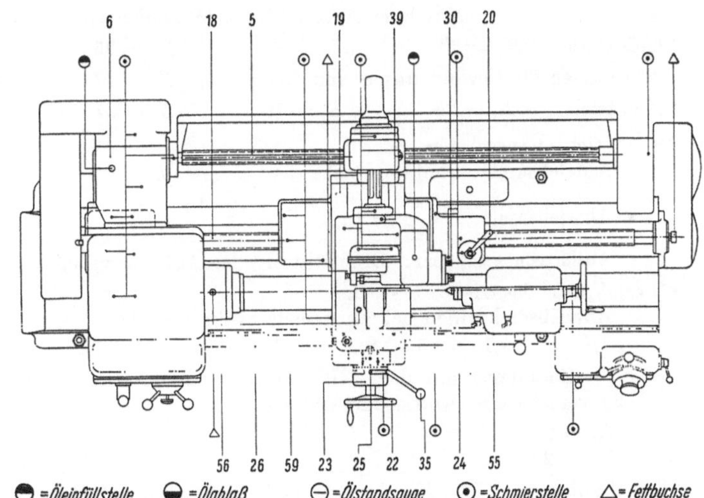

Abb. 617b. Wanderer-Langgewinde- und Wälzfräsmaschine M 31, Draufsicht.

5 Antriebswelle; *6* Wendegetriebe; *18* Leitspindel; *19* Bettschlitten; *20* Feineinstellung; *22* Handrad für Fräserzustellung; *23* Skalenring für Fräserzustellung; *24* Anschlagleiste; *25* Anschlagbolzen; *26* Klemmritzel des Frässchlittens; *30* Verstellung der Frässpindel, axial; *35* Hauptschalthebel; *39* Klemmschraube; *55* mitgehender Buchsensetzstock; *56* Klemmutter zum Buchsensetzstock; *59* Zustellspindellager.

Am linken Ende dieser Welle befindet sich der wie bei der Drehbank auf dem Bett aufgesetzte Werkstückspindelstock mit dem Getriebe für den Umlauf des Werkstücks und den Vorschub des Frässchlittens in der Längsrichtung des Bettes.

Zur Aufspannung bzw. Abstützung des Werkstücks dienen der rechts von dem Schlitten befindliche Reitstock, ein Buchsensetzstock auf dem Frässchlitten und gegebenenfalls bei langen Werkstücken zusätzliche Buchsensetzstöcke, die auf das Bett gesetzt werden.

Der Zusammenhang der Getriebegruppen und die Antriebsweise der Maschine geht aus den Getriebeplänen (Getriebeschemen) und den zugehörigen Schaltplänen hervor. Durch sie ist auch der Aufbau der Maschine bestimmt.

Als im einzelnen durchgeführtes Beispiel wird der normale Getriebeplan (Abb. 618 u. Tab. 69) der zum Langgewindefräsen (Herstellung von Gewindespindeln) eingerichteten Maschine gewählt.

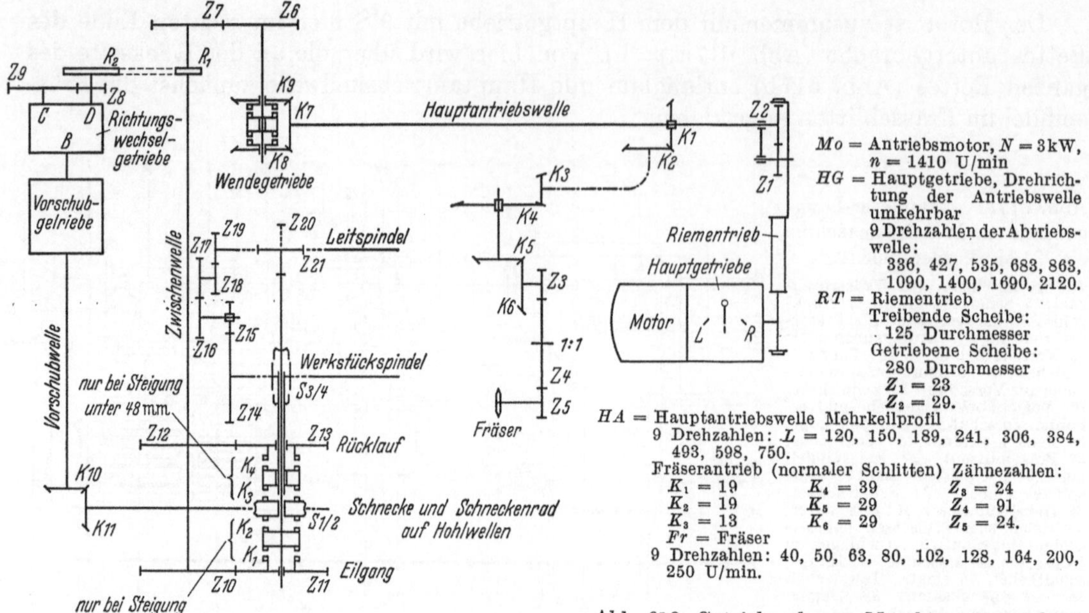

Mo = Antriebsmotor, $N = 3\,\mathrm{kW}$, $n = 1410$ U/min

HG = Hauptgetriebe, Drehrichtung der Antriebswelle umkehrbar
9 Drehzahlen der Abtriebswelle:
336, 427, 535, 683, 863, 1090, 1400, 1690, 2120.

RT = Riementrieb
Treibende Scheibe: 125 Durchmesser
Getriebene Scheibe: 280 Durchmesser
$Z_1 = 23$
$Z_2 = 29.$

HA = Hauptantriebswelle Mehrkeilprofil
9 Drehzahlen: $L = 120,\ 150,\ 189,\ 241,\ 306,\ 384,\ 493,\ 598,\ 750.$
Fräserantrieb (normaler Schlitten) Zähnezahlen:
$K_1 = 19$　$K_4 = 39$　$Z_3 = 24$
$K_2 = 19$　$K_5 = 29$　$Z_4 = 91$
$K_3 = 13$　$K_6 = 29$　$Z_5 = 24.$
Fr = Fräser
9 Drehzahlen: 40, 50, 63, 80, 102, 128, 164, 200, 250 U/min.

Abb. 618. Getriebeschema. Maschine eingerichtet zum Langgewindefräsen.

Tabelle 69. *Getriebeschema.*

Maschine eingerichtet zum Langgewindefräsen. (Wanderer.)

Wendegetriebe: $K_7 = 30$　　$K_8 = 36$　　$K_9 = 36$

Wechselräder für Gewindefräsen und Langfräsen: $Z_6 = 47$　　$Z_7 = 47.$

Kettentrieb　　$R_1 = 28$　　$R_2 = 16$　　$Z_8 = 24$　　$Z_9 = 84.$

RW = Richtungswechselgetriebe
Antriebswelle: wahlweise schaltbar C bzw. D.

Abtriebswelle: $B\ i\ \dfrac{C}{B} = 1:1$　　$i\ \dfrac{D}{B} = 1:1$

Außerdem schaltbar: Drehrichtung der Abtriebswelle.

VG = Vorschubgetriebe, 18stufig.
Abtriebsdrehzahlen bei Antriebsdrehzahl $n = 100$:
1,8　2,4　3,1　4　5,3　6,9　9　11,9　15,5　19,3　25,5　33　43　57　74　97　128　167.

Zusammen mit dem RW ergeben sich unter Berücksichtigung einer gewissen Überlagerung 23 verschiedene Abtriebsdrehzahlen.

$K_{10} = 22$　　　　$Z_{10} = 32$　　　　$Z_{12} = 39$
$K_{11} = 22$　　　　$Z_{11} = 32$　　　　$Z_{13} = 40.$

Klauenkupplungen: K_1　K_2　K_4 mittels Schaltkurven betätigt.
Schneckengetriebe 1:6:
　S_1 = Schnecke 6gängig rechts
　S_2 = Schneckenrad $Z = 36.$

Schneckengetriebe 4:39:
　S_3 = Schnecke 4gängig rechts,
　S_4 = Schneckenrad $Z = 39,$

AS = Aufspannspindel, Werkstückspindel.
$Z_{14} = 108$　　　$Z_{15} = 36.$

Wechselräder für Gewindefräsen: Z_{16}　Z_{17}　Z_{18}　$Z_{19}.$

Zähnezahlen nach BA: 525　　526　　527　　528　　529.

Schraubenräder: $Z_{20} = 25$ linksgängig　$Z_{21} = 10$ linksgängig,

LS = Leitspindelsteigung $\frac{1}{2}''$, linksgängig.

Beim Rundprofilfräsen bleibt, wie bereits erwähnt, der Längsvorschub ausgeschaltet, der Rundvorschub wird durch das Vorschubgetriebe (Abb. 618) erreicht. Beim Längsfräsen bleibt der Rundvorschub ausgeschaltet und nur der Längsvorschub eingeschaltet.

Die Gestaltung im einzelnen kann übergangen werden. Sie entspricht derjenigen einer Fräsmaschine bzw. einer Drehbank.

Beim Wälzfräsen zur Herstellung gerader Zahnprofile bzw. achsparalleler Nuten werden die Wechselräder zwischen Werkstückspindel und Leitspindel nicht gebraucht. Hinzu kommen nur zusätzliche Wechselräder zum Antrieb der Zwischenwelle, um den jeweils erforderlichen Zusammenhang zwischen Fräser und Werkstück auf diese Weise herzustellen, wobei die Anzahl der Zahnlücken bzw. Nuten auf den Umfang des Werkstücks (wie bei Stirnrädern) verteilt wird.

Für das Wälzfräsen von Sternkeilwellen über 55 mm Durchmesser, je nach der Anzahl der Keile auch schon darunter, wird die Maschine mit einem schweren Wälzschlitten (Abb. 619) an Stelle des normalen Frässchlittens ausgerüstet.

Abb. 619. Schwerer Wälzschlitten für achsparallele Verzahnungen. (Wanderer.)

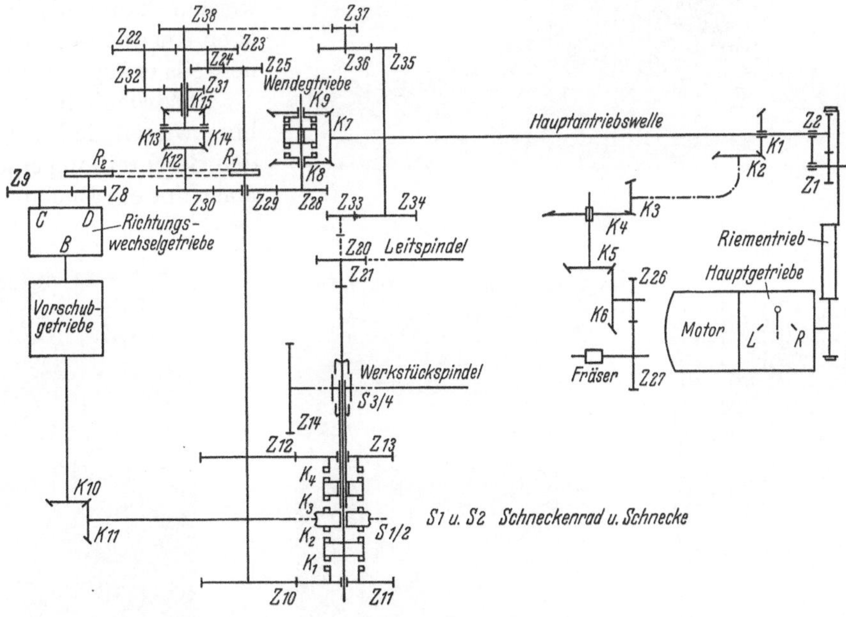

Abb. 620. Getriebeschema. Maschine eingerichtet zum Wälzfräsen schraubenförmiger Nuten. (Wanderer.)

Differentialgetriebe

$z_{28} = 44$　　$z_{29} = 50$　　$z_{30} = 40$

$k_{12} = 32$　　$k_{13} = 32$　　$k_{14} = 32$　　$K_{15} = 32$

$z_{31} = 32$　　$z_{32} = 32$　　$z_{33} = 30$　　$z_{14} = 60$

Differentialwechselräder: z_{35}　z_{36}　z_{37}　z_{38}

Zähnezahlen nach *BA* 542

Restliche Daten siehe Abb. 618 u. Tab. 69

Der Getriebe- und Schaltplan (Abb. 620) zeigt die Anordnungen zum Wälzfräsen von Schraubenrädern und Schnecken.

Das Wälzfräsen von Schraubenrädern und Schnecken erfordert den Einbau des bereits erwähnten Differentialgetriebes, um zusätzlich durch Steigerung oder Minderung des Längsvorschubes gegenüber der achsparallelen geraden Nute die schraubenförmige Zahnlücke oder Nute rechts- oder linksgängig zu erhalten. Das Differential ist zwischen Umschaltgetriebe und dem Vorschubgetriebe angeordnet, beeinflußt also jeweils beide Vorschübe.

C. Die Gewindeschleifmaschine.

1. Das Verfahren beim Gewindeschleifen.

In den letzten 20 Jahren hat das Gewindeschleifen eine zuvor ungeahnte Bedeutung erlangt. Man erkannte in ihm das wirtschaftlichste Verfahren zur Herstellung von auf der Drehbank oder der Fräsmaschine vorgearbeiteten, hochvergüteten oder gehärteten Genauigkeitsgewinden. Die Bedeutung genauer Gewinde, genau im Hinblick auf Steigung, Flankendurchmesser, Flankenwinkel mit hoher Oberflächengüte, lehrt z. B. schon die Erfahrung, daß mit solchen Gewinden mit der doppelten Gebrauchszeit des Maschinenteils, also statt mit etwa 3 Jahren mit 6 Jahren, gerechnet werden kann, bis Nacharbeit oder Auswechseln des Maschinenteils erfolgen muß.

Ausdrücklich sei darauf hingewiesen, daß zur eingehenden Beschreibung einer solchen Maschine ein Buch erforderlich

Abb. 621 a.

Abb. 621 b.

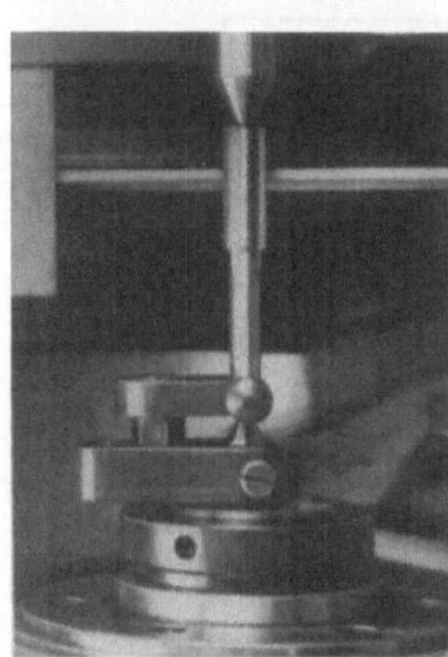

Abb. 621 c.

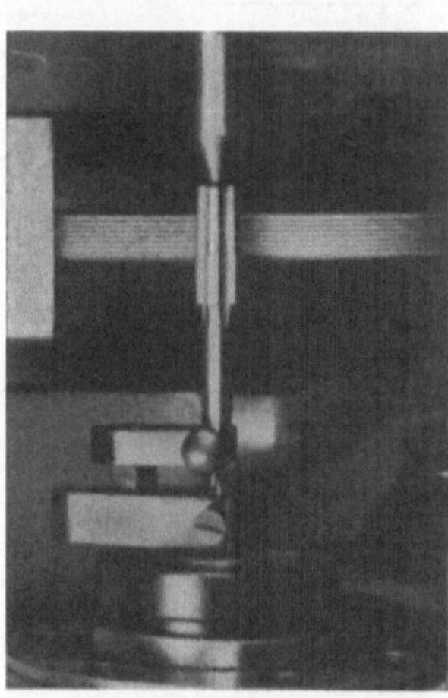

Abb. 621 d.

Abb. 621 e.

Abb. 621 a—e. Ein- und Mehrprofilschleifscheiben zum Gewindeschleifen. (Lindner.)

ist, wie es HERBERT LINDNER 1942 mit 225 Seiten im Großformat herausgegeben hat. Im folgenden kann daher nur das Grundsätzliche angegeben werden. Auf die vielen Zusätze, welche die vielseitige Verwendung der Maschine erst ermöglichen und deren Wert außerordentlich steigern, muß verzichtet werden.

Bereits früher hat man auf Drehbänken viele Gewinde nachgeschliffen, erreichte auf ihr bei weitem nicht die Leistungen der Gewindeschleifmaschine hinsichtlich Genauigkeit und Wirtschaftlichkeit.

Eine solche Hochleistungsgewindeschleifmaschine in Deutschland entwickelt zu haben, ist das Verdienst von HERBERT LINDNER.

Die Schleifscheiben (Abb. 621 a—e) arbeiten mit normaler Schnittgeschwindigkeit $v = 35$ m/sec bei neuer und abgenutzter Schleifscheibe. Die Vorschübe sind durch die Standwege der Schleifscheibe bestimmt, d.h. der Weglängen, welche die Schleifscheibe im Gewindegang des Werkstücks zurücklegt, bis ein Abziehen der Scheibe erforderlich geworden ist. Diese Standwege liegen für Einprofilscheiben zwischen 500 und 6000 mm, für Mehrprofilscheiben zwischen 2500 und 15000 mm, je nachdem, ob Schnellstahl, Werkzeugstahl oder Konstruktionsstahl geschliffen wird und ob das Schleifen aus dem Vollen oder am vorgearbeiteten Werkstück erfolgt. Die Körnung 120 bis 400 ist feiner als die bei Rundschleifmaschinen zumeist gebräuchliche, um möglichst glatte Gewindeflanken und die richtige Kernabrundung zu erhalten. Man beachte bei den Mehrprofilschleifscheiben, daß die Profilrillen wie bei Kurzgewindefräsern nicht schraubig, sondern in sich geschlossen sind.

Das Abrichten der Schleifscheiben erfolgt auf zwei Arten:

1. Mit Rohdiamanten, die in Abziehvorrichtungen (Abb. 622) am Schleifscheibenprofil entlanggeführt werden, oder mit Formdiamanten. Die Abziehvorrichtung ist nicht einfach, gestattet dafür aber, auch alle vorkommenden Profile, (Abb. 623) herzustellen. Der Diamant befindet sich in entsprechender Ausladung annähernd senkrecht über der Schwenkachse.

2. Mit der Profilrolle (Abb. 624) in der Einrollvorrichtung. Diese Profilrolle aus gehärtetem Spezialstahl mit genau in Ebenen senkrecht zur Achse liegenden Ringprofilen mit Unterbrechernuten wird gegen die langsam, d. h. mit etwa $^1/_{10}$—$^1/_{20}$ der Schnittgeschwindigkeit, umlaufende Schleifscheibe gedrückt und von dieser mitgenommen. Die Abrichtzeit beträgt für eine neue Schleifscheibe etwa 5 bis 8 min. Das Wiederabrichten einer beim Schleifen abgenutzten Schleifscheibe dauert mit allen Nebenarbeiten etwa 3 min. Die größte Breite der zu verwendenden Schleifscheiben ist 40 mm.

Abb. 622. Abziehvorrichtung der Gewinde- und Kreisprofile. (Lindner.)

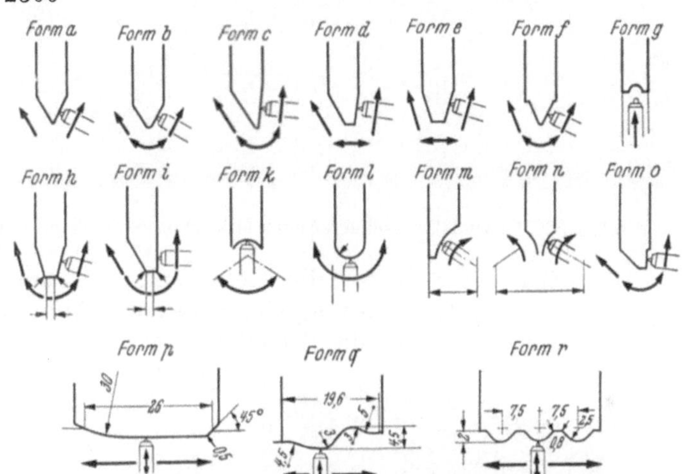

Abb. 623. Gewinde- und Kreisprofile der Schleifscheibe. (Lindner.)

Abb. 624. Profilrollen zum Abrichten von Gewinden. (Lindner.)

Als Schleifverfahren, entsprechend den ähnlichen Verfahren beim Gewindefräsen, werden angewandt:

1. das Gewindelängsschleifen: a) mit der Einprofilscheibe, b) mit der Mehrprofilscheibe;
2. das Kurzgewindeschleifen, von Lindner „Einstechschleifen" genannt, weil dieses Schleifen nicht nur der Herstellung von Gewinden, sondern auch von Profilrollen u. a. dient, also von Arbeiten, welche für den vorliegenden Abschnitt nicht in Betracht kommen. Deshalb wird im folgenden die für Gewindefertigung zutreffende Bezeichnung „Kurzgewindeschleifen" beibehalten, denn das Einstechen erfolgt nur zu Anfang des Kurzgewindeschleifens (vgl. Kurzgewindefräsen);
3. das Hinterschleifen zu den beiden vorstehend gekennzeichneten Verfahren.

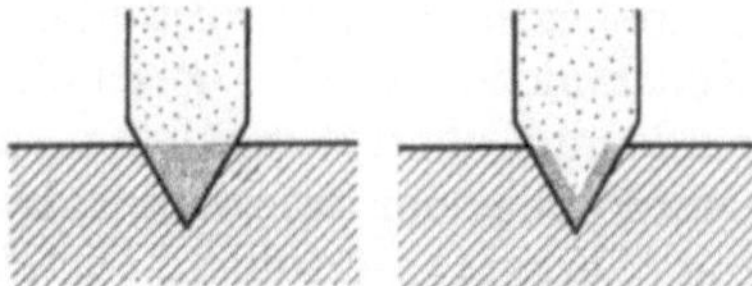

Zu 1a. Das Längsgewindeschleifen mit der Einprofilscheibe (Abb. 625 und 626) ergibt für die Gewinde die höchste Genauigkeit, nämlich

für den Flanken-
durchmesser . . ±0,002 mm,
für den halben
Flankenwinkel . ±5′ (Minuten),
für die Gewinde-
steigung auf 25 mm ±0,002 mm
auf 300 mm ±0,006 mm.

Abb. 625 u. 626. Gewindelängsschleifen einer Mikrometerspindel mit der einprofiligen Schleifscheibe. (Lindner.)

Die Achse der Schleifscheibe steht senkrecht zum Gewindegang, d. h. die Schleifscheibe ist in den Gewindegang eingeschwenkt. Abb. 627, Schleifen eines Sägegewindes, zeigt die Einschwenkung der Schleifscheibe deutlicher, weil das Gewinde nicht so fein, der Steigungswinkel also größer ist.

Abb. 627. Gewindeschleifen eines Sägegewindes mit der einprofiligen Schleifscheibe. (Lindner.)

Das Arbeitsgebiet ist demnach das Schleifen von Gewindelehren, Mikrometerspindeln u. a., ferner das Schleifen von Gewinden mit sehr feinen Steigungen (0,25 ~ 0,7 mm), die mit der Mehrprofilscheibe nicht hergestellt werden können, schließlich von Gewinden mit großem Steigungswinkel (Modul-, Trapez- und Sägegewinde), bei denen der Steigungswinkel größer als 3° ist. Ferner werden Werkzeuge, deren Spanfläche schraubenförmig verläuft (schraubengenutete Werkzeuge), in der Regel mit der Einprofilscheibe hinterschliffen.

Zu 1b. Das Längsgewindeschleifen mit der Mehrprofilscheibe (Abb. 628a u. b) erfolgt ähnlich dem Arbeiten mit dem Gewindesträhler oder dem walzenförmigen Gewindefräser für Kurzgewinde mit kegeligem Anschnitt und eingeschaltetem Längsvorschub.

Die Achsen von Schleifscheibe und Werkstück sind parallel eingestellt, um die Steigung einzuhalten.

Die Genauigkeit beim Schleifen mit der Einprofilscheibe ist für die Steigung die gleiche wie beim Einprofilfräser, da sie von der Leitspindelgenauigkeit der Schleifmaschine abhängt.

Für den halben Flankenwinkel ist sie . . . . $\pm 10'$ (Minuten),
für den Flankendurchmesser . . . . $\pm 0,004$ bis $0,015$ mm.

Mit der Mehrprofilscheibe können auch Werkstücke mit geraden Spannuten hinterschliffen werden, z. B. Gewindefräser. Es lassen sich aber auch Werkzeuge mit schraubigen Spannuten mit der Mehrprofilscheibe hinterschleifen, wenn die Nutensteigung groß ist.

Zu 2. Das Kurzgewindeschleifen ist das leistungsfähigste Verfahren, weil jeder Profilring volle Leistung hergibt. Dieses Verfahren wird daher bevorzugt.

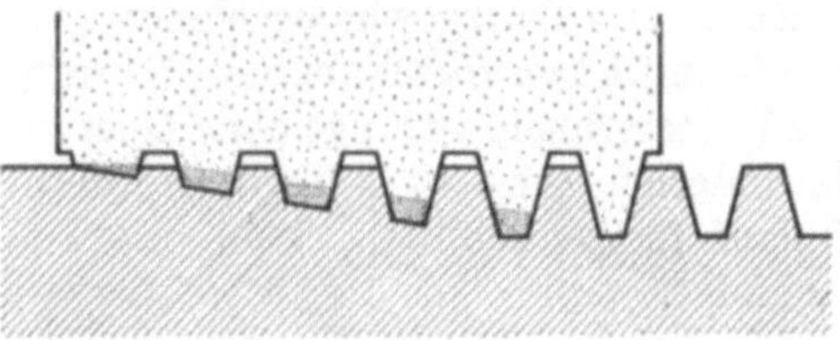

Abb. 628a u. b. Gewindelängsschleifen einer Leitspindel (Trapezgewinde) mit der mehrprofiligen Schleifscheibe aus dem Vollen. (Lindner.)

Die Schleifscheibe ist wie der Kurzgewindefräser etwas breiter als das zu schleifende Gewinde. Bei der Lindner-Maschine beträgt die größte Schleifscheibenbreite 40 mm. Demnach könnten Gewinde bis zu 36 mm Länge geschliffen werden. Größere Längen werden im Längsgewindeschleifen oder durch mehrmaliges Einstechen (Abb. 629) hergestellt. In letzterem Falle läßt sich bei der eingebauten Einzahnkupplung eine Anschlußgenauigkeit von $5\ \mu$ erreichen. Im übrigen werden nachstehende Genauigkeiten erreicht:

Abb. 629. Gewindeeinstechschleifen eines Maschinenteils mit der mehrprofiligen Schleifscheibe. Zwei Einstiche nebeneinander. (Die Gewindesteigung bleibt zwangsläufig gewahrt.) (Lindner.)

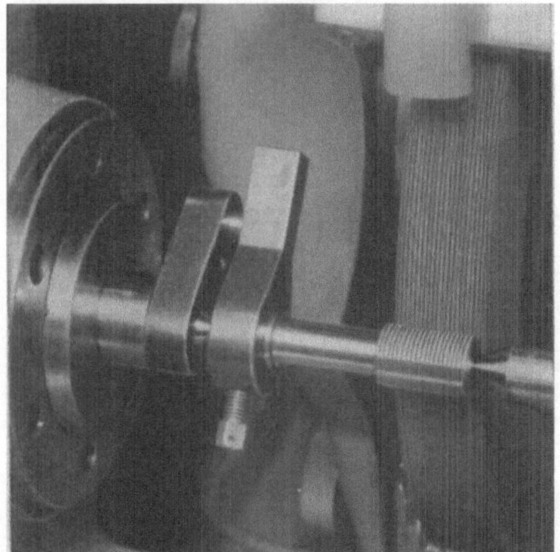

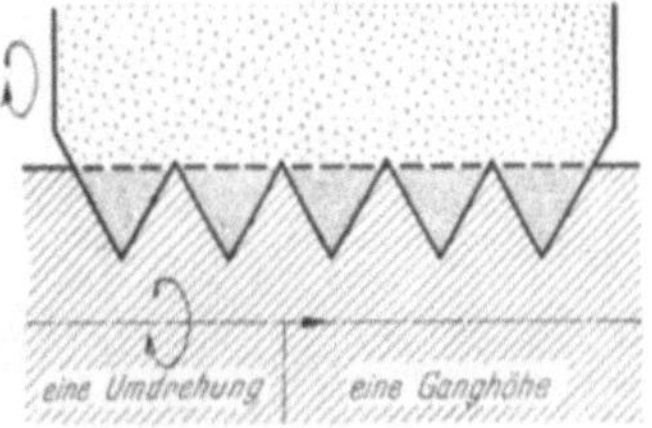

Abb. 630a u. b. Kurzgewindeschleifen eines Maschinenteils der mehrprofiligen Schleifscheibe. (Lindner.)

für Flankendurchmesser

    in einem Arbeitsgang . . . . $\pm 0{,}02$ mm

    durch Nachschlichten . . . . $\pm 0{,}01$ mm

für Flankenwinkel . . . . $\pm 10'$ (Minuten)

für Steigung auf 25 mm Länge . . . . $\pm 0{,}005$ mm gültig
für Produktionsgewindeschleifmaschinen, insbesondere für Werkzeugfabriken, Typ C sowie zum Außen-
und Innenschleifen von Gewinden und Profilen an Maschinenteilen, Typ D.

Für Typ A, Gewindeschleifmaschinen höchster Genauigkeit und für Typ B, Universal-Gewindeschleif-
maschinen hoher Genauigkeit, insbesondere für den Werkzeugbau, beträgt die Genauigkeit auf 25 mm Länge
sogar 0,002 bis 0,003 mm.

Steigungen unter 0,75 mm und über 4 mm können nicht im Kurzgewindeverfahren befriedigend hergestellt werden.

Zu 2. Das Kurzgewindeschleifen (Abb. 630 a u. b) beginnt nach dem Einschalten des
Rund- und Längsvorschubs mit Heranführen der Mehrprofilscheibe bis auf Gewindetiefe.
Das Weiterschleifen erfolgt ohne Quervorschub einmal rundum. Da für das Erreichen der
Gewindetiefe etwa $^1/_6$ Umlauf erforderlich ist, so wird das Gewinde mit im ganzen $1^1/_6$
Umlauf fertiggeschliffen, wenn nicht noch ein gleich lange dauernder Schlichtschliff
nachfolgt.

Die Leistung dieses Verfahrens wurde noch gesteigert durch Einbau einer selbsttätigen Steuerung ähnlich der bei Automaten.

Zu 3. Das Hinterschleifen. Dieses ist das gleiche wie bei der Hinterdrehbank, also mit
dem charakteristischen Differentialgetriebe, wenn schräg genutete Werkstücke zu hinterschleifen sind.

2. Die Gewindeschleifmaschine.

Die Gewindeschleifmaschine, bei welcher die angegebenen Genauigkeiten und Leistungen garantiert werden, ist der Lindner-Einheitstyp zur Herstellung genauester
Gewinde. Die anderen Ausführungsarten des Einheitstyps unterscheiden sich nicht im
Aufbau, sondern nur in der Anpassung an die Arbeitsgebiete, z. B. Universalschleif-
maschine, Produktions-Gewindeschleifmaschine für Werkzeuge und eine solche für
Maschinenteile. Die erreichbaren Genauigkeiten bei diesen letzteren Maschinen sinken
z. B. vom $\pm 0{,}002$ auf $\pm 0{,}005$ mm.

Der Einheitstyp wird in 2 Schleiflängen (250 und 500 mm) und entsprechenden
Einspannlängen (Spitzenweiten) (400 und 800 mm) und auch noch für größere Längen
geliefert.

Zur Herstellung von Leitspindeln über 1100 mm für Drehbänke und andere Werkzeugmaschinen hat Lindner eine neue Maschine geschaffen. Mit dieser Maschine können

Gewindespindeln bis zu
2500 mm Gewindelänge ge-
schliffen werden. Die Ein-
spannlänge zwischen den
Spitzen beträgt 3000 mm.

Der Einheitstyp besteht
aus dem

a) Bett, b) Schleifspindelstock, c) Schleiftisch mit Unterbau, d) Werkstückspindelstock,
e) Vorschubgetriebe.

Die Maschine (Abb. 631)
mit 500 mm Schleiflänge
wird nachstehend ein-

Abb. 631. Einheitytsp, Schleiflänge 500 mm. (Lindner.)

Tabelle 70. *Daten des Einheitstyps der Lindner-Gewindeschleifmaschine.*

Durchmesser der Schleifscheibe . . . . mm	neu	350
	abgenutzt	275
Breite der Schleifscheibe . . . . mm		8 ··· 40
Bohrung . . . . mm		160
Profilrollen zum Einrollen der Schleifscheiben für Schleifscheiben-		
breite . . . . mm		8 ··· 40
Steigung . . . . mm		0,75 ··· 6
		bzw. 8 — 4
		Gang auf 1'
Breite der Profilrollen . . . . mm		17 ··· 47
Spitzenweite . . . . mm	kurz	400
	lang	800
Größte zu schleifende Gewindelänge von Spitze der Werkstück-		
spindel aus gerechnet . . . . mm	kurz	250
	lang	500
Kleinster Schleifdurchmesser einprofilige Schleifscheibe . . etwa mm		1
mehrprofilige Schleifscheibe . . . . etwa mm		4
Größter Schleifdurchmesser ein- und mehrprofilige Schleifscheibe		
auf 100 mm Länge von Spitze der Werkstückspindel aus gerechnet mm		250
auf Gesamtlänge . . . . mm		200
Kleinste zu schleifende Steigung		
einprofilige Schleifscheibe . . . . mm		0,25
mehrprofilige Schleifscheibe . . . . mm		0,75
Größte zu schleifende Steigung einprofilige Schleifscheibe:		
eingängige Gewinde . . . . . { Spitzgewinde . . . . . . mm		6
Trapezgewinde nach DIN mm		18
bzw. Schnecken . . . . mm	Modul	6
mehrgängige . . . . mm		60
Größte zu schleifende Steigung mehrprofilige Schleifscheibe:		
eingängige Gewinde . . . . . { Spitzgewinde und		
Trapezgewinde nach DIN mm		6
mehrgängige Gewinde . . . . mm		60
Größter einzustellender Steigungswinkel . . . . Grad		40
Größe des Hinterschliffs, bezogen auf Zahnteilung und Halbmesser		
des Werkstücks, stufenlos einstellbar von — bis . . . . . mm		0,15 ··· 4,0
Einstellbare Spannutenzahlen		2 ··· 10, 12, 14, 16, 18
Werkstückdrehzahlen (stufenlos) . . . . U/min		0,18 ··· 30
Energiebedarf . . . . kW		5,5

gehender behandelt. Sie gehört zu den höchstentwickelten Maschinen des Werkzeugmaschinenbaues.

Die Daten der Maschine sind auszugsweise in der Tab. 70 zusammengestellt.

Die Gestalt der Maschine kann nur in ihren wesentlichen Teilen dargestellt werden.

a) Das *Bett* ist ein starrer Kastenguß mit Führungsbahnen und Paßflächen.

b) Der *Schleifspindelstock* (Abb. 632) und sein Getriebeplan (Abb. 633) unterscheiden sich nur wenig von dem der normalen Rundschleifmaschine. Die selbsttätige Beistellung entfällt, da sämtliche Vorschübe dem Werk-

Abb. 632. Schleifspindelstock von vorn gesehen. (Lindner.)

stück zugeteilt sind. Die bei dem Einheitstyp vorgesehene Beistellung erfolgt nur von Hand, aber mit einer Genauigkeit von 0,001 mm und dient nur dem genauen Heranbringen (Anstellen) der Schleifscheibe an das Werkstück vor dem Beginn des Schleifens.

Durch die Zuteilung der gesamten Quervorschübe an das Werkstück ist der Schleifspindelstock, abgesehen von der erwähnten Beistellbewegung, die vor Beginn jeglicher Schleifarbeit vollzogen wird, von Bewegungen befreit und ruht unerschütterlich auf den Bettführungsbahnen.

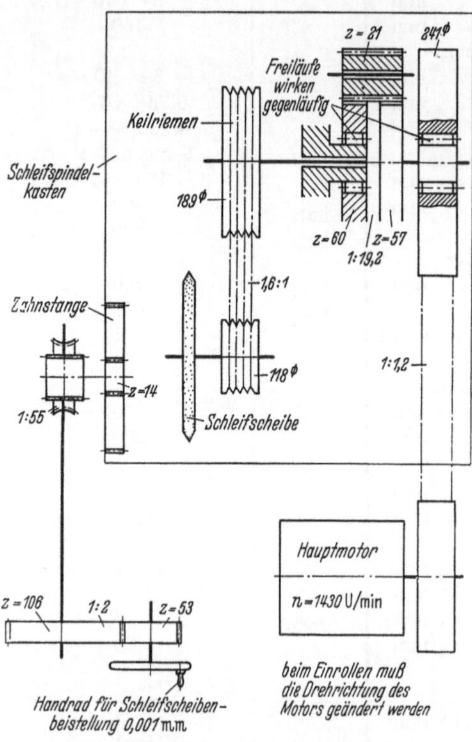

Abb. 633. Getriebeplan zum Schleifspindelstock. (Hauptantrieb.) (Lindner.)

Abb. 634. Einrollvorrichtung. (Lindner.)

Der Antriebsmotor (Hauptmotor) überträgt mit Flachriemen 5,5 kW auf ein Zwischenvorgelege. Von dort findet die Übertragung auf die Schleifscheibe durch Keilriemen statt. Der Getriebeplan (Abb. 633) zu diesem Antrieb und zur Beistellung des Schleifspindelstocks bedarf keiner Erläuterung bis auf einen Hinweis auf das Einrollplanetengetriebe, welches dazu dient, die Umlaufzahl der Schleifspindel auf den zehnten Teil herabzusetzen, so wie es das erwähnte Einrollen der Schleifscheibe mit der Einrollvorrichtung (Abb. 634) erfordert, die auf den Schleiftisch aufgesetzt wird.

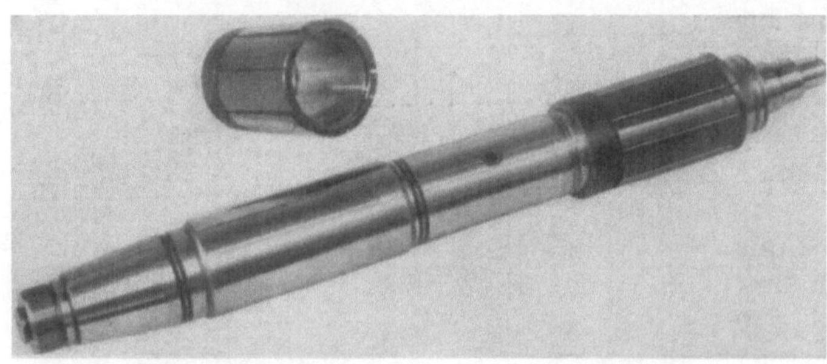

Abb. 635. Schleifspindel und Mackensenlager. (Lindner.)

Die Schleifspindel (Abb. 635) läuft in einem Mackensen-Lager (S. 327). Das Lagerspiel von nur 0,002 mm führt zu keiner fühlbaren Erwärmung, der Lagerdruck übersteigt kaum 100 kg. Geschmiert wird mit einem Gemisch von 90 % Petroleum und 10 % Voltolgleitöl II. Den Schleifspindelstock von rückwärts seitlich gesehen mit aufgeklappter Schutzhaube und Abziehvorrichtung zeigt Abb. 636. Bei der neuesten Ausführung dieser Maschine kann der Schleifspindelstock bis zu 30° geschwenkt werden,

Abb. 636. Schleifspindelstock mit Abziehvorrichtung, Schutzhaube aufgeklappt. (Lindner.)

Abb. 637. Einheitstyp mit Absaugeeinrichtung für Ölnebel beim Schleifen mit Ölkühlung. (Lindner.)

so daß die Schleifscheibe bei gleichzeitiger Schwenkung des Schleiftisches bis zu 40° in den Steigungswinkel eingestellt werden kann. Die Ölnebel-Absaugeeinrichtung (Abb. 637) ist neuerdings im Untergestell (Bett) der Maschine untergebracht.

c) Der *Schleiftisch* mit seinem Unterbau (Abb. 638) dient der Aufnahme des Werkstückspindelstocks und des Reitstocks und ist bis zu 10° schwenkbar zur Einstellung des Steigungswinkels. Er ruht auf einem schwenkbaren Sockel (Abb. 639), der seinerseits auf einer Fundamentalplatte aufgesetzt ist, deren Längsverschiebbarkeit dazu dient, vorgearbeitete Gewinde in Achsrichtung der Werkstückspindel auf 0,01 mm genau einzustellen.

Der Schleiftisch von oben gesehen (Abb. 640) zeigt die Paßfläche für den Werkstückspindelstock und die Führungsbahnen für den Reitstock und die Zusatzgeräte, z. B. die Einrichtung zum Schleifen von Gewindeformen und Profilen an ebenen Flächen.

Die Unterseite des Schleiftisches (Abb. 641) zeigt die genau gelagerte Leitspindel sowie den auch in Abb. 640 u. 641 ersichtlichen wichtigen Hebel A

Abb. 638. Schleiftisch mit Werkstückspindelkasten und Reitstock. (Lindner.)

Abb. 639. Der schwenkbare Sockel auf seiner Fundamentplatte. (Lindner.)

Abb. 640. Schleiftisch von oben gesehen. (Lindner.)

Abb. 641. Schleiftisch von unten gesehen. (Lindner.)

(s. Abb. 643, Position 12), dessen Aufgabe nachdem noch angegeben wird.

Der Schleiftisch ist außerdem über Gleitrollen quer zu seiner Längsrichtung auf die Schleifscheibe zu schwenkbar. Die Größe dieser Schwenkung wird durch die Schwinge (Abb. 642)

Abb. 642. Werkstückspindelkasten mit abgenommenen Schutzkappen. (Lindner.)

1 Räderschere für Differential (für spiralförmige Spannuten an Schneidwerkzeugen); *2* Wechselräderschere für Leitspindel; *3* Wechselräder für die Spannutenzahl bzw. für das selbsttätige Einstechschleifen; *4* Hinterschliffkurve bzw. Einstechkurve; *5* Hinterschliffwelle; Schwinge für Hinterchliff bzw. Einstich.

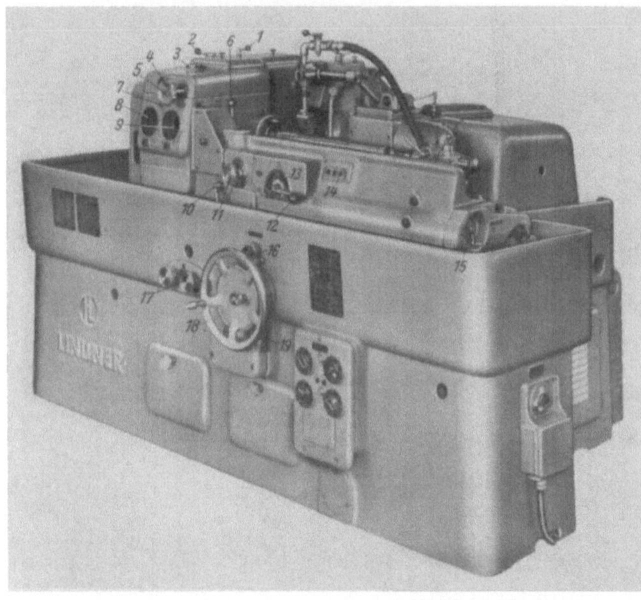

Abb. 643. Gewindeschleifmaschine „Einheitstyp".

1 Schalthebel für Hinterschliffgetriebe; *2* Schalthebel der Einzahnkupplung für Gewindesteigung (niedrige Stufe bis 6 mm, hohe Stufe über 6 bis 60 mm). Bei Steigungen bis 6 mm auch für 10 fach beschleunigten Rücklauf verwendbar; *3* Schauglas für selbsttätige Zentralschmierung des Spindelkastens; *4* Handrad für stufenlose Drehzahlreglung (Vorschub); *5* Tachometer durch Handrad teilweise verdeckt); *6* Schalthebel für 8 fache Drehzahlstufe (auch für 8 fach beschleunigten Rücklauf verwendbar); *7* Signallampe für das selbsttätige Einstechschleifen; *8* Rechenuhr für Vorschübe (Urheberrechte bei HERBERT LINDNER); *9* Rechenuhr für Steigungswinkel; *10* Ankipphebel für Schleiftisch, beim Kurvenwechsel und beim Hinterschliff-Eilrücklauf zu benutzen; *11* Feinbeistellung auf 0,001 mm; *12* Hebel *A* zur schnellen Bei- und Abstellung des Werkstücks zur Schleifscheibe, in Verbindung mit den Elektroschaltern für selbsttätige Arbeitsweise; *13* Segment mit verstellbarem Anschlag zur Begrenzung der Kippbewegung (um beim Innenschleifen ein zu großes Abkippen zu verhindern, weil sonst die Schleifscheibe evtl. die gegenüberliegende Bohrungsseite berührt); *14* Elektrische Handschalter, sofern die selbsttätigen Arbeitsläufe (durch Hebel *11*) ganz oder teilweise nicht gewünscht werden; *15* Handbetätigte Zentralschmierung des Schleiftisches; *16* Skalenbeleuchtung; *17* Kordelgriffe für die seitliche Verschiebung des Schleiftisches bei der Einstellung vorgearbeiteter Gewinde; *18* Handrad für Begrenzungsanschlag für die Beistellung der Schleifscheibe; *19* Schalter für Skalenbeleuchtung.

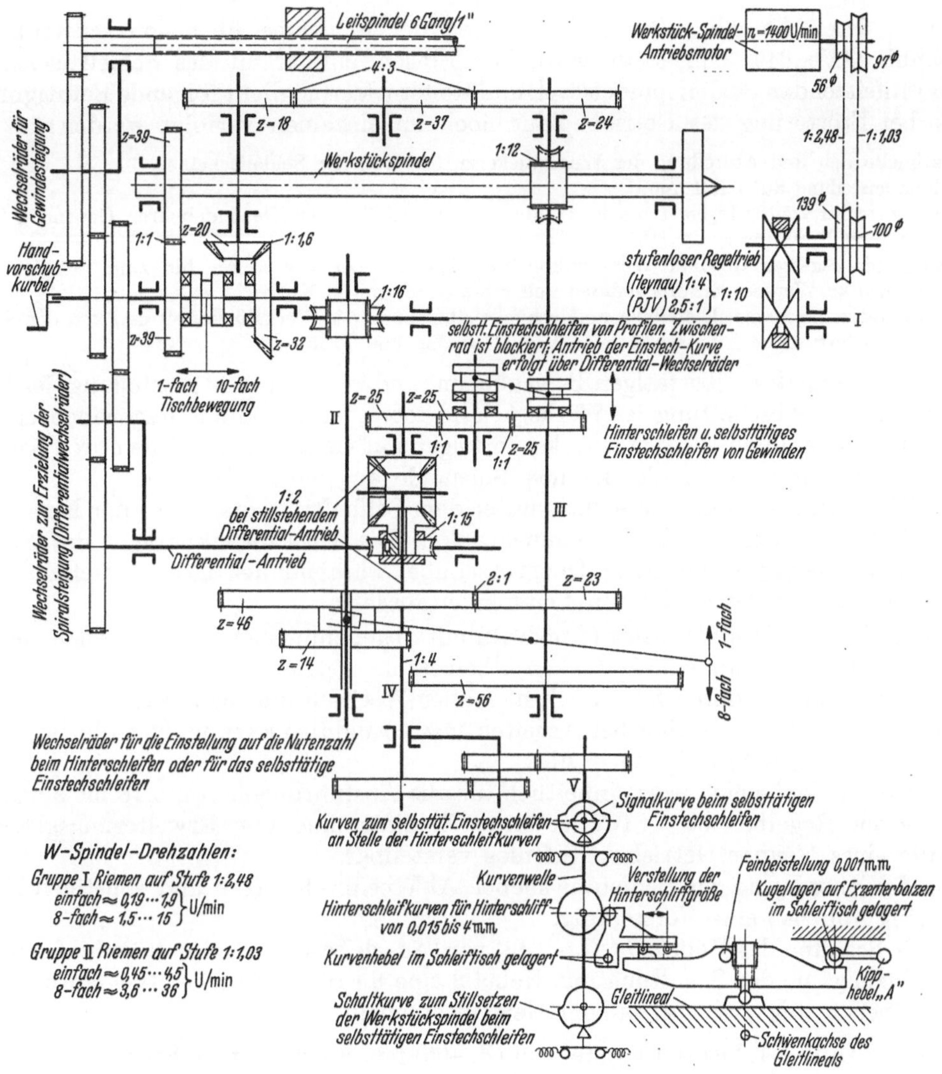

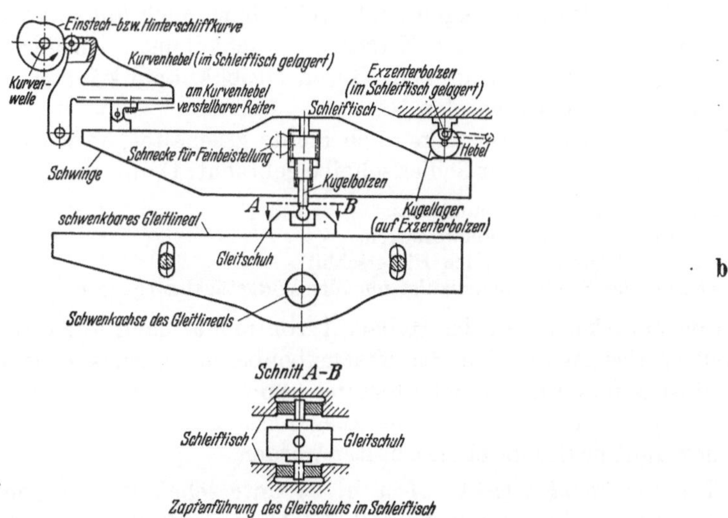

Abb. 644a u. b. Haupt- und Vorschub-Getriebeplan.

bestimmt, deren Anschlag durch Verschieben der Schwinge über den schwenkbaren Gleitschuh (Abb. 644) eingestellt wird. Die Einschwenkbarkeit des Schleiftisches mit dem daraufsitzenden Schleifspindelstock und Reitstock ermöglicht folgende Betätigungen, welche bei Erörterung des Getriebeplans noch im einzelnen verfolgt werden:

1. schnelle Bei- und Abstellung der Werkstücke zu und von der Schleifscheibe,
2. Feinbeistellung auf 0,001 mm,
3. Hinterschliff von 0,015 bis 4 mm je Zahnteilung und Halbmesser (Gewindebohrer, Gewinde-, Wälz-, Kreisbogen- und Profilfräser),
4. Schleifen kegeliger Gewinde rechtwinklig zum Mantel oder zur Achse bis zum größten Kegel von 1 : 16 auch an Werkzeugen mit geraden und schraubenförmigen Nuten,
5. selbsttätige langsame Beistellung und schnelle Abstellung des Werkstückes zu und von der Schleifscheibe beim selbsttätigen Einstechschleifen von Gewinden und Profilen.

Die Schaltung der selbsttätigen Bewegungen, und zwar An- und Abstellung des Kühlmittels, Ein- und Abschaltung des Werkstückantriebes, ferner beim Kurzgewindeschleifen die Bei- und Abstellung des Werkstückes, erfolgen auf elektrischem Wege durch Schütze, wie im Getriebeplan durch die kleinen Solenoide angedeutet ist.

Die Einschwenkbarkeit des Sockels unter dem Schleiftisch dient also der Einstellung der Werkstückspindel auf den Steigungswinkel. Die Einschwenkbarkeit des Schleiftisches selbst gestattet sämtliche Quervorschübe, während der Längsvorschub in der üblichen Weise von der erwähnten Leitspindel ausgeht.

d) Der *Werkstückspindelkasten* (Abb. 642) mit abgenommenen Schutzkappen gewährt einen Einblick in die an sich einfachen Übersetzungsgetriebe.

Der Leitspindelantrieb erfolgt auch hier über Wechselräder mit zwei Grundübersetzungen 1 : 1 und 10 : 1, so daß bei Arbeiten mit Grundübersetzung 1 : 1 die Schaltung 10 : 1 zehnfache Beschleunigung ergibt.

Der Drehzahlenbereich liegt einheitlich für alle Ausführungen von 0,18 bis 30 U/min.

Der große Regelbereich 1 : 167 ist unter Zuhilfenahme von Erweiterungsgetrieben mit Hilfe eines Heynau-Getriebes stufenlos verstellbar.

Von der Anordnung der Bedienungshebel, Ableseeinrichtungen und sonstigen Handhaben gibt Abb. 643 eine Vorstellung.

Durch Schalten des Hebels *6* (Abb. 643) wird 8fach beschleunigter Rücklauf erreicht, durch Hinzunahme der Schaltung mit Hebel *2* eine 8 · 10 = 80fache Rücklaufbeschleunigung, zweckmäßig z. B. bei langen Gewindespindeln.

Hebel *12* (Abb. 643) ist der vorstehend (S. 495) mit *A* bezeichnete Starthebel, welcher an der Vorschubschwinge, die nachstehend in ihrer Arbeitsweise geschildert wird, angreift, und mit dessen Umlegen nach rechts bzw. nach links alle zur Durchführung einer Schleifoperation, z. B. eines Kurzgewindeschleifens, erforderlichen Betätigungen in einem ausgeführt werden können. Durch Druckknöpfe können aber diese Betätigungen auch einzeln ausgelöst werden.

Wird der Hebel *A* von·links nach rechts geschaltet, so wird das Werkstück auf das vorher eingestellte Maß zur Schleifscheibe gebracht. Damit erfolgt gleichzeitig selbsttätiges

Einschalten des Kühlmittelumlaufes,
Einschalten der Werkstückbewegungen,
(Vorschub, Steigung evtl. auch Hinterschliff),
Abschalten des Kühlmittelumlaufes und der Werkstückbewegungen.

Durch Zurückschalten des Hebels *A* von rechts nach links in seine Ausgangsstellung wird das Werkstück aus dem Schleifscheibenbereich zurückgezogen, und je nach Stellung des Wahlschalters auf der Schaltertafel (Abb. 643 unten) erfolgt entweder der sofortige Rücklauf des Schleiftisches in seine Ausgangsstellung, oder aber der Rücklauf muß durch den Rücklaufdruckknopf eingeschaltet werden.

e) Der *Getriebeplan* (Abb. 644a u. b) unterscheidet sich von dem der Hinterdrehbank im wesentlichen dadurch, daß die Quervorschübe ausschließlich durch Kurvenscheiben betätigt werden.

Für das Längsschleifen von Gewindespindeln ist das Differential ausgeschaltet, der Längsvorschub wird wie bei der Drehbank über Wechselräder und über die Leitspindel bewirkt. Der Antrieb der Werkstückspindel erfolgt (Abb. 644a) über Welle I, II und III auf das auf der Werkstückspindel festsitzende Schneckenrad.

Für den Quervorschub zum selbsttätigen Einstechschleifen und auch zum Hinterschleifen wird der Antrieb der Vorschub- und der Schaltkurven von der Welle III aus eingeschaltet und geht durch das Differential (Welle IV) hindurch, aber ohne daß dieses zur Einwirkung kommt, über Wechselräder zu den erwähnten Vorschubkurven- und Schaltkurvenscheiben, die sämtlich auf Welle V angeordnet sind. Die Vorschubkurvenscheibe (Abb. 644a) betätigt einen zweiarmigen Hebel (Abb. 644b), auf dessen waagerechtem Arm ein verschiebbarer Reiter mit Gleitstein sitzt. Durch diesen Gleitstein wird die Bewegung des Hebels auf eine im Schleiftisch eingebaute Schwinge übertragen, so daß der Schleiftisch mit dem Werkstück gegen die Schleifscheibe über die in Abb. 639 dargestellten Gleitrollen geschwenkt und damit zügig bei- und zurückgestellt wird. Je mehr der Reiter nach rechts verschoben wird, um so größer ist der Betrag des Hinterschliffs bzw. der Einstechtiefe. Durch den Kipphebel A wird der Vorschub eingeschaltet oder abgestellt, dessen Gesamtaufgabenkreis bereits auf S. 498 angegeben ist. Die Schaltkurvenscheiben zu den elektrisch getätigten Schaltungen und Signallampen (Abb. 644a) sitzen auf der gleichen Welle mit den Vorschubkurven und werden mit den gleichen Wechselrädern angetrieben.

Im Falle von schräg genuteten Werkstücken, z. B. von zu hinterschleifenden Schneckenfräsern, muß die Welle V eingeschaltet werden, welche entsprechend dem durch die Leitspindel besorgten Vorschub das Eintreten des Quervorschubes um so viel verzögert, daß der Angriff der Schleifscheibe genau in derselben Stellung zum nächsten Zahn erfolgt wie zum vorhergehenden. Dieser Vorgang ist genau derselbe wie bei der Bearbeitung von Schneckenfräsern auf der Hinterdrehbank. Geschliffen wird mit Schleifscheiben von möglichst kleinem Durchmesser, um die Spannuten klein zu halten und dadurch mehr Fräszähne auf dem Fräser anbringen zu können. Diese Maßnahme führt zwar zu einem größeren Schleifscheibenverschleiß, der aber in wirtschaftlicher Hinsicht durch die größere Lebensdauer des teueren Fräsers bei weitem aufgehoben wird.

3. Die Abgrenzung der Anwendungsgebiete zwischen der Gewindedrehbank, der Gewindefräsmaschine und der Gewindeschleifmaschine.

Zur Abgrenzung der Anwendungsgebiete zwischen der Gewindedrehbank, der Gewindefräsmaschine und der Gewindeschleifmaschine läßt sich feststellen:

I. Gewindedrehbank, geeignet für jede Art von Gewindefertigung, allein geeignet für Herstellung von Flachgewinden (mit Flankenwinkel $0°$), große Anzahl der Schnitte bei erheblichen Gewindetiefen, daher unwirtschaftlich für Kurzgewinde. Genauigkeit ausreichend für alle Gewinde mit Ausnahme für Lehren und Meßspindeln. Unübertroffen in Steigungsgenauigkeit und Oberflächengüte bei den Werkstoffen, welche mit dem Diamanten nachgeschlichtet werden können, entsprechend genaue Leitspindeln vorausgesetzt. Brauchbar also im besonderen für Stahlspindeln, die nach der Härtung mit dem Diamanten geschlichtet werden.

II. Gewindefräsmaschinen nicht brauchbar für Flachgewinde. Höchstwirtschaftlich für Kurzgewinde und lange Gewindespindeln mit großer Gangtiefe, die auf der Drehbank oder Schleifmaschine nachgeschlichtet werden. Höhere Oberflächengüte nur bei sehr kleinen Schlichtvorschüben mit hinterschliffenen Fräsern.

III. Gewindeschleifmaschinen, unübertroffen im Hinblick auf Genauigkeit und Oberflächengüte. Allein brauchbar für Gewindespindeln aus bereits gehärtetem und gealtertem Spezialstahl. Längenbeschränkung, weil Präzisionsschleifmaschinen mit Schleiflängen über $2,5\,\mathrm{m}$ noch nicht gebaut sind. Besonders wirtschaftlich beim Schleifen aus dem Vollen von Gewinden zuvor gehärteter Werkstücke mit kleiner Steigung und kleiner Gangtiefe, z. B. von Gewindebohrern. Unübertroffen im Feinstschlichten irgendwelcher Gewinde.

XX. Maschinen zur Herstellung von Zahnrädern.

Diese Maschinen werden fast ausschließlich zur Herstellung von Zahnrädern mit nach einer Evolvente oder nach einer korrigierten Evolvente gekrümmtem Zahnprofil gebaut. In ihrer Länge sind die Zähne entweder gerade oder schraubig nach einem Kreisbogen gekrümmt. Dabei wird der Konstruktion die einfachste Art des Zusammenarbeitens von Werkzeug und Werkstück zugrunde gelegt, bei Stirnrädern durch Wälzen einer Zahnstange (Werkzeug) mit einem Werkstück (Zahnrad) (Abb. 645) oder bei Kegelrädern von einem Planrad (Werkzeug) mit einem Werkstück (Kegelrad). In beiden Fällen sind die Flanken des Werkzeuges ebene Flächen, also leicht herstellbar. Andere Werkzeuge sind sog. Schneidräder, d. s. Evolventenzahnräder mit Schneidkanten, ferner Wälzfräser.

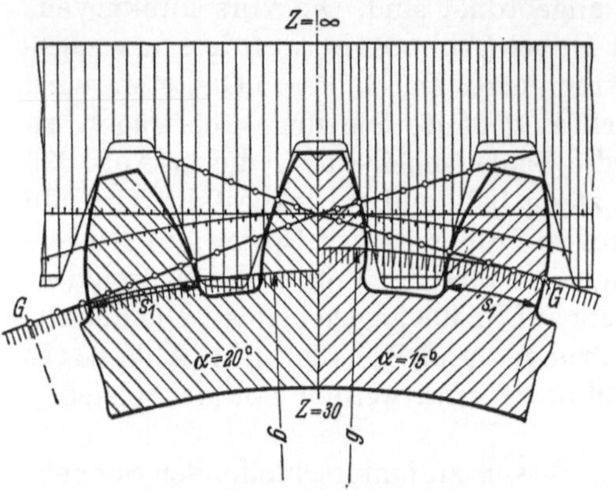

Abb. 645. 20°- und 15°-Verzahnung mit Bezugsprofil; Zahndicken- und Grundkreisradien-Unterschiede zeigend.

A. Zahnradfehler.

Für die verschiedenen Zwecke werden Zahnräder verschiedener Genauigkeit verlangt. Diese Fehler sind 1938 von Kienzle auf Grund eingehender Untersuchungen am Institut für Betriebswissenschaft und Werkzeugmaschinen der Technischen Hochschule Berlin in einem Merkblatt „Stirnradfehler" systematisch erfaßt worden. Dieses wurde zur DIN 3960 weiter entwickelt.

Die 7 vorkommenden Einzelfehler sind:

Flankenformfehler	Summenteilungsfehler	und
Grundkreisfehler	Eingriffteilungsfehler	Rundlauffehler
Einzelteilungsfehler	Zahndickenfehler	

Dazu sind noch zwei sog. Sammelfehler definiert, auf die man sich bei laufenden Prüfungen beschränken kann.

Die Einzelfehler hängen zum großen Teil von der Werkzeugmaschine ab und werden daher insbesondere an den ersten Proberädern einer Reihe beobachtet.

Die zulässigen Fehlergrößen sind in einer Reihe von Gütegraden in einem Toleranzsystem erfaßt, dessen Grundzüge Kienzle 1949 veröffentlichte[1].

Inzwischen ist auch hieraus eine Norm geworden, die dem Austauschbau der Zahnräder zugrunde gelegt wird: DIN 3963 „Toleranzen für Stirnradverzahnungen".

B. Maschinen zur Herstellung
von gerade oder schräg verzahnten Stirnrädern.

1. Verfahren, Vorteile und Nachteile.

Maschinen, welche nach Schablonen Zahnräder hobeln, werden hier übergangen, weil sie nur für Einzelherstellung, für Sonderverzahnungen oder auch für Zahnräder mit außergewöhnlich großen Teilungen zur Anwendung kommen.

Auf der Universalfräsmaschine werden auch heute noch Stirnräder hergestellt, wenn irgendwelche Zahnradautomaten nicht zur Verfügung stehen. Das Werkzeug ist der Modulfräser (Abb. 646), dessen Profil der auszuarbeitenden Zahnlücke entspricht. Eine

---

[1] Werkstattstechnik und Maschinenbau Bd. 39 (1949) S. 112—139. „Ein System für Verzahnpassungen".

Lücke nach der anderen wird mit ihm ausgearbeitet, wobei nach Beendigung einer jeden Lücke das Werkstück mit dem Teilapparat auf die nächste Lücke eingestellt wird. Da der Querschnitt der Zahnlücke auch bei gleichem Modul sich mit der Zähnezahl ändert, so müßte für jede Zähnezahl ein besonderer Modulfräser bereitgehalten werden. Statt dessen wird für einen Modul die Zahl der Fräser nach Tab. 71 auf einen 8teiligen oder einen 15teiligen Satz beschränkt und die Ungleichförmigkeit, welche sich aus der Verwendung eines Fräsers für eine dazwischenliegende geringere Zähnezahl ergibt, in Kauf genommen. Die Geschwindigkeitsschwankung gegenüber der mittleren Umlaufgeschwindigkeit des getriebenen Zahnrads erreicht im ungünstigsten Fall beim 15teiligen Fräsersatz 2%, beim 8teiligen 4%.

Drei der wichtigsten Verfahren zur Herstellung von Stirnrädern sind:

1. die Wälzfräsmaschine mit dem Wälzfräser arbeitend,

2. die Wälzstoßmaschine mit dem Schneidrad arbeitend,

3. die Wälzhobelmaschine mit dem Kammstahl arbeitend,

Tabelle 71. *Einteilung der 8- und der 15-teiligen Fräsersätze.* (Z = Zähnezahl des zu fräsenden Rades.)

Fräser Nr.	1	$1\frac{1}{2}$	2
8-teiliger Satz für:	12···13 Z	—	14···16 Z
15-teiliger Satz für:	12 Z	13 Z	14 Z

Fräser Nr.	$2\frac{1}{2}$	3	$3\frac{1}{2}$	4
8-teiliger Satz für:	—	17···20 Z	—	21···25 Z
15-teiliger Satz für:	15···16 Z	17···18 Z	19···20 Z	21···22 Z

Fräser Nr.	$4\frac{1}{2}$	5	$5\frac{1}{2}$	6
8-teiliger Satz für:	—	26···34 Z	—	35···54 Z
15-teiliger Satz für:	23···25 Z	26···29 Z	30···34 Z	35···41 Z

Fräser Nr.	$6\frac{1}{2}$	7	$7\frac{1}{2}$	8
8-teiliger Satz für:	—	55···134 Z	—	135···∞ Z
15-teiliger Satz für:	42···54 Z	55···80 Z	81···134 Z	135···∞ Z

Abb. 646. Modulfräser für Stirnräder.

Jedes der drei Verfahren hat Vor- und Nachteile, so daß sich die Wahl des Verfahrens nach der Art des Werkstückes richtet.

Die Vorteile der Wälzfräsmaschine sind:

1. der verhältnismäßig einfache Aufbau der Maschine und ihre Unempfindlichkeit bei falscher Behandlung,

2. das fortlaufende stoßfreie Arbeiten, wodurch sich die häufig überlegene Wirtschaftlichkeit des Verfahrens ergibt.

Nachteilig ist:

1. der hohe Preis des in der Regel aus Schnellstahl gefertigten, gehärteten und hinterschliffenen Wälzfräsers,

2. die in der Regel bei Fräsarbeit etwas rauhere Oberfläche, ein Nachteil, der jedoch durch feinen Vorschub nahezu behoben werden kann und bei nachträglichem Fertigschleifen sich eher günstig auswirkt, günstig im Hinblick auf die Erhaltung der Schneidfähigkeit des Schleifrades,

3. der lange Einlauf des Fräsers, der besonders bei kleinen Zähnezahlen und schmalen Zähnen unwirtschaftlich ist.

Die Vorteile und Nachteile der beiden anderen Verfahren werden zum Vergleichen in den nachfolgenden Abschnitten angegeben.

2. Die Wälzfräsmaschinen.

Das Wälzverfahren, von SCHIELE 1856 erfunden, wurde von HERMANN PFAUTER 1897 durch die Erfindung der universalen Räderfräsmaschine entscheidend gefördert. Seitdem sind diese Maschinen in bezug auf Genauigkeit, Steifigkeit und Selbsttätigkeit stark weiter entwickelt.

Der Wälzfräser (Abb. 647) ist eine durch Spannuten, die in der Regel senkrecht zum Gewindegang verlaufen, in Fräszähne unterteilte Evolventenschnecke.

In der Maschine muß der Fräser so eingeschwenkt werden (Abb. 648), daß die mittlere Tangente an seinen Schraubengang mit der Richtung der entstehenden Zahnlücke im Werkstück zusammenfällt. Das Werkstück muß im Teilkreise dabei genau eine Zahnteilung zurücklegen, wenn das Fräsergewinde um seine Steigung fortschreitet.

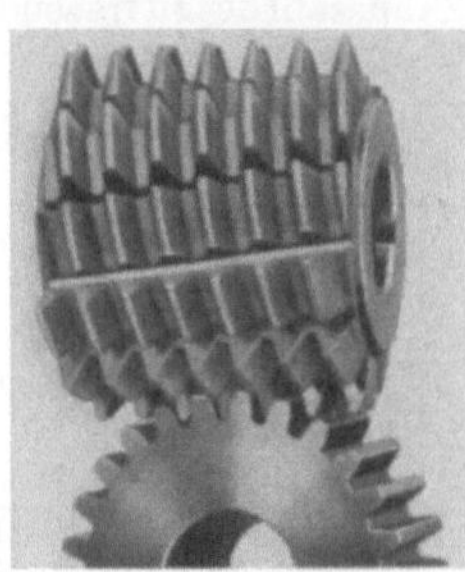

Abb. 647. Hinterdrehter Wälzfräser.　　　　　Abb. 648. Eingeschwenkter Fräser.

Die Wälzfräsmaschine (Abb. 649), Konstruktion PFAUTER, arbeitet nach dem Getriebeschema gemäß Abb. 650. Die Einschwenkung des Wälzfräsers zeigt Abb. 648. Dieser ist hier über die zur Fertigung eines Stirnrades erforderliche Schrägstellung hinaus zusätzlich um den Steigungswinkel des herzustellenden Schrägzahnrades geschwenkt.

Aus dem Getriebeschema geht die Art der Betätigung der vier Getriebegruppen hervor:

1. Die Wälzbewegung, bei welcher der Wälzfräser umlaufend die Schnittbewegung ausführt. Diese Umlaufbewegung ist demnach mit der entsprechenden Drehzahl auf die günstigste Schnittgeschwindigkeit einzustellen. In dem vom Motor über Wechselräder angetriebenen Kegelradsatz wird durch das Tellerrad eine Senkrechtwelle mitgenommen, auf welcher gleitend ein Kegelrad sitzt, das in dem senkrecht gleitenden Frässpindelschlitten gelagert ist und über Räder den Antrieb des Schneckenfräsers besorgt, der über dem Werkstück auf volle Schnittiefe eingestellt ist. Von dem Tellerrad werden ferner sämtliche Vorschübe abgeleitet.

2. Zunächst wird vom Tellerrad der umlaufende Vorschub des Werkstücktisches und damit des Werkstückes abgeleitet. Das nach der Ableitung eingezeichnete Differentialgetriebe bleibt bei der Herstellung von Stirnrädern ohne Einfluß. Der Antrieb geht über Wechselräder unmittelbar zu der Schnecke, welche das Schneckenrad des Tischgetriebes in Umlauf setzt.

Abb. 649. Wälzfräsmaschine Pfauter.

3. Zwischen den Wechselrädern und der Schnecke zum Tischantrieb befindet sich noch ein Schneckenradantrieb, von welchem zwei geradlinige Vorschubbewegungen abgeleitet werden, von welchen die eine oder die andere jeweils durch eine Kupplung eingeschaltet wird.

Die eine dieser Kupplungen schaltet die senkrechte Vorschubbewegung des Fräsers bei der Herstellung der Stirnradverzahnung ein. Die andere Vorschubbewegung schiebt den Werkstücktisch in radialer Richtung gegen den Fräser und bewirkt damit die Herstellung von Schneckenrädern nach dem sogenannten Radialverfahren. Dieses Verfahren hat aber den Nachteil, daß bei großen Steigungen die Flanken im Schneckenrad verschnitten werden, weil der Fräser am Außendurchmesser eine andere Steigung als im Teilzylinder und am Innendurchmesser besitzt und damit von der Werkstückflanke zuviel abnimmt.

Aus diesem Grunde wird bei der Herstellung von Schneckenrädern das Tangentialverfahren angewendet. Bei großer Steigung der Schnecke ist es unerläßlich. Bei diesem Verfahren wird ein kegelig zugespitzter Schneckenfräser oder Schlagmesser (Abb. 651a u. b) verwendet, der tangential zum Werkstück aber von

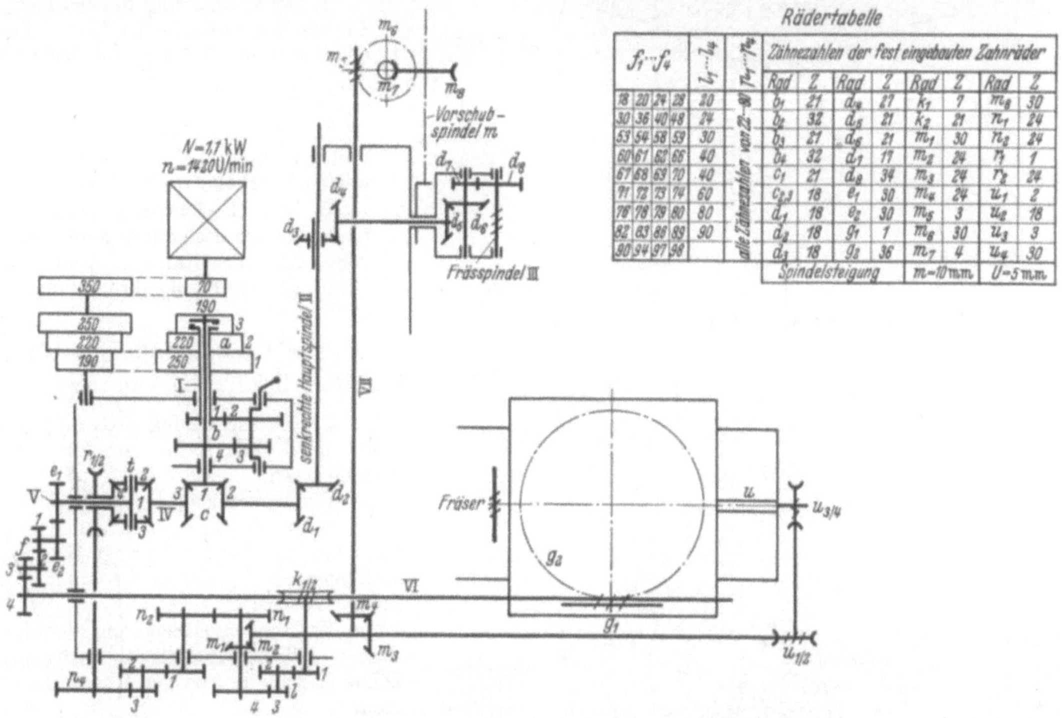

Rädertabelle

$f_1 \cdots f_4$				$l_1 \cdots l_4$	$r_1 \cdots r_4$	Zähnezahlen der fest eingebauten Zahnräder							
						Rad	Z	Rad	Z	Rad	Z	Rad	Z
18	20	24	28	10		b_1	21	d_4	27	k_1	7	m_8	30
30	36	40	48	24	alle Zähnezahlen von 22—90	b_2	32	d_5	21	k_2	21	n_1	24
53	54	58	59	30		b_3	21	d_6	21	m_1	30	n_2	24
60	61	62	66	40		b_4	32	d_7	17	m_2	24	r_1	1
67	68	69	70	40		c_1	21	d_8	34	m_3	24	r_2	24
71	72	73	74	60		$c_{2,3}$	18	e_1	30	m_4	24	u_1	2
76	78	79	80	80		d_1	18	e_2	30	m_5	3	u_2	18
82	83	86	89	90		d_2	18	g_1	1	m_6	30	u_3	3
90	94	97	98			d_3	18	g_2	36	m_7	4	u_4	30
Spindelsteigung										$m = 10$ mm		$U = 5$ mm	

Abb. 650. Getriebeplan der Wälzfräsmaschine.

vornherein auf Schnittiefe eingestellt, allmählich so weit vorgeschoben wird, bis die Zähne in voller Ganghöhe sich freigeschnitten haben, also das Schneckenrad bis zur gewünschten Zahntiefe ausgeschnitten ist.

4. Um bei diesem Vorschieben des Fräsers oder Schlagmessers in tangentialer Richtung das Kämmen von Fräser und Schneckenrad zu wahren, muß dem umlaufenden Werkstück eine zusätzliche Umdrehung entsprechend der Vorschubgeschwindigkeit des Fräsers erteilt werden. Diese wird durch das hinter dem Kegelradgetriebe eingebaute Differentialgetriebe herbeigeführt. Die Einwirkung auf das Differentialgetriebe wird wie die beiden geradlinigen Vorschübe von der auf der Welle zum Werkstückumlauf befindlichen Schnecke abgeleitet und mit Wechselrädern auf die zusätzliche Vorschubgröße des Werkstückumlaufes eingestellt. Der tangentiale Vorschub des Fräsers ist in dem Getriebeschema nicht dargestellt. Er erfordert einen besonderen, konstruktiv erweiterten Frässpindelstock.

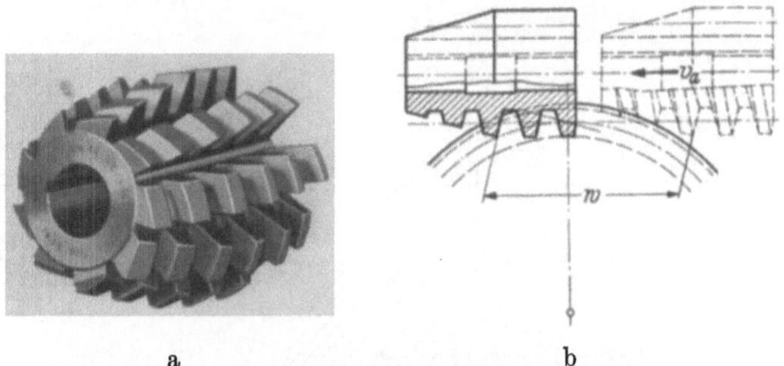

a b

Abb. 651a u. b. a) Einseitig angespitzter Wälzfräser für Schneckenräder, b) Axialfräser für Schneckenräder.

Das Differentialgetriebe kommt ferner noch bei der Herstellung von schräg verzahnten Stirnrädern zur Anwendung, wobei entsprechend der zusätzlichen Einschwenkung des Schneckenfräsers dem Werkstückumlauf ein zusätzlicher Vorschub erteilt werden muß, um das genaue Kämmen von Fräser und Schneckenrad zu wahren.

Aus dem Getriebeplan geht auch der Aufbau der Maschine, wie ihn Abb. 649 zeigt, hervor.

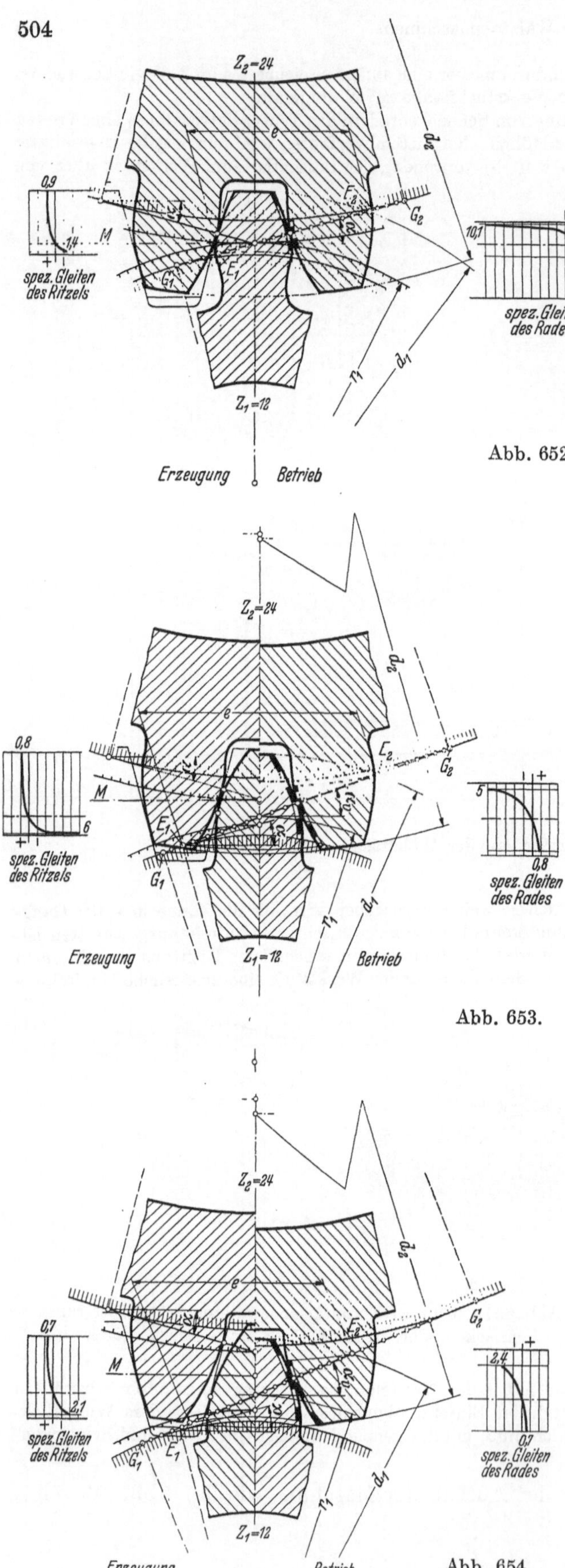

Abb. 652.

Abb. 653.

Abb. 654.

Korrigierte Verzahnungen können bei der Wälzfräsmaschine in einfachster Weise hergestellt werden. Korrektur ist erforderlich:

1. zur Vermeidung des bei kleinen Zähnezahlen auftretenden Unterschnittes, der (Abb. 652) den Überdeckungsgrad beschränkt und die Zahnflüsse schwächt,

2. zur Erreichung bestimmter Wellenabstände bei begrenzten Modulwerten (DIN 780) (Abb. 653),

3. zur Erreichung günstiger Betriebseigenschaften durch Verbesserung der Gleitverhältnisse, gedrungene Zähne, geringe Flankenkrümmung usw. (Abb. 654).

Zur Vermeidung des Unterschnittes kann angewandt werden:

a) Profilverschiebung (DIN 870). Vorteile: gute Zahnform, größter Überdeckungsgrad.

b) Flankenwinkelvergrößerung. Vorteile: starker Zahnfuß, geringere Flächenpressung. Nachteile: geringerer Überdeckungsgrad, geringe Zunahme des Achsendruckes.

c) Zahnhöhenverkleinerung (Stumpfzähne). Vorteil: kräftigere, gedrungene Zähne. Nachteil: geringer Überdeckungsgrad.

d) Schrägverzahnung, Vorteile: günstiger Überdeckungsgrad, Schrägeingriff. Nachteil: Axialdruck.

3. Die Wälzstoßmaschinen.

Eine Wälzstoßmaschine (Abbildung 655) wird in Deutschland von der Maschinenfabrik Lorenz A. G. Ettlingen gebaut und arbeitet mit einem am auf- und niedergehenden Stößel befestigten Evolventen-Schneidrad (Abb. 656 u. 657). Tab. 72 enthält die Hauptdaten der Lorenz-Wälzstoßmaschine Typ S 7/500. In USA

Abb. 652. Normale Evolventenverzahnung mit Unterschnitt. (Nach PFAUTER.)

Abb. 653. Verzahnung zur Ermöglichung abgeänderten Achsenabstandes. (Nach PFAUTER.)

Abb. 654. Bestmögliche Verzahnung, verbesserte Gleitung, gedrungene Zähne, geringere Flankenkrümmung. (Nach PFAUTER.)

Abb. 655. Wälzstoßmaschine von Lorenz.

Abb. 653. Schneidrad bei der Bearbeitung eines
Segmentes. (Lorenz.)

Abb. 657. Schneidräder für gerade und schräge
Verzahnung von Stirnräder. (Lorenz.)

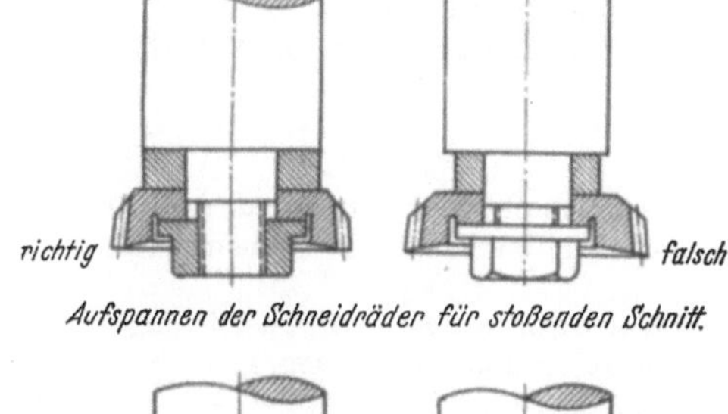

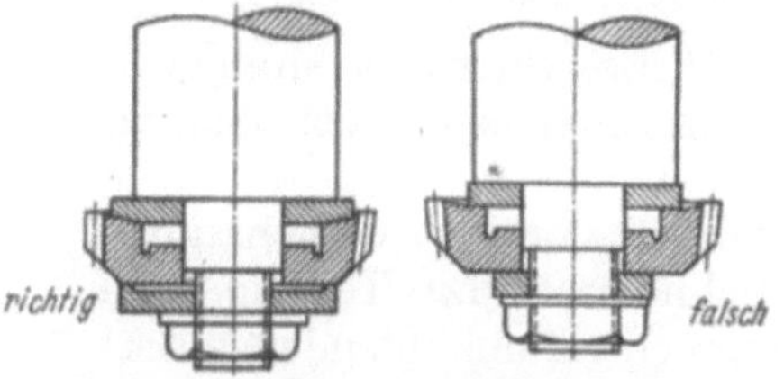

Abb. 658. Schneidräder für stoßenden und für
ziehenden Schnitt. (Lorenz.)

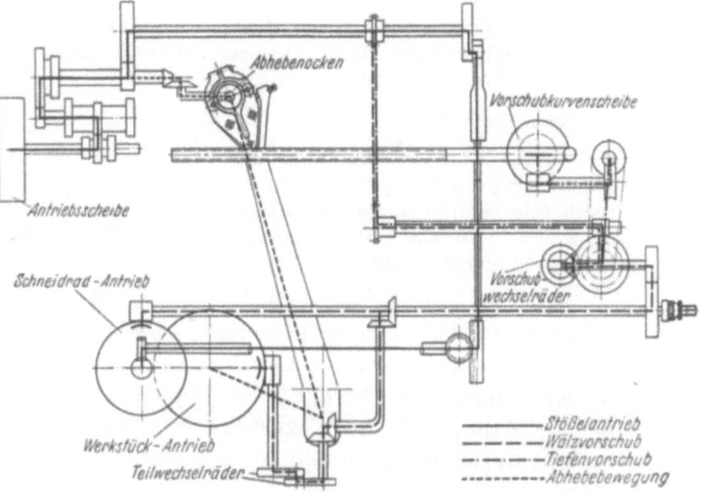

Abb. 659. Getriebeschema zur Wälzstoßmaschine Lorenz.

Tabelle 72. *Hauptdaten der Lorenz-Wälzstoßmaschine Typ S 7/500.*

Ausführungsarten der Maschinen.	
I. Maschine in Normalausführung . . . . Typ	S 7/500
II. Maschine mit Spezialstößelspindel für Innenverzahnung . . . . Typ	SJ 7/500
III. Maschine mit Zahnstangenstoßeinrichtung . . . . Typ	
Abmessungen und Gewichte.	
Außenverzahnung:	
Größter Raddurchmesser für Stirnräder . . . . mm	500
Größter Raddurchmesser für Schraubenräder . . . . mm	420
Größte Zahnbreite . . . . mm	130
Innenverzahnung:	
Größter Raddurchmesser für Stirnräder . . . . mm	435
Größter Raddurchmesser für Schraubenräder . . . . mm	420
Größte Zahnbreite . . . . mm	130
Größte Teilung in Stahl für Stirnräder:	
Normalverzahnung bis Modul	7
Stumpfverzahnung bis Modul	8,5/6,8
Größte Teilung in Stahl für Schraubenräder:	
Abhängig von der Zahnschräge — auf Anfrage	
Größte mit normalen Wechselrädern herzustellende Zähnezahl	300
Hubzahlen des Stößels:	
Einstellmöglichkeiten	6
Einstellbereich der Schneidhübe pro min	42···240
Anzahl der Schneidradvorschübe:	8
Aufnahmezapfen-Durchmesser der Stöpselspindel für die Schneidräder . . . . Zoll	1³/₄″
Schneidraddurchmesser: normal . . . . Zoll	4″
Tischspindelbohrung: normal . . . . mm	75
Größere Tischspindelbohrung gegen Sonderberechnung . . . . mm	160
Kraftbedarf etwa . . . . kW	3,7

war die Maschine von The Fellows Gear Shaper Co. zuerst auf den Markt gebracht worden.

Die Vorteile der Wälzstoßmaschine sind:

1. Eignung zur Herstellung von Innenverzahnungen;
2. Eignung zum Herstellen von Zahnrädern, an deren Stirnseite ein Bund in kleinem Abstand anschließt; diese Eignung ist die Folge der genauen Schnitthubbegrenzung durch den Kurbelmechanismus;
3. vorzügliche Glätte der Oberfläche durch die einhüllende Schnittbewegung;
4. besondere Eignung zur Herstellung von Zahnsegmenten (Abb. 656) und Zahnstangen;
5. korrigierte Verzahnungen können auf Wälzstoßmaschinen in genau so einfacher Weise wie auf Abwälzfräsmaschinen hergestellt werden.

Nachteile sind:

1. der nicht so einfache Aufbau der Wälzstoßmaschine, da für die Bewegung des Schneidrades zur Spanabnahme für den Vorschub und für die Abhubbewegung des Werkstückes beim Rückhub des Schneidrades gesonderte Getriebegruppen bestehen;
2. der Leerrücklauf des Werkzeuges. Die Wälzstoßmaschine ist der Wälzfräsmaschine in Arbeitsleistung bei kleinen und mittleren Teilungen und bei normalen Radbreiten bis zu 10 × Modul überlegen.

Auf der Abb. 657 sind Schneidräder für gerade und schräge Stirnverzahnung abgebildet. In Abb. 658 sind Schneidräder mit Schneiden nach unten bzw. nach oben an dem aus seiner Führung herausragenden Stößel befestigt.

Auch nach dem Abschliff des Schneidrades an der Spanfläche ergibt sich genau das gleiche Zahnprofil am Werkstück wie bei einem neuen Schneidrad. Die Teilung, hergestellt durch das Kämmen des Schneidrades mit dem entsprechend umlaufenden Werkstück bleibt also die gleiche, weil der Teilkreis nach wie vor eingehalten wird.

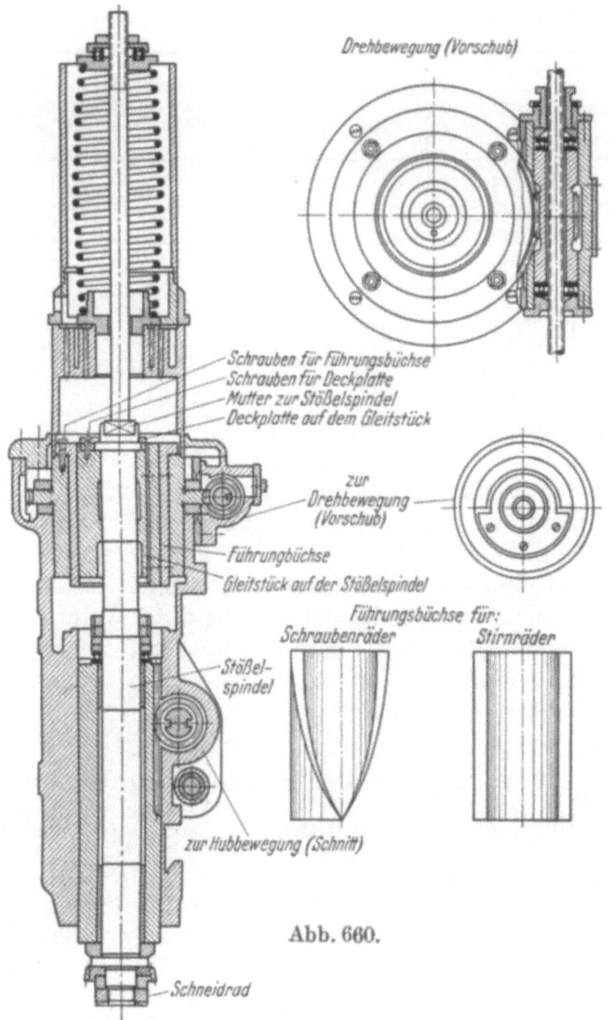

Abb. 660.

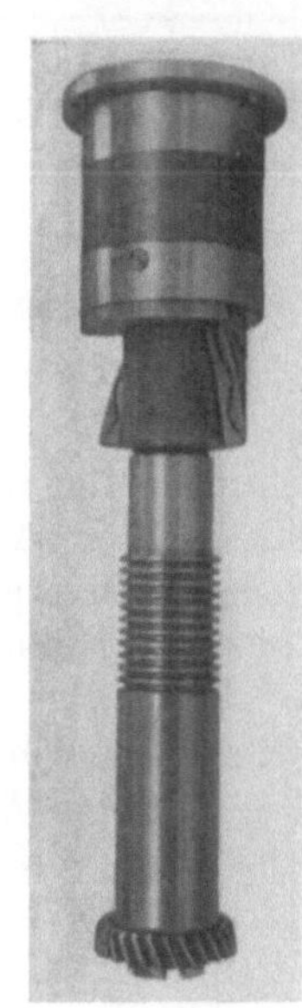

Abb. 661.

Abb. 660 u. 661. Stößelspindel mit
Führungsbüchse.

Das Getriebeschema (Abb. 659) weist
folgende Getriebezüge auf:

1. die Herstellung der auf- und abgehenden
Stößelbewegung zwecks Spanabnahme durch das
Schneidrad;

2. die umlaufende Vorschubbewegung des
Schneidrades;

3. die Abhubbewegung des Schneidrades beim
Rücklauf des Stößels;

4. die umlaufende Vorschubbewegung des Werkstückes.

5. Beim Stoßen von Schrägverzahnungen wird
dem Werkzeug eine zusätzliche Schneckenbewegung
mit Hilfe einer Leitbüchse erteilt, welche in Übereinstimmung mit den Schneidzähnen des Werkzeuges stehen muß (Abb. 660).

6. Tiefenvorschubbewegung.

Hinzu kommen noch die handbetätigten Größenanpassungsbewegungen.

Tab. 73 gibt die Wälzvorschübe an.

Abb. 662. Wälzstoßmaschine der Maag-Ges. Zürich.

Tabelle 73. *Wälzvorschübe.*

Wechselräder		Vorschübe in mm je Stößelhub						Stößelhübe je Umdrehung des Schneidrades
		Schneidrad-Ø						
Wt	Wg	2″	3″	3¹/₂″	4″	4¹/₂″	5″	
38	67	0,084	0,126	0,147	0,168	0,189	0,210	1940
42	63	0,098	0,148	0,172	0,197	0,222	0,246	1620
46	59	0,115	0,173	0,202	0,230	0,259	0,288	1385
50	55	0,134	0,202	0,235	0,269	0,302	0,336	1188
55	50	0,162	0,244	0,284	0,325	0,366	0,406	982
59	46	0,189	0,284	0,332	0,379	0,426	0,474	842
63	42	0,221	0,332	0,388	0,443	0,499	0,554	720
67	38	0,260	0,391	0,456	0,521	0,586	0,651	613

Zur Gestaltung der Maschine ist noch folgendes hervorzuheben:

Die Stößelspindel (Abb. 660 u. 661) ist für den Einbau mit zwei auswechselbaren Führungsbüchsen eingerichtet, der glatten für Stirnräder und der mit Schraubenflächen versehenen, zwecks Herstellung von Schraubenrädern mit einem Steigungswinkel bis 45° (meist 23°).

Bei der zum Vergleich abgebildeten Wälzstoßmaschine der Maag-Gesellschaft, Zürich, (Abb. 662) besteht das Werkzeug aus einem Kammstahl, der entsprechend der Teilung des Zahnrades bemessen wird. Entsprechend der Zähnezahl des Kammes kann nur ein Teil der Zähne des Werkstückes ausgebildet werden. Sodann muß mit dem Kamm zurückgefahren und der nächste Schnitt begonnen werden.

C. Maschinen zur Herstellung von Kegelradverzahnungen.

1. Die Bilgram-Kegelrad-Hobelmaschine.

Die Bilgram-Maschine wird hauptsächlich deshalb geschildert, weil an ihr das Wälzhobeln von Kegelrädern gezeigt werden kann und weil sie wegen ihrer Genauigkeit heute noch in der Einzelfertigung benutzt wird. Sie verdankt ihre Entstehung (im Jahre 1882) dem Deutsch-Amerikaner Bilgram aus Kempten (Allgäu). Herausgebracht wurde sie von I. E. Reinecker und beschrieben von Prof. Th. Pregel im Jahre 1905 (Abb. 663 u. 664).

Abb. 665 sowie Abb. 666, letztere vom Werkzeugschlitten und der Werkstückspindel mit deren Teil-, Schwenk- und Einstelleinrichtung, stellen die Maschine dar, wie sie heute gebaut wird. Diese Maschine mittlerer Größe hat folgende Hauptabmessungen (Tab. 74):

Tabelle 74. *Hauptabmessungen der selbsttätigen Reinecker-Kegelrad-Hobelmaschinen.*

Modell	AKH 2
Kleinster Radteilkreisdurchmesser . . . . mm	50
Größter Radaußendurchmesser bei Übersetzung 1:1 . . . . mm	460
Größter Teilkegelwinkel	166°
Kleinster Teilkegelwinkel	14°
Größtes Übersetzungsverhältnis	1:8
Kleinster und größter Modul	2 ⋯ 15
Größte Zahnbreite . . . . mm	160
Durchmesser der Teilspindelbohrung . . . . mm	70
Stößelhübe . . . . in der Min.	31 — 40 — 52 — 67 — 87 — 112
Anzahl der Vorschübe	12
Größe der Vorschübe pro Stößelhub (bezogen auf die angeführten Distanzen) in den Grenzen von . . . . mm	0,02 ⋯ 0,47
Kraftbedarf . . . . etwa kW	3
Gewicht der Maschine (mit Zubehör) für gerade und schraubige Zähne sowie für Hypoidkegelräder . . . . etwa kg	4100

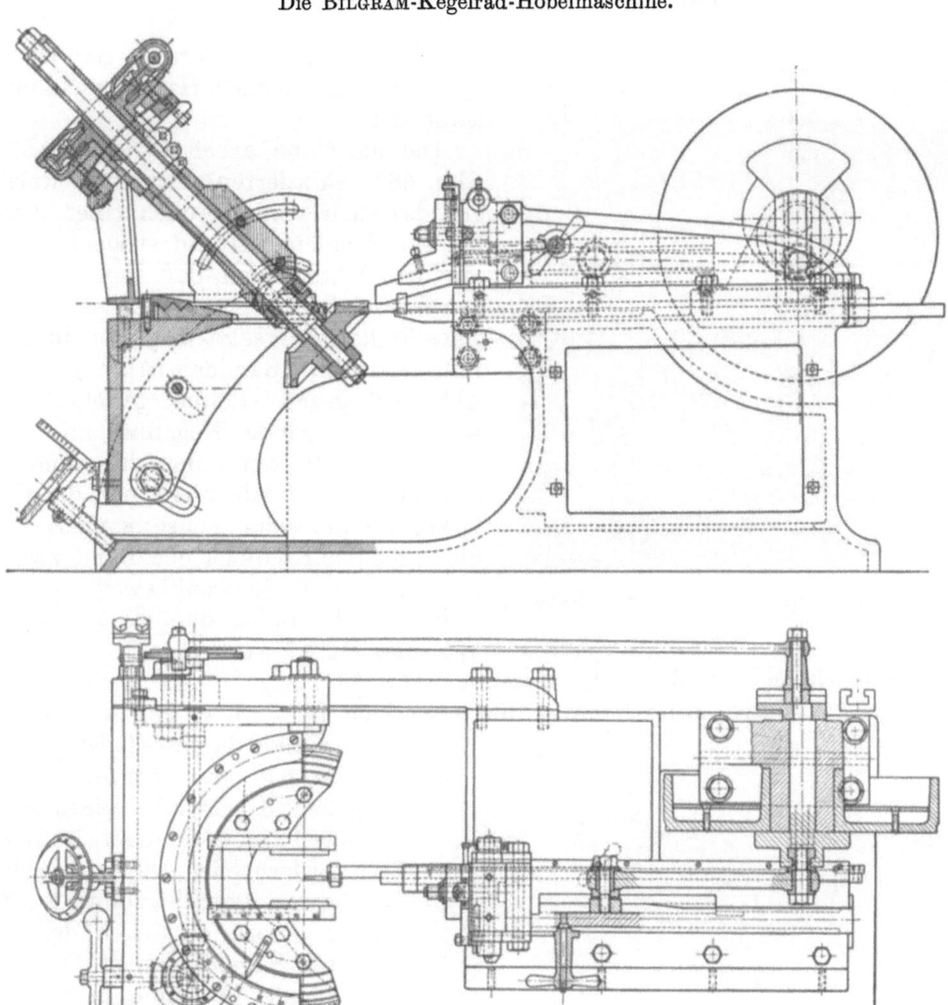

Abb. 663 u. 664. Die Bilgram-Kegelrad-Hobelmaschine.

Abb. 665. Die heutige Bilgram-Maschine.

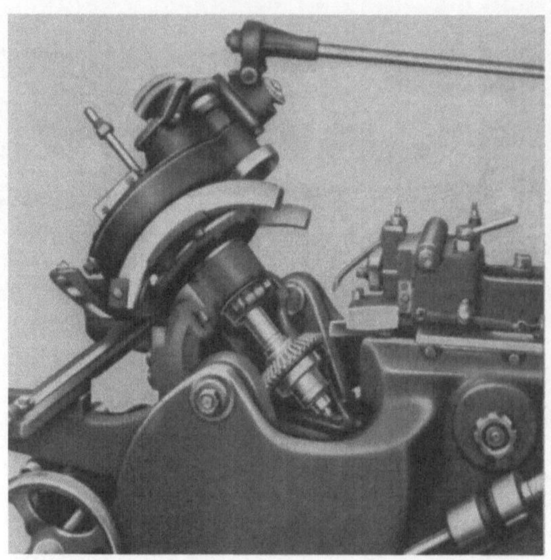

Abb. 666. Werkzeug und Werkstück in Arbeitsstellung.

Die Kegelräder werden gerade und spiral verzahnt sowie in Hypoidverzahnung hergestellt.

Die Maschine arbeitet nach dem in Abb. 667 skizzierten Prinzip, welches grundsätzlich vom Abrollen eines Kegelrades auf einem Planrad ausgeht, jedoch mit dem Unterschied, daß dieses Abrollen der Genauigkeit wegen durch das Abrollen eines Teilkegels ersetzt wird, der durch die BILGRAMschen Bänder (Abb. 667 und Abb. 668) gegen Gleiten gesichert wird. Das zu fertigende Kegelrad mit seiner Achse vollzieht unter dem hin- und hergehenden Hobelstahl nicht nur die Drehbewegung um seine Achse; sondern auch die durch das BILGRAMsche Band zwangsläufig gesicherte Schwenkbewegung um die Achse des Planrades; dadurch kommt eine Wälzbewegung zustande.

Eine schematische Darstellung der Maschine (Abb. 668) zeigt in den Dreieckstrichen den Rollkegel der Maschine im Schnitt, der mit seinen Bändern in der Seitenansicht nochmals dargestellt ist. Aus der Abb. 668 geht hervor, daß zu jedem Kegelwinkel eines Kegelrades ein besonderer Rollbogen erforderlich ist. Die Zahl der Rollbögen entspricht somit der Zahl der genormten Kegelräder, d. h. deren Kegelteilwinkel. Die Werkzeuge der Maschine, in der Regel ein Schruppstahl und zwei Schlichtstähle, haben die aus Abb. 669 bis 671 hervorgehenden Schneidkanten. Der Schruppstahl arbeitet zweiseitig. Seine Schnittwinkel sind demnach nicht am

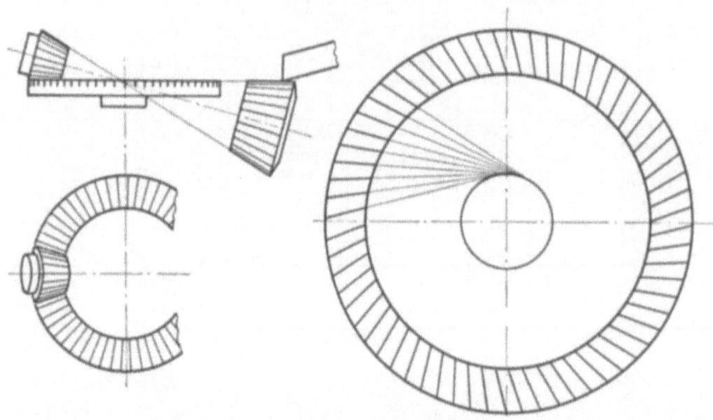

Abb. 667. Schema der Arbeitsweise zur Herstellung von gerader
und schräger Verzahnung.

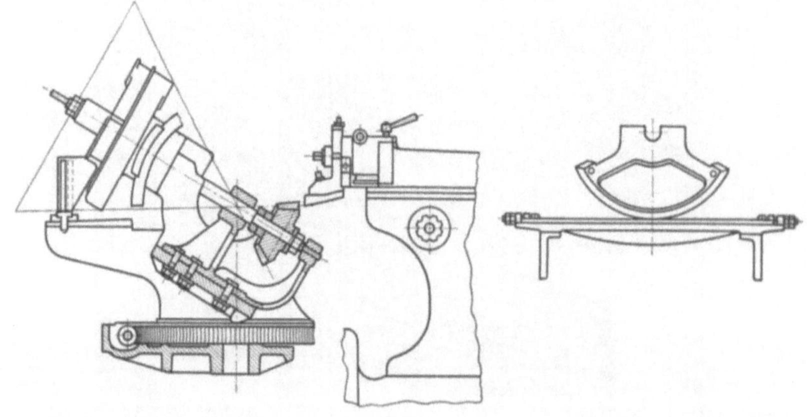

Abb. 668. Schematische Darstellung der Maschine mit Teilkopf und Rollbügel-Schwingebene.

günstigsten, während die beiden Schlichtstähle mit günstigen Schnittwinkeln versehen werden können. Die Arbeitsweise der drei Stähle geht ebenfalls aus Abb. 669 bis 671 hervor.

Die Maschine liefert anerkannt genaue Kegelräder von hoher Oberflächengüte, und zwar aus folgenden Gründen: Abgesehen von den engen Passungen und dem genauen Teilapparat ist es das Prinzip des durch die BILGRAMschen Bänder in seinem Ablauf gesicherten Rollkegels, genaueste Evolventenflanken zu erzeugen. Die Oberflächengüte wird dadurch erreicht, daß die Schlichtstähle nur die vom Schruppstahl stehengelassene Zugabe von etwa 0,25 mm abzuheben haben.

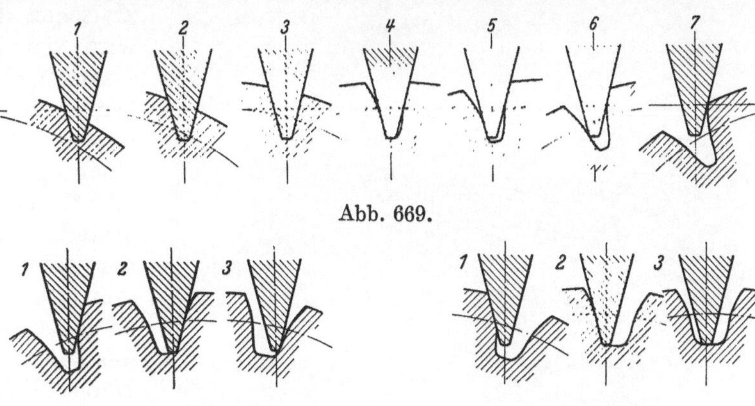

Abb. 669.

Abb. 670.

Abb. 671.

Abb. 669—671. Gestalt und Arbeitsweise der drei Werkzeuge.

Die Leistung der Maschine in bezug auf die Stückzahl allein bleibt hinter anderen Maschinen zurück, da das Werkzeug nur auf einem Teil seiner Schubkurbelbewegung zum Schnitt, also zur Arbeitsleistung, kommt.

Da aber auch andere Maschinen, wenn sie genaue Arbeit leisten sollen, auf wesentlich größeren Zeitbedarf eingestellt werden müssen, so ist das geringere Ausbringen gegenüber Maschinen mit fortlaufender Schnittleistung häufig nicht ausschlaggebend. Die Maschine hat namentlich zur Herstellung von kleinen Zahnrädern mit kleinen Moduln Bedeutung.

2. Die Kegelrad-Schnellhobler.

a) Ein deutscher Kegelradschnellhobler.

1. Entstehung, Verfahren und Aufbau. Der erste Kegelrad-Schnellhobler wurde 1905 von den Gleason Works in Rochester (USA) entwickelt. In Deutschland brachte nach dem ersten Weltkrieg Heidenreich & Harbeck, Hamburg, eine ähnliche Maschine auf den Markt, bei welcher jedoch nicht wie bei Gleason auswechselbare Zahnsegmente, sondern einfach Wechselräder zum Werkzeugantrieb Anwendung fanden. Dieser Schnellhobler (Abb. 672 a u. b) ist sehr kräftig ausgeführt und, da er mit hohen Stößelhubzahlen (beim kleinsten Modell 200 bis 800 je min) arbeitet, sehr leistungsfähig. Daten des Schnellhoblers in Tab. 75.

Tabelle 75. *Hauptdaten der Wälz-Kegelradhobelmaschine „Rapid" 25 KH.*

Kleinster Radteilkreisdurchmesser 1:1 . . . . mm	25
Kleinster Radteilkreisdurchmesser 1:7,5 . . . . mm	20
Größter Radteilkreisdurchmesser 1:1 . . . . mm	200
Größter Radteilkreisdurchmesser 1:7,5 . . . . mm	280
Größte Teilkegellänge . . . . mm	143
Größtes Übersetzungsverhältnis	1:7,5
Größter Modul	8
Kleinster Modul . . . . mm	1
Größte Zahnlänge . . . . mm	70
Größter Stößelhub . . . . mm	80
Minutliche Stößelhubzahl	60 ⋯ 300
Zahl der Stufen	8
Bohrungsdurchmesser der Teilkopfspindel, durchgehend	63
Kraftbedarf der Maschine . . . . kW	3
Gewicht netto . . . . rd. kg	3200

Das Verfahren (Abb. 673 a u. b) ist durch zwei abwechselnd hin- und hergehende Hobelstähle mit geradlinigen Schneiden gekennzeichnet, welche die ebenen, eine Zahnrad-
lücke begrenzenden Flanken eines gedachten Planrades bestreichen. Zwischen den beiden Hobelstählen wird der Zahn geformt. Die zusammengehörigen Drehzahlen von Werkzeug- und Werkstückantrieb werden durch Wechselräder bis zu einer größten Abweichung von 0,08 % der Wälzgeschwindigkeit eingestellt. Zu Beginn der Bearbeitung der Zahnflanken befinden sich die von vornherein auf volle Schnittiefe eingestellten Hobelstähle außerhalb des Zahnbereiches des Werkstückes. Nach Einrücken der Schnittbewegung setzt in darauffolgendem Kämmen (Abb. 674) zunächst der eine Hoblestahl, der untere, zum Schnitt an, es folgt der zweite Hobelstahl, dann sind beide im Schnitt; schließlich treten die Hobelstähle nacheinander außer Schnitt. Werkzeugkopf und Werkstück laufen dann im Eilgang in die Anfangsstellung zurück, und das Werkstück wird alsbald noch um eine Zahnteilung vorwärts geschaltet. Nun werden die Werkzeuge wieder in tangentialer Richtung in das Werkstück hineingewälzt und damit die Bearbeitung des nächsten Zahnes durchgeführt. In dieser Weise entstehen sämtliche Zähne, worauf die Maschine sich selbsttätig abstellt.

Man könnte daran denken, statt Werkzeug und Werkstück jedesmal in die Anfangsstellung zurücklaufen zu lassen, den Rücklauf für den folgenden Zahn ebenfalls zur Bearbeitung heranzuziehen. Das würde aber die entgegengesetzten Anlagen in der Maschine zur Folge haben und damit zu Ungenauigkeiten führen. So muß der Leerlauf in Kauf genommen werden.

Aus dem Getriebeplan (Abb. 675) geht der Aufbau der Maschine, die Schnittbewegung und die Steuerung von Werkzeug und Werkstück hervor.

Abb. 672a. Kegelradschnellhobler „Rapid", Vorderansicht.

a Teilkopfschlitten, *b* Teilkopf, *c* Unterer Hobelstahl, *d* Oberer Hobelstahl, *e* Stahlhalter, *f* Gradskalen für Stößelwinkeleinstellung, *g* Werkzeugkopf, *h* Gradskala für Teilkopfwinkeleinstellung, *i* Bett, *k* Feineinstellung, *l* Teilkopf-Wechselräder, *m* Werkzeugkopf-Wechselräder.

Abb. 672b. Kegelradschnellhobler „Rapid", Rückenansicht.

a Werkzeugkopf, *b* Wechselräder für Vorschub, *c* Kühlpumpe, *d* Teilkopf.

2. Konstruktion und Arbeitsweise (Abb. 675). Der Kegelradschnellhobler ist mit zwei
Motoren *a* und *q* ausgerüstet, wovon der Hauptmotor *q* die Werkzeuge vor- und zurück-

bewegt, also lediglich die Schnittbewegung übernimmt. Der andere Motor übernimmt die Wälzbewegungen und das jeweilige Weiterteilen des Werkstückes um einen Zahn.

Der Antrieb der Werkzeuge geht vom Motor q über Wechselräder p (zum Einstellen der günstigsten Schnittgeschwindigkeit), sodann über einen Kurbelmechanismus und die waagerechte Schwenkachse v mit den beiden Zapfen

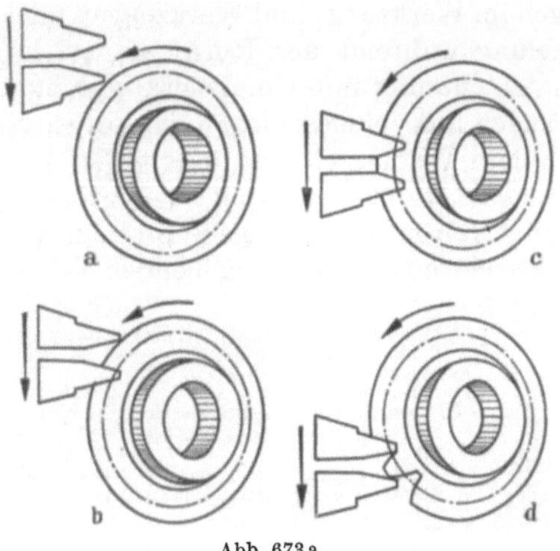

Abb. 673a.

a Unterer Stahl beginnt einzulaufen; b Oberer Stahl beginnt einzulaufen; c Beide Stähle im vollen Schnitt; d Zahn ausgewälzt.

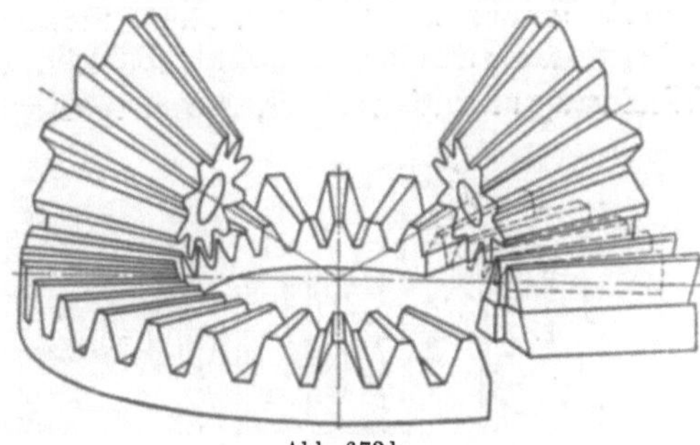

Abb. 673b.

Erzeugung des Kegelradzahnes durch 2 Stähle, deren innere Flanken einer Lücke des zugehörigen Planrades entsprechen.

Abb. 673a u. b. Bearbeitungsverfahren.

c

d

Abb. 674a—d. Hobelstähle und Werkstück in aufeinanderfolgenden Arbeitsstellungen.

zur Hin- und Herbewegung der Stößelschlitten w auf die Werkzeughalter über. Dabei muß die waagerechte Achse durch das Zentrum der Wiege I im Werkzeugspindelstock gehen, weil die Werkzeuge die Schwenkbewegung der Wiege und damit die Abwälzung mitmachen müssen.

Der Vorschub- und Teilmotor a treibt die Wiegen im Werkzeug- und Werkzeugspindelstock im Vor- und Rücklauf an, wobei die Teilung während des Rücklaufs erfolgt. Die zur Umlaufumkehr benötigte Schneidenumsatzsteuerung mit Umsteuerkupplung c, im Getriebeplan in Mittelstellung gezeichnet, löst nach links eingeschlagen die Vorwärtswälzbewegung von den beiden Werkzeugen und dem Werkstück und damit den Vorschub für den Schnitt aus. Nach rechts eingeschlagen ergibt sich infolge der größeren Übersetzung der beschleunigte Rücklauf, das Zurückwälzen bis in dieselbe Stellung von Werkzeug und Werkstück, wie sie zu Beginn der Bearbeitung des voraufgehenden Zahnes

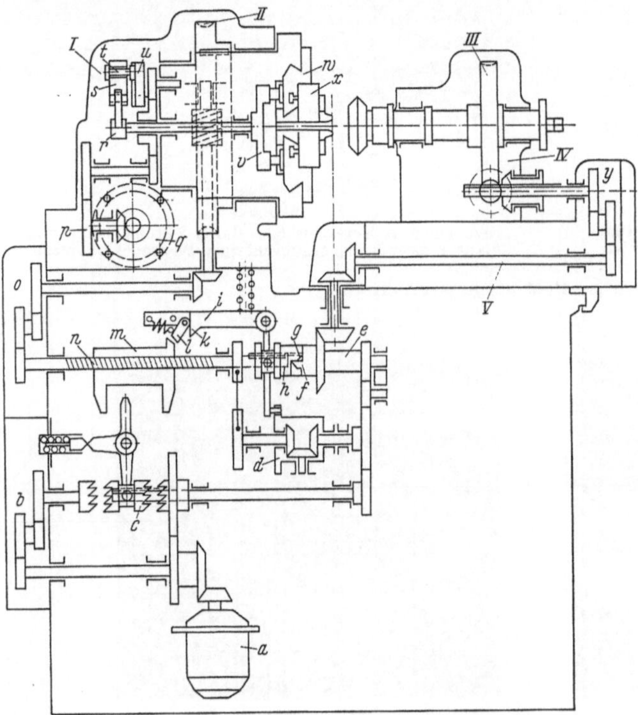

I Werkzeugspindelstock mit Wiege und 2 Stößelschlitten
II Wiege
III Wiege und Teilrad
IV Werkstückspindelstock einschwenkbar um die strichpunktierte Senkrechtachse mit Abhub im Rücklauf
V Führung zum Schwenken des Werkstückspindelstocks um die strichpunktierte Senkrechtachse

a Vorschub- und Teilmotor zur Wälz- und Teilbewegung
b Vorschubwechselräder
c Umsteuerkupplung für Vor- und Rücklauf
d Sperrscheibe des Differentialgetriebes
e Büchse zum Werkstückwiegen-Antrieb y
f Zahn an der Kegelradnabe der Büchse e zur Einzahnkupplung
g Schräge an der Schaltmuffe h
h Einzahnschaltmuffe
i Teilhebel (zeitweise aus einem Stück bestehend) mit Sperrbolzen am Ende des senkrechten Hebelarmes
k Nase am Teilhebel i
l Klinke am Teilhebel i und zur Bewegung des Umschaltschiebers m
m Umschaltmutter
n Gewindespindel zur Betätigung der Umsteuerkupplung
o Wechselräder zur Werkzeugwiege
p Hubzahlwechselräder zum Werkzeugantrieb
q Werkzeugantriebsmotor zur Spannabnahme
r Hubhebel zur Bewegung der Werkzeuge
s Pleuelstange dazu
t Verstellbarer Hubzapfen auch dazu
u Hubscheibe ebenfalls dazu
v zweiarmiger Hubhebel für die beiden Stößel
w Stößelschlitten
x Stahlhalter
y Teilwechselräder zum Werkstückantrieb.

Abb. 675. Getriebeplan zum Kegelrad-Schnellhobler.

gewesen war. Es besteht nur der Unterschied, daß inzwischen das Werkstück die Rückwärtsbewegung bei vorübergehendem Stillstand der Werkzeugwiege noch um eine Zahnstellung länger ausgeführt hat, damit nach erfolgter Umsteuerung die Schnittbewegung den Werkstoff zur Bearbeitung des nächsten Zahnes vor sich findet.

Die Betätigung der Schneidenumsteuerung erfolgt durch die Umschaltmutter m, welche auf der Gewindespindel n nach links läuft, wenn die Umsteuerkupplung nach links eingeschlagen ist, und den Vorwärtslauf der Wiegen veranlaßt. Am Ende des Linksganges der Umschaltmutter legt er die Umsteuerkupplung c nach rechts um und leitet damit den Rückgang der beiden Wiegen ein.

Die Vorwärtswälzbewegung der beiden Wiegen sind einfache Vorschubbewegungen. Die Rücklaufbewegungen zwecks Rückkehr in die Anfangsstellung der Wälzbewegung sind beschleunigte, wobei der Rücklauf der Werkzeugwiege so lange unterbrochen wird, bis das Werkstück sich genau um eine Zahnteilung weitergedreht hat, also bis geteilt worden ist. Festzustellen ist aber noch, wie das Anhalten der Werkzeugwiege *II* zustandekommt. Dieses genaue Anhalten wird in folgender Weise erreicht.

Der Einzahn f der Kupplung h ist fest mit dem zum Werkstückantrieb gehörigen Kegelrad rechts von der Kupplung, welches ununterbrochen umläuft, verbunden.

Die Kupplungsmuffe h ist in Achsrichtung gleitend auf dem Ende der Gewindespindel n zum Antrieb der Werkzeugwiege angeordnet. Die auf den waagerechten Arm i des Teilhebels wirkende Feder sucht die Kupplungsmuffe stets nach rechts zum Eingriff des Einzahnes zu drängen, so daß diese, wenn unbeeinflußt, ständig umlaufen würde.

Die Kupplungsmuffe wird aber beeinflußt, und zwar in zwei Stufen, nämlich:

1. durch den Teilhebel i und

2. durch ihre eigene Abschrägung g, über welche hin der Einzahn f zum Gleiten gebracht wird.

Die erste Beeinflussung, die Einwirkung des Teilhebels, wird durch die Umschaltmutter m bewirkt, welche mit ihrem nach oben hervorragenden Zahn die Klinke l des Teilhebels an die Nase k anlegt und dann den Teilhebel entgegen der bereits erwähnten Belastungsfeder hochdrückt. Der andere senkrechte Teilhebelarm hat dabei die Kupplungsmuffe h so weit nach links gedrängt, daß der Einzahn f über die Abschrägung g zu gleiten beginnt und den Teilhebel noch schwingt, so daß die federnde Klinke l über die Nase k zurückschnappen kann. Von dem Augenblick an, an dem das Abgleiten an der Abschrägung beginnt, erfolgt infolge des Widerstandes des Getriebes bis zur Werkzeugwiege keine Mitnahme der Kupplungsmuffe h mehr und die Teilung hat damit begonnen. Das Einfallen der Kupplungsmuffe aber erfolgt erst wieder nach vier Umläufen des ständig umlaufenden Einzahnes f, weil die Kupplungsmuffe in der abgeschalteten Ruhestellung durch den senkrechten Teilhebelarm festgehalten wird.

Der Teilhebelarm selbst aber wird entgegen der Federspannung festgehalten, weil der am Ende seines senkrechten Armes befindliche Sperrbolzen beim Zurückdrängen der Kupplungsmuffe aus der Lücke der Sperrscheibe d herausgezogen wurde und nunmehr auf der Stirnfläche dieser gleitend so lange in dieser Stellung verharrt, bis nach nicht ganz einem Umlauf die Sperrscheibe mit ihrer Lücke dem Sperrbolzen das Einfallen gestattet. Dabei kommt es auf die Größe der Lücke und damit auf den Zeitpunkt des Einfallens gar nicht genau an. Es muß nur so liegen, daß dieses nach dem dritten Umlauf des Einzahnes und vor beendigtem viertem Umlauf erfolgt ist.

Die Sperrscheibe d macht demnach bei jeder Teilung einen Umlauf, der auf folgende Weise bewerkstelligt wird. Von der Gewindespindel n besteht eine Zahnradverbindung mit dem linken Kegelrad des Differentialgetriebes, dessen mittleres Kegelrad im Gehäuse des Differentialgetriebes gelagert ist. Kommt nun mit dem Stillsetzen der Kupplungsmuffe h und der Werkzeugwiege h auch das soeben erwähnte linke Kegelrad zum Stillstand, so muß sich das mittlere Kegelrad auf ihm abwälzen und das Differentialgehäuse, an dem die Sperrscheibe befestigt ist, so lange in Umlauf mitnehmen, bis der Stillstand des linken Kegelrades aufhört, also nach genau 4 Umdrehungen des Einzahnes f. Dabei muß dafür gesorgt werden, daß die Sperrscheibe d bei dem 4 maligen Umlauf des Einzahnes einmal umläuft. Dieses wird dadurch erreicht, daß links und rechts des Differentialgetriebes die gleiche Übersetzung vorgesehen ist.

Durch entsprechende Wechselräder muß man nur noch dafür sorgen, daß

1. während des 4 maligen Umlaufes des Einzahnes das Werkstück genau eine Zahnteilung zurücklegt (Teilwechselräder),

2. die Werkzeugwiege bei ihrem Schwenken mit dem Werkstück genau abwälzt (Wechselräder zur Werkzeugwiege).

Der Zeitpunkt, in welchem die Teilung ausgelöst wird, muß so liegen, daß die Stähle außerhalb des Radkörpers stehen. Die Teilung muß auch beendet sein, bevor die Umsteuerung zum Vorlauf, also zur Spanabnahme, beginnt.

Während der ganzen Zeit des Rücklaufes sind die Stähle, um eine Beschädigung der Zahnflanken zu vermeiden, durch Abklappen außer Eingriff mit dem Werkstück. Dieses Außereingriffbringen erfolgt durch Zurückklappen der Stähle. Eine Reibscheibenkupplung wird zu diesem Zwecke von der Welle, welche das Kegelrad zum Antrieb der Werkstückwiege mitnimmt, angetrieben (nicht gezeichnet) und läuft wie diese vor und zurück. Die Abtriebsseite dieser Kupplung kann sich zwischen Anschlägen um etwa $150°$ verdrehen und trägt an ihrem freien Wellenende eine exzentrisch gelagerte Rolle, die beim Rückwälzen der Maschine gegen einen Hebel und dieser gegen zwei Schienen stößt. Diese Schienen werden infolge der Lagerung auf je zwei Hebel parallel verschoben und drücken auf einen Gleitstein, der über den Stahlhalterzapfen den Stahl wegkippt.

Durch die Umschaltmutter wird mit Hilfe der Schneideumsteuerung auf Vorlauf geschaltet, und die Bearbeitung eines neuen Zahnes beginnt. Beim Zurücklaufen der Umschaltmutter wird die obere zum Teilen gebrauchte Nase unter der federnden Klinke hindurchlaufen, indem diese ausweicht.

Wenn das Zahnrad zwecks Erzielung größerer Genauigkeit nicht in einem Arbeitsgang aus dem Vollen fertiggehobelt werden kann, gestattet es die Maschine auch, das Rad vorweg zu schruppen. Hierbei wird gleichzeitig um zwei Zähne weitergeteilt, so daß jeder Stahl für sich eine volle Lücke ausschruppt, im Gegensatz zum Verfahren in einem Arbeitsgang, wobei stets um einen Zahn ein Zahn geteilt wird und der eine Stahl an der linken und der andere an der rechten Flanke des gleichen Zahnes spant. Das im Zweizahnteilen geschruppte Rad muß anschließend noch geschlichtet werden, und zwar nach dem Einzahnverfahren.

Bei größeren Moduln werden die Zahnlücken bei Stillstand des Werkstückes mit besonderen Einstechstählen in der Weise ausgearbeitet, daß nur schmale Schnitte längs der Zahnflanken bis zum Zahngrund ausgeführt werden und das dazwischenliegende keilförmige Mittelstück unbearbeitet herausfällt. Hierdurch wird erheblich an Zerspanungsarbeit gespart.

Während bei Geradverzahnung die Zähne auf die Kegelspitze zu gerichtet sind, gehen diese bei der Schrägverzahnung an der Mitte vorbei und tangieren in der Verlängerung (vgl. BILGRAM, Abb. 677) an einen Kreis. Die Schrägzahnlage wird durch Versetzen der Stähle samt Stößel und Stößelführungen aus der Mittellage erreicht. Damit erfolgt der Eingriff der so hergestellten Zahnräder allmählich, und ruhiger Verlauf des Getriebes wird erzielt.

b) Ein amerikanischer Kegelrad-Schnellhobler.

In letzter Zeit sind Verfahren auch zur Herstellung balligtragender Zahnräder entwickelt worden.

Voraufgegangen sind in dieser Hinsicht die Gleason-Works, Rochester. Die balligtragenden Zahnräder (Abb. 676 a u. b) werden in USA „Coniflex" (Geradzahnkegelräder)

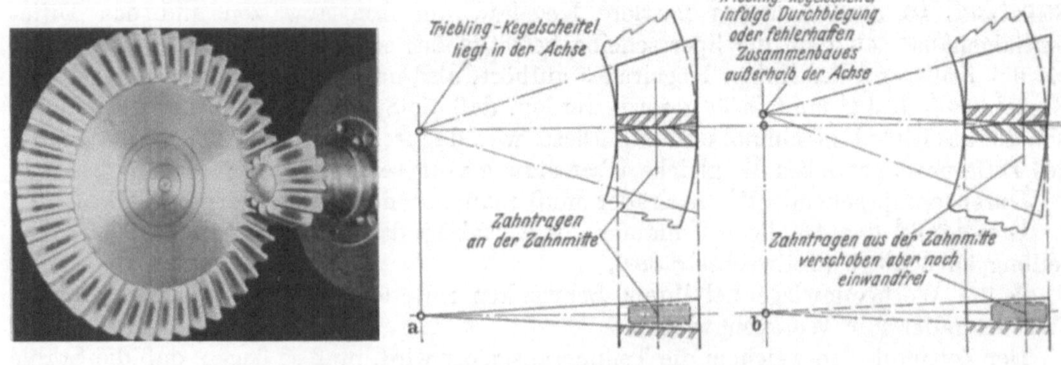

Abb. 676 a u. b. Balligtragen der Zähne der Coniflex-Verzahnung.

genannt. Die Gleason Nr. 14 mit Coniflex-Einrichtung zeigt Abb. 677. Den Stößelschlitten, die Werkzeughalter, die beiden Werkzeuge und das Werkstück zeigt die Abb. 678, welche jedoch einer neuen Ausführung angehört.

Das Schema (Abb. 679) zeigt den einen der beiden Stößelschlitten mit dem schraffiert gezeichneten, von ihm geführten Hobelstahl und den rechteckigen, *einstellbaren* Schlitten, in welchen sich der Stößelschlitten an glasharten Rollen führt, deren Zapfen starr in den als „Wiege" bezeichneten, die Schwenkbewegung um die Achse des gedachten Planrades ausführenden Werkzeugkopf eingesetzt sind. Durch Drehen der rechteckigen Schlitze kann der Drehpunkt verlagert und der Radius der Schwenkung geändert werden. So kann auch bei kleinen Montagefehlern, sowie beim Durchbiegen der Kegelräderwellen unter der Belastung des Getriebes das Tragen der Räder in den mittleren $^3/_5$ der Zahnlänge erhalten und der gefürchtete Kantenlauf vermieden werden. Der Pfeil der Balligkrümmung beträgt nur wenige Hundertstel Millimeter.

Der Abhub der Werkzeuge beim Rücklauf der Wiegen wird durch ein geringes Zurückziehen der beiden Stößelschlitten bewirkt. Eine Kurvenscheibe ist so eingerichtet, daß deren Kurvenbahn abwechselnd den oberen oder den unteren Stößel in Schnittstellung bringt oder umgekehrt diesen zurückzieht. Die Stößel sind zu diesem Zwecke senkrecht zur Schnittrichtung nach innen verlängert. An diesen inneren Enden ist je ein zweiarmiger Hebel angelenkt, der mit seinem anderen Ende mit je einer

Abb. 677. Der Gleason Nr. 14, Schnellhobler für gerade, balligtragende Kegelradzähne.

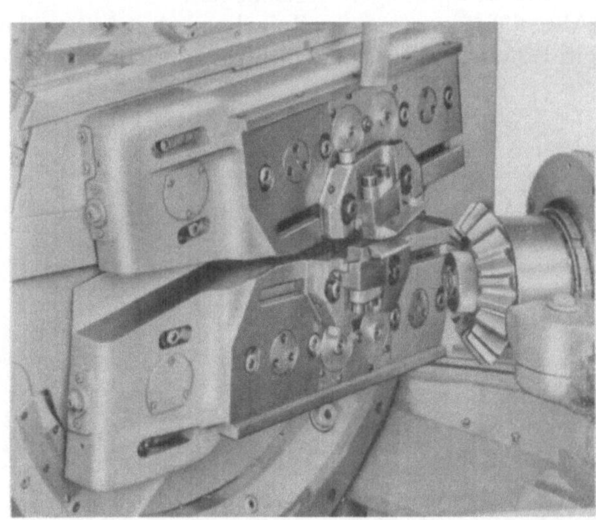

Abb. 678. Hobelstahlschlitten des Gleason-Schnellhoblers Nr. 14 mit Stahlhaltern und Hobelstählen und dem zu verzahnenden Radkörper.

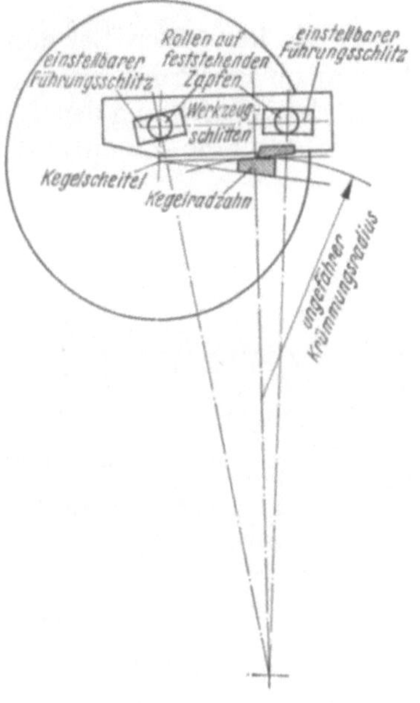

Abb. 679. Einstellbare rechteckige Führungsschlitze am Stößelschlitten zur Erzielung des Balligtragens der Kegelradzähne.

Rolle mittels Feder gegen die Kurvenbahn gedrückt wird. Der erhöhte Teil der Kurve schiebt nun die Stößel über diese Hebel in die Hobelstellung. Im Bereich der tieferliegenden Kurve werden die Stößel dieser folgend durch Federn zurückgezogen. Die Stahlabhebung ist damit erreicht.

3. Die Kegelrad-Wälzfräsmaschinen zur Herstellung von Kegelrädern mit gebogenen Zähnen.

Diese Maschinen arbeiten mit Messerköpfen (GLEASON-Maschinen) oder mit kegeligen Schraubenfräsern (KLINGELNBERG-Maschinen).

a) Die GLEASON-Maschinen.

Nach der GLEASONschen Kreisbogenverzahnung werden Kegelräder verschiedenster Art, so auch für die Hinterachsengetriebe der Automobile, hergestellt. Auch in Deutschland ist die GLEASON-Maschine in vielen Betrieben anzutreffen.

Abb. 680. GLEASON-Fräser. (General Spiral Bevel Gears.)

Das Werkzeug ist bei kleinen Abmaßen einstückig, bei größeren Abmaßen in der Regel als Messerkopf ausgeführt (Abb. 680). Die geradlinige Schneidkante entspricht der Verzahnung eines Planrades, wobei sämtliche Schneidkanten außenschneidend oder innenschneidend, oder abwechselnd außen und innenschneidend, oder als Grundmesser vorarbeitend, angeordnet sind. Auf diese Weise kann der Spanwinkel der Art des Werkstoffs entsprechend eingehalten werden. Die Zahl der Schneidzähne schwankt zwischen 12 und etwa 60. Eine große Schneidenzahl erhöht die Standzeit des Werkzeuges bis zum Nachschleifen.

α) **Die Kegelräder.** Bei den GLEASON-Verzahnungen sind die Zahnprofile Evolventen oder angenäherte Evolventen, die Zahnlängskrümmungen Kreisbögen.

In der Abwicklung des Teilkegels (Abb. 683) liegt der sog. Spiralwinkel zwischen dem Fahrstrahl durch die Mitte der Zahnspirale und der Tangente in diesem Mittelpunkt der

Abb. 681a.

Abb. 681b.

Abb. 681a und b. Spiralkegelräder mit sich schneidenden bzw. sich kreuzenden Achsen, Balligtragen der Zähne in beiden Fällen. (Hypoid Gears.)

Spirale. Der Überdeckungsgrad ist gegeben durch den Quotienten, Teilung dividiert durch Spiralbogenschnitt. Dieser Bruch soll wenigstens den Wert von 1,25 erreichen. Er beträgt aber bei großen Zähnezahlen 2 und mehr.

Da die konvexe Seite des GLEASON-Zahnes von den nach innen gerichteten Schneiden des Messerkopfes herrührt, also einen etwas kleineren Radius hat, so berührt die konvexe Zahnseite die konkave Seite des Gegenrades nur an einer Stelle. Dadurch entsteht eine

Art Balligkeit, durch welche etwaige unter Belastung des Getriebes eintretenden Neigungen der Radachsen das Tragen der Zähne auf die mittleren $^3/_5$ der Zahnlänge (Abb. 681) beschränkt und eine Zahnkantenbelastung vermieden wird.

Die Achsen der Kegelräder schneiden (Abb. 681a) oder kreuzen sich (Abb. 681b). Im letzteren Falle liegt die Achse des Triebes oberhalb oder unterhalb der Achse des Tellerrades (Hypoidzahnräder). Die letztere Ausführung hat den großen Vorteil, daß der Trieb kräftiger ausgeführt werden kann, und daß die Wellen beider Zahnräder beiderseitig gelagert werden können, so daß das Getriebe wesentlich widerstandsfähiger ist und ruhiger läuft (Abb. 682). Bei gleicher Zähnezahl und gleichem

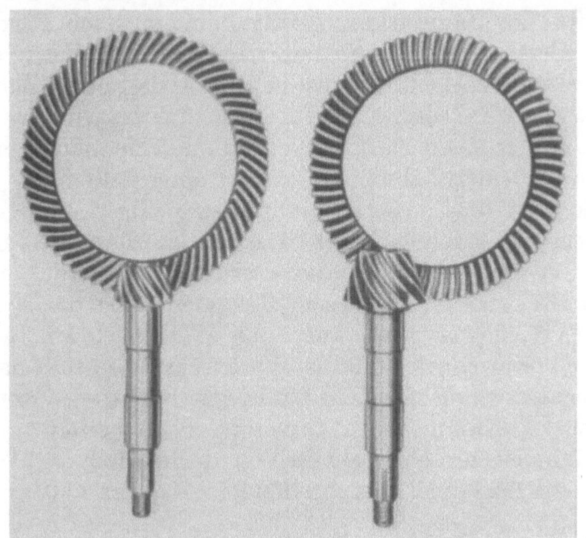

Abb. 682. Vergleich zwischen Spiral- und Hypoidkegelrädern. (Hypoid Gears.)

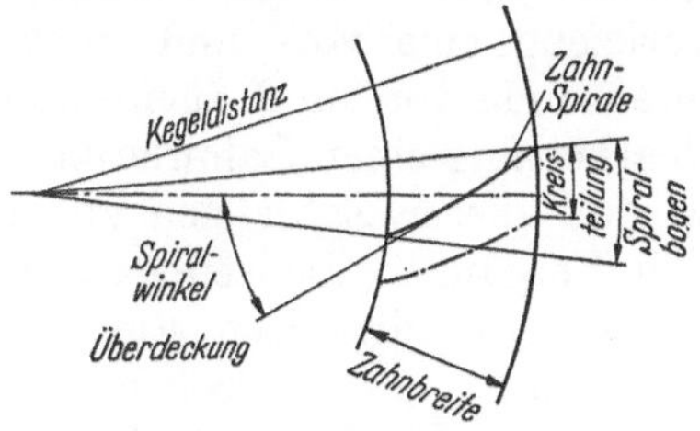

Abb. 683. Spiralwinkel, Teilung, Spiralfortschritt und Überdeckungsgrad. (Generated Spiral.)

Durchmesser des Tellerrades haben Hypoidkegelräder mit einer Übersetzung von etwa 4,5 : 1 folgende Unterschiede gegenüber Spiralrädern:

Bei dem Hypoidkegelrad ist

der Durchmesser des Triebes . . . . 32% größer
der Spiralwinkel des Triebes . . . . 26% größer
der Spiralwinkel des Tellerrades . . . . 31% kleiner

Bei dem Hypoidkegelrad ist der Axialschub am

Trieb im Vorwärtslauf . . . . 6% größer
Trieb im Rückwärtslauf . . . . 8% kleiner
Tellerrad im Vorwärtslauf . . . . 16% kleiner
Tellerrad im Rückwärtslauf . . . . 28% größer

β) **Das Verfahren.** Da das Tellerrad in der Regel viele Zähne hat, der Trieb aber nur wenige, wird das Verzahnungsverfahren nach Möglichkeit so eingerichtet, daß das Tellerrad in einfachster Weise im Spreizmesserverfahren verzahnt, die Verzahnung der wenigen Triebzähne aber in sorgfältiger Arbeit der Verzahnung des Tellerrades angepaßt wird.

In der Regel wird beim Trieb die Zahnlücke zunächst ausgeschruppt und dann werden die beiden Zahnflanken in je einem Schnitt fertiggestellt. Das Vorschruppen muß beim Trieb mit Abwälzen von Werkzeug und Werkstücken ausgeführt werden. Die Regel bildet das Vorschruppen bis Modul 12 mit einem oder darüber hinaus mit zwei Schnitten.

Da die Schwierigkeit der Herstellung von Kegelrädern in erster Linie darin besteht, daß die Zahnlücke sich bei jedem Kegelrad von innen nach außen erweitert, ausgenommen bei der Verzahnung nach der abgeänderten Evolvente (KLINGELNBERG), so muß bei geradliniger Verzahnung von Kegelrädern mit dem Schnellhobler die Zahnlücke an ihren beiden Flanken mit den auseinanderlaufenden Schneiden zweier Werkzeuge bearbeitet werden. Dieses Divergieren der Schneiden beim Bearbeiten der Flanken einer Zahnlücke kann praktisch beim GLEASON-Messerkopf mit einem Schnitt nicht ausgeführt werden. Daher wird in der Regel das Tellerrad mit der größeren Zähnezahl mit zwei auseinanderlaufenden Schneiden im Spreizmesserverfahren in einem Schnitt geschnitten. Von dem dazugehörigen Trieb werden zunächst nach dem Ausschruppen der Reihe nach die Zahnflanken auf einer Seite der Zahnlücken gefräst, indem nach Fertigstellung einer Zahnflanke auf die gleiche Zahnflanke der nächsten Zahnlücke geschaltet wird. Sodann werden in gleicher Weise sämtliche gegenüberliegenden Zahnflanken gefräst und dieses Verfahren, wenn erforderlich, im Nachschlichten wiederholt. Dabei wird die Maschine beim Übergang der einen Zahnflankenseite auf die andere entsprechend der Verjüngung der Zähne nach der Zahnmitte zu neu eingestellt.

Die beiden geradlinigen Schneidkanten des Fräsers beschreiben beim Umlauf die Flanken eines der Länge nach kreisförmig gebogenen Zahnes des ideellen Planrades, mit welchem das herzustellende Kegelrad so kämmen muß, daß zwischen Werkstück und Werkzeug die Abwälzbewegung zustandekommt. Zu diesem Kämmen führt das Fräswerkzeug eine vor- und rückläufige Wiegebewegung aus, das Werkstück die entsprechende vor- und rückläufige Umlaufbewegung um die Werkstückachse und nach Bearbeitung einer Zahnflanke die Schaltung auf die Zahnflanke des nächsten Zahnes, so daß dieser Zahn sich zu Beginn des Kämmens in derselben Lage befindet wie sein Vorgänger. Das einwandfreie Kämmen besteht bekanntlich darin, daß die Teilkreisgeschwindigkeiten von ideellem Zahnrad und herzustellendem Kegelrad übereinstimmen.

Die zur Erweiterung der Zahnlücke von innen nach außen erforderliche einmalige Umstellung in der Maschine sowie das jedesmalige Vor- und Zurückwälzen und das Teilen von Zahn zu Zahn, um bei jeder Zahnflanke in derselben Abwälzstellung zu beginnen, ist ein Nachteil der GLEASON-Maschine. Ihr Vorteil besteht in der Vielzahl der Werkzeugschneiden.

Übrigens gibt es, um mit einer Wälzung für beide Zahnflanken einer Zahnlücke auszukommen, zwei Verfahren:

1. Man schneidet die Zahnlücken an der Außenseite entsprechend tiefer, so daß in der Grundkegelfläche auf diese Weise die Zahnlücke außen breiter als innen ausgeführt ist.

Von dem Verfahren wird häufig Gebrauch gemacht, nicht nur zum Vorschruppen, sondern auch zum Schlichten. Dieses „Duplexverfahren" wird für Nähmaschinenräder oder ähnliche Getriebe für die feinmechanische Industrie bis Modul 2,5 angewandt.

Ein auf dem gleichen Prinzip aufgebautes Räumverfahren wird auch in der Massenfabrikation, z. B. im Autobau zur Herstellung der Kegelräder des Differentialgetriebes, angewandt. Die zugehörige Maschine ist die Reva-Cyclo-Maschine, die *anschließend* (S. 532) erläutert wird.

2. Kann die Einstellung auf die Bearbeitung der anderen Flanke der Zahnlücke auch dadurch erreicht werden, daß ein mit abwechselnd nach der einen bzw. der anderen Flankenseite hin vorstehenden Schneidkanten ausgestatteter Messerkopf so geschwenkt wird, daß nunmehr die nach der anderen Flanke gerichteten Schneiden in die dem Eingriffswinkel auf dieser Seite entsprechende Lage gekommen sind und daß die zuvor von außen nach dem Zahnlückengrund zu gehende Bearbeitung auf der nun zur Bearbeitung bereiten Flanke vom Zahngrund aus nach außen hin fortgesetzt wird. Das Werkstück muß dabei dem genauen Abwälzen entsprechend gedreht werden. Geschaltet wird also bei dieser Arbeitsweise auf die nächste Zahnlücke erst dann, wenn beide Flanken einer Lücke fertiggefräst sind.

γ) **Der Getriebeplan des GLEASON-Hypoidwälzfräsautomaten (Nr. 16, Abb. 685).** Dieser Getriebeplan (Abb. 684) wurde in besonderem Entgegenkommen von den Gleason-Werken zur Verfügung gestellt. Die Getriebegruppen sind in eine Ebene ausgelegt, so daß die Anordnung in der Maschine und damit ihr Zusammenwirken aus dem Getriebeplan allein nicht erfaßt werden kann, und auch Unstimmigkeiten in ihm insofern enthalten sind, als die Übertragungen der Bewegungen von einer Welle zur nächsten so gezeichnet sind, als ob alle Wellen in derselben Ebene lägen. So sind Kegelräderpaare zugefügt, die in Wirklichkeit nicht vorhanden sind und ebenso auch vorhandene fortgelassen.

Zur Klarstellung werden daher das Getriebeschema (Abb. 686) dem Buche von KRUMME[1] entnommen sowie die Ansicht des Hypoidwälzfräsautomaten (Abb. 685) herangezogen. Das Getriebeschema (Abb. 686) ist zwar noch weniger ausführlich als der Getriebeplan (Abb. 684) und besitzt zudem für das Vorschubgetriebe einen besonderen Antriebsmotor, immerhin aber zeigt dieses Schema die ungefähre Einordnung der Getriebegruppen in den Werkzeugspindelstock, den Werkstückspindelstock, den Raum unterhalb der beiden Spindelstöcke und den freien Raum außerhalb der Maschine. Die Wellen, welche offensichtlich die gleiche Funktion haben wie die Wellen im Getriebeplan (Abb. 684), sind mit den gleichen Buchstaben a bis e gekennzeichnet.

Durch hinzugefügte Anmerkungen sind Orientierung und Zweck der einzelnen Getriebe gekennzeichnet.

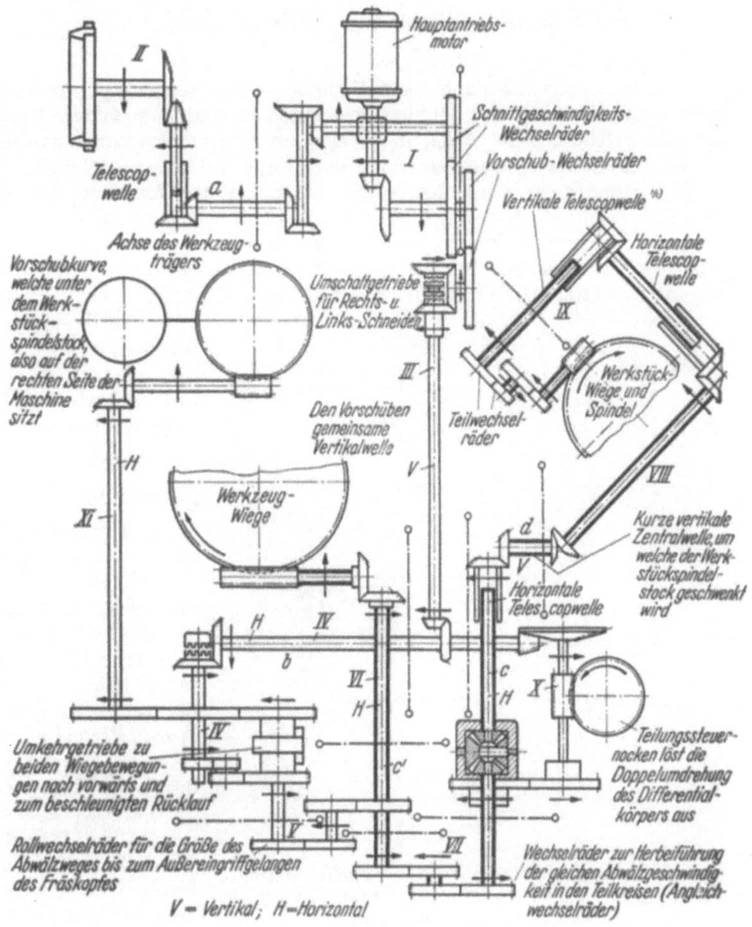

Abb. 684.
Getriebeplan des Hypoidwälzfräsautomaten Nr. 16 der Gleason-Werke.

Der Getriebeplan läßt sich in 11 Getriebegruppen unterteilen, von denen die beiden ersten dem Hauptgetriebezug zur Spanabnahme angehören, alle übrigen den beiden Vorschubgetriebezügen bzw. deren Ergänzungen. Die Grenzen der Getriebegruppen sind durch strichpunktierte Trennstriche gekennzeichnet.

Die Vorschubgetriebegruppen werden nunmehr zusammengefaßt und zu den beiden Getriebezügen bzw. deren Ergänzungen in ihrer Anordnung in der Maschine, ihrem Zweck und ihren Besonderheiten angegeben.

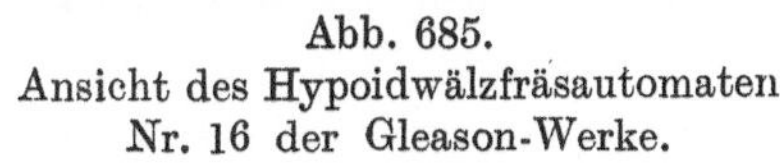

---

[1] KRUMME, WALTER: Praktische Verzahnungstechnik. München: Hanser Verlag 1944.

Abb. 685.
Ansicht des Hypoidwälzfräsautomaten Nr. 16 der Gleason-Werke.

1. Der Hauptgetriebezug zur Spanabnahme.

I. Die Antriebsgetriebegruppe.

Sie reicht links außerhalb des Frässpindelstockes vom Hauptantriebsmotor ausgehend über die Wechselräder zum Einstellen der Schnittgeschwindigkeit und zwei weitere Kegelradpaare bis an die waagerechte Achse a, welche mit der Achse der Wiege zum Fräskopf zusammenfällt.

II. Die Getriebegruppe innerhalb der Wiege im Frässpindelstock.

Mit dieser in der Wiege den Antrieb bis zum Fräser fortsetzenden Gruppe ist eine Teleskopspindel angeordnet, welche die Bewegung des Schlittens zur Größenanpassung des Fräsers an das Werkstück ermöglicht. Die neuesten GLEASON-Maschinen haben an Stelle der zur Wiegenachse parallel liegenden Fräskopfachse eine neigbare Fräskopfachse. Das bedingt eine entsprechende kleine Änderung im Getriebeplan. Die Fräskopfneigung gestattet das Verzahnen mit beliebigen Eingriffswinkeln mit dem gleichen Fräskopf. Weiterhin

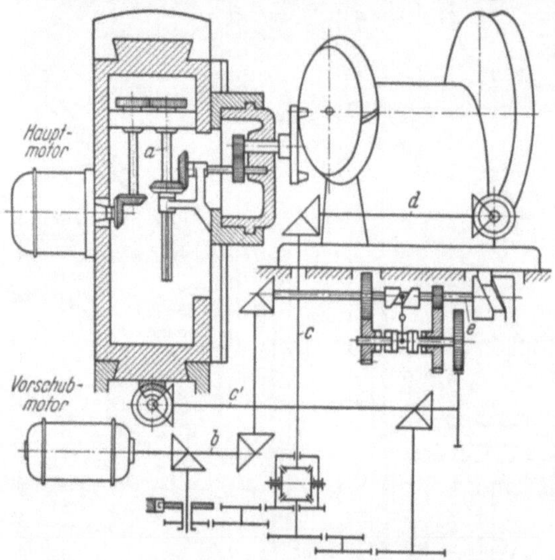

Abb. 686. Getriebeschema des Hypoidwälzfräsautomaten Nr. 16. (Aus KRUMME, Praktische Verzahnungstechnik 2. Aufl.)

gestattet die neigbare Fräskopfspindel wichtige Zahnkorrekturen bei der Entwicklung von Massengetrieben, bei denen jeder Vorteil in bezug auf Eingriffslänge, geräuschlosen Lauf, Überdeckungsgrad und Gewichtsersparnis wahrgenommen werden muß.

2. Die Vorschubgetriebe und deren Ergänzungen[1]:

a) Der gemeinsame Vorschubgetriebezug bestehend aus den Getriebegruppen III und IV sowie V.

III. Die Getriebegruppe zur Einstellung der Vorschubgeschwindigkeiten.

Die Getriebegruppe ist an der linken Maschinenseite angeordnet und reicht von den Vorschubwechselrädern über die von Hand zu betätigenden Umschaltung für das rechte und linke Schneiden hinab bis in den großen Raum unter dem Fräs- und dem Werkstückspindelstock, in welchem die waagerecht gelagerte Welle b durch ein Kegelräderpaar angetrieben wird.

IV. Das nockengesteuerte Umsteuergetriebe zu den beiden Wiegebewegungen.

Auf dem Getriebeplan setzt sich die erwähnte waagerecht gelagerte Welle über ein Kegelradpaar zu dem selbsttätigen Umkehrgetriebe zum Vorwärts- und zum beschleunigten Rücklauf der Wiegebewegungen fort. Der Antrieb dieses Umsteuergetriebes ist durch eine Klauenkupplung ausschaltbar. Über die Eigenart dieses Umkehrgetriebes liegen eingehende Mitteilungen nicht vor.

V. Die Gruppe der Wechselräder zum gemeinsamen Rollvorschub der beiden Wiegebewegungen.

Diese Wechselräder dienen der Festlegung des gemeinsamen Wälzweges von Fräskopf und Werkstück. Nach den Wechselrädern spaltet sich der Vorschub in die beiden Wiegebewegungen.

b) Der Getriebezug bis zum Antrieb der Wiege des Fräskopfes.

VI. Dieser Getriebezug besteht nur aus der Getriebegruppe VI. Er schließt an das gemeinsame Rollgetriebe V für die Wiegebewegungen an. Mit der aus dem Getriebekasten waagerecht austretenden Welle c' wird die Verbindung zur Schneckenwelle und damit zum Schneckenradsektor der Fräskopfwiege hergestellt.

c) Der Getriebezug vom Rollgetriebe bis zum Werkstück setzt sich aus den Getriebegruppen VII, VIII und IX zusammen.

VII. Diese Getriebegruppe dient der Angleichung der Wiegebewegung des Werkstücks an diejenige des Fräskopfes.

Die Getriebegruppe VII schließt wie die Gruppe VI an das Rollgetriebe der Gruppe IV an. Die Welle c verläuft waagerecht an die Ausgleichswechselräder der Gruppe VII anschließend durch das Differentialgetriebe hindurch und treibt mit einem Kegelradpaar die kurze senkrechte Zentralwelle d an, um welche der Werkstückspindelstock zwecks Einstellung des Spitzenwinkels des Werkstückteilkegels geschwenkt werden kann. In die Achse der Zentralwelle müssen der Spitzenpunkt des Werkstückteilkegels und der Mittelpunkt des ideellen Planrades vereint bzw. bei Hypoidkegelrädern die soeben erwähnten beiden Punkte über- oder untereinander eingestellt werden.

Da der Werkspindelstock vor dem Teilen auf die nächste Zahnflanke aus dem Schnitt des Fräskopfes zurückgezogen und nach der Teilung wieder vorgebracht werden muß, ist die waagerechte Welle c als Teleskopwelle ausgebildet und ermöglicht so diese Vor- und Rückbewegung, bei welcher die Zentralwelle d in Richtung des Werkspindelstockschlittens mitwandert. An das andere Ende der kurzen Zentralwelle d schließt die nächste Gruppe VIII an.

---

[1] Die Getriebegruppen IV, V, VI sowie VII und X sind in einem Getriebekasten vereint untergebracht.

VIII. Die Getriebegruppe VIII zum Fortsetzen des Antriebs zum Werkstück bis zu den Teilwechselrädern.

Bis zu den Teilwechselrädern sind von dem Kegelradpaar am Ende der Zentralwelle d von der Gruppe VII zur Gruppe VIII eine schräg aufsteigende Welle und noch zwei Teleskopwellen eingebaut, letztere beiden um die Größenanpassung der Werkstücke an den Fräser zu ermöglichen. Die erstere verläuft waagerecht, die letztere, die senkrechte, dient der Einstellung der achsversetzten Hypoidgetriebe sowie bei Spiralgetrieben zur Verfeinerung im Tragbild. Am Ende der senkrechten Teleskopwelle sitzt das erste Stirnrad der Teilwechsel-räder der Gruppe IX.

IX. Die Gruppe der Teilwechselräder und des Schneckenantriebes an der Werkstückspindel.

Diese Gruppe setzt den Vorschubantrieb über die Teilwechselräder und einen Schneckenantrieb auf die Werkstückspindel fort und ermöglicht die zur Wiegebewegung zusätzliche Teilbewegung von einer Zahnflanke zur nächsten.

d) Der ergänzende Getriebezug der selbsttätigen Steuerung des Werkstückes von einer Zahnflanke zur nächsten.

Dieser Getriebezug besteht aus der Getriebegruppe X, welche ihren Antrieb von der in Gruppe IV erwähnten waagerechten Welle b erhält. Laut Getriebeplan hat diese Welle b an ihrem rechten Ende ein Kegelpaar, welches Schnecke und Schneckenrad zum Steuernocken für das Differentialgetriebe und dieses selbst antreibt. Zur Wirkung gebracht wird das Differentialgetriebe durch den Steuernocken, der es auslöst und nach zweimaligem Umlauf wieder festhält. Nach einmaligem Umlauf ist das Einschnapploch für den Auslösestift selbsttätig abgedeckt. Aus dem Zusammenhang mit dem Umkehrgetriebe zu den beiden Wiegebewegungen geht hervor, daß die Steuerung der Teilung von Flanke zu Flanke des herzustellenden Zahnrades in Einklang mit den Wiegebewegungen steht. Voraussetzung für die Durchführbarkeit der Teilbewegung ist das Zurückziehen des Werkstückspindelstockes mit dem Werkstück aus dem Bereich der Fräserwirkung.

e) Der ergänzende Getriebezug zum Zurückziehen und Wiedervorbringen des Werkstückspindelstockes.

Auch dieser Getriebezug besteht nur aus der einen Gruppe XI.

Im Getriebeplan ist diese Getriebegruppe, deren Antrieb ebenfalls aus der Gruppe IV abgeleitet wird und somit mit den übrigen Getriebegruppen in Einklang ist, auf der linken Seite dargestellt. In Wirklichkeit ist diese Getriebegruppe unter dem Werkstückspindelstock in dem Gehäuse unter den beiden Spindelstöcken angeordnet. In der Gruppe wird über ein Kegelradpaar, Schnecke und Schneckenrad eine Vorschubkurvenwalze gesteuert, in welche der mitzunehmende Zapfen des Werkstückspindelstockes eingreift. Der

Tabelle 76. *Arbeitsbereich und Hauptabmessungen der* GLEASON-*Hypoidwälzfräsautomaten.*

	Nr. 7	Nr. 16	Nr. 26
Größter Kegelabstand . . . . mm	108	228	420
Kleinster Kegelabstand . . . . mm	—	—	100
Größter Teilkegelwinkel	84° 18′	84° 18′	84° 18′
Kleinster Teilkegelwinkel	5° 42′	5° 42′	5° 42′
Größte Übersetzung bei 90° Wellenwinkel	10 : 1	10 : 1	10 : 1
Größter Teilkreisdurchmesser bei 30° Spiralwinkel			
bei 10 : 1 . . . . mm	216	458	838
bei 2 : 1 . . . . mm	190	406	749
bei 1 : 1 . . . . mm	152	324	590
Größte Teilung etwa . . . . Modul	6,35	10	17
Größte Zahnbreite . . . . mm	32	35	100
Zähnezahlbereich	5 ⋯ 200	5 ⋯ 200	5 ⋯ 100 und meiste bis 200
Wellenversetzung { über Mitte . . . . mm	50	89	114
Wellenversetzung { unter Mitte . . . . mm	50	92	114
Anwendbare Fräskopfdurchmesser . . . . . . Zoll	1,5 ⋯ 6	6 ⋯ 12	9 ⋯ 18
Aufspannspindel:			
Kegelige Bohrung am weiten Ende, Durchmesser . mm	58,34	99,2	152,4
Steigung pro Fuß (305 mm) Länge . . . . . mm	12,7	15,47	19,05
Tiefe des Kegels . . . . mm	152,4	152,4	152,4
Ganze Durchbohrung . . . . mm	50,8	68,26	127
Geschwindigkeiten und Vorschübe:			
Zeit pro Zahn . . . . sec.	5 ⋯ 40	12 ⋯ 86	17 bis 445
Schnittgeschwindigkeit . . . . m/min	24 ⋯ 81	20 ⋯ 72	10 ⋯ 61
Antrieb:			
Hauptantriebsmotor . . . . kW-U/min	2,2 ⋯ 1000	3,7 ⋯ 1500	5,5 ⋯ 1500
Pumpenmotor . . . . kW-U/min	$^3/_4$ ⋯ 1500	—	2 ⋯ 1500

Zeitpunkt für das Zurückziehen und Vorbringen des Werkstückspindelstockes wird in dem Umkehrgetriebe der Gruppe IV mit eingehalten. Näheres hierüber konnte nicht ermittelt werden. Das Vordringen erfolgt bis auf volle Zahnlückentiefe.

δ) **Aufbau und Gestaltung.** Tab. 76 gibt die Hauptdaten der 3 Hypoidwälzfräsautomaten. Dem Getriebeschema 686 entsprechend ist der Hypoidwälzfräsautomat Nr. 16 (Abb. 685) aufgebaut und gestaltet.

Fräserwiege, Fräser und Werkstück sind in Abb. 687 im einzelnen dargestellt. Die Fräskopfwiege läuft auf Rollenlagern, die Spindelwelle des Fräskopfes auf vorgespannten Kugellagern. Die Lage von Trieb und Fräser zum ideellen Planrad, an dessen gestrichelten Linien auf der konkaven und konvexen Seite jeweils die Fräserschneiden nach Einstellung des Fräsers zum Bearbeiten der konkaven oder konvexen Zahnflanke entlanglaufen, zeigt Abb. 688.

Der Werkstückspindelstock wird mit einem doppelt wirkenden hydraulischen Spannfutter geliefert.

Die Schruppmaschine (Abb. 689) arbeitet in der eingangs erwähnten Art.

Abb. 687. Wiege, Fräser und Werkstück.

ε) **Die Eigenart der erzeugten Kegelräder.** Mit den GLEASON-Maschinen werden, abgesehen von den Kegelrädern der REVACYCLE-Maschine, folgende Kegelradarten hergestellt:

1. Spiralverzahnte Räder, 2. Zerolräder, 3. Hypoidräder und 4. Formateräder.

Die Spiralräder finden im allgemeinen Maschinenbau Anwendung. Sie haben vor den geradverzahnten Rädern den Vorzug der Überdeckung und den Nachteil des Axialschubes, der sich aus der Schräglage des Zahnes ergibt. Der Spiralwinkel bei diesen Rädern beträgt 30 bis 45°.

Die Zerolräder (zero = 0) haben den Spiralwinkel von 0°, somit keinen Axialschub und immerhin einen allmählichen Eingriff, wenn auch keine Überdeckung. Diese Räder finden Anwendung,

Abb. 688. Trieb, ideelles Planrad (gestrichelt) und Fräser.

wenn Axialschub vermieden werden muß und dessen Aufnahme durch Stirnlager zu konstruktiver Schwierigkeit führt.

Die Hypoidräder finden der geschilderten Vorzüge wegen weitgehendste Anwendung, wenn an Starrheit, Gleichförmigkeit des Laufs und Geräuschlosigkeit höchste Anforderungen gestellt werden, z. B. im Automobilbau. Sie gestatten zudem, den Schwerpunkt des Wagens tiefer zu legen. Freilich größere Spiralwinkel (bis 55 %) und damit der Nachteil des größeren Axialschubs müssen in Kauf genommen und durch entsprechende Stirnwälzlager aufgefangen werden.

Die Formateräder, eine Verzahnungsart, deren Vorteil bei Mengenherstellung in der hohen Leistung und Laufgüte liegt, werden nach dem üblichen Ausschruppen der Zahnlücken geschlichtet, wobei das Tellerrad mit einer Fräskopfumdrehung je Zahnlücke geschlichtet wird, während der Trieb auf der Zahnoberseite mit einem Fräskopf mit innenschneidenden und die Zahnunterseite mit einem Fräskopf mit außenschneidenden Messern auf zwei Maschinen mit besonderen Einstellungen fertigbearbeitet wird. Der Zahneingriff wird dabei den vorliegenden Anforderungen genau angepaßt. Abb. 690 zeigt den Formatezahn.

Abb. 689. Schruppmaschine.

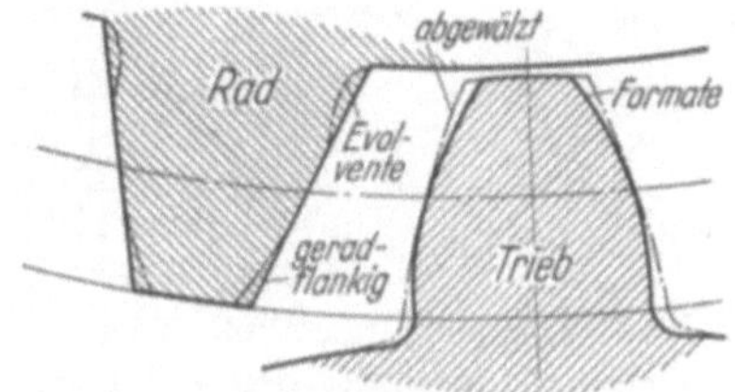

Abb. 690. Diagramm zum Unterschied zwischen dem abgewälzten Spiralkegelrad und dem Formatezahnrad.

Für verschieden große Zahnräder müssen verschieden große Fräsmaschinen zur Verfügung stehen. Zur Fertigung des Triebes, insbesondere bei Hypoidrädern, findet die GLEASON-Hypoiduniversalmaschine Nr. 16 (Abb. 685) Anwendung.

Alle diese Zahnradarten können auf Schleifmaschinen mit Schleifscheiben, welche dieselbe Wiegebewegung wie der Fräser ausführen, geschliffen werden. Außerdem gibt es auch die zugehörigen Läppmaschinen, welche das Läppen mit Rücksicht auf die spätere Beanspruchung der Zahnräder im Betrieb berücksichtigen, indem sie nach den drei Koordinatenrichtungen einstellbar gebaut sind.

b) Die Klingelnberg-Palloid-Kegelradfräsmaschine.

α) Entstehung und Verfahren der Maschine. Die Maschine ist ein hervorragendes Beispiel für den Erfolg einer mit zäher Energie und Sorgfalt durchdachten und erprobten Idee.

Die Erfinder SCHICHT und PREIS sahen in dem Schraub-Wälzfräsverfahren eine Möglichkeit, auch Kegelräder herzustellen, zunächst unter Verwendung des zylindrischen und später des kegeligen Schneckenfräsers.

Die Firma Klingelnberg übernahm die Schutzrechte (DRP 449 921 vom 28. 12. 1921 u. a.) und der Erfinder SCHICHT führte in unermüdlichem Schaffen in dieser Firma die Maschine auf die heutige anerkannte Höhe.

Der Hauptgedanke in der SCHICHT-PREIS'schen Erfindung besteht darin, das ideelle Planrad, von dem auch bei diesem Verfahren ausgegangen wird, durch einen Schneckenfräser (Abb. 691 a u. b) zu ersetzen und dabei denselben mit der Mantellinie seines Teilzylinders oder Teilkegels in der Teilebene des ideellen Planrades bleibend über dem Teilkegel des Werkstückes so hinwegzuführen, daß die entstehenden Kegelradzähne mit den

umlaufenden Fräserzähnen kämmen. Dieses Hinwegführen ist deshalb erforderlich, weil
die im ideellen Planrad liegende Fräsermantellinie nicht mit der Werkstückmantellinie
zusammenfällt, sondern sie nur kreuzt, so daß das Ausspannen auf ganze Tiefe nur unter
diesem Kreuzungspunkt erfolgt. Der Kreuzungspunkt muß daher durch Schwenkung
des Fräsers um den Mittelpunkt des Zahnrades
zum Wandern über die ganze Länge der Werkstückmantellinie gebracht werden.

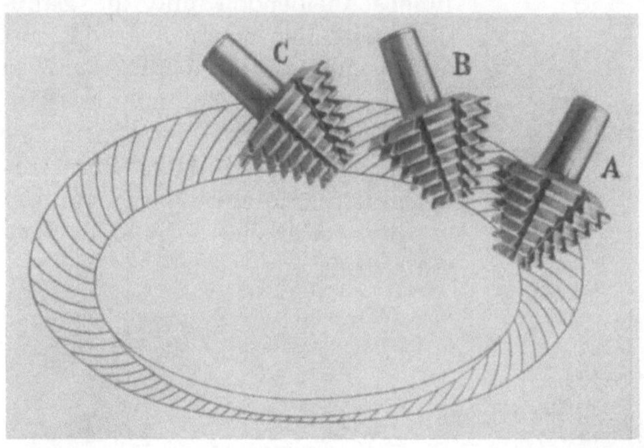

Abb. 691 a. Klingelnberg-Palloid-Kegelfräser in drei Arbeitsstellungen: A) Anschnitt des Rohlings, B) Eindringen auf
volle Zahntiefe, C) Endstellung (Vorschub AC etwa 50 bis 70°).

Abb. 691 b. Fräsen eines Tellerrades.

Unbekannt war den Erfindern der zugrunde liegende mathematische Zusammenhang,
welcher besagt, daß eine auf einem Kegelmantel aufgetragene archimedische Spirale
beim Abwälzen auf einer Ebene um den Mittelpunkt eines ideellen Planrades eine ver-

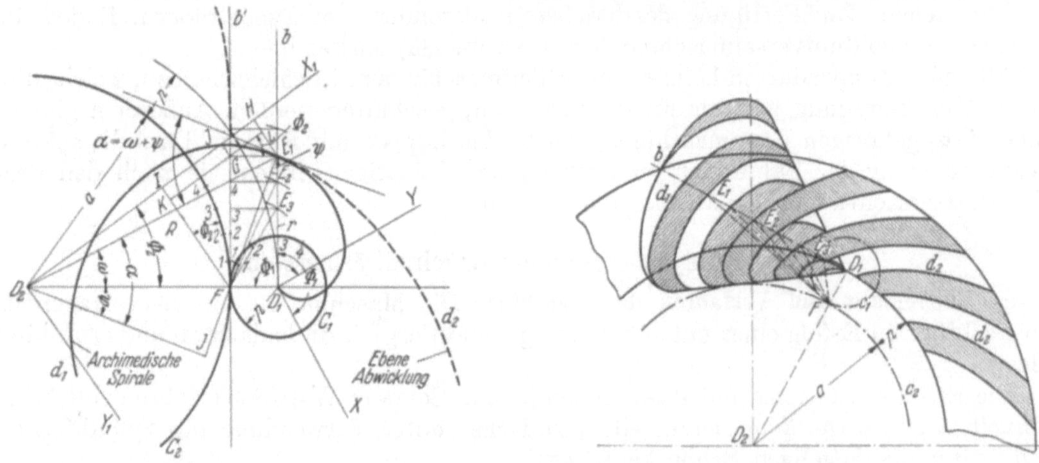

Abb. 692 a.   Abb. 692 b.

Abb. 692 a und b. Zahnlängskrümmung nach TRBOJEVICH. a) In einer gemeinsamen Abwicklung des Kegelrades und seines Fräsers in die Kegelradspirale der Fräserspirale zugeordnet. b) Genaue Flankenanlage
des Planrades an den kegeligen Gewindegang des Fräsers. Die Zahnradspiralen sind Tangenten an die
kegeligen Gewindespiralen in allen Punkten längs der erzeugenden Mantellinie.

ängerte Evolvente erzeugt, deren Abänderungswert gleich der Polarsubnormalen der
archimedischen Spirale ist (Abb. 692 a u. b). Senkrecht zur Fortschrittsrichtung gemessen
sind diese abgeänderten Evolventen äquidistant, so daß innerhalb zweier dieser Evol-

venten eine Lücke mit den Fräserschneiden ausgehoben werden kann, in welche die ebenfalls gleich breiten Zähne des Gegenrades passen.

Dieser mathematische Zusammenhang gilt genau nur für Teilkegel des Werkstückes und Teilebene des ideellen Planrades, weil außerhalb sich der Kegelwinkel des Fräsers und damit auch die Richtung der Polarsubnormalen ändert. Der Zusammenhang in der Teilebene wurde von TRBOJEVICH erkannt und im DRP W 96 777 (ab 15. 5. 1923) geschützt, welches aber erst am 10. 4. 1930 bekanntgegeben wurde.

Daß die Erfinder zum kegeligen Fräser übergingen, beruht auf der Erkenntnis, daß man mit dem kleineren Durchmesser des Fräsers nach der Kegelspitze den näher dem Wälzkreis liegenden, stärker gekrümmten Teil der abgeänderten Evolvente noch ausspanen kann, ohne auf der Innenseite des Kegelrades (wie mit einem größeren Durchmesser) in die entstehenden Zahnflanken einzuschneiden. Man kann somit zur Verzahnung den Teil der abgeänderten Evolvente mit dem kleineren Spiralwinkel heranziehen und damit einen größeren Axialdruck vermeiden.

Erprobt werden mußte aber nicht nur die Lage des Fräserkegels zum Werkstück, sondern zusätzlich die Ausbildung der Fräserflanken

1. im Hinblick auf die vorstehend begründete Abweichung außerhalb der Teilflächen von der mathematischen Lösung und

2. im Hinblick auf das Balligtragen. Letzteres führte (Abb. 692) dazu, die Fräserzähne in dem mittleren Teil entsprechend zurückstehen zu lassen, so daß die in der Mitte entsprechend vorstehenden Werkstückzähne balligtragen. Solche Räder führen die Bezeichnung Palloid-Spiralkegelräder.

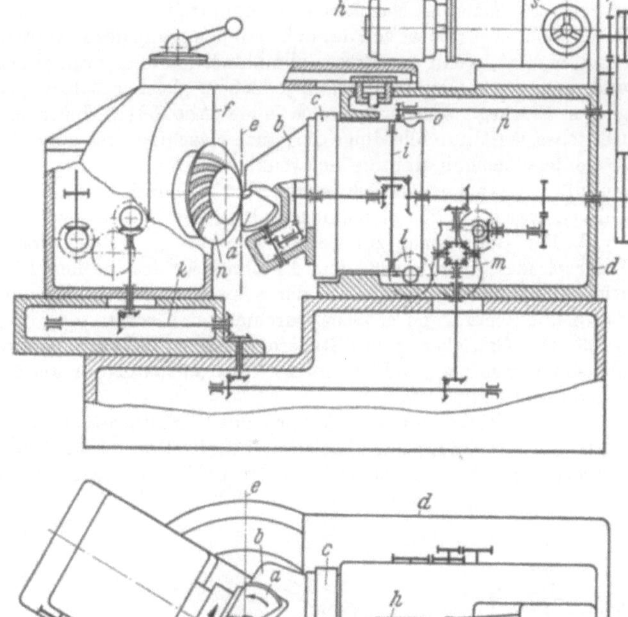

Abb. 693. Getriebeplan einer Klingelnberg-Wälzfräsmaschine.

a Schneckenfräser; *b* Werkzeugträger;   *c* Planscheibe; *d* Maschinengestell; *e* Planebene; *f* Reitstock;   *g* senkrechte Schwenkachse; *h* Hauptantriebsmotor; *i* bis *l* Getriebezüge;   *m* Differentialgetriebe; *n* zu verzahnende Radkörper;   *o* Zahnkranz an der Planscheibe; *p* Getriebezug zur Steuerung des stufenlos regelbaren Antriebes; *r* Wechselräder dazu; *s* Handrad zum Einstellen der Ausgangsdrehzahl.

Abb. 694. Gesamtansicht der Maschine.

β) Aufbau und Getriebeplan. Die Klingelnberg-Maschine ist in ihrem Getriebeplan (Abb. 693) und dementsprechend auch im Aufbau (Abb. 694) verhältnismäßig einfach.

Der Getriebeplan im Auf- und Grundriß (Abb. 693) gestattet, die Getriebezüge im einzelnen zu verfolgen.

1. Der Hauptgetriebezug zur Umlaufbewegung des Fräsers (Schnittbewegung). In diesem Getriebezug ist bei den neueren Maschinen in unmittelbarem Anchluß an den Motor ein PIV-Getriebe eingefügt, durch welches gesteuert von der Schwenkbewegung des Fräsers die optimale Schnittgeschwindigkeit aufrechterhalten wird, wenn der Fräser allmählich mit den Fräszähnen zum Schnitt kommt, die auf seinen mehr und mehr abnehmenden Umfang jedoch in gleicher Zahl angeordnet sind. Die Fräsernuten sind über den ganzen Fräskegel von außen nach innen (Abb. 691a) durchgeführt. Durch die Umlaufsteigerung des PIV-Getriebes läuft nun allerdings die ganze Maschine, also auch das Kämmen der Fräser- und Werkstückzähne sowie der Vorschub, d. i. die Schwenkbewegung des Fräsers, schneller. Das schnellere Kämmen ist an sich einflußlos, das schnellere Schwenken aber ist gerade erwünscht, weil dadurch auch die Schwenkgeschwindigkeit, gemessen auf den abnehmenden Planraddurchmessern, wenigstens annähernd gleichbleibt (Abb. 695b).

2. Der Getriebezug zur Schwenkbewegung, welche von der waagerechten Hauptsteuerwelle über Wechselräder (s. Abb. 693) dem Durchmesser des ideellen Planrades und damit dem Werkstück angepaßt wird. Der unmittelbare Antrieb der Schwenktrommel wird durch die angedeutete Schnecke eingreifend in das Schneckenrad von großem Durchmesser besorgt.

3. Der Getriebezug zur Steuerung des PIV-Getriebes wird von dem Zahnrad eines Stirnräderpaares abgeleitet, welches, im Durchmesser noch etwas größer als das Schneckenrad, über die Trommel hinausragend angedeutet ist.

4. Der Getriebezug zum Antrieb des Werkstückes wird ebenfalls von der Hauptsteuerwelle, und zwar durch ein Kegelräderpaar abgeleitet. Unmittelbar hinter dieser Ableitung ist ein Ausgleichgetriebe (*Differential*) angeordnet, durch welches der Einfluß der Schwenkbewegung des Fräsers auf das Kämmen von

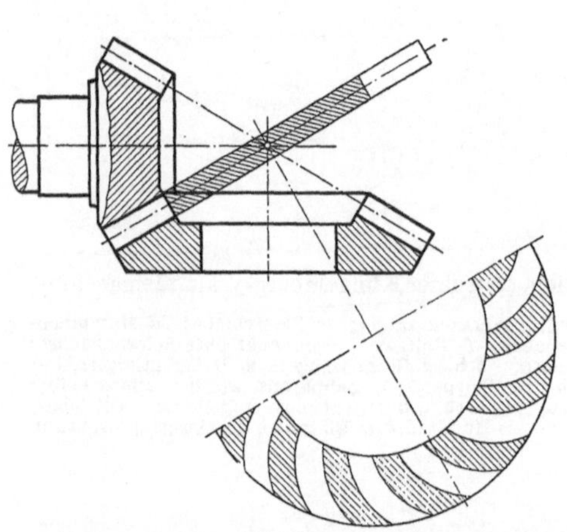

Abb. 695a. Palloid-Spiralkegelräder, mit dünnen Strichen ist die Lage des ideellen Planrades angedeutet.

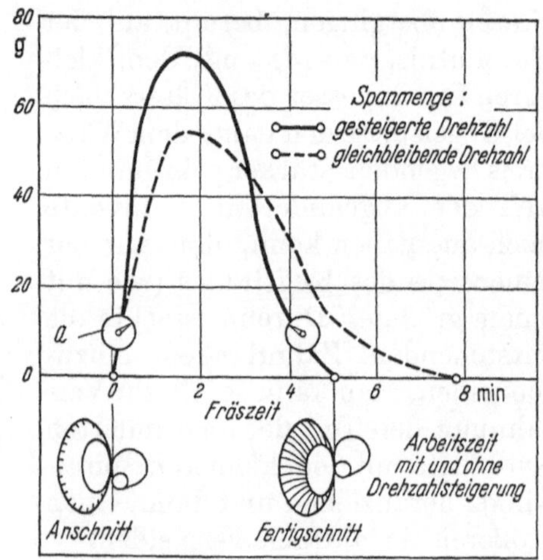

Abb. 695b. Einfluß der im Text beschriebenen Drehzahlsteigerung auf die Arbeitszeit, a = Drehzahlanzeiger des PIV-Triebes.

Fräser- und Werkstückzähnen aufgehoben wird. Der langsame Umlauf des Differentialgehäuses wird durch Schnecke und Schneckenrad von denselben Wechselrädern abgeleitet, auf welche unter 2. bereits hingewiesen wurde. Damit ist der Einklang zwischen Schwenkbewegung des Fräsers und der Ausgleichbewegung des Werkstückes hergestellt.

Der Getriebezug zum Werkstück wird weiterhin mittels zweier Kegelräderpaare durch die senkrechte Schwenkachse des Werkstückspindelstockes geleitet und erreicht über Wechselräder schließlich das Werkstück.

Die Zahnhöhe ist konstant (Abb. 695a).

Hinzuweisen ist noch auf die Größenanpassungsbewegungen, nämlich:

1. die radiale Verschiebbarkeit des Fräserkopfes, im Getriebeplan angedeutet durch das verschiebliche Kegelrad auf der im Getriebeplan in senkrechter Lage gezeichneten Welle in der Schwenktrommel und die Schwenkbarkeit des Fräskopfes, um den Fräser nach dem Spiralverlauf der Kegelradzähne auszurichten;

2. die vorstehend unter 3 bereits erwähnte Schwenkbarkeit des Werkstückspindelstockes zwecks Einstellung der Werkstückkegelmantellinie in die senkrechte Ebene des ideellen Planrades;

3. die im Getriebe angegebene Verschiebemöglichkeit des Werkstückes in Längsrichtung.

Ein Beispiel der Leistung der Maschine s. Abb. 695b).

γ) **Gesamtausrüstung zur Durchführung des Verfahrens.** Zur Gesamtausrüstung gehören noch, abgesehen von der Härtemaschine (zur Vermeidung des Verzuges beim Härten) (Abb. 696) eine

Entgratmaschine und ferner die
Zahnrad-Läppmaschine (Abb. 697), die
Zahnrad-Prüfmaschinen, z. B. Laufprüfmaschine (Aufbau in Abb. 697) und die
Fräserscharfschleifmaschine.
Die entsprechenden Maschinen sind auch zur
Gleason-Maschine entwickelt worden.

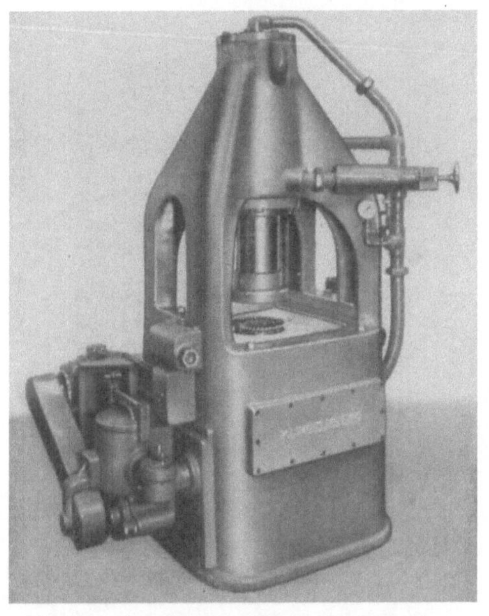

Abb. 696. Klingelnberg-Härtemaschine.

Abb. 697. Zahnrad-Läppmaschine.

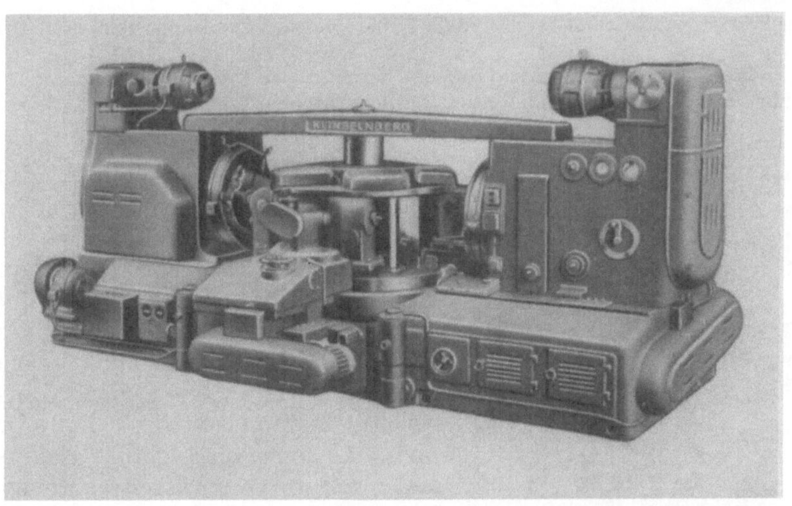

Abb. 698. Palloid-Kegelräderautomat.

δ) Der Klingelnberg-Automat. In der Großserienherstellung wird mit Erfolg der
Automat (Abb. 698) zum gleichzeitigen Schruppen, Entgraten und Schlichten von
Spiralkegelrädern eingesetzt; Schruppen mit der links angeordneten, einfacheren
Schruppfräsmaschine, Schlichten mit der symmetrisch dazu rechts angeordneten Schlicht-
maschine, dazwischen der Entgratungsspindelstock. Leistung: Ein Ritzel, 7 Zähne,
Stirnmodul, 5,3 fertig geschruppt, entgratet und geschlichtet in $2^{1}/_{2}$ min.

c) Die „Oerlikon"-Spiromatic.

Eine interessante Kegelradschneidmaschine ist die Spiromatic der Werkzeugmaschinenfabrik Oerlikon, Bührle & Co., in Zürich-Oerlikon (Abb 699). Die mit der Maschine angestrebten Ziele sind:

Abb. 699. Die universelle Kegelrad-Wälzschneidmaschine „Spiromatic" der Werkzeugmaschinenfabrik Oerlikon, Bührle & Co. in Zürich.

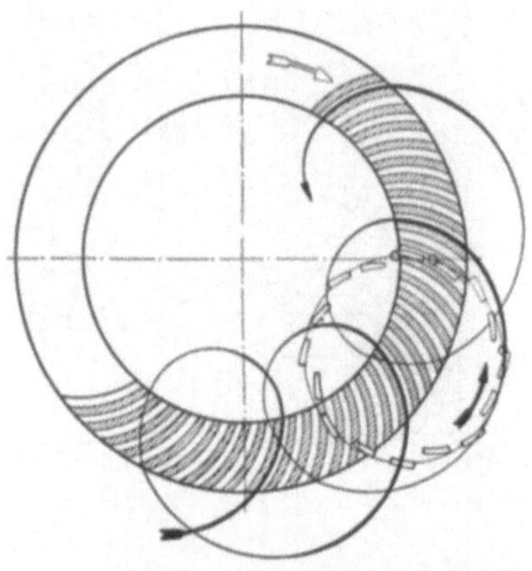

Abb. 700. Schnittbewegung des Werkzeuges und fortlaufende Teilbewegung des Werkstückes. Die entstehenden Zahnlängskurven sind Teilausschnitte einer Epizykloide.

1. Erreichung der optimalen Schnittgeschwindigkeit mit einfachen Schneidmessern, also geringen Werkzeugkosten,
2. Erzielung so hochwertiger Zahnflanken, daß das Schleifen der Flanken sich erübrigt,
3. Vereinfachung der Berechnung und Einstellung der Maschine.

Abb. 701. Ideelles Planrad, Werkzeug und das in Herstellung begriffenes Kegelrad: Die durch die Wälzbewegungen W (Vorschub) und durch den Schnitt, der das eingezeichnete ideelle Zahnrad kopierenden Fräserschneiden entstehenden Zahnlücken.

Statt kreisbogenförmiger Flankenlinien (Gleason) oder Flankenlinien nach verlängerten Evolventen (Klingelnberg) wurden verlängerte Epizykloiden gewählt. Diese liegen zwischen den beiden erstgenannten Kurven. Der Schnittpunkt der einzelnen Werkzeugschneide mit der Teilebene des ideellen Planrades, einfach Teilpunkt genannt, beschreibt die verlängerte Epizykloide (Abb. 700), welche dadurch entsteht, daß dieser Teilpunkt an dem verlängerten Radius des auf einem feststehenden Kreise abrollenden Rollkreises befestigt ist. Auf diese Weise folgen die gleichen Teilpunkte der übrigen Schneiden in einem solchen Abstande (Abb. 700) aufeinander, daß jeweils die Rechts- oder Linksschneiden (Abb. 701) an der nächstfolgenden Zahnflanke einen Span abnehmen. An sämtlichen Zähnen wird also in einem Umlauf des Werkstücks ein Span abgenommen. Die Zahnform im Querschnitt des Zahnes entsteht durch die einmalige Wälzbewegung, mit welcher alle Zähne fertiggestellt werden (Abb. 702a—c). Die Teilung ist demnach eine fortlaufende, wie bei der Klingelnberg-Maschine, aber nicht mit einem Schneckenfräser, sondern mit einem Messerkopf, an dem schadhafte Zähne leicht ersetzt werden können.

a   b   c

Abb. 702 a—c. Drei Stadien des Werkstückes vom beginnenden Schnitt bis zur annähernd durchgeführten Bearbeitung des Werkstückes.

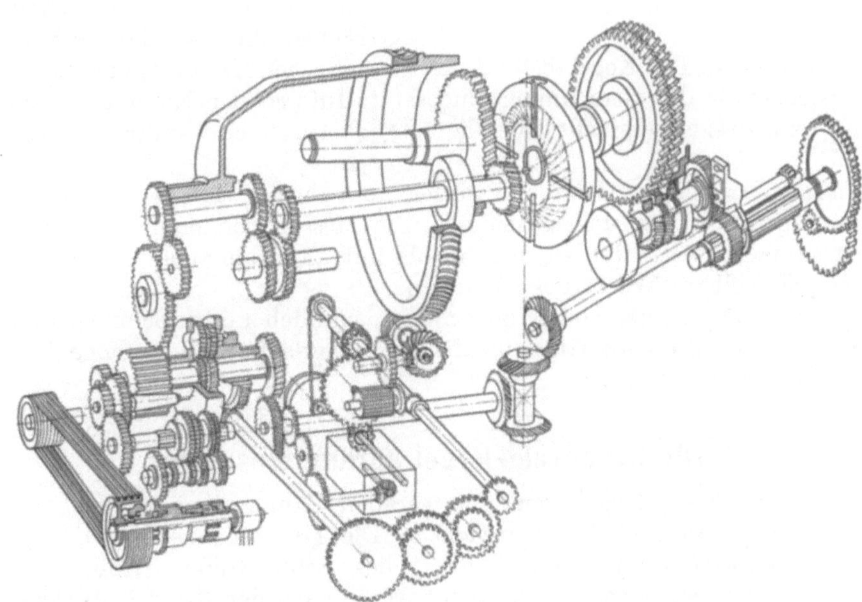

Abb. 703. Getriebeplan der „Oerlikon"-Spiromatic.

So ist auch die Wärmeverteilung über das ganze Werkstück bei der Spanabnahme gleichmäßig.

Dementsprechend ergibt sich das Getriebschema (Abb. 703).

Das Werkzeug besteht aus Messergruppen, welche zumindestens ein außen- und ein innenschneidendes Messer aufweisen. Bei einer Umdrehung des Werkzeugs dreht sich das Werkstück um so viele Zähne als das Werkzeug Messergruppen besitzt. Die Werkzeugschneiden haben dem ideellen Planrad entsprechend (Abb. 701 u. 704), wie bei allen Verzahnungsmaschinen nach dem Abwälzverfahren, grundsätzlich gerade Schneidkanten.

34*

Dabei würde sich eine geometrisch exakte Verzahnung ergeben, bei der die erwähnten Teilpunkte an der Schneide auf einem gemeinsamen Werkzeugkreise liegen.

Um aber das Balligtragen zu erreichen, liegen die Teilpunkte der außen schneidenden Messer auf einem konzentrischen Kreise mit einem etwas größeren Radius als die Innenschneiden. Dadurch erhalten die konvexen Flanken wie bei GLEASON einen kleineren Krümmungsradius als die konkaven Flanken, wobei aber die Werkstücke trotzdem in einem Arbeitsgang fertiggestellt werden.

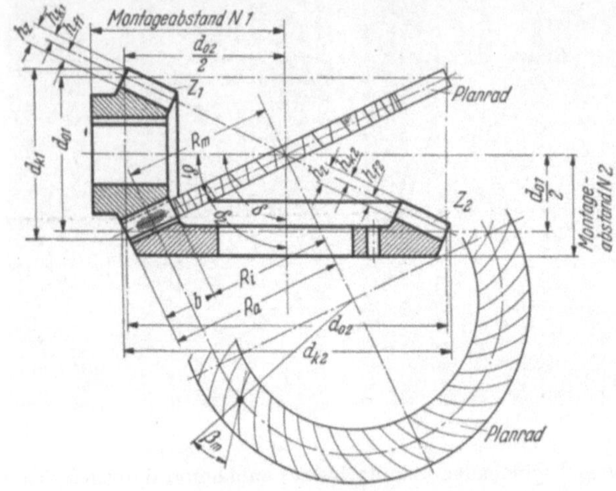

Für die Maschinenherstellung wird die theoretische Lage des Teilpunktes zugrunde gelegt. Vorversuche zur Festlegung des Zahntragens wie bei anderen Kegelradfräsmaschinen sind nicht erforderlich. Die Berechnung geht von der Teilebene des ideellen Planrades aus. Es folgt die Bestimmung der Einstellung des Messerkopfes, des Verhältnisses der Umlaufzahlen von Messerkopf und Werkstück, und schließlich der günstigsten Schnittgeschwindigkeit des Messerkopfes. Bei der Berechnung der Einstellung des Messerkopfs werden die Epizykloiden auf zwei Dreiecke zurückgeführt, so daß sich sehr einfache Formeln ergeben. Der Kegelabstand des theoretischen Kontaktpunktes wird dabei als Ausgangsgröße für die Berechnung eingesetzt. Infolge der Einhaltung konstanter Zahnhöhen (Abb. 704) vereinfacht sich die mathematisch einwandfreie Berechnungsweise.

Abb. 704. Oerlikon-Eloidverzahnung: Kegelradpaar mit konstanter Zahnhöhe und eingezeichnetem ideellen Planrad nach P. ASCHWANDEN.

Das Schärfen der Messer erfolgt nur an der Messerbrust wie bei den meisten Werkzeugen von Kegelradbearbeitungsmaschinen. Die Messer können nach einigen Nachschärfungen so nachgestellt werden, daß sowohl mit alten als auch mit neuen Messern unter sich auswechselbare Werkstücke anfallen.

Die eingangs angegebenen Ziele sind erreicht, nämlich kurze Schnittzeiten bei geringen Werkzeugkosten, hochwertige, lokalisierte Tragfläche und einfache Berechnung und Einstellung der Maschine.

4. Die Revacycle-Kegelradräummaschine.

Ein drittes Verfahren, Kegelräder mit geraden Zähnen herzustellen, haben die Gleason-Werke, Rochester (USA), entwickelt. Die Maschine (Abb. 705) räumt bei stillstehendem Werkstück in einem Umlauf des Schneidrades (Abb. 706), dessen Umfang mit etwa 80 Schneidzähnen bestückt ist, je nach der Art des Werkstoffes und nach der Modulgröße in 2—6 sec eine Zahnlücke so aus, daß die Zähne balligtragen, der gefährliche Kantenlauf also vermieden wird. Die ersten 50 Zähne des Schneidrades dienen dem Schruppen, die nächsten 10 dem Vorschlichten und die restlichen 20 dem Fertigschlichten. Das Verfahren ist ein Räumverfahren, welches so glatte Oberflächen ergibt, daß die Zahnräder zu den langsam laufenden Differentialgetrieben und ähnlichen Konstruktionsgruppen Verwendung finden. Es kommt freilich nur in Betracht, wenn sehr große Stückzahlen die Beschaffung der Maschine, des teueren Schneidrades und der ergänzenden Einrichtung zum Schärfen der Schneiden lohnen.

Während des Schruppens wird der Mittelpunkt des Schneidrades parallel zum Grund der Zahnlücke des Werkstücks (Abb. 708a) von A nach B vorgeschoben. Sodann wandert der Schneidradmittelpunkt schnell von B bis C zum Vorschlichten und während des Fertigschlichtens von C gleichmäßig zurücklaufend nach D und den Hin- und Hergang beschließend nach A zurück. Abb. 707 zeigt die zuletzt angreifenden Schlichtzähne. Der Kantenbrecher im Vordergrund der Abb. 707 ist so vorgesehen, daß das Kantenbrechen am Schlusse der Fertigstellung der Zahnlücke vollzogen ist. Es entsteht ein geradflächiger Zahnlückengrund. Dabei wird vermieden, daß die Schneidzähne, welche außen am Zahnkranz die Lücke breiter ausschneiden, auch innen noch beim endgültigen Formen der hier engeren Lücke angreifen.

Die Spanaufteilung geht aus Abbildung 708 a bis e hervor. Die Haupträumarbeit fällt dem graden, parallel zur Achse des Schneidrades laufenden Schneidenteil zu, während die kurzen seitlichen Schneiden nur wenig Arbeit zu leisten haben und so geschont werden. Infolge der dem Räumverfahren eigenen feinen Zerspanung werden übrigens auch die einzelnen geradlinigen Hauptschneiden (Abb. 708) nur mit sehr feiner Spanabnahme beansprucht, so daß die Standzeit des Schneidrades diejenige eines Messerkopfes um ein Vielfaches übertrifft.

Das Geheimnis des großen Erfolges des Revacycle-Verfahrens beruht auf der Ausbildung und Anordnung der einzelnen Schneiden und der Art, wie sie durch den erwähnten Vorschub des Schneidrades an den einzelnen Stellen der Zahnlücke zum Schnitt gebracht werden.

Die seitlichen Schneidkanten sind sämtlich nach demselben Kreisbogen gekrümmt, so daß sie mit geringen Kosten mit der gleichen Schleifscheibe und demselben Krümmungsradius hergestellt werden. Ihre sehr genaue Anordnung in Vorrichtungen beim Schleifen und das genaue Einpassen in das Schneidrad bringen alle Schneidkanten zu der gewünschten gleichmäßig feinen Spanabnahme. Die einzelnen seitlichen Schneiden tangieren somit die vorgesehene spezifische Evolvente, welche das Balligtragen bewirkt.

Genaueste umfangreiche Nachrechnungen sind von den Gleason-Werken zu diesem

Abb. 705. Kegelrad-Räummaschine (Revacycle) für geradverzahnte Kegelräder. (Bevel Gears (RBG))

Abb. 706. Räumwerkzeug für Revacycle. (Precision B.G.)

Abb. 707. Die zuletzt angreifenden Räumzähne und der Kantenbrecherzahn im Vordergrund. (RBG.)

Verfahren und dem Angreifen der Schneidzähne durchgeführt worden, welche hier nicht mitgeteilt werden können.

Auch nach Fertigstellung einer Zahnlücke läuft das Schneidrad mit gleicher Umfangsgeschwindigkeit weiter und kommt, nachdem während des Vorbeilaufs der Lücke im Schneidrad das Werkstück auf die nächste nunmehr auszuräumende Zahnlücke weitergeteilt ist, zum Anschnitt mit dieser. Der gleichbleibende Umlauf des Schneidrades wird erst

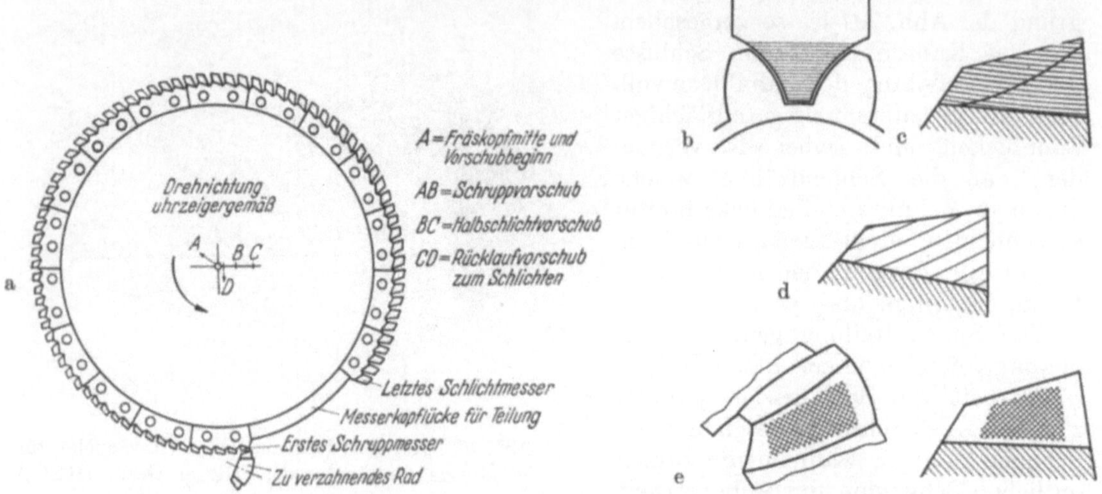

Abb. 708 a—e. Spanaufteilung beim Revacycle-Räumwerkzeug. (RBG.)

a Revacycle-Fräskopf und Schneidvorgang; *b* Schnitt durch eine Zahnlücke, die auf volle Tiefe geschruppt ist. Schruppspäne gehen über die ganze Lückenbreite und lassen genügend Werkstoff zum Schlichten; *c* Schruppspäne verlaufen über die volle Zahnlänge, wie in dem Axialschnitt des Zahnes gezeigt; *d* Geschlichtete Zahnflanke ist getreu erzeugt durch etwa 20 geneigte Schlichtschnitte, ähnlich wie in dem Axialschnitt dargestellt; *e* Balliges Zahntragen wird automatisch erzeugt durch die verbundene Wirkung der Fräskopfvorschubbewegung und die Konstruktion der Fräskopfschneiden.

selbsttätig abgestellt, nachdem auch die letzte Lücke ausgehoben ist. Abb. 709 zeigt das Tragen zweier im Eingriff befindlicher Kegelräder, die nach diesem Verfahren hergestellt sind.

Drei Motoren von insgesamt 5 kW, von denen der Hauptmotor zum Schnitt allein 3,5 kW benötigt, werden angewandt. Von den beiden andern dient der 1 kW-Motor dem Antrieb des Hydraulikmotors zur Betätigung der hydraulischen Vorschübe des Schneidrades von A bis C und zurück wieder nach A und der hydraulischen Spannvorrichtung für das Werkstück, der 0,5 kW-Motor dient dem Antrieb der Ölpumpe.

Da auch selbsttätige Werkstückzufuhr vorgesehen ist, können mehrere Maschinen von einem Arbeiter bedient werden, so daß auch hierdurch und nicht nur durch das hohe stündliche Ausbringen die Herstellung der Zahnräder entscheidend verbilligt wird.

Abb. 709. Tragen des Kegelradpaares. (RBG.)

Der Vergleich der 3 beschriebenen Verfahren zur Herstellung von Kegelrädern mit geraden, keilförmigen Zähnen ergibt folgenden grundsätzlichen Unterschied:

Bei der Bilgram-Maschine wälzt der Teilkegel des Werkstücks sich über dem stillstehenden ideellen Planrad ab.

Bei dem Schnellhobler Rapid sowie demjenigen der Gleason-Werke kämmen umschwenkend im Bereich eines Zahnes das ideelle Planrad und der Teilkegel des Werkstücks zusammen.

Bei der Revacycle-Maschine wird mit einem Schneidrad in je einem Umlauf mit des Werkstoffes normaler Schnittgeschwindigkeit bei feststehendem Werkstück je eine Zahnlücke restlos ausgeräumt.

XXI. Die Lage in Deutschland und die Erfindergedanken.

Der Fortschritt entspringt dem fortschrittlichen Geist Einzelner, oft auch der Notlage, dem Anreiz, die erreichte Entwicklungsstufe im Berufe zu übertreffen und dem aus der Wirtschaftslage eines Landes sich ergebenden Bedarf.

Deutschland gehört zu den industriell hochentwickelten Ländern, hat aber nur einen durch seine Wirtschaftslage und politische Unfreiheit beschränkten Inlands- und Auslandsmarkt.

Diese Lage läßt Fließarbeit wie in den USA nur in wenigen Industrien, z. B. im Automobilbau, aufkommen. Sie zwingt vielmehr zur Beschränkung auf kleine und mittlere Serien. Nur Serien von 10 bis 50 Stück werden in der Regel aufgelegt, vielseitig verwendbare Getriebegruppen gegebenenfalls in noch größeren Serien.

Der enge Markt nötigt ferner dazu, den Wünschen der einzelnen Kunden möglichst entgegenzukommen durch organisch anzugliedernde Zusätze zu der normalen Ausführung und durch Sondermaschinenbau, während der Amerikaner an seinem sorgfältig erprobten Typ festhält und nur wenig Neigung zeigt, zufälligen Kundenwünschen entgegenzukommen.

Deutschland hat es also schwerer, wirtschaftlichen Erfolg zu erringen und verdankt viel der amerikanischen Hilfe.

Hochentwickelte Maschinen haben einen entsprechend hohen Kaufpreis. Durch besonders sorgfältige und solide Ausführung und die dadurch erreichte längere Lebensdauer, auch durch Mehrleistung der Maschine (Erhöhung der wirtschaftlichen Schnittgeschwindigkeit durch Vermeidung von Schwingungen des Werkzeugs, Erhöhung der Arbeitsgenauigkeit durch Vermeiden des Ausweichens des Werkzeugs oder Werkstücks) wird der Mehrpreis tragbar gemacht. Das war übrigens von jeher deutsches Prinzip und hat gerade auch in weniger hoch entwickelten Ländern zum guten Ruf der deutschen Werkzeugmaschine beigetragen.

Somit wurde und wird Kleinarbeit geleistet und führt nicht selten zu größerem Erfolg als die Anwendung irgendeines an sich beachtlichen Erfindergedankens.

Bahnbrechendem Erfolg aber liegt stets ein neuer Produktions- oder ein neuer Erfindungsgedanke zugrunde. Produktionsgedanken, die auch auf Erfindungen zurückgehen können, wirken sich in der Fertigung aus, die meisten Erfindungen in der Gestaltung der Werkzeugmaschinen oder ihrer Teile. Auf solche Erfindungen wird nachstehend noch näher eingegangen.

Die Maßnahmen, zu welchen Gestaltungserfindungen führen, sind allgemein, d. h. für die meisten Werkzeugmaschinen anwendbar oder sie haben nur beschränkte Anwendbarkeit für einzelne Maschinengruppen oder auch nur für einen einzelnen Maschinentyp.

Auf Erfindungen bzw. fortschrittliche Maßnahmen von allgemeiner Anwendbarkeit beruhen folgende Fortschritte:

1. Fortschritte in der Leistung der Werkzeuge;
2. Fortschritte in der Güte der Werkzeugmaschinen, und zwar in bezug auf:
   a) Starrheit;
   b) Verschleißfestigkeit;
   c) Sicherheit der Schmierung;
   d) Lebensdauer der Maschinen und Maschinenteile;
   e) Gefahrlosigkeit im Betriebe;
   f) Spanablenkung und Späneabfuhr;
   g) Erhöhung der Leistung, des Ausbringens von Werkstücken in der Stunde;
   h) Genauigkeit, aber nicht übertriebene Genauigkeit der Werkstücke;
   i) Oberflächengüte und Gesamtheit;

k) Verringerung der Nebenzeiten, auf welche heute um so mehr die Fortschrittsbemühungen gerichtet sind, weil Aussicht auf weitere epochemachende Erhöhung der Schnittleistung nicht besteht;

l) Erweiterung des Anwendungsbereichs der Maschine durch allgemeine Ausführung, fest eingebaute Ergänzungen und nach Bedarf anzubauende Zusätze.

I. Die fortschrittlichen Maßnahmen zu den Werkzeugen und zur Verringerung der Nebenzeiten werden nachstehend ihrer Bedeutung und Vielseitigkeit entsprechend noch etwas eingehender erörtert.

Bei den Werkzeugen bringen für Schnellstahl Maßnahmen zur Beschaffung von Sparlegierungsbestandteilen, wie Molybdän, Vanadin, aber zeitweise auch Mangan und Chrom Fortschritt in der Standzeit und den Gestehungskosten.

Für die Hartmetalle ist eine beträchtliche Erhöhung der Zähigkeit gelungen und für die Wirtschaftlichkeit von großer Bedeutung. Das Problem der Erhöhung der Zähigkeit der Hartmetallsorten besteht noch fort und ist Forschungsaufgabe.

Die Verwendung des negativen Spanwinkels hat z. B. für Kugellagerringfertigung Fortschritt gebracht, aber das Anwendungsgebiet in seinen Grenzen ist noch umstritten und bedarf der Klärung ebenso wie die Frage nach der Einflußlosigkeit oder Schädlichkeit der Umlegung der Werkstoffkristalle an der Oberfläche des mit negativem Spanwinkel bearbeiteten Werkstücks.

Das Hauptproblem für den Werkzeuggebrauch aber ist zur Zeit die eindeutige Festlegung der Werkstoffeigenschaften des zu bearbeitenden Werkstoffs, welche von Einfluß auf die wirtschaftliche Schnittgeschwindigkeit sind. Nur dadurch kann die Identität von Werkstoffen im Hinblick auf die gleiche wirtschaftliche Schnittgeschwindigkeit vorausgesagt und von den Werkzeugmaschinenfabriken Garantie für angegebene Stückzahlleistung übernommen werden. Zur Zeit ist solche Garantie nur möglich durch Vorversuch an dem zu verarbeitenden Werkstoff selbst.

Ferner ist eine kurzfristige Standzeitbestimmung heute noch ein allgemein ungelöstes Problem. Lösungen auf eng begrenztem Gebiet, wie die bei Bosch erprobte und mit Erfolg verwirklichte, sind vielversprechend.

Schließlich stehen wir in der grundlegenden Forschung zur Spanbildung, also Ermittlung des Verschiebungs- und Spannungsfeldes und des Feldes der Festigkeitsänderungen während der Spanabnahme, noch am Anfang. Aber gerade dieses Erkenntnisgebiet ist heute und so lange von größter Wichtigkeit, als die vorerwähnten Probleme noch ungelöst sind, die Gefahr der Fehlforschung und der Millionen D-Mark verschlingenden Fehlbearbeitung, z. B. im Hinblick auf Werkzeugverschleiß und Werkstückausschuß, fortbesteht.

Freilich bedarf es der ernstesten Bemühung der Forscher sowie des Betriebes, sich in die Vorgänge der Spanabtrennung mit Hilfe der übrigen noch am Anfang stehenden Ergebnisse der grundlegenden Zerspanungsforschung hineinzufinden. Der Vorteil aber ist ein großer.

II. Die Probleme zur Verringerung der Nebenzeiten haben große Erfolge ausgelöst, aber sie bestehen noch fort. Es handelt sich um die bei der Erörterung der einzelnen Werkzeugmaschinen angegebenen Erfindungen und Maßnahmen, nämlich

1. Griffverringerung, Griffbereitschaft, Narrensicherheit;

2. Vorwählschaltung und Programmsteuerung mit Hilfe von Elektronen- oder Magnetverstärkung;

3. Nachformeinrichtungen mit denselben Hilfsmitteln wie vorstehend, ein Gebiet, welches eine große Menge von Fertigungsaufgaben in eleganter und zugleich wirtschaftlicher und damit aussichtsreicher Weise löst. Auf dieses Gebiet konnte in diesem Buche nicht näher eingegangen werden. Es erfordert ein Buch für sich;

4. Spanngeräte, selbsttätiges Zuspannen;

5. selbsttätige Prüfgeräte (z. B. Finitor der Fortuna-Werke).

Wer sich solche Fortschritte und deren Zustandekommen vor Augen hält, wird immer wieder feststellen, daß merklicher oder gar bahnbrechender Fortschritt nur durch mühevolle Arbeit erreicht wurde und nur so erreicht werden kann.

Die Ideen sind an sich überaus zahlreich und zunächst sehr billig. Erst das Durchdenken der der Idee zugrunde liegenden Offenbarung, der Prüfung des Marktes für die ausgeführte Idee oder Erfindung und deren Schutzmöglichkeit, sodann die Feststellung der Gefahren und Kosten der Erprobung, schließlich die genaue Kalkulierung der Kosten der laufenden Fertigung, des Vertriebes und nicht zuletzt der Vorbereitung des Marktes durch Propaganda sichern den Erfolg.

Dabei ergibt sich nur allzuoft eine negative Beurteilung der Durchführbarkeit oder des Werkes, weil der mit der Prüfung Beauftragte der Idee ferner steht als der Erfinder und infolgedessen noch mehr Gefahr läuft, Faktoren, die zum Erfolg führen, unberücksichtigt zu lassen als der Erfinder, vorausgesetzt, daß letzterer auch sachverständig ist. So kommt ein Fehlurteil, eine Fehlerprobung zustande und führt zunächst einmal zu einer grundsätzlichen Ablehnung. Hat der Erfinder gar eigenes Vermögen eingebracht, so hat er es verloren. Die Erfindung bleibt gegebenenfalls auf Jahre hinaus erfolglos, wenn nicht andere möglichst kapitalkräftige Unternehmer sich der Sache annehmen. Das ist das Schicksal mancher Erfindung und ihres Erfinders.

Kaum 10% aller patentierten Erfindungen führen zu merklichem Erfolg, allerdings nicht nur aus solchen Gründen, sondern weil der Erfinder oder Anmelder nicht genügend nachgedacht ehe er anmeldete und die Idee an sich nicht brauchbar oder fehlerhaft angemeldet hat.

So reizvoll die Erfinderlaufbahn für manchen sein mag, der Erfolg hängt an der Klarheit der Erfassung der Aufgabe oder des Problems und an der Zähigkeit in der Überlegung und der Durchführung der Arbeit ab, mit oder ohne Patente.

Gerade Anfänger nehmen solchen Erfinderdrang und die Bemühung zu leicht und scheitern. Mögen vorstehende Sätze dazu beitragen, den Anfänger zu warnen, aber auch zum Erfolg zu führen.

Sachverzeichnis

Abdeckrücker an der Schleif-
maschine 334.
Abdecksegment an der Schleif-
maschine 328.
Abdrosseln des Ölstromes 112.
Abrichten der Schleifscheibe
489.
Abrichtmaschine, d. h. Hoch-
leistungs-Planschleifmaschine
367.
Abschalteinrichtung des An-
triebes 152.
Abschliff 316.
Achsendiagramm 246.
Aluminiumoxyd 317.
Anfangvorlauf an der Hobel-
maschine 377.
Anhaltehebel an der Hobel-
maschine 385.
Anschlagknaggen an der Schleif-
maschine 332.
Anschlagwalze 406.
Anschleifen 316.
Antriebsleistung 42.
Arbeitsgang an der Hobel-
maschine 377.
Arbeitshärte der Schleifscheibe
317.
Arbeitskontakt am Befehls-
geber 131.
Arbeitstisch der Ständerbohr-
maschine 295.
Arbeitswinkel an der Werkzeug-
schneide 25.
Archimedische Spirale bei der
Herstellung von Kegelrädern
526.
Aufbäumen 87.
Aufbauschneide 63.
Aufnahmeelemente für Fräser
232.
Aufnahmen, spannungsoptische
54.
Aufstecksenker 283.
Aufwärtsfräsen 241.
Ausfeuerzeit bei der Schleif-
maschine 353.
Ausgleichwellen für elektrische
Antreibsmotoren 158.
Auskolkung 20.
Auslaßventil in Ölleitungen 107.
Ausleger (Radiale) 299.
Auslegerklemmung 306.

Auslösecharakteristik für Motorschutzschalter 129.
Ausweichstrecke am Werkzeug 49.
Axialfestlegung einer Spindel
177, 178.
Axialkolbenpumpen in der Hydraulik 108.

Bakelitbindung (Schleifscheibe)
317.
Ballas 19.
Balligtragen bei Zahnrädern 532.
Bandspan 30.
Baukastensystem 298.
Beaufschlagung bei Pumpen 112.
Bedienungszentrale, schwenkbare
397.
Befehlsgabe, indirekte 133.
Befehlsgeber 127, 130.
—, handbetätigter 130.
—, selbsttätiger 131.
Beistellbewegung an Schleif-
maschinen 494.
Beistellrad 328.
Beistellung 316, 327, 494.
—, selbsttätige 333.
Bewegungsumkehr an der Dreh-
bank-Hauptspindel 92.
Bickford-Getriebe 95.
Bilgramsches Band 510.
Bimetallauslöser 129.
Bimetallrelais 133.
Bindung bei Schleifscheiben 317.
Bodenrad 176, 177.
Boehringer-Sturm-Getriebe 109,
111.
Bohrer-bruch 286.
— -lippe 279.
— -schneide 278.
— -spitze 279.
— -vorschub 293.
Bohr-kopf 4.
— -leistung 308.
— -maschinen 286.
— -maschinenständer 295.
— -schaft 278.
— -spindel 287.
— -spindelschlitten 289.
— -stange 4.
— -vorrichtung 285.
— -werk 309.
— -werkzeuge 277.
Borts, Diamantroste 19.

Bremswächter an Drehstrom-
motoren 143.
Brenntemperaturen für Schleif-
scheiben 317.
Bronzelager für Schleifspindeln
325.
Brown & Sharpe-Getriebe 95.
Bruchteilen am Teilkopf 259.
Brückenschaltung 135.

Circular-Pitch-Gewinde (CP-Ge-
winde) 205.

Dauerkontaktgeber 130.
Dauerlauf an der Drehbank 179.
Deckenvorgelege 91, 172, 325.
Diagramm, logarithmisches 81,
83.
Diamant 14.
Diametral-Pitch-Gewinde (DP-
Gewinde) 204.
Differentialteilen am Teilkopf
258.
Differentialventil 264.
Doppel-V-Führung 89.
Dorne, zylindrische für Fräser-
aufnahme 232.
Dosieröl bei Pumpenanlagen 115.
Drallbohrer 279.
Drallnut 279.
Drallwinkel 279.
Drehautomat 401, 423.
Drehgestell an der Drehbank 181.
Drehschieber 341, 342.
Drehspindel 433.
Drehstrom-Kommutatormotor
144.
— -Motor 142.
Drehtisch an der Ständerbohr-
maschine 297.
Drehwerkzeuge 163.
Drehzahl-abfall 76.
— -änderung 128.
— -bereich 76, 190.
— -diagramme 81.
— -Gerade im Drehzahlschau-
bild 84.
— -normung 74.
— -reihen 76.
— -schaubild 79, 81, 192.
Drosselung 344.
Drosselverluste 340.
Drosselwiderstand 122.

Druckknopfsteuerung 126.
Druckknopftaster 126.
Druckluftspannvorrichtung 433.
Duplex-Zahnradpumpe 340.
Durchscherungsbeginn 65.

Edelkorund 317.
Eigenhärte der Schleifscheibe 317.
Eilbewegung 342.
Eilgangpumpe 263.
Eingriffslänge am Fräser 232.
Eingriffsteilungsfehler an Zahnrädern 500.
Einhebelschaltung 253.
Einkurven-Automat 423.
Einprofilfräser 481.
Einprofilwerkzeug 477.
Einrichten von Automaten 427.
Einrollplanetengetriebe an Schleifmaschinen 494.
Einrollvorrichtung 489.
Einsatzbrücke an der Drehbank 172.
Einschalten von elektrischen Antrieben 149.
Einschaltschütz 149.
Einspindelautomat 424.
Einstangenführung 88.
Einstechschleifen 316, 499.
Einstellwinkel an Drehwerkzeugen 26.
Einzelteilungsfehler an Zahnrädern 500.
Eltas-Lehre 135.
Endtaster 131.
Endtaster od. Walzenschalter 151.
Energator 109.
Energieschlupf in Hydraulikpumpen 110.
Energieverlust 372.
Englergrade 120.
Engler-Viskosimeter 120.
Enor-Forst-Getriebe 109.
Enormotor 109.
Entgratungsspindelstock im Klingelnberg-Automat 529.
Entlüftungseinrichtung an der Rundschleifmaschine 345.
Entlüftungsleitung 345.
Entlüftungsventil 345.
Epizykloide 530.
Evolventen-Schneidrad 504.
Exzentrizität an Hydraulikpumpen 108.

Fallschnecke 9, 181.
Fase am Bohrer 279.
Feinbeistellung an Schleifmaschinen 328.
Feindrehbank 220.
Feinrelais 137.
Feinstdrehbank 220, 226.

Feldschwächung bei Gleichstrommotoren 145.
Fernschaltung 183.
Fernzählwerk 134.
Festklemm-Einrichtung 305.
Festscheibe 372.
Flachbahnführung, nachstellbare 88.
Flächendruck an der Klauenkupplung 102.
Flankenformfehler 500.
Flankenwinkelvergrößerung 504.
Fließspan 47.
Folgeschaltung 155.
Formateräder 524.
Formdiamanten 489.
Fortschaltrelais 138.
Fortuna-Finitor 353.
Fräserdurchmesser 231.
Fräserscharfschleifmaschine 527.
Fräserteilung 232.
Fräsbreite 232.
— -dorn 231.
— -kopfwiege 524.
— -maschinen 228.
— -schlitten 393.
— -spindel 243.
— -spindeldrehzahlen 241.
— -spindelkopf 261.
— -verfahren 482.
— -werkzeug 228.
— -werkzeug-Werkstoffe 231.
Freifläche 26.
Freiflächenverschleiß 22.
Freiwinkel 26.
— bei Bohrwerkzeug 278.
Fühler 131.
— für Steuerungen an einer Rundschleifmaschine 153.
Fühlersteuerungen 159.
Führung, geradlinige und kreisförmige 71.
—, mit Gewindespindel oder Zahnstange 90.
Führungsbahnen 87.
Futterautomat 423.

Gangbereich an der Leitspindeldrehbank 201.
Gangzahl der Leitspindel 200.
Gegenlauffräsen 241.
Gegensäule an der Koordinatenradiale 309.
Gegenstrombremsung 142.
Genauigkeitsgewinde 488.
Geradführung 87.
Geradzahnkegelräder 516.
Geräte zur indirekten Befehlsgabe, magnetische 134.
—, thermische 133.
Getriebe-aufbau 79.
—, doppelt gebundene 79.
—, einfach gebundene 79.
—, hydraulische 105.

Getriebe-lehre 87.
— -plan 79, 193.
—, stufenlose 97.
—, umlaufende 91.
—, ungebundene 79.
Gewinde-bohrer 296.
— -drehbank 476.
— -einrollvorrichtung 494.
— -fräsmaschine 480.
— -patrone 420.
— -schleifen 321, 488.
— -schneiden auf der Leitspindeldrehbank, Circular-Pitsch- 205.
— —, Diametral-Pitch- 204.
— —, metrisches 201.
— —, Modul- 203.
— —, Whitworth- 199.
— — i. d. Ständerbohrmaschine 295.
Gewindeschneidwerkzeuge für Gewindedrehbank 477.
Gewindesträhleinrichtung 417.
Gleichlaufeinrichtungen 158.
Gleichlauffräsen 241.
Gleichstrom 171.
— -bremsung 143.
— -magnet 147.
— -motor 144.
— -regelmotor in Leonard-Schaltung 383.
Gleitrollen an der Gewindeschleifmaschine 496.
Gleitschuh an der Gewindeschleifmaschine 498.
Gleitwiderstand des Hobeltisches 371.
Glockenfräser 240.
Griffzeit 174, 308.
Grobbeistellung a. d. Schleifmaschine 328.
Grundkreisfehler 500.
Grundplatte 295.
Grundreihe 75, 77.
Grundschlitten 290, 292.
Gummibindung bei der Schleifscheibe 317.

Halbautomat 423.
Haltesteuerung an der Rundschleifmaschine 341.
Haltezeit 321.
Hemmwerke für Verzögerungen 139.
Handabschliff 319.
Handtransport an der Leitspindeldrehbank 181.
Hartmetall 14, 16.
Haupt-drosselventil an der Rundschleifmaschine 344.
— -ebene 25.
— -schalter 129.
— -schlitten am Mehrspindelautomaten 434.

Haupt-schneide 26.
— -schnittkraft 28.
— -spanarten 47.
— -spannungstrajektorien 56.
— -spindel 177.
— -spindellager 177, 179.
— -steuerwelle 431, 444.
Hebelschalter 129.
Herzwelle 199.
Heynau-Getriebe 498.
Hilfskurven-Automaten 423.
Hilfsrelais 137.
Hilfssteuerwelle 444.
Hilfsumsteuerkolben 400.
Hinterdrehbank 226.
Hinterschleifen 499.
Hinterschliffkegel 279.
Hinterschlifffläche 279.
Hobelmaschine 10, 368.
Hobelschlitten 393.
Hobeltisch 370.
Hochleistungsfräser 481.
Hochleistungsgewindeschleif-
    maschine 489.
Hochleistungsstahl 16.
Hochvakuumröhre 136.
Höchstleistungsstahl 16.
Hydraulik-Druckrechnung für
    Rundschleifmaschine 349.
Hydraulikplan 340.
Hydraulikvorschubeinheit 274.
Hypoidräder 524.
Hypoidverzahnung 510.

Indexstift 102, 256.
Innenschleifeinrichtung 349.
Innenschleifen 321.
Innenschleifmaschine 366, 367.
Installation 149.
ISA-Kegel 233.
Isochromaten 56.
Isoklinen 56.

Jahns-Thomas-Pumpe 109.

Kanonenrohr-Bohrmaschine 1.
Kantenlauf 81.
Karbid-Hartmetalle 16.
—, gesinterte 17.
Karbone 19.
Kegelbohrer 286.
Kegeligschleifen 336.
Kegel-lehre 181.
— -lineal 181, 182.
— -rad-Hobelmaschine 508.
— -radschnellhobler 511.
— -teilwinkel 510.
Keilrollenkette 98.
Keilwinkel 26.
Kennlinie für Zweiflächen-
    Magnetkupplungsantrieb 382.
Kerbzahnkupplung 294.
Kinematik 87.
Kipprelais 138.

Klappanker am Schütze 140.
Klauenkupplung 94, 103.
Klauen-Schnellschaltkupplung
    444.
Klauenzahn 102.
Klemm-gehäuse 306.
— -ring 306.
— -stein 307.
— -welle 307.
Klinkenträger 386.
Klinkhebel an der Werkzeug-
    schaltung der Hobelmaschine
    385.
Kniegelenkanker am Schütze 140.
Körnung der Schleifscheibe 318.
Kohlenstoffstahl 14.
Kolbenhubmotor 107.
Kolbenzellen 107.
Kolktiefe 22.
Kommaspan 317.
Kompressibilitäts-Koeffizient 106.
Konsolfräsmaschine 274.
Kontaktfühler 160.
Koordinatenbohrmaschine 309.
Koordinatenradiale 309.
Kopftraverse 392.
Korrektureinrichtung 479.
Korund 317.
Kreisbogenverzahnung 518.
Kreislauf, offener 117.
—, geschlossener 117.
Kreuztisch an der Ständerbohr-
    maschine 296.
Kühlung bei der Spanabnahme
    69.
Kugel- oder Lubnippelöler 469.
Kulisse an der Umsteuerung der
    Schleifmaschine 327.
Kulissenmuffe 328.
Kupplung, elektromagnetische
    422.
—, Klauen- 101, 103.
—, Reibungs- 101.
—, Spreizring- 385.
— —, Verstellmotor 162.
Kurvenberechnung für den Index-
    Automaten 447.
Kurvenplatte am Einspindelauto-
    maten 427.
Kurventrommel am Einspindel-
    automaten 427.
Kurvenwalze 102.
Kurzgewindefräsen 483.
Kurzgewindefräsmaschine 480.

Ladeeinrichtung 429 (siehe auch
    Magazin).
Längsgewindeschleifen 490.
Längsschleifen 316.
Längsschlitten an der Drehbank
    174, 181.
Längsvorschub 25, 181, 481.
Lagerbüchsen bei Gleitlagern 178.
Lagerkeile bei Gleitlagern 180.

Lagerverschleiß 179.
Lamellenkette am PIV-Getriebe
    98.
Landis-Prinzip 316.
Langgewindefräsen 482.
Langgewindefräsmaschine 480.
Lastdrehzahl 76, 192.
Laufpassungen 91.
Leckpumpe 117, 263.
Leckverlust 122.
Leerlaufdrehzahlen 76, 144.
Leitertafel 81, 85 (s. auch Dreh-
    zahldiagramm).
Leitspindeldrehbank 165.
Leitspindelsteigung 202.
Leitwelle für Gewindestrählein-
    richtung 417.
Leonardsatz 145.
Lichtzellen für Steuerbefehle 135.
—, Alkalizelle 136.
—, Widerstandszelle 136.
—, Sperrlichtzelle 136.
Lincoln-Fräsmaschine 10.
Lochkartensteuerung 409.
Lochplatte 409.
Lochscheibe am Teilkopf 256.
Logarithmische Spirale beim
    Hinterdrehen von Formfräsern
    226.
Lünetten 336.
Luftschütze 140.

Mackensen-Lager 179, 327.
Mäandergetriebe 93.
Magazin 429 (s. auch Ladeein-
    richtung).
Magnesitbindung bei Schleif-
    scheiben 317.
Magnetaufspannplatte 149.
Magnetkupplung 147, 184, 383.
Mahr-Siemens-Lehre 135.
Malteserkreuz 431.
Maschenteilung der Siebe für
    Schleifmittel 318.
Maximalauslaßventil 263.
Mehrkurven-Automat 423.
Mehrprofilfräser 481.
Mehrscheibenkupplung 96, 97.
—, elektromagnetische 183.
Mehrscheibenbremse 434.
Mehrspindelautomat 9, 427.
Meißelklappe 387.
Meßkopf, Fortuna-Finitor 353.
Messerköpfe 230.
Modulgewinde 203.
Motor, polumschaltbar 197.
Motorkennlinie 144.
Motorschutzschalter 129, 130.

Nachformdrehbank 185.
Nachformverfahren 185.
Nachlaufeinrichtung 157.
Nachstellbarkeit der Haupt-
    spindellager 177.

Nebenfreifläche 26.
Nebenschneide 26.
Neigungswinkel 27.
Netztafel 44.
Normalkorund 317.
Normungszahlen 74.
Norton-Getriebe 92, 94, 199.
— -Kasten 180.
— -Prinzip 316.
— -Stufensatz 199.
Notschalter 129.
Nutenrichtung der Fräser 232.

Obertisch der Rundschleif-
    maschine 339.
Ölsammelbehälter für Schmier-
    anlage 469.
Ölschlupf in Hydraulikpumpen
    110.
Ölwalzen für Schmieranlage 469.
Ölzylinder der hydraulischen
    Hobelmaschinen 395.
Oilgearpumpe 107.

Palloid-Kegelradfräsmaschine
    525.
— -Kegelräderautomat 529.
— -Spiralkegelräder 527.
Passungssystem 170.
Patronenspannfutter 228.
Pendelungen bei Fühlersteue-
    rungen 157.
Permutation 71.
Pflockriemengetriebe 97.
Pinolensitz 182.
PIV-Getriebe 98.
Planfräsmaschine 241.
Planrad, ideelles 527.
Planrevolver 402.
Planschleifmaschine 366, 367.
Planschlitten 174, 181.
Planvorschub 25.
Poiseuillesche Widerstandsformel
    120.
Polarsubnormale 526.
Polumschaltung 143.
Präzisionsumsteuerung 104, 329.
Programmsteuerung 409.
Profilverschiebung 504.
Profilwerkzeuge 163.
Pufferfedern an der Schleif-
    maschine der Naxos-Union
    332.
Pumpen-Fördermenge 110.
Pumpen mit Flügelzellen 109.
— mit Kolbenzellen 107.
— mit Zahnradzellen 112.
—, Anwendung 115.

Quecksilberschallröhren 137.
Querbalken an der Hobelmaschine
    385, 393.
Querschlitten 174, 434.

Querschlittenüberdeckung 418.
Querschneide 278, 279.
Querschneidenwinkel 279.
Quervorschub 327.
Quetschöl 113.

Radialbohrmaschine 299.
Radiale 299.
Rädergetriebe der VDF-Dreh-
    bank 191.
Räderkasten der Drehbank 171.
Rattermarken 325.
Rattern 60.
Raumdiagramm 104.
Regeleinrichtung an hydrau-
    lischen Pumpen 113.
— an elektrischen Pumpen 157.
Regelkreis, geschlossener 157.
Reibahle 285.
Reibscheibe am Schaltkopf der
    Hobelmaschine 371.
Reibung, flüssige und trockene
    178.
Reibungskupplung 96.
Reibungswiderstand bei Zahn-
    reibung 104.
Reihenbohrmaschine 297.
Reißspan 47, 61.
Reitstock 174, 182.
Reitstockbewegung 343.
Reitstockpinole 182.
Relais, polarisierte 138.
Revacycle-Kegelradräummaschine
    532.
— -Verfahren 533.
Revolver-bank 9, 401.
— -kopf 401.
— -kopfschaltung 445.
— -kopfschlitten 403, 406.
— -schlitten 413.
— -Vollautomat 436.
Reynauldkette 244.
Richtwerte für Spanabnahme 33.
Riemen-breite 373.
— -gabel 92.
— -geschwindigkeit 373.
— -getriebe 91.
— -leistung 373.
— -reckung 376.
— -spannung 324.
— -überführung 381.
— -umlegung 92.
— -steuerung 376.
Rißbildung durch Schneidenan-
    satz 56.
Röhrensteuerung, Elektronik
    137.
Rohdiamanten 489.
Rollbogen beim Bilgramverfahren
    510.
Rückfühlelemente 158.
Rückkraft 28.
Rücklauf 196, 376.
Rücklaufdrehzahlen 194.

Rücklaufriemen 377.
Rückwärtsgang 175.
Ruhekontakt 131.
Rundgewinde 481.
Rundlauffehler 500.
Rundprofilfräsen 483.
Rundschleifen 316.
Rundschleifmaschine 10.
— von Loewe 322.
Rutschleistung 378.

Sägediagramm 81.
Säulenbohrmaschine 287.
Säulenklemmung 305.
Sammelschienensystem 409.
Schabschneide 278, 279.
Schabspan 280.
Schaftfräser 228.
Schaftwelle 357.
Schaltgetriebe 146.
—, stufenlose 388.
Schalt-häufigkeit 142.
— -klinke 327, 385.
— -kopf 371.
— -kopfscheibe 371.
— -kurvenscheibe 499.
— -schrank 126.
— -stück im Relais 137.
— -stückverschleiß 133.
— -trommel am Mehrspindel-
    automat 427.
— -zeit für Motoren 142.
Scheibenfräser 229.
Scherspan 47, 60.
Schiebeblock 177.
Schieberädergetriebe 97, 184.
Schlagmesser 503.
Schlagzahnfräser 228.
Schleif-arten 313.
— -kosten 321.
— -maschinen 313.
— -mittel 317.
— -öl 320.
— -riß 318.
— -scheibe 317.
— -spindel 347.
— -spindelhauptlager 325.
— -spindellagerung 347.
— -spindelstock 347.
— -zugabe 317, 319.
Schichtwerkzeuge 163.
Schlittenoberteil 181.
Schloßkasten 180.
Schmier-anweisung 471.
— -liste 466.
— -menge 466.
— -mittel 466.
— -plan 171, 466.
— -pumpen 466.
— -spritzen 466.
Schmierung von Werkzeug-
    maschinen 466.
Schmierzeitpunkt 466.
Schmirgel 317.

Schneckenfräser 502.
Schneide, gerundet 61.
Schneidenabrundung 34.
Schneidenansatz 49, 63.
Schneidenbelastung 234.
Schneidensteuerung 342.
Schneidrad 506.
Schnell-bohreinrichtung 419.
— -bremse 301.
— -drehstahl 12.
— -hobler 399.
— -stahl 14, 163.
— -steuerung an der Feindreh-
bank 223.
Schnittbewegung 24.
Schnittgeschwindigkeit 13, 29.
Schnittfläche 24.
Schnittkraft, mittlere 29.
—, spezifische 29.
Schnitttheorie 172.
Schrägverzahnung 113, 504.
Schraubendrehbank 6.
Schraubenfräser, kegelige 518.
Schraub-Wälzfräsverfahren 525.
Schritt-Motor, magnetischer 134.
Schruppmeißel 163.
Schulterzange 445.
Schütze 140.
Schützensteuerung 126.
Schwalbenschwanzführung 89.
Schweinsrücken 387.
Schwingungsdiagramm 395.
Sechskantrevolver 406.
Seelenstärke am Spiralbohrer 279.
Seitenschlitten 401.
Senker 283.
Senkrechtfrässpindel 243.
Setzstock 182.
Silikatbindung 317.
Siliziumkarbid 317.
Simmerringe 469.
Solex-Prüfgerät 134.
Späneabfuhr 171.
Späneschutz 171.
Span-arten 47.
— -ablauf 49.
— -ablenkung 53.
— -bildung 26, 51.
— -brechen 53.
— -bruch 27.
— -fläche 26.
— -formen 30.
— -gewicht, stündliches 41.
— -schuppenbildung 62.
— -stauchung 32.
— -winkel 26.
— —, negativer 46.
— — vom Bohrwerkzeug 278.
Spannen durch Folgeschaltung 155.
Spannschuhe, gefederte 98.
Spannungsrückgangsauslöser
129.
Spannvorrichtung für Futterarbeit 428.

Spannzangenfutter 233.
Spielpassung 178.
Spindel-bremse 180.
— -nase 232.
— -stock 91, 174.
— -trommel 431.
— -zapfen 178.
Spiralbohrer 279.
Spiralspan 32.
Spitzenwinkel am Drehmeißel 27.
Spitzgewinde 481.
Spitzgewindestahl 477.
Spreizmesserverfahren 520.
Spreizringschaltkopf 380.
Spreizzangen 92.
Sprungschaltung 128.
Ständerbohrmaschine 289.
Ständerklemmung 305.
Stahlhalter 368.
Standzeit des Werkzeuges 29.
Standzeitversuch 13.
Stangen-Automat 423.
Stangenführung 88.
Starrfräsmaschine 260.
Steifigkeit der Werkzeugmaschine
44, 69.
Steigungsfehler 481.
Steilkegel 233.
Stellite 16.
Sternrevolver 402.
Sternrevolverbank 403.
Steuergenerator 146.
Steuerkreisläufe, hydraulische
340.
Steuer-platte 427.
— -trommel 429.
— -welle 444.
— -wellenkreuz 429.
Stiefelknecht an der Tischum-
steuerung der Hobelmaschine
376.
Stirnen (Stirnfräsen) 240.
Stirnradfehler 500.
Stoßen von Schrägverzahnungen
507.
Strähler 418, 477.
Strählerhalter 418.
Stromtore (Thyratron) 137.
Stufengetriebe 91.
Stufenscheibe 171.
Stufensprung 78, 190.
Stufenzahl 77.
Stufung der Drehzahlen, arith-
metische 81.
— geometrische 81.
Summenteilungsfehler 500.

Tangentialverfahren 503.
Teilen, direktes 256, 257.
—, indirektes 256, 258.
—, indirektes einfaches 258
Teilscheibe 257.
Teilspindel 256.
Tellerrad, 502.

Tieflochbohren 298.
Tisch-anschlag 327.
— -antrieb 342.
— -bewegung 342.
— -haltesteuerung 342.
— -umsteuerung 341.
— -verschiebung 342.
Trapezgewinde 481.
Treiböl 106.
— -druck 113.
— -förderung 112.
— -kreisläufe 117.
— -menge 113.
— -motoren 107.
— -pumpen 107.
Trommelrevolver 402.
Trommelrevolverbank 413.
Tropfenkühlung 69.
Typisierung 170.

Überdeckungsgrad 504, 518.
Überstromventil 344.
Überstromschnellauslöser 129.
Umfläche am Spiralbohrer 279.
Umkehrgetriebe 180.
Umkehrpunkt 342.
Umkehrsteuerung 102.
Umlaufvorschub an der Gewinde-
fräsmaschine 481.
Umschalt- und Umsteuergetriebe
101.
Umsteuerhebel 327.
Umsteuerkolben 400.
Umsteuerkupplung 514.
Umsteuerung an der Schleif-
maschine 332.
Universalfräsmaschine 241, 247.
Universalstarrfräsmaschine 260.
Untermaßbohrer 285.
Untermaßsenker 285.
Unterschnitt 504.
Untertisch 339.

V-Bahnführung 88.
— -doppelseitig 89.
Verbundteilen mit dem Teilkopf
259.
Verdoppelungsgesetz (Wallichs)
60.
Ventilwiderstand 122.
Verlustregelung 112.
Verschiebegabel 184.
Verschiebungsfeld 56.
Verschleißmarkenbreite 20.
Verstärker 136.
— elektronischer 185.
—, magnetischer 188.
Verstärkersteuerungen 185.
Verstellpumpe 115, 163.
Verzahnung, korrigierte 504.
Vierkantrevolverschlitten 403.
Vierspindel-Halbautomat 427.
Vierwegbohrmaschine 298.
Vorlaufdrehzahlen 194.

Vorlaufriemen 377.
Vorschubbewegung 24.
Vorschubeinheit 275.
Vorschubgetriebe 184, 206.
Vorschubgetriebekasten 184.
Vorschubkraft 28.
Vorschubkurvenscheiben 499.
Vorschubmotor 275.
Vorschubpumpe, hydromatische 115.
Vorschubregelkurve 275.
Vorschubsteuerung 275.
Vorschubzylinder 344.
Vorwähler 154.
Vorwählschaltung 183.
Vorwärtsgang 175.
v-Steigerungsverfahren 39.
Vulkankupplung 381.

Waagerecht-Bohr- u. Fräswerk 310.
— -Stoßmaschine 397.
Wälzbewegung an der Wälzfräsmaschine 502.
Wälzfräsen von Verzahnungen 483.
Wälzfräsmaschine 501.
Wälzstoßmaschine 504.
Wärmestau im Drehmeißel 58.
Wärmeverlust 58.

Walzenfräser 229.
Walzenschalter 151.
Walzenschleifmaschine 366, 367.
Wechselstrommagnet 147.
Wechsler für Hilfsrelais 138.
Wendeherz 101.
Wendelspan 32.
Werkstückspindelstock 347.
Werkstückstützen 336.
Werkzeug-abhebung 393.
— -beanspruchung, spezifische 19.
— -klappe 368.
— -loch im Revolverkopf 417.
— -macherdrehbank 165.
— -schaft 26.
— -schlitten 174.
— -spitze 27.
— -stahl 14.
— -winkel 25.
Wippenbank 4.
Wirkungsgrad, volumetrischer 113.
Wirrspan 30.
Whitworth-Gewinde 199.

Zähigkeit, absolute 120.
Zahndickenfehler 500.
Zahnhöhenverkleinerung 504.
Zahnradfehler 500.
Zahnradgetriebe 93.

Zahnrad-Härtemaschine 529.
— -Läppmaschine 529.
— -Laufprüfmaschine 527.
— -Prüfmaschine 529.
— -Pumpe 112.
Zahnradzellenmotor mit Kolbenhubverstellung 115.
Zahnräder, balligtragende 516.
—, spiralverzahnte 524.
Zahnstange 206.
Zahnstangenritzel 206.
Zangenspannung 428.
Zeigerschere am Teilkopf 256.
Zeitrelais 139.
Zerolräder 524.
Ziehkeil 96.
Ziehkeilgetriebe 95.
Zuganker, am Schütze 140.
Zugmagnete 146.
Zuschub 25.
Zustellgetriebe 353.
Zustellung 316.
Zweiflächen-Kupplung, elektromagnetische 391.
Zweiflächen-Magnetkupplung 383.
Zweipumpensystem 118.
Zweistangenführung 88.
Zylinderbohrmaschine 2.
Zylinderstern 107.